Spektraltafel.

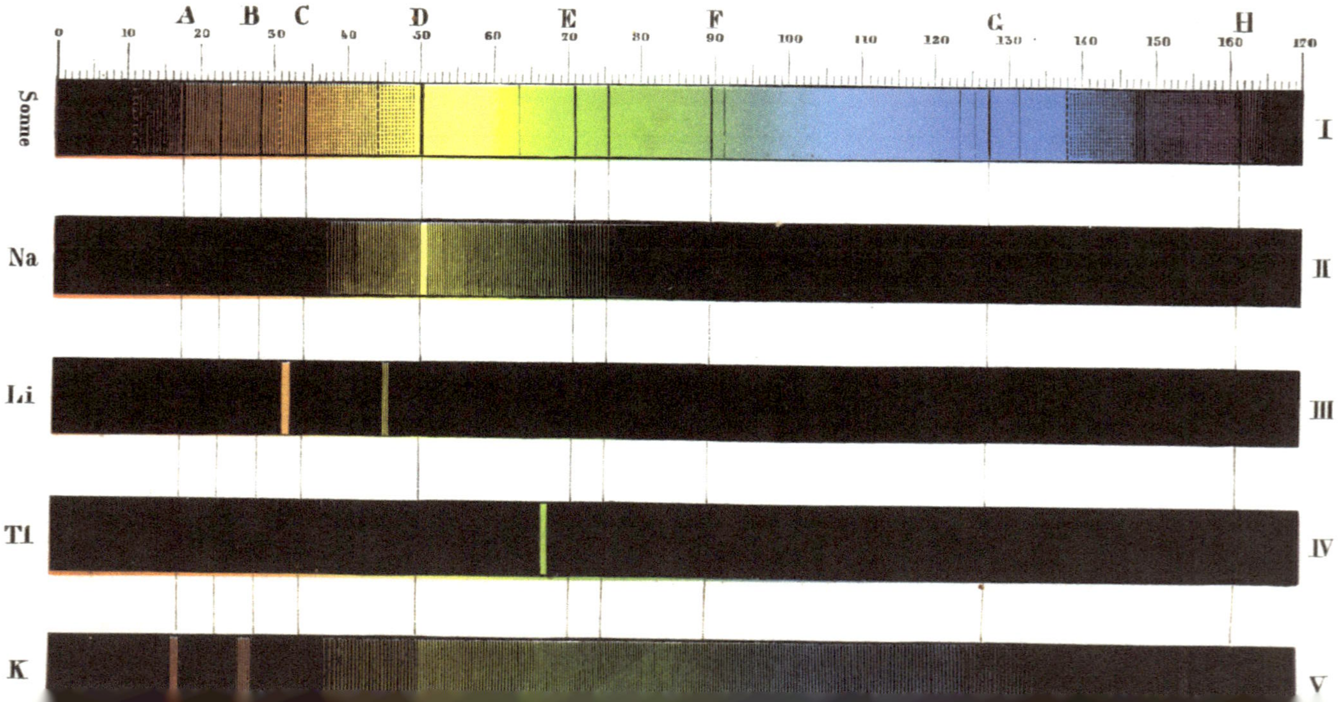

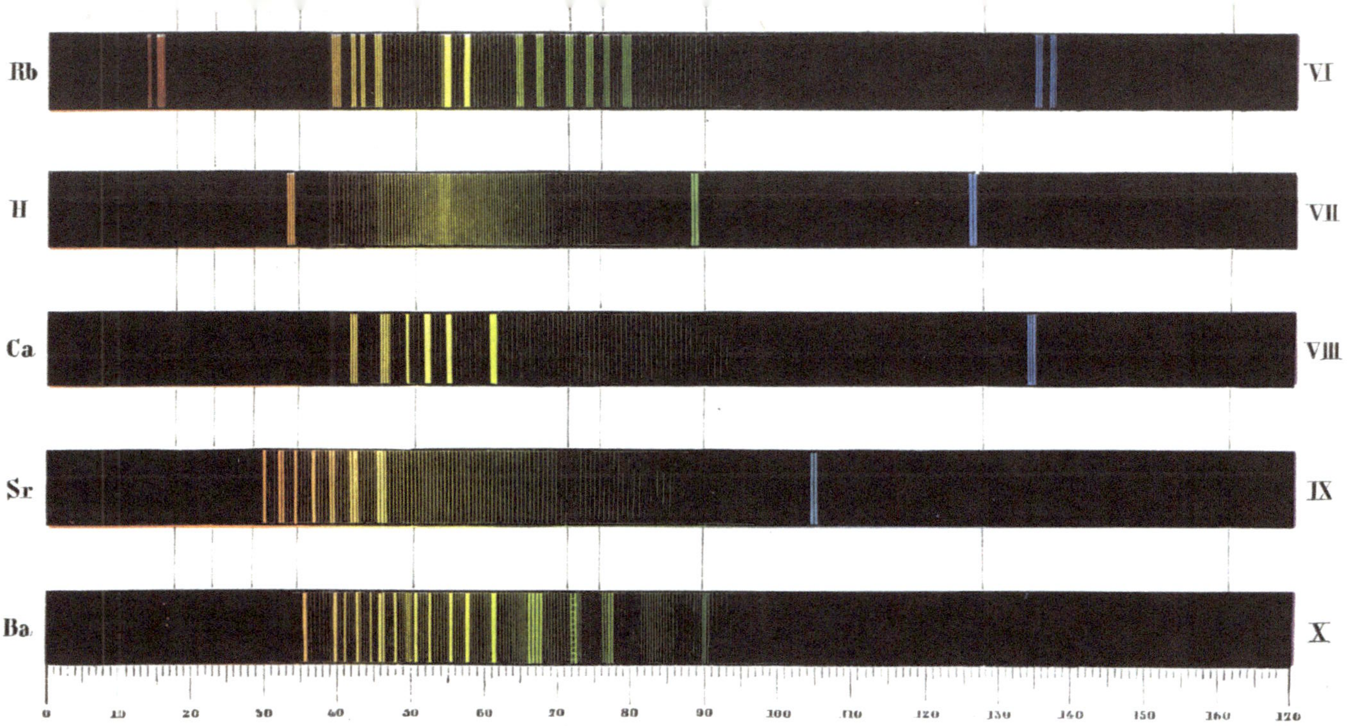

G. Krebs, Grundriss der Physik.

Leipzig bei Veit & Comp.

GRUNDRISS DER PHYSIK

FÜR

HÖHERE REALISTISCHE LEHRANSTALTEN

(REALSCHULEN I. O., HÖHERE GEWERBESCHULEN U. S. W.)

SOWIE ZUR SELBSTBELEHRUNG

VON

DR. GEORG KREBS

OBERLEHRER AN DER MUSTERSCHULE (REALSCHULE I. O.) ZU FRANKFURT A. M.

MIT GEGEN 600 ABBILDUNGEN IM TEXT UND
EINER SPEKTRALTAFEL.

LEIPZIG
VERLAG VON VEIT & COMP.
1882.

Druck von Metzger & Wittig in Leipzig.

Vorrede.

Der vorliegende Grundrifs der Physik ist zunächst dazu bestimmt, als Lehrbuch für die Schüler von Realschulen I. Ordnung und von höheren Gewerbeschulen zu dienen. Auf rein wissenschaftlicher Grundlage und mit möglichster Heranziehung der Mathematik bearbeitet, enthält der Grundrifs zugleich diejenigen Anwendungen der physikalischen Gesetze, welche für Wissenschaft und Technik von hervorragender Bedeutung sind.

Der Mechanik, welche die Basis für eine wissenschaftliche Auffassung der physikalischen Lehren bildet, ist eine hinlängliche Ausdehnung gegeben worden, umsomehr, als sie an vielen realistischen Anstalten mit besonderen Stunden neben der Physik im engeren Sinne bedacht ist.

Ebenso wie der Mechanik ist auch der Wellenlehre, welche namentlich der Akustik und Optik als Grundlage dient, ein entsprechender Raum zugewiesen worden.

In betreff der übrigen Teile der Physik bemerken wir nur kurz, dafs soviel Stoff aufgenommen worden ist, als sich in der zu Gebote stehenden Zeit erfahrungsgemäfs durchnehmen läfst; übrigens kann vieles von dem in kleinerer Schrift Gegebenen bei Mangel an Zeit ohne Störung des Zusammenhangs überschlagen werden.

Als Anhang ist ein Abrifs der mathematischen Geographie und Astronomie in dem Umfange beigefügt, dafs er in einem Semester bewältigt werden kann.

Durchweg hat sich der Verfasser bemüht, für die theoretischen Darlegungen, unbeschadet der wissenschaftlichen Strenge, die möglichst einfache Form und für die experimentellen Nachweise die schlagendsten Versuche zu finden. Ebenso hat der Verfasser den Anforderungen der neueren Wissenschaft überall Rechnung getragen; wir verweisen in dieser Hinsicht nur auf die Einführung des absoluten Systems statt des irdischen, der Reuleauxschen Aufstellungen über die „Maschine“ und ihre Teile, auf die Beschreibung der in der letzten Zeit zu hoher Vollkommenheit gelangten dynamo-elektrischen Maschinen, sowie auf die eingehende Behandlung der mechanischen Wärmetheorie und der Meteorologie.

Bei allen wichtigen Entdeckungen und Erfindungen sind historische Nachweise gegeben, wobei es jedoch rätlich erschien, zur Schonung des Gedächtnisses Mafs zu halten.

Vielen Paragraphen sind, um das zeitraubende Diktieren zu ersparen, Aufgaben beigefügt, welche meist so einfach sind, dafs sie ohne weitere Erklärung von Stunde zu Stunde aufgegeben werden können; der Verfasser ist freilich nicht der Meinung, dafs dieselben zur Einübung des Gelernten ausreichten. Um in der Wahl von Aufgaben, welche in der Schule gelöst werden sollen, nicht behindert zu sein, sind am Schlusse vierstellige Tafeln der gemeinen Logarithmen und der trigonometrischen Funktionen angehängt.

Während der Drucklegung des Grundrisses hat der Verfasser in betreff der Definition einiger physikalischer Fundamentalbegriffe Vorschläge erwogen, welche er im XVII. Bande von Carls Repertorium veröffentlicht hat. Da im Grundriſs noch die früheren Definitionen angewandt worden sind, so lassen wir den kleinen Aufsatz über die vorgeschlagenen neueren Bezeichnungen aus Carls Repertorium hier folgen:

Da die Chemiker schon seit einiger Zeit den Ausdruck „Volumgewicht" allgemein in dem Sinne gebrauchen, wie früher der Ausdruck „specifisches Gewicht" gebraucht worden ist, während in den physikalischen Lehrbüchern meist noch der ältere Ausdruck beibehalten wird, so ist ein unangenehmer Zwiespalt, wenn auch nur in der Ausdrucksweise, innerhalb des physikalischen und chemischen Unterrichtes eingerissen, und dürfte es sich empfehlen, dem ein Ende zu machen.

Ohne viele Worte über eine so einfache Sache zu machen, stellen wir kurz folgende Definitionen auf:

1. Unter Volumgewicht eines Körpers versteht man die Zahl, welche angiebt, wie viel mal ein Körper schwerer ist als ein gleiches Volumen eines Vergleichungskörpers, wie Wasser, Luft, Wasserstoft.

2. Unter specifischem Gewicht eines Körpers versteht man das Gewicht der Volumeneinheit desselben.

Es stimmt dann auch der Begriff „specifisches Gewicht" besser mit „specifischem Volumen", d. i. Volumen der Gewichtseinheit, und „specifischem Druck", d. i. Druck auf die Flächeneinheit, überein.

Bei Erörterung der Gesetze der Dämpfe pflegt man in den Büchern zwischen „specifischem Gewicht" und „Dampfdichte" zu unterscheiden. Nach den hier aufgestellten Definitionen müſste man von Volumgewicht und specifischem Gewicht reden; der Ausdruck Dampfdichte fiele dann ganz weg; es ist dies um so besser, als man unter Dichte nicht das Gewicht, sondern die Masse der Volumeneinheit zu verstehen pflegt.

Was die methodische Behandlung des Stoffes betrifft, so waltet in der Mechanik und Wellenlehre die Deduktion, in den übrigen Kapiteln die Induktion vor. In der Optik wird die im Eingang bloſs berührte Theorie erst bei der Besprechung der Interferenz, Beugung und Polarisation ausführlich dargelegt, während in der Wärmelehre die Theorie neben den Erscheinungen hergeht und successive aufgebaut wird.

Ob man im einzelnen Falle vorziehen soll, das Gesetz an die Spitze zu stellen und den Versuch zur Bestätigung nachfolgen zu lassen, oder das Gesetz herauszuexperimentieren, muſs dem Ermessen des Lehrers anheimgestellt bleiben. Immerhin aber ist festzuhalten, daſs beim ersten Unterricht in einer Wissenschaft, welche wesentlich auf Erfahrung beruht, die Kenntnis der Thatsachen das Fundament bilden muſs; besteht doch der wesentlichste Nutzen für die allgemeingeistige Bildung, welchen das Betreiben der Naturwissenschaft gewährt, darin, daſs der Schüler gewöhnt wird, nur auf Grund wohlerkannter Thatsachen und mit voller Objektivität zu urteilen und zu schlieſsen.

Zum Schlusse spricht der Verfasser die Hoffnung aus, daſs das Buch den Beifall der Fachgenossen gewinnen und Eingang in den höheren realistischen Lehranstalten finden möge.

Frankfurt a/M. im September 1881.

Der Verfasser.

Inhaltsverzeichnis.

Einleitung.

a. Begriff und Aufgabe der Physik.

b. Allgemeine Eigenschaften der Körper.

c. Besondere Eigenschaften der Körper.

I. Mechanik.

A. Mathematische Bewegungslehre — Phoronomie.

B. Physische Mechanik — Mechanik im engeren Sinne.

Vorbegriffe.

1. Statik der festen Körper.

a. Zusammensetzung und Zerlegung der Kräfte im allgemeinen.

b. Zusammensetzung der parallelen Schwerkräfte.

c. Gleichgewicht der Kräfte an Maschinen.

2. Dynamik der festen Körper.

a. Dynamik unter Einwirkung äufserer Kräfte.

b. Dynamik unter Mitwirkung der Molekularkräfte.

c. Von den Hindernissen der Bewegung.

3. Statik der flüssigen Körper.

4. Dynamik der tropfbarflüssigen Körper.

5. Statik der gasförmigen Körper.

6. Dynamik der gasförmigen Körper.

II. Akustik.

A. Wellenlehre.

a. Die wichtigsten Arten der Wellenbewegung.

b. Reflexion der Wellen.

c. Interferenz und Beugung der Wellen.

B. Lehre vom Schall.

a. Entstehung und Eigenschaften des Schalles.

b. Die wichtigsten schallerregenden Körper.

c. Zusammengesetzte Schallempfindungen.

d. Fortpflanzung, Interferenz und Beugung des Schalles.

e. Die menschliche Stimme und das Gehörorgan.

III. Die Lehre vom Licht — Optik.

a. Entstehung und Verbreitung des Lichtes.

b. Reflexion des Lichtes (Katoptrik.)

c. Brechung des Lichtes (Dioptrik).

d. Farbenzerstreuung (Dispersion) des Lichtes.

e. Das Auge und die optischen Instrumente.

f. Einiges aus der Theorie des Lichtes.

IV. Magnetismus.

a. Grundeigenschaften der Magnete.

b. Erdmagnetismus.

V. Elektricität.

a. Reibungselektricität.

b. Galvanische oder Berührungselektricität.

1. Ursprung der galvanischen Elektricität.

2. Galvanische Ketten und Batterien.

3. Widerstands- und Leitungsfähigkeit — Ohmsches Gesetz.

4. Wirkungen der galvanischen Kette.

5. Elektromagnetismus.

6. Thermoelektricität.

7. Induktionselektricität.

8. Tierische Elektricität.

VI. Die Lehre von der Wärme.

a. Begriff und Grad der Wärme.

b. Ausdehnung der Körper durch die Wärme.

c. Änderung des Aggregatzustandes durch die Wärme.

d. Specifische Wärme.

e. Fortpflanzung der Wärme.

f. Von den Dampf-, Heifsluft- und Gaskraftmaschinen.

g. Meteorologie.

VII. Mathematische Geographie und Astronomie.

a. Scheinbare Bewegung der Fixsterne.

b. Scheinbare Bewegung der Sonne.

Einleitung.

a. Begriff und Aufgabe der Physik.

§ 1. Natur und Naturwissenschaft. Die Gesamtheit alles sinnlich Wahrnehmbaren bezeichnet man mit dem Namen Natur. Die Natur besteht aus vielen deutlich von einander unterscheidbaren Teilen, welche Naturkörper genannt werden. Jeder Naturkörper nimmt einen bestimmten Raum ein; das den Raum Erfüllende heifst Stoff oder Materie.

Die Kenntnis der Eigenschaften und der Veränderungen der Naturkörper bezeichnet man mit dem Namen Naturwissenschaft; sie zerfällt in Naturbeschreibung und Naturlehre; die erstere (Mineralogie, Botanik, Zoologie) beschäftigt sich mit den bleibenden Merkmalen der Naturkörper, die letztere dagegen mit den Veränderungen, welche die Naturkörper durch ihre Einwirkung auf einander erleiden, d. h. mit den Naturerscheinungen.

Bei den Veränderungen, denen die Naturkörper unterworfen sind, bleibt entweder der Stoff (und das Gewicht) unverändert oder nicht, im ersteren Fall spricht man von physikalischen, im letzteren von chemischen Veränderungen (Schmelzen und Verdampfen des Schwefels, Magnetisierung des Eisens — Brennen des Schwefels, Rosten des Eisens). Danach zerfällt die Naturlehre in Physik und Chemie.

Von der Physik hat man als besonderen Zweig die Astronomie (Sternkunde) abgesondert.

Die Naturkörper zerfallen in anorganische (Mineralien) und organische (Pflanzen und Tiere); die eigentümlichen „Lebenserscheinungen" der letzteren, welche teils auf physikalischen, teils auf chemischen, in ziemlich enge Grenzen eingeschlossenen Vorgängen beruhen, behandelt die Physiologie.

§ 2. Naturgesetze und Hypothesen. Naturerscheinungen gehen entweder von selbst in der Natur vor sich, oder werden durch künstliche Veranstaltungen — Experimente, Versuche — hervorgerufen (Regenbogen — Farbenspektrum mit Hilfe des Prismas). Es ist eine Hauptaufgabe der Naturlehre, die Bedingungen, unter denen die Naturerscheinungen vor sich gehen, durch Beobachtung zu erforschen, die Abhängigkeit der dabei vorkommenden Grössen nach Mass und Zahl zu bestimmen und so ein allgemeines Gesetz — Naturgesetz, welchem eine Reihe verwandter Erscheinungen unterworfen sind, zu gewinnen; es gelingt dies nicht selten durch Anstellung von Versuchen besser, als durch Betrachtung freiwillig sich darbietender Erscheinungen, weil man im ersteren Fall imstande ist, alle nicht zugehörigen Bedingungen auszuschliessen.

Eine Naturerscheinung erklären heifst, sie auf bekannte Naturgesetze zurückführen.

Die Methode der Aufsuchung eines Naturgesetzes durch sorgfältige Betrachtung der Einzelerscheinungen nennt man Induktion.

Die Naturgesetze sind meist aus unvollständiger Induktion gewonnen worden und leiden deshalb, namentlich wenn sie sich auf eine sehr grofse Zahl von Erscheinungen beziehen, an einer gewissen Unsicherheit; je mehr solcher Erscheinungen als mit dem Gesetz übereinstimmend gefunden werden, d. h. je mehr die Induktion im Laufe der Zeit vervollständigt wird, einen um so höheren Grad von Zuverlässigkeit erlangen die Naturgesetze; manche derselben sind freilich so allgemeiner Natur, dafs die Induktion nie ganz vervollständigt werden kann. Man nennt solche allgemeine Naturgesetze wohl auch Principien (Princip von der gleichen Wirkung und Gegenwirkung).

Die Naturwissenschaft bleibt aber bei der Beobachtung der Naturerscheinungen und der Aufstellung der Naturgesetze nicht stehen; sie fragt auch nach den Ursachen, welche diese Erscheinungen hervorrufen und mit Notwendigkeit einen bestimmten gesetzmäfsigen Verlauf veranlassen. Über die Ursachen der Naturerscheinungen lassen sich aber vorläufig nur Vermutungen — Hypothesen — aufstellen. Aus den Hypothesen müssen sich die Naturgesetze logisch ableiten lassen; derartige Ableitungen nennt man Theorien oder Systeme, in welchen die zugehörige Hypothese meist als mit einbegriffen betrachtet wird (Newton's Gravitationstheorie; das Weltsystem des Copernikus; die Theorie des Lichts auf Grund der Vibrationshypothese). Manchmal gelingt es, aus solchen Theorien bisher unbekannte Erscheinungen vorauszusagen. Eine Hypothese verdient um so mehr Zutrauen, je mehr Erscheinungen man aus ihr in möglichst einfacher und ungezwungener Weise zu erklären vermag; widerspricht die Hypothese nur einer einzigen unumstöfslichen und wohl erkannten Thatsache, so mufs sie als irrig verworfen werden.

Die Gedankenthätigkeit, Einzelgesetze aus umfassenden Hypothesen abzuleiten, nennt man Deduktion.

§ 3. Einteilung der Physik. Alle Veränderungen in der Natur entstehen nach der Meinung der Naturforscher durch die Einwirkungen der Körper aufeinander (§ 1); während man aber früher annahm, dafs den Körpern gewisse Kräfte innewohnten, vermöge deren sie aufeinanderwirkten, hat man neuerdings die Hypothese aufgestellt, dafs die Körper, indem sie entweder als Ganzes, oder in ihren einzelnen Teilchen in ständiger Bewegung sich befänden, lediglich durch „Druck und Stofs“ auf einander wirkten und so Veränderungen in ihren Zuständen wechselseitig hervorbrächten, d. h. Naturerscheinungen erzeugten.

Derjenige Teil der Physik, welcher sich mit der äufseren, sichtbaren Bewegung der ganzen Körper befafst, wird Mechanik genannt; der andere Teil, welcher die auf der Bewegung der kleinsten Teilchen der Körper beruhenden Erscheinungen betrachtet, heifst Physik im engeren Sinne; sie zerfällt je nach der Art dieser zum Teil noch nicht hinreichend erkannten Bewegungen in verschiedene Kapitel: Schall, Licht, Wärme, Magnetismus und Elektricität.

Nach dieser Darstellung erscheint die Mechanik als ein Teil der Physik; man könnte indessen auch, wenn man unter Mechanik die Lehre von der Bewegung überhaupt, die unendlich kleine der einzelnen Körperteilchen mit eingeschlossen, versteht, umgekehrt die Physik im engeren Sinn als einen Teil der Mechanik ansehen.

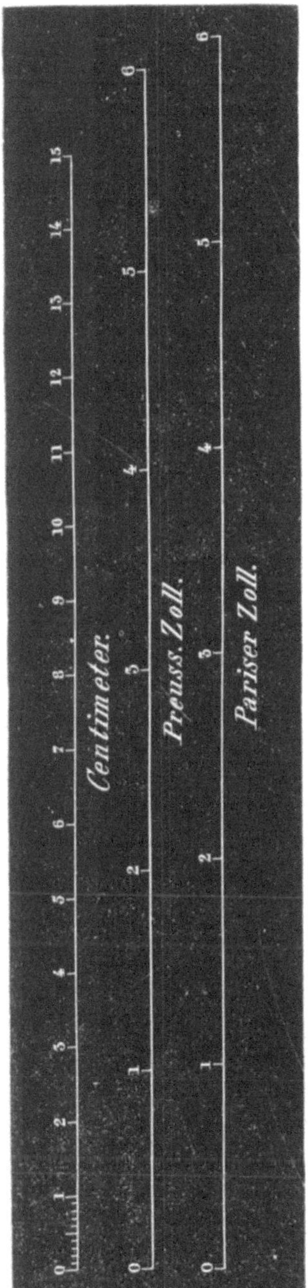

Fig. 1. Längenmafs.

b. Allgemeine Eigenschaften der Körper.

§ 4. Allgemeine und besondere Eigenschaften. Alle Körper nehmen einen gewissen Raum ein, werden von der Erde angezogen und lassen sich in Stücke zerteilen, während nur einzelne von einem Magnet angezogen werden, durchsichtig sind, sich schmelzen lassen u. s. w. Hieraus folgt: Die Eigenschaften der Naturkörper sind teils allgemeine, welche allen zukommen, teils besondere, welche nur einzelne besitzen. Die allgemeinen Eigenschaften sind: Gröfse, Undurchdringlichkeit, Teilbarkeit, Porosität, Ausdehnbarkeit und Zusammendrückbarkeit, Schwere, Beweglichkeit und Trägheit.

Die besonderen Eigenschaften (der Grad der Durchsichtigkeit, die Grösse des Gewichtes, die Verschiedenartigkeit der Farbe u. s. w.) bilden die unterscheidenden Merkmale der Körper.

§ 5. Grösse. Jeder Körper nimmt einen gewissen Raum ein; er hat eine bestimmte Ausdehnung (Volumen) oder Gröfse.

Das Volumen der Körper mifst man mittels eines Würfels von bestimmter Seitenlänge. Das Körpermafs basiert auf dem Längenmafs. Das im deutschen Reich gebräuchliche Längenmafs ist das Meter (m), es ist der vierzigmillionste Teil eines Erdmeridians. Das Urmeter, in Platin, wird in dem Pariser Staatsarchiv aufbewahrt.

1 Meter = 10 Decimeter = 100 Centimeter (cm) = 1000 Millimeter (mm).

1 Meter = 0,1 Dekameter = 0,01 Hektometer = 0,001 Kilometer (km).

1 Meile = $7^1/_2$ Kilometer.

Zum Messen von Flächen bedient man sich eines Quadrats über der Längeneinheit: Quadratmeter, Quadratdecimeter u. s. w.

1 Ar (a) = 100 Quadratmeter (qm); 1 Hektar (ha) = 100 Are; 1 Quadratmeile = 5625 Hektare. Die abgekürzte Bezeichnung für Quadratkilometer ist: qkm, für Quadratcentimeter: qcm, und für Quadratmillimeter: qmm.

Zum Messen von Körpern bedient man sich des Kubikmeters (cbm), Kubikdecimeters, Kubikcentimeters (cbcm) und Kubikmillimeters (cmm).

1 Liter (l) = 1 Kubikdecimeter; 1 Hektoliter (hl) = 100 Liter; 1 Scheffel = $^1/_2$ Hektoliter; 1 Schoppen = $^1/_2$ Liter.

Die früher gebräuchliche Längeneinheit war der Fufs, welcher in 10 oder 12 Zolle und in 100 oder 144 Linien geteilt war — Decimal- und Duodecimalmafs.

Fig. 1 zeigt ein Stück (15 cm) eines Meters, eines preufsischen und eines Pariser Fufses. (Vergl. auch Tab. I, II, III im Anhang.)

Nach den Messungen von Bessel beträgt ein Erdmeridianquadrat 10 000 858 m.

Zu feineren Messungen dient u. a. der Vernier oder Nonius (Fig. 2); es ist dies ein an einem Hauptmafsstab verschiebbarer Nebenmafsstab, welcher so geteilt ist, dafs 10 Teile desfelben gleich 9 Teilen (Millimeter) des Hauptmafsstabs, oder allgemein n Teile des Nonius gleich $n - 1$ des Mafsstabs sind.

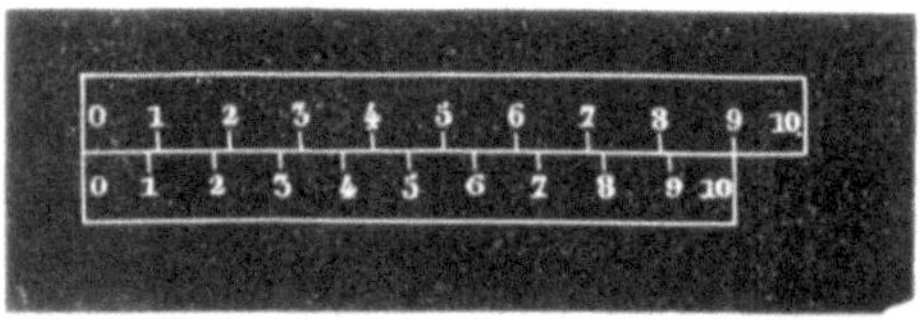

Fig. 2. Nonius.

Will man einen Körper messen, so legt man den Mafsstab so an denselben, dafs der Anfangspunkt des Körpers auf den Nullpunkt der Teilung fällt (Fig. 3); alsdann wird der Endpunkt im allgemeinen zwischen zwei Teilstriche des Mafsstabes, z. B. zwischen 65 und 66 zu liegen kommen; um nun das über 65 hinausragende Stück des Körpers in Bruchteilen eines Millimeters angeben zu können, schiebt man den Nullpunkt des Nonius an das

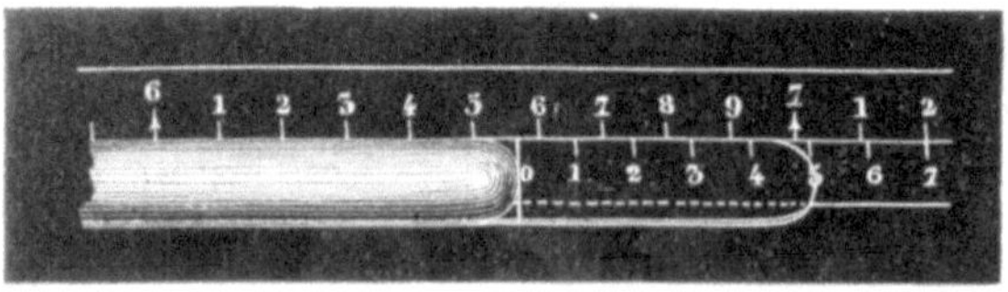

Fig. 3. Messen mit dem Nonius.

Ende des Körpers und sieht zu, welcher Teilstrich (genau oder am nächsten) mit einem Teilstrich des Mafsstabes zusammenfällt; in unserer Figur trifft dies für den Teilstrich 7 des Nonius und 72 des Massstabs zu; alsdann ist das über 65 hinausgehende Stück des Körpers = $\frac{7}{10}$ Millimeter; denn 6 des Nonius bleibt um $\frac{1}{10}$ mm hinter 71 des Mafsstabes, 5 des Nonius um $\frac{2}{10}$ mm hinter 70 des Mafsstabs, und endlich 0 des Nonius um $\frac{7}{10}$ mm hinter 65 des Mafsstabes zurück. Liegt allgemein das Ende des Körpers zwischen m und $m + 1$ des Mafsstabes, sind ferner n Teile des

Nonius gleich $n-1$ des Maſsstabes und fällt der Teilstrich x des Nonius mit einem Teilstrich des Maſsstabes zusammen, so beträgt die Länge des Körpers $m + \frac{x}{n}$ Einheiten des Maſsstabes.

Fällt kein Teilstrich des Nonius genau auf einen Teilstrich des Maſsstabes, so sucht man denjenigen auf, welcher einem Teilstrich des Maſsstabes am nächsten kommt und rechnet wie vorher; der Fehler beträgt alsdann noch nicht $\frac{1}{n}$ einer Einheit des Maſsstabes.

Um vertikale Linien oder Höhendifferenzen zu messen, bedient man sich häufig des Kathetometers; es besteht aus einer vertikalen, in Millimeter geteilten Säule, an welcher sich ein horizontales Fernrohr nebst Nonius auf- und abschieben läſst; wenn einer der zu bestimmenden Punkte genau in die Mitte des Fadenkreuzes des Fernrohrs fällt, so liest man die Teilung der Säule und des Nonius ab und erhält so die Höhe des Punktes über dem Nullpunkt der Teilung. Andere Maſsapparate werden wir später kennen lernen.

Es giebt auch Nonien, bei welchen n (10) Teile $= n + 1$ (11) Teilen der Hauptteilung sind; wie sind solche Nonien zu gebrauchen?

§ 6. Teilbarkeit. Jeder Körper läſst sich durch mechanische Mittel (Stoſs, Schlag) in kleinere Teile zerlegen — alle Körper sind teilbar. Die Teilbarkeit findet praktisch eine Grenze an der sinnlichen Wahrnehmbarkeit und an der Feinheit der Teilungsinstrumente. Denkt man sich die Teilung noch weiter fortgesetzt, so muſs man schlieſslich auf Teilchen kommen, welche nicht weiter in mit dem Ganzen gleichartige Stücke zerlegbar sind; man nennt dieselben Moleküle.

Durch chemische Mittel lassen sich Moleküle häufig noch in kleinere Teilchen, Atome zerlegen, welche als (physikalisch und chemisch) einfach zu betrachten sind.

Mit einem einzigen Dukaten kann man eine Statue, welche einen Reiter zu Pferd in Lebensgröſse vorstellt, vergolden. — Man kann Platindraht durch Umgieſsen mit einem Silbercylinder, Ausziehung desselben zu Draht und Auflösung des Silbers mittelst Salpetersäure zu einer Feinheit von $^1/_{1200}$ mm Dicke, so daſs der Draht nur glühend sichtbar wird, bringen. — Mittelst der Teilmaschine kann man auf die Breite von 1 cm Hunderte und Tausende von Strichen in Glas ritzen. — Durch Auflösung fester Substanzen in Flüssigkeiten erhält man Teilchen, welche nicht mehr sichtbar sind. — Homöopathische Verdünnung. — Deutliche Färbung groſser Wassermassen durch Spuren von Karmin und Chamäleonsalz und Alkohol durch Fuchsin. — Viele Riechstoffe (Moschus, Kampher) zerlegen sich freiwillig (durch Verdunsten) in sehr feine Teilchen. —

Der schon von Leukipp und Demokrit (460 v. Chr.) in ihren Grundzügen aufgestellten atomistischen Theorie, steht eine andere gegenüber, welche die Materie als ein bis ins unendliche teilbares Continuum, in dem sich übrigens leere Räume befinden können, ansieht. Die atomistische Theorie hat ihre hauptsächlichste Stütze darin, daſs die chemischen Verbindungen und Zersetzungen stets nach bestimmten Gewichtsverhältnissen erfolgen; daſs es Körper giebt, welche trotz vollkommen gleicher Zusammensetzung (nach Stoff und Gewicht) verschiedene Eigenschaften besitzen (Metamerie), ja daſs selbst die sogenannten Elemente in verschiedenen Zuständen existieren können (Allotropie). Alle diese Thatsachen lassen sich am ungezwungensten erklären, wenn man annimmt, die Materie bestehe aus getrennten Atomen, welche in bestimmter Anzahl und verschiedenen Gruppierungen zusammentreten können.

§ 7. Porosität. Alle Körper haben leere Räume — Poren — zwischen der Materie.

Schwamm, spanisches Rohr. — Quecksilber läst sich durch Holz und Leder, Wasser durch Metall pressen (die Röhren der hydraulischen Pressen beschlagen sich aufsen mit einem feinen Tau; Versuch der Akademie zu Florenz 1661 mit einer Silberkugel). — Füllt man eine 1 m lange, an einem Ende zugeschmolzene Glasröhre zur Hälfte mit Wasser, giefst starken Weingeist bis zu einer am oberen Ende befindlichen Marke darauf, schliefst die Röhre mit dem Daumen und kehrt wiederholt um, so steht das Gemenge wohl fingerbreit tiefer als die Marke, während zugleich zahlreiche Luftblasen aufsteigen; der Weingeist ist in die Poren des Wassers eingedrungen und hat die in ihnen befindliche Luft verdrängt.

§ 8. Undurchdringlichkeit. Ist eine Stelle des Raumes mit Stoff erfüllt, so kann sich dort ein anderer Stoff nicht befinden; wo ein Körper ist, kann der andere nicht sein: die Körper sind undurchdringlich.

Einschlagen eines Nagels in die Wand. — Eingiefsen von Wasser in eine Flasche durch einen Trichter, welcher an den Hals der Flasche genau anschliefst — Taucherglocke.

Wenn ein Körper in einen anderen eindringt, z. B. Wasser in Holz, so werden lediglich die Poren ausgefüllt.

§ 9. Zusammendrückbarkeit und Ausdehnbarkeit. 1) Alle Körper lassen sich durch Druck oder Zug auf ein kleineres oder grösseres Volumen bringen. Man nimmt dabei an, dass nicht der Stoff selbst, sondern nur die Poren verkleinert oder vergrössert werden.

Zusammendrückung eines Schwammes mit der Hand; Zusammenpressung des Eisens durch Hämmern und Prägen; Ausziehung von Gummi. Über die Ausdehnung und Zusammenziehung der Körper durch Wärme und Kälte wird später das Nähere mitgeteilt werden.

Fig. 4. Senkblei.

2) Ein und dieselbe Stoffmenge kann hiernach bald einen gröfseren, bald einen kleineren Raum einnehmen; das Verhältnis zwischen der Menge des Stoffs und dem Raum, welchen er einnimmt, bezeichnet man mit dem Namen Dichte oder Dichtigkeit; Dichte ist die Stoffmenge der Volumeneinheit.

§ 10. Schwere. 1) Alle Körper haben das Bestreben, nach der Erde zu fallen: alle Körper sind schwer. Im luftleeren Raum, wo der Bewegung kein Hindernis entgegensteht, fallen alle Körper gleich schnell: alle Körper sind gleich schwer.

Als Ursache des Fallens nimmt man eine besondere Kraft, die Schwerkraft an, vermöge welcher die Erde alle in ihrer Nähe befindlichen Körper anzieht.

Die Richtung, in welcher die Körper fallen, wird vertikal oder lotrecht genannt; sie geht nach dem Mittelpunkt der Erde hin. Ein Faden, an welchem ein schwerer Körper aufgehängt ist — Senkblei — giebt die vertikale Richtung an (Fig. 4). Die vertikale Richtung steht senkrecht auf der horizontalen oder wagrechten, wie sie z. B. durch die Ebene des ruhig stehenden Wassers angegeben wird.

Das Senkblei wird beim vertikalen Aufstellen von Mauern, Thürpfosten u. s. w. benutzt.

Zum Horizontalrichten von Fensterbänken u. s. w. bedient man sich der Setzwage (Fig. 5); es ist dies ein gleichschenkliges Dreieck, an dessen Spitze ein mit einer Kugel beschwerter Faden hängt; geht der stets vertikal hängende Faden nach der Mitte der Grundlinie der Setzwage, so ist die Unterlage horizontal.

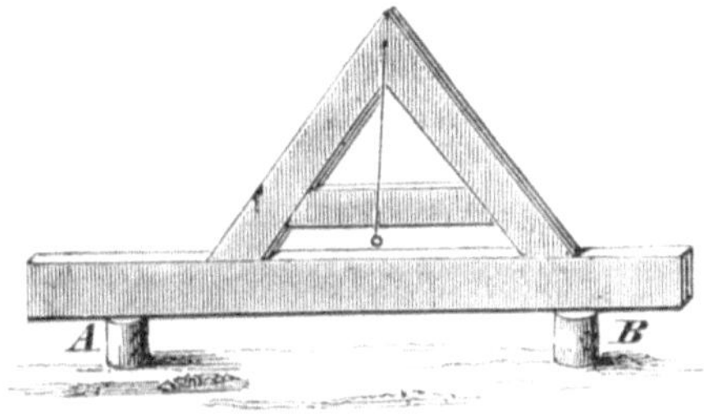

Fig. 5. Setzwage.

Alle Vertikalen (*AM, BM, CM, DM*, Fig. 6) schneiden sich im Mittelpunkt *M* der Erde; sie können nur dann als annähernd parallel angesehen werden, wenn sie nicht weit von einander entfernt sind; zwei vertikale Mauern, welche eine Meile von einander entfernt und 15 m hoch sind, stehen oben um etwa 1,5 cm weiter von einander ab als unten.

2) Alle Körper üben vermöge der Anziehung der Erde einen Druck auf ihre Unterlage aus; ist der Druck zweier Körper an derselben Stelle der Erde gleich, so sagt man, sie haben gleiche Masse. Körper von gleicher Masse setzen eine Krämerwage ins Gleichgewicht und biegen die Feder

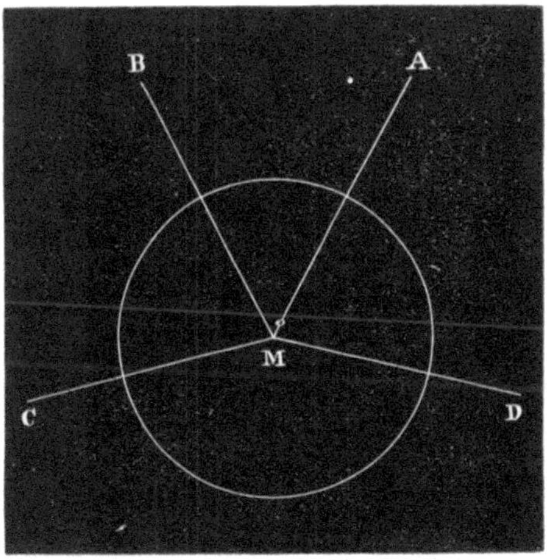

Fig. 6. Vertikale Richtung.

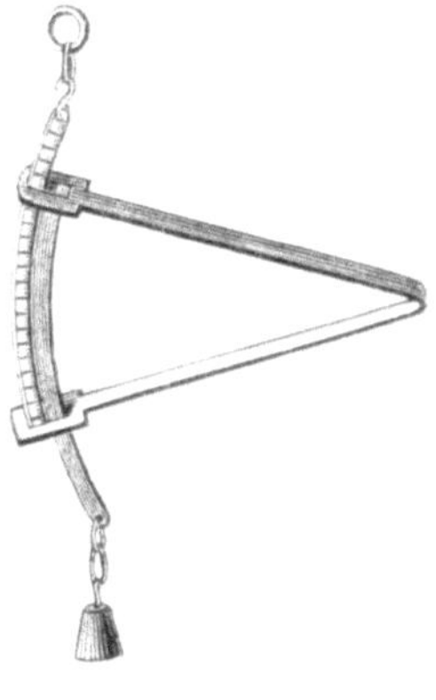
Fig. 7. Federwage u. Kraftmesser.

einer Federwage (Fig. 7) gleich stark. Als Einheit der Masse gilt das Kilogramm (kg); das Urkilogramm ist ein Platinblock, welcher in Paris aufbewahrt wird und dieselbe Masse hat, wie ein Liter Wasser im Zustand seiner gröfsten Dichtigkeit (bei 4 ^{0} C.).

1 Kilogramm (kg) = 10 Hektogramm = 100 Dekagramm = 1000 Gramm (g). 1 Gramm (g) = 10 Decigramm = 100 Centigramm = 1000

Milligramm (mg). 1 Tonne (t) = 1000 Kilogramm. Das früher gebräuchliche Gewicht war das Pfund (vergl. Tab. IV); 1 Zollpfund = $^1/_2$ Kilogramm.

3) Das Gewicht, genauer, das absolute Gewicht eines Körpers ist sein Druck auf die Unterlage; man bestimmt es mittels der Federwage; an verschiedenen Orten der Erde biegt derselbe Körper die Feder verschieden stark; das Gewicht wechselt also an den verschiedenen Orten der Erde, nicht so die Masse; gleiche Massen haben an allen Orten der Erde gleiche Gewichte.

Der Unterschied im Gewicht eines Körpers an den verschiedenen Orten der Erde ist indessen so gering, dass man gewöhnlich vom Gewicht eines Körpers ohne Angabe des Bestimmungsortes spricht.

4) Unter dem specifischen Gewichte eines Körpers versteht man die Zahl, welche angiebt, wievielmal ein Körper schwerer ist als ein gleiches Volumen Wasser (bei 4° C.); die gasförmigen Körper pflegt man mit einem gleichen Volumen Luft (nicht Wasser) zu vergleichen. Das specifische Gewicht ist also das Gewicht der Volumeneinheit, wobei das Gewicht der Volumeneinheit Wasser (oder Luft) = 1 gesetzt wird.

Siehe § 132, welcher die specifischen Gewichte der hauptsächlichsten Körper angiebt; merke in runden Zahlen die specifischen Gewichte einiger Körper.

Die Luft ist 773 mal leichter als ein gleiches Volumen Wasser; ein Liter Luft wiegt 1,293 Gramm.

§ 11. Beweglichkeit und Trägheit. Eine auf horizontaler Bahn liegende Kugel bedarf eines Anstofses, um in Bewegung zu kommen; ohne einen solchen würde sie in Ruhe verharren. Ist sie aber einmal in Bewegung, so würde sie unaufhörlich weiter rollen, wenn ihr keine Hindernisse im Wege ständen; in Wirklichkeit freilich kommt die Kugel bald wieder zur Ruhe; aber schon daran, dafs sie um so weiter läuft, je glatter die Bahn ist, erkennt man, dafs die Unebenheiten der Bahn es sind, welche die Geschwindigkeit der Kugel immer mehr vermindern: Jeder Körper verharrt in dem Zustand, sei es nun Ruhe oder Bewegung, in welchem er ist; nur durch äufsere Einwirkung (Kraft) kann der Bewegungszustand eines Körpers geändert werden: alle Körper besitzen Trägheit oder Beharrungsvermögen — erstes Gestz der Mechanik (Galilei 1564—1642).

Während einerseits kein Körper von selbst seinen Bewegungszustand ändern kann, mufs andererseits jede äufsere Kraft, wenn sonst keine Gegenwirkung stattfindet, eine Bewegungsänderung hervorbringen: alle Körper sind beweglich. Die Bewegungsänderung, welche eine Kraft an einem Körper hervorbringt, ist dieselbe, einerlei ob der Körper in Ruhe ist, oder sich bereits in Bewegung befindet — zweites Gesetz der Mechanik (Newton 1642—1727).

Gleichbleibende Bewegung der Himmelskörper. Allmähliches Aufhören vieler Bewegungen durch Reibung. Durch Menschenhand läfst sich keine Bewegung erzeugen, welche ohne ständige Anwendung einer Kraft stets dieselbe bliebe. Auch die lebenden Wesen, welche durch ihre „inneren" Kräfte nur die Lage ihrer Gliedmafsen gegen einander verändern können, würden sich ohne eine gleichzeitige äufsere Einwirkung (Reibung am Boden) nicht fortbewegen können.

c. Besondere Eigenschaften der Körper.

§ 12. Kohäsion. Die Teilchen der meisten Körper lassen sich nur schwer von einander trennen; man nimmt deshalb eine Anziehung zwischen den Molekülen derselben an, welche Kohäsion (Zusammenhangskraft) genannt wird.

Die Kohäsion ist oft aufserordentlich stark (Eisen); sie wächst rasch mit der Annäherung und nimmt ebenso mit der Entfernung der Moleküle von einander ab.

Je nach der Grösse der Kohäsion teilt man die Körper in feste, flüssige und gasförmige. Bei den letzteren ist keine Kohäsion mehr vorhanden: die geringste Menge Gas kann den gröfsten Raum ausfüllen (Tabaksdampf). Durch Erwärmung wird die Kohäsion geschwächt; die Wärme dehnt die Körper aus, so dafs sich die Moleküle von einander entfernen (Kugel und Ring). Man kann durch Erwärmung feste Körper flüssig und flüssige gasförmig machen. Die drei Zustände (fest, flüssig und gasförmig), in welchen die Körper vorkommen können, nennt man Aggregatzustände.

Weil trotz der Anziehung, welche die Moleküle der Körper aufeinander ausüben, eine Annäherung bis zur Berührung nicht stattfindet, weil ferner die Zusammenpressung eines Körpers um so mehr Kraft erfordert, je näher die Moleküle bereits aneinander sind, so mufs aufser der anziehenden Kraft noch eine abstofsende angenommen werden, welche bei der Annäherung der Moleküle in rascherem Verhältnis als die Kohäsion zu- und beim Entfernen derselben (durch Ausdehnung) ebenso in rascherem Verhältnis abnimmt. Beim Annähern der Moleküle mufs die anziehende Kraft durch eine Druckkraft und beim Entfernen der Moleküle die abstofsende durch eine Zugkraft unterstützt werden. Im gewöhnlichen Zustand halten die anziehende und abstofsende Kraft unter dem gerade herrschenden äufseren Druck (Luftdruck) einander das Gleichgewicht.

Man ist geneigt, sowohl die anziehende wie die abstofsende Kraft der Wirkung eines im ganzen Weltenraume verbreiteten äufserst feinen Stoffs, des Äthers, zuzuschreiben; der zwischen den Molekülen in ständiger Bewegung befindliche Äther übt durch den Anprall seiner Teilchen gegen die Körpermoleküle eine ausdehnende Wirkung aus, während der aufserhalb des ganzen Körpers ebenfalls in ständiger Bewegung befindliche Äther die Moleküle desfelben zusammenzustofsen sucht.

Die Stücke einer zerbrochenen Siegellackstange wollen beim Aneinanderhalten nicht aneinanderhaften, weil man die Teilchen nicht mehr nahe genug aneinander bringen kann. Macht man die Stücke weich und drückt sie gegeneinander, so haften sie wieder.

Man nimmt an, dafs die Wärme auf einer Bewegung der Teilchen des Körpers und des Äthers beruhe; bei den festen Körpern, deren Teilchen sich wegen der „Kohäsion“ nicht weit voneinander entfernen können, findet schwingende Bewegung um feste Gleichgewichtslagen statt; bei flüssigen Körpern, wo die Kohäsion schon geringer ist, können die Teilchen gleichzeitig übereinander weggleiten und bei den gasförmigen, wo alle Kohäsion fehlt, findet geradlinig fortschreitende Bewegung statt, so dafs man aufzubewahrende Gase rundum in feste Wände einschliessen muss.

§ 13. Adhäsion. Auch zwei verschiedene Körper haften aneinander und zwar um so besser, in je mehr Punkten sie sich berühren; die Anziehungskraft, welche zwischen den Teilchen verschiedener Körper herrscht, nennt man Adhäsion. (Zwei Spiegelplatten; zwei erwärmte und aufeinandergepreſste Metallplatten; Adhäsionsplattenapparat. Fig. 8.) Auch zwischen festen und flüssigen Körpern besteht Adhäsion: eine Spiegelglasplatte, horizontal auf eine Wasser- oder Quecksilberoberfläche gehalten, läſst sich nur schwer abreiſsen. Hierbei kann es vorkommen, daſs nach dem Abreiſsen noch Flüssigkeitsteilchen an der Platte hängen; in diesem Falle ist die Adhäsion der Flüssigkeit an den festen Körper gröſser als die Kohäsion der Flüssigkeitsteilchen zueinander; es ist die oberste Flüssigkeitsschicht von der darunter befindlichen abgerissen (Glas und Wasser). Bleibt keine Flüssigkeit an dem festen Körper hängen, wird er nicht benetzt, so ist die Kohäsion der Flüssigkeitsteilchen zueinander gröſser, als die Adhäsion der Flüssigkeit an den festen Körper (Glas und Quecksilber). Hieraus erklärt sich auch, warum Wasser in einem Glasgefäſs am Rande höher, Quecksilber aber tiefer steht, als in der Mitte.

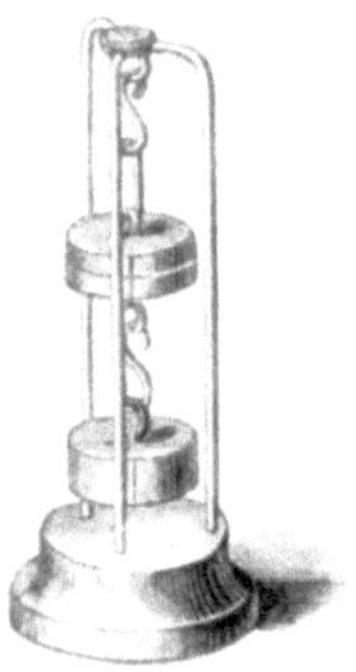
Fig. 8. Adhäsionsplattenapparat.

Auf der Adhäsion beruht das Hängenbleiben des Staubes an der Decke, des Wassers und Eises an den Fensterscheiben, des Amalgams an Glasspiegeln, der Gold- und Silberschicht beim Vergolden unedler Metalle; das Schreiben mit Bleifeder, Kreide und Tinte, das Leimen, Kitten und Löten; das Plattieren d. h. das Aufeinanderbefestigen erwärmter Metallplatten lediglich durch Zusammenpressung u. s. w. Auch Gase haften sehr stark an festen Körpern; erhitzt man Wasser in einem Glase, so werden an den Wänden rasch sich vergröſsernde Luftbläschen sichtbar; die am Glase haftende und durch die Adhäsion stark verdichtete Luft dehnt sich beim Erwärmen aus, die äuſserste Schicht Luft entfernt sich dabei so weit von dem Glas, daſs die Adhäsion teilweise oder ganz aufhört, weshalb sich die komprimierte Luft sehr stark ausdehnt und als rasch sich vergröſsernde Luftbläschen sichtbar wird.

Poröse Körper (frisch ausgeglühte Kohle, Platinschwamm) absorbieren Gase besonders stark. Hierauf beruhen auch die Hauchbilder von Moser. Legt man auf eine gut polirte Tischplatte oder auf eine mit frisch ausgeglühter Kohle abgeriebene Silberplatte ein Papier, in welchem ein Buchstabe ausgeschnitten ist, haucht darauf, nimmt das Papier weg und behaucht die Platte abermals, nachdem der erste Hauch verschwunden ist, so tritt der Buchstabe deutlich hervor, weil sich jetzt der Wasserdampf hauptsächlich an die noch nicht behaucht gewesenen Stellen ansetzt.

§ 14. Arten der festen Körper. Ein Körper heiſst hart, wenn er der Verschiebung seiner Teilchen einen groſsen Widerstand entgegensetzt; im anderen Falle ist er weich (Eisen — Wachs).

Ein Körper, welcher eine starke Formänderung verträgt, ohne in Stücke zu springen, heiſst geschmeidig (biegsam, dehnbar); im anderen Falle spröde (Kupfer — Glas).

Ein Körper, welcher seine frühere Gestalt oder sein früheres Volumen wieder einnimmt, nachdem die Kraft, welche dieselben verändert, zu wirken aufgehört hat, heiſst elastisch, im anderen Falle unelastisch (Stahl — Blei).

Jeder Körper ist bis zu einem gewissen Grad elastisch; der höchste Grad der Gestalt- oder Volumenänderung, die ein Körper, ohne dauernde Umformung zu erleiden, verträgt, nennt man seine Elasticitätsgrenze.

Die Beschaffenheit eines Körpers hängt wesentlich von der Bereitung und Behandlung desselben ab; mehrfach geglühter Eisendraht ist weich; gehämmert oder glühend in Wasser abgelöscht, wird er hart; in ähnlicher Weise kann man Stahl sowohl glashart, als im höchsten Grad biegsam herstellen. Glühend in Wasser abgelöschtes Glas wird sehr spröde: Glasthränen, Bologneser Fläschchen; in feine Fäden ausgezogen, ist es höchst elastisch: Brochen und Kleider aus Glasfäden. Werden Glasgefäfse, noch warm, längere Zeit in heifsem Oel gehalten, so verlieren sie sehr an Sprödigkeit — unzerbrechliches Glas.

Viele Körper zeigen regelmässige Formen — Krystalle; die kleinsten Stücke, in welche man solche Körper zerschlagen kann, zeigen dieselbe Krystallgestalt, welche das Resultat der nach bestimmten Gesetzen wirkenden Molekularkräfte ist. Ist die Anordnung der Teilchen überall dieselbe, hat der Körper durchweg gleiche Struktur, so heifst er isotrop; im anderen Fall anisotrop (Wasser — Holz). Ist bei einem Körper Stoff und Struktur überall gleich, so ist er homogen, im anderen Fall heterogen.

Sprungfedern; Wagenfedern; Federn zum Verschluss von Dintenfässern; Uhrfedern; Feder in den Moderateurlampen. Federwagen; Kraftmesser (Fig. 7); die Federwage wird geeicht, indem man 1, 2, 3 . . . kg nach der Reihe an den (unteren) Haken des einen Bogens hängt und die Stellen des anderen Bogens mit 1, 2, 3,... bezeichnet, welche eben aus dem Schlitz in der winkelförmigen Feder hervorsehen. Hängt man das Gewicht vom Haken ab und zieht an demselben, bis der 8. Teilstrich des geteilten Bogens aus der Winkelfeder hervorsieht, so ist die Zugkraft gleich 8 kg.

§ 15. Besondere Eigenschaften flüssiger und gasförmiger Körper. Die Teilchen flüssiger Körper lassen sich mit Leichtigkeit verschieben, bleiben aber doch gern in rundlichen Tropfen beisammen, woraus hervorgeht, dafs immerhin noch eine, wenn auch geringe Kohäsion vorhanden ist — tropfbar flüssig. Auch die gasförmigen Körper können als flüssige bezeichnet werden, da ihre Teilchen ebenfalls leicht auseinanderfliefsen und zwar schon ohne Anwendung einer äufseren Kraft (§ 12); ihre Teilchen entfernen sich soweit wie möglich von einander, was bei tropfbarflüssigen Körpern nicht der Fall ist; die ersteren haben weder eine bestimmte Gestalt, noch ein bestimmtes Volumen, die letzteren behalten ihr Volumen bei, ändern aber ihre Gestalt, je nach dem Gefäfs, in welches man sie bringt, während feste Körper sowohl eine bestimmte Gestalt, als ein bestimmtes Volumen besitzen.

Die tropfbarflüssigen Körper lassen sich nur bei Anwendung sehr grofser Kräfte einigermafsen zusammenpressen und können deshalb geringeren Druckkräften gegenüber als unzusammendrückbar (inkompressibel) angesehen werden. Gasförmige Körper aber verringern schon merklich ihr Volumen, selbst kleinen Druckkräften gegenüber; sie ziehen sich innerhalb sehr weiter Grenzen dem Druck genau proportional zusammen und dehnen sich wieder auf ihr früheres Volumen aus, wenn der Druck auf die frühere Gröfse zurückgeht; die gasförmigen Körper sind also im höchsten Grad elastisch, weshalb man sie auch elastisch-flüssig nennt. Doch kommt die Eigenschaft der Elasticität auch den tropfbarflüssigen Körpern zu, nur ist die Zusammenziehung bei geringeren Druckkräften schwer bemerkbar.

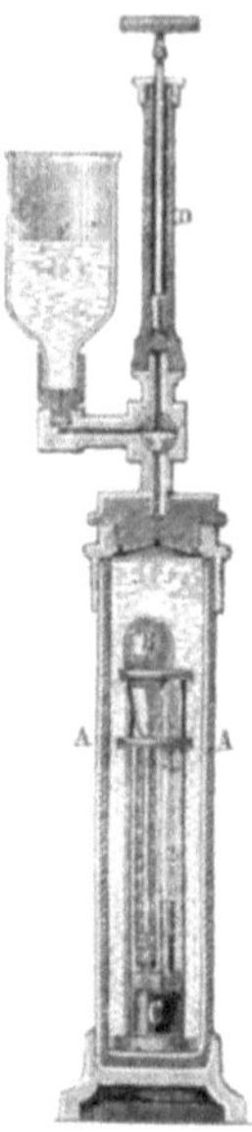

Fig. 9. Piëzometer.

Die Gesetze der Elasticität und Festigkeit siehe § 101.

Dafs die Flüssigkeiten bei starkem Druck sich immerhin etwas zusammendrücken lassen, wird mit Hilfe des „Piëzometers" (Fig. 9) nachgewiesen. Dasselbe besteht aus einem weiten, starken Glascylinder AA, auf welchem sich eine engere Metallröhre D aufschrauben läfst; in dieser befindet sich ein Kolben, welcher beim Abwärtsbewegen einen Druck auf die im Innern befindliche Flüssigkeit ausübt. In dem Cylinder AA steht ein Quecksilbergefäfs, in welches die lange, eingeteilte Röhre eines mit der zu komprimierenden Flüssigkeit gefüllten Gefäfses B, sowie das offene Ende einer eingeteilten, mit Luft gefüllten Glasröhre eintaucht.

Man wird alsdann bemerken, wie wenig sich das Wasser im Verhältnis zur Luft bei demselben Druck komprimiert. Zahlenangaben hierüber beim Mariotteschen Gesetz.

I. Mechanik.

A. Mathematische Bewegungslehre — Phoronomie.

§ 16. Mathematische und physische Bewegungslehre. Die Mechanik ist die Lehre von dem Bewegungszustande der Körper.

Man unterscheidet eine rein mathematische und eine physische Bewegungslehre; die erstere, auch Phoronomie genannt, sieht von den Ursachen der Bewegung, sowie von der Materie der bewegten Körper, welche bei der letzteren mit in Betracht gezogen werden, vollkommen ab, und befaſst sich nur mit den verschiedenen Arten der Bewegung und der Gestalt der Bahnen der bewegten Körper.

§ 17. Ruhe und Bewegung. Wenn ein Körper gegen einen anderen seinen Ort nicht verändert, so sagt man, er sei in Bezug auf diesen, also relativ in Ruhe; ob ein Körper absolut in Ruhe ist, d. h. ob er überhaupt seinen Ort im Raume nicht verändert, läſst sich nicht feststellen.

Wenn ein Körper in Bezug auf einen anderen seinen Ort verändert, so ist er in Bewegung; ist der zweite Körper in Ruhe, so nennt man die Bewegung des ersten absolut, im anderen Falle relativ. Eine relative Bewegung wird scheinbar genannt, wenn ein Beobachter, welcher sich selbst als ruhend ansieht, die Bewegung eines anderen Körpers auf sich bezieht; nicht selten geschieht dies mit dem Bewuſstsein, daſs hier keine Thatsache, sondern ein Schein vorliegt, indem in Wirklichkeit der Beobachter in Bewegung und der beobachtete Körper in Ruhe sich befindet.

Unter der Bahn eines Körpers, welche geradlinig oder krummlinig sein kann, versteht man die Gesamtheit der Orte im Raume, welche ein bewegter Körper nach der Reihe einnimmt.

Es giebt im wesentlichen zwei Bewegungsarten, die fortschreitende und die drehende; bei der ersteren beschreiben alle Punkte eines Körpers parallele und gleiche Bahnen, bei der letzteren Kreise um eine mit dem Körper festverbundene Gerade (Achse). Ändert die Achse während der Bewegung ihre Lage, so wird die Bewegung fortschreitend und drehend zugleich. Über die Einteilung der Bewegungen, welche auf der Vergleichung der Gröſse des zurückgelegten Weges mit der darauf verwandten Zeit beruht, wird in den nächsten Paragraphen das Nötige gesagt werden.

§ 18. Freier und unfreier Punkt; starres System. Ein Punkt heifst frei oder freibeweglich, wenn er nach allen Richtungen hin ungehindert sich bewegen kann.

Ein Punkt heifst unfrei oder fest, wenn er seinen Ort nicht verändern kann (Drehpunkt der Kurbel). Es giebt aber auch nur teilweise freie Punkte, d. h. solche, welche sich nur nach gewissen Richtungen hin — auf vorgeschriebenen Bahnen — bewegen können (Pendel).

Sind eine Anzahl Punkte so mit einander verbunden, dafs sie sich weder einander nähern, noch von einander entfernen können, wie dies z. B. annähernd bei festen Körpern der Fall ist, so nennt man die Gesamtheit dieser Punkte ein starres System. Auch ein starres System kann frei oder fest oder teilweise frei sein.

Die Punkte eines starren Systemes nennt man festverbunden.

Wenn in der Folge von einem „Körper" ohne weitere Bezeichnung die Rede ist, so ist damit stets ein freibewegliches, starres System gemeint.

§ 19. Gleichförmige Bewegung. Legt ein Körper in gleichen Zeiten stets gleiche Wege zurück, so heifst seine Bewegung gleichförmig, im anderen Falle ungleichförmig. Der Weg, den ein gleichförmig bewegter Körper in einer Sekunde zurücklegt, wird Geschwindigkeit genannt.

Ist c die Geschwindigkeit (in Metern) und s der Weg eines Körpers in t Sekunden, so gilt:

$$s = c \cdot t,$$

woraus:

$$c = \frac{s}{t} \text{ und } t = \frac{s}{c}.$$

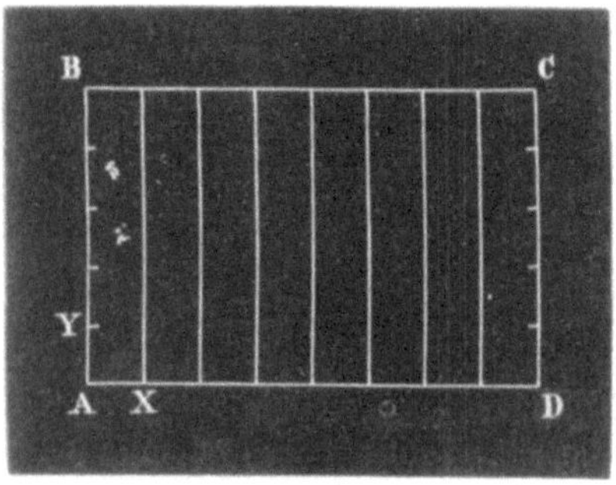

Fig. 10. Graphische Darstellung des Weges bei der gleichförmigen Bewegung.

Geometrisch läfst sich der Weg nach irgend einer Zeit durch ein Rechteck ausdrücken, dessen eine Seite die Zeit und die andere die Geschwindigkeit ist (graphische Darstellung); in Fig. 10 giebt z. B. das Rechteck $ABCD$ den Weg an, welcher in 8″ mit der Geschwindigkeit AB ($=5\,m$) zurückgelegt wird; dabei stellen die beliebig gewählten Strecken AX und AY bezüglich die Einheiten der Zeit (1″) und der Geschwindigkeit (1 m) vor.

Die auf AD Senkrechten stellen die (gleichbleibenden) Geschwindigkeiten in den verschiedenen Zeiten vor; die Linie BC, welche durch die Endpunkte der die Geschwindigkeiten vorstellenden Senkrechten geht und die wir Geschwindigkeitslinie nennen wollen, ist hier eine zur Zeitlinie AD parallele Gerade.

Geschwindigkeiten verschiedener Körper:

Eine Schnecke	0,0016 m
Ein Fufsgänger	1,7 „
Ein Pferd im Schritt	1,2 „
Ein Pferd im Galopp	5 „
Ein Postwagen	3 „

Ein gewöhnlicher Eisenbahnzug . . .	7—8	m
Ein Schnellzug.	14	„
Ein Adler	30	„
Der Schall	333	„
Ein Punkt am Äquator.	430	„
Eine Büchsenkugel	400	„
Das Licht.	42000	Meilen.
Die Elektricität.	62000	„
Der Mond auf seiner Bahn um die Erde	$^1/_7$—$^1/_8$	„
Die Erde auf ihrer Bahn um die Sonne.	$4^1/_4$	„

Aufgabe 1. Wieviel Meter legt ein Schnellzug in 15 Minuten zurück?

Aufgabe 2. Wie grofs ist die Geschwindigkeit eines Pferdes, welches 1 km in 6 Minuten und 10 Sekunden zurücklegt?

Aufgabe 3. In wieviel Zeit legt die Erde eine Strecke zurück, welche gleich dem Äquator der Erde (5400 Mln.) ist?

§ 20. Gleichmäfsig veränderte Bewegung. 1) Eine Bewegung heifst gleichmäfsig verändert, wenn die Geschwindigkeit in gleichen Zeiten um gleichviel zu- oder abnimmt, und zwar nennt man die Bewegung im ersten Falle gleichmäfsig beschleunigt, im anderen gleichmäfsig verzögert.

Die (stets gleichbleibende) Zu- oder Abnahme an Geschwindigkeit in der Sekunde wird positive oder negative Acceleration — Beschleunigung oder Verzögerung genannt.

Verschiedene gleichmäfsig veränderte Bewegungen unterscheiden sich lediglich durch die Gröfse der Acceleration.

2) Da die Geschwindigkeit bei einer gleichmäfsig beschleunigten Bewegung in jeder Sekunde um gleichviel zunimmt, so ist, wenn p die Acceleration und v die Geschwindigkeit nach t Sekunden — die sogen. Endgeschwindigkeit — bedeutet:

$$v = pt. \tag{1}$$

3) Was nun den Weg nach t Secunden angeht, so ist er, wegen des gleichmäfsigen Anwachsens der Geschwindigkeit, derselbe, als wenn der Körper mit dem arithmetischen Mittel aus der Anfangs- und Endgeschwindigkeit während derselben Zeit gleichmäfsig sich bewegt hätte.

Ist die Anfangsgeschwindigkeit o, und die Endgeschwindigkeit v, so ist das arithmetische Mittel aus Anfangs- und Endgeschwindigkeit $= \frac{o + v}{2}$ $= \frac{1}{2} v$ und deshalb der Weg nach t Sekunden bei gleichförmiger Bewegung:

$$s = \tfrac{1}{2}\, v \,.\, t. \tag{2}$$

Dafs dieser Wert den Weg der gleichmäfsig beschleunigten Bewegung angiebt, läfst sich folgendermafsen erweisen: Eine gleichmäfsig veränderte Bewegung kann nämlich als eine Aufeinanderfolge gleichförmiger Bewegungen aufgefafst werden, indem man annimmt, dafs innerhalb sehr kleiner Zeitteilchen, in welche man sich die Gesamtdauer der Bewegung zerlegt denkt, die Geschwindigkeit gleichbliebe und nur am Ende jedes Zeitteilchens plötzlich je um ein gleiches Stück wüchse.

Teilt man die Zeit t in sehr viele (n) gleiche Teile τ und ist v die Endgeschwindigkeit nach t Sekunden, so betragen die Geschwindigkeiten am Ende der einzelnen Zeitteilchen der Reihe nach:

$$\frac{1}{n} v, \quad \frac{2}{n} v, \quad \frac{3}{n} v \; \ldots\ldots \; \frac{n}{n} v,$$

folglich die Wege in den einzelnen Zeitteilchen, wenn man annimmt, dass die Geschwindigkeit am Ende jedes Zeitteilchens während der ganzen Dauer desselben stattgehabt habe:

$$\frac{1}{n} v \tau, \quad \frac{2}{n} v \tau, \quad \frac{3}{n} v \tau \; \ldots\ldots \; \frac{n}{n} v \tau.$$

Wenn man aber annimmt, daſs die Geschwindigkeit am Anfang jedes Zeitteilchens während der ganzen Dauer desselben stattgehabt hätte, so gilt für die Wege:

$$\frac{0}{n} v \tau, \quad \frac{1}{n} v \tau, \quad \frac{2}{n} v \tau \; \ldots\ldots \; \frac{n-1}{n} v \tau.$$

Der Gesamtweg s_1 ist im ersten Falle:

$$s_1 = (1 + 2 + 3 + \ldots\ldots + n) \frac{1}{n} v \tau,$$

und im zweiten:

$$s_2 = (0 + 1 + 2 \; \ldots\ldots \; + n - 1) \frac{1}{n} v \tau.$$

Der wirkliche Weg s fällt zwischen diese beiden.

Gemäſs der Summenformel für eine arithmetische Reihe ist aber:

$$s_1 = \frac{n+1}{2} v \tau \text{ und } s_2 = \frac{n}{2} v \tau.$$

Da n sehr groſs, so kann n statt $n + 1$ oder statt $n - 1$ gesetzt werden, und bedenkt man noch, daſs $\tau = \frac{t}{n}$, so ergiebt sich:

$$s_1 = s_2 = \tfrac{1}{2} v t.$$

Da für $n = \infty$ die beiden Grenzen s_1 und s_2 mit s zusammenfallen, so ist auch:

$$s = \tfrac{1}{2} v t.$$

Aus (1) und (2) leitet sich ab:

$$s = \tfrac{1}{2} p t^2. \tag{3}$$

Diese Gleichung besagt:

Die Wege nach irgend viel Sekunden verhalten sich wie die Quadrate der Zeiten.

Besonders bemerkenswert ist noch, daſs der Weg in der ersten Sekunde gleich der halben Acceleration ist (Setze in (3) $t = 1$).

4) Nach $(t - 1)$ Sekunden ist der Weg:

$$\tfrac{1}{2} p (t - 1)^2. \tag{4}$$

Zieht man diesen Weg von dem Weg nach t Sekunden ab, so erhält man als Ausdruck für den Weg innerhalb der t^{ten} Secunde:

$$\tfrac{1}{2} p \cdot (2t - 1), \tag{5}$$

d. h. die Wege in den einzelnen Sekunden verhalten sich wie die ungeraden Zahlen.

Eine der wichtigsten gleichmäſsig beschleunigten Bewegungen ist, wie später erwiesen werden wird, der freie Fall der Körper; die Beschleunigung bei demselben beträgt 9,81 m, oder 30,2 pariser, oder 31,25 preuſs. Fuſs; sie wird stets mit g bezeichnet. Die beiden Grundformeln für den freien Fall würden also lauten:

$$v = gt$$

und

$$s = \tfrac{1}{2}gt^2.$$

Aus diesen beiden Gleichungen erhält man:

$$v^2 = 2gs. \qquad (6)$$

Die Endgeschwindigkeit $v = pt$ bei der gleichmäſsig beschleunigten Bewegung läſst sich graphisch durch ein Rechteck darstellen, dessen eine Seite die Acceleration und dessen andere Seite die Zeit vorstellt; der Weg $s = \frac{1}{2}vt$ dagegen ist gleich dem Inhalt eines rechtwinkeligen Dreieckes ABC (Fig. 11) dessen eine Kathete AB die Zeit und dessen andere Kathete BC die Endgeschwindigkeit ist; oder aber als ein Rechteck, dessen eine Seite die Zeit und dessen andere Seite die mittlere Geschwindigkeit $\frac{v}{2}$ ist. — Teilt man die Zeit AB in viele gleiche Teile (hier sind nur 6 angenommen), so geben die über das Dreieck hinausgreifenden Rechtecke $ADKI$, $DEML$, $EFPN$, $FGRQ$, $GHST$ und $HBCU$ die Wege an, welche innerhalb jedes Zeitteilchens mit der Geschwindigkeit je am Ende und die entsprechenden inneren Rechtecke die Wege, welche innerhalb jedes Zeitteilchens mit der Geschwindigkeit je am Anfang derselben in gleichförmiger Bewegung zurückgelegt würden. Die Summen beider Reihen von Rechtecken nähern sich einander und dem Inhalt des Dreiecks ABC um so mehr, je kleiner die einzelnen Zeitteilchen sind, d. h. in je mehr Teile die ganze Zeitdauer geteilt wird.

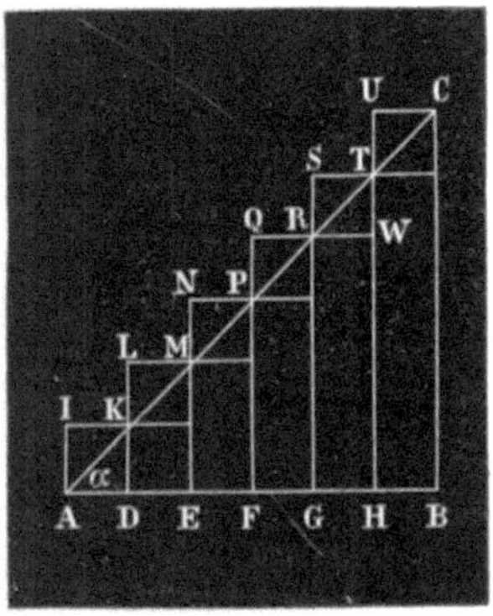

Fig. 11. Graphische Darstellung des Weges bei der gleichmäſsig beschleunigten Bewegung.

Die Geschwindigkeitslinie (§ 19) bei der gleichmäſsig beschleunigten Bewegung ist eine Gerade AC (Fig. 11), welche mit der Zeitlinie (Abscessenlinie) AB einen spitzen Winkel α bildet. Die Senkrechten DK, EM... auf der Zeitlinie (Ordinaten) stellen die Geschwindigkeiten am Ende der einzelnen Sekunden vor; ferner ist TW die constante Acceleration, wenn GH eine Sekunde bedeutet; bedeutet GH irgend eine andere Zeit, so ist:

$$p = \frac{TW}{GH} = tg\,\alpha.$$

Bei der gleichmäſsig verzögerten Bewegung ist die Geschwindigkeitslinie eine Gerade, welche mit der Zeitlinie (nach der gewöhnlichen Drehungsrichtung) einen stumpfen Winkel bildet. — Zeichnung!

§ 21. Aufgaben über die gleichmäſsig beschleunigte Bewegung.

1) Die Beschleunigung beträgt 0,25 m, wie groſs ist die Endgeschwindigkeit und der Weg nach 18 Sekunden?

2) Der Weg beträgt nach 6 Sekunden 72 m, wie groſs ist der Weg in der ersten Sekunde?

3) Wie grofs ist die Endgeschwindigkeit, wenn ein Körper 78,48 m frei durchfallen hat?

4) Wie grofs ist der Weg in der fünften Sekunde, wenn die Beschleunigung 0,5 m beträgt?

5) Wie grofs ist die Beschleunigung, wenn ein Körper innerhalb 8 Sekunden die Geschwindigkeit 24 m erlangt hat?

6) Wie grofs ist die Beschleunigung, wenn ein Körper innerhalb 8 Sekunden den Weg 96 m zurückgelegt hat?

7) Wie grofs ist die Beschleunigung, wenn ein Körper, nachdem er den Weg 18 m zurückgelegt, die Geschwindigkeit 6 m erlangt hat?

8) Wie lange mufs ein Körper frei fallen, um die Geschwindigkeit 39,24 m zu erlangen.

9) Wie lange mufs ein Körper frei fallen, um den Weg 78,48 m zurückzulegen?

10) Zwei gleichförmig beschleunigte Körper haben die Beschleunigungen 0,25 und 0,30 m; in welchem Verhältnis müssen die Zeiten stehen, wenn gleiche Wege zurückgelegt werden sollen?

11) Nachdem zwei Körper sich mit den Beschleunigungen p und p' gleich lange Zeit bewegt, hat der erste eine Geschwindigkeit erlangt, welche gleich dem zurückgelegten Wege des zweiten ist; in welchem Verhältnis steht die Beschleunigung des ersten zu der des zweiten?

§ 22. Ungleichmäfsig veränderte Bewegung. Bei einer ungleichmäfsig veränderten Bewegung ist im allgemeinen sowohl die Geschwindigkeit als auch die Acceleration in jedem Augenblicke eine andere; man kann deshalb auch nicht von Geschwindigkeit oder Beschleunigung überhaupt, sondern nur in bestimmten Momenten reden.

Unter Geschwindigkeit bei der ungleichmäfsig veränderten Bewegung in einem bestimmten Augenblicke versteht man den Weg, welchen der Körper zurücklegen würde, wenn er sich mit der in diesem Augenblicke stattfindenden Geschwindigkeit eine Sekunde lang gleichförmig fortbewegte; und unter Acceleration in einem bestimmten Augenblicke die Geschwindigkeitsänderung, welche sich ergeben würde, wenn der Körper mit der im ersten unendlich kleinen Bruchteil der folgenden Sekunde geltenden Geschwindigkeitsänderung eine Sekunde lang in gleichmäfsig veränderter Bewegung weiter ginge.

Ist die Geschwindigkeitszunahme in der sehr kleinen Zeit $\tau = \frac{1}{n}$ Sek. nach einem gewissen Augenblicke gleich φ, so ist die Acceleration in diesem Augenblicke $n\varphi$ oder $\frac{\varphi}{\tau}$.

Bewegt sich der Körper auf einer Kurve, so giebt die Berührende an irgend einem Punkte der Bahn die Richtung der in diesem Punkte stattfindenden Geschwindigkeit an.

Vielfach spricht man auch von mittlerer Geschwindigkeit und versteht darunter das arithmetische Mittel aus den verschiedenen Geschwindigkeiten, welche innerhalb einer gewissen Zeit stattfinden; bewegt sich ein Körper mit der mittleren Geschwindigkeit innerhalb dieser Zeit gleichförmig fort, so legt er denselben Weg zurück, wie bei der ungleichmäfsig veränderten Bewegung. Um den Weg bei der ungleichmäfsig veränderten Bewegung zu finden, denkt man sich die Zeit in sehr viele kleine Teile geteilt, nimmt innerhalb jedes Zeitteilchens die Bewegung als gleichförmig an und bildet die Summe aus den Produkten der Zeitteilchen mit den zugehörigen Geschwindigkeiten.

Unter den ungleichmäfsig veränderten Bewegungen ist eine besonders bemerkenswert, die periodische. Bei ihr kehrt, wie dies namentlich bei den oscillierenden oder schwingenden Bewegungen stattfindet, immer nach derselben Zeit derselbe Bewegungszustand wieder (Pendel).

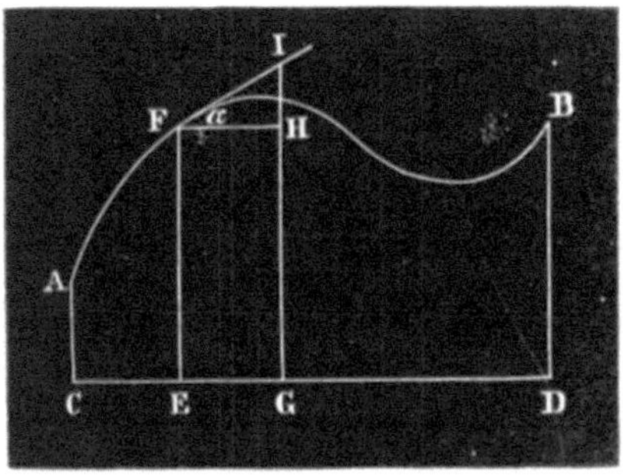

Fig. 12. Ungleichmäfsig veränderte Bewegung.

Die Geschwindigkeitslinie AB (Fig. 12) bei der ungleichmäfsig veränderten Bewegung ist eine Kurve; der Weg innerhalb der durch die Strecke CD angegebenen Zeit ist die Fläche $CABD$.

Die Acceleration zur Zeit E wird gefunden, wenn man im zugehörigen Punkt F der Geschwindigkeitslinie eine Berührende an diese und eine Parallele FH mit der Zeitlinie CD zieht; bedeutet EG eine Sekunde und zieht man von G eine Senkrechte GHI auf CD, so ist IH die Acceleration im Punkte F (d. h. zur Zeit E), oder allgemeinen:

$$p = \frac{IH}{EG} = tg\alpha.$$

Aufgabe. Ein Wagen geht zuerst 6 Minuten mit 0,5 m Geschwindigkeit, dann 4 Minuten mit 0,75 m Geschwindigkeit, dann 5 Minuten mit 0,60 m Geschwindigkeit und schliefslich 8 Minuten mit 0,85 m Geschwindigkeit; wie grofs ist der Gesamtweg und die mittlere Geschwindigkeit?

§ 23. Drehende Bewegung. Die bisher entwickelten Gesetze der gleichförmigen und der veränderten Bewegung gelten sowohl für fortschreitende als für drehende Bewegung, namentlich wenn es sich nur um die Bewegung eines einzigen Punktes handelt. Bei ganzen Körpern tritt insofern eine Verschiedenheit ein, als bei der fortschreitenden Bewegung alle Punkte gleiche und parallele Bahnen beschreiben, während bei der drehenden die einander parallelen Kreisbahnen der einzelnen Punkte den Entfernungen derselben von der Achse proportional sind. Gleichbleibend aber sind für alle Punkte eines rotierenden Körpers die Winkel, welche die Abstandslinien der Punkte von der Achse innerhalb derselben Zeit beschreiben.

Setzen wir eine drehende Bewegung als gleichförmig voraus, so ist zwar die Geschwindigkeit der einzelnen Punkte nicht dieselbe, sie läfst sich aber leicht angeben, wenn man die Geschwindigkeit eines Punktes im Abstand 1 von der Achse — die sogenannte Winkelgeschwindigkeit — kennt; nennen wir diese ω, so ist die Geschwindigkeit c eines Punktes im Abstand r von der Achse $= r\omega$.

Andererseits kann man die Winkelgeschwindigkeit aus der Zahl n der Umdrehungen in der Minute ableiten:

Es ist $$\omega = \frac{2\pi n}{60}, \text{ woraus } c = \frac{2\pi n r}{60}.$$

Aufgabe 1. Die Erde dreht sich in 24 Stunden einmal um ihre Achse; wie grofs ist die Winkelgeschwindigkeit, d. h. die Geschwindigkeit eines Punktes in der Entfernung 1 m vom Mittelpunkt?

Aufgabe 2. Ein Körper macht 8 Umdrehungen in der Minute; wie grofs ist seine Winkelgeschwindigkeit und wie grofs ist die Geschwindigkeit eines Punktes, welcher 0,25 m von der Drehungsachse entfernt ist?

Aufgabe 3. Wieviel Zeit (Minuten) braucht ein Körper zu 6 Umdrehungen, wenn seine Winkelgeschwindigkeit 0,15 m beträgt?

Aufgabe 4. In wieviel Sekunden hat sich ein Körper, dessen Winkelgeschwindigkeit 1,5 m beträgt, einmal umgedreht?

§ 24. Zusammensetzung der Bewegungen, Geschwindigkeiten und Accelerationen. Die Bewegung, welche ein Körper macht, ist nicht selten das Resultat mehrerer Bewegungen, denen er gleichzeitig zu folgen gezwungen ist; ein sich bewegender Körper kann z. B. mit einem anderen derart verbunden sein, dafs er zwar seine eigene Bewegung ungehindert auszuführen vermag, gleichzeitig aber die Bewegung des anderen mitmachen mufs; ein Mensch, welcher auf der Erde geht, macht gleichzeitig die fortschreitende und drehende Bewegung der Erde mit; aus noch mehr Bewegungen ist die einer Kugel zusammengesetzt, welche über das Verdeck eines fahrenden Schiffes, auf das Strom und Wind einwirken, rollt.

Die Bewegung, welche ein von mehreren Bewegungen gleichzeitig ergriffener Körper ausführt, heifst resultierende Bewegung und die einzelnen Bewegungen selbst Seitenbewegungen, Komponenten oder Komposanten. Die resultierende Bewegung aus den Komponenten finden, heifst die Komponenten zusammensetzen.

Umgekehrt kann man auch eine Bewegung in mehrere zerlegen, d. h. für eine Bewegung mehrere setzen, welche in derselben Zeit dieselbe Ortsveränderung bewirken, wie diese.

Die Zusammensetzung der Bewegungen stützt sich auf das Prinzip von der Unabhängigkeit der Bewegungen, welches besagt, dafs keine Bewegung von der anderen gestört wird, oder: in der resultierenden Bewegung findet sich ein Körper nach irgend einer Zeit um ebensoviel von seinem ursprünglichen Orte verschoben, wie er verschoben werden würde, wenn er ebensolang jeder der Einzelbewegungen nach der Reihe folgte. Seien *B*, *C*, *D* und *E* (Fig. 13) die Orte, an welchen ein von vier Bewegungen gleichzeitig ergriffener Körper von *A* aus in der Zeit *t*, einerlei ob auf gerad- oder krummliniger Bahn, mit gleichbleibender oder beliebig wechselnder Geschwindigkeit gelangen würde, wenn er den vier Bewegungen einzeln folgte, so findet man den Ort *H*, wo der Körper in der resultierenden Bewegung in der Zeit *t* ankommt, wenn man ihn erst von *A* nach *B* gehen läfst, dann von

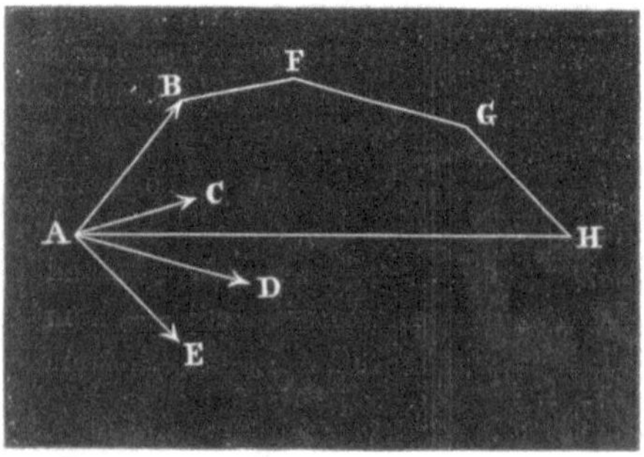

Fig. 13. Polygon der Geschwindigkeiten.

B nach F, wo $BF \# AC$, dann von F nach G, wo $FG \# AD$ und schliefslich von G nach H, wo $GH \# AE$. Dabei kann die Bahn, auf welcher der Körper in der resultierenden Bewegung von A nach H gelangt gerad- oder krummlinig und die Geschwindigkeit gleichbleibend oder veränderlich sein.

Die Figur $ABFGH$ heifst das Polygon der Bewegungen.

Die Linie AH kann ferner die Richtung und Gröfse der Geschwindigkeit in der resultierenden Bewegung in einem gewissen Augenblicke bedeuten, wenn AB, AC, AD und AE die Richtungen und Gröfsen der Geschwindigkeiten in den Einzelbewegungen in eben diesem Augenblicke bedeuten. — Polygon der Geschwindigkeiten. In dem speziellen Fall, wo alle Bewegungen in derselben Geraden erfolgen, ist die resultierende Geschwindigkeit die algebraische Summe der Seitengeschwindigkeiten.

Ebenso läfst sich diese Konstruktion auf Accelerationen (welche gleich den doppelten Wegen in der ersten Sekunde sind) anwenden — Polygon der Accelerationen.

§ 25. Parallelogramm und Parallelepiped der Geschwindigkeiten.

1) Sind zwei Geschwindigkeiten $AB = c_1$ und $AC = c_2$ (Fig. 14) zu kombinieren, so ist die resultierende Geschwindigkeit c gleich der Diagonale AD des Parallelogrammes, welches man aus den Geschwindigkeiten AB und AC konstruieren kann — Parallelogramm der Geschwindigkeiten. Denn läfst man den Körper erst eine Sekunde lang der Geschwindigkeit c_1 folgen, so gelangt er von A nach B, und wenn er alsdann eine Sekunde lang der Geschwindigkeit c_2 folgt, so kommt er von B nach D, wo $BD \# AC$.

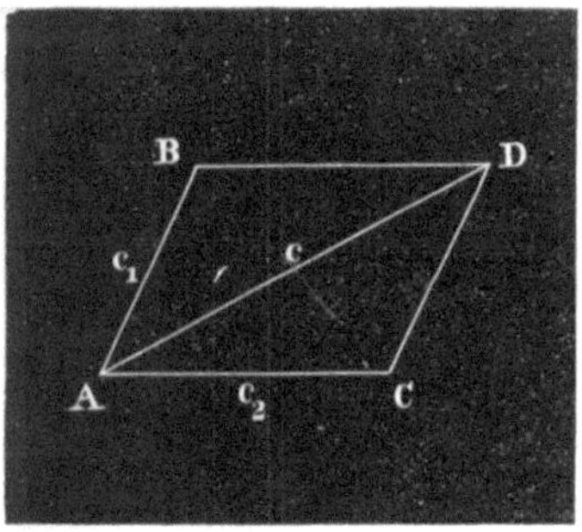

Fig. 14. Parallelogramm der Geschwindigkeiten.

Ist aufser c_1 und c_2 der Winkel c_1, c_2 gegeben, so folgt für die Gröfse der resultierenden Geschwindigkeit:

$$c = \sqrt{c_1^2 + c_2^2 + 2\,c_1\,c_2 \cos(c_1, c_2)},$$

und für die Lage von c:

$$\sin(c, c_1) = \frac{c_2 . \sin(c_1, c_2)}{c}, \text{ sowie } \sin(c, c_2) = \frac{c_1 . \sin(c_1, c_2)}{c}.$$

2) Hat ein Körper in einem gewissen Augenblicke drei Geschwindigkeiten c_1, c_2, c_3 nach den Richtungen MA, MB, ME (Fig. 15), so kann man die drei Geschwindigkeiten entweder nach dem allgemeinen Verfahren (§ 24), oder derart zusammensetzen, dafs man erst die Diagonale MD des Parallelogrammes aus c_1 und c_2 konstruiert und dann wieder $MD = c'$, mit c_3 zusammensetzt, indem man das Parallelogramm $MEFD$ bildet; die Diagonale MF ist dann die Gesamtresultierende c aus c_1, c_2 und c_3.

Die Resultierende c ist die Diagonale des Parallelepipeds aus den drei gegebenen Geschwindigkeiten; denn EF ist ⌗ MD und deshalb die Diagonale der oberen Grundfläche des Parallelepipeds; und da M und F gegenüberliegende Ecken der zwei Grundflächen sind, so ist MF die Diagonale des aus c_1, c_2 und c_3 konstruierten Parallelepipeds — Parallelepiped der Geschwindigkeiten.

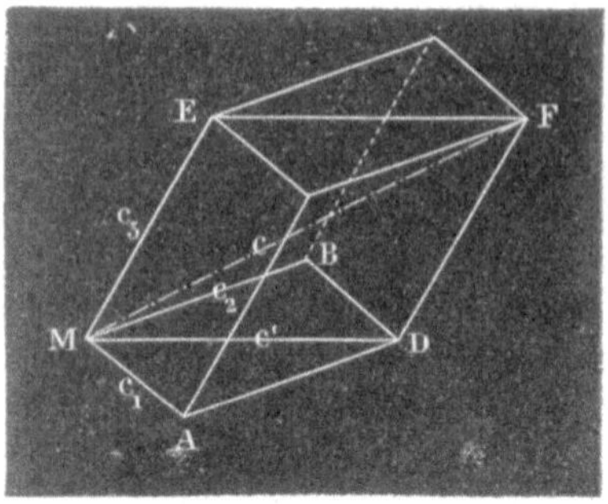

Fig. 15. Parallelepiped der Geschwindigkeiten.

Stehen die gegebenen Geschwindigkeiten aufeinander senkrecht, so ist:

$$c' = \sqrt{c_1^2 + c_2^2}$$

und

$$c = \sqrt{c'^2 + c_3^2},$$

woraus:

$$c = \sqrt{c_1^2 + c_2^2 + c_3^2}. \qquad (1)$$

Ferner ist:

$$\cos(c, c_1) = \frac{c_1}{c}; \qquad \cos(c, c_2) = \frac{c_2}{c}; \qquad \cos(c, c_3) = \frac{c_3}{c}.$$

Hieraus folgt:

$$\cos^2(c, c_1) + \cos^2(c, c_2) + \cos^2(c, c_3) = \frac{c_1^2 + c_2^2 + c_3^2}{c},$$

woraus mit Berücksichtigung von (1):

$$\cos^2(c, c_1) + \cos^2(c, c_2) + \cos^2(c, c_3) = 1.$$

Aufgabe. Ein Körper hat zwei Geschwindigkeiten von 2 m und 3 m, welche einen Winkel von 60° mit einander bilden, wie grofs ist die resultierende Geschwindigkeit und welche Winkel bildet sie mit der Richtung der Komponenten?

§ 26. Zerlegung einer Geschwindigkeit in zwei und drei Geschwindigkeiten. 1) Ist eine Geschwindigkeit in zwei Geschwindigkeiten zu zerlegen, so ist sie als Diagonale eines Parallelogrammes zu betrachten, von welchem die gesuchten Komponenten die Seiten sind. Die Aufgabe ist unbestimmt, weil sich unzählige Parallelogramme konstruieren lassen, welche dieselbe Gerade als Diagonale haben; es müssen deshalb noch nähere Bestimmungen hinzugefügt werden.

Aufgabe. Eine Geschwindigkeit soll (durch Zeichnung) in zwei Geschwindigkeiten zerlegt werden, wenn a) von beiden die Richtungen; b) von beiden die Gröfsen; c) von der einen die Richtung und die Gröfse und d) von der einen die Richtung und von der anderen die Gröfse gegeben ist.

2) Ist eine Geschwindigkeit in drei Geschwindigkeiten zu zerlegen, so hat man dieselbe als Diagonale eines Parallelepipeds zu betrachten, dessen Seitenkanten die gesuchten Komponenten sind. Die Aufgabe ist unbestimmt und es müssen noch weitere Bestimmungen hinzugefügt werden.

Aufgabe 1. Es ist eine Geschwindigkeit (durch Zeichnung) in drei Geschwindigkeiten zu zerlegen, deren Richtungen gegeben sind.

Aufgabe 2. Zu zwei Geschwindigkeiten, von 0.25 und 0,30 m, deren Richtungen einen Winkel von 45° mit einander einschliefsen, ist die Resultierende (durch Rechnung) zu finden; welche Winkel bildet die Resultierende mit den Komponenten?

Aufgabe 3. Zu drei auf einander rechtwinkligen Geschwindigkeiten von 0,3, 0,4 und 0,5 m ist die Resultierende nach Gröfse und Richtung (durch Rechnung) zu finden.

Aufgabe 4. Eine Geschwindigkeit von 0,75 m soll in zwei Geschwindigkeiten, deren Richtungen auf einander senkrecht stehen und von denen die eine mit der gegebenen Geschwindigkeit einen Winkel von 25° bildet, (durch Rechnung) zerlegt werden.

§ 27. Zusammensetzung von Geschwindigkeiten nach der Koordinatenmethode. Die Zusammensetzung beliebig vieler an einem Punkte angreifender Geschwindigkeiten kann auch nach der Koordinatenmethode bewirkt werden. Sei O (Fig. 16) der Angriffspunkt und $c = OM$ eine der an ihm wirkenden Geschwindigkeiten, so legt man durch O ein dreiachsiges, rechtwinkliges Koordinatensystem; aufser der Gröfse von c mufs noch ihre Richtung, d. h. es müssen die drei Winkel α, β und γ gegeben sein, welche c mit den drei Achsen OX, OY und OZ bildet. Man ziehe von M eine Senkrechte auf die XY-Ebene und von deren Fufspunkt N Parallele (NA und NB) mit der X- und Y-Achse; ferner von M aus eine Parallele MR mit ON; dann ist OM die Diagonale des rechtwinkeligen Parallelepipeds, welches OA, OB und OR zu Seiten hat.

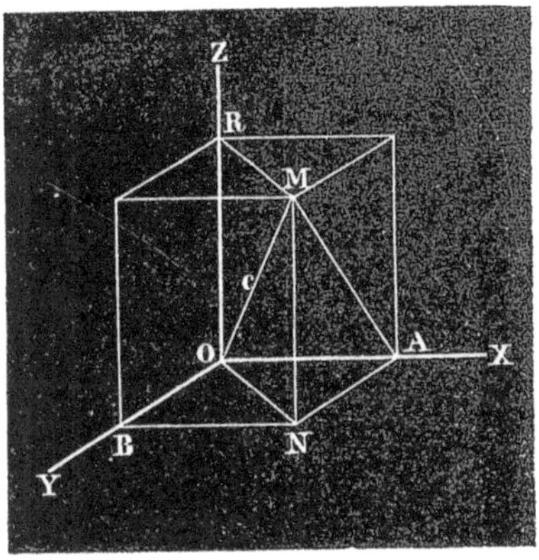

Fig. 16. Zusammensetzung der Geschwindigkeiten nach der Koordinatenmethode.

Bezeichnet man ferner OA mit x, OB mit y und OR mit z, so ist nach § 25:

$$c = \sqrt{x_1^2 + y_1^2 + z_1^2}.$$

Ferner ist, weil $\sphericalangle MAO = R$ und $\sphericalangle MOA = \alpha$:

$$x = c \cos \alpha.$$

Desgleichen findet sich:

$$y = c \cos \beta \text{ und } z = c \cos \gamma.$$

Hat man nun beliebig viele Kräfte, so zerlegt man sie in gleicher Weise nach den Richtungen der drei Achsen; bezeichnet man die Komponenten mit x_1, y_1, z_1; x_2, y_2, z_2; x_3, y_3, z_3 ...., so erhält man auf jeder Achse eine Anzahl Geschwindigkeiten, welche teils nach derselben, teils nach entgegengesetzter Richtung liegen können:

$$\begin{array}{lll} x_1 = c_1 \cos \alpha_1; & x_2 = c_2 \cos \alpha_2; & x_3 = c_3 \cos \alpha_3 \ldots \\ y_1 = c_1 \cos \beta_1; & y_2 = c_2 \cos \beta_2; & y_3 = x_3 \cos \beta_3 \ldots \\ z_1 = c_1 \cos \gamma_1; & z_2 = c_2 \cos \gamma_2; & z_3 = c_3 \cos \gamma_3 \ldots \end{array}$$

Die Resultierende aller in einer und derselben Geraden liegenden Geschwindigkeiten ist gleich der algebraischen Summe derselben (§ 24); bezeichnet man nun die Resultierende der in der Richtung der X-, Y- und Z-Achse liegenden Geschwindigkeiten bezüglich mit X, Y und Z, so ist:

$$X = c_1 \cos \alpha_1 + c_2 \cos \alpha_2 + \ldots + c_n \cos \alpha_n,$$
$$Y = c_1 \cos \beta_1 + c_2 \cos \beta_2 + \ldots + c_n \cos \beta_n,$$
$$Z = c_1 \cos \gamma_1 + c_2 \cos \gamma_2 + \ldots + c_n \cos \gamma_n.$$

oder:

$$X = \Sigma (c \cos \alpha); \quad Y = \Sigma (c \cos \beta); \quad Z = \Sigma (c \cos \gamma).$$

Setzt man nun X, Y, Z zu einer Resultierenden R zusammen, so mufs:

$$R = \sqrt{X^2 + Y^2 + Z^2}$$

und:

$$\cos(R, X) = \frac{X}{R}, \quad \cos(R, Y) = \frac{Y}{R} \text{ und } \cos(R, Z) = \frac{Z}{R}.$$

Liegen die Richtungen aller Geschwindigkeiten in einer Ebene, so bezieht man sie auf ein zweiachsiges Koordinatensystem.

Das über die Zusammensetzung und Zerlegung der Geschwindigkeiten Gesagte gilt ebenso für Accelerationen.

Aufgabe. Vier Geschwindigkeiten in derselben Ebene von 0,2, 0,3, 0,4 und 0,5 m, welche mit einer als X-Achse zu nehmenden Geraden bezüglich die Winkel 20° 15′, 104° 26′, 238° 15′ und 315° 47′ bilden, sind nach der Koordinatenmethode zusammenzusetzen.

§ 28. Bewegungen in derselben Geraden. Bisher wurden Geschwindigkeiten, welche in einem gewissen Augenblicke auf einen Körper wirken, zusammengesetzt, einerlei ob die zugehörigen Bewegungen gerad- oder krummlinig, gleichförmig oder verändert sind. Wir wollen jetzt zu der Betrachtung der Bewegungen übergehen, welche aus der Zusammensetzung geradliniger, gleichförmiger oder gleichmäfsig veränderter Bewegungen resultieren.

Der einfachste Fall ist der, dafs die Bewegungen in derselben Geraden erfolgen.

1) Hat man nur zwei Bewegungen und sind dieselben gleichförmig mit den Geschwindigkeiten c_1 und c_2, so ist in der resultierenden Bewegung die Geschwindigkeit zu irgend einer Zeit

$$c = c_1 \pm c_2;$$

die Bewegung ist also gleichförmig und erfolgt bei entgegengesetzt gerichteten Komponenten nach der Richtung der gröfseren.

2) Sind beide Bewegungen gleichmäfsig beschleunigt und zwar mit den Accelerationen p_1 und p_2, so ist die Geschwindigkeit nach t Sekunden

$$v = (p_1 \pm p_2)\,t.$$

Die resultierende Bewegung ist also gleichmäfsig beschleunigt und erfolgt bei entgegengesetzt gerichteten Komponenten in der Richtung der gröfseren Acceleration.

3) Ist die eine Bewegung gleichförmig, die andere gleichmäfsig beschleunigt, so ist die Geschwindigkeit nach t Sekunden in der resultierenden Bewegung

$$v = c \pm pt.$$

Haben beide Bewegungen dieselbe Richtung, so ist die resultierende Bewegung, da ihre Geschwindigkeit mit jeder Sekunde um p zunimmt, gleichmäfsig beschleunigt — mit der Anfangsgeschwindigkeit c. Der Weg nach t Sekunden ist:

$$s = ct + \tfrac{1}{2}pt^2.$$

Haben die zwei Bewegungen entgegengesetzte Richtung, so nimmt die Anfangsgeschwindigkeit c mit jeder Sekunde um p ab, die resultierende Bewegung ist also in der Richtung der Anfangsgeschwindigkeit gleichmäſsig verzögert und nach einer gewissen Zeit t_0 muss die Geschwindigkeit Null werden; um diese Zeit zu finden, setze:

$$0 = c - p t_0,$$

woraus:

$$t_0 = \frac{c}{p}.$$

Der bis dahin zurückgelegte Weg ergiebt sich aus der allgemeinen Formel für den Weg $s = ct - \frac{1}{2} p t^2$, wenn man in dieselbe statt t den Wert für t_0 setzt; bezeichnet man den entsprechenden Wert von s mit s_0, so findet sich:

$$s_0 = \frac{c^2}{2p}.$$

Nach Verlauf der Zeit t_0 bewegt sich der Körper gleichmäſsig beschleunigt in der Richtung der Acceleration p, also entgegengesetzt, wie vorher. Ist er schlieſslich wieder auf seinen Ausgangspunkt zurückgekommen, so hat er wieder seine ursprüngliche Geschwindigkeit c erlangt; auch braucht er zu der rückwärtsgehenden (gleichmäſsig beschleunigten) Bewegung dieselbe Zeit, wie zu der vorwärtsgehenden (gleichmäſsig verzögerten); denn es ist der Rückweg, wenn die dazu nötige Zeit mit t' bezeichnet wird:

$$\frac{c^2}{2g} = \frac{1}{2} p t'^2,$$

woraus:

$$t' = \frac{c}{p}.$$

Es ist also $t' = t_0$.

Bezeichnet man ferner die Geschwindigkeit, welche der Körper besitzt, wenn er wieder am Ausgangspunkte angekommen, mit v, so ist, weil zum Rückweg die Zeit $t' = \frac{c}{p}$ gebraucht wird:

$$v = p \cdot \frac{c}{p};$$

d. h.

$$v = c.$$

Ein Beispiel hierzu bietet ein mit der Geschwindigkeit c vertikal aufwärts geworfener Körper.

Aufgabe 1. Ein Körper wird mit der Geschwindigkeit 50 m aufwärts geworfen, wie hoch steigt er?

Aufgabe 2. Eine vertikal aufwärts geschossene Flintenkugel steigt 2500 m hoch; wie viel Zeit braucht sie dazu, und mit welcher Anfangsgeschwindigkeit hat sie den Lauf verlassen?

Aufgabe 3. Ein Körper wird von einer Höhe von 100 m mit einer Geschwindigkeit von 2 m vertikal abwärts geworfen; wann kommt er unten an?

Aufgabe 4. Ein Körper wird mit der Geschwindigkeit 150 m vertikal aufwärts und ein anderer gleichzeitig mit der Geschwindigkeit 20 m vertikal abwärts geworfen, nach wie viel Sekunden werden beide gleich hoch über der Erde sein?

§ 29. Zusammensetzung zweier beliebig gerichteter Bewegungen. 1) Sind zwei beliebig gerichtete Bewegungen geradlinig und gleichförmig und bedeuten AE und AB (Fig. 17) die Geschwindigkeiten, sowie AK und AH die Wege in der Zeit t, so kommt der Körper (z. B. eine über das Verdeck eines fahrenden Schiffes rollende Kugel) nach 1 Sekunde in G, wo $EG \# AB$ und nach t Sekunden in M an, wo $KM \# AH$. Da nun die Wege AK und KM bezüglich gleich $AE.t$ und $EG.t$ sind, sich also wie $AE : EG$ verhalten, so müssen G und M mit A in gerader Linie liegen; da ferner $AG : AM = AE : AK$, also $AM = AG.t$, so ist die resultierende Bewegung geradlinig und gleichförmig mit der Geschwindigkeit AG, wo AG die Diagonale des aus AE und AB konstruierten Parallelogrammes ist.

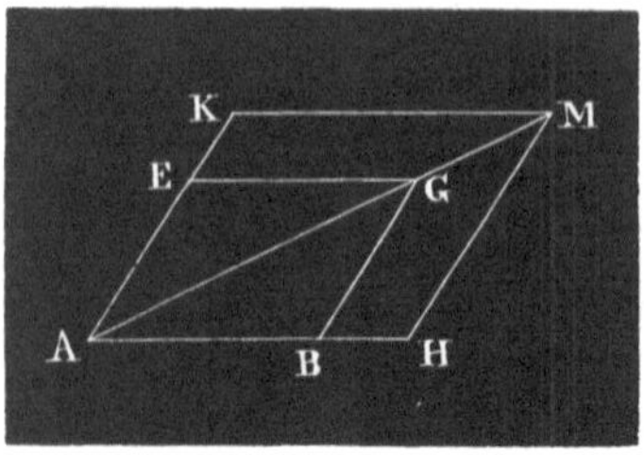

Fig. 17. Zusammensetzung zweier gleichförmigen und gleichmäfsig beschleunigter Bewegungen.

2) Sind beide Bewegungen geradlinig und gleichförmig beschleunigt und bedeuten AE und AB (Fig. 17) die bezüglichen Wege in der ersten Sekunde, sowie AK und AH die Wege nach t Sekunden, so sind AK und AH bezüglich gleich $AE.t^2$ und $AB.t^2$; es verhalten sich also auch hier AK und KM wie AE und EG, weshalb die resultierende Bewegung geradlinig sein mufs; zugleich ist, weil $AG : AM = AE : AK$, auch $AM = AG.t^2$; es ist also die resultierende Bewegung geradlinig und gleichmäfsig beschleunigt mit der Acceleration 2 AG.

3) Hat man mehrere beliebig gerichtete, geradlinige und gleichförmige Bewegungen, und bedeuten $AB, AC, AD\ AE\ldots$ (F. 18) ihre Geschwindigkeiten, so kann man zuerst AB und AC zusammensetzen und erhält eine in der Richtung der Diagonale des aus AB und AC konstruierten Parallelogrammes erfolgende geradlinige u. gleichförmige Bewegung mit der Geschwindigkeit AF; kombiniert man nunmehr AF mit AD, so mufs die resultierende Bewegung wiederum geradlinig und gleichförmig sein u. s. w. Zuletzt erhält man als Gesammtresultierende eine gleichförmige Bewegung,

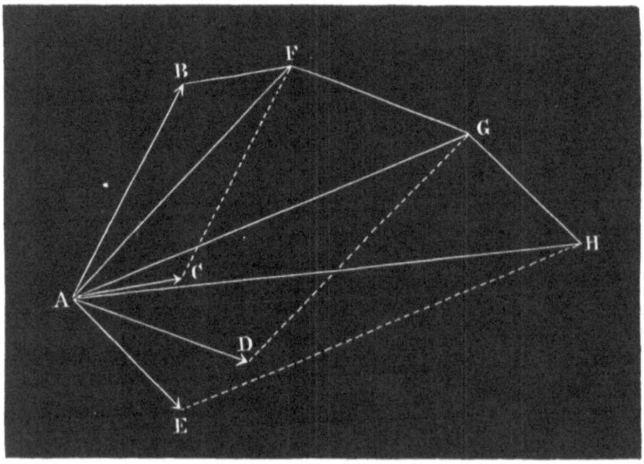

Fig. 18. Polygon gleichförmiger und gleichmäfsig veränderter Bewegungen.

deren Richtung und Geschwindigkeit durch AH angegeben wird. Die Konstruktion stimmt mit der des Polygons der Geschwindigkeiten überein; hier aber handelt es sich nicht bloſs darum, die Richtung und Gröſse der resultierenden Geschwindigkeit zu finden, sondern auch zu zeigen, daſs wenn die Komponenten gleichförmige und geradlinige Bewegungen sind, die Resultierende ebenfalls eine gleichförmige und geradlinige Bewegung sein müsse.

4) Hat man mehrere beliebig gerichtete geradlinige und gleichmäſsig beschleunigte Bewegungen mit den Accelerationen AB, AC, AD, AE . . ., so läſst sich auf ähnliche Weise, wie in 3) zeigen, daſs die resultierende Bewegung eine geradlinige und gleichförmig beschleunigte ist mit der Acceleration $2AH$.

5) Ist von zwei gleichzeitig einen Körper nach verschiedenen Richtungen ergreifenden Bewegungen die eine gleichförmig, die andere gleichmäſsig beschleunigt, so verhalten sich die Wege, AD, AE, AB... (Fig. 19) auf der einen Richtung, wie 1 : 2 : 3 . . . und die Wege AG, AH, AC . . . auf der anderen wie 1 : 4 : 9 . . .; die resultierende Bewegung kann also nicht geradlinig sein, sie ist krummlinig $AKLN$ und zwar, wie später gezeigt werden wird, parabolisch.

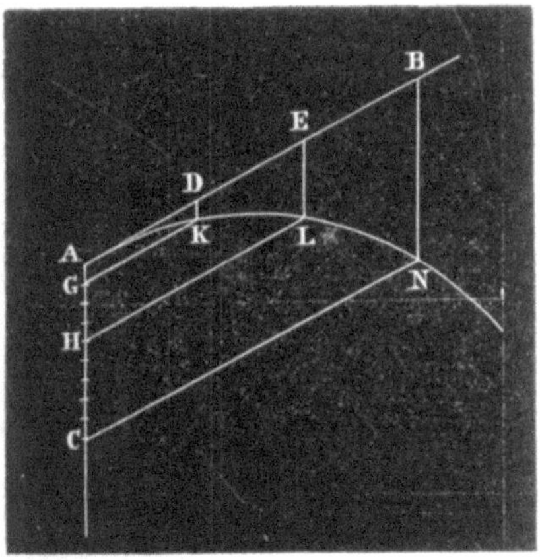

Fig. 19. Zusammensetzung einer gleichförmigen und einer gleichmäſsig beschleunigten Bewegung.

§ 30. Zusammensetzung einer fortschreitenden und einer drehenden Bewegung. Wir nehmen zunächst beide Bewegungen als gleichförmig an und setzen ferner voraus, daſs die fortschreitende Bewegung stets dieselbe Richtung und die drehende stets dieselbe Achse behalte. In diesem Fall beschreibt jeder Punkt eine eigentümliche Kurve, S c h r a u b e n l i n i e genannt. Jeder Punkt des Körpers bewegt sich auf einem Cylindermantel, dessen Achse die Achse der rotierenden Bewegung und dessen Radius die Entfernung des Punktes von der Achse ist; er dreht sich gleichförmig um

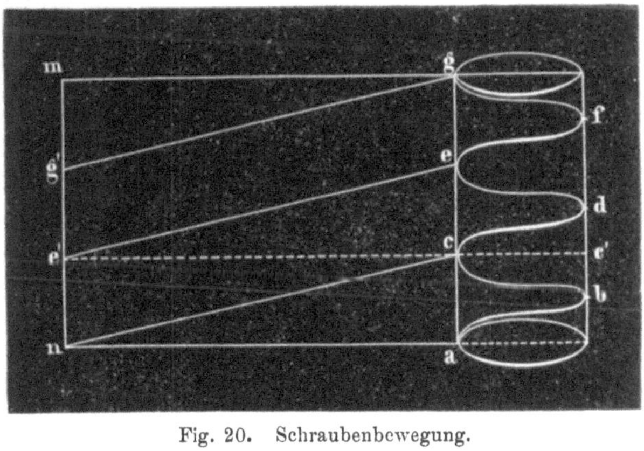

Fig. 20. Schraubenbewegung.

diese Achse und schreitet aufserdem parallel dieser Achse gleichförmig fort. Ein Stück *bcd* der Schraubenlinie (Fig. 20), welche ein Punkt des Körpers beschreibt, das von einem Punkte (*b*) bis zu dem gerade darüberliegenden (*d*) reicht, nennt man einen Schraubengang, und die stets gleichbleibende Entfernung (*bd*) zweier gerade übereinanderliegender Punkte heifst die Höhe eines Schraubenganges; sie giebt die Strecke an, um welche der Punkt bei einmaliger Umdrehung paralell der Achse gleichförmig fortgeschritten ist.

Wickelt man den Mantel des Cylinders in eine Ebene ab, so erhält man ein Rechteck *agmn*, auf welchem die einzelnen Schraubengänge als parallele Linien (*nc*, *e'e*, *g'g*) erscheinen; die eine Seite des Rechteckes ist die Höhe des Cylinders und die andere der Umfang desselben.

Nimmt man an, der Punkt *c* drehte sich blofs um, so beschriebe er auf dem Cylinder einen Kreis, dessen Durchmesser *cc'* ist, oder auf dem abgewickelten Mantel die gerade Linie *ce'*; da aber *c* aufserdem bei einem Umgang in der Richtung der Achse gleichförmig um *ec* fortschreitet, so kombinieren sich beide Bewegungen zu einer geradlinigen und gleichförmigen in der Richtung *e'e*; um den Cylinder gewickelt giebt alsdann *e'e* den Schraubengang *cde*. Die Schraubenlinie kann man deshalb leicht auf dem Cylinder verzeichnen; gesetzt, der Punkt umliefe den ganzen Cylinder in einer gewissen Zeit dreimal, so würde man die Kanten *mn* und *ga* des abgewickelten Mantels in 3 gleiche Teile teilen, die Linien *nc*, *e'e* und *g'g* ziehen und das Rechteck wieder um den Cylinder wickeln. Die drei Geraden *nc*, *e'e* und *g'g* liefern alsdann die drei Schraubengänge, welche ineinander greifen, da beim Umwickeln des Mantels um den Cylinder die Punkte *n* und *a*, *e'* und *c*, *g'* und *e*, sowie *m* und *g* zusammenfallen.

Wenn ein Körper sich irgendwie bewegt, so kann man sich vorstellen, er mache gleichzeitig eine fortschreitende und eine drehende Bewegung, d. h. er bewege sich schraubenförmig und zwar jeden Augenblick auf einer andern Schraube; es wechselt dabei ständig sowohl die Achse der Schraube, als die Höhe eines Schraubenganges.

§ 31. Relative Bewegung. Wenn zwei Körper in Bewegung sind, so ändern sie im allgemeinen jeden Augenblick ihre Lage gegen einander; befand sich der eine zu einer gewissen Zeit in A (Fig. 21), der andere in B, war also die relative Lage von B gegen A durch die Gröfse und Richtung der Linie AB (und die relative Lage von A gegen B durch dieselbe Linie, aber in der Richtung BA) bestimmt, so ist die relative Lage von B gegen A nach einer gewissen Zeit t, wo A sich in A' und B in B' befindet, durch die Linie $A'B'$ bestimmt. Hätte sich B nach B'' bewegt, wo $BB'' \# AA'$, so wäre die relative Lage von B gegen A dieselbe geblieben; die Änderung der relativen Lage, d. h.

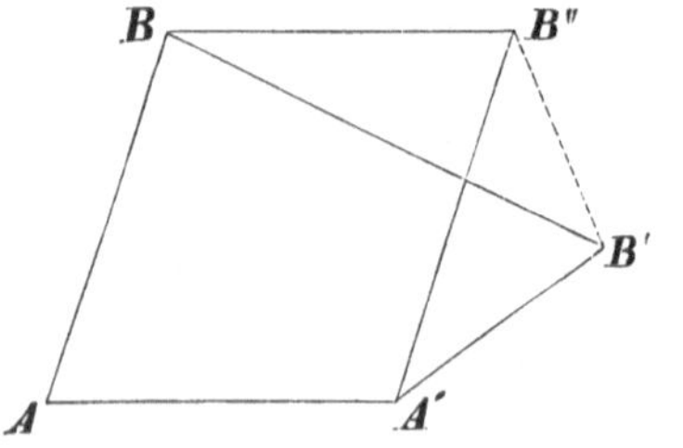

Fig. 21. Relative Lage.

die relative Bewegung von B gegen A innerhalb der Zeit t, wird also durch die Gröfse und Richtung der Linie $B''B'$ angegeben.

Die relative Bewegung von B gegen A geht in eine scheinbare über, wenn ein in A befindlicher Beobachter sich in Ruhe glaubt. Um nun A zur Ruhe zu bringen, giebt man A und B eine gemeinsame Bewegung, welche der von A gleich und entgegengesetzt ist; dadurch wird an der relativen Lage und Bewegung von B gegen A nichts geändert; denn kombiniert man die Bewegung des Punktes B nach B' (Fig. 22) mit der von B nach B''', wo BB''' gleich und entgegengesetzt AA', so scheint B dem in A ruhenden Beobachter eine Bewegung von B nach C auszuführen; nun ist aber $BC \# B''B'$ und ebenso $B'A' \# AC$, deshalb ist sowohl die relative Bewegung, als auch die relative Lage von B gegen A dieselbe geblieben.

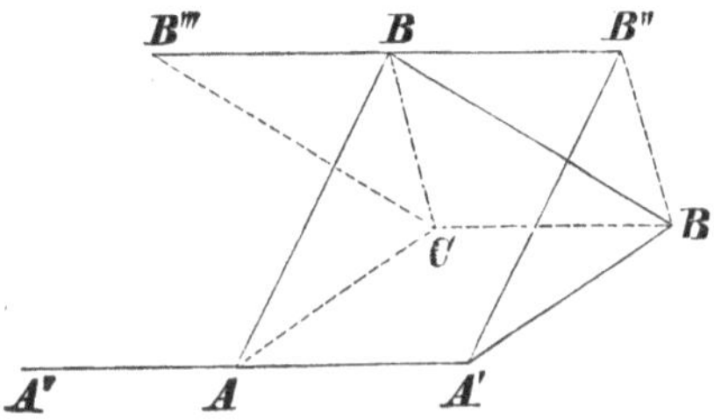

Fig. 22. Relative und scheinbare Bewegung.

Ähnlich kann man die relative oder scheinbare Bewegung von A gegen B finden.

Ist ein Körper in Ruhe, der Beobachter aber in Bewegung, so ist die scheinbare Bewegung des ersteren der wirklichen des letzteren gleich und entgegengesetzt.

Scheinbare Bewegung der Fixsterne; einer Brücke, auf welcher man steht, während man unverwandt auf das Wasser sieht; der Bäume im Felde, wenn man sie von einem fahrenden Eisenbahnzug aus betrachtet u. s. w.

Aufgabe 1. Zwei Kugeln laufen gleichförmig in Richtungen, welche einen noch zu bestimmenden Winkel mit einander einschliefsen; die Geschwindigkeit der einen beträgt 0,3 m und die der anderen 0,4 m. Beide Kugeln sind anfänglich 22 m von einander entfernt, und es bildet die Bewegungsrichtung der ersten Kugel mit der Verbindungslinie der ursprünglichen Orte der beiden Kugeln einen Winkel von 40°; welche Richtung mufs die zweite Kugel einschlagen, um die erste zu treffen?

Aufgabe 2. Unter welchem Winkel scheinen Regentropfen einem Beobachter herabzufallen, welcher in einem Eisenbahnzug mit 10 m Geschwindigkeit fährt, wenn die Regentropfen mit 0,5 m vertikal herabfallen?

Aufgabe 3. Eine Kugel wird senkrecht gegen die eine Seitenwand eines mit 4 m Geschwindigkeit fahrenden Schiffes geschossen; die Breite des Schiffes beträgt 15 m und die Geschwindigkeit der Kugel, nachdem sie die erste Seitenwand durchbohrt, noch 10 m; welchen Winkel bildet die Verbindungslinie der Stellen, wo die Kugel die beiden Seitenwände getroffen, mit der Achse des Schiffes?

B. Physische Mechanik — Mechanik im engeren Sinne.

Vorbegriffe.

§ 32. Kraft und Masse. Kein Körper kann von selbst seinen Bewegungszustand ändern (§ 11), es gehört dazu eine Einwirkung von seiten eines anderen Körpers, eine Kraft. Unter „Kraft" versteht man eben Alles, was den Bewegungszustand eines (freibeweglichen) Körpers zu ändern vermag.

Jeder Körper setzt der Änderung seines Bewegungszustandes einen (mehr oder minder grofsen) Widerstand entgegen; die Gröfse dieses Widerstandes, die Summe des Trägen an dem Körper wird Masse genannt.

Kraft und Masse sind die zwei Grundbegriffe der Mechanik.

An jeder Kraft unterscheidet man den Angriffspunkt, d. h. denjenigen Punkt eines Körpers, auf welchem sie zunächst wirkt, ferner die augenblickliche oder dauernde Richtung und die Gröfse. Die Richtung der Kraft wird durch die Richtung einer geraden Linie und die Gröfse durch eine auf der Richtung vom Angriffspunkt aus abgetragene Strecke bezeichnet, indem man irgend eine Strecke als Einheit der Kraft annimmt.

Eine Kraft ist konstant oder veränderlich, je nachdem sie stets dieselbe Stärke behält oder nicht; dabei kann zugleich die Richtung immer dieselbe bleiben, oder sich verändern.

Wenn eine konstante Kraft an einem Körper wirkt, so bringt sie an ihm in gleichen Zeiten gleiche Geschwindigkeitsänderungen hervor. Ist der Körper ursprünglich in Ruhe, so erzeugt eine an ihm wirkende konstante Kraft eine gleichmäfsig beschleunigte Bewegung, weil der Körper von der Kraft in gleichen Zeiten gleiche Antriebe erfährt und aufserdem die Geschwindigkeit, welche er bereits erlangt hat, beibehält; seine Geschwindigkeit mufs also in jeder Sekunde um gleichviel zunehmen.

Hört die Kraft plötzlich zu wirken auf, so läuft der Körper mit der Geschwindigkeit gleichförmig fort, welche er am Ende der Krafteinwirkung erlangt hatte.

Hat ein Körper bereits eine Geschwindigkeit, so erzeugt eine konstante Kraft, welche in einer der Geschwindigkeit entgegengesetzten Richtung wirkt, eine gleichmäfsig verzögerte Bewegung.

Veränderliche Kräfte erzeugen ungleichmäfsig veränderte Bewegungen.

Von einem anderen Gesichtspunkte aus kann man die Kräfte in bewegende und widerstehende, welche letztere auch Bewegungshindernisse heifsen, einteilen. Zu den bewegenden Kräften gehören die Muskelkraft der Menschen und Tiere, die Schwerkraft, die Kraft des fliefsenden Wassers und des Windes, die Spannkraft des Wasserdampfes und der komprimierten Luft, die Federkraft, die Wärme, die magnetische und elektrische Anziehung und Abstofsung, die Explosionskraft (des Pulvers und des Knallgases, eines Gemenges von Luft und Leuchtgas) und die Trägheit bewegter Massen; zu den widerstehenden Kräften aber kann man die Reibung, die Kohäsion, Adhäsion und den Widerstand träger Massen rechnen.

Früher unterschied man auch zwischen momentanen und kontinuierlichen Kräften; die ersteren wirken nur kurze Zeit (Stofs, Schlag), die letzteren andauernd. Die Behauptung, momentane Kräfte erzeugten eine gleichförmige Bewegung, ist irrig, wenn man dabei an die, wenn auch sehr kurze Wirkungsdauer denkt; innerhalb derselben erzeugen sie ebenso wie die kontinuierlichen Kräfte veränderte Bewegungen, und erst, nachdem sie zu wirken aufgehört, tritt, wie immer, gleichförmige Bewegung ein.

§ 33. Das Princip von der gleichen Wirkung und Gegenwirkung. Jede Kraft, welche an einem Körper A wirkt, geht von einem anderen Körper *B* aus und mit derselben Kraft, mit welcher *B* auf *A* wirkt, wirkt *A* auf *B* zurück.

Man spricht diesen aus zahllosen Erfahrungen abgeleiteten Satz auch folgendermafsen aus: die Aktion ist gleich der Reaktion, oder die Wirkung ist gleich der Gegenwirkung.

Zur Änderung des Bewegungszustandes eines Körpers ist eine von einem anderen Körper ausgehende Einwirkung (Kraft) notwendig; zugleich aber setzt jeder Körper der Änderung seines Zustandes einen der Gröfse der Einwirkung entsprechenden Widerstand entgegen; er übt also auf den Körper, welcher seinen Zustand ändern will, eine dieser Einwirkung gleiche Gegenwirkung aus.

Drückt man mit der Hand gegen eine Feder, so spürt man einen Gegendruck, und es ist eine logische Notwendigkeit, dafs, sobald Gleichgewicht eingetreten ist, Wirkung und Gegenwirkung gleich seien.

Betrachtet man zwei Körper, zwischen denen Wirkung und Gegenwirkung herrscht, als ein Ganzes, so nennt man die zwischen ihnen wirkenden gleichen und entgegengesetzten Kräfte innere Kräfte; fafst man aber nur den einen Körper und diejenige der zwei Kräfte, welche an ihm wirkt, ins Auge, so nennt man diese eine äufsere Kraft, indem man dabei gewöhnlich nicht danach fragt, von welchem anderen Körper sie ausgeht; man sagt dann kurz: an einem Körper wirkt eine Kraft.

Wenn zwischen den Teilchen eines Körpers, oder zwischen mehreren Körpern, welche als ein Ganzes, als ein System betrachtet werden, Wirkung und Gegenwirkung herrscht, so kann durch diese inneren Kräfte wohl eine Bewegung, resp. Bewegungsänderung der einzelnen Teile, nicht aber des Ganzen hervorgebracht werden.

Hängt man ein Gewicht an einen in eine Mauer geschlagenen Nagel, so biegt er sich etwas, wobei die auf der Kohäsion der Teilchen basierende Elasticitätskraft rege gemacht wird, bis ein dem Zug des Gewichtes gleicher Gegenzug sich entwickelt hat. Ist das Gewicht grofs, so zerbricht entweder der Nagel, oder geht aus der Wand heraus.

Ein fester Punkt ist ein solcher, der eine beliebig grofse Gegenwirkung entwickeln kann; statt eines festen Punktes kann man stets eine Kraft setzen, welche der an ihm wirkenden gleich und entgegengesetzt ist.

§ 34. Beziehungen zwischen Kraft und Masse. Eine konstante Kraft ist *n* mal so grofs als eine andere, wenn sie in derselben Masse eine *n* mal so grofse Beschleunigung hervorbringt.

Eine Masse ist *n* mal so grofs als eine andere, wenn eine *n* mal so grofse Kraft dazu gehört, um ihr dieselbe Beschleunigung zu erteilen, als der anderen.

Um die augenblicklichen Gröfsen veränderlicher Kräfte in derselben Weise zu vergleichen, müfste man sie wenigstens eine Sekunde lang mit gleichbleibender Stärke wirken denken.

Wirken zwei Kräfte auf dieselbe Masse, so verhalten sie sich wie die in den Massen hervorgebrachten Beschleunigungen.

Bezeichnen P und P_1 zwei Kräfte, welche in derselben Masse M die Beschleunigungen p und p_1 hervorbringen, so ist:

$$P : P_1 = p : p_1. \tag{1}$$

Bringen zwei Kräfte in verschiedenen Massen dieselbe Beschleunigung hervor, so verhalten sie sich wie die Massen:

$$P : P_1 = M : M_1 \tag{2}$$

Hieraus folgt:

Bringen zwei Kräfte in zwei Massen verschiedene Beschleunigungen hervor, so verhalten sich die Kräfte wie die Produkte aus den zugehörigen Massen und Beschleunigungen:

$$P : P_1 = Mp : M_1 p_1. \tag{3}$$

Setzt man diejenige Kraft (P_1) gleich Eins, welche in der Masse Eins (M_1) die Beschleunigung Eins (p_1) hervorbringt, so erhält man:

$$P = Mp. \tag{4}$$

Als Einheit der Beschleunigung kann man 1 m nehmen und als Einheit der Masse gilt das Kilogramm. Es läſst sich nun auch leicht die Einheit der Kraft, durch Gewicht ausgedrückt, feststellen. An einem Orte, wo die Erdbeschleunigung g ist, gilt nach (4), wenn die an der Masse M wirkende Schwerkraft mit S bezeichnet wird:

$$S = Mg. \tag{5}$$

Ist $M = 1$, so ist $S = g$; die Einheit der Anziehung der Erde, d. i. die Einheit des Gewichtes soll aber in der Masse 1 die Beschleunigung 1 und nicht g hervorbringen; die Einheit des Gewichtes ist also $= \frac{1}{g}$.

Schreibt man Q (Gewicht) statt S (Schwerkraft), so wird nach (5):

$$M = \frac{Q}{g}. \tag{6}$$

Die Masse eines Körpers wird also gefunden, wenn man sein Gewicht durch die Erdbeschleunigung dividiert.

Die Formel (4) läſst sich deshalb auch so schreiben:

$$P = \frac{Q}{g} \cdot p \tag{7}$$

Die Einheit der Kraft, durch Gewicht ausgedrückt, ist gleich dem Gewicht einer Masse von $\frac{1}{g}$ kg, dabei müssen aber alle Kräfte an demselben Orte verglichen, oder mittelst Federwagen geprüft werden, welche alle an demselben Orte, z. B. in Paris geeicht worden sind.

Nach unserer Auffassung von Masse und Gewicht — absolutes System — hat eine Masse von n kg das Gewicht ng. In dem irdischen System aber nimmt man die Einheit des Gewichtes gleich 1 kg; die Masse ist, wie oben gleich $\frac{Q}{g}$ und die Kraft $P = \frac{Q}{g}\,p$. Da nun hier das Gewicht g mal so groſs genommen wird, als im absoluten Systeme, so sind die Einheiten von Gewicht, Masse und Kraft im irdischen Systeme g mal so groſs, als im absoluten.

Das Gewicht der Körper ist, wie später genauer gezeigt werden wird, nicht an allen Orten dasselbe, während die Masse eines Körpers selbstverständlich überall gleichbleibt; da aber die Beschleunigung g stets dem Gewicht Q proportional ist, so ist auch der Wert $\frac{Q}{g}$ allerorts derselbe.

§ 35. Einteilung der Mechanik. Wenn eine Anzahl Kräfte an einem Körper wirken, so bringen sie entweder Bewegung hervor, oder sie halten einander derart das Gleichgewicht, dafs der Körper in Ruhe bleibt. Man teilt demnach die Mechanik in die Lehre vom Gleichgewicht: Statik, und in die Lehre von der Bewegung: Dynamik.

Jede dieser beiden Abteilungen zerfällt wieder in drei Unterabteilungen, je nachdem der Körper, auf welchen die Kräfte wirken, fest, flüssig oder gasförmig ist. Die Lehre vom Gleichgewicht der festen Körper heifst Statik schlechtweg oder Geostatik, diejenige der flüssigen Körper Hydrostatik und diejenige der gasförmigen Körper Aërostatik.

Die Lehre von der Bewegung der festen Körper heifst Dynamik schlechtweg oder Geodynamik, diejenige der flüssigen Körper Hydrodynamik oder Hydraulik und die der gasförmigen Körper Aërodynamik oder Pneumatik.

1. Statik der festen Körper.

a) Zusammensetzung und Zerlegung der Kräfte im allgemeinen.

§ 36. Zusammensetzung mehrerer an einem Punkt wirkender Kräfte. Eine Kraft, welche dieselbe Bewegung hervorbringt, wie eine Anzahl gegebener Kräfte nennt man Resultierende, Resultante oder Mittelkraft und die gegebenen Kräfte selbst Komponenten, Komposanten oder Seitenkräfte (vergl. § 24). Statt mehrerer Kräfte eine setzen, welche dieselbe Bewegung hevorbringt, nennt man die Kräfte zusammensetzen. Umgekehrt kann man eine Kraft in mehrere zerlegen, welche dieselbe Wirkung hervorbringen.

Aus dem Princip von der Unabhängigkeit der Bewegungen folgt ohne weiteres auch die Unabhängigkeit der Kräfte: wenn mehrere Kräfte an einem Punkte wirken, so verschiebt ihn jede Kraft von seinem ursprünglichen Orte parallel ihrer Richtung um ebensoviel, als er verschoben werden würde, wenn sie allein wirkte.

Jede konstante Kraft bewegt nämlich einen Punkt in gleichförmig beschleunigter Bewegung in ihrer Richtung; sie würde ihn in einer Sekunde um eine Strecke fortbewegen, welche ihrer halben Acceleration gleich ist (§ 20). Trägt man nun auf den Kraftrichtungen die entsprechenden Wege in der ersten Sekunde auf, so kann man genau nach derselben Konstruktion, wie man Bewegungen zuzammensetzt, den Ort finden, wohin der Punkt unter der Einwirkung aller Kräfte nach einer Sekunde gelangen würde.

Seien AB, AC, AD, AE, (Fig. 23) die Wege, welche ein Punkt in einer Sekunde durchlaufen würde, wenn nach der Reihe vier konstante Kräfte P_1, P_2, P_3 P_4 an ihm wirkten, so würde er schliefslich nach H gelangen; denselben Ort würde er aber auch von A aus in geradlinig gleichförmig beschleunigter Bewegung erreichen, wenn nur eine Kraft P an ihm wirkte, deren halbe Beschleunigung gleich AH wäre.

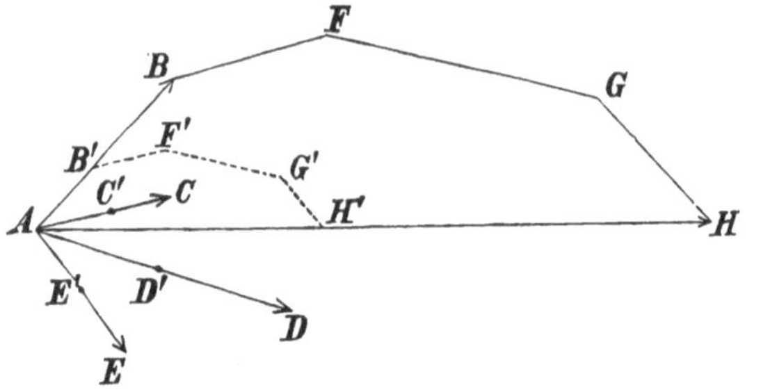

Fig. 23. Zusammensetzung der Kräfte.

Da nun eine konstante Kraft der durch sie hervorgebrachten Acceleration proportional ist, $(P = Mp)$, so können die Strecken AB, AC, AD, AE und AH auch die Grössen der Kräfte P_1, P_2, P_3, P_4 und P vorstellen.

Die Figur $ABFGH$ nennt man das Kräftepolygon.

Sind die Kräfte nicht konstant, so haben sie doch in jedem Augenblick eine bestimmte Richtung und Grösse, die sie, wie man annehmen kann, auf eine kurze Zeit unverändert beibehalten; die während dieser Zeit von den einzelnen Kräften nach der Reihe hervorgebrachten Verschiebungen $s_1 = AB'$, $s_2 = AC'$, $s_3 = AD'$, $s_4 = AE'$ des Punktes A sind den Strecken AB, AC, AD und AE, wenn dieselben die halben Beschleunigungen der Kräfte, ihrer augenblicklichen Gröfse und Richtung entsprechend, vorstellen, proportional; es sind nämlich diese Verschiebungen, wenn τ die sehr kleine Wirkungsdauer bezeichnet:

$$s_1 = \tfrac{1}{2} p_1 \tau^2, \quad s_2 = \tfrac{1}{2} p_2 \tau^2, \quad s_3 = \tfrac{1}{2} p_3 \tau^2, \quad s_4 = \tfrac{1}{2} p_4 \tau^2,$$

wo

$$\tfrac{1}{2} p_1 = AB; \quad \tfrac{1}{2} p_2 = AC; \quad \tfrac{1}{2} p_3 = AD \text{ und } \tfrac{1}{2} p_4 = AE;$$

es verhält sich also

$$s_1 : s_2 : s_3 : s_4 = AB : AC : AD : AE.$$

Es ist deshalb auch die Figur $AB'F'G'H'$, welche man bei der Zusammensetzung der kleinen Wege erhält, der Figur $ABFGH$ ähnlich. Denkt man sich nun, eine Kraft wirkte konstant während der Zeit τ und brächte den Körper von A bis H', so müsste ihre Acceleration $p = \tfrac{1}{2} AH$ sein, denn:

$$AB' : AH' = AB : AH,$$
$$AB' : AH' = \tfrac{1}{2} p_1 : \tfrac{1}{2} p,$$
$$AB' : AH' = \tfrac{1}{2} p_1 \tau^2 : \tfrac{1}{2} p \tau^2,$$

Da nun $AB' = \tfrac{1}{2} p_1 \tau^2$, so mufs $AH' = \tfrac{1}{2} p \tau^2$ sein, woraus folgt, dafs die Resultierende momentan die Acceleration p besitzt.

Es können also auch hier statt AB', AC', AD', AE' und AH' die Kräfte selbst gesetzt werden. Aus dem Gesagten ergiebt sich, dafs für die Zusammensetzung (und Zerlegung) der Kräfte dieselben Gesetze und Konstruktionen gelten, wie für die der Bewegungen:

1) Die Resultierende von Kräften, welche an demselben Punkt in derselben Geraden wirken, ist gleich der algebraischen Summe derselben: ist die algebraische Summe gleich Null, so herrscht Gleichgewicht: namentlich heben zwei gleiche und entgegengesetzte Kräfte einander auf und zwar auch dann, wenn sie nicht an demselben, sondern an zwei festverbundenen, in der Richtung der Kräfte liegenden Punkten wirken, denn sie könnten diese Punkte höchstens einander nähern oder von einander entfernen, was aber, da dieselben fest verbunden sind, nicht möglich ist (vergl. Fig. 24 und Fig. 25).

Fig. 24. Fig. 25.

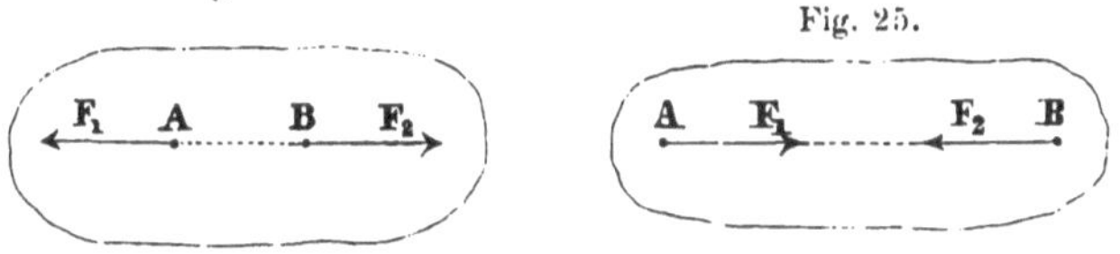

Gleiche und entgegengesetzte Kräfte.

2) Die Resultierende zweier in beliebiger Richtung an einem Punkt wirkender Kräfte ist gleich der Diagonale des Parallelogramms, welches man aus ihnen konstruieren kann — Kräfteparallelogramm.

3) Die Resultierende dreier an einem Punkt nach beliebigen Richtungen im Raum wirkender Kräfte ist gleich der Diagonale des Parallelepipeds, welches man aus ihnen konstruieren kann.

Zwei nicht in derselben Geraden wirkende Kräfte können einander nicht aufheben, weil die Diagonale des aus ihnen konstruierten Parallelogramms nie Null ist.

Drei nach beliebigen Richtungen wirkende Kräfte stehen nur dann im Gleichgewicht, wenn die eine der Resultierenden der beiden anderen gleich und entgegengesetzt ist; man nennt dieselbe Gegenresultierende; drei im Gleichgewicht stehende Kräfte müssen, wie man leicht sieht, in einer Ebene liegen, und wenn die eine die Gegenresultierende der zwei anderen ist, so ist überhaupt jede die Gegenresultierende der zwei anderen.

Hat man beliebig viele Kräfte, welche an einem Punkt im Gleichgewicht stehen und konstruiert das Kräftepolygon, so fällt der Anfangspunkt (A, Fig. 23) mit dem Endpunkt (H) zusammen; bildet man aber die Resultierende aller Kräfte mit Ausschlufs einer einzigen, so ist diese der Resultierenden der übrigen gleich und entgegengesetzt.

4) Kräfte, welche im Gleichgewicht stehen, kann man an einem Punkt anbringen, ohne dafs sein Bewegungszustand geändert wird.

Bei der Zusammensetzung von Kräften läſst sich ebenso wie bei der von Geschwindigkeiten die Koordinatenmethode anwenden.

§ 37. Apparate und Aufgaben. Um dem Satz vom Parallelogramm der Kräfte durch einen Versuch zu bewahrheiten, hat man sehr verschiedene Apparate, von denen wir zwei hier beschreiben wollen:

1) An einer Stange *T* (Fig. 26) hängt ein Bügel *u*, um dessen Achse sich eine Federwage *f* drehen kann; auf dem Stift *s* ist eine Teilung in Hektogrammen angebracht; am Ende des Stiftes hängen 3 Schnüre *p*, *q* und *r*, welche in eine Anzahl gleicher Teile geteilt sind; zwei davon *p* und *q* läſst man über zwei Röllchen *m* und *n* gehen, deren Achsen in den geschlitzten Ständern *x* und *y* beliebig festgestellt werden können. Will man zwei Kräfte zusammensetzen, so hängt man an die Fäden *p* und *q* Gewichte an, z. B. an *p* 300 gr und an *q* 400 gr; zugleich schiebt man die Röllchen *m* und *n* so, daſs $p = 3$ und $q = 4$ Einheiten lang ist und daſs auſserdem *p* und *q* einen bestimmten Winkel z. B. 90° mit einander bilden; dann wird man bemerken, daſs die Federwage eine bestimmte Richtung annimmt und sich bis zu einem gewissen Grad (in unserm Beispiel auf 500 gr) auszieht; die Richtung der Federwage giebt alsdann die Richtung und die Gröſse des Auszugs (hier 500 gr), die Gröſse der Resultierenden an. Bringt man jetzt mit sanftem Zug den Faden *r* in die Richtung der Federwage und zieht zwei andere Fäden *v* und *w*, welche an den Achsen der Röllchen *m* und *n* befestigt sind, an den fünften Teilstrich von *r*, so bilden die Fäden *p*, *q*, *v* und *w* ein Parallelogramm bezüglich Rechteck, zu welchem *r* die Diagonale ist ($3^2 + 4^2 = 5^2$).

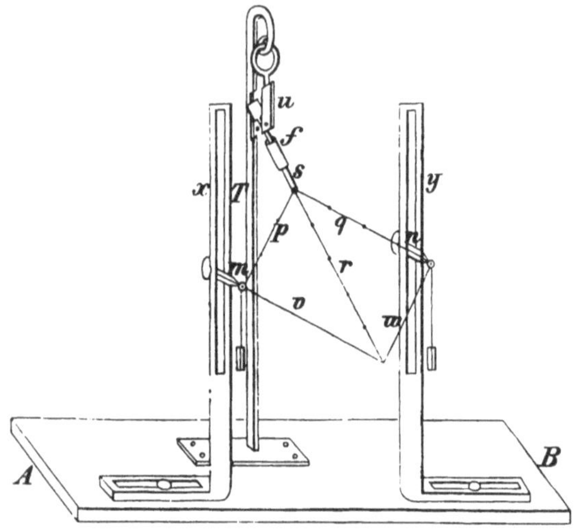

Fig. 26. Apparat von Krebs für die Zusammensetzung zweier Kräfte.

2) In einem Holzrahmen (Fig. 27) ist eine starke Glasplatte gefaſst, welche durch 3 am Holzrahmen angebrachte Stellschrauben horizontal gerichtet werden kann. In der Nähe einer Ecke *a* des Holzrahmens sind rechts und links zwei halbcylindrische Elektromagnete *b* und *c* eingelassen, denen längliche an starken Federn befestigte Anker gegenüberstehen. Führt man in *p* und *q* die Poldrähte eines galvanischen Stromes, drückt die Anker an die Elektromagnete und legt eine Kugel dicht an dieselben, so fliegt sie in der Diagonale (von *a* aus nach der gegenüberliegenden Ecke) ab, wenn der Strom unter-

Fig. 27. Diagonalmaschine von Krebs.

brochen wird und infolgedessen die Anker von den Elektromagneten durch die Federn weggezogen werden.

Mittelst eines ähnlichen Apparates wie Fig. 26 kann man auch die Zerlegung einer Kraft in zwei Kräfte demonstrieren. Fig. 26a zeigt zwei in Hülsen drehbare Federwagen, deren Stifte durch eine Schnur miteinander verbunden sind. Ein Ring *r* läfst sich auf der Schnur hin- und herschieben. Hängt man an die Schnur *s*, welche an *r* befestigt ist, ein Gewicht, so ziehen sich die Stifte beider Federwagen bis zu einem gewissen Grade aus und geben die Gröfsen der Komponenten an, während die Richtungen derselben durch die der Federwagen bestimmt sind.

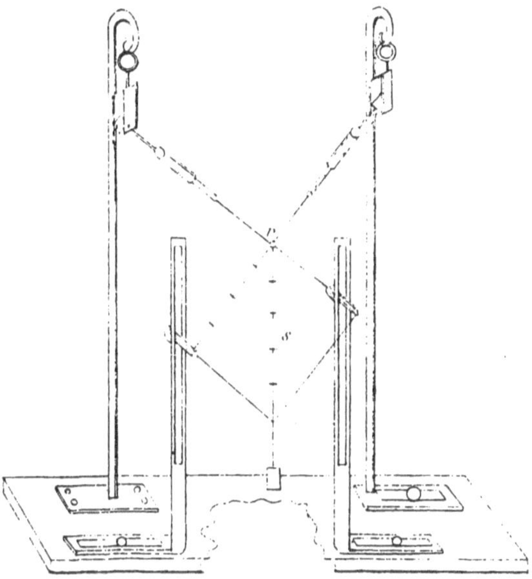

Fig. 26a. Apparat von Krebs für die Zerlegung einer Kraft in zwei Kräfte.

Aufgaben. 1) Wie grofs ist die Resultierende zweier Kräfte von 3 kg und 5 kg, deren Richtungen einen Winkel von 40° miteinander einschliefsen, und welche Lage hat die Resultierende gegen ihre Komponenten?

2) Vier an einen Punkt *O* angreifende Kräfte von 2, 3, 5 und 7 kg bilden mit einer durch *O* gehenden Geraden *OX* die Winkel 20°, 48°, 108° und 152°; wie grofs ist die Resultierende und welchen Winkel bilden sie mit der Geraden *OX* (Koordinatenmethode!).

3) Zwei Kräfte von 3 und 4 kg schliefsen einen Winkel von 26° ein; welche Kraft hält ihnen das Gleichgewicht?

4) Eine Kraft von 8 kg soll durch zwei andere ersetzt werden, welche mit ihr die Winkel 30° und 47° bilden; wie grofs sind diese Kräfte?

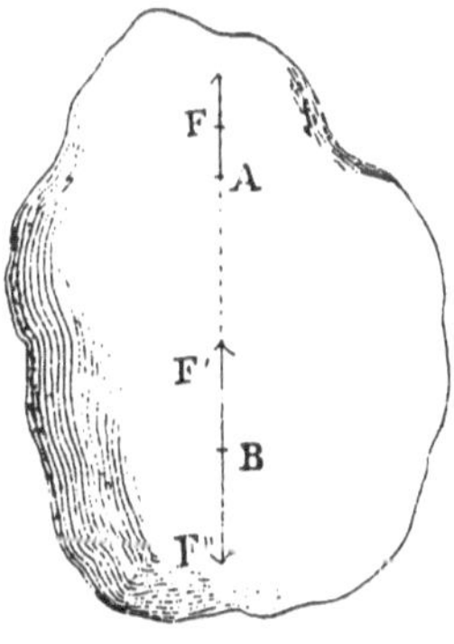

Fig. 28. Verlegung des Angriffspunktes einer Kraft.

§ 38. Verlegung des Angriffspunktes einer Kraft. Der Angriffspunkt einer Kraft läfst sich, ohne Änderung der Wirkung, in der Richtung der Kraft nach irgend einem Punkte verlegen, welcher mit dem Angriffspunkte fest verbunden ist. Wirkt an dem Punkte *A* (Fig. 28) eine Kraft *F* und liegt der mit *A* festverbundene Punkt *B* in der Richtung von *F*, so kann man an *B* zwei Kräfte *F'* und *F''* anbringen, welche in die Richtung von *F* fallen und beide gleich *F* sind. Diese drei Kräfte bewirken dasselbe wie *F*; bedenkt man aber, dafs auch

F und F'' einander aufheben, so bleibt F' übrig; es ist also einerlei, ob man annimmt, F oder F' wirke an dem Körper.

§ 39. Zusammensetzung zweier nicht paralleler Kräfte, welche an zwei festverbundenen Punkten wirken. Es seien A und B (Fig. 29) zwei festverbundene Punkte, an welchen zwei nicht parallele Kräfte F' und F'' wirken. Um nun die Resultierende derselben zu finden, verlängere man ihre Richtungen bis zu ihrem Durchschnittspunkt C, den man sich mit A und B festverbunden denkt, und verlege die Angriffspunkte von F' und F'' nach diesem Punkte, so dafs CD und CE die beiden Kräfte vorstellen. Setzt man nun CD und CE nach dem Satz vom Kräfteparallelogramm zusammen, so wird die Resultierende durch die Diagonale CG des Parallelogrammes $CDGE$ vorgestellt; ihren Angriffspunkt kann man übrigens an den Punkt K verlegen, wo die Richtung der Resultierenden die Verbindungslinie von A und B trifft; den Punkt K hat man sich mit C (also auch mit A und B) festverbunden vorzustellen; es ist alsdann KL die Resultierende, wo $KL = CG$.

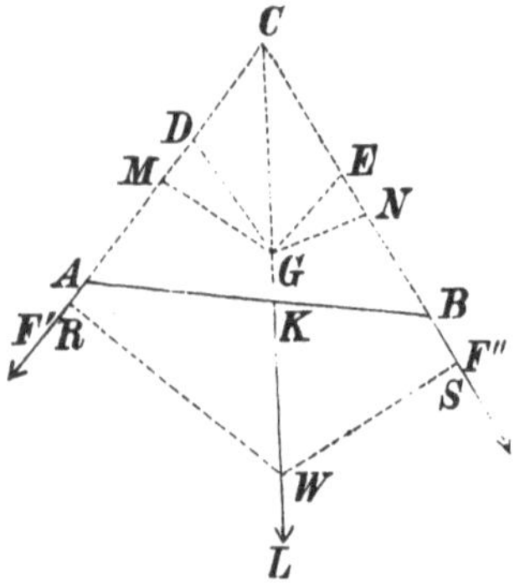

Fig. 29. Resultierende zweier an zwei festen Punkten angreifender Kräfte.

Die Lage der Resultierenden läfst sich auf folgende Art genauer bestimmen: Man zieht sowohl von dem Punkte G, also auch von einem beliebigen Punkte W der Resultierenden Senkrechte, GM, GN und WR, WS. Nun ist

$$\triangle DMG \sim \triangle EGN,$$

also

$$GM : GN = DG : GE = F'' : F';$$

ferner ist

$$WR : WS = GM : GN,$$

also:

$$WR : WS = F'' : F';$$

Die Abstände eines beliebigen Punktes der Resultierenden von den Richtungen der Seitenkräfte verhalten sich also umgekehrt wie die Seitenkräfte.

§ 40. Resultierende zweier gleichstimmig paralleler Kräfte, welche an zwei festverbundenen Punkten wirken. Seien F' und F'' (Fig. 30) zwei gleichstimmig parallele Kräfte, welche an den zwei festverbundenen Punkten A und B angreifen, so werden deren Richtungen beliebig verlängert einander nicht schneiden, man bringt deshalb an A die Kraft AE und an B die Kraft BF an, welche beide einander gleich sein, in die Linie AB fallen und nach entgegengesetzter Richtung wirken sollen; diese beiden Kräfte kann man ohne Änderung der Wirkung zusetzen. Kombiniert man nun F'

mit AE und F'' mit BF, so erhält man zwei nicht parallele Kräfte AG und BH, deren Richtungen verlängert einander in J schneiden mögen. Nun verlegt man AG und BH nach J, sodafs $JM = AG$ und $JP = BH$. Zieht man jetzt durch J sowohl eine Parallele mit AB, als auch eine solche mit AC (und BD) und zerlegt JM in JK und JN und JP in JL und JO, so erhält man wieder vier Kräfte JK, JL, JN und OJ, wobei:

$$JK = AE,\ JL = BF,$$
$$JN = AC = F' \text{ und}$$
$$JO = BD = F''.$$

Weil nun

$$AE = BF,$$

so ist auch

$$JK = JL.$$

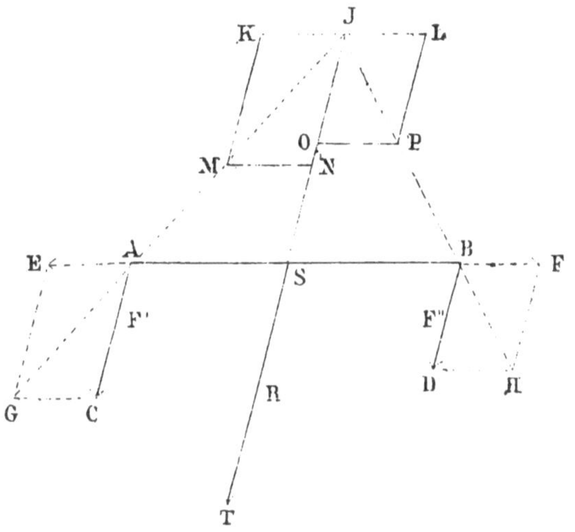

Fig. 30. Zwei gleichstimmig parallele Kräfte.

Die beiden Kräfte JK und JL, weil gleich grofs und entgegengesetzt gerichtet, heben einander auf, während JN und JO eine Resultierende ergeben, welche gleich $F' + F''$ ist. Diese Resultierende ist den Richtungen der gegebenen Kräfte parallel.

Den Angriffspunkt J der Resultierenden kann man nach dem Durchschnittspunkt S der Resultierenden mit der Verbindungslinie von A und B verlegen, so dafs nun $ST = F' + F''$ die Resultierende vorstellt.

Um die Lage von S zu finden, erwäge man, dafs:

$$AS : MN = JS : JN$$

und

$$BS : OP = JS : JO.$$

Durch Division dieser beiden Gleichungen erhält man, wenn man zugleich bedenkt, dafs $MN = OP$:

$$AS : BS = JO : JN$$

oder:

$$SA : SB = F'' : F'.$$

Alles zusammengefafst ergiebt sich: Die Resultierende zweier gleichstimmig paralleler Kräfte, welche an zwei festverbundenen Punkten wirken, ist diesen Kräften gleichstimmig parallel und gleich ihrer Summe und ihre Richtung teilt die Verbindungslinie der Angriffspunkte in zwei Stücke, welche sich umgekehrt wie die anliegenden Kräfte verhalten.

Aufgabe. An einer mit ihren Enden auf zwei festen Punkten liegenden Stange von 1 m Länge wirkt in einer Entfernung von 0,25 m von dem einen Ende eine Kraft von 5 kg; wie grofs ist der Druck auf die Stützpunkte?

§ 41. Resultierende zweier ungleichstimmig paralleler Kräfte, welche an zwei festverbundenen Punkten wirken. Sind F' und F'' (Fig. 31) zwei ungleichstimmig parallele Kräfte, welche an den Punkten A und B wirken und ist $F' > F''$, so zerlege F' in zwei gleichstimmig parallele Komponenten, von denen die eine, F_2, in B angreift und gleich F'' ist, während die andere F gleich $F' - F''$ sein mufs und in einem Punkte C angreift, so dafs:

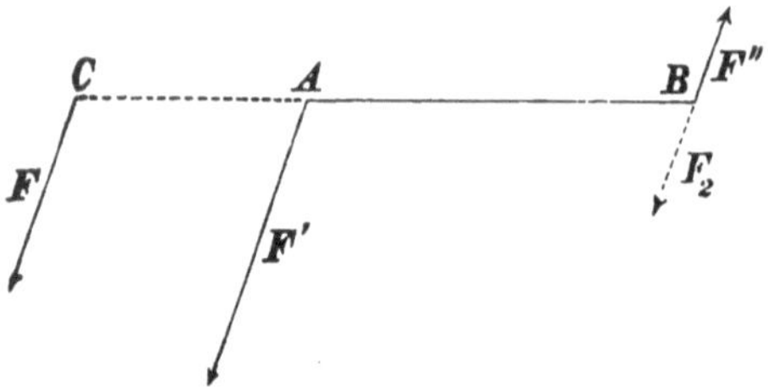

Fig. 31. Ungleichstimmig parallele Kräfte.

$$AC : AB = F_2 : F. \qquad (1)$$

Nunmehr hat man drei Kräfte, F, F'' und F_2, von denen die beiden letzteren einander aufheben, weshalb F als Resultierende übrig bleibt.

Aus Gleichung (1) findet sich, wenn man bedenkt, dafs $F_2 = F''$:

$$AC : AB + AC = F'' : F + F''$$

oder:

$$CA : CB = F'' : F'. \qquad (2)$$

Die Resultierende zweier ungleichstimmig paralleler Kräfte ist gleich deren Unterschied, sie ist der gröfseren gleichstimmig parallel, ihr Angriffspunkt liegt auf der Verlängerung der Angriffspunkte der Komponenten, auf Seite der gröfseren derselben und die Abstände des Angriffspunktes der Resultierenden von denen der Seitenkräfte verhalten sich umgekehrt wie diese.

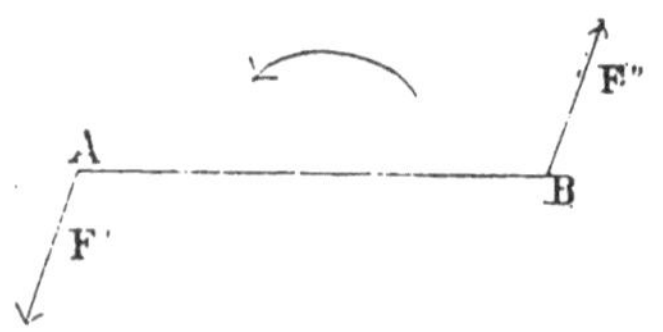

Fig. 32. Kräftepaar.

In dem speciellen Fall, wo die Komponenten gleich sind, ist die Resultierende gleich Null und ihr Angriffspunkt liegt im Unendlichen, denn aus Gleichung (2) folgt unter dieser Voraussetzung

$$CA = CB,$$

was nur möglich ist, wenn C im Unendlichen gelegen ist.

Zwei gleiche und ungleichstimmig parallele Kräfte (Fig. 32) haben also überhaupt keine Resultierende; sie bewirken lediglich eine Drehung des Körpers (in der durch den Pfeil angegebenen Richtung). Man nennt zwei solche Kräfte ein Kräftepaar, Drehpaar oder Drehzwilling. Stehen die Kraftrichtungen auf der Verbindungslinie ab der Angriffspunkte schief oder senkrecht, so hat man bezüglich ein schief- oder rechtwinkliges Kräftepaar.

§ 42. Gleichwertige Kräftepaare. 1) Ein schiefwinkeliges Kräftepaar kann durch ein rechtwinkeliges ersetzt werden, welches dieselben Kräfte und denselben Kräfteabstand besitzt. Den Kräfteabstand nennt man den Arm und das Produkt aus Kraft und Arm das Moment des Paares. Ist P eine der beiden gleichen Kräfte eines Paares und a der Abstand der Kraftrichtungen, so ist das Moment des Paares $P.a$; das Paar selbst bezeichnet man häufig durch $\overline{P, a}$.

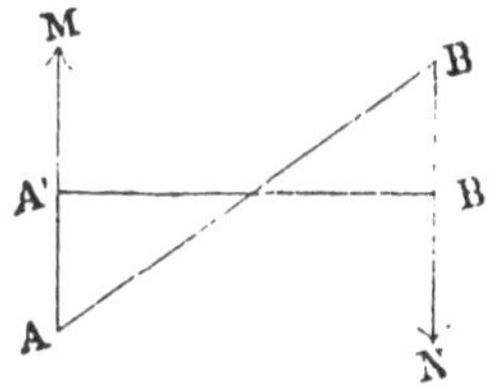

Fig. 33. Moment eines Kräftepaares.

An A und B (Fig. 33) wirken zwei gleiche und entgegengesetzte Kräfte AM und BM (P und $-P$). Zieht man durch irgend einen Punkt der Verbindungslinie der Angriffspunkte A und B eine Gerade $A'B'$, welche auf AM und AN senkrecht steht, so kann man die Angriffspunkte der Kräfte P und $-P$ von A und B nach A' und B' verlegen, ohne dafs die Wirkung geändert wird.

Man kann demnach jedes schiefwinklige Paar durch ein rechtwinkliges ersetzen. Der Arm unseres Paares ist $A'B'$ und das Moment $P \cdot A'B'$. Wir werden deshalb in der Folge immer voraussetzen, dafs die Verbindungslinie der Angriffspunkte der Kräfte auf den Richtungen der Kräfte senkrecht stehe.

2) Ein Kräftepaar kann parallel zu sich selbst verschoben werden.

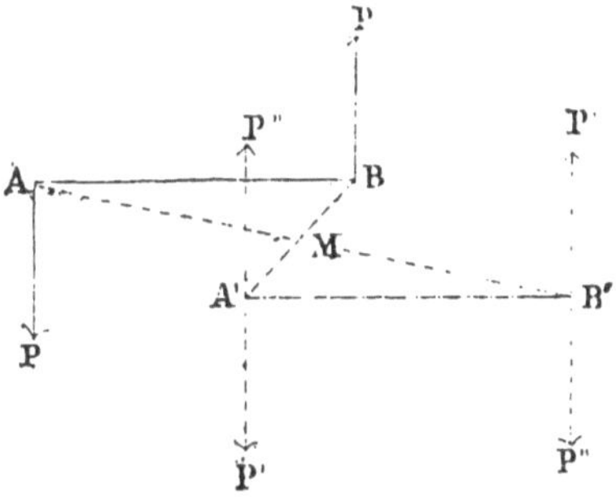

Fig. 34. Parallele Verschiebung eines Kräftepaares.

Es sei AB (Fig. 34) der Arm eines Paares mit den Kräften P und $-P$ und $A'B' \# AB$; man kann nun sowohl an A' als an B' zwei gleiche und entgegengesetzte Kräfte, welche gleich P sind, anbringen, ohne dafs die Wirkung geändert wird. Verbindet man A mit B' und A' mit B, so treffen sich beide Linien in einem Punkte M, welcher der Halbierungspunkt sowohl von AB' als von $A'B$ ist. Setzt man nun die an A und B' wirkenden gleichen und gleichstimmig parallelen Kräfte P und P'' zusammen, so greift ihre Resultierende, welche gleich $P + P''$ d. h. gleich $2P$ ist, in M an; ebenso greift auch die Resultierende $2P$ der beiden nach oben gerichteten, an A' und B angreifenden Kräfte P und P'' in M an und ist der vorhin genannten Resultierenden gleich und entgegengesetzt gerichtet; die beiden an M wirkenden Kräfte heben also einander auf und es bleiben deshalb nur noch die gleichen und entgegengesetzten Kräfte $A'P'$ und $B'P'$ übrig, welche ein Kräftepaar mit dem Arm $A'B' \# AB$ bilden.

Dieser Beweis gilt, einerlei ob die Kräftepaare in derselben oder in parallelen Ebenen liegen.

3) Ein Kräftepaar kann in seiner Ebene um einen beliebigen Winkel gedreht werden.

Man lege durch die Mitte M des Kräftepaares $\overline{P, AB}$ (Fig. 35) eine Gerade $A'B' = AB$ und bringe sowohl an A' als an B' zwei gleiche und entgegengesetzte Kräfte P' und P'', beide $= P$, an. Verlegt man die Angriffspunkte der an

A und A' wirkenden Kräfte, deren Kraftrichtungen einander in C treffen, nach C, so ergeben diese eine in der Richtung MC wirkende Resultierende, welche den Winkel AMA' halbiert, weil die Komponenten einander gleich sind; ebenso hat die Resultierende der an B und B' wirkenden, einander in D schneidende Kräfte, nachdem ihre Angriffspunkte nach D verlegt worden, die Richtung MD, welche den Winkel BMB' halbiert. Die in der Richtung MC wirkende Resultierende ist der nach MD wirkenden gleich und entgegengesetzt; die eine hebt also die andere auf und es bleibt nur noch das Kräftepaar $\overline{P', A'B'}$ übrig, welches sich in demselben Sinne dreht, wie das Kräftepaar $\overline{P, AB}$, denselben Arm und dieselben Kräfte besitzt.

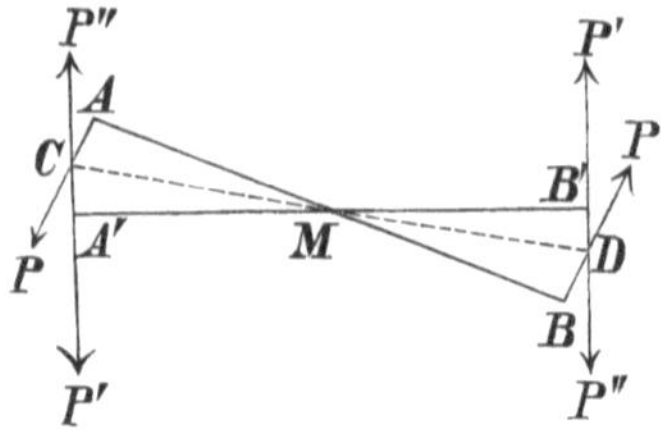

Fig. 35. Drehung eines Paares in seiner Ebene.

4) Jedes Kräftepaar kann durch ein anderes in derselben oder in einer parallelen Ebene liegendes ersetzt werden, wenn es in demselben Sinne dreht und dasselbe Moment besitzt.

Ist $\overline{P, AB}$ (Fig. 36) ein Kräftepaar, so verlängert man den Arm AB um eine beliebige Strecke BC und bringe sowohl an B als C zwei gleiche und entgegengesetzte Kräfte Q' und Q'' an, so dafs:

$$P.AB = Q'.BC (= Q''.BC).$$

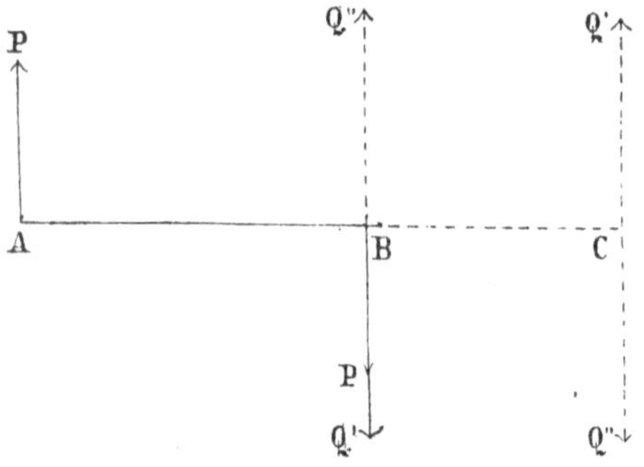

Fig. 36. Paare von gleichem Moment.

Kombiniert man jetzt P (an A) mit Q' (an C), so erhält man eine Resultierende, welche in B angreift und gleich $P + Q'$ ist; nun wirken aber bereits an B zwei Kräfte P und Q', deren Resultierende der ebengenannten gleich und entgegengesetzt ist; die an B wirkenden Kräfte heben also einander auf und es bleibt nur das Kräftepaar $\overline{Q'', BC}$ übrig, welches in demselben Sinne dreht, wie das Paar $\overline{P, AB}$ und dasselbe Moment hat, wie dieses.

5) Jedem Kräftepaar (mit der Kraft P und dem Arm a) läfst sich durch ein Kräftepaar ersetzen welches den Arm 1 besitzt und an dem zwei gleiche und entgegengesetzte, auf den Arm senkrecht stehende Kräfte wirken, welche dem Momente ($P.a$) des gegebenen Kräftepaares gleich sind.

Folgt unmittelbar aus 4).

Ein Kräftepaar mit dem Arm 1 heifst ein reduziertes Paar.

Aus den vorstehenden Sätzen folgt:

6) Zwei Kräftepaare können für einander gesetzt werden,

wenn sie in parallelen, fest miteinander verbundenen Ebenen liegen, gleiche Momente und gleiche Drehungsrichtung haben.

Ein Kräftepaar ist vollkommen bestimmt, wenn man sein Moment, die Lage seiner Ebene und die Drehungsrichtung kennt. Errichtet man auf der Ebene eines Paares eine Senkrechte und zwar nach der Seite hin, dafs, wenn man sich in dieses Lot auf die Ebene des Paares gestellt denkt, das Kräftepaar eine Drehung in der Richtung der Uhrzeiger (von links nach rechts) auszuführen strebt; trägt man ferner auf diesem Lot vom Fufspunkt aus das Moment des Paares ab, so ist durch diese Strecke, welche man die Achse des Paares nennt, das Paar vollständig bestimmt.

Alle vorstehenden Sätze kann man nun in folgendem Ausdruck zusammenfassen:

7) **Kräftepaare sind äquivalent, wenn sie gleiche und gleichstimmig parallele Achsen haben.**

§ 43. Zusammensetzung von Kräftepaaren. Um Kräftepaare zusammenzusetzen, d. h. um die Achse des resultierenden Paares zu finden, verschiebe man alle Achsen der Komponenten parallel mit sich selbst, so dafs ihre Anfangspunkte zusammenfallen und setzt die Achsen zusammen, als wenn es Kräfte wären:

1) Sind die Achsen parallel, d. h. liegen die Paare, welche zusammengesetzt werden sollen, in parallelen Ebenen, so lassen sich alle Achsen in dieselbe Gerade legen, indem sie zugleich den Anfangspunkt gemein haben; auch kann man die Achsen so drehen, dafs die (reduzierten) Paare mit ihren gleichen Armen zusammenfallen. Dann fallen die an den zwei Endpunkten des gemeinschaftlichen Armes wirkenden Kräfte, welche gleich den Momenten der Paare sind, in dieselbe (auf dem Arm senkrecht stehenden) Geraden und zwar teils nach der einen, teils nach der anderen Richtung; seien diese Kräfte $P' \cdot a'$ $P'' \cdot a''$, $P''' \cdot a''' \ldots$, so lassen sich dieselben an jedem Endpunkte des Armes zu einer Kraft zusammensetzen, welche gleich der algebraischen Summe dieser Kräfte ist.

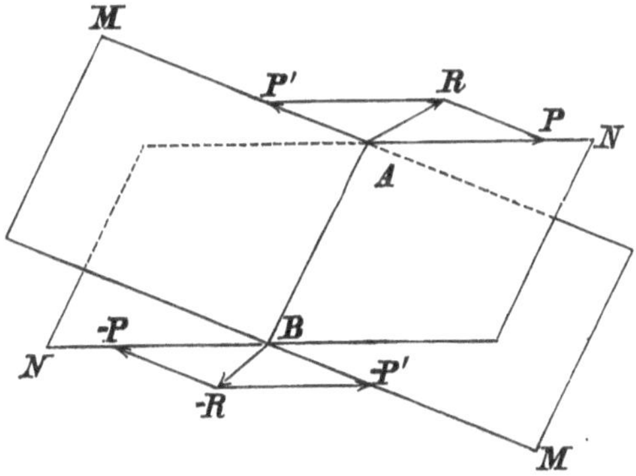

Fig. 37. Paare in verschiedenen Ebenen.

2) Sind die Achsen nicht parallel, so schneiden die Ebenen MM und NN (Fig. 37) der Paare $P, -P$ und $P', -P'$ einander in einer Geraden AB; die Achsen schliefsen einen Winkel ein, welcher dem spitzen oder stumpfen Winkel, den die Ebenen mit einander bilden, gleich ist. Man denkt sich nun die Paare auf den Arm 1 reduziert und jedes so in seiner Ebene gedreht, dafs die Arme beider in der gemeinschaftlichen Kante AB zusammenfallen, wobei $AB = 1$ angenommen ist; zugleich ist die Drehung so ausgeführt, dafs die zwei an A und die zwei an B wirkenden Kräfte der zwei Paare denselben Winkel mit einander bilden, wie die Achsen, d. h. entweder den spitzen oder den stumpfen Winkel der Kraftebenen; die Ebene der zwei an A und die der zwei an B angreifenden Kräfte sind aufserdem

der Ebene der Achsen parallel, weil alle drei Ebenen auf der Kante AB senkrecht stehen. Die Kräfte selbst sind je den Momenten der Paare, also den Achsen gleich. Setzt man nun die Kräfte an A und die an B nach den Parallelogramm der Kräfte zusammen, so erhält man ein neues Paar mit den zugleich das Moment des Paares darstellenden Kräften $R, -R$; jede dieser Kräfte mufs gleich der Geraden sein, die sich ergiebt, wenn man die Achsen der gegebenen Paare zusammensetzt, wie wenn es Kräfte wären. Diese resultierende Achse mufs aufserdem auf der Ebene des Paares $R, -R$ senkrecht stehen, denn es bildet diese Ebene mit den gegebenen Kraftebenen denselben Winkel, wie die resultierende Achse mit den gegebenen. Hiermit ist erwiesen, dafs man die Achse des resultierenden Paares zweier in nicht parallelen Eben liegenden Paaren erhält, wenn man die Achsen mit ihren Anfangspunkten zusammenschiebt und zusammensetzt, als ob es Kräfte wären.

§ 44. Zusammensetzung beliebig vieler an festverbundenen Punkten wirkender Kräfte. 1) Hat man beliebig viele gleichstimmig parallele, an fest verbundenen Punkten wirkende Kräfte $F_1, F_2 . F_3 \ldots$ zusammenzusetzen, so sucht man erst die Resultierende R_1 von F_1 und F_2, setzt diese mit F_3 zusammen, wobei man eine neue Resultierende R_2 erhält, diese kombiniert man mit F_4 u. s. w.

Da $R_1 = F_1 + F_2$; $R_2 = R_1 + F_3$; $R_3 = R_2 + F_4 \ldots$, so mufs $R_2 = F_1 + F_2 + F_3$; $R_3 = F_1 + F_2 + F_3 + F_4$; und es ist also die Gesamtresultierende aller Kräfte diesen gleichstimmig parallel und gleich ihrer Summe; ihr Angriffspunkt ergiebt sich in Verfolg der angegebenen Konstruktion, wird übrigens später noch auf eine andere Art bestimmt werden.

2) Sind die Kräfte teils gleichstimmig, teils ungleichstimmig parallel, so suche man die Resultierende der nach der einen und diejenige der nach der andern Richtung wirkenden Kräfte; man erhält dann zwei entgegengesetztparallele Kräfte, welche entweder eine Resultierende (die möglicherweise $= 0$ sein kann) oder ein Kräftepaar liefern.

Beliebig viele parallele Kräfte, welche eine Resultierende haben, lassen sich dadurch ins Gleichgewicht bringen, dafs man am Angriffspunkt der Resultierenden eine dieser gleiche und entgegengesetzte Kraft anbringt — Gegenresultierende.

Wenn man parallele Kräfte, welche eine Resultierende haben, so um ihre Angriffspunkte dreht, dafs ihre Richtungen parallel bleiben, so ändert der Angriffspunkt der Resultierenden seine Lage nicht, weshalb er auch der Mittelpunkt der parallelen Kräfte genannt wird; die Resultierende dreht sich nur um diesen Angriffspunkt, so dafs sie den Kräften parallel bleibt: der Angriffspunkt der Resultierenden hängt lediglich von der Lage der Angriffspunkte der einzelnen Kräfte und von der Gröfse der Kräfte, nicht aber von der Richtung derselben ab.

§ 45. Zusammensetzung beliebig gerichteter, an festverbundenen Punkten wirkender Kräfte. Sind beliebig viele an verschiedenen festverbundenen Punkten $A, A_1, A_2 \ldots$ wirkende Kräfte $P, P_1, P_2 \ldots$ zusammenzusetzen, so wählt man einen beliebigen Punkt M, den man sich mit den gegebenen Angriffspunkten festverbunden denkt und bringt an demselben soviel Paare gleicher und entgegengesetzter Kräfte an, als man gegebene Kräfte hat; diese Paare werden den Kräften $P, P_1, P_2 \ldots$ einzeln gleich genommen. Setzt man nun diejenigen an M wirkenden Kräfte, welche den gegebenen $P, P_1, P_2 \ldots$ gleichstimmig parallel sind, zu einer Resultierenden zusammen, so bleiben noch n Kräftepaare mit den Kräften $P, -P$; $P_1, -P_1$; $P_2, -P_2 \ldots$ übrig, welche sich zu einem Kräftepaar zusammensetzen lassen. Man erhält also im allgemeinen eine Kraft und ein Kräftepaar, wobei es allerdings eintreten kann, daſs entweder die Kraft oder das Kräftepaar oder beide verschwinden.

Dieses Resultat stimmt mit dem früher Gesagten, daſs die allgemeinste Bewegung eines Körpers als eine fortschreitende und drehende zugleich angesehen werden könne, überein; die resultierende Kraft bewirkt die fortschreitende und das Kräftepaar die drehende Bewegung.

§ 46. Unfreie Punkte; Drehkräfte. 1) Wenn eine Kraft an einem Punkte wirkt, so geht sie ganz verloren, d. h. sie bringt gar keine Bewegung hervor, wenn der Punkt absolut fest ist. Ist der Punkt nur insofern unfrei, als er sich auf vorgeschriebener Bahn bewegen muſs, so wirkt die Kraft mit voller Stärke, d. h. sie bringt in dem Punkte dieselbe Beschleunigung hervor, als ob er frei wäre, wenn die Kraft stets in der Richtung der Tangente an die Bahn wirkt. Steht aber die Richtung der Kraft senkrecht auf der Tagente an die Bahn, so kann die Kraft keine Bewegung, sondern nur einen Druck des Körpers gegen die Bahn hervorrufen, was allerdings insofern auf die Bewegung von Einfluſs ist, als durch diesen Druck Reibung und damit Hemmung der sonstigen Bewegung des Körpers erzeugt wird. Bei unseren vorläufig rein theoretischen Untersuchungen, bei welchen die Bahnen als absolut glatt, also zur Erzeugung von Reibung nicht fähig angenommen werden, betrachten wir Kräfte, welche senkrecht zur Tangente an die Bahn wirken, als verloren.

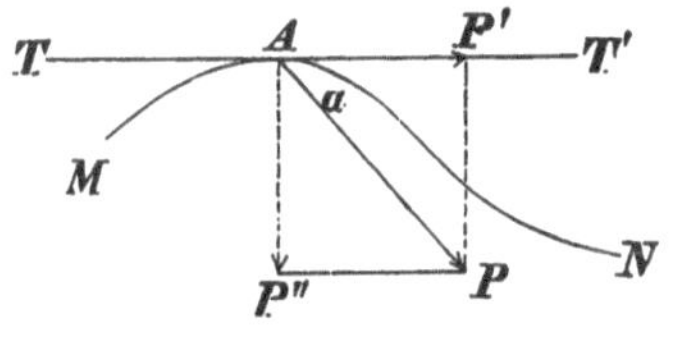

Fig. 38. Bewegung auf vorgeschriebener Bahn.

Bildet die Richtung der Kraft AP (Fig. 38) mit der Tangente TT' an der Bahn MN im Punkte A einen (spitzen) Winkel α, so kann man P in 2 Kräfte AP' und AP'' zerlegen, von denen die erste in die Richtung der Tangente fällt, die andere senkrecht darauf wirkt. Die Komponente P' wirkt mit voller Stärke, während P'' verloren geht.

Da $P' < P$, so geht stets an Kraft verloren, wenn die Kraftrichtung nicht mit der Tangente an die Bahn zusammenfällt, dabei ist:

$$P' = P \,.\, \cos \alpha.$$

2) Wenn ein Körper sich um eine feste Achse dreht, so kann jeder Punkt lediglich einen Kreis um die Achse beschreiben. Eine durch den Punkt senkrecht auf die Achse gelegte Ebene ist die Drehebene des Punktes; die Drehebenen aller Punkte eines Körpers, welcher sich um eine feste Achse drehen kann, sind einander parallel.

Ist DD (Fig. 39) die Drehebene eines Punktes A, ferner M der

Punkt, wo die Drehebene die Achse schneidet und AP eine an A wirkende und in die Drehebene fallende Kraft, welche mit der Verbindungslinie AM den Winkel α bildet, so ist, wenn die Kraft P in zwei Kräfte P' und P'' zerlegt wird, von denen die erste, mit voller Stärke wirkende, in die Tangente AT, die andere, verloren gehende, in den Radius AM des Kreises fällt, in welchem sich A bewegen kann: $P' = P \,.\, \cos \alpha$.

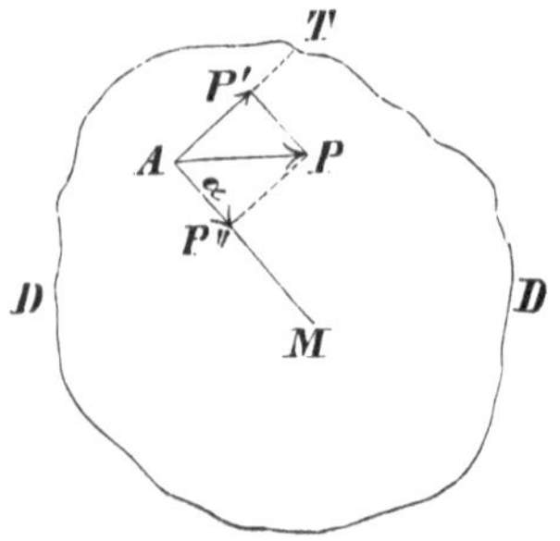

Fig. 39. Drehkraft in der Drehebene.

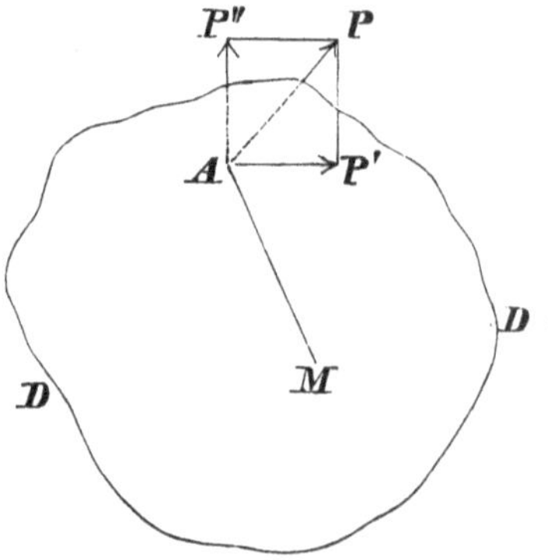

Fig. 40. Drehkraft.

Fällt die Kraft AP (Fig. 40) nicht in die Drehebene, sondern bildet sie mit derselben einen Winkel, so ziehe PP' senkrecht auf die Drehebene DD; alsdann ist PAP' der Neigungswinkel der Kräfterichtung AP gegen die Drehebene. Zieht man $AP'' \parallel PP$ und $PP'' \parallel AP'$, so zerlegt sich AP in zwei Kräfte, von denen die eine (P') in die Drehebene fällt, die andere (P'') aber auf ihr senkrecht steht; die letztere geht verloren, da die Drehebene nicht längs der Achse verschoben werden kann.

Wenn P' nicht auf MA senkrecht steht, so mufs es wieder in zwei Kräfte, wie oben angegeben, zerlegt werden, von denen die eine auf MA senkrecht steht und mit voller Stärke wirkt, während die andere in die Richtung AM fällt und verloren geht.

Wir setzen in der Folge stets voraus, dafs die Drehkraft auf dem Radius, den wir alsdann Dreharm nennen, senkrecht steht. Ferner verstehen wir unter dem Moment einer Drehkraft das Produkt aus Kraft und Dreharm.

§ 47. Äquivalenz, Zusammensetzung und Gleichgewicht der Drehkräfte. 1) Jede Drehkraft ist einem Kräftepaar äquivalent, welches dasselbe Moment besitzt, in demselben Sinne dreht und dessen Kräfte in derselben oder in einer mit der Drehebene parallelen Ebene wirken.

Wenden wir den Begriff „Achse“ (§ 42) in derselben Weise auf eine Drehkraft, wie auf ein Kräftepaar an, so kann man auch sagen:

Ein Drehpaar ist einem Kraftpaar äquivalent, wenn beide gleiche und gleichgerichtete Achsen haben.

Ist P (Fig. 41) eine Drehkraft mit dem Arm MA, so kann man ohne Änderung der Wirkung eine der P entgegengesetzt parallele Kraft $-\frac{1}{2}P$ an M anbringen; diese Kraft bildet mit der Hälfte der an A wirkenden Drehkraft ein Kräftepaar $\overline{\frac{1}{2}P, MA}$; aufserdem bleibt noch an A die Kraft $\frac{1}{2}P$ übrig. Wir verschieben nun den Arm des genannten Kräftepaares in seiner eigenen Richtung, so dafs wir das gleichwertige $\overline{\frac{1}{2}P, MA'}$ erhalten, wo $MA' = MA$; es kommt dann $\frac{1}{2}P$ an M und $-\frac{1}{2}P$ an A' zu liegen. Die an M wirkende Kraft $\frac{1}{2}P$ wird, da M fest ist, aufgehoben und es bleibt deshalb nur die an A wirkende Kraft $+\frac{1}{2}P$ und die an A' wirkende $-\frac{1}{2}P$ übrig; diese beiden Kräfte aber bilden ein Kräftepaar $\overline{\frac{1}{2}P, AA'}$, welches dasselbe Moment wie die Drehkraft P besitzt.

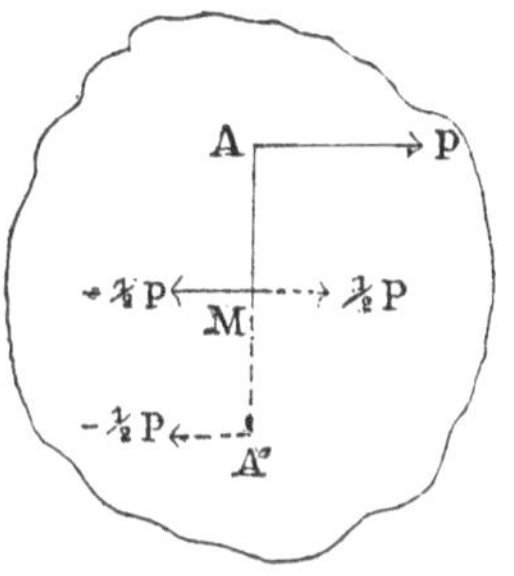

Fig. 41. Äquivalenz von Drehkraft und Paar.

Alle an einem Körper wirkenden Drehkräfte liegen in parallelen Ebenen, ihre Achsen sind also auch parallel und da jedes Drehpaar durch ein Kräftepaar mit gleicher und gleichgerichteter Achse ersetzt werden kann, so ergeben sich ohne weiteres die Sätze:

1) Zwei Drehkräfte stehen im Gleichgewicht, wenn sie gleiche Momente haben und in entgegengesetztem Sinne drehen, oder — wenn ihre Achsen gleich grofs und entgegengesetzt gerichtet sind.

2) Das Moment der Resultierenden beliebig vieler Drehkräfte ist gleich der algebraischen Summe der Momente der gegebenen Drehkräfte.

3) Beliebig viele Drehkräfte stehen im Gleichgewicht, wenn die algebraische Summe ihrer Momente, oder ihrer Achsen gleich Null ist.

§ 48. Druck auf den Drehungspunkt. Wirken beliebig viele Kräfte P_1, $P_2 \ldots$ an einem Körper, welcher einen festen Punkt besitzt, so kann man an diesem Paare von Kräften anbringen: P_1 und $-P_1$, P_2 und $-P_2 \ldots$, welche den gegebenen gleich und von denen die einen den gegebenen Kräften gleichstimmig, die anderen ungleichstimmig parallel sind. Die letzteren bilden mit den gegebenen Kräften Kräftepaare: $P_1, -P_1$, $P_2, -P_2 \ldots$, welche sich zu einem Kräftepaar zusammensetzen lassen, das lediglich eine Drehung des Körpers um den festen Punkt bewirkt. Die an dem festen Punkte wirkenden, den gegebenen gleichen und gleichstimmig parallelen Kräfte aber lassen sich zu einer Resultierenden vereinigen, und diese giebt den Druck an, den die gegebenen Kräfte auf den festen Punkt ausüben.

Will man also den Druck finden, den beliebig viele an einem Körper wirkende Kräfte auf einen festen Punkt desselben ausüben, so verlegt man sie in paralleler Lage an diesen Punkt und setzt sie dort zu einer Resultierenden zusammen.

§ 49. Satz von den statischen Momenten. Fällt man von einem Punkte O (Fig. 42) eine Senkrechte OM auf die Richtung einer Kraft AP, so nennt man das Produkt $\overline{P.OM}$ aus der Kraft und der Senkrechten das statische Moment der Kraft in Bezug auf den gewählten Punkt.

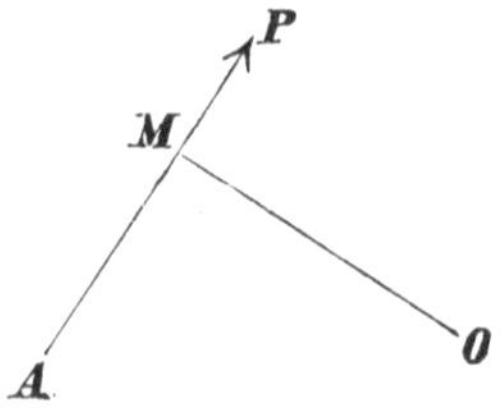

Fig. 42. Moment einer Kraft.

Stehen eine Anzahl in einer Ebene liegende Kräfte im Gleichgewicht, und fällt man von einem beliebigen Punkte Senkrechte auf die Richtungen aller Kräfte, so gilt der Satz:

Die Summe der statischen Momente beliebig vieler im Gleichgewicht stehender Kräfte ist gleich Null.

Bedenkt man, dafs bei einer Anzahl Kräfte, welche im Gleichgewicht stehen, jede Kraft als die Resultierende aller übrigen angesehen werden kann, so läfst sich der Satz auch so aussprechen:

Das statische Moment der Resultierenden beliebig vieler Kräfte in Bezug auf einen Punkt ist gleich der Summe der Momente der Seitenkräfte.

Dieser Satz ist eigentlich nur ein anderer Ausdruck für den Satz 2) in § 47; denn man kann den gewählten Punkt als Drehungspunkt und die einzelnen Kräfte als Drehkräfte um diesen Punkt betrachten.

§ 50. Satz der Momente für parallele Kräfte in Bezug auf eine Ebene. Das Moment einer Kraft in Bezug auf eine Ebene ist das Produkt aus der Kraft und dem Abstand ihres Angriffspunktes von der Ebene.

Fällt man nun von den Angriffspunkten einer Anzahl paralleler Kräfte und ihrer Resultierenden (wobei also vorausgesetzt ist, dafs die Kräfte eine Resultierende haben) Senkrechte auf eine beliebige Ebene, so gilt der Satz:

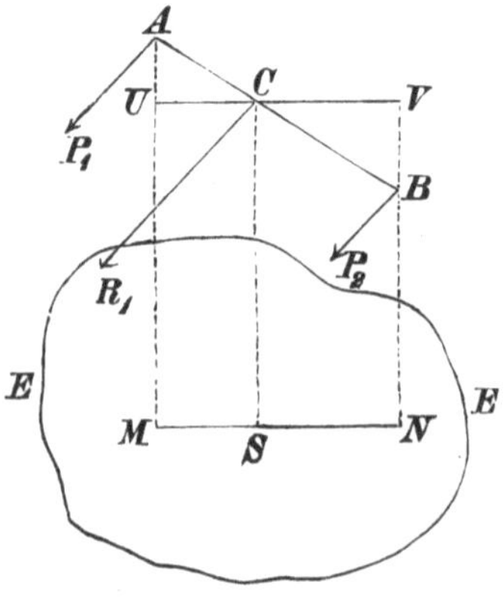

Fig. 43. Momentensatz paralleler Kräfte.

Das Moment der Resultierenden in Bezug auf eine Ebene ist gleich der Summe der Momente der Komponenten.

Seien zunächst P_1 und P_2 (Fig. 43) zwei gleichstimmig parallele Kräfte und R_1 ihre Resultierende; seien ferner AM, BN und CS die Abstände der Angriffspunkte A, B und C der Kräfte und ihrer Resultierenden von der Ebene EE, welche wir bezüglich mit x_1, x_2 und r_1 bezeichnen wollen, so ist:

$$R_1 = P_1 + P_2.$$

woraus:

$$R_1 \cdot r_1 = P_1 \cdot r_1 + P_2 \cdot r_1. \tag{1}$$

Zieht man jetzt durch C die Linie $UV \parallel MN$, so ist:

$$R_1 \cdot r_1 = P_1 \cdot (x_1 - AU) + P_2 (x_2 + BV)$$

oder

$$R_1 \cdot r_1 = P \cdot x_1 + P_2 \cdot x_2 - P_1 \cdot AU + P_2 \cdot BV. \tag{2}$$

Aus der Ähnlichkeit der Dreiecke ACU und BCV, sowie aus § 40 folgt aber:

$$P_1 : P_2 = BV : AU,$$

weshalb Gleichung (2) in die folgende übergeht:

$$R_1 . r_1 = P_1 . x_1 + P_2 . x_2. \qquad (3)$$

Hat man drei Kräfte, so findet man die Resultierende R_2, wenn man die Resultierende R_1 von P_1 und P_2 mit der dritten Kraft P_3 zusammensetzt; nun folgt aus (3), wenn man den Abstand des Angriffspunktes der Resultierenden R_2 von der Ebene EE mit r_2 und den des Angriffspunktes von P_3 mit x_3 bezeichnet:

$$R_2 . r_2 = R_1 . r_1 + P_3 . x_3$$

und daraus:

$$R_2 . r_2 = P_1 . x_1 + P_2 . x_2 + P_3 . x_3.$$

Durch Fortsetzung dieser Schlufsweise ergiebt sich für beliebig viele Kräfte:

$$R . r = P_1 . x_1 + P_2 . x_2 + \ldots + P_n . x_n, \qquad (4)$$

oder

$$R . r = \Sigma (P . x),$$

wo R die Gesamtresultierende bezeichnet.

Wendet man diesen Satz gleichzeitig auf 3, etwa aufeinander senkrecht stehende Ebenen an, so lassen sich die drei Abstände r, p, q des Angriffspunktes der Resultierenden von den drei Ebenen nach Gleichung (4) finden, womit die Lage dieses Angriffspunktes völlig bestimmt ist.

Liegen die Angriffspunkte aller parallelen Kräfte in einer Ebene, so kann man auch die Momente der Kräfte auf eine in dieser Ebene liegende Gerade beziehen (Momentachse). Geht die Moment-Ebene oder -Achse durch den Angriffspunkt der Resultierenden, so ist die Summe der Momente aller Kräfte gleich Null.

b) Zusammensetzung der parallelen Schwerkräfte.

§ 51. Begriff und allgemeine Bestimmung des Schwerpunktes. Die Erde ist (annähernd) eine Kugel, und wenn sie auch nicht überall gleich dicht ist, so kann man doch annehmen, sie sei aus gleich dichten konzentrischen Schalen zusammengesetzt.

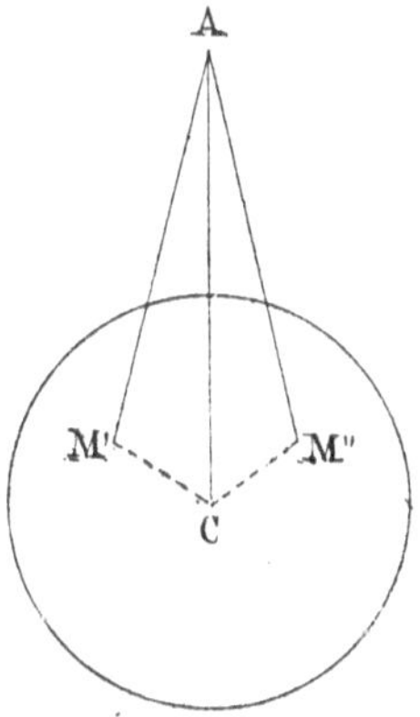

Fig. 44. Anziehung eines Punktes durch die Erde.

Jedes Masseteilchen der Erde zieht jedes Masseteilchen eines Körpers an, und man kann leicht zeigen, dafs die Anziehungs- oder Schwerkräfte, welche von den einzelnen Masseteilchen der Erde auf einen Massepunkt A (Fig. 44) aufserhalb derselben wirken, eine Resultierende haben, die nach dem Mittelpunkt der Erde hingeht. Es seien nämlich M' und M'' zwei Masseteilchen der Erde, welche gleichweit von dem Masseteilchen A, sowie gleichweit von dem Mittelpunkt C der Erde entfernt sind. Aus der Kongruenz der Dreiecke folgt nun $\sphericalangle M'AC = M''AC$; da ferner M' und M'' gleiche Massen haben, weil sie gleichweit vom Mittelpunkt entfernt sind, so müssen auch die in den Richtungen AM' und AM'' wirkenden Schwerkräfte gleich sein; ihre Resultierende halbiert also den Winkel $M'AM''$ und fällt deshalb in die Richtung AC.

Hat man statt eines Punktes einen ganzen Körper (Fig. 44a), so gehen die Resultierenden aller Schwerkräfte, welche an den einzelnen Teilchen des Körpers wirken, nach dem Mittelpunkt der Erde hin.

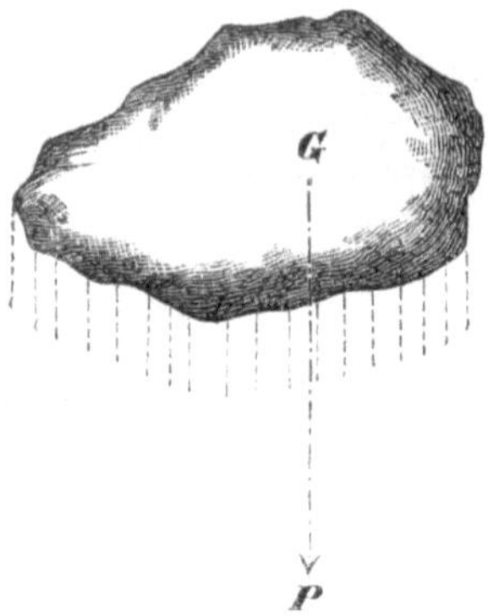

Fig. 44a. Schwerpunkt.

Man kann demnach annehmen: 1) die ganze Masse der Erde sei in ihrem Mittelpunkt konzentriert, und 2) die vom Erdmittelpunkt ausgehenden und an den einzelnen Teilchen eines (nicht sehr ausgedehnten) Körpers wirkenden Schwerkräfte seien wegen der grofsen Entfernung des Erdmittelpunkts einander parallel.

Die Schwerkräfte, welche an den einzelnen Masseteilchen eines Körpers wirken, haben eine Resultierende, deren Angriffspunkt G der **Schwerpunkt** des Körpers genannt wird. Die Gröfse der Gesammtanziehung erkennt man an dem Gewichte, d. h. an dem Druck, den ein Körper vermöge des Zuges der Schwerkraft auf eine horizontale Unterlage ausübt. Die Massen der Körper sind ihrem Gewichte (an demselben Orte der Erde) proportional, denn alle Körper fallen im luftleeren Raume (an demselhen Orte der Erde) gleich schnell; alle Körper, aus welchem Stoff sie auch bestehen mögen, müssen also gleiche Masse besitzen, wenn ihr Gewicht (an demselben Orte der Erde) gleich ist. Wir haben früher

$$M = \frac{Q}{g}$$

gefunden, als Einheit der Masse das Kilogramm und als Einheit des Gewichts das Gewicht einer Masse von $\frac{1}{g}$ kg genommen.

Jede Gerade oder Ebene, welche durch den Schwerpunkt eines Körpers geht, heifst bezüglich **Schwerlinie** oder **Schwerebene**.

Wenn wir ausdrücklich bezeichnen wollen, dafs wir uns an einem Körper die Schwerkraft wirken denken, so nennen wir ihn einen **schweren Körper** oder eine **schwere Masse**; wollen wir aber bestimmt von der Wirkung der Schwere absehen, so nennen wir den Körper eine **blofs träge Masse**.

§ 52. Die drei Arten des Gleichgewichts — Stabilität. Hängt man einen schweren Körper an einem Faden auf, so befindet er sich nur dann im Gleichgewicht, wenn sein Schwerpunkt in die Richtung des Fadens fällt. Geht derselbe durch den Schwerpunkt, so wird der Faden durch die Schwerkraft straff angezogen, der Nagel, an welchem etwa der Faden hängt, wird etwas gebogen, wodurch die Molekularkräfte rege gemacht werden, bis ein dem Zug gleicher Gegenzug entstanden ist (§ 33), und da diese Kräfte in gerade entgegengesetzter Richtung wirken, so tritt Gleichgewicht ein.

Ist die Richtung des Fadens BA (Fig. 45) nicht vertikal, so lässt sich die Schwerkraft in zwei Komponenten zerlegen, von denen die eine in die Richtung des Fadens fällt und die andere darauf senkrecht steht. Die erstere spannt den Faden an und die letztere wirkt als Drehkraft um den Punkt B; sie wird Null, wenn die Richtung des Fadens vertikal ist.

Hierauf gründet sich eine Methode den Schwerpunkt eines Körpers praktisch zu finden: Man hänge den Körper nach der Reihe an zwei ver-

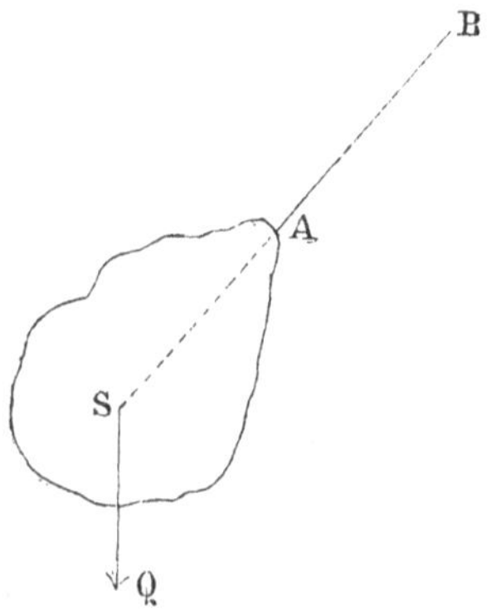

Fig. 45. Drehung eines Körpers um den Aufhängepunkt.

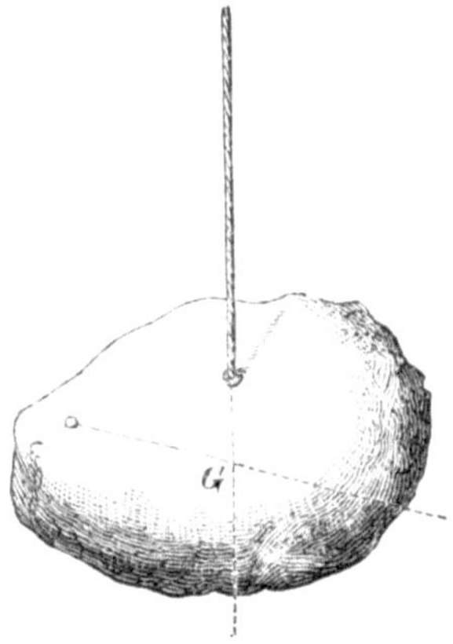

Fig. 46. Praktische Bestimmung des Schwerpunkts.

schiedenen Punkten (Fig. 46) auf; wo sich die Richtungen der Fäden im Innern des Körpers treffen, ist der Schwerpunkt G desselben.

Der Schwerpunkt eines Körpers sucht, weil die Schwerkraft vertikal abwärts zieht, stets den möglichst tiefsten Ort einzunehmen. Ist ein Körper in einem Punkte A (Fig. 47) aufgehängt, resp. um diesem Punkt drehbar, so kann sein Schwerpunkt S einen Kreis mit dem Radius AS beschreiben. Zieht man an den Kreis die zwei horizontalen Berührenden CD und $C'D'$, so wird Gleichgewicht herrschen, wenn der Schwerpunkt sich entweder vertikal über A (in S'') oder vertikal unter A in S befindet; die eine ist die höchste, die andere die tiefste Lage, welche der Schwerpunkt gegen A einnehmen kann. Befindet sich der Schwerpunkt in der tiefsten Lage, so wird er, in eine andere Lage (S' oder S''') gebracht, wieder in dieselbe zurückkehren; befindet sich aber der Schwerpunkt in der höchsten Lage S'', so macht der Körper bei der geringsten Verschiebung eine halbe Drehung, bis sein Schwerpunkt die möglichst tiefste Lage S einnimmt.

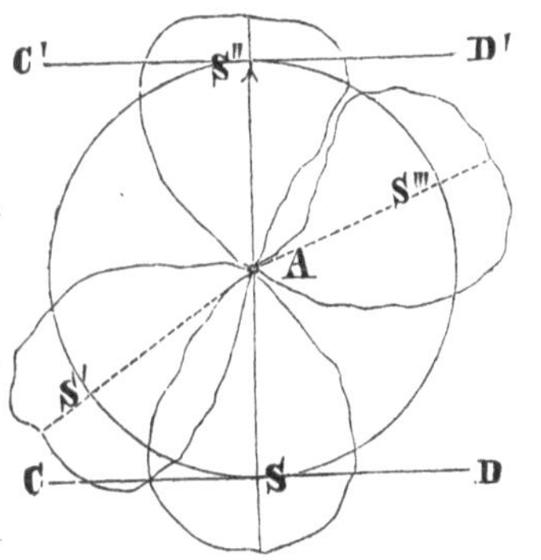

Fig. 47. Stabiles und labiles Gleichgewicht.

Ein Körper befindet sich im stabilen Gleichgewicht, wenn er aus seiner Lage gebracht wieder in dieselbe zurückzukehren strebt, er befindet sich dagegen im labilen Gleichgewicht, wenn er, aus seiner Lage gebracht, eine halbe Umdrehung macht (umschlägt). Ist ein Körper im Schwerpunkt selbst aufgehängt, d. h. ist der Schwerpuukt der Drehungspunkt, so bleibt der Körper in jeder Lage, die man ihm giebt, in Ruhe, er befindet sich im indifferenten Gleichgewicht; es geht alsdann die Schwerkraft stets durch einen festen Punkt und wird aufgehoben.

Liegt ein schwerer Körper auf einer festen horizontalen Ebene, so befindet er sich in stabilem Gleichgewicht, wenn der Fufspunkt des vom Schwerpunkt auf die Unterstützungsfläche gefällten Lotes in dieser selbst liegt. Dreht man nun den Körper um eine Kante der Unterstützungsfläche, so bleibt er so lange im stabilen Gleichgewicht, bis der Fufspunkt der vertikalen Schwerlinie aufserhalb der Unterstützungsfläche fällt. Die Kraft, die man mindestens anwenden mufs, um den Körper umzuwerfen, hängt von verschiedenen Umständen ab, sie giebt die Grösse der Stabilität des Körpers in Bezug auf die betreffende Kante an.

Sei $ABCD$ (Fig. 48) ein Körper, S sein Schwerpunkt, P eine auf der Vertikalen SQ senkrecht stehende Kraft, welche den Körper um seine in der Figur zu einem Punkte verkürzte Kante D umwerfen will; bezeichnet man ferner SE mit a und ED mit b und das Gewicht des Körpers mit Q, so können P und Q als Drehkräfte um die Drehachse D angesehen werden, deren Arme bezüglich DF und DE, d. h. a und b, sind; für den Zustand des Gleichgewichts mufs also (§ 46):

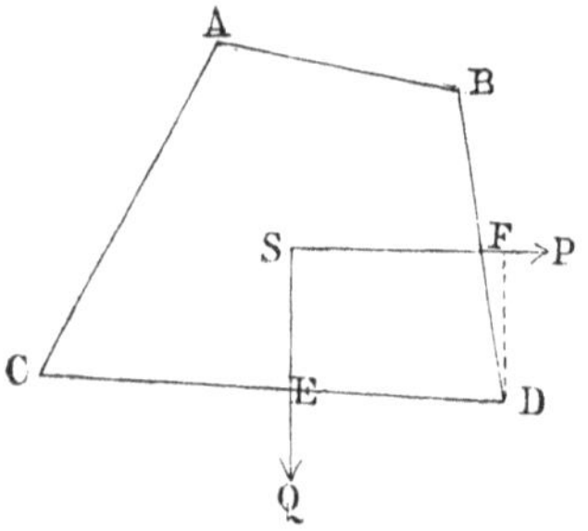

Fig. 48. Stabilität.

$$P \cdot a = Q \cdot b.$$

oder

$$P = \frac{Q \cdot b}{a}$$

sein.

Aus dieser Formel folgt: Die Stabilität (P) ist dem Gewichte des Körpers und dem Abstande der Kante, um welche er umgeworfen werden soll, von der vertikalen Schwerlinie direkt sowie der Höhe des Schwerpunktes über der Unterstützungsfläche umgekehrt proportional.

Bei Lampen und sonstigen Gegenständen, welche nicht umfallen sollen, macht man den Fufs breit und schwer; ein Stuhl fällt leichter nach hinten über die Lehne, als nach vorn um; die Kunst des Gehens besteht darin, den Schwerpunkt des Körpers stets vertikal über dem Viereck zu halten, das von den Füfsen gebildet wird (Zehengänger, Sohlengänger). Man biegt sich nach vorn, wenn man eine Last auf dem Rücken, nach hinten, wenn man eine Last vorn trägt; man geht sicherer, wenn man in jeder Hand eine Last hat, als blofs in der einen. — Balancierstange der Seiltänzer.

§ 53. Allgemeine Bestimmung des Schwerpunktes. Es seien m_1, m_2, m_3 ... die Massen der einzelnen Moleküle eines Körpers und g die Erdbeschleunigung, so sind die an den einzelnen Molekülen wirkenden Schwerkräfte $m_1 g$, $m_2 g$, $m_3 g$ ...; die im Schwerpunkte des Körpers angreifende Resultierende aller Schwerkräfte ist also $(m_1 + m_2 + m_3 + \ldots) g = M . g$, wo M die Gesamtmasse des Körpers bedeutet.

Bildet man nun die Momente aller Schwerkräfte und ihrer Resultierenden in Bezug auf eine bestimmte Ebene, wobei $x_1, x_2, x_3 \ldots\ldots$ die Abstände der einzelnen Moleküle und X den Abstand des Schwerpunktes von der gewählten Ebene bedeutet, so ist (§ 50):

$$MgX = (m_1 x_1 + m_2 x_2 + \ldots) g;$$

hieraus folgt:

$$X = \frac{m_1 x_1 + m_2 x_2 + \ldots}{M}$$

oder:

$$X = \frac{\Sigma(mx)}{\Sigma(m)}. \tag{1}$$

Ist ein Körper homogen, d. h. haben gleiche Volumina gleiche Massen, so nimmt die Gleichung (1) folgende Gestalt an:

$$X = \frac{m\Sigma(x)}{\Sigma(m)},$$

oder, da $m = v . \gamma$, wo γ das Gewicht der Volumeneinheit:

$$X = \frac{v\gamma\Sigma(x)}{\Sigma(v\gamma)} = \frac{v\Sigma(x)}{V}; \tag{2}$$

dabei bedeutet V das Gesamtvolumen des Körpers. Der Schwerpunkt ist aber noch nicht bestimmt, wenn man seinen Abstand nur von einer Ebene kennt; man mufs deshalb noch zwei andere wählen und die Abstände des Schwerpunktes von ihnen bestimmen (dreiachsiges Koordinatensystem).

Liegt eine Ebene oder Gerade symmetrisch gegen einen homogenen Körper, so liegt der Schwerpunkt desselben in ihr — Schwerebene, Schwerlinie; denn nimmt man diese Ebene als Momentebene, so ist die Summe der Momente der einzelnen Schwerkräfte und deshalb auch das Moment der Resultierenden, sowie der Abstand ihres Angriffspunktes von der Symmetrie-Ebene (oder -Geraden) gleich Null. Der Durchschnittspunkt dreier Schwerebenen, oder zweier Schwerlinien giebt den Schwerpunkt an.

Der Schwerpunkt bildet nicht blofs für die Schwerkräfte, sondern überhaupt für parallele, den Massen der Moleküle proportionale Kräfte den Angriffspunkt der Resultierenden. Umgekehrt läfst sich jede am Schwerpunkt angreifende Kraft in parallele, an den einzelnen Molekülen wirkende Kräfte, welche den Massen der Moleküle proportional sind, zerlegen. Diese Komponenten bringen in allen Molekülen gleiche Beschleunigung hervor; greift also eine Kraft im Schwerpunkte eines Körpers an, so erzeugt sie eine fortschreitende Bewegung des Körpers.

Greift eine Kraft P in einem anderen Punkte als dem Schwerpunkt an, so kann man statt ihrer eine gleich grofse und parallele am Schwerpunkte angreifende Kraft und ein Drehpaar setzen, das den Körper um den Schwerpunkt zu drehen sucht und dessen Moment gleich $P . a$ ist, wenn a den Abstand des Schwerpunktes von der Richtung der ursprünglichen Kraft bedeutet. Eine nicht im Schwerpunkt angreifende Kraft bringt also gleichzeitig eine fortschreitende und eine drehende Bewegung des Körpers hervor.

§ 54. Schwerpunkte homogener Linien. 1) Der Schwerpunkt einer überall gleich schweren Stange liegt in ihrer Mitte; denn jede durch die Mitte gehende Ebene ist eine Symmetrieebene.

2) Der Schwerpunkt einer dünnen überall gleich schweren kreisförmigen Scheibe, sowie eines Kreisringes liegen im Mittelpunkte derselben; denn alle durch den Mittelpunkt gehenden Ebenen sind Symmetrieebenen.

3) Um den Schwerpunkt des Umfanges eines Dreieckes ABC (Fig. 49) zu finden, verbinde man die Schwerpunkte, d. h. die Mittelpunkte A', B', C' der drei Seiten des Dreieckes und suche den Mittelpunkt S des Kreises, welcher dem Dreiecke $A'B'C'$ eingeschrieben ist; alsdann ist S der gesuchte Schwerpunkt.

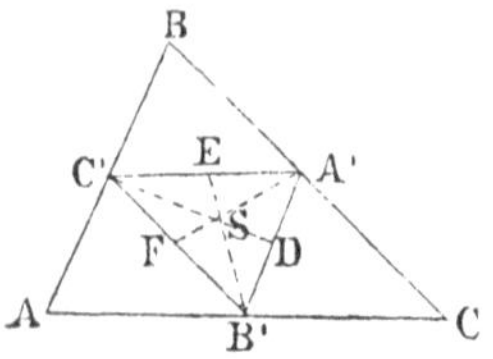

Fig. 49. Schwerpunkt vom Umfange eines Dreieckes.

Sucht man nämlich die Resultierende der beiden in A' und B' angreifenden parallelen Schwerkräfte, welche bezüglich den Längen der Seiten BC und AC proportional sind, so ist ihr Angriffspunkt in einem Punkte D gelegen, welcher durch die Gleichung

$$\frac{DA'}{DB'} = \frac{AC}{BC}$$

bestimmt ist.

Die Verbindungslinie $C'D$ halbiert also den Winkel $A'C'B'$ und ist zugleich eine Schwerlinie, denn auf ihr mufs der Angriffspunkt der Resultierenden der in C' und D angreifenden Kräfte, d. h. der Schwerkräfte aller drei Seiten liegen. Hätte man zunächst die in A' und C' angreifenden Schwerkräfte zusammengesetzt und deren Angriffspunkt E bestimmt, so wäre die Linie $B'E$, welche den Winkel an B' halbiert, als Schwerlinie gefunden worden (desgleichen mufs die den Winkel an A' halbierende Gerade $A'F$ eine Schwerlinie sein). Der Schwerpunkt liegt also im Durchschnittspunkte der drei Geraden $A'F$, $B'E$ und $C'D$, d. h. im Mittelpunkte des dem Dreiecke $A'B'C'$ eingeschriebenen Kreises.

4) Der Schwerpunkt eines Kreisbogens liegt auf dem den Bogen halbierenden Radius und sein Abstand vom Mittelpunkte ist die vierte Proportionale zum Bogen, zum Radius und zur Sehne.

Man denke sich den Kreisbogen ACB (Fig. 50) in sehr viele kleine Teile geteilt und nehme eine zur Sehne AB parallele Gerade MN, welche durch den Mittelpunkt O des Kreisbogens geht, als Momentachse an. Ist DE ein kleines, als geradlinig anzusehendes Stück des Bogens, so ist das Moment desselben gleich $DE.DK$, wo $DK \perp MN$. Nun ist aber $\triangle DEF \sim \triangle ODK$, wo $EF \parallel AB$.

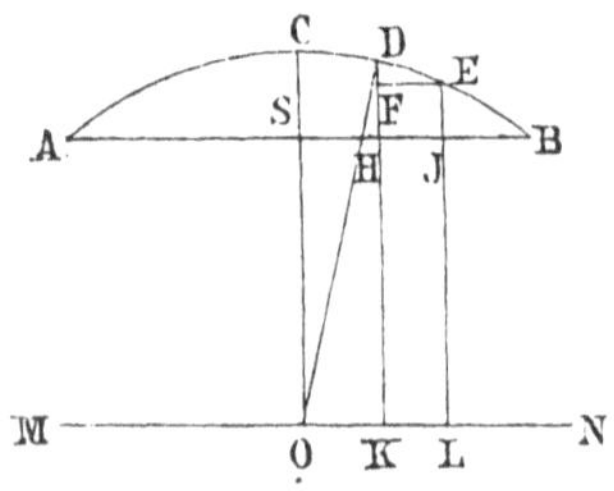

Fig. 50. Schwerpunkt eines Kreisbogens.

Hieraus folgt:

$$DE.DK = DO.EF = r.EF,$$

wo r der Radius des Kreisbogens ist.

Sucht man in derselben Weise die Momente aller Bogenstückchen, so erhält man als Momentensumme (in Bezug auf MN):

$$r.AB.$$

Ebenso grofs ist auch das Moment der Resultierenden. Ist nun s der Schwerpunkt des Bogens und $x = SO$ sein Abstand vom Mittelpunkt O, so muſs, wenn man die Sehne AB mit s und den Bogen ACB mit b bezeichnet:

$$x \cdot b = r \cdot s,$$

woraus:

$$x = \frac{rs}{b}.$$

§ 55. Schwerpunkte von überall gleichschweren Flächen. 1) Der Schwerpunkt einer Kreisfläche liegt in ihrem Mittelpunkte.

2) Der Schwerpunkt eines Parallelogrammes liegt im Durchschnittspunkte der Diagonalen.

Beide Sätze folgen leicht aus der Lage der Schwerlinien.

3) Der Schwerpunkt eines Dreieckes liegt in der Verbindungslinie einer Ecke mit der Mitte der Gegenseite und ist um ein Drittel der Höhe von dieser entfernt.

Ist ABC (Fig. 51) das gegebene Dreieck, so zerlege man es durch Linien, welche der einen Seite AB parallel sind, in eine (sehr groſse) Anzahl dünner Stangen; alsdann liegen die Schwerpunkte aller dieser Stangen in der Linie CD, welche die Seite AB und sämtliche Stangen halbiert; CD ist also eine Schwerlinie. Dasselbe gilt für AE, wenn E der Mittelpunkt von BC ist; der Durchschnittspunkt S von CD und AE ist also der Schwerpunkt des Dreieckes ABC. Verbindet man D mit E, so muſs $DE \parallel AC$ und auſserdem die Hälfte von AC sein. Nun ist

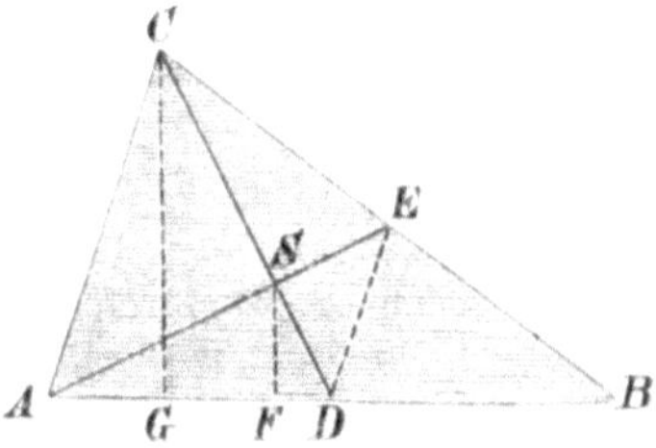

Fig. 51. Schwerpunkt eines Dreieckes.

$$\triangle SED \sim SAC,$$

woraus:

$$SD : SC = ED : AC$$

oder:

$$SD : SC = 1 : 2;$$

Hieraus folgt:

$$SD : CD = 1 : 3.$$

Zieht man noch die Linien SF und CG senkrecht auf AB, so muſs auch

$$SF : CG = 1 : 3.$$

4) Den Schwerpunkt eines Trapezes zu finden.

Ist $ABCD$ (Fig. 52) das gegebene Trapez und bezeichnet man die Grundlinien AB und CD bezüglich mit a und b, sowie die Höhe mit h, so suche man zuerst die Schwerpunkte R und Q der Dreiecke ABD und ACD, in welche man das Trapez durch die Diagonale AD zerlegen kann. Der Inhalt des ersten Dreieckes ist $\frac{ah}{2}$ und der des anderen $\frac{bh}{2}$; auſserdem sind die Abstände der Schwerpunkte Q und R von AB, welche als Momentachse genommen wird, bezüglich $^2/_3\, h$ und $^1/_3\, h$. Ist nun der Abstand SS' des notwendig auf der Linie QR liegenden Schwerpunktes S des Trapezes von AB gleich x, so muſs, da die drei Schwerkräfte, welche

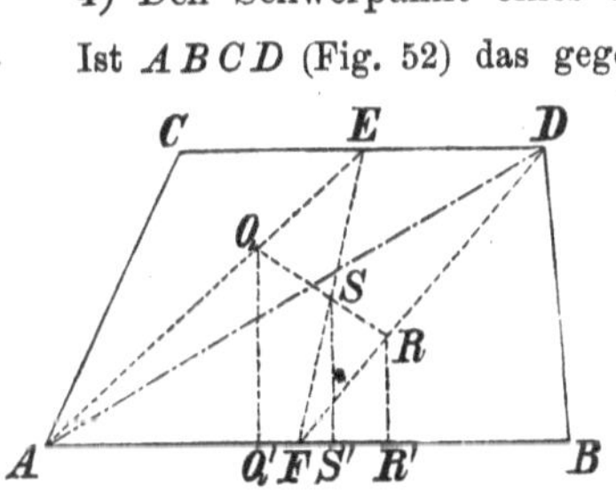

Fig. 52. Schwerpunkt eines Trapezes.

in Q, R und S angreifen, bezüglich den Inhalten der Dreiecke ACD und ABD, sowie des Trapezes $ABCD$ proportional sind:

$$x \cdot \frac{(a+b)h}{2} = \tfrac{2}{3} h \cdot \frac{bh}{2} + \tfrac{1}{3} h \cdot \frac{ah}{2}$$

woraus:

$$x = \frac{h}{3} \frac{a+2b}{a+b}.$$

Zugleich mufs S auf der Schwerlinie EF, welche die Mitten der parallelen Gegenseiten halbiert, liegen.

5) Den Schwerpunkt eines beliebigen Viereckes zu finden.

Sei $ABCD$ (Fig. 53) das gegebene Viereck, so zerlege dasselbe durch eine Diagonale AC in zwei Dreiecke ABC und ACD; halbiert man nun AC und verbindet den Halbierungspunkt E mit B und D, so erhält man die Schwerpunkte S' und S'' der Dreiecke ABC und ACD, wenn man DE und EB in drei gleiche Teile teilt und je den der Seite AC nächstgelegenen Drittelungspunkt nimmt. Auf der Verbindungslinie S' S'', welche der Diagonale BD parallel sein mufs, liegt der Schwerpunkt S des ganzen Viereckes. Die in S' und S'' angreifenden Schwerkräfte verhalten sich wie die Inhalte der Dreiecke ACD und ABC, und man mufs deshalb, um S zu finden, die Linie S' S'' so teilen, dafs

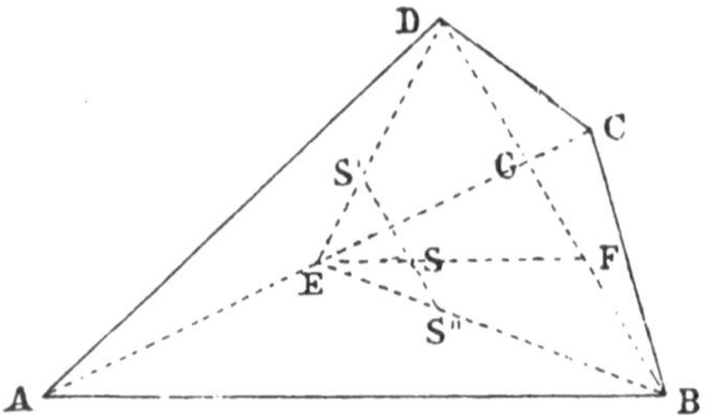

Fig. 53. Schwerpunkt eines Viereckes.

$$S'S : S''S = \triangle ABC : \triangle ACD.$$

Die genannten Dreiecke haben dieselbe Grundlinie AC, sie verhalten sich also wie ihre Höhen, d. h. wie die von B und D auf AC gefällten Senkrechten. Diese Höhen verhalten sich aber wie die Linien BG und DG. Trägt man nun DG von B aus auf BD ab, sodafs $BF = DG$ und verbindet F mit E, so ist der Durchschnittspunkt S der FE mit S' S'' der verlangte Schwerpunkt des Viereckes.

6) Den Schwerpunkt eines Polygons zu finden.

Man teile das Polygon durch Diagonalen, welche von einer Ecke ausgehen, in Dreiecke, suche von jedem Dreieck den Schwerpunkt und setze die an den Schwerpunkten wirkenden, den Inhalten der Dreiecke proportionalen Schwerkräfte in derselben Weise zu einer Resultierenden zusammen, wie man überhaupt parallele Kräfte zusammensetzt.

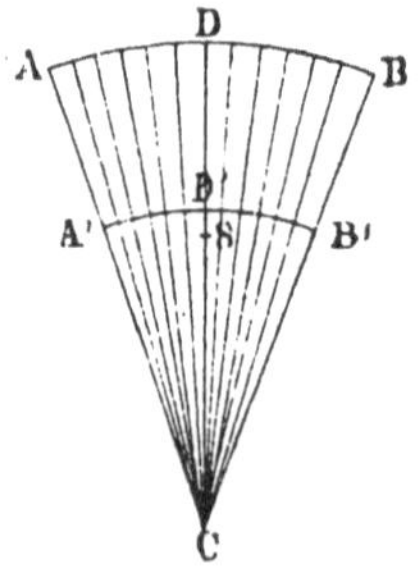

Fig. 54. Schwerpunkt eines Sektors.

7) Den Schwerpunkt eines Kreissektors zu finden.

Sei $CADB$ (Fig. 54) der gegebene Sektor, so denke man sich denselben durch sehr viele Radien in schmale Dreiecke zerlegt; dann liegen die Schwerpunkte aller dieser Dreiecke auf einem Kreisbogen $A'D'B'$, welcher zwei Drittel des Radius des Sektors zum Radius hat. Man erhält auf diese Weise statt des Sektors einen überall gleichschweren Kreisbogen $A'D'B'$, dessen Schwerpunkt auf CD liegen muss; nach § 54, 4 ist:

$$CS = \frac{\tfrac{2}{3} r \cdot \tfrac{2}{3} s}{\tfrac{2}{3} b} = \tfrac{2}{3} \frac{rs}{b}.$$

7) Den Schwerpunkt eines Segments zu finden.

Das Segment ADB (Fig. 55) ist der Unterschied zwischen dem Sektor $CADB$ und dem Dreieck CAB. Die Inhalte des Sektors, des Dreiecks und des Segments sind bezüglich:

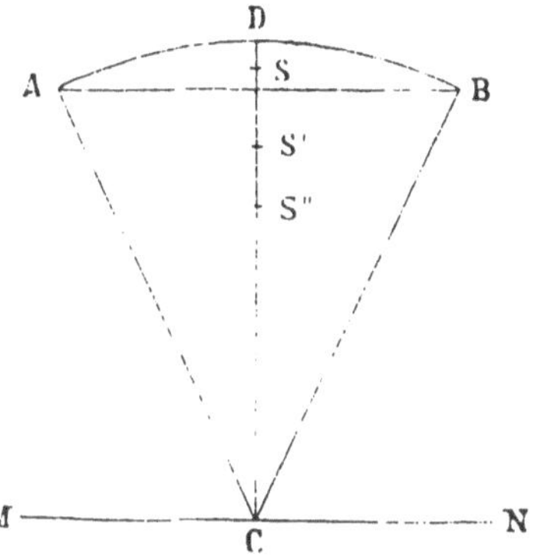

Fig. 55. Schwerpunkt eines Segments.

$$\tfrac{1}{2} rb; \quad \tfrac{1}{2} hs; \quad \tfrac{1}{2}(rb - hs)$$

wobei r den Radius, b den Bogen, s die Sehne des Segments und h die Höhe des Dreiecks ACB bezeichnet.

Zieht man durch den Mittelpunkt C eine Gerade MN parallel der Sehne AB, nimmt diese Linie als Achse der Momente und bezeichnet den Abstand des Schwerpunkts S des Segments von MN mit x, so mufs, weil die Abstände der Schwerpunkte S' des Sectors und S'' des Dreiecks ABC von der Achse MN bezüglich gleich

$$\tfrac{2}{3} \frac{rs}{b} \text{ und } \tfrac{2}{3} h$$

sind, die Beziehung gelten:

$$\tfrac{1}{2} \cdot rb \cdot \tfrac{2}{3} \frac{rs}{b} = \tfrac{1}{2} hs \cdot \tfrac{2}{3} h + \tfrac{1}{2}(rb - hs) \cdot x,$$

woraus:

$$x = \tfrac{2}{3} \frac{(r^2 - h^2)s}{rb - hs}.$$

Bedenkt man noch, dafs:

$$r^2 - h^2 = \tfrac{1}{4} s^2,$$

so mufs:

$$x = \tfrac{1}{6} \frac{s^3}{rb - hs}$$

sein, oder auch:

$$x = \tfrac{1}{12} \frac{s^3}{F},$$

wenn man unter F den Inhalt des Segments versteht.

8) Der Schwerpunkt des Mantels eines Cylinders liegt in der Mitte der Achse, wie aus der Lage von Symmetrie-Ebenen und -Geraden leicht hervorgeht.

9) Der Schwerpunkt des Mantels eines Kegels liegt in einem Punkt der Achse, welcher von der Grundfläche um ein Drittel der Höhe des Kegels absteht.

Man teile die Mantelfläche durch unendlich viele Seitenkanten in schmale Dreiecke, deren Schwerpunkte in ein Drittel der Höhe des Kegels über der Grundfläche liegen. Alle diese Schwerpunkte liegen also in einer Kreislinie, welche der Kegelgrundfläche parallel ist und um $^1/_3\, h$ von der Grundfläche absteht: ihr Schwerpunkt und folglich auch der Schwerpunkt des Kegelmantels liegt in ihrem Mittelpunkt.

10) Den Schwerpunkt des Mantels eines Kegelstumpfes zu finden.

Man ergänze den Kegelstumpf zum Kegel und ziehe von der Spitze unendlich viele Seitenkanten; der Mantel des Stumpfes zerfällt alsdann in eine grofse Zahl Trapeze, deren Schwerpunkte alle in eine den Grundflächen parallele Kreislinie fallen; ihr Schwerpunkt und somit der des Mantels des Kegelstumpfs liegt in einem Abstand

$$\frac{h}{3} \cdot \frac{r' + 2r''}{r' + r''}$$

von der Grundfläche mit dem Radius r'.

11) Der Schwerpunkt einer Kugelzone oder Kugelkappe liegt in der Mitte der Höhe derselben.

Teilt man nämlich die Zone in lauter gleich hohe, sehr dünne Zonen, so haben dieselben alle gleichen Inhalt; die Schwerpunkte derselben liegen in der Höhenlinie der ursprünglichen Zone, sodafs man eine überall gleichschwere Stange erhält, deren Schwerpunkt in ihrer Mitte liegt.

§ 56. Schwerpunkte von überall gleichschweren Körpern.

1) Der Schwerpunkt eines Cylinders liegt im Mittelpunkt der Achse.

2) Der Schwerpunkt eines Prismas liegt in der Mitte der Verbindungslinie der Schwerpunkte der Grundflächen.

3) Der Schwerpunkt einer dreiseitigen Pyramide liegt in der Verbindungslinie der einen Ecke (Spitze) mit dem Schwerpunkte der gegenüberliegenden Fläche (Grundfläche) und ist um $^1/_4$ der Höhe der Pyramide von der Grundfläche entfernt.

Es sei $ABCD$ (Fig. 56) die gegebene dreiseitige Pyramide, S_1 der Schwerpunkt der Fläche BCD und S_2 der der Fläche ACD, so gehen die Linien AS_1 und BS_2 bezüglich durch die Schwerpunkte aller mit BCD und ACD parallelen Durchschnittsdreiecke, denn Ähnlichkeitsstrahlen schneiden ähnliche zwischen demselben Büschel liegende Flächen in homologen Punkten. Der Schwerpunkt S der Pyramide mufs also sowohl auf AS_1 als auf BS_2 liegen, d. h. da wo diese Linien (welche beide in der Ebene ABE liegen) einander treffen.

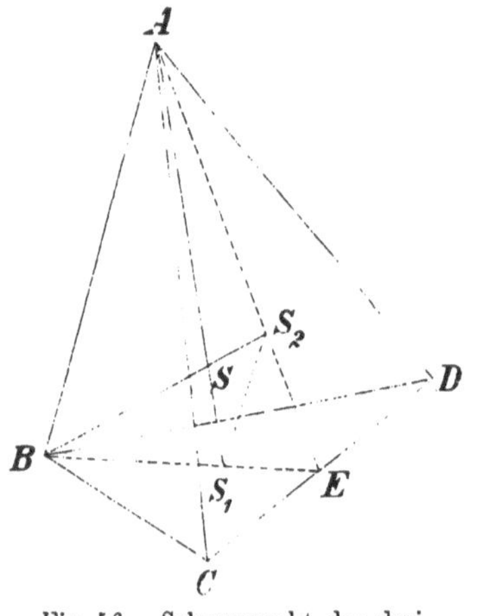

Fig. 56. Schwerpunkt der dreiseitigen Pyramide.

Verbindet man S_1 mit S_2, so ist:

$$S_1S_2 \parallel AB \text{ und } S_1S_2 = \tfrac{1}{3}AB;$$

denn

$$ES_2 : EA = ES_1 : EB = 1 : 3;$$

deshalb ist:

$$\triangle SS_1S_2 \sim \triangle SAB;$$

hieraus folgt:

$$SS_1 : SA = S_1S_2 : AB = 1 : 3;$$

oder:

$$SS_1 : S_1A = 1 : 4.$$

4) Der Schwerpunkt einer vielseitigen Pyramide liegt in der Verbindungslinie der Spitze mit dem Schwerpunkte der Grundfläche und ist um ein Viertel der Höhe von ihr entfernt.

Man zerlege die Grundfläche durch Diagonalen, welche von einer Ecke ausgehen, in Dreiecke, so erhält man $n - 2$ dreiseitige Pyramiden, deren Schwerpunkte sämtlich in einer Ebene liegen, welche von der Grundfläche um $\frac{1}{4}$ der Höhe absteht. Diese Ebene ist also eine Schwerebene. Verbindet man ferner die Spitze mit dem Schwerpunkte der Grundfläche, so geht diese Linie durch die Schwerpunkte aller der Grundfläche parallelen Durchschnittsflächen, weil ähnliche Flächen von demselben Ähnlichkeitsstrahl in entsprechenden Punkten geschnitten werden; diese Linie ist also eine Schwerlinie und wo sie die genannte Schwerebene trifft, ist der Schwerpunkt der Pyramide.

5) In betreff des Schwerpunktes eines Kegels gilt derselbe Satz, wie für den einer Pyramide.

6) Den Schwerpunkt eines Kugelsektors zu finden.

Man ziehe an die zugehörige Kugelkappe unendlich viele Radien, wodurch man viele sehr dünne Kegel erhält; die Schwerpunkte dieser Kegel liegen in einer Kugelkappe mit dem Radius $\frac{3}{4} r$, wenn r der Radius des Kugelsektors ist. Auf dieser Kugelkappe (und zugleich auf dem Mittelradius) mufs der Schwerpunkt des Kugelsektors liegen. Der Schwerpunkt einer Kugelkappe liegt aber in der Mitte der Höhe derselben. Die Höhe der Kugelkappe nun, auf welcher der Schwerpunkt des Kugelsektors liegt, beträgt $\frac{3}{4} h$, wenn h die Höhe der Kappe des Kugelsektors bezeichnet; der Abstand des Schwerpunktes vom Mittelpunkte beträgt also:

$$\frac{3}{4} r - \frac{1}{2} \cdot \frac{3}{4} h = \frac{3}{8} (2r - h).$$

7) Den Schwerpunkt eines Kugelsegmentes zu finden.

Man erwäge, dafs die Inhalte des Kugelsegmentes, des zugehörigen Kugelsektors und des Kegels, welcher das Segment zum Sektor ergänzt, bezüglich die Werte:

$$\frac{1}{3} \pi h^2 (3r - h); \quad \frac{2}{3} \pi h r^2; \quad \frac{1}{3} \pi h (2r - h)(r - h)$$

haben; die zugehörigen Abstände der Schwerpunkte vom Mittelpunkte sind:

$$x; \quad \frac{3}{8} (2r - h); \quad \frac{3}{4} (r - h).$$

Hieraus ergiebt sich leicht nach dem allgemeinen Momentensatz:

$$x = \frac{3}{4} \frac{(2r - h)^2}{3r - h}.$$

c) Gleichgewicht der Kräfte an Maschinen.

§ 57. Begriff der Maschine: Elementenpaare. Eine Maschine ist eine Verbindung widerstandsfähiger Körper, welche so eingerichtet ist, dafs mittelst ihrer Naturkräfte genötigt werden können, unter bestimmten Bewegungen zu wirken (Reuleaux).

Damit eine Bewegung bestimmt sei, mufs sie auf vorgeschriebener Bahn erfolgen; jeder Maschinenteil besteht also aus zwei einander (ganz oder teilweise) umhüllenden Körpern derart, dafs der eine dem anderen als Bahn dient. Eine Maschine ist hiernach nicht aus einzelnen Elementen, sondern aus Elementenpaaren zusammengesetzt. Die Zahl der wesentlich verschiedenen Elementenpaare ist aber, wie sich zeigen wird, gering.

Es giebt im allgemeinen nur zwei Arten der Bewegung, die fortschreitende und die drehende; die allgemeinste Bewegung ist die drehend-fortschreitende (§ 30) oder die allgemeine Schraubenbewegung, bei welcher in jedem Augenblick sowohl die Achse, als die Ganghöhe der Schraube sich ändern kann; der Körper bewegt sich also in jedem Augenblick längs einer andern Schraube. Man kann sich nun die Achsen der

Schrauben, längs welcher ein Körper nach der Reihe fortschreitet und um welche er sich gleichzeitig dreht, im Raume verzeichnet denken; sie bilden zusammen eine Regelfläche und werden Momentanachsen genannt. Nun soll dieser Körper an einem andern, mit dem er ein Elementenpaar bildet, sich hinbewegen. Man kann sich aber mit dem zweiten Körper eine ganz gleiche Regelfläche verbunden denken, mit deren Geraden nach und nach die entsprechenden Geraden der ersten Regelfläche bei der Bewegung des ersten Körpers auf dem zweiten zusammenfallen. Die Bewegung erfolgt dann in der Weise, dafs, wenn in einem gewissen Augenblick zwei entsprechende Geraden der beiden Regelflächen aufeinander liegen, der erste Körper zunächst längs dieser Geraden (bezüglich Momentanachse) gleitet und dann sich um dieselbe dreht, bis die zwei folgenden entsprechenden Geraden der zwei Regelflächen zusammenfallen; nun erfolgt wieder Gleitung längs dieser Achse und Rollung um dieselbe, bis das dritte Paar entsprechender Achsen zusammenfällt u. s. w.

Diese Doppelbewegung von Gleitung und Rollung nennt man Schrotung und die Körper selbst, welche so profiliert sind, dafs sie eine derartige Bewegung übereinander ausführen können, Axoide.

Die Schrotung geht in eine reine Rollung über, wenn die Regelflächen auf einander abwickelbar sind, d. h. wenn durch blofse Drehung um ein momentan zusammenfallendes Achsenpaar das folgende zur Deckung kommt, wie dies z. B. bei Kegel- und Cylinderflächen stattfindet.

Wird die Forderung gestellt, dafs bei der Relativbewegung des einen Elementes eines Paares gegen das andere, dieselben einander stets in allen Punkten berühren, dafs also das eine das andere vollkommen umschliefst, so ist weder eine Änderung der Achse, noch der Ganghöhe der Schraube möglich; die Bewegung erfolgt alsdann stets auf derselben Schraubenlinie.

Wenn man auf dem Mantel eines Cylinders eine gewöhnliche Schraubenlinie — Normalschraubenlinie — verzeichnet und einen vierseitigen oder dreiseitigen Wulst (Fig. 57) aufsetzt, damit ein anderer Körper gezwungen werden kann, sich längs der Schraubenlinie zu bewegen, so er-

Fig. 57. Schraubenspindel.

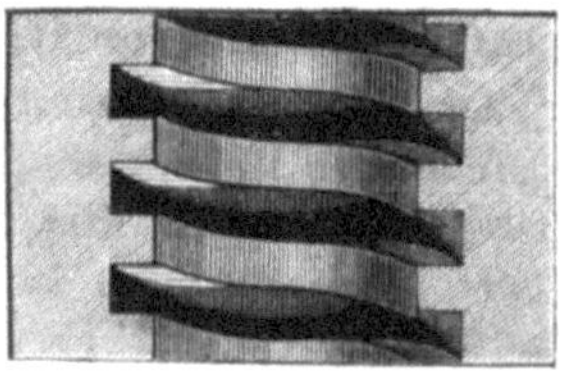

Fig. 58. Schraubenmutter.

hält man eine Schraubenspindel; wird aber im Innern eines hohlen Cylinders eine Schraubenlinie verzeichnet und eine vier- oder dreiseitige Vertiefung eingegraben, so erhält man eine Schraubenmutter (Fig. 58). Hat die Schraubenlinie der Spindel gleiche Höhe mit der der Mutter und haben aufserdem beide gleichen Durchmesser, so passt die Spindel genau in die Mutter und wird von ihr in allen Punkten, so weit sie überhaupt reicht, berührt. Die Verbindung einer Schraubenmutter mit einer Schraubenspindel nennt man eine Schraube oder Normalschraube (Fig. 59). Hält man das eine Element des Paares fest, so kann das andere nur eine ganz bestimmte Bewegung und zwar eine drehend-fortschreitende längs derselben Schraubenlinie ausführen. Es giebt in der Ebene nur zwei Linien, welche so beschaffen sind, dafs jedes Stück derselben mit einem gleichgrofsen anderen zur Drehung gebracht werden kann, es ist dies die Gerade und der Kreis. Im Raume giebt es blofs eine Kurve, welche dieselbe Beschaffenheit

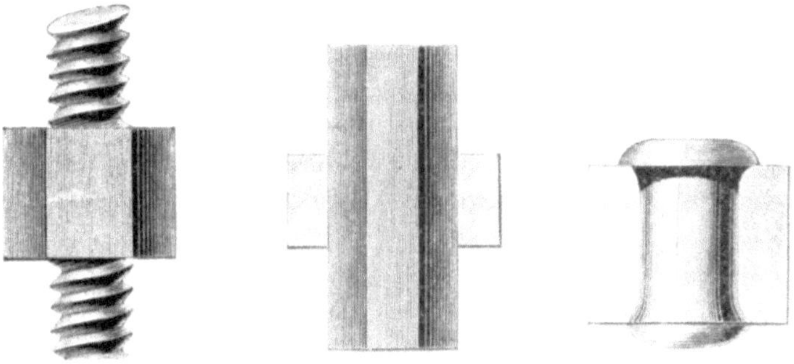

Fig. 59. Schraubenpaar. Fig. 60. Prismenpaar. Fig. 61. Drehkörperpaar.

besitzt, es ist die gewissermafsen aus Gerade und Kreis zusammengesetzte Normalschraubenlinie: nur längs einer solchen Kurve kann ein Körper sich bewegen, der von einem anderen fest umschlossen ist.

Wird die Höhe der Schraubengänge unendlich grofs, so geht die Schraube in das Prismenpaar (Fig. 60) über, bei welchem jedes der Elemente nur eine fortschreitende Bewegung ausführen kann, wenn das andere festgehalten wird.

Ist die Höhe der Schraubengänge gleich Null, so kann nur eine drehende Bewegung stattfinden; man erhält dann das Drehkörperpaar (Fig. 61).

Hält man den ersten Körper fest und bewegt den zweiten, so vollführt dieser dieselbe Bewegung, wie vorhin jener — bei der Umkehrung des Paares erhält man wieder dieselbe Bewegung.

Es ist aber nicht nötig, dafs die Elemente eines Paares einander in allen Punkten berühren, sie können dies auch nur in einzelnen, wechselnden Punkten, jedoch derart thun, dafs die beabsichtigte Bewegung und keine andere erfolgen mufs. Beide Arten von Elementenpaaren haben die Eigenschaft der gegenseitigen Umhüllung und der Zwangläufigkeit mit einander gemein, die ersteren nennt man niedere oder Umschlufspaare, die letzteren höhere Elementenpaare. In Fig. 62 berührt z. B. ein Körper einen anderen in drei Punkten und es wird der eine im anderen eine Drehung ausführen können, wenn die drei Normalen in den drei Berührungspunkten einander in einem Punkte O schneiden. Nach einer unendlich kleinen Drehung um O werden sich die zwei Elemente wieder in drei anderen Punkten berühren und es kann eine weitere Drehung erfolgen, wenn sich die Normalen an die drei neuen Berührungspunkte abermals in einem Punkte schneiden — das Elementenpaar ist zwangläufig ohne Umschlufspaar zu sein.

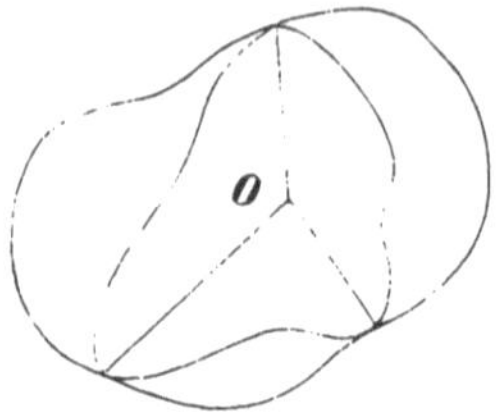

Fig. 62. Höheres Paar.

Es ist aber auch möglich, dafs zwei Elemente einander nur nach einer Seite hin berühren, so dafs keine Zwangläufigkeit stattfindet, wie dies z. B. bei gezahnten Rädern, bei einem Wagbalken, dessen Schneide sich auf einer Pfanne dreht, der Fall ist; hier wird entweder durch eine Kraft, z. B. die Schwerkraft, wie beim Wagebalken (Fig. 63), oder durch feste Verbindungen, wie bei den Rädern, deren Achsen einen unabänderlichen Abstand von einander haben (Fig. 64), die beständige Berührung der Elemente bewirkt. Solche Elementenpaare nennt man unselbständige.

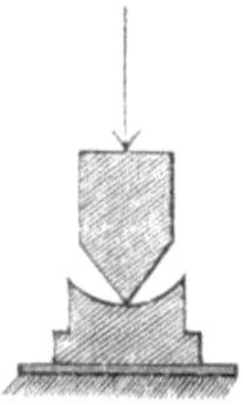

Fig. 63. Wagbalkenschneide und Pfanne.

§ 58. Kinematische Ketten. Durch Verbindung von Elementenpaaren gelangt man zu komplizierteren Gebilden, den kinematischen Ketten. Verbindet man blofs zwei Elementenpaare, so gelangt man allerdings wieder zu einem Elementenpaar und nicht zu einer Kette.

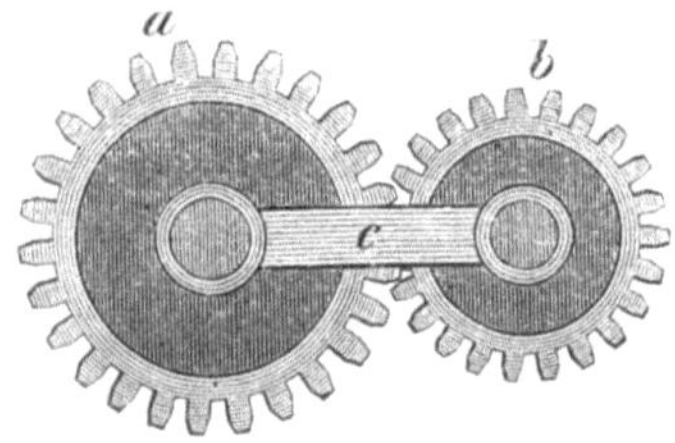

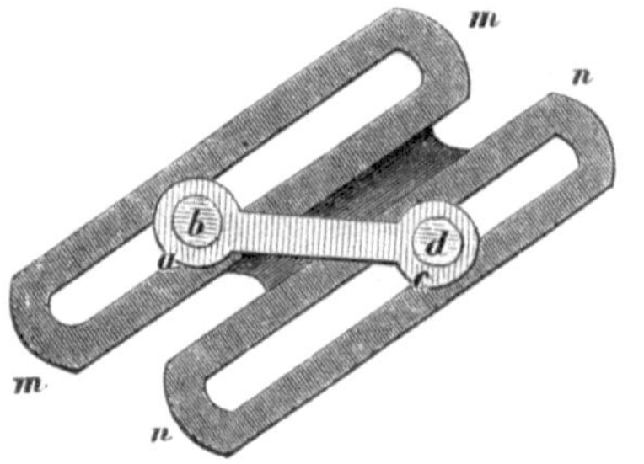

Fig. 64. Verbindung gezahnter Räder. Fig. 65. Prismenpaar aus zwei Prismenpaaren.

Fig. 65 zeigt zwei Prismenpaare, bestehend aus zwei mit einander verbundenen Hohlformen *mm* und *nn*, deren Schlitze einander parallel sind, und aus zwei durch die Stange *ac* verbundenen Vollkörpern *b* und *d*. Bei der Bewegung durchlaufen alle Punkte von *ac* gleiche und den Schlitzen parallele Bahnen. Dasselbe würde man auch durch ein einziges Prismenpaar erreichen können, so dafs man also nichts Neues erhalten hat. Schon etwas anders wird die Sache, wenn die Schlitze der Hohlformen nicht parallel gestellt werden (Fig. 66); hier beschreibt jeder Punkt *p* von *ac* eine krumme Bahn, die man durch ein gewöhnliches Umschlufspaar nicht herstellen kann. Doch aber bildet das Ganze nur ein Paar und zwar ein höheres.

Eigentliche kinematische Ketten erhält man durch Verbindung von drei und mehr Elementenpaaren. Fig. 67 zeigt eine Verbindung von vier Drehkörperpaaren: *a b*, *d c*, *e f*, und *h g*. Hier ist der Zapfen *b* mit dem Zapfen *c*, ferner die Hülse *d* mit der Hülse *e*, der Zapfen *f* mit dem Zapfen *g* und die Hülse *h* mit der Hülse *a* durch eine Stange verbunden; das Ganze bildet eine kinematische Kette und zwei (durch eine Stange) verbundene gleichartige Elemente zweier Paare ein Glied der Kette (z. B. der Zapfen *b* und der mit ihm durch eine Stange verbundene Zapfen *c*). Von einer bestimmten Bewegung aller Glieder kann nur dann die Rede sein, wenn ein Glied festgestellt ist.

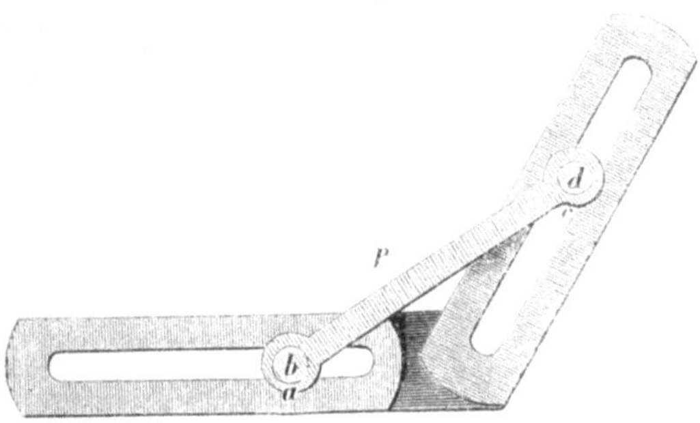

Fig. 66. Höheres Paar aus zwei Prismenpaaren.

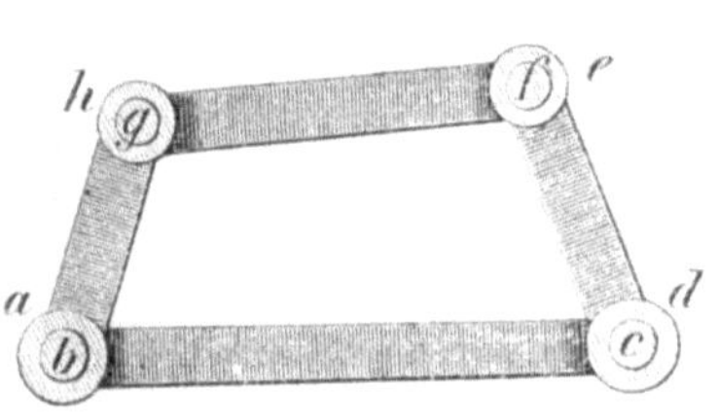

Fig. 67. Kinematische Kette.

Wenn eine kinematische Kette so beschaffen ist, dafs jedes Glied gegen das andere eine ganz bestimmte relative Bewegung ausführen mufs, so nennt man die Kette zwangläufig geschlossen oder kurz geschlossen; wird aber ein Glied festgestellt, z. B. *a h*, so beschreiben die Glieder einer geschlossenen Kette gegen *a h* bestimmte absolute Bewegungen und man nennt die Kette einen Mechanismus oder ein Getriebe.

Die in Fig. 67 abgebildete Kette (welche die Bewegung zwischen Balancier und Kurbel einer Niederdruckmaschine vorstellt) kann auf vier Arten zum Getriebe gemacht werden.

Wirkt auf ein Glied eines Mechanismus eine Kraft, welche dieselbe in Bewegung zu setzen vermag, so erhält man eine Maschine.

Die Verkettung von Elementen dient, wie schon § 57 angedeutet, nicht selten dazu die sichere und ständige Berührung unselbständiger Elementenpaare zu bewirken. In Fig. 64 sind die Zahnräder *a* und *b* dadurch in ständiger Berührung gehalten, dafs ihre Zapfen im Inneren zweier durch eine Stange *c* verbundener Hohlformen sich drehen: das Ganze ist kein geschlossenes Paar, sondern eine geschlossene kinematische Kette aus drei Paaren und drei Gliedern: ein Elementenpaar sind die gezahnten, ineinandergreifenden Umfänge *a* und *b* der Räder, die beiden anderen Elemente sind die zwei Zapfen, jeder von seiner an der Stange *c* angebrachten Hohlform umschlossen: das Element *a* ist durch den Körper des Rades mit dem einen Zapfen, das Element *b* ebenso mit dem anderen Zapfen verkettet (vergliedert), während das dritte Glied durch die Stange *c*, welches die beiden Hohlformen verbindet, gebildet wird.

Bei den Zahnrädern unterscheidet man solche, deren Zähne in der Ebene des Rades liegen — Stirnräder (vergl. Fig. 64) und solche, deren Zähne auf der Ebene des Rades senkrecht stehen — Kamm- oder Kronräder (Fig. 68); die Zähne des einen sind durch Stangen, welche auf der Radebene senkrecht stehen, ersetzt — Laterne oder Trilling. Die Stirnräder bewegen sich um parallele, die Kronräder um auf einander senkrechte Achsen. Bei den konischen Rädern (Fig. 69) können die Achsen jede beliebige Neigung zu einander haben.

Fig. 68. Kammräder.

Fig. 69. Konische Räder.

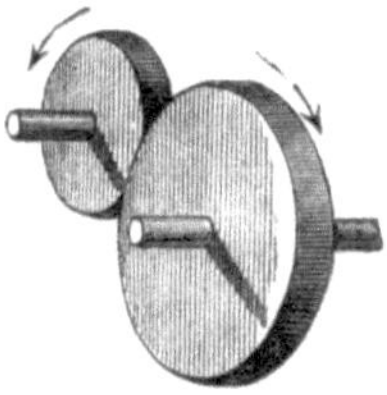

Fig. 70. Reibungsräder.

Auch verwendet man häufig Räder ohne Zähne; fest aneinandergepresst verhindert die Reibung das Gleiten des einen Rades über das andere — Reibungsräder (Fig. 70). Nicht selten dienen solche glatte Räder auch zur Verminderung der Reibung — Friktions-Räder oder -Rollen; z. B. die Rollen an Füfsen von Tischen; nicht selten legt man auch die Enden der Achse eines Rades, das sich mit möglichst wenig Reibung umdrehen soll, auf je zwei dicht nebeneinander stehende Friktionsräder.

Von zwei fest miteinander verbundenen, auf derselben Achse sitzenden Rädern pflegt man das kleinere das Getriebe oder den Trieb zu nennen.

Gezahnte Räder greifen nur dann gut ineinander ein, wenn das eine höchstens 6—9 mal so viel Zähne hat, als das andere; das kleinere dreht sich so viel mal öfter um, als das gröfsere, als es weniger Zähne hat. Soll eine gröfsere Geschwindigkeit erzielt werden, so wendet man „mehrfache Übersetzung“ an, wie dies später bei der Erklärung des Uhrwerkes näher erläutert werden wird.

Soll ein Rad ein anderes in Bewegung setzen, welches weit von ihm entfernt ist, so legt man um beide ein Seil (Riemen, Kette) ohne Ende (Riemenrollen). In Maschinenwerkstätten geht durch den ganzen Raum eine von einer Dampfmaschine getriebene Welle, auf welcher verschiedene Riemenrollen sitzen; dieselben lassen sich durch Riemen mit anderen Rollen verbinden, welche zur Bewegung von Arbeitsmaschinen (Bohr-, Hobel-, Sägemaschinen) dienen.

§ 59. Die biegsamen kinematischen Elemente. In der Mechanik werden nicht blofs starre, sondern auch biegsame feste, sowie flüssige und gasförmige Körper als Maschinenelemente verwandt.

Als biegsame feste Körper verwendet man die Schnur oder das Seil, das Band und den Riemen, das Drahtseil, das Bremsband u. s. w. Diese Körper sind wenigstens in einer Richtung wie starre Körper verwendbar und heissen deshalb Zug- oder Druckkraftorgane, je nachdem sie in der Richtung des Zuges oder des Druckes sich wie starre Körper verhalten.

Wegen ihrer Nachgiebigkeit lassen sich die Zugkraftorgane leicht mit festen Körpern zu Elementenpaaren vereinigen. In Fig. 71 ist ein Seil um eine Rolle gelegt; die ständige Berührung wird durch beiderseitigen Kraftschluss erreicht.

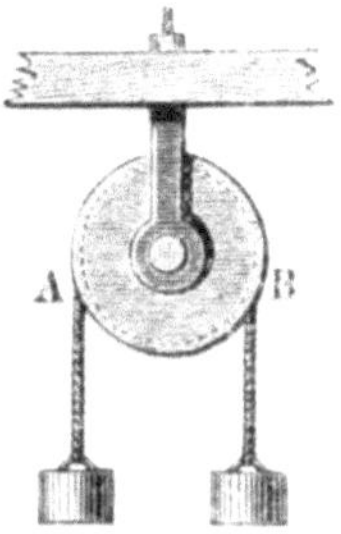

Fig. 71. Rolle.

Bei der Bewegung berühren diese Zugkraftorgane die Elemente, mit welchen sie verbunden sind, immer in anderen und anderen Punkten; sie bilden also mit diesen höhere Elementenpaare. Zu den Druckkraftorganen gehört die gegliederte Bremskette (Fig. 72), welche, in einen Hohlcylinder eingelegt, durch einen am einen Ende ausgeübten Druck sich vorwärts schieben läfst.

Die meisten Druckkraftorgane gehören aber den flüssigen und gasförmigen Körpern an: die flüssigen sind hierzu namentlich durch ihre Unzusammendrückbarkeit und die gasförmigen, wie Wasserdampf und heifse Luft,

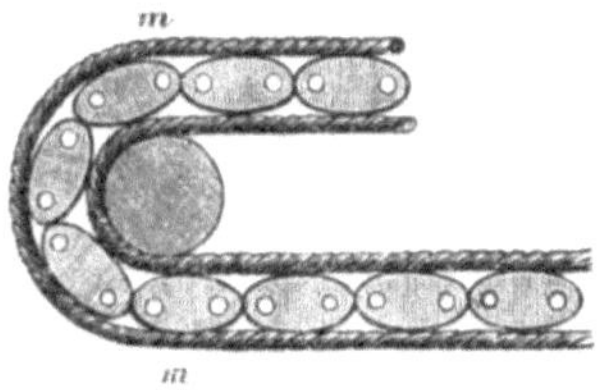

Fig. 72. Gegliederte Bremskette.

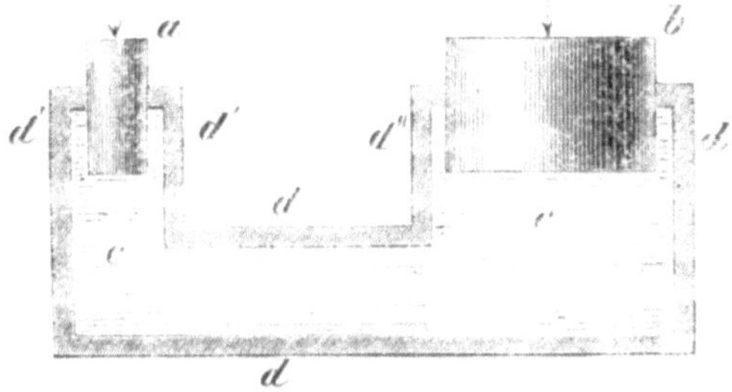

Fig. 73. Druckkraftorgan.

durch ihre Spannkraft befähigt: sie sind stets in Gefäfse eingeschlossen, mit denen sie ein Paar bilden (Fig. 73). Ihre Anwendung in dem Maschinenwesen ist sehr mannigfaltig — Wassersäulenmaschine, hydraulische Presse, Dampf- und Heifsluftmaschine.

Fig. 74. Feder.

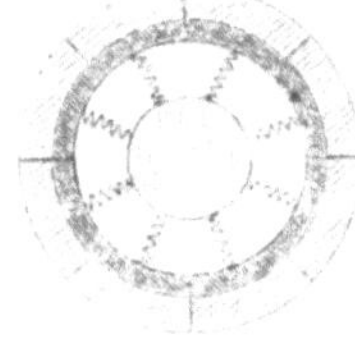

Fig. 75. Kraftschlufs durch Federn.

Als Zug- und Druckkraftorgane gleichzeitig verwendbar sind die Federn (Fig. 74). Sind die Gänge der Federn dicht beieinander, so eignen sie sich mehr zu Zug-, und sind sie weit auseinander, zu Druckkraftorganen; im letzteren Falle ist es gut, um das seitliche Ausweichen zu verhindern, sie in Gefäfse einzuschliefsen. Auch können die Federn verwandt werden, um den Kraftschluss bei unselbständigen Elementenpaaren herbeizuführen. Damit z. B. ein Kolben in dem Cylinder einer Dampfmaschine gut schliefst, setzt man denselben aus mehreren Stücken zusammen (Fig. 75); an dem Kern in der Mitte sind Federn angebracht, welche die Kolbenstücke stets fest an den Cylinder pressen. Damit der Dampf nicht durch die Ritzen entweichen kann, ist der Kolben aus zwei Lagen derart gebildet, dafs die Ritzen nicht übereinander zu liegen kommen.

§ 60. Elementengattungen. Stellen wir die Elementenpaare, welche bei den Maschinen vorkommen können, zusammen, so erhalten wir folgende Gattungen:

1) Höhere Paare aus starren Elementen: Die allgemeine Schraube in verschiedenartigen Gestaltungen.

2) Höhere Paare mit biegsamen Elementen: Zugkraftorgan, Druckkraftorgan und Gefäss.

3) Niedere oder Umschlufspaare: Normalschraube, Drehkörperpaar und Prismenpaar.

§ 61. Der Hebel. Eine Stange, welche sich um einen Punkt, bez. um eine Achse drehen kann, wird Hebel genannt (Fig. 76). So wie er

Fig. 76. Hebel als vollkommenes Drehkörperpaar.

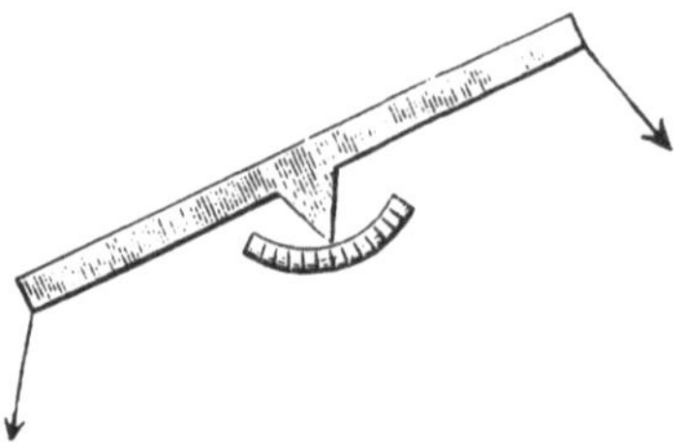

Fig. 77. Hebel als unselbständiges Drehkörperpaar.

gewöhnlich ausgeführt wird (Fig. 77), ist er ein unselbständiges, kraftschlüssiges Drehkörperpaar.

Von den beiden am Hebel angreifenden Kräften nennt man nicht selten die nach der einen Seite drehenden „Kräfte“, und die nach der anderen Seite drehenden „Lasten“.

Denkt man sich die Stange gewichtlos, so wird der Hebel ein mathematischer genannt; einen physischen kann man dadurch auf einen mathematischen zurückführen, dafs man das Gewicht der Stange als vertikal abwärts wirkende Kraft im Schwerpunkt angreifend denkt und im übrigen die Stange als gewichtlos annimmt.

Die an einem Hebel wirkenden Kräfte sind Drehkräfte, deren Drehpunkt der Unterstützungspunkt des Hebels ist. Es gilt deshalb der Satz:

An einem Hebel herrscht Gleichgewicht, wenn die algebraische Summe der Drehmomente in Bezug auf den Unterstützungspunkt gleich Null ist (§ 47).

In Fig. 78 findet Gleichgewicht statt, wenn:

$$P_1 \cdot DA_1 - P_2 \cdot DB_1 + P_3 \cdot DC_1 - P_4 \cdot DE_1 + P_5 \cdot DF_1 = 0.$$

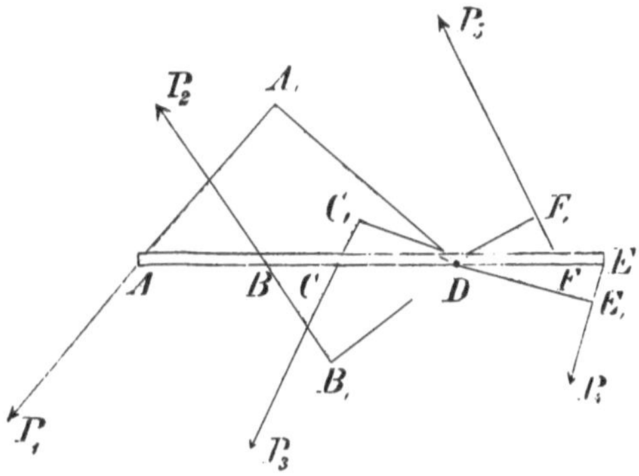

Fig. 78. Hebelgesetz.

Die Dreharme, d. h. die Senkrechten, vom Unterstützungspunkt auf die Richtungen der Kräfte nennt man hier Hebelarme.

Bei nur zwei Kräften (Kraft und Last) pflegt man das Gleichgewichtsgesetz auch so auszusprechen:

Für den Zustand des Gleichgewichts am Hebel verhalten sich Kraft und Last umgekehrt wie ihre Hebelarme (Fig. 79):

$$P : Q = DA_1 : DB_1.$$

Sind die zwei geradlinigen, an einem Hebel wirkenden Kräfte einander parallel, so kann man in obiger Proportion statt der Hebelarme die Stücke

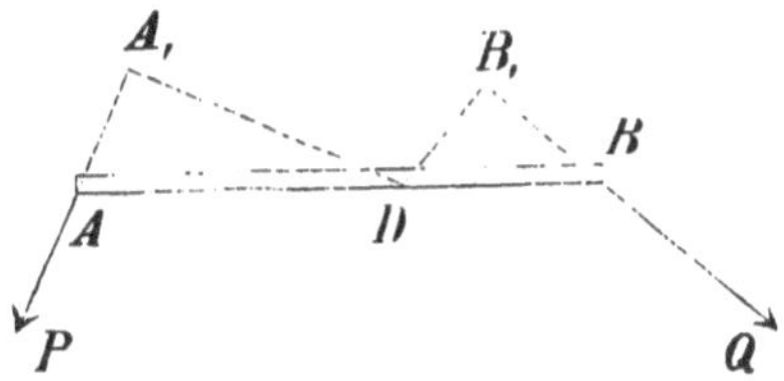

Fig. 79. Hebelgesetz für zwei Kräfte.

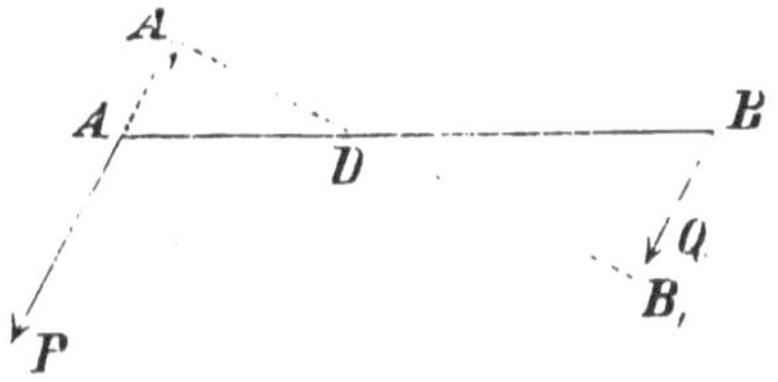

Fig. 80. Hebelgesetz für zwei parallele Kräfte.

der Stange setzen, welche vom Drehungspunkt bis zu den Angriffspunkten der Kräfte reichen (Fig. 80):

$$P : Q = DB : DA.$$

Der Druck auf den Drehungspunkt des Hebels wird angegeben durch die Resultierende aller am Hebel wirkenden und parallel mit sich selbst an den Drehungspunkt verlegten Kräfte. Ginge die Resultierende aller an einem Hebel wirkenden Kräfte (falls eine solche vorhanden ist) nicht durch den festen Unterstützungspunkt, so könnte sie nicht aufgehoben werden und es könnte deshalb auch kein Gleichgewicht stattfinden.

1) Je nachdem die Hebelstange gerad- oder krummlinig oder gebrochen ist, unterscheidet man geradlinige, krummlinige und Winkelhebel.

2) Andererseits unterscheidet man ein- und zweiarmige Hebel, je nachdem die Angriffspunkte der Kräfte auf derselben (Fig. 81 und 82), oder auf entgegengesetzter Seite (Fig. 79) vom Drehungspunkte liegen. Den zweiarmigen Hebel nennt man auch Hebel der ersten Art oder Traghebel, während die einarmigen Hebel, je nachdem der Angriffspunkt der Last näher oder weiter als der der Kraft

vom Unterstützungspunkte entfernt ist, in Hebel der zweiten und dritten Art, oder in Druckhebel (Fig. 82) und in Wurfhebel (Fig. 81) unterschieden werden.

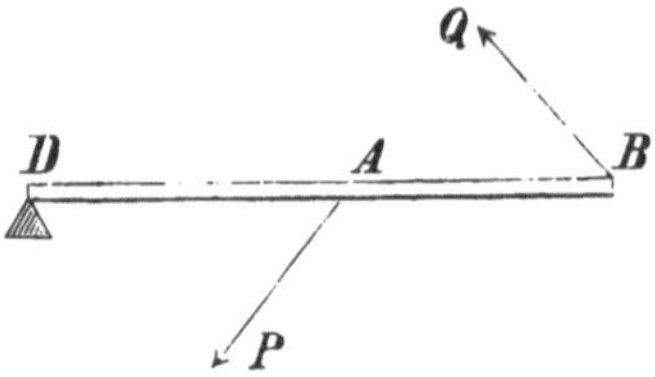

Fig. 81. Wurfhebel.

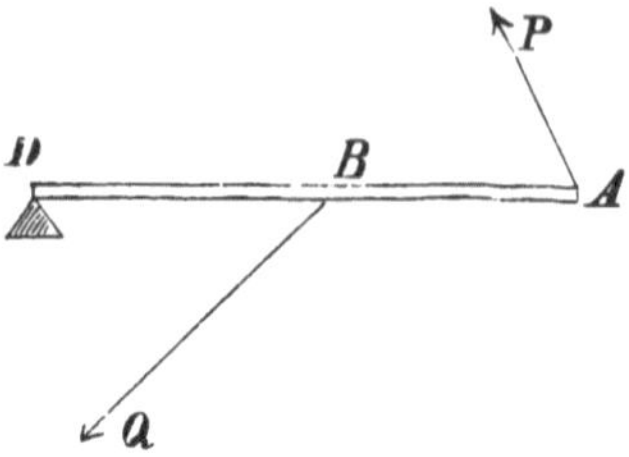

Fig. 82. Druckhebel.

Hebel der ersten Art sind u. A.: Zange, Schere, Thürklinke, Brechstange (Fig. 83); Hebel der zweiten Art: Nufsknacker, Blechscheere, grofse Zuckerzange, Pumpenschwengel, Brechstange (Fig. 84); Ruder (Drehungspunkt im Wasser), Schiebkarren; Hebel der dritten Art: Pincette, Tritt am Spinnrad. Vorderarm des Menschen, Sense.

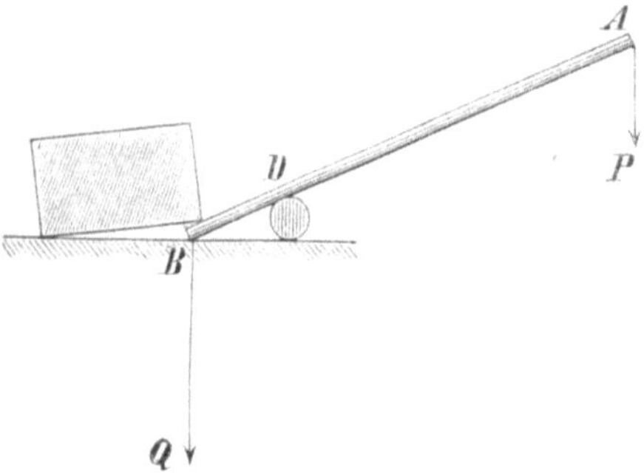

Fig. 83. Brechstange.

Zu den Hebeln gehören auch die Wagen, welche aber besonders betrachtet werden sollen.

3) In betreff der Einteilung der Hebel nach der Lage des Drehungspunktes und der Angriffspunkte der Kräfte wäre es offenbar am rationellsten Hebel der ersten und Hebel der zweiten Art zu unterscheiden, je nachdem die Angriffspunkte der Kräfte auf derselben oder auf verschiedenen Seiten vom Drehungspunkte liegen, welche Einteilung auch für beliebig viele Kräfte brauchbar ist.

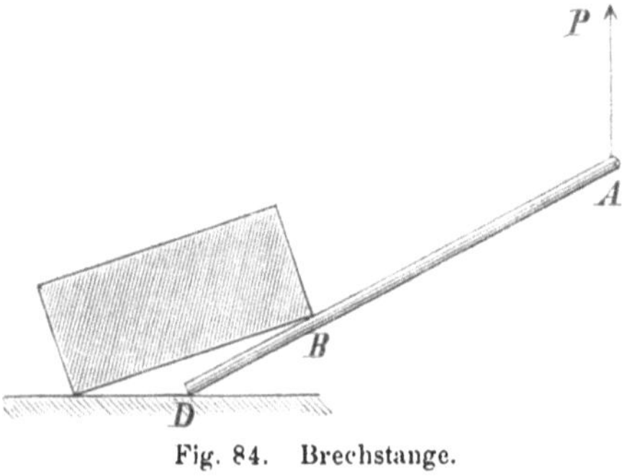

Fig. 84. Brechstange.

4) Zusammengesetzte Hebel, d. h. solche welche aus mehreren einfachen Hebeln bestehen, werden in der Folge noch näher betrachtet werden.

5) Der Fühlhebel dient zum Messen der Dicke von Körpern (Blechen, Drähten). Er besteht aus einem zweiarmigen Hebel (Fig. 85), dessen längerer Arm *FE* an einer Teilung *CD* sich hinbewegen kann und nicht selten am Ende mit einem Nonius versehen ist; eine Feder drückt den langen Arm gegen *D* hin. Wenn zwischen *A* und *B* ein Körper eingeschoben wird, so bewegt sich *E* von *D* weg nach *C* hin. Gesetzt der längere Arm sei n mal gröfser, als der kurze und zeige, wenn ein Körper zwischen *A* und *B* eingeschoben ist, auf den Teilstrich m, so beträgt die Dicke des Körpers $\frac{m}{n}$.

Aufgaben. 1) Die Hebelstange eines mathematischen zweiarmigen Hebels hat eine Länge von 0,75 m; der Drehungspunkt ist 0,25 m von dem einen Ende entfernt, an welchem eine Kraft von 2 kg wirkt; wie grofs mufs für den Zustand des

Gleichgewichtes die am anderen Ende wirkende Kraft sein? — 2) Wie grofs ist die gesuchte Kraft in der vorigen Aufgabe, wenn der Hebel ein physischer ist und sein Gewicht 0,5 kg beträgt? — 3) An einer überall gleichschweren Hebelstange von 0,25 kg Gewicht und 1,25 m Länge, deren Unterstützungspunkt 0,55 m vom einen Ende entfernt ist, wirken drei vertikal abwärts ziehende Kräfte P_1, P_2, P_3, in den Entfernungen 0,25; 0,35; und 0,80 von dem Ende, welches dem Unterstützungspunkte am nächsten ist. Wie grofs mufs P_3 sein, wenn P_1 = 3 kg und P_2 = 5 kg ist? — 4) Wie grofs ist P_3 in der vorigen Aufgabe, wenn die Kräfte P_1, P_2 und P_3 mit der Stange (von dieser aus in der gewöhnlichen Drehungsrichtung gezählt) die Winkel 65° 20′; 72° 45′ und 102° 33′ bilden? (Zerlege die Kräfte je in zwei, von denen die eine in die Richtung der Stange fällt und die andere auf ihr senkrecht steht.) — 5) Vier Kräfte wirken an einer gewichtlos gedachten Stange von 1 m Länge in den Entfernungen 0,25, 0,50, 0,60 und 0,85 m von dem einen Endpunkte; die Winkel, welche die Kräfte (von der Stange aus in der gewöhnlichen Drehungsrichtung gezählt) mit der Stange bilden, seien 72° 18′; 106° 14′; 204° 13′ und 226° 18′; wo mufs für den Fall des Gleichgewichtes der Drehungspunkt liegen, wenn die Kräfte bezüglich 1 kg, 1,5 kg, 2 kg und 2,5 kg betragen?

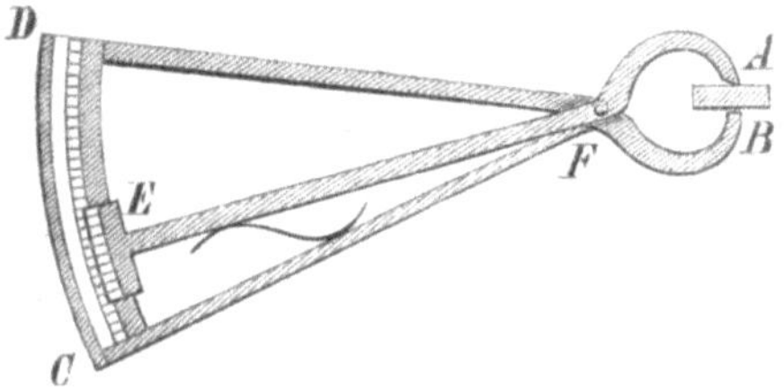

Fig. 85. Fühlhebel.

§ 62. Die gewöhnliche Schalenwage. Die gewöhnliche Schalen- oder Krämerwage (auch Präcisionswage genannt, wenn sie durch vorzügliche Konstruktion ein sehr genaues Abwägen ermöglicht) ist ein gleicharmiger Hebel (Fig. 86). Der Wagbalken, meist gitterartig durchbrochen, ruht mittelst einer abgestumpften S c h n e i d e auf einer ausgehöhlten P f a n n e von Stahl oder Achat. Der Wagbalken mufs für sich allein (in horizontaler Lage) im stabilen Gleichgewicht sein, ebenso wenn die gleichschweren Schalen angehängt sind und wenn in dieselben gleiche Gewichte gelegt werden. Aufserdem soll, wenn ein auch sehr kleines Übergewicht zu dem einen der gleichen Gewichte gelegt wird, ein deutlicher A u s s c h l a g erfolgen, d. h. der Wagbalken mufs sich merklich schief stellen. Um wieviel sich der Wagbalken durch ein Übergewicht neigt, ersieht man namentlich bei

Fig. 86. Gewöhnliche Schalenwage.

feineren Wagen an der Stellung eines langen, rechtwinkelig mit dem Wagbalken verbundenen Zeigers; steht derselbe vertikal, wobei er auf den Nullpunkt einer am Wageständer angebrachten kleinen Teilung zeigt, so mufs bei einer richtigen Wage das Gewicht in der einen Schale dem in der anderen gleich sein; je mehr er aber von der vertikalen Lage abweicht, um so gröfser ist der Unterschied der Gewichte.

Drei Eigenschaften mufs also eine Wage haben, sie mufs richtig, stabil und empfindlich sein.

1) Die Wage ist richtig, wenn der Wagbalken ein gleicharmiger Hebel ist und die Wagbalkenhälften und die Wagschalen gleich schwer sind; alsdann müssen auch gleiche Gewichte in den Schalen im Gleichgewicht stehen.

2) Die Wage ist stabil, wenn der Gesamtschwerpunkt des Wagbalkens, der Wagschalen und gleicher Gewichte unter dem Drehungspunkte sich befindet: wenn der Schwerpunkt des Wagbalkens für sich unterhalb des Drehungspunktes liegt, so bleibt die Stabilität noch erhalten, wenn die Aufhängepunkte der Wagschalen mit dem Drehungspunkte in eine Gerade fallen, so dafs bei gleicher Belastung der Schwerpunkt der Schalen und der gleichen Gewichte in den Drehungspunkt fällt.

3) Um die Bedingungen für die Empfindlichkeit zu untersuchen, denken wir uns in die eine Wagschale ein Übergewicht p gelegt; es senkt sich nun der Wagbalken auf dieser Seite und bildet mit seiner vorigen Lage einen gewissen Winkel α, den Ausschlagswinkel.

Ist AB (Fig. 87) der Wagbalken, D der Drehungspunkt, R der Schwerpunkt der Wagschalen und der gleichen Gewichte $2P$, S der Schwerpunkt des Wagbalkens, dessen Gewicht $= Q$ sei und p das an dem Endpunkt A des Wagbalkens wirkende Übergewicht, dann ist für den Zustand des Gleichgewichts:

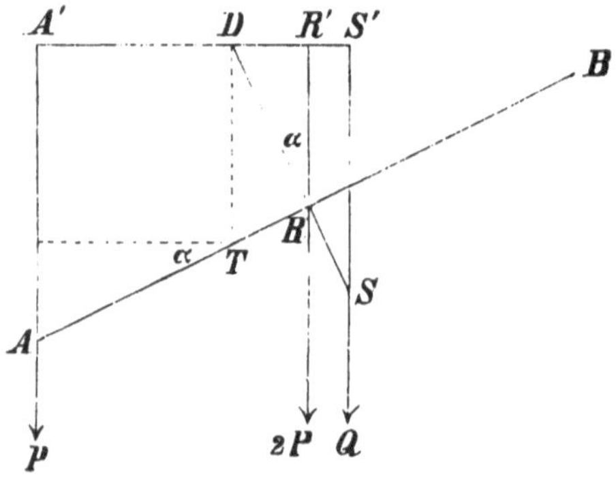

Fig. 87. Gleichgewicht an der Wage.

$$p . DA' = 2P . DR' + Q . DS'.$$

Hieraus findet sich leicht:

$$p . AT . \cos\alpha = [2P . DR + Q . DS] \sin\alpha$$

oder:

$$p . AT = [2P . DR + Q . DS]\, tg\, \alpha.$$

Nun ist aber:

$$p . AT = p . AR - p . TR = p . AR - p . DR . tg\, \alpha$$

woraus, wenn $l = AR$ die Länge des Wagbalkens bedeutet:

$$p . l = [2P + p] . DR + Q . DS] . tg\, \alpha.$$

oder:

$$tg\, \alpha = \frac{p . l}{(2P + p) DR + Q . DS.}$$

Der Ausschlagswinkel wird also um so gröfser, je gröfser das Übergewicht und je länger der Wagbalken, je kleiner das Gewicht der Wagschalen, der gleichen Belastung und des Wagbalkens und je kleiner die Abstände der Schwerpunkte der Wagschalen und des Wagbalkens von dem Drehungspunkt ist.

Die Empfindlichkeit einer Wage bestimmt sich nach dem Verhältnis des kleinsten Übergewichtes, welches noch einen Ausschlag hervorbringt, zu der gröfsten Belastung, welche die Wage verträgt.

Die Empfindlichkeit soll nicht unter $\frac{1}{200000}$ sein und geht oft noch bis $\frac{1}{10000000}$.

Geht die Verbindungslinie der Aufhängepunkte durch den Drehpunkt, so ist wegen $DR = 0$:

$$tg\,\alpha = \frac{p\,.\,l}{Q\,.\,DS},$$

es ist also der Ausschlagswinkel von der Belastung ganz unabhängig, und es verhalten sich die Tangenten der Ausschlagswinkel wie die Übergewichte.

Um zu sehen, ob eine Wage richtig ist, vertauscht man zwei Massen, welche Gleichgewicht herstellen, mit einander, indem man jede in die andere Wagschale bringt; tritt abermals Gleichgewicht ein, so ist die Wage richtig. Mit einer unrichtigen Wage wiegt man, indem man den zu wiegenden Körper durch Schrotkörner „tariert“, den Körper aus der Wagschale entfernt und statt desselben Gewichte einlegt (Borda's doppelte Wägung).

Die häufig an den Enden des Wagbalkens angebrachten Schrauben dienen zur Regulierung der Länge desselben und eine Schraube in der Mitte des Wagbalkens (oben) zur Regulierung der Lage des Schwerpunktes.

§ 63. Andere Arten von Wagen. 1) Die Wage von Roberval oder die Strafsburger Wage (Fig. 88), welche aber zu feineren Wägungen nicht tauglich ist, hat vor der gewöhnlichen Krämerwage den Vorzug, dafs die Wagschalen nicht an Ketten hängen, sondern auf den Enden des Wagbalkens AB (Fig. 88) aufsitzen, weshalb sich grössere Gegenstände be-

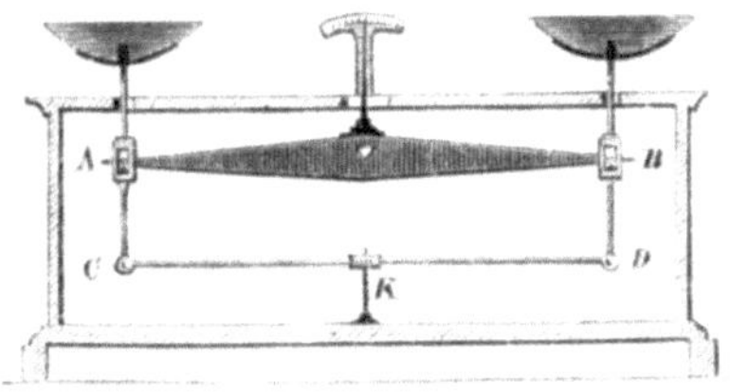

Fig. 88. Wage von Roberval.

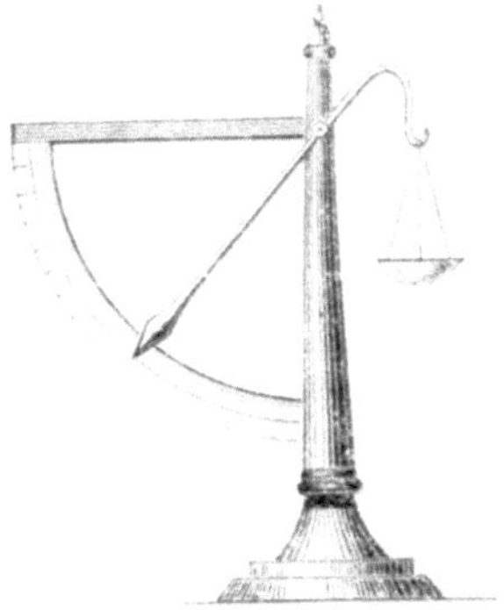

Fig. 89. Zeigerwage.

quemer auflegen lassen. Der Wagbalken bildet mit drei charnierartig verbundenen Stäben AC, CD und DB ein bewegliches Viereck, welches aufser dem Drehpunkt des Wagbalkens noch einen anderen bei K hat.

2) Die Zeigerwage (Fig. 89) ist ein Winkelhebel, an dessen einem

Arme die Wagschale hängt, während der andere, der Zeiger, derart beschwert ist, dafs er bei unbelasteten Schalen auf den Nullpunkt der Teilung zeigt; die Einteilung an dem Quadranten macht man empirisch, indem man 1, 2, 3 ... g auflegt und die Stellen bezeichnet, wohin der Zeiger weist.

3) Die Federwage (Fig. 90) besteht aus einem cylindrischen Gehäuse, in welchem sich eine Feder befindet, die einerseits am Ende *a* des Gehäuses und andrerseits an einem mit einer eingeteilten Stange verbundenen Kolben *k* befestigt ist. Wie eicht man die Wage (Briefwage, Küchenwage)? Vergl. auch Fig. 7.

Fig. 90. Federwage.

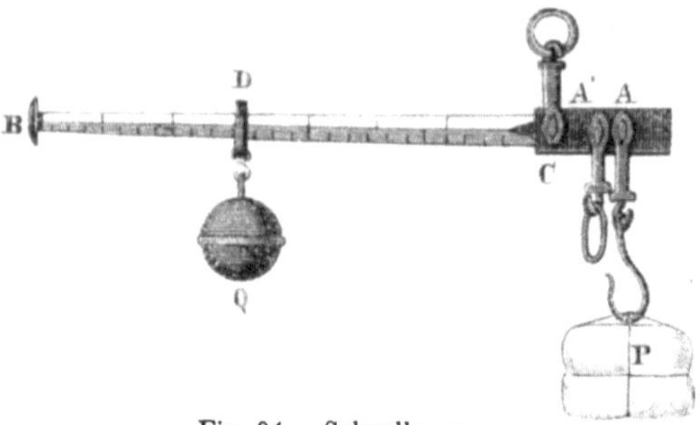

Fig. 91. Schnellwage.

4) Die Schnellwage mit Laufgewicht (Fig. 91) ist ein ungleicharmiger Hebel; an dem längeren Hebelarm *CB* läfst sich ein Gewicht *Q* hin- und herschieben und an dem kürzeren hängt an einer bestimmten Stelle *A* die Last *P*. Der kürzere Arm samt dem Haken ist ebenso schwer, wie der längere, welcher letztere in Teile geteilt ist, die der Länge des ersteren, vom Drehungspunkt *C* bis zum Aufhängepunkt *A*, gleich sind. Ein einziges Gewicht reicht aus, um Waren von verschiedenem Gewicht zu wiegen. Mufs man den Gewichtstein von 1 kg an den Teilstrich 6 hängen, um Gleichgewicht herzustellen, so wiegt die Ware 6 kg. Nicht selten hat die Wage zwei Einteilungen und zwei Aufhängspunkte für leichtere und schwerere Waren.

5) Die Brücken- oder Decimalwage (Fig. 92) ist ein zusammengesetztes Hebelwerk. An dem Endpunkt *A* des Hebels *ACD* hängt die Wagschale mit dem Gewicht *P* und auf der „Brücke" *EF* liegt die Last *Q*. Der eine Endpunkt *E* der Brücke ist mit dem Punkt *B* des Hebels *ACD* verbunden und der andere *F*, um welchen sich die Brücke drehen kann, ruht auf einer mit *GH* verbundenen Pfanne; *GH* selbst ist wieder um *H* drehbar, während *G* mit *D* verbunden ist.

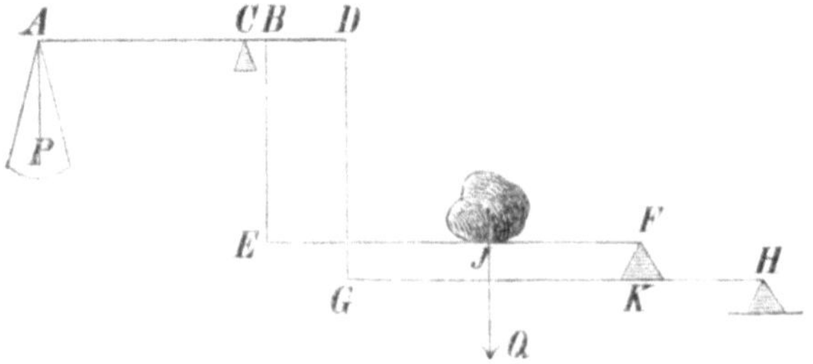

Fig. 92. Brückenwage.

Die Brückenwage ist so eingerichtet, dafs die Ware Q stets den zehnten Teil des Gewichtes P beträgt, einerlei auf welche Stelle der Brücke man sie legt.

Liegt Q in J auf, so zerlegt sich Q in

$$\frac{Q.JF}{EF} \text{ und } \frac{Q.EJ}{EF},$$

von denen das erstere in E oder in B und das andere in F eingreift und sich auf K überträgt.

Die in K wirkende Komponente zerlegt sich wieder in zwei, von denen die an G oder D wirkende gleich:

$$\frac{Q.EJ}{EF}\cdot\frac{KH}{GH}$$

ist.

Es wird nun Gleichgewicht stattfinden, wenn:

$$P.CA = Q\left[\frac{JF}{EF}\cdot CB + \frac{EJ}{EF}\cdot\frac{KH}{GH}\cdot CD\right]$$

ist, oder wenn:

$$P\cdot\frac{CA}{CB} = Q\left[\frac{JF}{EF} + \frac{EJ}{EF}\cdot\frac{KH}{GH}\cdot\frac{CD}{CB}\right].$$

Soll es nun gleichgültig sein, wo Q liegt, so mufs:

$$\frac{KH}{GH}\cdot\frac{CD}{CB} = 1, \qquad (1)$$

denn in diesem Falle ist:

$$P\cdot\frac{CA}{CB} = Q;$$

wird ausserdem noch:

$$CA = \tfrac{1}{10}CB$$

genommen, so ist:

$$P = \tfrac{1}{10}Q.$$

Die Bedingung (1), welche sich auch in die Form

$$KH : GH = CB : CD$$

bringen läfst, besagt, dafs der Hebelarm CD nach demselben Verhältnis eingeteilt sein mufs, wie der einarmige Hebel GH. Gewöhnlich teilt man beide im Verhältnis 1:5.

Bei der Strafsen- oder Mautwage beträgt das Gewicht blofs $\frac{1}{100}$ der Ware.

§ 64. Die schiefe Ebene. Jede feste Ebene, welche mit dem Horizont einen Winkel bildet, wird schiefe Ebene, und der Winkel, den sie mit dem Horizont bildet, der Neigungswinkel der schiefen Ebene genannt.

Fig. 93 zeigt einen Vertikaldurchschnitt einer schiefen Ebene; AB heifst ihre Länge, AC die Basis und BC, der Abstand ihres Endpunktes B von der Horizontalen, die Höhe der schiefen Ebene.

Die schiefe Ebene dient u. a. dazu, um schwere Lage bequem auf- und abladen zu können (Schrotleiter). Damit der Körper K auf der schiefen Ebene sich stets parallel derselben Vertikalebene bewegt und nicht seitlich ausweicht, müsste er mit der schiefen Ebene ein Prismenpaar bilden, wenn auch nur ein unselbständiges, kraftschlüssiges, da ja immer vorausgesetzt wird, dass die an dem beweglichen Element (K) angreifenden Kräfte nicht so wirken, dass sie es von dem festen Element abheben.

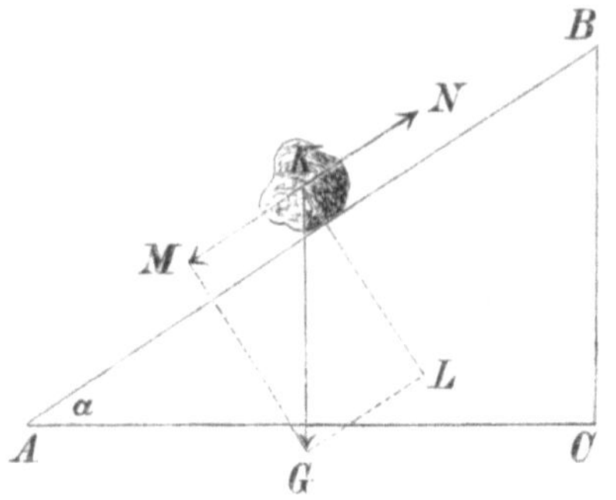

Fig. 93. Schiefe Ebene — Kraft ‖ der Länge.

1) An einem schweren, auf der schiefen Ebene AB liegenden Körper K wirkt die Schwerkraft, deren Gröfse und Richtung wir durch die vertikale Strecke KG bezeichnen wollen. Da der Körper K sich nicht in der Richtung KG bewegen kann, so zerlegen wir KG in zwei Kräfte, von denen die eine KM der Länge der schiefen Ebene parallel ist, während die andere KL auf ihr senkrecht steht. Die letztere geht für die Bewegung verloren, sie bringt nur einen Druck des Körpers gegen die schiefe Ebene und somit Reibung hervor, wovon wir aber vorläufig absehen wollen. Die andere Komponente KM wirkt mit voller Stärke, sie bewegt den Körper parallel der schiefen Ebene hin, als ob diese nicht vorhanden wäre.

Um der Kraft KM das Gleichgewicht zu halten, muss man eine ihr gleiche KN anwenden, welche ihr entgegengesetzt gerichtet ist.

Bezeichnet man KG mit Q und $KN = KM$ mit P, so ist:

$$KM : KG = \sin \alpha = BC : AB,$$

woraus, wenn man die Länge der schiefen Ebene mit l und die Höhe mit h bezeichnet:

$$P : Q = h : l.$$

Ist die Kraft, welche einem auf einer schiefen Ebene liegenden Körper das Gleichgewicht halten soll, der Länge der schiefen Ebene parallel, so mufs sich Kraft zu Last (Gewicht) wie die Höhe der schiefen Ebene zur Länge verhalten.

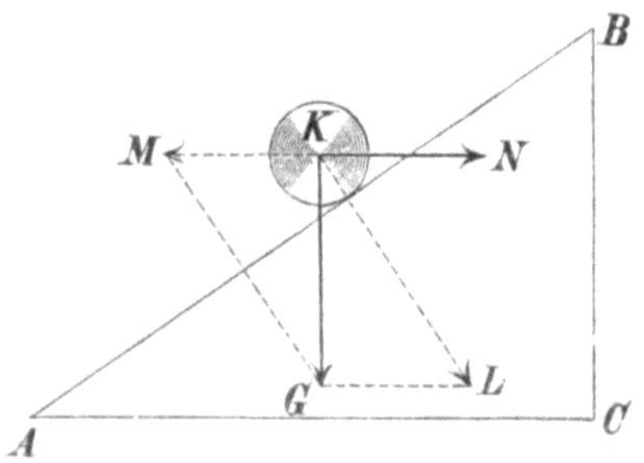

Fig. 94. Schiefe Ebene — Kraft ‖ der Basis.

2) Will man dem Körper durch eine Kraft das Gleichgewicht halten, welche der Basis parallel ist, so zerlege man das Gewicht KG (Fig. 94) in eine der Basis parallele Kraft KM und in eine auf der Länge senkrechte KL. Die letztere geht verloren und die erstere hebt man durch eine ihr gleiche und entgegengesetzte KN auf.

Bezeichnet man wieder KG mit Q und $KM = KN$ mit P, sowie die Basis AC mit b, so ist:

$$KM : KG = tg\,\alpha = BC : AC,$$

oder:

$$P : Q = h : b.$$

Ist die Kraft, welche einem auf einer schiefen Ebene liegenden Körper das Gleichgewicht halten soll, der Basis der schiefen Ebene parallel, so muss sich Kraft zu Last wie die Höhe der schiefen Ebene zur Basis verhalten.

Aufgabe. Die Gröfse einer Kraft von gegebener Richtung zu finden, welche einem auf einer schiefen Ebene liegenden Körper das Gleichgewicht halten kann.

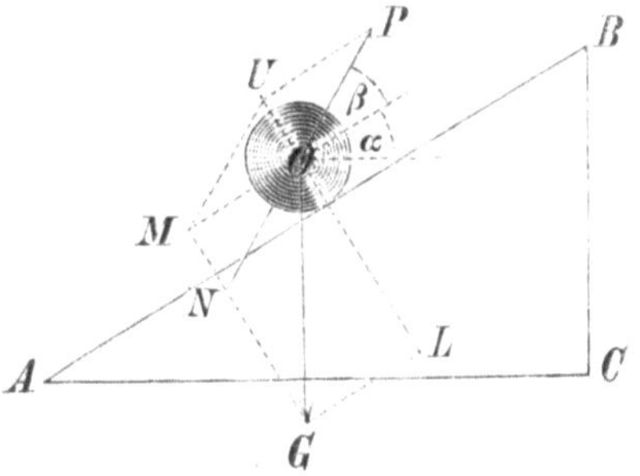

Fig. 95. Schiefe Ebene — Kraft beliebig gerichtet.

Sei OP (Fig. 95) die gegebene Richtung der Kraft P, welche mit der Länge der schiefen Ebene einen Winkel β bilden mag; der Winkel β wird von der Länge der schiefen Ebene aus nach der Richtung der Kraft hin in den gewöhnlichen Drehungsrichtung gezählt, ist also in unserer Figur als negativ anzusehen. Man zerlege das Gewicht Q des Körpers zunächst in $OL \perp AB$ und in $OM \parallel AB$. Darauf zerlege man OM in $OU \perp AB$ und in ON, welches in die Verlängerung der Richtung von P fällt. Alsdann ergiebt sich leicht:

$$OU = -Q \sin\alpha \cdot tg\,\beta,$$

und:

$$ON = \frac{Q \sin\alpha}{\cos\beta}.$$

Es tritt nun Gleichgewicht ein, wenn P gleich und entgegengesetzt ON, dabei gilt aber als Bedingung, dafs

$$OU < OL,$$

weil sonst das Paar aufhört kraftschlüssig zu sein.

Aufgaben. 1) Eine auf einer schiefen Ebene, welche einen Neigungswinkel von 24° 18′ hat, liegende Kugel wiegt 6 kg; wie grofs mufs die Kraft sein, welche ihr das Gleichgewicht hält, wenn sie 1) parallel der Länge, 2) parallel der Basis wirkt, und 3) wenn sie mit der Länge einen Winkel von 25° 14′ bildet? — 2) Eine Kugel von 2 kg liegt auf einer schiefen Ebene, und es hält ihr eine Kraft, parallel der Länge, von 0,25 kg das Gleichgewicht; wie grofs mufs der Neigungswinkel der schiefen Ebene sein? — 3) Wie grofs sind die Drucke auf die schiefe Ebene in den Aufgaben 1 und 2?

§ 65. Die Schraube. Die Schraube (Fig. 96), welche bereits § 57 beschrieben worden, ist ein vollkommen ausgeführtes Umschlufspaar.

Die aufgesetzten (oder eingegrabenen) Gänge können auch als eine schiefe Ebene betrachtet werden, welche um die äussere Seite eines Vollcylinders (oder um die innere eines Hohlcylinders) in stets gleicher Steigung sich herumwindet.

Die gewöhnlichste Anwendung der Schraube besteht darin, entweder ein Gewicht zu heben oder einen Druck auszuüben (Kelter, Buchbinderpresse, Schraubstock). In beiden Fällen wirken am Schraubenende vertikale Kräfte symmetrisch um die Spindelachse, entweder abwärts oder aufwärts. Dazu kommt noch das Gewicht der Schraubenspindel selbst, welches vertikal abwärts wirkt. Alle diese Kräfte setzen sich zu einer Resultierenden zusammen, welche vertikal auf- oder abwärts wirkt und ihren Angriffspunkt in einem beliebigen Punkte der Spindelachse hat.

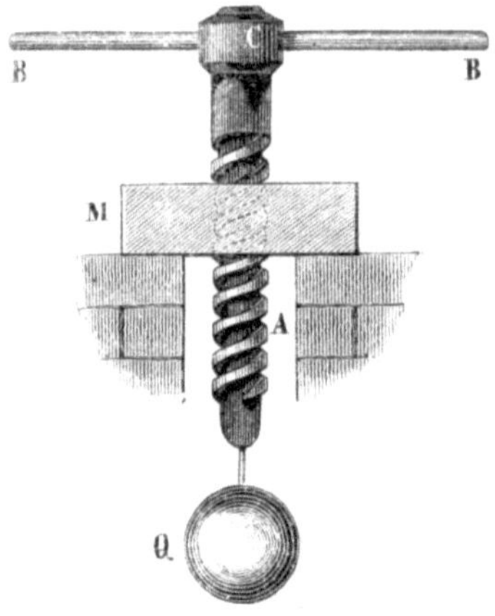

Fig. 96. Schraube.

Denkt man sich nun, die aufgesetzten und eingegrabenen Gänge seien sehr schmal, so liegt die Spindel auf der Mutter in einer Reihe von Punkten auf, welche alle gleichweit von der Achse entfernt sind, so dafs die verticalen Drucke, welche die einzelnen Punkte der Muttergänge erfahren, einander gleich sind und eine Summe haben, welche gleich der vorhin genannten, an der Achse angreifenden Gesamtkraft ist. Zerlegt man jede dieser Kräfte in zwei, von denen die eine auf der Ebene des Schraubenganges in dem betreffenden Punkte senkrecht steht, die andere aber wagrecht ist, so wird immer die erste aufgehoben, während die letzteren eine Reihe von gleichen Drehkräften bilden, deren Dreharme alle gleich dem Radius r der Spindel sind. Alle diese Drehkräfte lassen sich zu einer Drehkraft mit dem Arme r kombinieren, welche gleich der Summe der einzelnen Drehkräfte ist. Ist h die Höhe eines Schraubenganges, so ist der Neigungswinkel der Schraubenlinie gegen die Horizontale bestimmt durch:

$$tg\,\alpha = \frac{h}{2\,r\,\pi}.$$

Ist ferner Q die an der Spindelachse angreifende vertikale Gesamtkraft, so ist die Resultierende der am Arm r wirkenden Drehkräfte:

$$P = Q\,.\,tg\,\alpha = Q\,.\,\frac{h}{2\,r\,\pi}.$$

Dieser Kraft kann eine gleich grofse, am Umfang der Spindel nach entgegengesetzter Richtung (wagrecht) wirkende Drehkraft das Gleichgewicht halten. Wirkt die Kraft P aber am Ende einer in die Spindel gesteckten Stange BB (Fig. 96), welche von der Achse aus gemessen die Länge R hat, so tritt Gleichgewicht ein, wenn:

$$P\,.\,R = Q\,.\,\frac{h}{2\,r\,\pi}\,.\,r,$$

oder wenn:

$$P : Q = h : 2\,R\,\pi,$$

d. h. für den Zustand des Gleichgewichtes an der Schraube verhält sich Kraft zu Last, wie die Höhe eines Schraubenganges zum Umfang des von der Kraft bei einmaliger Umdrehung beschriebenen Kreises.

Die Schraube dient, aufser zum Heben von Lasten und zum Pressen, auch zum Zusammenfügen von Körpern, die man ohne Schwierigkeit wieder soll auseinander nehmen können; hierbei ist die starke Reibung, welche bei der Bewegung sonst so hinderlich ist, von besonderem Nutzen. Ferner dient die Schraube zum Wagrechtstellen der Grundbretter von Apparaten; aufserdem als Schiffsschraube (Fig. 97) zum Fortbewegen grofser Schiffe. Wird die wagrechte Achse der Schraube durch die Schiffsdampfmaschine rasch umgedreht, so bewegt sie sich im Wasser, welches die Schraubenmutter bildet, vorwärts.

Fig. 97. Schiffsschraube.

Fig. 98. Mikrometerschraube.

Eine weitere Anwendung findet die Schraube als feinstes Mefsinstrument zur Bestimmung der Dicke sehr dünner Körper. — Mikrometerschraube (Fig. 98). Eine Schraubenspindel von bekannter Ganghöhe $\left(\frac{1}{n}\text{ mm}\right)$ hat einen sehr grofsen Kopf, welcher am Rande in 360 Teile eingeteilt ist. Man dreht den Kopf zuerst so lange, bis die Spitze der Spindel auf dem Grundbrett aufsteht, dreht wieder aufwärts und schiebt den zu messenden Körper (Papierblatt etc.) unter und dreht wieder abwärts, bis die Spitze der Spindel das Blatt berührt; man kann alsdann leicht ablesen, um wieviel Grade jetzt die Schraube zurücksteht gegen vorhin, wo die Spitze das Grundbrett berührt. Sei p die Zahl der Grade, so beträgt, weil bei jeder vollen Umdrehung die Schraube sich um die Höhe eines Ganges hebt oder senkt, die Dicke des Blattes:

$$\frac{p}{360} \cdot \frac{1}{n}\text{ mm.}$$

Auch dient die Schraube zu minimaler Fortbewegung bei optischen und astronomischen Instrumenten: Fernrohr, Mikroskop, Röhre an der Camera obscura. — Stangenzirkel. Federzirkel.

Aufgabe. Bei einer Kelterpresse, deren Ganghöhe 2 cm beträgt, wirkt man an einem Hebel von 1 m Länge mit einer Kraft von 10 kg; einen wie grofsen Druck übt die Presse aus?

§ 66. Die Rolle. Die bisher betrachteten Maschinen konnten als wirklich einfache gelten, insofern sie die drei niederen Elementenpaare annähernd vorstellen. Die Schraube wird gewöhnlich vollständig als Umschlufspaar ausgeführt, die beiden anderen, Hebel und schiefe Ebene allerdings nur als unselbstständige, kraftschlüfsige Paare und zwar der erstere als Drehkörperpaar und die letztere als Prismenpaar.

Die nunmehr zu behandelnden Maschinen sind keine einfachen mehr, obwohl sie in den Lehrbüchern als solche aufgeführt zu werden pflegen.

Wir betrachten zunächst die feste Rolle (Fig. 99); sie ist eine am Rande ausgehöhlte Scheibe, die sich um eine feste Achse drehen kann und in deren Randhöhlung (Schnurlauf) sich ein Seil einlegen läfst; an dem einen Ende des Seiles hängt die Last und am anderen wirkt die Kraft.

Kinematisch würde die feste Rolle folgendermafsen aufzufassen sein:

Um einen festgestellten Vollcylinder kann sich ein gleicher Hohlcylinder drehen, welcher konaxial mit einem Drehkörper (Schnurlauf am Rade) gliedmäfsig verbunden ist; dieser Drehkörper ist mit einem Zugkraftorgan gepaart, und zwar wickelt sich dasselbe auf der einen Seite (auf der der Kraft) kraftschlüssig ab und auf der anderen (auf der der Last) kraftschlüssig auf.

Kraft und Last sind Drehkräfte mit gleichen Armen (der Arm ist gleich dem Radius). Für den Zustand des Gleichgewichtes an der festen Rolle ist also die Kraft gleich der Last.

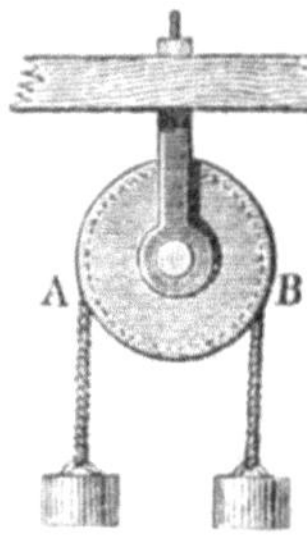

Fig. 99. Feste Rolle.

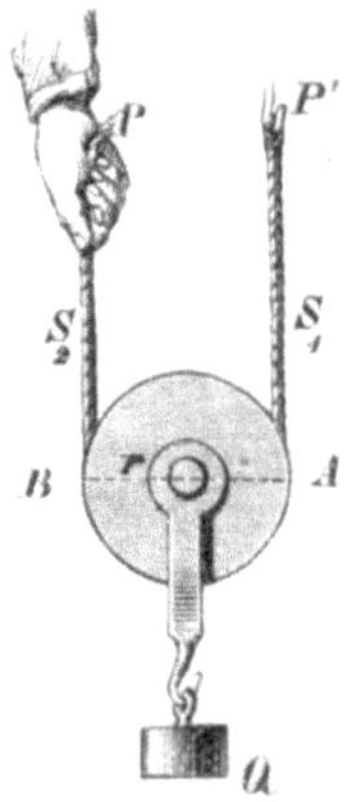

Fig. 100. Lose Rolle.

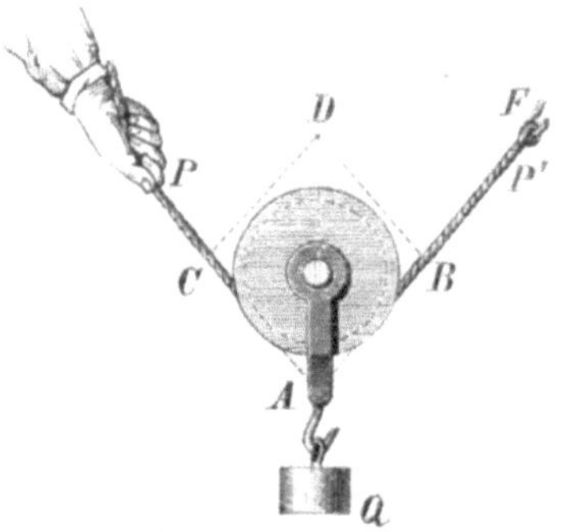

Fig. 101. Lose Rolle.

Gleichheit von Kraft und Last mufs hier schon deswegen stattfinden, weil ein Zugkraftorgan nur im Gleichgewicht sein kann, wenn die Spannung nach beiden Seiten hin dieselbe ist. Der Druck auf die Achse ist gleich der Resultierenden von Kraft und Last.

2) Die bewegliche oder lose Rolle (Fig. 100 und 101) ist eine Scheibe, welche sich um einen Vollcylinder, an dem mittelst eines Bügels die Last Q hängt, drehen kann; sie ist mit einem Seil gepaart, dessen eines Ende festgemacht ist, während an dem anderen die Kraft wirkt. Die lose Rolle kann sich gleichzeitig drehen und auf- und abbewegen. Statt das

Seilstück S_1 (Fig. 100) festzumachen, könnte man sich an demselben eine Kraft P' aufwärts wirkend denken, welche denselben Zug ausübt, wie die Gegenwirkung, die am Befestigungspunkte hervorgerufen wird. Diese Kraft mufs der am anderen Seilstücke S_2 ziehenden gleich sein; man hat alsdann drei Kräfte P, Q und $P' = P$, wobei, für den Fall des Gleichgewichtes, Q die Resultierende zwischen P und P' ist; ihre Richtung mufs stets durch den Schnittpunkt der Richtungen der Komponenten gehen oder denselben parallel sein; im letzteren Falle müssen die Seilenden S_1 und S_2, ebenso wie Q, vertikal sein. Sind aber S_1 und S_2 nicht parallel, so mufs die Verbindungslinie der Berührungspunkte A und B (Fig. 102) der Seilstücke mit der Rolle horizontal sein.

Nimmt man nun für parallele Seilenden A (Fig. 100) als Beziehungspunkt der statischen Momente der drei Kräfte an, so ist das Moment von P' gleich Null und es mufs:

$$P \, . \, 2r = Q \, . \, r$$

oder:

$$P = \tfrac{1}{2} Q$$

sein; für den Zustand des Gleichgewichtes an der losen Rolle, bei parallelen Seilenden, ist die Kraft gleich der Hälfte der Last.

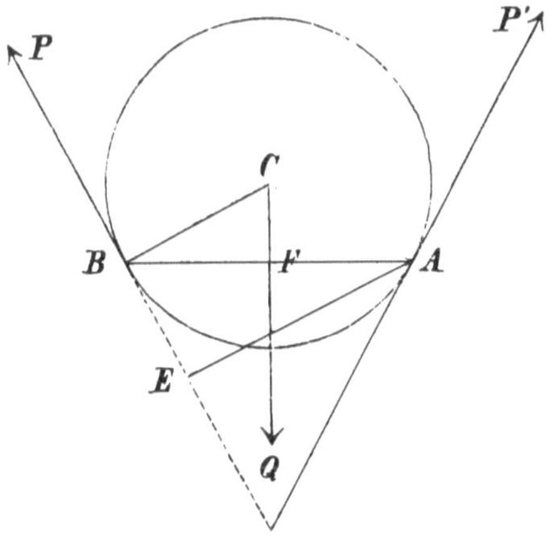

Fig. 102. Gleichgewicht an der losen Rolle.

Sind die Seilenden nicht parallel, so ist für A (Fig. 102) als Beziehungspunkt der Momente für den Fall des Gleichgewichtes:

$$Q \, . \, AF = P \, . \, AE,$$

wo AF senkrecht auf der Richtung der Last und AE senkrecht auf der der Kraft. Nun ist aber:

$$\triangle \, ACF \sim ABE,$$

folglich:

$$Q \, . \, AC = P \, . \, AB,$$

oder:

$$P : Q = AC : AB,$$

d. h. für den Zustand des Gleichgewichtes an der losen Rolle, für nichtparallele Seilenden, verhält sich Kraft zu Last, wie der Radius der Rolle zur Sehne des vom Seil umspannten Bogens.

§ 67. **Das Wellrad** (Fig. 103) besteht aus einer Achse AA' (einem Vollcylinder), welche auf Zapfenlagern (Hohlcylindern) ruht; mit der Aschse sind konaxial zwei Cylinder oder Trommeln von verschiedenem Durchmesser, die Welle W und das Rad R, gliedmäfsig verbunden; mit diesen sind Seile gepaart, die am einen Ende an ihnen festgemacht sind; an dem Seile, das um die Welle geschlungen ist, hängt die Last Q und am anderen wirkt die Kraft P.

Die beiden Kräfte P und Q sind Drehkräfte, deren Arme bezüglich R und R_1 sind, wo R der Radius des Rades und R_1 der der Welle, weshalb:

$$P : Q = R_1 : R,$$

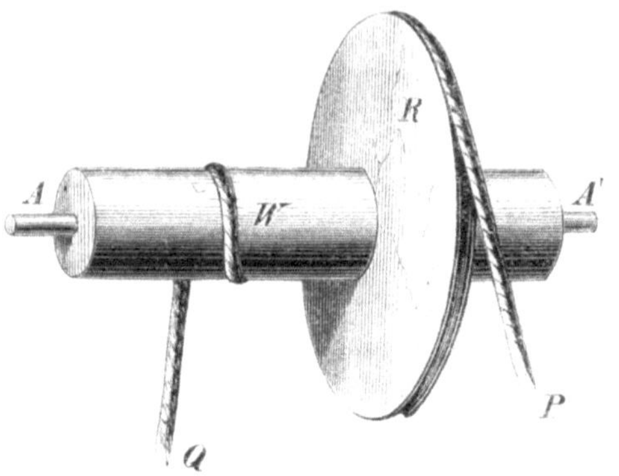

Fig, 103. Wellrad.

d. h. für den Zustand des Gleichgewichtes am Wellrade verhalten sich Kraft und Last wie der Radius der Welle zum Radius des Rades.

Das Wellrad wird vielfach zum Heben von Lasten aus Schachten, auf Gerüste beim Häuserbau u. s. w. gebraucht. Statt des Rades wendet man meist zwei Kurbeln an.

Man nennt ein Wellrad Haspel (Fig. 104), wenn die Welle wagrecht, Winde oder Göpel (Fig. 105), wenn die Welle vertikal steht.

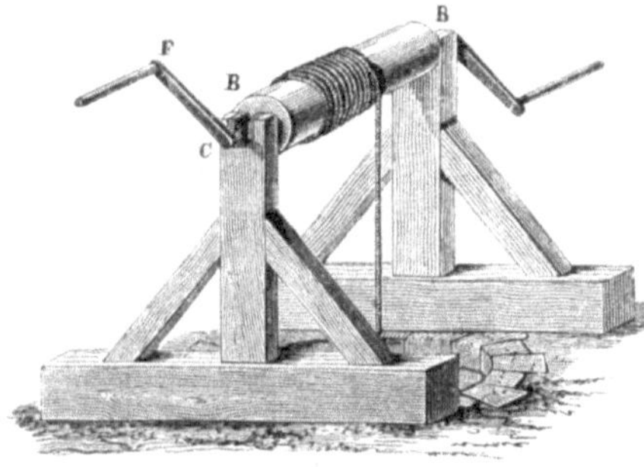

Fig. 104. Haspel.

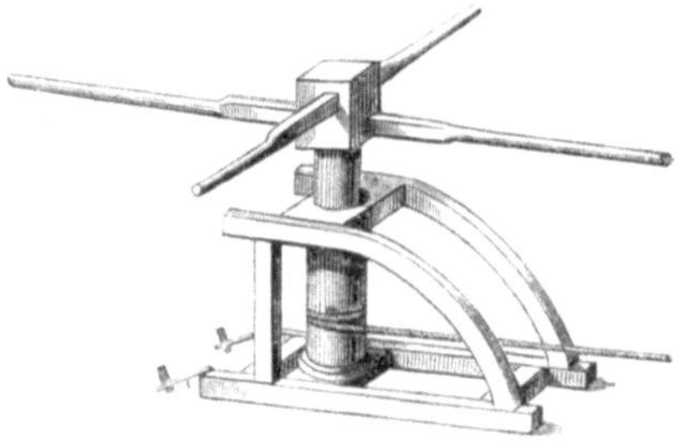
Fig. 105. Winde.

68. Der Flaschenzug. Mehrere Rollen, welche sich um eine und dieselbe, oder um parallele Achsen, welche sich in derselben Hülse befinden, drehen können, bilden eine Flasche. Eine feste und eine lose Flasche bilden, durch ein Zugkraftorgan (Seil) mit einander verbunden, einen Flaschenzug (Fig. 106 und 107). Das Seil ist an der Hülse der festen Flasche angemacht, geht von da über die erste Rolle der losen, dann über die erste Rolle der festen, weiter über die zweite Rolle der losen und dann über die zweite Rolle der festen Flasche u. s. w. An der Hülse der losen Flasche hängt die Last und am freien Seilende wirkt die Kraft.

Bei einem Zugkraftorgan kann nur Gleichgewicht herrschen, wenn alle Teile gleiche Spannung haben; die Seilenden können aufserdem als parallel angenommen werden, sodafs die Last, welcher von den Spannungen der vier Seilenden, in denen die lose Flasche hängt, das Gleichgewicht gehalten wird, gleich der Summe dieser vier Seilspannungen sein mufs; jede Seilspannung ist also $= \frac{1}{4} Q$. Die eine dieser Seilspannungen wird dadurch aufgehoben, dafs das betreffende Seilstück am Bügel der festen Flasche angemacht ist; zwei andere Spannungen, nämlich derjenigen Seilstücke, welche über die untere Rolle der festen Flasche gehen, heben einander gegenseitig auf und der vierten Seilspannung wird durch die Kraft P das Gleichgewicht gehalten; da jede Seil-Spannung $= \frac{1}{4} Q$, so mufs:

$$P = \tfrac{1}{4} Q.$$

Allgemein: An einem Flaschenzuge herrscht Gleichgewicht, wenn die Kraft der sovielste Teil der Last ist, als die Zahl der Seilstücke angiebt, an denen die Last zieht.

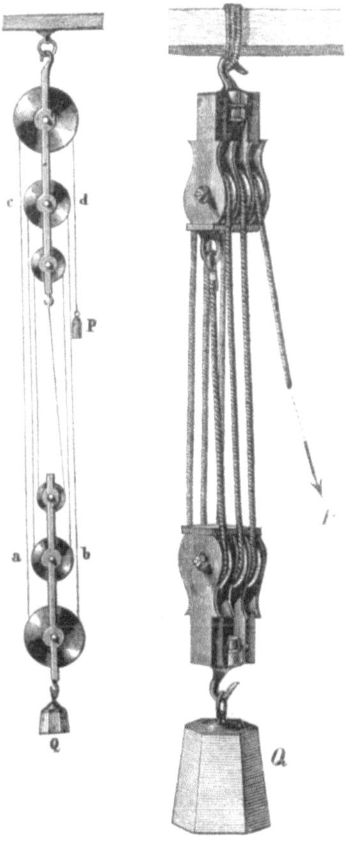

Fig. 106 u. 107. Flaschenzüge.

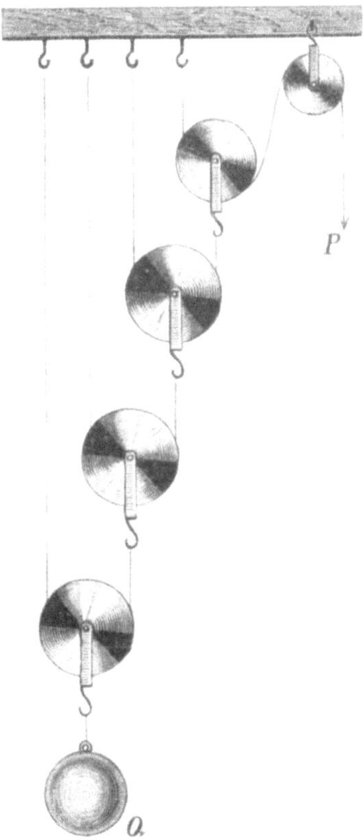

Fig. 108. Potenzflaschenzug.

§ 69. Potenzflaschenzug; Differentialflaschenzug und Differentialwelle. 1) Fig. 108 zeigt den Potenzflaschenzug, der einer näheren Beschreibung nicht bedarf. Ist Q die Last und q das Gewicht einer der losen Rollen, so wirkt an der zweiten losen Rolle (von unten) das Gewicht $\frac{1}{2}(Q + q)$, an der dritten $\frac{1}{4}(Q+q)+\frac{1}{2}q$; an der vierten $\frac{1}{8}(Q+q)+\frac{1}{4}q+\frac{1}{2}q$; sowie am freien Seilende der vierten $\frac{1}{16}(Q+q)+\frac{1}{8}q+\frac{1}{4}q+\frac{1}{2}q$. Hieraus folgt für vier lose Rollen:

$$P=\frac{1}{2^4}(Q+q)+\frac{1}{2^3}q+\frac{1}{2^2}q+\frac{1}{2^1}q,$$

oder allgemein für n lose Rollen:

$$P=\frac{1}{2^n}(Q+q)+\frac{1}{2^{n-1}}q+\frac{1}{2^{n-2}}q+\ldots.+\frac{1}{2^1}q,$$

woraus:

$$P=\frac{Q}{2^n}+\frac{2^n-1}{2^n}q=\frac{Q-q}{2^n}+q.$$

Will man vom Gewicht q der Rollen absehen, so ist:

$$P=\frac{Q}{2^n}.$$

2) Der Differentialflaschenzug (Fig. 109) besteht aus zwei konachsialen, miteinander verbundenen festen Rollen R und R', von verschiedenem Radius r und r', welche durch eine Kette ohne Ende mit einer beweglichen Rolle R'' vergliedert sind. Von den zwei Kettenstücken, in denen die lose Rolle hängt, geht das eine über die grofse feste Rolle R und das andere über die kleine R'; die Last Q hängt an der losen Rolle und die Kraft wirkt an dem Kettenstücke (rechts), welches über die grofse feste Rolle geht. Damit die Kette nicht über die Rollen weggleitet, sind diese mit warzenartigen Vorsprüngen versehen, in welche die Kettenglieder genau passen.

Fig. 109. Differentialflaschenzug.

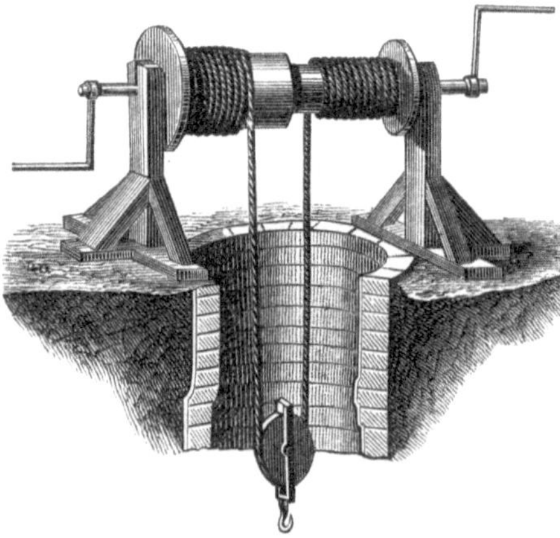

Fig. 110. Differentialwelle.

Die Kettenstücke, in denen die lose Rolle hängt, sind jedes mit $^1/_2$ Q gespannt; die Kraft P, nebst demjenigen $^1/_2$ Q, welches an der kleinen festen Rolle wirkt, mufs dem anderen $^1/_2$ Q, welches an der grofsen festen Rolle zieht, das Gleichgewicht halten; folglich mufs:

$$P.r+\tfrac{1}{2}Q.r'=\tfrac{1}{2}Q.r$$

woraus:

$$P=\frac{r-r'}{2r}\cdot Q.$$

Je kleiner die Differenz der Radien der festen Rollen, um so kleiner ist P. Der Differentialflaschenzug dient vornehmlich in Maschinenfabriken zum Heben gröfserer zu bearbeitender Metallstücke auf Drehbänke, Bohr- und Hobelmaschinen.

3) Die Differentialwelle (Fig. 110) ist ein Wellrad, dessen Welle aus zwei ungleich dicken Teilen besteht und das durch ein Seil mit einer losen Rolle verbunden ist. Das Übrige ist aus der Figur ohne weiteres ersichtlich. Seien die Radien der zwei Wellenhälften r und r' und die Länge der Kurbel K, so mufs, weil die an beiden Kurbeln wirkende Gesamtkraft P, nebst der halben Last, welche an dem dünneren Wellenteile wirkt, der halben Last, welche an dem dickeren Wellenteile zieht, das Gleichgewicht halten:

$$P \, . \, K + \tfrac{1}{2} \, Q \, . \, r' = \tfrac{1}{2} \, Q \, . \, r,$$

woraus:

$$P = \frac{r - r'}{2K} \, . \, Q.$$

Auch hier kann man mittelst einer um so kleineren Kraft der Last das Gleichgewicht halten, je geringer die Differenz der Radien der beiden Hälften der Welle ist.

§ 70. Der Keil. Der Keil ist ein dreiseitiges Prisma (Fig. 111 u. 112), welches teils zur Trennung von Körpern (Holzspalten), teils zum Zusammenpressen (Keilpresse) dient. Die schmale vierseitige Fläche $ABCD$

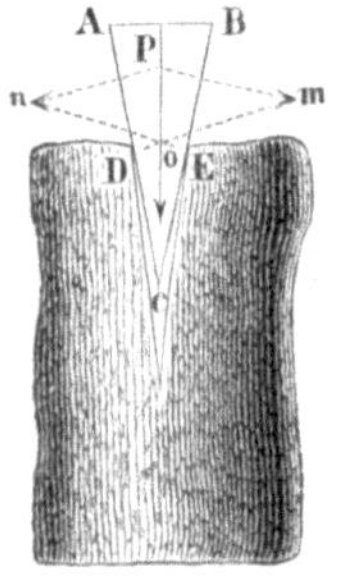

Fig. 111. Keil.

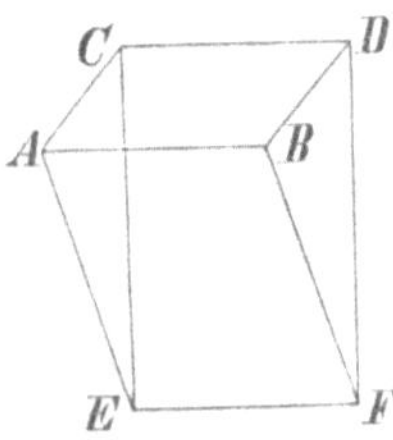

Fig. 112. Keil.

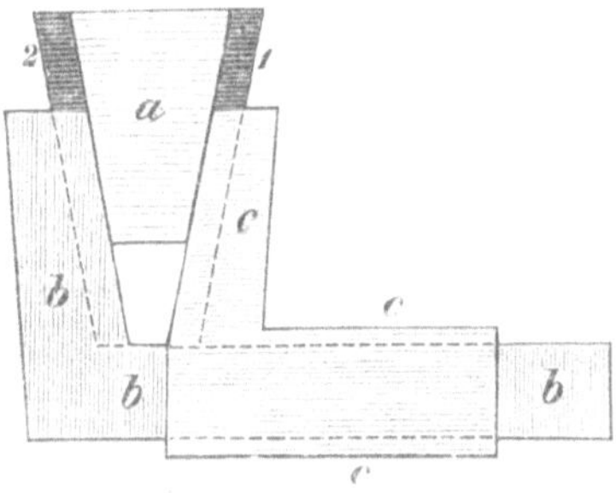

Fig. 113. Der Keil als dreigliedrige Prismenkette.

(Fig. 112) des Keiles, auf welche die Kraft wirkt, heifst der Rücken, die beiden anderen vierseitigen Flächen $ABEF$ und $CDEF$, gegen welche der Widerstand wirkt, heifsen die Seiten des Keiles, während die dem Rücken gegenüber stehende Kante EF die Schneide des Keiles genannt wird.

Kinematisch betrachtet ist der Keil eine dreigliedrige Prismenkette (Fig. 113), d. h. das Vollprisma 1 ist durch die Masse von *a* vergliedert mit dem Vollprisma 2, welches mit dem Hohlprisma an *b* gepaart ist; dieses letztere ist mit einem Vollprisma (der wagrechte Teil von *b*) durch die Masse von *b* vergliedert und dieses mit einem Hohlprisma (der wagrechte Teil von *c*) gepaart, welches seinerseits mit einem andern Hohlprisma (dem aufrechten Teil von *c*) vergliedert ist; dieses letzte Hohlprisma und das erste Vollprisma (1 in *a*) sind mit einander gepaart; *cc* denkt man sich festgestellt.

Die Widerstände wirken senkrecht gegen die Seiten des Keiles und können, da der Keil gewöhnlich gleichschenklig ist, als gleich angenommen werden.

Sei Po (Fig. 111) die auf den Rücken senkrecht wirkende Kraft, so läfst sich diese in zwei senkrecht zu den Seiten wirkende Kräfte *Pm* und *Pn* zerlegen, und es tritt Gleichgewicht ein, wenn diese Komponenten von *P* den auf die Seiten nach entgegengesetzten Richtungen wirkenden Widerständen gleich sind.

Nun aber ist:

$$\triangle Pno \sim \triangle ABC,$$

folglich:

$$Po:Pn = AB:AC,$$

oder, wenn *Po* mit *P* und *Pn* mit *Q* bezeichnet wird:

$$P:Q = AB:AC,$$

d. h. es verhält sich die Kraft zur Last, wie der Rücken des Keiles zur Seite.

Zu den Keilen kann man rechnen: Messer, Nadel, Beil, Stemmeisen, Gewölbsteine, Nägel u. s. w.

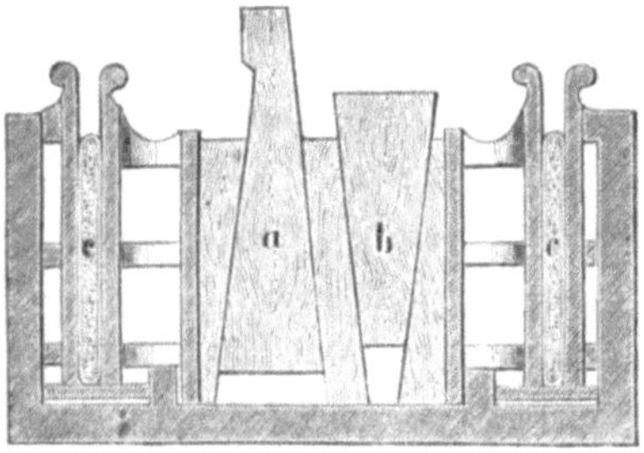

Fig. 114. Keilpresse.

In der Keilpresse (Fig. 114) befindet sich in *cc* der zu pressende Körper; *b* ist ein Keil, welcher, wenn er tiefer eingeschlagen wird, den Druck steigert, während der Keil *a* beim Einschlagen das Auseinandernehmen möglich macht.

§ 71. Zeiteffekt und Wegeffekt. Nach § 34 ist:

$$P = Mp. \tag{1}$$

1) Multipliziert man beide Seiten dieser Gleichung mit *t*, so erhält man:

$$Pt = Mpt;$$

da aber bei einer konstanten Kraft:

$$v = pt,$$

so kann man setzen:

$$Pt = Mv. \tag{2}$$

Das Produkt aus Kraft und Zeit nennt man den Zeiteffekt der Kraft und das Produkt aus Masse und Endgeschwindigkeit die Bewegungsgröſse der Masse; es ist also der Zeiteffekt gleich der Bewegungsgröſse.

Die Gröſse einer Kraft erkennt man hiernach an der in einer bestimmten Zeit bewirkten Bewegungsgröſse.

2) Multipliziert man beide Seiten der Gleichung (1) mit *s*, so erhält man:

$$Ps = Mps.$$

Ist *P* konstant, so gilt:

$$s = \frac{v^2}{2p},$$

woraus:

$$Ps = \tfrac{1}{2} Mv^2. \tag{3}$$

Das Produkt aus Kraft und Weg nennt man den Wegeffekt oder die mechanische Arbeit der Kraft, und das halbe Produkt aus der Masse und dem Quadrat der Geschwindigkeit die lebendige Kraft oder die kinetische Energie der Masse.

Es ist also der Wegeffekt oder die mechanische Arbeit, welche eine Kraft an einer Masse verrichtet, wenn sie durch einen gewissen Weg hinbewegt wird, gleich der lebendigen Kraft der Masse.

Die Gröfse einer Kraft erkennt man hiernach an der kinetischen Energie, welche sie, auf eine gewisse Wegstrecke hin wirkend, einer Masse erteilt.

Als Einheit der Arbeit gilt diejenige, welche die Krafteinheit auf der Erstreckung der Wegeinheit zu leisten vermag. In der Praxis aber nimmt man als Einheit das Meterkilogramm oder genauer das Meterkilogrammgewicht, d. i. die Arbeit, welche eine Kraft gleich dem Gewicht von 1 Kilogramm auf der Erstreckung von 1 m leistet.

Bei der Arbeit kommt es nicht auf die auf dieselbe verwandte Zeit an; die Gröfse einer Kraft dagegen beurteilt man nach der Arbeit, welche sie in einer bestimmten Zeit leistet.

Als Einheit der Kraft gilt ein Sekundenmeterkilogramm, d. h. eine Kraft, welche im Stande ist, ein Kilogramm in einer Sekunde ein Meter hoch zu heben.

Als grössere Einheit gilt die Pferdekraft, d. i. eine Kraft, welche in einer Sekunde eine Arbeit von 75 mkg verrichten kann.

Eine in Bewegung befindliche Masse ist im Stande wieder eine Arbeit zu verrichten, z. B. die Reibung am Boden zu überwinden, auf eine gewisse Erstreckung hin in eine Mauer einzudringen, ihr eigenes Gewicht auf eine gewisse Höhe zu heben u. s. w. Da in der Natur nichts verloren geht, so kann eine in Bewegung befindliche Masse genau so viel Arbeit leisten, als auf sie hat verwandt werden müssen, um sie in diese Bewegung, resp. auf die Geschwindigkeit zu bringen, welche sie besitzt.

Ist die wirkende Kraft nicht konstant, so kann man sie wenigstens innerhalb sehr kleiner Zeitteilchen oder auf geringe Wegerstreckungen hin als konstant ansehen und den Gesamtzeit- oder Wegeffekt durch Addition der Zeit- oder Wegeffekte in den sehr kleinen Zeitteilchen oder auf den sehr kleinen Wegerstreckungen finden.

Hat ein Körper schon eine gewisse Geschwindigkeit und wirkt eine Kraft an ihm, so ist der Zeiteffekt der Kraft gleich dem Zuwachs an Bewegungsgröfse, oder wenn die Kraft der Bewegung direkt entgegenwirkt, gleich der Abnahme an Bewegungsgröfse.

Es ist nicht einerlei, ob man sagt: Kraft mal Weg, oder Widerstand mal Weg; hebt man einen in Ruhe befindlichen Stein auf die Höhe h und hat er, dort angelangt, die Geschwindigkeit v, so ist:

$$P \cdot h = Q \cdot h + \tfrac{1}{2} \frac{Q}{g} v^2.$$

Nur wenn der Stein auf der Höhe h ohne Geschwindigkeit ankommt, ist:

$$P \cdot h = Q \cdot h.$$

Die lebendige Kraft eines mit der Winkelgeschwindigkeit ω gleichförmig rotierenden Körpers ist:

$$\tfrac{1}{2} T \cdot \omega^2,$$

wo T das Trägheitsmoment, d. h. die auf den Arm 1 reduzierte Masse des Körpers bedeutet (§ 79).

§ 72. Positive und negative Arbeit. Wirkt eine Kraft an einem Körper in einer Richtung, in welcher sich derselbe nicht bewegen kann, so zerlege man die Kraft in zwei Kräfte, von denen die eine in die Richtung der Bewegung fällt und die andere darauf senkrecht steht.

Sei Fig. 115 MN die Bahn, in welcher ein Körper sich zu bewegen gezwungen ist, und AB die Richtung einer Kraft P; ist ferner AC die Berührende an die Bahn im Punkte A und α der Winkel, welchen die Kraft mit der Bahnrichtung bildet, so gilt:

$$P' = AC = P \cdot \cos\alpha \text{ und } P'' = AD = P \cdot \sin\alpha.$$

Die letztere Kraft P'' geht verloren und es ist die Arbeit der Kraft P, wenn sie den Körper von A bis E bewegt hat, gleich $P' \cdot AE$.

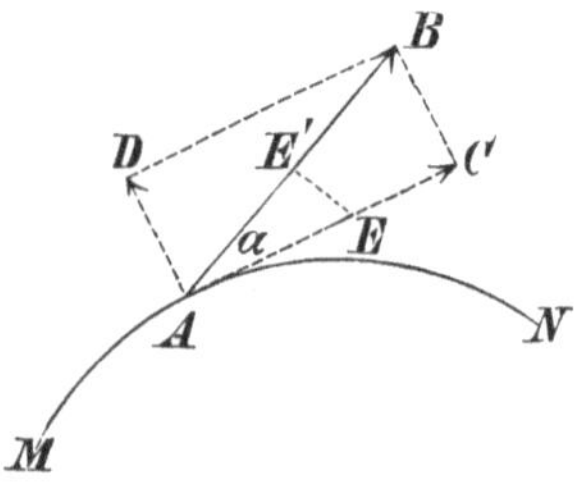

Fig. 115. Positive Arbeit.

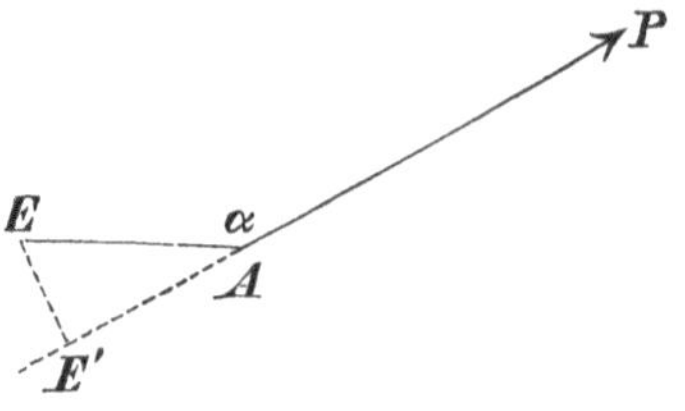

Fig. 116 Negative Arbeit.

Die Arbeit der Kraft ist gleich dem Produkt aus dem Weg und der Projektion der Kraft auf den Weg.

Projiziert man AE auf die Richtung der Kraft P, so ist:

$$P' \cdot AE = P \cdot AE'.$$

Hiernach ist die Arbeit der Kraft auch gleich dem Produkt aus der Kraft und der Projektion des Weges auf die Kraft.

Bildet die Richtung der Kraft AP (Fig. 116) mit der der Bahn AE einen stumpfen Winkel, so fällt die Projektion des Weges auf die Richtung der Kraft in die Verlängerung derselben, während, wenn der genannte Winkel spitz ist, die Projektion des Weges auf die Richtung der Kraft, in diese selbst fällt (Fig. 115). Im letzteren Falle nennt man die Arbeit der Kraft positiv und sagt, ihr Angriffspunkt schreite vorwärts, während man im ersteren Falle die Arbeit negativ nennt und sagt, der Angriffspunkt der Kraft schreite rückwärts.

Steht die Richtung der Kraft auf der der Bahn senkrecht, so leistet die Kraft keine Arbeit. Warum?

Die Schwerkraft leistet an einem aufsteigenden Körper eine negative Arbeit, oder der Körper leistet an ihr eine Arbeit.

§ 73. Princip der virtuellen Arbeiten. Beliebig viele an einem Körper wirkende, im Gleichgewicht stehende Kräfte bringen, wenn der Körper in Ruhe ist, keine Bewegung hervor und verursachen keine Änderung in der Bewegung, wenn der Körper bereits in Bewegung sich befindet; sie können also auch in keinem Falle eine Arbeit leisten.

Ist ein Körper, an welchem beliebig viele im Gleichgewicht stehende Kräfte wirken, bereits in Bewegung, so werden allerdings die Angriffspunkte der Kräfte verschoben, und wenn man den Weg, den der Körper nach einer gewissen Zeit zurückgelegt hat, auf die Richtungen der einzelnen Kräfte projiziert, so müssen die Arbeiten der einen positiv und die der andern negativ sein und zusammen die Summe Null haben.

Ist der Körper ursprünglich in Ruhe und verschiebt man ihn willkürlich, so ist wieder die Summe der Arbeiten, welche die im Gleichgewicht befindlichen Kräfte dabei zu leisten gezwungen werden, gleich Null — Satz von den virtuellen Arbeiten.

Da von beliebig vielen im Gleichgewicht stehenden Kräften jede als die Resultierende der anderen angesehen werden kann, so läfst sich der Satz von den virtuellen Arbeiten auch so ausdrücken:

Die Arbeit der Resultierenden beliebig vieler Kräfte ist gleich der Summe der Arbeiten der Komponenten.

Innere Kräfte (§ 33) können keine Arbeit leisten.

§ 74. Die goldene Regel der Mechanik. Der Satz von den virtuellen Arbeiten wird in der Praxis oft auch so ausgedrückt: Was an Kraft gewonnen wird, geht an Weg (Zeit, Geschwindigkeit) verloren. Man nennt den Satz in dieser Fassung die goldene Regel der Mechanik. Wir wollen denselben an einigen Maschinen näher erläutern.

Dreht sich ein Körper um eine Achse und stehen zwei an dem Körper wirkende Drehkräfte im Gleichgewicht, so mufs:

$$P_1 \cdot r_1 = P_2 \cdot r_2,$$

wenn P_1 und P_2 die zwei Kräfte und r_1 und r_2 ihre Arme bedeuten. Bei der Drehung nun beschreiben die Angriffspunkte der Kräfte Bogen, welche den Armen proportional sind; die Kräfte sind stets Berührende an die Bogen, und deshalb sind die Wege der Angriffspunkte, projiziert auf die Kraftrichtungen, die Bogen selbst und da sich die Kräfte umgekehrt wie die Arme und also auch umgekehrt wie die Wege verhalten, so beschreibt von zwei einander das Gleichgewicht haltenden Kräften, wenn es zur Bewegung kommt, diejenige den gröfsten Bogen, welche am kleinsten ist: Man kann einer grofsen Kraft mittelst einer kleineren das Gleichgewicht halten, indem man sie an einem längeren Arm wirken läfst, dafür mufs aber auch der Angriffspunkt der kleineren, wenn es zur Bewegung kommt, einen entsprechend gröfseren Weg beschreiben. Das Gesagte gilt insbesondere für einen Hebel, wenn die Kräfte auf den Armen bei der willkürlichen Drehung senkrecht bleiben. Es gilt aber auch, wenn die Kräfte ihre Richtung behalten. In Fig. 117 bedeuten MA und MB die Arme eines Hebels, an deren Endpunkte A und B die zwei am Hebel im Gleichgewicht stehenden Kräfte P und Q verlegt sind; dreht man nun den Hebel um den sehr kleinen Winkel MAA' und behalten die Kräfte P und Q

ihre Richtungen, so sind AA'' und BB'' die Projektionen der Wege AA' und BB', welche man als geradlinig ansehen kann, auf die Richtungen der Kräfte.

Nun ist:

$$P:Q = MB:MA = MB':MA',$$

und wegen der Ähnlichkeit der Dreiecke $MA'C$ und $MB'D$:

$$MA':MB' = A'C:B'D = AA'':BB'',$$

weshalb:

$$P:Q = BB'':AA''$$

d. h. es verhalten sich die Kräfte umgekehrt, wie die auf ihre Richtungen projizierten Wege ihrer Angriffspunkte.

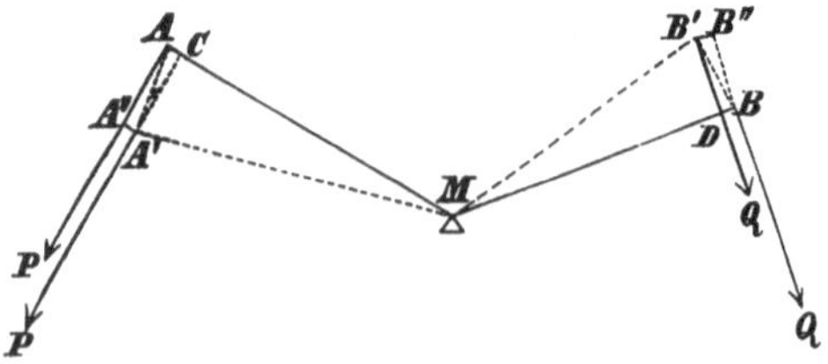

Fig. 117. Goldene Regel am Hebel.

Je gröſser die Kraft, je kleiner der Weg.

2) Wird einem auf einer schiefen Ebene liegenden Körper durch eine parallel ihrer Länge wirkende Kraft das Gleichgewicht gehalten, und man bewegt den Körper über die ganze Länge der schiefen Ebene hin, so ist die Projektion des Weges (Länge der schiefen Ebene) auf die Richtung der Kraft gleich der Länge selbst und die Projektion des Weges auf die Richtung der Last gleich der Höhe der schiefen Ebene. Nun ist:

$$P:Q = h:l,$$

während die Projektionen der Wege der Angriffspunkte von Kraft und Last sich wie die Länge zur Höhe, also gerade umgekehrt verhalten.

Ist die Kraft der Basis parallel, so ist die Projektion des Weges auf die Richtung der Kraft gleich der Basis der schiefen Ebene u. s. w.

Welches Vorzeichen hat die Arbeit der Last in beiden Fällen?

3) Macht eine Schraube eine volle Umdrehung, so ist der Weg, geschätzt nach der Richtung der Last, gleich der Höhe eines Schraubengangs und, geschätzt nach der Richtung der Kraft, gleich dem Umfang der Spindel, falls die Kraft am Kopfe der Schraube angreift. Es verhalten sich also auch hier Kraft und Last umgekehrt wie die nach ihren Richtungen geschätzten Wege.

4) Bei einer festen Rolle sind Kraft und Last gleich und ebenso die Wege derselben. Hier wird nichts an Kraft gewonnen und nichts an Weg verloren. Der Wert der Rolle als Maschine liegt nicht in einer Kraftersparnis, sondern darin, daſs man eine Last heben kann, ohne von unten nach oben ziehen zu müssen; die Rolle ist eine Richtungsmaschine. So verbindet man z. B. einen Flaschenzug mit einer festen Rolle, wenn ein Pferd, das nur in horizontaler Richtung ziehen kann, an demselben wirken soll. Wenn bei einer Maschine, z. B. bei einem Hebel mit langem Krafthebelarm, an Kraft gespart wird, so nennt man sie Kraftmaschine, wird

aber an Weg (Zeit, Geschwindigkeit) gewonnen, so nennt man sie Geschwindigkeitsmaschine. Am vorteilhaftesten ist eine Geschwindigkeitsmaschine, wenn man über eine grofse billige Kraft verfügen kann; es wird dann in wenig Zeit viel Arbeit geleistet.

Es wird nun leicht sein, unseren Satz auch an den übrigen Maschinen nachzuweisen.

§ 75. Gleichgewichtsbedingungen aus der goldenen Regel abgeleitet. Setzt man die goldene Regel als bekannt voraus, so lassen sich aus ihr die Bedingungen des Gleichgewichtes von Kräften, welche an Maschinen wirken, leicht ableiten.

1) Die Schraube ohne Ende (Fig. 118) besteht aus einer Welle S, auf welcher sich einige Schraubengänge befinden, die in ein gezahntes Rad eingreifen; mit der Achse des Rades ist eine Welle verbunden, um die ein Seil geschlungen ist; am Ende dieses Seiles hängt die Last Q und an einer Kurbel K, welche zur Umdrehung der Schraubenwelle dient, wirkt die Last.

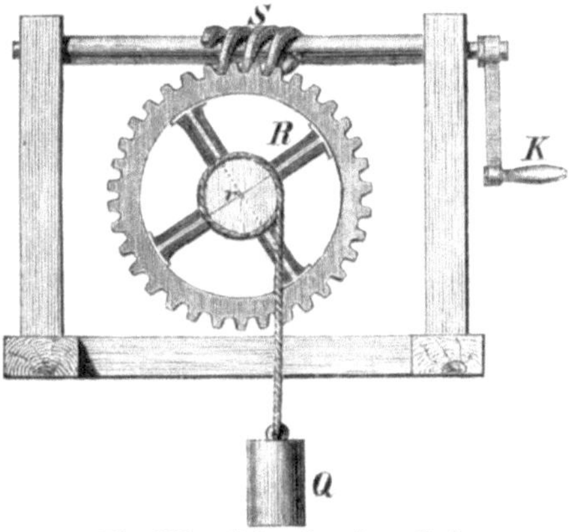

Fig. 118. Schraube ohne Ende.

Bei jedem vollen Umgange der Kurbel bewegt sich das Rad um einen Zahn nebst Lücke weiter; hat nun das Rad n Zähne und die Kurbel die Länge K, so beschreibt die Kraft den Weg $2nK\pi$, während die Last den Weg $2r\pi$ zurücklegt, wenn r den Radius der Radwelle bedeutet. Ist ferner h die Höhe eines Schraubenganges, (also auch gleich der Breite eines Zahnes nebst Lücke), und ist R der Radius des Rades, so mufs:

$$n = \frac{2\pi R}{h};$$

Der Weg der Kraft ist also:

$$2 \cdot \frac{2\pi R}{h} \cdot K\pi$$

und der der Last:

$$2r\pi;$$

da sich nun Kraft und Last für den Zustand des Gleichgewichtes umgekehrt, wie ihre Wege verhalten, so ist:

$$P = \frac{r}{R} \cdot \frac{h}{2K\pi} \cdot Q.$$

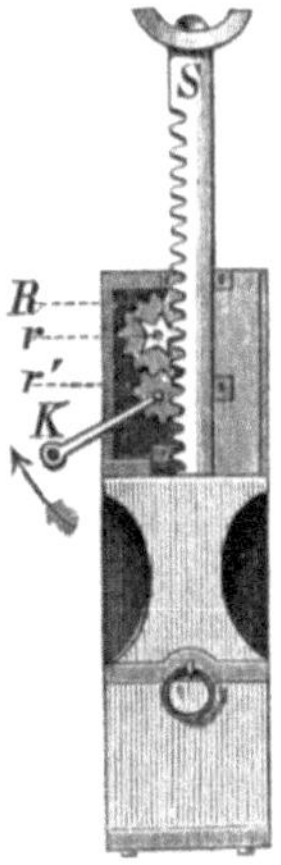

Fig. 119. Wagenwinde.

2) Die Wagenwinde (Fig. 119) besteht aus einer Kurbel K, welche mit einem gezahnten Rädchen vom Halbmesser r' verbunden ist; dieses greift in ein gröfseres gezahntes Rad mit dem Radius R ein, dessen Trieb r eine gezahnte Stange S bewegen kann. Geht die Kurbel und das Rädchen r' einmal um, so drehen sich die Räder R und r um den $\frac{r'}{R}$ten Teil ihres Umfanges; der Umfang

des Rades r beträgt $2r\pi$; bei einmaliger Drehung der Kurbel beschreibt also die Kraft den Weg:

$$2K\pi$$

und die Last, d. h. die gezahnte Stange:

$$2r\pi\cdot\frac{r'}{R};$$

es gilt also:

$$P=\frac{r.r'}{R.K}Q.$$

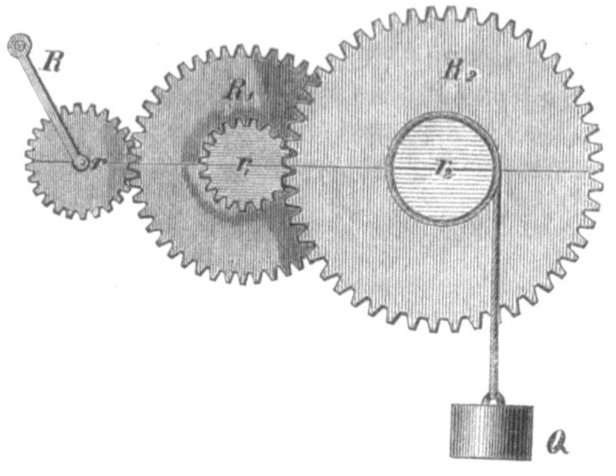

Fig. 120. Räderwerk.

3) Das **Räderwerk** (Fig. 120) besteht aus einer Anzahl Räder nebst Getrieben; das erste Rad ist nicht selten als Kurbel und das letzte Getriebe als (ungezahnte) Welle konstruiert; an der Kurbel wirkt die Kraft und an der Welle hängt die Last. Wickelt sich das Seil einmal um die Welle, so geht auch das Rad R_2 einmal um; das Getriebe r_1 und das Rad R_1 aber geht $\frac{R_2}{r_1}$ mal um. Infolgedessen dreht sich das Getriebe r: $\frac{R_2}{r_1}\cdot\frac{R_1}{r}$ mal um und ebenso oft die Kurbel R; sie beschreibt also den Weg:

$$2\pi R\cdot\frac{R_2}{r_1}\cdot\frac{R_1}{r},$$

während die Last den Weg:

$$2\pi r_2$$

macht.

Nach der goldenen Regel mufs also für den Zustand des Gleichgewichtes:

$$P:Q=2\pi r_2:2\pi R\cdot\frac{R_2}{r_1}\cdot\frac{R_1}{r}$$

oder:

$$P:Q=r.r_1.r_2:R.R_1.R_2.$$

Für den Zustand des Gleichgewichtes an einem Räderwerke verhält sich also Kraft zu Last, wie das Produkt der Radien aller Getriebe zum Produkt der Radien aller Räder.

4) Der **Krahnen** (Fig. 121), welcher zum Heben schwerer Lasten, namentlich aus Schiffen, dient, besteht aus einer Kurbel K, mit welcher der Trieb r verbunden ist; dieser greift in das Rad R' und dessen Trieb r' in das Rad R, mit welchem die Welle W verbunden ist; an der Welle ist eine Kette befestigt, welche über eine feste, an einem langen, schrägen Balken befestigten Rolle geht; der Balken läfst sich mit der ganzen Maschine um den Zapfen Z umdrehen; die Kette geht von der festen Rolle über eine lose, an welcher die Last hängt. Es kann der Krahnen als ein Räderwerk angesehen werden, welches mit einer losen Rolle verbunden ist; deshalb:

$$P=\tfrac{1}{2}\frac{W}{R}\cdot\frac{r'}{R'}\cdot\frac{r}{K}Q.$$

§ 76. Der Begriff der Energie. Unter Energie versteht man die Fähigkeit Arbeit leisten zu können. Von der kinetischen Energie, von der

Arbeitsfähigkeit, welche in äufserer sichtbarer Bewegung befindliche Körper besitzen, ist schon die Rede gewesen (§ 71). Es giebt aber auch in Ruhe befindliche Körper, welche möglicherweise (potentiell) Arbeit leisten können; wird z. B. ein Stein auf eine gewisse Höhe gehoben, so kann er, wenn ihm zu irgend einer Zeit gestattet wird, wieder auf die Erde herabzusinken, soviel Arbeit leisten, als auf ihn beim Heben hat verwandt werden müssen (Gewichte einer Uhr).

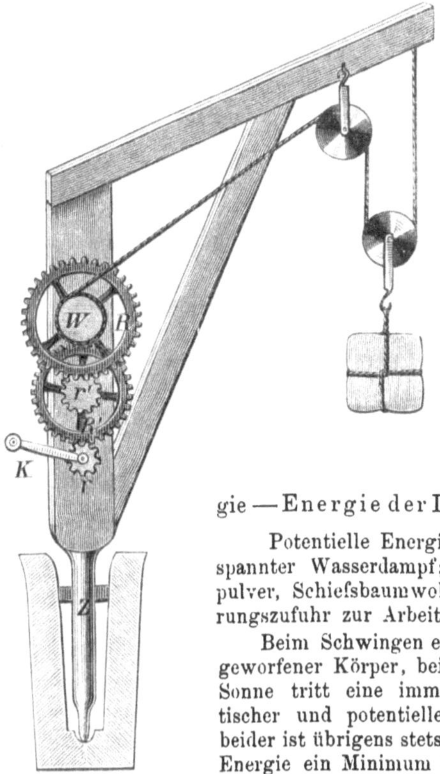

Fig. 121. Krahn.

Zieht man eine Feder auf, d. h. giebt man den Teilchen eine andere Lage gegen einander, so kann die Feder ebenfalls Arbeit leisten, wenn man ihr gestattet die frühere Form wieder anzunehmen. Man nennt diese Art von Energie — Energie der Lage oder potentielle Energie.

Potentielle Energie besitzt komprimierte Luft und gespannter Wasserdampf; das Wasser der Wolken; Schiefspulver, Schiefsbaumwolle, ein Mensch, welcher durch Nahrungszufuhr zur Arbeit befähigt ist u. s. w.

Beim Schwingen eines Pendels, beim Auf- und Absteigen geworfener Körper, bei der Bewegung der Planeten um die Sonne tritt eine immerwährende Verwandlung von kinetischer und potentieller Energie ineinander ein; die Summe beider ist übrigens stets dieselbe; im Perihel ist die potentielle Energie ein Minimum und die kinetische ein Maximum, im Aphel ist es umgekehrt.

Die kleinsten Teilchen der Körper sind nach der Ansicht der Physiker in ständiger Bewegung; je nach der Art derselben werden durch sie die Erscheinungen der Wärme, Elektricität u. s. w. bedingt; man spricht deshalb auch von einer kalorischen, elektrischen u. s. w. Energie. Alle physikalischen Erscheinungen beruhen auf Energieverwandlungen nach gewissen Mafsen, bei denen nie etwas verloren geht: die Energie des Weltalles ist konstant.

2. Dynamik der festen Körper.

a) Dynamik unter Einwirkung äufserer Kräfte.

§ 77. Gleichmäfsig beschleunigte Bewegung an der Fallmaschine. Die Gesetze der gleichförmigen und der gleichmäfsig beschleunigten Bewegung sind bereits in der Phoronomie, ohne Rücksicht auf die Masse des bewegten Körpers und die an ihm wirkende Kraft behandelt worden.

Später ist gezeigt worden, dafs jede konstante Kraft eine gleichmäfsig beschleunigte (oder verzögerte) Bewegung hervorbringt, sowie dafs die Beschleunigungen, welche verschiedene Kräfte in derselben Masse erzeugen, den Gröfsen dieser Kräfte proportional sind. Ebenso gilt, dafs die Beschleunigungen, welche verschiedene Massen durch eine und dieselbe Kraft erlangen, diesen Massen umgekehrt proportional sind.

Die Schwerkraft kann innerhalb kleiner Fallräume als eine konstante Kraft angesehen werden, denn obwohl die Anziehung der Erde, die wir von deren Mittelpunkt ausgehend annehmen können (§ 51), mit der Entfernung des angezogenen Körpers von der Erde abnimmt, so ist es doch einerlei, ob ein Körper um einen Erdhalbmesser oder um noch einige hundert Meter mehr vom Erdmittelpunkt entfernt ist.

Der Fall in der Nähe der Erde befindlicher Körper ist also eine gleichmäfsig beschleunigte und der Wurf vertikal anfwärts eine gleichmäfsig verzögerte Bewegung. Die Acceleration beim freien Fall beträgt (im mittleren Deutschland) 9,81 m und wird gewöhnlich mit g bezeichnet.

Wenn ein schwerer Körper durch sein Gewicht, d. h. durch die Anziehung, welche die Erde auf ihn ausübt, aufser seiner eigenen Masse noch eine andere blofs träge Masse (§ 51) zu bewegen hat, so verringert sich die Fallbeschleunigung in dem Mafse, wie seine Masse kleiner ist als die aus der eigenen und der fremden bestehenden Gesamtmasse.

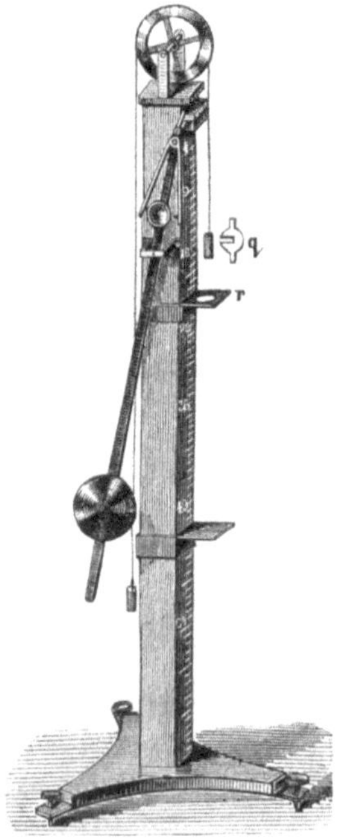

Fig. 122. Fallmaschine von Atwood.

Ist m die Masse des schweren und M die des blofs trägen Körpers, g die Fallbeschleunigung und p die Beschleunigung in der Bewegung, welche der schwere Körper ausführt, wenn er noch die Masse M mitzubewegen hat, so ist:

$$p : g = M + m : m.$$

Hängt man z. B. an die Enden eines über eine feste Rolle (Fig. 122) gehenden Fadens zwei gleiche Massen von je 200 Gramm, so hebt das Gewicht der einen das der anderen auf und die zwei Massen sind als „blofs träge“ anzusehen. Legt man nun auf das eine Gewicht noch ein Übergewicht q, so so hat dieses nicht blofs seine eigene Masse, sondern auch noch die der beiden Gewichte in Bewegung zu setzen; die Beschleunigung wird alsdann entsprechend kleiner als g. Gesetzt, man wolle die Beschleunigung 6 cm erreichen, so würde man die Gröfse des Übergewichts x aus der Proportion:

$$x : x + 400 = 6 : 981$$

finden und zwar:

$$x = 2{,}46\, g.$$

Man erhält auf diese Weise eine gleichmäfsig beschleunigte Bewegung mit geringerer Beschleunigung, so dafs man an ihr besser als bei dem sehr rasch durch grofse Räume sich vollziehenden freien Fall die Gesetze der gleichmäfsig beschleunigten Bewegung durch den Versuch bewahrheiten kann.

Man bedient sich dazu der Atwood'schen Fallmaschine (Fig. 122). Auf einer hohen Stange befindet sich eine um eine Achse drehbare Rolle, über welche eine Schnur geht. Die Stange hat eine Einteilung derart, daſs ein Teil gleich dem Fallraum in der ersten Sekunde, also gleich der halben Beschleunigung ist (in unserem Fall 3 cm). Läſst man nun die Gewichte mit dem Übergewicht von 0 an fallen, so kommt das Übergewicht nach einer Sekunde nach 1, nach 2 Sek. nach 4, nach 3 Sek. nach 9 . . .

An der Stange ist ein Ring r verschiebbar; stellt man denselben auf 9, so bleibt das flügelförmige verbreiterte Übergewicht q, wenn es bis 9 gekommen ist, auf dem Ringe liegen und es gehen die Gewichte nur noch vermöge der Trägheit gleichförmig fort; dabei bemerkt man, daſs in jeder folgenden Sekunde die Bewegung um $3 . 2 = 6$ Teilstriche weitergeht; hätte der Ring bei 25 gestanden, so wäre die Bewegung um $5 . 2 = 10$ Teilstriche in jeder folgenden Sekunde weitergegangen.

Hiermit sind die zwei Hauptformeln der gleichmäſsig beschleunigten Bewegung $s = \frac{1}{2} p t^2$ und $v = p t$ experimentell als richtig befunden ($p = 2$).

Sekundenpendel. Auslösungsvorrichtung.

Fallmaschine von Morin: Der an einem vertikalen Draht fallende Körper ist mit einem weichen Zeichenstift versehen, welcher auf einem sich gleichförmig umdrehenden, mit Papier bekleideten Cylinder eine Kurve zeichnet, die über die Gesetze des Falles Auskunft giebt.

Fallmaschine von Müller: Ein am unteren Ende befestigter, vertikaler elastischer Stab trägt am oberen Ende einen Schreibstift. Setzt man denselben in Schwingung und läſst dicht vor ihm ein schweres Brett, welches mit Papier überzogen ist, vertikal fallen, so beschreibt der Stift auf dem Papier eine Kurve, deren Gestalt ebenfalls die Gesetze der gleichmäſsig beschleunigten Bewegung erkennen läſst.

§ 78. Fall auf der schiefen Ebene. Liegt ein Körper auf einer schiefen Ebene (Fig. 123), so wird er mit einer Kraft:

$$KM = R = Q \sin \alpha$$

parallel der schiefen Ebene hinabgezogen; diese Kraft nennt man die relative Schwere; sie ist für denselben Neigungswinkel der schiefen Ebene konstant, erzeugt also eine gleichmäſsig beschleunigte Bewegung. Bezeichnen wir die Beschleunigung beim Fall über eine schiefe Ebene vom Neigungswinkel α mit

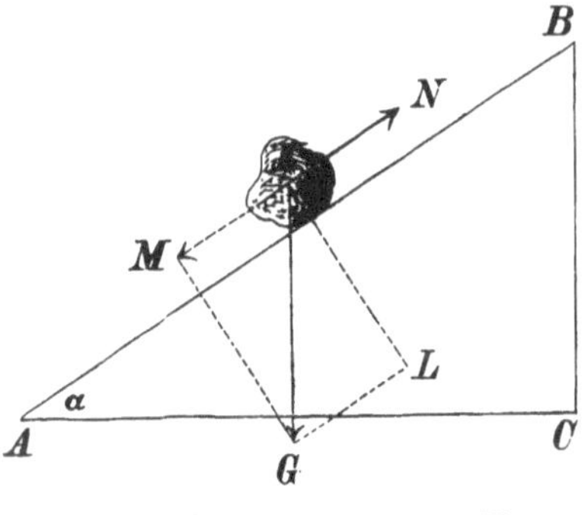

Fig. 123. Fall über die schiefe Ebene.

g^1, so muſs (§ 64):

$$g^1 : g = Q . \sin \alpha : Q,$$

d. h.

$$g^1 = g . \sin \alpha = g . \frac{h}{l},$$

oder die Beschleunigung beim Fall über die schiefe Ebene verhält sich zu der beim freien Fall, wie die Höhe der schiefen Ebene zu ihrer Länge.

Die Grundformeln für den Fall längs einer schiefen Ebene sind demnach:

$$v = g\,t \sin\alpha \text{ und } s = \tfrac{1}{2} g\,t^2 \sin\alpha.$$

Aufserdem gelten noch folgende Gesetze:

1) Wenn Körper längs schiefen Ebenen von gleichen Höhen, aber verschiedenen Neigungswinkeln fallen, so kommen sie am Ende ihrer Bahnen mit derselben Geschwindigkeit an und zwar mit derjenigen, die sie beim freien Fall über die Höhe der schiefen Ebenen erlangen würden.

Es seien α_1 und α_2 die Neigungswinkel und l_1 und l_2 die Längen zweier schiefen Ebenen von der gleichen Höhe h, sowie v_1 und v_2 die Geschwindigkeiten, welche durch den Fall über die schiefen Ebenen erlangt werden, so ist:

$$v_1 = \sqrt{2g\,l_1 \sin\alpha_1} \text{ und } v_2 = \sqrt{2g\,l_2 \sin\alpha_2};$$

ferner ist:

$$h = l_1 \sin\alpha_1 = l_2 \sin\alpha_2;$$

folglich:

$$v_1 = v_2 = \sqrt{2gh},$$

welcher Ausdruck zugleich die Geschwindigkeit angiebt, die ein frei über die Höhe der schiefen Ebenen fallender Körper erlangt.

2) Ein Körper braucht zum freien Fall über die Höhe einer schiefen Ebene dieselbe Zeit, wie zum Fall über den Teil der Länge der schiefen Ebene, welcher gleich der Projektion der Höhe auf die Länge ist.

Aus der für den freien Fall geltenden Gleichung:

$$t = \sqrt{\frac{2h}{g}}$$

folgt:

$$t = \sqrt{\frac{2h \,.\, \sin\alpha}{g \,.\, \sin\alpha}}.$$

Die letztere Gleichung giebt aber die Fallzeit längs des Stückes der schiefen Ebene an, welche gleich der Projektion der Höhe auf die Länge ist.

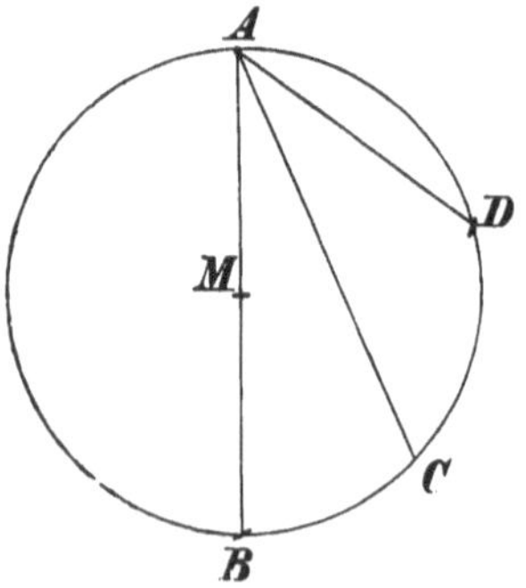

Fig. 124. Fall über Sehne und Durchmesser.

Aus diesem Satze folgt: Ein Körper durchfällt den vertikalen Durchmesser AB (Fig. 124) eines Kreises in derselben Zeit, in welcher er über die von seinem oberen Endpunkte aus gezogenen Sehnen AC und AD... fällt.

Aufgaben. 1) Wie grofs ist die Beschleunigung auf einer Sehne, welche mit dem vertikalen Durchmesser einen Winkel von 27° 14′ macht? —

2) Wie viel Zeit braucht ein Körper um die Länge 2m einer schiefen Ebene mit dem Neigungswinkel 28° 23′ Minuten zu durchlaufen?

§ 79. Drehende Bewegung — Trägheitsmomente. Wenn zwei Massen sich um eine und dieselbe Achse drehen können, so bringen zwei Kräfte an denselben die gleiche Winkelbeschleunigung hervor, wenn die Drehmomente der Kräfte einander gleich sind.

Ist ω die gemeinsame Winkelbeschleunigung, sind ferner m_1 und m_2 die Massen und r_1 und r_2 ihre Abstände von der Achse, so sind die Beschleunigungen der Kräfte ωr_1 und ωr_2, also die Kräfte selbst $m_1 \omega r_1$ und $m_2 \omega r_2$, und deshalb ihre Momente:

$$m_1 \omega r_1^2 \text{ und } m_1 \omega r_2^2.$$

Wirkt eine Drehkraft an einem Körper, welche ihm die Winkelbeschleunigung ω ertheilt, so kann man sich statt ihrer ebensoviel Drehkräfte denken, als Massepunkte vorhanden sind, und zwar von der Beschaffenheit, dass sie in den einzelnen Massen dieselbe Winkelbeschleunigung ω erzeugen. Die Momente dieser Kräfte sind:

$$m_1 \omega r_1^2, \; m_2 \omega r_2^2, \; m_3 \omega r_3^2 \ldots\ldots$$

Diese Momente können zugleich als Kräfte angesehen werden, welche, am Arme 1 wirkend, dieselbe Winkelbeschleunigung erzielen.

Die Resultierende aller dieser am Arme 1 wirkenden Kräfte ist aber gleich der Summe der Komponenten; sie ist deshalb gleich:

$$\omega (m_1 r_1^2 + m_2 r_2^2 + \ldots\ldots + m_n r_n^2) = \omega \Sigma (m r^2).$$

Diese eine Kraft am Arme 1 bringt dieselbe Winkelbeschleunigung an dem Körper hervor, wie die an den einzelnen zerstreuten Massen wirkenden Kräfte, oder wie die ursprünglich an dem ganzen Körper wirkend gedachte Drehkraft.

Der Ausdruck $\omega \Sigma (m r^2)$ lässt sich auch als eine Kraft deuten, welche an der Masse $\Sigma (m r^2)$ die Beschleunigung ω hervorbringt. Unsere am Arme 1 wirkende Kraft, welche in den zerstreuten Masseteilchen eines Körpers die Winkelbeschleunigung ω erzeugt, würde also auch in einer Masse $\Sigma (m r^2)$, wenn diese im Arme 1 angebracht wäre, dieselbe Winkelbeschleunigung hervorrufen, und dasselbe würden auch die an den zerstreuten Massepunkten wirkenden Kräfte (und die ursprünglich angenommene Drehkraft) thun, wenn statt aller einzelnen Massen eine einzige von der Gröfse $\Sigma (m r^2)$ am Arme 1 angebracht wäre.

Die Masse $\Sigma (m r^2)$, welche in der Entfernung 1 von der Drehachse drehenden Kräften ebenso widersteht, wie die einzelnen zerstreuten Masseteilchen, wird das Trägheitsmoment oder die auf den Arm 1 reduzierte Masse des Körpers genannt.

2) Eine einzige Masse M, welche den Dreharm r hat, besitzt das Trägheitsmoment $M r^2$; soll dieser dasselbe Trägheitsmoment zukommen, wie der zerstreuten Masse eines Körpers, so muss

$$\Sigma (m r^2) = M r^2.$$

Aus dieser Gleichung lässt sich einesteils die Masse finden, welche gerade so widersteht, wie die zerstreute Masse eines Körpers, wenn der Arm r gegeben ist, und andernteils der Arm r, wenn die Masse gegeben ist, welche drehenden Kräften denselben Widerstand, wie ein ganzer gegebener Körper, darbieten soll:

$$M = \frac{\Sigma(m r^2)}{r^2} \text{ und } r = \frac{\Sigma(m r^2)}{M}.$$

3) Das Trägheitsmoment eines Körpers in Bezug auf eine beliebige Achse ist gleich dem Trägheitsmoment des Körpers in Bezug auf eine zu dieser parallelen Schwerpunktsachse, vermehrt um das Produkt der Masse des Körpers in das Quadrat des Abstandes der zwei Achsen.

Es sei *MN* (Fig. 125) eine beliebige Ebene, welche durch den Drehkörper senkrecht zu den beiden parallelen Achsen, von denen die eine durch den Schwerpunkt geht, gelegt ist; sie schneide diese Achsen in den Punkten *A* und *S*. Zieht man nun von einem in dieser Ebene liegenden Punkte *B* des Körpers, welcher die Masse m_1 hat, eine Senkrechte *BC* auf die Verbindungslinie *AS*, so ist, wenn *AS* mit *e*, *CS* mit *s*, *BA* mit *r* und *BS* mit r_1 bezeichnet wird:

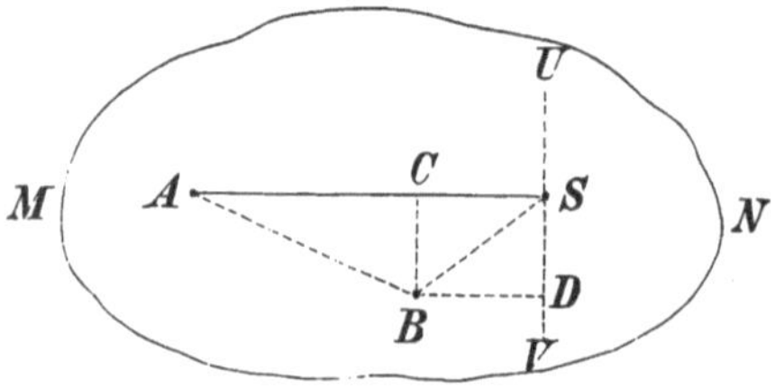

Fig. 125. Verlegung der Drehungsachse nach dem Schwerpunkt.

$$r^2 = e^2 + r_1^2 - 2es;$$

folglich:

$$mr^2 = me^2 + mr_1^2 - 2ems.$$

Dies gilt nicht blofs für den Punkt *B* mit der Masse m_1, sondern für alle Punkte des Körpers, da sowohl *B* in der Ebene beliebig angenommen, als auch die Ebene selbst an einer beliebigen Stelle des Körpers senkrecht zu den Achsen gelegt worden ist; folglich ist:

$$\Sigma(mr^2) = e^2\Sigma(m) + \Sigma(mr_1^2) - 2e\Sigma(ms).$$

Nun sind aber die einzelnen *s* die Abstände der Massepunkte von einer durch die Schwerpunktsachse senkrecht zu *AS* gelegten Momentebene, deren Durchschnitt mit *MN* die Linie *UV* ist, und wobei $BD = CS = s$; folglich mufs, da die Momentebene durch den Schwerpunkt geht (§ 53):

$$\Sigma(ms) = 0,$$

weshalb, wenn noch $\Sigma(m) = M$ gesetzt wird:

$$\Sigma(mr^2) = \Sigma(ms^2) + e^2 M.$$

§ 80. Aufgaben. 1) Das Trägheitsmoment einer Geraden in Bezug auf eine durch ihren einen Endpunkt gehende und auf ihr senkrecht stehende Achse zu finden. — Die Länge der homogenen Linie sei *l*; man zerlege dieselbe in sehr viele, (*n*) gleiche Teile, dann ist, wenn *M* die Gesamtmasse der Linie bedeutet, $\frac{M}{n}$ die Masse eines Teilchens und die Entfernungen der einzelnen Teilchen von der durch den einen Endpunkt der Stange gehenden Linie sind:

$$\frac{1}{n}l, \frac{2}{n}l, \frac{3}{n}l \dots \frac{n}{n}l;$$

folglich das Trägheitsmoment:

$$\Sigma(mr^2) = \frac{Ml^2}{n^3}[1^2 + 2^2 + \dots + n^2]$$

oder

$$\Sigma(mr^2) = \frac{Ml^2}{n^3} \cdot \frac{n(n+1)(2n+1)}{1 \cdot 2 \cdot 3},$$

woraus, da $n = \infty$:

$$\Sigma(mr^2) = \tfrac{1}{3} Ml^2.$$

Geht die Achse durch den Schwerpunkt, d. h. durch die Mitte der Linie, so ist

$$\Sigma(mr^2) = \Sigma(ms^2) + \tfrac{1}{4} Ml^2$$

oder:

$$\Sigma(ms^2) = \Sigma(mr^2) - \tfrac{1}{4} Ml^2$$

woraus

$$\Sigma(ms^2) = \tfrac{1}{3} Ml^2 - \tfrac{1}{4} Ml^2 = \tfrac{1}{12} Ml^2.$$

2. Das Trägheitsmoment einer Linie zu finden, in Bezug auf eine Achse, welche auf dem in dem einen Endpunkte der Linie errichteten Lote senkrecht steht. Es sei AB (Fig. 126) die gegebene Linie von der Länge l, OA das im Endpunkte A auf AB errichtete Lot, sowie O der Durchschnitt der Achse mit der auf ihr senkrechten Ebene OAB, wobei $OA = a$ angenommen wird. Man teile AB in n (unendlich viele) gleiche Teile, so sind die Entfernungen derselben von der Drehungsachse:

$$a; \quad \sqrt{a^2 + \left(\frac{l}{n}\right)^2}; \quad \sqrt{a^2 + \left(\frac{2l}{n}\right)^2}; \ldots\ldots \quad \sqrt{a^2 + \left[\frac{(n-1)l}{n}\right]^2};$$

es ist also:

$$\Sigma(mr^2) = \frac{M}{n}\left[a^2 + \left(a^2 + \frac{l^2}{n^2}\right) + \left(a^2 + \frac{4l^2}{n^2}\right) + \ldots\ldots + \left(a^2 + \frac{(n-1)^2 l^2}{n^2}\right)\right]$$

$$= M\left[a^2 + \left(1^2 + 2^2 + \ldots\ldots + (n-1)^2 \frac{l^2}{n^3}\right)\right]$$

woraus:

$$\Sigma(mr^2) = M(a^2 + \tfrac{1}{3} l^2).$$

3) Das Trägheitsmoment eines rechtwinkeligen Dreieckes zu finden, wenn die auf der Dreiecksebene senkrecht stehende Achse durch den Scheitel eines der spitzen Winkel geht.

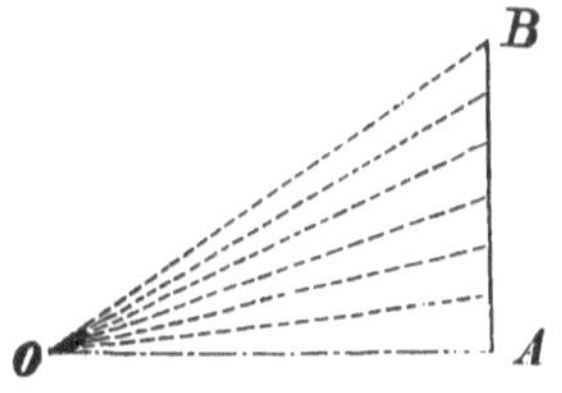

Fig. 126. Trägheitsmoment einer geraden Linie.

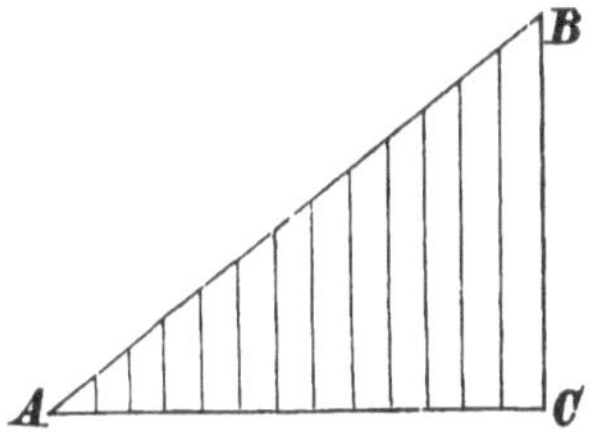

Fig. 127. Trägheitsmoment eines rechtwinkeligen Dreieckes.

Sei ABC (Fig. 127) das gegebene rechtwinkelige Dreieck und A die Ecke, durch welche die Drehungsachse geht, so zerlege das Dreieck durch Parallele mit BC in sehr viele gleichbreite Stangen; bezeichnet man AC mit a und BC mit b, so sind die Inhalte der einzelnen Stangen, als schmale Rechtecke betrachtet:

$$\frac{1ab}{n^2}; \quad \frac{2ab}{n^2}; \quad \frac{3ab}{n^2} \ldots\ldots \frac{nab}{n^2};$$

aufserdem sind die Entfernungen der auf der Linie AC liegenden Endpunkte der Stangen:

$$\frac{1l}{n}; \quad \frac{2l}{n}, \quad \frac{}{n} \ldots\ldots \frac{nl}{n}.$$

Ist μ die Masse der Flächeneinheit, so sind die Trägheitsmomente der einzelnen Stangen nach Aufgabe 2:

$$\frac{al\mu}{n^2}\left[\left(\frac{a}{n}\right)^2 + \tfrac{1}{3}\left(\frac{l}{n}\right)^2\right]; \quad 2\frac{al\mu}{n^2}\left[\left(\frac{2a}{n}\right)^2 + \tfrac{1}{3}\left(\frac{2l}{n}\right)^2\right] \ldots\ldots n\frac{al\mu}{n^2}\left[\left(\frac{na}{n}\right)^2 + \tfrac{1}{3}\left(\frac{nl}{n}\right)^2\right].$$

Deshalb ist:

$$\Sigma(mr^2) = \frac{al\mu}{n^4}(1^3 + 2^3 + \ldots + n^3)(a^2 + \tfrac{1}{3}b^2) = \frac{al\mu}{n^4}\cdot\frac{n^2(n+1)^2}{4}(a^2 + \tfrac{1}{3}b^2).$$

Da aber $n = \infty$, und die Gesamtmasse des Dreieckes $M = \frac{al\mu}{2}$

$$\Sigma(mr^2) = \tfrac{1}{6}M(3a^2 + l^2).$$

4) Das Trägheitsmoment eines Rechteckes zu finden, wenn die Drehungsachse auf der Ebene des Rechteckes senkrecht steht und durch eine der Ecken derselben geht.

Aus 3. ergiebt sich leicht: $\frac{1}{3}M(a^2 + b^2)$, wenn a und b die Seiten des Rechteckes sind. Geht die Achse durch den Schwerpunkt, d. i. durch den Kreuzungspunkt der Diagonalen, so findet sich $\frac{1}{12}M(a^2 + b^2)$, indem man entweder die Achse von der einen Ecke nach dem Schwerpunkte verlegt, oder indem man sich das Rechteck als aus vier Rechtecken bestehend denkt, welche mit einer ihrer Ecken im Schwerpunkte zusammenstofsen.

Geht die Achse durch die Mitte der einen Seite a des Rechteckes, so findet sich das Trägheitsmoment $= \frac{1}{12}(4a^2 + b^2)$, indem man das Rechteck als aus zweien bestehend denkt, die eine durch die Mitte von a gehende Seite gemein haben.

Dieselben Formeln gelten auch für ein rechwinkeliges Parallelepiped, wenn die Achse in den einzelnen Fällen die entsprechende Lage hat.

5) Das Trägheitsmoment eines gleichschenkeligen Dreieckes zu finden, wenn ihre Drehungsachse durch die Spitze geht und auf der Dreiecksebene senkrecht steht.

Man zerlege das gleichschenkelige Dreieck durch die von der Spitze ausgehende Höhe in zwei rechtwinkelige Dreiecke, dann ergiebt sich: $\frac{1}{6}(s^2 + 2h^2)$, wo h die Höhe und s die Länge eines Schenkels bedeutet.

6) Das Trägheitsmoment eines regulären Vieleckes zu finden, wenn die Achse durch den Mittelpunkt geht.

Man zerlege das Vieleck vom Mittelpunkte aus in gleichschenkelige Dreiecke, dann ergiebt sich: $\frac{1}{6}M(r^2 + 2\varrho^2)$, wo ϱ und r die Radien des um- und eingeschriebenen Kreises bedeuten. (Vergl. 5.)

7) Das Trägheitsmoment eines Kreises zu finden, wenn die Achse durch den Mittelpunkt geht.

Aus 6. folgt, da hier $r = \varrho$: $\frac{1}{2}Mr^2$.

Das Trägheitsmoment eines Cylinders hat denselben Wert, wie das eines Kreises, wenn die Drehungsachse mit der geometrischen zusammenfällt.

Für einen Kreisring oder einen hohlen Cylinder erhält man, wenn M^1 die Masse des grofsen und m^1 die des kleinen Kreises, beide ganz mit Masse erfüllt gedacht, ist: $\frac{1}{2}(M^1R^2 - m^1r^2)$. Da ferner $M^1 = R^2\pi\mu$ und $m_1 = r^2\pi\mu$, wo μ die Masse der Flächeneinheit, so ergiebt sich: $T = \frac{1}{2}\pi\mu(R^2 - r^2)(R^2 + r^2)$, oder $T = \frac{1}{2}M(R^2 + r^2)$.

8) Das Trägheitsmoment einer Kugel zu finden. Wir beschränken uns zunächst auf die Halbkugel, deren Höhenradius wir in n gleiche Teile teilen; legt man durch die Teilungspunkte Ebenen, welche zum Höhenradius senkrecht sind, so erhält man n Kreisscheiben, deren Radien wir in der Reihenfolge vom kleineren zum gröfseren mit $r_1, r_2, r_3 \ldots$ bezeichnen wollen. Die Massen der einzelnen Kreisscheiben nennen wir $m_1, m_2, m_3 \ldots$, die Masse der Volumeneinheit μ und die Trägheitsmomente der einzelnen Scheiben $t_1, t_2, t_3 \ldots$; dann ist:

$m_1 = \pi r_1^2 \cdot \frac{r}{n}\mu$	$r_1^2 = \frac{1\cdot r^2}{n}\left(2 - \frac{1}{n}\right)$	$t_1 = \frac{m_1 r_1^2}{2} = \frac{\pi r^5\mu}{2n^3}\left(4\cdot 1^2 - \frac{4}{n}\cdot 1^3 + \frac{1^4}{n^2}\right)$
$m_2 = \pi r_2^2 \cdot \frac{r}{n}\mu$	$r_2^2 = \frac{2\cdot r^2}{n}\left(2 - \frac{2}{n}\right)$	$t_2 = \frac{m_2 r_2^2}{2} = \frac{\pi r^5\mu}{2n^3}\left(4\cdot 2^2 - \frac{4}{n}\cdot 2^3 + \frac{2^4}{n^2}\right)$
$m_3 = \pi r_3^2 \cdot \frac{r}{n}\mu$	$r_3^2 = \frac{3\cdot r^2}{n}\left(2 - \frac{3}{n}\right)$	$t_3 = \frac{m_3 r_3^2}{3} = \frac{\pi r^5\mu}{2n^3}\left(4\cdot 3^2 - \frac{4}{n}\cdot 3^3 + \frac{3^4}{n^2}\right)$
$\vdots$	$\vdots$	$\vdots$

Addiert man diese Trägheitsmomente, so erhält man:

$$T = \frac{\pi r^5 \mu}{2n^8}\left(\frac{4n^3}{3} - \frac{4n^4}{4n} + \frac{n^5}{5n^2}\right) = \frac{4}{15}\pi r^5 \mu.$$

Bedenkt man noch, dafs die Masse M der Halbkugel $= \frac{2}{3}\pi r^3 \mu$, so ist das Trägheitsmoment derselben: $\frac{2}{5} M r^2$. Für die ganze Kugel bleibt die Formel dieselbe, weil sowohl das Trägheitsmoment, als die Masse sich verdoppelt.

9) Das Trägheitsmoment eines Schwungrades mit sechs Radarmen. Der äufsere Halbmesser sei R, der innere, welcher zugleich die Länge der Radarme angiebt, r, also die Breite des Kranzes $R - r$ und die eines parallelepipedischen Armes b; die Masse des Radkranzes sei M und die eines Armes m, so erhält man als Trägheitsmoment für den Kranz:

$$\tfrac{1}{2} M (R^2 + r^2),$$

und für die sechs Radarme:

$$6m(\tfrac{1}{3}r^2 + \tfrac{1}{12}b^2).$$

Bedenkt man noch, dafs $\frac{1}{12}b^2$ sehr klein ist, so ergiebt sich:

$$T = \tfrac{1}{2} M (R^2 + r^2) + \tfrac{1}{2} m r^2.$$

§ 81. Schwingende Bewegung. Ein elastischer Körper strebt, innerhalb der Grenzen der vollkommenen Elasticität (§ 14), mit um so gröfserer Kraft nach seiner Gleichgewichtslage zurück, je weiter er aus ihr entfernt worden (dünner Stahlstab, Spiraldraht, gespannte Saite).

Hat man einen elastischen Körper ausgebogen und lässt ihn los, so eilt er nach der Gleichgewichtslage zurück und zwar in jedem Punkte seiner Bahn mit einer Kraft, welche der Entfernung von der Gleichgewichtslage proportional ist. Die Rückbewegung nach der Gleichgewichtslage kann deshalb keine gleichförmig beschleunigte sein; die wirkende Kraft und somit auch die Beschleunigung, nehmen beständig ab und sind gleich Null, wenn sich der Körper wieder in der Gleichgewichtslage befindet. Die Geschwindigkeit aber hat ständig zugenommen, wenn auch nach und nach um immer kleinere Stücke. Weil nun der Körper mit einer gewissen Geschwindigkeit in der Gleichgewichtslage ankommt, so geht er vermöge der Trägheit über dieselbe hinaus, wird aber mit ständig wachsender Kraft wieder zurückgezogen, so dafs seine Geschwindigkeit in stets wachsendem Mafse sich vermindert und schliefslich Null wird; in diesem Augenblick befindet er sich ebensoweit nach der einen Seite hin von der Gleichgewichtslage entfernt, als er ursprünglich nach der anderen Seite hin ausgebogen war. Er kehrt nun wieder mit wachsender Geschwindigkeit nach der Gleichgewichtslage zurück, geht über diese hinaus u. s. w.

Eine solche Bewegung nennt man eine schwingende; ein vollständiger Hin- und Hergang eine Schwingung oder Oscillation; die dazu nöthige Zeit Schwingungszeit; die gröfste Entfernung von der Gleichgewichtslage Schwingungsweite oder Amplitude; die gröfste Geschwindigkeit (in der Gleichgewichtslage) die Schwingungs- oder Vibrationsintensität; die Entfernung eines beliebigen Punktes der Bahn von der Gleichgewichtslage die Elongation, sowie den Bewegungszustand in einem bestimmten Punkte, was Richtung der Bewegung und Geschwindigkeit anlangt, Schwingungsphase.

Um die hier geltenden Beziehungen genauer festzustellen, denken wir uns, ein Punkt A (Fig. 128), welcher von seiner Gleichgewichtslage C um die Strecke $AC = a$ entfernt ist, werde nach C in der Weise gezogen, dass die bewegende Kraft auf jedem Punkte der Bahn der Entfernung von der Gleichgewichtslage C proportional ist. Bezeichnet man die Gröfse der bewegenden Kraft in der Entfernung 1 mit k, die Masse des Punktes A mit m und die Entfernung des beliebigen Punktes X von A mit x, so sind die bewegenden Kräfte in den Punkten A und X bezüglich

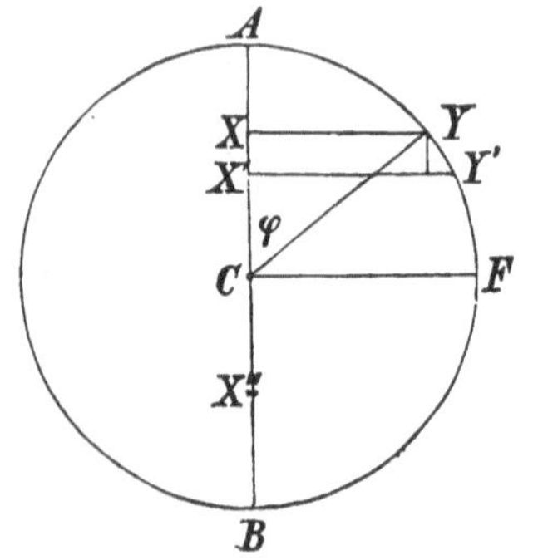

Fig. 128. Sinusschwingungen.

$$k\,a \text{ und } k\,(a - x).$$

Statt der verschiedenen in den einzelnen Punkten der Strecke AX wirkenden Kräfte kann man, da eine gleichmäfsige Gröfsenabnahme stattfindet, eine mittlere Kraft

$$\tfrac{1}{2} k\,(2\,a - x)$$

annehmen.

Ist ferner die Geschwindigkeit der bewegten Masse im Punkte $X = v$, so mufs (§ 71):

$$\tfrac{1}{2} m\,v^2 = \tfrac{1}{2} k\,x\,(2\,a - x) \tag{1}$$

sein.

Zieht man nun mit AC als Radius einen Kreis und errichtet in X auf den Durchmesser eine Senkrechte XY; bedenkt man ferner, dafs, wenn p das Gewicht der Masse m des bewegten Punktes:

$$q = \frac{m}{g},$$

so erhält man aus (1):

$$v = XY \,.\, \sqrt{\frac{k\,g}{q}}. \tag{2}$$

Bezeichnet man weiter den Winkel ACY mit φ, so geht (2) in:

$$v = a \sin \varphi \sqrt{\frac{k\,g}{q}} \tag{3}$$

über.

Um die Zeit zu finden, welche der Körper braucht, um von A nach X zu gelangen, denke man sich, er gehe noch um die unendlich kleine Strecke XX' weiter; wir können dabei annehmen, dafs er innerhalb dieser Strecke die Geschwindigkeit v, welche er in X besessen, beibehalte. Bezeichnen wir die unendlich kleine Zeit, welche der Körper braucht, um von X bis X' zu gelangen, mit τ, so ist wegen $\tau \,.\, v = XX'$:

$$\tau = \frac{XX'}{a \sin \varphi} \sqrt{\frac{q}{k\,g}}.$$

Nun ist aber:

$$\frac{XX'}{\sin \varphi} = YY',$$

folglich:

$$\tau = \frac{Y\,Y'}{a}\sqrt{\frac{q}{k\,g}}. \tag{4}$$

Bezeichnet man nun mit t die Zeit, welche der Körper braucht, um von A bis Y zu gelangen, so ergiebt sich aus (4):

$$t = \frac{A\,Y}{a}\sqrt{\frac{q}{k\,g}}, \tag{4a}$$

und für die Zeit t', welche verfliefst, bis der Körper von A bis C kommt:

$$t' = \frac{\pi}{2}\sqrt{\frac{q}{k\,g}}. \tag{5}$$

Ferner ist im Punkte C die Geschwindigkeit c nach (3):

$$c = a\sqrt{\frac{k\,g}{q}}. \tag{6}$$

Denkt man sich nun, ein Körper bewege sich von A aus auf der Peripherie des mit dem Halbmesser a beschriebenen Kreises gleichförmig mit der Geschwindigkeit c (der Vibrationsintensität), so hat er nach der Zeit t den Weg:

$$\frac{A\,Y}{a}\sqrt{\frac{q}{k\,g}}\cdot a\sqrt{\frac{k\,g}{q}} = A\,Y.$$

zurückgelegt.

Er befindet sich also in jedem Punkte seiner Bahn senkrecht über dem Punkte des Durchmessers, auf dem sich der schwingende Körper bewegt. Und während der eine Körper auf dem Durchmesser eine vollständige Schwingung ausführt, durchläuft der andere die ganze mit der Amplitude als Radius beschriebene Kreisperipherie.

Die ganze Schwingungszeit ist:

$$T = 2\pi\sqrt{\frac{q}{k\,g}}. \tag{7}$$

Weil in dem Ausdrucke für T die Amplitude a nicht vorkommt, so ist die Schwingungszeit für grofse und kleine Schwingungen (innerhalb der Grenzen der vollkommenen Elasticität) dieselbe; grofse und kleine Schwingungen sind isochron.

Ist $C\,X' = C\,X''$ und ist bei der Bewegung von X' nach C die Geschwindigkeit von v auf c gewachsen, so nimmt sie, da in gleichweit rechts und links von C gelegenen Punkten die bewegenden, bezüglich widerstehenden Kräfte gleich sind, auf dem Wege von C nach X'' wieder von c bis v ab, so dafs in gleichweit von C entfernten Punkten gleiche Geschwindigkeit herrscht; in B muss also, da $B\,C = A\,C$, die Geschwindigkeit Null sein, da sie auch in A Null ist.

Aus (3) und (6) ergiebt sich ferner:

$$v = c\sin\varphi. \tag{8}$$

Wegen dieses Ausdruckes für die Geschwindigkeit eines schwingenden Körpers in einem beliebigen Punkte seiner Bahn nennt man diese Schwingungen Sinusschwingungen.

Die Geschwindigkeit in irgend einem Punkte X ist dem Lote XY und die Zeit dem Bogen AY proportional.

Um die Sinuskurve graphisch darzustellen, teilen wir die Peripherie des mit der Amplitude AC (Fig. 129) als Radius beschriebenen Kreises in beliebig viele,

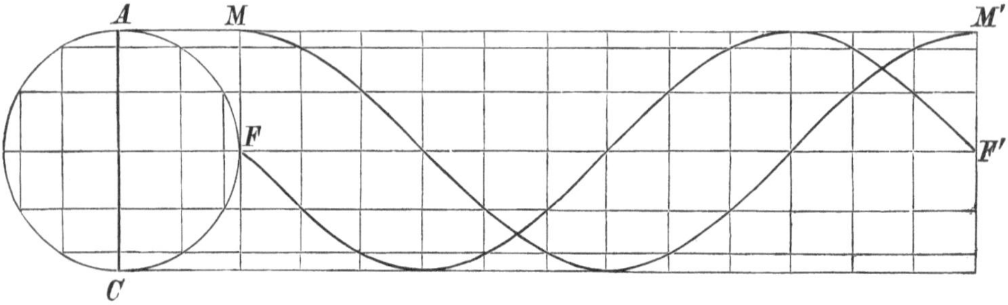

Fig. 129. Geschwindigkeits- und Elongationskurve.

hier 12 gleiche Teile, welche die verfliefsenden Zeiten vorstellen, tragen diese gleichen Bogen auf der Linie FF', welche dem Kreisumfange gleich ist, ab und errichten in den Teilungspunkten Senkrechte, welche den zugehörigen Geschwindigkeiten gleich (oder proportional) sind; alsdann erhält man durch Verbindung der Endpunkte dieser Senkrechten eine krumme Linie, welche die Geschwindigkeitskurve der Sinusschwingungen oder kurz Sinuskurve heifst.

Die Kurve MM' ist die Elongationskurve.

Bezeichnet man, wie früher, die beliebige Elongation CX mit x, so ist:

$$x = a \cos \varphi.$$

Beachtet man, dafs

$$t : T = \text{Bogen } AY : 2a\pi,$$

so ergiebt sich:

$$v = c \sin \left(360 \frac{t}{T}\right) \text{ und } x = a \cos \left(360 \frac{t}{T}\right).$$

Nimmt man als Anfangspunkt der Bewegung nicht den Punkt A, sondern C, wobei man nicht den Winkel ACY, sondern FCY mit φ bezeichnen mufs, so erhält man:

$$v = c \cos \left(360 \frac{t}{T}\right) \text{ und } x = a \sin \left(360 \frac{t}{T}\right).$$

Geht man von C als Anfangspunkt der Bewegung aus, so stellt in Fig. 129 FF' die Elongationskurve und MM' die Geschwindigkeitskurve vor.

§ 82. Mathematisches und physisches Pendel — Schwingungszeit des mathematischen Pendels. 1) Jeder Körper, welcher sich um eine Achse drehen kann, wird Pendel oder genauer physisches Pendel genannt. Da ein Körper sehr viele Massepunkte besitzt, und jeder derselben bei der Bewegung des Pendels sich um die Achse dreht, so kann jeder für sich als Pendel betrachtet werden.

Ein einzelner materieller Punkt, welcher sich um eine Achse drehen kann, bildet ein mathematisches Pendel; ein solches existiert streng genommen nicht für sich allein, wohl aber im Verein mit vielen anderen zusammen. Will man sich ein mathematisches Pendel abgesondert vorstellen, so mufs man sich einen schweren Punkt denken, welcher gezwungen ist, von einem festen Punkte stets dieselbe Entfernung zu behalten; zu dem Zweck kann man sich denken, der schwere Punkt sei mit dem festen durch einen unausdehnbaren, gewichtlosen Faden verbunden, gewichtlos deshalb, weil der Fadem nur bewirken soll, dafs der schwere Punkt von dem festen stets dieselbe Entfernung behält.

2) Ein mathematisches Pendel ist nur dann in Ruhe, wenn der Faden OA (Fig. 130), an welchem der schwere Punkt A aufgehängt ist, vertikale Richtung hat. Bringt man ihn aus dieser Lage heraus, etwa nach OA', so kann man die an dem schweren Punkt ziehende Schwerkraft $A'G$ in zwei Kräfte $A'D'$ und $A'E'$ zerlegen, von denen die erste in die Richtung des Fadens fällt und verloren geht, während die zweite auf ihr senkrecht steht und den schweren Punkt nach seiner früheren Lage A zurückzutreiben strebt.

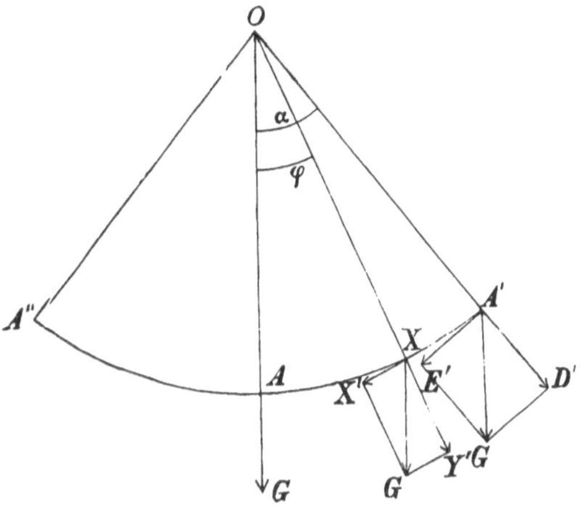

Fig. 130. Pendel.

Nennt man den Winkel $A'OA = \alpha$ den Elongationswinkel, so ist:

$$P = q \cdot \sin \alpha,$$

wenn das Gewicht des Pendelpunktes

$$q = A'G \text{ und } P = A'E'.$$

Rückt das Pendel der Lage A allmählich näher, so wird α und somit auch die bewegende Kraft P kleiner, um in der Gleichgewichtslage A Null zu werden. Man hat also hier, wie bei den Sinusschwingungen, eine beschleunigte Bewegung mit stets abnehmender Beschleunigung. In dem Punkte X ist die bewegende Kraft $q \cdot \sin \varphi$. In A angekommen geht das Pendel vermöge der Trägheit über die Gleichgewichtslage hinaus, wird aber sogleich von der allmählich immer mehr wachsenden, in die Richtung der Bahnberührenden fallenden Komponente der Schwerkraft zurückgezogen; dadurch verliert das Pendel immer mehr an Geschwindigkeit bis endlich in der Lage A'', wo $AA'' = AA'$, die Geschwindigkeit Null geworden.

Dafs das Pendel in Punkten gleichweit rechts und links von der Gleichgewichtslage dieselbe Geschwindigkeit besitzt, geht daraus hervor, dafs an solchen Punkten die bewegenden, bezüglich widerstehenden Kräfte gleich sind. (Vergl. § 81.) Von A'' schwingt nun das Pendel wieder zurück.

Man hat also hier eine ganz ähnliche Bewegung, wie bei den Sinusschwingungen, ja sie ist identisch mit ihr, wenn α sehr klein, d. h. wenn der Bogen $A'A''$ als gerade Linie angesehen werden kann, oder wenn statt der Sinus die Bogenzahlen (Bogen : Radius) gesetzt werden können; denn in diesem Falle ist, wenn l die Länge des Fadens bedeutet;

$$P = q \cdot \frac{A'A}{l}$$

und in dem beliebigen Punkte X:

$$P_x = q \cdot \frac{XA}{l};$$

es ist also die bewegende Kraft der Entfernung von der Gleichgewichtslage proportional.

Man nennt daher die Sinusschwingungen oft auch Pendelschwingungen.

Indessen mufs hier auf einen Unterschied in der Benennung aufmerksam gemacht werden; bei den gewöhnlichen Sinusschwingungen versteht man unter einer „Schwingung" einen vollkommenen Hin- und Hergang, z. B. von A nach B (Fig. 128) und wieder nach A zurück, während man beim Pendel den einfachen Weg von A' nach A'' (Fig. 130) schon eine Schwingung nennt.

Für den Abstand 1 von A ist

$$P_1 = \frac{q}{l}.$$

Dieser Wert entspricht dem Werte k bei den Sinusschwingungen; die Schwingungszeit des Pendels ist demnach (§ 81):

$$t = \pi \sqrt{\frac{q}{\frac{q}{l} \cdot g}}$$

oder:

$$t = \pi \sqrt{\frac{l}{g}}.$$

Sind die Pendelschwingungen nicht so klein, dafs die Bogen nicht mehr für die Winkel (Bogenzahlen) gesetzt werden können, so gilt:

$$t = \pi \sqrt{\frac{l}{g}} \left[1 + \left(\frac{1}{2}\right)^2 \sin^2 \frac{\alpha}{2} + \left(\frac{1 \cdot 3}{2 \cdot 4}\right)^2 \cdot \sin^4 \frac{\alpha}{2} + \dots \right].$$

§ 83. Pendelgesetze. Aus der Formel für die Schwingungszeit eines Pendels lassen sich folgende Gesetze ableiten:

1) Die Schwingungszeit eines Pendels ist unabhängig von dem Stoff und dem Gewicht des schwingenden Körpers (weil in der Formel für die Schwingungszeit keine den Stoff oder das Gewicht betreffende Gröfse vorkommt).

2) Kleine Schwingungen (Elongation nicht über 10^0) sind isochron.

3) An demselben Ort der Erde verhalten sich die Schwingungszeiten wie die Quadratwurzeln aus den Pendellängen und die Pendellängen wie die Quadrate der Schwingungszeiten.

4) Die Schwingungszahlen verhalten sich umgekehrt wie die Quadratwurzeln aus den Pendellängen, denn die Schwingungszahlen verhalten sich umgekehrt wie die Schwingungszeiten.

5) An verschiedenen Orten verhalten sich für dieselbe Schwingungszeit

die Erdbeschleunigungen wie die Pendellängen (bestätigt sich, wenn man die Formeln $t = \pi \sqrt{\frac{l}{g}}$ und $t = \pi \sqrt{\frac{l_1}{g_1}}$ durch einander dividiert).

6) Die Länge L des Sekundenpendels findet man aus der Gleichung

$$1 = \pi \sqrt{\frac{L}{g}},$$

nämlich:

$$L = \frac{g}{\pi^2}.$$

An einem Orte, wo $g = 9{,}809$ m, ist

$$L = 993{,}866 \text{ mm}.$$

Kennt man die Schwingungszeit t eines Pendels von der Länge l an einem gewissen Orte, so läfst sich L finden, wenn auch g nicht bekannt ist; es ist nämlich:

$$1 : t^2 = L : l,$$

woraus:

$$L = \frac{l}{t^2}.$$

Entdeckung (eines Teiles) der Pendelgesetze durch Galilei 1602; Vervollständigung durch Huyghens 1673, welcher die Schwingungszeit feststellt und die Pendeluhren erfindet, auch macht er die Unterscheidung zwischen dem einfachen und zusammengesetzten Pendel.

Um die Pendelgesetze experimentell zu prüfen kann man Kügelchen von verschiedenem Stoff und Gewicht an gleich- und verschiedenlangen Fäden schwingen lassen.

Satz 3) und 4) läfst sich nachweisen, wenn man 3 Pendel von den Längen 4, 9 und 16 oder 9, 16 und 25 schwingen läfst, die Schwingungszeiten verhalten sich dann wie 2 : 3 : 4 oder wie 3 : 4 : 5 und die Schwingungszahlen wie 4 : 3 : 2 oder wie 5 : 4 : 3.

Nähme man die Pendellängen 1, 4, und 9, so würde der Apparat zu lang.

Über die Bestimmung der Erdbeschleunigung durch das Pendel siehe § 87.

Aufgaben. 1) Wie verhalten sich die Längen zweier Pendel, wenn ihre Schwingungszeiten 0,6″, bezüglich 0,8″ sind? — 2) Ein Pendel hat eine Länge von 0,8 m; wie grofs ist die Schwingungszeit an einem Orte, an welchem die Beschleunigung 9,81 m beträgt? — 3) Wie grofs ist die Länge des Sekundenpendels in unseren Gegenden ($g = 9{,}81$)? —

§ 84. Mittelpunkt des Schwunges bei dem zusammengesetzten Pendel. Ein physisches Pendel (Fig. 131) besteht aus verschiedenlangen mathematischen Pendeln; die kurzen wollen rasch, die langen langsam schwingen; da aber alle wegen der festen Verbindung untereinander dieselbe Schwingungsdauer annehmen müssen, so werden die kurzen Pendel die langen etwas beschleunigen und die langen umgekehrt die kurzen verzögern, so dafs sich eine gewisse mittlere Geschwindigkeit herausstellt, wie sie einzelne Punkte z. B. X besitzen, die eine mittlere Entfernung von der Drehachse haben. Ist ein solcher Punkt gefunden, so werden alle, welche dieselbe Entfernung von der Drehachse haben, diese Eigenschaft besitzen, nämlich dafs sie für sich allein ebenso schnell schwingen würden, wie mit den anderen zusammen. Derjenige dieser Punkte, welcher in der durch die Drehungsachse und den Schwerpunkt gehenden Linie liegt, heifst der **Mittelpunkt des Schwunges** und seine Entfernung vom Drehpunkt die **Länge** des physichen Pendels. Man könnte denn auch diese Länge finden, wenn man ein mathematisches Pendel (Kügelchen an einem Faden) neben dem physischen schwingen liefse und den Faden verlängerte oder verkürzte, bis beide gleiche Schwingungsdauer haben.

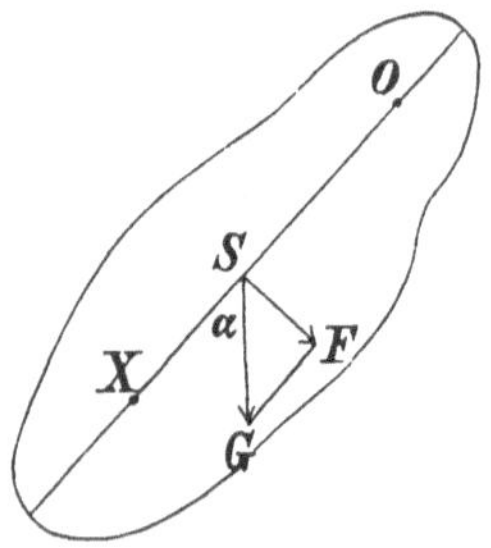

Fig. 131. Schwingungsmittelpunkt.

Berechnen kann man die Länge des physischen Pendels auf folgende Weise:

Bei einem sich um eine Achse O (Fig. 131) drehenden Körper können wir statt der zerstreuten Masse desselben die Masse $\Sigma\,(mr^2)$, welche im Arm 1 angebracht ist, setzen. Die das Pendel bewegende Kraft ist die im Schwerpunkt S angreifende Schwerkraft SG resp. die Komponente $SF = Mg \sin\alpha$ des Gewichtes des Körpers, wenn M die Masse desselben ist und α den Elongationswinkel bedeutet. Die bewegende Kraft greift also im Schwerpunkt S an, während die zu drehende Masse $\Sigma\,(mr^2)$ in der Entfernung 1 vom Drehungspunkte O sich befindet.

Bei einem mathematischen Pendel aber greift die bewegende Kraft an demselben Punkte an, wo die Masse sich befindet und ist gleich dem Gewicht dieser Masse; dabei ist es in betreff der Schwingungsdauer einerlei, wie grofs diese Masse sei.

Es gilt nun, einen Punkt X zu finden, von der Beschaffenheit, dafs, wenn man auf ihn die Gesamtmasse des Körpers, sowie die im Schwerpunkt S wirkende Schwerkraft reduziert, die hier angreifende Kraft gleich dem Gewicht der hierher verlegten Masse sei.

Ist $OS = e$ und $OX = l$, so ist die auf X reduzierte, ursprünglich in S angreifende Schwerkraft, resp. das auf X reduzierte Gewicht der Gesamtmasse des Körpers:

$$\frac{e}{l} Mg; \tag{1}$$

diese Kraft dreht, in X angreifend, den Körper ebenso, wie die in S angreifende Kraft Mg.

Reduziert man ferner $\Sigma(mr^2)$ auf den Arm l, so erhält man für die nach X verlegte, der Drehung ebenso wie $\Sigma(mr^2)$ am Arme 1 widerstehende Masse, den Ausdruck (§ 78):

$$\frac{\Sigma(mr^2)}{l^2}.$$

Das Gewicht dieser Masse ist:

$$\frac{\Sigma(mr^2)}{l^2} \cdot g \tag{2}$$

Setzt man nun die Werte in (1) und (2) einander gleich:

$$\frac{e}{l} M g = \frac{\Sigma(m r^2)}{l^2} g,$$

so erhält man:

$$l = \frac{\Sigma(m r^2)}{M e} \qquad (3)$$

als Länge des physischen Pendels.

Die Berechnung des Mittelpunktes des Schwunges rührt von Huyghens her.

§ 85. Das Reversionspendel (Kater 1818). Bei einem Pendel kann man den Schwingungsmittelpunkt mit dem Aufhängepunkt vertauschen, ohne dafs die Schwingungsdauer geändert wird.

Es sei O (Fig. 131) der Drehungspunkt und X der Schwingungsmittelpunkt eines Pendels, es sei ferner l die Entfernung des Punktes O von X, sowie e die Entfernung des Schwerpunktes S von O, dann ist (§ 78):

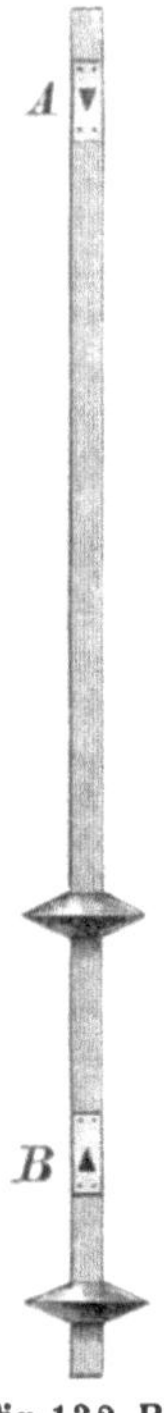

Fig. 132. Reversionspendel.

$$\Sigma(m r^2) = \Sigma(m s^2) + e^2 M;$$

ferner ist:

$$l = \frac{\Sigma(m r^2)}{M e}.$$

Hieraus folgt:

$$l = \frac{\Sigma(m s^2) + e^2 M}{M e}$$

oder:

$$e(l - e) = \frac{\Sigma(m s^2)}{M}. \qquad (1)$$

Dabei ist $l - e$ die Entfernung des Schwingungsmittelpunktes vom Schwerpunkte. Vertauscht man in (1) e mit $l - e$, so bleibt die Gleichung (auf beiden Seiten) unverändert; es läfst sich also ohne Änderung der Schwingungsmittelpunkt X mit dem Aufhängepunkt O vertauschen. Dieser Satz bietet einen Anhaltspunkt, um leicht den Schwingungsmittelpunkt eines Pendels zu finden. Nachdem man die Schwingungsdauer eines Pendels durch den Versuch für einen gewissen Aufhängepunkt bestimmt hat, sucht man einen anderen Aufhängepunkt, für welchen die Schwingungsdauer dieselbe ist.

Ein Pendel mit 2 Schneiden A und B (Fig. 132) und zwei verschiebbaren Linsen, welche so gestellt sind, dafs die Schwingungsdauer für A als Aufhängepunkt dieselbe ist, wie für B, wird Reversionspendel genannt. Die Entfernung von A und B ist die Länge des Pendels.

Es kann namentlich dazu benutzt werden, um durch den Versuch die Länge des Sekundenpendels zu finden.

§ 86. Anwendung des Pendels bei den Uhren. Das Uhrwerk wird bei den kleineren Uhren (Taschenuhren) durch eine gespannte Feder (Fig. 133), bei den gröfseren durch ein sinkendes Gewicht (Fig. 134) in Bewegung gesetzt.

Das Triebwerk der Taschenuhr (Fig. 133) besteht aus einer festen Achse, an welcher das eine Ende einer Spiralfeder A befestigt ist, deren anderes Ende mit einer Kette *B* verbunden ist. Diese Kette geht von der Feder auf das Schneckenrad *C* über, wo ihr anderes Ende angemacht ist. Die Schnecke *C* sitzt in einer Vertiefung des Bodenrades *D*; wird die Schnecke in der Richtung gedreht, welche beim Gange der Uhr stattfindet, so nimmt die Schnecke das Bodenrad mit Hülfe der sogen. Sperrklinke (Fig. 135) mit; am Bodenrad ist nämlich ein kleiner Haken

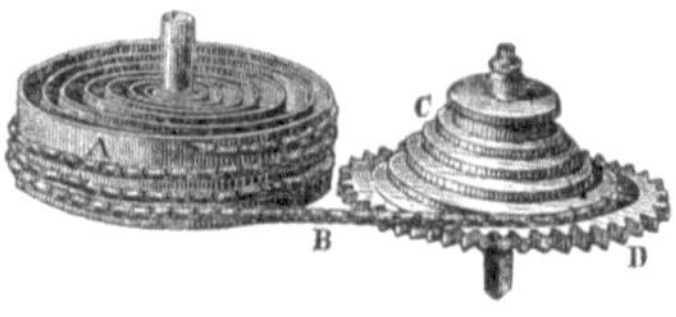

Fig. 133. Triebwerk der Taschenuhr. Fig. 134. Triebwerk gröfserer Uhren. Fig. 135. Sperrklinke.

um einen Punkt drehbar befestigt, welcher durch eine Feder in eine Zahnlücke der untersten Scheibe der Schnecke gedrückt wird; dreht sich nun die Schnecke gegen die Sperrklinke, so übt sie auf diese und auf das mit derselben verbundene Bodenrad einen Druck aus und dreht dasselbe mit um; dreht man aber die Achse beim Aufziehen der Uhr nach der entgegengesetzten Seite um, so können die Zähne der untersten Scheibe der Schnecke über die Sperrklinke weggleiten, ohne das Bodenrad mitzunehmen; es ist dies notwendig, damit die Uhr beim Aufziehen nicht zurückgedreht wird.

Wird die Uhr aufgezogen, so wickelt sich die Kette von der Feder ab und auf die Gänge der nach oben sich verjüngenden Schnecke; hierdurch wird die Feder gespannt und befähigt, durch Ziehen an der Kette das Schnecken- und Bodenrad umzudrehen. Anfänglich nun, wo die Feder noch stark gespannt ist, zieht sie

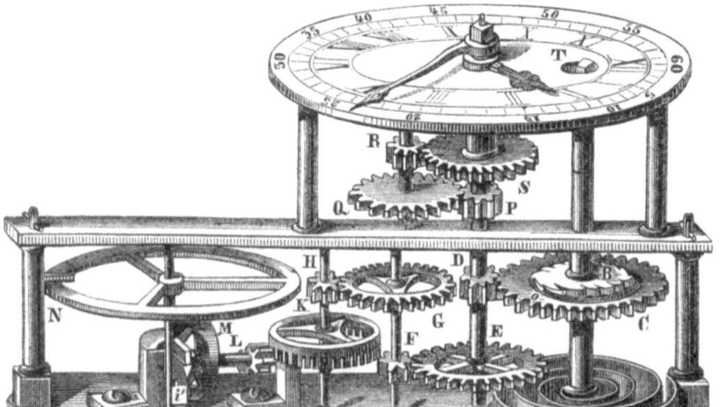

Fig. 136. Spindel-Taschenuhr.

kräftig an der Kette, nach und nach aber, in dem Mafse, wie sie sich abspannt, immer schwächer. Diese Ungleichheit der bewegenden Kraft wird dadurch ausgeglichen, dafs anfänglich, wo die Kette noch bis um die obersten Gänge der Schnecke gewickelt ist, die Feder an kürzeren, nach und nach aber, in dem Mafse, wie sich die Kette von den oberen Gängen abwickelt, an immer längeren Hebelarmen angreift.

Fig. 136 zeigt eine Spindel-Taschenuhr; die Schnecke ist weggelassen; man sieht nur den untersten gezahnten Teil *B* derselben, sowie die Sperrklinke *o*, durch welche die Schnecke mit dem Bodenrad *C* vergliedert ist. Aufserdem ist die Feder *A* mit dem Bodenrad als auf derselben Achse befindlich dargestellt.

Das Bodenrad *C* bewegt den Trieb *D*, das Rad *E* und den Trieb *P*, welche alle auf derselben Achse sitzen, während das Rad *S* mit einer Hülse verbunden ist, welche über diese Achse geschoben ist. Auf dieser Hülse sitzt auch der Stundenzeiger, während der Minutenzeiger mit dem Rade *P* umgeht. Der Minutenzeiger mufs zwölfmal langsamer gehen, als der Stundenzeiger; um dies zu erreichen, läfst man den Trieb *P* in das Rad *Q*, welches viermal soviel Zähne als *P* hat, eingreifen. Mit *Q* auf derselben Achse sitzt der Trieb *R*, welcher in das Rad *S* eingreift und dreimal weniger Zähne hat, als dieses. Durch diese „doppelte Übersetzung" geht *S* zwölfmal langsamer, als die Achse, auf der der Minutenzeiger sitzt.

Damit das Uhrwerk gleichförmig mit bestimmter Geschwindigkeit und nicht, durch die ständige Wirkung der Feder angetrieben, beschleunigt gehe, ist noch eine Hemmung angebracht, deren wesentlichster Teil ein Pendel ist; das Rad *E* greift in den Trieb *F*, mit dem das Rad *G* auf derselben Achse sitzt; *G* greift dann in den Trieb *H* und bewegt damit zugleich das auf derselben Achse sitzende Kronrad *K*, welches in den Trieb *L* greift und damit das Steigrad *M* in Bewegung setzt. Wenn *M* sich umdreht, so stöfst es abwechselnd gegen zwei Flügel *i* und *i'* und bringt dadurch die „Unruhe" *N* in Schwingungen. Mit der Achse der Unruhe ist, wie aus Fig. 137 ersichtlich, eine Spiralfeder verbunden; diese wird, wenn *N* einen Stofs erhält, gespannt oder aufgewickelt, so dafs sie das Rad *N* wieder zurückzutreiben strebt. Dadurch bewegen sich denn auch die Flügel *i* und *i'* und stofsen abwechselnd gegen das Steigrad, so dafs das Räderwerk nicht blofs in seiner Bewegung gehemmt, sondern sogar etwas zurückgeworfen wird — zurückspringende Hemmung.

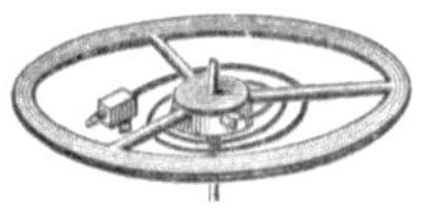

Fig. 137. Unruhe.

Besser ist die Cylinderhemmung. Hier greift das mit eigentümlich gestalteten Zähnen versehene Steigrad (Fig. 138) in das Innere eines kleinen Hohlcylinders. Auf der Achse dieses Cylinders sitzt eine ebensolche Unruhe, wie bei der Spindeluhr. Indem ein Zahn des Steigrads in das Innere des Cylinders tritt und darin fortgleitet, dreht es denselben und giebt ihm namentlich beim Austritt noch einen Stofs nach der einen Seite; dadurch wird die Feder der Unruhe gespannt, so dafs sie, sobald der Zahn das Steigrad verlassen, eine rückgängige Bewegung des Cylinders veranlafst. Währenddessen hatte der folgende Zahn des Steigrades sich am Rücken des Cylinders gefangen und die ganze Bewegung des Steigrades und der Uhr war momentan „gehemmt" worden; nachdem aber der Cylinder hinreichend zurückgeschwungen, tritt der genannte Zahn in das Innere des Cylinders und das Spiel beginnt von neuem.

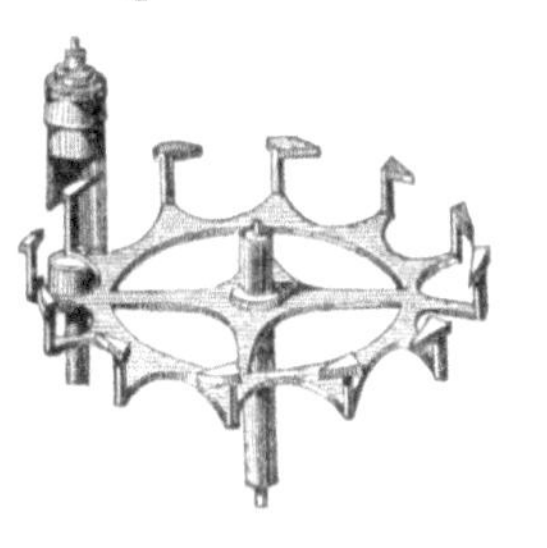

Fig. 138. Cylinderhemmung.

Auf diese Art wird der Gang der Uhr wesentlich von der Schwingungszeit des Pendels abhängig gemacht. Diese Schwingungszeit läfst sich aber, wenn die Uhr schneller oder langsamer gehen soll, mit Hülfe des sogen. Korrektionsrechens (Fig. 139) verändern; es ist dies ein gezahnter Bogen, an welchem ein kleiner Stab *m* befestigt ist, der eine Öffnung besitzt, durch welche die Feder geklemmt hindurchgeht. Der eigentlich schwingende Teil der Feder reicht nur von der Achse *a* bis zu dem Stabe *m*; bewegt man nun den Bogen und den Stab mittelst des Triebes, bezügl. des Zeigers *z* so, dafs der schwingende Teil der Feder sich verkürzt, so schwingt die Unruhe rascher und die Uhr geht schneller; durch Drehung nach der entgegengesetzten Seite verlängert sich der schwingende Teil der Feder und die Uhr geht langsamer.

Die Ankerhemmung bei den Taschenuhren hat mit der bei den sogleich zu besprechenden Pendeluhren grofse Ähnlichkeit, weshalb wir sie hier nicht weiter beschreiben.

Bei den Pendeluhren, deren Werk im wesentlichen mit dem der Taschenuhren übereinstimmt, greift in das Steigrad *E* (Fig. 140) der Anker *B A C* bald

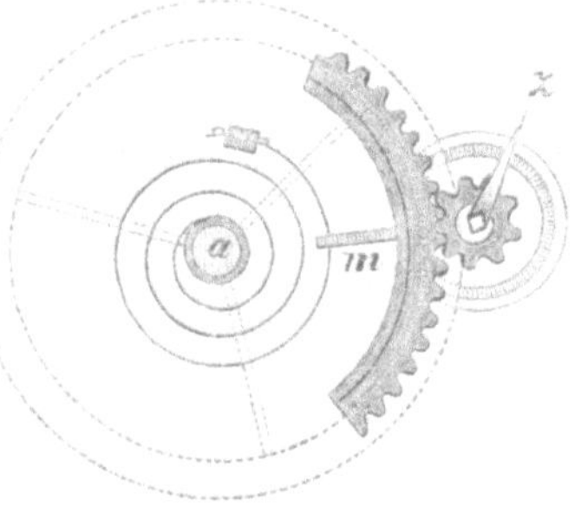

Fig. 139. Korrektionsrechen.

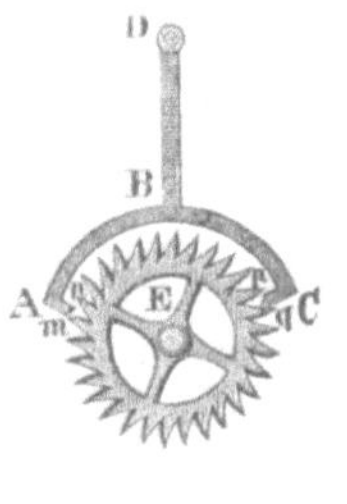

Fig. 140. Ankerhemmung.

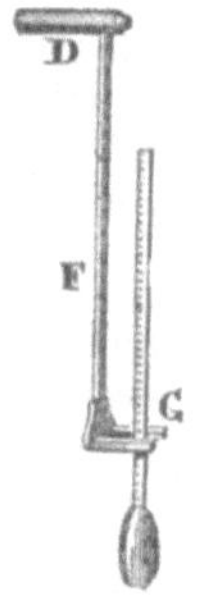

Fig. 141. Anker- und Pendelstange.

rechts, bald links ein. Der Anker kann sich um eine Achse *D*, mit welcher eine Stange *F* (Fig. 141) verbunden ist, drehen. Diese nun ist an der Pendelstange befestigt und wird von ihr, ebenso wie der Anker, in Bewegung gesetzt. Geht der Anker nach rechts, so greift er von dieser Seite her in das Steigrad ein und hält dasselbe auf, hemmt es, bis das Pendel zurückzuschwingen beginnt und der Anker das Rad *E* wieder losläfst; es dreht sich dann um einen Zahn weiter, worauf sofort der Anker von links eingreift und wiederum das Steigrad aufhält. Auf diese Art wird die Uhr gezwungen, den Gang einzuhalten, den ihr das Pendel vorschreibt; durch Hinauf- oder Herabschieben der Linse kann man es aufserdem dahin bringen, dafs die Uhr schneller oder langsamer geht.

§ 87. Verschiedenheit der Erdbeschleunigung an den einzelnen Orten der Erde. Die Beschleunigung beim freien Falle ist nicht an allen Orten der Erde gleich; sie ist am gröfsten an den Polen und nimmt von da nach dem Äquator hin ab. Die Ursachen dieser Erscheinung werden wir später kennen lernen.

Die Gröfse der Erdbeschleunigung könnte man mit Hülfe der Fallmaschine, oder der schiefen Ebene finden. Die erste Methode ist der verschiedenen Bewegungshindernisse halber zu ungenau und auch die letztere, welche Galilei versuchte, indem er gut polierte Messingkugeln auf schiefen Ebenen von genau bestimmtem Neigungswinkel fallen liefs, giebt wenig zufriedenstellende Resultate. Hat man durch Beobachtung gefunden, wieviel Zeit erforderlich gewesen, um die Länge einer schiefen Ebene zu durchfallen, so ist, wenn *s* die Länge der schiefen Ebene und α ihr Neigungswinkel und *t* die erforderliche Zeit bedeutet:

$$s = \tfrac{1}{2} g \sin \alpha \, . \, t^2,$$

woraus:

$$g = \frac{2s}{t^2 . \sin\alpha}.$$

Eine weitaus zuverlässigere Methode ist die mit Hülfe des Pendels; ist die Länge l desselben gemessen und die Schwingungszeit durch Beobachtung gefunden, so ist (§ 82):

$$g = \frac{\pi^2 . l}{t^2}. \tag{1}$$

Für ein Sekundenpendel ist:

$$g = \pi^2 . l. \tag{2}$$

Hat man durch Beobachtung die Längen L_1 und L_2 des Sekundenpendels an zwei verschiedenen Orten festgestellt, so läfst sich leicht das Verhältnis der Erdbeschleunigungen an diesen Orten feststellen, es ist nämlich:

$$G_1 : G_2 = L_1 : L_2, \tag{3}$$

d. h. es verhalten sich an zwei Orten die Erdbeschleunigungen wie die Längen der Sekundenpendel.

Da sich nun die Länge des Sekundenpendels an einem Orte mit grofser Genauigkeit feststellen läfst, so kann man die Erdbeschleunigung, wenn sie nur für einen Ort (nach 1) gefunden ist, für alle übrigen bestimmen.

Aus zahlreichen Beobachtungen hat man ferner die empirische Formel abgeleitet:

$$g_\varphi = g_0 \, (1 + 0{,}0051 \sin^2\varphi),$$

wo g_φ die Erdbeschleunigung an einem Orte von der geographischen Breite φ und g_0 die am Äquator bedeutet.

Die Erdbeschleunigung am Äquator beträgt aber:

$$g_0 = 9{,}78009 \text{ m},$$

woraus für:

$$g_{45} = 9{,}80552 \text{ m}$$

und

$$g_{90} = 9{,}83089 \text{ m}$$

folgt.

Im mittleren Deutschland ist ungefähr, wie schon früher bemerkt:

$$g = 9{,}81 \text{ m}.$$

Aufgabe. Wie grofs ist die Länge des Sekundenpendels unter einer Breite von 60°?

§ 88. **Wurfbewegung.** Wirft man einen Körper schief aufwärts, so dafs seine ursprüngliche Bewegungsrichtung *AN* (Fig. 142) einen Winkel α, mit dem Horizont bildet, so würde der Körper in dieser Richtung unaufhörlich gleichförmig weitergehen, wenn er nicht durch die Schwerkraft abwärts gezogen würde; der Körper wird auf diese Art von zwei Bewegungen gleichzeitig erfafst, einer gleichförmigen in der Richtung *AN* und einer gleichmäfsig beschleunigten in der Richtung vertikal abwärts. Zerlegt man die gleichförmige Bewegung, deren Geschwindigkeit $c = AR$ sein mag, in eine horizontale AT und eine vertikale AQ, so hat der Körper gleichzeitig drei Bewegungen. Setzt man nun zunächst die beiden vertikalen zusammen und sieht von der dritten, der horizontalen, ganz ab, so nimmt der Körper zuerst eine vertikal aufwärts gerichtete gleichmäſsig verzögerte, und dann eine gleichmäſsig beschleunigte, vertikal abwärts gerichtete Bewegung an; zum Aufsteigen und Wiederherabfallen bis A braucht der Körper dieselbe Zeit.

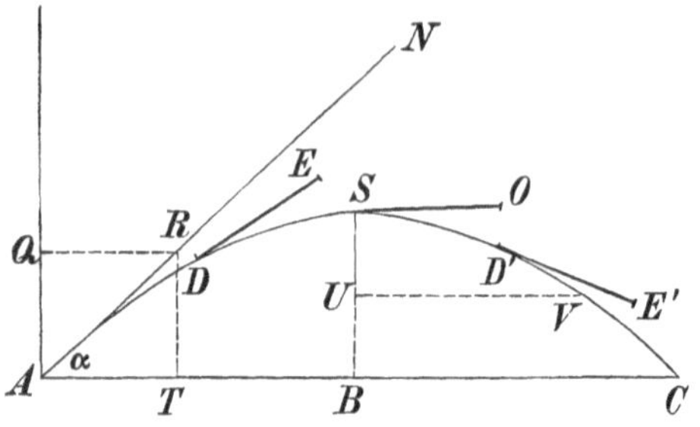

Fig. 142. Schiefer Wurf.

Wird noch die dritte Bewegung hinzugenommen, so kann man annehmen, der Körper steige und falle in vertikaler Bahn, während diese selbst parallel ihrer eigenen Richtung und gleichförmig mit der Geschwindigkeit $c \cos \alpha$ an der horizontalen Linie AC fortschreite; es ist nämlich:

$$AT = c \cos \alpha.$$

Ist die vertikale Bahn bis nach BS fortgeschritten, wo der Körper sich auf dem höchsten Punkte S über A (bezüglich B) befindet, so ist hier seine Geschwindigkeit in vertikaler Richtung gleich Null; er hat nur noch eine horizontale $c \cos \alpha$, und da die Gesamtgeschwindigkeit stets Tangente an die Bahn ist, so muſs die horizontale Linie SO Tangente an die Bahn im Punkte S sein.

In einem früheren Punkte D, wo noch eine gewisse vertikal aufwärts gerichtete Geschwindigkeit vorhanden ist, giebt diese, mit der horizontalen $c \cos \alpha$ kombiniert, eine schief aufwärts gerichtete Geschwindigkeit DE als Tangente an die Bahn, welche sich umsomehr horizontal legt, je näher D an S ist.

In einem späteren Punkte D' geht die Richtung der Geschwindigkeit, die Bahntangente, schief abwärts.

Die Zeit t, welche der Körper braucht, um auf die gröſste Höhe zu kommen, ist (§ 28):

$$\frac{c \sin \alpha}{g},$$

ebensoviel Zeit braucht er aber zum Wiederherabfallen nach der Horizontalen AC; da nun die vertikale Bahn gleichförmig in der Richtung AC mit der Geschwindigkeit $c \cos \alpha$ fortschreitet, so kommt der Körper in der Zeit $\frac{2 c \sin \alpha}{g}$ in C an und es muſs:

$$AB = BC.$$

Zugleich findet sich:

$$BS = \frac{c^2 \sin^2 \alpha}{2 g}.$$

Ebenso ist, wegen $t = \frac{c \sin \alpha}{g}$ und weil die horizontale Geschwindigkeit $= c \cos \alpha$:

$$AB = \frac{c^2 \sin \alpha \cos \alpha}{g} = \frac{c^2 \sin 2\alpha}{2g}$$

und:

$$AC = \frac{c^2 \sin 2\alpha}{g},$$

Nimmt man nun S als den Ursprung rechtwinkliger Koordinaten, SB als die Richtung der Abscissen- und SO als die der Ordinatenachse, so ist:

$$SU = x = \tfrac{1}{2} g t_1^2, \quad (1)$$

wenn t_1 die Zeit bedeutet, in welcher der Körper um die Strecke SU fällt und dabei in horizontaler Richtung von U bis V fortschreitet; ebenso ist:

$$UV = y = c t_1 \cos \alpha. \quad (2)$$

Aus (2) findet man:

$$t_1 = \frac{y}{c \cos \alpha},$$

und wird dieser Wert in (1) eingesetzt, so erhält man:

$$x = \tfrac{1}{2} g \cdot \frac{y^2}{c^2 \cos^2 \alpha},$$

oder:

$$y^2 = \frac{2 c^2 \cos^2 \alpha}{g} \cdot x.$$

Dies aber ist die Scheitelgleichung einer Parabel.

Wird ein Körper in horizontaler Richtung geworfen, so ist der Anfangspunkt der Bewegung der Scheitel der Parabel.

Aus dem Wert:

$$AC = \frac{c^2 \sin 2\alpha}{g}$$

findet sich leicht, dafs die Wurfweite (AC) für je 2 Winkel welche einander zu 90^0 ergänzen, dieselbe ist, sowie dafs die Wurfweite für $\alpha = 45^0$ ein Maximum wird.

Die Wurfhöhe BS wird am gröfsten, wenn $\alpha = 90^0$, und vermindert sich, je kleiner α wird.

Wegen des Luftwiderstandes wird die Wurflinie keine genaue Parabel, ihr hinterer Teil ist stärker gekrümmt, als der vordere.

Aufgabe. Wie hoch mufs eine Büchse über das Ziel, welches 300 m entfernt ist, gehalten werden, um es zu treffen, wenn die Geschwindigkeit der Büchsenkugel 400 m?

§ 89. Centralbewegung. Wenn ein Körper A (Fig. 143) beständig von einem festen Punkte M angezogen wird und zugleich eine Geschwindigkeit AB besitzt, welche nicht nach dem anziehenden Punkte hin gerichtet ist, so macht der Körper eine krummlinige Bewegung, welche Centralbewegung genannt wird. Den anziehenden Punkt heifst man Centralpunkt und die Kraft, mit welcher er den Punkt A anzieht, Centripetalkraft. Würde der Punkt A nicht von M angezogen, so ginge er in der Richtung AB gleichförmig fort und würde nach einer Sekunde von A bis B gelangen; würde er aber bloſs von M angezogen, so bewegte er sich in der Richtung AM und gelangte etwa in einer Sekunde von A bis C; da er aber beide Bewegungen zugleich besitzt, so kommt er nach einer Sekunde in D an, wo D der Endpunkt der Diagonale des Parallelogrammes ist, welches man aus AB und AC konstruieren kann.

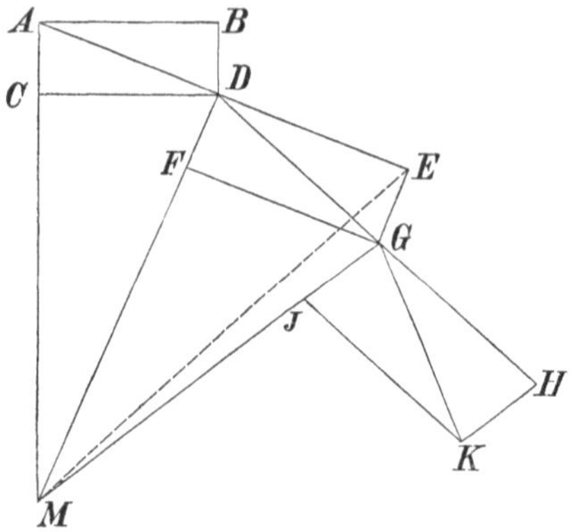

Fig. 143. Centralbewegung.

Hörte nunmehr M zu ziehen auf, so würde der Körper in der zweiten Sekunde in der Richtung AD um die Stecke $DE = AD$ vermöge der Trägheit weitergehen folgte er dagegen lediglich der Centripetalkraft, so würde er in der Richtung DM etwa um die Strecke DF fortschreiten; in Wirklichkeit aber kommt er am Endpunkt G der Diagonale des Parallelogramms an, welches man aus DE und DF konstruieren kann u. s. w. Nimmt man statt Sekunden unendlich kleine Zeitteilchen, so erhält man statt der gebrochenen Bahn $ADGK\ldots$ eine Kurve (Fig. 144). Jede vom Centralpunkt nach einem Punkte der Bahn gezogene Gerade nennt man einen Leitstrahl oder Radiusvektor. Die Bahn selbst kann eine Ellipse, Hyperbel oder Parabel sein; es hängt dies von der anfänglichen Tangentialgeschwindigkeit und der Stärke der Anziehung des Centralpunktes ab.

§ 90. Gesetze der Centralbewegung. 1) Bei jeder Centralbewegung sind die von einem Leitstrahl in gleichen Zeiten bestrichenen Flächenräume einander gleich.

Sind MAD (Fig. 143) und MDG zwei in gleichen Zeiten von dem mit dem Körper sich bewegenden, bezüglich um M sich drehenden Radiusvector MA bestrichene Flächenräume, so ist jedenfalls $AD = DE$; folglich sind auch die Dreiecke MAD und; MDE flächengleich; dasselbe gilt aber auch, da $EG \parallel DM$, von den Dreiecken MDE und MDG, folglich muſs

$$\triangle MAD = \triangle MDG$$

sein.

2) Bei jeder Centralbewegung verhalten sich die Geschwindigkeiten in den einzelnen Punkten der Bahn umgekehrt wie die Lote, welche man vom Centralpunkt auf die Bahnberührenden in jenen Punkten fällen kann.

Es sei AX (Fig. 144) die Berührende im Punkte A und $A'X'$ die Berührende im Punkte A' an die Bahn; dann geben AX und $A'X'$ zugleich die Richtungen der Geschwindigkeiten in diesen Punkten an. Sind ferner MAB und

$MA'B'$ die Flächenräume, welche in der sehr kleineren Zeit τ bezüglich vom Radiusvektor MA und MA' beschrieben werden, so kann man annehmen, dafs die Richtungen der Bahnberührenden AX und $A'X'$ mit AB, bezüglich $A'B'$ zusammenfielen; es gilt alsdann, wenn c und c' die Geschwindigkeiten in A und A' bedeuten:

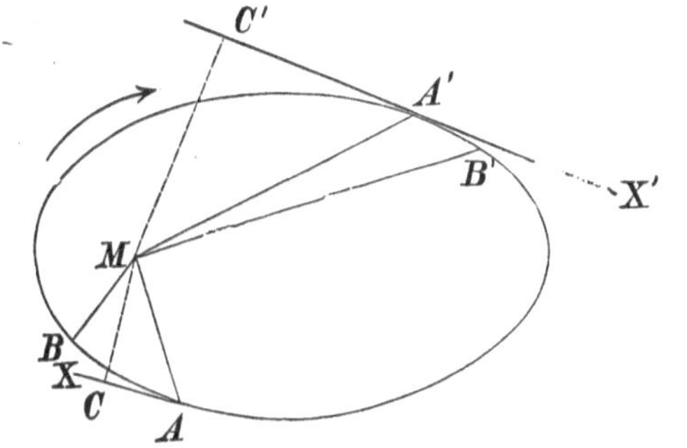

Fig. 144. Geschwindigkeit in der Centralbewegung.

$$c : c' = AB : A'B'.$$

Zugleich mufs:

$$\triangle MAB = \triangle MA'B'.$$

Zieht man nun die Lote MC und MC' auf die Bahnberührenden AX und $A'X'$, so ist:

$$MC \cdot AB = MC' \cdot A'B',$$

oder:

$$AB : A'B' = MC' : MC,$$

und deswegen:

$$c : c' = MC' : MC.$$

Je nachdem der Leitstrahl mit der Bahnberührenden einen spitzen, stumpfen, oder rechten Winkel bildet, ist die Geschwindigkeit bezüglich im Zu- oder Abnehmen begriffen, oder es geht Zu- und Abnahme in einander über. — Beweis! Der erste Satz über die Centralbewegung läfst sich folgendermafsen umkehren: Wenn auf der konkaven Seite der krummlinigen Bahn eines Körpers ein Punkt von der Beschaffenheit sich befindet, dafs die von ihm gezogenen Leitstrahlen in gleichen Zeiten, gleiche Flächenräume bestreichen, so ist die Bewegung eine Centralbewegung. — Beweis!

Aufgabe: Die Erde beschreibt eine Centralbewegung um die Sonne als Centralpunkt; ihre kleinste Entfernung von der Sonne (Perihel, 2. Januar) beträgt 19 664 600, und ihre gröfste (Aphel, 2. Juli) 20 335 400 Meilen; wie verhalten sich die Geschwindigkeiten im Perihel und Aphel?

Vergl. was § 75 über potentielle und kinematische Energie gesagt worden.

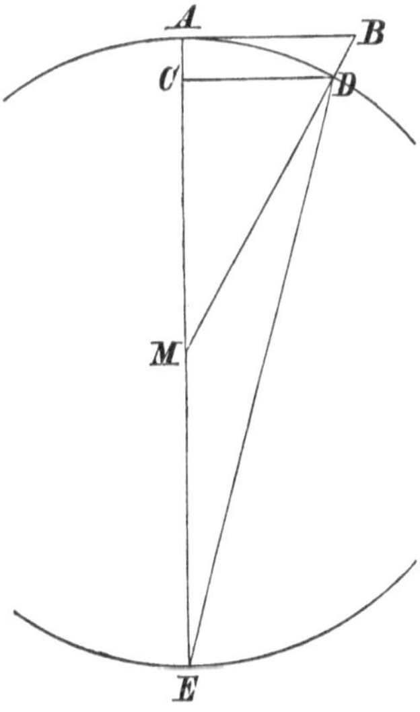

Fig. 145. Centralbewegung im Kreis.

§ 91. Centralbewegung im Kreise.

Wenn eine Centralbewegung im Kreise erfolgt, so mufs die Geschwindigkeit gleichförmig sein, weil die Senkrechten vom Centralpunkt (dem Mittelpunkt) auf die Bahnberührenden alle einander und zwar dem Radius des Kreises gleich sind.

Ebenso hat auch die Centripetalkraft an allen Punkten der Bahn dieselbe Gröfse, welche sich leicht bestimmen läfst. Ist nämlich A (Fig. 145) ein Punkt der Kreisbahn, so würde der Körper, wenn die Centripetalkraft nicht wirkte, in der sehr kleinen Zeit τ, in der Richtung der Tangente etwa von A bis B gehen, wo $AB = c \cdot \tau$, wenn c die konstante Geschwindigkeit ist. Die Centripetalkraft aber zieht ihn in derselben Zeit um die Strecke AC, welche gleich BD genommen werden kann, nach M hin, so dafs der Körper nach der Zeit τ in dem Punkt D des Kreises ankommt. Während der Zeit τ ist die Centripetalkraft jedenfalls als konstant zu nehmen, weshalb:

$$AC = \tfrac{1}{2} p \tau^2,$$

wo p die Beschleunigung der Centripetalkraft bedeutet.

Nun ist aber:

$$AC . AE = AD^2,$$

wobei AD als gerade Linie betrachtet wird; daraus ergiebt sich:

$$\tfrac{1}{2} p \tau^2 . 2r = c^2 \tau^2,$$

und:

$$p = \frac{c^2}{r}.$$

Diese Gleichung beweist, dafs p, also auch die Centripetalkraft P an allen Punkten der Kreisbahn dieselbe bleibt.

Bezeichnet m die Masse des im Kreise laufenden Punktes und P die Centripetalkraft, so ist:

$$P = m . \frac{c^2}{r}.$$

Die Centripetalkraft in der Kreisbewegung ist der Masse und dem Quadrat der Geschwindigkeit des Körpers direkt und dem Halbmesser der Kreisbahn indirekt proportional.

Macht der Kreis in der Zeit t einen Umlauf im Kreise, so ist:

$$c = \frac{2\pi r}{t}; \; p = \frac{4 r \pi^2}{t^2} \text{ und } P = m . \frac{4 r \pi^2}{t^2}.$$

Hiernach ist die Centripetalkraft der Masse des Körpers und dem Radius des Kreises direkt und dem Quadrat der Umlaufszeit indirekt proportional.

Aufgaben: 1) Wie grofs ist die Centripetalbeschleunigung, wenn ein Körper von 5 kg Gewicht mit einer Geschwindigkeit von 0,5 m in einem Kreise von 4 m Radius umläuft? 2) Die Centripetalbeschleunigung in einem Kreise ist 0,4 m, der Radius 2 m, wie grofs ist die Geschwindigkeit im Kreise? 3) Wie grofs ist die Centripetalbeschleunigung am Ufer des Meeres am Äquator, wenn dort der Erdradius 859,44 geogr. Meilen, die Umdrehungszeit $23^h\ 56'\ 4''$ und eine geogr. Meile 7420,4 m beträgt? 4) Wie grofs ist mit Berücksichtigung der Angaben in 3) die Centripetalbeschleunigung unter 50^0 geogr. Breite, die Erde als vollkommene Kugel vorausgesetzt? 5) Wie verhalten sich die Geschwindigkeiten zweier Orte an der Oberfläche der Erde, deren geogr. Breite bezüglich φ_1 und φ_2 ist?

§ 92. Centrifugal- oder Schwungkraft. Ein in einer krummlinigen Bahn sich bewegender Körper sucht vermöge der Trägheit in jedem Punkte seiner Bahn in der Richtung der Tangente weiterzugehen und nur durch eine Ablenkungskraft kann er gezwungen werden die gerade Linie zu verlassen. Nach dem Princip der gleichen Wirkung und Gegenwirkung (§ 33) entwickelt er einen der Centripetalkraft gleichen Gegenzug, der an dem Centralpunkt wirkt und **Centrifugal-** oder **Schwungkraft** genannt wird. Jeder Körper setzt eben der Veränderung sowohl seiner Geschwindigkeit, als seiner geradlinigen Bewegungsrichtung einen Widerstand entgegen, welcher der wirkenden Kraft gleich und entgegengesetzt ist.

Bei der Bewegung der Planeten ist es, wie wir noch sehen werden, die Sonne, welche durch ihre Anziehung die Ablenkung der Planeten von der geradlinigen Bewegung bewirkt; bei einem um eine Achse sich drehenden Körper, bei einer im Kreise schwingenden, an einem Faden befestigten Kugel ist es die Kohäsionskraft, welche die Bewegung nach der Tangente verhindert: indem die einzelnen Teile des Körpers oder die am Faden befestigte Kugel nach der Tagente gehen wollen, entsteht eine, wenn auch kaum mefsbare Ausdehnung des Körpers oder des Fadens, bis zu dem Grade, dafs die hierdurch rege gemachte Kohäsionskraft zur Centripetalkraft wird, welche die weitere Entfernung von der Drehungachse zu verhindern vermag.

Ist ein Körper gezwungen, sich auf einer krummen Linie zu bewegen, so übt er, da er geradlinig weiter gehen will, gegen die innere (konkave) Seite der Bahn einen Druck aus (Eisenbahnzug an Kurven — man legt die äussere Schiene höher, damit eine Neigung, sich nach innen zu bewegen, hervorgerufen wird). Der Druck nach aufsen auf die Bahn ruft in dieser einen gleichen Gegendruck hervor, welcher die Centripetalkraft ersetzt.

Der Zug an dem Centralpunkt oder der Druck gegen die Bahn, die sogen. Centrifugal- oder Schwungkraft, ist der Centripetalkraft gleich und entgegengesetzt; bezeichnet man sie mit Z, so ist:

$$Z = m \frac{c^2}{r} = m \frac{4 r \pi^2}{t^2}.$$

Zur Prüfung der entwickelten Gesetze dient die **Centrifugal- oder Schwungmaschine** (Fig. 146); sie besteht aus einem gröfseren Rade, welches durch eine Kurbel umgedreht werden kann und durch ein Seil oder einen Riemen ohne Ende mit einem kleinen Rade verbunden ist; auf die Achse dieses Rades können die Schwung-

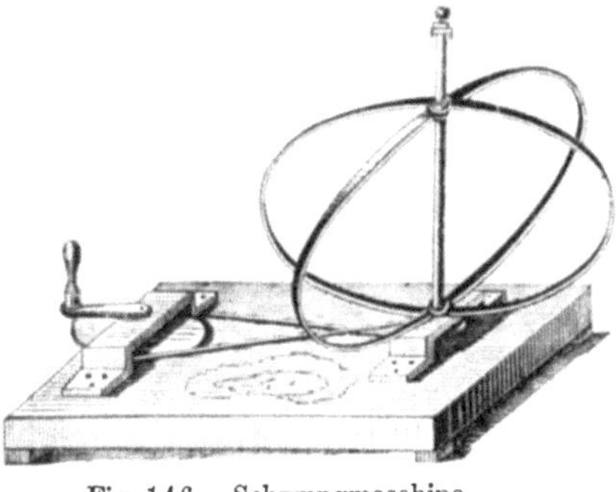

Fig. 146. Schwungmaschine.

Fig. 147. Schwungkraft.

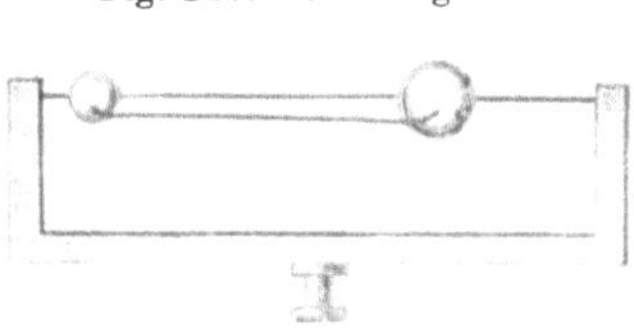

Fig. 148. Abhängigkeit der Schwungkraft von der Masse.

apparate aufgesetzt werden; z. B. zwei um eine vertikale Achse drehbare dünne Messingreifen zur Erklärung der **Abplattung der Erde an den Polen** infolge der Achsendrehung der Erde. Da die Schwungkraft bei gleicher Umlaufszeit dem

Radius direkt proportional ist, so besitzen die dem Äquator am nächsten liegenden Punkte die gröfste Schwungkraft.

Die Kugel K (Fig. 147) in der schief aufwärts gestellten Glasröhre AB bewegt sich beim Drehen nach oben. Ist Wasser und Quecksilber in einer ebensolchen Glasröhre AC, so erhebt sich das anfänglich unten befindliche Quecksilber beim raschen Drehen über das Wasser. — Zwei mit einander verbundene Kugeln entfernen sich nicht von der Achse, wenn ihre Massen ihren Entfernungen von der Drehachse umgekehrt proportional sind (Fig. 148). — Messung der Centrifugalkraft durch den Druck, den eine Kugel, welche sich beim Drehen von der Achse entfernen will, gegen eine Feder ausübt; oder durch Hebung von Gewichten (Fig. 149).

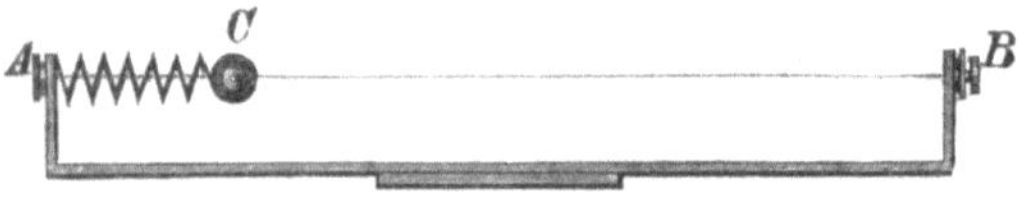

Fig. 149. Messung der Schwungkraft.

Der Centrifugalventilator (Fig. 150) bringt durch ein sich drehendes Flügelrad die Luft in Bewegung, welche sich durch die Schwungkraft von der Mitte entfernt und durch eine Röhre oben entweicht, während in den verdünnten Raum in der Mitte neue Luft einströmt.

Die Centrifuge in Zuckerfabriken, Waschanstalten u. s. w. besteht aus einem um seine Mitte sich rasch drehenden Kessel, dessen Wände durchlöchert sind. Kommt z. B. Wäsche in denselben und wird er rasch umgedreht, so drückt sich die Wäsche durch die Centrifugalkraft so fest gegen die Wände, dafs fast alles Wasser ausfliefst.

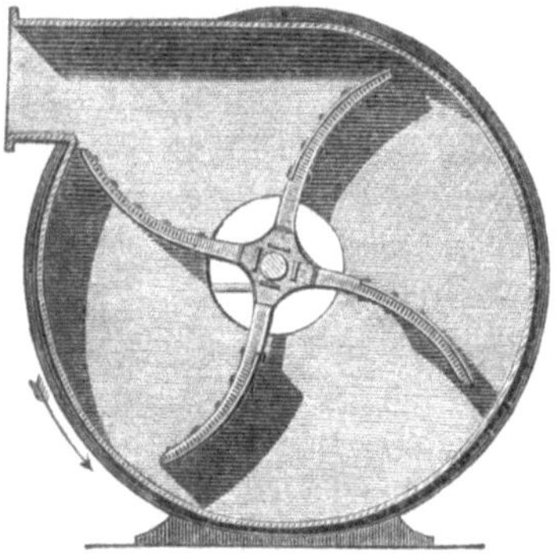
Fig. 150. Centrifugalgebläse.

Die Kunstreiter biegen sich beim raschen Reiten im Kreise mit dem Körper nach der Mitte des Cirkus; ein mit Wasser gefülltes Gefäfs läfst sich im Kreise schwingen, ohne dafs das Wasser ausfliefst u. s. w.

Noch erwähnen wir die Centrifugaleisenbahn, den Lasso, die Schleuder. Über das Centrifugalpendel siehe Aufgabe 4. Der Centrifugalregulator bei den Dampfmaschinen und die Centrifugalpumpe werden später behandelt werden.

Aufgaben. 1) Wie grofs ist die Centripetalbeschleunigung einer Kugel von 2 kg Gewicht, welche sich mit 0,5 m Geschwindigkeit in einem Kreise von 4 m Halbmesser dreht?

2) Wie grofs ist die Centripetalbeschleunigung derselben Kugel, wenn sie sich in demselben Kreise dreht und 2 Umdrehungen in der Sekunde macht?

3) Wie grofs ist die Umlaufszeit eines Körpers von 0,5 kg Gewicht, welcher sich in einem Kreise von 2 m Radius gleichförmig dreht, wenn die Centripetalbeschleunigung 0,25 m beträgt?

4) Eine an einem Faden (oder einer Stange) von der Länge l hängende Kugel soll sich in einem Kreise drehen, so dafs der Faden einen Winkel φ mit der Vertikalen bildet (Fig. 151); wie grofs mufs die der Kugel ertheilte Geschwindigkeit c in der Richtung der Bahntangente sein, und wie grofs ist die Umlaufszeit im allgemeinen und für sehr kleine φ? — Centrifugalpendel.

Zerlege die Schwerkraft $Q = AD$ in 2 Kräfte AB und AE, wo AE die Centripetalkraft vorstellt u. s. w.

§ 93. Abnahme der Schwere durch die Schwungkraft und die Abplattung der Erde. 1) Am Äquator beträgt die Schwungkraft $\frac{1}{289}$ der Schwerkraft und da beide Kräfte am Äquator einander direkt entgegenwirken, so nimmt das Gewicht der Körper durch die Schwungkraft um $\frac{1}{289}$ ab.

Bezeichnet man nämlich die Schwungkraft am Äquator mit S_0 und das Gewicht eines Körpers von der Masse m mit Q, so ist (§ 90):

$$\frac{S_0}{Q} = \frac{m \,.\, 4\,\pi^2\,r}{t^2 \,.\, Q} = \frac{4\,\pi^2\,r}{g\,t^2},$$

indem $Q = m\,g$.

Nun ist am Äquator $r = 6\,377\,398$ m; die Umlaufszeit t ist = 24 Stunden = 86164 Sekunden, woraus, wenn man noch zur Erleichterung der Rechnung beachtet, dafs nahezu $2\,r\,\pi = 40\,000\,000$ m:

$$\frac{S_0}{Q} = \frac{1}{289}.$$

Würde die Erde sich 17mal schneller umdrehen, so müfste, da $17^2 = 289$, das Gewicht der Körper am Äquator = Null sein.

2) Setzt man die Erde als vollkommene Kugel voraus, so nimmt die Schwerkraft von dem Äquator nach den Polen hin proportional dem Quadrate des Sinus der geographischen Breite zu.

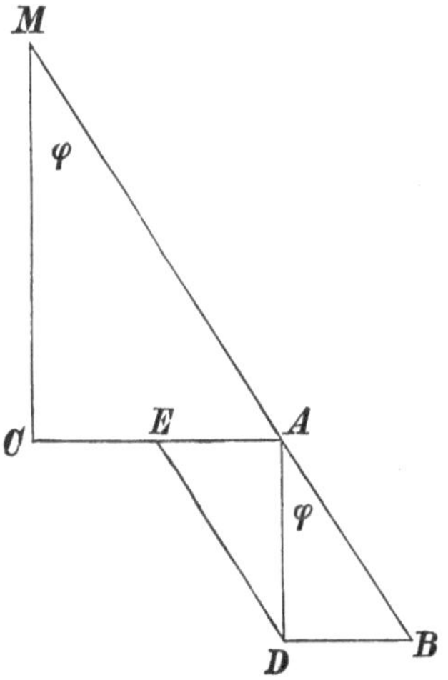

Fig. 151. Centrifugalpendel.

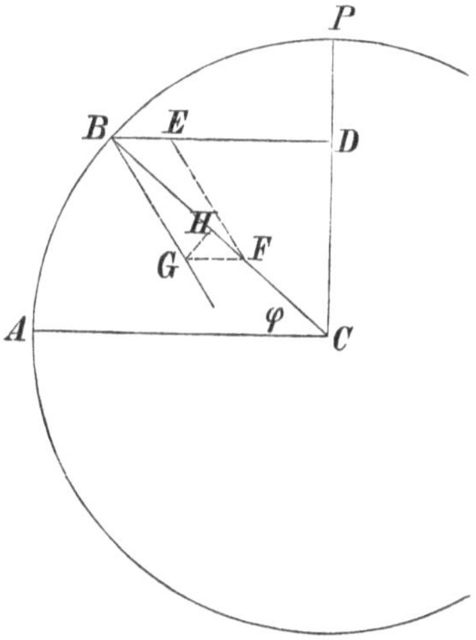

Fig. 152. Centrifugalkraft an der Oberfläche der Erde.

Sei B (Fig. 152) ein Ort von der geographischen Breite φ, so ist dort die Schwungkraft:

$$S_\varphi = \frac{m \,.\, 4\,\pi^2 r_1}{t^2},$$

wenn $B\,D$ mit r_1 bezeichnet wird, folglich:

$$S_\varphi = S_0 \,.\, \frac{r_1}{r} = S_0 \cos\varphi. \tag{1}$$

Um den Punkt B in der Entfernung BD von der Achse CP zu halten, bedarf es einer Centripetalkraft (S_φ); zerlegt man nun die in der Richtung BC wirkende Schwerkraft BF in zwei Kräfte, von denen die eine BE, in die Richtung von BD ($\perp CP$) fällt, so ist diese die gesuchte Centripetalkraft, während die andere $BG \# FE$ die Kraft angiebt, mit welcher der Punkt B nach der Erde gezogen wird. Man sieht, dafs diese Kraft nicht nach dem Mittelpunkte der Erde gerichtet ist; da aber BE sehr klein im Verhältnifs zu BF, so wird die Abweichung der BG von BC nicht bedeutend sein. Projiziert man FG auf BC, so ist:

$$FH = S_\varphi \,.\, \cos\varphi.$$

Hieraus folgt, wegen (1):

$$S_\varphi = S_0 \,.\, \cos^2\varphi.$$

Es ist deshalb:

$$S_0 - S_\varphi = S_0\,(1 - \cos^2\varphi) = S_0 \,.\, \sin^2\varphi.$$

3) Weil am Pol keine Schwungkraft herrscht, so mufs dort die Schwere unvermindert wirken; sie müfste also um $\frac{1}{289}$ gröfser sein, als am Äquator, wenn kein sonstiger Umstand die Schwere am Pol veränderte. Nun hat man aber aus den Beobachtungen am Sekundenpendel in verschiedenen Breiten berechnet, dafs die Schwere am Pol um $\frac{1}{200}$ gröfser ist, als am Äquator. Auf das Pendel wirkt die gesamte Schwerkraft; es mufs also aufser der Schwungkraft noch eine andere Ursache vorhanden sein, welche bewirkt, dafs die Schwere am Pol gröfser ist, als die am Äquator; diese Ursache hat man durch Gradmessungen in der Abplattung der Erde an den Polen gefunden. Die Abplattung beträgt nahezu $\frac{1}{300}$, d. h. $\frac{r_0 - r_p}{r_0} = \frac{1}{300}$, wo r_0 der Radius am Äquator und r_p der am Pol ist. Die Vergröfserung der Schwere durch die Abplattung allein beträgt $\frac{1}{648}$, denn:

$$\frac{1}{200} - \frac{1}{289} = \frac{1}{648}.$$

Aufgabe 1. Richer fand auf einer Reise von Paris (1672) nach Cayenne, dafs seine Uhr, welche in Paris richtig ging, in Cayenne täglich 148 Sekunden nachging; hier richtig gestellt, ging sie, nach Paris zurückgebracht, 148 Sekunden vor. Um wieviel mufste Richer das Pendel in Cayenne verkürzen, bezüglich in Paris verlängern? Cayenne liegt 5^0 nördlich und Paris $48^0\ 50'\ 14''$. Es wird eine Uhr mit Sekundenpendel vorausgesetzt.

Aufgabe 2. Es ist zu beweisen, dafs $\frac{L_\varphi - L_0}{\sin^2\varphi}$ für alle Orte der Erde konstant ist, wenn vollkommene Kugelgestalt vorausgesetzt wird. L_0 bedeutet die Länge des Sekundenpendels am Äquator und L_φ die in der Breite φ.

Aufgabe 3. Es ist mit Berücksichtigung der Aufgabe 2 die Länge des Sekundenpendels in Berlin ($\varphi = 52^0\ 30'\ 17''$) zu finden, wenn $\frac{L_\varphi - L_0}{\sin^2\varphi} = 0{,}00567188$ m?

Aufgabe 4. Wieviel wiegt ein Körper am Pol, der am Äquator 100 kg wiegt?

§ 94. Foucault's Pendelversuch. Läfst man ein langes Pendel frei schwingen, so ändert sich im Laufe des Tages die Richtung seiner Schwingungsebene gegen den Meridian des Ortes und zwar von Westen nach Osten. Am Pol macht die Schwingungsebene innerhalb 24 Stunden scheinbar eine Drehung von 360^0 und an anderen Orten eine um so geringere, je näher dieselben am Äquator liegen; am Äquator selbst behält die Schwingungsebene ihre Lage gegen den Meridian bei. Es kann diese Thatsache als einen der hauptsächlichsten Beweise für die Achsendrehung der Erde gelten, denn die Drehung der Schwingungsebene des Pendels ist eine bloſs scheinbare; das Pendel verharrt vermöge der Trägheit in der Vertikalebene, in welcher es zu schwingen angefangen. Als Beweis dafür kann nachstehender Versuch gelten:

Läſst man ein Pendel über einer Scheibe schwingen, welche durch eine Schwungmaschine langsam umgedreht wird, so verharrt das Pendel in seiner ursprünglichen Schwingungsebene, während die Scheibe sich unter ihm dreht; es giebt dieser Versuch ein Bild von der Erscheinung, wie sie am Pol stattfindet; der Durchmesser der Scheibe, welcher ursprünglich in die Schwingungsebene des Pendels fiel, hat nach einer vollen Umdrehung einen Winkel von 360^0 mit der Schwingungsebene des Pendels beschrieben; ebenso ist es mit der Berührenden an den Meridian, in welchem ein am Pol befindliches Pendel ursprünglich geschwungen hat.

Am Äquator bewegt sich das Pendel mit dem Meridian, in welchem es ursprünglich geschwungen; seine Schwingungsebene fällt ständig mit diesem Meridian zusammen; denn der Meridian, bezüglich die Berührende an denselben bleibt stets sich selbst parallel.

Läſst man in einer beliebigen Breite, etwa von 50^0, ein Pendel im Meridian des Ortes schwingen, und denkt man sich an den Meridian eine Berührende gezogen, so macht diese bei der Drehung der Erde nicht bloſs eine fortschreitende, sondern auch eine drehende Bewegung; an dieser letzteren aber nimmt die Schwingungsebene des Pendels keinen Teil, sie bleibt sich selbst parallel; indessen beträgt die Drehung des Meridians gegen die Schwingungsebene des Pendels bei einer Umdrehung nicht volle 360^0. In betreff der Gröſse der Drehung, welche dieselbe ist, einerlei welchen Winkel das Pendel ursprünglich mit der Meridianebene gebildet hat, gilt der Satz:

Die scheinbare Drehung der Schwingungsebene des Pendels gegen den Meridian des Ortes ist gleich dem Winkel, um welchen sich die Erde gedreht hat, multipliziert mit dem Sinus der geographischen Breite.

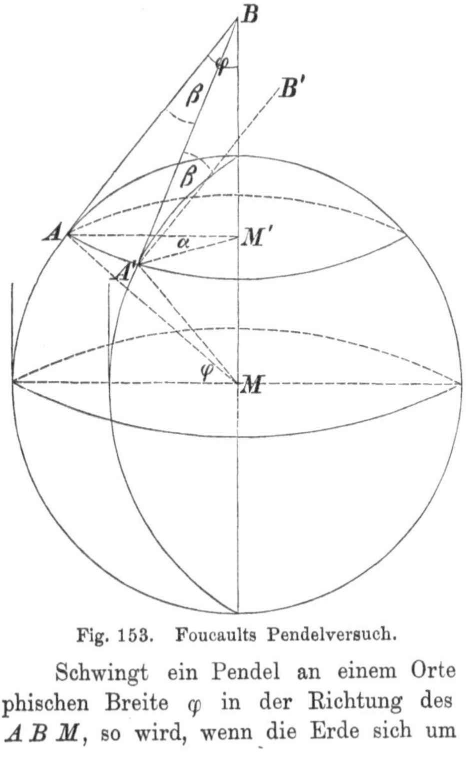

Fig. 153. Foucaults Pendelversuch.

Schwingt ein Pendel an einem Orte A (Fig. 153) von der geographischen Breite φ in der Richtung des Meridians d. h. in der Ebene ABM, so wird, wenn die Erde sich um den Winkel α gedreht hat, der

Meridian BA in die Lage BA' gekommen sein. Die Berührende an die neue Lage bildet mit der ursprünglichen BA einen Winkel β; das Pendel dagegen schwingt in der Richtung $A'B' \parallel AB$.

Nun ist einerseits:

$$AA' = AB \,.\, \beta$$

und anderseits:

$$AA' = AM' \,.\, \alpha \,.$$

folglich:

$$AB \,.\, \beta = AM' \,.\, \alpha$$

oder:

$$\beta = \frac{AM'}{AB} \,.\, \alpha.$$

Nun ist aber:

$$\frac{AM'}{AB} = \sin \varphi,$$

folglich:

$$\beta = \alpha \,.\, \sin \varphi.$$

Dieser Beweis, obwohl zu dem richtigen Resultate führend, unterliegt einigen Bedenken; streng läfst sich derselbe nur mit höherer Mathematik führen.

Foucault stellte zuerst (1851) die scheinbare Drehung der Schwingungsebene fest; das erste Pendel, welches er benutzte war 2 m lang und die Pendelkugel 5 kg schwer; schliefslich machte er einen Versuch im Pantheon zu Paris mit einem Pendel von 67 m Länge, dessen Kugel 28 kg wog.

Aufgabe: Wieviel beträgt die scheinbare Drehung der Pendelschwingungsebene in einer Breite von 50^0 im Laufe von 24 Stunden und im Laufe einer Stunde?

§ 95. Keplers Gesetze. (1610) Aus jahrelangen eigenen und fremden Beobachtungen, namentlich aus 16jährigen Beobachtungen des Planeten Mars von Tycho de Brahe, hat Kepler (geb. 27. Dez. 1571 zu Magstadt bei Weil in Würtemberg, gest. zu Regensburg 15. Nov. 1630) folgende Gesetze abgeleitet:

1) Die Planeten bewegen sich in Ellipsen, in deren einem Brennpunkt die Sonne steht.

2) Der von der Sonne aus gezogene Radiusvektor einer Planetenbahn beschreibt in gleichen Zeiten gleiche Flächenräume.

3) Die Quadrate der Umlaufszeiten verschiedener Planeten verhalten sich wie die Würfel der grofsen Achsen ihrer Bahnen.

Während das erste Gesetz die Gestalt der Bahn charakterisiert, läfst das zweite erkennen, dafs die Bewegung der Planeten eine Centralbewegung ist und dafs die Sonne den Centralkörper dazu bildet. Das dritte Gesetz endlich giebt eine Beziehung zwischen den Umlaufszeiten und den grofsen Achsen der Bahnen verschiedener Planeten. Kennt man die Umlaufszeiten zweier Planeten und die mittlere Entfernung des einen von der Sonne, so kann man mittelst des dritten Gesetzes die des anderen von der Sonne finden. (Die mittlere Entfernung ist gleich der grofsen Halbachse der Bahn.)

Aufgabe 1. Die Umlaufszeiten von Venus und Mars verhalten sich wie 0,62 : 1,88; die mittlere Entfernung der Venus von der Sonne beträgt 0,7233 (die der Erde = 1 genommen); wie grofs ist die Entfernung des Mars von der Sonne?

Aufgabe 2. Die Entfernungen von Jupiter und Saturn von der Sonne verhalten sich wie 5,2 : 9,5; wie verhalten sich ihre Geschwindigkeiten, die Bahnen als kreisförmig vorausgesetzt?

§ 96. Allgemeine Schwere. 1) Schon Kepler war auf Grund seiner Gesetze zu der Ansicht gelangt, daſs die Sonne durch eine Anziehung, welche sie auf dieselben ausübe, um sich herumführe; aber erst Newton stellte das allgemeine Gravitationsgesetz auf:

Alle Körper ziehen einander an direkt proportional dem Produkt ihrer Massen und indirekt proportional dem Quadrate ihrer Entfernungen.

Seien m_1 und m_2 zwei Massen, r ihre Entfernung von einander und ist α die Anziehung, welche zwei Masseeinheiten in der Einheit der Entfernung auf einander ausüben, so ist die Anziehung, welche m_1 auf m_2, oder umgekehrt m_2 auf m_1 ausübt:

$$\frac{m_1 m_2}{r_2} \alpha.$$

Eine Masseeinheit des ersten Körpers zieht eine Masseeinheit des zweiten in der Entfernung 1 mit der Stärke α an; eine Masseeinheit des ersten übt auf den ganzen zweiten Körper die Anziehung $m_2 . \alpha$ aus; alle Masseeinheiten des ersten Körpers ziehen also den zweiten Körper mit der Stärke $m_1 . m_2 . \alpha$ an, in der Entfernung r aber beträgt diese Anziehung nur den $r^{2\text{ten}}$ Teil.

2) Nimmt man, was annähernd richtig ist, die Bahnen der Planeten kreisförmig an, so läſst sich aus dem dritten Kepler'schen Gesetze auf elementarem Wege das Gravitationsgesetz ableiten (unter Voraussetzung elliptischer Bahnen muſs man höhere Rechnung anwenden).

Nach § 91 ist:

$$P_1 : P_2 = \frac{m r_1}{t_1^2} : \frac{m r_2}{t_2^2}, \tag{1}$$

wenn P_1 und P_2 die Anziehungen bedeuten, welche die Sonne auf zwei Planeten von den Massen m_1 und m_2, den Umlaufszeiten t_1 und t_2 und den Entfernungen r_1 und r_2 von der Sonne ausübt.

Nach dem dritten Keplerschen Gesetz ist:

$$t_1^2 : t_2^2 = r_1^3 : r_2^3. \tag{2}$$

Aus (1) und (2) aber folgt:

$$P_1 : P_2 = \frac{m_1}{r_1^2} : \frac{m_2}{r_2^2}.$$

Ist noch M die Masse der Sonne, so kann man schreiben:

$$P_1 : P_2 = \frac{m_1 M \alpha}{r_1^2} : \frac{m_2 M \alpha}{r_2^2}.$$

3) Newton machte an der Mondbewegung die Probe auf sein Gesetz. Die Bewegung des Mondes kann im wesentlichen als eine Centralbewegung um die Erde als Centralkörper angesehen werden. Wir suchen zunächst die Centripetalbeschleunigung des Mondes gegen die Erde; der Radius der als kreisförmig angenommenen Mondbahn, d. h. die mittlere Entfernung des Mondes von der Erde beträgt 60 Erdhalbmesser und die Umlaufszeit 27 Tage, 7 Stunden und 43 Minuten = 39 343 Minuten; also ist die Centripetalbeschleunigung:

$$p = \frac{4 . 60 \dfrac{2 . 10^7}{3,1416} . 3,1416^2}{(39343 . 60)^2} = 0,002706 \text{ m};$$

es beträgt nämlich der Erdquadrant 10 Millionen Meter, also der Erdhalbmesser $\frac{2 \cdot 10^7}{\pi}$ m.

Die Beschleunigung der Schwere an der Erdoberfläche — der irdischen Schwere — ist 9,8 m; dabei ist der angezogene Körper um 1 Erdhalbmesser von dem Mittelpunkt der Erde entfernt. Um nun zu sehen, in welchem Mafs die anziehende Kraft der Erde bis zur Entfernung des Mondes abgenommen hat, setzen wir an:

$$0{,}002706 : 9{,}8 = 1 : 60^x.$$

Da sich nun aus dieser Gleichung x nahezu gleich 2 findet, so nimmt die Anziehung in der That im Quadrat der Entfernung ab.

4) Als weitere Beweise für die allgemeine Anziehung führen wir noch an:

a) Ein an der Nähe eines grofsen Berges aufgehängtes Pendel weicht in der Richtung nach dem Berge hin von der Vertikalen ab. Den ersten Versuch dieser Art hat Maskelyne (1772) am Shehallienberge in Schottland angestellt.

b) An einer horizontalen, an einem Faden in ihrer Mitte aufgehängten Stange befinden sich zwei Metallkugeln von gleichem Gewicht; nähert man denselben zwei gröfsere Kugeln und versetzt die Stange in Schwingungen, so ist die Anzahl derselben in einer bestimmten Zeit gröfser, als wenn die grofsen Kugeln entfernt sind (Cavendish 1797). Hieraus geht hervor, dafs auch kleinere Körper einander anziehen, nur müssen alle Bewegungshindernisse möglichst entfernt werden, weil die Anziehung bei kleinen Massen sehr gering ist. Reich (1834) und Baily (1842) haben mit dem vorhin beschriebenen Pendel umfangreiche Versuche angestellt und mittelst desselben u. A. die Dichtigkeit der Erde, welche etwa zu 5,5 angenommen werden kann, bestimmt.

§ 97. Absolute und relative Centripetalbeschleunigung. Bisher war stillschweigend angenommen worden, der gröfsere der beiden einander anziehenden Körper bleibe in Ruhe und nur der kleinere bewege sich, so namentlich bei der Bewegung des Mondes um die Erde oder der Planeten um die Sonne. Dies ist nun aber streng genommen nicht richtig; jeder der beiden Körper bewegt sich, so auch z. B. die Erde gegen den fallenden Stein und nicht blofs der Stein gegen die Erde.

1) Wenn zwei Körper nach dem allgemeinen Gravitationsgesetz einander anziehen, so hängt die Centripetalbeschleunigung eines jeden lediglich von der Masse des anderen Körpers ab und ist von der eigenen unabhängig, denn:

$$\frac{m_1 m_2 \alpha}{r^2}$$

ist die Anziehungskraft, mit welcher jeder von beiden auf den andern wirkt; um nun die Beschleunigung des einen zu finden, hat man die Kraft, welche an ihm wirkt, durch seine Masse zu dividieren, die Beschleunigungen der ersten und zweiten Masse sind also bezüglich:

$$\frac{m_2 \alpha}{r^2} \text{ und } \frac{m_1 \alpha}{r^2}. \tag{1}$$

2) Aus (1) geht hervor, dafs die Beschleunigungen zweier einander anziehender Massen sich umgekehrt wie ihre Massen verhalten. Aufserdem aber sind die in gleichen Zeiten zurückgelegten Wege den Beschleunigungen proportional. Sind nun zwei Körper, welche sich nach dem allgemeinen Gravitationsgesetz anziehen, ursprünglich in Ruhe, so gehen sie in der Verbindungslinie ihrer Schwerpunkte auf einander zu und zwar so, dafs sich die zurückgelegten Wege umgekehrt wie ihre Massen verhalten; sie werden also in einem Punkte zusammenstofsen, welcher der gemeinsame Schwerpunkt der Massen ist, denn die Entfernungen desselben von den Schwerpunkten der zwei Massen ist ebenfalls den Massen umgekehrt proportional. Haben aber zwei Massen, wie dies bei den Planeten von Uranfang der Fall war, eine seitliche Geschwindigkeit, so ändert sich dadurch ihre Centripetalbeschleunigung nicht, weshalb jeder derselben eine Centralbewegung um den gemeinsamen Schwerpunkt ihrer Massen ausführt, und zwar so, dafs beide stets auf einer Linie sich befinden, welche durch diesen Schwerpunkt geht und dafs ihre Entfernungen vom demselben jederzeit ihren Massen umgekehrt proportional sind.

Bei der Bewegung der Planeten um die Sonne kann man, da der gemeinsame Schwerpunkt eines Planeten und der Sonne, wegen der ungeheuren Masse der letzteren, in diese selbst fällt, annehmen, die Sonne stände still und der Planet bewegte sich um sie.

Bei den Doppelsternen, bei denen keiner den andern in einem so erheblichen Verhältnis an Masse überwiegt, findet eine derartige Bewegung um einen Punkt statt, welcher aufserhalb der Masse eines jeden liegt.

Um die relative Beschleunigung einer Masse gegen eine andere zu finden, erteilt man beiden eine gemeinsame Beschleunigung, welche der der einen gleich und entgegengesetzt ist (§ 31). Danach findet sich die relative Beschleunigung jeder der beiden Massen gleich

$$\frac{m_2\,\alpha}{r^2} + \frac{m_1\,\alpha}{r^2} = \frac{m_1 + m_2}{r^2} \cdot \alpha.$$

Newton (geb. 25. Dez. 1642 zu Woolsthorpe in England, gest. 20. März 1727) entwickelt die Gesetze der Gravitation in seinem Werke: Principia philosophiae naturalis mathematica. Der Sage nach soll er durch die Beobachtung des Falles eines Apfels von einem Baume auf den Gedanken der allgemeinen Anziehung gekommen sein; wahrscheinlicher aber ist es, dafs ihn die Keplerschen Gesetze veranlafst haben, über die Ursache der krummlinigen Bewegung der Himmelskörper nachzudenken.

Die Möglichkeit einer „Anziehung in die Ferne“ ist schwer zu begreifen; übrigens hat Newton selbst die Existenz einer solchen Anziehung nicht geradezu behauptet; die Körper verhalten sich so gegeneinander, dafs es den Schein erweckt, als ob sie sich gemäfs des Gravitationsgesetzes gegenseitig anzögen. Neuerdings hat man vielfach versucht, die allgemeine Anziehung aus dem Druck, bezüglich Stofs des Weltäthers zu erklären.

Aufgabe 1. Es ist die Einheit der Anziehung (α) durch die Fallbeschleunigung (g) und die Masse M der Erde auszudrücken.

Aufgabe 2. Wie grofs ist die Beschleunigung der Erde gegen die Sonne, die Geschwindigkeit der Erde in ihrer Bahn zu 4,12 Meilen und die Entfernung der Erde von der Sonne zu 21 Millionen Meilen angenommen? (1 Meile = $7^1/_2$ km).

Aufgabe 3. Wie grofs ist die Beschleunigung der Sonne gegen die Erde, wenn die des Mondes gegen die Erde bekannt ist und die Entfernung der Sonne 400 mal so grofs ist, als die des Mondes von der Erde?

Aufgabe 4. Wie grofs ist die Masse und Dichtigkeit der Sonne im Vergleich zur Masse und Dichtigkeit der Erde?

Aufgabe 5. Wie grofs ist der Radius der Sonne, wenn der der Erde 6 369 851 m beträgt?

Aufgabe 6. Wie grofs ist die Fallbeschleunigung eines Körpers an der Oberfläche der Sonne, wenn ihr Radius 112 mal so grofs ist, als der der Erde?

§ 98. Anziehung einer Kugel in Bezug auf einen Punkt in ihrem Innern. 1) Die Anziehungen, welche die Punkte einer unendlich dünnen Kugelschicht (Kugelfläche), deren Masse überall gleich dicht ist, auf einen von ihr umschlossenen Punkt ausüben, heben einander auf. Den Punkt im Innern kann man sich als die gemeinsame Spitze einer unendlichen Zahl von feinen Doppelkegeln denken, deren Grundflächen Stücke der Kugelfläche sind.

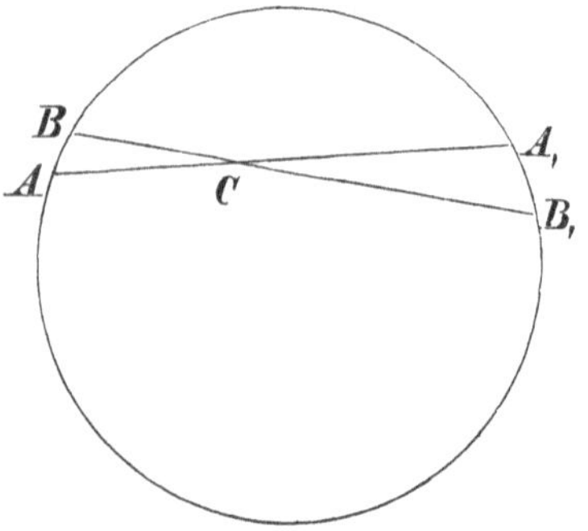

Fig. 154. Anziehung einer Kugel in Bezug auf einen Punkt im Innern.

Es sei der Kreis ABA_1B_1 (Fig. 154) ein den gegebenen Punkt C im Innern der Kugelfläche umschliefsender gröfster Durchschnittskreis; dann sind AB und A_1B_1 die Durchschnitte mit den Grundflächen eines der vorhin genannten Doppelkegel. Da sich nun die Grundflächen der ähnlichen Kegel wie die Quadrate ihrer Seitenkanten, die man als die Höhen der Kegel nehmen kann, verhalten, so sind die Anziehungen, welche die Grundflächen auf C ausüben, einander gleich, denn die Anziehungen sind, wenn m_1 und m_2 die Massen der kleinen Grundflächen bedeuten:

$$\frac{\mu m_1}{CA^2}\alpha \text{ und } \frac{\mu m_2}{CA_1^2}\alpha,$$

wenn wir dem Punkt C die Masse μ beilegen.

Nun ist aber:

$$m_1 : m_2 = CA^2 : CA_1^2 \text{ oder } \frac{m_1}{CA^2} = \frac{m_2}{CA_1^2},$$

folglich:

$$\frac{\mu m_1}{CA^2}\alpha = \frac{\mu m_2}{CA_1^2}\alpha.$$

Ebenso ist es bei allen anderen Doppelkegeln, welche C zur Spitze haben.

Derselbe Satz gilt auch für eine homogene Kugelschicht von endlicher Dicke, weil sie sich in unendlich dünne Kugelschichten zerlegen läfst; er gilt auch noch, wenn die einzelnen dünnen Kugelschichten nicht dieselbe Dichte untereinander haben, falls nur jede einzelne Kugelschicht für sich homogen ist.

2) Eine homogene, oder eine aus homogenen Kugelschichten bestehende

Vollkugel übt auf einen Punkt in ihrem Innern eine Anziehung aus, welche gleich der Anziehung der Teilkugel ist, die den Abstand des gegebenen Punktes von dem Mittelpunkt zum Halbmesser hat, denn die Anziehung welche die äufsere Kugelschicht ausübt, ist gleich Null.

§ 99. Freie Achsen. Denkt man sich durch eine Gerade, welche als Drehungsachse dienen soll, eine Ebene gelegt und befinden sich in derselben zwei Punkte, welche gleiche Massen besitzen, auf entgegengesetzten Seiten von der Achse liegen und gleichen Abstand von ihr haben, so üben die Punkte bei der Drehung einen gleich starken Zug auf die Achse nach entgegengesetzter Richtung aus.

Zieht man von den zwei Punkten Senkrechte auf die Achse, so werden sie entweder in demselben Punkt der Achse zusammentreffen, oder nicht; in beiden Fällen liegt zwar der gemeinsame Schwerpunkt beider Massen in der Achse, aber nur im ersten Fall heben die Schwungkräfte einander auf, so dafs die Achse keinerlei Einwirkung erfährt, während im letzteren Fall, da alsdann die zwei Schwungkräfte ein Drehpaar bilden, eine Drehung der Achse eintreten mufs.

Eine Drehungsachse heifst frei, wenn die Schwungkräfte aller Punkte eines um sie rotierenden Körpers einander derart aufheben, dafs die Achse keinerlei Einwirkung nach irgend einer Seite erfährt. Dies tritt z. B. bei einem homogenen Körper ein, dessen Massepunkte symmetrisch um die Achse verteilt sind, so dafs, wenn man von irgend einem Punkte des Körpers eine Senkrechte auf die Achse zieht und sie um ihre eigene Gröfse verlängert, man an ihrem Endpunkt ebenfalls einen Punkt des Körpers findet.

Nach dem Gesagten geht jede freie Achse durch den Schwerpunkt des Körpers, aber nicht jede Schwerlinie ist eine freie Achse.

Durch höhere Rechnung findet man, dafs jeder Körper mindestens drei freie Achsen hat.

Körper, welche man sich durch Rotation einer Linie oder ebenen Fläche um eine Achse entstanden denken kann, haben in dieser eine freie Achse. Bei einer Kugel ist jeder Durchmesser, bei einer Scheibe jeder Durchmesser, sowie eine im Mittelpunkt auf ihr senkrechte Gerade eine freie Achse; bei Kegel und Cylinder ist die geometrische Achse eine freie Achse der Drehung.

§ 100. Erhaltung der Rotationsebene. 1) Wenn man eine schwere Scheibe, welche sich um eine Achse drehen kann (Schmidtscher Kreisel) durch Abziehen eines Fadens in rasche Rotation versetzt, so spürt man einen sehr lebhaften Widerstand, wenn man der Achse eine andere Richtung geben will; vermöge der Trägheit sucht die Scheibe in ihrer Rotationsebene zu verharren.

2) Eine Fessel'sche Maschine (Fig. 155) besteht aus einer schweren, an einer Achse befestigten Scheibe A; die zugespitzten Enden der Achse drehen sich in zwei diametral einander gegenüberliegenden Punkten eines Ringes, an dem eine lange Stange S befestigt ist; die letztere kann

sich um eine horizontale Achse in der Gabel GG' drehen; die Gabel selbst ist mit einem vertikalen Stift J verbunden, der sich in der Hülse H des Fuſsgestells umdrehen kann. Auf der Stange S läſst sich ein Schieber nebst einem Gewicht Q beliebig verschieben und feststellen.

Fig. 155. Fessels Maschine.

Hat man durch Verschieben des Gewichtes Q Gleichgewicht bei horizontaler Lage der Stange S hergestellt und bringt durch Abziehen eines Fadens die Scheibe A in rasche Rotation, so verändert dieselbe ihre Lage nicht, setzt aber jetzt, wie jeder rotierende Körper, der Änderung der Lage der Achse einen beträchtlichen Widerstand entgegen.

Nimmt man das Gewicht Q ab, oder schiebt man es mehr nach der Gabel hin und setzt die Scheibe in der Richtung des Pfeils f in Rotation, so dreht sich die (ursprünglich horizontal gehaltene) Stange S so, daſs die Scheibe sich nach vorn und das Gewicht Q nach hinten bewegt. Dabei sinkt die Scheibe erst, nachdem ihre Rotationsgeschwindigkeit stark abgenommen, merklich herab, während die Rotation der Stange rascher wird.

Wird umgekehrt das Gewicht Q so weit von der Gabel weggerückt, daſs die Stange S auf der Seite von Q niedersinken will und dann die Scheibe bei horizontal gehaltener Stange S in der Richtung des Pfeiles f in rasche Rotation versetzt, so bleibt die Stange anfänglich horizontal und dreht sich in entgegengesetzter Richtung, wie vorhin; nach und nach aber sinkt das Gewicht Q und die Rotation um die Achse J beschleunigt sich.

Wir wollen den letzteren Fall näher erörtern. Dreht sich die Scheibe M (Fig. 156) in der Richtung des Pfeiles f um, so kann man die Rotationsgeschwindigkeiten, welche die Richtungen der Berührenden an die Scheibe

haben, in zwei Komponenten zerlegen, von denen je die eine dem vertikalen Durchmesser *P Q* und die andere dem horizontalen *U V* parallel ist. Wäre *Q* so justiert, dafs es der Scheibe das Gleichgewicht hielte, so würde die

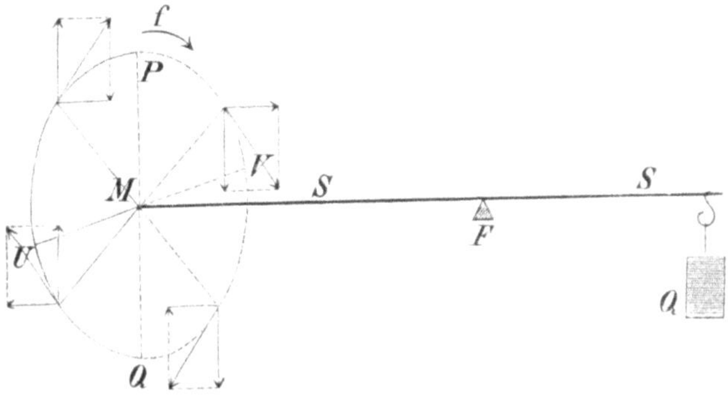

Fig. 156. Erhaltung der Rotationsebene.

Scheibe immer in derselben Lage bleiben, bis ihre Rotationsgeschwindigkeit verzehrt wäre. Wenn aber *Q* ein gröfseres Moment in Bezug auf *F* hat, als die Scheibe, so hebt sich dieselbe etwas; dadurch aber treten die vertikalen Komponenten der Rotationsgeschwindigkeit an den einzelnen Punkten vermöge der Kreisbeharrung aus der Ebene der Scheibe heraus und zwar die aufwärts gerichteten an der dem Beschauer zugewandten (vorderen) Scheibenhälfte nach links und die abwärts gerichteten der hinteren Scheibenhälfte nach rechts.

Die horizontalen Komponenten bleiben in der Ebene der Scheibe.

Wir denken uns nun die vertikalen Komponenten wieder in zwei zerlegt, von denen je die eine in die Scheibe fällt und die andere auf ihr senkrecht steht. Die letzteren sind an der vorderen Scheibenhälfte nach links und an der hinteren nach rechts gerichtet; sie ergeben ein resultierendes Kräftepaar, dessen Arm in den horizontalen Durchmesser *U V* fällt und das eine Rotation der Scheibe und der Stange *S* um *F* derart bewirkt, dafs sich die Scheibe nach hinten und das Gewicht *Q* nach vorn bewegt.

Durch diese Bewegung aber treten die horizontalen Komponenten der Rotationsgeschwindigkeit aus der Scheibenfläche heraus und zwar die der oberen Scheibenhälfte nach hinten (links), die der unteren Scheibenhälfte nach vorn (rechts). Zerlegt man diese Komponenten in zwei, von denen je die eine in die Scheibe fällt und die andere auf ihr senkrecht steht, so sind die letzteren in der oberen Scheibenhälfte nach hinten und in der unteren nach vorn gerichtet. Sie lassen sich durch ein resultierendes Paar ersetzen, dessen Arm in den vertikalen Durchmesser *P Q* fällt und das eine Drehung der Scheibe hervorruft, welche sie wieder in die vertikale Lage zurückzubringen strebt.

Ist die Rotationsgeschwindigkeit gering, so sind auch die Kräfte, welche die Scheibe wieder herabziehen wollen, im Vergleich zum Zug der des Gewichts Q unbedeutend; erst wenn die Scheibe sich merklich gehoben, erlangen sie die nötige Gröfse, um der Schwerkraft das Gleichgewicht halten zu können. Einer starken Hebung der Scheibe entspricht aber eine Vergröfserung der die Scheibe um F drehenden Kräfte; daher kommt es denn, dafs bei allmählicher Abnahme der Rotationsgeschwindigkeit die Scheibe sich rascher hebt und samt der Stange S um F dreht.

Gewöhnliche und Brummkreisel. — Die mit diesen Erscheinungen zusammenhängende Erhaltung der Erdachse in derselben Lage, sowie die Präcession und Nutation derselben wird später erörtert werden.

b) Dynamik unter Mitwirkung der Molekularkräfte.

§ 101. Allgemeine Sätze der Elasticität. Auf der Kohäsion der Körper (§ 12) beruhen die Erscheinungen der Elasticität, der Geschmeidigkeit, der Festigkeit und der Krystallisation.

Wir beschränken uns darauf, die Elasticität und Festigkeit näher zu betrachten.

Unter elastischer Kraft versteht man den Widerstand, welchen ein Körper der Änderung seiner Gestalt oder seines Volumens entgegensetzt. Im Gleichgewichtszustand ist die elastische Kraft der äufseren formändernden gleich.

Der Begriff „Elasticität" wird bald als mit elastischer Kraft, bald als mit der Gröfse der Gestaltänderung identisch genommen.

Gegen schwache Einwirkungen sind alle festen Körper vollkommen elastisch, d. h. sie nehmen ihre ursprüngliche Gestalt und ihr Volumen genau wieder ein, wenn die Einwirkungen aufhören. Diese Rückkehr in den früheren Zustand dauert bei starker Formveränderung oft längere Zeit, man bezeichnet dies mit den Namen elastische Nachwirkung.

Bei stärkeren Einwirkungen ändert sich die Gestalt und das Volumen dauernd, die Elasticitätgrenze ist überschritten. Innerhalb der Grenze der Elasticität, welche übrigens (nach Wertheim) in voller Schärfe nicht existiert, indem schwache, aber lang andauernde Einwirkungen, bleibende, wenn auch kaum merkliche Änderungen herbeiführen, gelten nachstehende Gesetze (Hooke 1679):

1. Die Gestaltänderung ist der äufseren Kraft proportional.

2) Die Gestaltänderung und die elastische Kraft wird gleich grofs, einerlei ob eine äufsere Kraft nach der einen oder der anderen Seite wirkt; es entwickelt sich ein gleich grofser Widerstand beim Ziehen und Drücken, beim Biegen und Drehen nach rechts oder links. Dagegen ist selbstverständlich die Zug- und Druckelasticität verschieden von der Elasticität der Biegung und der Torsion.

§ 102. Zug- und Druckelasticität. Die Zug- und Druckelasticität, resp. die Verlängerung oder Verkürzung eines Körpers ist abhängig von dem Stoff des Körpers; sie ist der wirkenden Kraft und der Länge des Körpers direkt, dagegen dem Querschnitt umgekehrt proportional. Bedeutet λ die Verlängerung (oder Verkürzung) eines Stabes von der Länge L und vom Querschnitt Q durch eine Kraft P, wobei zugleich ε ein vom Stoff des Körpers abhängiger Koefficient ist, so gilt:

$$\lambda = \varepsilon \,.\, \frac{P \,.\, L}{Q} \quad \text{oder} \quad P = \frac{1}{\varepsilon}\, \frac{\lambda\, Q}{L}. \tag{1}$$

Wenn die Grenzen der vollkommenen Elasticität nicht überschritten würden, falls man den Körper auf die doppelte Länge ausdehnte (oder auf die halbe Länge verkürzte), so würde, wenn $Q = 1$:

$$P' = \frac{1}{\varepsilon},$$

d. h. $\frac{1}{\varepsilon}$ bedeutet die Kraft, welche nötig ist, um einen Stab vom Querschnitt 1 (1 qmm) auf die doppelte Länge zu bringen.

Man bezeichnet $\frac{1}{\varepsilon}$ mit e und nennt diesen Wert den Elasticitätsmodulus.

Nennt man dagegen, wie dies von vielen Physikern geschieht, ε selbst den Elasticitätsmodulus, so ist nach der ersten Formel in (1), wenn $P = 1$, $L = 1$ und $Q = 1$:

$$\lambda = \varepsilon.$$

Die Zahl ε nennt man den Verlängerungs- oder Verkürzungsquotienten, er giebt die Verlängerung bezügl. Verkürzung an, welche durch die Kraft 1 an einem Stabe von der Länge 1 und dem Querschnitt 1 hervorgerufen wird.

Um den Elasticitätsmodulus zu finden, hängt man an einen Stab oder Draht von 1 qmm Querschnitt nach der Reihe verschiedene Gewichte an und mifst jedesmal die Entfernung zweier an dem Stabe markierter Punkte mittelst des Kathetometers.

Wir führen nachstehend die Elasticitätsmoduln (e) einiger Metalle in Form von gezogenem Draht an: Blei 1803 (kg); Silber 7357; Gold 8131; Zink 8734; Kupfer 12449; Platin 17044; Stahldraht (engl.) 18809; Gufsstahl 19549; Eisen 20869.

Angelassene Metalle haben meist eine geringere Elasticität; Erwärmung vermindert überhaupt die Elasticität, nur bei Stahl tritt anfangs (nicht über 200°) eine Erhöhung der Elasticität ein. Bei den Hölzern ist die Elasticität verschieden, je nachdem die Stäbe in der Richtung der Fasern (longitudinal) oder senkrecht zu denselben (aus einer Querschnittsscheibe) geschnitten sind; im letzteren Falle kann der Stab wieder in der Richtung der Querschnittsradien (radial) oder senkrecht zu diesen (tangential) geschnitten sein.

	long.	rad.	tang.
Pappel	512	73	39
Fichte	564	97	29
Eiche	921	189	130
Buche	980	270	159
Birke	997	81	155
Tanne	1113	94	34
Ulme	1165	123	63

Wir führen nun noch die Elasticitätmoduln einiger anderer Körper an: Glas 6000—8000 (am kleinsten bei bleihaltigem); Gips 861; Eis 541; Fischbein 603; Sandstein 631; Coconseide 861; Knochen 1635; Kalkstein 1887; Marmor 2609; Schiefer 11035.

Versteht man unter dem Modulus der Druckelasticität die Zahl von Kilogrammen, welche einen Stab von 1 qmm Querschnitt auf die Hälfte zusammenzupressen vermag, so ist derselbe halb so grofs, wie der Modulus der Zugelasticität. Zugkraftorgane, wie Seile, erlangen erst Elasticität, wenn sie gespannt werden, und Druckkraftorgane, wie namentlich die Gase, wenn sie unter einem bestimmten Druck stehen.

§ 103. Biegungs- und Torsionselasticität. 1) Um einen Körper zu biegen, kann man auf verschiedene Art verfahren; entweder man klemmt ihn am einen Ende ein und belastet ihn am anderen, oder man belastet ihn an einer beliebigen Stelle, während man ihn an beiden Enden auflegt oder einklemmt.

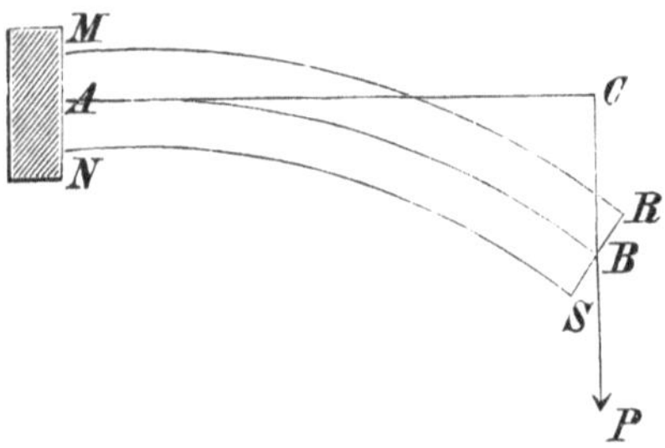

Fig. 157. Biegungspfeil.

Befestigt man einen prismatischen Balken *MRSN* (Fig. 157) am einen Ende und belastet ihn am anderen mit dem Gewicht *P*, so biegt sich derselbe, wobei die oberen Fasern sich verlängern und die unteren sich verkürzen; dazwischen aber mufs es eine Schicht geben, welche ihre ursprüngliche Länge behält; man nennt sie die neutrale Schicht und ihren Durchschnitt *AB* mit einem vertikalen Längsdurchschnitt *MRSN* des Balkens die elastische Linie. Die Strecke *BC*, um welche sich der Endpunkt der elastischen Linie von seiner ursprünglichen Lage entfernt hat, heifst der Biegungspfeil.

Die Biegung ist am eingemauerten Ende am gröfsten, d. h. die elastische Linie hat dort die stärkste Krümmung, während sie nach dem freien Ende hin immer mehr in eine gerade Linie übergeht.

Bezeichnet man die Länge des Balkens mit L, die Breite mit B und die Höhe mit H, sowie den Biegungspfeil mit λ, so ist:

$$\lambda = \frac{4}{e} \cdot \frac{P L^3}{B H^3},$$

wo e der Modulus der Zugelasticität ist.

2) Wird ein Stab am einen Ende festgeklemmt und am anderen gedreht, so übt er einen Widerstand aus, den man Drehungs- oder Torsionselasticität nennt.

Befestigt man am freien Ende des Stabes eine Stange an demselben, senkrecht zu seiner Länge, und dreht am Ende dieses Armes, so ist der Drehungs- oder Torsionswinkel der Gröfse der drehenden Kraft proportional.

Hat der runde Stab die Länge L und den Querschnittsradius R, wirkt ferner an dem Arme von der Länge l die Kraft P, so ergiebt sich für den Torsionswinkel φ:

$$\varphi = \alpha \cdot \frac{2}{\pi} \cdot \frac{L}{R^4} \cdot P \cdot l,$$

wo α ein von der Substanz des Stabes abhängiger Faktor ist. Da der Torsionswinkel der vierten Potenz des Stabes umgekehrt proportional ist, so erfordern dickere Stäbe selbst für schwache Tordierung schon sehr grofser Kräfte. Ist der Stab sehr fein (Conconfaden), so gilt das Gesetz, dafs der Torsionswinkel der drehenden Kraft proportional ist, bis zu mehrfachen vollen Umdrehungen.

Auf der Torsionselasticität beruht die Einrichtung der später zu beschreibenden Coulombschen Drehwage.

§ 104. Arten der Festigkeit — Zugfestigkeit. Unter Festigkeit versteht man den Widerstand, den ein Körper der Trennung seiner Teilchen entgegensetzt. Man unterscheidet vier Arten der Festigkeit, die absolute, rückwirkende, relative und Torsions-Festigkeit, jenachdem die Trennung der Teilchen durch Zereifsen, Zerdrücken, durch Biegen oder Drehung bewirkt wird.

1) Zugfestigkeit (absolute) wird untersucht, indem man einen Stab von überall gleichem Querschnitt in vertikaler Richtung am einen Ende befestigt und am anderen so lange Gewichte anhängt, bis der Stab reifst. Die absolute Festigkeit ist dem Querschnitt des Stabes proportional und unabhängig von der Länge. Die Zahl von Kilogrammen, welche nötig ist, um einen Stab von 1 qmm Querschnitt zu zerreifsen, nennt man den Modulus der absoluten Festigkeit.

Der Modulus der absoluten Festigkeit beträgt (nach Frankenheim) im höchsten Falle für Blei 2,01; Zinn 4,31; Gufseisen 13,02; Zink 16,33; Gold 36,38; Silber 41,54; Platin 41,54; Kupfer 53,25; Stabeisen (weich) 85,88; Stahldraht 121,43; Eisendraht 131,09.

Übrigens ändert sich die Festigkeit je nach der Bearbeitung; gegossen sind die Metalle meist weniger fest als gewalzt oder gehämmert, am festesten, wenn sie gezogen sind, eine Ausnahme macht z. B. das Zinn, welches gegossen fester ist, als gezogen. — Anlassen vermindert die Festigkeit. Körniges Eisen ist weit weniger fest, als fadiges, bei grobem Korn beträgt z. B. der Festigkeitsmodulus 18 und bei starkfadiger Struktur 90.

Bei den Hölzern ist die Richtung des Schnittes von Wichtigkeit (§ 102).

	longit.	radial.	tangent.
Pappel	1,97	0,15	0,21
Fichte	2,48	0,26	0,20
Buche	3,57	0,89	0,75
Tanne	4,18	0,22	0,30
Birke	4,30	0,82	1,06
Eiche	6,49	0,58	0,41

Organische Fasern besitzen die mittlere Festigkeit der Metalle:

Pferdehaar 9,64; Menschenhaar 11,59; Wollfaden 13,95; Spinnfaden 18,81; Hanffaden 25,95; Coconfaden 27,50. Die Festigkeit ist dabei an Fäden von gewöhnlicher Dicke untersucht und auf 1 qmm Querschnitt berechnet.

Von Gläsern ist am festesten das gewöhnliche Fensterglas (1,76), am wenigsten fest das bleihaltige Krystallglas (0,67).

§ 105. Rückwirkende Festigkeit. Die rückwirkende Festigkeit wird untersucht, indem man prismatische Körper vertikal aufstellt und auf die obere Grundfläche Gewichte legt, bis der Körper zerdrückt wird. Ist das Prisma hoch, so wird es nicht zerdrückt, sondern gebogen und zerknickt.

Die rückwirkende Festigkeit ist dem Querschnitt proportional.

Der Festigkeitsmodulus bezieht sich auch hier auf einen Querschnitt von 1 qmm.

Man hat namentlich die Baumaterialien auf ihre Festigkeit untersucht; doch sind die gefundenen Zahlen wegen der verschiedenartigen Beschaffenheit der Materialien nicht sehr zuverlässig:

Backstein 0,67—1,72; Sandstein 0,23—1,80; Kalkstein 1,05—14,03; Marmor 8,58—10,41; Granit 10,08—17,31; Porphyr 24,78.

Bei Gufseisen schwankt der Modulus der rückwirkenden Festigkeit zwischen 57 und 102.

Hohle Säulen tragen mehr, als solide, indem bei den letzteren die Belastung durch ihr eigenes Gewicht schon sehr bedeutend ist und die Festigkeit mehr beeinträchtigt, als sie durch die Solidität vermehrt wird.

Wir geben noch die Moduln der rückwirkenden Festigkeit für einige Hölzer an: Pappel 3,60; Birke 4,50; Rottanne 4,63; Fichte 4,77; Nufsbaum 5,08; Weifstanne 5,13; Buche 6,58; Eiche 7,07.

§ 106. Relative und Torsionsfestigkeit. Um einen (prismatischen) Körper zu zerbrechen, verfährt man wie bei der Untersuchung der Biegungselasticität: man befestigt ihn am einen Ende und legt am anderen Gewichte auf, oder man unterstützt ihn an beiden Enden und belastet ihn in der Mitte.

Im allgemeinen gilt die Formel:

$$P = x \, . \, \frac{Q}{L},$$

wo P die Belastung, L die Länge und Q eine vom Querschnitt abhängige Zahl bedeutet; x ist der Modulus der Biegungsfestigkeit, d. h. die zum Zerbrechen notwendige Belastung, wenn

$$L = Q = 1.$$

Ist der Stab am einen Ende fest und am andern frei, so gilt:

$$P = x \, \frac{B H^2}{L};$$

dabei bedeutet P die Belastung am freien Ende, L die Länge, H die Höhe, B die Breite des Körpers und x den Modulus der Biegungsfestigkeit.

Ein Balken trägt hiernach mehr, wenn er auf die hohe Kante als wenn er auf die breite Seite gelegt wird.

Für gutes Gufseisen ist $x = 32{,}44$, für Tanne 4,44; Buche 6,56; Eiche 7,05. Besonders fest bei geringer Masse sind die **I** förmigen eisernen Träger.

Die Torsionsfestigkeit wird ähnlich wie die Torsionselasticität untersucht; für den Modulus μ der Torsionselasticität gilt:

$$\mu = \frac{Pl}{Q};$$

wo P das Moment der Drehkraft und Q eine vom Querschnitt abhängige Gröfse ist; für einen runden Stab ist $Q = \frac{1}{2} \pi r^3$.

Die Zerdrehung kommt hie und da bei Maschinenachsen vor, wenn sie sich am einen Ende festklemmen.

Bestimmungen des Torsionsmodulus liegen nur wenige vor; für Gufseisen schwankt π zwischen 17 und 26.

§ 107. Sicherheitsmodulus. In der Praxis darf man einen Körper weitaus nicht so stark belasten, als es der Festigkeitsmodulus angiebt; die Belastung darf nur soweit gehen, dafs keine auffällige Formveränderung eintritt; die höchste Belastung, welche ein Körper von 1 qmm Querschnitt ohne sonderliche Formveränderung verträgt, nennt man seinen Sicherheitsmodulus.

Der Sicherheitsmodulus für Zugfestigkeit ist bei den Metallen $^1/_6$, bei Hölzern $^1/_{10}$; für Druckfestigkeit bei Metallen $^1/_5$, bei Hölzern $^1/_{10}$ und für Bruchfestigkeit bei Metallen $^1/_3$ und bei Hölzern $^1/_{10}$ des Festigkeitsmodulus.

§ 108. Vom Stofs überhaupt. Wenn zwei Körper zusammentreffen, von denen also wenigstens der eine in Bewegung sein mufs, so tritt infolge der durch den Anprall — Stofs — rege gemachten Molekularkräfte in den beiden Körpern eine rasche Änderung der Geschwindigkeiten ihrer Bewegung ein.

Infolge des Zusammenstosfes biegen sich die einander zunächst berührenden Teile beider Körper zuerst etwas ein, um sich möglicherweise später wieder auszubiegen. Eine Senkrechte auf die ebene Fläche, in der sich die beiden Körper nach den ersten Momenten des Stofses berühren und die man wohl die Stofsfläche nennt, giebt die Richtung des Stofses an.

Der hier stattfindende Vorgang ist verschieden, je nachdem die beiden Körper vollkommen oder unvollkommen elastisch oder ganz unelastisch sind; ferner tritt ein Unterschied ein, je nachdem die Bewegungsrichtungen mit der des Stofses zusammenfallen oder nicht — gerader und schiefer Stofs; aufserdem ist es von Einflufs, ob die Stofsrichtung durch die Schwerpunkte beider Körper geht oder nicht — centraler und excentrischer Stofs.

Ist der Anprall von sehr geringer Heftigkeit, so kann man beide Körper als elastisch betrachten; bei starkem Stofs müssen dagegen die meisten Körper als unvollkommen elastisch angesehen werden: nur gasförmige Körper und annähernd auch Elfenbein bewähren sich selbst bei stärkeren Stöfsen als vollkommen elastisch.

Wir betrachten zunächst die beiden Grenzfälle, indem wir die aufeinander stofsenden Körper zuerst als vollkommen unelastisch und dann als vollkommen elastisch annehmen.

Immer aber setzen wir voraus, dafs der Stofs gerade und central sei. Ist der Stofs gegen einen Körper excentrisch, so kann man statt der Stofskraft eine ihr gleiche annehmen, welche durch den Schwerpunkt geht und aufserdem ein Kräftepaar, dessen Moment gleich dem Produkt aus der ursprünglichen Stofskraft und der Entfernung ihrer Richtung vom Schwerpunkt ist (§ 47). Der Körper erfährt gewissermafsen einen centralen Stofs von gleicher Stärke, wie der ursprüngliche excentrische und aufserdem eine Drehung, deren Gröfse durch das bezeichnete Kräftepaar bestimmt ist.

§ 109. Gerader und centraler Stofs unelastischer Körper. Wenn zwei Körper, einerlei ob sie elastisch oder unelastisch sind, zusammenstofsen, so biegen sie einander so lange ein, bis ihre Geschwindigkeiten gleich und gleich gerichtet sind. Sind die Körper unelastisch, so laufen sie von nun an, ohne weitere gegenseitige Einwirkung auszuüben, dicht hintereinander her; sind sie elastisch, so suchen sich die eingebogenen Stellen wieder auszubiegen, und es tritt eine abermalige Wirkung der Körper aufeinander ein.

Wir betrachten zunächst den ersten Teil des Vorgangs beim Stofse, welcher elastischen und unelastischen Körpern gemeinsam ist und bei den letzteren die alleinige Einwirkung bildet.

Durch den Anprall gegeneinander stofsender Körper werden die Molekularkräfte in ihnen rege gemacht, und es müssen dieselben nach dem Princip der gleichen Wirkung und Gegenwirkung während der ganzen Dauer der gegenseitigen Einwirkung gleich und entgegengesetzt sein. Da aufserdem die Einwirkung des ersten Körpers auf den zweiten gerade so lange dauert, wie die des zweiten auf den ersten, so müssen die Zeiteffekte der Molekularwirkungen, d. h. die Änderungen der Bewegungsgröfsen, welche während der Dauer des Stofses eintreten, einander gleich sein.

Sind nun M_1 und M_2 die Massen der beiden Körper, c_1 und c_2 ihre Geschwindigkeiten vor dem Stofs, und ist c die gemeinsame Geschwindigkeit nach dem Stofse, so mufs:

$$M_1 (c_1 - c) = M_2 (c - c_2) \tag{1}$$

Hierbei ist vorausgesetzt, dafs die Körper vor dem Stofse gleiche Bewegungsrichtung gehabt, dafs der erstere, mit der Masse M_1, hinter dem zweiten herlief und eine gröfsere Geschwindigkeit als dieser besafs, d. h. dafs $c_1 > c_2$ war. Durch den Stofs verliert der erste an Geschwindigkeit und zwar $c_1 - c$, während der zweite $c - c_2$ gewinnt.

Aus (1) findet man:

$$c = \frac{M_1 c_1 + M_2 c_2}{M_1 + M_2}. \tag{2}$$

Laufen die Körper einander in derselben Richtung entgegen, d. h. ist im Vergleich mit dem vorigen Falle c_2 negativ, so findet man:

$$c = \frac{M_1 c_1 - M_2 c_2}{M_1 + M_2}. \tag{3}$$

Ist der zweite Körper ursprünglich in Ruhe gewesen, d. h. $c_2 = 0$, so hat man:

$$c = \frac{M_1 c_1}{M_1 + M_2}.$$

Ist im letzteren Falle aufserdem $M_1 = M_2$, so mufs:

$$c = \frac{c_1}{2}.$$

Ist M_2 unendlich grofs und in Ruhe, prallt z. B. eine unelastische Kugel an eine feste unelastische Mauer, so ist:

$$c = 0;$$

die Kugel verliert also ihre ganze Geschwindigkeit und bleibt an der Mauer liegen. (Dividiere in (2) Zähler und Nenner mit M_2 und setze $c_2 = 0$.)

Aufgabe 1. Ein unelastischer Körper von 15 kg läuft mit einer Geschwindigkeit von 1,5 m hinter einem andern von 22 kg und 1,2 m Geschwindigkeit her; wie grofs ist die gemeinsame Geschwindigkeit nach dem Stofse?

Wie grofs würde die gemeinsame Geschwindigkeit sein, wenn die Körper ursprünglich gegen einander liefen?

Aufgabe 2. Ein unelastischer Körper von 10 kg läuft mit einer Geschwindigkeit von 1 m gegen einen anderen Körper von 5 kg; wie grofs mufs die Geschwindigkeit des letzteren sein, wenn beide nach dem Stofs, in Ruhe kommen sollen?

Aufgabe 3. Ein unelastischer Körper von 4 kg läuft mit einer Geschwindigkeit von 1,3 m gegen einen ruhenden von 9 kg; wie grofs ist die gemeinsame Geschwindigkeit nach dem Stofse?

Aufgabe 4. Wie grofs mufs die Geschwindigkeit eines unelastischen Körpers von 6 kg sein, wenn er einen ruhenden von 2 kg durch Stofs auf die Geschwindigkeit 0,3 m bringen soll?

§ 110. Gerader und centraler Stofs vollkommen elastischer Körper. Bei den vollkommen elastischen Körpern tritt zunächst dieselbe Wirkung ein, wie bei den vollkommen unelastischen: die Körper biegen sich so lange ein, bis ihre Geschwindigkeiten gleich geworden; alsdann aber biegen sie sich mit derselben Kraft wieder aus, mit der sie eingebogen worden sind.

Laufen nun zwei Kugeln hintereinander her, so verliert die stofsende in der ersten Periode des Stofses die Geschwindigkeit $c_1 - c$, während die gestofsene $c - c_2$ gewinnt; durch den Rückstofs aber verliert die erstere abermals $c_1 - c$ und die zweite gewinnt noch einmal $c - c_2$. Es ist also die Geschwindigkeit der ersten am Schlusse:

$$v_1 = c_1 - 2\,(c_1 - c) = 2c - c_1\,, \tag{1}$$

während die der zweiten:

$$v_2 = c_2 + 2\,(c - c_2) = 2c - c_2 \tag{2}$$

beträgt.

Setzt man in die Gleichungen (1) und (2) den Wert aus (2) in § 109 für c, so erhält man:

$$v_1 = \frac{(M_1 - M_2)\,c_1 + 2\,M_2\,c_2}{M_1 + M_2} \quad \text{und} \quad v_2 = \frac{(M_2 - M_1)\,c_2 + 2\,M_1\,c_1}{M_1 + M_2}. \tag{3}$$

Aufserdem müssen die Zeiteffekte innerhalb der ganzen Stofszeit gleich sein, weshalb:

$$M_1\,(c_1 - v_1) = M_2\,(v_2 - c_2); \tag{4}$$

hatten die beiden Körper ursprünglich entgegengesetzte Bewegungsrichtung, so findet man v_1 und v_2, wenn man in (3) $-c_2$ statt c_2 setzt, woraus:

$$v_1 = \frac{(M_1 - M_2)\,c_1 - 2\,M_2\,c_2}{M_1 + M_2} \quad \text{und} \quad v_2 = \frac{(M_1 - M_2)\,c_2 + 2\,M_1\,c_1}{M_1 + M_2}.$$

Vollkommen elastische Körper haben also vor und nach dem Stofse ungleiche Geschwindigkeiten und zwar derart, dafs der eine Körper entweder mit geringerer Geschwindigkeit hinter dem gestofsenen herläuft, oder dafs beide nach dem Stofse in entgegengesetzter Richtung auseinandergehen.

Ist der zweite Körper vor dem Stofse in Ruhe gewesen, also $c_2 = 0$, so folgt aus (3):

$$v_1 = \frac{(M_1 - M_2)\, c_1}{M_1 + M_2} \text{ und } v_2 = \frac{2\, M_1\, c_1}{M_1 + M_2}.$$

Sind aufserdem die Massen beider Körper gleich, so ist:

$$v_1 = 0 \text{ und } v_2 = c_1;$$

d. h. der stofsende kommt nach dem Stofse in Ruhe, während der gestofsene die Geschwindigkeit des stofsenden angenommen hat.

Ist die Masse des zweiten Körpers nnendlich grofs, so wird:

$$v_1 = \frac{\frac{M_1}{M_2} - 1}{\frac{M_1}{M_2} + 1}\, c_1 = -\, c_1 \text{ und } v_2 = 0;$$

der stofsende Körper fährt also in entgegengesetzter Richtung mit derselben Geschwindigkeit, welche er ursprünglich besessen, zurück.

Die Stofs- oder Perkussionsmaschine von Mariotte besteht aus einer Anzahl gleicher Elfenbeinkugeln, welche an Fäden dicht neben einander hängen (Fig. 158). Hebt man die erste Kugel *a* in die Höhe und läfst sie herabfallen, so springt die letzte *b* so hoch in die Höhe, als die erste gehoben worden ist, während die mittleren in Ruhe bleiben; fällt die letzte wieder herab, so springt die erste auf u. s. w. Nach einiger Zeit wird freilich, wegen der unvollkommenen Elasticität der Kugeln, die ganze Reihe in Bewegung gerathen.

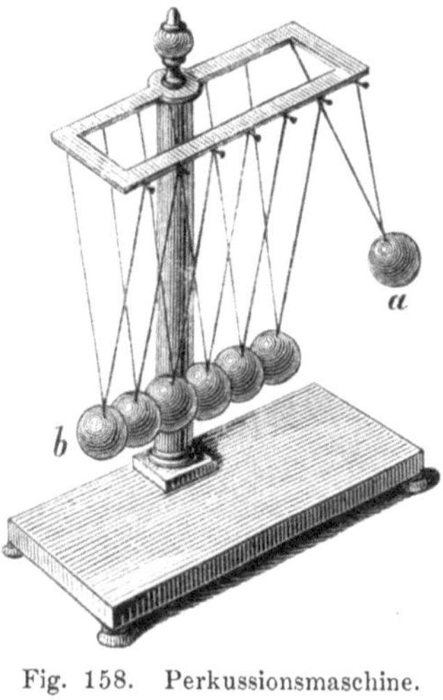

Fig. 158. Perkussionsmaschine.

Aufgabe 1. Eine Elfenbeinkugel trifft mit 0,6 m Geschwindigkeit gerade (und central) gegen eine gleichgrofse von 0,4 m Geschwindigkeit; wie grofs sind die Geschwindigkeiten beider Kugeln, wenn sie ursprünglich hintereinander und wenn sie gegeneinander liefen?

Wie würden sich die Verhältnisse gestalten, wenn die stofsende Kugel eine dreimal so grofse Masse hätte, als die gestofsene?

Aufgabe 2. Eine Elfenbeinkugel trifft mit 1 m Geschwindigkeit gegen eine ruhende; wie grofs sind die Geschwindigkeiten beider Kugeln nach dem Stofse?

Wie grofs würden die Geschwindigkeiten sein, wenn die Masse der ersteren Kugel doppelt so grofs wäre, als die der zweiten?

Aufgabe 3. Zwei elastische Kugeln, von denen die eine doppelt soviel Masse, als die andere hat, liegen dicht aneinander; gegen die erste stöfst eine Kugel, welche doppelt soviel Masse hat, als jene; wenn die Geschwindigkeit der stofsenden Kugel 2 m beträgt, wie grofs sind nach dem Stofs die Geschwindigkeiten der drei Kugeln?

§ 111. Verlust an lebendiger Kraft beim Stofse. Während beim Stofse an Zeiteffekt nichts verloren geht, weder bei elastischen noch unelastischen Körpern, weil die Molekularwirkungen in beiden Körpern gleich sind und gleichlang andauern, so kann, wenigstens bei unelastischen Körpern, vom Wegeffekte nicht dasselbe behauptet werden.

Sind allgemein P und P (Fig. 159) zwei gleiche und entgegengesetzte Kräfte, welche an den Punkten A und B angreifen, und bewegen sich bei einer Verschiebung des Körpers die Angriffspunkte bezüglich von A nach A' und von B nach B', so ist die Summe der Arbeiten gleich Null, wenn die Projektionen Aa und Bb der Wege der Angriffspunkte auf die gemeinsame Kraftrichtung gleich und gleichgerichtet sind.

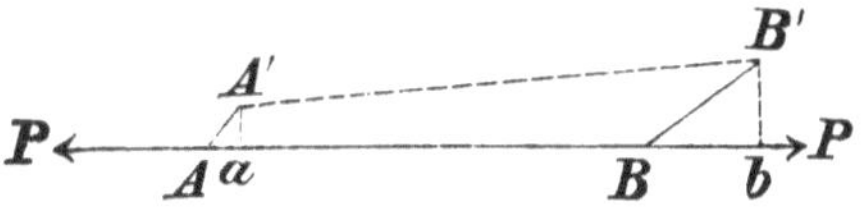

Fig. 159. Arbeit der Molekularkräfte.

Wenn zwei Körper zusammenstofsen, so entwickeln sich gleiche und entgegengesetzte Molekularkräfte, deren Richtungen bei geradem Stofse in die Bewegungsrichtung fallen; die Verschiebungen ihrer Angriffspunkte (innerhalb der ersten Periode des Stofses) fallen in die Kraftrichtung selbst, sind aber von den Angriffspunkten, d. h. von der Berührungsfläche aus gerechnet, entgegengesetzt gerichtet; die Summe der Arbeiten der Molekularkräfte ist also nicht gleich Null, da beide Arbeiten einerlei Vorzeichen haben.

Hieraus folgt, dafs bei vollkommen unelastischen Körpern die Summe der lebendigen Kräfte beider Körper nach dem Stofse kleiner sein mufs, als vor demselben, und zwar um den Betrag der Arbeit, welche zur Einbiegung der Körper erforderlich ist.

In der zweiten Periode des Stofses, innerhalb welcher bei vollkommen elastischen Körpern eine genaue Wiederherstellung der ursprünglichen Gestalt herbeigeführt wird, leisten die Molekularkräfte wiederum eine Arbeit, welche der in der ersten Periode des Stofses erzeugten gleich und entgegengesetzt ist, so dafs die Gesamtsumme der Arbeiten der Molekularkräfte Null ist. Hieraus folgt, dafs bei vollkommen elastischen Körpern kein Verlust an lebendiger Kraft eintritt.

Dafs bei unelastischen Körpern wirklich ein Verlust an lebendiger Kraft entsteht, läfst sich auch noch auf folgende Art nachweisen:

Die lebendige Kraft vor dem Stofse ist:

$$\tfrac{1}{2} M_1 c_1^{\,2} + \tfrac{1}{2} M_2 c_2^{\,2}$$

und nach dem Stofse:

$$\tfrac{1}{2} (M_1 + M_2) c^2.$$

Nun ist aber nach (1) in § 109:

$$M_1 (c_1 - c) = M_2 (c - c_2); \qquad (1)$$

und, wegen $c_1 > c_2$:

$$c + c_1 > c + c_2. \qquad (2)$$

Multipliziert man (1) mit (2), so erhält man;

$$\tfrac{1}{2} M_1 (c_1^{\,2} - c^2) > \tfrac{1}{2} M_2 (c^2 - c_2^{\,2}).$$

Hieraus läfst sich ableiten:

$$\tfrac{1}{2} M_1 c_1{}^2 + \tfrac{1}{2} M_2 c_2{}^2 > \tfrac{1}{2}(M_1 + M_2)\, c^2.$$

Der Verlust an lebendiger Kraft beträgt:

$$\tfrac{1}{2} M_1 c_1{}^2 + \tfrac{1}{2} M_2 c_2{}^2 - \tfrac{1}{2}(M_1 + M_2)\, c^2 = \frac{M_1 \,.\, M_2}{M_1 + M_1} \,.\, \frac{(c_1 - c_2)^2}{2}.$$

Dieser Verlust an kinematischer Energie hat sich in kalorische verwandelt, d. h. in Schwingungen der Moleküle, auf denen die Wärmeerscheinungen beruhen; unelastische Körper werden beim Zusammenstofsen heifs.

Ähnlich wird nachgewiesen, dafs bei vollkommen elastischen Körpern kein Verlust an lebendiger Kraft eintritt; vor dem Stofse ist die Summe der lebendigen Kräfte:

$$\tfrac{1}{2} M_1 c_1{}^2 + \tfrac{1}{2} M_2 c_2{}^2,$$

und nach dem Stofse:

$$\tfrac{1}{2} M_1 v_1{}^2 + \tfrac{1}{2} M_2 v_2{}^2.$$

Nun ist aber nach (1) und (2) in § 110:

$$c_1 + v_1 = c_2 + v_2.$$

Aufserdem ist, nach (4) in § 110:

$$M_1 (c_1 - v_1) = M_2 (v_2 - c_2).$$

Multipliziert man die zwei letzten Gleichungen, so erhält man:

$$M_1 (c_1{}^2 - v_1{}^2) = M_2 (v_2{}^2 - c_2{}^2).$$

Hieraus folgt aber:

$$\tfrac{1}{2} M_1 c_1{}^2 + \tfrac{1}{2} M_2 c_2{}^2 = \tfrac{1}{2} M_1 v_1{}^2 + \tfrac{1}{2} M_2 v_2{}^2.$$

Da fast alle Körper unvollkommen elastisch sind, so geht immer durch den Stofs an lebendiger Kraft verloren; es treten aufserdem dauernde Formveränderungen ein, welche sich bis zur Lostrennung der Teilchen voneinander, d. h. bis zur Zertrümmerung der Körper steigern können. Man mufs also Stöfse namentlich bei Maschinen möglichst zu vermeiden suchen, oder, wo sie unvermeidlich sind, durch Zwischenschiebung elastischer Körper unschädlich machen (Puffer bei Waggons, Federn an den Wagen).

Aufgabe. Zwei unelastische Kugeln von 6 und 8 kg Gewicht und 4, bezüglich 3 m Geschwindigkeit stofsen, hintereinander laufend, zusammen; wie grofs ist der Verlust an lebendiger Kraft nach dem Stofse?

Wie grofs ist dieser Verlust, wenn die Kugeln ursprünglich gegen einander liefen?

Wie hoch hätte die Gesamtmasse beider Kugeln durch die dem Verlust an lebendiger Kraft entsprechende Arbeit vertikal gehoben werden können?

§ 112. Stofs unvollkommen elastischer Körper. Bei unvollkommen elastischen Körpern verliert in der ersten Periode des Stofses der stofsende Körper $c_1 - c$ und der gestofsene gewinnt $c - c_2$ an Geschwindigkeit; in der zweiten Periode aber, da sich die eingebogenen Teile der Körper nicht völlig wieder ausbiegen, wird nicht abermals dieselbe Geschwindigkeit verloren, bezügl. gewonnen, wie in der ersten, sondern nur ein Bruchteil davon. Bezeichnet e eine Zahl kleiner als 1, so ist die Geschwindigkeit des stofsenden Körpers am Ende des Stofses:

$$c_1 - (c_1 - c) - e(c_1 - c) = (1 + e)c - e c_1,$$

und die Geschwindigkeit des gestofsenen:

$$c_2 + (c - c_2) + e(c - c_2) = (1 + e)c - e c_2.$$

Setzt man $e = 0$, so erhält man die Geschwindigkeiten der beiden Körper nach dem Stofse für vollkommen unelastische Körper, und setzt man $e = 1$, so erhält man die für vollkommen elastische.

§ 113. Schiefer Stofs. Stofsen zwei Kugeln schief gegen einander, d. h. stehen die Richtungen ihrer Geschwindigkeiten $M_1 C_1$ und $M_2 C_2$ (Fig. 160) nicht auf der gemeinsamen Berührungsfläche AB der Kugeln senkrecht, so zerlege man dieselben je in zwei Geschwindigkeiten, $M_1 D_1$ und $M_1 E$, sowie $M_2 D_2$ und $M_2 E_2$, von denen die ersten $M_1 D_1$ und $M_2 D_2$ auf AB senkrecht stehen und die beiden anderen ($M_1 E_1$ und $M_2 E_2$) parallel zu AB sind. Die beiden ersten Geschwin-

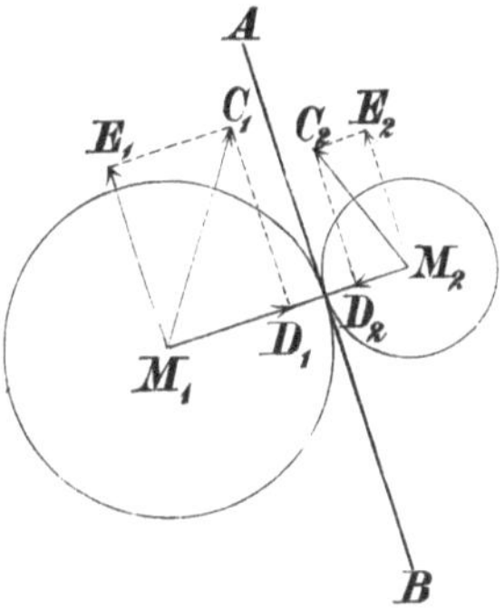

Fig. 160. Schiefer Stofs.

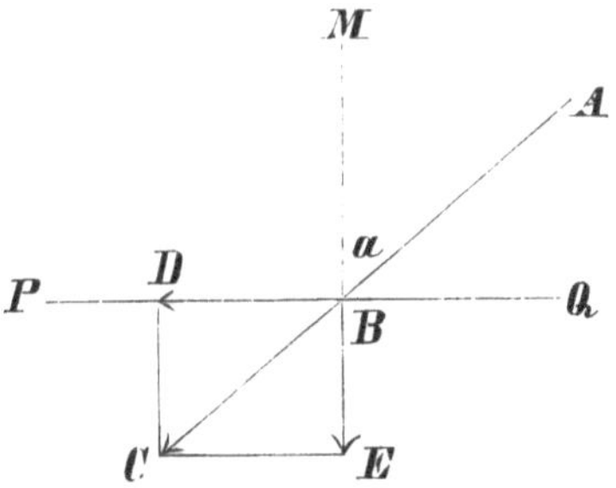

Fig. 161. Schiefer Stofs eines unelastischen Körpers gegen eine unelastische Wand.

digkeiten erzeugen einen geraden centralen Stofs, während die beiden anderen nur ein Gleiten längs der gemeinsamen Berührungsfläche hervorbringen können. Bestimmt man die Gröfsen der infolge der Stofses entstehenden Geschwindigkeiten und kombiniert sie mit den Komponenten $M_1 E_1$ und $M_2 E_2$, welche der Berührungsfläche parallel sind, so erhält man die Gröfsen und Richtungen der Geschwindigkeiten beider Kugeln nach dem Stofse.

§ 114. Schiefer Stofs gegen eine feste Wand. 1) Stöfst eine unelastische Kugel schief gegen eine feste unelastische Wand PQ (Fig. 161) mit der Geschwindigkeit $v = BC$, so kann man dieselbe in zwei Geschwindigkeiten, von denen die eine BE senkrecht und die andere BD parallel zur Wand PQ ist, zerlegen. Die erste Geschwindigkeit geht verloren, der Körper gleitet also mit der Geschwindigkeit BD längs der Wand hin.

Nennt man die Senkrechte MB auf die Wand im Punkte B das Einfallslot und den Winkel $ABM = \alpha$, welchen die Bewegungsrichtung des Körpers mit dem Lote bildet, den Einfallswinkel, so ist:

$$BD = v \sin \alpha.$$

2) Ist der Körper sowohl wie die Wand vollkommen elastisch, und

zerlegt man wieder die Geschwindigkeit $v = BC$ (Fig. 162) in zwei Komponenten BE und BD, so verwandelt sich die erstere in die gleiche und entgegengesetzte BE' (§ 110); kombiniert man diese mit BD, so erhält man als Resultierende BC', welches die Geschwindigkeit nach dem Stofse vorstellt.

Nun ist aber $\triangle BCE \cong \triangle BE'C'$, weil $BE = BE'$, $CE = C'E'$ ($= BD$) und $\sphericalangle E = \sphericalangle E' = R$; folglich mufs, da $\sphericalangle CBE = \alpha$, auch $\sphericalangle C'BE' = \alpha$ sein.

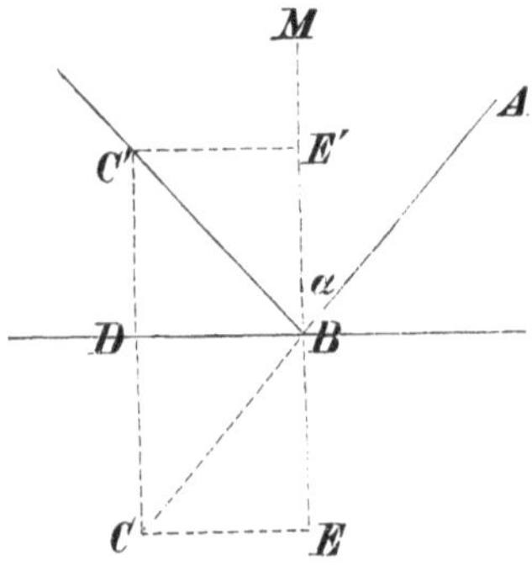

Fig. 162. Stofs eines elastischen Körpers gegen eine elastische Wand.

Ein elastischer Körper wird also von einer elastischen Wand unter demselben Winkel reflektiert, unter dem er aufgefallen.

Den Winkel MBC' nennt man den Reflexions- oder Ausfallswinkel: Einfalls- und Ausfallswinkel sind einander gleich.

Billard. — Reflexion des Schalles, des Lichtes und der Wärme.

§ 115. Erhaltung des Schwerpunktes. Durch innere Kräfte (§ 33) kann der Bewegungszustand eines Körpers oder eines Systemes von Körpern nicht geändert werden. Betrachtet man z. B. zwei einander stofsende Körper als ein System, so bewegt sich ihr gemeinsamer Schwerpunkt, in den man die Gesamtmasse verlegt denken kann, nach dem Stofse genau so, als ob der Stofs nicht stattgefunden hätte; denn die Kräfte, welche sich beim Stofse entwickeln, sind innere.

Dies ist das Gesetz von der Erhaltung des Schwerpunktes.

Lebende Wesen können durch ihre inneren Kräfte lediglich die Lage ihrer Gliedmafsen gegen einander verändern, der Schwerpunkt ihres Körpers aber bleibt an derselben Stelle, wenn nicht äufsere Kräfte, wie die Reibung am Boden, hinzutreten.

Der Schwerpunkt der einzelnen Teile einer explodierten Granate oder Bombe bewegt sich auf derselben Curve, auf welcher er sich bewegt hätte, wenn keine Explosion stattgefunden hätte; Erdbeben, Ausbrüche von Vulkanen u. s. w. haben auf die Bewegung der Erde keinen Einflufs.

Übrigens läfst sich das Gesetz von der Erhaltung des Schwerpunktes beim Stofs besonders erweisen. Denkt man sich durch den Ort, wo zwei Körper zusammenstofsen, eine Ebene gelegt, und sind zur Zeit t vor dem Stofse x_1 und x_2 die Abstände ihrer Schwerpunkte, sowie x der Abstand des Schwerpunktes der Gesamtmasse beider Körper von dieser Ebene, so ist:

$$M_1 x_1 + M_2 x_2 = (M_1 + M_2) x.$$

Sind ebenso y_1, y_2 und y die Abstände bezüglich der Schwerpunkte der einzelnen Körper und des Schwerpunktes der Gesamtmasse zu irgend einer Zeit t nach dem Stofse, so gilt:

$$M_1 y_1 + M_2 y_2 = (M_1 + M_2) y.$$

Die Abstände x_1, x_2, x, und y_1, y_2, y können als Wege betrachtet werden, welche in der Zeit t zurückgelegt werden; dividiert man dieselben durch t, so erhält man die Geschwindigkeiten u_1, u_2, u und v_1, v_2, v der Schwerpunkte der beiden Körper und des Schwerpunktes ihrer Gesamtmasse bezüglich vor und nach dem Stofse. Aus den obigen Gleichungen folgt also:

$$M_1 u_1 + M_2 u_2 = (M_1 + M_2) u$$

und

$$M_1 v_1 + M_2 v_2 = (M_1 + M_2) v.$$

Nun sind aber die linken Seiten dieser zwei Gleichungen einander gleich, weil sie die Bewegungsgröfsen vor und nach dem Stofse bedeuten, also ist auch:

$$(M_1 + M_2) u = (M_1 + M_2) v$$

d. h.

$$u = v.$$

c) Von den Hindernissen der Bewegung.

§ 116. Allgemeines über die Bewegungshindernisse. Fast allen Bewegungen stehen Hindernisse entgegen, woher es kommt, dafs das Gesetz der Trägheit nirgends in voller Reinheit zur Geltung kommt. Die meisten Bewegungen sind nicht frei, sondern finden auf vorgeschriebener Bahn statt; man hat es nicht mit einzelnen Körpern, sondern mit Elementenpaaren zu thun.

Aufserdem bewegen sich alle Körper inmitten eines anderen, in einem widerstehenden Mittel, das gewöhnlich die Luft ist. Die Himmelskörper bewegen sich inmitten des Äthers und glaubt man aus der Änderung, welche die Bahn des Enckeschen Kometen im Laufe der Zeit erfahren hat, schliefsen zu dürfen, dafs der Äther auch auf die Bewegung der Himmelskörper, namentlich auf die der sehr dünnmassigen Kometen hemmend einwirke.

Wenn ein Körper sich auf vorgeschriebener Bahn bewegt, so kann er aus zweierlei Gründen in seiner Bewegung gehemmt werden. Sind die Oberflächen der beiden Elemente, welche das Paar konstituieren, einigermafsen rauh, wie dies gewöhnlich der Fall ist, so mufs das sich bewegende Element über die Erhabenheiten des anderen hinweggleiten, wobei die Erhabenheiten umgebogen und zugleich Erschütterungen, schwingende Bewegungen der Oberflächenmoleküle u. s. w. hervorgerufen werden.

Ein Teil der kinetischen Energie des sich bewegenden Körpers wird also durch die Arbeit, welche die Umbiegung der Erhabenheiten nötig macht, verbraucht und ein anderer verwandelt sich in Wärme. Den Widerstand, welchen die Bewegung eines Körpers auf einem anderen erfährt, wenn die Oberflächen derselben mehr oder minder rauh sind, bezeichnet man mit dem Namen Reibung. Man unterscheidet eine gleitende und eine wälzende Reibung; bei der ersteren bleiben immer dieselben Punkte des sich bewegenden Körpers mit der Unterlage in Berührung, während bei der letzteren, da der Körper sich umdreht, die Berührungspunkte ständig wechseln.

Sind die Oberflächen der Elemente sehr glatt, so tritt ein anderes Bewegungshindernis ein, welches in der Adhäsion der Moleküle des einen Körpers an die des anderen seinen Grund hat.

Alle diese Widerstände können als Kräfte angesehen werden, welche an dem bewegten Körper angreifen und der Bewegung direkt entgegenwirken.

§ 117. Gesetze der Reibung. Wenn ein Körper keine Reibung erführe, so müfste er, einmal in Bewegung gesetzt, immerfort in derselben verharren. Da dies aber nicht der Fall ist, so mufs, wenn die Bewegung erhalten bleiben soll, ständig eine gewisse Kraft angewandt werden, welche als Mafs für die Reibung dienen kann. Übrigens ist zu bemerken, dafs es viel mehr Kraft erfordert, um einen Körper aus der Ruhe in Bewegung zu bringen, als ihn in derselben zu erhalten — die Reibung von der Ruhe aus ist gröfser als in der Bewegung; in der Ruhe können sich die Erhabenheiten und Vertiefungen besser ineinander versenken.

Um die Gesetze der gleitenden Reibung überhaupt zu untersuchen, stellt man auf eine ebene horizontale Unterlage einen Kasten und befestigt an ihm eine Schnur, welche über eine Rolle geht; am Ende der Schnur ist eine Wagschale angehängt. Den Kasten kann man mit Gewichten beschweren und untersuchen, wieviel Gewichte man in die Wagschale legen mufs, um entweder den Kasten von der Ruhe aus in Bewegung zu bringen, oder ihn, wenn er bereits in Bewegung gebracht ist, in dieser zu erhalten. Die Gewichte in der Wagschale geben die Gröfse der Reibung an. Die Reibung beträgt irgend einen Bruchteil von dem Druck des sich bewegenden Körpers auf die Unterlage, oder allgemein einen Bruchteil von dem Druck, den die beiden Körper, welche sich aneinander reiben, aufeinander ausüben. Ist f dieser Bruchteil und bezeichnet D den Druck, sowie R die die Gröfse der Reibung, so ist:

$$R = f \,.\, D.$$

Die Zahl f wird der Reibungskoëfficient genannt.

Die gleitende Reibung während der Bewegung ist:

1) abhängig von der Natur der einander reibenden Körper;

2) proportional dem Druck, den sie aufeinander ausüben;

3) unabhängig von der Geschwindigkeit der Bewegung;

4) bei gleichem Gesamtdruck unabhängig von der Gröfse der Berührungsflächen, dagegen bei gleichem specifischem Druck (auf die Flächeneinheit) proportional der Gröfse der Berührungsflächen.

Auch die Reibung von der Ruhe aus ist proportional dem Druck und bei gleichem Gesamtdruck von der Gröfse der Berührungsflächen unabhängig, dagegen bei gleichem specifischem Druck proportional der Gröfse der Berührungsflächen. In betreff der Abhängigkeit der Gröfse der Reibung von der Natur der Körper ist zu bemerken, dafs gleichartige Körper im allgemeinen eine stärkere Reibung ergeben, als ungleichartige, weil bei den ersteren die Unebenheiten genauer ineinander passen. (Eisen auf Eisen; Holz auf Eisen.) Bei zwei Hölzern ist die Reibung geringer, wenn die Fasern senkrecht aufeinander stehen, als wenn sie parallel liegen. Dafs die Reibung von der Geschwindigkeit, wenn diese nicht sehr klein oder sehr grofs ist, unabhängig ist, erklärt sich daraus, dafs bei grofser Geschwindigkeit zwar viele Punkte in derselben Zeit miteinander in Berührung kommen, dafs aber die Unebenheiten nicht Zeit haben sich tief ineinander zu versenken.

Die Reibung ist von der Gröfse der Berührungsflächen unabhängig, wenn der Gesamtdruck gleichbleibt, denn bei grofsen Flächen hat man zwar viele Berührungspunkte, aber auf jeden kommt ein verhältnismäfsig kleiner Druck. Nur wenn die specifischen Drucke gleich sind, wenn auf jedem Punkte der Berührungsflächen derselbe Druck lastet, einerlei ob sie grofs oder klein sind, ist die Reibung der Gröfse der Berührungsflächen proportional. — Ein Quaderstein erfährt auf einer horizontalen Unterlage denselben Druck, einerlei ob man ihn auf die schmale oder die breite Fläche legt; warum? — Stellt man aber einen Quaderstein auf eine Kante, so vergröfsert sich, namentlich bei weicher Unterlage, die Reibung, weil der Stein etwas einsinkt und dadurch auch Reibung an den Seiten verursacht.

Zur Verminderung der Reibung bedient man sich der Schmiermittel: Fett, Seife, Graphit, Öl, Wasser. Die Schmiermittel füllen die Unebenheiten aus und machen die Oberfläche weicher.

Wir geben nachstehend einige Reibungskoëfficienten:

Namen der sich reibenden Körper	Reibungskoëfficienten (im Mittel) von der Ruhe aus	Reibungskoëfficienten (im Mittel) in der Bewegung
Holz auf Holz, ungeschmiert	0,50	0,34
„ „ „ mit Seife geschmiert	0,33	0,15
„ „ „ mit Schweineschmalz geschmiert	0,21	0,07
Holz auf Metall ungeschmiert	0,60	0,42
„ „ „ mit Talg geschmiert	0,12	0,08
Metall auf Metall, ungeschmiert	0,18	0,18
„ „ „ mit Öl geschmiert	0,12	0,07
„ „ „ mit Wasser benetzt	—	0,31
Leder auf Holz oder Metall ungeschmiert	0,54	0,40
„ „ „ „ „ mit Öl geschmiert	0,28	0,16

§ 118. Wälzende und Zapfenreibung. Die wälzende Reibung ist im allgemeinen kleiner als die gleitende. Schwere Steine legt man deshalb auf Walzen, statt sie auf der Erde fortzuschleifen und versieht die Wagen mit Räder. Bei weicher Unterlage findet jedoch manchmal das Umgekehrte statt; ein Schlitten erfährt auf Schnee weniger Reibung als ein Wagen, da bei letzterem die Räder einsinken und dadurch auch Reibung an den Seiten entsteht. Je weicher die Bahn, um so breiter mufs man die Räder machen.

Nach den Untersuchungen von Coulomb gilt:

Die wälzende Reibung ist proportional dem Druck und unabhängig von dem Durchmesser des rollenden Cylinders.

Der Koëfficient der wälzenden Reibung beträgt für Walzen aus Pockenholz auf Eichenholz 0,018, für Ulmenholz auf Eichenholz 0,031, für gufseiserne Räder auf eisernen Schienen 0,018.

Die Zapfenreibung unterscheidet sich von der wälzenden Reibung dadurch, dafs der Zapfen sich zwar dreht, aber das Lager stets in denselben Punkten berührt.

Die Koëfficienten der Zapfenreibung sind: für Bronze auf Bronze, mit Öl geschmiert, 0,097; für Schmiedeeisen auf Bronze (Öl) 0,075; für Gufseisen auf Gufseisen (Öl) 0,075; ebenso für Schmiedeeisen auf Gufseisen.

Bei den Zugkraftorganen (Seilen) tritt noch ein Widerstand ein, herrührend von der Steifigkeit der Seile. Wenn ein Seil über eine Rolle gelegt ist, so mufs der sich aufwickelnde Teil sich krümmen und der sich abwickelnde Teil sich in die gerade Richtung strecken. Hierdurch, sowie noch durch andere Umstände, welche von der besonderen Beschaffenheit des Seilmaterials abhängen, wird ein Teil der bewegenden Kraft verzehrt.

Aufgabe 1. Der Reibungskoëfficient eines Wagens auf einer guten Landstrafse beträgt $^1/_{50}$; mit welcher Kraft mufs ein Pferd an einem 6000 kg schweren Wagen ziehen, damit die Geschwindigkeit erhalten bleibt?

Aufgabe 2. Ein Eisenbahnzug wiegt 400 000 kg; der Reibungskoëfficient ist $^1/_{150}$; wieviel Pferdekräfte mufs die Lokomotive besitzen, wenn sie den Zug in 2 Minuten von 5 auf 10 m Geschwindigkeit bringen soll?

§ 119. Widerstand des Mittels. Wenn ein Körper sich innerhalb eines Mittels (Luft, Wasser) bewegt, so erfährt er einen Widerstand dadurch, dafs er den Zusammenhang der Moleküle des Mittels überwinden und die Moleküle in Bewegung setzen mufs. Hier giebt es nur einen Widerstand innerhalb der Bewegung und nicht auch von der Ruhe aus; zudem ist der Widerstand nicht von der Geschwindigkeit unabhängig, sondern er wächst proportional dem Quadrat der Geschwindigkeit; ebenso wächst der Widerstand proportional der Fläche, welche direkt gegen die Moleküle des Mittels stöfst. Eine Bleiplatte von demselben Gewicht wie eine Bleikugel fällt langsamer als diese, wenn sie der Luft ihre breite Seite darbietet. — Wenn ein Körper von grofser Höhe fällt, so kann es eintreten, dafs seine Geschwindigkeit von einem gewissen Moment an nicht mehr wächst. — Wenn ein Räderwerk durch eine gespannte Feder oder ein sinkendes Gewicht in Bewegung gesetzt wird, so würde es immer schneller und schneller gehen, wenn man nicht eine „Hemmung“ anbrächte. Diese Hemmung kann, abgesehen von der früher bei den Uhren erörterten, dadurch erreicht werden, dafs man mit dem Uhrwerk einen Windflügel in Verbindung bringt. Wenn derselbe, mit seinen breiten Flügeln gegen die Luft schlagend, eine gewisse Geschwindigkeit erlangt hat, so ist der Widerstand des Mittels grofs genug, um die Beschleunigung, welche die bewegende Kraft erzeugen will, aufzuheben.

3. Statik der tropfbarflüssigen Körper.

§ 120. Fortpflanzung des Druckes in einer Flüssigkeit. Wir haben schon früher (§ 15) die beiden Grundeigenschaften der flüssigen Körper, die leichte Verschiebbarkeit der Teilchen und die Inkompresibilität kennen gelernt. Aus der ersteren Eigenschaft folgt der Satz:

Der auf eine Flüssigkeit an irgend einor Stelle ausgeübte Druck pflanzt sich mit gleicher Stärke nach allen Richtungen hin fort (Pascal 1650).

Diejenigen Teilchen, welche zunächst den Druck empfangen, pflanzen denselben nach allen Richtungen hin fort, weil sie nach allen Richtungen hin gleich leicht entweichen können. Da der Satz von der gleichen Fortpflanzung des Druckes nach allen Seiten lediglich aus der leichten Verschiebbarkeit der Teilchen folgt und diese Eigenschaft nicht blofs den tropfbar-, sondern auch den ausdehnsam-flüssigen (gasförmigen) Körpern zukommt, so gilt der genannte Satz auch für diese, d. h. für alle flüssigen Körper überhaupt.

Fig. 163 zeigt ein Gefäfs mit drei Kolben *AB*, *CD* und *GH*, von denen die beiden ersten gleich grofs sind. Übt man auf *AB* einen gewissen Druck aus, so pflanzt sich derselbe auf alle Flüssigkeitsteilchen, welche den beiden andern Kolben anliegen, und somit auf diese selbst, mit unverminderter Stärke fort; hat nun Kolben *AB* dieselbe Grundfläche, wie *CD*, so erfährt letzterer, da er von gleich viel Teilchen geprefst wird, einen Druck, welcher dem auf *AB* ausgeübten gleich ist. Hat aber der Kolben, eine dreimal so grofse Fläche als *AB* *GH* so erfährt er auch einen dreimal so grofsen Druck, weil er von dreimal so viel Teilchen geprefst wird. Der Druck auf die Einheit der Fläche — specifischer Druck — ist bei allen Kolben gleich.

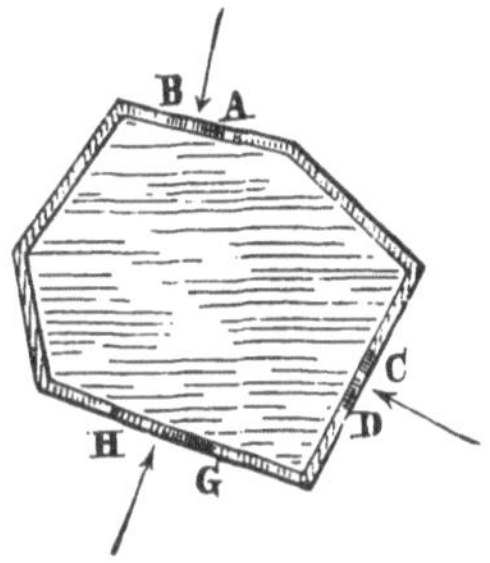

Fig. 163. Fortpflanzung des Druckes in einer Flüssigkeit.

Auf diesem Satz von der Gleichheit der Fortpflanzung des Druckes in einer Flüssigkeit nach allen Seiten beruht eine höchst wichtige Maschine, die hydraulische oder Brahmasche Presse (1797). Mittelst einer Druckpumpe *d* (Fig. 164) deren Kolben (Druckkolben) an einem einarmigen Hebel *ABL* befestigt ist, wird Wasser in einen weiten Cylinder *C*, den Prefscylinder, in welchem der Prefskolben *K* sich

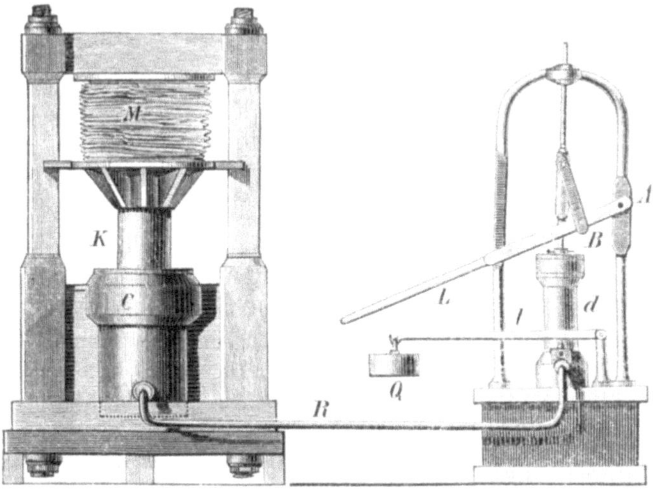

Fig. 164. Hydraulische Presse.

befindet, eingepumpt. Der Druck- und der Prefscylinder sind durch die Röhre *R* miteinander verbunden. Ist die Grundfläche des Prefskolbens hundertmal gröfser, als die des Druckkolbens, so erfährt der erstere einen hundertmal so grofsen Druck,

10*

als auf den letzteren ausgeübt wird. Das Sicherheitsventil *l*, hebt sich, wenn der Druck eine gewisse Stärke, welche nicht überschritten werden soll, erreicht.

An dem Prefskolben ist eine Platte befestigt, welche sich mit demselben aufwärts bewegt, so dafs ein Körper *M*, welcher sich zwischen dieser und der oberen festen Platte befindet, einem sehr starken Druck ausgesetzt werden kann.

Je mehr übrigens an Kraft gewonnen wird, um so mehr geht an Geschwindigkeit verloren.

Eine hydraulische Presse ist eine zusammengesetzte Kette; man hat drei Elementenpaare (Fig. 165); 1) ein Druckkraftorgan *cc* nebst Gefäfs *dd*; 2) ein Prismenpaar *a* und *d'd'* und 3) ein Prismenpaar *b* und *d''d''*. Das Gefäfs *dd* ist einerseits mit dem Hohlkörper *d'd'* und andererseits mit dem Hohlkörper *d''d''* durch das Material des Gefäfses vergliedert; desgleichen ist das Druckkraftorgan *cc* durch seine Masse einerseits mit dem Vollkörper *a* und andererseits mit dem Vollkörper *b* vergliedert.

Die hydraulische Presse wird in der Industrie und in der Landwirtschaft vielfach verwendet, z. B. zum Pressen von Pulver, Ölsamen, geschmolzenem Talg (in den Stearinfabriken), Papier u. s. w.

Aufgabe. Der Durchmesser des Druckkolbens einer hydraulischen Presse betrage 0,04 m und der des Prefskolbens 0,3 m; der Hebelarm der Kraft, welche an *L* wirkt, sei zehnmal gröfser als der der Last, welche an *B* wirkt; wie grofs ist der Druck des Prefskolbens, wenn die an *L* wirkende Kraft 25 kg beträgt?

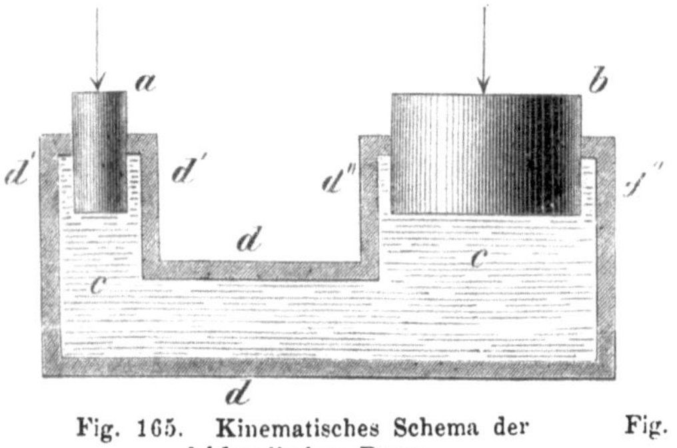

Fig. 165. Kinematisches Schema der hydraulischen Presse.

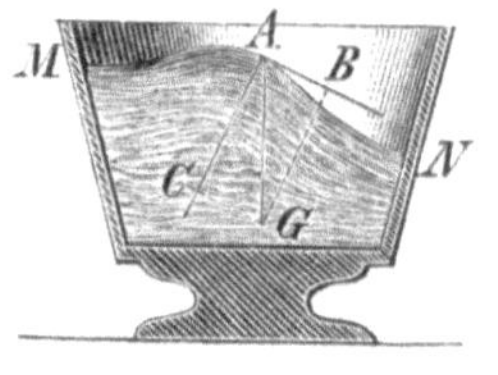

Fig. 166. Oberfläche einer schweren Flüssigkeit.

§ 121. Gestalt der Oberfläche schwerer Flüssigkeiten. Wenn Kräfte an den einzelnen Teilchen einer Flüssigkeit wirken, so kann nur dann Gleichgewicht herrschen, wenn die Kräfte auf der Oberfläche der Flüssigkeit senkrecht stehen. Sei *A* (Fig. 166) ein Flüssigkeitsteilchen an der Oberfläche *MAN* und *AG* die Richtung der Schwerkraft, so kann man sich dieselbe, wenn sie nicht zufällig auf der Berührenden an *A* senkrecht steht, in zwei Kräfte *AB* und *AC* zerlegt denken; die erstere geht verloren, weil sie die Teilchen gegen einander und gegen den festen Boden zu drücken sucht, Flüssigkeiten aber unzusammendrückbar sind; die letztere dagegen bewirkt, dafs das Teilchen *A* längs der Berührenden herabrollt. Ist die ursprüngliche Kraft auf der Oberfläche in *A*, d. h. auf der Berührenden an dieselbe senkrecht, so herrscht, da sie keine Bewegung hervorbringen kann, Gleichgewicht.

Eine der Schwere unterworfene Flüssigkeit kann nur im Gleichgewicht stehen, wenn die Schwerkräfte auf der Oberfläche in den einzelnen Punkten derselben senkrecht stehen, d. h. wenn die Oberfläche der Flüssigkeit ein Stück einer Kugeloberfläche bildet, welche den Erdradius zum Radius hat, oder mit anderen Worten, wenn sie horizontal ist. Bei den Oberflächen kleinerer Flüssigkeitsmassen bemerkt man die Krümmung nicht, sie erscheinen eben.

Ein Molekül *m* (Fig. 167) im Inneren einer Flüssigkeit erfährt von den benachbarten Molekülen rundum gleiche starke Anziehung. Die Attraktionssphäre, welche hier durch einen Kreis bezeichnet ist, hat allerdings einen sehr kleinen Radius. Ein Molekül *m'* an der Oberfläche, oder ein solches *m''*, welches um eine Strecke, welche kleiner als der Attraktionsradius ist, von der Oberfläche absteht, erfährt nach unten eine stärkere Anziehung als nach oben — der Halbkreis *cnd* enthält mehr Moleküle, als die Zone *cabd*. Es mufs also die Oberfläche einer Flüssigkeit einen Druck auf die unteren Schichten ausüben; diesen Druck (auf den qcm) nennt man den Normal- oder Kohäsionsdruck. Zugleich mufs sich die Oberfläche in einem geprefsten Zustand befinden, man spricht daher von einem Flüssigkeitshäutchen: eine Nähnadel läfst sich auf die Oberfläche einer Flüssigkeit legen, ohne dafs sie untersinkt, und viele Wassertiere laufen über den Wasserspiegel, wie über eine feste Fläche (Plateau's Gleichgewichtsfiguren).

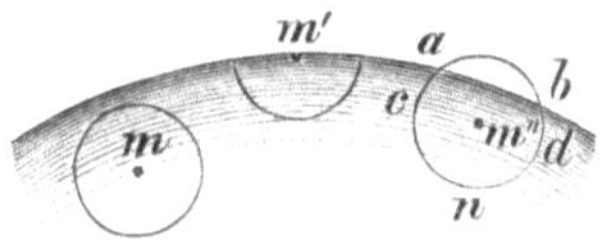

Fig. 167. Normaldruck.

Die Oberfläche einer schweren Flüssigkeit behält in der Nähe der Seitenwand des Gefäfses, in welchem die Flüssigkeit eingeschlossen ist, ihre horizontale Lage nicht bei; Flüssigkeiten, welche die Gefäfswand benetzen (§ 13), stellen sich am Rand höher mit konkaver Wölbung nach oben, solche, welche die Wand nicht benetzen, stellen sich am Rande tiefer mit konvexer Wölbung. Ist eine Flüssigkeit in einem Gefäfse (Fig. 168), so werden die an der Wand liegenden Moleküle, wie *A*, sowohl von der Wand, als von der Flüssigkeit im Gefäfs angezogen. Die Anziehungen der Wandteile oberhalb und unterhalb *A* heben einander auf und es bleibt nur die Anziehung übrig, welche das Wandstückchen ausübt, an dem *A* unmittelbar anliegt. Diese Anziehung AQ erfolgt senkrecht gegen die Wand, während die Anziehungskraft AP der Flüssigkeit gegen *A* unter einem Winkel von 45° gegen die Wand geneigt ist. Zerlegt man AP in zwei Kräfte, AP' und AP'', so bringt die letztere blofs eine unmerkliche Zusammenpressung der Flüssigkeit hervor, und es bleibt nur AP' übrig. Ist $AP' < AQ$, und ist $AQ' = AQ - AP'$, so hat man AQ' mit AP'' zu kombinieren und erhält auf diese Weise die Resultierende AR; diese mufs,

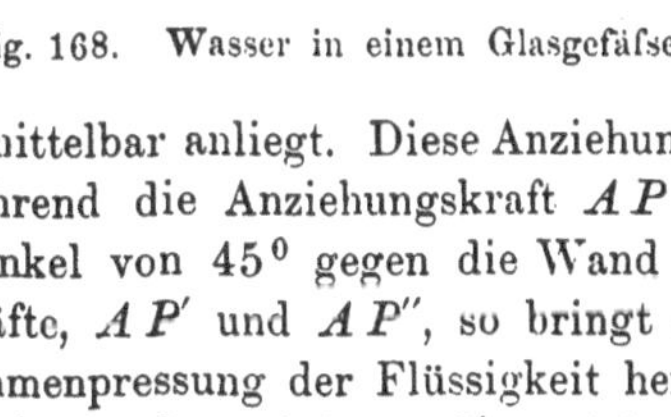

Fig. 168. Wasser in einem Glasgefäfse.

wenn Gleichgewicht stattfinden soll, auf der Oberfläche der Flüssigkeit im Punkte A senkrecht stehen; die Oberfläche also mufs hier eine konkave Krümmung annehmen (Glas und Wasser).

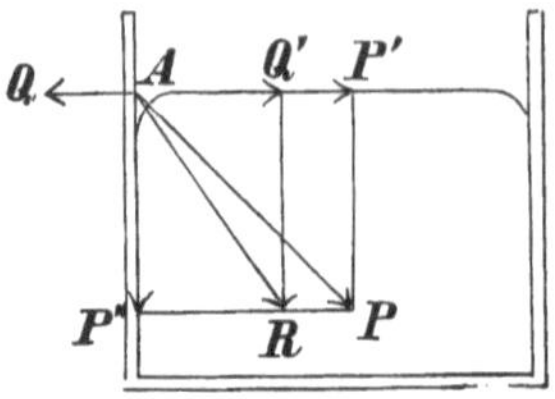

Fig. 169. Quecksilber in einem Glasgefäfse.

Ist AP' (Fig. 169) gröfser als AQ und $AQ' = AP' - AQ$, so ist jetzt die Resultierende aus AQ' u. AP'' nach innen geneigt und die Oberfläche mufs bei A eine konvexe Krümmung, senkrecht gegen AR annehmen (Glas und Quecksilber).

Wäre $AP' = AQ$, so müfste die Oberfläche durchweg eben sein.

§ 122. Druck im Innern und auf den Boden. 1) Alle Flüssigkeitsteilchen, welche in einer Fläche liegen, die der Oberfläche einer unter dem Einflufs der Schwere im Gleichgewicht befindlichen Flüssigkeit parallel ist, haben denselben Druck auszuhalten; und zwar ist dieser Druck gleich dem Gewicht eines vertikal darüber stehenden, bis zur Flüssigkeitsoberfläche reichenden Wasserfadens.

Hat das Gefäfs, in welchem sich die Flüssigkeit befindet, vertikale Seitenwände (Fig. 170), so steht über jedem Wasserteilchen m, welches in einer der Oberfläche pq parallelen, also horizontalen Fläche st liegt, ein vertikaler Wasserfaden ma, welcher mit seinem Gewichte auf m drückt.

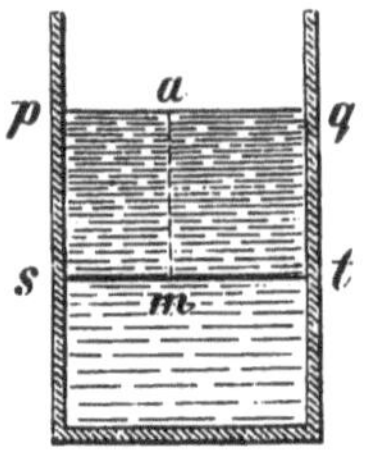

Fig. 170. Druck einer Flüssigkeit in einem cylindr. Gefäfse auf eine horizontale Schicht im Innern.

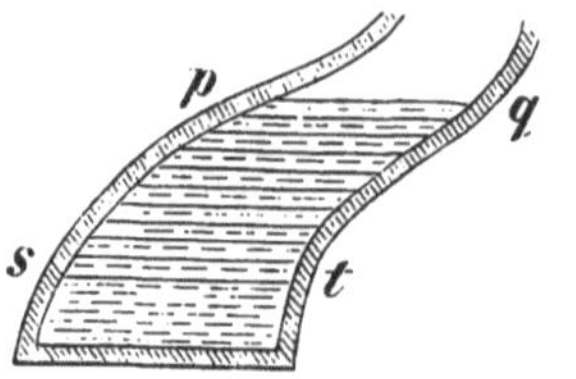

Fig. 171. Druck einer Flüssigkeit auf eine horizontale Schicht im Innern.

Alle in der horizontalen Fläche st liegenden Wasserteilchen haben also denselben Druck auszuhalten. Sind die Wände beliebig gekrümmt, so denke man sich parallel der horizontalen Schicht st (Fig. 171) eine grofse Zahl sehr nahe bei einanderliegender Ebenen gelegt. Zwischen je zwei solcher Ebenen befindet sich eine (annähernd) prismatische Wasserschicht und jede drückt mit ihrem Gewichte auf die darunter liegende, welcher Druck sich nach allen Richtungen hin fortpflanzt. Ist die Höhe jeder Schicht h und das Gewicht der Kubikeinheit der Flüssigkeit γ, so pflanzt sich von jeder Schicht ein Druck $h\gamma$ auf jeden Quadratcentimeter der Fläche st fort. Der Gesamtdruck auf die Fläche st, welche f Quadratcentimeter haben mag, beträgt $nhf\gamma$, wenn n Schichten über st stehen. Dies ist aber das Gewicht einer Wassersäule, welche sich prismatisch über st bis zur Oberfläche erhebt.

2) Der Druck, den die Teilchen im Innern einer unter dem Einfluſs der Schwere stehenden Flüssigkeit durch die darüber liegenden Teilchen erfahren, pflanzt sich auch senkrecht gegen die Seitenwände und gegen den Boden des Gefäſses fort. Unter „Druck auf eine feste Wand" versteht man immer den senkrechten Druck, da nur dieser vollständig durch die Festigkeit der Wand aufgehoben wird.

Für den Bodendruck gilt folgender Satz:

Der Druck, den eine schwere Flüssigkeit auf den horizontalen Boden eines Gefäſses ausübt, ist gleich dem Gewichte einer Flüssigkeitssäule, welche sich vertikal über dem Boden erhebt und bis zum Spiegel der Flüssigkeit reicht. Dabei ist es einerlei, ob das Gefäſs cylindrisch (vertikal oder schief) ist, ob es sich oben erweitert oder verengt.

Dieser auf den ersten Blick unwahrscheinliche Satz heiſst das hydrostatische Paradoxon.

Die Richtigkeit folgt unmittelbar aus 1); da der Boden horizontal ist, so hat jedes Wasserteilchen an demselben einen Druck auszuhalten, welcher gleich dem Gewicht eines Wasserfadens ist, der bis zur Oberfläche des Wassers reicht. Diesen Druck pflanzen die Wasserteilchen gegen den Boden fort.

Die Richtigkeit dieses Satzes läſst sich auch experimentell mit Hülfe des Apparates (Fig. 172) nachweisen; es ist dies eine Wage, an deren einen Arm eine Messingplatte mittelst eines Fadens angehängt ist und die als beweglicher Boden für verschiedene Gefäſse von gleicher Bodenöffnung dienen kann; die Gefäſse lassen sich auf einen Dreifuſs aufschrauben. Ist die Messingplatte tariert und legt man auf die Wagschale noch ein Gewicht auf, so kann jedes Gefäſs bis zu derselben Höhe mit Wasser gefüllt werden, ehe die Platte niedergeht. Das in die Wagschale gelegte Gewicht ist stets gleich dem der Wassersäule, welche in dem cylindrischen Gefäſse enthalten ist.

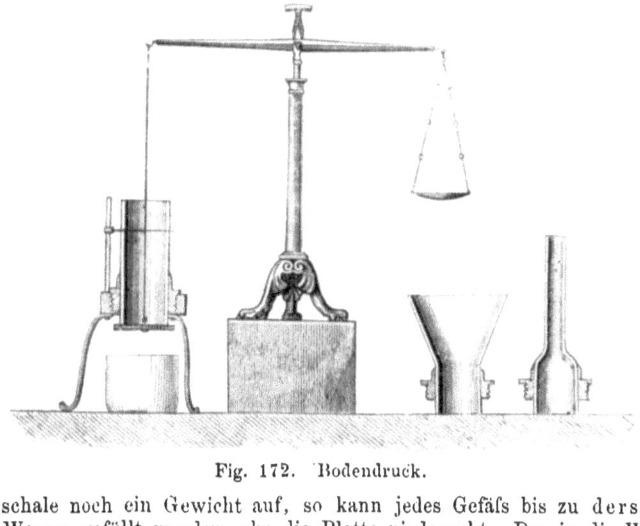

Fig. 172. Bodendruck.

Aufgabe 1. Wie groſs ist der Druck auf den Boden eines Gefäſses, welcher 12 qcm Fläche hat, wenn die Höhe der Flüssigkeit 15 cm beträgt und ihr specifisches Gewicht 1,3 ist?

Aufgabe 2. In einem mit Quecksilber (spec. Gewicht 13,6) bis zur Höhe von 8 cm gefüllten Gefäſs, besträgt der Bodendruck 815 g; wie groſs ist der Boden?

§ 123. Anwendungen vom hydrostatischen Paradoxon. Von dem Gesetz des Bodendrucks macht man Anwendung bei dem anatomischen Heber, der Extraktionspresse und der Wassersäulenmaschine. Die beiden ersten Apparate, die wir nicht ausführlicher beschreiben wollen, beruhen darauf, daſs man mit wenig Wasser einen starken Druck hervorbringen kann, wenn man auf ein weites Gefäſs eine enge, hohe Röhre setzt und Wasser eingieſst.

Die Wassersäulenmaschine (Fig. 173) besteht aus einem Cylinder *CC*, in welchem sich ein Kolben *K* auf- und abbewegen kann; der Kolben ist durch eine Stange mit einem kleineren Kolben *q*, der sich in einer engeren Röhre bewegt verbunden. Neben dem Cylinder *CC* ist eine Steuervorrichtung angebracht, welche aus einem Cylinder nebst zweien durch eine Stange verbundenen Kolben *v*, *v* besteht. In der Mitte des Steuerungscylinders mündet das „Einfallrohr" *R*, welches Wasser aus groſser Höhe in die Steuerung führt. Bei der in unserer Figur angegebenen Stellung der Steuerung flieſst das „Aufschlagwasser" bei *a* ein und treibt den Kolben *K* in die Höhe, während das Wasser oberhalb des Kolbens bei *y* ausflieſst. Ist der Kolben beinahe oben angekommen, so stöſst die an der Kolbenstange angebrachte Querstange *ss* gegen die „Knagge" *g* und hebt die Steuerstange, so daſs jetzt das Aufschlagwasser durch *b* über den Kolben treten und das unter demselben befindliche Wasser bei *a* und *x* ausflieſsen kann. Mit dem Kolben *K* geht der Kolben *q* auf und nieder; beim Aufwärtsgehen drückt er das durch die Röhre *N* eintretende, zu hebende Wasser, z. B. Salzsole, in die Kammer *m*, hebt das obere und schlieſst das untere Ventil und geht in das Steigrohr *S*. Unter dem Kolben *q* entsteht dabei ein verdünnter Raum, weshalb das untere Ventil in der Kammer *n* sich hebt und Salzwasser in *n* einlässt. Beim Abwärtsgehen des Kolbens *q* wird das Salzwasser in *n* und durch das obere Ventil nach *S* gepreſst, während neue Salzsole durch *N* nach *m* gelangt. Da der Kolben *K* viel breiter ist, als *q*, so kann man durch die Wassersäulenmaschine die Salzsole, obwohl sie schwerer als gewöhnliches Wasser ist, höher heben als die Fallhöhe des letzteren beträgt.

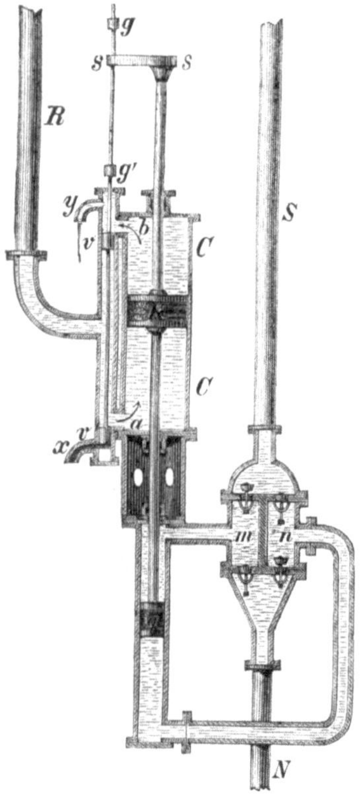

Fig. 173. Wassersäulenmaschine.

Wassersäulenmaschinen in Reichenhall und Rosenheim in Bayern, von Reichenbach konstruiert, heben Salzsole zu beträchtlicher Höhe und führen sie 30 Stunden weit zu den Siedepfannen. Eine dieser Maschinen hebt Salzsole auf 346 Fuſs, bei einer Höhe des Aufschlagwassers von 140 Fuſs; der Kolben *K* hat $20\frac{1}{2}$ und der Kolben *q* 10 Zoll Durchmesser.

Aufgabe. Wie hoch kann Salzsole vom spec. Gewicht 1,15 gehoben werden, wenn das Aufschlagwasser von einer Höhe von 40 m kommt, der Kolben *K* 7 cm und der Kolben *q* 3 cm Durchmesser besitzt und der Nutzeffekt der Maschine 70% beträgt?

Inwiefern bewährt sich bei der Wassersäulenmaschine das Princip der virtuellen Arbeiten?

§ 124. Seitendruck. Die in einem Gefäfse befindliche Flüssigkeit übt nicht blofs einen Druck auf den Boden, sondern auch auf die Seitenwände aus. Es sei *mn* (Fig. 174) eine ebene Seitenwand und *mx* die Oberfläche der Flüssigkeit; dann hat das Wasserteilchen an a' einen Druck gleich dem Gewichte des Wasserfadens $a'b'$ auszuhalten; diesen pflanzt es in der Richtung $c'a'$ senkrecht gegen die Wand fort; ebenso hat das Wandstück a'' einen senkrechten Druck $c''a''$ auszuhalten, welcher gleich dem Gewichte des Wasserfadens $a''b''$ ist u. s. w. Alle diese Druckkräfte sind einander parallel.

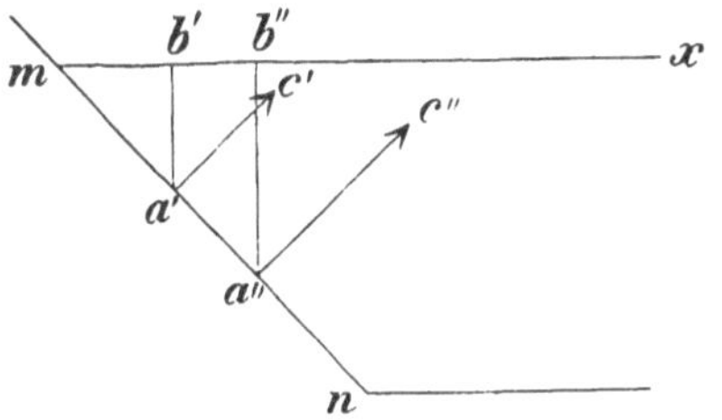

Fig. 174. Seitendruck der Flüssigkeiten.

Denkt man sich die Wand in lauter sehr kleine Flächenstückchen φ zerlegt und ist ferner γ das Gewicht der Volumeneinheit der Flüssigkeit, so sind die einzelnen Druckkräfte, wenn man $a'b'$ mit h_1, $a''b''$ mit h_2 ... bezeichnet:

$$\varphi h_1 \gamma, \quad \varphi h_2 \gamma, \quad \varphi h_3 \gamma \ldots\ldots$$

Da die Druckkräfte parallel sind, so ist ihre Resultierende:

$$P = \gamma \Sigma(\varphi h).$$

Nun ist aber der Klammerausdruck die Summe der Momente der Flächenstücke in Bezug auf die Oberfläche *mx*, er ist also gleich dem Moment des Schwerpunktes der Seitenfläche *mn* in Bezug auf die Oberfläche *mx* (§ 53). Bezeichnet man den von der Flüssigkeit berührten Teil der Seitenwand mit F und den Abstand ihres Schwerpunktes von der Oberfläche *mx* mit y, so ist der Gesamtdruck auf die Seitenwand:

$$Fy\gamma = \gamma \Sigma(\varphi h).$$

Hieraus erhält man, da $F = \Sigma(\varphi)$:

$$y = \frac{\Sigma(\varphi h)}{\Sigma(\varphi)}.$$

Um den Angriffspunkt der Resultierenden aller parallelen Druckkräfte $\varphi h_1 \gamma$, $\varphi h_2 \gamma$ ... zu finden, bedenke man, dafs die Momente der Kräfte in Bezug auf die Oberfläche gleich sind:

$$\varphi h_1^2 \gamma, \quad \varphi h_2^2 \gamma, \quad \varphi h_3^2 \gamma \ldots$$

Bezeichnet man mit z den Abstand des Angriffspunktes der Resultierenden der parallelen Druckkräfte von der Oberfläche *mx*, so ist:

$$(\varphi h_1 \gamma + \varphi h_2 \gamma + \ldots\ldots) z = \varphi h_1^2 \gamma + \varphi h_2^2 \gamma + \varphi h_3^2 \gamma + \ldots$$

oder:

$$z = \frac{\Sigma(\varphi h^2)}{\Sigma(\varphi h)},$$

d. h. man findet den Abstand des Angriffspunktes der Resultierenden der Druckkräfte auf eine Seitenwand, wenn man das Trägheitsmoment der Seitenwand durch das Moment derselben in Bezug auf die Oberfläche dividiert. Was ist hier unter Trägheitsmoment in Bezug auf eine Fläche (*mx*) verstanden?

Aufgabe 1. Wie grofs ist der Seitendruck auf eine vertikale rechtwinkelige Seitenwand von 7 cm Breite, die bis zur Höhe von 5 cm von Wasser berührt wird?

Aufgabe 2. Die eine Seitenfläche eines mit Wasser gefüllten Gefäfses ist ein nach aufsen geneigtes Antiparallelogramm (dessen gröfsere Grundlinie sich also oben befindet); die beiden Grundlinien betragen 0,2 und 0,3 m und die Höhe 0,25 m; wie grofs ist der Seitendruck?

§ 125. Anwendungen vom Seitendruck. Von dem Druck auf die Seitenwände eines Gefäfses macht man Anwendung bei dem Segnerschen Wasserrad und den Turbinen. Das Segnersche Wasserrad (Fig. 175) besteht aus einem mit Wasser gefüllten Gefäfse, welches sich zwischen zwei Spitzen drehen kann, und an welchem unten eine S-förmig gebogene, horizontale Röhre angebracht ist. Denkt man sich die Enden der Röhre verschlossen, so ist der Druck des Wassers auf das verschlossene Ende ebenso grofs, wie gegen das nach der gerade entgegesetzten Richtung liegende Wandstück. Öffnet man aber die Enden der Röhre, so hört, da hier jetzt keine Wand mehr ist, der Druck nach dieser Seite auf; es bleibt nur ein einseitiger Druck nach der entgegengesetzten Richtung übrig, infolge dessen sich das Gefäfs umdrehen mufs. Der Hauptteil der nach dem Vorbild des Segnerschen Wasserrades konstruierten Turbinen oder Horizontalräder (im Gegensatz zu den später zu behandelnden gewöhnlichen, oder Vertikal-Wasserrädern) besteht gewöhnlich aus einem Gefäfs, dessen oberer Teil *A* (Fig. 176) fest und der untere *B* um eine Achse drehbar ist; beide sind mit gebogenen Rinnen — Schaufeln — versehen, welche entgegengesetzte Richtung haben; der untere Teil des Gefäfses ist aufserdem in der Richtung der Schaufeln mit Ausflufsöffnungen versehen. Das von einiger Höhe einfliefsende Wasser gelangt zunächst in den oberen Teil des Gefäfses und erhält durch dessen „Leitschaufeln" eine radiale Richtung gegen die „Radschaufeln" des unteren Teils, so dafs dieser in entgegengesetzter Richtung sich umdreht, wie das Wasser aus den Öffnungen ausfliefst.

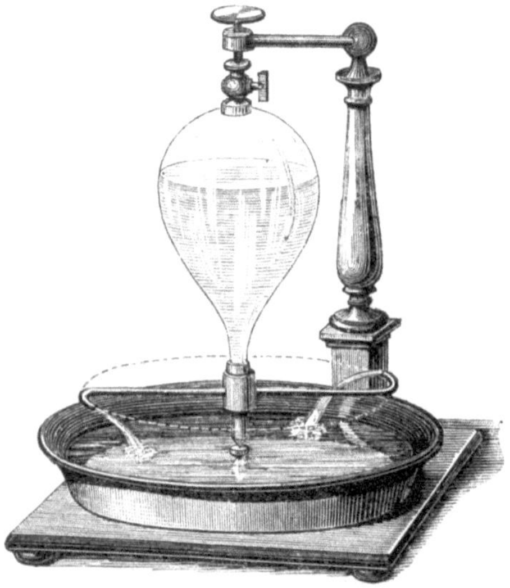

Fig. 175. Segnersches Wasserrad.

Schottische Turbine, Turbine von Fourneyron 1834 und von Henschel und Jonval 1841. Die schottische Turbine ist genau nach dem Muster des Segnerschen Wasserrades gebaut; sie ist lediglich „Reaktionsrad", bei dem allein der Druck des Wassers wirkt; bei den eigentlichen Turbinen aber kommt hauptsächlich die lebendige Kraft des aus den Leitschaufeln gegen die Radschaufeln fliefsenden Wassers in Betracht.

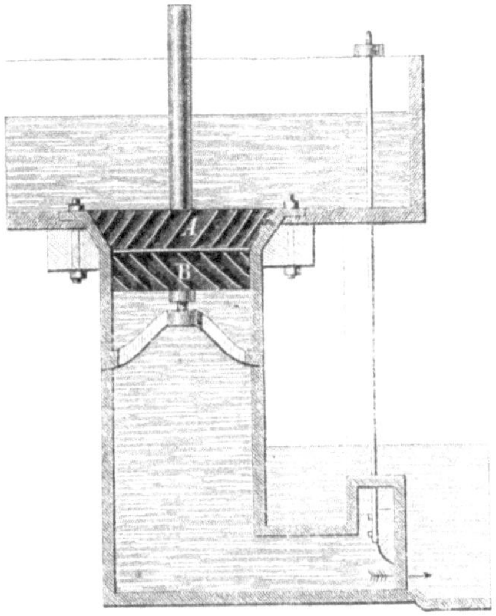

Fig. 176. Turbine.

§ 126. Kommunizierende Gefäfse. Kommunizierende Gefäfse nennt man solche, welche mit einander in Verbindung stehen (Fig. 177). In kommunizierenden Gefäfsen steht eine und dieselbe Flüssigkeit beiderseits gleich hoch, d. h. die Oberflächen liegen in beiden Gefäfsen in derselben Horizontalebene (*a b* und *c d*); es kann nur Gleichgewicht herrschen, wenn eine horizontale Schicht *m n* in der Verbindungsröhre von der Flüssigkeit in beiden Gefäfsen gleichen Druck erfährt.

Befinden sich in kommunizierenden Gefäfsen zwei verschiedene Flüssigkeiten (z. B. Wasser und Quecksilber), so verhalten sich die Höhen der Flüssigkeiten umgekehrt wie die specifischen Gewichte derselben.

Ist *k l* (Fig. 178) die Oberfläche der leichteren und sind *e f* und *c d* die Oberflächen der schweren Flüssigkeit, so herrscht Gleichgewicht, wenn

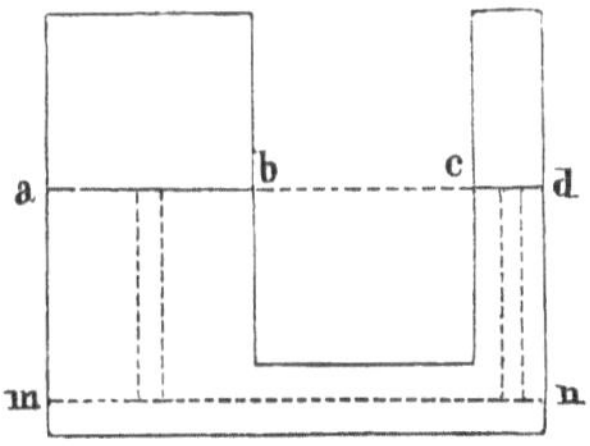

Fig. 177. Kommunizierende Gefäfse.

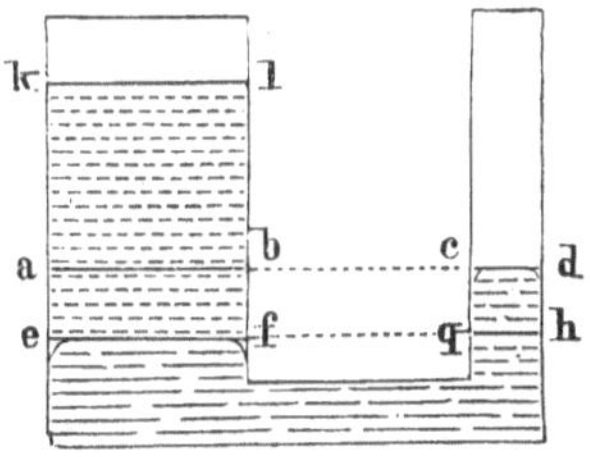

Fig. 178.

q h, welches mit *e f* in derselben Horizontalen liegt, denselben Druck (auf jeden qcm) erfährt, wie *e f*. Ist nun γ das Gewicht der Kubikeinheit der leichteren und γ_1 das der schwereren Flüssigkeit; bezeichnet man ferner *e k* mit h und *q c* mit h_1, so gilt für den Zustand des Gleichgewichts:

$$h\gamma = h_1\gamma_1$$

oder:

$$h : h_1 = \gamma_1 : \gamma.$$

Statt γ und γ_1 kann man auch die specifischen Gewichte setzen und erhält dann als Gleichgewichtsbedingung:

$$h : h_1 = s_1 : s.$$

In diesem Satz für verschiedene Flüssigkeiten ist der für eine und dieselbe Flüssigkeit als besonderer Fall enthalten; denn ist $s = s_1$, so mufs auch $h = h_1$ sein.

Kanalwage (Fig. 178a), Nivellierinstrument zur Bestimmung des Höhenunterschiedes zweier Orte; Springbrunnen, artesische Brunnen, Wasserstandglas an Dampfkesseln.

Den experimentellen Beweis des Satzes von den kommunizierenden Gefäfsen führt man am einfachsten so, dafs man in einen eingeteilten Mefscylinder, in welchem man etwas Quecksilber gegossen, eine nicht zu enge, eingeteilte Glasröhre stellt und dann in den Cylinder Wasser bis zu einer gewissen Höhe eingiefst (Fig. 179); man kann dann leicht sehen, wie hoch das Wasser im Cylinder und das Quecksilber in der Röhre über dem Quecksilber im Cylinder steht.

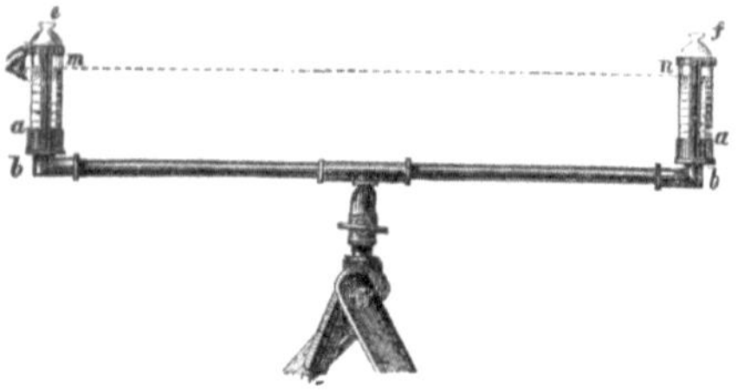

Fig. 178a. Kanalwage.

§ 127. Oberflächenspannung — Kapillarität. Ist eine mit Wasser oder Quecksilber gefüllte Glasröhre ziemlich eng, so grenzen die an der Wandung anliegenden konkav, bezw. konvex gekrümmten Oberflächenstücke so nahe aneinander, dafs der mittlere horizontale Teil der Oberfläche völlig verschwindet; die ganze Oberfläche ist alsdann konkav, bezw. konvex. Bei einer konkaven Oberfläche, Fig. 180, wird ein Molekül m in der Mitte von je zwei gleichweit entfernten n' und n'' so angezogen, dafs sich hieraus eine Gesamtresultierende mp ergiebt, welche das Molekül vertikal aufwärts zieht. Bei einer konvex gekrümmten Oberfläche (Fig. 181) entwickelt sich eine abwärts ziehende Kraft mp. Bei einer horizontalen Oberfläche findet ein solcher vertikal auf- oder abwärts gerichteter Zug infolge der Anziehung der Nachbarteilchen in der Oberfläche nicht statt.

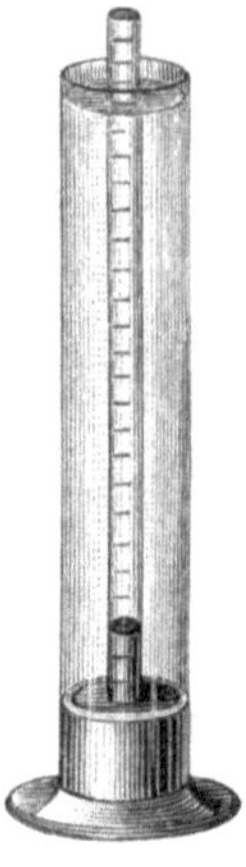

Fig. 179. Kommunizierendes Gefäfs für zwei Flüssigkeiten.

Je stärker die Oberfläche gekrümmt ist, um so gröfser ist der vertikal gerichtete Druck, den man Oberflächenspannung nennt und der den Normaldruck verkleinert oder vergröfsert, je nachdem die Oberfläche konkav oder konvex ist.

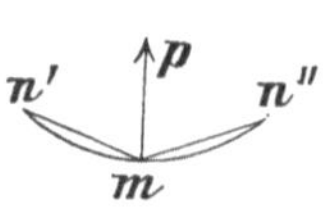

Fig. 180.

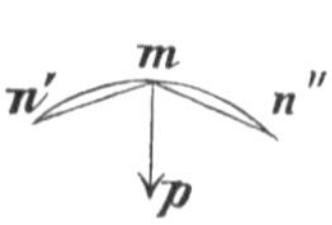

Fig. 181.

Oberflächenspannung.

Taucht man eine enge Röhre — Haar- oder Kapillarröhre — in Wasser oder Quecksilber, so stellt sich die Flüssigkeit in ihr höher, bezüglich tiefer als in dem weiten Gefäfs. Fig. 182 zeigt zwei kommunizierende Gefäfse, welche je aus einem weiten und einem engen Rohre zusammengesetzt sind; das eine (links) ist mit Wasser, das andere (rechts) mit Quecksilber gefüllt. Die Oberfläche des Wassers *a* in dem weiten Gefäfse ist, wenigstens in der Mitte eben, die Oberfläche *n* in der Kapillarröhre durchweg konkav gekrümmt; der Normaldruck in *a* ist also gröfser als der in *n*, weil er hier durch die vertikal aufwärts gerichtete Oberflächenspannung verkleinert ist; es übt also die Oberfläche *a* einen stärkeren Druck nach unten, als die *n* und infolgedessen mufs das Wasser in der Kapillarröhre steigen. In dem mit Quecksilber gefüllten kommunizierenden Gefäfse ist der Druck der Oberfläche *n'* auf das untere Quecksilber gröfser, als der der Oberfläche *b* und infolgedessen muss *n'* tiefer stehen als *b*.

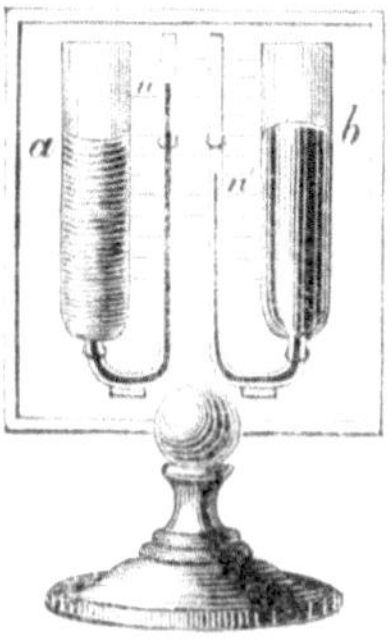

Fig. 182. Kapillargefäfse.

Je enger die Kapillarröhre, um so stärker ist die Krümmung der Oberfläche, um so gröfser also die Oberflächenspannung und um so gröfser die Höhendifferenz der Oberflächen.

Die Höhendifferenz ist bei verschiedenen Kapillarröhren der Weite derselben umgekehrt proportional.

Die Erhebungshöhe (und die Stärke der Krümmung der Oberfläche) ist für verschiedene Flüssigkeiten verschieden; in einer Röhre von 1,2944 mm Weite beträgt sie z. B. für Wasser 23,16 mm, für Alkohol vom spec. Gewicht 0,82: 9,18 mm und für Terpentinöl 9,85 mm. Ist ein Glasröhrchen (Fig. 183) in eine Spitze ausgezogen und teilweise mit Wasser gefüllt, so bewegt sich das Wasser nach der Spitze *a* hin, wenn das Röhrchen horizontal gehalten wird; soll die Flüssigkeit ruhig bleiben, so mufs man das Röhrchen etwas schief, mit der Spitze nach oben halten. — Bei Quecksilber ist es umgekehrt. Diese Erscheinungen werden durch die verschiedene Gröfse der Oberflächenspannung der Flüssigkeit am einen und am anderen Ende des Röhrchens hervorgerufen.

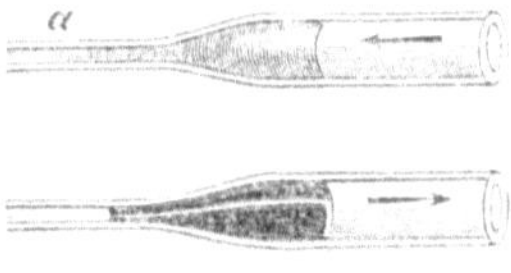

Fig. 183. Oberflächenspannungen in zugespitzten Röhren.

Führt man in die Spitze bei *a*, während das Röhrchen so schief gehalten wird, dafs das Wasser ruhig steht, mittels eines Drahtes einen Tropfen Terpentinöl ein, so bewegt sich die Flüssigkeit von der Spitze weg; das Terpentinöl hat eine geringere Oberflächenspannung als das Wasser.

§ 128. Vom Auftrieb. — Archimedsches Princip. 1) Jede horizontale Schicht im Innern einer Flüssigkeit hat einen Druck von oben auszuhalten, welcher gleich dem Gewicht der über ihr stehenden Flüssigkeit ist; diesem Druck von oben mufs ein gleicher von unten entgegenwirken, denn sonst könnte kein Gleichgewicht bestehen. Dieser Druck von unten nach oben wird Auftrieb genannt.

Stellt man einen Cylinder mit beweglichem Boden (Fig. 184), den man mittelst einer an ihm befestigten Schnur anzieht, in ein Gefäfs mit Wasser, so bleibt der Boden haften, selbst wenn man die Schnur losläſst; erst wenn der Cylinder fast bis an die Oberfläche im weiten Gefäſs voll Wasser gegossen wird, fällt der Boden ab.

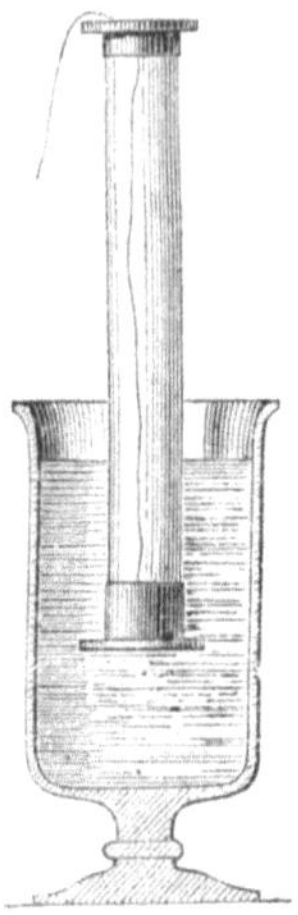

Fig. 184. Auftrieb.

Fig. 185. Gewichtsverlust eines in einer Flüssigkeit untergetauchten Körpers.

2) Jeder in eine Flüssigkeit eingetauchte Körper verliert soviel an Gewicht, als die Flüssigkeit wiegt, welche er verdrängt (Archimedsches Princip, 250 v. Chr.).

Ist *a b c d* (Fig. 185) ein in eine Flüssigkeit eingetauchter Cylinder, so haben alle Flüssigkeitsteilchen im Niveau von *c d* einen Druck von unten nach oben auszuhalten, welcher dem Gewicht eines Wasserfadens von der Höhe *f d* gleich ist; diesen Druck pflanzen diese Teilchen auf die Grundfläche *c d* des Cylinders fort; es wirkt also gegen *c d* ein Auftrieb, welcher dem Gewicht der Flüssigkeitssäule *c d e f* gleich ist. Andererseits aber lastet auf der oberen Grundfläche *a b* ein vertikal abwärts gerichteter Druck, welcher gleich dem Gewicht der Flüssigkeitssäule *a b e f* ist. Da die beiden an dem Cylinder wirkenden Kräfte einander entgegengesetzt sind, so ist die Resultierende gleich deren Unterschied, d. h. sie besteht in einem aufwärts gerichteten Druck, welcher gleich dem Gewicht einer Flüssigkeitssäule von dem Volumen *a b c d* ist. Hat der eingetauchte Körper eine beliebige Form, so kann man sich denselben in lauter sehr dünne vertikale Cylinder zerlegt denken u. s. w.

An die eine Schale einer Wage hängt man ein Eimerchen und an dieses einen Cylinder, welcher genau in das Eimerchen paſst (Fig. 186). Wird die Wage durch in die andere Schale gelegte Gewichte ins Gleichgewicht gebracht und der Cylinder in ein Gefäſs mit Wasser getaucht, so steigt der Cylinder in die Höhe, und es tritt erst wieder Gleichgewicht ein, wenn der Eimer vollständig mit Wasser gefüllt wird.

Ein Stein drückt im Wasser nicht so stark auf die Hand als in der Luft. Diese Beobachtung soll Archimed beim Baden gemacht haben und dadurch auf das Gesetz vom Auftrieb gekommen sein. (Krone des Königs Hiero von Syrakus.)

§ 129. Gleichgewicht eines festen Körpers in einer Flüssigkeit. An einem in eine Flüssigkeit eingetauchten Körper wirken zwei Kräfte, sein Gewicht und der Auftrieb der Flüssigkeit; je nachdem die erste Kraft gröſser, ebenso groſs oder kleiner ist, als die zweite, sinkt der Körper unter, bleibt mitten in der Flüssigkeit schweben, oder steigt empor, bis das Wasser, welches sein eingetauchter Teil verdrängt, gerade soviel wiegt, wie der ganze Körper.

Die Kraft, mit welcher ein eingetauchter Körper fällt oder steigt, ist gleich der Differenz zwischen den zwei genannten Kräften, da dieselben beide vertikal und nach entgegengesetzter Richtung wirken.

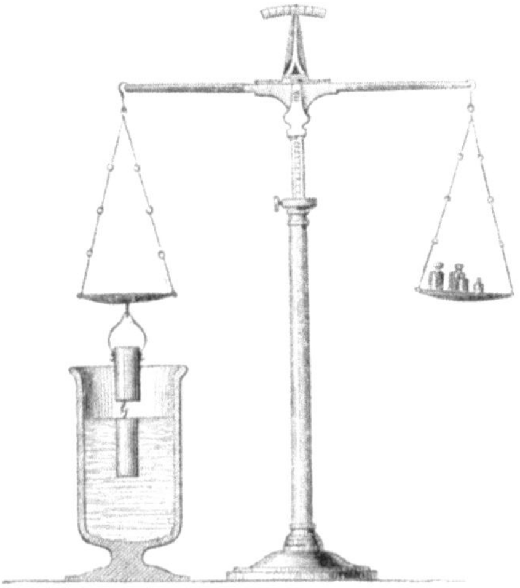

Fig. 186. Beweis des Archimedschen Princips.

Das Gewicht eines Körpers ist gröſser (ebenso groſs oder kleiner) als der Auftrieb in einer Flüssigkeit, wenn seine Dichtigkeit gröſser (ebenso groſs oder kleiner) ist, als die der Flüssigkeit.

Die Steigkraft eines in einer Flüssigkeit eingetauchten Körpers, welcher specifisch leichter ist als diese, beträgt, wenn sein Volumen v, seine Dichtigkeit γ und die Dichtigkeit der Flüssigkeit γ_1 ist:

$$v(\gamma_1 - \gamma)g,$$

und die Beschleunigung beträgt:

$$\frac{v(\gamma_1 - \gamma)}{v\gamma} g = \frac{\gamma_1 - \gamma}{\gamma} g.$$

Aufgabe 1. Wie groſs ist die Fallbeschleunigung eines Körpers im Wasser, wenn seine Dichtigkeit 2, 3 . . . mal so groſs ist, als die des Wassers?

Aufgabe 2. Die Dichtigkeit eines Körpers ist 2,6 mal kleiner, als die des Wassers; der wievielte Teil seines Volumens wird über die Wasseroberfläche hervorragen?

Aufgabe 3. Ein Körper taucht mit $^2/_5$ seines Volumens in Wasser, wie groſs ist seine Dichtigkeit?

Aufgabe 4. Eine Kugel hat einen Halbmesser von 3 cm; sie wiegt 100 g; wie tief wird sie im Wasser einsinken?

Ist eine Wage, auf deren einer Schale ein Glas mit Wasser steht, im Gleichgewicht und hängt man an das über dem Glas befindliche Wagbalkenende einen Körper, welcher im Wasser untertaucht, so kommt die Wage ins Gleichgewicht, wenn man in die andere Schale ein Gewicht legt, welches dem Gewicht des ins Wasser tauchenden Körpers gleich ist. Dasselbe findet statt, wenn man den Körper unmittelbar in das Gefäſs mit Wasser legt. Warum? Ist der ins Wasser tauchende Körper nicht an der Wagschale, sondern an einem beliebigen Gestell angehängt, das mit der Wage in keiner Verbindung steht, so muſs man in die andere Wagschale zur Herstellung des Gleichgewichts ein Gewicht legen, welches dem Gewichtsverlust des Körpers im Wasser gleich ist. Warum?

§ 130. Stabilität schwimmender Körper. Der Angriffspunkt des Gewichtes eines Körpers ist sein Schwerpunkt; der Angriffspunkt des Auftriebes ist der Schwerpunkt der verdrängten Wassermasse.

Ist der schwimmende Körper, oder wenigstens sein eingetauchter Teil homogen, so fällt der Schwerpunkt der verdrängten Wassermasse mit dem des eingetauchten Teiles des Körpers zusammen.

Es sollte nun scheinen, daſs der schwimmende Körper so lange im stabilen Gleichgewichte sei, als sein Schwerpunkt unterhalb dem der verdrängten Flüssigkeit liege; allein dies ist nicht gerade notwendig.

Denken wir uns zunächst den schwimmenden Körper in solcher Lage, dafs sein Schwerpunkt S (Fig. 187) mit dem s der verdrängten Flüssigkeit in derselben Vertikalen VV liegt. Dreht man jetzt den Körper, so rückt im allgemeinen der Punkt s aus der Linie VV nach s' und die Richtung $s'P'$ des Auftriebes schneidet $V'V'$ in einem Punkte M, den man das **Metacentrum** nennt. An diesen Punkt kann man den Angriffspunkt des Auftriebes verlegen, und man erhält nun ein Kräftepaar, welches, wenn M oberhalb S' liegt, eine Zurückdrehung des schwimmenden Körpers in seine frühere Lage anstrebt. Das Gleichgewicht ist also stabil. Liegt aber das Metacentrum M' unterhalb S', so sucht das Kräftepaar den Körper noch weiter zu drehen, das Gleichgewicht ist stabil. Fiele M mit S' zusammen, so wäre das Gleichgewicht indifferent.

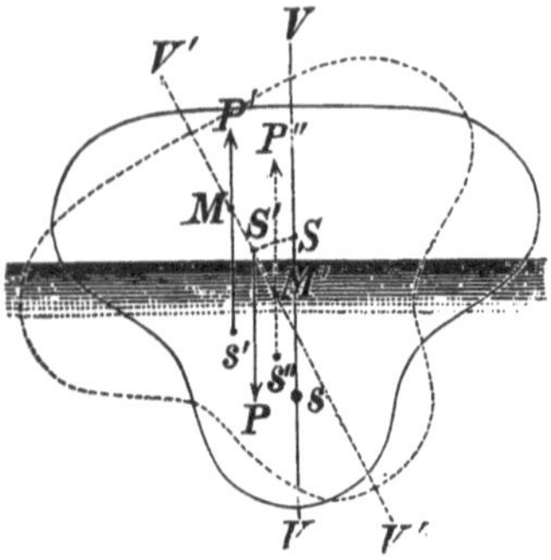

Fig. 187. Metacentrum.

§ 131. Bestimmung des specifischen Gewichtes fester Körper. 1) Ist ein fester Körper specifisch schwerer als Wasser und nicht auflöslich in demselben, so findet man sein specifisches Gewicht, wenn man sein absolutes Gewicht durch seinen Gewichtsverlust im Wasser dividiert; denn der Gewichtsverlust im Wasser ist das Gewicht eines gleichen Volumens Wasser. (Vergl. § 10 u. § 128.) Das Gewicht einer Wassermenge direkt zu bestimmen, welche dasselbe Volumen hat, wie ein gegebener Körper, hat deswegen Schwierigkeiten, weil es bei unregelmäfsig gestalteten Körpern umständlich ist, ihr Volumen mit Genauigkeit zu finden; ebenso ist es nicht möglich von allen Körpern ein bestimmtes Volumen herzustellen; jedenfalls ist die Methode der Bestimmung des Gewichtsverlustes einfacher und genauer.

Ist s das specifische Gewicht eines Körpers, Q sein absolutes Gewicht und q sein Gewichtsverlust im Wasser, so ist:

$$s = \frac{Q}{q}.$$

Das absolute Gewicht, sowie den Gewichtsverlust kann man auf verschiedene Art bestimmen:

a) mit Hilfe der hydrostatischen Wage, deren eine Wagschale kürzere Ketten und unten einen Haken zum Anhängen des Körpers mittelst eines feinen Fadens hat; man legt den Körper zunächst in die Wagschale mit den kürzeren Ketten und so viel Gewichte in die andere, dafs Gleichgewicht eintritt; nachdem man so das absolute Gewicht bestimmt, hängt man den Körper an den feinen Faden oder Draht an dem Haken der Schale und läfst ihn in Wasser tauchen; dann nimmt man aus der anderen Schale so viele Gewichte, dafs wiederum Gleichgewicht eintritt; die herausgenommenen Gewichte geben den Gewichtsverlust im Wasser an.

b) Mit Hilfe der **Nicholson'schen Senkwage** (Fig. 188); es ist dies ein hohler Messingkörper, welcher oben an einem dünnen Stiel ein Schälchen und unten ein abnehmbares, siebartig durchlöchertes Körbchen trägt.

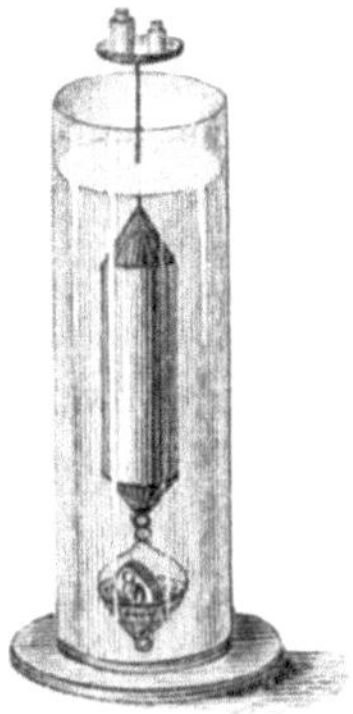

Fig. 188. Nicholsons Senkwage.

Man läfst die Senkwage in ein Gefäfs mit Wasser tauchen, legt den Körper und soviel Tariergewichte auf das Schälchen, dafs die Senkwage bis zu einer am Stiel angebrachten Marke einsinkt; nimmt dann den zu untersuchenden Körper weg und legt soviel Gewichte auf, dafs die Senkwage wieder bis zur Marke einsinkt, so geben die zugelegten Gewichte das absolute Gewicht des Körpers an. Hierauf nimmt man den Körper von dem Schälchen weg, legt ihn in das Körbchen und beschwert das Schälchen zuerst mit dem vorhin zugelegten, das absolute Gewicht des Körpers angebenden Gewichte und dann noch weiter mit sovielen, dafs die Senkwage bis zur Marke einsinkt; die zuletzt aufgelegten Gewichte geben den Gewichtsverlust des Körpers im Wasser an.

2) Ist ein Körper leichter als Wasser und unlöslich in demselben, so verbindet man ihn mit einem, welcher so schwer ist, dafs beide zusammen im Wasser untersinken; hat man bereits den Gewichtsverlust q des schweren Körpers bestimmt und beträgt der Gewichtsverlust des leichteren und schwereren zusammen q_1, so ist, wenn Q das absolute und s das specifische Gewicht des zu bestimmenden Körpers bedeutet:

$$s = \frac{Q}{q_1 - q}.$$

3) Ist der Körper in Wasser löslich, so bestimmt man sein specifisches Gewicht s_1 in Bezug auf eine Flüssigkeit, deren specifisches Gewicht σ in Bezug auf Wasser bekannt ist; dann ist sein specifisches Gewicht in Bezug auf Wasser:

$$s = s_1 \cdot \sigma.$$

Aufgabe 1. Ein Stück Blei wiegt in der Luft 25,4 g und im Wasser 23,2 g; wie grofs ist das specifische Gewicht des Bleis?

Aufgabe 2. Ein Stück Buchenholz von 5,2 g Gewicht wird mit einem Stück Blei von 20,4 g verbunden; das specifische Gewicht des Bleis ist 11,5; die Verbindung beider Körper verliert im Wasser 8,9 g; wie grofs ist das specifische Gewicht des Buchenholzes?

Aufgabe 3. Das specifische Gewicht des Kochsalzes in Bezug auf Olivenöl ist 2,271; das des Olivenöls ist 0,915; wie grofs ist das specifische Gewicht des Kochsalzes in Bezug auf Wasser?

§ 132. Bestimmung des specifischen Gewichtes flüssiger Körper.

1) Mit Hilfe des **Pyknometers** oder **Hundertgrammfläschchens**: Ein Fläschchen, welches bei 4^0 C. 100 Gramm Wasser fafst, wird auf der Wage tariert und mit der zu untersuchenden Flüssigkeit von 0^0 C. gefüllt, und dann werden so viel Gewichte aufgelegt, dafs die Wage einsteht. Ist n dieses Zulegegewicht, so ist das specifische Gewicht der Flüssigkeit

$$s = \frac{n}{100}.$$

2) Man bestimmt den Gewichtsverlust eines Körpers sowohl im Wasser,

als in der zu untersuchenden Flüssigkeit; sind diese Gewichtsverluste bezüglich m und n, so ist das specifische Gewicht der Flüssigkeit:

$$s = \frac{n}{m}.$$

3) Mit Hilfe des Nicholsonschen Aräometers: man läfst dasselbe durch aufgelegte Gewichte sowohl im Wasser, als in der zu untersuchenden Flüssigkeit bis zur Marke untertauchen; ist q das Gewicht des Aräometers, p das Zulegegewicht beim Eintauchen in Wasser und p' das beim Eintauchen in die zu untersuchende Flüssigkeit, so geben $q + p$ und $q + p'$ die Gewichte gleicher Volumina des Wassers und der zu untersuchenden Flüssigkeit an, weshalb das specifische Gewicht der zu untersuchenden Flüssigkeit:

$$s = \frac{q + p'}{q + p}.$$

4) Mit Hilfe der Skalenaräometer (Fig. 189), worunter man eine überall gleichweite Spindel versteht, welche mit einem weiteren Glasgefäfse verbunden ist; an diesem Glasgefäfse befindet sich noch eine mit Quecksilber oder Schrotkörnern gefüllte Kugel, welche das Instrument so schwer macht, dafs es aufrecht in Flüssigkeiten schwimmt. Im Inneren der Spindel befindet sich eine Einteilung, welche zweierlei Art sein kann: 1) das Volumen des zwischen zwei Teilstrichen enthaltenen Röhrenstückes giebt $^1/_{100}$ von dem Volumen des Teiles des Instrumentes an, welches beim Einstellen in Wasser untergetaucht ist; 2) die Zahlen geben sofort die specifischen Gewichte der Flüssigkeiten an, in denen das Instrument bis zu den betreffenden Strichen einsinkt.

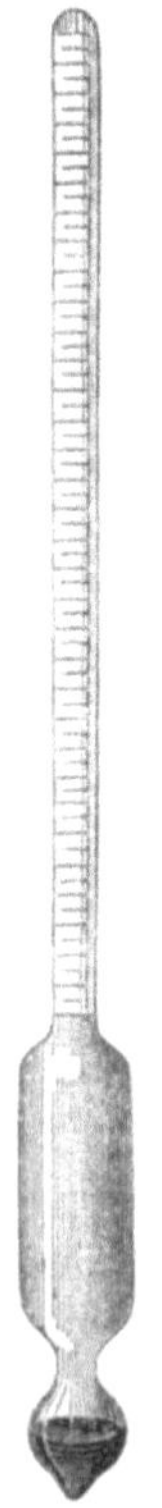

Fig. 189. Skalenaräometer.

Skalenaräometer der ersten Art nennt man Volumeter, die der zweiten Densimeter (Dichtigkeitsmesser).

Beide Arten von Aräometern sind Gewichtsaräometer, im Gegensatze zu dem Volumenaräometer von Nicholson; denn die von den Scalenaräometern verdrängten Flüssigkeitsmassen haben gleiches Gewicht, nämlich das Gewicht des ganzen Aräometers. Weil ein Skalenaräometer, um für alle Flüssigkeiten brauchbar zu sein, zu lang werden müfste, macht man gewöhnlich zwei, eins für Flüssigkeiten, welche leichter und eins für Flüssigkeiten, welche schwerer als Wasser sind.

Das Volumeter für Flüssigkeiten leichter als Wasser sinkt in diesem bis nahe ans untere Ende der Spindel ein, an dieser Stelle steht die Zahl 100 und an den nach oben hin folgenden Teilstrichen 101, 102 . . . Das Volumeter für Flüssigkeiten schwerer als Wasser sinkt in diesem bis nahe ans obere Ende der Spindel ein und es steht wiederum an dieser Stelle die Zahl 100, an den darunter befindlichen Teilstrichen aber der Reihe nach 99, 98 . . .

Ebenso hat man immer zwei Densimeter, eines für Flüssigkeiten leichter und eines für solche schwerer als Wasser. Bei dem Densimeter findet man das specifische Gewicht einer Flüssigkeit beim Eintauchen in dieselbe ohne weiteres; beim Volumeter dagegen ist das specifische Gewicht s einer Flüssigkeit, wenn das Volumeter bis zur Zahl z einsinkt:

$$s = \frac{100}{z};$$

denn da die vom Aräometer verdrängten Flüssigkeitsmassen gleiches Gewicht haben, so verhalten sich deren specifische Gewichte umgekehrt wie die Volumina:

$$1 : s = z : 100.$$

Aus dem specifischen Gewicht eines Flüssigkeitsgemenges (Alkohol und Wasser, Milch und Wasser u. s. w.) kann man auf das Verhältnis der Gemengteile einen Schlufs ziehen; doch hat man hierfür besondere Aräometer konstruiert, Procentaräometer, deren Skalen sofort den Procentgehalt angeben: Alkoholometer, Milchwagen, Mostwagen, Bierwagen u. s. w.

Ältere Aräometer (Baumé, Cartier, Tralles, Beck) haben willkürliche Skalen, verschwinden aber immer mehr aus dem Gebrauch.

Die Skala des Volumeters, z. B. für Flüssigkeiten leichter als Wasser, stellt man am einfachsten dadurch her, dafs man es zuerst im Wasser und dann in eine Flüssigkeit von bekanntem specifischen Gewicht, z. B. 0,8, eintauchen läfst; da sich die Volumina (bei gleichen Gewichten) umgekehrt wie die specifischen Gewichte verhalten, so gilt:

$$z : 100 = 1 : 0,8$$

woraus

$$z = \frac{100}{0,8} = 125.$$

Man teilt nunmehr den Zwischenraum zwischen 100 und 125 in 25 gleiche Teile und setzt diese Teilung auch über 125 hinaus fort. Ähnlich bei Volumetern für Flüssigkeiten schwerer als Wasser. Bei den Densimetern findet man die zu den Teilstrichen gehörigen specifischen Gewichtszahlen nach der Formel:

$$s = \frac{100}{z}.$$

Das Volumeter ist von Gay-Lussac, das Densimeter von Schmidt hergestellt worden.

Aufgabe. Das Nicholsonsche Aräometer wiege 200 g; im Wasser sinkt es bis zur Marke ein, wenn man 35 g und im Olivenöl, wenn man 15 g auflegt; wie grofs ist das specifische Gewicht des Olivenöls?

Tabelle der specifischen Gewichte.

Feste Körper:

Platin	21,359	Antimon	6,702	Rubin	3,130
Gold	19,362	Arsen	5,766	Turmalin	3,076
Blei	11,352	Natrium	0,972	Glas (franz.)	2,892
Silber	10,511	Kalium	0,865	Alabaster	2,876
Wismut	8,823			Marmor	2,717
Kupfer	8,946	Lithium	0,565	Bergkrystall	2,690
Kobalt	8,513	Jod	4,948	Smaragd	2,678
Messing	8,396	Selen	4,320	Feldspat	2,574
Nickel	8,279	Schwefel	2,033	Porzellan	2,385
Stahl	7,833	Phosphor	1,770		
Eisen	7,790			Pottasche	2,264
Zinn	7,291	Schwerspat	4,466	Glaubersalz	2,246
Gufseisen	7,207	Flintglas	3,329	Kupfervitriol	2,213
Znik	6,862	Flufsspat	3,140	Kochsalz	2,078

Eisenvitriol . .	1,840	Steinkohle . . .	1,270	Ahornholz . . .	0,645
Alaun	1,714	Bernstein . . .	1,081	Lindenholz . . .	0,559
Bittersalz . . .	1,660			Tannenholz . .	0,481
Salpeter	1,621	Ebenholz . . .	1,187	Kork	0,240
		Eichenholz . . .	0,950		
Diamant	3,521	Buchenholz . .	0,750	Elfenbein . . .	1,917
Glanzkohle . . .	1,482	Birkenholz . . .	0,738	Knochen . . .	1,656
		Flüssigkeiten:			
Quecksilber . .	13,596	Salzsäure . . .	1,278	Petroleum . . .	0,830
Schwefelsäure conc.	1,843	Essigsäure . . .	1,063	Holzgeist . . .	0,814
Chloroform . .	1,525	Olivenöl	0,915	Aldehyd	0,805
Salpetersäure .	1,510	Terpentinöl . .	0,872	Alkohol absol. .	0,792
Schwefelkohlenstoff	1,293	Citronenöl . . .	0,863	Aether	0,736
		Gase (Luft = 1):			
Bromdampf . .	5,390	Kohlensäure . .	1,529	Kohlenoxyd . .	0,970
Aetherdampf . .	2,556	Schwefelwasserstoff	1,178	Wasserdampf . .	0,623
Chlor	2,440	Sauerstoff . . .	1,108	Ammoniak . . .	0,589
Schweflige Säure	2,217	Stickoxyd . . .	1,039	Sumpfgas . . .	0,554
Alkoholdampf . .	1,580	Stickstoff . . .	0,970	Wasserstoff . .	0,069

Die specifischen Gewichte der Gase bezieht man auf die Luft; die Bestimmung derselben wird später erörtert werden.

4. Dynamik der tropfbarflüssigen Körper.

§ 133. Ausfluſs der Flüssigkeiten aus engen Öffnungen. Wenn eine Flüssigkeit aus einer kleinen Öffnung in der Wand eines Gefäſses ausflieſst, so ist die Geschwindigkeit des Ausflusses dieselbe wie die, welche eine Flüssigkeitschicht erlangen würde, wenn sie frei von der Oberfläche bis zur Öffnung herabfiele — Theorem von Toricelli.

Bezeichnet v die Ausfluſsgeschwindigkeit und h die Höhe des Flüssigkeitsspiegels über der Öffnung, so ist:

$$v = \sqrt{2gh}.$$

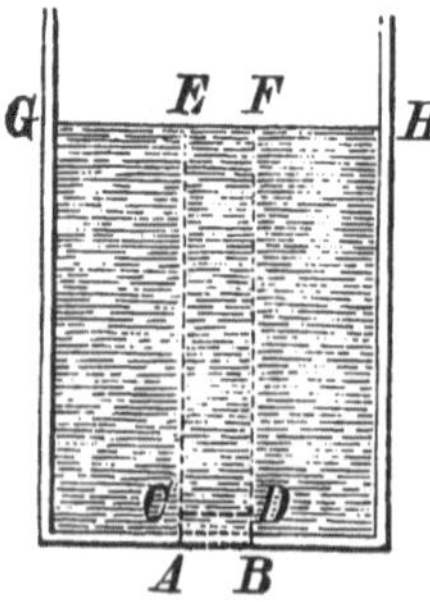

Fig. 190. Theorem von Toricelli.

Es sei $ABCD$ (Fig. 190) eine dünne Flüssigkeitsschicht an der engen Öffnung AB im Boden (oder in der Seitenwand) eines Gefäſses, welches bis GH mit einer Flüssigkeit gefüllt ist. Bezeichnen wir den Querschnitt der Öffnung mit a, die Höhe AC der dünnen Schicht mit h', die Höhe AE der Flüssigkeit im Gefäſs mit h und das Gewicht der Volumeneinheit der Flüssigkeit mit γ, so kann man die Ausfluſsgeschwindigkeit nach der Formel $P.s = \frac{1}{2}mv^2$ leicht finden. Die Kraft P, welche die unterste Wasserschicht in Bewegung setzt, ist das Gewicht der eigenen und der darüber stehenden Wassermasse, d. h. gleich dem Gewicht $ah\gamma$ der Wassermasse $ABEF$, und die in Bewegung zu setzende Wassermasse, welche das Volumen $a\,h'$ hat, beträgt $a\,h'\,\frac{\gamma}{g}$; die angezogene Gleichung nimmt deshalb die Form an:

$$a\,h\,\gamma\,.\,h' = \tfrac{1}{2}\,a\,h'\,\frac{\gamma}{g}\,.\,v^2.$$

Hieraus folgt sofort:

$$v = \sqrt{2\,g\,h}.$$

Noch einfacher läfst sich die Formel folgendermafsen ableiten: Wenn die Flüssigkeitsmasse $A\,B\,C\,D$ lediglich durch ihr eigenes Gewicht fiele, so hätte sie die Beschleunigung g; da sie aber durch das Gewicht der ganzen Wassermasse $A\,B\,E\,F$ in Bewegung gesetzt wird, so ist ihre Beschleunigung $g\,\frac{h}{h'}$ u. s. w.

Die Ausflufsmenge μ in der Zeit t beträgt, wenn die Höhe der Flüssigkeit während des Ausflusses konstant erhalten wird:

$$\mu = a\,v\,t = a\,t\sqrt{2\,g\,h}.$$

Es sind also die Ausflufsmengen innnerhalb gleicher Zeiten den Quadratwurzeln aus den Flüssigkeitshöhen proportional.

Bei seitlichen Öffnungen nimmt der ausfliefsende Strahl die Form einer Parabel an; die Gleichung derselben ist:

$$y = 2\,\frac{v^2}{g}\,x = 2\,.\,\frac{2\,g\,h}{g}\,.\,x = 4\,h\,x.$$

Hat man deshalb an einem Gefäfs zwei Ausflufsöffnungen, von denen die eine gerade soweit vom Boden absteht, wie die andere von der Oberfläche der Flüssigkeit, so sind die Sprungweiten der Parabeln (die y) bis zur verlängerten Bodenfläche des Gefäfses einander gleich.

Wird während des Ausflusses kein Wasser nachgegossen, so sinkt der Wasserspiegel $G\,H$ und die Ausflufsgeschwindigkeit nimmt ab. Bezeichnet f den Querschnitt des prismatischen (oder cylindrischen) Gefäfses, so ist die Geschwindigkeit des sinkenden Wasserspiegels im Moment, wo die Druckhöhe h ist:

$$c = \frac{a}{f}\sqrt{2\,g\,h} = \sqrt{2\left(\frac{a}{f}\right)^2 g\,.\,h}$$

und allgemein

$$c = \sqrt{2\left(\frac{a}{f}\right)^2 g\,x}.$$

Diese Geschwindigkeit nimmt allmählich bis 0 ab und zwar ist die Bewegung des Spiegels eine gleichmäfsig verzögerte mit der Verzögerung $\left(\frac{a}{f}\right)^2 g$.

Bei einer gleichmäfsig verzögerten Bewegung verhalten sich die Wege in den einzelnen Sekunden wie die umgekehrte Reihe der ungeraden Zahlen. Braucht z. B. ein Körper, bis er bei gleichmäfsig verzögerter Bewegung zur Ruhe kommt, 4 Sekunden, so verhalten sich die Wege in den einzelnen Sekunden wie 7 : 5 : 3 : 1 (vergl. § 28). Füllt man deshalb eine Glasröhre von 1 — 2 cm

Weite, welche an einem Ende eine enge Öffnung hat (Fig. 191) und von unten herauf nach den Quadratzahlen 1, 4, 9, 16 ... geteilt ist, mit Wasser, so dauert der Ausfluſs von Teilstrich zu Teilstrich gleich lange Zeit.

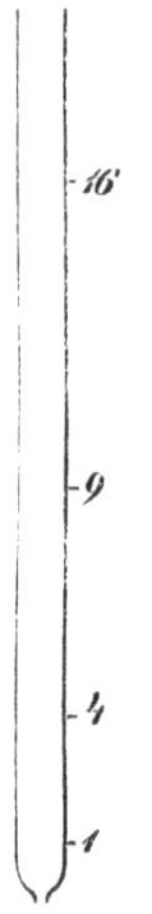

Fig. 191. Ausfluſs bei sinkendem Spiegel.

Aufgabe 1. Wie groſs ist die ganze Ausfluſszeit bei sinkendem Niveau?

Aufgabe 2. Wie verhält sich die ganze Ausfluſszeit bei sinkendem Niveau zu der Zeit bei konstantem Niveau, bis eben so viel Wasser ausgeflossen ist, (d. h. soviel als das Gefäſs bis zur Oberfläche enthält)?

§ 134. Theoretische und wirkliche Ausfluſsgeschwindigkeit. Die im vorigen § abgeleitete Ausfluſsgeschwindigkeit und die entsprechende Ausfluſsmenge nennt man die theoretische; sie ist von der wirklichen nicht unerheblich verschieden. Einesteils nämlich erfährt das Wasser beim Durchgang durch die Öffnung Reibung, andernteils gerät das Wasser seitlich von der Öffnung ebenfalls in Bewegung und strömt schief gegen dieselbe hin. Infolgedessen nimmt der ausflieſsende Strahl keine prismatische oder cylindrische Gestalt an, sondern verengt sich, und zwar besitzt er in einem Abstand von der Öffnung, welcher etwa dem Halbmesser derselben gleich ist, einen Querschnitt, der nur noch $^2/_3$ von dem Querschnitt der Öffnung beträgt. Allerdings müſste sich auch ohnedies der Querschnitt des Strahles allmählich verringern, da das ausgeflossene Wasser durch die Anziehung der Erde eine gleichmäſsig beschleunigte Bewegung annimmt; infolgedessen zerfällt denn auch der Strahl schlieſslich in Tropfen. Die plötzliche Verengerung des ausflieſsenden Strahles kurz unterhalb der Öffnung nennt man die Kontraktion des Strahles.

Durch die Reibung des Wassers an den Wänden der Öffnung wird die Ausfluſsmenge auf 0,97 $^0/_0$ und durch die Kontraktion des Strahles auf 0,62 $^0/_0$ herabgemindert; die wirkliche Ausfluſsmenge per Sekunde beträgt deshalb

$$0{,}97 \,.\, 0{,}62 \,.\, a\sqrt{2\,g\,h}\,.$$

Versieht man die Öffnung mit einer Ansatzröhre, welche die (kegelförmig zugehende) Form des kontrahierten Strahles hat, so wird weder die Ausfluſs-Menge noch -Geschwindigkeit verändert. Ist aber die Ansatzröhre cylindrisch, oder konischauseinandergehend und mindestens $2^1/_2$ bis 3 mal so lang als breit, so wird zwar die Ausfluſsgeschwindigkeit etwas vermindert, die Ausfluſsmenge aber doch vermehrt, da die Flüssigkeit die Ansatzröhre auszufüllen strebt, vorausgesetzt daſs sie Adhäsion an die Röhrenwand hat. Dabei wird aber die Ansatzröhre nicht völlig ausgefüllt, denn setzt man in die Wand der Ansatzröhre eine vertikale Glasröhre *m n* (Fig. 192) an der Stelle der stärksten Kontraktion des Strahles ein, und läſst sie in ein Gefäſs mit Wasser tauchen, so stellt sich das Wasser in der Glasröhre höher als im Gefäſs.

Macht man ein Loch in die Ansatzröhre an der Stelle der stärksten Kontraktion, so dringt Luft ein und es fliefst der Strahl frei aus, d. h. er berührt die Wände nicht mehr. In diesem Fall ist die Ansatzröhre ohne Einflufs auf die Geschwindigkeit und die Ausflufsmenge.

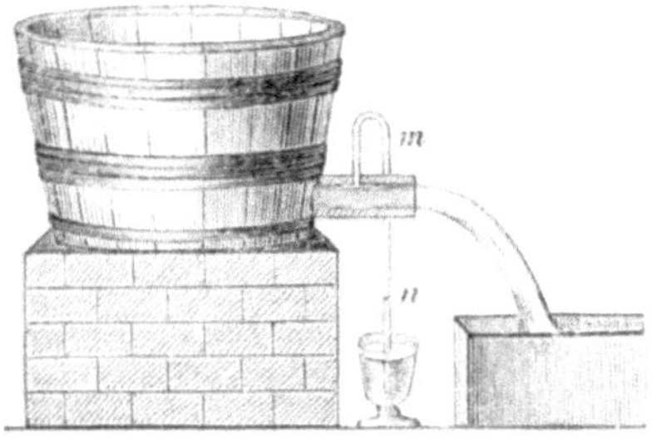

Fig. 192. Ausflufs aus Ansatzröhren.

Kurze cylindrische Ansatzröhren ($2^1/_2$ bis 3 mal so lang als breit) geben ca. 1,3 mal so viel Wasser, als die Mündung ohne Ansatzröhre.

Die Vermehrung der Ausflufsmenge richtet sich bei konischdivergenten kurzen Ansatzröhren nach dem Divergenzwinkel.

Ein ausfliefsender Wasserstrahl ist nicht cylindrisch, sondern zeigt Anschwellungen und Verdünnungen und weiterhin löst er sich in nicht zusammenhängende Tropfen oder Fäden auf, wovon man sich leicht überzeugen kann, wenn man den vollen Sonnenschein auf den Strahl fallen läfst; man bemerkt dann silberglänzende Perlen oder Fäden, welche mit tiefschwarzen Perlen oder Fäden abwechseln. Läfst man Wasser durch eine lange cylindrische vertikale Röhre, welche

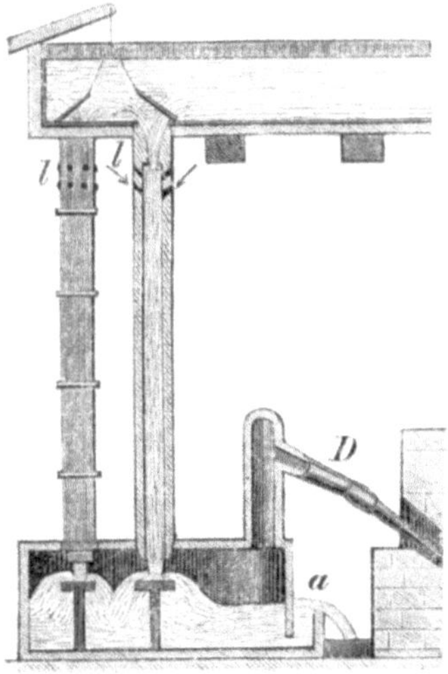

Fig. 193. Wassertrommelgebläse.

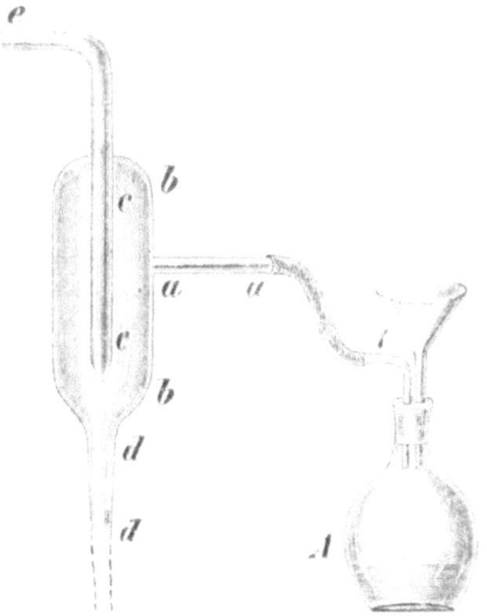

Fig. 194. Bunsens Wasserluftpumpe.

am oberen Ende kleine Löcher *l*, *l* (Fig. 193) hat, ausfliefsen, so dringt Luft ein, welche vom Strahl mitgerissen wird. Mündet die Röhre in ein weiteres Gefäfs, welches am Boden eine enge Ausflufsöffnung *a* hat, so sammelt sich über dem Wasser im Gefäfse die mitgerissene Luft, welche man durch eine Düse *D* ausströmen lassen kann; man erhält so eine Art Blasebalg — Wassertrommelgebläse.

Auch die Luftsaugepumpe (Fig. 194) von Bunsen beruht auf diesem Princip. Die mit einer Wasserleitung in Verbindung stehende Röhre *e c c* ist an ein weiteres Rohr *b b* angeschmolzen, welches in das Abfallrohr *d d* sich verengt. An die Röhre *b b* ist eine engere Röhre *a a* angeschmolzen, welche durch einen Gummischlauch mit der Röhre r einer zum Filtrieren dienenden Kochflasche verbunden ist. Strömt das Wasser durch $c\,c$ in $b\,b$ und von da in das Abfallrohr $d\,d$, so wird Luft aus $a\,a$ und der Kochflache A angesaugt so dafs sich der Druck in A wohl bis auf 10 bis 15 mm vermindert. Damit das Filter nicht reifst, legt man in den Trichter einen kleinen Hohlkegel von Platina und setzt in diesen die Spitze des Filters ein.

§ 135. Ausflufs durch lange Röhren. In langen Röhren erleidet das Wasser beim Ausflufs einen Reibungswiderstand, wodurch die Ausflufsgeschwindigkeit verringert wird. Es stellt sich dabei eine mittlere, in der ganzen Röhre gleichbleibende Geschwindigkeit her, welche bei ungehemmtem Ausflufs, wie er durch eine einfache Öffnung im Boden statt hat, durch eine kleinere Druckhöhe erzeugt werden könnte. Diese Druckhöhe nennt man die Geschwindigkeitshöhe; sie ist um die Widerstandshöhe kleiner als die wirkliche Druckhöhe. Unter Widerstandshöhe versteht man die (unter Voraussetzung ungehemmten Ausflusses geltende) Druckhöhe, welche der durch den Reibungswiderstand verlorenen Geschwindigkeit entspricht.

Die Widerstandshöhe h_1 ist der wirklichen Druckhöhe h, der Länge l und dem Umfang u der Röhre direkt, sowie dem Querschnitt q umgekehrt proportional. Es ist also:

$$h_1 = \zeta \cdot \frac{l\,u}{q} \cdot h = \zeta \cdot \frac{l\,u}{q} \cdot \frac{v^2}{2\,g},$$

wo ζ ein noch zu bestimmender Faktor ist.

Für runde Röhren ist $\frac{u}{q} = \frac{4}{d}$, wo d den Durchmesser der Röhre bedeutet; in diesem Falle ist:

$$h_1 = 4\,\zeta \cdot \frac{l}{d} \cdot \frac{v^2}{2\,g},$$

oder, wenn man $4\,\zeta$ mit ζ bezeichnet:

$$h_1 = \zeta \cdot \frac{l}{d} \cdot \frac{v^2}{2\,g}, \qquad (1)$$

Den Faktor ζ nennt man den Reibungskoëfficienten.

Nun ist ferner die Geschwindigkeitshöhe

$$h - h_1 = \frac{v^2}{2\,g};$$

Hieraus läfst sich, in Verbindung mit (1) ableiten:

$$h = \left(1 + \zeta \cdot \frac{l}{d}\right) \frac{v^2}{2\,g} \qquad (2)$$

und daraus:

$$v = \sqrt{\frac{2\,g\,h}{1 + \zeta \cdot \frac{l}{d}}} \qquad (3)$$

Der Faktor ζ ist der Erfahrung nach nicht konstant, sondern von der Ausflufsgeschwindigkeit abhängig; nach Zeuner ist:

$$\zeta = 0{,}014312 + \frac{0{,}010327}{\sqrt{v}} \qquad (4)$$

Diesen Wert in (3) eingesetzt, giebt einen Ausdruck für die Ausıfsgeschwindigkeit, welcher diese selbst enthält. Man kann deshalb v ır durch ein Näherungsverfahren berechnen. Zunächst setzt man $\sqrt{2gh}$ .r v in (4), berechnet ζ und setzt diesen Wert in (3); den so gefundenen 'ert von v setzt man in (4), berechnet ζ, setzt dieses in (3) ein u. s. w.

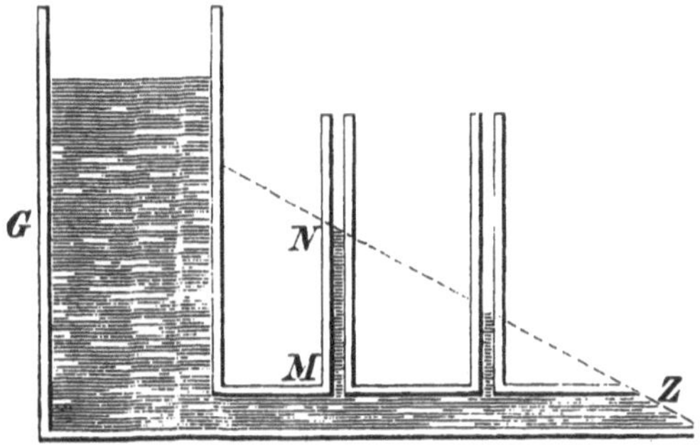

Fig. 195. Ausflufs aus langen Röhren.

Setzt man in eine lange Ausflufsröhre vertikale Glasröhren ein, (Fig. 195), so steigt das Wasser in demselben so hoch, dafs die Gipfel der Wasserstände in einer Geraden liegen, welche nach der Mündung der Ausflufsröhre hingeht. Bleibt nämlich das Niveau in dem Gefäfse G konstant, so ist auch v durch e ganze Ausflufsröhre hindurch gleich. Da nun die Höhe MN des 'assers in einer der vertikalen Glasröhren den Druckverlust angiebt, welen das Wasser auf die Strecke MZ erfährt und da ζ für gleichbleibens v konstant ist, so ist nach (1) die Widerstandshöhe $h_1 = MN$ der ınge $l = MZ$ proportional. Bei Z ist ferner $h_1 = 0$, folglich müssen in r That die Gipfel der Wassersäulen in den vertikalen Glasröhren in einer .ch Z hingehenden Geraden liegen.

§ 136. Stofs des fliefsenden Wassers gegen eine feste oder ıwegliche Wand — Stofsheber. Stöfst ein Wasserstrahl senkrecht gen eine ebene Fläche, so ist der hierdurch entstehende hydraulische ofs so grofs wie der hydrostatische Druck, welcher durch das Gewicht eines asserstrahles von gleichem Querschnitt hervorgerufen wird, dessen Länge ppelt so grofs ist, wie die der Geschwindigkeitsdifferenz des Strahles ıd der ebenen Fläche entsprechenden Druckhöhe.

Ist c die Geschwindigkeit des Strahles und c_1 die der ebenen Fläche, ist die relative Geschwindigkeit des Strahles gegen die ebene Fläche eich $c \mp c_1$, je nachdem die Bewegungsrichtung der ebenen Fläche mit r des Strahles übereinstimmt, oder nicht. Im ersteren Falle mufs aufserm, damit überhaupt der Strahl die Fläche trifft, $c_1 < c$ sein.

Man kann sich deshalb vorstellen, die Fläche sei in Ruhe und der rahl bewege sich gegen dieselbe mit der Geschwindigkeit $c \mp c_1$.

Ist a der Querschnitt des Strahles, und γ das Gewicht der Kubikıheit Wasser, so ist die Masse des in der Zeit τ die Fläche treffenden 'assers $= \frac{a(c \mp c_1)\gamma\tau}{g}$ und die Beschleunigung einer Kraft, welche in eser Masse in der Zeiteinheit die Geschwindigkeit $c \mp c_1$ hervorbringen würde, gleich $\frac{c \mp c_1}{\tau}$. Daher ist die Kraft P, mit welcher der Strahl gegen die Wand stöfst:

$$P = \frac{a\,(c \mp c_1)\,\gamma\,\tau}{g} \cdot \frac{c \mp c_1}{\tau} = \frac{a\,(c \mp c_1)^2\,\gamma}{g}. \qquad (1)$$

Bezeichnet man mit h die der Geschwindigkeit $c \mp c_1$ entsprechende Druckhöhe, so ist, wegen $h = \frac{(c_1 \mp c)^2}{2g}$:

$$P = 2\,a\,h\,\gamma,$$

während der hydrostatische, der Höhe h entsprechende Druck nur gleich $a\,h\,\gamma$ ist.

Aus (1) erhellt, dafs der hydraulische Stofs dem Quadrate der relativen Geschwindigkeit zwischen Strahl und Fläche proportional ist.

Der Stofsheber oder hydraulische Widder von Montgolfier (1802) besteht aus einer Röhre $B\,B$ (Fig. 196) in welche von einem höher gelegenen Orte Wasser einfliefst. Die Röhre $B\,B$ hat bei S ein Ventil, welches sich nur nach unten öffnen kann. Ist S offen, so fliefst hier das Wasser aus und durch den Kanal D ab; wenn aber das Wasser ziemlich rasch zufliefst, so wird S gehoben und bald ganz geschlossen. Hierdurch wird das Wasser plötzlich zum Stillstand gebracht und übt einen heftigen Druck auf die Röhrenwand aus; infolgedessen öffnen sich die Ventile $r\,r$, das Wasser fliefst in die Windkessel O und F, sowie in die Röhre T und der Druck auf S vermindert sich. Die Luft in O mildert einesteils den Stofs des Wassers auf die Röhrenwände, andernteils treibt sie das Wasser nach $B\,B$ zurück, welche Bewegung sich (vermöge der Trägheit) selbst dann noch fortsetzt, wenn bereits der Druck in O unter den Atmosphärendruck herabgesunken ist. Es schliefsen sich alsdann r und r und es öffnet sich S, so dafs das Spiel von neuem beginnt. Der Windkessel F hat den Zweck das Aufsteigen des Wassers in T regelmäfsiger zu machen und starke Schwankungen zu verhüten. — Bei a ist eine kleine Röhre, in welcher ein nach innen sich öffnendes Ventil enthalten ist. In dem Moment, wo die Luft in O sich ausdehnt und sich sogar etwas verdünnt, tritt durch O Luft ein, um diejenige zu ersetzen, welche teils

Fig. 196. Hydraulischer Widder.

durch das Wasser nach T mitgerissen wird, teils in dem Wasser sich auflöst.

§ 137. Die vertikalen Wasserräder. Während die Turbinen sich in horizontaler Ebene drehen, findet die Drehung der gewöhnlichen Wasserräder in vertikaler Ebene statt: man nennt deshalb die ersteren auch Horizontal-, die letzteren Vertikalräder.

Am äufseren Umfang der Vertikalräder, dem sogen. Radkranze sind Schaufeln oder Zellen eingesetzt, d. h. entweder radial gestellte Bretter,

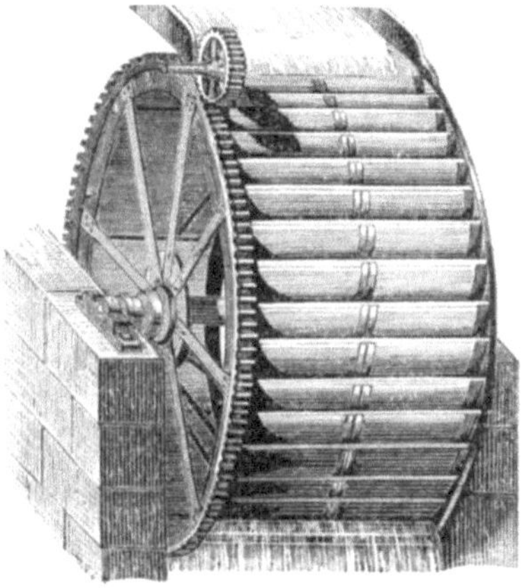

Fig. 197. Oberschlächtiges Wasserrad.

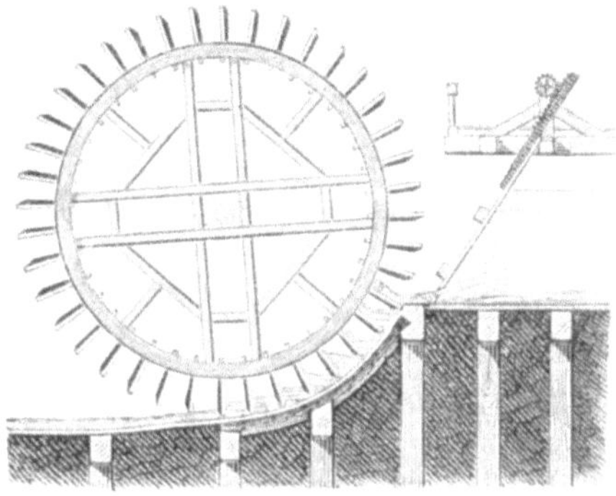

Fig. 198. Mittelschlächtiges Wasserrad.

oder kleine verschieden geformte Kasten, welche zur Aufnahme des Wassers dienen. Man teilt die Vertikalräder in ober-, mittel- und unterschlächtige ein (Fig. 197, 198 und 199), je nachdem das Wasser von oben, von der Seite, oder von unten gegen das Rad sich bewegt. Die unterschlächtigen Wasserräder werden als Schaufelräder, die ober- und mittelschlächtigen als Zellenräder konstruiert. Die oberschlächtigen und auch die mittelschlächtigen Räder kann man nur bei abschüssigem Terrain verwenden, die unterschlächtigen dagegen in der Ebene, wenn eine gröfsere Menge Wasser zur Verfügung steht. Hat das Wasser ein starkes Gefälle, so wirkt es schon in geringeren Mengen auf ober- und mittelschlächtige Räder bewegend ein. Bei den unterschlächtigen Rädern wirkt das Wasser lediglich durch seine kinetische Energie, bei den mittel- und unterschlächtigen teils durch den Stofs gegen die Zellwände, teils durch sein Gewicht, indem es in die Zellen einfliefst, das Rad durch sein Gewicht nach unten dreht und schliefslich ausfliefst.

Fig. 199. Unterschlächtiges Wasserrad.

Übrigens kann die Berechnung des Nutzeffekts der verschiedenen Wasserräder auf dasselbe Princip gegründet werden.

Es sei P das Gewicht des per Sekunde zufliefsenden Wassers, H die Druckhöhe, welche dem Unterschied der Geschwindigkeit zwischen dem Wasser und dem in gleichförmiger Drehung befindlichen Rad entspricht und den wir mit U bezeichnen wollen, wobei $H = \frac{U^2}{2g}$; P' das Gewicht der Wassermenge, welche der Benutzung entgeht (etwa über die Zellen hinweggespritzt), H' die Höhendifferenz zwischen dem Ober- und Unterwasser (der Stelle, wo das Wasser auftrifft und wo es abfliefst), U' die Geschwindigkeit, mit welcher das Wasser das Rad verläfst, die also verloren geht und R die Arbeitsmenge, welche durch die passiven Widerstände aufgezehrt wird, so ist die nützliche Arbeit:

$$A = (P - P')(H + H') - \frac{P - P'}{2g} U'^2 - R.$$

Der Nutzeffekt ist also um so gröfser, je geringer P' und U' ist und je kleiner die passiven Widerstände sind.

Gut ausgeführte Wasserräder haben nicht selten einen Nutzeffekt bis zu 80%.

Wir fügen hier noch die Beschreibung des Schmidt'schen Wassermotors (Fig. 200) bei, welcher namentlich in solchen Städten, welche Wasserleitung haben, mit Nutzen gebraucht werden kann. Er besteht aus einem Cylinder, in welchem sich ein Kolben auf- und abbewegen kann. Die Kolbenstange greift an die Kurbel des Schwungrades S und es mufs deshalb der Cylinder so eingerichtet sein, dafs er eine oscillierende Bewegung (die um den Punkt a erfolgt) machen kann. Zu dem Zweck ist der Cylinder um eine feste Achse drehbar gemacht und unten mit einem kreisbogenförmig abgerundeten Ansatzstück, in dem sich der Zu- und Abflufskanal befindet, verbunden; dieses Ansatzstück kann sich an einem ebenfalls kreisbogenförmig gestalteten Metallstück wasserdicht hin- und herbewegen. In unserer Figur befindet sich der Kolben augenblicklich in der Mitte des Cylinders und ist in Bewegung nach dem Schwungrad hin begriffen; das Wasser wird durch die Röhre A zugeleitet und tritt bei dieser Stellung durch den Kanal $c\,c$ hinter den Kolben, während das auf der anderen Seite des Kolbens befindliche Wasser durch den Kanal $d\,d$ und das Rohr B abfliefst.

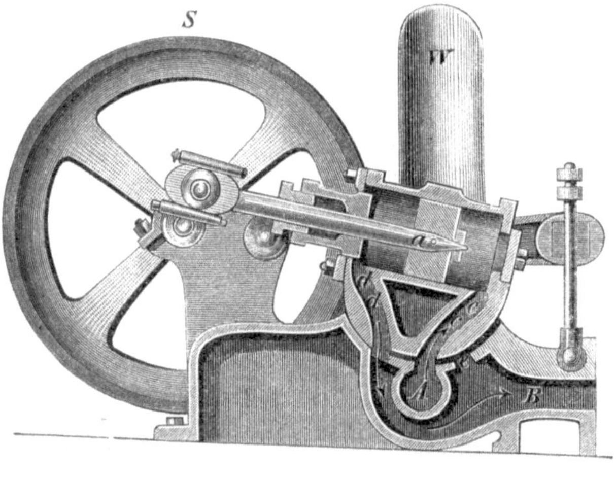

Fig. 200. Schmidts Wassermotor.

Während der Fortbewegung des Kolbens dreht sich der Cylinder und wenn der Kolben oben ist, so sind für einen Augenblick alle Kanäle verschlossen; der

Kolben geht dann vermöge der Trägheit, von der schweren Masse des Schwungrades fortgerissen, wieder zurück, und es stellt sich jetzt eine Verbindung zwischen *A* und *d d*, sowie zwischen *c c* und *e* her, so daſs das Wasser aus *A* durch *d d* in den Cylinder eintreten und das auf der anderen Seite des Kolbens befindliche durch *c c* und *e* in das Rohr *B* austreten kann. Ist der Kolben ganz am anderen Ende angekommen, so sind wieder für einen Augenblick alle Kanäle abgesperrt. Damit die Stöſse, welche beim Absperren entstehen, unschädlich werden, steht das Zuleitungsrohr *A* mit einem hohen Windkessel *W* in Verbindung, in den sich in den Momenten der Absperrung das Wasser ergieſst und die in demselben enthaltene Luft komprimiert.

Der Nutzeffekt beträgt 80 — 90 %. Mit einem Wasserdruck von 20 m und einem Wasserverbrauche von 40 Liter per Minute besitzt die Maschine (Cylinderweite 4 cm) ca. $^1/_5$ Pferdekraft. Doch hat man auch Motoren bis zu 7 Pferdekraft gebaut.

§ 138. Diffusion und Diosmose. 1) Wenn Flüssigkeiten, welche keine chemiche Einwirkung auf einander ausüben, in dasselbe Gefäſs gebracht werden, so lagern sie sich entweder nach ihren specifischen Gewichten übereinander (Wasser und Öl), oder sie vermischen sich miteinander (Wasser und Weingeist oder Salzlösungen). Die nicht mischbaren Flüssigkeiten sammeln sich wieder übereinander, nachdem sie durcheinander geschüttelt worden sind; ist die eine so schwer, wie die andere (Wasser und ein Gemisch aus Nelkenöl und Baumöl, oder Öl und mit Alkohol versetztes Wasser), so schwimmt die eine in rundlichen Tropfen oder Kugeln in der anderen. Die mischbaren Flüssigkeiten aber bleiben, selbst wenn die leichtere vorsichtig auf die schwerere gegossen wird, nicht voneinander getrennt; die Teilchen der einen dringen in die Masse der anderen. Diese freiwillig erfolgende Vermischung, welche je nach der Beschaffenheit der Flüssigkeiten mehr oder minder rasch vorsichgeht, bezeichnet man mit dem Namen Diffusion.

Die Substanzen, welche in regelmäſsigen Gestalten, die man Krystalle nennt, vorkommen (Kupfervitriol, Kochsalz u. s. w.) diffundieren, in Wasser gelöst, leicht in reines Wasser, was die anderen, die man Kolloide nennt (Eiweiſs, Leim u. s. w.) nicht oder nur in sehr geringem Grade thun. Eine Eiweiſslösung diffundiert in Wasser 21mal langsamer, als eine Kochsalzlösung von derselben Konzentration. Auf diese Art gelingt es leicht, aus einer wässerigen Lösung von Kochsalz und Eiweiſs das erstere auszuziehen; man braucht nur reines Wasser darauf zu gieſsen, das Kochsalz tritt rasch in das Wasser über, während das Eiweiſs fast rein zurückbleibt.

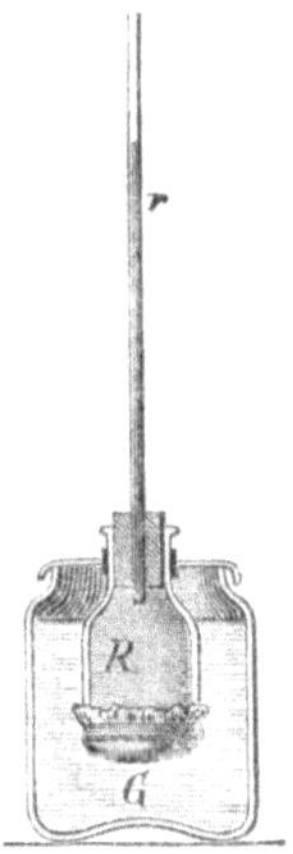

Fig. 201. Diosmose.

2) Selbst durch poröse Scheidewände diffundieren mischbare Flüssigkeiten zueinander. Indessen zeigt sich hier ein Unterschied, der diesen Vorgang als mit einfacher Diffusion nicht völlig identisch erscheinen läſst. In ein Gefäſs *G* (Fig. 201) ist ein anderes *R*, dessen Boden von einer Schweinsblase gebildet ist, eingesenkt; das innere Gefäſs ist mit einem Stopfen, durch den eine lange

Glasröhre *r* geht, verschlossen. Sind nun beide Gefäfse gleich hoch, das äufsere mit Wasser, das innere mit Kupfervitriollösung gefüllt, so bemerkt man nach einiger Zeit, dafs die Flüssigkeit in der Röhre beträchtlich steigt und heller wird, während das Wasser im äufseren Gefäfs sinkt und eine schwachbläuliche Farbe annimmt. Das Steigen der Flüssigkeit in der Röhre hört auf, wenn in beiden Gefäfsen die Flüssigkeit gleichartig geworden ist. Ähnliches tritt ein, wenn man das äufsere Gefäfs mit Wasser, das innere mit Alkohol füllt. Vertauscht man die Flüssigkeiten in den Gefäfsen, so entsteht ein Sinken im inneren und ein Steigen im äufseren.

Der Umstand, dafs die Flüssigkeiten in den Gefäfsen sich nicht einfach durch die poröse Scheidewand hindurch vermischen, sondern dafs die eine in gröfserer Menge durch die Scheidewand geht, als die andere, beweist, dafs die Scheidewand selbst an dem Prozefse einen wesentlichen Anteil hat, indem sie die eine Substanz leichter, als die andere durch ihre Poren gehen läfst. Dies sieht man auch daran, dafs verschiedene Membrane gegen dieselben Flüssigkeiten ein verschiedenes Verhalten zeigen. Ist das innere, Alkohol enthaltende Gefäfs durch eine Kautschukplatte, statt durch eine Schweinsblase, geschlossen, so sinkt der Alkohol, während das Wasser im äufseren Gefäfse steigt.

Aus diesen Gründen hat man der Diffusion durch eine poröse Scheidewand einen besonderen Namen, Diosmose (früher Endosmose), gegeben.

Die ungleichstarke Diffusion zweier Flüssigkeiten z. B. von Wasser und Alkohol durch eine poröse Scheidewand, etwa durch eine Schweinsblase erklärt man daraus, dafs die Blase eine verschiedene Absorptionsfähigkeit für verschiedene Substanzen hat. In Wasser gelegt quillt eine Schweinsblase auf und wird weich, in Alkohol bleibt sie hart. Legt man eine mit Wasser getränkte Blase in Alkohol, so verliert sie nahezu die Hälfte an Gewicht. Die Blase besitzt also für Wasser, oder mit viel Wasser versetzten Alkohol mehr Absorptionsfähigkeit, als für reinen Alkohol, oder für solchen, dem nur wenig Wasser beigemischt ist. In dem diosmotischen Apparat, wenn das innere Gafäfs mit Alkohol und das äufsere mit Weingeist gefüllt ist, zieht die Blase mehr Wasser als Weingeist ein und zwischen dieser Mischung und dem Alkohol einerseits, sowie dem Wasser anderseits tritt gewöhnliche Diffusion ein; dieser Prozefs setzt sich so lange fort, bis die Flüssigkeiten in beiden Gefäfsen gleichartig sind.

Kolloide und Krystalloide kann man besonders gut von einander trennen, wenn man die Mischung in eine Schweinsblase oder in Pergamentpapier bringt und ins Wasser hängt.

Das Aufsteigen der Pflanzensäfte bis in die höchsten Spitzen der Bäume erklärt man ebenfalls durch die Diosmose; die durch die Wurzeln aus dem Boden aufgesaugte Flüssigkeit geht durch die Zellwände in stärkerem Mafse, als die in diesen enthaltene Flüssigkeit.

5. Statik der gasförmigen Körper.

§ 139. Grundeigenschaften der Gase. Die Gase haben mit den Flüssigkeiten die leichte Verschiebbarkeit der Moleküle gemein, unterscheiden sich aber von denselben dadurch, daſs sie kein bestimmtes Volumen mehr haben; sie müssen in Gefäſse eingeschlossen werden, damit sich die Moleküle nicht nach allen Richtungen hin zerstreuen; zwischen den Molekülen der Gase herrscht also keine Kohäsion. Daraus folgt aber auch, daſs die Moleküle gasförmiger Körper in geradliniger Bahn mit gleichbleibender Geschwindigkeit sich bewegen, bis sie gegen ein anderes Molekül oder gegen eine feste Wand stoſsen, von welcher sie abprallend ihren geradlinigen Weg nach anderer Richtung hin fortsetzen.

Den Stoſs, welchen die in jedem Augenblick gegen die Einheit der Wandfläche anprallenden Gasteilchen ausüben, konstituieren das, was man den „Druck“ der Gase gegen die einschlieſsenden Wände oder überhaupt gegen die mit ihnen in Berührung stehenden Körper nennt. Man schreibt diesen Druck gewöhnlich der Wirkung einer Kraft, die man als „Spannkraft“ der Gase bezeichnet, zu.

Je dichter ein Gas ist, um so gröſser wird die Spannkraft, d. h. um so mehr Gasteilchen fliegen in derselben Zeit gegen jeden Quadratcentimeter der Gefäſswand.

Daſs die Gase in hohem Grade elastisch sind und zwar innerhalb noch weiterer Grenzen als die meisten festen und flüssigen Körper, wird später § 143 ausführlicher gezeigt werden. Von den Flüssigkeiten unterscheiden sie sich in dieser Hinsicht, daſs sie selbst bei geringer Druckvermehrung eine deutliche Volumenverminderung erfahren.

Die Gase sind schwer, ebenso wie feste und flüssige Körper; pumpt man aus einer Glasglocke die Luft aus, so wiegt sie weniger als vorher.

Alle für die Flüssigkeiten geltenden Gesetze, welche aus der leichten Verschiebbarkeit der Teilchen, der Elasticität und der Schwere folgen, gelten auch für die Gase:

1) Ein Druck, welcher an irgend einer Stelle auf eine Gasmasse ausgeübt wird, pflanzt sich nach allen Richtungen hin mit gleicher Stärke fort. (Hier ist unter Druck der specifische Druck d. i. der Druck auf den Quadratcentimeter zu verstehen.)

2) In jeder horizontalen Schicht einer schweren, im Gleichgewicht befindlichen Gasmasse ist der Druck gleich groſs.

Das Gesetz vom Bodendruck, vom Auftrieb u. s. w. gilt für die Gase wie für die Flüssigkeiten.

Fig. 202 zeigt einen Apparat, welcher das Gesetz von der Gleichheit der Fortpflanzung des Druckes nach allen Richtungen beweisen kann. An einer hohlen Kugel C ist eine Röhre R, in der sich ein Kolben auf- und abbewegen kann, angebracht, ebenso wie verschiedene Uförmig gebogene Röhren $l\,l$, in denen sich etwas Quecksilber oder gefärbtes Wasser befindet. Schiebt man den Kolben in der Röhre R herunter, so hebt sich die Flüssigkeit in den offenen Schenkeln der Röhren l, l überall um gleichviel.

Das Gesetz vom Auftrieb läfst sich mit Hilfe des Baroskops (Fig. 203) experimentell nachweisen. An den Enden eines Wagbalkens hängt einerseits

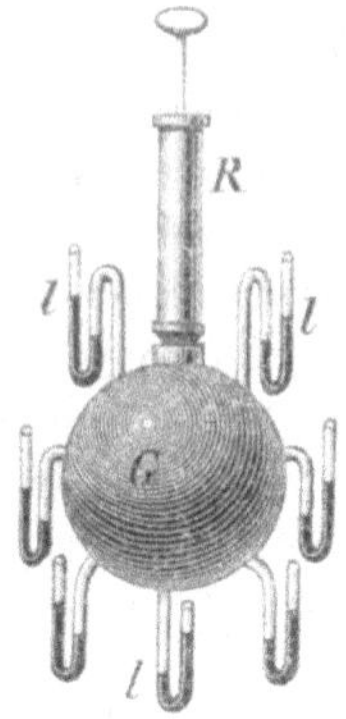

Fig. 202. Gleiche Fortpflanzung des Drucks in gasförmigen Körpern.

Fig. 203. Baroskop.

eine gröfsere hohle Glaskugel und anderseits ein Gewichtstein, welcher im lufterfüllten Raum der Glaskugel das Gleichgewicht hält. Stellt man den Apparat unter die Glocke der Luftpumpe und pumpt aus, so sinkt die Wage auf der Seite, wo die Glaskugel hängt. Läfst man die Luft wieder zu, so stellt sich das Gleichgewicht wieder her; die Kugel ist an sich schwerer als der Gewichtstein; sie verliert aber ihres gröfseren Volumens wegen mehr an Gewicht im lufterfüllten Raum als der Gewichtstein u. s. w.

Fig. 204. Luftballon.

Auf dem Gesetz vom Auftrieb beruht auch der Luftballon (Fig. 204). Ein grofser Ballon, welcher mit verdünnter Luft, Wasserstoff oder Leuchtgas gefüllt ist, steigt in der Luft in die Höhe. Die ersten Luftballons wurden von den Gebrüdern Montgolfier 1783 hergestellt und heifsen Montgolfièren; sie waren unten offen und wurden dadurch zum Steigen gebracht, dafs man die Luft in denselben durch Anzündung eines Feuers unterhalb der Öffnung verdünnte.

In demselben Jahr füllte Prof. Charles einen Ballon mit Wasserstoffgas — Charlièren. Bei dieser Füllung können die Ballons viel kleiner sein. Späterhin füllte der Engländer Green die Luftballons mit Leuchtgas — Greenièren.

Ist Q das Gewicht des leeren Ballons, γ das Gewicht der Kubikeinheit Luft und γ' das Gewicht der Kubikeinheit des Gases, womit der Ballon gefüllt wird, und ist V das Volumen des gefüllten Ballons, so beträgt die „Steigkraft“:

$$V(\gamma - \gamma_1) - Q.$$

Charles erreichte 1783 eine Höhe von 3000 Fuſs; in der Schlacht bei Fleurus 1794 beobachteten die Franzosen die Bewegungen der Österreicher mittelst eines Luftballons; 1804 stiegen Biot und Gay-Lussac auf und erreichten eine Höhe von 4000 m; Gay-Lussac allein stieg bis 7000 m auf. Humboldt und Bonpland erreichten am Chimborasso 6100 m; die Luft war sehr trocken; die Temperatur betrug -10^0 C., während sie am Boden $+30^0$ C. war. Green fuhr in 19 Stunden von London bis Weilburg an der Lahn. Im Jahre 1875 erreichten Tissandier, Croce-Spinelli und Sivel eine Höhe von 11 000 m; einige der Gefährten wurden bewuſstlos; dem einen fror eine Hand ab. Im Jahre 1870 benutzten die Franzosen den Ballon im Kriege. Es ist noch nicht gelungen eine Steuerung für die Luftballons herzustellen.

§ 140. Luftdruck. Füllt man eine ca. 1 m lange, am einen Ende geschlossene Glasröhre mit Quecksilber, verschlieſst sie mit dem Daumen, stellt sie in ein Gefäſs mit Quecksilber und nimmt den Daumen weg, so fällt das Quecksilber nur wenige Centimeter und bleibt ca. 76 cm hoch in der Röhre stehen (Fig. 205). Der obere Teil der Röhre ist luftleer und heiſst die Toricellische Leere (1643).

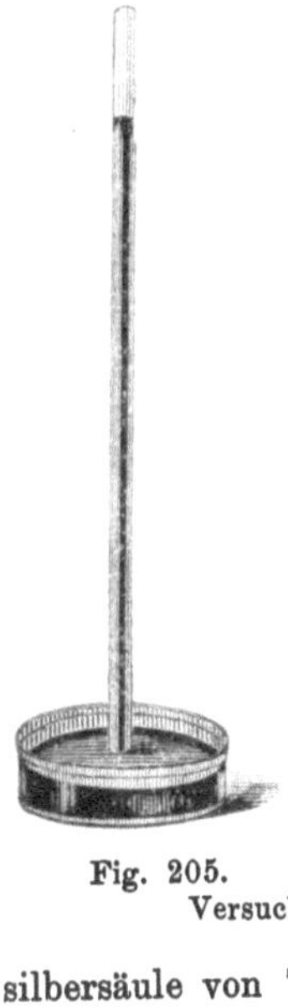

Fig. 205.

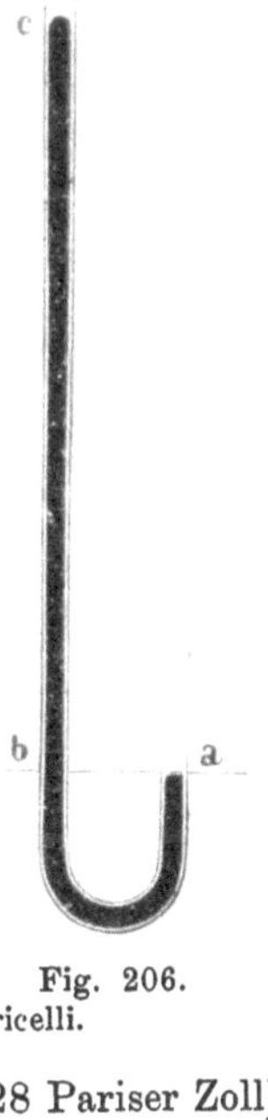

Fig. 206.

Versuch von Toricelli.

Die Anziehungskraft der Erde verhindert, daſs die Luft sich in den ganzen Weltenraum hinein verflüchtigt; sie zieht die Luft nach der Erde hin und preſst sie so lange zusammen, bis die Spannkraft derselben der Schwere das Gleichgewicht hält. So üben denn auch die in Bewegung befindlichen Luftteilchen auf das Quecksilber im Gefäſs (Fig. 205) einen Druck (Stoſs) aus, welcher gleich dem Gewicht der über dem Quecksilber stehenden Luftsäule ist. Dieser Druck ist im Stande einer Quecksilbersäule von 76 cm (28 Pariser Zoll) Höhe das Gleichgewicht zu halten. Gesetzt die Röhre habe einen Querschnitt von 1 qcm, so wiegt das in ihr enthaltene Quecksilber $76 \,.\, 13{,}59 = 1033$ g $= 1{,}033$ kg oder ungefähr 1 kg. Ebensoviel wiegt eine Luftsäule von 1 qcm Querschnitt, welche bis zum Ende der Atmosphäre reicht, und ebenso groſs ist der Druck der Luft auf einen Quadratcentimeter. Mittels des Apparates (Fig. 206) wird die Sache noch verständlicher. Eine umgebogene Röhre, deren längerer

Schenkel oben geschlossen ist, wird in geneigter Lage mit Quecksilber gefüllt, so dafs es bis am geschlossenen Ende steht. Dann stellt man die Röhre aufrecht und bemerkt nun, dafs das Quecksilber im geschlossenen Schenkel 76 cm höher steht, als im offenen: $bc = 76$ cm; ab ist eine über den Quecksilberspiegel im offenen Schenkel gezogene Horizontale. Über a steht eine Luftsäule, welche bis ans Ende der Atmosphäre reicht und über b steht die 76 cm hohe Quecksilbersüule bc; beide halten einander das Gleichgewicht.

Den Druck, welchen die gewöhnliche Luft ausübt, nennt man einen Atmosphärendruck oder kurz eine Atmosphäre. Wenn Wasserdampf, welcher in einem Kessel enthalten ist, einen Druck von 4 . 1,033 kg auf jeden Quadratcentimeter der Gefäfswand ausübt, so sagt man, der Dampf habe eine Spannkraft von vier Atmosphären. Überhaupt werden die Spannkräfte luftförmiger Körper gewöhnlich in Atmosphären ausgedrückt.

Läfst man in die Röhre (Fig. 205) etwas Luft einsteigen, indem man die Röhre einen Moment über das Quecksilber in dem weiten Gefäfs hebt, so sinkt das Quecksilber in der Röhre um so mehr, je mehr Luft eingetreten ist.

Würde man die Röhre mit Wasser statt mit Quecksilber füllen und in ein Gefäfs mit Wasser einstellen, so würde das Wasser 76 . 13,59 = 1033 cm = 10,33 m hoch stehen; man müfste also eine sehr hohe Röhre nehmen.

Füllt man ein Trinkglas, dessen Rand abgeschliffen ist, ganz mit Wasser, bedeckt es mit einem Blatt Papier, legt die Hand auf und kehrt um, so kann man die Hand wegnehmen, ohne dafs das Wasser ausfliefst. Aus einer mit Wasser gefüllten Glasröhre, welche unten eine enge Öffnung hat, fliefst nichts aus, wenn man die obere Öffnung zuhält, weil keine Luft neben dem Wasser vorbei nach oben steigen kann.

Wird ein Glascylinder mit Wasser gefüllt, mit einer Glasplatte bedeckt, umgekehrt und in Wasser eingestellt, so kann man die Glasplatte wegnehmen, ohne dafs das Wasser im Cylinder herabfällt; es übt sogar einen erheblichen Druck auf den Boden des Cylinders aus, denn der Luftdruck möchte das Wasser über 10 m hoch heben.

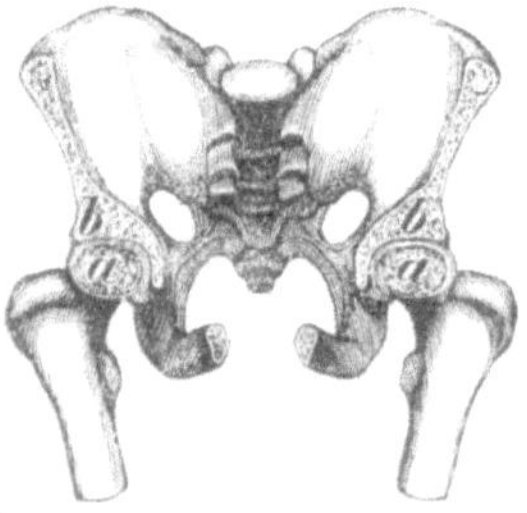

Fig. 207. Das Haften des Schenkels in der Pfanne durch den Luftdruck.

Der kugelförmig gewölbte Knochen a des Oberschenkels (Fig. 207) sitzt schon durch den Luftdruck fest in der Pfanne b. Wird in die Pfanne von oben ein Loch gebohrt, mit einem Stöpfchen gut verschlossen und der Schenkelknochen in die Pfanne gedrückt, so bleibt er darin haften; zieht man das Stöpfchen heraus, so fällt der Schenkel herunter.

Der Druck der Luft auf den menschlichen Körper wirkt von allen Seiten und wird deswegen nicht als Last, welche zu tragen wäre, empfunden. Diesen Druck, dem ein gleicher Gegendruck von Seiten der im Innern befindlichen Luft entgegensteht, halten die Knochen und die Häute, sowie die Flüssigkeiten im Innern unschwer aus.

Aufgabe 1. Wie grofs ist der Druck auf den menschlichen Körper, wenn dessen Oberfläche 1,5 qm beträgt?

Aufgabe 2. Der Druck des in einem Kessel enthaltenen Dampfes ist gleich 3 Atmosphären; die Kesselwand hat eine Oberfläche von 225 qcm; wie grofs ist der Druck auf 1 qcm und wie grofs auf die ganze Wandfläche?

§ 141. Barometer. Wenn man den Toricellischen Apparat längere Zeit beobachtet, so bemerkt man ein ständiges Steigen und Fallen des Quecksilbers in der Röhre; der Druck der Luft bleibt also nicht immer derselbe. Bei Süd- und Westwind fällt und bei Nord- und Ostwind steigt gemeiniglich das Quecksilber.

Man hat nun den Toricellischen Apparat so abgeändert, dafs man den Wechsel im Luftdruck bequem bestimmen kann; man nennt ihn dann Barometer — Luftschweremesser.

Es giebt zwei Arten von Barometern: Gefäfs- und Heberbarometer.

Bei den ersten (Fig. 208) ist der kurze, offene Schenkel beträchtlich weiter, als der lange, geschlossene. Wenn deshalb das Quecksilber in dem langen Schenkel selbst um mehrere Millimeter steigt oder fällt, so tritt im kurzen Schenkel keine erhebliche Niveauänderung ein. Der „Barometerstand" ist genau genommen der Höhenunterschied des Quecksilbers in den beiden Schenkeln. Da aber bei dem Gefäfsbarometer das Quecksilber im kurzen Schenkel sich sehr wenig hebt und senkt, so kann man bei ungenauen Messungen annehmen, es bliebe hier stets auf demselben Stand, so dafs man die Höhe des Quecksilbers im offenen Schenkel immer von demselben Nullpunkt rechnen und an der Skala ablesen kann. Gewöhnlich ist am Barometer noch ein Thermometer angebracht; es ist dies von Wichtigkeit, weil die Quecksilbersäule bei demselben Luftdruck einen höheren Stand hat, wenn die Temperatur höher, als wenn sie niedriger ist. Man mufs deshalb immer noch eine Korrektion wegen der Temperatur vornehmen, bezüglich alle Barometerstände auf 0° C. reduzieren. Soll aber der Nullpunkt der Ablesung genau mit dem Stand des Quecksilbers im kurzen Schenkel übereinstimmen, so kann man das Barometer so konstruieren, dafs die Röhre in ein Gefäfs K (Fig. 209) taucht, welches in einen ledernen Sack L endigt. Das Gefäfs ist oben bei C

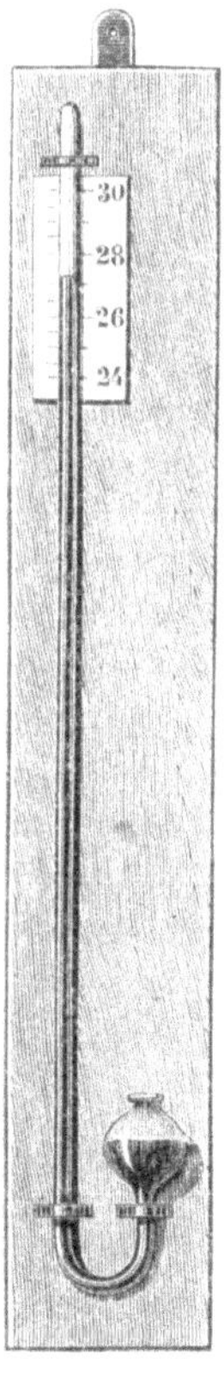

Fig. 208. Gewöhnliches Gefäfsbarometer.

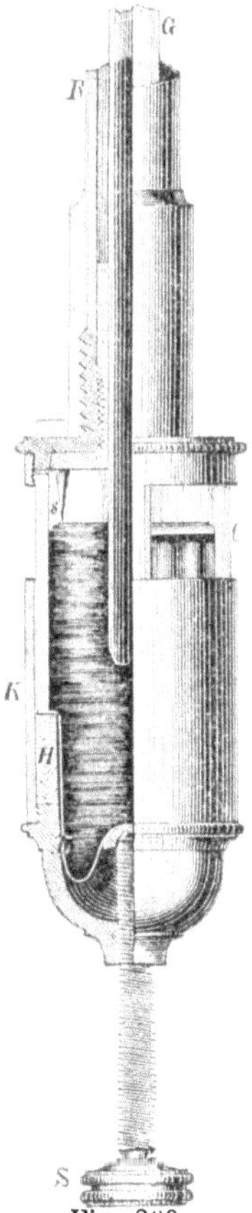

Fig. 209. Fortins Gefäfsbarometer.

von Glas und unten von Metall. Durch den Boden des Gefäfses, welches den Sack umhüllt, geht eine Schraube *S*, mittelst deren man den Sack heben und senken kann, bis das Queksilber eine an dem oberen Boden des Gefäfses befestigte Spitze *s* berührt. (Gefäfsbarometer von Fortin.)

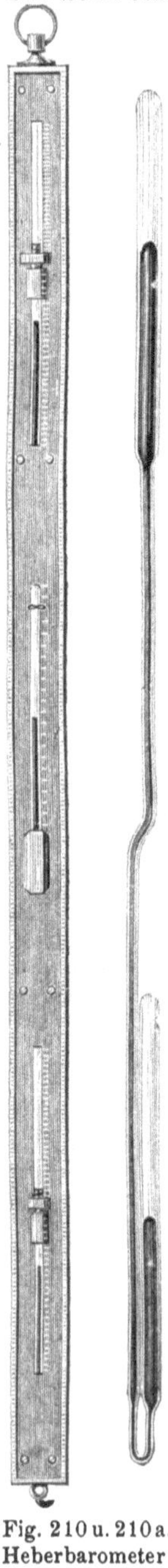

Fig. 210 u. 210 a. Heberbarometer von Gay-Lussac.

Das Heberbarometer hat zwei gleich weite Schenkel (vergl. Fig. 206); es steigt also das Quecksilber in dem einen um ebensoviel, als es in dem andern fällt; es mufs deshalb auch der Stand in beiden abgelesen werden. Fig. 210 zeigt das Heberbarometer von Gay-Lussac; Fig. 210 a zeigt das Barometerrohr, dessen kurzer Schenkel seine Öffnung an der Seite hat, um das Eindringen von Staub zu verhindern; es wird in ein Messingrohr gesteckt (Fig. 210), welches mit Glas verkleidete Spalten hat, durch welche man die Quecksilberkuppen sehen kann. Ungefähr in der Mitte des Rohres befindet sich der gemeinsame Nullpunkt der Einteilungen für die beiden Quecksilberstände. Die eine Teilung geht vom Nullpunkt aufwärts, die andere abwärts. Die Ablesungen müssen also, um den Barometerstand zn finden, addiert werden. Die Einteilungen sind mit Nonien versehen. Man kann das Barometer leicht auf Reisen benutzen, indem man das Rohr langsam umkehrt; es fliefst dann das Quecksilber bis an das geschlossene Ende des langen Schenkels. Übrigens ist die Einteilung nicht selten auf dem Glase selbst angebracht. Neuerdings benutzt man vielfach auf meteorologischen Stationen das Gefäfsheberbarometer von Fuess. Die beiden gleichweiten Schenkel (von denen der kurze eine seitliche Öffnung hat) tauchen in ein eisernes Gefäfs, welches einen ledernen Beutel enthält, ähnlich wie das Fortinsche Barometer. Auch hier kann durch eine Schraube das Quecksilber im kurzen Schenkel bis zu einem feststehenden Nullpunkt gehoben oder gesenkt werden. Man hat dann nur eine Ablesung (am langen Schenkel) zu machen.

Wenn Barometerröhren sehr eng sind, so macht sich der Fehler der Kapillarität namentlich bei Gefäfsbarometern geltend, das Quecksilber steht zu tief; bei Heberbarometern hebt sich der Fehler, weil in beiden Schenkeln die Capillarität annähernd gleich stark eintritt, auf. Häufig macht man auch die Glasröhren an den beiden Enden, wo das Quecksilber gewöhnlich steht, ziemlich weit.

Dafs auch bei Heberbarometern die Kapillarität nicht ganz aufgehoben ist, folgt daraus, dafs im geschlossenen Schenkel die Kuppe anders gewölbt ist, als im ungeschlossenen, da hier der Luftdruck auf die Wölbung einen Einflufs ausübt.

Wenn das Quecksilber im Steigen begriffen ist, so wölbt sich die Kuppe in der Mitte stark nach oben; ist es im Fallen begriffen, so wird sie flach, oder biegt sich gar nach innen. Warum?

§ 142. Aneroid- und selbstregistrierende Barometer. Das Aneroidbarometer (Fig. 211) besteht aus einer luftleer gemachten, dünnwandigen Metallkapsel *K*, deren Oberfläche gewellt ist, um die Zahl der Punkte zu vervielfältigen, auf welche der äufsere Luftdruck wirkt. Auf der Mitte der Kapsel ist ein Pfeiler *M* befestigt, welcher sich hebt und senkt, je nachdem der äufsere Druck schwächer oder stärker wird. Dieser Pfeiler steht mit dem einen Ende einer gebogenen, elastischen Metallplatte *P* in Verbindung, deren anderes Ende in einem Pflock *R* eingelassen ist. Die Bewegungen von *M* übertragen sich auf *P* und von da auf die Hebel *l* und *m*, welche die Achse *r* drehen. Diese Achse setzt den Hebel *t* in Bewegung, an welchem eine Kette *s* befestigt ist, deren anderes Ende sich um eine kleine Rolle schlingt. An der Achse dieser Rolle ist ein Zeiger befestigt, welcher sich mit der Rolle nach der einen oder anderen Seite dreht und über einem in Millimeter geteilten Kreise spielt. Eine an der Achse der Rolle befestigte Feder bewirkt, dafs die Kette *s* stets straff angezogen bleibt.

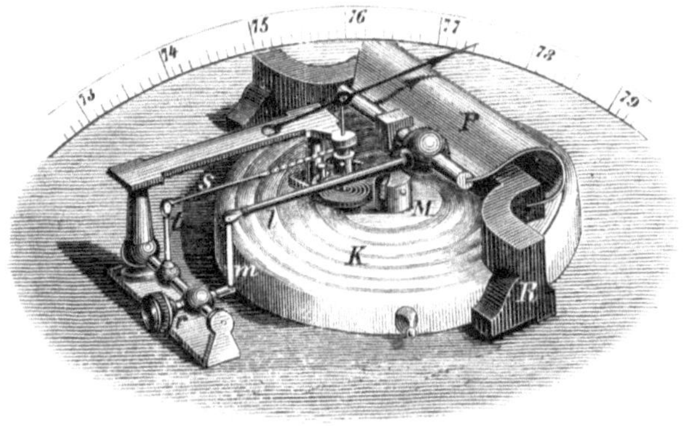

Fig. 211. Aneroidbarometer.

Die Eichung des Instruments geschieht durch Vergleichung mit einem guten Quecksilberbarometer. Die Aneroidbarometer sind sehr empfindlich, müssen jedoch von Zeit zu Zeit auf ihre Richtigkeit geprüft werden.

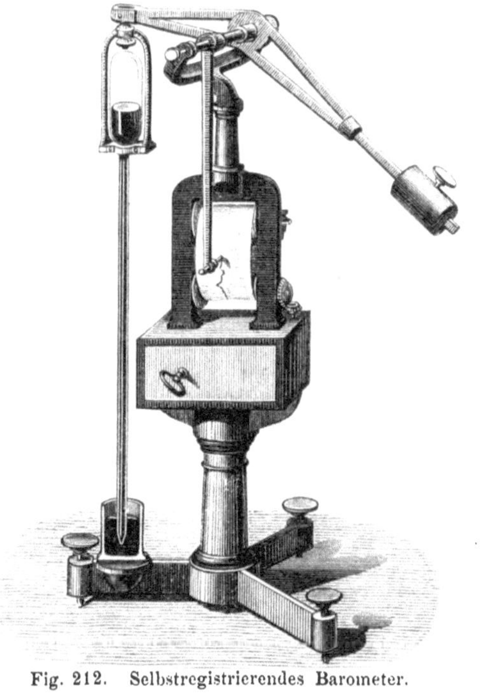

Fig. 212. Selbstregistrierendes Barometer.

Man kann die Barometer, namentlich die Aneroidbarometer, auch so einrichten, daſs sie den Barometerstand kontinuierlich oder in Zwischenräumen selbst aufschreiben — selbstregistrierende Barometer. Der mit einer nach abwärts gerichteten Spitze versehene Zeiger eines Aneroidbarometers spielt über einem Papierstreifen und wird alle 10 Minuten durch einen Elektromagnet auf das Papier niedergedrückt; 2 Minuten später wird der Streifen durch einen anderen Elektromagnet um ein kleines Stück und nach jeder Stunde um doppelt soviel vorgeschoben. Die elektrische Leitung steht mit einer Uhr in Verbindung, welche so eingerichtet ist, daſs sie die Öffnung und Schlieſsung des galvanischen Stromes zu rechter Zeit vornimmt. Auf diese Art zeichnet sich der Verlauf des Barometerstandes in je 5 Punkten per Stunde auf dem Papiere ab.

Ein anderes selbstregistrierendes Barometer zeigt Fig. 212. Die Barometerröhre ist an dem einen Arm eines Hebels befestigt und senkt oder hebt sich, jenachdem das Quecksilber steigt oder fällt. Mit der Achse des Hebels steht eine Stange mit einem Schreibstift in Verbindung, welche den Gang des Barometers auf einer Papierrolle, welche durch ein Uhrwerk gleichmäſsig umgetrieben wird, aufschreibt.

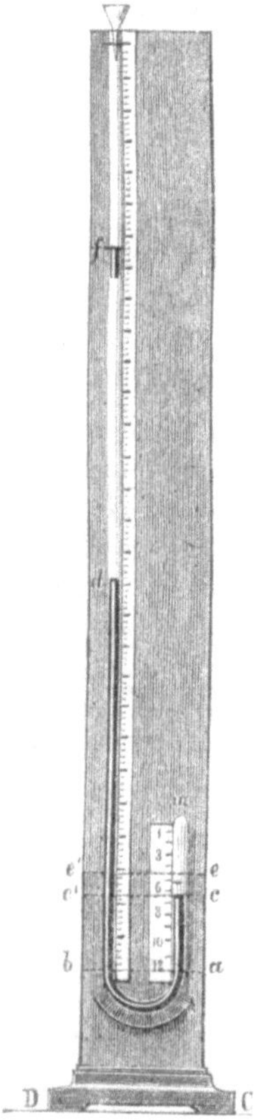

Fig. 213.
Mariottes Gesetz für Luftverdichtung.

§ 143. Das Gesetz von Mariotte. Es ist schon § 139 bemerkt worden, daſs die Spannkraft eines Gases wächst, wenn das Volumen desselben verkleinert wird, oder genauer: Die Spannkraft eines Gases, d. i. der Druck, den dasselbe ausübt, ist bei gleichbleibender Temperatur dem Volumen umgekehrt proportional — Gesetz von Mariotte (1679):

$$v_1 : v_2 = p_2 : p_1$$

oder

$$v_1 \cdot p_1 = v_2 \cdot p_2,$$

wo v_1 und v_2 die Volumina und p_1 und p_2 die entsprechenden, auf die Gasmasse ausgeübten Drucke bedeuten.

Um dieses Gesetz nachzuweisen, kann man sich des Apparates Fig. 213 bedienen; er besteht aus einer gebogenen Glasröhre, deren langer Schenkel oben offen und trichterförmig erweitert, während der kurze geschlossen ist. Gieſst man zunächst soviel Quecksilber in den Trichter, daſs dasselbe unten am Nullpunkt der Teilung bei *ab* (12) in den Schenkeln steht, so ist in dem kurzen Schenkel Luft von gewöhnlicher Dichte und Spannkraft eingeschlossen. Gieſst man jetzt noch soviel Quecksilber nach, daſs es im langen Schenkel 76 cm über dem im kurzen steht, so nimmt die Luft nur noch die Hälfte des früheren Raumes ein (es steht im langen Schenkel bei *d* und im kurzen Schenkel bei *c*). Der Druck, den das Quecksilber und die Luft über demselben auf die im kurzen Schenkel eingeschlossene ausübt, ist gleich zwei Atmosphären.

Gieſst man weiter soviel Quecksilber in den Trichter, so daſs es im langen Schenkel 2 . 76 cm höher steht, als im kurzen, so hat sich die Luft soweit zusammengezogen, daſs sie nur noch $^1/_3$ des früheren Raumes einnimmt u. s. w. Jedesmal wenn Gleichgewicht eingetreten ist, sind äufserer Druck und Spannkraft der Luft einander gleich (§ 33).

Um das Mariottesche Gesetz auch für verdünnte Luft nachzuweisen, bedient man sich einer weiten, mit Quecksilber gefüllten Röhre, in welche eine enge, oben geschlossene oder mit einem Hahn versehene eingeschoben werden kann (Fig. 214). Taucht man die enge etwas Luft enthaltende Röhre zunächst so tief in die weite, dafs das Quecksilber in beiden gleich hoch steht und hebt alsdann die enge in die Höhe, bis die Luft in ihr den doppelten Raum einnimmt, so ist das Quecksilber in derselben um $^1/_2 . 76$ cm, und hebt man sie so hoch, dafs die Luft den dreifachen Raum einnimmt, so ist das Quecksilber in ihr um $^2/_3 . 76$ cm gestiegen. Hieraus folgt, dafs die auf den doppelten oder dreifachen Raum ausgedehnte Luft nur noch die Hälfte, bezüglich den dritten Teil der ursprünglichen Spannkraft besitzt.

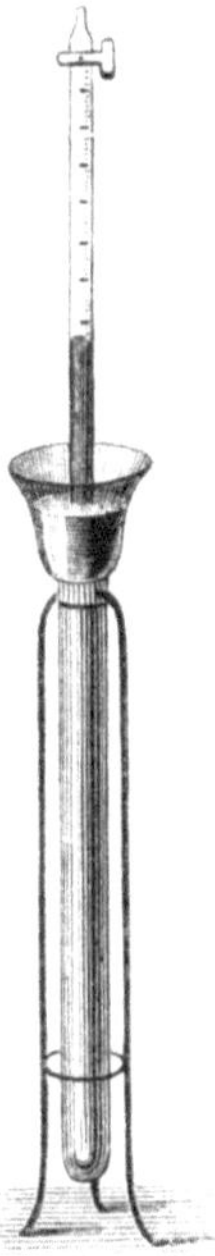

Fig. 214. Mariottes Gesetz für Luftverdünnung.

Das Mariottesche Gesetz gilt nur für gleichbleibende Temperatur; man mufs deshalb bei Anstellung der Versuche mit dem Ablesen immer einige Zeit warten, bis die Erwärmung durch die Verdichtung oder die Abkühlung durch die Verdünnung der Luft wieder verschwunden ist.

Das Mariottesche Gesetz sollte eigentlich nach Boyle benannt werden, da dieser es bereits 1662 entdeckt hat.

Das Mariottesche Gesetz wird bei der Kompression begreiflicherweise nur so lange gelten, als die Moleküle nicht so nahe aneinanderrücken, dafs eine gegenseitige Anziehung erwacht, jedenfalls nicht so weit, bis das Gas in den flüssigen Zustand überzugehen beginnt.

Arago und Dulong haben das Gesetz bis zu einem Druck von 27 Atmosphären für Luft geprüft. Regnault hat durch genauere Versuche gezeigt, dafs Luft, Sauerstoff, Stickstoff und überhaupt alle Gase, mit Ausnahme des Wasserstoffs sich bei hohem Druck stärker zusammenziehen, als es das Mariottesche Gesetz verlangt. Solche Gase, wie Ammoniak, schweflige Säure u. s. w., welche schon bei geringem Druck flüssig werden, ziehen sich auch schon bei geringem Druck stärker zusammen, als es das Mariottesche Gesetz verlangt. Umgekehrt verhält sich der Wasserstoff; er zieht sich bei hohem Druck weniger zusammen, als es sein müfste.

Aufgabe 1. Es ist das Volumen v einer unter dem Drucke b stehenden Gasmasse auf den Normalbarometerstand (760 mm) zu reduzieren.

Aufgabe 2. Wie verhalten sich die specifischen Gewichte s_1 und s_2 einer Gasmasse, wenn dieselbe bezüglich den Drucken p_1 und p_2 ausgesetzt wird?

§ 144. Manometer. Unter Manometer versteht man Apparate, welche zum Messen der Spannkräfte von Gasen und Dämpfen dienen.

1) Ist der Druck gering, wie z. B. bei Niederdrucksdampfmaschinen, so kann man eine beiderseits offene umgebogene Glasröhre nehmen, welche teilweise mit Quecksilber gefüllt und mit dem einen Ende auf den Dampfkessel gesetzt ist. Mittelst des Hahnes h kann man den Dampf zulassen oder absperren (Fig. 215). Bei einem Dampfdruck von $1^1/_2$, 2 u. s. w. Atmosphären, bezüglich einem Überdruck (über den der Atmosphäre) von

$^1/_2$, 1 . . . Atmosphären, stellt sich das Quecksilber in der Röhre 38, 76 . . . cm hoch.

2) Ist der Druck stark, so bedient man sich einer starkwandigen, am einen Ende geschlossenen Glasröhre, welche mit dem anderen offenen Ende luftdicht in ein Gefäfs mit Quecksilber taucht (Fig. 216). Dieses Gefäfs steht in einem anderen, das mittelst einer Röhre auf einen Kessel aufgeschraubt werden kann, in Verbindung. Ist der Hahn *h* offen, so tritt der Dampf aus dem Kessel über das Quecksilber und hebt es so hoch, dafs die Spannkraft der komprimierten Luft und das Gewicht der gehobenen Quecksilbersäule dem Dampfdruck das Gleichgewicht halten können.

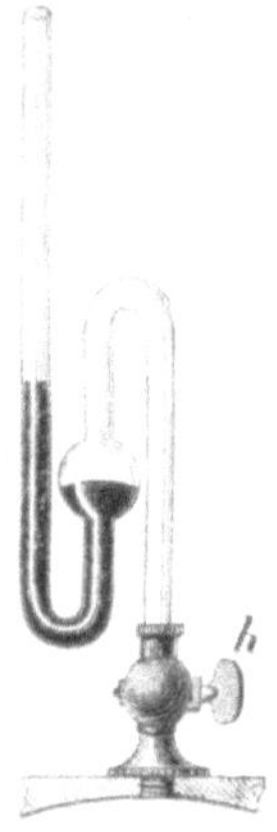

Fig. 215. Manometer mit offener Röhre.

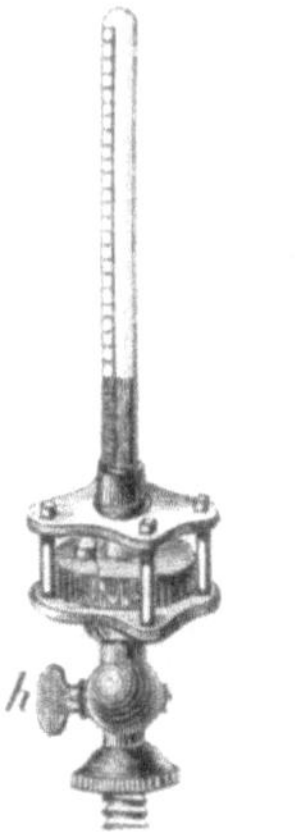

Fig. 216. Manometer mit geschloss. Röhre.

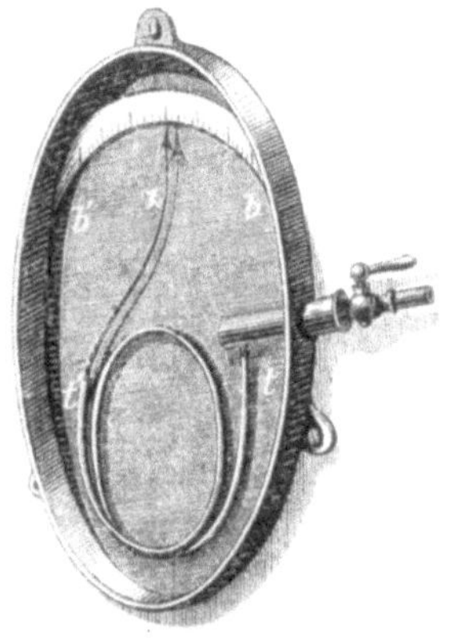

Fig. 217. Metallmanometer.

Man eicht ein solches Manometer gewöhnlich auf die Art, dafs man es mit einem schon eingeteilten auf denselben Dampfkessel setzt und an dem Rohre des ersten die Stellen mit 2, 3 . . . bezeichnet, wo das Quecksilber steht, wenn das bereits geeichte 2, 3 . . . Atmosphären anzeigt.

3) Ein Metallmanometer (Bourdon) zeigt Fig. 217; es besteht aus einer gebogenen Metallröhre *tt'* von elliptischem Querschnitt, die am einen Ende *t* festgemacht ist; das andere Ende *t'* ist mit einem Zeiger *z* in Verbindung, welcher sich, wenn der Dampf in die Röhre strömt und deren Form durch den Druck verändert, in Bewegung kommt und an einem eingeteilten Bogen *bb'* die Spannkraft in Atmosphären, bezüglich den „Überdruck" angiebt; steht der Zeiger auf 3, so hat der Dampf 3 Atmosphären Überdruck, d. h. 3 Atmosphären über den Luftdruck.

Aufgabe. Eine Manometerröhre mit geschlossenen Ende ist 1 m lang; der Dampfdruck beträgt 2 Atmosphären; wie hoch steigt das Quecksilber?

Wie hoch steigt das Quecksilber, wenn der Dampfdruck 3 Atmosphären beträgt?

§ 145. Abnahme der Spannkraft der Luft mit der Erhebung über den Meeresspiegel. Wenn die Höhe der Luft in arithmetischem Verhältnis zunimmt, so nimmt die Spannkraft (Dichte,

Barometerstand) in geometrischem Verhältnis ab. Es sei AB (Fig. 218) eine Luftsäule, die am Meeresspiegel beginnend in Schichten von der Höhe h eingeteilt gedacht wird, wobei h so klein sein soll, dafs man annehmen kann, die Dichte der Luft ändere sich innerhalb derselben Schicht gar nicht und nur unmerklich von einer Schicht zur anderen. Die an den Grenzen der einzelnen Schichten und in denselben herrschenden Barometerstände $b_0, b_1, b_2 \ldots$ sind den Gewichten der darüberstehenden, bis an das Ende der Atmosphäre reichenden Luftsäulen und zugleich den Dichtigkeiten in den betreffenden Luftschichten proportional, denn die Spannkraft der Luft in einer Schicht ist gleich dem Gewicht der über ihr stehenden, bis ans Ende der Atmosphäre reichenden Luftsäule; die Spannkraft aber ist der Dichte proportional; es ist deshalb:

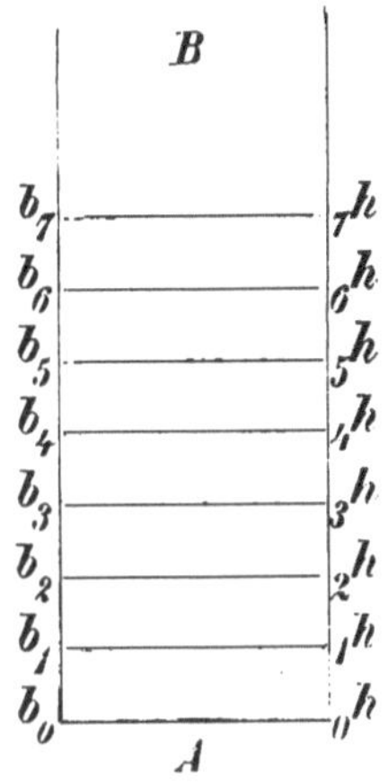

Fig. 218. Abnahme des Luftdruckes mit der Höhe.

$$\left.\begin{aligned} b_0 : b_1 &= q_0 : q_1 \\ b_1 : b_2 &= q_1 : q_2 \\ \vdots \quad & \quad \vdots \end{aligned}\right\} \quad 1)$$

wo $q_0, q_1 \ldots$ die Gewichte der bis ans Ende der Atmosphäre reichenden Luftsäulen über den einzelnen Schichten bedeuten, und:

$$\left.\begin{aligned} b_0 : b_1 &= d_0 : d_1 \\ b_1 : b_2 &= d_1 : d_2 \\ \vdots \quad & \quad \vdots \end{aligned}\right\} \quad 2)$$

wo $d_0, d_1, d_2 \ldots$ die Dichtigkeiten der einzelnen Luftschichten bedeuten.

Die Dichten der einzelnen Schichten verhalten sich wie deren Gewichte und diese wie die Unterschiede der Barometerstände; folglich:

$$\left.\begin{aligned} b_0 - b_1 : b_1 - b_2 &= d_0 : d_1 \\ b_1 - b_2 : b_2 - b_3 &= d_1 : d_2 \\ \vdots \qquad \vdots \quad & \quad \vdots \end{aligned}\right\} \quad 3)$$

Aus 2) und 3) ergiebt sich:

$$\begin{aligned} b_0 - b_1 : b_1 - b_2 &= b_0 : b_1 \\ b_1 - b_2 : b_2 - b_3 &= b_1 : b_2 \\ \vdots \qquad \vdots \quad & \quad \vdots \end{aligned}$$

oder:

$$b_1^2 = b_0 b_2 ; b_2^2 = b_1 b_3 ; \ldots$$

Es bilden also die Barometerstände $b_0, b_1, b_2 \ldots$ eine geometrische Reihe, deren Anfangsglied b_0 und deren Quotient $\frac{b_1}{b_0}$ ist:

$$b_0 = b_0 , b_1 = b_0 \left(\frac{b_1}{b_0}\right) ; \; b_2 = b_0 \left(\frac{b_1}{b_0}\right)^2 \ldots$$

Luft von gewöhnlicher Dichtigkeit (welche unter einem Druck von 760 mm steht) ist 773 mal leichter als Wasser, also 773 . 13,59 = 10,505 mal leichter als Quecksilber. Eine Luftsäule von 10,5 m Höhe hat also dasselbe Gewicht wie eine Quecksilbersäule von 1 mm Höhe.

Ist nun der Luftdruck am Ufer des Meeres 760 mm und steigt man um je 10,5 m auf, so fällt das Barometer und zwar bilden die Barometerstände in den einzelnen Luftschichten eine geometrische Progression, deren Anfangsglied 760 und deren Quotient $\frac{759}{760}$ ist.

Wenn von zwei Orten der eine $p_1 \,.\, 10{,}5$ m, der andere $p_2 \,.\, 10{,}5$ m über dem Meere liegt, so betragen die Barometerstände an denselben:

$$b_1 = 760 \left(\frac{759}{760}\right)^{p_1}, \text{ bezüglich } b_2 = 760 \left(\frac{759}{760}\right)^{p_2}.$$

Der Höhenunterschied der Orte h ist:

$$h = (p_2 - p_1)\, 10{,}5 \text{ m}.$$

Durch Division der Werte für die Barometerstände erhält man:

$$\frac{b_1}{b_2} = \left(\frac{759}{760}\right)^{p_1 - p_2},$$

also:

$$p_2 - p_1 = (lg\, b_1 - lg\, b_2) \,.\, \frac{1}{lg\, 760 - lg\, 759}.$$

Setzt man noch für $p_2 - p_1$ seinen Wert, so ergiebt sich:

$$h = (lg\, b_1 - lg\, b_2) \,.\, \frac{10{,}5}{lg\, 760 - lg\, 759} = (lg\, b_1 - lg\, b_2) \,.\, 18{,}400 \text{ m}.$$

An dieser Formel sind indessen noch verschiedene Korrektionen anzubringen.

§ 146. **Luftpumpe** (Otto v. Guericke 1650). — Die schon wiederholt erwähnte Luftpumpe dient dazu um möglichst luftleere Räume herzustellen.

1) Wir beschreiben zuerst die Ventilluftpumpe (Fig. 219). Sie besteht aus einem Cylinder — Stiefel — in welchem sich ein Kolben auf und abbewegen kann. Der Stiefel ist durch eine Röhre mit einem Teller — Recipient — verbunden, der in der Mitte ein Loch hat und auf den eine gut abgeschliffene Glasglocke gestellt werden kann. Der Kolben hat ein nach oben sich öffnendes Ventil und ein ebensolches ist am Boden des Cylinders angebracht.

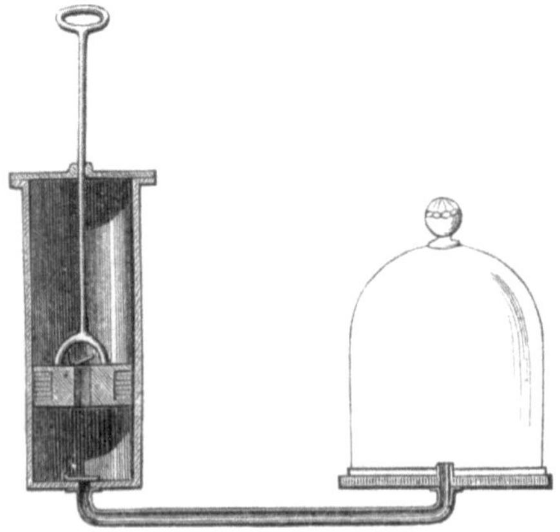

Fig. 219. Ventilluftpumpe.

Befindet sich der Kolben ganz unten und zieht man ihn in die Höhe, so entsteht unter ihm ein luftverdünnter Raum; infolgedessen öffnet sich das Boden- und schliefst sich das Kolbenventil, und es strömt Luft aus der Glocke in den Stiefel. Wird nun der Kolben abwärts bewegt, so wird die Luft unter dem Kolben komprimiert; es schliefst sich deshalb das Bodenventil, so dafs die Luft aus dem Stiefel nicht mehr nach der Glocke zurückströmen kann, während das Kolbenventil sich öffnet und die unter dem Kolben befindliche Luft ins Freie entweichen läfst, sobald die Luft unter dem Kolben dichter geworden ist, als die äufsere. Durch Wiederholung dieses Verfahrens kann man schliefslich einen sehr stark verdünnten Raum erzeugen.

Fig. 220 zeigt eine zweistieflige Ventilluftpumpe mit Barometerprobe *H*. Die Barometerprobe ist ein abgekürztes Barometer,

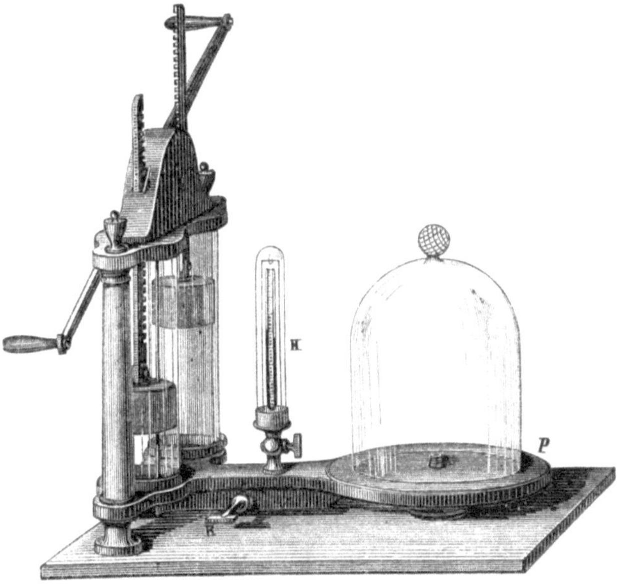

Fig. 220. Zweistieflige Ventilluftpumpe.

dessen Schenkel höchstens 20 cm lang sind; es steht unter einer kleinen Glocke, die beim Auspumpen ebenfals luftleer wird, da sie mit der Verbindungsröhre zwischen Stiefel und Recipient kommuniziert; das Quecksilber beginnt erst zu sinken, wenn der Luftdruck so schwach geworden ist, dafs er nicht mehr einer Quecksilbersäule von 20 cm das Gleichgewicht halten kann. Übrigens reicht dies hin, da die meisten Versuche, welche mit der Luftpumpe angestellt zu werden pflegen, erst bei noch gröfserer Verdünnung gelingen.

2) Die Hahnluftpumpe unterscheidet sich von der Ventilluftpumpe dadurch, dafs die beiden Ventile fehlen und statt ihrer ein doppelt durchbohrter Hahn (Sengerdscher Hahn) in die Verbindungsröhre zwischen Stiefel und Recipient und zwar unmittelbar unter dem ersteren eingesetzt ist. Fig. 221 zeigt den Hahn in zwei um eine Vierteldrehung verschie-

denen Stellungen. In der ersten sieht man die eine Bohrung, welche gerade durchgeht; in der zweiten ist dieselbe zu einem Punkt verkürzt, dagegen sieht man vollständig die zweite Bohrung, welche von oben nach vorn geht. Steht der Hahn in der ersten Stellung, so ist der Stiefel mit dem Recipient, und steht er in der zweiten Stellung, so ist der Stiefel mit der freien Luft in Verbindung. Wenn das Auspumpen beginnt, so mufs der Kolben unten sein und der Hahn die erste Stellung haben. Zieht man den Kolben auf, so verbreitet sich die Luft unter der Glocke auch auf den Stiefel; wird nun der Kolben abwärts bewegt, nachdem man vorher den Hahn in die zweite Stellung gedreht hat, so entweicht die Luft unter dem Kolben durch die schiefe Bohrung des Hahnes hinaus in's Freie. Durch Wiederholung dieses Verfahrens, wobei man vor dem Auf- und Abwärtsbewegen des Kolbens dem Hahne stets die geeignete Stellung geben mufs, kann man eine sehr hohe Verdünnung erzielen. Übrigens geht selbst bei den besten Luftpumpen die Verdünnung nicht unter 1 mm herab, so dafs also das Quecksilber im geschlossenen Schenkel der Barometerprobe 1 mm höher steht, als im offenen. Die Ursache davon ist der nicht zu vermeidende schädliche Raum, d. i. der wenn auch sehr kleine Raum zwischen dem ganz herabgedrückten Kolben einerseits, und dem Boden des Stiefels (bei Ventilluftpumpen) oder dem Hahn andererseits (welch letzterer stets mit Luft von gewöhnlicher Dichte gefüllt ist, die sich wieder in den Cylinder ergiefst, wenn der Kolben aufgezogen wird).

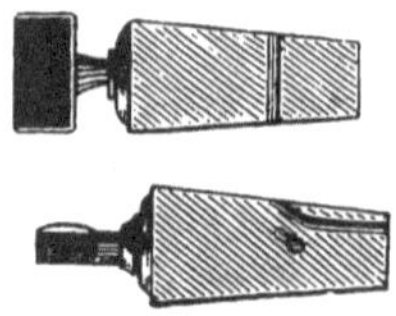

Fig. 221. Sengerdscher Hahn.

Ist v das Volumen des schädlichen Raumes und V das des Stiefels, sowie D die Dichte der äufseren Luft, so ist die Dichte d der Luft bei dem äufserst erreichbaren Grad der Verdünnung:

$$d = \frac{v}{V} D.$$

§ 147. Versuche mit der Luftpumpe. 1) Ein Licht erlischt und ein Tier stirbt unter der Glocke der Luftpumpe, sobald man sie auspumpt.

2) Eine schlaffe, zugebundene Blase bläht sich auf und ein runzeliger Apfel wird glatt; aus einem Ei, welches ein kleines Loch hat, fliefst das Eiweifs aus.

3) Eine Blase, welche über einen Cylinder gespannt ist, der statt der Glocke auf dem Teller der Luftpumpe gesetzt wird, biegt sich erst ein und platzt alsdann.

4) Zwei Halbkugeln von Messing (Fig. 222), welche gut aufeinander passen, lassen sich nur mit grofser Anstrengung auseinander reifsen, nachdem sie luftleer gemacht worden sind. (Versuch Ottos von Guericke auf dem Reichstag zu Regensburg 1654 vor Kaiser Ferdinand III. mit Halbkugeln von 0,67 Ellen Durchmesser, welche erst von 16 Pferden auseinandergerissen werden konnten.)

5) Wasser, welches nur mäfsig erwärmt worden ist, kocht unter der

Luftpumpe. Je geringer der Druck auf das Wasser ist, um so niedriger braucht dessen Temperatur zu sein, um in Dampf überzugehen.

Fig. 222. Magdeburgsche Halbkugel.

6) Wenn Wasser unter der Luftpumpe siedet, so kühlt es sich ab; bei der Dampfbildung wird Wärme verbraucht; schafft man nun die Dämpfe dadurch weg, dafs man ein Gefäfs mit Schwefelsäure unter die Glocke stellt, so wird die Dampfbildung und die Abkühlung des Wassers so stark, dafs das Wasser alsbald gefriert (Eismaschinen, Luftpumpe von Carré). Im kleinen stellt man Eis am einfachsten so her, dafs man zwei Uhrgläschen ineinander stellt, von denen das obere Äther und das untere Wasser enthält. Durch die rasche Verdunstung des Äthers entsteht eine solche Kälte, dafs das Wasser gefriert.

7) Quecksilber lässt sich durch Holz und Leder pressen (Quecksilberregen).

8) In einer luftleeren Röhre fallen Körper vom verschiedensten specifischen Gewicht (Flaumfeder, Bleikugel) gleich schnell — Fallröhre.

9) Der Schall verschwindet unter der Glocke einer Luftpumpe, wenn man hinlänglich auspumpt und dafür sorgt, dafs die Schwingungen der Glocke sich nicht auf den Körper der Luftpumpe fortpflanzen.

10) Legt man ein Stück Holz in Wasser, so sinkt es beim Auspumpen nach und nach unter, während eine grofse Menge Luft aus dem Holz entweicht. Die Holzmasse an sich ist schwerer als Wasser.

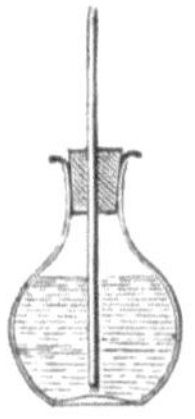
Fig. 223. Heronsball.

11) Ein teilweise mit Wasser gefülltes Gläschen, welches durch einen Stopfen verschlossen ist, durch den eine Glasröhre bis beinahe auf den Boden geht, wird Heronsball genannt (Fig. 223). Stellt man einen Heronsball unter die Luftpumpe und pumpt aus, so springt das Wasser aus der Glasröhre so lange, bis die innere Luft durch Ausdehnung auf ein gröfseres Volumen ebenso dünn geworden ist, wie die äufsere.

§ 148. Quecksilberluftpumpe (Geifsler 1855). Bei der Quecksilberluftpumpe wird die Toricellische Leere benutzt, um Räume luftleer zu machen und zwar gelingt dies in höherem Grade als mit Hülfe der gewöhnlichen Luftpumpen. Fig. 224 zeigt eine Quecksilberluftpumpe. Die ca. 80 cm lange Röhre r des Gefäfses G ist durch einen sehr dickwandigen Gummischlauch mit dem Gefäfs V verbunden. Beide Gefäfse enthalten Quecksilber. Das Gefäfs G endigt in eine Röhre po, welche von einer andern mn durchsetzt ist, in der ein Sengerd'scher Hahn h steckt. An der andern Seite von mn ist durch einen Gummischlauch eine gebogene Röhre mit einem kleinen Gefäfs t angesetzt. Der luftleer zu machende Raum wird mit o in Verbindung gebracht. Man stellt zuerst den Hahn h

so, daſs das Gefäſs t mit G kommuniziert und hebt dann V so hoch (wie in der Figur), daſs G ganz und t teilweise mit Quecksilber gefüllt ist. Dann wird h gedreht, so daſs G mit dem zu evakuierenden Raume (der schon durch eine gewöhnliche Luftpumpe auf ziemliche Verdünnung gebracht worden) kommuniziert. Läſst man nun V langsam herabsinken, so fällt auch das Quecksilber in G und es tritt die noch in dem zu evakuierenden Raume enthaltene Luft teilweise in G. Dann dreht man h und hebt V, worauf das Quecksilber in G steigt und die Luft durch t treibt. Durch Wiederholung dieses Verfahrens kann man eine sehr starke Verdünnung erzielen.

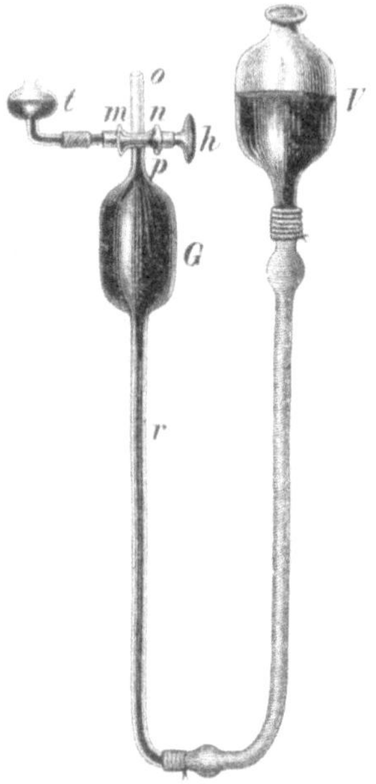

Fig. 224. Quecksilberluftpumpe.

§ 149. Kompressionspumpen. Um die Luft zu verdichten kann man u. A. eine gewöhnliche Hahn-Luftpumpe benutzen, wenn man nur den Hahn vor dem Niedergange des Kolbens so stellt, daſs der Cylinder mit dem Recipienten und vor dem Aufgang, daſs der Cylinder mit der äuſseren Luft kommuniziert. Die Glocke muſs dabei auf dem Teller befestigt (wenn sie z. B. von Metall ist, aufgeschraubt) sein.

Kleinere Kompressionspumpen bestehen einfach aus einer Röhre, welche nahe am oberen Ende ein Loch und unten ein nur nach auſsen sich öffnendes Ventil hat. Wird der Kolben aufgezogen, so schlieſst sich das Ventil, und wenn er bis über das Loch gekommen, so strömt die äuſsere Luft ein. Drückt man den Kolben wieder herunter, so wird die Luft, sobald der Kolben unter dem Loch sich befindet, komprimiert, das Ventil öffnet sich und die Luft entweicht. Die Windbüchsen, welche früher mehr als jetzt im Gebrauch waren, wurden geladen, indem man auf den hohlen Gewehrkolben, in welchem sich ein nur nach unten aufgehendes Ventil befand, eine kleine Kompressionspumpe aufschraubte, an der das Ventil fehlen konnte, da ein solches schon im Gewehrkolben enthalten war. War die Luft hinlänglich verdichtet, so wurde die Pumpe ab- und der Gewehrlauf aufgeschraubt. Der Drücker stand mit dem Ventil in Verbindung; setzte man denselben in Bewegung, so öffnete sich das Ventil, ein Teil der komprimierten Luft entwich und schleuderte die Kugel aus dem Lauf. War die Luft stark komprimiert worden, so konnte man eine Anzahl Schüsse hintereinander thun, ohne frisch laden zu müssen.

Die Kompressionspumpen benutzt man weiter um Gase zu verdichten, Kohlensäure in Wasser zu pumpen (künstliches Sodawasser), Bohrmaschinen in Gang zu setzen (Durchbohrung des Mont Cenis und des St. Gotthardt), um asthmatische Leiden zu heilen, indem man die Kranken in eiserne Glocken setzt, in denen die Luft komprimiert wird u. s. w.

§ 150. Saug- und Druckpumpe. 1) Die Saugpumpe (Fig. 225) besteht aus einer in Quellwasser (in den „Sumpf") tauchenden Röhre, welche sich oben in den cylindrischen „Stiefel", in dem ein Kolben auf- und abgehen kann, erweitert. Am Boden des Stiefels, sowie auch im Kolben, befindet sich ein nach oben aufgehendes Ventil. Zieht man den Kolben in die Höhe, so entsteht unter demselben ein verdünnter Raum; durch den Druck der äufseren Luft wird nun das Wasser in die Röhre und in den Stiefel getrieben, wobei das Bodenventil sich öffnet. Drückt man den Kolben nieder, so wird die noch unter ihm befindliche Luft komprimiert und entweicht durch das Kolbenventil. Schliefslich, wenn der Kolben an das Wasser kommt, geht auch dieses über den Kolben, um beim nachherigen Aufwärtsziehen, wobei wieder neues Wasser durch das Bodenventil in den Stiefel steigt, bis zur Ausflufsröhre gehoben zu werden.

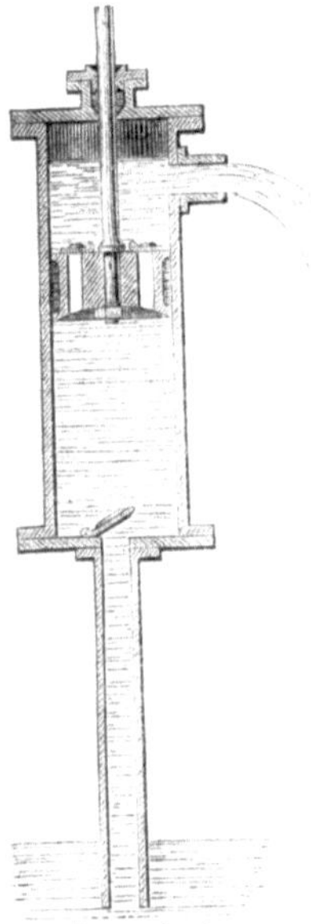

Fig. 225. Saugpumpe.

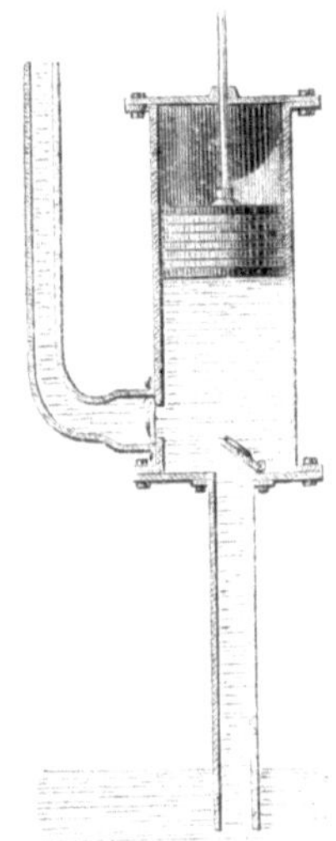

Fig. 226. Druckpumpe.

2) Bei der Druckpumpe (Fig. 226) ist der Kolben ohne Ventil, dagegen ist noch ein Seitenrohr vorhanden, welches ein nach aufsen aufgehendes Ventil enthält. Zieht man den Kolben in die Höhe, so öffnet sieh das Bodenventil und schliefst sich das Druckventil (im Seitenrohr), das Wasser steigt über das Bodenventil, um beim Niedergang des Kolbens, wobei das Bodenventil sich schliefst, samt der noch im Stiefel enthaltenen Luft durch das sich öffnende Druckventil in die Seitenröhre — Steigrohr — gedrückt zu werden.

Mittelst der Saugpumpe kann man Wasser nicht über 10,33 m heben. Das Einsteigen des Wassers in den Stiefel der Pumpe erklärte man bis zu Galileis Zeit dadurch, dafs man der Natur einen Abscheu vor dem leeren Raum (horror vacui) zuschrieb. Nachdem aber die Pumpenmacher zu Florenz sich überzeugt, dafs das Wasser nicht unbegrenzt hoch steige, mufste man diese Erklärung fallen lassen; man wandte sich an Galilei, welcher seinen Schüler Toricelli schickte, um den Grund dieser Erscheinung zu erforschen. Toricelli löste das Rätsel, in dem er den Druck der Luft als die Ursache des Aufsteigens des Wassers erkannte.

Als Wasserhebmaschinen erwähnen wir noch die Rotationspumpe, die Archimedsche Schraube und das Paternosterwerk. Die erstere ist ähnlich wie ein Centrifugalgebläse eingerichtet (§ 91); in den mittleren Raum, in welchen beim Centrifugalgebläse die Luft eintritt, ist ein Rohr eingesetzt, welches in den Sumpf taucht. Wird das innere Flügelrad rasch umgedreht, so entsteht in der Mitte ein verdünnter Raum, das Wasser steigt auf, tritt in der Mitte ein und wird durch die Schwungkraft nach aufsen und in das Ausflufsrohr getrieben. Gewöhnlich füllt man die Pumpe vor dem Ingangsetzen mit Wasser, namentlich wenn das Steigrohr lang ist und zu befürchten steht, dafs das Wasser nicht so hoch aufsteigt.

Die Archimedsche Schraube besteht aus einer schlangenförmig um eine geneigte Achse gewundene Röhre. Stellt man dieselbe mit ihrem unteren Ende in Wasser und dreht die Achse rasch, so steigt das Wasser durch die Schwungkraft rasch in der Röhre auf und fliefst oben aus.

Das Paternosterwerk besteht aus einer Röhre und einer Kette ohne Ende, auf welcher runde Scheiben angebracht sind, die möglichst genau in die Röhre passen. Die aufrecht stehende Röhre, sowie der untere Teil der Kette taucht in das Wasser. Setzt man die Kette in Bewegung, so dafs der Teil derselben, welcher in der Röhre sich befindet, in die Höhe geht, so nehmen die Scheiben das Wasser mit nach oben, wo es ausfliefst.

§ 151. Feuerspritze. Die Feuerspritze ist eine Verbindung einer Druckpumpe mit einem Heronsball (§ 147). Das Wasser in einem Heronsball kann man nicht blos dadurch zum Springen bringen, dafs man ihn unter die Luftpumpe stellt und auspumpt, sondern auch dadurch, dafs

Fig. 227. Feuerspritze.

man in die Röhre hineinbläst, oder durch ein Seitenrohr Wasser einpumpt; in beiden Fällen wird die Luft im Innern verdichtet. Das letzte Verfahren wird bei der Feuerspritze (Fig. 227) angewandt. Der Heronsball, hier Windkessel genannt, steht mit zwei Druckpumpen in Verbindung, von denen immer die eine, diejenige deren Kolben niedergeht, Wasser in den Heronsball pumpt und dadurch die Luft auf einen kleineren Raum zusammenprefst. Hält man das in den Windkessel gehende Rohr anfangs zu, bis die Luft hinlänglich komprimiert ist und öffnet dann, so spritzt das Wasser hoch auf. Ist die Luft auf $^1/_3$ ihres ursprünglichen Raumes verdichtet, so springt der Strahl, da die äufsere Luft entgegenwirkt 2 . 10,33 m hoch. Bei Anwendung von nur einer Druckpumpe könnte der Strahl nicht auf konstanter Höhe gehalten werden.

Bei der Spritzflasche der Chemiker (Fig. 228) wird durch Einblasen von Luft durch die Röhre *a* eine Verdichtung erzeugt, infolgedessen das Wasser aus *b* ausspritzt.

Fig. 228. Spritzflasche der Chemiker.

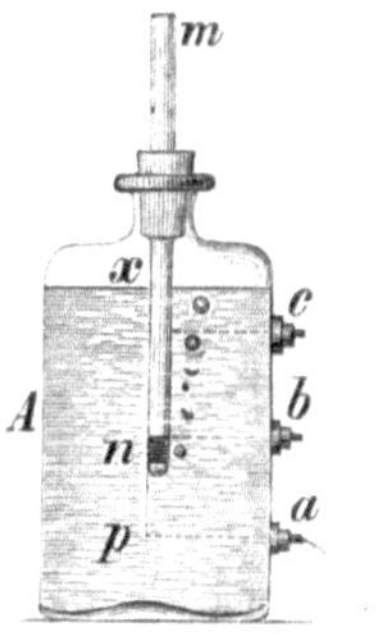

Fig. 229. Mariottesche Flasche.

§ 152. Die Mariottesche Flasche. Um einen gleichmäfsigen Ausflufs des Wassers zu erzielen, ohne durch ständiges Nachgiefsen das Niveau auf derselben Höhe halten zu müssen, bedient man sich der Mariotteschen Flasche (Fig. 229). Es ist dies eine bis zu einer gewissen Höhe mit Wasser gefüllte Flasche *A*, welche durch einen von einer Röhre *mn* durchsetzten Stopfen verschlossen ist und die eine oder mehrere verschliefsbare Seitenöffnungen *a*, *b*, *c* hat. Öffnet man *a*, so ist anfangs die Sprungweite des Strahles ziemlich grofs, nimmt aber rasch ab, bis sie schliefslich konstant wird. Zugleich bemerkt man, dafs die Luft in die Röhre *mn* eindringt und das Wasser immer mehr heruntertreibt; schliefslich kommt die Luft in Blasen aus dem Ende *n* der Röhre hervor und steigt über die Wasseroberfläche des Gefäfses *A*. Von da an erfolgt der Ausflufs des Wassers aus *a* mit konstanter Sprungweite.

Anfänglich fliefst das Wasser aus *a* mit der vollen Druckhöhe *xp*; nach und nach aber tritt, aufserdem dafs die Druckhöhe wegen des Sinkens des Wasserspiegels niedriger wird, noch dadurch eine Verminderung der bewegenden Kraft ein, dafs sich über *x* ein luftverdünnter Raum bildet, weshalb dem Wasserdruck ein Gegendruck bei *a* erwächst, der gleich dem Unterschied zwischen der Spannkraft der äufseren und inneren Luft ist. Sobald die Luft in Blasen aus *n* hervorkommt, fliefst das Wasser bei *a* mit der konstanten Druckhöhe *np* so lange aus, als das Wasser in *A* noch über *n* steht; so lange nämlich ist der Druck der äufseren Luft gleich dem Drucke der inneren, über *x* befindlichen, vermehrt um das Gewicht der Wassersäule *nx*. Wäre der Druck der Luft über *x* gleich dem der äufseren (bei *a*), so würde das Wasser mit der Druckhöhe *px* ausfliefsen; wenn aber die Luft über *x* sich soweit verdünnt hat, dafs die äufsere Luft bei *n* in Blasen hervorkommt, so hat ihr Druck um den der

Wassersäule nx abgenommen, und es fliefst deshalb das Wasser bei a nur mit der Druckhöhe np aus. Diese Druckhöhe bleibt (so lange das Wasser im Innern über n steht) erhalten, weil der Druck der inneren Luft und der Wassersäule über n stets dem der äufseren gleich ist.

Schliefst man a und öffnet b oder c, so fliefst nur so lange Wasser aus, bis die ins Innere von mn tretende Luft das Wasser bis zu einer Tiefe herabgedrückt hat, welche mit b oder c in derselben Horizontalen liegt.

§ 153. Heber. Um kleinere Mengen Flüssigkeit aus einem Gefäfse zu entnehmen, bedient man sich des Stechhebers (Fig. 230). Es ist dies eine Glasröhre, welche unten in eine Spitze ausgeht und oben bauchig erweitert ist. Stellt man sie mit der Spitze in eine Flüssigkeit und saugt oben mit dem Munde die Luft aus, so steigt die Flüssigkeit durch den überwiegenden Druck der äufseren Luft in dem Stechheber auf; nimmt man jetzt den Mund weg und verschliefst die Oeffnung mit dem Daumen, so kann man den Heber aus der Flüssigkeit herausnehmen, ohne dafs etwas ausfliefst; dies geschieht erst, wenn man den Daumen lüftet. Durch rasches Verschliefsen der Öffnung kann man den Ausflufs wieder hemmen. Die Chemiker benutzen einen ähnlich gebildeten Heber — Pipette (Fig. 231) — um eine Flüssigkeit tropfenweise ausfliefsen zu lassen.

Fig. 230. Stechheber.

Der Winkelheber (Fig. 232) dient dazu, um eine Flüssigkeit in gröfserem Mafse kontinuierlich ausfliefsen zu machen. Er besteht aus einer winkelförmig gebogenen Glasröhre ABG, welche mit ihrem kürzeren Schenkel in die Flüssigkeit gestellt wird. Saugt man nun bei G die Luft aus, so steigt die Flüssigkeit durch den überwiegenden Druck der äufseren Luft auf die Flüssigkeit im Gefäfs über die Umbiegung B, da diese gewöhnlich nicht sehr hoch über der Oberfläche MN steht, und füllt die ganze Röhre an. Nimmt man nun den Mund bei G weg, so fliefst die Flüssigkeit kontinuierlich aus, wenn G unter dem Spiegel MN steht. Sowohl auf MN, als auf das bei G ausfliefsende Wasser wirkt der Druck der Luft. Dem Luftdruck auf MN wirkt aber der Druck einer Wassersäule von der Höhe DE und dem Luftdruck bei G eine Wassersäule von der Höhe FG entgegen. Da $FG > ED$, so überwiegt der Druck auf MN und das Wasser fliefst aus.

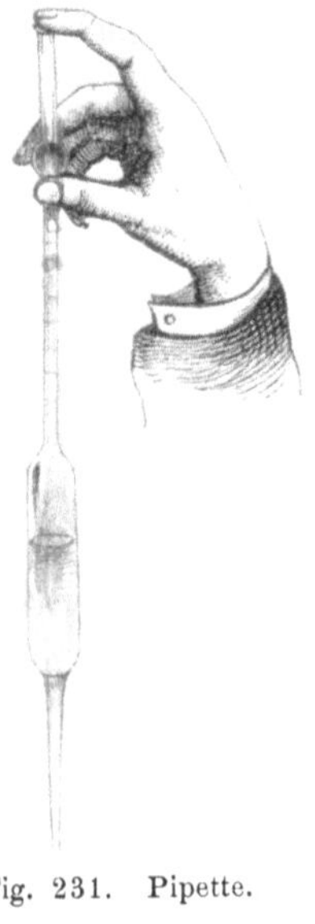

Fig. 231. Pipette.

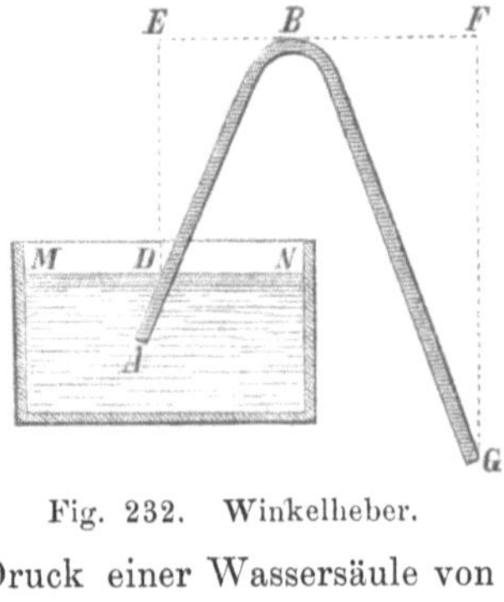

Fig. 232. Winkelheber.

Hebt man den Heber, bis G mit MN in derselben Horizontalen liegt, so hört das Fliefsen auf; hebt man noch höher, so fliefst die im Rohre enthaltene Flüssigkeit in das Gefäfs zurück.

Hat man Flüssigkeiten, welche nicht in den Mund kommen dürfen, so bedient man sich der sogenannten Giftheber. Fig. 233 zeigt einen solchen, welcher eine Seitenröhre besitzt, an der man saugt; mit einiger Vorsicht kann man verhindern, dafs die Flüssigkeit in den Mund kommt.

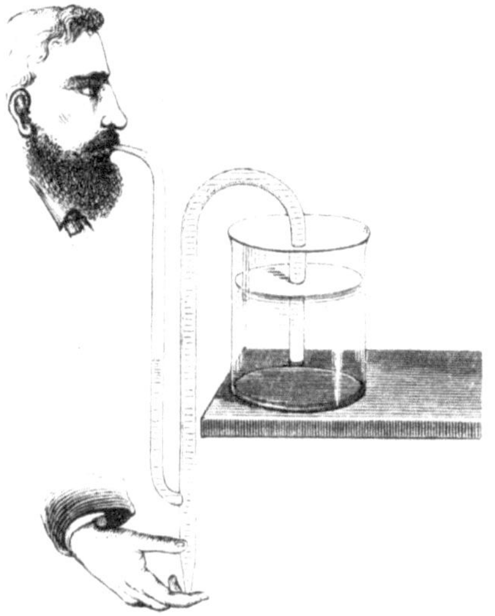

Fig. 233. Giftheber.

Für sehr giftige oder leicht verdunstende Flüssigkeiten benutzt man besser den Giftheber (Fig. 234). Er hat drei Hähne oder durch Glasstopfen verschliefsbare Öffnungen a, b, c. Ist der kurze Schenkel in die Flüssigkeit eingestellt, so schliefst man c, öffnet a und b und giefst in b solange von derselben Flüssigkeit, bis die Röhre ganz gefüllt ist; die in ihr enthaltene Luft entweicht dabei durch a. Nunmehr schliefst man a und b und öffnet c, so fliefst die Flüssigkeit aus.

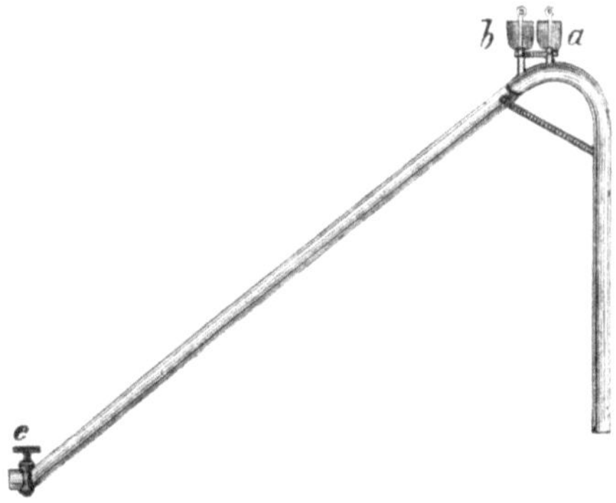

Fig. 234. Giftheber.

Fig. 235. Tantalusbecher.

Fig. 235 zeigt den Tantalusbecher. Er enthält im Innern eine gebogene Röhre, deren längeres Ende durch den Boden des Bechers geht. Füllt man den Becher, so füllt sich auch die gebogene Röhre, und wenn das Niveau über dem Gipfel der Röhre steht, so beginnt der Ausflufs, welcher so lang dauert, bis die Flüssigkeit unter der Öffnung des kurzen Schenkels steht.

Magischer Trichter, Ölkrug der Witwe; Hungerbrunnen u. s. w.

6. Dynamik der gasförmigen Körper.

§ 154. Ausflufs der Gase. Wenn ein unter konstantem Druck stehendes Gas durch eine feine Öffnung in den leeren Raum fliefst, so gilt im wesentlichen dasselbe Ausflufsgesetz wie für tropfbare Flüssigkeiten.

Es sei d die Dichtigkeit des Gases, D die des Quecksilbers und H die Höhe der Quecksilbersäule, welche der Spannkraft des Gases das Gleichgewicht halten kann, so gilt für die Höhe h der Gassäule, welche dasselbe Gewicht, wie die Quecksilbersäule von der Höhe H besitzt:

$$h = \frac{HD}{d}.$$

Diese Gassäule würde durch ihr Gewicht gerade so auf die in der Ausflufsöffnung befindliche Flüssigkeitsschicht einwirken, wie das Gas, wenn seine Dichtigkeit d konstant bleibt, durch seine Spannkraft wirkt. Man hat jetzt gewissermafsen eine Flüssigkeit von der Druckhöhe h und für diese gilt in betreff der Geschwindigkeit des Ausflusses:

$$v = \sqrt{2gh} = \sqrt{2g\frac{HD}{d}}.$$

Die Ausflufsmenge, welche gleich dem Produkt aus dem Querschnitt der Öffnung, der Ausflufsgeschwindigkeit und der Zeit sein müfste, stellt sich auch hier beträchtlich geringer heraus. Während aber der Ausflufskoefficient bei den Flüssigkeiten ziemlich konstant ist, ändert er sich hier erheblich mit der Druckhöhe; bei geringen Druckhöhen beträgt er 0,52 bis 0,65.

Aus der Formel für die Ausflufsgeschwindigkeit folgen sofort zwei Gesetze:

1) Bei gleicher Druckhöhe sind die Ausflufsgeschwindigkeiten der Gase den Wurzeln aus ihren specifischen Gewichten (Dichtigkeiten) umgekehrt proportional; denn unter dieser Voraussetzung hat HD für alle Gase denselben Wert und es hängt der Wert von v blofs von d ab.

Da die Ausflufszeit der Ausflufsgeschwindigkeit umgekehrt proportional ist, so verhalten sich bei gleichem Druck die specifischen Gewichte wie die Quadrate der Ausflufszeiten.

2) Die Ausflufsgeschwindigkeit eines und desselben Gases ist von der Dichte unabhängig; denn die Manometerhöhen des Quecksilbers verhalten sich wie die Dichten des Gases; also ist $\frac{H}{d}$ konstant, und da auch D konstant ist, so gilt dasselbe für v.

Strömt ein Gas nicht in den leeren Raum, sondern in ein anderes Gas von bekannter Dichtigkeit, der eine Manometerhöhe H_1 entspricht, so ist:

$$v = \sqrt{2g \cdot \frac{(H - H_1) D}{d}}$$

Auf das unter 1) aufgeführte Gesetz hat Bunsen ein Verfahren gegründet, um die specifischen Gewichte der Gase zu bestimmen.

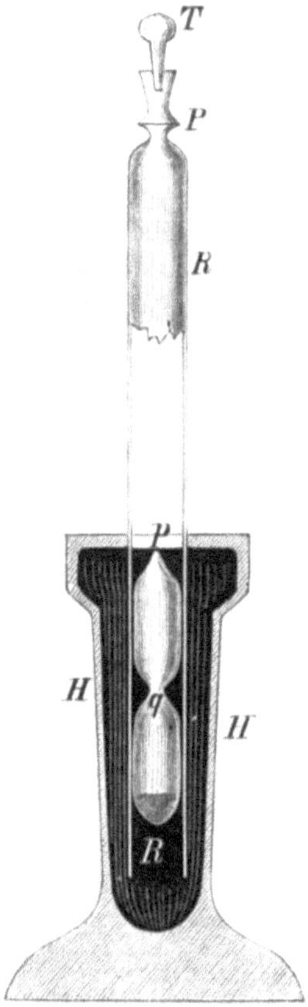

Fig. 236. Bunsens Apparat zur Bestimmung des specifischen Gewichts der Gase.

In einer Röhre *RR* (Fig. 236) befindet sich ein Schwimmer *pq* von Glas; die Röhre verengt sich oben und ist bei *P* im Innern durch ein Platinplättchen verschlossen, welches in der Mitte ein feines Loch, das als Ausflufsöffnung dient, besitzt. Oben kann die Röhre durch einen Stöpsel *T* verschlossen werden. Die Röhre wird mit Gas gefüllt und soweit in den Quecksilberbehälter *HH* gedrückt, dafs die Spitze *p* des Schwimmers eben die Oberfläche des Quecksilbers berührt. Nun öffnet man den Stöpsel *T* und läfst solange das Gas ausströmen, bis die verengte Stelle *q* in der Mitte des Schwimmers an die Quecksilberoberfläche kommt.

Macht man denselben Versuch hintereinander mit verschiedenen Gasen und merkt sich die Ausflufszeiten, so kann man daraus die Verhältnisse der specifischen Gewichte finden.

Sobald ein Gas durch kapillare Öffnungen z. B. durch einen Gipspfropf strömt, erfährt es eine gewisse Reibung und zwar das eine Gas mehr als das andere. Daher kommt es, dafs wenn verschiedene Gase durch kapillare Öffnungen strömen, sich die Ausflufsgeschwindigkeiten nicht mehr genau umgekehrt wie die Wurzeln aus den specifischen Gewichten der Gase verhalten.

Aufgabe 1. Es sind die specifischen Gewichte von Wasserstoff, Kohlensäure und Chlor bekannt; wie verhalten sich die Ausflufsgeschwindigkeiten bei gleichem Druck?

Aufgabe 2. In dem Bunsenschen Apparat braucht der Schwimmer *pq* für Luft 117,6 Sekunden und für Knallgas 75,6 Sekunden bis, *q* an die Oberfläche des Quecksilbers kommt; wie grofs ist das specifische Gewicht des Knallgases?

§ 155. Gebläse. Um Gase unter höherem Druck ausströmen zu machen, bedient man sich, abgesehen von den Gasometern, welche in der Chemie beschrieben zu werden pflegen, der sogenannten Gebläse.

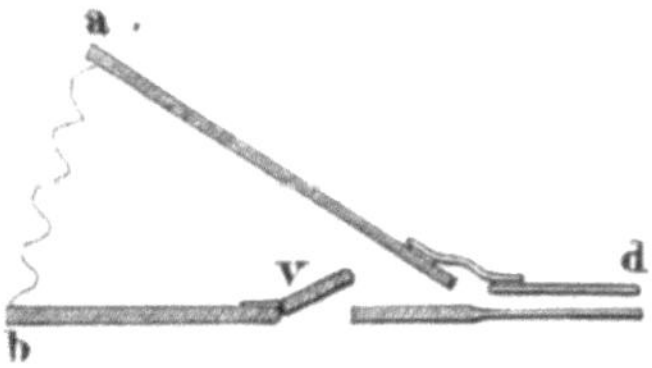

Fig. 237. Einfacher Blasebalg.

1) Der einfache Blasebalg (Fig. 237) besteht aus einem Hohlraum, welcher von zwei Holzbrettern, *a* und *b*, die durch Leder verbunden sind, gebildet wird; der an der einen Seite zugespitzte Hohlraum endigt in eine Düse *d*, welche

mit dem einen Brett *b* fest und mit dem anderen *a* beweglich verbunden ist. In *b* ist ein Ventil *v* angebracht. Zieht man den Blasebalg auf, so strömt die äufsere Luft teils durch das Ventil *v*, teils durch die Düse *d* ein; drückt man den Blasebalg zu, so schliefst sich *v* und es strömt die Luft durch die Düse aus. Der Blasebalg wirkt also intermittierend und aufserdem hat er den Nachteil, dafs die Feuerluft, falls man ihn zum Anfachen des Feuers gebraucht, beim Aufziehen in den Blasebalg hereinschlägt. Dies könnte man nun freilich verhüten, wenn man in der Düse noch ein nur nach aufsen sich öffnendes Ventil anbrächte.

Um aber einen kontinuierlichen Ausflufs zu erzielen, bedient man sich des zusammengesetzten oder Schmiedeblasebalges (Fig. 238). Derselbe besteht aus zwei Hohlräumen, welche von drei durch Leder verbundenen Brettern *a*, *b* und *c* gebildet werden. Das mittlere Brett ist fest und mit der Düse, welche mit dem oberen Hohlraum kommuniziert, festverbunden, während das Brett *a* mit ihr beweglich verbunden ist. In *b* und *c* sind zwei nach innen sich öffnende Ventile *s* und *s'* und auf *a* wird gewöhnlich ein schwerer Stein oder ein Gewicht gelegt, welches die Luft im oberen Hohlraum komprimiert.

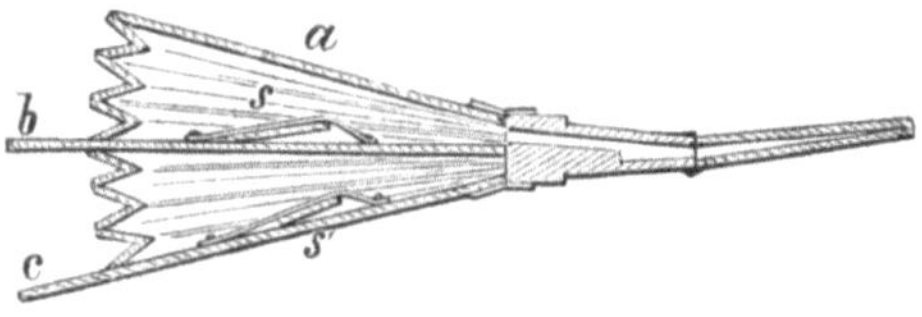

Fig. 238. Schmiedeblasebalg.

Läfst man das Brett *c* niedergehen, so schliefst sich das Ventil *s*, während *s'* sich öffnet und der äufseren Luft den Eingang gestattet. Drückt man jetzt den unteren Hohlraum zusammen, so schliefst sich *s'*, während *s* sich öffnet, sodafs die Luft aus dem unteren in den oberen Hohlraum strömt. Durch rasches Auf- und Abbewegen von *c* kann man den oberen Hohlraum, aus dem ständig Luft durch die Düse strömt, in kurzer Zeit aufblasen; von da an wird *c* nur so schnell auf- und abbewegt, dafs der obere Hohlraum mit geringen Schwankungen dasselbe Volumen behält; beim Niedergang von *c* senkt sich *a* und beim Aufgehen hebt es sich etwas.

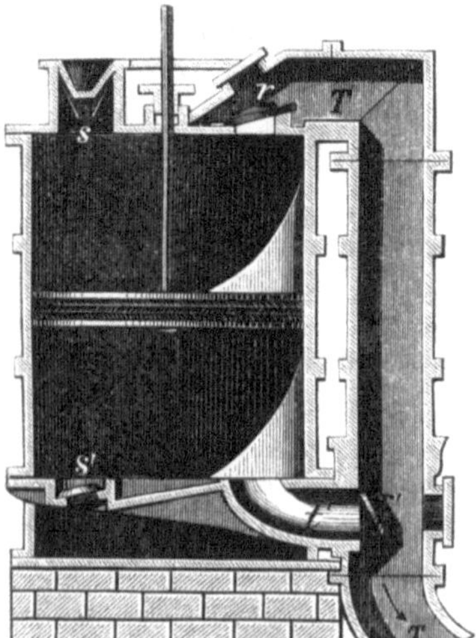

Fig. 239. Cylindergebläse.

Regelmäfsiger noch arbeitet das Cylindergebläse (Fig. 239). Es besteht aus einem Cylinder, in welchem ein Kolben auf- und abgehen kann. Die Ventile *s* und *s'* gestatten der äufseren Luft den Eintritt und die Ventile *r* und *r'* den Austritt in die Röhre *TT*, welche nach dem Feuerraum geht. Der Kolben wird durch ein Wasserrad oder eine Dampfmaschine bewegt. Geht der Kolben in die Höhe, so öffnet sich s' und die äufsere Luft strömt in den unteren Raum des Cylinders; zugleich strömt die im oberen Cylinderraum enthaltene Luft durch r nach TT. Währenddessen sind s und r' geschlossen. Geht der Kolben nieder, so öffnet sich s und gestattet der äufseren Luft den Eintritt in den oberen Cylinderraum; zugleich öffnet sich r' und es strömt die Luft im unteren Cylinderraum nach TT; die Ventile r und s' sind währenddessen geschlossen. Der Ausflufs aus TT ist kontinuierlich, aber doch nicht vollkommen konstant, denn der Kolben geht nicht gleichmäfsig; er hat in der Mitte des Cylinders eine gröfsere Geschwindigkeit, als an den Enden. Um diesen Übelstand zu beseitigen, läfst man die Luft aus TT in einen grofsen Raum — Windkessel — strömen. Wenn auch zeitweise einige Liter Luft mehr oder weniger in den Windkessel strömen, so ändert dies an der Dichtigkeit der Luft in demselben sehr wenig, namentlich wenn der untere Teil des Windkessels durch Wasser abgeschlossen ist, welches sich senkt und hebt und dadurch den Raum des Windkessels vergröfsert oder verkleinert, jenachdem mehr oder weniger Luft einströmt.

Das Centrifugalgebläse ist bereits in § 91 besprochen worden.

§ 156. Seitendruck und Saugwirkungen der Gase beim Ausströmen. An einer Röhre R (Fig. 240) ist eine Platte P befestigt, der eine andere P' gegenübersteht, welche zwischen drei Stiften sich parallel verschieben läfst. Bläst man durch R, so bewegt sich auffallenderweise

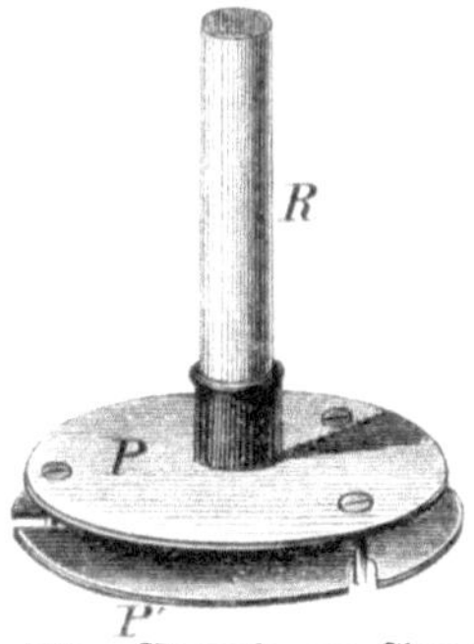

Fig. 240. Versuch von Clement und Desormes.

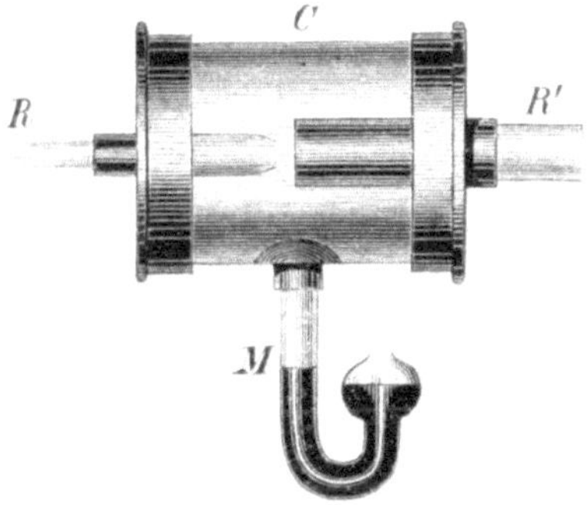

Fig. 241. Nachweis der Verdünnung bei dem Versuch von Clement.

die Platte P' gegen P hin. Sobald die verdichtete Luft in der Röhre in den Zwischenraum zwischen P und P' kommt, so expandiert sie in den weiten Raum und geht nicht blofs in Luft von gewöhnlicher Dichtigkeit, sondern in verdünnte über (Versuch von Clement und Desormes). — In einem weiten Cylinder C (Fig. 241) sind zwei Röhren R und R' eingelassen, von denen die letztere weiter ist, als die erstere. Bläst man durch R, so kann man die in R' und C entstehende Verdünnung daran ersehen, dafs die Flüssigkeit in den Manometer M steigt.

In das mit einer Flüssigkeit gefüllte Gefäfs G (Fig. 242) ist eine

Röhre *R* eingesetzt, deren Spitze gegenüber eine andere Röhre *R'* angebracht ist. Bläst man durch *R'*, so entsteht vor ihr eine Verdünnung, weshalb die Flüssigkeit in *R* steigt und durch den Luftstrom zerstäubt wird. — Aromatiseur, Zerstäuber (Gebrauch des Apparates zum Inhalieren z. B. von Alaunwasser, zum Fixieren von Zeichnungen durch Besprengung mit verdünnter Leimlösung u. s. w.).

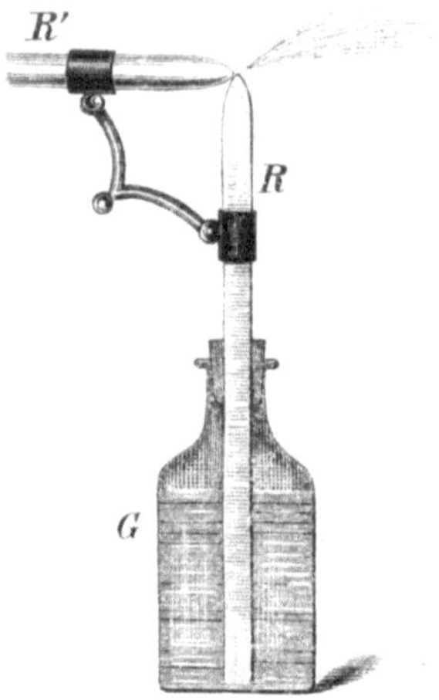

Fig. 242. Zerstäuber.

Man hat auf dieses Princip die Dampfstrahlpumpe (Injektor) gegründet; wenn Dampf rasch über eine Röhre wegstreicht, welche in ein Gefäfs mit Wasser taucht, so steigt das Wasser und kann in einen Kessel übergeführt werden.

§ 157. Absorption der Gase. 1) Viele feste Körper nehmen Gase in ihre Poren auf, wobei sie sich, wie später gezeigt werden wird, nicht unbeträchtlich erwärmen. (Döbereiners Feuerzeug.) Kohle und Platinschwamm absorbieren grofse Mengen Sauerstoff, Luft, Wasserstoff, Ammoniak, Schwefelwasserstoff u. s. w.

Zersetzt man Wasser durch den galvanischen Strom und wendet Palladiumplättchen als Elektroden an, so windet sich die Wasserstoffelektrode spiralig; nimmt man dieselbe heraus, trocknet und umwickelt sie mit Schiefsbaumwolle, so fängt letztere alsbald zu brennen an. (Graham.)

Ein Volumen Palladium kann 982 Volumina Wasserstoff in sich aufnehmen, was vermuten läfst, dafs der Wasserstoff in den flüssigen Zustand übergegangen ist.

Übrigens nehmen fast alle Metalle Gase in sich auf. Ein glühender eiserner Ofen läfst sogar Kohlenoxyd durch seine Poren hindurch.

2) Ist ein Gas mit einer Flüssigkeit in Berührung, so wird, je nach der Natur der beiden Körper mehr oder weniger Gas absorbiert. Dabei gilt das Gesetz: Dieselbe Menge Flüssigkeit absorbiert dasselbe Volumen Gas, einerlei unter welchem Druck es steht, oder mit anderen Worten die absorbierte Gasmenge ist dem Drucke proportional. Bei höherer Temperatur wird im allgemeinen weniger Gas absorbiert als bei niederer.

Von Gasgemengen wird oft der eine Bestandteil mehr absorbiert, als der andere; so nimmt z. B. das Wasser in Berührung mit Luft mehr Sauerstoff als Stickstoff auf (Vorteil für die im Wasser lebenden Tiere).

§ 158. Diffusion und Diosmose der Gase. Während es Flüssigkeiten giebt, welche sich übereinander lagern, ohne in einander zu diffundieren (Wasser und Öl), so findet sich ein solcher Fall bei den Gasen nicht; sie vermischen sich stets bis ein gleichartiges Gemenge entstanden ist.

Auch durch poröse Scheidewände hindurch vermischen sich die Gase und zwar wiederum so, daſs nach einiger Zeit in beiden durch die poröse Scheidewand voneinander getrennten Gefäſsen ein gleichartiges Gemenge entstanden ist. Doch aber geht das eine Gas rascher durch die poröse Scheidewand als das andere. Man kann dies leicht durch folgenden Versuch nachweisen: Durch den Stopfen eines Glasgefäſses *G* (Fig. 243) geht eine lange Röhre *r*, welche oben in einen Stopfen mündet, der eine poröse Thonzelle *T* verschlieſst. Eine zweite kurze Röhre *r'* reicht bis nahe auf den Boden des Glasgefäſses und ist oben in eine Spitze ausgezogen. Hält man über die Thonzelle *T* ein weites, mit Wasserstoff gefülltes Glasgefäſs, so springt das Wasser hoch auf; der Wasserstoff dringt sehr rasch durch die Poren der Thonzelle und übt einen starken Druck auf das Wasser im Gefäſs aus.

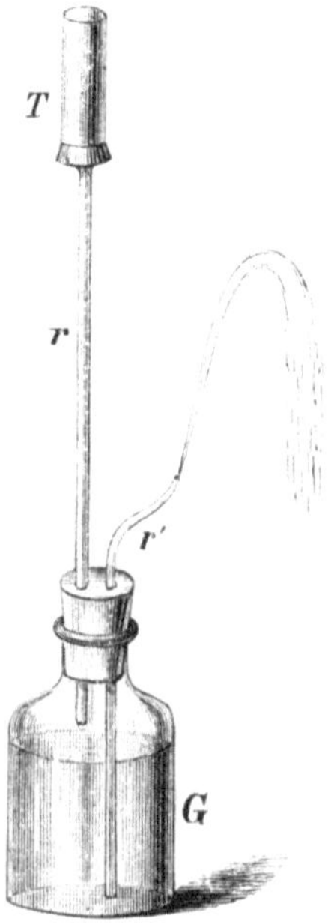

Fig. 243. Diosmose der Gase.

Ein anderer Versuch dieser Art wird in der Elektricitätslehre angegeben werden.

Schon in § 154 ist gesagt worden, daſs die Diffusion der Gase durch kapillare Öffnungen poröser Körper nicht nach dem Ausfluſsgesetz für Öffnungen von gröſserer Weite vor sich geht. Da nun die Scheidewand einen Einfluſs auf das Durchströmen ausübt, so müſste man eigentlich die Vermischung von Gasen durch eine poröse Scheidewand hindurch mit dem Namen Diosmose statt Diffusion bezeichnen.

II. Akustik.

A. Wellenlehre.

a. Die wichtigsten Arten der Wellenbewegung.

§ 159. Vorbegriffe. Wird an irgend einem Punkt eines Körpers das Gleichgewicht der Molekularkräfte durch eine äufsere Kraft gestört, so wird zunächst das getroffene Molekül, nach und nach aber auch alle übrigen in Bewegung gesetzt. Die Bewegungen, welche die Moleküle hierbei ausführen, sind gewöhnlich Sinusschwingungen (§ 81) oder gleichförmige Bewegungen im Kreise. Wohl zu beachten ist hierbei, dafs jedes Molekül um so später in Bewegung gerät, je weiter es von dem Erregungspunkte entfernt ist; die Übertragung der Bewegung von einem Molekül auf das folgende dauert immer eine gewisse, wenn auch noch so kurze Zeit.

Bewegungen dieser Art nennt man fortschreitende Schwingungen oder Wellenbewegungen.

Die Wellenbewegung pflanzt sich von dem Erregungspunkte nach allen Richtungen hin fort; die einzelnen vom Erregungspunkte ausgehenden geraden Linien, auf welchen je eine Anzahl Moleküle liegen, nennt man Wellenstrahlen oder Punktreihen. Innerhalb gewisser Grenzen können diese Punktreihen stets als vollkommen elastisch angesehen werden. Jenachdem die Moleküle in der Richtung der Punktreihe selbst oder in einer hierzu senkrechten Richtung schwingen, spricht man von Longitudinal- und Transversalschwingungen (Längs- und Querschwingungen).

Bei den Wasserwellen bewegen sich die einzelnen Moleküle, wie noch näher gezeigt werden wird, gleichförmig in kreisförmigen oder kreisähnlichen Bahnen — Kreisschwingungen.

Übrigens fafst man den Begriff Punktreihe gewöhnlich insofern weiter, als man statt Moleküle auch gleichartige Körper von gleicher Gröfse nimmt: Gleichlange Seilstücke, gleichlange und gleichbreite Luftschichten u. s. w.

§ 160. Transversalschwingungen — Seilwellen. Das einfachste Beispiel zu aus Transversalschwingungen hervorgehenden Wellenbewegungen bieten die Seilwellen dar. Wird ein Seil am einen Ende festgemacht und bewegt man das andere Ende nach Art der Sinusschwingungen auf und nieder, indem man es in 12 aufeinanderfolgenden Zeitteilchen nach der Reihe die Wege *dc*, *cb*, *ba*, *ab* . . . (Fig. 244) machen läfst, so pflanzt sich jeder Impuls mit gleichförmiger Geschwindigkeit von Teilchen zu Teilchen fort. Aufserdem giebt jedes Teilchen, da alle als von gleicher Masse vorausgesetzt werden, jeden empfangenen Impuls vollständig an das nächste ab, so dafs es zur Ruhe kommen würde, wenn es nicht von dem vorhergehenden einen neuen Anstofs erhielte.

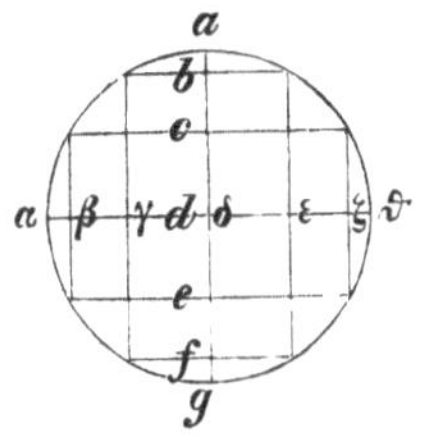

Fig. 244. Diagramm der Sinusschwingungen.

Bezeichnet τ die Schwingungsdauer des Anfangsteilchens 0 (Fig. 245) und die gleichen Strecken 0 bis 1, 1 bis 2 u. s. w. die Wege, um welche sich jeder Anstofs innerhalb $\frac{1}{12}$ τ fortpflanzt, so hat, während 0 eine ganze Schwingung vollzogen, das Teilchen 1 erst $\frac{11}{12}$, das Teilchen 2 erst $\frac{10}{12}$ . . . einer Schwingung ausgeführt und das Teilchen 12 will eben seine Bewegung beginnen.

Die Form, welche die Punktreihe 0—12 des Seiles angenommen, nennt man eine Welle; sie besteht aus dem Vorderteil 6—12 und dem Hinterteil 0—6. In unserem Fall, wo das Teilchen 0 zuerst eine aufwärtsgehende Bewegung gemacht, ist der Vorderteil ein Wellenberg und der Hinterteil ein Wellenthal. Wäre 0 zuerst abwärts gegangen, hätte es mit den Wegen *de*, *ef*, *fg* . . . begonnen, so wäre der Vorderteil ein Thal und der Hinterteil ein Berg. Nur 3 Punkte befinden sich in der Gleichgewichtslage: 0, 6 und 12. Die Punkte in den zwei Hälften eines Berges, sowie eines Thales bewegen sich nach entgegengesetzten Richtungen; dagegen sind die Punkte in zwei aneinandergrenzenden Hälften von Berg und Thal in gleichgerichteter Bewegung.

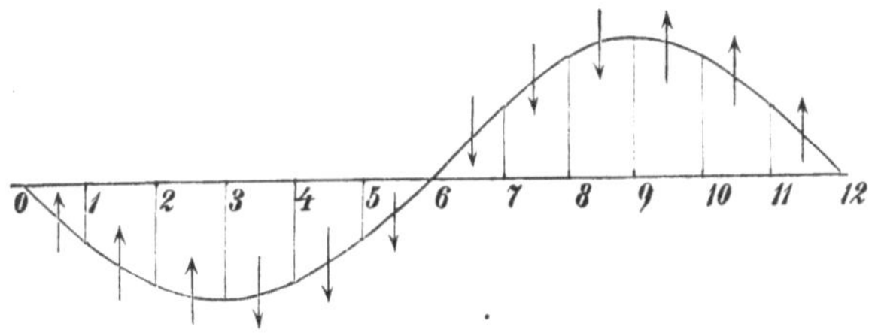

Fig. 245. Seilwelle.

Hört die Bewegung des Teilchens 0 nach einer Schwingung auf, so läuft die Welle über das ganze Seil mit gleichbleibender Geschwindigkeit fort, während die vorderen Teilchen eins nach dem anderen die Gleichgewichtslage einnehmen und darin verharren.

Macht aber das Anfangsteilchen nach der ersten Schwingung noch 1, 2, 3 . . . weitere, so entstehen ebensoviel Wellen nach der Reihe hinter der ersten. Denkt man sich zwei Wellen, welche durch zwei aufeinanderfolgende Schwingungen des Anfangspunktes entstanden sind, so befinden sich zwei Punkte, wie 0 und 12, 3 und 15, 6 und 18, 0 und 24, genau in demselben Schwingungszustand, ihr Gangunterschied beträgt ein Vielfaches einer ganzen, oder ein gerades Vielfaches einer halben Wellenlänge. Dagegen sind die Teilchen 0 und 6, 2 und 8, 3 und 21 in gerade entgegengesetzten Schwingungszuständen, ihr Gangunterschied beträgt ein ungerades Vielfaches einer halben Wellenlänge.

Aufgabe. Welche Formen hat ein Seil angenommen, nachdem der Anfangspunkt bezüglich $\frac{1}{2}$, $\frac{1}{4}$ und $\frac{3}{4}$ Schwingung gemacht?

§ 161. Longitudinalschwingungen — Luftwellen. Um in einer Punktreihe von Luftschichten longitudinale Schwingungen zu erzeugen, läſst man einen Kolben, welcher genau in eine mit Luft gefüllte Röhre von beliebiger Länge paſst, eine Bewegung vor- und rückwärts nach Art der Sinusschwingungen ausführen, wobei er innerhalb 6 gleicher Zeitteilchen die Wege $\alpha\beta$, $\beta\gamma$, $\gamma\delta$, $\delta\varepsilon$, $\varepsilon\zeta$, $\zeta\vartheta$, (Fig. 244) in vorwärtsgehender und innerhalb 6 weiterer Zeitteilchen die Wege $\vartheta\zeta$, $\zeta\varepsilon$, $\varepsilon\delta$, $\delta\gamma$, $\gamma\beta$, $\beta\alpha$ in rückwärtsgehender Bewegung macht. Wenn der Kolben vorwärtsgeht, so kann man annehmen, daſs er seine Bewegung durch 6 in gleichen Zeiten aufeinanderfolgenden Stöſsen zunächst der Luftschicht 0 mitteilt, von welcher sie auf die folgenden 1, 2, . . . übergeht, indem sich die Impulse mit gleichbleibender Geschwindigkeit durch die ganze Punktreihe fortpflanzen. Jede Luftschicht wird so lang angenommen, daſs, wenn τ die Schwingungszeit des Kolbens, jeder Stoſs sich innerhalb $\frac{1}{12}\tau$ durch eine Luftschicht hindurch fortpflanzt.

Wenn der Kolben rückwärts geht, so entsteht hinter ihm ein leerer Raum, weshalb sich zuerst die Luftschicht 0 und dann die folgenden nach der Reihe rückwärts bewegen, gerade so, als wenn sie 6 Stöſse rückwärts erhalten hätten. Die einzelnen Luftschichten machen also genau dieselben Wege, wie der Kolben, nur daſs jede folgende ihre Bewegung um $\frac{1}{12}\tau$ später beginnt, als die vorhergehende. Nachdem der Kolben und die Luftschicht 0 eine ganze Schwingung ausgeführt, ist 1 noch um den Weg $\beta\alpha$, 2 noch um die zwei Wege $\gamma\beta$ und $\beta\alpha$ zurück u. s. w. und die Luftschicht 12 will eben ihre Bewegung beginnen.

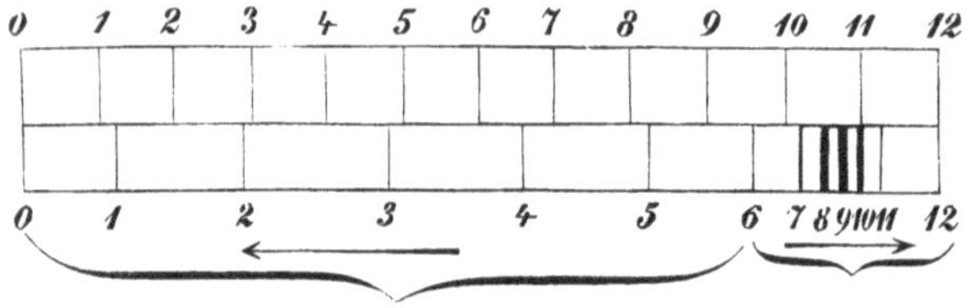

Fig. 246. Luftwelle.

Die Punktreihe 0—12 hat nun die in Fig. 246 gezeichnete Form angenommen; die Schichten 6—12 befinden sich in verdichtetem, die Schichten 0—6 in verdünntem Zustand; der verdichtete und verdünnte Teil bilden zusammen eine Welle, deren Vorderteil, die Verdichtung oder der Berg, um $\alpha\vartheta$ kürzer ist, als der Hinterteil, die Verdünnug oder das Thal. Übrigens ist der Unterschied zwischen der Länge des verdichteten und verdünnten Teils der Welle unbedeutend gegen die ganze Länge der Welle.

Im verdichteten Teil bewegen sich die Luftschichten vorwärts, im verdünnten Teil rückwärts, bezüglich in derselben oder in entgegengesetzter Richtung, wie die, nach welcher die Welle sich forpflanzt.

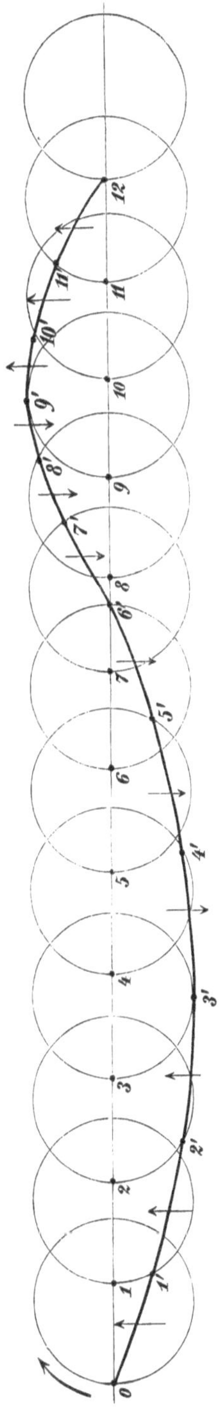

Fig. 247. Wasserwelle.

Durch jede weitere Schwingung des Kolbens entsteht eine neue Welle, welche hinter der vorher entstandenen hergeht und gleich dieser die ganze Luftsäule durchläuft.

Aufgabe. Es sind die Lagen der Luftschichten in einer Röhre durch Zeichnung anzugeben, nachdem der Kolben bezüglich $\frac{1}{4}$, $\frac{1}{2}$ und $\frac{3}{4}$ Schwingung vollzogen.

§ 162. Kreisschwingungen — Wasserwellen. Um zu untersuchen, welche Bewegung die einzelnen Wasserteilchen innerhalb einer Wasserwelle machen, erregten die Gebrüder Weber (1825) in dem Wasser eines viereckigen Glaskastens — Wellenrinne — in welchem eine Anzahl Bernsteinkügelchen schwammen, eine Wellenbewegung. Sie machten dabei die Beobachtung, daſs die Bernsteinkügelchen an der Oberfläche kreisförmige, etwas unter derselben elliptische und noch tiefer geradlinig hin- und hergängige Bewegungen ausführten.

Die kreisförmigen und elliptischen Bahnen sind nicht geschlossen, sie werden, wenn kein neuer Antrieb erfolgt, immer kleiner und kleiner, bis schlieſslich wieder Ruhe eingetreten ist.

Hiernach läſst sich leicht die Form einer Wasserwelle konstruieren. In Fig. 247 bedeuten 0, 1, 2 . . . 12 eine Anzahl Wasserteilchen, welche einer vom Erregungspunkte ausgehenden Punktreihe — Wellenstrahl — angehören. Setzen wir voraus, daſs die Wasserteilchen an der Oberfläche liegen, so rotiert jedes bei der Wellenbewegung gleichförmig im Kreise; selbstverständlich beginnt dasjenige seine Bewegung zuerst, welches im Erregungspunkte liegt, während jedes folgende seine Bewegung um eine gewisse Zeit später anfängt als das vorhergehende. Denkt man sich die Umlaufszeit τ eines Teilchens in 12 gleiche Teile geteilt und nimmt an, daſs jedes der Teilchen 1, 2... seine Bewegung um $\frac{1}{12}\tau$ später beginne, als das vorhergehende, so hat, während 0 eine volle Umdrehung ausgeführt, 1 erst $\frac{11}{12}$, 2 erst $\frac{10}{12}$ . . . seines Kreises durchlaufen, während 12 noch in Ruhe ist. Zieht man durch die Orte 0, 1′, 2′, . . . 12, wo sich die einzelnen Teilchen gerade befinden, wenn das Anfangsteilchen eine Umdrehung vollendet hat, eine Linie, so giebt diese die Form der Welle an; sie besteht aus Berg und Thal; hat sich das Anfangsteilchen zuerst, wie hier, aufwärts bewegt, so ist der Vorderteil ein Berg und der Hinterteil ein Thal; im andern Fall ist es umgekehrt. Dagegen ist es für das Vorangehen von Berg und Thal einerlei, ob die Kreisbahnen, in denen sich die Teilchen bewegen, rechts oder links von denselben liegen. In unserem Fall, wo die Kreisbahnen nach derselben Richtung liegen, nach welcher die Bewegung fortschreitet, ist der Berg um den Durchmesser einer solchen Kreisbahn kleiner als das Thal, im anderen Fall ist es umgekehrt; doch aber ist der Bahndurchmesser nur ein geringer Bruchteil der Wellenlänge.

Ein Wasserteilchen hat in dem höchsten und tiefsten Punkt seiner Bahn eine horizontale, in der Gleichgewichtslage eine vertikale und an allen übrigen Stellen eine schiefe, durch die Tangente an die Bahn bestimmte Bewegungsrichtung. Eine solche schiefe Bewegungsrichtung läſst sich in eine horizontale und eine vertikale Komponente zerlegen. Die vertikalen Komponenten der Bewegungen der Wasserteilchen in den zwei Hälften eines Bergs und eines Thals sind entgegengesetzt gerichtet, dagegen haben dieselben in zwei aneinandergrenzenden Hälften von Berg und Thal gleiche Richtung, wie die vertikalen Pfeile an den einzelnen Stellen der Welle Fig. 247 angeben. (Seilwellen!)

Während in stehendem Wasser die einzelnen Teilchen einer Welle an ihrem Orte verbleiben, bezüglich nur im Kreise herumgehen, machen sie bei flieſsendem Wasser die fortschreitende Bewegung des Stromes mit.

Die Höhe der Wellen hängt von der Stärke der Erregung ab; übrigens können auch noch andere Ursachen mitwirken. Wenn sich eine Welle nach dem Strande zu fortpflanzt, so steigt die Höhe, weil sich die Energie der Bewegung auf immer kleinere und kleinere Wassermassen überträgt.

Das Überschäumen der Wellen — die Brandung — hat auf offener See ihren Grund darin, daſs der Wind nur auf die hintere Seite des Berges wirkt und so das hintere Wasser über das vordere wegstürzen macht. Am Strande kommen noch andere Umstände hinzu; einesteils wird das vordere Wasser durch den ansteigenden Boden und andererseits durch das bei dem ständigen Hin- und Herschwanken der See zurückflieſsende Wasser in seiner Bewegung aufgehalten, weshalb die Wellen selbst dann nach dem Lande zu überschlagen, wenn der Wind (mit mäſsiger Stärke) vom Lande nach dem Meere zu geht.

Die Höhe der Wellen kann im Weltmeer bis 10 m steigen.

Aufgabe. Es ist mit Hülfe des Satzes vom Parrallelogramm der Bewegungen nachzuweisen, daſs die Kreisbewegung der Wasserteilchen einer Welle als aus einer horizontalen und einer vertikalen Sinusschwingung zusammengesetzt angesehen werden kann.

Der einfachste Apparat zur Erläuterung der Wellenerscheinungen sind Quincke's Wellenfiguren in Verbindung mit dem stroboskopischen Cylinder; auſserdem sind noch die Wellenmaschinen von Eisenlohr, Fessel, Mach und Melde zu erwähnen.

§ 163. Fortpflanzungsgeschwindigkeit. Innerhalb einer Sekunde pflanzt sich ein Impuls auf einer Punktreihe um eine gewisse Strecke fort, welche die Geschwindigkeit der Fortpflanzung genannt wird. Sie ist abhängig von der Beschaffenheit der Punktreihe, aber unabhängig von der Zahl der Schwingungen, welche die einzelnen Glieder der Punktreihe in einer Sekunde machen. Wenn die Punkte einer Punktreihe innerhalb einer Sekunde n Schwingungen vollziehen, so entstehen währenddessen n Wellen; bezeichnet man nun mit c die Fortpflanzungsgeschwindigkeit und mit λ die Länge der Welle, so ist:

$$c = n \, . \, \lambda. \tag{1}$$

Bezeichnet man mit T die Dauer einer Schwingung, so ist $T = \frac{1}{n}$ und deshalb:

$$c \, . \, T = \lambda.$$

Nun ist aber nach § 81:

$$T = \frac{2\pi}{\sqrt{k}}, \tag{2}$$

folglich:

$$c = \frac{\lambda \sqrt{k}}{2\pi}. \tag{3}$$

Da die Fortpflanzungsgeschwindigkeit wesentlich von der Elasticität des Mediums abhängt, so ist es angemessen, statt der Gröfse k den Elasticitätsmodulus e einzuführen. Unter k versteht man die Kraft, welche erforderlich ist, um die Masse 1 eines Körpers um die Strecke 1 aus ihrer Gleichgewichtslage zu bringen; es müssen dabei die Anziehungen, welche alle übrigen Masseteilchen rundum ausüben, überwunden werden (§ 81). Sind λ Massen, jede gleich d, um die Strecke λ zu verschieben, so hat man dazu die Kraft $\lambda^2 dk$ nötig. Liegen λ Teilchen von der Gröfse der Volumeneinheit und der Masse d auf einer Strecke, so hat diese die Länge λ und den Querschnitt 1 und es ist der Elasticitätsmodulus e die Kraft, welche imstande ist die Stange um die Strecke λ zu vergröfsern; dabei wird jedes Teilchen um das λfache seiner ursprünglichen Entfernung vom Anfangspunkte verschoben. (Man kann sich vorstellen, die Teilchen würden dabei selbst nicht ausgedehnt, sondern es herrschten zwischen ihnen Molekularkräfte, welche auf eine gewisse Strecke hin überwunden würden — Spiralfedern zwischen den Masseteilchen!) Es müfste deshalb auch die Kraft e der Kraft $\lambda^2 dk$ gleich sein, wenn nich e eine Kraft wäre, die nur nach einer Richtung, nämlich in der der Punktreihe selbst, Widerstand fände, während unter k eine Kraft verstanden wird, welche ein Masseteilchen aus seiner Gleichgewichtslage entfernt, während die Elasticitätskräfte von allen Seiten her entgegenwirken.

Um nun von der Wirkung nach einer Richtung zu der nach allen Richtungen im Raume überzugehen, mufs man e mit $4\pi^2$ multiplizieren (der Übergang von einer Richtung zu allen Richtungen in einer Ebene geschieht durch Multiplikation mit 2π und der weitere von allen Richtungen in einer Ebene zu allen Richtungen im Raume durch abermalige Multiplikation mit 2π); es ist deshalb:

$$\lambda^2 dk = 4\pi^2 e,$$

woraus:

$$\sqrt{k} = \frac{2\pi}{\lambda}\sqrt{\frac{e}{d}} \text{ und } \frac{\lambda\sqrt{k}}{2\pi} = \sqrt{\frac{e}{d}}.$$

Danach gestalten sich die Gleichungen (2) und (3) folgendermaſsen:

$$T = \lambda \sqrt{\frac{d}{e}} \text{ und } c = \sqrt{\frac{e}{d}}. \tag{4}$$

Es ist also die Fortpflanzungsgeschwindigkeit der Wurzel aus dem Elasticitätsmodulus direkt und der Wurzel aus der Masse der Volumeneinheit umgekehrt proportional.

Dagegen ist die Fortpflanzungsgeschwindigkeit ebenso wie die Schwingungsdauer von der Amplitude unabhängig.

Ist ein Medium, wie z. B. ein Gas, so beschaffen, daſs die Elasticität der Dichte proportional ist, so ist die Dichte ohne Einfluſs auf die Fortpflanzungsgeschwindigkeit; so pflanzt sich namentlich eine Wellenbewegung in der Luft bei jedem Barometerstande in derselben Zeit um eine gleiche Strecke fort. Dagegen ändert sich die Fortpflanzungsgeschwindigkeit mit der Temperatur. Die Elasticität der Luft wird bei einer Erwärmung um $t^0 : (1 + 0{,}003665 \,.\, t)$ mal gröſser; bedeutet also c die Fortpflanzungsgeschwindigkeit in Luft von 0^0, so ist sie bei t^0:

$$c \,.\, \sqrt{1 + 0{,}003665 \,.\, t}. \tag{5}$$

Da bei Ableitung der Gleichung (4) weder auf Transversal- noch Longitudinalschwingungen speciell Rücksicht genommen worden ist, so gilt sie für beide.

Die Fortpflanzungsgeschwindigkeit longitudinaler Schwingungen beträgt in Luft von 0^0: 332 m; im Wasser ist sie ca. $4^1/_2$mal so groſs (1435 m), in Blei 4mal, in Gold 6-, in Silber und Platin 8-, in den Hölzern 10 bis 18mal gröſser als in der Luft, am gröſsten im Tannenholz (18mal).

Die Methoden zur Bestimmung der Fortpflanzungsgeschwindigkeit sollen später erörtert werden.

Sehr veränderlich ist die Geschwindigkeit der Wasserwellen; in einer kleinen Wellenrinne beträgt sie ca. $^3/_4$ m und im atlantischen Ocean kann sie bis auf 13 m wachsen. Die Geschwindigkeit wächst mit der Tiefe des Wassers und der Stärke der Erregung.

Aufgabe. In einer mit Luft von 15° C. gefüllten Röhre werden Longitudinalschwingungen erregt, deren Schwingungsdauer 0,004 Sek. beträgt; wie groſs ist die Länge einer Welle?

§ 164. Abnahme der Intensität der Wellenbewegung mit der Entfernung vom Erregungspunkt. Auf einem Seil und in einer cylindrischen Luftsäule, überhaupt in einer Punktreihe muſs, da sich die Bewegung von einer Masse stets auf eine gleiche überträgt, die Intensität der Bewegung, soweit nicht passive Widerstände ins Spiel kommen, überall gleichbleiben. Unter Intensität der schwingenden Bewegung ist die gröſste Geschwindigkeit, welche ein Massepunkt während einer Schwingung hat, verstanden; er besitzt dieselbe in dem Augenblick, wo er die Gleichgewichtslage passiert (§ 81).

Anders ist es, wenn sich die Wellenbewegung in einer Masse, z. B. in der freien Luft, nach allen Richtungen hin fortpflanzt; die Intensität der Bewegung mufs in dem Mafse abnehmen, wie die zu bewegende Masse zunimmt.

Wird in einem Körper an irgend einer Stelle eine Wellenbewegung erregt, so kann man sich von dem Erregungspunkte aus nach allen Richtungen gerade Linien gezogen denken, welche ebenso viele Punktreihen (Wellenstrahlen) vorstellen, auf denen sich die Wellenbewegung gleichzeitig fortpflanzt. Denkt man sich nun den Erregungspunkt als Mittelpunkt eine Kugelfläche beschrieben, so kommt die Bewegung gleichzeitig an allen Punkten der Kugelfläche an. Werden um den Erregungspunkt zwei Kugelflächen mit den Radien r_1 und r_2 beschrieben, so stehen die Anzahlen der auf ihren Oberflächen befindlichen Massepunkte im Verhältnis von $r_1^2 : r_2^2$. Da nun die Intensitäten mit der Zahl der zu bewegenden Massepunkten abnehmen, so verhalten sich die Intensitäten der Bewegung der Teilchen auf beiden Kugelflächen wie $r_2^2 : r_1^2$, oder: Die Intensität der schwingenden Bewegung nimmt ab im Quadrat der Entfernung vom Erregungspunkt. Dagegen bleibt in jeder beliebigen Entfernung die Schwingungsdauer dieselbe, denn die Amplitude ist ohne Einflufs auf die Schwingungsdauer (§ 81 und 163).

b. Reflexion der Wellen.

§ 165. Reflexion transversaler Wellen. Wenn sich ein Stofs durch eine Anzahl Kugeln von gleicher Masse fortpflanzt, so kommt jede Kugel zur Ruhe, nachdem sie den Stofs an die folgende abgegeben. Da eine Welle durch eine Reihe von Stöfsen hervorgebracht wird, so müssten, wenn das Medium, durch welches die Welle sich fortpflanzt, überall von gleicher Dichte ist, die vorderen Schichten zur Ruhe kommen, wenn sie die Stöfse an die folgenden abgegeben haben, oder mit anderen Worten: In einem Mittel von gleichmäfsiger Dichte kehrt eine Wellenbewegung nie zurück.

Stöfst dagegen eine kleinere Kugel gegen eine gröfsere, so setzt sie diese in Bewegung, prallt aber selbst ab und macht eine rückgängige Bewegung, welche sie auf die vorhergehenden überträgt. — Stöfst ferner eine gröfsere Kugel gegen eine kleinere, so setzt sie diese in Bewegung und geht selbst, wenn auch mit verminderter Geschwindigkeit, in derselben Richtung weiter. Ist nun die gröfsere Kugel mit den vorhergehenden, welche wir von gleicher Gröfse mit ihr voraussetzen, in irgend einer Weise z. B. durch Kohäsion verbunden, so zieht sie dieselben nach, so dafs sich wiederum eine Bewegung rückwärts fortpflanzt.

Wenn eine Wellenbewegung aus einem Medium in ein anderes von gröfserer oder geringerer Dichte übergeht, so tritt stets Reflexion ein.

Wir betrachten zunächst die Reflexion transversaler Wellen.

Denkt man sich ein Seil aus zwei Stücken zusammengesetzt, von denen das eine aus dichterem Stoff (Draht), das andere aus dünnerem (Hanf) zusammengesetzt ist, so tritt keine Reflexion ein, so lange die Welle dem einen Medium entlang läuft; sobald aber die Bewegung an das andere kommt, wird nicht blofs auf dieses die Wellenbewegung übertragen, sondern auch eine solche in das erste in rückwärtsgehender Richtung hervorgerufen.

Hat z. B. das letzte Teilchen des dünneren Mediums, durch welches eine Wellenbewegung sich fortgepflanzt, eine Bewegung aufwärts, so zieht es das erste Teilchen des dichteren Mediums mit, kommt aber selbst bald zur Ruhe und geht dann rückwärts, gerade so als ob es von der anderen Seite her einen Stofs auf das dichtere Teilchen ausgeübt hätte.

Ebenso wird, wenn das letzte Teilchen des dünneren Mediums eine Bewegung abwärts hat, diese auf das erste Teilchen des dichteren Mediums übertragen, während die Bewegung des letzten Teilchens des dünneren Mediums in die entgegengesetzte, nach aufwärts, verwandelt wird.

Die Reflexbewegungen des letzten Teilchens des dünneren Seiles pflanzen sich nun rückwärts fort und erzeugen eine Wellenbewegung, welche in Bezug auf die Bildung von Berg und Thal der ursprünglichen gerade entgegengesetzt ist, oder mit anderen Worten:

Kommt eine transversale Welle mit voranschreitendem Berg oder Thal von einem dünneren Mittel an die Grenze eines dichteren, so pflanzt sich eine reflektierte Welle mit voranschreitendem Thal oder Berg rückwärts in das dünnere Mittel fort.

Kommt dagegen eine transversale Welle aus einem dichteren Mittel an die Grenze eines dünneren und will das letzte Teilchen des dichteren Mittels gerade auf- oder abwärtsgehen, so überträgt es diese Bewegung auf das erste Teilchen des dünneren Mittels und geht selbst noch aufwärts oder abwärts. Diese seine Bewegung überträgt es rückwärts auf die Teilchen des dichteren Mittels, so dafs eine Welle in diesem Mittel hervorgerufen wird, welche, was Berg und Thal betrifft, mit der ursprünglichen übereinstimmt:

Kommt eine transversale Welle mit voranschreitendem Berg oder Thal aus einem dichteren Mittel an die Grenze eines dünneren, so pflanzt sich eine reflektierte Welle mit voranschreitendem Berg oder Thal in das dichtere Mittel rückwärts fort.

Diese Gesetze gelten auch für die Ätherwellen, welche der Vibrationstheorie zufolge das Licht fortpflanzen; man nimmt dabei an, dafs die Ätherteilchen senkrecht zum Strahl, d. i. zur Fortpflanzungsrichtung der Wellenbewegung, schwingen.

Wenn Berg als Berg und Thal als Thal reflektiert wird, so fällt zwischen der direkten und reflektierten Welle ein Thal oder ein Berg aus; wenn also eine transversale Welle, aus einem dichteren Mittel an die Grenze eines dünneren kommt, so geht eine halbe Welle verloren.

Ist ein Seil an einem Punkte festgemacht, so kann man diesen als Mittel von unendlicher Dichtigkeit betrachten, weshalb eine Welle, welche sich über das Seil bis zum Befestigungspunkt fortpflanzt, von diesem so reflektiert wird, dafs sich Berg in Thal und Thal in Berg verwandelt.

Die Reflexion an einem festen Punkte, z. B. an einem Nagel, erklärt sich physikalisch dadurch, dafs der Nagel, indem er unmerklich nach der Seite hin gebogen wird, nach welcher das letzte Seilstück gerade gehen will, einen dem Stofs gleichen Gegenstofs auf das Seilstück ausübt, welcher sich rückwärts über das ganze Seil fortpflanzt.

§ 166. Reflexion longitudinaler Wellen. Als Beispiel zur Erläuterung der Reflexion longitudinaler Wellen wählen wir die in einer Röhre sich fortpflanzenden Luftwellen, mit der Bemerkung, dafs ganz dasselbe auch für longitudinale Wellen, welche sich in anderen Medien fortpflanzen, gilt.

Kommt eine Welle mit vorangehendem Berg (Verdichtung) aus dichterer Luft an die Grenze von dünnerer, so wird, da die Luftschichten in einem Berg sich in der Richtung der Fortpflanzung der Welle bewegen, die erste Schicht der dünneren Luft vorwärts gestofsen, während die vorderste Schicht der dichteren Luft ebenfalls noch, wenn auch mit verminderter Geschwindigkeit vorwärts geht. Diese Bewegung pflanzt sich rückwärts in die dichtere Luft fort, oder mit anderen Worten es wird eine Verdünnung (Thal) reflektiert.

Kommt eine Welle mit vorangehendem Thal (Verdünnung) aus dichterer Luft an die Grenze von dünnerer, so geht, da in einem Thal die Luftschichten rückwärts schreiten, die erste Schicht der dünneren Luft der vordersten Schicht der dichteren nach; aber diese kommt dadurch nicht zur Ruhe, sondern bewegt sich, wenn auch mit verminderter Geschwindigkeit, noch weiter rückwärts, und diese Bewegung pflanzt sich nach vorn in die dichtere Luft fort; die Fortpflanzungsrichtung ist die gleiche wie die Bewegungsrichtung der einzelnen Luftschichten, es wird deshalb ein Berg (Verdichtung) reflektiert.

Wenn also eine Welle mit voranschreitendem Berg oder Thal aus dichterer Luft an die Grenze von dünnerer Luft kommt, so wird Berg als Thal und Thal als Berg reflektiert.

Kommt eine Welle mit vorangehendem Berg aus dünnerer Luft an die Grenze von dichterer, so stöfst die vordere Schicht der dünneren Luft an die erste der dichteren, setzt diese in vorwärtsgängige Bewegung, prallt aber selbst ab und bewegt sich rückwärts; indem sie diese Bewegung nach vorn fortpflanzt, bildet sich eine nach vorn fortschreitende Verdichtung.

Kommt eine Welle mit voranschreitendem Thal aus dünnerer Luft an die Grenze von dichterer, so geht, da die vorderste Schicht der dünneren Luft in rückwärtsgängiger Bewegung ist, die erste Schicht der dichteren Luft ebenfalls in dieser Richtung; die vorderste Schicht der dünneren Luft aber wird nicht blofs in ihrer Bewegung gehemmt, sondern geht sogar rückwärts — es tritt in betreff der Bewegungsrichtung dasselbe ein, wie wenn die dünnere Luftschicht von der anderen Seite her gegen die dichtere gestofsen hätte; die vorwärtsgängige Bewegung der vordersten dünnen Luftschicht pflanzt sich rückwärts in die dünnere Luft fort, und es wird demnach ein Thal als Thal reflektiert.

Wenn also eine Welle mit voranschreitendem Berg oder Thal aus dünnerer Luft an die Grenze von dichterer kommt, so wird Berg als Berg und Thal als Thal reflektiert. In diesem Falle geht eine halbe Wellenlänge verloren.

§ 167. Reflexion der Wasserwellen. Ein Wasserteilchen, welches an einer Wellenbewegung teilnimmt, hat eine gleichförmige Bewegung im Kreise; die Richtung seiner Bewegung ist in jedem Augenblick verschieden und wird angegeben durch die Berührende an den Kreis in dem jeweiligen Ort, wo es sich befindet. In der Gleichgewichtslage ist seine Bewegung vertikal, aufwärts oder abwärts, und in seiner höchsten und tiefsten Stellung horizontal, vorwärts oder rückwärts. Im allgemeinen aber ist die Bewegungsrichtung schief und kann in eine horizontale und in eine vertikale Komponente zerlegt werden.

Kommt nun eine einfache Welle (Punktreihe) an eine feste Wand, so ist diese auf die vertikale Komponente der Bewegung der Wasserteilchen ohne Einflufs, während die horizontale in die entgegengesetzte umgewandelt wird; ist die horizontale Komponente nach vorwärts gerichtet, so prallt das Wasserteilchen an der Wand ab und geht rückwärts; ist sie aber rückwärts gerichtet, so entsteht hinter dem Wasserteilchen ein leerer Raum, weshalb es wieder zurückgeht und sich nach der Wand hinbewegt. Es gilt nun die unveränderte vertikale Komponente mit der in die entgegengesetzte Richtung umgewandelten horizontalen zu kombinieren. Ist A Fig. 248 ein Wasserteilchen, welches sich in der Richtung des Pfeils in dem Kreise C dreht, so hat es momentan eine Bewegung in der Richtung AB, welche man in die horizontale AD und die vertikale AE zerlegen kann. Bei der Reflexion bleibt AE unverändert, während AD sich in AD' verwandelt. Kombiniert man AE mit AD', so erhält man als Resultierende AB'. Das Teilchen A befindet sich also nach der Reflexion in demselben Bewegungszustand, wie vorher, nur dafs es jetzt links statt rechts im Kreise herumgeht. Dieses ist aber für die Bildung von Berg und Thal einerlei (§ 162).

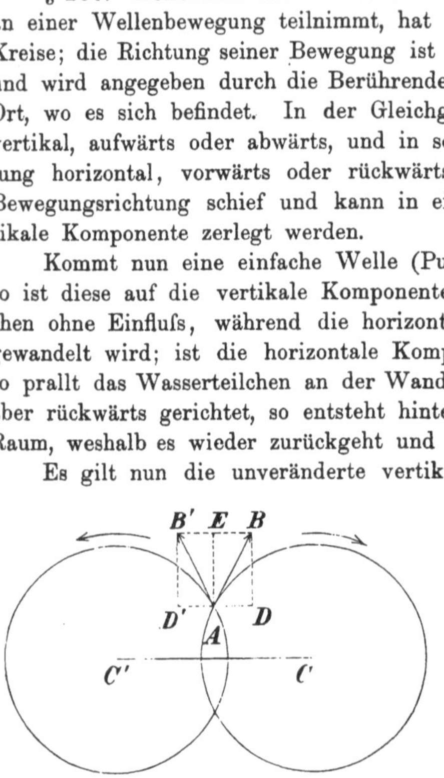

Fig. 248. Reflexion einer Wasserwelle.

Stöfst also eine Wasserwelle (Punktreihe) senkrecht gegen eine feste Wand, so wird Berg als Berg und Thal als Thal reflektiert.

§ 168. Das Princip von Huyghens. Auf offener See, namentlich aber am Strande bemerkt man oft Wellen von grofser Ausdehnung mit geradliniger Front. Bei genauerer Betrachtung aber findet man, dafs man nicht eine einfache Welle, sondern einen Komplex gleichmäfsig miteinander fortschreitender kreisförmiger Wellen vor sich hat, welche so ineinander fliefsen, dafs sie den Anschein einer Welle mit geradliniger Front darbieten. Indem der Wind an einer ganzen Anzahl in gerader Linie liegenden Stellen auf das Wasser stöfst, erzeugt er eine Reihe von Wellen, welche zusammen fortschreitend den Schein einer einzigen Welle mit geradliniger Front annehmen. Im kleinen kann man diese Erscheinung dadurch hervorrufen, dafs man gleichzeitig eine Anzahl Steine an verschiedenen in gerader Linie liegenden Stellen *P*, *Q*, *R*, *S*, *T* ins Wasser wirft (Fig. 249).

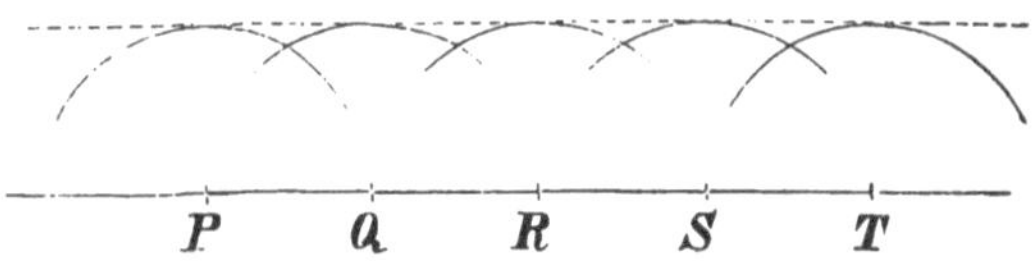

Fig. 249. Princip von Huyghens.

Liegen die Erregungspunkte in einem Kreisbogen, so vereinigen sich die einzelnen Wellen derart, dafs sie wie eine einzige kreisförmige Welle aussehen (Fig. 250).

Umgekehrt kann man statt einer gröfseren kreisförmigen Welle, welche von einem Punkte *C* (Fig. 250) ausgeht, einen Komplex kleinerer Wellen setzen, welche gleichzeitig auf den einzelnen Punkten eines Kreisbogens erregt worden sind. Schreitet die ganze Welle von *AB* innerhalb einer gewissen Zeit nach *A'B'* fort, so thun dies auch die einzelnen auf *AB* erregten kleinen Wellen, wobei sie so ineinander fliefsen, dafs sie dasselbe Ansehen annehmen, wie die grofse: Jede Welle kann als aus einer Anzahl Elementarwellen zusammengesetzt angesehen werden. Dies ist das Princip von Huyghens, das sich bei vielen Untersuchungen zur Vereinfachung der Betrachtungsweise benutzen läfst.

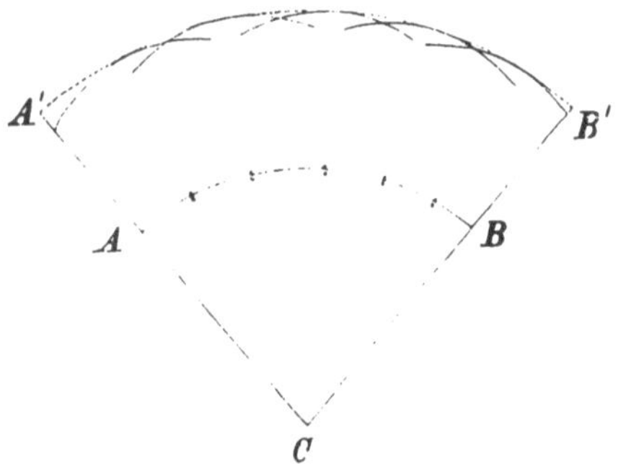

Fig. 250. Princip von Huyghens.

§ 169. Reflexion von Wellen im Raume. Wird in einem räumlich ausgedehnten Medium an irgend einem Punkte *M* (Fig. 251) eine Welle erregt, so pflanzt sie sich nach allen Richtungen kugelförmig fort.

Befindet sich in dem Medium eine feste Wand *PQ*, so kommt an derselben zuerst die Bewegung in der Richtung *MA*, welche auf der Wand senkrecht steht, an. Bis nun etwa die Bewegung auf der Punktreihe *MR* (oder *M*$\mathfrak{R}$) an die Wand kommt, ist die erste bei *A* reflektierte Welle bereits um ein Stück AA_2, welches gleich *RD* ist, reflektiert worden; ebenso ist auch schon die Bewegung längs *MB* und *MC* an die Wand gelangt und von derselben zurückgeworfen worden.

Gesetzt die Wand PQ wäre nicht da, so würde die Welle in einer gewissen Zeit von $RA\mathfrak{R}$ bis $DA_1\mathfrak{D}$ fortschreiten.

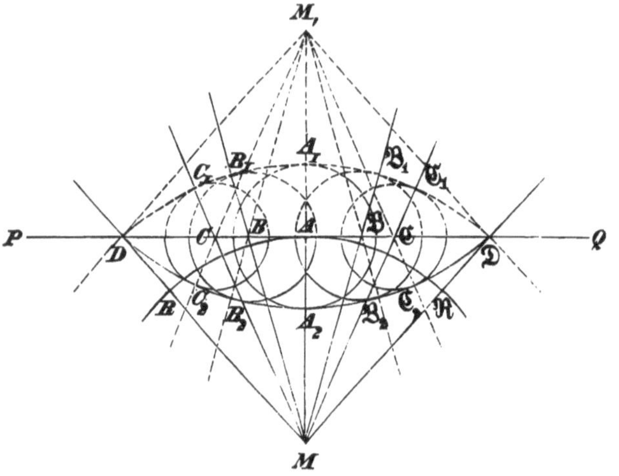

Fig. 251. Reflexion räumlicher Wellen.

Mit Benutzung des Princips von Huyghens läſst sich nun die reflektierte Welle leicht konstruieren: Man kann annehmen, es gingen von den Punkten C, B, A, $\mathfrak{B}$, $\mathfrak{C}$ jedesmal in dem Moment, wo die Welle in einem dieser Punkte eintrifft, Elementarwellen aus; diese würden dann zusammen statt der ganzen Welle $DA_1\mathfrak{D}$ gesetzt werden können. Die betreffenden Elementarwellen haben bezüglich die Radien CC_1, BB_1, AA_1 ... Denkt man sich die Elementarwellen seien nicht vorwärts, wie es die punktierten, sondern rückwärts, wie es die ausgezogenen Halbkreise angeben, geschritten, so würden sie die Form der reflektierten Welle $DA_2\mathfrak{D}$ bezeichnen.

In derselben Zeit, in welcher die Welle, nachdem sie bei A eingetroffen, sich bis $DA_1\mathfrak{D}$ fortgepflanzt hätte, ist sie bis $DA_2\mathfrak{D}$ reflektiert worden.

Verlängert man MA um ein gleiches Stück, so ist M_1 der Mittelpunkt des Kreisbogens $DA_2\mathfrak{D}$.

Eine Welle wird also von einer Wand so reflektiert, als ob sie von einem Punkt (M_1) ausgegangen wäre, der ebenso weit hinter der Wand sich befindet, wie der Erregungspunkt (M) davor liegt.

Denkt man sich die räumliche von M ausgegangene Kugelwelle als aus lauter Punktreihen MA_1, MB_1, MC_1 . . . zusammengesetzt, so könnte man ebenso die reflektierte Welle als aus den Punktreihen M_1A_2, M_1B_2, M_1C_2 ... bestehend annehmen; oder mit anderen Worten: AA_1 ist in der Richtung AA_2; BB_1 in der Richtung BB_2; CC_1 in der Richtung CC_2 . . . d. h. also jede unter demselben Winkel, unter welchem sie aufgefallen ist, reflektiert worden.

Ein wichtiger Specialfall hiervon ist der, wenn der Erregungspunkt im Unendlichen liegt, wenn also eine Welle mit geradliniger Front gegen eine feste Wand stöſst. Daſs eine solche unter demselben Winkel reflektiert wird, unter welchem sie aufgefallen ist, folgt zwar schon aus dem allgemeinen

Falle, läfst sich aber auch speciell erweisen. Eine Welle, mit geradliniger, auf den Wellenstrahlen AA_1, BB_1, CC_1 (Fig. 252) senkrechter Front A_1DE treffe die feste Wand MN zuerst im Punkte A_1, dann in B_1 und schliefslich in C_1, so kann man sich vorstellen, es gingen nach der Reihe von diesen Punkten Elementarwellen aus. Beschreibt man von A_1 mit der Strecke EC_1 einen Kreisbogen, so giebt derselbe an, bis wie weit sich die von A_1 ausgehende Elementarwelle bereits fortgepflanzt hat, wenn die Welle auf dem Strahl CE bis C_1 gekommen ist. Zieht man von C_1 eine Berührende C_1E_1 an diesen Bogen, so ist $A_1E_1 \perp C_1E_1$, und fällt man von B_1 eine Senkrechte B_1D_1 auf C_1E_1, so ist, wenn $B_1F \perp CC_1$: $B_1D_1 = C_1F$, denn $\triangle A_1EC_1 \cong \triangle A_1E_1C_1$, woraus folgt, dafs $\triangle B_1D_1C_1 \cong \triangle B_1FC_1$. Beschreibt man also von B_1 aus mit C_1F einen Kreisbogen, so berührt er die Linie C_1E_1 in D_1 und giebt zugleich an, wie weit sich die von B_1 ausgegangene Welle bereits fortgepflanzt hat, wenn die ursprüngliche Welle auf dem Strahl CC_1 bis C_1 gekommen ist. Alle zwischen AA_1 und CC_1 auf die Wand treffenden Punktreihen werden also so reflektiert, dafs sie in dem Moment, wo die Wellenbewegung nach C_1 gekommen ist, eine Welle mit der geradlinigen Front $C_1D_1E_1$ bilden. Aus der Kongruenz der Dreiecke $A_1C_1E_1$ und A_1C_1E ergiebt sich, dafs $\sphericalangle EC_1A_1 = \sphericalangle C_1A_1E_1$. Diese beiden Winkel sind aber die Komplemente des Einfallswinkels RA_1A und des Reflexionswinkels RA_1A_2. Es ist demnach der Reflexionswinkel gleich dem Einfallswinkel.

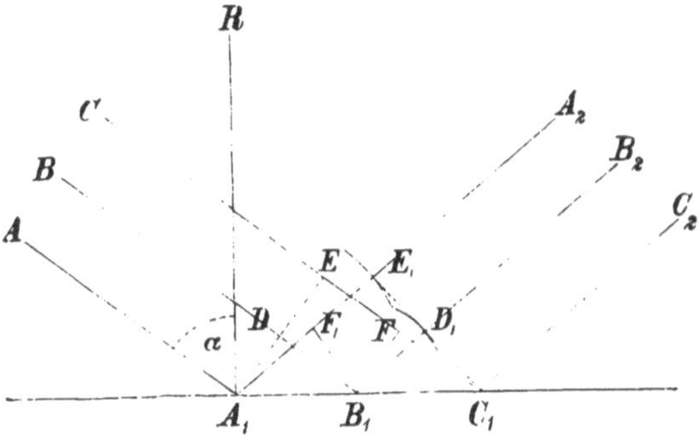

Fig. 252. Reflexion paralleler Wellen.

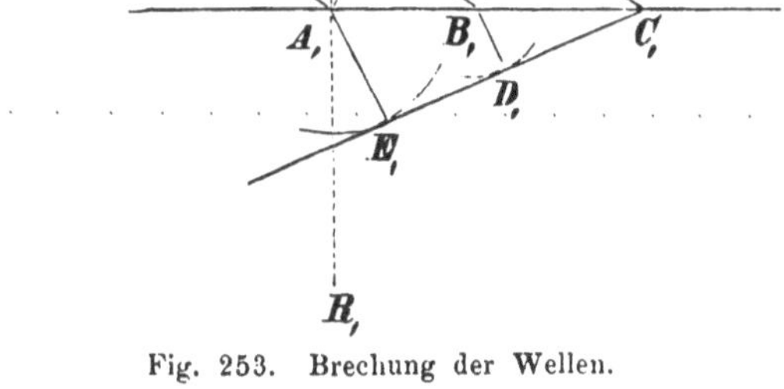

Fig. 253. Brechung der Wellen.

§ 170. Brechung der Wellen. Wenn eine räumliche, in einem Mittel fortschreitende Welle an die Grenze eines anderen kommt, so wird die Welle teils in das erste Mittel reflektiert, teils geht sie in veränderter Richtung in das zweite Mittel — sie wird gebrochen.

Wir betrachten lediglich die Brechung einer Welle mit geradliniger Front. Es seien wiederum AA_1, BB_1, CC_1 (Fig. 253) die Strahlen einer Welle mit geradliniger Front A_1DE; außerdem sei die Geschwindigkeit der Fortpflanzung in dem ersten Mittel c und in dem zweiten c_1. Bis die Welle auf dem Strahl CC_1 nach C_1 gekommen ist, hat sich von A_1 aus bereits eine Elementarwelle in das zweite Mittel hinein fortgepflanzt, so daſs der Radius derselben gleich $EC_1 \cdot \frac{c_1}{c}$ ist. Zieht man an diesen Bogen von C_1 aus eine Berührende und verbindet den Berührungspunkt E_1 mit A_1, so ist $A_1E_1 \perp C_1E_1$. Zieht man ferner von B_1 eine Senkrechte B_1D_1 auf C_1E_1, so ist $B_1D_1 = C_1F \cdot \frac{c_1}{c}$.

Bis also die Welle auf dem Strahl CC_1 bis C_1 gekommen ist, hat sich von den übrigen Punkten A_1, B_1 . . . eine Welle mit der geradlinigen Front CD_1E_1 in das zweite Mittel fortgepflanzt.

Bezeichnen wir den Einfallswinkel AA_1R mit α und den Brechungswinkel $E_1A_1R_1$ mit β, so ist auch $\sphericalangle EA_1C_1 = \alpha$ und $E_1C_1A_1 = \beta$. Nun ist aber:

$$\sin\alpha = \frac{EC_1}{A_1C_1} \text{ und } \sin\beta = \frac{A_1E_1}{A_1C_1}, \text{ also:}$$

$$\frac{\sin\alpha}{\sin\beta} = \frac{EC_1}{A_1E_1} = \frac{EC_1}{EC_1 \cdot \frac{c_1}{c}} = \frac{c}{c_1}.$$

Es verhält sich also der Sinus des Einfallswinkels zum Sinus des Brechungswinkels wie die Fortpflanzungsgeschwindigkeit der Wellenbewegung im ersten zu der im zweiten Mittel.

Dieses Gesetz gilt, einerlei wie groſs der Einfallswinkel α ist. Nennt man das Verhältnis der Fortpflanzungsgeschwindigkeiten den Brechungsquotienten (oder Brechungsexponenten), so gilt:

Der Brechungsquotient ist für jeden beliebigen Einfallswinkel für dieselben zwei Mittel konstant und zwar gleich dem Verhältnis der Fortpflanzungsgeschwindigkeiten der Wellenbewegung in den zwei Mitteln.

c. Interferenz und Beugung der Wellen.

§ 171. Bildung stehender Seilschwingungen. Erregt man mehrere Wellen an verschiedenen Orten in einer Wassermasse, so durchkreuzen sie schlieſslich einander — sie interferieren; an einzelnen Stellen treffen Berg und Berg, oder Thal und Thal zusammen, so daſs dort eine verstärkte Bewegung der Wasserteilchen nach oben oder unten, d. h. ein erhöhter Berg oder ein vertieftes Thal entsteht. Anderwärts, wo Berg und Thal zusammenkommen, erhalten die Wasserteilchen gleichstarke Antriebe nach oben und nach unten; sie kommen also zur Ruhe, Berg und Thal gleichen sich zur gewöhnlichen Oberfläche aus. Die Gesamtenergie der

Bewegung, welche in den Teilchen der einzelnen Wellen enthalten war, bleibt selbstverständlich auch bei der Interferenz unverändert, nur dafs an einzelnen Stellen (wo Berg und Thal znsammenkommen) die Energie auf Null reduziert wird, während sie sich an anderen Stellen um den dort verlorenen Betrag steigert, indem verstärkte Bewegung nach oben oder unten entsteht. — Tyndall beobachtete an den Stromschnellen des Niagara in der Mitte des Flusses zeitweise hoch aufspritzende Wassermassen und trichterartige Vertiefungen, gewaltige Wellenberge und Thäler, welche durch die Interferenz der grofsen von den beiden felsigen Ufern ausgegangenen Wellen erzeugt wurden.

Wir betrachten zuerst die Erscheinungen, welche an einem Seile eintreten, über welches Wellen hinlaufen, die am befestigten Ende reflektiert werden und mit den vom freien Ende herkommenden Wellen interferieren.

Kommt eine Seilwelle am befestigten Ende B des Seiles AB (Fig. 254) an, so wird sie innerhalb der Zeit, während welcher eine neue

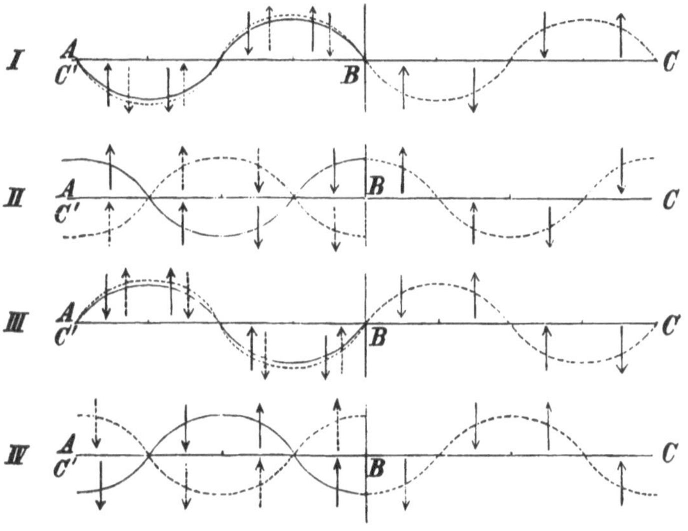

Fig. 254. Bildung stehender Seilschwingungen.

Welle von A bis B fortschreitet, reflektiert. Zur Veranschaulichung des Resultates der Interferenz ist es am einfachsten, sich vorzustellen, die Welle sei ungehindert über das befestigte Ende von B bis C weitergeschritten, während eine neue Welle unterdessen zwischen A und B eingerückt sei. Dann kehrt man die Welle, welche sich zwischen B und C befindet, um, so dafs sie jetzt die Lage BC' einnimmt; Berg wird in Thal und Thal in Berg verwandelt und ebenso werden die Pfeile, welche die Bewegungsrichtungen der einzelnen Seilstücke angeben, umgekehrt (§ 165); die Pfeile sind in der reflektierten Welle punktiert gezeichnet.

In I entsteht nun eine Welle mit erhöhtem Berg und vertieftem

Thal, da Berg auf Berg und Thal auf Thal fällt; zugleich sind momentan alle Seilstücke in Ruhe, weil die Bewegungsrichtungen der Seilstücke bei den zwei Wellen entgegengesetzt sind. Das Resultat zeigt I in Fig. 255.

Bezeichnet τ die Zeit einer Schwingung, so sind $^1/_4\,\tau$ später die aus II (Fig. 254) ersichtlichen Verhältnisse eingetreten; Berg und Thal heben einander auf; die ganze Strecke zwischen A und B befindet sich in der Gleichgewichtslage, dagegen sind die Bewegungsrichtungen der Seilstücke an den einzelnen Stellen in der direkten und reflektierten Welle dieselben, wechseln aber von einer halben Wellenlänge zur anderen; vergl. II in Fig. 255. Daraus läfst sich schon abnehmen, dafs nach $^1/_2\,\tau$ die eine Hälfte AA' einen erhöhten Berg, die andere $A'B$ ein vertieftes Thal bilden wird, wie auch aus III in Fig. 254, sich ergiebt; zugleich sind in diesem Augenblick alle Seilstücke in Ruhe; das Resultat zeigt III, Fig. 255. Von da an schwingen die Seilstücke AA' und $A'B$ (III, Fig. 254), das erstere nach unten, das letztere nach oben, so dafs nach $^3/_4\,\tau$ wieder alle Seilstücke in der Gleichgewichtslage sind, wie sich aus IV, Fig. 254, ergiebt; dabei ist die eine Hälfte AA' des Seiles in Bewegung nach unten, die andere $A'B$ in Bewegung nach oben begriffen; IV, Fig. 255.

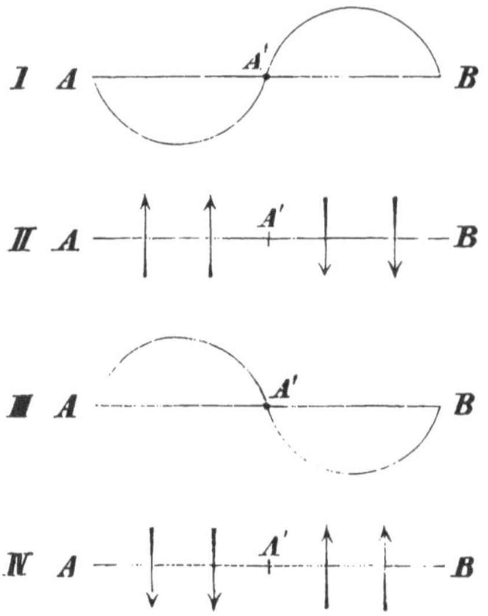

Fig. 255. Stehende Seilschwingungen.

Abermals nach $^1/_4\,\tau$ sind wieder dieselben Verhältnisse, wie in I eingetreten, worauf sich alles in derselben Weise wie vorhin wiederholt.

Das Seilstück AB befindet sich hier in einer ganz anderen Bewegung, wie bei den fortschreitenden Schwingungen; während bei den letzteren jedes folgende Seilstückchen um ein Zeitteilchen später seine Bewegung beginnt, als das vorhergehende, bewegen sich hier alle Seilstückchen zwischen A und A' gleichzeitig miteinander abwärts, kommen momentan zur Ruhe, gehen gemeinsam nach der Gleichgewichtslage zurück, wo sie ihre gröfste Geschwindigkeit nach oben erreichen, gehen über diese Lage gleichzeitig hinaus, erreichen eine gewisse gröfste Ausbiegung nach oben, um, nachdem sie momentan zur Ruhe gekommen, gemeinsam wieder abwärts zu gehen u. s. w. Das Stück $A'B$ macht gerade die entgegengesetzte Bewegung. Solche Schwingungen nennt man stehende. Die Punkte A, A' und B bleiben dabei stets in Ruhe, man nennt sie Knotenpunkte, während die Seilstückchen, welche sich in der Mitte zwischen zwei Knoten befinden, die gröfste Amplitude haben und die Mitten der Schwingungsbäuche bilden. Die Entfernung AA' oder $A'B$ zwischen zwei Knoten nennt man die Länge der stehenden Schwingung; sie ist halb so grofs wie die Länge der fortschreitenden Schwingungen, aus denen sie entstanden ist.

Wenn eine gespannte, an beiden Enden befestigte Saite angestrichen wird, so bilden sich auch zunächst fortschreitende Wellen, die an den Befestigungspunkten reflektiert mit den direkten Wellen interferieren und stehende Schwingungen erzeugen.

§ 172. Bildung stehender Luftschwingungen in einer am einen Ende geschlossenen Röhre. Auch in einer mit Luft erfüllten Röhre können sich durch die Interferenz der am einen Ende erregten und durch die Röhre sich fortpflanzenden, mit den am anderen Ende reflektierten Wellen stehende Schwingungen bilden.

1) Nehmen wir zunächt die Länge der Röhre gleich $^1/_4$ der Länge einer Luftwelle an und stellen uns vor, es sei die vordere Hälfte des Berges einer in die Röhre eingetretenen Luftwelle bereits von dem geschlossenen Ende reflektiert worden, so hat währenddessen die hintere Hälfte des Berges sich eben bis dorthin fortgepflanzt. Zur Ermittelung des Resultates der Interferenz des direkten und des reflektierten Wellenstückes ist es am einfachsten sich vorzustellen, die vordere Hälfte des Berges habe sich hinter die Wand fortgepflanzt und werde dann umgedreht; es wird nämlich von einer festen Wand ein Berg als Berg reflektiert. I in Fig. 256 zeigt das Resultat: der ausgezogene Bogen giebt die in die Röhre eingetretene hintere Hälfte des Berges und der punktierte Bogen die reflektierte vordere Hälfte des Berges an; die beiden Pfeile in der Röhre, der ausgezogene und der punktierte, geben die Bewegungsrichtung der Luftschichten bezüglich in dem direkten und dem reflektierten Wellenstück an — sie stimmt immer mit der Fortpflanzungsrichtung der Welle überein. Das Resultat ist eine verstärkte Verdichtung, während die Luftschichten, da sie gleich stark nach entgegengesetzten Richtungen bewegt werden, sich momentan in Ruhe befinden.

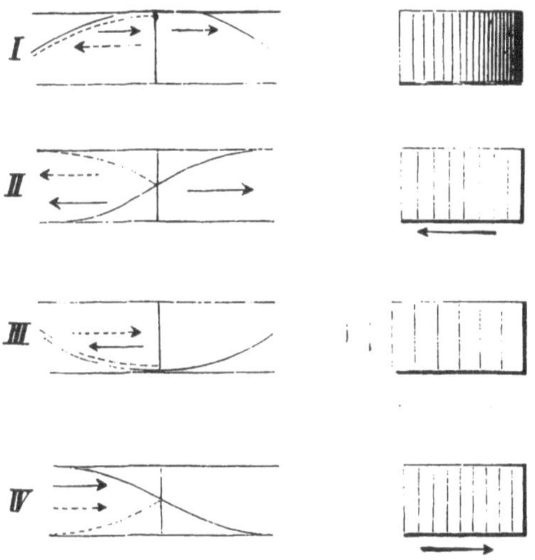

Fig. 256. Stehende Luftschwingungen ($^1/_4$ λ).

2) Nach Verflufs von $^1/_4 \tau$, wo τ die Schwingungsdauer eines Luftteilchens bedeutet, ist, wie II in Fig. 256, zeigt, die vordere Hälfte des verdünnten Teiles der Luftwelle in die Röhre eingedrungen, während die hintere Hälfte der Verdichtung an dem geschlossenen Ende reflektiert worden

ist; man stellt sich wieder vor, letztere habe sich hinter die feste Wand fortgepflanzt und sei dann umgedreht worden. Da Verdichtung und Verdünnung zusammentreffen, so hat die in der Röhre enthaltene Luft momentan gewöhnliche Dichtigkeit; alle Luftschichten aber sind in der Richtung von dem geschlossenen nach dem offenen Ende der Röhre zu in Bewegung.

3) Wie sich die Verhältnisse nach Verflufs zweier weiterer $^1/_4\,\tau$ gestalten, zeigen III und IV; zuerst tritt starke Verdünnung und momentane Ruhe aller Luftschichten ein und nachher besitzt die Luft in der Röhre gewöhnliche Dichtigkeit, während sämtliche Luftschichten sich nach dem geschlossenen Ende der Röhre hinbewegen.

Besonders ist dabei zu beachten, dafs in allen Fällen, wo die Luft nicht momentan in Ruhe ist, alle Luftschichten gleichzeitig bald nach dem offenen, bald nach dem geschlossenen Ende der Röhre hineilen; selbstverständlich tritt in den Momenten der Umkehr der Bewegung für einen Augenblick Ruhe ein: Auf starke Verdichtung mit momentaner Ruhe folgt, da sich die Luftschichten wieder ausdehnen wollen, eine Bewegung derselben nach dem offenen Ende hin; zunächst geht die Verdünnung soweit, dafs die Luft gewöhnliche Dichtigkeit erlangt, die Luftschichten setzen aber vermöge der Trägheit ihre Bewegung mit allmählich sich vermindernder Geschwindigkeit fort, bis bei starker Verdünnung momentane Ruhe eintritt. Nunmehr fangen die Luftteilchen infolge des Drucks der äufseren Luft an, wieder nach dem geschlossenen Ende der Röhre zu gehen; zunächst erlangt die Luft wieder gewöhnliche Dichtigkeit; dann aber bildet sich, indem die Luftschichten ihre Bewegung nach dem geschlossenen Ende (mit allmählich abnehmender Geschwindigkeit) fortsetzen, eine starke Verdichtung mit momentaner Ruhe.

4) Wir wollen noch die Verhältnisse, welche durch die Interferenz direkter und reflektierter Wellen in einer am einen Ende geschlossenen Röhre von $^5/_4\,\lambda$ Länge eintreten, betrachten. Bezeichnet man mit *g* Luft von gewöhnlicher Dichtigkeit, mit *i* Verdichtung und mit *ü* Verdünnung, und geben die Pfeile die Bewegungsrichtungen der Luftschichten an, so läfst sich eine in einer Röhre sich fortpflanzende Welle folgendermafsen bezeichnen:

g ←—— *ü* —— *g* —— *i* ——→ *g* . . . .

Denkt man sich nun eine Röhre von $^5/_4\,\lambda$ Länge, an deren geschlossenem Ende eben eine Verdünnung angekommen ist, nachdem ein ebenso grofses vorangegangenes Wellenstück bereits reflektiert ist, so ergiebt sich, wenn *g*, *i* und *ü* dieselbe Bedeutung für die reflektierte Welle haben, wie *g*, *i* und *ü* für die direkte und *w w* die feste Wand der Röhre bezeichnet, als Resultat der Interferenz der direkten und der reflektierten Wellenstücke:

w

g ←— *ü* — *g*   *i* —→ *g* ←— *ü* — *g* — *i* —→ *g* ←— *ü* — *g*
g ······ *ü* ······→ *g* ←······ *i* ······ *g* ······→

w

oder:

G — *Ü* — *G* — *J* — *G* — *Ü*,

wo die grofsen Buchstaben dieselbe Bedeutung, wie die entsprechenden kleinen haben. Die Luftschichten sind momentan in Ruhe, und es wechseln Verdichtung und Verdünnung, durch gewöhnliche Luft stets unterbrochen, miteinander ab (I, Fig. 257).

Nach Verflufs von $^1/_4\,\tau$ erhält man:

w

-- *i* —> *g* <— *ü* -- *g* — *i* —> *g* <— *ü* -- *g* — *i* —> *g* <— *ü* --

ü > *g* < *i* *g* ····· *ü* >

w

oder:

G —> *G* <— *G* *G* *G* —> *G*.

Hier herrscht durchweg Luft von gewöhnlicher Dichte, aber an den durch die Pfeile (II, Fig. 257) angegebenen Bewegungsrichtungen der Luftschichten ist leicht zu ersehen, dafs nach Verflufs eines weiteren $^1/_4\,\tau$ folgende Verhältnisse eingetreten sein werden:

G — *J* — *G* — *Ü* — *G* — *J*.

Vergl. III, Fig. 257.

Nach abermaligem Verflufs von $^1/_4\,\tau$ ist nachstehender Zustand eingetreten:

G <— *G* *G* —> *G* <— *G* *G*

(IV, Fig. 257). Im weiteren Verlauf wiederholen sich die vier bezeichneten Zustände.

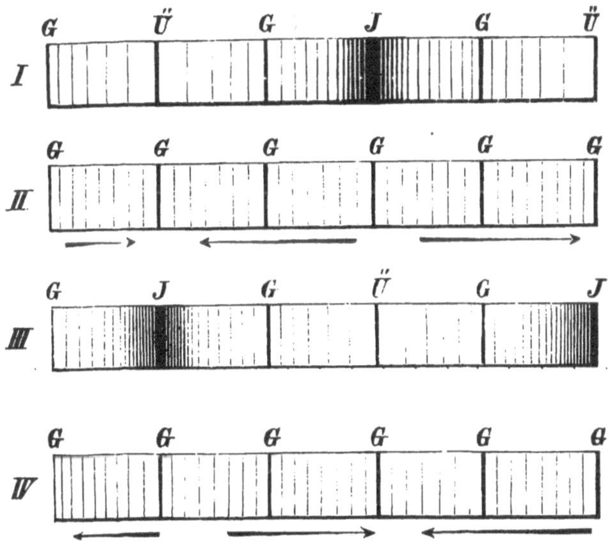

Fig. 257. Stehende Luftschwingungen ($^5/_4\,\lambda$).

Durch die Interferenz direkter und reflektierter Wellen bilden sich also auch hier stehende Schwingungen. Indem die Luftschichten (von beiden Seiten her) gegen eine Stelle hineilen, entsteht dort eine Verdichtung; indem sie aber bald darauf wieder von dieser Stelle gleichzeitig (nach beiden Seiten hin) wegschwingen, entsteht, nachdem zunächst die Luft gewöhnliche Dichtigkeit erlangt hat, eine Verdünnung; gleichzeitig bildet sich an einer anderen Stelle, wo vorher eine Verdünnung war, eine Verdichtung. Stellen, an welchen Verdichtung und Verdünnung abwechseln, nennt man Schwingungsknoten. Die zwischen zwei aufeinanderfolgenden Schwingungsknoten liegende Stelle, wo immerfort Luft von annähernd gewöhnlicher Dichtigkeit herrscht, nennt man Schwingungsbauch. Die Entfernung zweier aufeinanderfolgender Knoten ist die Länge einer stehenden Schwingung; sie ist halb so grofs, wie die Länge der Wellen, aus denen sie sich gebildet.

Beachtet man, dafs am offenen Ende stets Luft von gewöhnlicher Dichte herrschen und am geschlossenen ein Knoten sein mufs, sowie, dafs zwei Knoten stets um $\frac{1}{2}\lambda$ voneinander entfernt sind, wo λ die Länge der erzeugenden Welle ist, so läfst sich leicht sehen, dafs eine einerseits geschlossene Röhre, wenn sich in ihr stehende Schwingungen sollen bilden können, gleich einem ungeraden Vielfachen einer Viertelwellenlänge (der erzeugenden fortschreitenden Welle) sein mufs; auch lassen sich leicht die Knotenstellen angeben.

§ 173. Bildung stehender Schwingungen in beiderseits offenen Röhren. Durchläuft eine Luftwelle eine beiderseits offene Röhre und kommt eine Verdichtung an das offene Ende, so expandiert dieselbe in die freie Luft; einmal in Bewegung begriffen, gleicht sie sich nicht blofs mit der äufseren Luft zu gewöhnlicher Dichtigkeit aus, sondern sie wird zur Verdünnung, welche sich rückwärts in die Röhre fortpflanzt.

Kommt eine Verdünnung an das offene Ende, so stürzt die äufsere Luft ein und bewirkt eine Verdichtung, welche rückwärts die Röhre durchläuft. Eine Luftwelle wird also auch an dem offenen Ende reflektiert, aber umgekehrt wie an der festen Wand einer am einen Ende geschlossenen Röhre; sie wird reflektiert, als ob sie, in einem dichteren Mittel sich fortpflanzend, an die Grenze eines dünneren käme.

In einer beiderseits offenen Röhre bilden sich durch die Interferenz der direkten und der reflektierten Wellen stehende Schwingungen, wenn die Länge der Röhre gleich einem geraden Vielfachen der Länge der in die Röhre eintretenden Welle ist.

Ist z. B. die Röhre $= \frac{2}{4}\lambda$, so ist es für die Konstruktion am einfachsten, wenn man sich vorstellt, es sei bereits eine Welle unverändert fortgeschritten, wie wenn die Röhre die doppelte Länge hätte (Fig. 258). Kehrt man nun diese Welle um, indem man zugleich Berg in Thal und Thal in Berg verwandelt, so ergiebt sich als Resultat:

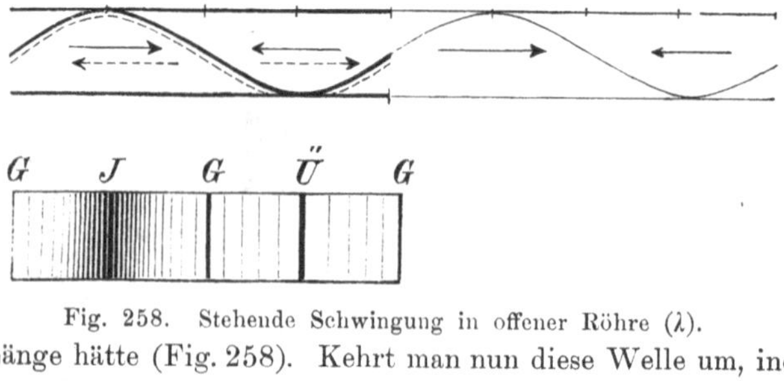

Fig. 258. Stehende Schwingung in offener Röhre (λ).

G J G Ü G;

zugleich sind alle Luftschichten momentan in Ruhe.

Man wird aber sofort sehen, was in der nächsten Zeit geschehen mufs; die Luft wird von der Verdichtung nach beiden Seiten hinweg- und zur Verdünnung nach beiden Seiten hinströmen, so dass zunächst in der ganzen Röhre Luft von gewöhnlicher Dichte herrschen und alsdann dort eine Verdünnung sich bilden wird, wo vorher eine Verdichtung bestanden und umgekehrt. Um dies zu bewahrheiten, braucht man nur den Wellenzug erst um $^1/_4\,\lambda$ und dann noch um $^1/_4\,\lambda$ weiterzuschieben und die aufserhalb der Röhre befindliche Welle in der vorhin bezeichneten Weise umzukehren.

Die Röhre enthält in unserem Falle zwei Schwingungsknoten, welche je $^1/_4\,\lambda$ von beiden Enden entfernt sind; begreiflicherweise herrscht an den offenen Enden stets Luft von gewöhnlicher Dichte. Beachtet man ferner, dafs zwei aufeinanderfolgende Knoten stets um $^1/_2\,\lambda$ der erzeugenden Welle von einander entfernt sein müssen, so begreift man leicht, warum, wenn stehende Schwingungen in einer beiderseits offenen Röhre sollen entstehen können, dieselbe gleich einem geraden Vielfachen einer Viertelwellenlänge sein mufs; auch ist es leicht die Knotenstellen anzugeben.

Auch hier ist die Länge der stehenden Schwingung, d. i. die Entfernung zweier Knoten, gleich der halben Länge der erzeugenden fortschreitenden.

Aufgabe 1. Es sind in einer am einen Ende geschlossenen Röhre von $^5/_4\,\lambda$ die Knotenstellen stehender Schwingungen anzugeben.

Aufgabe 2. Es sind in zwei beiderseits offenen Röhren von bezüglich $^4/_4\,\lambda$ und $^6/_4\,\lambda$ die Knotenstellen anzugeben.

Eine beiderseits offene Röhre von $^2/_4\,\lambda$ könnte man als aus zwei geschlossenen Röhren von je $^1/_4\,\lambda$, welche mit den geschlossenen Enden aneinandergestellt sind, zusammengesetzt ansehen; warum?

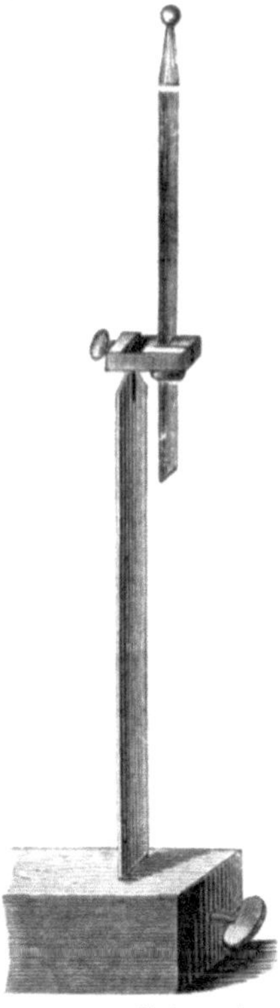

Fig. 259. Universalkaleidophon.

§ 174. Zusammensetzung von Transversalschwingungen. Wird eine dünne, am einen Ende eingeklemmte Stahlplatte in schwingende Bewegung versetzt, so beschreibt ihr freies Ende einen Kreisbogen. Befestigt man an ihr eine andere Stahlplatte so, dafs die Flächen derselben aufeinander senkrecht stehen (Fig. 259), so beschreibt das obere Ende der letzteren, das gewöhnlich mit einen polierten Metallknopf versehen ist, eigentümliche Figuren, sobald beide Platten in schwingende Bewegung versetzt werden — Universalkaleidophon von Melde (1862). Die Gestalt der Figuren ist eine andere, je nach dem Verhältnis der Schwingungsdauern der elastischen Platten. Sind die Schwingungsdauern gleich, so beschreibt der Knopf im Allgemeinen eine Ellipse und speciell eine gerade Linie oder einen Kreis, wenn der Gangunterschied bezüglich eine gerade, oder eine ungerade Anzahl von Viertelwellenlängen beträgt.

Sind die Schwingungen nur annähernd isochron, so gehen Gerade, Ellipse und Kreis allmählich ineinander über. Andere Figuren erhält man, wenn die Schwingungszahlen in Verhältnis der Octave 2 : 1 (Fig. 260), der Quinte 3 : 2 (Fig. 261), der Terz 5 : 4 u. s. w. stehen.

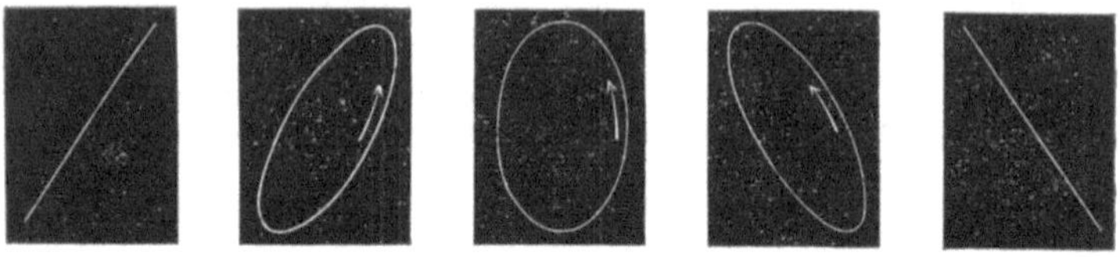

Unisono.

Fig. 260. Grundton und Oktave.

Fig. 261. Grundton und Quinte.

Wir wollen nur eine dieser Figuren und zwar für isochrone Schwingungen erklären. Schwingt jede Platte für sich, so vollzieht das obere Ende einer jeden eine Sinusschwingung, so dafs die Richtung der einen auf der der anderen senkrecht steht. Werden nun beide Platten in Bewegung gesetzt, so macht der Knopf der zweiten eine Bewegung, welche aus den beiden Schwingungsbewegungen zusammengesetzt ist. Ist der Gangunterschied weder eine gerade noch eine ungerade Anzahl von Viertelwellenlängen, so ergiebt sich, gleiche Amplitude vorausgesetzt, die Konstruktion der entstehenden Ellipse auf folgende Art: Während die erste Platte bei 0′ (Fig. 262) ist, würde die andere, für sich allein schwingend, etwa in ihrer weitesten Ausbiegung bei 0″ sein; da aber der Knopf der oberen Platte beide Bewegungen zugleich machen mufs, so befindet er sich in 0, dem Endpunkte der Diagonale des Parallelogramms, welches man aus den beiden Abständen von der Gleichgewichtslage (dem Mittelpunkte des Kreises) konstruieren kann. Nach Ablauf von $^1/_{12}\,\tau$, wo τ die Dauer

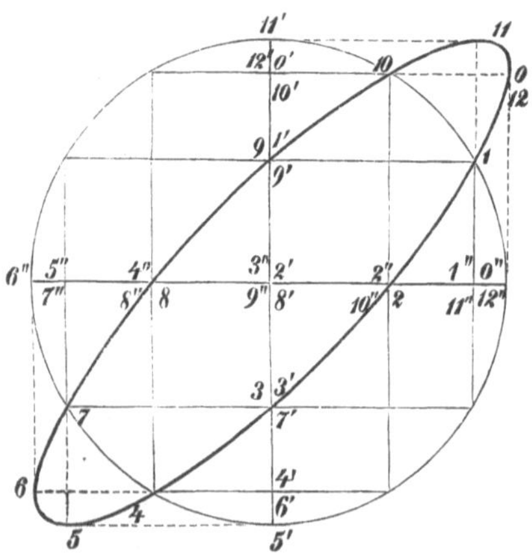

Fig. 262. Zusammensetzung von Sinusschwingungen.

einer Schwingung bedeutet, würde der Knopf, je nachdem er der einen oder der anderen Bewegung allein folgte, bezüglich in 1′ oder 1″ sein; beiden Bewegungen zugleich folgend ist er also in 1. Abermals nach $^1/_{12}\tau$ würde er gemäfs der einen Bewegung in 2′ und gemäfs der anderen in 2″ sein; in Wirklichkeit ist er also in 2, u. s. w.

Auch mittelst des Apparates von Lissajous kann man diese Figuren erhalten. Zwei Stimmgabeln oder zwei Stahlplatten (Fig. 263) können in aufeinander senkrechten Ebenen schwingen; an den beiden Stahlplatten, oder an einer der Zinken der beiden Stimmgabeln sind Spiegel befestigt; auf den einen Spiegel läfst man einen Lichtstrahl fallen; derselbe wird reflektiert und fällt auf den Spiegel der anderen Platte, von wo er reflektiert ins Auge oder auf einen Schirm fällt. Werden die Platten oder Stimmgabeln in Schwingungen versetzt, so sieht man direkt oder auf dem Schirm die genannten Figuren — Figuren von Lissajous.

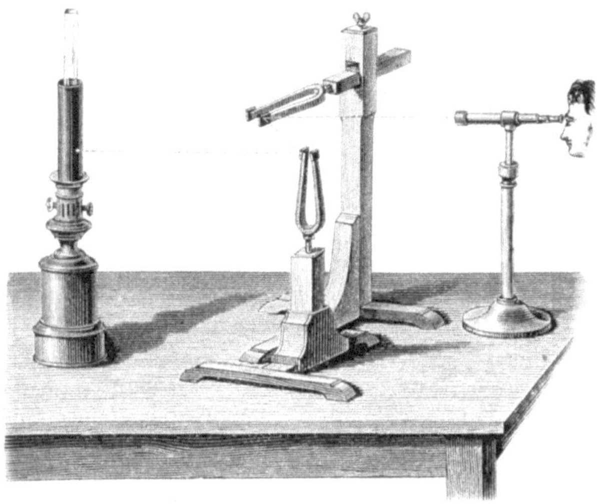

Fig. 263. Apparat von Lissajous.

Mittelst zweier Pendel, welche in Ebenen schwingen, die einen beliebigen Winkel miteinander bilden, und von denen das eine mit einer Schreibtafel, das andere mit einem über diese wegleitenden Stift verbunden ist, lassen sich die Figuren von Lissajous aufzeichnen (Knoblauch).

Bleibt bei den Schwingungen zweier Stimmgabeln immer dieselbe Figur erhalten, so ist die Stimmung auf ein bestimmtes Verhältnis exakt — Stimmungsmethode von Lissajous.

Das Kaleidophon rührt ursprünglich von Wollaston her und besteht aus einer Anzahl runder und prismatischer Stäbe, welche oben Knöpfchen tragen. Je nach den Querschnittsdimensionen sieht man beim Schwingen die eine oder die andere Lissajoussche Figur.

§ 175. Beugung der Wellen. Erregt man gegenüber einem aus dem Wasser hervorragenden Felsen *F* im Punkte *M* (Fig. 264) Wellen, so wird derjenige Teil der Welle, welcher den Felsen trifft, reflektiert, während die Wellenstücke rechts und links von dem Felsen um denselben herumschlagen und sich in einiger Entfernung dahinter wieder zu einer kreisförmigen Welle vereinigen. Ist der Fels nicht sehr breit, so tritt die Vereinigung schon in geringer Entfernung von dem Felsen ein und es gewinnt von da an den Schein, als ob die Welle unbehindert vom Felsen weitergeschritten wäre. Man kann dies leicht konstruieren, wenn man von den Bogen $U_1 V_1$ und $U_2 V_2$ Elementarwellen ausgehen läfst und die gemeinsame Berührungsfläche zieht.

Man bezeichnet dieses Herumschlagen (Herumbiegen) der Wellen um

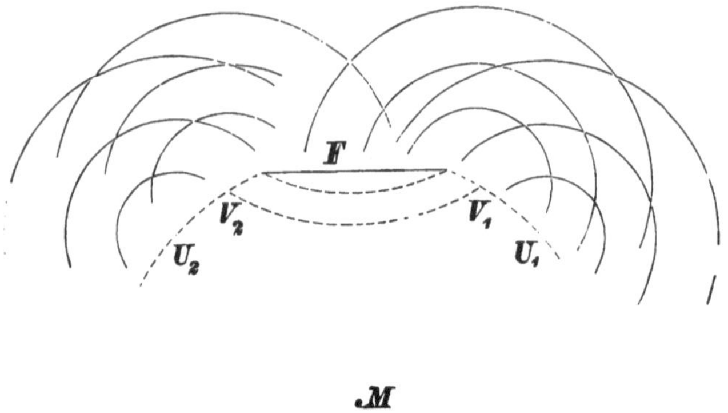

Fig. 264. Beugung der Wasserwellen.

ein Hindernis mit dem Namen Beugung der Wellen. Stehen aus dem Wasser zwei Felsen F_1 und F_2 (Fig 265) hervor und wird in einiger Entfernung von dem freien Raume z. B. im Punkte M eine Welle erregt, so biegt sich dieselbe seitlich hinter den Felsen herum, wie man leicht erkennt, wenn man von den einzelnen Punkten des Bogens $U_1 U_2$ Elementarwellen ausgehen läfst. Ist die Lücke zwischen den Felsen breit, so haben sich in einiger Entfernung hinter den Felsen die Elementarwellen annähernd so vereinigt, dafs es den Schein gewinnt, als ob die ursprüngliche Welle, von den Felsen unbehindert, fortgeschritten wäre. Ist ein aus dem Wasser hervorstehender Fels sehr breit und liegt der Erregungspunkt der Wellen ziemlich nahe an demselben, so können die Wellen nicht um denselben herumschlagen; es entsteht hinter ihm ein fast wellenfreier Raum — Wellenschatten. (Ein auf dem Wasser fahrender Kahn oder schwimmender Vogel.)

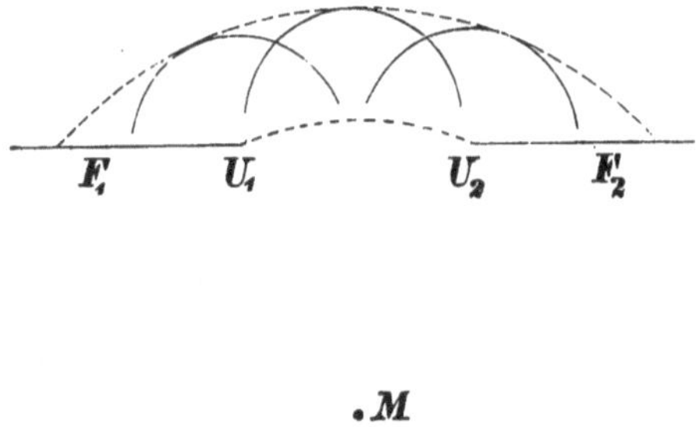

Fig. 265. Beugung der Wasserwellen.

B. Lehre vom Schall.

a. Entstehung und Eigenschaften des Schalles.

§ 176. Begriff und Entstehung des Schalles. Jede Empfindung, welche unserem Geiste durch das Ohr, bezüglich den Gehörnerven vermittelt wird, nennen wir Schall.

Der Schall entsteht durch die Schwingungen elastischer Körper. Schlägt man eine Stimmgabel an und berührt sie leise mit dem Finger, so spürt man deutlich die hin- und hergängige Bewegung; befestigt man an der einen Zinke einen Stift, mit welchem man, nachdem die Gabel angeschlagen worden, über ein berufstes Papier führt, so erhält man eine wellenförmige Kurve. — Streicht man eine Glocke, welche von vier an Fäden hängenden Kügelchen berührt wird, mit einem Violinbogen an, so fliegen die Kügelchen weg (Fig. 266). — Eine gespannte Seite sieht beim

Fig. 266. Schwingende Glocke.

Fig. 267. Schwingende Saite.

Schwingen in der Mitte wie angeschwollen aus (Fig. 267).

Ein einfacher Schall heifst Ton; ein aus mehreren zusammengesetzter Klang oder Geräusch (Gerassel, Geflüster, Sausen u. s. w.), je nachdem die hervorgebrachte Empfindung angenehm oder unangenehm, harmonisch oder unharmonisch ist.

Einfach ist z. B. der Schall einer schwach angeblasenen gedeckten Orgelpfeife. Bei einem Klang tritt der tiefste der in ihm enthaltenen Töne meist am stärksten hervor; man nennt ihn den Grundton, die höheren Töne, welche den Grundton begleiten, Obertöne. Bei einer tönenden Stahlsaite kann man bei einiger Aufmerksamkeit die den Grundton begleitenden Obertöne deutlich hören.

An einem Klang unterscheidet man Stärke, Höhe und Klangfarbe, an einem Tone blofs die beiden ersten. Die Höhe eines Klanges ist die des Grundtones desselben, die Stärke ist ebenfalls wesentlich von der des Grundtones abhängig, während die Klangfarbe durch die Obertöne bestimmt wird.

Als schallerregende Körper benutzt man: 1) gespannte Saiten (Violine, Klavier); 2) Scheiben oder gespannte Membrane (Trommel); 3) Stäbe oder längliche Plättchen (Mundharmonika, Clarinette), und 4) Luft (Orgelpfeife). Saiten, Membrane und Stäbe schwingen beim Tönen meist transversal, die Luft longitudinal; übrigens kann man auch Stäbe durch Reiben der Länge nach und Saiten durch Anstreichen unter einem sehr spitzen Winkel in tönende Longitudinalschwingungen versetzen. . . . .

Die stehenden Schwingungen schallender Körper setzen das umgebende Medium welches gewöhnlich die atmosphärische Luft ist, in fortschreitende Schwingungen, welche, an unser Ohr schlagend, die Empfindung des Hörens bewirken. Wird ein Schlagwerk unter eine Luftpumpe gestellt und die Luft ausgepumpt, so verschwindet der Schall.

§ 177. Stärke des Tones. Die Stärke eines Tones ist der lebendigen Kraft der schwingenden Bewegung des schallenden Körpers direkt und dem Quadrat der Entfernung des Hörenden von demselben umgekehrt proportional. Da die lebendige Kraft eines aus vielen Massepunkten zusammengesetzten Körpers $= \Sigma (\frac{1}{2} m v^2)$, wo die einzelnen v die Schwingungsintensitäten der einzelnen Massepunkte bedeuten, so kann man auch sagen: die Stärke des Tones ist der Masse des schallenden Körpers und dem Quadrat der mittleren Intensität direkt proportional.

Gespannte Saiten geben für sich nur einen schwachen Ton; man verstärkt denselben bei Klavieren z. B. dadurch, dafs man drei gleichgestimmte Saiten auf einmal anschlägt. — Grofse Glocken geben bei gleicher Intensität der Schwingungen ihrer Teilchen (und gleicher Entfernung des Hörenden) einen stärkeren Ton als kleine. — Starker und schwacher Anschlag. Objektiv ist die Stärke des Tones nur von der lebendigen Kraft der schwingenden Bewegung abhängig; subjektiv hängt sie auch von der Entfernung des Hörenden vom schallenden Körper ab.

§ 178. Mittönen; Resonanz. 1) Hält man eine angeschlagene Stimmgabel über einen Cylinder, so tönt die in ihm enthaltene Luft mit, wenn die Luftsäule eine bestimmte Höhe hat; durch Eingiefsen von Wasser kann man die Höhe regulieren. In der Luftsäule des Cylinders bilden sich stehende Schwingungen durch die Interferenz der eintretenden und der am Boden reflektierten Wellen.

Hohle Kugeln, Kegel und Cylinder von Glas, Metall oder Pappe (Fig. 268) tönen gewöhnlich nur mit einem bestimmten Tone deutlich mit. Diese Hohlkörper, Resonatoren genannt, haben an der einen Seite eine gröfsere, an der anderen eine kleine Öffnung, welche letztere so gestaltet ist, dafs man sie in das Ohr einführen kann. Werden Klänge oder Geräusche vor der Öffnung des Resonators erregt, so hört man nur einen Ton deutlich, den sogenannten Eigenton des Resonators. Mittelst einer gröfseren Zahl von Resonatoren ist es möglich, die einzelnen Töne, welche einen Klang oder ein Geräusch zusammensetzen, herauszufinden — Klanganalyse.

Fig. 268. Resonator.

2) Es giebt aber auch Körper, welche sehr verschiedene Schwingungen machen und deshalb mit einer grofsen Zahl von Tönen mitklingen können, z. B. gröfsere Holzbretter, Kasten u. s. w. Man benutzt diese Körper meistens bei den Saiteninstrumenten, um eine Verstärkung des Tones zu erzielen. Ebenso stellt man Stimmgabeln auf hohle Kasten, welche indessen, da sie doch nicht mit jedem Ton gleich gut mitschwingen, je nach der Höhe des Stimmgabeltones verschiedene Dimensionen haben müssen (Fig. 269). Die Verstärkung schwacher Töne durch das Mittönen anderer bezeichnet man mit dem Namen Resonanz — Resonanzböden, Resonanzkästen. Die Körper, welche mit sehr vielen Tönen mitklingen können, machen nur sehr kurzdauernde Schwingungen. Es sind meist weichere Körper (Holz, Luft, Membrane), welche diese Eigenschaft besitzen.

Wird von zwei über einen Resonanzkasten gespannten gleichgestimmten Saiten die eine angestrichen und dann sofort wieder festgehalten, so hört man die andere tönen. Auch fliegen Papierreiterchen, welche auf die zweite Saite aufgesetzt worden waren, ab, sobald die erste Saite angestrichen wird. Ebenso kann eine Stimmgabel eine andere gleichgestimmte zum Mittönen bringen, wenn die Öffnungen der Resonanzkasten, auf denen die Gabeln angebracht sind, einander gegenüberstehen.

Stimmgabeln und Saiten, durch andere gleichgestimmte angeregt, tönen noch fort, wenn auch der schallerregende Körper zu schwingen aufhört (Unterschied vom Resonanzboden, der von sehr verschiedenen Tönen angeregt werden kann, aber sofort verstummt, wenn der schallerregende Körper zu tönen aufhört).

Es ist auffallend, dafs ein Ton so wesentlich durch andere mitschwingende Körper verstärkt werden kann. Eine angeschlagene Stimmgabel giebt für sich einen kaum hörbaren Ton; mit ihrem Stiel auf einen Tisch gestellt, bringt sie so-

Fig. 269. Stimmgabel.

Fig. 270. Sirene von Savart.

fort einen sehr lauten Ton hervor und doch kann die lebendige Kraft der schwingenden Bewegung der Tischplatte nicht gröfser sein, als die der Gabel. Es rührt dies daher, dafs von der Tischplatte eine sehr grofse Zahl von Wellen ausgehen, deren Berge und Thäler zwar weniger hoch, bezüglich tief sind, als diejenigen der durch die Gabel direkt erzeugten Welle, die aber, indem sie miteinander interferieren, an einzelnen Stellen, wo eine grofse Zahl von Bergen oder Thälern zusammenkommen, eine so starke Bewegung erzeugen, dafs das Trommelfell in Schwingungen versetzt werden kann. An anderen Stellen, wo Berge und Thäler zusammenkommen, wird dafür die Bewegung aufgehoben (§ 171).

§ 179. Höhe des Tones. Die Höhe eines Tones hängt ab von der Anzahl der Schwingungen in der Sekunde; dagegen ist sie unabhängig von der Weite der Schwingungen; eine Saite giebt denselben Ton, einerlei, ob sie stark oder schwach angestrichen wird; der Ton ändert dabei nur seine Stärke (§ 177).

Die Apparate, welche zum Messen der Tonhöhe dienen, nennt man Sirenen. 1) Die Sirene von Savart (Fig. 270) besteht aus einem gezahnten Rade *c*, welches beim Umdrehen (mittelst Kurbel, Rad *A* und Getriebe *B*) gegen ein Metallblättchen *D* (oder ein Kartenblatt) stöfst; durch jeden Zahn wird das Blättchen nach der einen Seite gebogen, und bei der darauf folgenden Lücke geht es wieder zurück. Jeder Zahn und die darauf folgende Lücke bewirken also eine Schwingung des Blättchens. Je rascher das Rad umgeht, um so höher wird der Ton; die Zahl der Umdrehungen des Rades wird an einem Zählwerk abgelesen. Gesetzt, das Rad hätte 100 Zähne und ginge in der Sekunde viermal um, so würde man einen Ton erhalten, dem 400 Schwingungen in der Sekunde entsprechen.

2) Die Sirene von Seebeck besteht aus einer Papp- oder Metallscheibe, welche am Rande eine oder mehrere Reihen gleichweit voneinander stehender Löcher hat. Wird die Scheibe durch ein Uhrwerk oder eine Centrifugalmaschine umgedreht und bläst man durch ein enges Röhrchen gegen eine der Lochreihen, so

erhält man einen um so höheren Ton, je rascher die Scheibe umgeht und je mehr Löcher die Lochreihe enthält. Steht das Röhrchen gerade einem Loche gegenüber, so wird die Luft durchgeblasen und es entsteht auf der anderen Seite der Scheibe eine Luftverdichtung; alsbald darauf aber kommt das Röhrchen zwischen zwei Löcher zu stehen und die Luft auf der anderen Seite kann sich wieder ausdehnen, wobei, da sie einmal am Expandieren ist, eine Luftverdünnung entsteht. Man erhält also soviel Luftschwingungen in der Sekunde, als Löcher während dieser Zeit an dem Röhrchen vorübergehen.

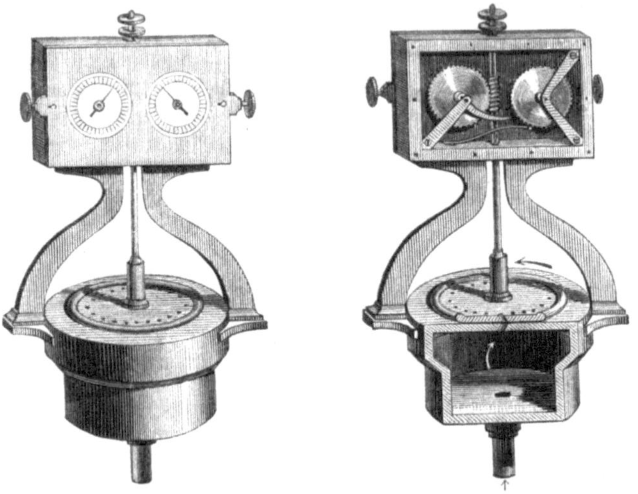

Fig. 271. Sirene von Cagniard Latour.

3) Die Sirene von **Cagniard Latour** (Fig. 271) besteht aus einem cylindrischen Windkasten, der mittelst einer Röhre auf einem Blastisch aufgesetzt werden kann. Der Windkasten ist durch eine Platte verschlossen, welche mit einer Anzahl im Kreise gestellter, schief gebohrter Löcher versehen ist. Über dieser Platte kann sich eine Scheibe, welche mit gleichviel, aber nach entgegengesetzter Richtung schiefgebohrten Löchern versehen ist, drehen. Mit dieser zugleich dreht sich eine Stange, welche oben ein Schraubengewinde trägt und mittelst desselben in das eine der beiden gezahnten Rädchen (links in der zweiten und rechts in der ersten Figur) eingreift. An diesem Rädchen ist ein Querstängelchen angebracht, welches nach jedem Umgang gegen das andere Rädchen stöfst und dasselbe um einen Zahn weiter schiebt. Beide Rädchen sind mit Zeigern versehen, welche sich mitdrehen. Wird nun Luft unten durch die Röhre eingeblasen, so verdichtet sich dieselbe im Windkessel, geht durch die Löcher der oberen Bodenplatte und stöfst gegen die schiefen Wandungen der Scheibe, wodurch diese umgedreht wird. Jedesmal, wenn die Löcherreihen übereinanderstehen, fliegt die Luft hindurch und erzeugt oberhalb eine Verdichtung; im nächsten Augenblick, wenn die Lochreihen nicht mehr übereinanderstehen, schwingt die Luft zurück und es bildet sich eine Verdünnung etc. Geht die Scheibe einmal um und ist die Zahl der Löcher 10, so entstehen bei jedem Umgang 10 Schwingungen; zugleich wird bei jedem Umgang das Rad rechts um einen Zahn gedreht. Je stärker geblasen wird, um so rascher dreht sich die Scheibe und um so höher wird der Ton, den die Luftschwingungen erzeugen.

Gesetzt das erste Rädchen habe 100 Zähne und der Zeiger desselben stehe nach 6 Sekunden, während welcher Zeit der Ton gleichmäfsig erhalten wird, auf 24 und der des zweiten auf 12, so ist die Schwingungszahl des Tones $\frac{1224 . 10}{6} = 2040$.

§ 180. Die diatonische Tonleiter. Zwei Töne, welche angenehm zusammenklingen, bilden eine Konsonanz, im anderen Fall eine Dissonanz; es hängt dies von dem Intervall, d. i. das Verhältnis der Schwingungszahlen ab. Je einfacher das Verhältnis, je kleiner das Hinterglied (2, 3 ... bis höchstens 6), um so vollständiger ist die Konsonanz.

Stehen die Schwingungszahlen zweier Töne im Verhältnis von 2 : 1, so heifst der erste die obere Oktave des zweiten und der zweite die untere Oktave des ersten. Geht man von irgend einem Tone als Grundton aus und bezeichnet dessen Schwingungszahl mit 1, so haben die (höheren) Oktaven desselben die Schwingungszahlen 2, 4, 8 ...; Grundton und Oktave konsonieren am besten. Gut konsonierende Töne sind ferner Grundton und Quint mit dem Intervall 3 : 2; Grundton und Quart 4 : 3; Grundton und grofse Terz 5 : 4 und Grundton und kleine Terz 6 : 5.

Unter einer Tonleiter versteht man eine von Oktave zu Oktave stets in derselben Weise sich wiederholende Folge von Tönen, deren Intervalle gering sind, so dafs sich alle Tonstücke aus ihnen zusammensetzen lassen. Die Zahl der zwischen den Oktaven einzuschaltenden Töne findet ihre Grenze an der Unterscheidbarkeit derselben.

Der tiefste bei dem Klavier gebräuchliche Ton wird theoretisch zu 64 Schwingungen angenommen und mit C bezeichnet; die höheren Oktaven, mit 128, 256, 512 ... Schwingungen, haben die Zeichen c, $\bar{c}$, $\bar{\bar{c}}$ ..., und die niederen, mit 64, 32 ... Schwingungen, die Zeichen $\underline{C}$, $\underline{\underline{C}}$ ... (Contra-C und Subcontra-C). In Wirklichkeit ist die Stimmung nicht überall genau dieselbe (vergl. Anmerkung). Ein Klavier umfafst gewöhnlich, von C anfangend, 7 Oktaven; die Musik überhaupt geht nicht über 9 Oktaven von $\underline{\underline{C}}$ anfangend hinaus.

Drei Töne, welche angenehm zusammenklingen, bilden einen Accord oder Dreiklang. Die wohlklingendsten Accorde sind der C-dur-Accord, „der grosse Dreiklang", und der C-moll-Accord; der erstere besteht aus Grundton (C), der grofsen Terz (E) und der Quint (G); der letztere aus Grundton (C), kleine Terz (Es) und Quint (G). Meist giebt man noch die nächste Oktave hinzu und erhält so den Vierklang.

Die Tonleitern gründen sich auf den C-dur- und C-moll-Accord.

Nehmen wir C als Grundton an, so hat man als C-dur-Vierklang:

C		E		G		c	
1		$^5/_4$		$^3/_2$		2	Schwingungszahlen.
	$^5/_4$		$^6/_5$		$^4/_3$		Intervalle.

Da die Zahl dieser Töne zu klein ist, auch die Intervalle zu ungleich sind, so fügen wir noch die mit dem Dreiklang gut zusammenklingende Quart (F) hinzu, so dafs wir erhalten:

C		E		F		G		c	
1		$^5/_4$		$^4/_3$		$^3/_2$		2	Schwingungszahlen.
	$^5/_4$		$^{16}/_{15}$		$^9/_8$		$^4/_3$		Intervalle.

Von jedem dieser Töne suchen wir aufserdem die (grofse) Terz und Quint, indem man Terz, Quart und Quint jede sowohl mit $^5/_4$, als mit $^3/_2$ multipliziert. Dabei lassen wir zunächst die Schwingungszahlen weg, deren

Nenner über 8 hinausgeht; dann ergiebt sich die sogenannte diatonische Tonleiter:

C	D	E	F	G	A	H	c	
1	$^9/_8$	$^5/_4$	$^4/_3$	$^3/_2$	$^5/_3$	$^{15}/_8$	2	Schwingungszahlen.
$^9/_8$	$^{10}/_9$	$^{16}/_{15}$	$^9/_8$	$^{10}/_9$	$^9/_8$	$^{16}/_{15}$		Intervalle.

Man hat hier drei Intervalle, $^9/_8$, $^{10}/_9$ und $^{16}/_{15}$, welche bezüglich ein grofser ganzer Ton, ein kleiner ganzer Ton und ein grofser halber Ton genannt werden. Das Intervall zwischen einem kleinen ganzen und einem grofsen halben Ton ($^{10}/_9 : {}^{16}/_{15}$) beträgt $^{25}/_{24}$ und heifst ein kleiner halber Ton. Das Intervall ferner zwischen einem grofsen und kleinen ganzen Ton ($^9/_8 : {}^{10}/_9$) beträgt $^{81}/_{80}$ und wird Komma genannt. Zwei Töne, welche sich nur durch ein Komma unterscheiden, werden als gleich angenommen.

Den Ton ā nennt man den Kammerton; er ist in Frankreich auf 435 und in Deutschland auf 440 Schwingungen festgesetzt. Nimmt man C = 64 an, so müfste ā = 426,7 sein. Wird aber a = 440 angenommen, so C = 66 ist.

§ 181. Die enharmonische Tonleiter. Geht man von einem anderen Ton als C, z. B. von A, aus und stellt für diesen die diatonische Tonleiter her, indem man die Intervalle wie in der C-dur-Tonleiter aufeinander folgen läfst, so bekommt man nicht genau dieselben Töne, wie diejenigen, welche in der fortgesetzten C-dur-Tonleiter von A aus aufeinanderfolgen (A H c d e f g a); denn von C aus folgen die Intervalle der C-dur-Tonleiter in der Ordnung: $^9/_8$, $^{10}/_9$, $^{16}/_{15}$, $^9/_8$, $^{10}/_9$, $^9/_8$, $^{16}/_{15}$, und von A-aus: $^9/_8$, $^{16}/_{15}$, $^9/_8$, $^{10}/_9$, $^{16}/_{15}$, $^9/_8$, $^{10}/_9$.

Nimmt man nun von A aus dieselben Intervalle wie von C, so bleibt zunächst das auf A folgende H unverändert (denn beidesmal ist das Intervall $^9/_8$); dagegen ist das Intervall von H auf c, welches $^{16}/_{15}$ beträgt, auf $^{10}/_9$ zu bringen, d. h. man mufs um einen kleinen halben Ton erhöhen ($^{16}/_{15} \cdot {}^{25}/_{24} = {}^{10}/_9$); dadurch erhält man einen neuen Ton, welcher cis genannt wird. — Dann folgt das Intervall $^9/_8$, während $^{16}/_{15}$ folgen müfste. Das Intervall zwischen cis und d ist $^9/_8 \cdot {}^{24}/_{25} = {}^{27}/_{25}$; erniedrigt man es noch um ein Komma, so erhält man das Intervall $^{27}/_{25} \cdot {}^{80}/_{81} = {}^{16}/_{15}$, welches wirklich folgen soll. Durch Erhöhung von cis um $^{16}/_{15}$ kommt man also (mit Vernachlässigung der Erniedrigung um ein Komma) auf d. — Nun folgt das Internall $^{10}/_9$, es sollte aber $^9/_8$ folgen; da indessen beide Intervalle sich nur um ein Komma unterscheiden, so tritt keine Veränderung ein — auf d folgt e. — Nun kommt das Intervall $^{10}/_9$, während $^{16}/_{15}$ folgen müfste. Das Intervall $^{10}/_9$ ist um einen kleinen halben Ton höher als $^{16}/_{15}$; es erhöht sich also f auf fis. Das Intervall zwischen fis und g ist $^9/_8 \cdot {}^{24}/_{25} = {}^{27}/_{25}$; es müfste aber das Intervall $^9/_8$ folgen; es erhöht sich also g um einen kleinen halben Ton, so dafs man gis erhält. — Das Intervall zwischen gis und a ist $^{10}/_9 \cdot {}^{24}/_{25} = {}^{16}/_{15}$, und da dieses Intervall auch wirklich folgen mufs, so kommt man auf a. Hiernach lautet die A-dur-Tonleiter:

A H cis d e fis gis a.

In ähnlicher Weise kann man die Dur-Tonleitern für die übrigen Töne der diatonischen Tonleiter finden. Dabei ist zu bemerken, dafs die Namen der Töne, welche um einen kleinen halben Ton höher sind als ein anderer, durch Anhängung der Silbe „is“ und solcher, welche um ebenso viel tiefer sind, durch Anhängung der Silbe „es“ gebildet werden; nur sagt man „Es“ statt „Ees“, ferner „As“ statt „Aes“ und B statt H.

Wenn man auf diese Weise fortfährt, für alle Töne der C-dur-Tonleiter die diatonische Tonleiter herzustellen, so erhält man 22 von einander verschiedene Töne, welche sich einfacher ergeben haben würden, wenn man jeden Ton der C-dur-Tonleiter sowohl um einen kleinen halben Ton erhöht als erniedrigt hätte. Diese Tonleiter heifst die enharmonische, welche, wenn wir diejenigen Töne, welche sich um weniger als ein Komma unterscheiden, übereinander schreiben, lautet:

C	Ces	Des	D	Dis	Es	E Fes	Eis F	Fis	Ges	G	Gis
1	$^{25}/_{24}$	$^{27}/_{25}$	$^{9}/_{8}$	$^{75}/_{64}$	$^{6}/_{4}$	$^{5}/_{4}$ $^{32}/_{25}$	$^{125}/_{96}$ $^{4}/_{3}$	$^{25}/_{18}$	$^{36}/_{25}$	$^{3}/_{2}$	$^{25}/_{16}$

As	A	Ais	B	H ces	His c
$^{8}/_{5}$	$^{5}/_{3}$	$^{125}/_{72}$	$^{9}/_{5}$	$^{15}/_{8}$ $^{48}/_{25}$	$^{125}/_{64}$ 2

Aufgabe. Es ist die D-, E-, F-, G- und H-dur-Tonleiter herzustellen.

§ 182. Chromatische und harmonische Tonleiter. 1) So klangvoll auch die enharmonische Tonleiter ist, da sie nach lauter Terzen und Quinten fortschreitet, so ist sie doch für die gewöhnlichen praktischen Zwecke zu umfangreich und schwierig. Man verzichtet deshalb auf die Reinheit der Terzen und Quinten und stellt durch Abgleichung, bezüglich Zusammenlegung nahestehender Töne der enharmonischen Tonleiter eine neue aus 12 Tönen (aufser dem Grundton) her, bei welcher jeder folgende Ton gleich vielmal höher ist, als der vorhergehende. Das gleichbleibende Intervall x ist bestimmt durch die Gleichung:

$$x^{12} = 2 \text{ oder } x = \sqrt[12]{2} = 1{,}0595.$$

Sie findet namentlich bei den Instrumenten mit fester Stimmung (Klavier) Anwendung. Die Terz ist hier 1,2599 statt 1,25, die Quart 1,3348 statt 1,333 ... und die Quint 1,4983 statt 1,5.

Da hier die einzelnen Intervalle gegeneinander abgeglichen — temperiert — sind, so spricht man von gleichschwebender Temperatur und nennt diese Tonleiter die chromatische.

2) Eine besonders wichtige Tonleiter oder „Tonreihe“ ist die harmonische; bezeichnet man den Grundton mit 1, so haben die höheren Töne, die sogenannten Obertöne, die Schwingungszahlen 2, 3, 4, 5, 6 ...; sie folgt also der Reihe der natürlichen Zahlen.

§ 183. Die Moll-Tonleiter. Der C-moll-Accord unterscheidet sich, wie schon § 180 bemerkt, von dem C-dur-Accord dadurch, dafs statt der grossen Terz die kleine genommen wird. Sucht man zu den Tönen kleine Terz, Quart und Quint wiederum kleine Terz und Quint, und vernachläfsigt alle Töne, deren Schwingungszahlen im Nenner nicht über 8 hinausgeht, so erhält man die diatonische C-moll-Tonleiter:

$$1 \quad {}^{9}/_{8} \quad {}^{6}/_{5} \quad {}^{4}/_{3} \quad {}^{3}/_{2} \quad {}^{8}/_{5} \quad {}^{9}/_{5} \quad 2$$
$$ {}^{9}/_{8} \quad {}^{16}/_{15} \quad {}^{10}/_{9} \quad {}^{9}/_{8} \quad {}^{16}/_{15} \quad {}^{9}/_{8} \quad {}^{10}/_{9}$$

Die Intervalle sind dieselben, wie bei der C-dur-Tonleiter, nur dafs sie nicht in derselben Ordnung aufeinander folgen.

Aufgabe. Es ist nachzuweisen, dafs die A-moll- mit der C-dur-Tonleiter übereinstimmt; desgleichen, dafs D-moll und F-dur, sowie H-moll und D-dur im wesentlichen einerlei sind.

b. Die wichtigsten schallerregenden Körper.

§ 184. Gesetze der Schwingungen der Saiten. 1) Wenn man eine gespannte Saite in der Mitte anstreicht, so vollführt jeder Punkt derselben eine Sinusschwingung; die Amplituden sind verschieden, aber die Schwingungsdauern gleich.

In § 163 ist die Schwingungsdauer einer Punktreihe entwickelt worden:

$$T = \lambda \sqrt{\frac{d}{e}};$$

dabei bedeutet λ die Länge der fortschreitenden Welle; die Länge l der Saite ist aber $= \frac{1}{2}\lambda$ (§ 171); bedenkt man noch, dafs die Masse der Längeneinheit $d = \frac{q\,s}{g}$, wenn q der Querschnitt und s das specifische Gewicht (oder eigentlich das Gewicht der Volumeneinheit) der Saite ist, und dafs die Elasticität e durch das spannende Gewicht p bestimmt wird, so erhält man:

$$T = 2\,l\sqrt{\frac{q\,s}{p\,g}} \quad \text{und} \quad n = \frac{1}{2\,l}\sqrt{\frac{p\,g}{q\,s}},$$

wenn n die Schwingungszahl bedeutet.

Da der Querschnitt einer Saite kreisförmig ist, so ist $q = \frac{1}{4}\pi\,\delta^2$, wenn δ den Durchmesser des Querschnittes bedeutet. Hiernach ergiebt sich:

$$T = l\,\delta\sqrt{\frac{\pi\,s}{p\,g}} \quad \text{und} \quad n = \frac{1}{l\,\delta}\sqrt{\frac{p\,g}{\pi\,s}}.$$

Die Höhe des Tones einer Saite, d. i. die Schwingungszahl ist der Länge, der Dicke und der Wurzel aus dem specifischen Gewicht umgekehrt, sowie der Wurzel aus dem spannenden Gewicht direkt proportional.

Die Richtigkeit dieses Satzes läfst sich mit Hülfe des Monochords (Fig. 272) — ein dünnwandiger Resonanzkasten, über welchen verschiedene Saiten sich aufspannen lassen — nachweisen; die mittlere ist über eine Rolle p geführt und am Ende ein Gewicht P angehängt; ein Steg g kann hin- und hergeschoben und so die Saite beliebig verkürzt werden.

Man verwendet gewöhnlich nur Darm- oder Stahlsaiten; die letzteren geben entsprechend ihrem höheren specifischen Gewicht unter sonst gleichen Umständen tiefere Töne als die ersteren.

Fig. 272. Monochord.

Die gewöhnlichsten Saiteninstrumente sind: Violine, Guitarre, Zither und Pianoforte. Die beiden ersten haben nur eine beschränkte Zahl von Saiten und werden die verschiedenen Töne durch Verkürzung der Saiten mittelst Andrückens derselben auf das Griffbrett hervorgebracht. Das Pianoforte hat für jeden Ton eine bestimmte Saite. Die Zither hat eine gröfsere Zahl von Saiten; einige (5) sind über ein Griffbrett gespannt und werden mit dem Finger gezupft, sie geben die Melodie; die anderen werden mit einem am Finger befestigten Stahlring gerissen und geben die Begleitung. Die Saiten der Violine werden mittelst geharzter Bogen von Pferdehaar gestrichen und die der Guitarre mit den Fingern. Die Saiten des Pianoforte werden etwa in $^1/_7$ der Länge durch belederte Hämmerchen angeschlagen.

2) Wird eine Saite AB (Fig. 273) in dem einen Drittelungs- oder Viertelungspunkt (C) unterstützt und das kurze Stück angestrichen, so schwingt auch das längere Stück mit, teilt sich aber in zwei, bezüglich drei Teile, welche dem kurzen Stück gleich sind; die Teilungspunkte bleiben dabei in Ruhe. Man kann sich hiervon überzeugen, wenn man auf die Saite verschiedene Papierreiterchen setzt; sie fliegen beim Anstreichen der Saite ab, mit Ausnahme derjenigen, welche an den Punkten D und E sitzen.

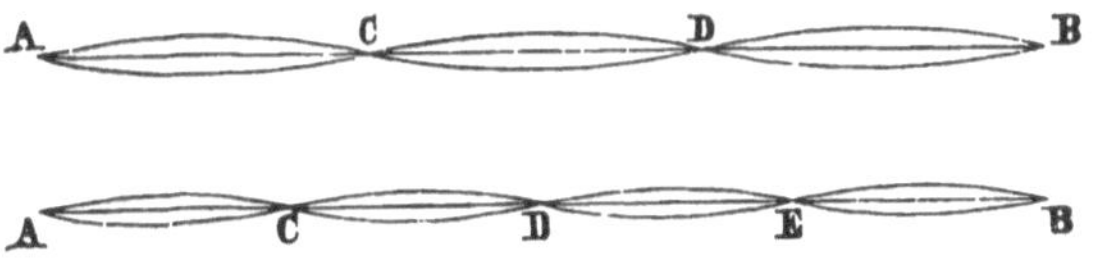

Fig. 273. Schwingungen von Saiten in aliquoten Teilen.

Noch besser zeigt sich die Schwingung eines fadenförmigen Körpers in aliquoten Teilen mit Hülfe des Apparates von Melde (Fig. 274). In der Mitte der Umbiegungsstelle einer Stimmgabel ist ein Zapfen Z angebracht und an diesem ein Faden befestigt, welcher durch die Öffnung einer kleinen Hülse, die auf die eine Stimmgabelzinke aufgesetzt ist, hindurchgeht und deren anderes Ende in eine verschiebbare Klammer K eingefügt ist. Versetzt man die Stimmgabel in Schwingung, so teilt sich der Faden je nach der Spannung in mehr oder weniger Teile.

Aufgabe 1. Wie grofs ist die Schwingungszeit und Schwingungszahl einer Saite von 1,25 m Länge, 0,6 mm Dicke (Durchmesser), 0,6 specifischem Gewicht und einer Spannung von 3 kg?

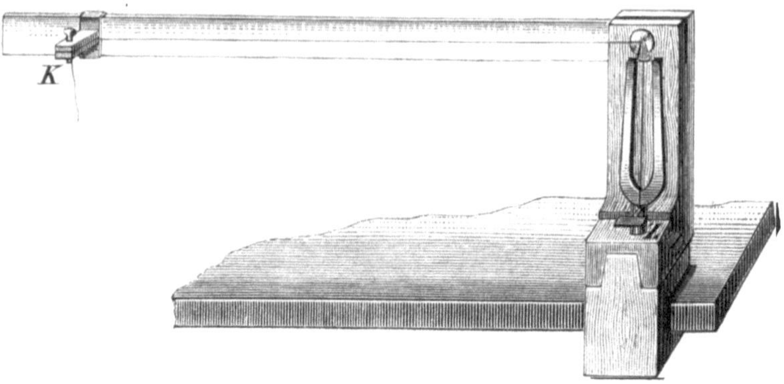

Fig. 274. Apparat von Melde.

Aufgabe 2. Welche Töne geben die beiden Teile einer Saite, wenn der Steg in der Hälfte, in ein Drittel, ein Viertel und ein Fünftel der Saite untergestellt wird? (Vergl. auch § 182.)

§ 185. Schwingungen von Stäben. 1) Klemmt man einen elastischen Stab am einen Ende ein und schlägt ihn am freien Ende an, so macht er Transversalschwingungen als Ganzes oder in aliquoten Teilen (Fig. 275). Am freien Ende befindet sich stets die Mitte eines Bauches: Je gröfser die Zahl der Knoten, um so höher ist der Ton.

Fig. 275. Stabschwingungen.

Schwingt ein Stab als Ganzes, so gilt: Die Schwingungszahl transversal schwingender Stäbe ist unabhängig von der Breite, direkt proportional der Dicke und der Wurzel aus dem Elasticitätsmodulus, sowie umgekehrt proportional dem Quadrat der Länge und der Wurzel aus dem specifischen Gewicht:

$$n = \mu \frac{d}{l^2} \sqrt{\frac{e g}{s}},$$

wo n die Schwingungszahl, μ ein konstanter Faktor, d die Dicke, l die Länge, e der Elasticitätsmodulus und s das specifische Gewicht.

Man kann übrigens auch transversale Schwingungen erzeugen, wenn man den Stab an beiden Enden auflegt und in der Mitte anschlägt; in diesem Falle sind die Knoten gleichweit voneinander entfernt, während bei einem am einen Ende eingeklemmten Stabe, wenn er in aliquoten Teilen schwingt, die Bäuche nach dem freien Ende hin kürzer werden.

Soll ein Stab an beiden Enden frei schwingen, so mufs man ihn an zwei Schnüren aufhängen, welche je von einem Ende um ein Fünftel der Länge entfernt sind und ihn in der Mitte anschlagen (Fig. 276). Man kann eine Anzahl so aufgehängter Metall- oder Glasstreifen in der Weise abstimmen, dafs sie Grundton, Terz und Quint u. s. w. geben — **Glasharmonika.**

Eine Stimmgabel ist ein in der Mitte umgebogener Stab, welcher zwei Knoten in der Nähe der Umbiegungsstelle besitzt.

Um die Zahl der Schwingungen, welche eine Stimmgabel in einer Sekunde macht, zu finden, bedient man sich des Vibroskops (Fig. 277). Es ist dies ein mit berufstem Papier überzogener Cylinder, welcher sich gleichmäfsig an einer mit einem Schraubengewinde versehenen Achse fortschiebt und um dieselbe dreht. Diesen Cylinder berührt eine feine Spitze, welche an der einen Zinke einer Stimmgabel befestigt ist. Wird die Stimmgabel angeschlagen, so reifst die Spitze auf dem Rufs eine wellenförmige Kurve ein. Verbindet man gleichzeitig die Spitze mit einem galvanischen Strom, welcher durch ein Pendel jedesmal nach Verflufs einer Sekunde geschlossen wird, so springt aus der Spitze am Ende jeder Sekunde ein elektrischer Funke auf den Cylinder und macht eine kleine Marke; zählt man die zwischen zwei solchen Zeitmarken enthaltenen Wellen, so erhält man die Schwingungszahl der Stimmgabel.

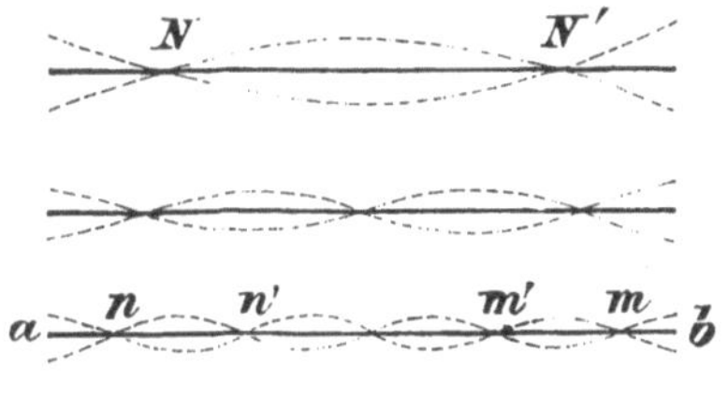

Fig. 276. Stabschwingungen.

Fig. 277. Vibroskop.

2) Ein Stab kann übrigens auch Längsschwingungen ausführen, wenn man ihn an irgend einem Punkte, z. B. am einen Ende, einklemmt und mit einem dicken angenäfsten Tuch, oder zwischen den nassen oder beharzten Fingern der Länge nach reibt. Wird ein Stab an irgend einem Punkte eingeklemmt und am einen Ende gerieben, während das andere an einer Kugel anliegt, die an einem Faden hängt, so fliegt die Kugel weg. Der Stab teilt sich auch hier in verschiedene Teile; an einzelnen gleichweit voneinander entfernten Stellen (Knotenpunkte) wechseln Verdich-

tungen und Verdünnungen miteinander ab (ein Glasstab wird an diesen Stellen doppeltbrechend). Beim Reiben eines Stabes bilden sich zunächst fortschreitende Längsschwingungen, welche, an den Stabenden reflektiert, mit den direkt erregten interferieren und so stehende Schwingungen erzeugen.

Die Tonhöhen sind unter sonst gleichen Umständen den Längen der Stäbe vom geriebenen Ende bis zum Befestigungspunkte proportional.

Ein Stab kann auch in Longitudinalschwingungen versetzt werden, wenn man ihn an beiden Enden einklemmt und in der Mitte reibt.

Die Tonreihen des beiderseitig und einseitig eingeklemmten Stabes haben bezüglich die Schwingungszahlen 1, 2, 3, 4, . . . und $^1/_2, ^3/_2, ^5/_2 \ldots$ Die Länge eines am einen Ende eingeklemmten Stabes, welcher seinen Grundton giebt, ist ein Viertel der Wellenlänge, mit welcher sich sein Grundton in dem Medium des Stabes fortpflanzen würde.

Sehr schön sieht man die Schwingungen eines stabförmigen Körpers, wenn man einen Glasfaden mittelst Wachs an der einen Zinke einer Stimmgabel befestigt und die andere Zinke anstreicht. (Glasfäden von verschiedener Länge und Dicke.)

Die Longitudinaltöne sind viel höher als die Transversaltöne.

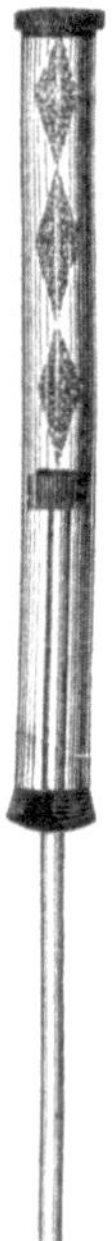

Fig. 278. Staubfiguren von Kundt.

In eine weitere, am einen Ende geschlossene Röhre führt man eine enge Röhre ein, an welcher ein, genau an die weite Röhre anschließender Stopfen angebracht ist. Die Röhre enthält etwas feinen Korkstaub. Versetzt man die enge Röhre in longitudinale Schwingungen, so entstehen in der weiten Röhre die sogenannten Kundtschen Staubfiguren (Fig 278), indem die Luft in der Röhre in isochrone Schwingungen versetzt wird. Die Entfernungen der Mitten der Schwingungsbäuche der Staubfiguren geben die Wellenlänge des Tones an.

Aufgabe. Die Längen von vier am einen Ende eingeklemmten Stäben aus demselben Material und von gleicher Dicke verhalten sich wie 30 : 24 : 20 : 15; welche Longitudinaltöne erhält man, wenn der des ersten Stabes $\overline{c}$ ist?

§ 186. Schwingungen von Platten und Glocken.

Wird eine mit feinem Sand bestreute Glas- oder Metallscheibe an einer Stelle zwischen den Fingern oder mittelst einer Zwinge festgehalten und irgendwo am Rande gestrichen, so erhält man je nach der Befestigungs- und Anstreichestelle einen bestimmten Ton, während zugleich der Sand an einzelnen Stellen sich anhäuft — Knotenlinien — und an anderen wegspringt. Jedem andern Ton entspricht eine andere Figur, welche um so komplizierter ist, d. h. um so mehr Knotenlinien zeigt, je höher der Ton ist, den die Scheibe giebt. Die Knotenlinien sind hyperbolische Kurven. Fig. 279 zeigt einige dieser Chladnischen Klangfiguren (1787). Die Zahl der Abteilungen am Rande herum ist stets eine gerade.

Zwei einer Knotenlinie anliegende Stücke der Scheibe, wie 1 und 2 (Fig. 280a), befinden sich in gleichen, zwei an an benachbarten Knotenlinien liegende Stücke, wie 2 und 3, befinden sich in entgegengesetzten Schwingungszuständen; in der Mitte jeder Abteilung z. B. in 4 ist die stärkste Bewegung auf- oder abwärts.

Es ist dies zwar schon deshalb einleuchtend, weil sich sonst keine Knotenlinien bilden könnten; man kann es aber auch auf folgende Art beweisen:

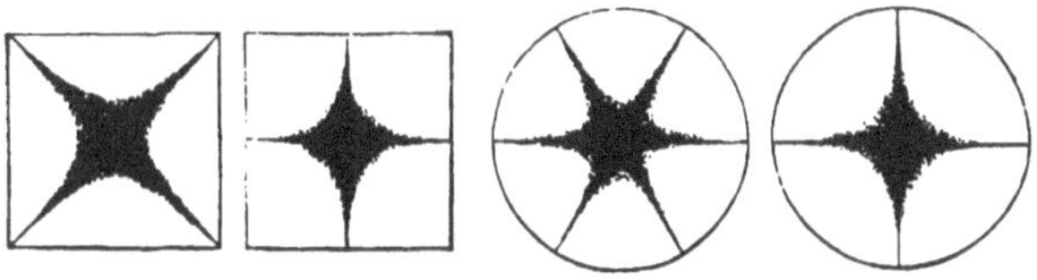

Fig. 279. Chladnische Klangfiguren.

Eine zweigabelige Röhre (Fig. 280) ist oben mit einer Membran überspannt. Hält man die zwei gabelförmigen Enden über zwei Stücke einer schwingenden Scheibe, so bleibt der auf die Membran gestreute Sand in Ruhe, oder gerät in lebhafte Bewegung, je nachdem die zwei Stücke der schwingenden Scheibe in entgegengesetzten oder in gleichen Schwingungszuständen sich befinden. Die zwei in den gabelförmigen Enden durch die Scheibenstücke erregten Luftwellen interferieren in dem oberen Teil des Apparates und heben einander auf, oder verstärken einander, je nach den Phasenzuständen der zwei Wellen.

Um kreisförmige Figuren zu erhalten, befestigt man einen Stab in der Mitte einer kreisförmigen Platte senkrecht zu derselben und versetzt ihn in vertikaler Stellung in Longitudinalschwingungen.

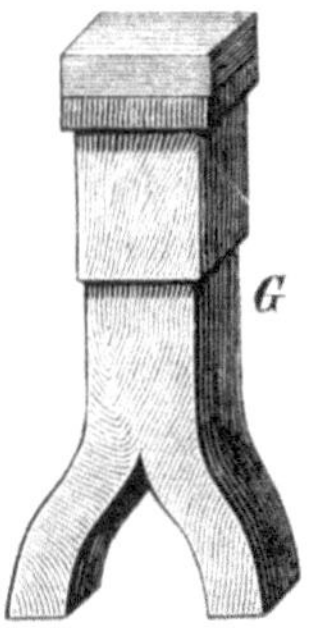

Fig. 280. Interferenzgabel.

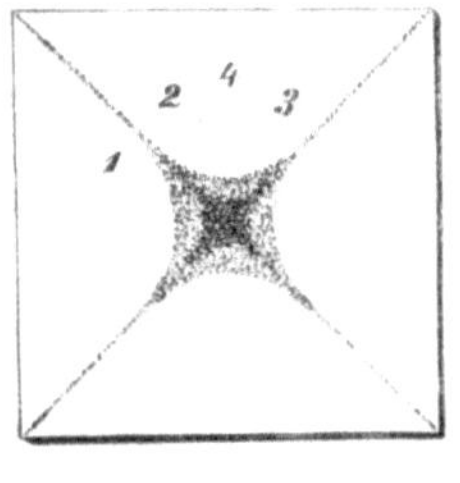

Fig. 280a. Schwingende Scheibe.

Auf anisotropen Mitteln, z. B. auf parallel zu den Fasern geschnittenen Holzplatten, können sich die Klangfiguren nicht regelmäfsig ausbilden.

Auch Glocken und glockenartige Gläser schwingen, wenn sie angestrichen oder angeschlagen werden, in aliquoten Teilen, wovon man sich leicht überzeugen kann, wenn man ein Römerglas bis nahe an den Rand mit Wasser füllt und an einer Stelle anstreicht.

Der Phonograph von Edisson (1878) besteht aus einer Membran mit Schalltrichter, an welcher in der Mitte ein kleiner Stift befestigt ist. Dem Stift gegenüber befindet sich eine mit engen Schraubengängen versehene Walze, welche mit Staniol überzogen ist und die sich durch eine Schraube ohne Ende fortbewegen und umdrehen läfst. Spricht man in den Schalltrichter, während die Walze sich bewegt, so macht der schwingende Stift Eindrücke in das Staniol und wenn man nachher bei zurückgebogenem Stift die Walze bis zum ersten Eindruck zurückdreht, den Stift eingreifen läfst und die Walze dreht, so vernimmt man dieselben Töne, die man in den Schalltrichter gesprochen, wieder.

§ 187. Lippenpfeifen. Eine gewöhnliche Orgelpfeife (Fig. 281) besteht aus einer parallelepipedischen oder cylindrischen Röhre *R R*, welche nahe am unteren Ende durch ein dreiseitiges Prisma oder durch eine Platte bis auf einen feinen Spalt *cd* verschlossen ist. Oberhalb des Spaltes befindet sich in der Röhre eine Öffnung, der sogenannte Mund, welcher durch eine scharfe Kante, die Lippe *ab* begrenzt ist. Der untere Teil *F* der Orgelpfeife wird Fufs genannt.

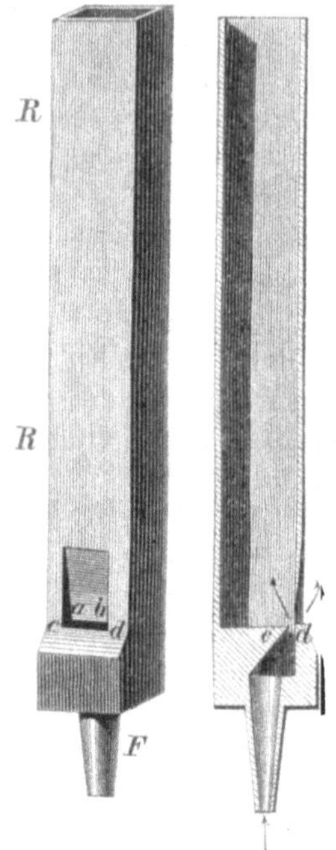

Fig. 281. Lippenpfeifen.

Eine Orgelpfeife kann man u. A. dadurch ins Tönen bringen, dafs man eine angeschlagene Stimmgabel vor den Mund der Pfeife hält; ist die Röhre oben geschlossen — gedackte Pfeife — so ist Bedingung für das Mittönen, dafs die Länge der Röhre gleich einem ungeraden Vielfachen von Viertelwellenlängen des Stimmgabeltones sei; ist sie offen — offene Pfeife — so mufs die Länge der Röhre ein gerades Vielfaches von Viertelwellenlängen des Stimmgabeltones betragen (§ 172 und 173). Der tiefste Ton, den eine offene Pfeife geben kann, ist die Oktave des tiefsten Tones einer gleichlangen gedackten Pfeife.

Gewöhnlich werden die Orgelpfeifen dadurch ins Tönen gebracht, dafs man sie mit dem Fufs *F* auf einen Blasbalg setzt und Luft einbläst; diese wird in dem weiten Raum zwischen Fufs und Prisma, der als Windkessel dient, zusammengeprefst und bringt die wenige im Spalt *cd* enthaltene in sehr rasche Bewegung; indem sich dieselbe an der Lippe *ab* bricht, entstehen Luftschwingungen, welche bei den einzelnen Luftteilchen von sehr verschiedener Geschwindigkeit sind, so dafs es immer einige geben wird, die im Stande sind die Luft in der Pfeife zum Mittönen zu bringen.

Die Lippenpfeifen, namentlich die gedackten, geben bei schwachem Anblasen fast nur ihren tiefsten Ton; erst bei stärkerem Anblasen treten die höheren Töne kräftiger auf, so dafs schliefslich der Grundton überhaupt nicht mehr anspricht.

Die gedackten Pfeifen sind durch einen verschiebbaren Stempel verschlossen; mittelst desselben läfst sich die Länge der Luftsäule in der Röhre und somit die Tonhöhe verändern. Bei den sogenannten Stimmpfeifen ist an dem Stempel eine Stange befestigt, auf welcher die Töne bezeichnet sind, welche die Pfeife giebt, wenn man die Stange bis zur bezeichneten Stelle einschiebt.

An den offenen Pfeifen sind oben Bleiplättchen befestigt, durch welche die Öffnung mehr oder weniger verschlossen und damit der Ton erniedrigt oder erhöht werden kann.

Die Lippenpfeifen geben bei schwachem Anblasen ihren tiefsten Ton, der namentlich bei gedeckten Pfeifen kaum von Obertönen begleitet ist, weshalb er dumpf, wie u, klingt; bei offenen Pfeifen treten die Obertöne schon etwas deutlicher hervor und bewirken, dafs der Ton mehr nach ö hin klingt. Die Wellenlänge des tiefsten Tones ist bei einer gedeckten Pfeife viermal und bei einer offenen doppelt so grofs als die Länge der Pfeifenröhre.

Bei stärkerem Anblasen verschwindet der Grundton, und es tritt statt seiner der erste oder einer der folgenden Obertöne kräftig hervor.

Um die Schwingungsknoten in einer Pfeife, z. B. einer offenen, nachzuweisen, bringt man an der einen Seitenwand der Röhre und zwar in der Mitte, sowie in einer Entfernung von $^1/_4$ der Röhrenlänge vom oberen und unteren Ende drei Kästchen *p, q, r* (Fig. 282) an, welche von der Röhre durch eine dünne Gummiplatte getrennt sind. In diese Kästchen, welche mit einem Gasbrenner *g* versehen sind, münden Röhren, durch welche Leuchtgas aus dem Kasten *KK*, der mit der Gasleitung in Verbindung steht, eingeführt werden kann. Entzündet man das Gas über den drei Brennern und bläst die Pfeife mäfsig stark an, so erlischt das mittlere Flämmchen, weil an dem Knotenpunkt wegen des raschen Wechsels von Luft-Verdünnung und -Verdichtung die Gummiplatte und das im Kästchen enthaltene Gas in lebhafte Bewegung versetzt wird. Bei starkem Anblasen erlöschen auch die zwei anderen Flämmchen, weil sich jetzt, indem der Ton zugleich in die Oktave übergeht, an den Stellen, wo sich die Flämmchen befinden, Schwingungsknoten bilden.

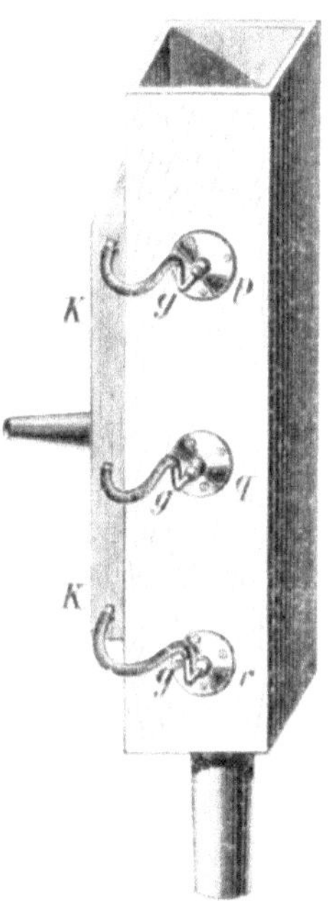

Fig. 282. Orgelpfeife mit Flammenzeigern.

Die beschriebenen Kästchen nennt man Flammenkapseln.

Bei schwachem Anblasen der offenen Pfeife erlischt das mittlere Flämmchen nicht; dafs es aber in schwingender Bewegung sich befindet, läfst sich dadurch nachweisen, dafs man einen Spiegel rasch vor demselben um eine vertikale Achse dreht; man erblickt dann einen aus hohen und niederen Flammenbildern bestehenden Lichtstreifen; wird die Pfeife nicht angeblasen, so sieht man im drehenden Spiegel einen überall gleich hohen Lichtstreifen (König 1865).

In gedeckten Pfeifen hat Kundt die Verdichtungen und Verdünnungen dadurch nachgewiesen, dafs er am geschlossenen Ende Ventile anbrachte, welche mit Manometerröhren in Verbindung stehen; das eine Ventil öffnet sich nach aufsen, das andere nach innen; das Steigen der Flüssigkeit in dem einen und das Fallen in dem andern Manometer zeigt die Verdichtung, bezüglich Verdünnung der Luft an.

Aufgabe 1. Wie lang ist eine Orgelpfeife, offen und gedeckt, welche den Ton *C* zum Grundton hat?

Aufgabe 2. Welches sind die drei ersten Obertöne einer offenen und die einer gedeckten Pfeife, wenn der Grundton *c* ist?

§ 188. Zungenpfeifen. Aufser den Lippen- oder Labialpfeifen giebt es noch Zungenpfeifen. Fig. 283 zeigt eine Pfeife der letzteren Art; sie besteht aus dem Fufs *F*, dem Mundstück oder Zungenwerk *M* und dem Schallbecher *B*. Das Mundstück ist ein unten geschlossener Halbcylinder, dessen Längsschnitt durch eine oben befestigte, unten freie

Zunge Z verschlossen ist. Die Länge des schwingenden Teiles der Zunge kann durch einen sogenannten Stimmdraht reguliert werden. Ist die Zunge so schmal, dafs sie beim Schwingen nicht an die Ränder des Längsschnitts des Mundstückes anschlägt, so heifst sie durchschlagend, im anderen Falle aufschlagend. Zungenpfeifen mit aufschlagender Zunge werden auch Schnarrwerke genannt.

Beim Einblasen von Luft in den Fufs fängt die Zunge zu schwingen an und setzt dadurch die Luft in dem Mundstücke ebenfalls in Schwingungen. Beim Aufsetzen des Schallbechers ändert sich die Höhe des Tones nicht, wenn die Luft im Schallbecher denselben Ton wie die Zunge geben kann.

Schwingende Zungen finden ferner Anwendung bei der Harmonika, der Clarinette und der Oboe.

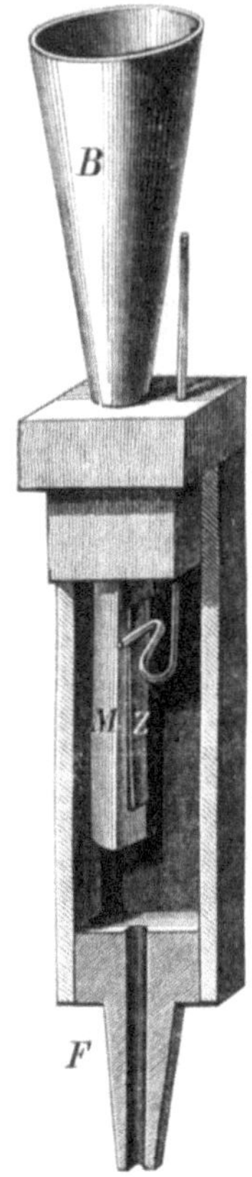

Fig. 283. Zungenpfeife.

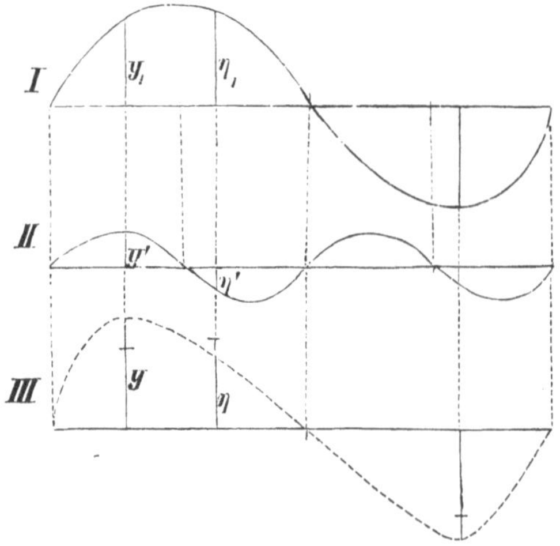

Fig. 284. Zusammengesetzte Schwingungen.

Bei den Pfeifen, Flöten, Hörnern, Trompeten, Posaunen u. s. w. sind es die Lippen des Spielers, welche als schwingende Zungen mitwirken.

Schwingende Zungen haben sehr viele starke Obertöne, wie man mit Hilfe der Resonatoren nachweisen kann.

Aufgabe. Welche Längen kann ein Schallbecher haben, wenn er die Höhe des Tones einer Zunge nicht verändern soll?

c. Zusammengesetzte Schallempfindungen.

§ 189. Klangfarbe. Ein Ton entsteht durch eine einfache Sinusschwingung, ein Klang oder ein Geräusch durch Schwingungen, welche aus mehreren einfachen Sinusschwingungen zusammengesetzt sind. Bei einem Klange müssen die einzelnen Komponenten eine harmonische Tonreihe bilden (§ 182). Den tiefsten in einem Klange enthaltenen Ton nennt man

Grundton, die höheren Obertöne (Ohm, Helmholtz 1863). Fig. 284 zeigt zwei Sinusschwingungen (I und II), welche im Verhältnis von 1 : 2 stehen; kombiniert man dieselben, indem man die algebraische Summe der entsprechenden Ordinaten bildet, so erhält man die Wellenform (III), welche einem aus Grundton und Oktave zusammengesetzten Klang entspricht.

Einen (einfachen) Ton erhält man, wenn man eine angeschlagene Stimmgabel über eine Röhre von passender Höhe hält — Resonatoren. Annähernd gilt dies auch von den gedeckten Orgelpfeifen. Ein Ton ohne Obertöne klingt leer und dumpf, wie u; ist er von den ersten Obertönen begleitet, so klingt er reich und wohllautend — musikalischer Klang; treten auch die höheren Obertöne in ziemlicher Stärke hervor, so klingt der Schall rauh und scharf, wie dies z. B. bei Zungenpfeifen der Fall ist.

Eine gespannte Saite giebt je nach der Stelle, wo sie angestrichen oder angeschlagen wird, verschiedene Obertöne; streicht man sie in $^1/_3$, so verschwinden die Obertöne 3, 6, 9, 12 . . ., weil in den Drittelungspunkten keine Schwingungsknoten entstehen können. Da die ersten Obertöne für den Wohlklang entscheidend sind, so ist beim Klavier die Einrichtung getroffen, dafs die Hämmerchen die Saite in $^1/_7$ der Länge vom einen Ende treffen; es wird dadurch die Bildung von Schwingungsknoten in den Teilpunkten 2, 3, 4, 5 und 6 nicht verhindert. Die Obertöne einer Saite hört man wohl schon mit unbewaffnetem Ohr, deutlich aber treten sie mit Benutzung der Resonatoren hervor. Auch dadurch kann man die Obertöne bemerklich machen, dafs man eine schwingende Saite nach der Reihe in $^1/_2$, $^1/_3$, $^1/_4$ . . . mit einem Pinsel leise berührt.

Die in gleicher Höhe gesprochenen oder gesungenen Vokalklänge unterscheiden sich lediglich durch die Verschiedenheit der den gleichen Grundton begleitenden Obertöne. Ist der Grundton c, so tritt bei dem Vocal A noch der Oberton $\overline{\overline{b}}$, bei O : $\overline{b}$, bei U : f (schwach), bei E : f und $\overline{\overline{\overline{b}}}$, bei I : $\overline{\overline{f}}$ und $\overline{\overline{\overline{\overline{d}}}}$ hervor.

Singt man in ein Klavier die Vokale nach der Reihe, so klingen sie wieder aus demselben heraus; es werden stets alle Saiten in Bewegung gesetzt, welche den Teiltönen des betreffenden Vokals entsprechen.

Auf den Klang der Blasinstrumente, d. h. auf die Art, Zahl und Stärke der Obertöne, ist das Material (Holz, Metall u. s. w.), woraus das Instrument gemacht ist, nicht ohne Einflufs.

Die Obertöne der Stimmgabel sind unharmonisch zum Grundton.

Bringt man an einer Flammenkapsel (§ 187) eine mit einem Mundstück versehene Röhre an und singt in das Mundstück die einzelnen Vokale nach der Reihe, so bemerkt man im drehenden Spiegel verschiedenartige eigentümlich gezackte Flammenbilder.

Ähnliche Flammenbilder bemerkt man, wenn man eine sogenannte singende Flamme im drehenden Spiegel betrachtet. Strömt Gas unter einigem Druck aus einer feinen Spitze, welche in eine Glasröhre von 3—5 cm Weite 2—3 cm tief hineinragt, aus, so fängt die Luft beim Entzünden des Gases zu tönen an, wenn das Gas den nötigen Druck und die Flamme eine bestimmte Höhe hat. Macht man das Flämmchen sehr klein, so kommt die Luft nicht ins Tönen; singt man aber den Eigenton der Röhre, so streckt sich das Flämmchen und singt den Ton nach. Mittelst des drehenden Spiegels kann man alsdann eine Reihe getrennter Flammenbilder beobachten, woraus geschlossen werden mufs, dafs das Flämmchen in rascher Folge erlischt und sich wieder entzündet (Schafgotsch 1857, Tyndall). Dafs das Flämmchen beim Singen höher und blau brennt, hat wohl seinen Grund darin, dafs das Gas beim momentanen Erlöschen Zeit hat sich mit Luft zu mischen. — Chemische Harmonika.

§ 190. Interferenzerscheinungen. Den gelegentlich angeführten Interferenzerscheinungen fügen wir noch folgende bei:

1) Hält man eine angeschlagene Stimmgabel über eine Röhre von passender Länge und dreht die Gabel vor der Öffnung, so verschwindet der Ton in zwei Stellungen vollkommen, die von den beiden Zinken ausgehenden Schallwellen vernichten einander; schiebt man in dieser Stellung über die eine Zinke eine Papproröhre, so fängt die Luftsäule zu tönen an.

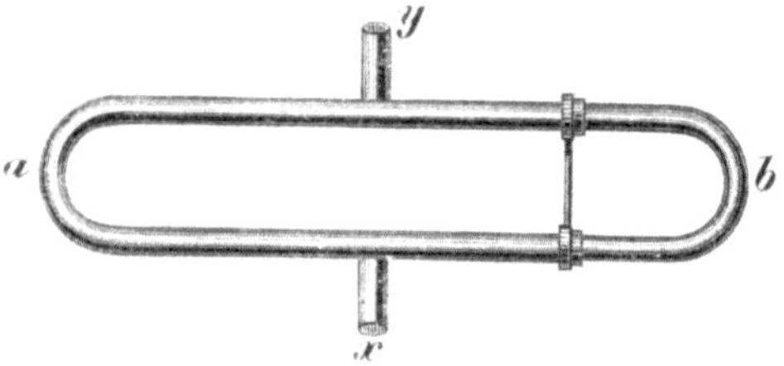

Fig. 285. Interferenzröhre.

2) Eine gebogene Messingröhre *ab* (Fig. 285) hat bei *x* und *y* je eine Öffnung und läfst sich auf der einen Seite (rechts) durch Ausziehen verlängern. Hält man vor *x* eine angeschlagene Stimmgabel, so wird die Luft sowohl in dem rechts-, wie in dem linksseitigen Teil der Interferenzröhre in Schwingungen versetzt, welche bei *y* miteinander interferieren. Befinden sich beide Wellenzüge beim Zusammentreffen in gleichen oder ungleichen Schwingungszuständen, was von dem Längenverhältnis der beiden Röhrenteile, das sich durch Ausziehen des rechtsseitigen Teiles verändern läfst, abhängt, so ist der Ton der Gabel bei *y* vernehmbar oder nicht. — Ein ähnlicher Apparat ist aus Kautschuk- und Glasröhren zusammengesetzt.

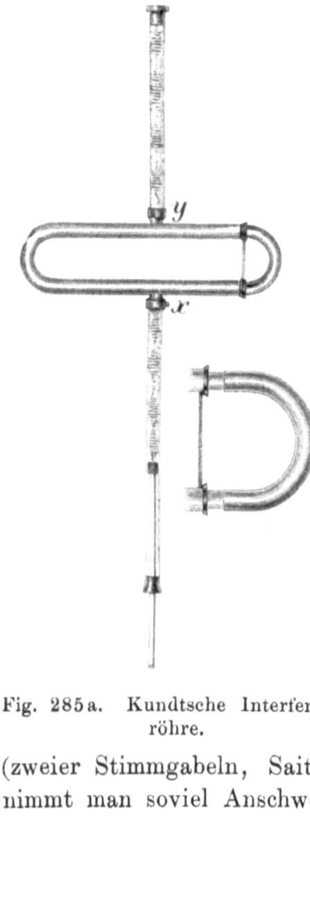

Fig. 285 a. Kundtsche Interferenzröhre.

Man kann auch bei *x* eine Kundtsche Staubröhre und bei *y* eine geschlossene Röhre, welche etwas Korkstaub enthält, einfügen (Fig. 285 a). Ruft man an der Kundtschen Röhre Longitudinalschwingungen hervor, so bilden sich je nach dem Längenverhältnis der beiden Zweige der Interferenzröhre auch in der bei *y* eingefügten Glasröhre die Kundtschen Staubfiguren, oder der Staub bleibt in Ruhe (Stefan 1868).

3) Bei gleichzeitig erklingenden Tönen (zweier Stimmgabeln, Saiten u. s. w.) von annähernd gleicher Höhe vernimmt man soviel Anschwellungen und Wiederabnahmen der Tonstärke in

in der Sekunde, als die Differenz der Schwingungszahlen der Töne beträgt. Diese Änderungen der Tonstärke nennt man Schwebungen; die Anschwellungen Stöfse, die Abnahmen Pausen.

Sollen zwei Saiten auf dieselbe Tonhöhe gebracht werden, so ändert man an der einen die Spannung, derart dafs die Zahl der Stöfse in der Sekunde immer kleiner wird; die Tonhöhe ist gleich, wenn kein Stofs mehr vernommen wird — Stimmungsmethode von Scheibler 1814.

Ist nämlich die Differenz der Schwingungszahlen zweier Töne gleich n, so macht in je $\frac{1}{n}$ Sekunde der höhere Ton eine Schwingung mehr, als der tiefere; nach je $\frac{1}{n}$ Sekunde beginnen also beide Töne eine neue Schwingung, sie sind dann in gleichen Schwingungszuständen und verstärken einander, während sie genau in der Mitte zwischen zwei aufeinanderfolgenden n^{tel} sich um ein ungerades Vielfache einer halben Wellenlänge unterscheiden und deshalb einander aufheben.

Manchmal bemerkt man bei einem und demselben tönenden Körper, z. B. bei gröfseren Glocken, solche Schwebungen; es rührt dies daher, dafs die einzelnen Teile des Körpers nicht genau in ihrer Schwingungsgeschwindigkeit übereinstimmen.

4) Haben die Schwingungszahlen zweier Töne eine gröfsere Differenz, so hört man häufig noch einen neuen Ton, welcher durch Interferenz aus den ursprünglichen entstanden ist; man nennt ihn Kombinationston; gewöhnlich ist die Schwingungszahl desselben gleich der Differenz, manchmal auch gleich der Summe der Schwingungszahlen der primären Töne; im einen Falle heifst man den Kombinationston Differenzton, im anderen Summationston (Sorge 1740, Helmholtz 1856). Der Differenzton von c_1 und g_1 ist c; der von c_2 und e_2 ist c und der von c_2 und f_2 ist f.

Die Differenztöne kann man mittelst zweier Saiten auf dem Monochord unter Zuhilfenahme der Resonatoren, besser noch mittelst Orgelpfeifen, einer mehrreihigen Sirene, oder des aus einer grofsen Zahl von Zungen bestehenden Obertöneapparates von Appun, nachweisen. Ein geübtes Ohr hört die Kombinationstöne auch ohne Resonatoren.

Die Differenztöne nennt man auch Tartinische Töne; die Summationstöne sind zuerst von Helmholtz beobachtet worden.

Aufgabe 1. Der Tonmesser von Appun enthält 33 Zungen (bezeichnet 0—32); jede giebt mit der folgenden 4 Schwebungen in der Sekunde; der letzte Ton ist die Oktave des ersten; welches ist die Schwingungszahl der ersten Tones?

Aufgabe 2. Der Obertöneapparat von Appun besteht aus 64 Zungen, bezeichnet 1—64; er ist so konstruiert, dafs jede Zunge, welche die doppelte Ziffer einer anderen trägt, die Oktave des Tones der letzteren giebt; die Reihenfolge der Oktaven wird also durch die Zungen 2, 4, 8, 16, 32, 64 hervorgebracht. Die Zunge No. 4 des Obertöneapparates stimmt mit No. 0 des Tonmessers überein. Welchen Kombinationston geben 12 und 18; 24 und 30; 24 und 32? Welche Zungen stimmen mit diesem Kombinationstönen überein?

d) Fortpflanzung, Reflexion und Beugung des Schalles.

§ 191. Fortpflanzung des Schalles. Der Schall pflanzt sich gemeiniglich durch fortschreitende Longitudinalschwingungen fort. Aus dem hierüber in § 163 und 164 Gesagten können wir folgende Schlüsse ziehen:

1) Der Schall verbreitet sich in einem isotropen Mittel geradlinig und nach allen Richtungen hin mit gleicher Geschwindigkeit. Die einzelnen vom Erregungspunkte ausgehenden geraden Linien nennt man Schallstrahlen.

2) Die Intensität des Schalles nimmt im Quadrat der Entfernung von dem schallenden Körper ab.

3) Die Höhe des Tones ändert sich mit der Entfernung von dem schallenden Körper nicht.

4) Hohe und tiefe Töne pflanzen sich mit gleicher Geschwindigkeit fort — eine Melodie bleibt in allen Entfernungen von der Erregungsstelle dieselbe.

In Röhren von überall gleicher Weite pflanzt sich der Schall auf grofse Entfernungen hin mit fast unverminderter Stärke fort; hierauf gründet sich die Anwendung der Kommunikationsröhren, welche in grofsen Gebäuden, Fabriken u. s. w. zu mündlichen Mitteilungen auf gröfsere Entfernung hin benutzt werden.

Läfst man eine kurze Röhre nach dem einen Ende hin spitz zulaufen, so kommt der Schall, welcher am weiten Ende erregt wird, am engeren mit vergröfserter Intensität an — Hörrohr. Spricht man in eine ca. $^1/_2$ m lange, mit einem Mundstück versehene, nicht zu enge Röhre, so hört man den Ton ebenfalls auf weitere Erstreckung hin, als wenn man in die freie Luft hineinspricht — Sprachrohr; man ist imstande, zunächst eine gröfsere, abgegrenzte Luftmasse in lebhafte Bewegung zu setzen, ehe der Schall sich nach allen Seiten ausbreitet.

5) Die Fortpflanzungsgeschwindigkeit des Schalles in der Luft ist wiederholt dadurch bestimmt worden, dafs man an zwei möglichst weit entfernten Standorten abwechselnd Kanonen abschofs, jedesmal beobachtete, um wieviel der Schall später gehört, als das Feuer gesehen wird, und aus den einzelnen Resultaten das Mittel nahm. Auf diese Weise wird zugleich der Einflufs des Windes eliminiert.

Eine andere Bestimmung der Fortpflanzungsgeschwindigkeit besteht darin, dafs man die Tonhöhe, bezüglich Schwingungszahl, einer Pfeife bestimmt; ist die Pfeife eine offene und ihre Länge $= l$, so ist $c = 2\,nl$; ist sie eine gedeckte, so ist $c = 4\,nl$.

Auch mittelst der Kundtschen Staubfiguren (§ 185) läfst sich die Fortpflanzungsgeschwindigkeit des Schalles in der Luft berechnen; die Entfernung l zweier Knoten ist gleich der Länge der stehenden und gleich der halben Länge der dem Ton entsprechenden fortschreitenden Luftwelle; ist nun n die Schwingungszahl des Longitudinaltons, so ist $c = 2\,nl$.

Die Fortpflanzungsgeschwindigkeiten des Schalles in festen Körpern, deren Werte § 163 angegeben sind, hat man auf indirektem Wege aus den Longitudinaltönen von Stäben aus verschiedenem Material bestimmt; nur für Gufseisen hat Biot (1829) eine direkte Bestimmung gemacht, indem er an einer langen, leeren Röhrenleitung am einen Ende einen Schlag ausführen liefs und am anderen beobachtete, wieviel später der Schall in der Luft, als im Gufseisen ankam.

Die Fortpflanzungsgeschwindigkeit des Schalles im Wasser ist von Colladon und Sturm im Genfer See (1827) auf die Art bestimmt worden, dafs an einer Stelle eine Glocke unter dem Wasser angeschlagen und an einer anderen Stelle mittelst eines langen, in das Wasser gehaltenen Hörrohres der Schall in das Ohr geleitet wurde. Gleichzeitig mit dem Anschlagen der Glocke wurde etwas Pulver entzündet und beobachtet, um wieviel später der Schall vernommen, als das Aufblitzen des Pulvers gesehen wurde.

Wertheim hat aus dem Ton von Wasserpfeifen und O. E. Meyer (1874) an einer 3000 m langen, mit Wasser gefüllten Bleiröhre, indem er an dem einen Ende auf das Wasser einen Stofs ausübte, die Fortpflanzungsgeschwindigkeit des Schalles im Wasser bestimmt.

Den Schall hört man weiter durch feste Körper als durch die Luft; Pferdegetrappel, Kanonendonner, eine heranbrausende Lokomotive hört man auf grofse Erstreckung, wenn man das Ohr an die Erde, bezüglich an die Schienen legt. Fortleitung des Schalles durch Drähte und Schnüre; das Belauschen der Geräusche in der Lunge mittelst eines trompetenförmigen auf die Brust gesetzten Holzes (Stethoskop).

Geht der Schall durch Mittel von verschiedener Dichte, so wird er sehr geschwächt. Daher kommt es auch, dafs man in der Nacht, wo die Luftschichten gleichmäfsiger dicht sind, weiter hört, als am Tage; doch rührt dies auch daher, dafs das Ohr in der Stille der Nacht nicht durch viele andere Geräusche gestört wird. Champagnergläser klingen beim Anstofsen nicht, solange die Kohlensäure noch nicht entwichen ist.

Hohe Töne pflanzen sich erfahrungsgemäfs weiter fort als tiefe.

Die Zahl für die Fortpflanzungsgeschwindigkeit des Schalles in der Luft, welche Newton aus der Formel $c = a\sqrt{\frac{e}{d}}$ (§ 163) abgeleitet hat, ist viel kleiner (280 m), als die durch Beobachtung gefundene (332 m). Lange Zeit blieb der Grund dieser Nichtübereinstimmung verborgen, bis Laplace denselben in dem Umstande erkannte, dafs in den Luftwellen an den verdichteten Stellen Erwärmung und folglich Steigerung der Elasticität und an den verdünnten Stellen Abkühlung und somit Verminderung der Elasticität eintritt. Dies hat einen stärkeren Stofs der verdichteten Luft gegen die verdünnten zur Folge, als der ist, welcher bei gleichbleibender Temperatur stattfinden würde. Die Formel ergiebt ein mit der Beobachtung übereinstimmendes Resultat, wenn man die Elasticität um das 1,41 fache vermehrt; sie lautet alsdann: $c = a\sqrt{\frac{e\,.\,1{,}41}{d}}$. (Näheres hierüber in der Wärmelehre.)

Aufgabe 1. Ein Stab von Erlenholz von 1 m Länge, welcher am einen Ende eingeklemmt ist und in Longitudinalschwingungen versetzt wird, giebt denselben Ton, wie eine gedeckte Pfeife von 7 cm Länge, wobei vorausgesetzt ist, dafs Stab und Pfeife ihren tiefsten Ton geben, wie grofs ist die Fortpflanzungsgeschwindigkeit des Schalles im Erlenholz?

Aufgabe 2. Wie weit ist ein Gewitter entfernt, wenn der Donner 15 Sekunden nach dem Blitz beginnt?

Aufgabe 3. Ein Brunnen ist 150 m tief; nach wieviel Sekunden hört man einen Stein auf dem Grunde aufschlagen?

Aufgabe 4. Wie tief ist ein Brunnen, wenn man einen Stein erst nach 5 Sekunden aufschlagen hört?

§ 192. Reflexion und Beugung des Schalles. Für die Reflexion des Schalles gilt dasselbe Gesetz wie für elastische Körper:

Der Schall wird unter demselben Winkel reflektiert, unter welchem er aufgefallen ist (Fig. 286).

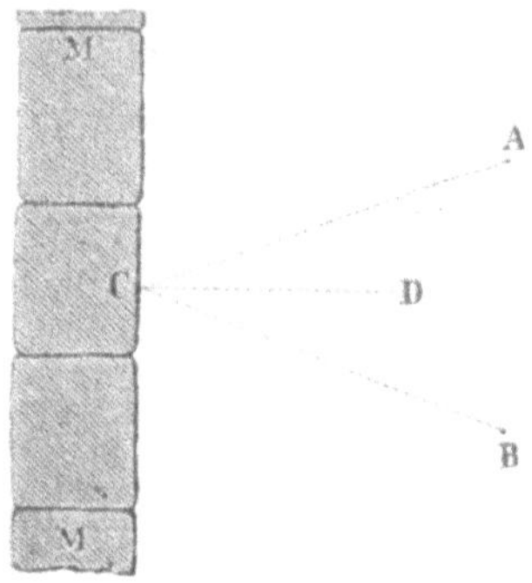

Fig. 286. Reflexion des Schalles.

Spricht man senkrecht gegen eine Wand, so wird der Schall in derselben Richtung reflektiert.

Man kann in einer Sekunde ca. 6 Silben sprechen und hören. Ist nun eine Wand $\frac{332}{12}$ = ca. 27 m von einem Sprechenden entfernt, so kommt eine Silbe nach $^1/_6$ Sekunde von der Wand reflektiert zurück; der Gehörnerv hat, von der direkt gehörten Silbe angeregt, gerade zu schwingen aufgehört, wenn die reflektierte Silbe zurückkommt; man hört deshalb die Silbe noch einmal — einsilbiges Echo.

Ist die Wand n . 27 m entfernt, so kann man n Silben sprechen, ehe die erste reflektierte Silbe zurückkommt; — man hört zuerst die n Silben direkt und dann noch einmal, als von der Wand reflektierte — n silbiges Echo.

Stehen mehrere Wände hinter- und übereinander, so hört man eine oder mehrere Silben mehrmals hintereinander — mehrfaches Echo (Adersbach in Böhmen 7silbig und 3fach, Lurleifelsen 17fach). Dasselbe tritt ein, wenn man zwischen zwei parallelen Wänden einen lauten Ton erregt; der Schall wird von einer Wand zur anderen und wieder zurückreflektiert, wobei er jedesmal am Ohr vorübergeht (Schlofs Simonetta in Mailand, 56fach).

Ist eine Wand sehr nahe am Sprechenden, so wird der direkt gehörte Schall durch den reflektierten verstärkt; ist sie etwas weiter, aber doch noch nicht 27 m entfernt, so fällt der erste Teil der reflektierten Silbe mit dem ersten der direkt gehörten zusammen, während der letzte Teil der reflektierten Silbe nachklingt — Nachhall.

In elliptisch oder parabolisch gekrümmten Flächen (Kirchenkuppeln u. s. w.) werden Schallwellen, welche an einer Stelle erregt werden, in einen bestimmten Punkt reflektiert, so dafs man dort und nur dort selbst einen leisen Schall deutlich vernimmt (Ohr des Dionys, Flüstergallerien in der Peterskirche zu Rom, der katholischen Kirche in Darmstadt u. s. w.).

Auf der Beugung der Wellen um eine nicht zu breite Wand herum (§ 175) beruht die Erscheinung, dafs man einen vor einer Wand erregten Schall auch hinter derselben wahrnimmt.

§ 193. Das Dopplersche Princip (1842). Wenn eine pfeifende Lokomotive auf uns zukommt, so wird der Ton allmählich höher; wenn sie sich von uns entfernt, tiefer. Wenn Tonquelle und Hörender in derselben Entfernung bleiben, so erhält das Ohr, falls dem Ton n Schwingungen in der Sekunde zukommen, n Verdichtungen und Verdünnungen in der Sekunde. Nähert sich aber die Schallquelle dem Hörenden, so kommt jede Schwingung etwas früher an, die Schwingungen folgen rascher aufeinander und dadurch erscheint der Ton höher. Im anderen Fall verspätet sich jede Schwingung um etwas gegen die vorhergehende, und es treffen deshalb in der Sekunde weniger Schwingungen das Ohr, als wenn die Schallquelle in Ruhe wäre; der Ton wird also tiefer.

Ist c die Fortpflanzungsgeswindigkeit des Schalles und n die Schwingungszahl des Tones, so kommen bei ruhender Tonquelle die einzelnen Schwingungen in Intervallen von $\frac{1}{n}$ Sekunde zum Ohre. Bewegt sich aber die Tonquelle mit der Geschwindigkeit v auf uns zu, so verkürzt sich das Intervall um so viel Zeit, als zur Zurücklegung des Weges $\frac{1}{n} v$ notwendig ist, d. h. um $\frac{1}{n\,c} v$; es beträgt also jetzt das Intervall (d. i. die Schwingungszeit) $\frac{1}{n\,c} (c - v)$. Der umgekehrte Wert hiervon, nämlich $\frac{n\,c}{c - v}$ aber ist die Schwingungszahl des Tones, welchen wir bei Annäherung der Tonquelle hören.

Entfernt sich die Tonquelle von uns, so beträgt die Schwingungszahl des Tones, den wir hören, $\frac{n\,c}{c + v}$.

e) Die menschliche Stimme und das Gehörorgan.

§ 194. Das Stimmorgan. Wenn man über eine Glasröhre von ca. 2 cm Weite zwei dünne Kautschukplättchen spannt, welche in der Mitte eine feine Ritze zwischen sich lassen, und am anderen Ende in die Röhre hineinbläst, so erhält man je nach der Stärke des Anblasens Töne von verschiedener Höhe, welche reich an Obertönen sind.

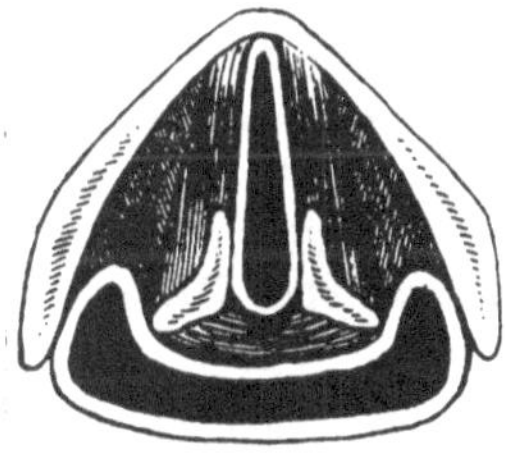

Fig. 287. Menschliche Stimme.

Mit diesem Apparat, welcher eine Art Zungenpfeife vorstellt, hat das menschliche Stimmorgan grofse Ähnlichkeit. Am oberen Ende der aus knorpeligen und häutigen Ringen bestehenden Luftröhre befinden sich zwei dünne Häutchen, **Stimmbänder**, welche die Luftröhre bis auf einen feinen Spalt, die **Stimmritze** (Fig 287), verschliefsen. Über der Stimmritze befindet sich der am einen Ende befestigte, am anderen freie **Kehldeckel** — das fleischige „Zäpfchen", welches sich im Zustande der Ruhe über die Stimmritze legt und nur der Luft den Eintritt in die Luftröhre gestattet. Die mit der Luftröhre verbundenen Lungen bilden den Blasbalg und die Mundhöhle den Schallbecher des Stimmorganes.

Von der Dicke, der Gleichmäfsigkeit und der Spannung der Stimmbänder hängt die Beschaffenheit der Stimme ab.

Bei den Vögeln befindet sich das Stimmorgan, der Singemuskelapparat, am unteren Ende der Luftröhre, weshalb z. B. eine Gans noch schreien kann, wenn auch der obere Teil der Luftröhre durchgeschnitten ist.

§ 195. Das Gehörorgan. Das Gehörorgan besteht aus dem äufseren, mittleren und dem inneren Ohr. Das erstere besteht aus der Ohrmuschel *M* (Fig. 288) und dem bis ans Trommelfell *T* reichenden, ca. 3 cm langen Gehörgang *C*. Die Ohrmuschel hat den Zweck möglichst viel Schallwellen aufzufangen, um sie konzentriert auf das Trommelfell zu leiten. Manche Tiere, wie z. B. Pferde, können die Ohrmuschel beliebig bewegen und nach der Seite hin drehen, von welcher der Schall herkommt. Schwerhörige halten, um noch mehr Schallwellen aufzufangen, die Hand ans Ohr, oder bedienen sich eines dem äufseren Ohre nachgebildeten Höhrrohres.

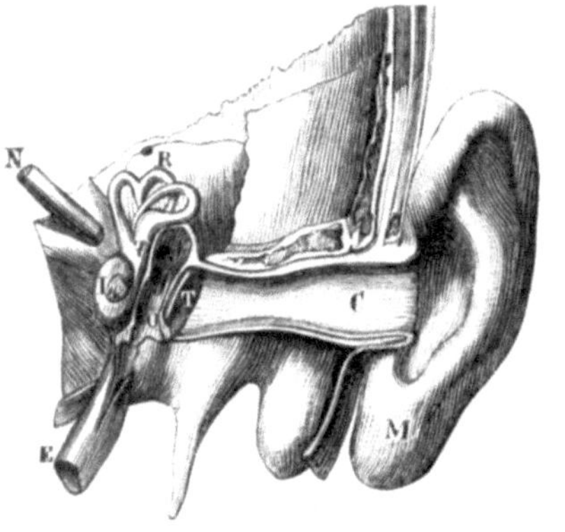

Fig. 288. Ohrmuschel.

Das mittlere Ohr, die sogenannte Paukenhöhle, beginnt mit dem Trommelfell *T*, an welches das eine Ende eines Knöchelchens, des Hammers *m* (Fig. 288a), angewachsen ist; das andere Ende des Hammers liegt auf einem breiten Knöchelchen, dem Ambos *n*, der durch ein kleines linsenförmiges Knöchelchen *f* mit dem Steigbügel *g* verbunden ist. Zwei kleine Muskeln drücken Hammer und Ambos gegeneinander. Die Paukenhöhle steht durch die Eustachische Röhre *E* (Fig. 288) mit der Mundhöhle in Verbindung.

Das innere Ohr, das Labyrinth, besteht aus dem Vorhof *V*, den drei Bogengängen *R* und der Schnecke *L*. Am Vorhof befindet sich eine eirunde elastische Haut, das ovale Fenster, an welches der Steigbügel angewachsen ist und am Ende der Schnecke ist ein ähnliches Häutchen, das runde Fenster.

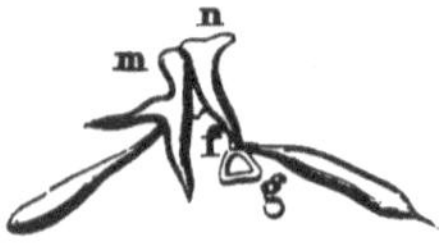

Fig. 288a. Hammer, Ambos, Steigbügel.

In das mit einer Flüssigkeit angefüllte Labyrinth tritt, vom Gehirn ausgehend, der Gehörnerv *N* ein, welcher sich im Labyrinth verzweigt. Trifft ein Schall unser Ohr, so wird das Trommelfell in Bewegung gesetzt, welches seine Schwingungen auf die Gehörknöchelchen und durch diese auf das ovale Fenster überträgt; letzteres versetzt das im Labyrinth befindliche Wasser in schwingende Bewegung, welche sich schliefslich dem Gehörnerv mitteilt. Das runde Fenster, das gleichzeitig mit dem ovalen Fenster hin- und hergeht, hat offenbar den Zweck zu ermöglichen, dafs das unzusammendrückbare Wasser überhaupt in schwingende Bewegung geraten kann.

Übrigens ist an der Einrichtung des Ohres noch Manches dunkel, namentlich ist man über die Funktionen der drei Bogengänge noch keineswegs im klaren.

III. Die Lehre vom Licht — Optik.

a) Entstehung und Verbreitung des Lichtes.

§ 196. Wesen und Quellen des Lichtes. Licht ist die Ursache der Sichtbarkeit der Körper. Die Lehre vom Licht heifst Optik (ὀπτική).

Die Fixsterne, sowie brennende und teilweise auch verwesende Körper besitzen die Eigenschaft der Sichtbarkeit an sich, man nennt sie leuchtende oder selbstleuchtende Körper, während die anderen dunkele heifsen. Dunkele Körper können unter dem Einflufs leuchtender sichtbar werden; sie sind alsdann beleuchtet (Erde, Mond, die Planeten überhaupt).

Körper, welche dem Licht mehr oder weniger den Durchgang gestatten, nennt man durchsichtig oder durchscheinend; die anderen undurchsichtig (Glas, Milchglas, Holz).

Die vornehmste Lichtquelle ist für uns die Sonne; andere Lichtquellen sind die Fixsterne, welche indessen wegen ihrer grofsen Entfernung uns nur geringe Lichtmengen zusenden.

Besonders wichtig als Lichtquellen sind mannigfaltige chemische Processe, welche richtig reguliert zu Beleuchtungzwecken benutzt werden: Verbrennung von Oel, Stearin, Wasserstoff und Sauerstoff (Drummondsches Licht) u. s. w. Auch durch den galvanischen Strom können Glüherscheinungen hervorgerufen werden, die ein sehr helles Licht verbreiten — elektrisches Licht. Geringere Bedeutung als Lichtquellen haben die phosphoreszierenden Körper, von denen es zwei Arten giebt; die einen, wie Phosphor und faules Holz, leuchten von selbst im Dunkeln infolge eines chemischen Processes; die anderen, wie Bologneser Leuchtstein, Austernschalen und die als künstliche Leuchtsteine bekannten Schwefelverbindungen der alkalischen Erdmetalle, leuchten kurze Zeit im Dunkeln nach, wenn sie von der Sonne beschienen worden sind.

Es giebt zwei Möglichkeiten, wie leuchtende und beleuchtete Körper von der Ferne her auf unser Auge einwirken können; entweder dadurch, dafs von ihnen, wie von riechenden Körpern, kleinste, unsichtbare Teilchen ausströmen und ins Auge eindringen, oder dadurch, dafs leuchtende Körper, ähnlich wie schallende, sich in lebhafter Bewegung befinden und einen den ganzen Weltenraum erfüllenden, äufserst feinen Stoff — den Äther — in Wellenbewegung versetzen. Welche von diesen beiden Theorien die richtige ist, ob die von Newton aufgestellte Emissionstheorie, oder die von Grimaldi (1665) begründete und von Huyghens, Young und Fresnel ausgebildete Vibrationstheorie, kann erst später entschieden werden. Für jetzt sei nur soviel bemerkt, dafs alle Physiker heutzutage der Vibrationstheorie huldigen.

§ 197. Verbreitung des Lichtes. Ein leuchtender Körper wird nicht gesehen, wenn in gerader Linie zwischen ihm und dem Beobachter ein undurchsichtiger Körper sich befindet. Stellt man vor eine brennende Kerze zwei mit je einem Loch (*A* und *B*, Fig. 289) versehene Schirme, so sieht man die Kerze durch *B* nur dann, wenn *A* und *B* sich in gerader Richtung mit der Kerze befinden. Aufserdem erblickt man auf dem zweiten Schirm bei *B*, oder überhaupt in gerader Richtung mit *A* und der Kerze das umgekehrte Bild derselben. Diese Versuche deuten darauf hin, dafs sich das Licht in geraden Linien, welche man Strahlen nennt, verbreitet. Das umgekehrte Bild auf dem zweiten Schirm läfst sich leicht konstruieren, wenn man von allen Punkten der Kerze gerade Linien durch das Loch im ersten Schirm zieht; die von den untersten Punkten des Körpers ausgehenden Strahlen treffen den zweiten Schirm an höheren Stellen, als die von den oberen ausgehenden.

Fig. 289. Geradlinige Verbreitung des Lichtes.

Je gröfser die Öffnung *A*, um so undeutlicher wird das Bild; eine grofse Öffnung kann als aus vielen kleinen, von denen jede ein verkehrtes Bild des Gegenstandes entwirft, angesehen werden. Diese Bilder fallen teilweise übereinander und geben, wie leicht durch Konstruktion zu finden, ein Bild der Öffnung selbst und nicht des leuchtenden Gegenstandes.

Die Blätter der Bäume überdecken sich vielfach so, dafs nur ganz feine Öffnungen zwischen ihnen bleiben; man sieht alsdann, wenn die Sonne hindurchscheint, runde Sonnenbildchen auf dem Boden; bei partiellen Sonnenfinsternissen sind die Bildchen sichelförmig.

Auf der geradlinigen Verbreitung des Lichtes beruht die Perspektive. Zieht man von irgend einem Punkte — Augenpunkt — gerade Linien nach den einzelnen Punkten eines Körpers und legt eine Ebene durch diesen Strahlenbüschel, so erhält man durch Verbindung der entsprechenden Durchschnittspunkte das perspektivische Bild des Körpers. Stellt man vor einen Körper eine Glastafel und sieht durch ein feines Loch nach dieser und dem Körper, so kann man leicht auf derselben das perspektivische Bild entwerfen, wenn man den Zeichenstift so über die Glastafel hinführt, dafs seine Spitze stets mit dem Auge und den Umrissen des Gegenstandes in gerader Linie liegt.

Das Licht selbst ist unsichtbar, man sieht nur beleuchtete Körper. Läfst man in ein dunkeles Zimmer durch eine runde Öffnung Sonnenstrahlen fallen, so sieht man auf der gegenüberliegenden Wand einen hellen Fleck (Sonnenbildchen); erst wenn man Staub erregt, oder raucht, so sieht man die „Lichtstrahlen" oder vielmehr die in gerader Richtung beleuchteten Staub- oder Rauchteilchen.

Bei dem sogenannten Wasserziehen der Sonne sieht man die in gerader Richtung beleuchteten Wasserteilchen der Wolken.

§ 198. Schatten. Steht ein leuchtender Körper vor einem undurchsichtigen, so entsteht hinter diesem ein dunkeler Raum, welcher aus zwei Teilen, dem ganz dunkelen Kernschatten und dem halbdunkelen Halbschatten besteht. Zieht man an die beiden Kugeln (Fig. 290), von denen die gröſsere den leuchtenden und die kleinere den dunkelen Körper vorstellt, die äuſseren und die inneren Berührenden, so schlieſsen die ersteren den Kern- und die letzteren den Halbschatten ein. In den Raum des Kernschattens kann kein Punkt des leuchtenden Körpers scheinen, in den des Halbschattens aber schicken um so mehr Punkte des leuchtenden Körpers Licht, je weiter die Stelle von dem Kernschatten entfernt ist. Der Halbschatten wird also vom Kernschatten ausgehend immer heller.

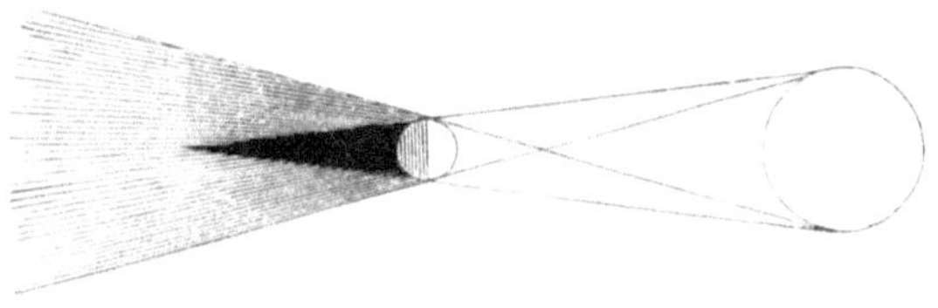

Fig. 290. Schatten.

Stellt man in den Schattenraum einen Schirm, so hat der Kernschatten, sowie der ihn umgebende Halbschatten denselben Umriſs, wie der undurchsichtige Körper (Schluſs auf die Gestalt der Erde aus der Form ihres Schattens bei Mondfinsternissen u. s. w.).

Ein einziger leuchtender Punkt, wie man ihn annähernd durch einen brennenden Magnesiumdraht, namentlich unmittelbar vor dem Erlöschen erhalten kann, erzeugt lediglich einen Kernschatten, zwei leuchtende Punkte erzeugen einen Kern- und einen überall gleichhellen Halbschatten.

Die Schattenbilder (ausgeschnittene Papiere, vor welche eine Flamme gestellt wird) beruhen darauf, daſs Licht, welches durch weite Öffnungen fällt, das Bild der Öffnung und nicht des leuchtenden Körpers geben.

Aufgabe. Konstruktion des Kernschattens: 1) durch einen leuchtenden Punkt; 2) durch zwei leuchtende Punkte. — Nachweis durch Konstruktion, daſs der Halbschatten, durch einen ganzen leuchtenden Körper, z. B. eine breite Gasflamme hervorgebracht, um so heller ist, je weiter die Stelle von dem Kernschatten entfernt ist.

§ 199. Geschwindigkeit des Lichtes. Der Astronom Olaf Römer hat (1676) die Bemerkung gemacht, daſs der erste Jupitertrabant bald längere, bald kürzere Zeit im Schatten des Jupiter verweile, als es der Berechnung nach sein dürfte. Er schrieb die Ursache der Nichtübereinstimmung von Beobachtung und Rechnung dem Umstande zu, daſs das Licht eine gewisse Zeit brauche, um sich von einem Orte zum anderen fortzupflanzen. Wenn der erste Jupitertrabant T (Fig. 291) auf seiner (nahezu) kreisförmigen Bahn um den Jupiter J, welche er in $42^h\ 28'\ 35''$ durchläuft, in den Schatten dieses seines Hauptplanetes tritt, so wird er so lange für uns unsichtbar, als er in demselben verweilt. Nun bemerkte Olaf Römer, daſs die Zeit, welche der Jupitertrabant im Schatten zubringt, kürzer oder länger ist als die berechnete, je nachdem die Erde sich währenddessen dem Jupiter nähert oder sich von ihm entfernt. Die berechnete

Zeit stimmt mit der beobachteten überein, wenn die Entfernung zwischen Erde und Jupiter dieselbe bleibt, während der Trabant im Schatten ist.

Wenn die Erde sich in der Nähe von E^{I} oder E^{II} befindet (Opposition oder Konjunktion der Sonne mit Jupiter), so behält sie für einige Zeit, während sie sich in der Richtung von West nach Ost (ebenso wie Jupiter und sein Trabant) bewegt, ihre Entfernung von diesen Gestirnen annähernd bei. Befindet sie sich aber in E^{III} oder E^{IV}, so entfernt sie sich von ihm oder nähert sich demselben fast in gerader Richtung. Wenn die Erde im Laufe eines halben Jahres von E^{I} über E^{III} nach E^{II} geht, so entfernt sie sich um den Durchmesser E^{I} E^{II} vom Jupiter; die Summe aller Verspätungen des Trabanten im Schatten, beziehungsweise das zu lange Verweilen in demselben, beträgt währenddessen 16 Min. $26^1/_2$ Sekunde. Ebensoviel beträgt die Summe der Verfrühungen in dem folgenden Halbjahre, während die Erde von E^{II} über E^{IV} nach E^{I} geht und sich dabei dem Jupiter um den Erdbahndurchmesser E^{II} E^{I} nähert. Nun beträgt der Erdbahndurchmesser 40 Millionen Meilen, welche vom Licht in 16 Min. $26^1/_2$ Sek. = 986,5 Sek. zurückgelegt werden; die Geschwindigkeit des Lichtes beträgt daher:

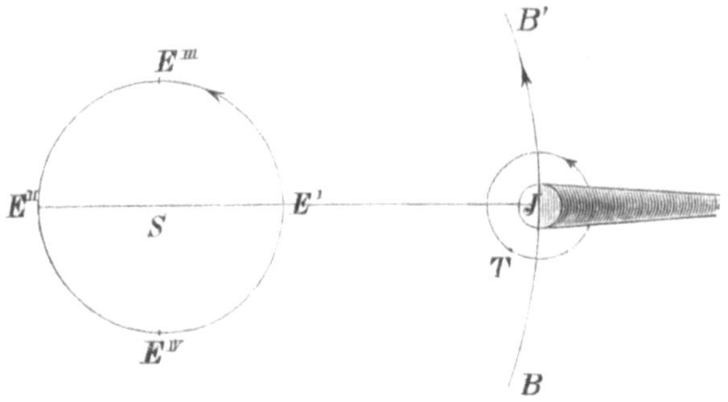

Fig. 291. Geschwindigkeit des Lichtes.

$$\frac{40\,000\,000}{986,5} \text{ oder nahezu } 41\,000 \text{ Meilen.}$$

Trotz dieser grofsen Geschwindigkeit braucht das Licht der Sonne $8^1/_2$ Minuten um zu uns zu gelangen, und manche Sterne sind so weit von uns entfernt, dafs ein von ihnen ausgehender Lichtstrahl erst nach Jahrhunderten gesehen wird. Die Sonne ist bereits über den Horizont, wenn wir sie eben erst erblicken und wir sehen sie noch, nachdem sie bereits untergegangen ist.

Auch noch auf anderen Wegen, teils mittelst Sideral-, teils mittelst terrestrischen Lichtes hat man die Geschwindigkeit des Lichtes zu bestimmen gesucht und ist annähernd zu demselben Resultate gelangt. Wir werden diese verschiedenen Bestimmungsmethoden noch kennen lernen.

§ 200. Lichtstärke und Helligkeit. Stellt man eine Kerze vor einen Schirm, das eine Mal in einer Entfernung von 1 m, das andere Mal in einer Entfernung von 2 m, so ist die Helligkeit des Schirmes im letzteren Falle weit geringer als im ersteren.

Andererseits ist die Helligkeit des Schirmes bei gleicher Entfernung verschieden je nach der Lichtquelle, welche man ihm gegenüberstellt.

Die Menge des Lichtes, welche die Einheit der Oberfläche eines selbstleuchtenden Körpers ausstrahlt, nennt man seine Lichtintensität (Lichtstärke, Helligkeit), während die von der Einheit der Oberfläche eines beleuchteten ausgehende Lichtmenge Beleuchtungsintensität (Beleuchtungsstärke, Helligkeit) genannt wird.

Die von der gesamten Oberfläche eines leuchtenden oder beleuchteten Körpers ausgehende Lichtmenge nennt man Gesamthelligkeit. Ist F die Oberfläche eines Körpers und J die Licht- oder Beleuchtungsintensität, so ist die Gesamthelligkeit:

$$H = F \, . \, J.$$

Die Beleuchtungsintensität ist dem Quadrate der Entfernung des leuchtenden Körpers von dem beleuchteten umgekehrt proportional.

Denkt man sich eine Lichtquelle nach der Reihe als Mittelpunkt zweier Kugeloberflächen, deren Durchmesser sich wie $1 : n$ verhalten, so fällt auf die innere Seite einer jeden dieselbe Lichtmenge; da aber diese Kugeloberflächen sich wie $1 : n^2$ verhalten, so verhalten sich die Beleuchtungsintensitäten wie $n^2 : 1$.

Zieht man nicht alle von einem leuchtenden Punkte ausgehenden Strahlen in Betracht, sondern etwa nur diejenigen, welche auf eine begrenzte Fläche fallen, so ist die Beleuchtungsstärke auch von der Neigung der beleuchteten Fläche gegen die Strahlen abhängig. Legt man durch einen von einem leuchtenden Punkte ausgehenden Strahlenbüschel, welcher von dem Umfang einer ebenen Fläche begrenzt wird, verschiedene Ebenen, welche gleiche Entfernung von dem leuchtenden Punkte haben, so sind die von den Strahlen begrenzten Flächenstücke von sehr verschiedener Gröfse und deshalb ist auch die Beleuchtungsintensität verschieden.

Sind die Strahlen parallel, d. h. gehen sie von einem weit entfernten leuchtenden Punkt aus, so gilt das Gesetz: Die Beleuchtungsintensität ist dem Sinus des Winkels, unter welchem die Strahlen die Fläche treffen, proportional. Es sei mn (Fig. 292) eine Fläche auf welche ein Büschel paralleler Strahlen (an, rr', bm ...) auffallen, so treffen,

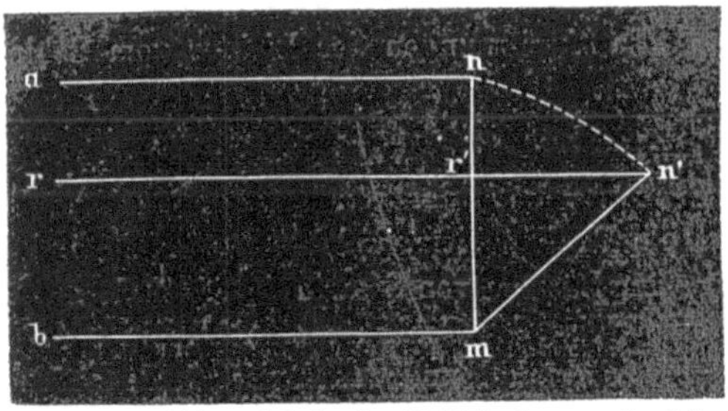

Fig. 292. Abhängigkeit der Helligkeit vom Ausfallswinkel.

wenn man die Fläche mn in die Lage mn' dreht, alle Strahlen, welche oberhalb rr' liegen, die Fläche mn' nicht mehr. Es verhalten sich nun die Gesamthelligkeiten und auch die Beleuchtungsintensitäten von mn' und mn wie $mr' : mn$, oder wie $mr' : mn'$. Nun ist aber $mr' : mn' = \sin bmn' = \sin \varphi$, wenn man mit φ den Neigungswinkel der Strahlen gegen mn' bezeichnet.

Bezeichnet man deshalb die Beleuchtungsintensität von *mn* mit *J*, so ist die von *mn'* gleich $J \, . \sin \varphi$.

Die Sonne ist soweit entfernt, dafs ihre Strahlen, wenn sie auf nicht zu grofse Flächen auffallen, als parallel angesehen werden können. Am Morgen und Abend fallen ihre Strahlen sehr schief auf, weshalb die Helligkeit der Erde zu dieser Zeit geringer ist, als am Mittag. Dazu kommt freilich noch, dafs die Sonnenstrahlen am Morgen und Abend einen weit gröfseren Weg durch die unteren, dunstigen Luftschichten machen müssen, wodurch viel Licht absorbiert wird. — Helligkeit in niederen und höheren Breiten.

§ 201. Messung der Lichtstärke — Photometrie. Apparate, welche zum Vergleichen der Lichtstärken verschiedener Lichtquellen dienen, nennt man Photometer.

1) Das Photometer von Rumford (oder Lambert 1760) besteht aus einem aufrechtstehenden Papierschirm *AB* (Fig. 293), vor welchem sich ein Stab *Dd* befindet. Stellt man dem Schirm ein Licht *L* gegenüber, so wirft der Stab einen Schatten *HS* auf den Schirm und bringt man noch ein zweites Licht *L'* hinzu, so entsteht ein zweiter Schatten *H'S'*. Jeder Schatten wird von den Strahlen des anderen Lichtes beleuchtet. Man kann nun das eine Licht so rücken, dafs beide Schatten gleich hell erscheinen, was sich am besten beurteilen läfst, wenn beide Schatten dicht nebeneinander fallen. Nun mifst man die Entfernungen *KD* und *K'D* (oder eigentlich *KH* und *K'H'*) ab; sind *J* und *J'* die Intensitäten der beiden Lichter und $r = KH$ und $r' = K'H'$ die Entfernungen der Lichter vom Schirm, so gilt:

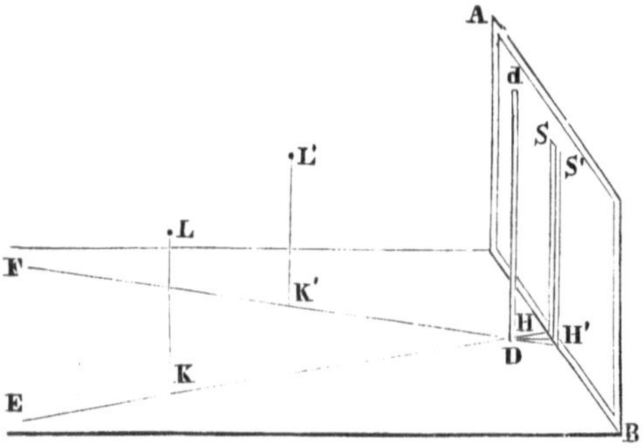

Fig. 293. Rumfords Photometer.

$$J : J' = r'^2 : r^2.$$

2) Das gebräuchlichste Phonometer ist das von Bunsen (1847). Der Hauptbestandteil desselben ist ein Papierschirm, welcher in der Mitte einen Fettfleck (gewöhnlich mittelst einer Lösung von Stearin in Alkohol erzeugt) besitzt. Stellt man auf die eine Seite des Schirmes eine Flamme, so erscheint auf dieser Seite der Fleck dunkel und das Papier hell; auf der anderen Seite ist es umgekehrt. Der Fettfleck läfst mehr Licht durch als das ungefettete Papier. Bringt man noch eine Flamme auf die andere Seite des Schirmes, so kann man es durch Verrücken der einen Flamme dahinbringen, dafs der Fleck verschwindet. Befindet sich das Auge z. B. auf der rechten Seite des Schirms, so schickt die hier befindliche Flamme viel Licht durch den Fleck auf die linke Seite, welches für das Auge verloren geht. Wenn nun die Flamme links ebensoviel Licht durch den

Fleck nach rechts schickt, so wird das von der Flamme auf der rechten Seite für das Auge verlorengegangene Licht durch die auf der linken Seite stehende wieder ersetzt und Papier und Fleck erscheinen gleich hell. Ist dies eingetreten, so beleuchten beide Flammen den Schirm gleich stark, und man hat nur noch die Entfernungen abzumessen und zu quadrieren.

Übrigens bemerkt man, dafs, wenn der Fleck auf der einen Seite verschwindet, er auf der anderen Seite etwas heller ist, als das Papier. Dies rührt daher, dafs der Fleck weniger Licht absorbiert als das reine Papier. Es bedeute m die auf die Einheit der Fläche fallende Lichtmenge, a die vom reinen Papier absorbierte, r die reflektierte und d die durchgelassene Menge; ebenso bedeuten a', r' und d' die entsprechenden Lichtmengen für den Fettfleck, so ist für jede Flamme $m\,(a + r + d) = m\,(a' + r' + d')$. Sind nun die beiden Flammen gleich und stehen sie in gleicher Entfernung, so sind die von ihnen sowohl durch den Fleck, als das Papier gehenden Lichtmengen gleich; dasselbe gilt für die reflektierten und absorbierten Lichtmengen. Nun zeigt sich, dafs bei gleicher Entfernung der Flammen der Fleck auf beiden Seiten heller ist, als das Papier. Es mufs also $m\,(r + d) < m\,(r' + d')$ sein, wo r und r' die (von der einen Flamme) von Papier, bezüglich Fleck, reflektierten und d und d' (die von der anderen Flamme) vom Papier, bezüglich, Fleck durchgelassenen Lichtmengen bedeuten. Hieraus geht hervor, dafs $ma > ma'$ sein mufs, d. h. das Papier absorbiert mehr Licht als der Fettfleck.

Rückt man die eine Flamme näher an den Schirm, so verschwindet der Fleck auf dieser Seite, während er auf der anderen an Helligkeit zunimmt. Beim Näherrücken der ersten Flamme an den Schirm bleiben d und d' gleich, weil die zweite ihre Stelle behält; dagegen wachsen r und r' in gleichem Verhältnis; da ferner $mr < mr'$, so wird die Differenz $mr - mr'$ immer gröfser, je näher die erste Flamme an den Schirm kommt. Weil aber die Differenz $md - md'$ stets ihren Wert behält, so mufs es beim Näherrücken der ersten Flamme an den Schirm bald dahin kommen, dafs $mr + md = mr' + md'$ wird; auf der Seite der ersten Flamme mufs nun der Fleck verschwinden.

Da der Fleck nicht hinlänglich verschwindet, wenn gleiche Flammen gleiche Entfernung vom Schirm haben, oder bei ungleichen Flammen die Lichtstärken den Quadraten der Entfernungen umgekehrt proportional sind, so hat man zwei Methoden vorgeschlagen, um eine exakte Messung der Lichtstärke zu ermöglichen. 1) Man bringt am Schirm einen Winkelspiegel an, so dafs man beide Seiten des Schirmes zugleich sehen kann; die richtige Stellung ist erreicht, wenn der Fleck auf beiden Seiten gleich hell erscheint. 2) Bunsen schliefst in einen Kasten, welcher vorn eine Röhre trägt, die durch ein gefettetes Papier verschlossen ist, eine Flamme ein und stellt die zu vergleichenden Flammen nach der Reihe dem Schirm gegenüber; jede wird so lange gerückt, bis der Fleck verschwindet und dann wird die Entfernung abgemessen u. s. w. Mit Hilfe des Bunsenschen Photometers läfst sich auch erweisen, dafs die Beleuchtungsstärke im Quadrat der Entfernung abnimmt. Stellt man auf die eine Seite des Schirms eine und auf die andere Seite in der doppelten Entfernung vier Kerzen, so verschwindet der Fleck.

Auch läfst sich zeigen, dafs bei schiefem Auffallen der Strahlen die Beleuchtungsintensität geringer wird. Man stellt zwei gleiche Kerzen rechts und links vom Schirm, die eine ebenso hoch, wie der Fleck, die andere höher oder tiefer; man mufs alsdann die letztere Flamme näher an den Schirm stellen, als die erstere, wenn der Fleck verschwinden soll.

In der Praxis ist übrigens die Lichtintensität einer Flamme nicht das allein Mafsgebende; es kommt auch auf den Kostenpreis des Brennmateriales an; der „Beleuchtungswert" einer Flamme ist der Lichtintensität direkt und dem Kostenpreis umgekehrt proportional. Aber auch der Beleuchtungswert ist bei Anschaffung einer Lichtquelle nicht allein entscheidend; es fragt sich, um die vorteilhafteste

Lichtquelle zu ermitteln, zunächst, welche Helligkeit für den vorliegenden Zweck notwendig ist, und dann wählt man unter den Lichtquellen, welche die betreffende Helligkeit erzeugen, diejenige, aus, welche den gröfsten Beleuchtungswert besitzt. Genügt z. B. für eine Küche die Helligkeit einer Stearinkerze, so ist diese vorteilhafter, weil billiger als eine Gasflamme, obwohl ihr Beleuchtungswert geringer ist.

Aufgabe 1. Eine Stearinkerze und eine Petroleumlampe machen den Fleck beim Bunsenschen Photometer verschwinden, wenn die erste 25 cm und die letztere 48 cm vom Schirm entfernt ist. In welchem Verhältnis stehen die Lichtintensitäten beider Lichtquellen?

Aufgabe 2. Damit der Fleck verschwindet, mufs eine Stearinkerze 25 cm und eine Gasflamme 65 cm vom Schirme entfernt sein; das in einer Stunde verbrauchte Gas ist doppelt so teuer, als das in derselben Zeit verbrauchte Stearin; in welchem Verhältnis stehen die Beleuchtungswerte beider Lichtquellen?

b) Reflexion des Lichtes (Katoptrik).

§ 202. Reflexion von ebenen Spiegeln. 1) *Wenn ein Lichtstrahl auf eine ebene, polierte Fläche, einen ebenen „Spiegel“ fällt, so wird er unter demselben Winkel zurückgeworfen, unter dem er aufgefallen ist.* Fig. 294 zeigt ein dunkeles Zimmer; durch ein Loch A im Laden desselben fällt eine Bündel paralleler Lichtstrahlen AB auf einen Spiegel; dasselbe wird in der Richtung BC reflektiert, so dafs, wenn BD senkrecht auf die Spiegelfläche gezogen worden, $\sphericalangle ABD = \sphericalangle DBC$ (§ 114).

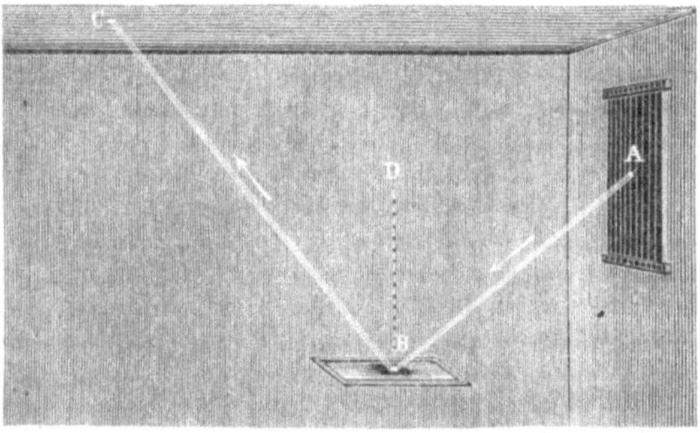

Fig. 294. Brechung des Lichtes.

Mit Hilfe des Apparates (Fig. 295) kann man sich auch ohne dunkeles Zimmer von der Richtigkeit des Reflexionsgesetzes überzeugen. Im Mittelpunkte eines halbcylindrischen Messingstreifens ist ein kleiner Spiegel s drehbar befestigt. Senkrecht auf der Mitte des Spiegels ist ein Zeiger bc befestigt, welcher sich mit dem Spiegel dreht und das Einfallslot vorstellt. Die eine Hälfte des Messingstreifens ist in 90 Grade eingeteilt und in der Mitte, am Nullpunkt, ist ein Schlitz $0a$ angebracht. Stellt man den Zeiger auf 20^0 und sieht durch den Schlitz nach der Mitte des Spiegels, so erblickt man dort die Zahl 40 u. s. w.

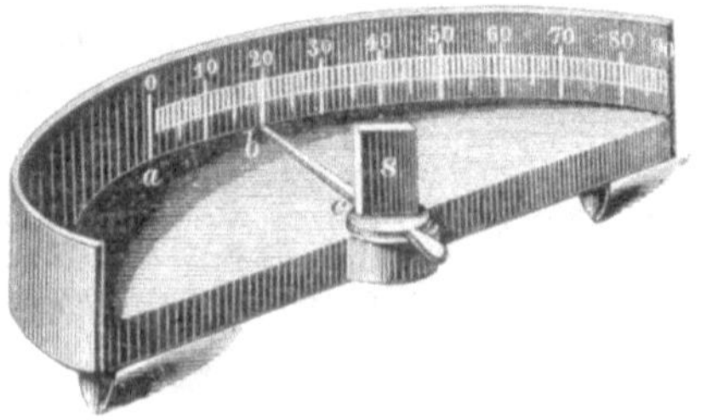

Fig. 295. Müllers Reflexionsapparat.

2) Wenn von einem Punkte *a* (Fig. 296) Strahlen, wie *ab*, *ad* . . . auf einen ebenen Spiegel *ss'* fallen, so werden sie so reflektiert, als ob sie von einem Punkte *a'* ausgingen, welcher ebenso weit hinter dem Spiegel sich befindet, wie der leuchtende Punkt *a* davor liegt. Zieht man von *a* eine Senkrechte auf *ss'*, so fällt *a'* in dieselbe und es ist $ap = a'p$.

Es sei *ab* ein von *a* ausgehender Lichtstrahl, welcher von dem Spiegel *ss'* in der Richtung *bc* reflektiert wird. Man verlängere *bc* rückwärts, bis sie die Senkrechte *ap* auf den Spiegel *ss'* im Punkte *a'* schneidet.

Nach dem Reflexionsgesetze (1) mufs $\sphericalangle abs' = \sphericalangle cbs$; da nun $\sphericalangle cbs = \sphericalangle a'bs'$, so folgt $\sphericalangle abp = \sphericalangle a'bp$; da ferner $bp = bp$ und $\sphericalangle apb = \sphericalangle bpa' = R$, so ist $\triangle abp \cong \triangle bpa'$; deshalb ist $ap = pa'$. — Da die Lage von *a'* unabhängig von der Richtung des Strahles ist, so trifft auch die Rückverlängerung jedes anderen reflektierten Strahles die *ap* in *a'*.

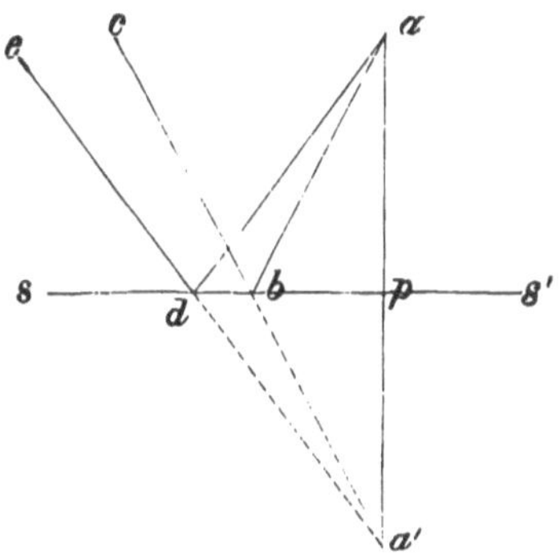

Fig. 296. Konstruktion der Bilder bei ebenen Spiegeln.

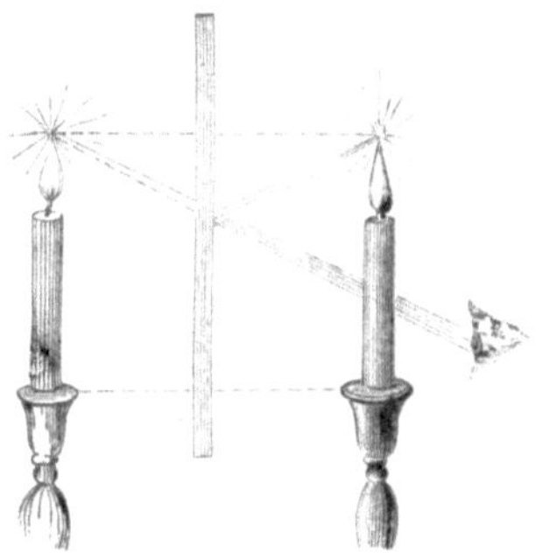

Fig. 297. Bilder durch ebene Spiegel.

Wenn die von einem ebenen Spiegel reflektierten Strahlen in das Auge fallen, so erblickt es den leuchtenden Gegenstand ebenso weit hinter dem Spiegel, wie er selbst davor liegt (Fig. 297). Das Auge, welches nicht von einem leuchtenden Körper direkt, sondern von den Strahlen, welche er ausschickt, angeregt wird, kann nicht unterscheiden, ob die reflektierten Strahlen *bc*, *de* . . . (Fig. 296) wirklich von einem Punkte *a'* ausgehen, oder ob sie blofs so gerichtet sind, als wenn sie von *a'* ausgingen. Da nun das Auge daran gewöhnt ist, überall da einen leuchtenden Punkt vorauszusetzen, von wo Strahlen herkommen, so sieht es in *a'* einen leuchtenden Punkt, obwohl dort ein solcher nicht vorhanden ist. (Optische Täuschung.)

Die Erklärung der Reflexion nach der Wellentheorie ergiebt sich aus § 169.

Hält man den Finger an einen Glasspiegel, so sieht man zwei Bilder, ein mattes, welches sich direkt an den Finger anlegt, und ein helles (das eigentliche Spiegelbild), welches um die doppelte Dicke des Glases vom Finger absteht. (Probe der Möbelhändler, um die Dicke eines Spiegels zu finden.) Das erste entsteht durch Reflexion an der vorderen, das zweite durch Reflexion an der hinteren, der eigentlichen Spiegelfläche. — Steht abends eine brennende Lampe vor einem Spiegel, so sieht man das Bild derselben, namentlich das der Milchglocke, von einem matten Schein, welcher das von der vorderen Spiegelfläche erzeugte Bild darstellt, umgeben.

§ 203. Winkelspiegel, Parallelspiegel, Kaleidoskop, Reflexionsgoniometer, Poggendorffs Spiegelablesung, Spiegelsextant, Heliostat. 1) Befindet sich ein leuchtender Gegenstand zwischen zwei zueinander geneigten Spiegeln, d. i. einem Winkelspiegel, so erblickt man eine Anzahl im Kreise liegender Bilder; der Halbmesser dieses Kreises ist die Entfernung des leuchtenden Punktes von der gemeinschaftlichen Kante beider Spiegel. Ist der Winkel, den die Spiegel miteinander bilden, ein genauer Teil von 360 Grad ($1:n$), so beträgt die Zahl der Bilder $n-1$ oder n, jenachdem n eine gerade oder ungerade Zahl ist; dabei ist vorausgesetzt, daſs der leuchtende Punkt nicht genau in der Mitte zwischen den Spiegeln liegt; liegt er aber in der Mitte, so erhält man stets $n-1$ Bilder. Es sei AMB (Fig. 298) ein Winkelspiegel (60^0) und o ein leuchtender Punkt zwischen demselben. Die von o auf AM fallenden Strahlen werden von AM so reflektiert, als ob sie von a' herkämen, wobei $op = a'p$. Ein Teil dieser von AM zurückgeworfenen Strahlen gelangt ins Auge, so daſs man in a' ein Bild erblickt; ein anderer Teil derselben fällt auf den Spiegel MB und wird von diesem reflektiert; von diesen Strahlen gelangt wieder ein Teil ins Auge und da die auf MB gefallenen Strahlen so gerichtet waren, als ob sie von a' hergekommen wären, so sieht das Auge hinter MB ein Bild b'', welches ebenso weit hinter MB gesehen wird, wie a' davor liegt ($a's = sb''$). Ein anderer Teil der von MB reflektierten Strahlen fällt auf den Spiegel MA und wird von diesem reflektiert; der Teil davon, welcher ins Auge gelangt, läſst ein Bild erscheinen, welches ebenso weit hinter AM, bezüglich dessen Verlängerung (in o') sich befindet, wie b'' davor liegt u. s. w.

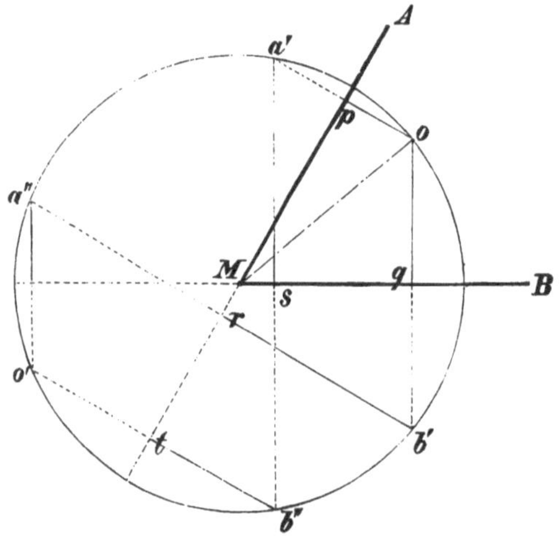

Fig. 298. Winkelspiegel.

Andererseits fallen von o auch Strahlen auf MB, welche reflektiert teilweise ins Auge gelangen und ein Bild in b' erscheinen lassen, teilweise aber auch auf MA fallen und von diesem reflektiert werden u. s. w.

Die Bilder liegen mit o in einem Kreise, dessen Halbmesser oM ist; denn es ist leicht zu sehen, daſs $a'M = oM = b'M$ u. s. w. Ist der Bogenabstand des Punktes o von den Spiegeln AM und BM bezüglich α und β, so folgen die Bilder einander nach der einen Richtung in den Bogenabständen 2α, 2β, 2α, 2β . . . und nach der anderen in den Abständen 2β, 2α, 2β, 2α . . .

Der mittlere Abstand zweier Bilder beträgt also $\alpha + \beta$ u. s. w.

Ist z. B. der Winkel, welchen die Spiegel miteinander bilden 60^0, so ist die Zahl der Bilder, den Gegenstand mit eingerechnet, gleich 6.

Legt man zwischen die Spiegel beliebige Körper, so bilden sie mit ihren Bildern zusammen eine hübsche, symmetrische Figur — Kaleidofkop (Brewster 1817).

2) Wird ein Gegenstand zwischen zwei Parallelspiegel gelegt, so sieht man in jedem Spiegel unzählige Bilder hintereinander, welche immer lichtschwächer werden.

3) Das Reflexionsgoniometer dient dazu, um den Winkel, welchen zwei anstofsende Flächen eines Krystalls miteinander bilden, zu messen. Man sieht auf die eine Fläche des Krystalls und dreht so lange, bis das Bild eines gegenüberliegenden Gegenstandes, z. B. einer Fenstersprosse, mit einem direkt gesehenen Gegenstand) z. B. einer anderen Fenstersprosse, zusammenfällt. Dann dreht man den Krystall, bis in der Nachbarfläche wiederum das Bild der ersten Sprosse mit der direkt gesehenen zweiten zusammenfällt. Der Winkel, um welchen man hat drehen müssen, ist gleich dem Supplement des Neigungswinkels der beiden Flächen.

4) Wenn man bei dem Reflexionsapparat (Fig. 295) das Einfallslot, bezüglich den Spiegel um x^0 dreht, so vergröfsert sich der Winkel zwischen dem einfallenden und reflektierten Strahle um $2x$, denn es vergröfsert sich der Einfallswinkel, ebenso wie der Reflexionswinkel jeder um x^0. — Eine auf einer geraden Latte befindliche Einteilung steht einem Spiegel gegenüber, welcher sich um eine Achse drehen kann. Hinter der Latte ist ein Fernrohr aufgestellt, durch welches man im Spiegel, wenn er der Latte parallel steht, den Nullpunkt der Einteilung erblickt. Dreht sich nun der Spiegel, so dafs man in ihm die Zahl n der Teilung sieht, so gilt für den Drehungswinkel φ des Spiegels:

$$tg\,2\varphi = \frac{n}{l},$$

wenn l die Entfernung der Einteilung von dem Spiegel in der ursprünglichen Lage bedeutet. Wenn φ sehr klein ist, so kann man auch schreiben: $\varphi = \frac{n}{2l}$ — Poggendorffs Spiegelablesung bei Magnetometern, Galvanometern u. s. w.

5) Der Spiepelsextant (Fig. 299) dient dazu, um den Winkelabstand zweier weit entfernter Gegenstände zu messen. Er besteht aus zwei Spiegeln A und B, von denen der erste fest und nur in seiner unteren Hälfte belegt, während der zweite um eine Stange CD drehbar ist. Das Ende C der Stange bewegt sich an einem eingeteilten Bogen, welcher etwa $^1/_6$ des Kreisumfanges ausmacht (daher der Name Sextant). Zeigt C auf den Nullpunkt der Teilung, so sind die Spiegel parallel. Man fafst den Apparat an dem Handgriff H, welcher oben in eine Platte mit einem feinen Loch o sich verlängert und hält, während die Spiegel parallel stehen, den Apparat so, dafs man den einen der beiden Gegenstände, deren Winkelabstand man messen will, durch den unbelegten Teil von A hindurch erblickt. Nun dreht man B mittelst der Stange CD, bis der andere Gegenstand gerade unter dem ersten im belegten Teil von A erscheint. Der zweite Gegenstand schickt nämlich Lichtstrahlen auf B, welche von hier nach A geworfen und von dem unteren Teil von A abermals reflektiert ins Auge gelangen. Nimmt man den Winkel, um welchen die Stange CD gedreht worden, doppelt, so erhält man den Winkelabstand der beiden Gegenstände.

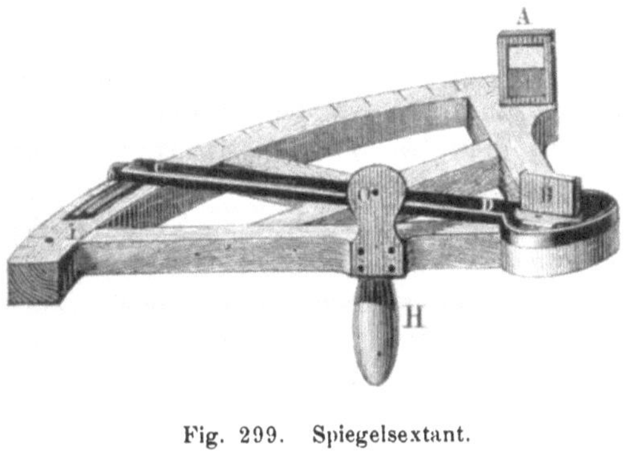

Fig. 299. Spiegelsextant.

6) Der Heliostat ist ein vor dem Laden eines dunkelen Zimmers hängender, nach allen Richtungen drehbarer Spiegel, welcher dazu dient, um die Sonnenstrahlen in gewünschter Richtung in das dunkele Zimmer zu werfen.

7) Der Winkelspiegel der Geometer dient dazu, um rechte Winkel abzustecken. Die beiden Spiegel MC und MD (Fig. 300) bilden einen Winkel von 45° miteinander. Daraus folgt, dafs ein Strahl AO, welcher auf den einen Spiegel MC fällt, von diesem nach dem anderen MD in der Richtung OP, und von hier ins Auge in der Richtung PE zurückgeworfen worden, mit dem letzteren einen Winkel von $2 \,.\, 45^0 = 1\,R$ bilden mufs: $\sphericalangle AEP = R$. Es ist dabei einerlei, unter welchem Winkel der Strahl AO auffällt, so dafs B an derselben Stelle bleibt, auch wenn man den Winkelspiegel etwas dreht. Stellt man nun bei A eine Mefsstange auf, so erscheint das Bild derselben, wenn man über MC hinweg in MD hineinsieht, in der Richtung BE, so dafs $BEA = R$. Nun nimmt man eine Mefsstange und rückt sie hin und her bis sie, wenn man über beide Spiegel hinwegsieht, an derselben Stelle erscheint, wie das Bild der bei A aufgestellten Stange. Da M sehr nahe an E liegt, so kann man auch BMA als rechten Winkel betrachten, namentlich wenn die Mefsstangen weit von den Winkelspiegeln aufgestellt werden.

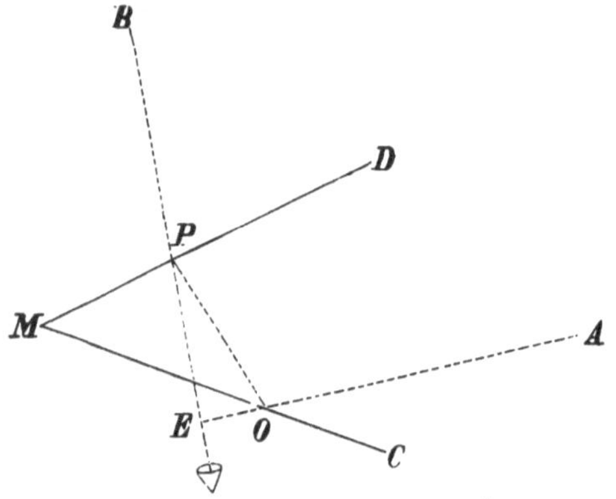

Fig. 300. Winkelspiegel der Geometer.

§ 204. Reflexion an unebenen Flächen. Fällt Licht auf eine unebene, beliebig gekrümmte Fläche, so wirft sie, da die Strahlen unter allen möglichen Winkeln auffallen, das Licht nach allen Richtungen zurück; jedes Element derselben erscheint deswegen wie ein leuchtender Punkt, der das Licht nach allen Richtungen ausstrahlt. Während man einen gut polierten ebenen Spiegel nicht sieht, sondern nur die durch die Reflexion erzeugten Bilder, so ist eine unregelmäfsige Fläche selbst sichtbar, ohne dafs man Bilder gegenüberstehender Gegenstände durch dieselbe wahrnimmt.

§. 205. Sphärische Spiegel — Hohlspiegel. Ein sphärischer Spiegel ist ein poliertes Stück einer Kugelfläche (Kugelkappe); ist er innen poliert, so heifst er Hohl- oder Konkavspiegel, und ist er aufsen poliert, Konvexspiegel.

Wir betrachten zunächst den Hohlspiegel. Man unterscheidet an ihm zwei Mittelpunkte, den optischen M (Fig. 301), und den geometrischen C; der erstere ist die Mitte des Spiegels selbst und der letztere der Mittelpunkt der Kugel, von welcher der Spiegel ein Stück ist. Die Verbindungslinie der beiden Mittelpunkte heifst die Achse des Spiegels.

Fällt auf einen Hohlspiegel ein Lichtstrahl, z. B. PI, so mufs man, um den reflektierten Strahl zu finden, das Einfallslot konstruieren; dies ist aber der Halbmesser IC; trägt man nun den Einfallswinkel PIC auf die andere Seite von IC, so erhält man den reflektierten Strahl IR.

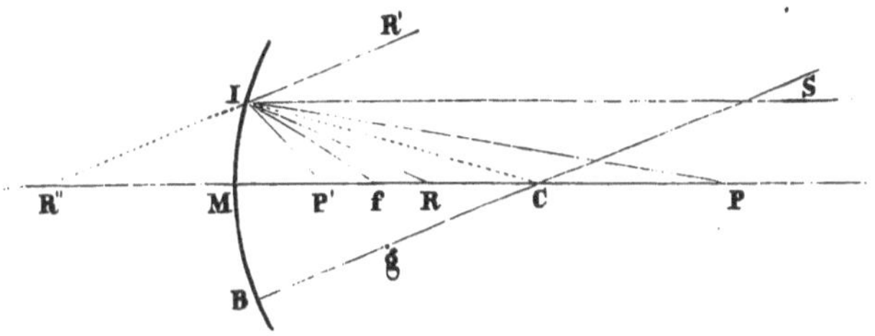

Fig. 301. Ableitung der Gleichung zwischen Gegenstands- und Bildweite, wenn der Gegenstand weiter vom Spiegel liegt, als der Brennpunkt.

Es soll eine Beziehung zwischen den Entfernungen $PM = a$ und $RM = a_1$, sowie dem Radius $CM = r$ des Spiegels gefunden werden. Wegen der Gleichheit der Winkel PIC und CIR gilt:

$$PC : CR = PI : RI.$$

Ist nun der Spiegel klein und schwach gekrümmt, oder liegt I überhaupt nahe bei M, so kann man setzen:

$$PJ = PM \text{ und } RJ = RM;$$

deshalb wird:

$$PC : CR = a : a_1,$$

oder

$$a - r : r - a_1 = a : a_1$$

hieraus ergiebt sich:

$$\frac{1}{a} + \frac{1}{a_1} = \frac{1}{{}^1\!/_2 r}. \qquad 1)$$

Da diese Beziehung von dem Winkel unabhängig ist, den der einfallende Strahl mit der Achse bildet, unter der Voraussetzung, dafs der Winkel klein sei, so gilt Gleichung 1) für alle von einem Punkte P der Achse ausgehenden Strahlen, welche mit dieser kleine Winkel bilden; es treffen alle Strahlen, welche von einem Punkte der Achse ausgehen, in demselben Punkte der Achse nach der Reflexion zusammen. Diesen Punkt (R) nennt man das Bild des leuchtenden Punktes (P). Die Entfernung $PM = a$ des leuchtenden Punktes P von dem Spiegel nennt man die Gegenstandsweite und die Entfernung $RM = a_1$ des Bildes R von dem Spiegel die Bildweite.

1) Liegt der leuchtende Punkt im Unendlichen, so sind die auf den Spiegel fallenden Strahlen parallel (SI); in diesem Falle ergiebt sich aus 1), weil $a = \infty$:

$$\frac{1}{a_1} = \frac{1}{{}^1\!/_2 r};$$

der Strahl SI wird nach einem Punkt f reflektiert, welcher in der Mitte zwischen C und M liegt; man nennt ihn den **Brennpunkt** des Spiegels; — fallen Sonnenstrahlen auf einen Hohlspiegel, so vereinigen sie sich nach der Reflexion in diesem Punkte f, so dafs es dort nicht blofs sehr hell, sondern auch sehr heifs wird. Bezeichnet man den Abstand fM des Brennpunktes vom Spiegel, welchen man die **Brennweite** nennt, mit f, so nimmt Gleichung 1) die Form an:

$$\frac{1}{a} + \frac{1}{a_1} = \frac{1}{f}. \qquad 2)$$

Bild- und Gegenstandsweite lassen sich, wie an der Gleichung ersichtlich, vertauschen; bringt man den Gegenstand an die Stelle, wo vorhin das Bild war, so erscheint jetzt das Bild an dem früheren Orte des Gegenstandes.

2) So lange der leuchtende Punkt weiter vom Spiegel entfernt ist, als der Mittelpunkt, d. h. so lange $a > r$, ist $\frac{1}{2}r < a_1 < r$; es fällt also das Bild zwischen Brennpunkt und Mittelpunkt.

Liegt umgekehrt der Gegenstand zwischen Brennpunkt und Mittelpunkt, so fällt sein Bild jenseits des Mittelpunktes.

3) Liegt der leuchtende Punkt im geometrischen Mittelpunkte, so fällt sein Bild ebendahin.

4) Liegt der leuchtende Punkt im Brennpunkte, so werden die Strahlen vom Spiegel parallel mit der Achse reflektiert, das Bild fällt ins Unendliche.

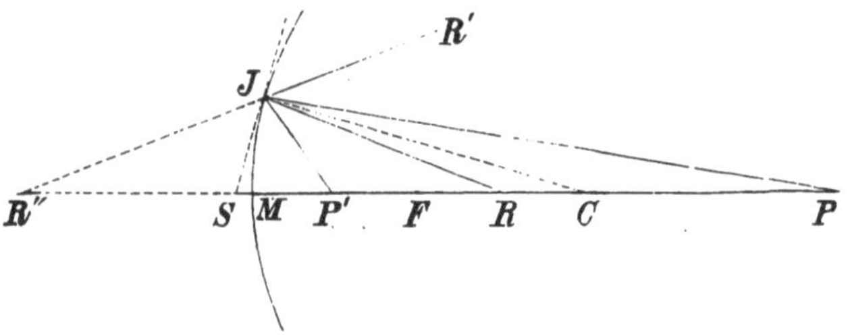

Fig. 302. Ableitung der Gleichung zwischen Gegenstands- und Bildweite, wenn der Gegenstand näher am Spiegel liegt, als der Brennpunkt.

5) Liegt der leuchtende Punkt P' (Fig. 302) näher am Spiegel als der Brennpunkt, ist $a < \frac{1}{2}r$, so wird nach 2) die Bildweite a_1 negativ. Ein von P' ausgehender Strahl, wie $P'J$, wird vom Spiegel so reflektiert (JR'), dafs er mit der Achse divergiert; es giebt also kein Bild mehr, da die reflektierten Strahlen nicht mehr in einen Punkt zusammengehen. Verlängert man aber den reflektierten Strahl JR' rückwärts, so trifft er die Achse hinter dem Spiegel in einem Punkt R'', in welchem auch die Rückverlängerungen aller übrigen von P' ausgehenden Strahlen nach der Reflexion sich schneiden. Die Lage von R'' ergiebt sich aus Gleichung 2) wenn man a_1 negativ setzt:

$$\frac{1}{a} - \frac{1}{a_1} = \frac{1}{f}. \qquad 3)$$

Dafs diese Beziehung richtig ist, läfst sich übrigens auch direkt nachweisen, wenn man bedenkt, dafs der Radius JC den Aufsenwinkel $P'JR'$ des Dreieckes $R''JP'$ halbiert. Hieraus folgt:

$$CP' : CR'' = P'J : R''J \text{ u. s. w.}$$

Da die von P' ausgehenden Strahlen nach der Reflexion so divergieren, dafs sie rückwärts verlängert in einem Punkte R'' hinter dem Spiegel zusammentreffen würden, so erblickt ein Auge, in welches die reflektierten Strahlen fallen, ein Bild des leuchtenden Punktes in R''.

Hiernach hat man wirkliche (physische) und scheinbare (virtuelle, geometrische, optische) Bilder zu unterscheiden. So lange der leuchtende Punkt weiter vom Spiegel als der Brennpunkt entfernt ist, erhält man ein wirkliches Bild, das, da die reflektierten Strahlen wirklich in einem Punkte zusammentreffen, auf einem Schirme aufgefangen werden kann. Ist aber der leuchtende Punkt näher am Spiegel als der Brennpunkt, so ist das Bild scheinbar; es läfst sich, da die Strahlen nach der Reflexion divergieren, nicht auf einem Schirme auffangen und kann nur mit dem Auge gesehen werden.

Wie bewegt sich das Bild, wenn der Gegenstand von dem Unendlichen nach dem Spiegel hinrückt?

Aufgabe 1. Es ist zu beweisen, dafs Gegenstand und Bild den Radius des Hohlspiegels harmonisch teilen, wenn man annimmt, dafs der Durchschnittspunkt S der Berührenden an J mit der Achse mit M zusammenfällt: $PC : PM = RC : RM$ und $P'C : P'M = R''C : R''M$.

Aufgabe 2. Die Brennweite ist das geometrische Mittel zwischen den Abständen des Brennpunktes von Gegenstand und Bild: $f^2 = \frac{1}{4} r^2 = PF . RF$, und $f^2 = P'F . R''F$.

Aufgabe 3. Die doppelte Brennweite (der Radius) ist das harmonische Mittel zwischen der Gegenstands- und Bildweite:

$$PM - 2f : 2f - RM = PM : RM \text{ und } P'M - 2f : 2f - R''M = P'M : R''M.$$

Aufgabe 4. Die Brennweite eines Hohlspiegels beträgt 0,3 m und die Gegenstandsweite 0,7 m; wie grofs ist die Bildweite?

Aufgabe 5. Der Radius eines Hohlspiegels beträgt 0,4 m und die Gegenstandsweite 0,3 m; wie grofs ist die Bildweite?

§ 206. Bilder von Gegenständen durch Hohlspiegel. 1) Liegt ein leuchtender Punkt nicht auf der Achse eines Hohlspiegels, so kann man sein Bild leicht finden, wenn man von dem Punkte eine Gerade durch den geometrischen Mittelpunkt des Spiegels zieht; in Bezug auf diese Nebenachse gelten alsdann dieselben Beziehungen, wie für die Hauptachse.

2) Steht einem Hohlspiegel ein ganzer leuchtender Gegenstand gegenüber, so erblickt man, wenn der Gegenstand weiter als die Brennweite entfernt ist, auf einem gegenüberliegenden Schirme ein wirkliches, verkehrtes Bild (Fig. 303). In betreff der Gröfse der wirklichen Bilder gilt die Regel: Von Bild und Gegenstand ist das am gröfsten, was am weitesten vom Spiegel entfernt ist. Befindet sich der Gegenstand im Mittelpunkte, so befindet sich das Bild ebenda und beide sind gleichgrofs.

Sieht man in den Spiegel hinein, so erblickt man das Bild verkehrt vor demselben schweben.

Um ein solches Bild zu konstruieren, mufs man eigentlich die Bilder aller Punkte des Gegenstandes suchen. Wir beschränken uns darauf, das

Bild des obersten und untersten Punktes A und B des Gegenstandes AB (Fig. 304) aufzusuchen. Um das Bild von A zu finden, reicht es hin, den Durchschnittspunkt zweier von A ausgehender Strahlen nach der Reflexion

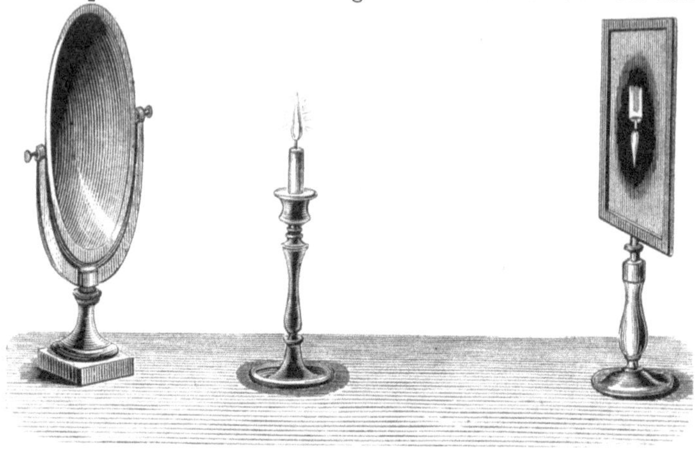

Fig. 303. Wirkliches Bild.

zu bestimmen. Wir ziehen von A aus zwei Strahlen, von denen der eine ACD durch den Mittelpunkt C geht und von dem Spiegel in derselben Richtung zurückgeworfen wird, während der andere AE der Hauptachse parallel ist und durch den Brennpunkt F reflektiert wird. Die beiden reflektierten Strahlen treffen einander in A'. In gleicher Weise verfährt man in betreff des Punktes B, dessen Bild in B' ist. Aus dieser Konstruktion ist sofort ersichtlich, daſs das Bild verkehrt ist. Was seine Gröſse im Vergleich

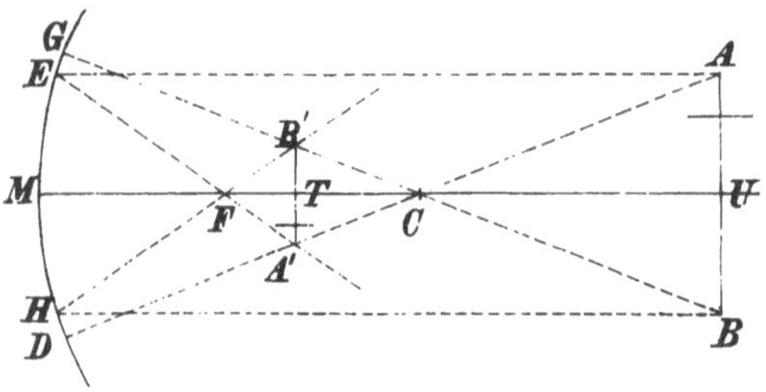

Fig. 304. Konstruktion wirklicher Bilder.

zu der des Gegenstandes angeht, so gilt:

$$\frac{A'B'}{AB} = \frac{CT}{CU}.$$

Nun ist aber nach § 205:

$$\frac{CT}{CU} = \frac{MT}{MU} = \frac{a_1}{a},$$

weshalb:

$$\frac{A'B'}{AB} = \frac{a_1}{a}.$$

Die Gröſsen von Bild und Gegenstand verhalten sich also wie die Bildweite zur Gegenstandsweite.

In ähnlicher Weise lassen sich die scheinbaren Bilder konstruieren, für welche auch dieselbe Beziehung zwischen Bild- und Gegenstandsgröfse wie für die wirklichen gilt. Der Gegenstand mufs hier näher am Spiegel sein als der Brennpunkt. Die scheinbaren Bilder sind alle aufrecht und vergröfsert (Fig. 305).

Fig. 305. Scheinbares Bild.

Aufgabe 1. Es ist ein geometrisches Bild zu konstruieren, die Beziehung zwischen Bild- und Gegenstandsgröfse zu entwickeln und zu zeigen, dafs das Bild stets gröfser als der Gegenstand sein mufs.

Aufgabe 2. Wie bewegt sich das scheinbare Bild, wenn der Gegenstand vom Brennpunkt bis zum Spiegel rückt?

§ 207. Konvexspiegel. Läfst man von irgend einem Punkte P (Fig. 306) der Achse eines Konvexspiegels Strahlen auffallen, so werden sie divergierend reflektiert und zwar so, dafs die reflektierten Strahlen, rückwärts verlängert, sich in einem Punkte R hinter dem Spiegel treffen würden; man erhält also nur scheinbare Bilder. Übrigens gilt für die Konvexspiegel eine ganz ähnliche Beziehung zwischen Gegenstands- und Bildweite, wie für die Konkavspiegel:

$$\frac{1}{a} - \frac{1}{a_1} = -\frac{1}{f}. \qquad 1)$$

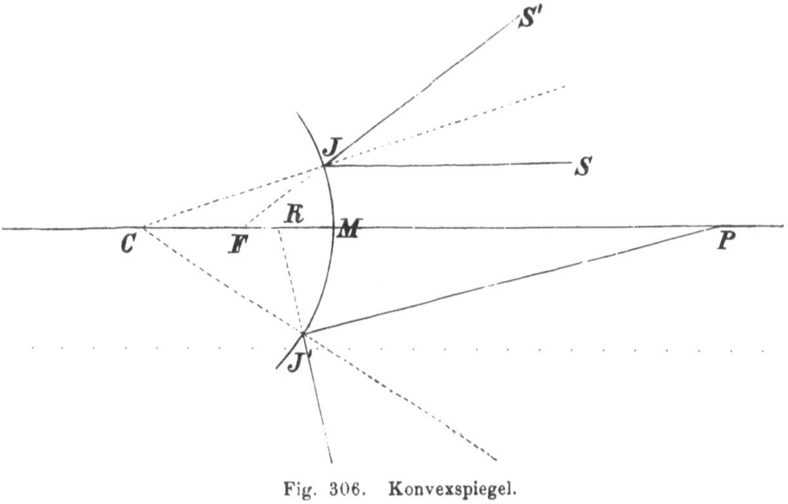

Fig. 306. Konvexspiegel.

Aus dieser Gleichung, welche in ähnlicher Weise, wie die für die Konkavspiegel geltende, abgeleitet wird, folgt, dafs wenn parallele Strahlen auf einen Konvexspiegel fallen, sie in einen Punkt konvergieren, welcher auf der Rückseite des Spiegels liegt und um den halben Radius von demselben entfernt ist: *SJ* (Fig. 306) ist der einfallende und *S' J* der reflektierte Strahl, welcher rückwärts verlängert die Achse in *F* trifft. Diesen Punkt *F* nennt man den Zerstreuungspunkt des Konvexspiegels und seine Entfernung *FM* von dem optischen Mittelpunkte *M* des Spiegels die Zerstreuungsweite desselben.

Rückt ein leuchtender Punkt aus dem Unendlichen nach dem Konvexspiegel hin, so rückt sein Bild von dem Zerstreuungspunkte nach dem Spiegel. Befindet sich ein ganzer Gegenstand vor einem Konvexspiegel, so erhält man stets verkleinerte, aufrechte, scheinbare Bilder. In betreff der Gröfse von Bild und Gegenstand läfst sich dieselbe Beziehung aufstellen, wie bei Konkavspiegeln: Ist AB der Gegenstand, $A'B'$ das Bild, a die Gegenstands- und a_1 die Bildweite, so gilt:

$$\frac{A'B'}{AB} = \frac{a_1}{a}. \qquad 2)$$

Da hier, wegen 1), stets $a_1 < a$, so ist stets $A'B' < AB$. Die häufig in den Gärten aufgestellten, innen geschwärzten oder versilberten hohlen Glaskugeln können als Konvexspiegel gelten.

Fallen Strahlen auf einen Konvexspiegel, welche nach einem innerhalb der Zerstreuungsweite *FM* gelegenen Punkte (*R*) konvergieren, so werden sie so reflektiert, dafs sie wiederum in einem Punkte (*P*) konvergieren; die Konvergenz ist aber jetzt geringer. Während Konkavspiegel divergierende Strahlen konvergent oder weniger divergent machen, so machen Konvexspiegel divergierende Strahlen noch mehr divergent und konvergierende weniger konvergent oder gar divergent. Daher nennt man Konkavspiegel auch Sammelspiegel und Konvexspiegel Zerstreuungsspiegel.

Nicht uninteressant sind die Kegel- und Cylinderspiegel; in solchen sieht man die Gegenstände eigentümlich verzerrt. Zeichnet man umgekehrt auf eine Fläche *AB* (Fig. 307) ein nach gewissen Regeln verzerrtes Bild eines Gegenstandes und stellt den Cylinderspiegel *c* auf, so erblickt man in demselben ein richtiges Bild.

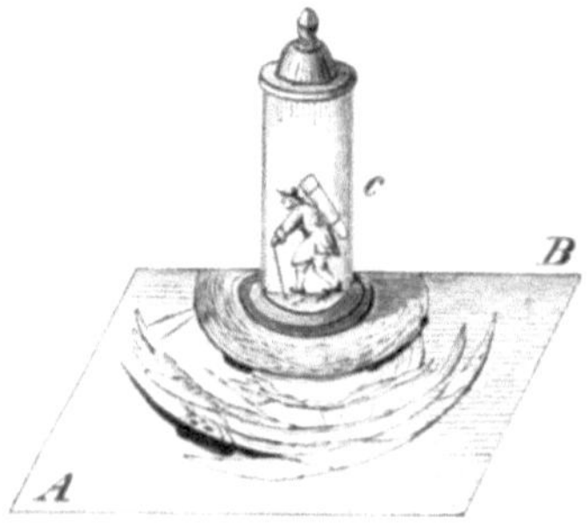

Fig. 307. Cylinderspiegel.

Aufgabe 1. Es ist die Beziehung 1) abzuleiten.

Aufgabe 2. Es ist die Beziehung 2) abzuleiten.

Aufgabe 3. Die Gegenstandsweite bei einem Konvexspiegel ist 0,2; 0,4; 0,5 m; der Radius beträgt 0,3 m; wie grofs ist in den einzelnen Fällen die Bildweite?

Aufgabe 4. Eine Anzahl Strahlen konvergieren nach einem Punkte hinter dem Konvexspiegel, welcher 0,25 m von demselben entfernt ist; der Radius beträgt 0,6 m; wie grofs ist die Bildweite?

Aufgabe 5. Eine Anzahl Strahlen konvergieren nach einem Punkte hinter einem Konvexspiegel, welcher 0,4 m vom Spiegel entfernt ist; der Radius beträgt 0,5 m; wie grofs ist die Bildweite?

§ 208. Katakaustik und sphärische Aberration. 1) Wenn ein Hohlspiegel grofs und stark gekrümmt ist, so treffen nicht alle Strahlen nach der Reflexion (selbst oder rückverlängert) in einem Punkte zusammen; es gilt dies immer nur für solche Strahlen, welche gleichweit vom optischen Mittelpunkte einfallen: diejenigen aber, welche näher dem Rande des Spiegels einfallen, erzeugen ein Bild, welches näher am optischen Mittelpunkte liegt, als diejenigen, welche nicht weit von der Achse einfallen. Es sei *mpp'm'* (Fig. 308) ein grosser, stark gekrümmter Spiegel, auf welchen vom Punkte *S*, der weiter als der geometrische Mittelpunkt *o* vom Spiegel entfernt ist, eine Reihe von Strahlen auffallen. Die Strahlen, welche bei den gleichweit von der Achse entfernten Punkten *p* und *p'* einfallen, treffen einander nach der Reflexion in *n*, während die weiter von der Achse entfernten diese nach der Reflexion in Punkten treffen, welche näher am optischen Mittelpunkte liegen, und die näher an der Achse eintreffenden in weiter von ihr abliegenden Punkten (*f*). Man erhält nun nicht mehr einen einfachen hellen Punkt als Bild von *S*, sondern eine längere helle Linie. Die reflektierten Strahlen durchschneiden sich zugleich so, dafs sie eine helle herzförmige Linie *macefm'* bilden, welche die katakaustische Linie heifst. Besonders schön sieht man dieselbe, wenn man Sonnenstrahlen auf ein Stück eines innen polierten Cylindermantels fallen läfst.

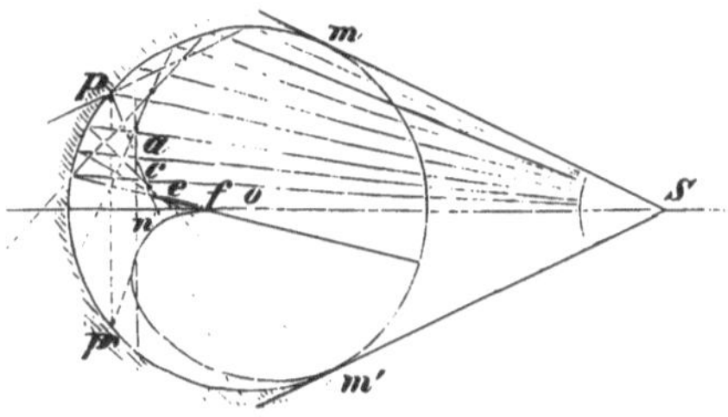

Fig. 308. Katakaustische Linie.

2) Den Fehler, welchen grofse und stark gekrümmte Spiegel zeigen, dafs sie von einem Punkte ausgehende Strahlen nicht wieder genau in einen Punkt reflektieren, bezeichnet man mit dem Namen sphärische Aberration (Abweichung wegen der Kugelgestalt). Bedeckt man einen grofsen Hohlspiegel mit einem Schirme, welcher in der Mitte ein etwa 3 cm grofses Loch hat, so werden die Bilder zwar lichtschwächer, aber viel schärfer. Fängt man die Bilder nicht auf einem Schirme auf, sondern sieht man in den Spiegel hinein, so sind die Bilder ebenfalls schärfer, denn die Pupille des Auges gestattet nur einem schmalen Lichtkegel, der von einem sehr kleinen Teile des Spiegels herkommt, den Eintritt.

Um die katakaustische Linie zu konstruieren, genügt es, die Durchschnittspunkte je zweier aufeinanderfolgender reflektierter Strahlen zu bestimmen. Es sei *MM'* (Fig. 309) ein Hohlspiegel, dessen Mittelpunkt in *o* ist, und *S* ein leuchtender Punkt. Gehen von demselben zwei sehr nahe aneinanderliegende Strahlen *SJ* und *SJ'* aus, so schneiden dieselben nach der Reflexion einander in *U*. Wir nehmen die Sehne *BJ*, sowie die Länge *SJ* des ersten einfallenden Strahles als gegeben an und bezeichnen *SJ* mit *p* und *BJ* mit $4a$. Der Einfallswinkel *SJN* ist gleich der Hälfte des Bogens *BN* und der Einfallswinkel *SJ'N'* gleich der Hälfte des Bogens *B'N'*. Die Differenz dieser beiden Winkel ist also gleich $\frac{1}{2}(BN - B'N') = (\frac{1}{2} BB' + NN')$. In derselben Weise erhält man für die Differenz der Reflexionswinkel $\frac{1}{2}(RR' - NN')$.

Nun ist die Differenz der Einfallswinkel gleich der Differenz der Reflexionswinkel, also:

$$RR' - NN' = BB' + NN' \text{ oder } RR' - BB' = 2JJ'. \qquad 1)$$

Es gilt nun noch RR' und BB' durch p und a auszudrücken. Ist JJ' sehr klein, so sind die Dreiecke SBB' und SJJ' einerseits und die Dreiecke UJJ' und URR' andererseits einander ähnlich, so dafs:

$$BB' : JJ' = SB : SJ \text{ und } RR' : JJ' = UR : UJ$$

oder, wenn man UJ mit p' bezeichnet und bedenkt, dafs $JR = JB = 4a$:

$$BB' : JJ' = (p - 4a) : p \text{ und}$$
$$RR' : JJ' = (4a - p') : p'. \qquad 2)$$

Setzt man in 1) die aus 2) folgenden Werte für RR' und BB' und dividiert durchweg mit $4app'$, so erhält man:

$$\frac{1}{p} + \frac{1}{p'} = \frac{1}{a}. \qquad 3)$$

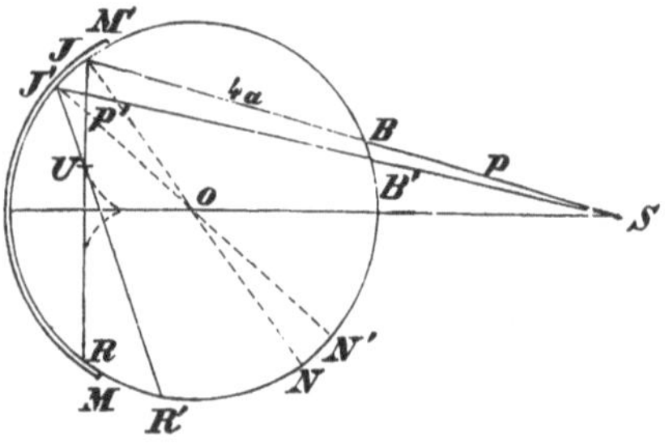

Fig. 309. Konstruktion der katakaustischen Linie.

Für Konvexspiegel erhält man:

$$\frac{1}{p} - \frac{1}{p'} = -\frac{1}{a}. \qquad 4)$$

Ist also für irgend einen Strahl p und a gegeben, so läfst sich leicht p' bestimmen, d. h. angeben, wo dieser Strahl und ein nahe bei ihm einfallender nach der Reflexion einander treffen. Die Formeln 3) und 4) haben mit denen 2) in § 205 und 1) in § 207 grofse Ähnlichkeit. Inwiefern unterscheiden sie sich von jenen?

c) Brechung des Lichtes (Dioptrik).

§ 209. Erscheinungen der Lichtbrechung. 1) Wenn ein Bündel paralleler Lichtstrahlen in einem dunkelen Zimmer schief auf eine Wasseroberfläche fällt, so geht dasselbe in veränderter Richtung in das Wasser (Fig. 310); das Licht wird, wenn es aus einem Stoffe (Mittel, Medium) in einen anderen übergeht, gebrochen; die Brechung ge-

Fig. 310. Brechung des Lichtes.

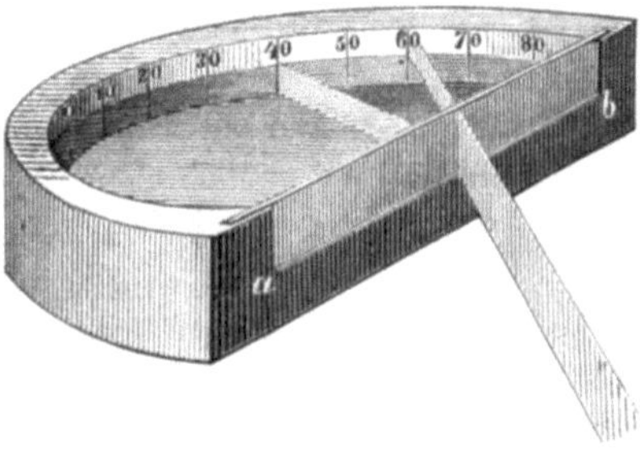

Fig. 311. Müllers Brechungsapparat.

schieht in der Trennungsfläche der beiden Medien; in einem und demselben Medium behalten die Lichtstrahlen ihre Richtung bei.

Sehr gut kann man die Lichtbrechung auch mittelst des Müllerschen

Apparates (Fig. 311) sehen; er besteht aus einem halbcylindrischen Gefäſse, dessen gebogene Fläche in Grade geteilt ist und dessen gerade Fläche ab in der Mitte einen durch Glas verschlossenen Spalt besitzt. Das Gefäſs wird teilweise mit Wasser gefüllt und auf den Spalt läſst man Sonnenstrahlen oder Kerzenlicht fallen. Der obere Teil der Strahlen geht alsdann in gerader Richtung durch die Luft, der untere schlägt im Wasser eine andere Richtung ein.

2) Fällt ein Lichtstrahl beim Übergange aus einem Mittel in ein anderes senkrecht auf die Trennungsfläche der beiden Mittel, so verändert er seine Richtung nicht (AJB, Fig. 312). Fällt aber ein Lichtstrahl $A'J$ schief auf die Trennungsfläche etwa von Luft und Wasser, so tritt er in der veränderten Richtung JB' ein, sodaſs, wenn AB das Einfallslot vorstellt, $\sphericalangle B'JB < A'JA$. Den Winkel $A'JA$ nennt man den Einfallswinkel und den Winkel $B'JB$ den Brechungswinkel. Ein aus Luft in Wasser übergehender Strahl wird nach dem Einfallslote hingebrochen, d. h. so daſs der Brechungswinkel kleiner ist als der Einfallswinkel. Geht umgekehrt ein Lichtstrahl $B'J$ aus Wasser in Luft, so schlägt er die Richtung JA' ein, er wird vom Einfallslote weggebrochen.

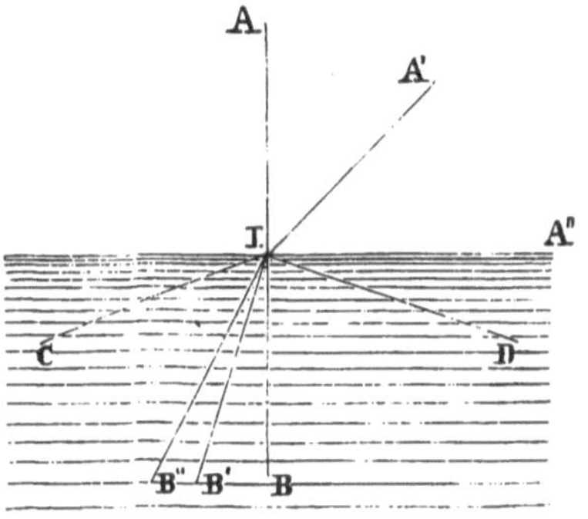

Fig. 312. Einfalls- und Brechungswinkel.

Läſst man einen Lichtstrahl auf Benzol oder Petroleum fallen, welches auf Wasser gegossen ist, so wird er, ins Benzol übertretend, nach dem Einfallslote hin- und, ins Wasser übertretend, von dem Einfallslote weggebrochen. Man unterscheidet danach stärker- und schwächerbrechende oder optisch dichtere und optisch dünnere Medien. Geht ein Lichtstrahl aus einem Mittel in ein anderes und wird er in dem letzteren nach dem Einfallslote hingebrochen, so nennt man dieses das stärkerbrechende oder optisch dichtere. Optische und gewöhnliche Dichtigkeit sind nicht miteinander zu verwechseln, Petroleum ist z. B. weniger dicht, d. h. specifisch leichter als Wasser, dagegen ist es optisch dichter, da es aus dem Wasser kommendes Licht nach dem Einfallslote hinbricht.

Am stärksten brechen brennbare Körper. Petroleum, Benzol und namentlich der Diamant, so daſs schon Newton vermutete, der Diamant müsse verbrennlich sein. Starkbrechend sind ferner noch bleihaltige Gläser und zwar in steigendem Maſse Crownglas, Flintglas und Faradayglas (kieselborsaures Bleioxyd).

Um die Lichtbrechung zu zeigen, kann man sich auch des Apparates (Fig. 313) bedienen. In einem hohlen Holzkästchen KK befindet sich in der Mitte ein viereckiger Ausschnitt T, auf dessen Grunde ein weiſser Strich gezeichnet ist. An der einen Seite des Holzkästchens befindet sich ein Blechschirm W, welcher oben einen horizontalen Spalt SS hat; derselbe ist so hoch, dafs man durch ihn sehend den weifsen Strich nicht erblicken kann. Nun befindet sich aber in der Höhlung des Kästchens eine viereckige, dicke Glasplatte; läfst man

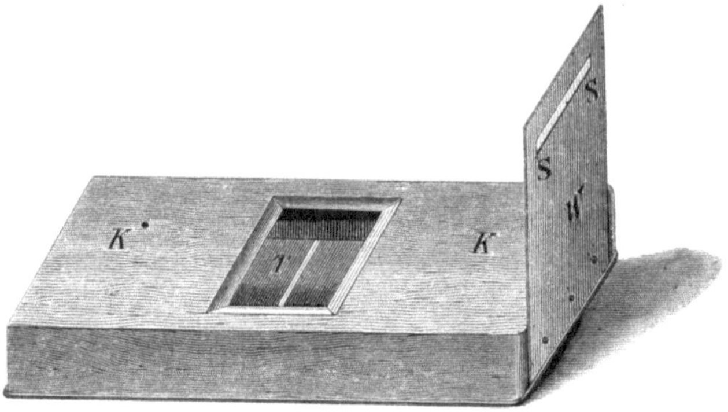

Fig. 313. Oppels Brechungsapparat.

dieselbe durch Neigung des Apparates über den Strich laufen, so sieht man denselben.

§ 210. Brechungsgesetz und Brechungsquotient. Den Zusammenhang zwischen Einfalls- und Brechungswinkel hat zuerst Snellius (1620) aufgefunden:

Für dieselben zwei Mittel ist das Verhältnis zwischen dem Sinus des Einfalls- und des Brechungswinkels konstant, einerlei wie grofs der Einfallswinkel sei.

Bedeutet α den Einfalls- und β den Brechungswinkel, so ist:

$$\frac{\sin \alpha}{\sin \beta} = n,$$

wo n eine konstante, nur von der Beschaffenheit der beiden Medien abhängige Zahl ist. Dieses konstante Verhältnis heifst Brechungsexponent oder Brechungsquotient.

Die Brechungswinkel zu verschiedenen Einfallswinkeln und daraus den Brechungsquotienten findet man mit Hilfe des Müllerschen oder eines ähnlichen Apparates, sowie mit Hülfe von Prismen nach später anzugebenden Methoden.

Wir führen hier die Brechungsquotienten verschiedener Substanzen in Bezug auf Luft an:

Wasser 1,336 (nahe $^4/_3$); Salzsäure (Dichtigkeit 1,134) 1,392; Salpetersäure (D. 1,480) 1,410; Schwefelsäure (D. 1,840) 1,440; Alkohol (D. 0,866) 1,370; Äther (D. 1,740) 1,388; Olivenöl (D. 0,915) 1,469; Benzol (D. 0,899) 1,500; Crownglas (D. 2,690) 1,534 (nahe $^3/_2$); Schwefelkohlenstoff (D. 1,272) 1,678; Flintglas (D. 3,329) 1,984; Diamant (D. 3,521) 2,470.

Läfst man den Einfallswinkel α um ξ und den Brechungswinkel β um η wachsen, so ist wiederum:

$$\frac{\sin(\alpha + \xi)}{\sin(\beta + \eta)} = n.$$

Da $\alpha > \beta$ und auch $\alpha + \xi > \beta + \eta$, so mufs $\xi > \eta$ sein, denn die Sinus wachsen, wenn die Winkel klein sind, bei derselben Winkelzunahme in stärkerem Verhältnis, als wenn die Winkel grofs sind; da aber das Verhältnis der Sinus konstant bleiben soll, so mufs α um mehr zunehmen als β.

Um den gebrochenen Strahl zu konstruieren, wenn der Brechungsquotient, z. B. $^4/_3$, gegeben ist, ziehe man um den Punkt b (Fig. 314), wo der einfallende Strahl ab die Trennungsfläche mn zweier Medien trifft, einen Kreis, ziehe das Einfallslot cd und fälle auf dasselbe von a aus die Senkrechte ae; man teile dieselbe in 4 Teile, verlängere sie um 3 solcher Teile (bis f), ziehe von f eine Parallelle fg mit dem Einfallslot und verbinde b mit g, so ist bg der gesuchte gebrochene Strahl.

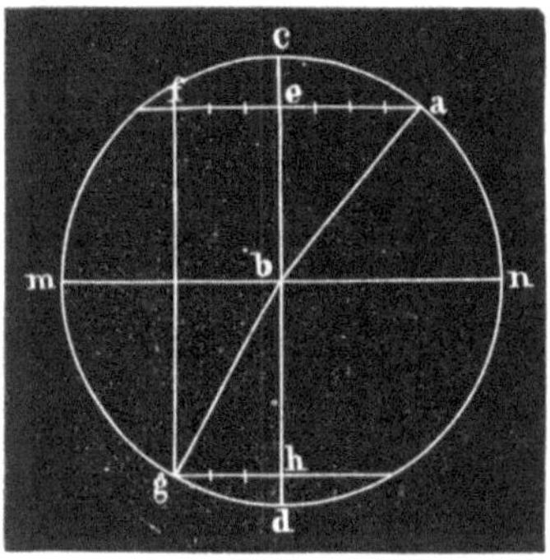

Fig. 314. Konstruktion des gebrochenen Strahles.

Die Erklärung der Brechung nach der Wellentheorie ergiebt sich aus § 170. Es mufs dabei vorausgesetzt werden, dafs das Licht in einem stärker brechenden Mittel langsamer, als in einem schwächer brechenden sich fortpflanze. Der Brechungquotient ist dabei das Verhältnis der Fortpflanzungsgeschwindigkeiten in den zwei Mitteln. — Newton hatte die Ansicht aufgestellt, dafs ein leuchtender Körper einen sehr feinen Lichtstoff ausstrahle und jedes Lichtteilchen einen anziehenden und einen abstofsenden Pol besitze. Kommen nun eine Anzahl Lichtteilchen in die Nähe der Oberfläche eines Körpers, so werden einige der Oberfläche ihren anziehenden, andere ihren abstofsenden Pol zukehren, die ersten werden reflektiert, die anderen in den Körper hereingezogen und dadurch auch von ihrer Richtung abgelenkt — gebrochen. Hieraus würde aber folgen, dafs das Licht, eben wegen der Anziehung des Lichtstoffes seitens der Körperteilchen, an Geschwindigkeit zunehmen müfste. Die Vibrationstheorie im Gegenteil mufs annehmen, dafs es sich langsamer fortpflanze. Foucault hat nun mittelst eines rasch sich drehenden Spiegels nachgewiesen, dafs das Licht im Wasser thatsächlich langsamer geht, als in der Luft. Damit ist denn auch die Emissionsthorie endgültig widerlegt.

§ 211. Atmosphärische Strahlenbrechung, Fata Morgana, Kimmung. Die Luft ist gewöhnlich in den unteren Schichten dichter, als in den oberen. Wenn nun ein Lichtstrahl schief durch die Atmosphäre nach der Erde zu geht, so wird er, in immer dichtere Luftschichten gelangend, nach dem Einfallslote hingebrochen; der Punkt, von welchem die Strahlen ausgehen, scheint deshalb höher zu liegen, als es wirklich der Fall ist. — Atmosphärische Strahlenbrechung. Je höher (je näher am Zenith) ein Gegenstand z. B. ein Stern, ist, um so geringer ist die Ablenkung, teils weil die Strahlen einen kürzeren Weg durch die Atmosphäre zurücklegen, teils weil sie mehr senkrecht auffallen. Sehr stark wird die atmosphärische Strahlenbrechung, wenn die Höhe des Gegenstandes nur sehr gering ist; während sie bei einer Höhe von 45^0 nur $58''$ beträgt, ist sie bei 10^0: $5'20''$, bei 5^0: $9'54''$, bei 3^0: $14'28''$, bei 1^0: $24'21''$, bei $^1/_2{}^0$: $28'$ und bei nahe 0^0: $33'46''$. Wenn die Sonne oder der Mond am Horizonte stehen, so erscheinen diese Himmelskörper in der Richtung ihres vertikalen Durchmessers abgeplattet; auch sind sie beim Untergange noch ganz sichtbar, während ihr unterer Teil schon unter dem Horizonte ist und werden beim Aufgange bereits vollkommen gesehen, während ihr unterer Teil noch unter dem Horizonte ist. Sonne und Mond sind schon so grofs — der scheinbare Durchmesser beträgt über $^1/_2{}^0$ — dafs der untere Teil durch die atmosphärische Strahlenbrechung merklich mehr gehoben erscheint, als der obere.

Auch sieht man häufig Gegenstände auf der Erde, welche unter gewöhnlichen Umständen der grofsen Entfernung wegen nicht sichtbar sind. Bei Reggio sieht man nicht selten die sicilianische und bei Hastings die französische Küste; von Konstanz aus sieht man oft die Gebäude von Friedrichshafen, ebenso Schiffe auf dem Bodensee samt ihrem Spiegelbilde. Man bezeichnet diese Erscheinung im Norden mit dem Namen Kimmung, im Süden mit Fata Morgana (Schlösser der Fee Morgana).

Gehen Lichtstrahlen durch ungleichmäfsig erhitzte Luft, so werden sie von der geraden Richtung abgelenkt. Beim Feldmessen darf man Mefsstangen nicht vor Bäume stellen, welche von der Sonne beschienen sind, weil man sonst beim Winkelmessen falsche Resultate erhält.

Über das Funkeln der Fixsterne, welches auch auf der atmosphärischen Strahlenbrechung beruht, wird in der astronomischen Geographie das Nötige gesagt werden.

§ 212. Totale Reflexion. Geht ein Lichtstrahl aus einem stärker- in ein schwächerbrechendes Mittel, so wird er vom Einfallslote weggebrochen. Ist z. B. $B'J$ (Fig. 312) ein aus Wasser an Luft kommender Strahl, so geht er in der Richtung JA' in die Luft, wobei $\sphericalangle B'JB < A'JA$. Vergröfsert man den Einfallswinkel, so mufs es schliefslich dahin kommen, dafs der Brechungswinkel in dem dünneren Mittel 90° beträgt. Dies tritt z. B. für den Strahl $B''J$ ein, dessen gebrochener Strahl JA'' längs der Wasseroberfläche fällt. Wächst der Einfallswinkel noch mehr, fällt der Strahl in der Richtung CJ ein, so müsste der Brechungswinkel gröfser als 90° werden; er kann also nicht mehr in die Luft übertreten, sondern geht in das Wasser (in der Richtung JD) zurück; es gilt aber jetzt nicht mehr das Gesetz der Brechung, sondern das der Reflexion, weshalb $\sphericalangle CJB = BJD$ sein muss. Auch wird in diesem Falle alles Licht, welches von C ausgehend in J eintrifft, an der Trennungsfläche der beiden Mittel reflektiert. Wenn Licht unter kleinen Winkeln einfällt, so wird ein Teil an der Trennungsfläche reflektiert und der andere tritt, abgesehen von dem, was durch Absorption verloren geht, in das dünnere Mittel über. Überschreitet aber der Einfallswinkel eine gewisse Gröfse, so wird alles Licht reflektiert, es tritt totale Reflexion ein. Der Einfallswinkel, dessen zugehöriger Brechungswinkel 90° beträgt, heifst der Grenzwinkel der totalen Reflexion.

Kennt man den Brechungsquotienten n zweier Mittel, so läfst sich leicht der Grenzwinkel der totalen Reflexion berechnen. Es sei φ dieser Winkel, so ist der Sinus des zugehörigen Brechungswinkels = 1, folglich:

$$\sin \varphi = \frac{1}{n}.$$

Für Luft und Wasser beträgt der Grenzwinkel der totalen Reflexion 48° 35′, für Luft und Benzol 41° 48′, für Luft und Crownglas 40° 49′. (Berechne diesen Winkel für Flintglas, Schwefelkohlenstoff und Diamant!)

Stellt man ein Reagensglas schief in ein weites Gefäfs mit Wasser, so erscheint seine Oberfläche, von oben gesehen, glänzend wie Quecksilber; die durch das Wasser in sehr schiefer Richtung auf die Wand des Reagensglases fallenden Lichtstrahlen können nicht in die Luft übertreten und werden deshalb total nach oben reflektiert. (Zeichnung!) Giefst man etwas Wasser in das Reagensglas, so verliert der untere, mit Wasser gefüllte Teil desselben seinen Glanz.

Giefst man Benzol auf Wasser und stellt ein Licht in einiger Entfernung etwas höher als die Trennungsfläche beider Flüssigkeiten auf, so erblickt das Auge auf der entgegengesetzten Seite, wenn es von oben her auf die Trennungsfläche sieht, ein helles Kerzenbildchen; aufserdem erscheint die ganze Trennungsfläche in metallischem Glanze.

Giefst man Wasser auf Schwefelkohlenstoff, so mufs man die Flamme tiefer als die Trennungsfläche stellen und von unten her auf dieselbe sehen.

Läfst man auf die eine Kathete eines gleichschenkelig rechtwinkeligen Glasprismas Lichtstrahlen z. B. von einer Kerzenflamme senkrecht auffallen, und sieht senkrecht gegen die andere Kathete in das Prisma, so glänzt die Hypotenuse wie ein Spiegel und das Bild der Kerze erscheint fast so hell wie die Kerze selbst. Stellt man aber die Kerze vor die Hypotenuse und sieht schräg gegen dieselbe, so erblickt man ein viel matteres Bild.

§ 213. Luftspiegelungen. 1) In heifsen Ländern, namentlich über Sandwüsten, sieht man häufig ganze Landschaften und unter denselben ihre verkehrten Bilder, beide scheinbar durch einen glänzenden Spiegel oder durch die glitzernde Oberfläche eines grofsen Wassers voneinander getrennt. Monge, welcher die Expedition Napoleons I. in Ägypten mit-

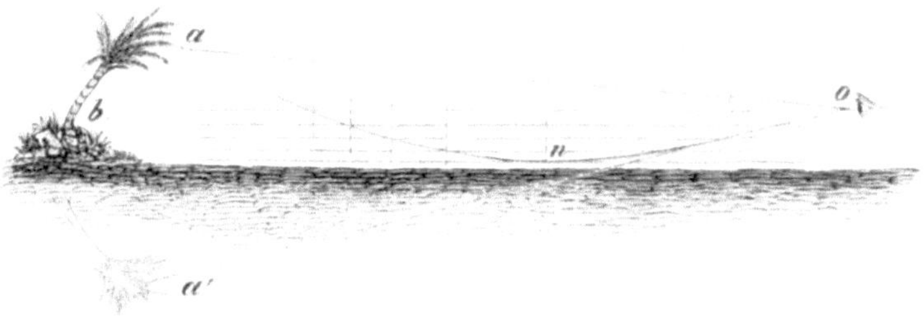

Fig. 315. Luftspiegelungen.

machte, giebt von diesen Luftspiegelungen folgende Erklärung: Durch die Sonnenwärme wird der Boden so sehr erhitzt, dafs die unterste mit ihm in Berührung stehende Luftschicht viel dünner ist als die darüber befindliche. Wenn nun ein hoher Gegenstand, z. B. ein Palmbaum *a b* (Fig. 315), welcher über diese dünne Luftschicht hinausragt, von weiter Ferne her Strahlen herabschickt, so werden dieselben, da sie in immer dünnere und dünnere Luftschichten gelangen, vom Einfallslote weggebrochen und treffen schliefslich bei n auf die unterste dünnste Luftschicht unter einem so großen Winkel, daß sie total nach oben reflektiert werden. Befindet sich nun oberhalb der dünnsten Luftschicht ein Auge (bei o), so erblickt es bei a' ein verkehrtes Bild des Palmbaumes. Die dünnste Luftschicht erscheint dabei auf weite Erstreckung hin wie ein glänzender Spiegel, da sie das Licht, welches von oben auffällt, total reflektiert.

2) Über den kalten Meeren zeigt sich oft eine ähnliche Erscheinung. Man sieht nicht selten die verkehrten Bilder von Schiffen in der Luft schweben, welche noch unter dem Horizonte sind. Die untersten Luftschichten sind, da sie mit dem kalten Wasser in Berührung stehen, sehr dicht, in einiger Höhe aber beträchtlich dünner. Schickt nun ein Gegenstand, z. B. ein Schiff, welches sich in der unteren dichten Luft befindet, Strahlen nach oben, so werden dieselben, da sie nach und nach in dünnere Luftschichten gelangen, immer mehr vom Einfallslote weggebrochen und fallen schließlich so schief auf eine obere dünne Schicht, daß sie total nach unten reflektiert werden und in das Auge eines auf dem Meere oder am Strande befindlichen Beobachters gelangen können; dieser erblickt dann in der Höhe ein verkehrtes Bild des Schiffes. Die durch bloße Strahlenbrechung entstehenden Bilder (Fata Morgana, Kimmung) sind aufrecht; die durch Luftspiegelung (d. h. durch Strahlenbrechung und totale Reflexion) entstehenden sind verkehrt. Die Ausdrücke Luftspiegelungen und Fata Morgana werden übrigens oft promiscue gebraucht.

Aufgabe. Es ist die unter 2) beschriebene Luftspiegelung durch eine Zeichnung zu veranschaulichen.

§ 214. Brechung des Lichtes durch Körper mit parallelen Grenzflächen. Wenn Licht auf eine Fensterscheibe, oder allgemein auf einen durchsichtigen Körper mit parallelen Grenzflächen fällt, so tritt es auf der anderen Seite parallel seiner ursprünglichen Richtung aus. Ist ab (Fig. 316) ein Lichtstrahl, welcher auf die eine Seite einer Scheibe fällt, so wird er nach dem Einfallslote in der Richtung bc hingebrochen. Dabei gilt, wenn n der Brechungsquotient des Materiales der Scheibe in Bezug auf Luft ist:

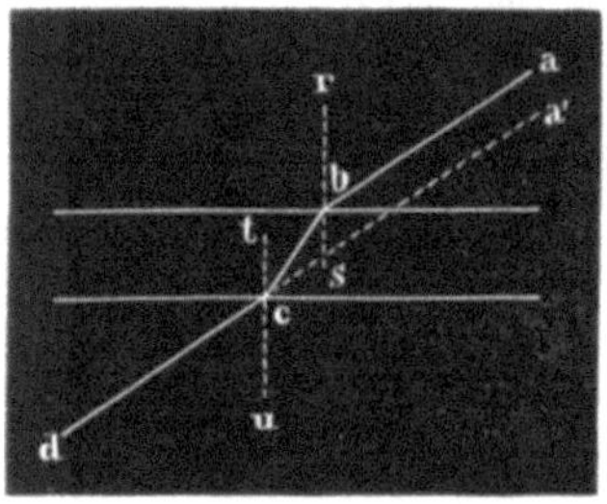

Fig. 316. Brechung durch eine planparallele Platte.

$$\frac{\sin abr}{\sin cbs} = n.$$

Bei c tritt der Lichtstrahl wieder in die Luft hinaus und wird in der Richtung cd vom Einfallslote weggebrochen; dabei gilt:

$$\frac{\sin tcb}{\sin dcu} = \frac{1}{n}.$$

Da nun $\sphericalangle tcb = \sphericalangle cbs$, so erhält man durch Multiplikation der beiden Gleichungen:

$$\frac{\sin abr}{\sin dcu} = 1,$$

woraus folgt, daß $\sphericalangle abr = \sphericalangle dcu$.

Ein bei d befindliches Auge erblickt nun den leuchtenden Punkt a bei a', etwas parallel verschoben.

Die Verschiebung der durch eine Scheibe sichtbaren Gegenstände ist um so geringer, je dünner die Scheibe ist und je weniger schief die Strahlen auffallen. Ein breiter Gegenstand, dessen einzelne Teile Strahlen unter verschiedenen Winkeln auf eine Fensterscheibe werfen, erscheint zwar nicht verzerrt, aber doch in seinen einzelnen Teilen ungleich vergröſsert; die mittleren, denen der Beobachter gerade gegenüber gedacht wird, erscheinen ebenso breit, wie sie sind, die seitlichen in dem Maſse breiter, als sie weiter von der Mitte entfernt sind.

2) Fällt ein Lichtstrahl durch mehrere planparallele Platten (Fig. 317) hintereinander, so tritt er ebenfalls seiner ursprünglichen Richtung parallel aus; sind nämlich c_1, c_2 und c_3 die Fortpflanzungsgeschwindigkeiten des Lichtes bezüglich in Luft, im ersten und zweiten Mittel, und bezeichnen wir den Austrittswinkel aus der letzten Platte mit ζ (statt wie in der Figur mit α), so gilt:

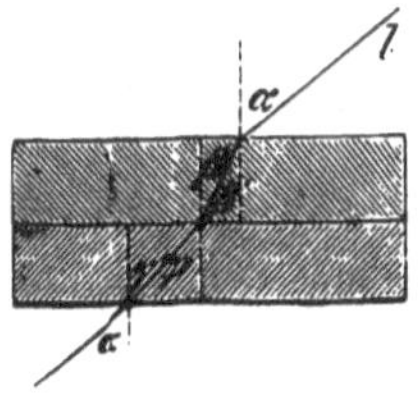

Fig. 317. Brechung durch zwei planparallele Platten.

$$\frac{\sin\alpha}{\sin\beta} = \frac{c_1}{c_2}; \quad \frac{\sin\beta}{\sin\gamma} = \frac{c_2}{c_3} \quad \text{und} \quad \frac{\sin\gamma}{\sin\zeta} = \frac{c_3}{c_1};$$

woraus durch Multiplikation:

$$\frac{\sin\alpha}{\sin\zeta} = 1, \text{ d. h. } \zeta = \alpha.$$

3) Sind ferner n_1 und n_2 die Brechungsquotienten der Platten in Bezug auf Luft, und ist n' der Brechungsquotient der zweiten Platte in Bezug auf die erste, so ist:

$$\frac{\sin\alpha}{\sin\beta} = n_1; \quad \frac{\sin\beta}{\sin\gamma} = n' \quad \text{und} \quad \frac{\sin\gamma}{\sin\alpha} = \frac{1}{n_2}; \qquad \text{woraus: } n' = \frac{n_2}{n_1}.$$

d. h. der Brechungsquotient der zweiten Platte in Bezug auf die erste ist gleich dem Verhältnis der Brechungsquotienten der zweiten und der ersten Platte in Bezug auf Luft.

Aufgabe. Die Brechungsquotienten von Wasser und Glas in Bezug auf Luft seien bezüglich $^4/_3$ und $^3/_2$; wie groſs ist der Brechungsquotient des Wassers in Bezug auf Glas?

§ 215. Brechung des Lichtes durch Prismen. Ein durchsichtiger Körper welcher zwei gegeneinander geneigte ebene Flächen besitzt, wird in der Physik ein Prisma genannt. Die beiden Flächen nennt man die brechenden Flächen, den Winkel, welchen sie miteinander bilden, den brechenden Winkel und die Gerade, in welcher sie sich schneiden oder bei der Verlängerung schneiden würden, die brechende Kante des Prismas.

Die Prismen werden gewöhnlich aus Crown- oder Flintglas gefertigt und als geometrische dreiseitige Prismen konstruiert, so daſs man eigentlich (von den Grundflächen abgesehen) ein dreifaches Prisma hat. Fig. 318 zeigt ein solches Prisma, welches auf einem Gestelle befestigt ist, das eine Drehung des Prismas nach allen Richtungen gestattet. Ferner zeigt Fig. 319

einen Durchschnitt durch ein Prisma, wobei die Durchschnittsebene senkrecht zu den Seitenkanten gelegt ist.

Aufser den Glasprismen hat man auch von Glasplatten gebildete Hohlprismen, welche mit Flüssigkeiten, wie Wasser, Schwefelkohlenstoff u. dergl., gefüllt werden.

Fig. 318. Prisma.

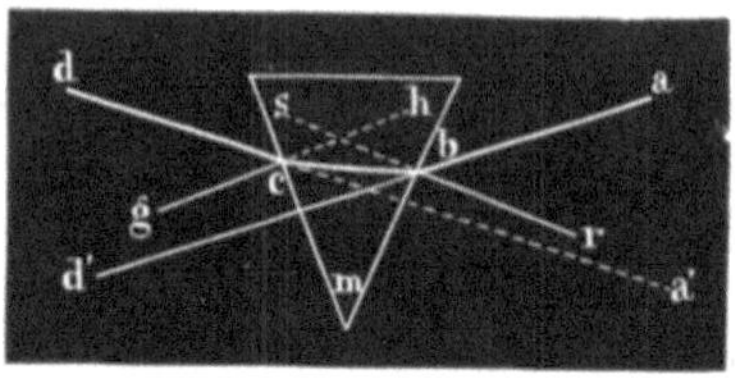

Fig. 319. Brechung durch ein Prisma.

Wenn ein Lichtstrahl ab (Fig. 319) auf ein Prisma fällt, so wird er nach dem Einfallslote rs hin gebrochen, so dafs, wenn n der Brechungsquotient: $\frac{\sin abr}{\sin sbc} = n$. Nachdem der Strahl das Prisma in der Richtung bc durchlaufen, geht er wieder in die Luft über, wobei er von dem Einfallslote gh weggebrochen wird: $\frac{\sin dcg}{\sin hcb} = n$. Ein bei d befindliches Auge sieht alsdann den leuchtenden Punkt bei a', also an einer ganz anderen Stelle, als wo er sich in Wirklichkeit befindet.

Am reinsten erblickt man die Verschiebung der Strahlen durch ein Prisma, wenn man durch dasselbe nach einer Spiritusflamme sieht, auf deren Docht Kochsalz gestreut ist.

§ 216. Ablenkungswinkel. Minimum der Ablenkung. 1) Der Winkel, den der in ein Prisma einfallende Strahl mit dem gebrochenen bildet, nennt man den Ablenkungswinkel. In Fig. 320a, 320b und 320c

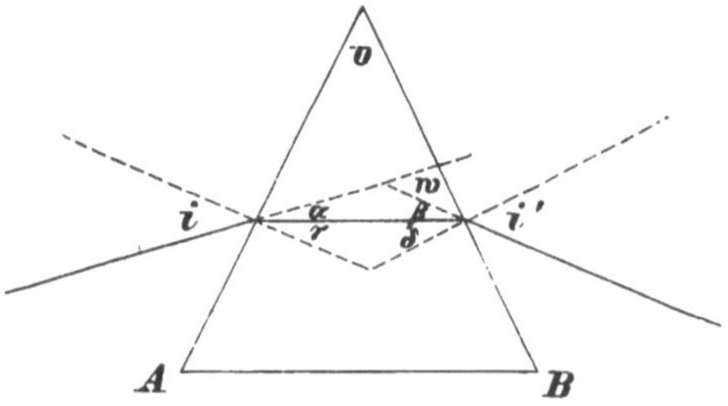

Fig. 320a. Winkel der kleinsten Ablenkung.

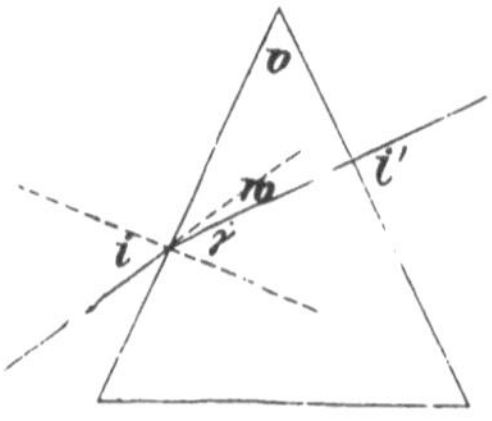

Fig. 320b. Winkel der kleinsten Ablenkung.

ist jedesmal i der Einfallswinkel, i' der Ausfallswinkel und w der Ablenkungswinkel. Die drei Fälle unterscheiden sich durch die Lage der ausfallenden Strahlen gegen das Lot; im ersten Falle liegt der ausfallende Strahl auf derselben Seite des zugehörigen Lotes, wie der einfallende; im zweiten Falle steht der ausfallende Strahl auf der Prismenfläche senkrecht, fällt also mit seinem Lote zusammen, und im dritten Falle liegt der ausfallende Strahl auf der entgegengesetzten Seite in Bezug auf das zweite Lot, wie der einfallende in Bezug auf das erste.

Im ersten Falle ist:

$$v = \gamma + \delta; \quad w = \alpha + \beta; \quad \alpha = i - \gamma; \quad \beta = i' - \delta,$$

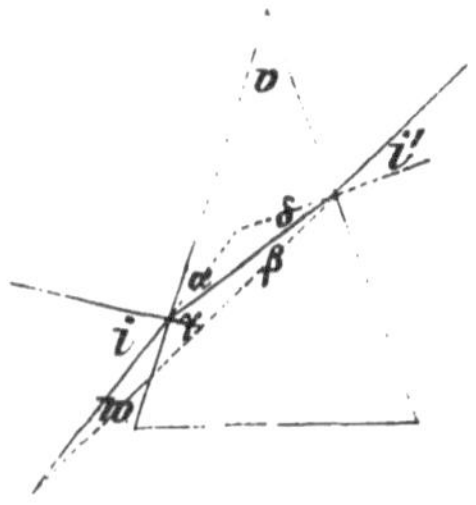

Fig. 320c. Winkel der kleinsten Ablenkung.

woraus:

$$w = i + i' - v.$$

Im zweiten Falle, wo $i' = o$, ergiebt sich aus der Figur sofort:

$$w = i - v,$$

denn $v + 90 - i + w = 90$.

Im dritten Falle ist, mit Beachtung, dafs $v + 90 - \gamma + \delta + 90 = 180$:

$$v = \gamma - \delta; \quad w = \alpha - \beta; \quad \alpha = i - \gamma; \quad \beta = i' - \delta,$$

woraus:

$$w = i - i' - v.$$

Aus dem im ersten Falle geltenden Werte für den Ablenkungswinkel:

$$w = i + i' - v,$$

erhält man den im zweiten und dritten Falle geltenden, wenn man $i' \gtreqless o$ nimmt.

2) Wenn ein Lichtstrahl das Prisma so durchläuft, dafs der Einfallswinkel gleich dem Ausfallswinkel ist, so ist die Ablenkung ein Minimum.

Wir stützen uns dabei auf einen geometrischen Satz (des Apollonius von Pergae): „Der Kreis ist der Ort aller Punkte, deren Entfernungen von zwei festen Punkten ein konstantes Verhältnis haben". Es seien A und B (Fig. 321) zwei Punkte und C der Mittelpunkt eines Kreises mit dem Radius $CO = r$, wobei wir voraussetzen, dafs:

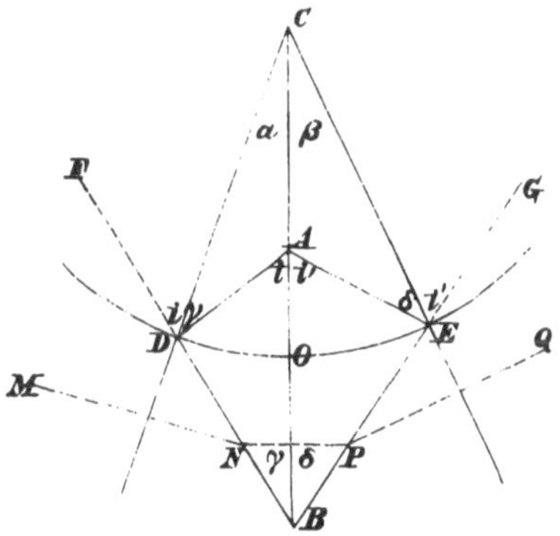

Fig. 321. Minimum der Ablenkung.

$$AC = \frac{1}{n} r \text{ und } BC = nr,$$

oder:

$$AC \, . \, BC = r^2. \qquad 1)$$

Die Zahl n bedeute den Brechungsquotienten eines Prismas.

Nun ist jedenfalls, wegen 1):

$$CA : CO = CO : CB. \qquad 2)$$

Setzt man in 2) CD statt CO, so wird:

$$CA : CD = CD : CB. \qquad 3)$$

Aus 3) folgt die Ähnlichkeit der Dreiecke ACD und BCD und daraus:

$$DA : DB = AC : DC. \qquad 4)$$

Nun ist aber $AC : DC = 1 : n$, also auch:

$$DA : DB = 1 : n. \tag{5}$$

Der Punkt D ist beliebig angenommen, folglich haben die Abstände aller Punkte des Kreises von A und B das konstante Verhältnis $1 : n$. Aus der Ähnlichkeit der Dreiecke ACD und BCD folgt weiter:

$$\sphericalangle\, CDA = \sphericalangle\, DBA;$$

wir bezeichnen denselben mit γ. Ferner ist:

$$\sphericalangle\, CDB = CAD.$$

Bezeichnet man $\sphericalangle\, DAB$, d. i. den Nebenwinkel von DAC, mit i, so ist der Nebenwinkel von CDB, d. i. der Winkel FDC, ebenfalls i.

Aus dem Sinussatze der Trigonometrie, sowie aus 5) folgt ferner:

$$\sin i : \sin \gamma = DB : DA = n : 1,$$

Da wir nun n als den Brechungsquotienten eines Prismas angenommen haben, so mufs, wenn i den Einfallswinkel eines Strahles an der einen Seite eines Prismas bedeutet, γ der Brechungswinkel sein. Da ferner:

$$i = \gamma + \alpha,$$

so mufs α der Ablenkungswinkel zwischen dem einfallenden und gebrochenen Strahle sein.

Stellen wir uns ferner vor, der Winkel $BAE = i'$ sei der Ausfallswinkel an der anderen Seitenfläche des Prismas, so ist δ der Winkel, unter welchem der Strahl im Prisma auf die zweite Seitenfläche des Prismas trifft und β der Ablenkungswinkel zwischen den beiden Strahlen an der zweiten Prismenfläche. Die Gesamtablenkung beträgt also $\alpha + \beta$. Der brechende Winkel des Prismas ist $\gamma + \delta$.

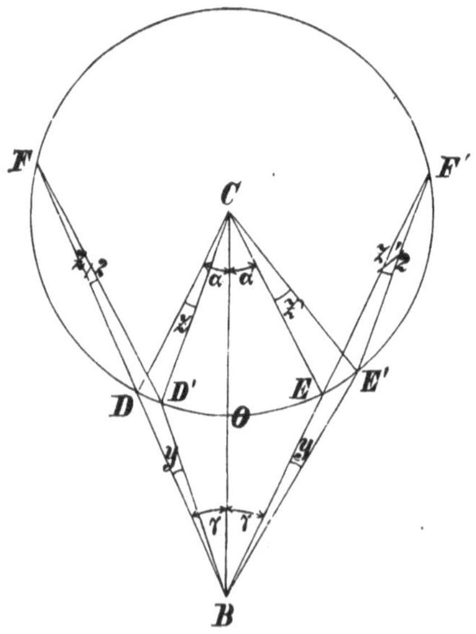

Fig. 322. Minimum der Ablenkung.

Weil nun $v = \gamma + \delta$ (Fig. 320a), so ist ersichtlich, dafs DB und BE (Fig. 321) die Seitenflächen des Prismas vorstellen und der Gang der Strahlen durch das Prisma durch die Linien MN, NP und PQ dargestellt wird, wo $MN \perp CD$, $NP \perp CB$ und $PQ \perp CE$ gezogen ist. Es ist hier der Fall, wie in Fig. 320a angenommen; in den beiden anderen Fällen kommt E auf O, bezüglich links davon (auf dieselbe Seite von CB wie D) zu liegen.

Es soll nun bewiesen werden, daſs die Ablenkung ein Minimum ist, wenn der Ausfallswinkel i' gleich dem Einfallswinkel i ist. Unter dieser Voraussetzung läuft der Strahl im Prisma der Fläche AB (Fig. 320a) parallel, der Durchgang ist symmetrisch, auch ist $\alpha = \beta$ und $\gamma = \delta$.

Es stellen DB und BE (Fig. 322) die brechenden Flächen des Prismas vor; dabei sei $DO = OE$, womit angenommen ist, daſs der Strahl symmetrisch durch das Prisma gehe. Dreht man nun das Prisma, so daſs es die Lage $D'BE'$ einnimmt, so ist:

$$\sphericalangle DBD' = EBE' = y.$$

Die Ablenkung, welche bei symmetrischem Durchgange 2α war, ist jetzt $2\alpha - z + z'$, wo $z = DCD'$ und $z' = ECE'$. Nun läſst sich aber leicht zeigen, daſs $z' > z$, weshalb die Ablenkung bei nicht symmetrischem Durchgange der Strahlen gröſser ist, als bei symmetrischem.

Es ist nämlich:

$$BC = BC; \quad CD' = CE' \text{ und } \sphericalangle BCD' < BCE';$$

hieraus folgt, daſs in den Dreiecken BCD' und BCE':

$$BD' < BE'.$$

Bedenkt man noch, daſs in den Dreiecken BFD' und $BF'E'$ (wo F und F' auf den Verlängerungen von BD und BE liegen):

$$BF = BF' \text{ und } \sphericalangle D'BF = E'BF' \; (= y),$$

so folgt:

$$\sphericalangle BFD' < BF'E' \text{ oder } \sphericalangle DFD' < EF'E'.$$

Da die Winkel DFD' und $EF'E'$ Peripheriewinkel in demselben Kreise sind, so gilt:

$$DD' < EE' \text{ und } \sphericalangle DCD' < ECE', \text{ oder } \sphericalangle z < z'.$$

Deshalb muſs auch:

$$2\alpha - z + z' > 2\alpha$$

sein. (Beweis von Radau und Keſsler.)

Aufgabe. In dem vorstehenden Beweise ist vorausgesetzt, daſs $n > 1$; wie gestaltet sich der Beweis, wenn $n < 1$?

§ 217. Bestimmung des Brechungsquotienten. Im Falle der kleinsten Ablenkung eines durch ein Prisma gehenden Strahles gilt:

$$w + v = 2i \text{ und } v = 2\gamma.$$

Nach dem Brechungsgesetze ist aber:

$$\sin i = n \sin \gamma, \text{ oder } \sin \tfrac{1}{2}(w + v) = n \sin \tfrac{1}{2} v,$$

woraus:

$$n = \frac{\sin \frac{1}{2}(w + v)}{\sin \frac{1}{2} v}. \qquad 1)$$

Die Gleichung 1) giebt einen Anhaltspunkt, die Brechungsquotienten von Substanzen, wenn man sie in die Form eines Prismas bringt, zu bestimmen. Man richtet ein Fernrohr auf ein weit entferntes einfarbiges Licht, setzt dann ein Prisma vor das Fernrohr, und dreht dasselbe, sowie das Prisma so lange, bis das Licht wieder im Fernrohre erscheint. Es kann dies bei sehr verschiedenen Stellungen des Prismas und des Fernrohres erreicht werden. Jedesmal aber giebt der Winkel, um den das Fernrohr gedreht worden, die Gröfse der Ablenkung durch das Prisma an, falls der Lichtpunkt weit genug entfernt ist, um seine Strahlen parallel auf das Fernrohr (bezügl. das Prisma) zu schicken. Unter den verschiedenen Stellungen von Fernrohr und Prisma, bei welchen man das Bild des Lichtpunktes sieht, wird es eine geben, bei der der Winkel, um den man das Fernrohr gedreht hat, ein Minimum ist. Dieser Winkel ist alsdann das Minimum der Ablenkung des Prismas.

Aus der Gleichung 1) läfst sich alsdann, wenn noch der brechende Winkel des Prismas bekannt ist, der Brechungsquotient der Prismensubstanz berechnen.

Auf diese Art ist es auch möglich, den Brechungsquotienten der verschiedenen Substanzen in Bezug auf den leeren Raum statt in Bezug auf Luft zu bestimmen. Man verschliefst eine lange, an beiden Enden schief abgeschnittene Röhre mit Spiegelplatten, welche alsdann ein Prisma vorstellt. Die Röhre wird luftleer gemacht und der Winkel der kleinsten Ablenkung für den Übergang des Lichtes aus dem leeren Raume in Luft bestimmt; der Brechungsquotient der Luft in Bezug auf den leeren Raum beträgt 1,000294. Man kann auch die Röhren mit verschiedenen Gasen füllen und die Brechungsquotienten derselben in Bezug auf Luft bestimmen. Da man die Brechungsquotienten der flüssigen und festen Körper in Bezug auf Luft kennt, so läfst sich hieraus und aus dem Brechungsquotienten der Luft in Bezug auf den leeren Raum der Brechungsquotient der Körper in Bezug auf den leeren Raum berechnen (§ 214).

Den Brechungsquotient eines Körpers in Bezug auf den leeren Raum nennt man den absoluten und in Bezug auf einen anderen Körper den relativen Brechungsquotienten.

Aufgabe 1. Der relative Brechungsquotient eines Körpers in Bezug auf Luft ist n_1 (z. B. $^4/_3$), wie grofs ist der absolute Brechungsquotient des Körpers?

Aufgabe 2. Der brechende Winkel eines Prismas ist 60°; der Winkel der kleinsten Ablenkung (aus Luft in das Prisma) ist 65°; wie grofs ist der Brechungsquotient des Prismenmateriales?

Aufgabe 3. Der brechende Winkel eines Hohlprismas für Benzol ist 60° und der Brechungsquotient des Benzols 1,5; wie grofs ist der Winkel der kleinsten Ablenkung?

§ 218. Von den Linsen. 1) Unter Linsen versteht man durchsichtige Körper, welche wenigstens auf der einen Seite kugelig gekrümmt sind; auf der anderen Seite können sie dann entweder eben oder gleichfalls kugelig gekrümmt sein. Man unterscheidet konvexe und konkave Linsen, jenachdem die konvexe oder konkave Krümmung vorherrscht. Jede dieser beiden Linsenformen hat drei Unterabteilungen: bikonvex, plankonvex, konkavkonvex — und bikonkav, plankonkav, konvexkonkav (Fig. 323).

Jede Linse hat zwei geometrische Mittelpunkte, von denen der eine, falls die Linse plankonvex oder plankonkav ist, ins Unendliche fällt. Die Verbindungslinie der beiden Mittelpunkte heifst die Achse der Linse.

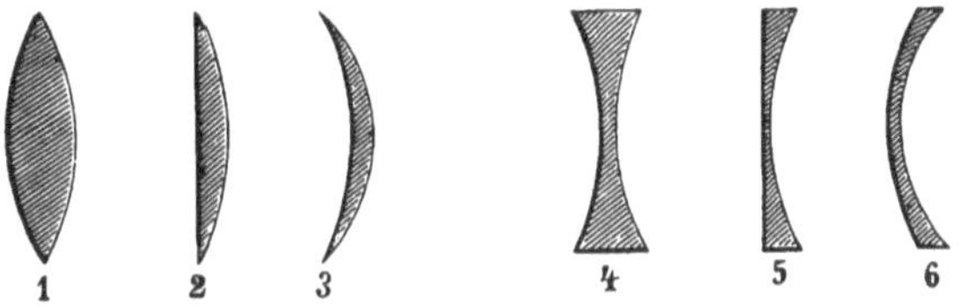

Fig. 323. Linsenarten.

2) Fällt ein Lichtstrahl PI (Fig. 324) auf die eine Seite einer Linse, z. B. einer bikonvexen Glaslinse, so wird er nach dem Einfallslote hingebrochen; das Einfallslot ist der Radius $C'I$ und es mufs $\sphericalangle PIN' > I'IC'$ sein. Wenn nun der Strahl I' aus der Linse tritt, so wird er von dem Einfallslote CI' weggebrochen, so dafs $\sphericalangle II'C < NI'P'$.

3) Ein Lichtstrahl, welcher in der Richtung der Achse CC' (Fig. 325) auf eine Linse fällt, geht ungebrochen durch dieselbe, denn der Strahl steht senkrecht auf den beiden Flächen der Linse.

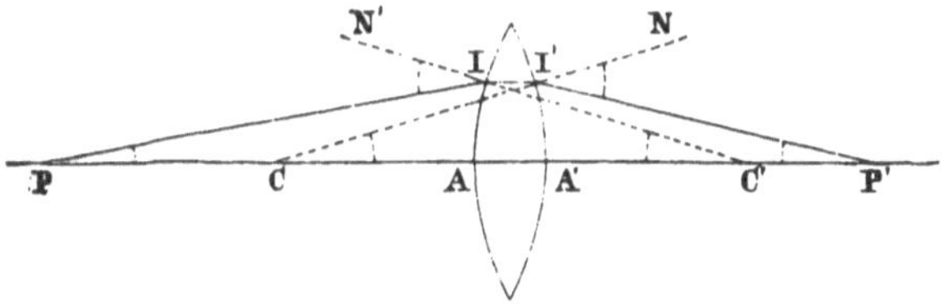

Fig. 324. Brechung des Lichtes durch Linsen.

4) Fällt ein Strahl, wie PN, nicht in der Richtung der Achse ein, so ist es möglich, dafs er auf der anderen Seite parallel seiner ursprünglichen Richtung wieder austritt: $N'P' \parallel PN$. Denkt man sich nämlich an den Punkt N, wo der Strahl einfällt, eine Berührungsebene an die Linse gezogen, so giebt es auf der anderen Seite eine zur vorigen parallele Berührende an die Linse in einem Punkte N', und nun ist es möglich, dafs PN mit dem Einfallslote CN gerade einen solchen Winkel macht, dafs der durch die Linse gehende Strahl die Richtung NN' einschlägt. Da nun die Stellen der Linse um N und N' einander parallel sind, so geht der Strahl gewissermafsen durch eine planparallele Platte und tritt deshalb parallel seiner ursprünglichen Richtung aus (§ 214).

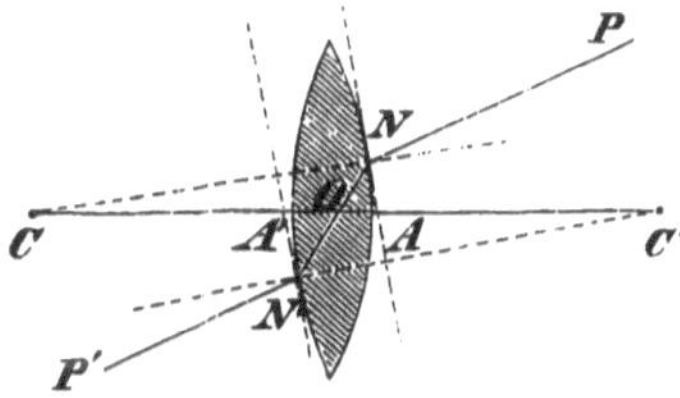

Fig. 325. Optischer Mittelpunkt.

Denkt man sich an die Linse zwei andere parallele Berührende gezogen und verbindet die Berührungspunkte, so geht diese Linie ebenfalls durch den Punkt O, in welchem die Linie NN' die Achse schneidet. Es sind nämlich die Dreiecke CNO und $C'N'O$ einander ähnlich und daher mufs:

$$OC : OC' = CN : C'N' = r : r'$$

wenn r und r' die Krümmungsradien der Linse sind.

Hieraus folgt:

$$CN - OC : C'N' - OC' = CN : C'N' = r : r'.$$

Nun kann man aber, wenn die Linse dünn angenommen wird,

$$AO \text{ für } CN - OC \text{ und } A'O \text{ für } C'N' - OC'$$

setzen; dann erhält man:

$$AO : A'O = r : r', \text{ oder } AO + A'O : AO = r + r' : r.$$

Hieraus folgt, wenn man die Linsendicke AA' mit d bezeichnet:

$$AO = \frac{r \cdot d}{r + r'}; \text{ desgl. } A'O = \frac{r' \cdot d}{r + r'}. \qquad 1)$$

Die Entfernung des Punktes O von den auf der Achse liegenden Punkten A und A' der Oberfläche der Linse ist also von dem Punkte N unabhängig, daher müssen alle Verbindungslinien der Berührungspunkte paralleler, an die Linsenoberflächen gelegter Berührungsebenen durch denselben Punkt O der Achse gehen; man nennt diesen Punkt den optischen Mittelpunkt der Linse.

Aufgabe. Diskussion der Gleichung 1) für die verschiedenen Linsenarten.

§ 219. Beziehung zwischen Bild- und Gegenstandsweite bei Bikonvexlinsen. Wenn ein auf der Achse einer bikonvexen Linse liegender leuchtender Punkt Strahlen ausschickt, so werden dieselben gemeiniglich wieder in einen auf der Achse liegenden Punkt zusammengebrochen, den man das Bild des leuchtenden Punktes nennt.

Ist AI (Fig. 326) ein von dem Punkte A ausgehender Strahl, so

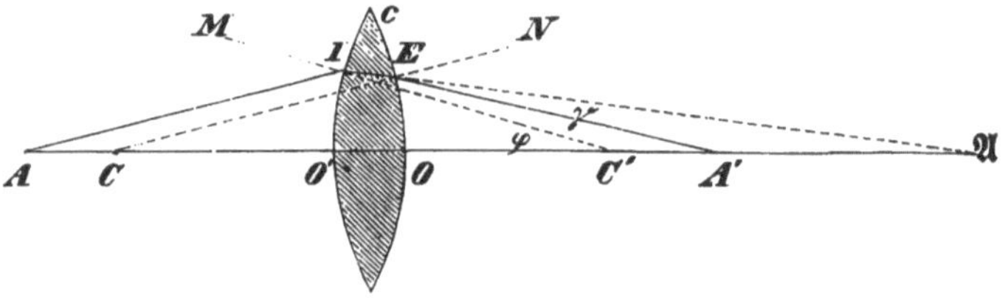

Fig. 326. Beziehung zwischen Bild- und Gegenstandsweite.

wird derselbe nach dem Einfallslote $C'I$ hin gebrochen und würde, wenn keine zweite Brechung stattfände, die Achse in dem Punkte $\mathfrak{A}$ treffen. Bezeichnen wir mit α den Einfallswinkel AIM, mit β den Brechungswinkel $C'IE$ und mit n den Brechungsquotienten, so ist:

$$\frac{\sin \alpha}{\sin \beta} = n. \qquad 1)$$

Ferner ergiebt sich aus den Dreiecken AIC' und $\mathfrak{A}IC'$:

$$\frac{\sin (180 - \alpha)}{\sin \varphi} = \frac{AC'}{AI} \text{ und } \frac{\sin (180 - \varphi)}{\sin \beta} = \frac{\mathfrak{A}I}{\mathfrak{A}C'}. \qquad 2)$$

Durch Multiplikation der beiden Gleichungen in 2) wird:

$$\frac{\sin \alpha}{\sin \beta} = \frac{AC'}{AI} \cdot \frac{\mathfrak{A}I}{\mathfrak{A}C'}. \qquad 3)$$

Setzt man nun voraus, dafs der Punkt I so nahe an O' liegt, dafs $AI = AO'$ und $\mathfrak{A}I = \mathfrak{A}O'$ genommen werden kann, so geht, wenn man die Krümmungsradien mit r und r', den Abstand AO' des Gegenstandes von der Linse, die Gegenstandsweite, mit a und die Strecke $\mathfrak{A}O'$ mit $\mathfrak{a}$ bezeichnet, die Gleichung 3) mit Berücksichtigung von 1) über in:

$$n = \frac{a + r'}{a} \cdot \frac{\mathfrak{a}}{\mathfrak{a} - r'}.$$

Hieraus ergiebt sich:

$$r'\mathfrak{a} + ar'n = a\mathfrak{a}n - a\mathfrak{a}.$$

Durch Division dieser Gleichung mit $a\mathfrak{a}r'$ erhält man:

$$\frac{1}{a} + \frac{n}{\mathfrak{a}} = \frac{n-1}{r'}. \tag{4}$$

Nun geht aber der Strahl IE nicht in gerader Richtung weiter, bis er die Achse in $\mathfrak{A}$ trifft, sondern er wird beim Übergange aus der Linse in die Luft gebrochen und trifft die Achse der Linse in A', wobei:

$$\frac{\sin NEA'}{\sin NE\mathfrak{A}} = n.$$

Man kann sich nun vorstellen, A' sei ein leuchtender Punkt, welcher auf die Linse den Strahl $A'E$ schickt; derselbe wird, in die Linse eintretend, in der Richtung EI gebrochen und trifft rückverlängert die Achse in $\mathfrak{A}$. Man hätte also denselben Fall wie vorhin, nur dafs jetzt $\mathfrak{A}$ und A' auf derselben Seite der Linse liegen, während vorhin A und $\mathfrak{A}$ auf entgegengesetzter Seite von der Linse lagen. Man kann deswegen Gleichung 4) mit der Modifikation benutzen, dafs man r für r', $A'O = a'$ für a und $\mathfrak{A}O = \mathfrak{a}'$ für $\mathfrak{a}$ setzt, letzteres aber negativ einführt. Man erhält alsdann:

$$\frac{1}{a'} - \frac{n}{\mathfrak{a}'} = \frac{n-1}{r}. \tag{5}$$

Durch Addition von 4) und 5) ergiebt sich, wenn man zugleich mit Vernachlässigung der Linsendicke $\mathfrak{a} = \mathfrak{a}'$ setzt:

$$\frac{1}{a} + \frac{1}{a'} = (n-1)\left(\frac{1}{r} + \frac{1}{r'}\right). \tag{6}$$

Da diese Gleichung unabhängig von dem Punkte I ist, in welchem die einfallenden Strahlen die Linse treffen, so werden alle Strahlen, welche von A ausgehen, in demselben Punkte A' zusammengebrochen, vorausgesetzt, dafs sie nicht weit von der Achse einfallen.

Läfst man parallele Strahlen auf eine bikonvexe Linse fallen, so wird $a = \infty$ und man erhält, wenn man jetzt die Bildweite a' mit f bezeichnet:

$$\frac{1}{f} = (n-1)\left(\frac{1}{r} + \frac{1}{r'}\right). \tag{7}$$

Der Punkt F (Fig. 327), in welchem parallele Strahlen durch eine bikonvexe Linse vereinigt werden, nennt man den Brennpunkt der Linse. Es giebt selbstverständlich zwei Brennpunkte, welche auf verschiedenen

Seiten, aber in gleicher Entfernung von der Linse liegen. (Der Wert von $\frac{1}{f}$ bleibt ungeändert wenn man in 7) r und r' vertauscht.) Mit Berücksichtigung von 7) erlangt schliefslich 6) die Form:

$$\frac{1}{a} + \frac{1}{a'} = \frac{1}{f}. \qquad \text{I.}$$

Aus dieser Gleichung geht hervor, dafs Gegenstands- und Bildweite sich miteinander vertauschen lassen: Wenn Strahlen, welche von A ausgehen, in A' vereinigt werden, so müssen Strahlen, welche von A' ausgehen, in A zusammentreffen — Bild und Gegenstand lassen sich vertauschen.

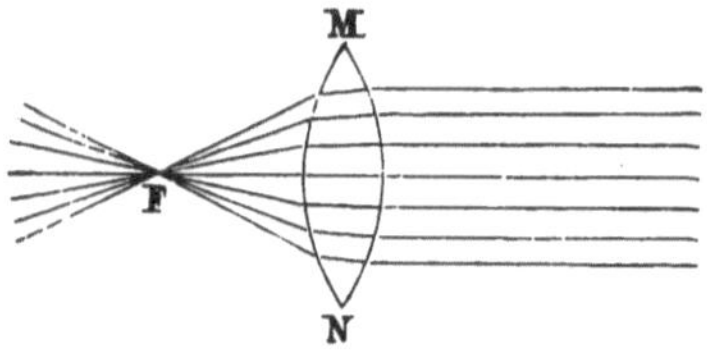

Fig. 327. Brennpunkt bei Konvexlinsen.

Aufgabe. Es ist Gleichung 5) direkt aus den Dreiecken CEA' und $A'E\mathfrak{A}$ abzuleiten.

§ 220. Die Beziehungsgleichung zwischen Bild- und Gegenstandsweite bei den verschiedenen Linsenarten. Die Gleichung I, welche die Beziehung zwischen Bild-, Gegenstands- und Brennweite angiebt, ist zunächst für bikonvexe Linsen entwickelt worden, gilt aber mit geringer Veränderung auch für alle übrigen Linsenarten.

Bei plankonvexen Linsen ist der der ebenen Fläche entsprechende Radius r' unendlich zu setzen, weshalb die Gleichung 7) übergeht in:

$$\frac{1}{f} = (n - 1) \cdot \frac{1}{r}.$$

Es behält also $\frac{1}{f}$ seinen positiven Wert. Dasselbe gilt für konkavkonvexe Linsen; bei diesen ist zwar r', der Halbmesser der konkaven Krümmung, negativ, es ist aber $r' > r$, weshalb:

$$\frac{1}{f} = (n - 1)\left(\frac{1}{r} - \frac{1}{r'}\right)$$

positiv ist.

Für alle konvexen Linsen gilt deshalb die Gleichung I, ohne dafs $\frac{1}{f}$ sein Zeichen ändert.

Bei konvexkonkaven Linsen ist r', der Halbmesser der konkaven Krümmung, negativ und kleiner als der der konvexen, r; daher wird jetzt $\frac{1}{f}$ negativ. Dasselbe gilt für plankonkave Linsen, bei denen $r = \infty$ ist. Ebenso ist es bei bikonkaven Linsen, bei denen auch r negativ ist. Für alle konkaven Linsen gilt also:

$$\frac{1}{a} + \frac{1}{a'} = -\frac{1}{f}. \qquad \text{II.}$$

Wenn auf eine bikonvexe Linse parallele Strahlen fallen, so werden sie in einen Punkt auf der anderen Seite, dem sogen. Brennpunkt, zusammengebrochen; dasselbe gilt für alle konvexen Linsen, da f für alle dasselbe Zeichen (+) hat.

Für konkave Linsen ist f negativ; dies besagt, dafs parallele Strahlen von denselben so auseinandergebrochen werden, dafs sie, rückwärts verlängert, in einen Punkt zusammengehen würden (Fig. 328); man nennt diesen Punkt virtuellen Brennpunkt oder Zerstreuungspunkt. Die Entfernung desselben von der Linse heifst Zerstreuungsweite.

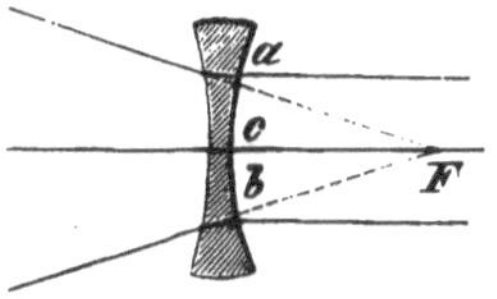

Fig. 328. Zerstreuungspunkt bei Konkavlinsen.

Bei den Linsen hat der Brennpunkt keine so bestimmte Lage, wie bei den Spiegeln, bei denen er genau in der Mitte zwischen dem optischen und geometrischen Mittelpunkte gelegen ist. Hier hängt die Lage des Brennpunktes von der Beschaffenheit des Materiales der Linse ab. Ist z. B. der Brechungsquotient des Linsenmateriales $^3/_2$, so ist für eine gleichgewölbte bikonvexe Linse, wie aus Gleichung 7) in § 219 hervorgeht, $f = r$; der Brennpunkt fällt also in den geometrischen Mittelpunkt; für stärker, oder schwächer brechende Medien liegt der Brennpunkt näher, bezüglich weiter als der Mittelpunkt. Für eine plankonvexe Linse liegt der Brennpunkt doppelt so weit, wie bei einer gleichgewölbten bikonvexen aus demselben Materiale.

Aufgabe 1. Es ist die Lage des Zerstreuungspunktes für eine gleichgekrümmte bikonkave Linse anzugeben, wenn der Brechungquotient $^3/_2$ ist. Wie liegt er bei einer plankonkaven und einer konvexkonkaven, wenn der Radius der konvexen Krümmung doppelt so grofs ist, wie der der konkaven?

Aufgabe 2. Wo liegt der Brennpunkt bei einer bi- und plankonvexen Diamantlinse?

§ 221. Wirkliche und scheinbare Bilder. 1) Wenn ein leuchtender Punkt aus dem Unendlichen Strahlen auf eine Konvexlinse schickt, so werden dieselben auf der anderen Seite im Brennpunkte vereinigt.

2) Rückt der leuchtende Punkt näher, so wird (Gleichung I in § 219) $\frac{1}{a}$ gröfser, also $\frac{1}{a'}$ kleiner und somit a' gröfser, d. h. das Bild rückt über den Brennpunkt hinaus (von der Linse weg): Wenn $2f < a < \infty$, so ist $2f > a' > f$.

In Worten!

3) Fällt der leuchtende Punkt in die doppelte Brennweite, ist also $a = 2f$, so ist auch $a' = 2f$.

In Worten!

4) Rückt der leuchtende Punkt zwischen die doppelte und einfache Brennweite, ist also $2f > a > f$, so ist $2f < a' < \infty$.

5) Rückt der leuchtende Punkt in den Brennpunkt, so wird $a' = \infty$.

6) Liegt der leuchtende Punkt P (Fig. 329) näher an der Linse, als der Brennpunkt, ist also $a < f$, so ist a' negativ, d. h. die Strahlen werden nicht mehr von der Linse zusammengebrochen, sie divergieren nach dem Austritte aus der Linse, jedoch so, dafs sie rückwärts verlängert sich in

einem Punkte P' treffen würden. Die Divergenz der gebrochenen Strahlen ist übrigens geringer als die der einfallenden. Solange die gebrochenen Strahlen einander in einem Punkte schneiden, erhält man ein wirkliches oder physisches Bild des leuchtenden Punktes, das man auf einem Schirme auffangen kann. Wenn aber die Strahlen nach dem Austritt aus der Linse divergieren, so kann lediglich das Auge ein Bild sehen, welches sich aber auf einem Schirme nicht auffangen läfst; man nennt solche Bilder scheinbare (geometrische, optische). Fallen konvergente Strahlen auf eine Bikonvexlinse, so werden sie in einem Punkte vereinigt, welcher näher an der Linse als der Brennpunkt liegt. (Es ist hier a negativ zu denken.)

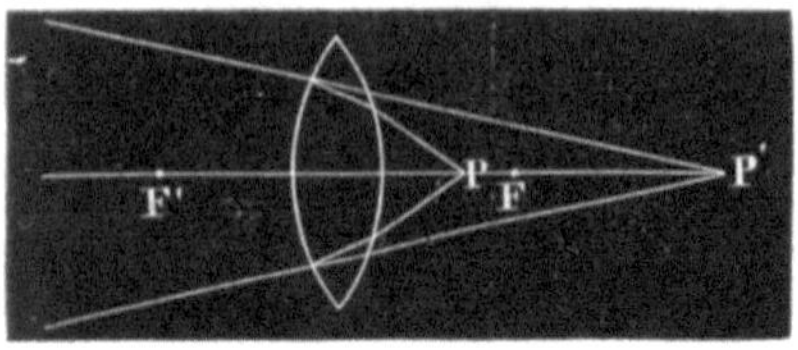

Fig. 329. Scheinbares Bild.

7) Fallen parallele Strahlen auf eine Konkavlinse, so divergieren sie nach dem Austritte so, dafs sie rückwärts verlängert einander in dem Zerstreuungspunkte treffen. Man erhält also hier ein scheinbares Bild im Zerstreuungspunkte. Rückt der leuchtende Punkt näher, so fällt sein scheinbares Bild näher an die Linse als der Zerstreuungspunkt.

8) Nur wenn Strahlen auffallen, welche so stark konvergieren, dafs sie verlängert sich in einem Punkte treffen würden, welcher näher als der Zerstreuungspunkt an der Konkavlinse liegt, so werden dieselben unter Verringerung ihrer Konvergenz in einem Punkte jenseits des Zerstreuungspunktes vereinigt. — Sind die konvergenten Strahlen nach dem Zerstreuungspunkte hin gerichtet, so treten sie parallel der Achse aus der Linse.

Da Konvexlinsen die Divergenz auffallender Strahlen vermindern, meist bis zu dem Grade, dafs sie konvergent werden, so nennt man sie Sammellinsen, während die Konkavlinsen Zerstreuungslinsen heifsen, weil sie konvergente Strahlen weniger konvergent oder divergent machen.

Nicht selten fertigt man auch Cylinderlinsen, deren beide Seiten cylindrisch gekrümmt sind; fallen divergierende Strahlen, welche von einer Lichtlinie (Spalt) kommen, auf dieselbe, so werden sie wieder zu einer Lichtlinie vereinigt (Immer?).

Aufgabe 1. Der Radius einer gleichgekrümmten Bikonvexlinse beträgt 0,20 m; der Brechungsquotient 1,6 und die Gegenstandsweite anfänglich 0,70, dann 0,40 und schliefslich 0,30 m; wie grofs ist jedesmal die Bildweite?

Aufgabe 2. Der Radius einer Plankonvexlinse beträgt 0,35 m, der Brechungsquotient 1,5 und die Gegenstandsweite 0,27; wie grofs ist die Bildweite?

Aufgabe 3. Auf eine Konkavlinse, deren Zerstreuungsweite 0,4 m beträgt, fallen Strahlen, welche verlängert in einem Punkte zusammengehen würden, der 0,3 m von der Linse liegt; wie grofs ist die Bildweite?

§ 222. Konstruktion der Bilder von ganzen Gegenständen. — Sphärische Aberration. Wenn ein leuchtender Punkt aufserhalb der Achse liegt, so kann man ebenso wie bei Spiegeln eine Nebenachse ziehen, in Bezug auf welche dieselben Gesetze, wie auf die Hauptachse gelten. Nebenachse ist hier eine Linie, welche den leuchtenden Punkt mit dem optischen Mittelpunkt der Linse verbindet. Wenn Strahlen, welche so auf eine

Linse fallen, daſs sie gebrochen durch den optischen Mittelpunkt gehen, so treten sie parallel ihrer ursprünglichen Richtung aus der Linse (§ 217); ist nun die Linse dünn, so kann man annehmen, ein solcher Strahl ginge ungebrochen durch die Linse.

Es ist nun leicht das Bild eines auſserhalb der Achse liegenden Punktes und somit ganzer Gegenstände zu konstruieren. Ist AB (Fig. 330) ein solcher Gegenstand, so ziehe von A zunächst einen Strahl durch den optischen Mittelpunkt und dann noch einen parallel der Hauptachse; der erste geht ungebrochen durch die Linse, der zweite geht nach der Brechung durch den Brennpunkt F' und trifft den vorigen in A'. In diesem Punkte treffen auch alle anderen von A ausgehenden Strahlen zusammen: A' ist das Bild von A. Ähnlich wird das Bild B' von B gefunden. Das Bild von AB ist ein wirkliches und wie man sieht, verkehrt. AB liegt jenseits der doppelten Brennweite und $A'B'$ zwischen der einfachen und doppelten (vergl. auch Fig. 331). Was die Gröſse angeht, so ist wegen der Ähnlichkeit der Dreiecke OAB und $OA'B'$:

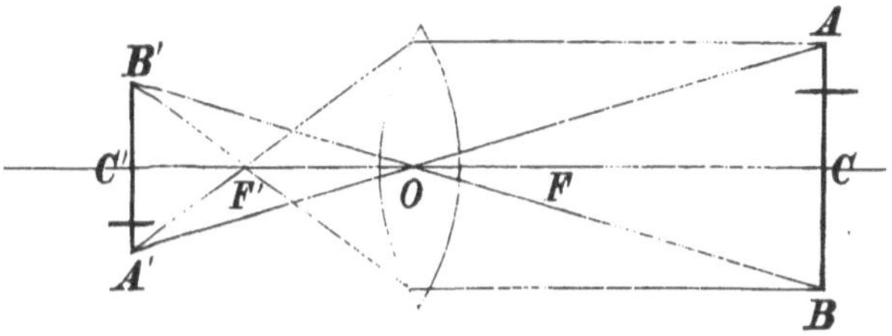

Fig. 330. Konstruktion wirklicher Bilder.

$$\frac{A'B'}{AB} = \frac{OC'}{OC} = \frac{a'}{a}.$$

Die Gröſsen von Bild und Gegenstand verhalten sich wie deren Entfernungen vom optischen Mittelpunkte der Linsen.

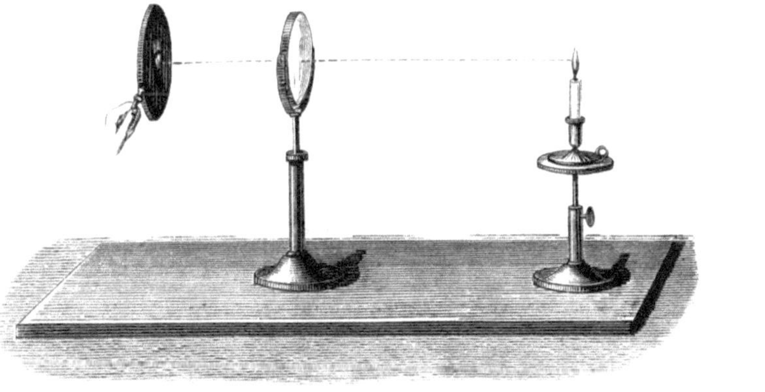
Fig. 331. Wirkliches Bild.

Bei wirklichen Bildern tritt Gleichheit ein, wenn der Gegenstand und somit auch das Bild um die doppelte Brennweite von der Linse entfernt ist.

In unserer Zeichnung ist der Gegenstand weiter als die doppelte Brennweite und das Bild zwischen der einfachen und doppelten, daher ist das Bild kleiner als der Gegenstand. Ist umgekehrt der Gegenstand zwischen der einfachen und doppelten Brennweite, so befindet sich das Bild jenseits der doppelten und ist vergröfsert — immer aber ist es umgekehrt.

Liegt der Gegenstand näher an der Linse als der Brennpunkt, und konstruiert man in ähnlicher Weise, wie vorhin das Bild, so treffen die gebrochenen Strahlen einander nur, wenn man sie rückwärts verlängert. Die scheinbaren Bilder sind aufrecht und vergröfsert, sie sind stets weiter als der Gegenstand von der Linse (Fig. 332).

In ähnlicher Weise findet sich, dafs die Bilder durch Konkavlinsen scheinbare sind und zwar aufrecht und verkleinert (Fig. 333).

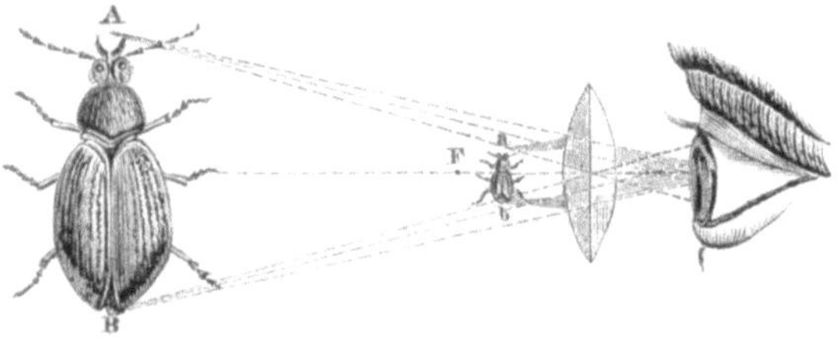

Fig. 332. Scheinbares Bild bei Konvexlinsen.

Ebenso wie bei den Spiegeln macht sich auch bei den Linsen die sphärische Aberration geltend; die Bilder werden nur deutlich, wenn die Linsen klein und schwach gekrümmt sind. Die plankonvexen Bilder liefern bessere Bilder als die bikonvexen, namentlich wenn die konvexe Seite dem Gegenstand zugekehrt ist. Daher verwendet man auch diese vorzugsweise in den optischen Instrumenten und bringt überdies Blenden (Diaphragmen) an, d. i. Holz- oder Metallringe, welche nur den mittleren Strahlen den Durchgang gestatten.

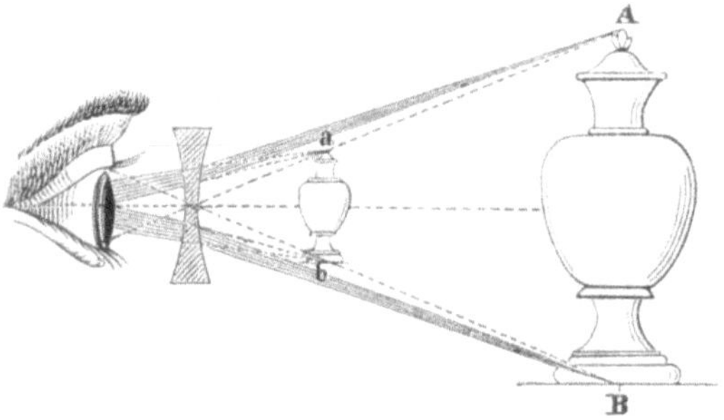

Fig. 333. Scheinbares Bild bei Konkavlinsen.

Auch hat man Linsen herzustellen gesucht, bei denen die sphärische Aberration fast völlig beseitigt ist; man nennt sie Linsen von der besten Form, sie haben ungleiche Krümmung und zwar mufs der Krümmungsradius der einen Fläche etwa sechsmal so grofs sein, wie der der anderen. Doch aber leisten sie nicht viel mehr als die plankonvexen.

Aufgabe 1. Es ist ein scheinbares Bild für eine Konvex- und für eine Konkavlinse zu konstruieren.

Aufgabe 2. Vor einer gleichgekrümmten Bikonvexlinse vom Radius 15 cm und dem Brechungsquotienten 1,6, steht ein Gegenstand von 4 cm in einer Entfernung von 27 cm; wie grofs ist die Bildweite und das Bild selbst?

§ 223. Bestimmung der Geschwindigkeit des Lichtes von Fizeau und Foucault. Um zu untersuchen, ob die Geschwindigkeit irdischer Lichtquellen dieselbe sei, wie die des Lichtes der Gestirne, stellten Fizeau (1849) und Foucault (1862) entscheidende Versuche an.

1) Ein Licht Q (Fig. 334) schickt Strahlen auf eine Linse L, welche dieselben auf einen ebenen, unter 45° geneigten, unbelegten Spiegel S wirft, der etwas näher an der Linse liegt, als der Brennpunkt derselben. Der Spiegel reflektiert die Strahlen, so dafs sie in einem Punkte F konzentriert werden, welcher dicht am

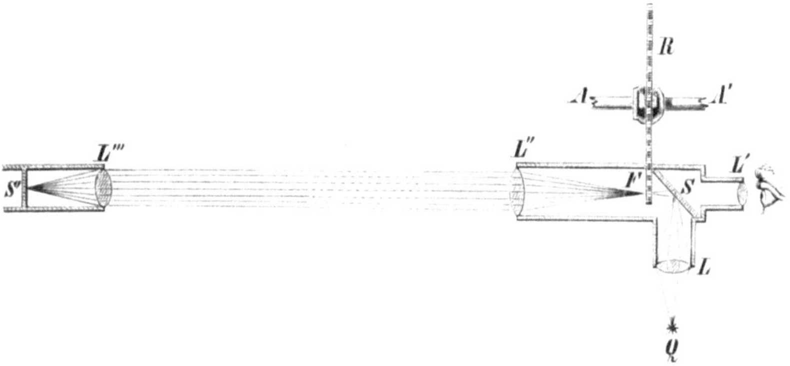

Fig. 334. Geschwindigkeit des Lichtes.

Umfange eines gezahnten Rades R liegt. Steht das Rad gerade so, dafs eine Zahnlücke bei F sich befindet, so können die Strahlen ihren Weg nach einer Linse L'' fortsetzen, deren Brennpunkt in F liegt; sie bricht deswegen die Strahlen so, dafs sie parallel austreten. Der Linse L'' steht in sehr weiter Ferne — 8633 m — eine Linse L''' gegenüber, welche die parallelen auf sie fallenden Strahlen in ihren Brennpunkt, der gerade an dem belegten, vertikal stehenden, ebenen Spiegel S'' liegt, konzentriert. Der Spiegel S'' reflektiert die Strahlen so, dafs dieselben genau auf dem Wege zurückgehen, auf dem sie gekommen sind, wenigstens bis F. Wenn an der Stelle von F sich eine Zahnlücke befindet, so gehen die Strahlen weiter bis S und werden teilweise reflektiert, um sich wieder in Q zu vereinigen, teilweise gehen sie aber auch, da der Spiegel unbelegt ist, durch diesen, werden von der Linse L' konzentriert und gelangen nun in das dahinter befindliche Auge, welches in gerader Richtung vor sich ein Bild der Lichtquelle Q erblickt. Wenn nun das Rad R sich dreht, so ist es möglich, dafs die Lichtstrahlen, welche durch eine Lücke des Rades gegangen sind, auf dem Rückwege wieder diese oder eine andere Lücke passieren können; in diesem Falle sieht das Auge ein Bild von Q, und wenn die Drehungsgeschwindigkeit gleichbleibt, so sieht es das Bild immerwährend. Es kann aber auch bei einer gewissen Drehungsgeschwindigkeit sich ereignen, dafs die zurückkehrenden Strahlen bald einen Zahn, bald eine Lücke treffen; in diesem Falle erscheint das Bild intermittierend. Wenn aber die Umdrehungsgeschwindigkeit des Rades so grofs ist, dafs das Licht, nachdem es auf dem Hinweg eine Lücke passiert hat, auf dem Rückwege stets auf einen Zahn trifft, so sieht das Auge kein Bild von Q.

Wird das Rad erst langsam gedreht, so sieht man, wie schon bemerkt, abwechselnd das Bild von Q und dann wieder nicht; hat das Rad 720 Zähne, so tritt bei einer Drehgeschwindigkeit von 12,6 Umgängen in der Sekunde zum ersten Male dauernde Verdunkelung ein; bei der doppelten Drehgeschwindigkeit wird das Bild von Q dauernd gesehen und bei der dreifachen verschwindet es wieder u. s. w. Wie berechnet sich hieraus die Geschwindigkeit des Lichtes?

2) Foucault (und später Cornu) haben die Geschwindigkeit des Lichtes in dem Raume eines Zimmers zu messen gelehrt. Foucault liefs ein Bündel Sonnenstrahlen durch einen Spalt in ein Zimmer auf einen ebenen Spiegel S fallen, der durch ein Uhrwerk 800 mal in der Sekunde umgedreht werden konnte. Der ebene Spiegel reflektierte die Strahlen auf einen Hohlspiegel, welcher sie auf einen zweiten und dieser auf einen dritten u. s. w. warf, bis sie schliefslich so auf einen Spiegel trafen, dafs sie wieder in derselben Richtung zurückreflektiert wurden, und schliefslich, wenn der ebene drehbare Spiegel S stillstand, zum Spalt zurückgelangten; das Bild des Spaltes fiel dann auf den Spalt selbst. (Die Anwendung mehrerer Spiegel hat den Zweck, den Weg der Lichtstrahlen zu verlängern.) Dreht sich aber der Spiegel S sehr rasch, so kommen die Strahlen zurück, nachdem der Spiegel sich schon um α^0 gedreht hat; das Bild des Spaltes erscheint dann gegen diesen um 2α verschoben. Wenn nun auch erst nach jeder vollen Umdrehung wieder dieselben Verhältnisse eintreten, so sieht man doch wegen der grofsen Drehgeschwindigkeit das um 2α verschobene Bild immerwährend.

Beträgt die lineare Verschiebung des Bildes s, und ist die Entfernung des Spiegels S von dem Spalte r, so gilt $s = r \,.\, tg 2\alpha$, oder da α sehr klein ist: $s = r \,.\, 2\alpha$. Ist nun t die Zeit, welche der Spiegel braucht, um sich um den Winkel α zu drehen und n die Zahl der Umdrehungen in der Sekunde, so mufs $t = \frac{\alpha}{2n\pi}$. Ist ferner $2l$ die Länge des Weges, den die Strahlen hin- und zurückmachen, so gilt: $s = r \,.\, 4n\pi t$ oder $t = \frac{s}{4n\pi r}$. Die Fortpflanzungsgeschwindigkeit c ist aber $= \frac{2l}{t}$, also $c = \frac{8n\pi rl}{s}$. Aus zahlreichen Versuchen nun haben Foucault und Cornu etwa 40000 Meilen für die Fortpflanzungsgeschwindigkeit des Lichtes gefunden, welche Zahl mit der von Olaf Römer gefundenen hinlänglich übereinstimmt.

Die Bestimmung der Geschwindigkeit des Lichtes aus der Aberration der Gestirne wird in der astronomischen Geographie erörtert werden.

3) Um die Geschwindigkeit des Lichtes im Wasser im Vergleich zu der in der Luft zu bestimmen, wandte Foucault einen ganz ähnlichen Apparat wie den soeben beschriebenen an, nur dafs er das Licht auf dem einen Teile seines Weges durch eine mit Wasser gefüllte Glasröhre gehen liefs. Bei derselben Drehungsgeschwindigkeit des Spiegels S wurde das Bild des Spaltes stärker abgelenkt, wenn das Licht durch Wasser, als wenn es durch Luft ging. Bei einem der Versuche betrug die Verschiebung s des Luftbildes 0,375 mm und die s' des Wasserbildes 0,469 mm; es ist aber $\frac{0{,}469}{0{,}375}$ nahe genug $= \frac{4}{3}$. Aus den oben aufgestellten Formeln folgt: $c = \frac{8n\pi rl}{s}$ und $c' = \frac{8n\pi rl}{s'}$, wo c und c' die Geschwindigkeiten der Fortpflanzung des Lichtes in der Luft, bezüglich im Wasser bezeichnen. Die Fortpflanzungsgeschwindigkeiten verhalten sich also umgekehrt, wie die Ablenkungen, in unserem Falle wie 4 : 3.

d) Farbenzerstreuung (Dispersion) des Lichtes.

§ 224. Zerlegung und Zusammensetzung des weifsen Lichtes. 1) Sieht man durch ein Prisma nach einer Kerzenflamme, so erglänzt dieselbe in den Farben des Regenbogens: Rot, Orange, Gelb, Grün, Blau und Violett. Besser noch ist es ein Bündel paralleler Sonnenstrahlen im dunkelen Zimmer auf ein Prisma fallen zu lassen und die gebrochenen Strahlen auf einem Schirme aufzufangen (Fig. 335). Man erhält alsdann einen farbigen Streifen — Farbenspektrum —, welcher die angegebenen sechs Farben enthält. Das rote Licht ist dabei am wenigsten, das violette am meisten abgelenkt. Gelb erscheint in geringster, Violett in gröfster Ausdehnung. — Auch wenn man einfach ein Prisma in die Sonnenstrahlen hält, so zeigt sich auf der gegenüberliegenden Wand oder an der Zimmerdecke das Farbenspektrum.

Newton schlofs aus dieser Erscheinung, dafs das weifse Licht aus sechs oder eigentlich aus sieben Farben zusammengesetzt sei, indem er Blau in Blau und Indigoblau unterschied. Genauer genommen hat man eigentlich unzählig viele Farben, welche alle Nuancen von Rot bis Violett umfassen.

Die Zerlegung des weifsen Lichtes in die Spektralfarben bezeichnet man mit dem Namen Dispersion oder Farbenzerstreuung.

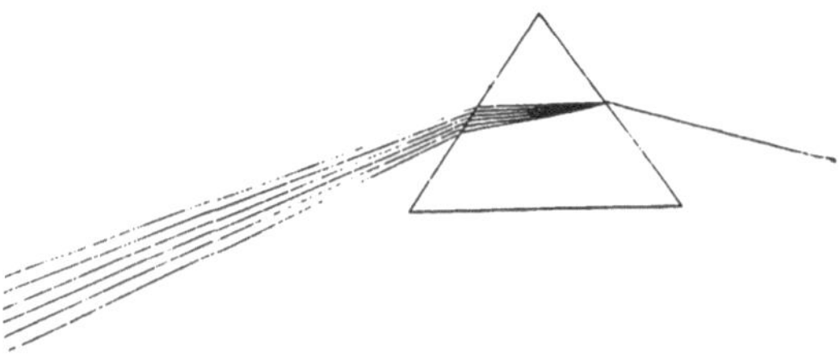
Fig. 335. Farbenzerstreuung.

2) Fängt man das Spektrum kurz hinter dem Prisma auf einer Linse auf, so zeigt sich auf dem Schirme ein weifses Bild des Spaltes — die Spektralfarben lassen sich wieder zu Weifs zusammensetzen.

3) Macht man in den Schirm ein Loch und läfst irgend eine der Spektralfarben auf ein zweites Prisma fallen, so wird sie zwar abgelenkt, aber nicht in weitere Farben zerlegt: Die Spektralfarben sind einfach. Man kann sich hiervon auch auf die Art überzeugen, dafs man ein Spektrum durch ein Prisma, dessen brechende Kante der Längsrichtung des Spektrums parallel steht, betrachtet: das Spektrum erleidet weiter keine Veränderung, als dafs es an einem anderen Orte, schrägliegend, erscheint.

4) Läfst man ein Spektrum auf eine Konvexlinse fallen und verdeckt eine der Farben, so dafs nur die anderen auf den Schirm gelangen können, so erhält man ein farbiges Bild des Spaltes; verdeckt man Rot, Orange oder Gelb, so erhält man bezüglich Grün, Blau oder Violett — und verdeckt man die letzteren, so erhält man die ersteren. Alle Farben aufser Rot geben aber mit Rot zusammen Weifs; es mufs also Rot und Grün Weifs ergeben. Dasselbe gilt für Orange und Blau, Gelb und Violett. Farben, welche zusammen Weifs geben, nennt man Ergänzungs- oder Komplementärfarben. Doch ist zu bemerken, dafs das Grün, welches aus allen Farben aufser Rot zusammengesetzt ist, nicht das einfache Grün des Spektrums ist u. s. w. Helmholtz hat übrigens untersucht, welche Spektralfarben zusammen Weifs ergeben.

Die einzelnen Farben des Spektrums entsprechen bestimmten Schwingungsgeschwindigkeiten des Äthers; Rot hat die geringste Geschwindigkeit, aber die gröfste Wellenlänge. Die Fortpflanzungsgeschwindigkeit in demselben Mittel ist für alle Farben die gleiche. Dagegen werden Ätherwellen von gröfserer Vibrationsgeschwindigkeit stärker gebrochen.

Werden auf eine Pappscheibe die einzelnen Spektralfarben in Form von Sektoren und ungefähr in der relativen Gröfse, wie sie im Spektrum vorkommen, aufgetragen und die Scheibe rasch gedreht, so erhält man ein schmutziges Grauweifs — Farbenkreisel.

§ 225. Der Regenbogen. Die prachtvolle Erscheinung des Regenbogens entsteht durch die Brechung und Reflexion des Sonnenlichtes in den Regentropfen. Man kann deshalb nur einen Regenbogen sehen, wenn man die regnende Wolke vor sich und die Sonne im Rücken hat. Der Regenbogen, welcher 2^0 breit, oben rot und unten violett erscheint, gehört einem Kreis an, der einen Halbmesser von 41 Himmelsbogengraden besitzt und dessen Mittelpunkt da liegt, wo die Verbindungslinie des Auges mit der Sonne den Himmel trifft. Steht die Sonne im Horizont, so ist der Bogen halbkreisförmig, steht sie höher, so wird er kleiner und verschwindet, wenn die Sonne höher als 41^0 steht. Daher sieht man nie einen Regenbogen um die Mittagszeit. Manchmal erblickt man noch einen etwa 3^0 breiten, verwaschenen Regenbogen, dessen Halbmesser ungefähr 51^0 hat und der oben violett und unten rot ist; man nennt ihn Nebenregenbogen.

Da ohnehin nur wenig Strahlen von den Wassertropfen in unser Auge gelangen, so müssen dieselben möglichst parallel sein, wenn sie einen Eindruck hervorbringen sollen. Dies aber wird nur für solche Sonnenstrahlen möglich sein, welche sehr nahe an derselben Stelle in den Tropfen eintreten; denn obwohl die Sonnenstrahlen parallel sind, so fallen sie doch unter sehr verschiedenen Einfallswinkeln auf den kugelförmigen Tropfen und werden deshalb nach sehr verschiedenen Richtungen gebrochen. Es sei SA (Fig. 336) ein Sonnenstrahl, welcher auf einen Regentropfen unter dem Winkel α einfällt; derselbe geht in der Richtung AB in den Tropfen, wird bei B teilweise reflektiert (und tritt teilweise nach hinten aus), um bei C abermals gebrochen (und teilweise reflektiert) zu werden. Schliefslich gelangt er in der Richtung CD ins Auge. Einige nahe bei A z. B. bei A' einfallende parallele Strahlen werden nun so gebrochen, dafs sie in demselben Punkte B eintreffen und diese treten denn auch in der Richtung $C'D' \parallel CD$ aus; denn

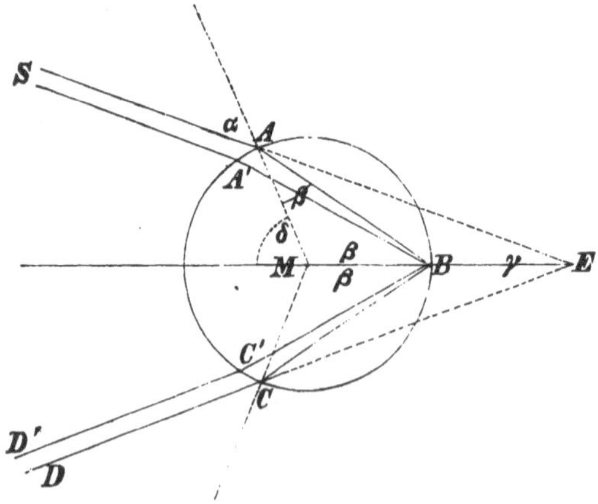

Fig. 336. Regenbogen.

verlängert man SA, bis sie die MB in E trifft, so mufs auf beiden Seiten von ME vollkommene Symmetrie herrschen; da nun die einfallenden Strahlen parallel sind, so müssen es auch die ausfallenden sein. Nun ist einerseits $\delta = \alpha + \frac{1}{2}\gamma$ und anderseits $\delta = 2\beta$, woraus $\frac{1}{2}\gamma = 2\beta - \alpha$. Ebenso ergiebt sich für den

Strahl SA', wenn man die entsprechenden Winkel mit denselben Buchstaben, aber einem Striche bezeichnet: $\frac{1}{2}\gamma = 2\beta' - \alpha'$. Durch Kombination dieser beiden Gleichungen erhält man:

$$\alpha - \alpha' = 2(\beta' - \beta), \text{ oder } \varphi = 2\psi, \qquad 1)$$

wenn man die sehr kleine Differenz $\alpha - \alpha'$ mit φ und die $\beta' - \beta$ mit ψ bezeichnet. Nach dem Brechungsgesetz ist: $\sin\alpha = n \sin\beta$ und $\sin(\alpha + \varphi) = n \sin(\beta + \psi)$. Durch Subtraktion dieser Gleichungen erhält man: $2 \sin \frac{1}{2}\varphi \,.\, \cos(\alpha + \frac{1}{2}\varphi) = 2n \,.\, \sin\frac{1}{2}\psi \,.\, \cos(\beta + \frac{1}{2}\psi)$. Da φ und ψ sehr klein sind, so kann man setzen:

$$\varphi \,.\, \cos\alpha = n \,.\, \psi \,.\, \cos\beta \qquad 2)$$

Verbindet man 2) mit 1), so erhält man:

$$2\cos\alpha = n \,.\, \cos\beta.$$

Man kann diese Gleichung noch vereinfachen, indem man die eine Funktion herausschafft; man bewirkt dies durch Verbindung derselben mit der allgemeinen Gleichung der Brechung $\sin\alpha = n \sin\beta$; erhebt man beide Gleichungen auf das Quadrat und addiert, so wird $4\cos^2\alpha + \sin^2\alpha = n^2(\sin^2\beta + \cos^2\beta)$, oder:

$$1 + 3\cos^2\alpha = n^2. \qquad 3)$$

Es ist nun leicht den Winkel α und β für die verschiedenen Farben aus 3), sowie aus der Brechungsgleichung zu finden; für Rot, wo $n = 1{,}330$, ist $\alpha = 59^0\,35'$ und $\beta = 40^0\,25'$; für Violett, wo $n = 1{,}343$, wird $\alpha = 58^0\,50'$ und $\beta = 39^0\,35'$. Hieraus ist auch ersichtlich, dafs Rot aufsen und Violett innen sein mufs.

Die Ablenkung der Strahlen beträgt $\gamma = 2(2\beta - \alpha)$; dies ist für die roten Strahlen $42^0\,30'$ und für die violetten $40^0 40'$, woraus sich eine Breite von $1^0\,50'$ ergiebt. Da indessen die Sonne kein Punkt ist, sondern einen scheinbaren Durchmesser von 30′ hat, so verbreitert sich der Regenbogen um dieses Mafs, er hat also eine Breite von $2^0\,20'$. Alle Tropfen nun, welche die gleiche Lage gegen die Verbindungslinie von Auge und Sonne haben, die also in einem Kreisbogen um diese liegen, liefern dieselbe Erscheinung, wie der betrachtete Tropfen.

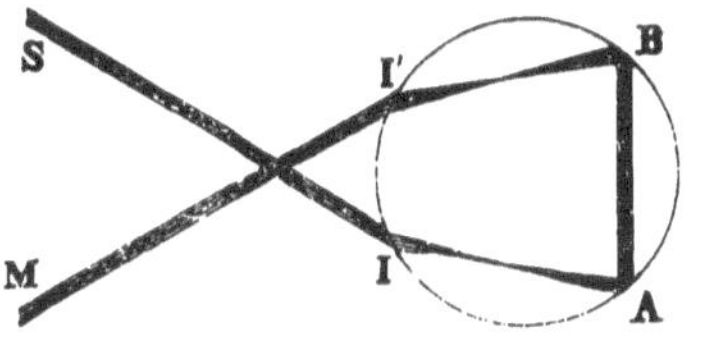

Fig. 337. Nebenregenbogen.

Der Nebenregenbogen entsteht durch zweimalige innere Reflexion (Fig. 337).

§ 226. Die natürlichen Farben der Körper. Ein Körper, welcher im Sonnenlicht in irgend einer Farbe, z. B. rot oder blau erscheint, wird rot oder blau genannt. Er zeigt dieselbe Farbe auch, wenn rotes, bezüglich blaues Licht auf ihn fällt; von andersfarbigem Licht bestrahlt, sieht er mehr oder minder dunkel, und geradezu schwarz aus, wenn farbige Strahlen auf ihn fallen, die zu seiner eigenen Farbe komplementär sind.

Man nimmt deshalb an, dafs farbige Körper alle Farben verschlucken (absorbieren) aufser derjenigen, in welcher sie im weifsen Licht erscheinen. Indessen giebt es auch Körper, welche alle Farben reflektieren oder durchlassen können, man nennt sie weifs, bezüglich farblos (Kreide, Glas). Fällt farbiges Licht auf einen weifsen oder farblosen Körper, so erscheint er stets in der Farbe der auffallenden Strahlen — im roten rot, im blauen blau. Andrerseits giebt es auch Körper, welche alles auffallende Licht, von welcher Farbe es auch sei, verschlucken, man nennt sie schwarz.

Dafs ein undurchsichtiger Körper nur gewisse Farben reflektiert, deutet darauf hin, dafs er das auffallende Licht nicht unmittelbar an seiner

Oberfläche reflektiert, denn sonst müfste es unverändert zurückgeworfen werden. Die Strahlen dringen also wohl bis zu einer, wenn auch noch so geringen Tiefe in den Körper ein und werden dann reflektiert. Die Absorption des Lichtes beruht darauf, dafs gewisse Ätherschwingungen auf die Körpermoleküle übertragen werden, so dafs eine, wenn auch geringe Erwärmung entsteht (vergl. übrigens § 233). Der Äther kann alle Arten von Schwingungen ausführen, die Körpermoleküle aber (wie eine gespannte Saite) immer nur einzelne, woher es denn kommt, dafs nur gewisse Ätherschwingungen (Farben) durch Übertragung der Bewegung des Äthers auf die Körpermoleküle vernichtet und in Wärme verwandelt werden. In selteneren Fällen verursacht auch der Anprall des Äthers gegen die Körpermoleküle chemische Zersetzungen (Silbersalze).

Jeder Körper erscheint in einer Mischfarbe, welche zu derjenigen komplementär ist, die er verschluckt. Wenn helles Sonnenlicht auf einen Körper fällt, so erscheint er heller, als im zerstreuten Tageslicht; ein Teil der weifsen Strahlen wird unmittelbar an der Oberfläche (ohne Absorption) reflektiert.

Durchsichtige Körper zeigen gewöhnlich im reflektierten Licht dieselbe Farbe, wie im reflektierten. Es kann aber auch vorkommen, dafs ein Körper im reflektierten Licht eine Farbe zeigt, welche zu der im durchgelassenen komplementär ist; man nennt dieselben Körper mit O b e r f l ä c h e n - f a r b e n. Verdampft man eine konzentrierte Lösung von Fuchsin in Alkohol rasch auf einer Glasplatte, so erscheint es im reflektierten Licht grün, im durchgelassenen rot. Es kann dies nur daher rühren, dafs gewisse Farben, hier grün, unmittelbar unter der Oberflüche nahezu total reflektiert, während die anderen ziemlich vollständig durchgelassen werden. Bei den gewöhnlichen Körpern dringt das Licht tiefer ein; ein Teil wird absorbiert und der andere teils reflektiert, teils durchgelassen.

Um die Mischfarben der Körper zu untersuchen, bedient man sich des Prismas. Ist ein Körper durchsichtig, so läfst man Sonnenlicht durch ihn auf ein Prisma fallen; man beobachtet dann ein Spektrum, in welchem einzelne Farben fehlen (absorbiert sind). Eine Lösung von schwefelsaurem Kupferoxydammoniak giebt fast nur Blau und Violet; doppeltchromsaures Kali giebt nur Rot und Orange. Nahezu einfach blaues Licht läfst eine Lösung von Berlinerblau in Oxalsäure durch, und fast nur rotes das durch Kupfer rot gefärbte Glas. Manche Substanzen, wie Chlorophyll, liefern gröfsere Teile des Spektrums, welche von breiten, schwarzen Streifen durchzogen sind.

Undurchsichtige Körper untersucht man, indem man schmale Streifen derselben vom Sonnenlicht bescheinen läfst und durch ein Prisma, dessen brechende Kante der Längsrichtung des Streifens parallel ist, betrachtet.

Da feste und flüssige Körper stets einige Farben absorbieren, wenn weifses Licht auf sie fällt, so nennt man die Spektra, welche sie im reflektierten oder durchgelassenen Licht liefern, A b s o r p t i o n s s p e k t r a, im Gegensatz zu den E m i s s i o n s s p e k t r e n, welche glühende Körper geben.

§ 227. Die Fraunhoferschen dunkelen Linien. Läfst man ein Bündel Sonnenstrahlen, um sie möglichst parallel zu machen, noch durch einen zweiten Spalt fallen, ehe sie auf das Prisma gelangen, so zeigt das Spektrum nunmehr eine Anzahl schwarzer Linien, welche es von oben nach unten durchsetzen — Fraunhofers dunkele Linien (siehe Spektraltafel). Die Sonnenstrahlen sind nicht genau parallel; ist aufserdem der Spalt einigermafsen breit, so entstehen, wenn kein zweiter Spalt angewandt wird, eine ganze Anzahl Spektra, welche einander überdecken, so dafs eine helle Stelle des einen auf eine dunkele des anderen fällt; bei der gewöhnlichen Art der Erzeugung eines Spektrums sind also die dunkelen Linien nicht bemerkbar.

Aber auch dadurch kann man ein reines Spektrum mit den Fraunhoferschen Linien erzielen, dafs man vor oder hinter das Prisma in geeigneter Entfernung eine Linse stellt. — Indem Fraunhofer das Spektrum auf das Objektiv eines Fernrohrs fallen liefs, erhielt er eine sehr grofse Zahl dunkeler Streifen von verschiedener Stärke. Die wichtigsten (siehe Spektraltafel) sind mit Buchstaben *A*, *B* . . . *H* bezeichnet worden.

Wollaston hat die dunkelen Linien im Spektrum zuerst bemerkt (1802), doch sind sie erst von Fraunhofer (1814) genauer untersucht worden.

228. Brechungs- und Zerstreuungsvermögen; Achromatismus und geradsichtiges Spektroskop. Wenn man die Brechungsquotienten der verschiedenen Substanzen mittelst des Prismas untersuchen will (§ 217), so mufs man eine ganz bestimmte Farbe zu Grunde legen, denn jede Farbe hat einen anderen Brechungsquotienten. Man ist nun übereingekommen, unter mittlerem Brechungsquotient denjenigen zu verstehen, welcher der Ablenkung des grünen Lichtes bei der Fraunhoferschen dunkelen Linie *E* entspricht. Nachstehende Tabelle giebt die Brechungsquotienten der wichtigsten Fraunhoferschen Linien für Wasser, Crownglas und Flintglas an; die Linie *A* ist weggelassen, weil sie selten deutlich sichtbar ist.

Brechende Substanz	B	C	D	E	F	G	H	Z
Wasser	1,3309	1,3317	1,3336	1,3359	1,3378	1,3413	1,3442	0,0133
Crownglas	1,5258	1,5268	1,5296	1,5330	1,5361	1,5417	1,5466	0,0208
Flintglas	1,6020	1,6038	1,6085	1,6145	1,6200	1,6308	1,6404	0,0384

Die letzte Columne *Z* enthält die Werte der sogen. totalen Dispersion, worunter man die Differenz zwischen den Brechungsquotienten von *H* und *B* versteht. Partielle Dispersion nennt man die Differenz zweier anderer Brechungsquotienten.

Vergleicht man die in der Kolumne unter *E* stehenden mittleren Brechungsquotienten für Wasser-, Crown- und Flintglasprismen von gleichem brechendem Winkel mit den unter *Z* stehenden Zahlen für die totalen Dispersionen, so findet man, dafs die ersteren ein viel kleineres Verhältnis ergeben, als die letzteren. Während die mittleren Brechungsquotienten von Wasser, Crown- und Flintglas sich wie 1,3359 : 1,5330 : 1,6145 verhalten, stehen ihre totalen Brechungsquotienten und damit auch die Längen der Spektren im Verhältnis von 0,0133 : 0,0208 : 0,0384; d. h. die Längen der Spektren wachsen weit stärker, als die mittleren Brechungsquotienten.

Wenn man ein Flintglas- mit einem Crownglasprisma in verkehrter Lage verbindet, so ist es nach dem Gesagten nicht möglich gleichzeitig die Brechung und die Farbenzerstreuung aufzuheben. Macht man den brechenden Winkel des Flintglasprismas nur um soviel kleiner, dafs der mittlere Brechungsquotient beider Prismen gleich wird, so findet keine Ablenkung, wenigstens nicht der mittleren Teile des Spektrums statt; hat man dem Crownglas einen brechenden Winkel von 20^0 gegeben, so mufs der des Flintglases $16^1/_2{}^0$ sein. Dann aber wird die Dispersion nicht aufgehoben; man erhält nur ein kleineres Spektrum, welches aber in nahezu gerader Linie mit der Lichtquelle und dem Doppelprisma steht — geradsichtiges Prisma. Soll aber die Farbenzerstreuung aufgehoben werden, so mufs der brechende Winkel des Flintglasprismas bedeutend verkleinert werden; er mufs etwa $9^1/_2{}^0$ betragen, wenn der des Crownglases 20^0 ist. Alsdann erhält man ein farbloses, abgelenktes Bild der Lichtquelle — achromatisches Prisma. — Fig. 338 zeigt 3 Prismen; *A* ist von Crownglas und *B* und *C* sind von Flintglas. Legt man *A* und *B* aneinander, so erhält man ein geradsichtiges, und legt man *A* an *C*, so erhält man ein achromatisches Prisma.

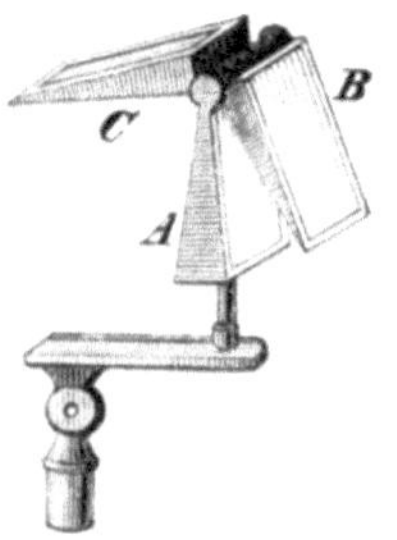

Fig. 338. Geradsichtiges u. achromatisches Prisma.

Geradsichtige Prismen benutzt man zu Spektroskopen mit gerader Durchsicht (à vision directe); sie bestehen aus einer Röhre, welche vorn einen verstellbaren Spalt besitzt und in welcher eine Kombination aus zweien oder mehreren Prismen enthalten ist, die zusammen ein geradsichtiges Prisma bilden. In der Röhre ist ferner eine Linse, welche die einfallenden Strahlen möglichst parallel macht und am anderen Ende befindet sich ein kleines Fernröhrchen, welches die Erscheinung vergröfsert. Ist der Spalt fein gestellt, so erblickt man durch dasselbe, namentlich wenn man nach einer weifsen Wand oder einer weifsen Wolke sieht, ein sehr schönes Spektrum mit den Fraunhoferschen Linien.

In ähnlicher Weise kann man auch achromatische Linsen herstellen; sie bestehen aus einer konvexen Crownglas- und einer weniger stark gekrümmten konkaven Flintglaslinse (Fig. 339). Einfache Linsen geben immer Bilder mit farbigen Rändern. Fängt man das Linsenbild einer Kerze auf einem Schirme auf, so ist es nur bei einer Stellung des Schirmes wenigstens in der Mitte weifs; rückt man den Schirm näher an die Linse, so wird das Kerzenbild rötlich, und rückt man ihn weiter, so wird es bläulich.

Fig. 339. Achromatische Linse.

Newton bestritt die Möglichkeit des Achromatismus; Euler wies sie theoretisch nach (1747) und Dolland stellte die ersten achromatischen Linsen und Prismen her (1757). Linsen, welche weder an der sphärischen noch chromatischen Aberration leiden, nennt man aplanatische Linsen.

§ 229. Wirkungen der einzelnen Teile des Spektrums. Das weifse Licht glühender Körper, namentlich das Sonnenlicht, hat thermische, optische und chemische Wirkungen. Das Wachstum der Pflanzen, die Zersetzung der von den Pflanzen eingesogenen Kohlensäure in Kohlenstoff und Sauerstoff, die Bildung des Chlorophylls und anderer Farbstoffe geht in hinlänglichem Mafse nur unter dem Einflusse des Lichtes vor sich. Die Pflanzen neigen ihre Zweige der Sonne zu (Sonnenblume), die Blätter werden im Lichte lebhaft grün, während sie im Dunkeln farblos oder blafsgrün sind. Das Gefieder der Tagvögel ist lebhafter als das der Nachtvögel. Silberverbindungen schwärzen sich im Sonnen-, selbst im zerstreuten Tageslicht; Chlor und Wasserstoff verbinden sich unter Explosion im Sonnenlicht zu Chlorwasserstoffsäure. Menschen, welche im Freien arbeiten, bekommen, infolge der chemischen Einwirkung der Sonne auf die Haut, eine bräunliche Gesichtsfarbe; diese chemische Wirkung kann sich bis zu einem Schmerzgefühl steigern, von dem man nichts empfindet, wenn man in einem römisch-irischen Bade oder in der Nähe eines Dampfkessels einer noch höheren „dunkelen" Wärme ausgesetzt ist. Die Sonne vermag Leinwand, Wachs, Wolle u. dergl. zu bleichen, indem sie die färbenden Substanzen zersetzt.

Die Wirkungen, welche die einzelnen Teile des Spektrums des weifsen Lichtes besitzen, sind keineswegs gleich. Die gröfste Lichtintensität im Spektrum herrscht offenbar im Gelben; Ätherschwingungen von der Geschwindigkeit des gelben Lichtes sind also am meisten fähig den Sehnerv in Bewegung zu setzen. Nicht so ist es mit der Wärmewirkung; hält man ein feines Thermometer nach der Reihe in die einzelnen Teile des Spektrums, so steigt es am meisten im Roten und noch etwas jenseits desselben im sogen. Ultrarot; es müssen also hier auch noch Ätherschwingungen vorhanden sein (und zwar von geringerer Geschwindigkeit), die nicht mehr auf den Sehnerv einzuwirken, wohl aber das Thermometer zum raschen Steigen zu bringen vermögen.

Hält man ein mit Chlorsilberlösung getränktes Papier in die einzelnen Teile des Spektrums, so bleibt es im Roten und Gelben selbst nach längerer Zeit fast unverändert; dagegen wird es im Blauen und im Violetten, noch mehr aber etwas jenseits des Violetten im sogen. Ultraviolett rasch schwarz; es mufs also auch jenseits des Violett noch Strahlen geben (denen eine sehr grofse Geschwindigkeit der Ätherschwingungen entspricht), welche nicht mehr auf den Sehnerv einzuwirken imstande sind, die aber besonders befähigt sind chemische Zersetzungen, namentlich der Silbersalze, hervorzubringen. Übrigens gehen andere chemische Verbindungen und Zersetzungen, z. B. die Bildung des Chlorophylls in den Pflanzen, ebenso gut im roten und gelben, wie im blauen Lichte vor sich und die Zersetzung der Kohlensäure erfolgt sogar lebhafter im ersteren als im letzteren.

Die ultraroten Strahlen wurden 1800 von Herschel und die ultravioletten 1801 von Ritter entdeckt.

§ 230. Spektralanalyse. 1) Jeder glühende feste oder flüssige Körper giebt ein vollständiges Spektrum ohne Fraunhofersche Linien (glühender Platindraht, Kalk durch das Knallgasgebläse und Kohlenspitzen durch den galvanischen Strom glühend gemacht

u. s. w.). Je mehr ein Körper weifs glüht, um so deutlicher treten alle Teile des Spektrums heraus; rotglühender Platindraht zeigt mehr nur das rote Ende des Spektrums.

2) Bringt man etwas Kochsalz an einem Platindraht in eine Gasflamme, so wird dieselbe gelb gefärbt, das Kochsalz wird gasförmig, und betrachtet man die Flamme durch ein geradsichtiges Spektroskop, so erblickt man ein vollständiges mattes Spektrum, welches von dem glühenden Platindraht herrührt, und darin eine sehr helle gelbe Linie an der Stelle, wo sich im Sonnenspektrum die Fraunhofersche dunkele Linie *D* befindet.

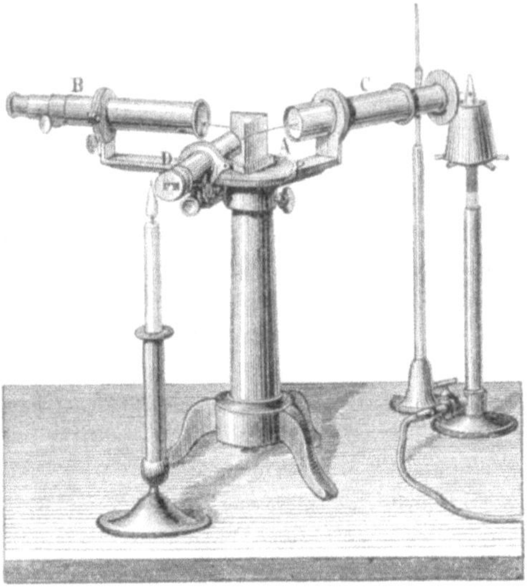

Fig. 340. Spektroskop.

Lithiumsalze geben einen orangefarbigen und einen gelben, Thalliumsalze einen grünen, Kaliumsalze zwei rote und einen violetten Streifen u. s. w. (vergl. die Spektraltafel).

Glühende Gase und Dämpfe geben Streifen- oder Linienspektra.

Statt des geradsichtigen Spektroskops wendet man meist zu näherer Untersuchung der Gasspektra das Bunsen-Kirchhoffsche Spektroskop (Fig. 340) an. Es besteht aus einer Röhre *C*, welche an dem der Bunsenschen Gasflamme zugewandten Ende einen Spalt und an dem anderen eine Linse hat, welche die einfallenden Strahlen parallel macht. Dieselben fallen von hier auf ein Prisma und treten, gebrochen und in Farben zerstreut, in das Fernrohr *B*, durch welches man die Erscheinung betrachtet. Ein drittes Rohr *D* hat an dem Ende, wo es einer Kerzenflamme gegenübersteht, eine auf Glas geritzte Skala, welche durch die Linse am andern Ende des Rohres vergröfsert wird. Die durchfallenden Kerzenstrahlen werden an der einen Seitenfläche des Prismas reflektiert und in das Fernrohr *B* geworfen, so dafs man in demselben ein Spektrum auf oder unter einer Millimeterteilung erblickt. In die Gasflamme bringt man einen Platindraht, welcher mit einem Öhr versehen ist und glühend in ein Salz getaucht worden war. Es sind alsdann im Fernrohre *B* aufser dem matten Platinspektrum noch die hellen Linien der verschiedenen in Gasform übergegangenen Salze sichtbar, von denen jede immer an derselben Stelle der Teilung erscheint.

Bunsen und Kirchhoff haben hierauf die Spektralanalyse gegründet

(1860), da sich aus der Art und Lage der Streifen mit Sicherheit das in einem Salz enthaltene Metall erkennen läfst, selbst bei ganz minimalen Quantitäten (noch $\frac{1}{30\,000\,000}$ g Kochsalz giebt die gelbe Linie mit voller Deutlichkeit). Allerdings treten die den Metallen charakteristischen Linien in höheren Temperaturen lebhafter und in gröfserer Zahl hervor, doch aber erhält man immer dieselben Linien, einerlei in welcher Verbindung sich die Metalle befinden. Je flüchtiger eine Verbindung ist, bei um so geringerer Temperatur treten die Linien auf. Am leichtesten erhält man sie meistens mit den Chlorverbindungen.

Bei schwerflüchtigen Verbindungen mufs man statt der Bunsenschen Gasflamme das Knallgasgebläse oder den galvanischen Strom anwenden; im letzteren Falle nimmt man die zu prüfenden Metalle als Elektroden und läfst Funken zwischen denselben überschlagen; Flüssigkeiten füllt man in Gläschen, in deren Boden der eine Platindraht eingeschmolzen ist, während der andere der Oberfläche der Flüssigkeit in geringer Entfernung gegenübersteht. Gase füllt man in lange, in der Mitte verengte Röhren, in deren Enden Platindrähte eingeschmolzen sind.

Auch der Druck, unter dem ein Gas oder Dampf steht, ist nicht ohne Einflufs auf das Spektrum; je höher der Druck, um so breiter und zahlreicher werden die Linien und bei sehr hohem Druck wird das Spektrum fast kontinuierlich, und ist nur hier und da von schwarzen Streifen durchzogen — Bandenspektra. Wasserstoff, welcher bei gewöhnlichem Druck drei helle Linien, eine orangefarbige, grüne und blaue liefert, giebt bei sehr hohem Drucke ein kontinuierliches Spektrum.

§ 231. Umkehrung der hellen Linien. Fällt Drummondsches oder elektrisches Licht durch einen Spalt auf ein Prisma und entzündet man unterhalb des Strahlenbandes ein Stück Natrium, so dafs die Strahlen durch den Dampf gehen müssen, so erblickt man in dem Spektrum eine tiefschwarze Linie, welche mit der Fraunhoferschen Linie D im Sonnenspektrum gleiche Lage hat.

Das Drummondsche oder elektrische Licht würde für sich ein kontinuierliches Spektrum ohne helle und dunkele Linien geben. Der Natriumdampf aber absorbiert einen grofsen Teil des gelben Lichtes und zwar mehr, als er selbst gelbes Licht ausstrahlt.

Bei dünnen Gasschichten kann man immer annehmen, dafs alle Moleküle gleiche Schwingungsgeschwindigkeit besitzen; sie versetzen deshalb auch alle den Äther in eine und dieselbe Geschwindigkeit, so dafs eine bestimmte Farbe hervorgerufen wird. Umgekehrt sind die Moleküle im Stande Ätherschwingungen, welche eben diese Geschwindigkeit besitzen, zu absorbieren. Alle anderen Farben gehen durch das glühende Gas fast unverändert hindurch.

Wird das Gas dichter, so sind nicht mehr alle Moleküle in gleicher Geschwindigkeit, weshalb mehrere Farben ausgestrahlt, aber auch absorbiert werden können.

Die Absorption beruht auf einer Art Resonanz; es werden diejenigen Schwingungen absorbiert, welche die Moleküle selbst unter den obwaltenden Umständen machen oder machen können.

Fällt möglichst gedämpftes Sonnenlicht durch Natriumdampf auf ein Prisma, so erblickt man eine helle gelbe Linie an Stelle der dunkeln *D*; der Natriumdampf sendet jetzt mehr gelbes Licht aus, als er absorbiert. Läfst man helles Sonnenlicht auffallen, so erscheint wieder die dunkele Linie; die Sonne wirft jetzt viel gelbes Licht auf den glühenden Natriumdampf und dieser absorbiert mehr gelbes Licht, als er selbst aussendet. Ähnliche Versuche kann man mit Kalium, Lithium u. s. w. machen.

Auch mittelst Lampenlicht läfst sich der Versuch anstellen; nur darf man dann den Natriumdampf nicht bis zum Glühen erhitzen; man stellt zwischen ein geradsichtiges Spektroskop und eine Flamme eine geschlossene Glasröhre, in der Wasserstoff und ein Stück Natrium sich befinden, und erhitzt dieselbe schwach.

Richtet man dagegen ein geradsichtiges Spektroskop (nur aus Spalte und Prisma bestehend) auf eine helle Gasflamme und bringt eine breite, kochsalzhaltige Weingeistflamme vor die Spalte, so erhält man eine helle Natriumlinie; bringt man aber die Weingeistflamme zwischen Auge und Prisma, so erhält man die dunkele Natriumlinie. Der erste Fall entspricht dem oben erwähnten, wo gedämpftes Sonnenlicht durch glühenden Natriumdampf fällt; im letzteren absorbiert der Natriumdampf mehr von dem Gelb der Linie *D*, als von dem in der Nähe von *D* befindlichen.

Sieht man durch eine dicke runde Wasserstoffflamme, welche mittelst Kochsalz gelb gefärbt ist, nach einer breiten, dünnen, so erscheint die erstere fast schwarz; sie ist weniger heifs und hell als die andere, strahlt also auch weniger Gelb aus, als sie von dieser absorbiert (Apparat von Bunsen).

§ 232. Chemische Beschaffenheit der Sonne und anderer Himmelskörper. Das Spektrum der Sonne ist ein Absorptionsspektrum; dasselbe gilt für alle übrigen Himmelskörper. Die Planeten und Nebenplaneten unseres Sonnensystems haben annähernd dasselbe Spektrum mit denselben dunkelen Linien, wie die Sonne; namentlich stimmt das Spektrum des Lichtes unseres Mondes genau mit dem der Sonne überein; hieraus folgern wir, was auch aus anderen Gründen hervorgeht, dafs die Planeten und Monde unseres Systems ihr Licht von der Sonne empfangen. Wenn geringe Unterschiede zwischen dem Spektrum der Sonne und dem der Planeten stattfinden, so deutet dies darauf hin, dafs die Atmosphäre der Planeten einzelne Farben verschluckt. Absorbiert doch auch unsere Atmosphäre einzelne Farben, was daran ersichtlich ist, dafs morgens und abends, wo die Sonnenstrahlen einen längeren Weg durch unsere Atmosphäre machen, mehr dunkele Linien im Sonnenspektrum auftreten, als mittags. Dafs der Mond keine Atmosphäre hat, ist u. a. auch daran ersichtlich, dafs das Mondspektrum genau mit dem Sonnenspektrum übereinstimmt.

Kirchhoff hat aus der Thatsache, dafs das Sonnenspektrum ein Absorptionsspektrum ist, die Folgerung gezogen, dafs der Sonnenkörper in höchster Weifsglut sich befinde und von einer weniger heifsen Atmosphäre, welche die Stoffe des Sonnenkörpers in Dampfzustand enthalte, umgeben sei. Der Sonnenkörper selbst liefert ein vollständiges Spektrum und die Dampfatmosphäre absorbiert diejenigen Farben, welche sie selbst, vermöge der in ihr enthaltenen Stoffe, aussendet. Durch genaue Vergleichung der hellen Linien der einzelnen Metalle im Dampfzustand und der dunkelen im Sonnenspektrum hat man folgende Stoffe als in der Atmosphäre der Sonne und also auch im Sonnenkörper selbst befindlich nachgewiesen: Natrium, Calcium, Baryum, Magnesium, Eisen, Mangan, Chrom, Titan, Nickel, Kobalt, Aluminium, Zink, Kupfer, Wasserstoff und Sauerstoff.

Auf der Sonnenscheibe bemerkt man mancherlei Flecken; man ist der Meinung, dafs hier die Atmosphäre besonders dicht sei. Neben den Sonnenflecken zeigen sich oft Stellen, welche heller sind als die übrigen Teile der Sonnenatmosphäre — Sonnenfackeln; hier treten die Wasserstofflinien deutlich hervor; man ist deshalb der Ansicht, dafs an diesen Stellen brennender Wasserstoff aus der Sonne (bis zu enormer Höhe) hervorbreche. Bei totalen, namentlich aber ringförmigen Sonnenfinsternissen bemerkt man aufser einer hellen Corona, einem die Sonne umgebenden Strahlenkranze, der auch auf das Vorhandensein einer Atmosphäre hindeutet, hohe rosafarbige Hervorragungen, Protuberanzen, welche die Wasserstofflinien besonders deutlich zeigen. Die Protuberanzen sind mit den Sonnenfackeln als identisch zu betrachten.

§ 233. Fluoreszenz. 1) Wenn ein Körper auffallendes Licht absorbiert, so bedeutet dies gewöhnlich, dafs die Ätherschwingungen in Schwingungen der Körpermoleküle übergehen: Licht verwandelt sich in Wärme. Es ist aber auch denkbar, dafs die durch den Äther erregten Körpermoleküle ihrerseits wieder im Stande sein könnten, den sie umgebenden Äther in Schwingung zu versetzen; in diesem Falle mufs der Körper aus dem Innern, namentlich aus einer geringen Tiefe unterhalb seiner Oberfläche Licht aussenden. Dieses Licht kann von dem auffallenden der Farbe nach verschieden sein. Erscheinungen, welche auf einer solchen Umsetzung von Licht in meist anders gefärbtes Licht beruhen, heifsen Fluoreszenzerscheinungen. Der Name ist vom Flufsspat hergenommen, welcher im durchgelassenen Licht farblos ist, im reflektierten aber einen bläulichen Schimmer zeigt (Brewster 1833). Die meisten Körper haben mehr oder minder fluoreszierende Eigenschaften:

Petroleum sieht im durchgelassenen Licht gelb, im reflektierten blau aus; Chininlösung farblos, bezüglich blau; wässeriger Auszug aus Rofskastanienrinde farblos, bezüglich blau; Blattgrün (ätherischer Auszug aus Pfeffermünzkraut) grün, bezüglich rot; Curcumatinktur gelb, bezüglich grün; Uranglas ebenso. Kaliumplatincyanür gelb, bezüglich rot; Bariumplatincyanür mattgelb, bezüglich grün u. s. w. — Läfst man Sonnenstrahlen durch eine Linse auf eine Chininlösung fallen, so erblickt man einen sehr schön blauen Lichtkegel, der nur kurz unter der Oberfläche hell ist und nach der Spitze zu immer matter wird, obwohl man annehmen sollte, dafs dort die gröfste Helligkeit stattfinden müfste. Ebenso verhalten sich alle übrigen fluoreszierenden Körper. Die Fluoreszenz erstreckt sich also nicht sehr tief ins Innere der Körper hinein.

2) Fluoreszenzerregend sind namentlich die blauen, violetten und ultravioletten Strahlen. In dem gelben Licht einer Weingeistflamme, auf deren Docht Kochsalz gestreut ist, fluoreszieren die genannten Substanzen nicht, wohl aber sehr kräftig in dem bläulichen Lichte des brennenden Magnesiumdrahtes oder des Schwefelkohlenstoffes.

Läfst man Sonnenlicht durch eine blaue Kobaltglasplatte und dann durch eine Linse auf einen Uranglaswürfel fallen, so tritt die Fluoreszenz ebenso deutlich hervor, wie durch das direkte Sonnenlicht. Läfst man aber das Sonnenlicht durch eine grüne Glasplatte gehen, ehe es auf die Linse fällt, so verschwindet der grüne Kegel im Uranglas. Sieht man dagegen durch ein grünes Glas nach dem Kegel, so ist er deutlich bemerkbar, während er verschwindet, wenn man ein blaues Glas vor das Auge hält. — Schreibt man auf ein Blatt Papier mit Leimlösung und streut reichlich Kryställchen von Baryumplatincyanür auf, so erscheint die Schrift schön grün fluoreszierend, wenn man Sonnenlicht durch blaues Glas auf sie fallen läfst; betrachtet man sie aber durch blaues Glas, so erscheint sie fast schwarz. Gelbes Glas verändert die Farbe kaum, einerlei ob man weifses Licht durch das Glas fallen läfst und direkt auf die Schrift sieht, oder ob man die Schrift durch das gelbe Glas betrachtet (Fluoreszenzmappe). — Wendet man zu den oben angegebenen Versuchen eine Quarzlinse statt einer solchen von Glas an, so wird die Erscheinung glänzender; Quarz läfst blaues Licht besser durch als Glas. Ein Spektrum durch ein Quarzprisma ist auf der Seite der brechbareren Strahlen (blau und violett) länger als ein solches durch eine Glaslinse.

§ 234. Das Fluoreszenzspektrum. Läfst man auf eine Uranglasplatte oder auf einen Papierstreifen, welcher mit Baryumplatincyanürkryställchen bedeckt ist, ein Spektrum fallen, welches durch ein Quarzprisma hergestellt ist, so sieht man dasselbe vom Blau an in diffusem grünlichem Licht schimmernd, weit über das sichtbare Violett hinaus verlängert. Ist das Spektrum so hergestellt, dafs die Fraunhoferschen Linien bemerkbar sind, so treten sie namentlich in dem Ultravioletten sehr kräftig hervor. Die roten, orangefarbigen, gelben und grünen Strahlen gehen durch die Uranglasplatte hindurch und werden von dem Baryumplatincyanür reflektiert. Ebenso läfst eine in einen Glastrog eingeschlossene Flüssigkeit, wie z. B. Chininlösung, wenn auf die Vorderwand des Troges ein Spektrum fällt, die weniger brechbaren Strahlen durch; die übrigen sieht man um so weniger tief in die Flüssigkeit eindringen, je brechbarer sie sind. Die Fluoreszenz ist dabei um so kräftiger, je weniger tief die Strahlen unter die Oberfläche dringen.

Ein Spektrum, durch ein Schwefelkohlenstoffprisma erzeugt, bringt nur eine schwache Fluoreszenz hervor, Schwefelkohlenstoff absorbiert blaues Licht, während es brennend solches erzeugt.

Betrachtet man ein Fluoreszenzspektrum (etwa mittelst Baryumplatincyanür erzeugt) durch ein Prisma, dessen brechende Kante auf den Fraunhoferschen Linien senkrecht steht, so erblickt man eine eigentümliche Erscheinung; man sieht ein schrägliegendes Spektrum (§ 224), welches wie ein gewöhnliches aussieht und auch nur die Länge eines solchen hat, aufserdem aber ein gerades, welches an der Grenze des Grün und Blau seinen Anfang nimmt, und weit über das andere sich hinaus erstreckt, soweit wie das ursprüngliche Fluoreszenzspektrum selbst. Das Fluoreszenzlicht ist nicht einfach: sondern aus Farben von sehr verschiedener Brechbarkeit zusammengesetzt. Aus den erwähnten Versuchen scheint hervorzugehen, dafs durch fluoreszierende Körper Licht von höherer Brechbarkeit stets in solches von niederer verwandelt werde. — Stokes' Regel. Lommel hat dagegen sowohl durch Versuche, wie durch theoretische Untersuchungen zu beweisen gesucht, dafs durch fluoreszierende Körper auch Farben von niederer Brechbarkeit in solche von höherer verwandelt werden könnten.

§ 235. Phosphoreszenz und Kaloreszenz (Kalceszenz). 1) Es giebt verschiedene Körper, welche im Dunkeln einen (schwachen) Lichtschein verbreiten. Die Ursachen hiervon können sehr verschieden sein. Phosphor und Holz leuchten infolge eines langsamen Verbrennungs-, bezüglich Verwesungsprozesses. Andere Körper, wie Diamant und Flufsspat leuchten nur, wenn sie einigermafsen erwärmt, Kieselsteine, wenn sie aneinander gerieben, Zucker und Kreide, wenn sie gestofsen oder zerbrochen, Glimmer und andere Krystalle, wenn sie gespalten werden. Es mögen die Lichteffekte in einzelnen Fällen elektrischen Ursprunges sein. Manche Tiere, wie Johanniskäfer, Infusorien u. s. w. leuchten an einzelnen Stellen des Körpers, ohne dafs man die Ursache anzugeben wüfste. Das Meeresleuchten soll durch leuchtende Infusorien hervorgerufen werden.

Die eigentliche Phosphoreszenz aber, das sogen. Nachleuchten — Phosphoreszenz durch Insolation — tritt nur ein, wenn gewisse Körper vorher dem Sonnen- oder zerstreuten Tageslicht ausgesetzt gewesen sind. Bologneser Leuchtstein, Austernschalen, Diamant und Flufsspat, namentlich aber die künstlichen Leuchtsteine, welche Schwefelverbindungen der alkalischen und der eigentlichen Erden sind, leuchten längere Zeit in verschiedenen Farben nach. Schliefst man diese Stoffe in Glasröhrchen ein und legt sie auf den Boden eines Kästchens, in das man von der Seite Licht einfallen lassen kann, so leuchten sie bei geschlossenem Kasten längere Zeit, wenn sie vorher dem Licht ausgesetzt waren. Die Farbe, in welcher diese Körper nachleuchten, ist einigermafsen von der Temparatur abhängig: Schwefelstrontium phosphoresziert bei gewöhnlicher Temparatur violett, bei 40^0 C. blau, bei 70^0 grün, bei 100^0 gelb, bei 200^0 rotgelb.

Die Phosphoreszenz durch Insolation ist eine Fluoreszenz, welche noch einige Zeit nachdauert.

2) Läfst man Sonnenlicht (elektrisches oder Drummondsches) auf einen Hohlspiegel und von da durch eine Lösung von Jod in Schwefelkohlenstoff fallen, so sieht man keine Strahlen hinter der Lösung mehr; stellt man aber in den Brennpunkt des Spiegels ein Platinblech, so wird es glühend (ebenso Zinn und Kohle); Jodlösung absorbiert alle Strahlen, bis auf die ultraroten, welche bekanntlich bedeutende Wärmewirkungen hervorrufen. Es können also auch Strahlen von niederer Brechbarkeit in solche von höherer sich verwandeln. Man bezeichnet diese Erscheinungen mit dem Namen Kaloreszenz oder Kalceszenz.

Der Kantonsche Leuchtstein wird durch Glühen von Austernschalen mit Schwefel und der Bologneser durch Glühen von Schwerspat mit Kohle erzeugt.

Forster (Bern) lehrte zuerst die Bereitung der künstlichen Leuchtsteine und E. Becquerel hat die Phosphoreszenz genauer untersucht.

Die Kaloreszenz ist von Emsmann angeregt und von Tyndall und Akin näher untersucht worden.

e) Das Auge und die optischen Instrumente.

§ 236. Die Camera obscura und die Photographie. 1) Die von Porta (1658) erfundene Camera obscura besteht aus einem zweiteiligen Kasten *MN* (Fig. 341), dessen einer Teil *M* sich in dem anderen *N* verschieben läfst. Der letztere trägt vorn eine Doppelröhre *AB*, in welcher sich eine Linse, oder besser ein achromatisches Linsensystem befindet. Die Röhre *B* läfst sich in der anderen *A* mittelst der Schraube *V* verschieben. In den Teil *M* des Kastens kann eine Wand *G*, auf welche die durch das Linsensystem erzeugten Bilder von Gegenständen, welche vor der Camera stehen, fallen sollen, eingesetzt werden. Dadurch, dafs sowohl der Kasten, als auch die Röhre verlängert und verkürzt werden können, ist es möglich das Bild auf der Wand hinlänglich scharf zu machen.

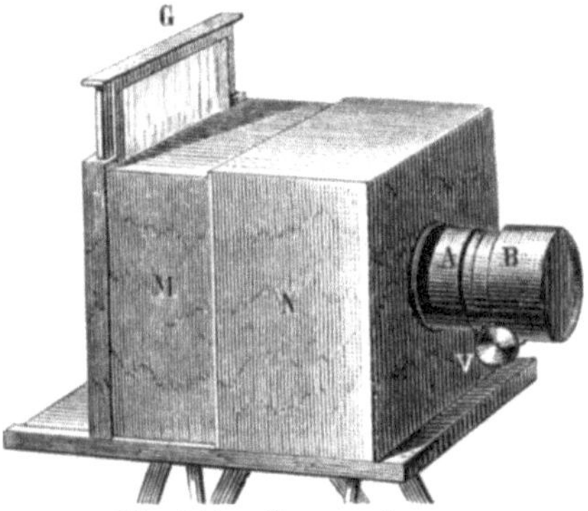

Fig. 341. Camera obscura.

Man richtet die Camera obscura auch oft so ein, dafs die Bilder auf eine wagrechte Fläche fallen, indem man den Kasten so stellt, dafs die Röhre vertikal aufwärts gerichtet ist; dann mufs aber noch ein Spiegel, welcher unter einem Winkel von 45° gegen den Horizont geneigt ist, oberhalb der Röhre angebracht sein; Strahlen, welche (annähernd) wagrecht auf den Spiegel fallen, werden alsdann von diesem in nahezu vertikaler Richtung auf die Linsen in der Röhre geworfen.

2) Die Camera obscura benutzt man hauptsächlich zum Photographieren. Es ist schon § 229 erwähnt worden, dafs Silbersalze im Licht schwarz werden. Diesen Umstand benutzt man zum Herstellen von Lichtbildern — Photographien.

Eine gut gereinigte Glasplatte wird mit Jodkalium, welches mit einer klebrigen Substanz, wie Eiweifs, Hausenblase, gewöhnlich aber Kollodium (eine Art von Schiefsbaumwolle in Ätheralkohol gelöst) versetzt ist, übergossen; eine Lösung von Jodkalium in Wasser würde sich nicht gleichmäfsig über der Glasplatte ausbreiten und nicht haften bleiben. Hierauf giefst man über die Glasplatte eine Lösung von Silbernitrat, wobei sich ein gelbgrünlicher Niederschlag von Jodsilber bildet ($KJ + AgNO_3 = KNO_3 + AgJ$). Alle diese Arbeiten müssen in einem Zimmer ausgeführt werden, das nur durch eine orangefarbene Fensterscheibe, welche sehr wenig chemisch wirksame Strahlen durchläfst, Licht empfängt. Übrigens sind jetzt mit Gelatin statt mit Kollodium präparierte, längere Zeit haltbare Platten — Trockenplatten — käuflich zu haben.

Ehe man zur Aufnahme schreiten kann, mufs die Camera obscura gehörig eingestellt werden, so dafs das Bild des zu photographierenden Gegenstandes genau auf die hintere Wand, als welche am besten eine mattgeschliffene Glastafel dienen kann, fällt.

Nachdem man die Röhre der Camera mittelst des Deckels verschlossen und die matte Glastafel entfernt, holt man die präparierte Glasplatte, in einem schmalen Kästchen — Kassette — eingeschlossen, aus dem dunkelen Zimmer und setzt sie samt der Kassette als hintere Wand in die Camera obscura ein. Öffnet man nun die Kassette, indem man die Vorderwand in die Höhe zieht und nimmt den Deckel von der Röhre der Camera ab, so fällt das Bild des Gegenstandes auf die lichtempfindliche Platte und nach wenigen Minuten oder gar Sekunden ist bereits die nötige Einwirkung geschehen. Man schiebt nun wieder den Deckel über die Röhre, schliefst die Kassette und bringt die Glastafel in das dunkele Zimmer zurück. Die Platte zeigt vorläufig noch kein Bild, die chemische Einwirkung ist erst soweit eingeleitet, dafs wenn man gewisse reduzierende Substanzen, wie namentlich Pyrogallussäure oder Eisenvitriollösung über dieselbe giefst, die Zersetzung vollendet und das Bild „hervorgerufen" wird. Dasselbe ist aber da schwarz, wo der Gegenstand seine hellsten Stellen und hell wo er seine dunkelsten Stellen hat, das Bild ist ein negatives. Die Substanz, welche sich abgesetzt hat, ist Silber, welches in fein verteiltem Zustand schwärzlich aussieht.

Man übergiefst nunmehr die Glastafel mit unterschwefligsaurem Natron oder Cyankalium ($Na_2S_2O_3$ oder KCy), welches Jodsilber aufzulösen vermag; ohne diese Operation würde die Glastafel, dem Lichte ausgesetzt, bald durchweg schwarz werden. Die Glasplatte wird nun gut erwärmt und mit einem Lack (weifser Schellack und Sandarak in Alkohol gelöst) übergossen und getrocknet.

Um nun ein positives Bild zu erzeugen, das in Licht und Schatten genau mit dem Gegenstande übereinstimmt, wird ein Blatt von sogenanntem Albumin- oder Arrowrootpapier mit einer Kochsalzlösung getränkt; gewöhnlich kommen diese Papiere so präpariert im Handel vor; darauf legt man das Papier in eine Silbernitratlösung, wodurch sich dasselbe mit einer Schicht Chlorsilber überzieht ($NaCl + AgNO_3 = AgCl + NaNO_3$). Nachdem das Papier getrocknet worden, bringt man es in einen Rahmen, legt es mit der präparierten Seite auf die Bildfläche der Glasplatte und läfst das Tageslicht durch die Glasplatte fallen. Es schwärzt sich alsdann das Chlorsilber da am meisten, wo das Bild auf der Glasplatte seine hellsten Stellen hat.

Hat das positive Bild die gewünschte, mehr oder minder dunkele Färbung erlangt, so wird das Papier mit unterschwefligsaurem Natron übergossen, um das überflüssige Chlorsilber aufzulösen.

Beim Negativprozefs wendet man das empfindlichere Jodsilber an, weil derselbe rascher verlaufen mufs, da Personen nicht lange in derselben Situation unbeweglich verharren können. Wedgewood und Davy waren die ersten, welche Lichtbilder herzustellen versuchten, sie konnten jedoch kein Mittel finden, um das Bild vor der nachfolgenden Einwirkung des Lichtes zu schützen.

J. Niepce (1765—1833) gelang es zuerst, eine Art Fixierungsverfahren zu erfinden, aber erst Daguerre (1787—1851), welcher sich 1829 mit Niepce zu gemeinsamer Arbeit verband, kam mit der Erfindung so zustande, dafs Arago sie der Akademie vorlegen konnte (1839). Daguerre brachte eine Silberplatte, welche Jod- und Bromdämpfen ausgesetzt war, in die Camera; da wo der Gegenstand seine hellsten Stellen hatte, wurde das Jodbromsilber zersetzt; um nun ein positives Bild zu erhalten, hielt man die Silberplatte über Quecksilberdämpfe, wobei sich kleine Quecksilberkügelchen vorzugsweise da absetzten, wo sich Silber niedergeschlagen hatte; dadurch werden diese Stellen glänzend. Hierauf folgt noch Abwaschen mit unterschwefligsaurem Natron.

Talbot gelang es, kurz nach Daguerre, Lichtbilder auf Papier herzustellen;

er machte ein Negativ auf durchscheinendem Papier und liefs die Sonnenstrahlen durch dieses auf ein anderes präpariertes Papier fallen.

Niepce de St. Victor, ein Neffe des J. Niepce, führte statt der durchscheinenden Papiere die Glastafeln für die Negative ein.

§ 237. Beschreibung des Auges. Das Auge oder genauer der Augapfel (Fig. 342) ist ein rundlicher Körper, welcher mittelst Muskeln, die ihm eine gewisse Beweglichkeit gestatten, in der Augenhöhle befestigt ist. Der vordere, kleinere Teil *R* des Augapfels ist etwas stärker gewölbt und besteht aus einer durchsichtigen Haut, Hornhaut, während der übrige Teil von einer undurchsichtigen weifsen Haut, Harthaut (das Weifse im Auge) gebildet ist. Inwendig ist die Harthaut mit einer schwarzen Haut — Aderhaut — überzogen, und über diese breitet sich der Sehnerv *N*, welcher seitlich, an einer nach der Nase zu gelegenen Stelle ins Auge tritt, in feinen roten Fäden aus — Netzhaut. Die Aderhaut ist dazu bestimmt, Strahlen, welche nicht auf die Netzhaut fallen, zu verschlucken.

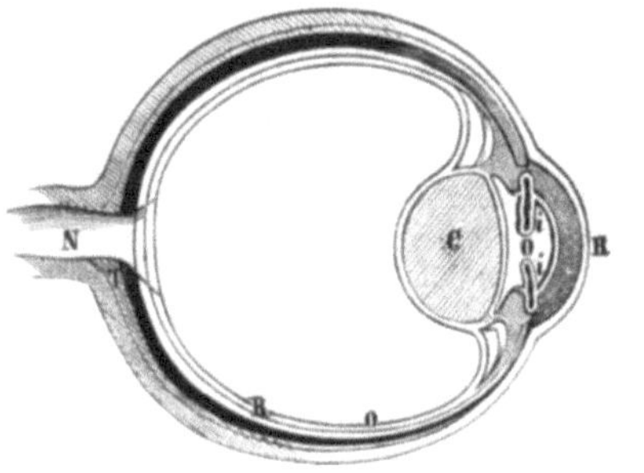

Fig. 342. Das Auge.

Da, wo die Hornhaut in die Harthaut übergeht, befindet sich die fast ebene Regenbogenhaut oder Iris *ii*, welche bei verschiedenen Personen verschieden gefärbt ist und in der Mitte ein Loch *o*, Pupille genannt, besitzt; sie teilt das Auge in zwei ungleiche Teile; unmittelbar hinter ihr befindet sich die aus konzentrischen Schalen gebildete, hinten stärker als vorn gewölbte Krystalllinse *C*. Der vordere kleinere Teil des Auges ist mit der wässerigen Feuchtigkeit, der hintere gröfsere mit der Glasfeuchtigkeit erfüllt. Steht ein heller Gegenstand vor dem Auge, so schickt er Strahlen durch die Hornhaut und die Pupille auf die Linse, welche bei geeigneter Entfernung des Gegenstands vom Auge ein verkehrtes Bild desselben auf der Netzhaut entwirft (Camera obscura). Die von den Strahlen getroffenen Sehnervenstücke kommen in zitternde Bewegung, welche, sich bis zum Gehirn fortsetzend, die Empfindung des Sehens bewirkt.

Dafs wir die Gegenstände aufrecht sehen, obwohl ihre Bilder im Auge verkehrt sind, rührt daher, dafs wir den Reiz im Auge in der Richtung nach aufsen verlegen, von welcher er herkommt. Das Bild im Auge sehen wir nicht, sondern wir haben nur einen Reiz im Auge, da wo Strahlen auffallen.

Um sich zu überzeugen, dafs das Bild auf der Netzhaut verkehrt ist, schabe man bei einem frischen Ochsenauge den hinteren Teil der Harthaut so dünn, dafs er durchscheinend wird und stelle eine brennende Kerze in geeigneter Entfernung vor die Hornhaut.

Man ist der Meinung, dafs nur die Enden der Nervenfasern, die Papillen oder Stäbchen, lichtempfindlich seien. Da, wo der Sehnerv ins Auge tritt, hat er keine Papillen — Blinder Fleck. Mariotte (1668) zeigte dies auf folgende Weise: Sieht man unverwandt mit dem linken Auge auf *a*, während das rechte geschlossen ist, so verschwindet in einer gewissen Entfernung *A*, während es bei gröfserer Annäherung oder Entfernung ebenfalls gesehen wird;

A *a*

Die meisten Nervenenden finden sich gerade auf der Mitte der Netzhaut, am Ende der Augenachse, d. h. der Linie, welche durch die Mitte der Pupille und der Linse geht. Mit nennt diese lichtempfindlichste Stelle den gelben Fleck (Sömmering 1791).

Das Auge leidet nur wenig an der sphärischen und chromatischen Aberration.

§ 238. Weite des deutlichen Sehens; Sehen mit zwei Augen; Stereoskop. 1) Soll das Bild eines Gegenstands genau auf die Netzhaut fallen, so mufs der Gegenstand eine bestimmte Entfernung vom Auge haben; bei einem gesunden Auge beträgt sie ca. 30 cm und heifst Weite des deutlichen Sehens. Ist der Gegenstand weiter oder näher als 30 cm, so fällt das Bild bezüglich vor oder hinter die Netzhaut und auf ihr selbst zeigt sich ein mehr oder minder undeutliches Bild; das Bild eines Punktes auf der Netzhaut ist nicht wieder ein Punkt, sondern ein kleiner Kreis — Zerstreuungskreis. Sieht man durch zwei feine Löcher, welche nicht ganz um den Durchmesser der Pupille voneinander abstehen, nach der Spitze einer Nadel, so erscheint dieselbe nur in der Weite des deutlichen Sehens einfach, sonst doppelt. (Versuch von Scheiner.)

Die Bilder von Gegenständen, welche nicht in der deutlichen Sehweite liegen, müfsten deshalb ungenau werden, wenn das Auge nicht die Fähigkeit der Akkomodation, d. h. der Anbequemung an verschiedene Entfernungen hätte. Wenn sich das Auge für die Nähe akkommodiert, so wird durch einen Druck, den wir mittelst der Augenmuskeln ausüben, die ganze Linse etwas nach vorn geschoben und sowohl die Vorder- als die Hinterfläche der Linse, namentlich die erstere, etwas gewölbter gemacht. Beim Sehen in die Ferne lassen wir mit dem Drucke nach, die Linse wird flacher und rückt ein wenig nach hinten.

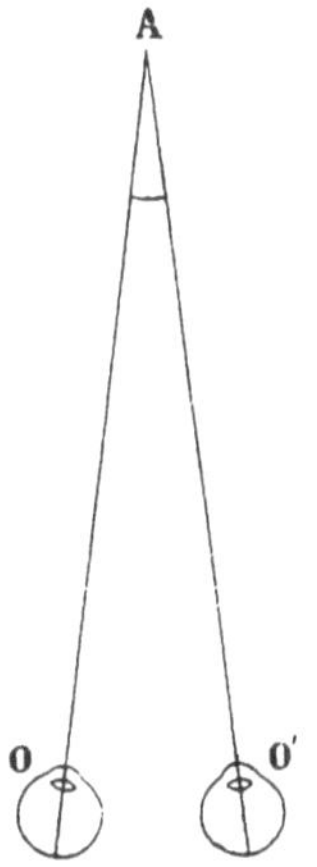

Fig. 343. Einfachsehen.

2) Richten wir beide Augenachsen auf einen Punkt (Fig. 343), so sehen wir ihn einfach, obwohl in jedem Auge ein Bild des Punktes entsteht; die Reize fallen auf entsprechende Stellen der Netzhäute, d. h. auf solche Nervenfasern, welche Verzweigungen desselben Nervenfadens sind. — Schiebt man das eine Auge durch einen Druck mit dem Finger etwas seitwärts, so sieht man doppelt.

3) Betrachten wir einen Gegenstand mit beiden Augen, so sind die Bilder in denselben nicht völlig gleich; das Bild im rechten Auge enthält etwas mehr von der rechten und das im linken Auge etwas mehr von der linken Seite des Gegenstandes. Würde man nun zwei Bilder von demselben Gegenstand, das eine mehr von der rechten, das andere von der linken Seite aufgenommen, entwerfen und mit den entsprechenden

Augen betrachten, so würden wir dieselben Bilder in den Augen haben, als wenn wir den Gegenstand selbst betrachteten, aber wir würden doppelt sehen, weil beide Augenachsen nicht auf denselben Punkt gerichtet sind.

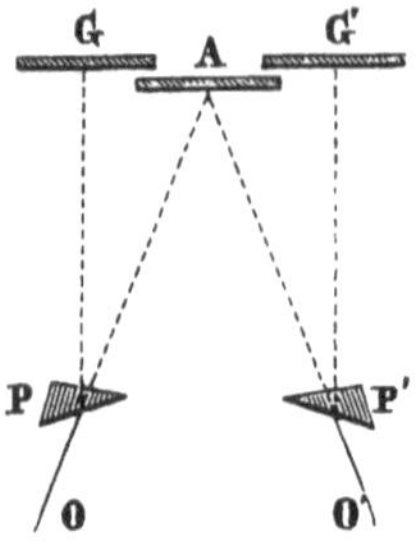

Fig. 344. Stereoskop.

Setzen wir nun zwei Linsen, oder Linsenstücke P und P' (Fig. 344) bezüglich vor das linke und rechte Auge (O und O'), so sehen beide Augen die Bilder G und G' an derselben Stelle A; beide Augenachsen richten sich also stets nach demselben Orte, weshalb wir jetzt den Gegenstand ebenso einfach und körperlich sehen, als wenn wir ihn direkt betrachteten — Stereoskop (Wheatstone 1838, Brewster 1843).

Sehen wir durch ein feines Loch in einem Kartenblatt, so erscheinen die Gegenstände in allen Entfernungen deutlich; die Zerstreuungskreise sind so klein, dafs sie zu Punkten zusammenschwinden.

Das Stampfersche Optometer zur Bestimmung der deutlichen Sehweite besteht in seiner einfachsten Gestalt aus zwei ineinander verschiebbaren Röhren, von denen jede durch ein Blättchen verschlossen ist; das eine enthält einen, das andere zwei sehr feine, nahe beieinander befindliche Schnitte. Man sieht nun durch das Blättchen mit zwei Spalten nach dem andern und zieht die Röhre so weit aus, bis man nur einen Spalt erblickt.

Ein weifser Streifen auf schwarzem Grunde erscheint breiter, als ein ebensobreiter schwarzer auf weifsem Grunde. Man nennt diese Erscheinung Irradiation (Kepler 1604, Plateau 1838). Jedem leuchtenden Punkte entspricht ein, wenn auch kleiner Zerstreuungskreis, da das Auge nicht völlig frei von der sphärischen Aberration ist. — Die Mondsichel scheint einem gröfseren Kreise anzugehören, als der übrige dunkele Teil des Mondes.

Sieht man mit beiden Augen über einen nahen Gegenstand hinweg nach einen ferneren, so erscheint der erstere doppelt und ist umgekehrt das Auge auf den nahen akkommodiert, so erscheint der fernere doppelt.

Ein weifser Punkt erscheint in der deutlichen Sehweite weifs, ähnlich wie das Linsenbild einer Kerzenflamme auf einem Schirm (fast völlig) weifs erscheint, wenn der Schirm richtig eingestellt ist (§ 228). Akkommodiert man das Auge auf einen Gegenstand und hält ein Kartenblatt mit einem feinen Loch, durch welches man sieht, vor den Gegenstand, so erscheinen die Ränder des Loches rot; ist aber das Kartenblatt weiter als der fixierte Gegenstand, so erscheinen die Ränder des Loches violett. Hieraus folgt, dafs das Auge nicht vollkommen achromatisch ist.

Schielende sehen auch einfach, obwohl die Augenachsen nicht auf denselben Punkt gerichtet sind; nach der Operation sehen sie gewöhnlich in der ersten Zeit doppelt; manche Physiker erklären deshalb das Einfachsehen mit beiden Augen lediglich als Sache der Gewohnheit; andere dagegen sind der Ansicht, dafs, weil bei Schielenden das Bild in dem einen Auge nicht auf den blinden Fleck falle, es erheblich schwächer sei, als das andere und deshalb gegen dieses verschwinde; nach der Operation aber sei anfänglich noch keine vollständig richtige Einstellung des Auges möglich. Die Konstanten für ein normales Auge sind nach Helmholtz:

Brechungsquotient der beiden Feuchtigkeiten $\frac{103}{77}$;
„ „ Krystalllinse $\frac{16}{11}$;

Krümmungsradius der Hornhaut, sowohl beim Nahe- als Fernsehen 8,0 mm;

Krümmungsradius	der	vorderen	Linsenfläche	beim	Fernsehen	10
„	„	„	„	„	Nahesehen	6
„	„	hinteren	„	„	Fernsehen	6
„	„	„	„	„	Nahesehen	5,5

Abstand der vorderen Linsenfläche von der Hornhaut beim Fernsehen 3,6
„ „ „ „ „ „ „ „ Nahesehen 3,2
„ „ hinteren „ „ „ „ „ Fernsehen 7,2
„ „ „ „ „ „ „ „ Nahesehen 7,2
Dicke der Linse beim Fernsehen 3,6
„ „ „ „ Nahesehen 4,0
Abstand der hinteren Linsenfläche beim Nahesehen von der Netzhaut 12,4
„ „ „ „ „ Fernsehen „ „ „ 12,3
Brennweite der Linse (in den Augenfeuchtigkeiten) beim Fernsehen 43,7
„ „ „ „ „ „ „ Nahesehen 33,8.

§ 239. **Der Augenspiegel.** Läfst man durch die mittelst Atropa belladonna erweiterte Pupille die Strahlen einer Lampe fallen, so wird der Augenhintergrund erleuchtet. Indem dieser die auffallenden Strahlen reflektiert, werden dieselben durch die brechenden Medien des Auges in der deutlichen Sehweite zu einem vergröfserten Bild des Augenhintergrundes vereinigt. Das einfachste Verfahren, um den Augenhintergrund zu beleuchten und das Bild desselben zu sehen, ist folgendes: Man hält einen Hohlspiegel, welcher in der Mitte ein Loch hat, vor das eigene Auge, mit der Spiegelfläche dem anderen zugekehrt, und stellt seitwärts eine Lampe auf, deren Strahlen von dem Spiegel in das zu beobachtende Auge geworfen werden. Durch das Loch im Spiegel erblickt man das vergröfserte und verkehrte Bild des erleuchteten Augenhintergrundes — Augenspiegel (Helmholtz). Immerhin erfordert es einige Übung, den Spiegel in die richtige Entfernung zu bringen und der Augenachse die geeignete Stellung zu geben, damit man das Bild der Netzhaut des fremden Auges in der deutlichen Sehweite des eigenen bemerkt.

§ 240. **Fehler des Auges.** Wenn die deutliche Sehweite mehr oder weniger als 30 cm beträgt, so heifst das Auge fernsichtig, bezügl. kurzsichtig. Bei einem fernsichtigen Auge ist entweder die Hornhaut und die Krystalllinse zu schwach gekrümmt, oder die Flüssigkeiten haben zu geringe brechende Kraft, oder es ist die Augenachse zu lang, wobei es vorkommen kann, dafs der hintere, mittlere Teil der Hornhaut eine Ausbuchtung besitzt. Umgekehrt ist es bei dem kurzsichtigen Auge. Viel trägt auch freilich die Gewöhnung dazu bei, ob jemand kurz- oder fernsichtig sei; durch öfteres Akkommodieren auf nahe Gegenstände wird der Augenmuskel dauernd verlängert und dadurch eine entsprechende Spannung für ferne Gegenstände unmöglich.

Ältere Leute leiden wegen Eintrocknung der Linse und der Flüssigkeiten im Auge gewöhnlich an Fernsichtigkeit, während in der Jugend meist Kurzsichtigkeit stattfindet.

Um bei einem fernsichtigen Auge die richtige Sehweite herzustellen, mufs man sich einer Brille, d. h. einer konvexen Linse bedienen, welche vor das Auge gesetzt die Strahlen zusammenbrechen hilft. Für kurzsichtige Augen ist ein konkaves Glas zu empfehlen, welches die Strahlen auseinander bricht, sodafs das Bild eines in der deutlichen Sehweite befindlichen Gegenstandes nicht vor, sondern auf die Netzhaut fällt.

Wird die Krystalllinse trübe — grauer Star — so mufs dieselbe beiseite geschoben oder herausgenommen und durch eine sehr starke Konvexlinse — Starbrille — ersetzt werden. Wird die Hornhaut trübe oder gar der Sehnerv unempfindlich — schwarzer Star — so ist Heilung nicht mehr möglich.

Aufgabe 1. Wie grofs mufs die Brennweite eines Brillenglases sein, wenn die deutliche Sehweite eines Auges 8, bezügl. 32 cm ist?

§ 241. Dauer des Lichteindruckes. Wenn ein Farbenkreisel rotiert (§ 224), so kann man die einzelnen Farben nicht mehr voneinander unterscheiden; sie verschmelzen im Auge zu einem einzigen Eindruck — zu Weifs; wenn sich nämlich die Scheibe rasch dreht, so schwingt der Sehnerv, von der einen Farbe angeregt, noch, wenn schon die folgenden nach der Reihe ihre Strahlen ins Auge senden.

Jeder Lichteindruck von mäfsiger Stärke dauert etwa $^1/_5$ Sekunde nach.

Wenn man eine feurige Kohle rundum schwingt, so erblickt man einen feurigen Kreis.

Ein schmales Rechteck, rasch um seinen Mittelpunkt gedreht, sieht wie ein Kreis aus, dessen äufserer Teil durchscheinend ist. — Wenn auf die eine Seite einer Pappscheibe ein Vogel und auf die andere ein Käfig gemalt ist, so glaubt man bei raschem Umdrehen der Scheibe den Vogel im Käfig zu sehen (Thaumatrop). — Der „stroboskopische Cylinder", auch „Lebensrad" genannt, ist ein oben offener um seine Mittellinie drehbarer Pappcylinder, welcher am oberen Rande eine Anzahl gleichweit von einander abstehender vertikaler Spalten hat. Zeichnet man nun auf einen Papierstreifen, dessen Länge gleich dem Umfang des Cylinders ist, neben einander die verschiedenen Stellungen eines schwingenden Pendels, bringt den Streifen in den Cylinder, so dafs er sich rundum an die Wand anlegt, so glaubt man beim raschen Umdrehen des Lebensrades durch die vertikalen Spalten hindurch ein schwingendes Pendel zu erblicken. Quincke hat eine grofse Zahl von Zeichnungen hergestellt, welche alle Arten von Schwingungen mit Hilfe des Lebensrades vor Augen zu führen gestatten.

Eine Abänderung des soeben beschriebenen Apparates ist die stroboskopische Scheibe.

§ 242. Subjektive Lichterscheinungen und Konstrastfarben. Sieht man einige Zeit unverwandt nach einem Quadrat von rotem Papier und dann nach einer hellen, weifsen Wand, so erblickt man ein grünes Quadrat. Die Stelle der Netzhaut, auf welche das rote Licht fiel, wird bald für Rot unempfindlich, so dafs beim nachherigen Betrachten einer weifsen Fläche alle im Weifs enthaltenen Farben aufser Rot kräftiger als dieses auf die Netzhaut wirken und die Empfindung des Grün erzeugen. Hat eine grüne Fläche in der Mitte ein rotes Quadrat und sieht man kurze Zeit unverwandt nach der Mitte der Fläche, so erscheint dieselbe, wenn man sie mit einem weifsen Blatte überdeckt, in der Mitte grün und am Rande rot.

Betrachten wir eine Kerzenflamme und sehen dann nach einer weifsen Wand, so bemerken wir erst ein dunkeles Bild der Flamme, welches nach der Reihe blau, grün und gelb wird.

Schliefst man aber die Augen, nachdem man die Kerzenflamme betrachtet, so dauert das Bild im Auge noch kurze Zeit nach, wird indessen immer dunkeler, indem die ursprüngliche gelbe Farbe bald in grün und blau übergeht und schliefslich verschwindet.

Betrachtet man eine schwarze Aufschrift auf hellem Grund, so dauert dieselbe bei geschlossenen Augen noch einige Zeit nach; sieht man aber nach einer hellen Wand, so erblickt man helle Schriftzüge auf dunkelerem Grunde.

Von den Nachbildern und subjektiven Farbenerscheinungen sind die Kontrastfarben zu unterscheiden; ein grauer Fleck erscheint auf einer weifsen Fläche dunkeler als auf einer schwarzen.

Eine Kerzenflamme erscheint trübrötlich gegen eine Gasflamme und diese ebenso gegen das elektrische Licht.

Ein schmaler grauer Streifen erscheint auf einer roten Fläche grünlich, auf einer blauen gelblich u. s. w., also immer komplementär zur Farbe der Fläche. Dafs man bei geschlossenen Augen hie und da allerhand Farbenerscheinungen hat, kommt daher, dafs der Sehnerv immerwährend kleine Reize empfängt, welche sich als Lichterscheinungen kundgeben. Jeder Stofs und Druck auf das Auge bringt derartige Licht- und Farbenerscheinungen hervor.

§ 243. Die Lupe und das Mikroskop. 1) Die Lupe oder das einfache Mikroskop ist eine Linse, welche eine kurze Brennweite (gewöhnlich 5 cm) besitzt nnd die dazu dient, kleine Gegenstände vergröfsert erscheinen zu lassen. Man hält die Lupe dicht vor das Auge und den Gegenstand auf die andere Seite so, dafs er näher an der Linse als der Brennpunkt liegt. Man erblickt dann ein aufrechtes und vergröfsertes scheinbares Bild des Gegenstandes (vergl. Fig. 332). Soll das Bild klar und scharf sein, so mufs es in die deutliche Sehweite fallen.

Was die Vergröfserung v, d. h. das Verhältnis zwischen der Gröfse des Bildes $A'B'$ zu der des Gegenstandes AB betrifft, so gilt nach dem Früheren (§ 222):

$$v = \frac{A'B'}{AB} = \frac{a'}{a},$$

wobei a' die Bild- und a die Gegenstandsweite bedeutet.

Nun ist:

$$\frac{1}{a} - \frac{1}{a'} = \frac{1}{f} \quad \text{oder} \quad \frac{a'}{a} = \frac{a'}{f} + 1,$$

also:

$$v = \frac{a'}{f} + 1:$$

Die Vergröfserung ist gleich dem um Eins vermehrten Quotienten aus Bild- und Brennweite.

Um die sphärische Aberration möglichst zu vermeiden, benutzt man statt einer bikonvexen Linse zwei schwächer gekrümmte plankonvexe, bei welchen die konvexen Seiten einander zugekehrt sind und die schwächer gekrümmte mit ihrer ebenen Seite dem Objekt zunächst steht; sie wirken zusammen annähernd wie eine Linse von der besten Form (Wollaston). Man benutzt auch wohl Cylinderlupen, welche auf der einen Seite stärker cylindrisch gekrümmt sind, als auf der anderen und mit der stärkeren Krümmung dem Objekte zugewandt werden. Auch achromatische Linsen sind im Gebrauch.

Da starkbrechende Substanzen schon bei geringer Krümmung hinlängliche Vergröfserung bewirken, so benutzt man nicht selten Edelsteine (Diamant) zur Herstellung von Linsen, welche infolge der schwächeren Krümmung weniger an dem Fehler der sphärischen Aberration leiden.

2) Das zusammengesetzte Mikroskop (Fig. 345) besteht aus zwei Linsen b und B, von denen die erste Objektiv- und die andere Oku-

larlinse heifst. Der zu vergröfsernde Gegenstand *a* wird zwischen die einfache und doppelte Brennweite der Objektivlinse *b* gestellt; alsdann entsteht jenseits der doppelten Brennweite auf der anderen Seite des Objektives ein wirkliches, vergröfsertes und umgekehrtes Bild *cd* des Gegenstandes. Die Okularlinse *B* steht so, dafs *cd* näher an *B* fällt, als ihr Brennpunkt; man erblickt deshalb durch *B* ein scheinbares, in Bezug auf *cd* aufrechtes und in Bezug auf den Gegenstand *a* verkehrtes und vergröfsertes Bild *CD*. Auch hier mufs die Einrichtung so getroffen sein, dafs *CD* in die deutliche Sehweite fällt.

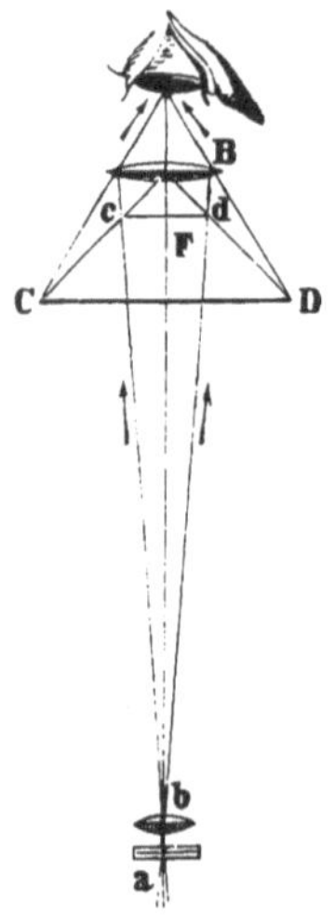

Fig. 345. Das zusammengesetzte Mikroskop.

Damit das Bild möglichst hell sei, mufs der Gegenstand gut beleuchtet werden; dies geschieht gewöhnlich mit Hilfe eines unter dem Objektiv angebrachten Hohlspiegels, welcher das zerstreute Tageslicht auf den Gegenstand wirft.

Das Okular ist gewöhnlich aus zwei Linsen zusammengesetzt; am besten ist das von Huyghens erfundene Campanische Okular; es besteht aus zwei plankonvexen Linsen, von denen übrigens die dem Objekt zunächst stehende eigentlich einen Teil des Objektives bildet. Das von dem Objektiv erzeugte Bild wird von der ersten plankonvexen Linse im Okular, welche ihre konvexe Seite dem Bilde zukehrt, schärfer gemacht und etwas verkleinert; es fällt nun zwischen die beiden Linsen im Okular und wird durch die obere plankonvexe Linse, welche wieder ihre konvexe Seite dem Bilde zukehrt, betrachtet. Die Bilder sind fast völlig frei von der chromatischen Aberration und aufserdem hat man ein gröfseres Gesichtsfeld, weil das letzte Bild weiter von dem Okular wegliegt, die Strahlen also weniger stark nach dem Auge konvergieren.

Um die scheinbaren Bilder nachzeichnen zu können, bedient man sich verschiedener Apparate, z. B. des Sömmeringschen Spiegelchens oder der Camera lucida von Wollaston. Das erste ist ein sehr kleiner Spiegel, welcher oberhalb des Mikroskops unter einem Winkel von 45° angebracht wird. Auf dieses fallen nun die Strahlen aus dem Mikroskop in annähernd vertikaler Richtung und werden von ihm horizontal reflektiert. Sieht man in das Spiegelchen, so erblickt man hinter demselben das vergröfserte Bild des Gegenstandes, und hält man an die Stelle, wo es erscheint, ein Blatt Papier, so kann man, mit der einen Hälfte der Pupille über das Spiegelchen wegsehend, das Bild nachzeichnen.

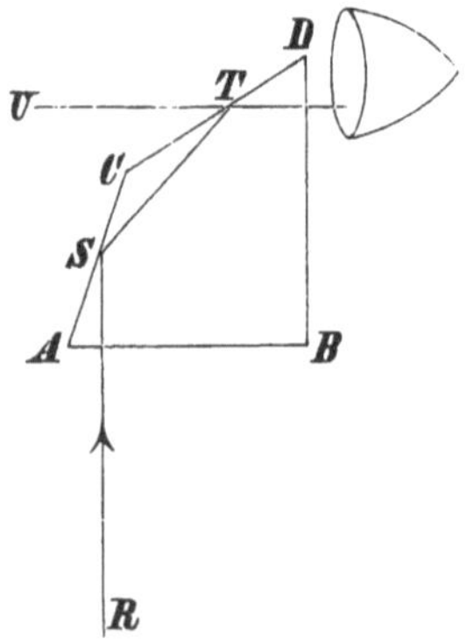

Fig. 346. Camera lucida.

Die Camera lucida (Fig 346) ist ein vierseitiges Prisma *ABCD*; fallen die Strahlen aus dem Mikroskop in der Richtung *RS* auf die Fläche *AC*, so werden sie total in der Richtung *ST* reflektiert, um nach abermaliger totaler Reflexion an der Fläche *CD* ins Auge zu gelangen; dieses sieht das Bild des Objektes in *U*; indem man gleichzeitig über das Prisma wegsieht, kann man auf einem Blatt Papier das Bild nachzeichnen. Auch die Stärke der Vergröfserung eines Mikroskops kann man mittelst eines dieser Apparate bestimmen. Als Objekt wählt man Glasgitter, welche etwa 100 Striche auf die Breite eines Millimeters haben. Man zeichnet das Bild nach und mifst wieweit die einzelnen Striche im Bilde von einander abstehen; angenommen, sie hätten einen Abstand von je 3 mm, so besäfse das Mikroskop eine 300fache Vergröfserung.

Die ungefähre Stärke der Vergröfserung prüft man mittelst besonderer Probeobjekte: Flügelschuppen von Hipparchia Janira (gelbes Sandauge).

Übrigens kommt es nicht blos auf die Vergröfserung, sondern auch auf die Reinheit der Bilder und das Gesichtsfeld an. Um die erstere zu erzielen, mufs man aplanatische Linsen aus sehr reinem Glas wählen. Das Gesichtsfeld nimmt mit der Vergröfserung ab; je weniger stark die Strahlen konvergieren, einen um so gröfseren Teil des Bildes kann man übersehen. Wegen der doppelten Vergröfserung beim zusammengesetzten Mikroskop braucht die durch das Okular nur gering zu sein, daher ist das Gesichtsfeld hier gröfser als bei der Lupe, namentlich wenn das Okular grofs ist.

Anwendung des Mikroskops zum Untersuchen des inneren Baues des Menschen, der Tiere und Pflanzen; zu gerichtlichen Untersuchungen u. s. w.

Aufgabe. Die Brennweite der Objektivlinse eines zusammengesetzten Mikroskops beträgt 1,3 cm, die des Okulars 5,6 cm, wie stark ist die Vergröfserung (Sehweite 30 cm)?

§ 244. Das Sonnenmikroskop und die Zauberlaterne. Die Lupe und das zusammengesetzte Mikroskop liefern scheinbare Bilder, welche nicht von einer gröfseren Zahl von Personen zugleich gesehen werden können. Um nun wirkliche Bilder herzustellen, welche auf einem Schirme aufgefangen werden sollen, bedient man sich u. a. des Sonnenmikroskops. Es gilt dabei vor allem das Objekt genügend zu beleuchten, denn das Bild sieht viel lichtschwächer aus, wenn es auf einen Schirm, statt direkt ins Auge fällt. Im letzteren Falle gelangen fast alle Strahlen ins Auge, im ersteren nur ein geringer Bruchteil desselben, weil sie vom Schirm nach allen Seiten hin reflektiert werden. Beim Sonnenmikroskop werden Sonnenstrahlen durch den Heliostat auf eine Linse geworfen, welche die Strahlen in einen Punkt zusammenwirft: an diese Stelle kommt das Objekt, welches die Strahlen durchläfst, von wo sie auf das Vergröfserungsglas (Linse) fallen; es mufs selbstverständlich das Objekt zwischen der einfachen und doppelten Brennweite des Vergröfserungsglases liegen. Statt Sonnenlicht kann man auch elektrisches oder Drummondsches oder Lampenlicht verwenden — photoelektrisches, Hydrooxygengas-Mikroskop, Zauberlaterne.

§ 245. Sehwinkel. Unser Auge hat für die Beurteilung der Gröfse der Gegenstände keinen anderen Mafsstab als den Sehwinkel, d. i. der Winkel, den die vom Auge nach den Enden des Gegenstandes gezogenen Geraden mit einander bilden. Je weiter ein Gegenstand von uns entfernt ist, um so kleiner ist der Sehwinkel und um so kleiner erscheint der Gegenstand. Ein Weg, Eisenbahnschienen, die Bäume einer Allee scheinen spitz zuzulaufen. Übrigens sind auf die Schätzung der Gröfse und Entfernung der Gegenstände noch andere Umstände von Einflufs; Gegenstände kommen uns weiter und gröfser vor, wenn zwischen uns und ihnen noch andere Gegenstände sich befinden. Heller beleuchtete Gegenstände erscheinen uns näher, dunklere weiter entfernt. Ein Haus auf einer Anhöhe, welches gerade von der Sonne beschienen wird, erscheint kleiner als sonst, denn wir halten das Haus für nahe, weil es hell ist, und doch erscheint es unter einem kleinen Sehwinkel, folglich schätzen wir es als sehr klein. Sonne und Mond erscheinen uns beim Auf- und Untergang gröfser, als wenn sie hoch am Firmamente stehen; denn, über den Horizont wegsehend, erblicken wir eine grofse Anzahl Gegenstände zwischen uns und dem Himmelskörper; aufserdem aber ist derselbe beim Auf- und Untergehen ziemlich dunkel; aus diesen beiden Gründen kommt er uns weiter entfernt vor, als wenn er hoch am Himmel steht; in beiden Fällen aber erscheint er unter demselben Sehwinkel; folglich halten wir ihn für gröfser, wenn er am Horizont steht.

Im Nebel erscheinen Gegenstände gröfser als von der Sonne beleuchtet.

Viel trägt zur richtigen Schätzung der Gröfse und Entfernung der Gegenstände aufser uns Übung und Erfahrung bei. Da wir seltener bergsteigen, als in der Ebene uns bewegen, so machen wir in der Schätzung der Höhe der Gegenstände leichter einen Fehler, als in der Schätzung der Entfernung in hosizontaler Richtung.

Übrigens hat man auch besondere Apparate, um die Entfernungen sicherer schätzen zu können — Distanzmesser.

§ 246. Das astronomische und terrestrische Fernrohr. Die Fernrohre haben den Zweck, den Sehwinkel, unter dem ein Gegenstand er-

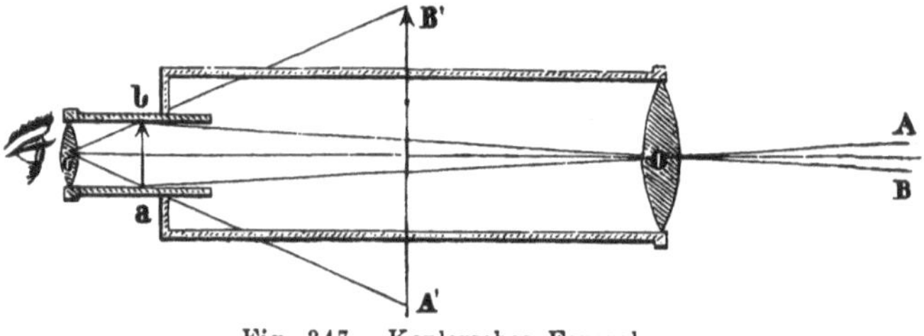

Fig. 347. Keplersches Fernrohr.

scheint, zu vergröfsern, so dafs er uns durch das Fernrohr gröfser als mit freiem Auge betrachtet erscheint (und nicht gröfser, als er wirklich ist).

1) Das astronomische oder Keplersche Fernrohr (Fig. 347) besteht aus einer gröfseren konvexen Objektiv- und einer kleineren ebenfalls konvexen Okularlinse; beide sind nicht ganz um die Summe ihrer Brennweiten voneinander entfernt. Die Objektivlinse entwirft von einem sehr fernen Gegenstande AB ein wirkliches, sehr verkleinertes Bild und verkehrtes ab in ihrem Brennpunkte. Fällt nun dieses Bild in die Brennweite der Okularlinse, möglichst nahe an deren Brennpunkt, so sieht man durch dieselbe ein scheinbares, in Bezug auf ab aufrechtes und in Bezug auf den Gegenstand AB umgekehrtes Bild $A'B'$.

Der Gegenstand erscheint uns mit freiem Auge unter dem Winkel AOB oder unter dem aob; durch das Fernrohr aber unter dem Winkel *a o b*. Die Vergröfserung ist also gleich *a o b* : *a O b*. Die Winkel aber verhalten sich annähernd wie die Entfernungen der Linsen von *a b*, d. h. wie die Brennweiten derselben, wenn wir annehmen, dafs sie genau um die Summe ihrer Brennweiten von einander entfernt seien. Bezeichnen wir deshalb die Brennweiten des Objektivs und des Okulars bezüglich mit f und f', so ist die Mafszahl der Vergrösserung:

$$\frac{f}{f'}.$$

Die Objektive müssen achromatisch sein; doch kann man das konkave Flintglas auch in einige Entfernung von dem konvexen Crownglas stellen, wo der Strahlenkegel bereits enger geworden; man erreicht dann den Vorteil, dafs das teuere, weil in ansehnlicher Gröfse nur schwer rein herstellbar Flintglas kleiner sein kann — dialytisches Fernrohr.

2) Dafs die Gegenstände im Fernrohr verkehrt erscheinen ist zwar bei Betrachtung von Sternen, nicht aber von irdischen Gegenständen gleichgültig. Man kann nun die Bilder dadurch umkehren, dafs man noch eine oder mehrere (plankonvexe) Linsen zusetzt (Rheita 1665) und erhält so das terrestrische oder Erdfernrohr.

Man hat Fernrohre bis zu 45cm Öffnung hergestellt. Das astronomische Fernrohr ist 1610 von Kepler erfunden worden.

Aufgabe. Wie stark ist die Vergröfserung eines Fernrohres, wenn man gewöhnliche Druckschrift auf 30 m Entfernung deutlich lesen kann?

§ 247. Das Galileische Fernrohr. Das Galileische oder holländische Fernrohr besteht aus einer konvexen Objektiv- und einer konkaven Okularlinse, welche ungefähr um den Unterschied ihrer Brennweiten von einander entfernt sind (Fig. 348). Die Objektivlinse würde bei *a b* ein (verkehrtes) Bild erzeugen, wenn die Strahlen nicht vorher auf die Okularlinse fielen und von dieser auseinandergebrochen würden, so dafs ein in die Okularlinse sehendes Auge ein in Bezug auf *a b* verkehrtes, in Bezug auf den Gegenstand aber aufrechtes Bild *A B* erblickt.

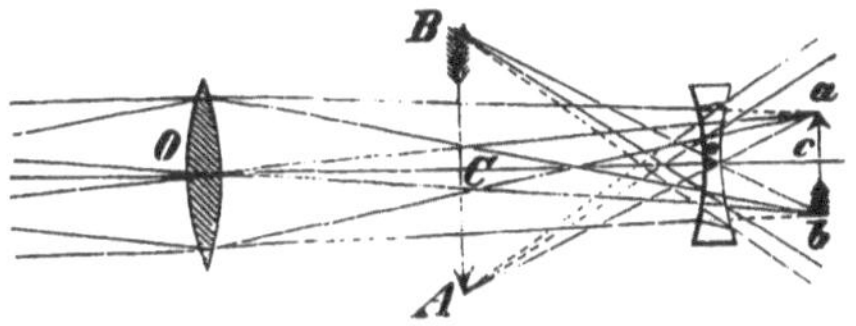

Fig. 348. Galileisches Fernrohr.

In betreff der Vergröfserung gilt dasselbe, wie für das astronomische Fernrohr; doch darf die Konkavlinse nicht stark gekrümmt sein, weil sie sonst die Strahlen zu sehr auseinanderwirft, so dafs das Gesichtsfeld zu klein wird. Das holländische Fernrohr verträgt also nur eine schwache Vergröfserung und wird meist nur als Operngucker und Feldstecher benutzt.

In betreff der Entdeckung des holländischen Fernrohres ist man einigermafsen im Zweifel; einige schreiben sie dem Brillenmacher Lippersheim in Middelburg (Holland), andere dem Zacharias Janssen (1590) zu. Galilei konstruierte das seinige im Jahre 1609.

Die Prüfung der Fernröhre geschieht am einfachsten auf die Art, dafs man untersucht, bis auf welche Entfernung man gewöhnliche Schrift lesen kann, bis zu welchem Mafse es Sternnebel in einzelne Sterne aufzulösen vermag u. s. w.

§ 248. Spiegelteleskope. Zur Zeit, als man noch keine achromatischen Linsen herzustellen vermochte, waren die farbigen Ränder, welche die Bilder zeigten, störend, weshalb schon Zucchi (1616) daran dachte, Spiegel statt Linsen anzuwenden. Aber erst Gregori (1663) stellte das erste brauchbare Spiegelteleskop her. Die Spiegelteleskope nennt man auch Reflektoren, im Gegensatze zu den gewöhnlichen Fernröhren, welche Refraktoren heifsen. Später wurden noch andere von Newton, Cassegrain und W. Herschel hergestellt. Es ist möglich, viel gröfsere Spiegel als Linsen zu fertigen und daher gebraucht man auch heute noch, obwohl man nach der Erfindung der achromatischen Linsen für die gewöhnlichen Zwecke zu den Refraktoren zurückkehrte, grofse Reflektoren, wenn es sich um sehr starke Vergröfserung handelt. Diese ist aber nur möglich, wenn von dem fernen Gegenstande mittelst eines grofsen Objektives recht viel Strahlen aufgefangen werden, weil sonst das Bild zu lichtschwach würde. Übrigens werden neuerdings, nach dem Vorgange von Foucault, auch kleinere Spiegelteleskope mit versilberten Glasspiegeln hergestellt (Browning).

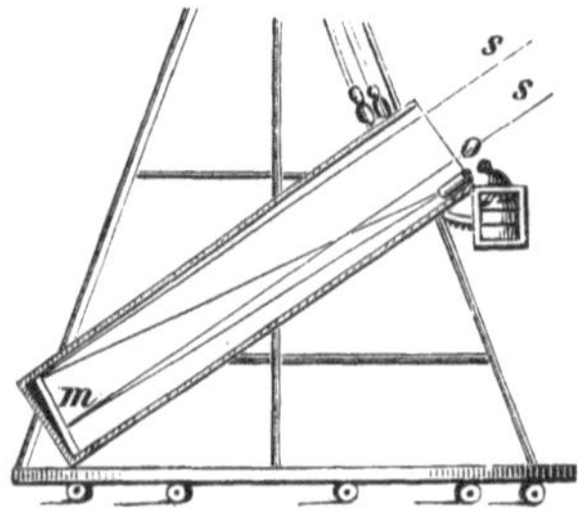

Fig. 349. Spiegelteleskop.

Fig. 349 zeigt ein sogen. Vornschauteleskop von Herschel; *m* ist der Spiegel, *o* das Okular. Der Spiegel am Ende des Rohres ist schräg gestellt, damit die Strahlen nach dem vorderen Rande des Rohres reflektiert werden und der Kopf des Beobachters nicht den Eintritt der Strahlen *s s* hindert.

Bei anderen Teleskopen ist in der Mitte des Rohres ein kleiner Planspiegel unter 45^0 angebracht, welcher die reflektierten Strahlen in ein Seitenrohr wirft, in welchem sich das Okular befindet (Newton) u. s. w. Das Riesenteleskop von Rosse hat eine Öffnung von 1,8 m, die Vergröfserung ist 6000 fach.

f) Einiges aus der Theorie des Lichtes.

§ 249. Interferenz des Lichtes. 1) Läfst man durch ein Loch im Laden eines dunkelen Zimmers ein Bündel Sonnenstrahlen fallen, so bemerkt man auf der gegenüberliegenden Wand einen hellen, 2—3 cm grofsen Fleck. Läfst man nun durch zwei feine, dicht nebeneinander befindliche Öffnungen Sonnenstrahlen eintreten, so erhält man zwei helle Flecke, welche teilweise übereinderfallen. Hübscher wird die Erscheinung, wenn man Sonnenlicht durch zwei Spalten eintreten und durch eine Cylinderlinse auf einen Schirm fallen läfst. Der doppelt beschienene Fleck nun zeigt am Rande eigentümliche dunkele Streifen, so dafs schon Grimaldi, welcher 1665 diesen Versuch zuerst anstellte, auf die Vermutung kam, dafs, weil doppeltes Licht möglicherweise Dunkelheit erzeugen könne, die Fortpflanzung des Lichtes in einer Art Wellenbewegung bestehen müsse.

Wenn zwei Wasserwellen miteinander interferieren, so fallen an einzelnen Stellen Berg und Thal zusammen und gleichen einander aus. Da das Licht der Sterne aus enormen Fernen zu uns gelangt, so schien es nicht wohl die Luft sein zu können, welche durch leuchtende Körper in Wellenbewegung versetzt wird; Grimaldi nahm deshalb an, es sei im ganzen Weltenraum ein unendlich feiner Stoff, Äther genannt, verbreitet, welcher zur Fortpflanzung des Lichtes diene. Da das Licht durch zahlreiche Körper hindurchgeht, so mufs der Äther auch im Innern der Körper enthalten sein. Ob der Äther ein besonderer Stoff ist, oder ob er die gewöhnliche Materie in ihrer feinsten Verteilung vorstellt, wonach es denn auch verschiedenartigen Äther gäbe, lassen wir dahin gestellt.

2) Fresnel stellte den Versuch, um ihn reiner zu erhalten, auf eine andere Weise an, da Lichtstrahlen, welche an den Rändern feiner Öffnungen vorbeigehen, an sich schon gewisse Erscheinungen zeigen, welche zu Einwürfen Veranlassung geben könnten. Um zwei Lichtpunkte zu erhalten, stellte Fresnel ein Licht zwei Spiegeln gegenüber, welche nahezu einen Winkel von 180° miteinander bilden; die von einem Lichtpunkt S (Fig. 350) kommenden Sonnenstrahlen fallen auf die zwei Spiegel $m\,I$ und $m'I$ und werden so reflektiert, als ob sie von s und s' kämen, welche ebenso weit hinter dem betreffenden Spiegel liegen, wie der leuchtende Punkt davor liegt und eine um so geringere Entfernung von einander haben, je gröfser der Winkel ist, den die Spiegel miteinander bilden. Man hat also gewissermafsen zwei leuchtende Punkte s und s', deren Strahlen miteinander interferieren. Man denke sich nun, sowohl um s als um s' als Mittelpunkten eine Anzahl Kreise oder eigentlich Kugeln beschrieben, deren Halbmesser sich je um eine halbe Wellenlänge ($^1/_2\,\lambda$) voneinander unterscheiden. Die Kreise sind so gezeichnet, dafs abwechselnd punktierte und ausgezogene aufeinander folgen; je zwei auf einander folgende punktierte und je zwei ausgezogene haben einen Unterschied von λ; während ein ausgezogener und ein punktierter Kreis um $^1/_2\,\lambda$ voneinander abstehen.

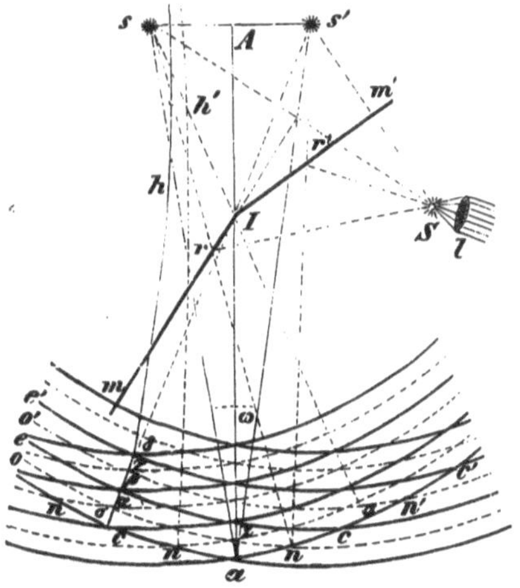

Fig. 350. Fresnels Spiegel.

Jedenfalls befinden sich die beiden Strahlen $s\,a$ und $s'a$ in gleichen Schwingungszuständen, wenn $sa = s'a$; ebenso die Strahlen $s\,o$ und $s'c$, sowie $s\,c'$ und $s'c'$ . . .; überhaupt wird überall da, wo zwei ausgezogene oder zwei punktierte Kreise zusammentreffen, ein Unterschied von irgend viel ganzen oder besser von einer geraden Anzahl halber Wellenlängen herrschen, während da, wo ein punktierter und ein ausgezogener Kreis zusammentreffen (in n, n' . .)

die Differenz eine ungerade Zahl von halben Wellenlängen beträgt. In den erstgenannten Punkten (c, c' . . .) wird also Helligkeit, in den anderen (n, n' . . .) Dunkelheit herrschen. In den Zwischenpunkten, wie o, wird gröfsere oder geringere Helligkeit stattfinden, je nachdem sie einem hellen oder einen dunkelen Punkte näher liegen. Wendet man statt eines Lichtpunktes eine Lichtlinie an, so erhält man abwechselnd helle und dunkele Streifen. Eine Lichtlinie erhält man, wenn man ein Bündel Sonnenstrahlen, welches durch einen Spalt eintritt, auf eine Cylinderlinse fallen läfst. Verbindet man die Punkte c, α, β, γ, δ, . . so bilden dieselben eine Hyperbel, deren Brennpunkte s und s' sind, denn die Differenz der Lichtstrahlen ist stets λ.

Läfst man Sonnenlicht durch ein farbiges Glas fallen, ehe es auf die Fresnelschen Spiegel kommt, so haben die hellen und dunkelen Streifen, die man auch Interferenzfranzen nennt, verschieden grofse Abstände; bei Rot sind die Abstände am gröfsten und bei Violett am kleinsten, das rote Licht hat also die gröfste und das violette die kleinste Wellenlänge. Es mufs hiernach möglich sein, aus den Abständen der Franzen die Wellenlängen der verschiedenen Farben zu bestimmen; besser jedoch gelingt dies auf Grund der sogleich zu beschreibenden Beugungserscheinungen.

Statt der Fresnelschen Spiegel kann man noch besser das Ohmsche Prisma (Fig. 351) anwenden. Es ist dies ein Prisma, welches einen brechenden Winkel von nahezu 180° besitzt.

Fig. 351. Interferenzprisma.

Aufgabe. Es ist zu zeigen, dafs ein Interferenzprisma wie ein Fresnelscher Spiegel wirkt.

§ 250. Die Farben dünner Blättchen. Die Seifenblasen, dünne Ölschichten auf Wasser, feine Sprünge in Gläsern u. s. w. zeigen mannigfaltige, nach der Dicke der Schichten wechselnde Farbenerscheinungen, welche man Farben dünner Blättchen nennt (Hooke 1665, Newton 1673). Am reinsten erhält man die Erscheinung, wenn man nach Newton auf eine ebene Glasplatte eine Konvexlinse mit sehr grofsem Radius legt. Man sieht dann durch ein einfarbiges Glas abwechselnd helle und dunkele Ringe (Fig. 352), welche für Rot am breitesten, für Violett am schmälsten sind. Ohne farbiges Glas, also bei weifsem Lichte, sieht man hellere und dunklere verschiedenartig gefärbte Ringe — Newtons Farbenringe. Ferner ist zu bemerken, dafs im reflektierten Licht der mittelste Ring dunkel, im durchgelassenen Licht hell ist und dafs für weifses Licht die Farben im einen Falle zu denen im anderen an den entsprechenden Stellen komplementär sind.

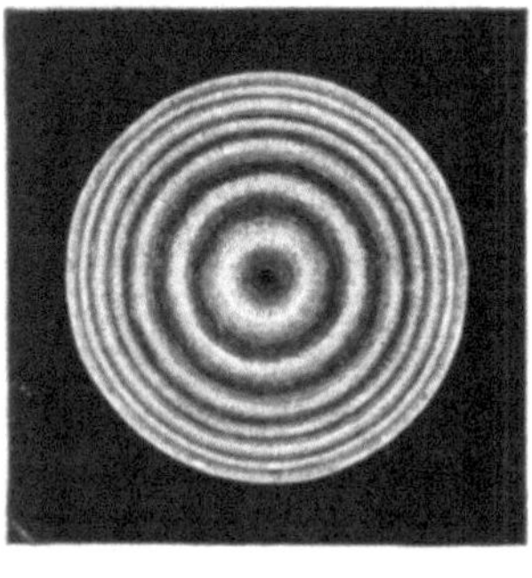

Fig. 352. Newtons Farbenringe.

Mifst man die Dicke der Luftschichten an den einzelnen hellen und dunkelen Ringen, und bezeichnet die Dicke derselben am ersten hellen Ring (für reflektiertes Licht) mit d, so treten die folgenden hellen Ringe bei $3d$, $5d$ . . . auf, die dunkelen aber bei einer Dicke der Luftschicht von 0, $2d$, $4d$ . . . . Die Ringe haben um so gröfsere Durchmesser, je gröfser der Radius der Linse ist. Fallen Lichtstrahlen in der Richtung AB (Fig. 353), nachdem sie durch die Glaslinse gegangen, auf eine sehr dünne Luftschicht $XYUV$, so wird ein Teil des Lichtes in der Richtung BC reflektiert, ein anderer geht in die Luft, wird an der Oberfläche UV der Glasplatte reflektiert und tritt in der Richtung ET wieder aus. Die Strahlen CB und ET sind parallel und interferieren im Auge. Ob Helligkeit oder Dunkelheit entsteht, hängt von dem Gangunterschied der Strahlen ab. Dieser aber ist gleich $BD + DE$ und kann annähernd gleich der doppelten Dicke der Luftschicht an dieser Stelle genommen werden. Beträgt die Dicke 0, $^2/_4\lambda$, $^4/_4\lambda$ . . ., kurz ein gerades Vielfaches einer halben Wellenlänge, so müfste Helligkeit, beträgt sie aber ein ungerades Vielfache, $^1/_4\lambda$, $^3/_4\lambda$ . . ., so müfste Dunkelheit eintreten. Dies aber widerspricht der Erfahrung, denn Helligkeit und Dunkelheit tritt gerade unter der entgegengesetzten Bedingung ein. Die Ursache hiervon liegt darin, dafs bei der Reflexion, welche eine aus einem dichteren Mittel kommende Ätherwelle an der Grenze eines dünneren erfährt, eine halbe Welle verloren geht. Die bei B reflektierten Strahlen büfsen eine halbe Welle ein (§ 165).

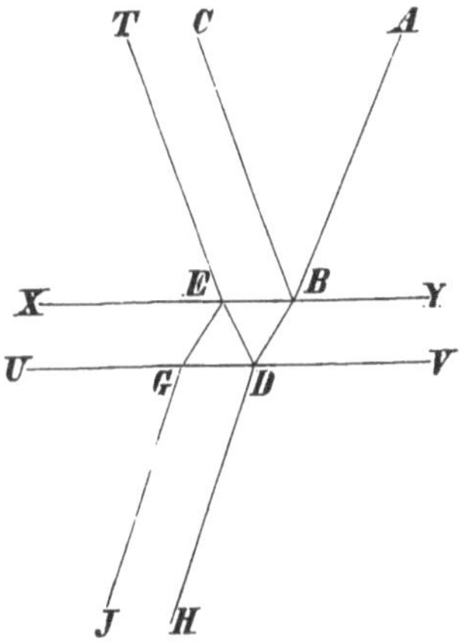

Fig. 353. Interferenz bei dünnen Blättchen.

Was nun die Erscheinung im durchgelassenen Lichte betrifft, so ist zu bemerken, dafs auch ein Teil des in der Richtung AB auffallenden Lichtes in der Richtung BD durch die Luftschicht geht und in der Richtung DH austritt, ein anderer erst nach nochmaliger Reflexion an D und E in die Glasplatte in der Richtung GJ übergeht, wobei $GJ \parallel DH$. Hierbei geht nichts verloren, denn das Licht wird zweimal an einem dichteren Mittel (an den Glasoberflächen UV und XY) bei D und E reflektiert.

Es mufs also im durchgelassenen Lichte an denselben Stellen hell sein, wo es im reflektierten dunkel ist; aufserdem sind für weifses Licht im einen Falle gerade diejenigen Farben im Maximum der Helligkeit, welche im anderen im Minimum sind, woher es kommt, dafs die Farben an denselben Stellen in beiden Fällen komplementär zu einander sind.

Wenn man auf einen Glasstreifen einen zweiten legt, der am einen Ende dem ersten Streifen gegenüber mit sehr dünnem Papier belegt oder vergoldet ist, so entstehen helle und dunkele gerade Streifen.

Auch die dünnen Luftschichten in den Ritzen der Oberfläche der Muscheln und des Perlmutters, sowie angelassener, mit einer dünnen Oxydschicht bedeckter Stahl zeigen die Farben dünner Blättchen, und zwar wechseln dieselben während des Anlassens des Stahls, da die Oxydschicht ihre Dicke ändert.

§ 251. Beugung des Lichtes. Wenn man Sonnenstrahlen durch zwei Spalten hintereinander fallen läfst, um sie möglichst parallel zu machen, so bemerkt man auf der gegenüberliegenden Wand nicht, wie man vermuten sollte, einen hellen Streifen von der Breite der Spalten, sondern eine aus hellen und dunkelen Streifen zusammengesetzte Lichterscheinung, welche gerade um so breiter wird, je enger man die Spalten stellt. Dies zeigt unzweifelhaft, dafs die Behauptung, das Licht verbreite sich in geraden Linien, nicht absolut richtig sein kann. Erst, wenn man die Spalten mehrere Millimeter breit macht, verschwinden die Streifen und man sieht nur ein weifses Bild des Spaltes, das aber immer noch merklich breiter ist, als es, der geradlinigen Verbreitung des Lichtes entsprechend, sein sollte.

Läfst man die Sonnenstrahlen nach der Reihe durch verschiedenfarbige Gläser gehen, so bemerkt man, dafs die hellen und dunkelen Streifen auf der Wand für rotes Licht am breitesten und für violettes am schmälsten sind. Die hellen Streifen haben selbstverständlich die Farbe des Glases, durch welches das Licht gegangen.

Im weifsen Licht tritt an keiner Stelle absolute Dunkelheit ein, aufserdem zeigen sich an den einzelnen Stellen verschiedene Farben.

Nach der Vibrationstheorie erklären sich diese „Beugungserscheinungen“ folgendermafsen:

Es seien MA, PR, NB (Fig. 354) durch einen Spalt gegangene Sonnenstrahlen, welche auf einen zweiten Spalt AB treffen. Die in AB befindlichen Ätherteilchen werden nun in Vibration versetzt und man kann (nach Huyghens) annehmen, dafs von AB Elementarwellen ausgingen, welche sich rundum hinter dem Spalte verbreiteten. Es müfste deshalb auch nach allen Seiten hin und nicht blofs in der Richtung der Strahlen hell sein, wenn nicht die meisten, namentlich die seitwärts gehenden Strahlen einander durch Interferenz vernichteten, wie wir sogleich kennen lernen werden. Denken wir uns zunächst nach dem Punkte C, welcher der Mitte R des Spaltes gerade gegenüberliegt, die Strahlen AC, BC, RC ... gezogen, so mufs hier Helligkeit stattfinden, weil der Gangunterschied der Strahlen Null ist. Nun wird es aber in einer gewissen Entfernung rechts von C eine Stelle D geben (und ebenso gleichweit links bei G), derart, dafs die dorthin gezogenen Randstrahlen AD und BD einen Gangunterschied λ haben. Zieht man noch RD, so findet sich in jeder Hälfte des Bündels ADB ein Strahl, welcher mit einem in der anderen Hälfte einen Gangunterschied von $\frac{1}{2}\lambda$ hat. Je zwei Strahlen in den beiden Hälften des

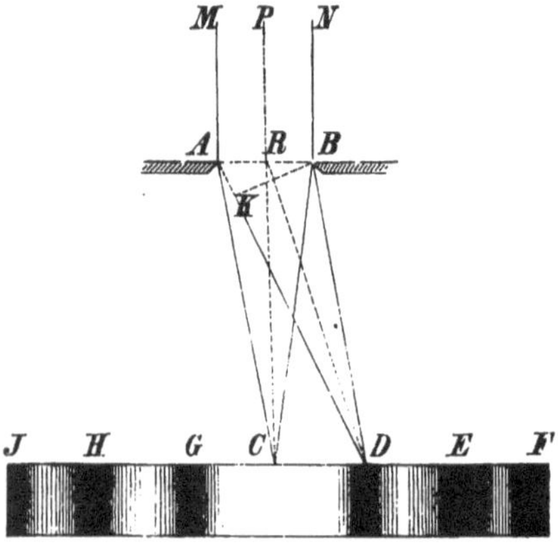

Fig. 354. Beugung.

Bündels heben einander durch Interferenz auf, in D (und ebenso in G) wird es also dunkel sein.

Beträgt ferner der Gangunterschied der nach E und F gezogenen Randstrahlen 2λ, bezüglich 3λ, so wird auch hier Dunkelheit herrschen, denn das z. B. nach E gezogene Strahlenbündel läfst sich in zwei Bündel zerlegen, deren Randstrahlen je 1λ Gangunterschied haben, jede Hälfte des Bündels und somit auch das ganze erzeugt also Dunkelheit. In der Mitte zwischen D und E herrscht noch eine gewisse Helligkeit; die hierhergezogenen Strahlen haben einen Gangunterschied von $1^1/_2\lambda$. Teilt man dieses Bündel in 3 Teile, so geben zwei benachbarte zusammen, da der Unterschied ihrer Randstrahlen 1λ beträgt, Dunkelheit und das dritte nur eine unvollkommene Helligkeit. In der Mitte zwischen E und F ist die Helligkeit noch geringer; hier ist der Gangunterschied der Randstrahlen $2^1/_2\lambda$. Teilt man das Bündel in fünf Teile, so geben die vier ersten Dunkelheit und nur das fünfte eine ungefähre Helligkeit.

Überhaupt, je weiter man sich von der Mitte des Beugungsbildes entfernt, um so dunkeler werden die Stellen zwischen den dunkelen Streifen, so dafs schliefslich vollständige Dunkelheit eintritt; die mehr seitwärts gelegenen Strahlen vernichten sich durch Interferenz nahezu völlig.

Werden die Spalten breiter gemacht, so liegen die Punkte $D, E, F\ldots$, welche einem Gangunterschied von 1, 2, $3\lambda\ldots$ entsprechen, näher an einander, das Beugungsbild wird also kleiner, um bei einiger Breite der Spalten bis auf das helle Mittelbild, welches wenig breiter als die Spalten erscheint, zu verschwinden.

§ 252. Berechnung der Wellenlängen der verschiedenen Farben aus den Beugungserscheinungen. Soll das Beugungsbild (Fig. 354) einigermafsen grofs sein, so mufs, abgesehen davon, dafs die Spalten sehr eng sind, der Schirm weit von dem Spalt AB abstehen. Auch ist die Differenz der Strahlenlängen AD und BD sehr klein und kann AK als dieser Unterschied angenommen werden, wobei $BK \perp AD$. Desgleichen ist $\sphericalangle ABK = \sphericalangle CRD$ und $\triangle ABK \sim \triangle RCD$, da $BK \perp RD$ angesehen werden kann.

Zieht man von A und B Linien nach $E, F\ldots$, so betragen die Gangunterschiede, d. h. die Projektionen des Spaltes AB auf $AE, AF\ldots$, 2λ, $3\lambda\ldots$ Diese Projektionen verhalten sich aber wie $CD:CE:CF$ und folglich mufs $CD:CE:CF = 1:2:3$ oder $CD = DE = EF$ sein.

Hieraus geht hervor, dafs alle zwischen je zwei aufeinander folgenden dunkelen Streifen gelegenen Seitenbilder einander gleich und halbsogrofs wie das Mittelbild sein müssen.

Er gilt nun vor allem die Länge AK, d. h. die Länge einer Welle für die verschiedenen Farben zu bestimmen. Ist der Spalt mittelst einer Mikrometerschraube verstellbar, so läfst sich seine Breite AB sehr genau messen; aufserdem ist die Entfernung RC, sowie die Breite GD des Mittelbildes oder eines der Seitenbilder mefsbar.

Nun ist aber:

$$AK : AB = CD : RC,$$

wenn man, was wohl gestattet ist, AB statt BK setzt. Hieraus aber findet sich:

$$AK = \frac{AB.CD}{BC}.$$

Nachstehende Tabelle giebt über die Wellenlängen und die Schwingungszahlen der verschiedenen Farben Aufschlufs:

Fraunhofersche Linie	Wellenlänge in Milliontelmillimeter	Schwingungszahl in Billionen
A (rot)	760,9	393
B (hellrot)	687,1	437
C (orange)	656,6	457
D (gelb)	589,5	509
E (grün)	527,2	569
F (blau)	486,4	617
G (indigo)	431,1	696
H (violett)	395,5	758

Die Schwingungszahlen berechnen sich aus den Wellenlängen nach der Formel:

$$n = \frac{c}{\lambda},$$

wo c die Fortpflanzungsgeschwindigkeit des Lichtes bedeutet;

$$c = 300\,000\,000 \text{ m}.$$

Dafs das Beugungsbild für weifses Licht nirgends absolut dunkel ist und verschiedenartige Farben zeigt, rührt daher, dafs die einzelnen Farben ihre hellsten und dunkelsten Stellen nicht an denselben Orten haben und dafs an einem bestimmten Orte diejenige Farbe besonders hervortritt, welche hier das Maximum ihrer Helligkeit hat. Da Gelb die gröfste Lichtintensität besitzt, so ist das Beugungsbild da am hellsten, wo Gelb im Maximum der Helligkeit ist.

§ 253. Andere Beugungserscheinungen. Die erwähnte Beugungserscheinung kann man noch viel schöner und gröfser wahrnehmen, wenn man durch den zweiten Spalt nach dem ersten, beide sehr fein gestellt, sieht. Das Beugungsbild wird überraschend grofs und prächtig und läfst aufs deutlichste erkennen, dafs die geradlinige Verbreitung des Lichtes nur annähernd für gröfsere Öffnungen Geltung hat.

Fig. 355. Ringförmige Beugungserscheinung.

Läfst man Sonnenlicht hintereinander durch zwei feine runde Öffnungen fallen, so erhält man eine ringförmige Beugungserscheinung (Fig. 355).

Statt einfacher Spaltöffnungen oder runder Öffnungen kann man auch Doppelspalten, Gitter, drei- und viereckige Öffnungen u. s. w. nehmen, welche teilweise sehr hübsche Erscheinungen liefern.

Auch ohne Sonnenlicht kann man Beugungserscheinungen wahrnehmen. Sticht man in ein Kartenblatt ein feines Loch und sieht nach einem kleinen Konvexspiegel, auf den die Sonne scheint und einen Lichtpunkt auf denselben erzeugt, so erblickt man eine ringförmige Beugungserscheinung wie Fig. 355.

Vor einen Argandschen Gasbrenner stellt man eine Spalte und sieht nach derselben mit einem kleinen Fernrohr, vor dessen Objektiv verschiedene kleine Öffnungen, Spalten, Gitter u. s. w. gesetzt werden können. — Sehr hübsche Beugungserscheinungen nimmt man wahr, wenn man durch Glasgitter, welche auf den Centimeter 100—800 Striche haben, nach einer Kerzenflamme sieht.

Auch durch eine Federfahne, eine bestäubte Glasplatte, feines Musselin, die Augenwimpern u. s. w. kann man Beugungserscheinungen wahrnehmen.

Hält man einen Draht in das durch einen Spalt eintretende Sonnenlicht, so erblickt man auf einem in geeigneter Entfernung aufgestellten Schirm ebenfalls eine Beugungserscheinung. Der Äther an der rechten und linken Seite des Drahtes wird in Wellenbewegung versetzt und wenn der Draht nicht zu dick ist, so schlagen die Lichtwellen hinter demselben zusammen; sie beugen sich um ihn, wie die Wasserwellen, um einen nicht zu breiten Felsen, oder die den Schall fortpflanzenden Luftwellen um eine nicht zu breite Wand.

Die Interferenz- und Beugungserscheinungen sind von Young und Fresnel am Ende des vorigen und am Anfang dieses Jahrhunderts studiert worden. Schwerd hat 1836 eine umfassende Darstellung der Beugungserscheinungen gegeben.

§ 254. Polarisation des Lichtes durch Reflexion. Ein gewöhnlicher Lichtstrahl wird stets von einem Spiegel reflektiert, einerlei unter welchem Winkel er auffällt. Ist er aber bereits einmal reflektiert, so wird er nicht mehr unter allen Umständen von einem zweiten Spiegel zurückgeworfen. Derart durch Reflexion veränderte Strahlen nennt man p o l a r i s i e r t. Fällt ein gewöhnlicher Lichtstrahl AS (Fig. 356) auf einen Spiegel S, so dafs der Einfallswinkel 55^0 beträgt, und trifft er, nachdem er unter demselben Winkel reflektiert worden, auf einen zweiten, dem ersten parallelen Spiegel S', so wird er von diesem ebenfalls (in der Richtung $S'B$) reflektiert. Dreht man aber S' nach und nach um 90^0, und zwar so, dafs S' mit dem Strahl SS' stets denselben Winkel (von 35^0) bildet, so wird der reflektierte Strahl immer dunkeler und verschwindet schliefslich ganz. Dreht man noch weiter, immer so, dafs SS' mit dem einfallenden Strahl denselben Winkel bildet, so wird das Gesichtsfeld wieder hell und schliefslich ganz hell, wenn S' um 180^0 gedreht, wenn also S' zu S antiparallel ist. Bei weiterer Drehung bis 270^0 verdunkelt sich das Gesichtsfeld wieder, um schliefslich ganz dunkel zu werden. Dreht man S' endlich bis 360^0, so wird das Gesichtsfeld wieder heller, und zwar tritt vollkommene Helligkeit ein, wenn der Spiegel wieder seine urspüngliche Lage erreicht hat.

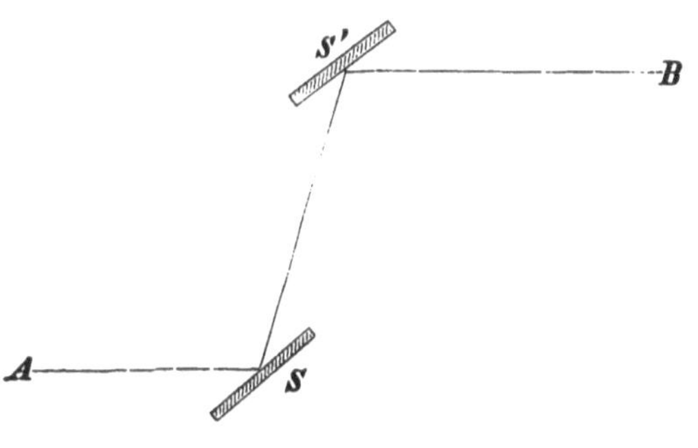

Fig. 356. Polarisation.

Die beiden Stellungen der Spiegel zueinander, bei denen vollkommene Helligkeit herrscht (0^0 und 180^0), nennt man Parallelstellung, diejenigen, bei welchen das Gesichtsfeld am dunkelsten ist (90^0 und 270^0) gekreuzte Stellung. In der letzteren ist das Licht vollkommen, in der ersten gar nicht und in den Zwischenlagen unvollkommen polarisiert. Die Ebene ASS', in welcher der einfallende Strahl AS und der polarisierte SS' liegt, die gewöhnlich Reflexionsebene heifst, nennt man auch Polarisationsebene. Der Einfallswinkel von 55^0 heifst Polarisationswinkel.

Sehr zweckmäfsig ist zur Anstellung dieses Grundversuchs der Polarisation (Malus 1811) der Polarisationsapparat von Nörremberg (Fig. 357). Er besteht aus einem unbelegten, um eine horizontale Achse drehbaren Spiegel SS, den man Polarisationsspiegel nennt, und aus einem Spiegel $S'S'$ aus schwarzem Glas, den man Zerlegungsspiegel (Analyseur) nennt; der letztere ist sowohl um eine vertikale als um eine horizontale Achse drehbar. Damit die Strahlen, welche von SS kommen, immer in der Mitte der Achse des Apparates, d. h. vertikal reflektiert werden, ist noch ein dritter, horizontaler Spiegel M im Fufsgestell angebracht.

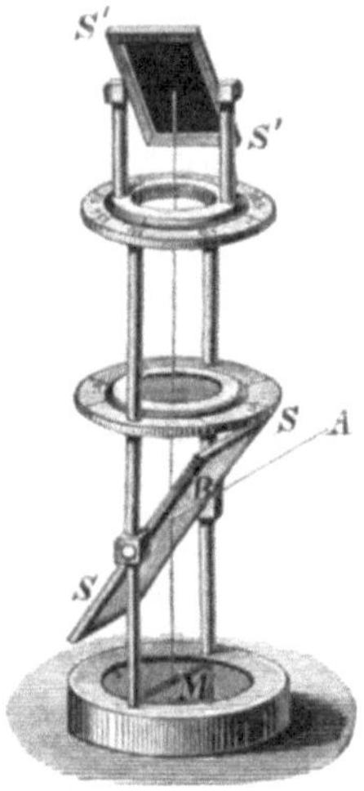

Fig. 357. Nörrembergs Polarisationsapparat.

Stellt man den Spiegel SS so, dafs er mit der Vertikalen einen Winkel von 35^0 bildet, und fallen Lichtstrahlen in der Richtung AB auf den Spiegel SS unter einem Einfallswinkel von 55^0, so werden sie in der Richtung BM reflektiert und kehren in derselben Richtung wieder zurück; an SS angekommen, werden sie teilweise in der Richtung BA zurückgeworfen, teilweise aber gehen sie auch durch SS hindurch nach $S'S'$. Diesen Spiegel stellt man so, dafs er mit der Vertikalen einen Winkel von 35^0 bildet. Dreht man nun den Spiegel $S'S'$ um seine vertikale Achse und sieht in denselben hinein, so wird das Gesichtsfeld abwechselnd hell und dunkel.

Der Ring in der Mitte des Apparates dient zum Auflegen von Krystallblättchen u. s. w.

Nur wenn man einfarbiges Licht nimmt, wird das Gesichtsfeld in der gekreuzten Stellung der Spiegel vollkommen dunkel; der Polarisationswinkel ist nicht für alle Farben gleich. Man nimmt deshalb bei Anstellung des Grundversuchs als Lichtquelle am besten eine Spiritusflamme, auf deren Docht Kochsalz gestreut ist.

Alles von den Wolken, von einer Wasseroberfläche, von einer Wand, einem Schieferdach, dem Strafsenpflaster reflektierte Licht ist teilweise polarisiert.

Besonders bemerkenswert ist, dafs Metallspiegel das Licht nicht in der angegebenen Weise polarisieren.

§ 255. Polarisation durch Brechung. Ersetzt man den Zerlegungsspiegel des Nörrembergschen Apparates durch eine Anzahl dünner Glasplatten — Glasplattensäule — so wird das Gesichtsfeld im durchgelassenen Licht hell bei gekreuzter und dunkel bei Parallelstellung des Polarisationsspiegels und der Glasplattensäule, während bei dem reflektierten

Licht das Entgegengesetzte stattfindet. Um das erstere zu beobachten, sieht man von der Rückseite durch die Säule hindurch, und um das letztere wahrzunehmen, sieht man auf der Seite, wo das polarisierte Licht auffällt, in die Glasplattensäule hinein. Übrigens ist die Polarisation im durchgelassenen Lichte weit unvollständiger, als im reflektierten; das Gesichtsfeld wird selbst bei einer größeren Zahl von Glasplatten nie absolut dunkel. Aus dem Gesagten geht hervor: Der reflektierte und der durchgelassene Strahl sind senkrecht zueinander polarisiert.

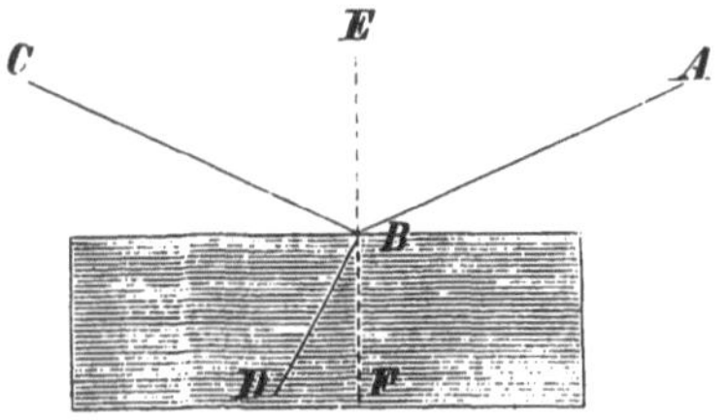

Fig. 358. Polarisationswinkel.

Wenn Lichtstrahlen auf einen durchsichtigen Körper fallen, so werden sie teils reflektiert, teils gehen sie in das durchsichtige Mittel hinein und werden gebrochen. Brewster hat nun den wichtigen Satz gefunden, daß für jede Substanz der Winkel, bei welchem die Polarisation am vollständigsten eintritt, derjenige ist, für welchen der reflektierte Strahl auf dem gebrochenen senkrecht steht. Ist AB (Fig. 358) ein auffallender Strahl und steht der reflektierte Strahl BC auf dem gebrochenen BD senkrecht, so ist $\sphericalangle ABE$ der Polarisationswinkel.

Ist n der Brechungsquotient der durchsichtigen Substanz, auf welche das Licht fällt, so ist allgemein $n = \frac{\sin ABE}{\sin DBF}$. Weil aber bei vollständiger Polarisation $DBF = 90 - ABE$, so ist $\sin DBF = \cos ABE$ und folglich:

$$n = tg\, ABE.$$

Ist also der Brechungsexponent bekannt, so läßt sich der Polarisationswinkel leicht berechnen.

Aufgabe. Wie groß ist der Polarisationswinkel für Glas vom Brechungsquotienten 1,61?

§ 256. Beschaffenheit des gewöhnlichen und des polarisierten Strahles. Die Erscheinungen der Polarisation geben uns einigermaßen über die Vibration des Äthers in Bezug auf die Richtung des Strahles Aufschluß. Wenn der Äther bei einem gewöhnlichen Lichtstrahl seine Schwingungen in der Richtung des Strahles ausführte, so wäre nicht abzusehen, welche Veränderung mit ihm vorgehen müßte, um in einen polarisierten überzugehen. Nimmt man aber an, daß der Äther senkrecht zur Richtung des Strahles schwingt, so müßte man bei einem gewöhnlichen Lichtstrahl, da er unter allen Umständen reflektiert wird, also nach allen Richtungen hin gleich beschaffen sein muß, voraussetzen, daß die Ätherschwingungen nach allen Richtungen senkrecht zum Strahl schwingen, während bei einem polarisierten Strahl die Ätherschwingungen stets in derselben Ebene erfolgen. Fällt ein gewöhnlicher Lichtstrahl unter dem

Polarisationswinkel auf ein durchsichtiges Medium, so zerlegt er sich in zwei Strahlen, deren Schwingungsebenen aufeinander senkrecht stehen.

In Betreff der Lage der Schwingungsebenen aber ist man noch im Zweifel; die meisten Physiker folgen der Ansicht Fresnels, wonach die Vibrationsebene des reflektierten Strahles senkrecht auf der Reflexions- oder Polarisationsebene steht, während Neumann, Quincke u. A. die Ansicht hegen, dafs bei dem reflektierten Strahl die Vibrationsebene mit der Reflexionsebene zusammenfalle. Die Schwingungen des gebrochenen Strahles erfolgen alsdann nach Fresnel in der Reflexionsebene und nach Neumann senkrecht zu derselben. Wir folgen hier der Ansicht von Fresnel. Ein polarisierter Strahl wird hiernach nur dann mit voller Lichtintensität reflektiert, wenn er unter dem Polarisationswinkel einfällt und wenn die Schwingungsebene auf der Reflexionsebene des Spiegels senkrecht steht. Bilden aber beide Ebenen einen spitzen Winkel mit einander, so kann man die Vibrationsintensität des durch den ersten Spiegel polarisierten Strahles, d. h. die Geschwindigkeit des Äthers in der Gleichgewichtslage, in zwei Komponenten zerlegen, in eine, welche in die Reflexionsebene des Spiegels fällt und verloren geht, und in eine, welche auf der genannten Ebene senkrecht steht; mit dieser letzteren wird der Strahl reflektiert, und da sie kleiner ist als die ursprüngliche, so ist das Gesichtsfeld dunkeler. Ähnliches gilt für das durchgelassene polarisierte Licht.

§ 257. Doppelte Brechung. 1) Legt man ein Rhomboeder von isländischem Kalkspat mit einer seiner Flächen auf ein Blatt Papier, auf welchem eine gerade Linie gezeichnet ist, so sieht man dieselbe (gewöhnlich) doppelt: Der Kalkspat bricht das Licht doppelt. Hält man das Auge vertikal über die gezeichnete Linie, so sieht man das eine Bild genau da, wo die Linie sich befindet, das andere aber etwas rechts oder links davon. Von der gezeichneten Linie gehen demnach zwei Reihen von Strahlen aus, von denen die eine, den Gesetzen der gewöhnlichen Brechung folgend, in der Einfallsebene bleibt, die andere aber aus der Einfallsebene heraustritt und eine seitliche Richtung einschlägt. Die ersten Strahlen nennt man ordinäre, die letzteren extraordinäre.

2) Schleift man einen Kalkspatkrystall so, dafs seine krystallographische oder wie man auch sagt, optische Achse auf der brechenden Kante senkrecht steht, so sieht man in der Richtung der optischen Achse jeden Gegenstand, z. B. eine Kerzenflamme, einfach. Dabei ist der Brechungsquotient gleich 1,654.

Läfst man aber die Strahlen einer Kerze durch ein Kalkspatprisma fallen, dessen brechende Kante der optischen Achse parallel ist, so dafs also die einfallenden Strahlen auf der optischen Achse senkrecht stehen, so sieht man zwei Bilder. Untersucht man die Brechungsquotienten, so findet man für das eine Bild wieder 1,654 und für das andere 1,483.

Bildet bei einem Kalkspatprisma die krystallographische Achse einen spitzen Winkel mit der brechenden Kante, so sieht man zwei Bilder, welche jetzt näher aneinander liegen, als vorhin; der Brechungsquotient des einen ist wieder 1,654, während der des anderen zwischen 1,483 und 1,654 liegt; der letztere wird um so gröfser, je mehr sich der Winkel, den die krystallographische Achse mit der brechenden Kante bildet, einem rechten nähert. Dabei ist noch bemerkenswert, dafs die Strahlen, welche das am meisten abgelenkte Bild erzeugen, in der Einfallsebene bleiben, was bei den anderen nicht der Fall ist: die ersteren sind also ordinäre, die anderen extraordinäre Strahlen.

Bei einem Kalkspatrhomboeder (Fig. 359) geht bekanntlich die krystallographische Achse durch die zwei Ecken, *a* und *b*, an welchen drei gleiche Flächenwinkel von je 105° 5′ zusammenstofsen. (An den übrigen Ecken stofsen drei Flächenwinkel zusammen, von denen zwei je 74° 55′ betragen, während der dritte gleich 105° 5′ ist.) Fällt ein Bündel Lichtstrahlen *M N* auf eine Fläche des Kalkspatrhomboeders, so teilt es sich in zwei Bündel, *N R* und *N S*, welche in verschiedener Richtung den Krystall durchlaufen. Dreht man nun den Krystall, so dreht sich das eine Bündel *NS* um das andere *N R*.

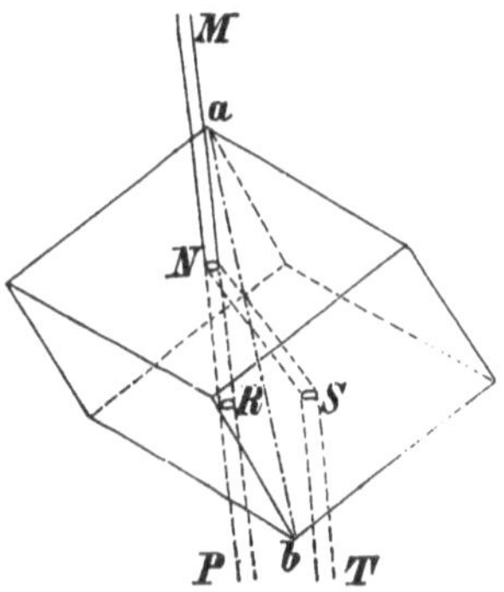

Fig. 359. Kalkspatrhomboeder.

§ 258. Polarisation durch doppelte Brechung. Entfernt man an einem Nörrembergschen Polarisationsapparat den Zerlegungsspiegel, legt auf den oberen Ring eine Kalkspatplatte, welche parallel zur optischen Achse geschliffen ist und dreht die Platte, während man durch sie hindurchsieht, so tritt abwechselnd Helligkeit und Dunkelheit ein. Gröfste Helligkeit findet statt, wenn die Hauptachse auf der Reflexionsebene des Polarisationsspiegels senkrecht steht und gröfste Dunkelheit, wenn sie in diese hineinfällt.

Noch deutlicher wird die Erscheinung, wenn man eine parallel zur optischen Achse geschliffene Turmalinplatte nimmt; sie läfst nur Schwingungen durch, welche parallel der optischen Achse erfolgen.

Sieht man nun durch eine Turmalinplatte nach einem Kalkspatprisma, vor dem eine Kerzenflamme steht und dessen optische Achse auf der brechenden Kante senkrecht ist, so bemerkt man bekanntlich nur ein Bild, und zwar behält dieses stets seine Helligkeit bei, wie man auch die Turmalinplatte drehen mag: Strahlen, welche in der Richtung der optischen Achse durch einen Kalkspat gehen, werden nicht polarisiert.

Nimmt man aber ein Prisma, dessen optische Achse parallel der brechenden Kante ist, so sieht man zwei Bilder, welche beim Drehen der Turmalinplatte abwechselnd heller und dunkeler werden. Das ordinäre Bild verschwindet (und das extraordinäre ist im Maximum der Helligkeit), wenn die Turmalinplattenachse der des Kalkspats parallel steht. Dagegen verschwindet das extraordinäre Bild (und das ordinäre ist im Maximum der

Helligkeit), wenn die Achse des Turmalins wagrecht ist, also auf der des Kalkspats senkrecht steht. Die Strahlen, welche das ordinäre und extraordinäre Bild erzeugen, sind also senkrecht zueinander polarisiert und zwar erfolgen (wenn man Fresnels Ansicht folgt) die Schwingungen der ordinären Strahlen senkrecht und die der extraordinären parallel der optischen Achse. Immer aber schwingen die Ätherteilchen senkrecht zum Strahl. Nennt man nun eine Ebene, welche durch einen den Krystall durchlaufenden Strahl und durch die optische Achse gelegt ist, einen Hauptschnitt, so erfolgen die Schwingungen des ordinären Strahles senkrecht und die des extraordinären parallel zum Hauptschnitt.

§ 259. Doppeltbrechende Körper; ein- und zweiachsige Krystalle. Alle Krystalle sind doppeltbrechend, mit Ausnahme der zum regulären System gehörigen. Dies, sowie der Umstand, dafs einfach brechende Körper, wie z. B. Glasstücke, wenn man sie einseitig prefst oder in longitudinale Schwingungen versetzt (wobei Verdünnungen und Verdichtungen entstehen), doppeltbrechend werden, hat zu der Ansicht geführt, dafs in doppeltbrechenden Körpern die Materie und der Äther nicht nach allen Richtungen gleich dicht sei.

Im quadratischen und hexagonalen Systeme giebt es nur eine Achse, welche sich von den anderen unterscheidet, in den übrigen sind alle Achsen voneinander verschieden. Dies bedingt denn auch einen wesentlichen Unterschied in betreff der Brechung des Lichtes. Die Krystalle des quadratischen und hexagonalen Systemes haben nur eine optische Achse (welche mit der krystallographischen zusammenfällt), d. h. nur eine Richtung, in der eine Zerlegung in einen ordinären und extraordinären Strahl nicht stattfindet, so dafs also auch in dieser Richtung keine Polarisation eintritt. Der Äther ist rund um diese Achse gleich dicht; in dieser Richtung findet einfache Brechung statt. In jeder anderen Richtung können den Krystall zwei senkrecht zueinander polarisierte Strahlen, welche verschiedene Brechungsquotienten und also auch verschiedene Fortpflanzungsgeschwindigkeiten besitzen, durchlaufen.

Die Krystalle der übrigen Systeme haben zwei solche optische Achsen, welche aber nicht mit krystallographischen Achsen zusammenfallen und die für jeden Körper besonders bestimmt werden müssen.

Hiernach unterscheidet man optisch einachsige und optisch zweiachsige Krystalle. Die ersteren teilt man wieder ein in positive und negative, je nachdem der Brechungsquotient des ordinären Strahles kleiner oder gröfser ist, als der des extraordinären.

Zu den positiven einachsigen Krystallen gehören aus dem quadratischen Systeme: Apophyllit, essigsaures Kalkkupfer, Zirkon, Zinnstein, und aus dem hexagonalen: Amethyst, Bergkrystall, Eis, schwefelsaures Kali.

Zu den negativen einachsigen gehören aus dem quadratischen Systeme: Zweifach arseniksaures und zweifach phosphorsaures Ammon, zweifach arseniksaures und zweifach phosphorsaures Kali,

Ammonkupferchlorid, Anatas, und aus dem hexagonalen: Apatit, Chlorkalcium, Kalkspat, Korund, Natronsalpeter, Rubin, Smaragd, weifser Turmalin, einige Arten Glimmer.

Zu den zweiachsigen Krystallen gehören: Arragonit, Feldspat, Topas, Kalisalpeter, Weinsteinsäure, Zucker, Gips, Weifsbleierz, einige Arten Glimmer.

§ 260. Polarisierende Apparate. Plättchen doppeltbrechender Krystalle lassen sich, da sie im Allgemeinen das Licht polarisieren, leicht zu Polarisationsapparaten verwenden. Der einfachste Apparat dieser Art ist die Turmalinzange (Fig. 360). Sie besteht aus einem gebogenen, elastischen Draht *a b c*, welcher in zwei Ringen endigt, in denen sich zwei parallel der optischen Achse geschliffene Turmalinplättchen drehen lassen. Jedes Plättchen läfst einen polarisierten Lichtstrahl durch, dessen Vibrationsebene der Achse parallel ist. Liegen die Achsen beider Platten parallel, so ist das Gesichtsfeld hell; dreht man hierauf die eine Platte, so verdunkelt sich das Gesichtsfeld, bis schliefslich vollkommene Dunkelheit eintritt, wenn die Achsen aufeinander senkrecht stehen.

Fig. 360. Turmalinzange.

Stehen die Achsen schief aufeinander, so kann man die Vibrationsintensität des durch die erste Platte gegangenen polarisierten Lichtstrahles in zwei Komponenten zerlegen, von denen die eine auf der Achse des zweiten Plättchens senkrecht steht und die andere in dieselbe hineinfällt. Nur mit dieser Intensitätskomponente, welche ein Bruchteil der ursprünglichen Intensität ist, pflanzt sich ein polarisierter Strahl durch das zweite Plättchen fort.

Aus dem Gesagten erhellt, dafs ein gewöhnlicher Lichtstrahl, welcher senkrecht auf eine Turmalinplatte, also auch senkrecht zur Achse einfällt, nicht in zwei senkrecht zueinander polarisierte Lichtstrahlen gespalten wird; das Turmalinplättchen absorbiert den ordinären Strahl völlig und läfst nur den extraordinären (dessen Schwingungen parallel dem Hauptschnitt erfolgen) durch.

Eine Turmalinzange ist ein Polarisationsapparat, bei welchem die eine Platte den Polarisations- und die andere den Zerlegungsspiegel vertritt.

Man kann übrigens auch einen schwarzen Spiegel und eine Turmalinplatte als Polarisationsapparat gebrauchen.

Statt des Zerlegungsspiegels oder der Glasplattensäule wird meist als Analyseur ein sogen. Nicolsches Prisma (Fig. 361) gebraucht. Zwei Kalkspatstücke *a b c* und *a d c* sind an der schiefen Fläche *a c* mittelst Kanadabalsam aneinandergekittet. Fällt ein Lichtstrahl in der Richtung *s t* auf die Fläche *c d*, so wird er in zwei gebrochen, von denen der ordinäre *t o* an der Kanadabalsamschicht totale Reflexion erleidet und den Weg *o r* einschlägt, während der extraordinäre durch den Kalkspat in der Richtung *p e* weitergeht. Das

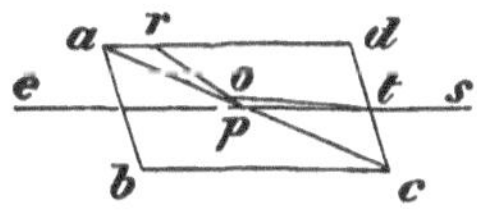

Fig. 361. Nicols Prisma.

Nicolsche Prisma läfst also nur einen polarisierten Lichtstrahl (den extraordinären) durch.

§ 261. Ringsysteme in einachsigen Krystallen. Bringt man ein senkrecht zur Achse geschliffenes Kalkspatplättchen zwischen eine Turmalinzange oder auf das mittlere Tischchen eines Nörrembergschen Polarisationsapparates, so beobachtet man abwechselnd helle und dunkele verschiedenartig gefärbte Ringe, welche von einem schwarzen oder hellen Kreuz durchzogen sind, je nachdem die Turmalinplattenachsen aufeinander senkrecht stehen oder einander parallel sind (Fig. 362 und 363).

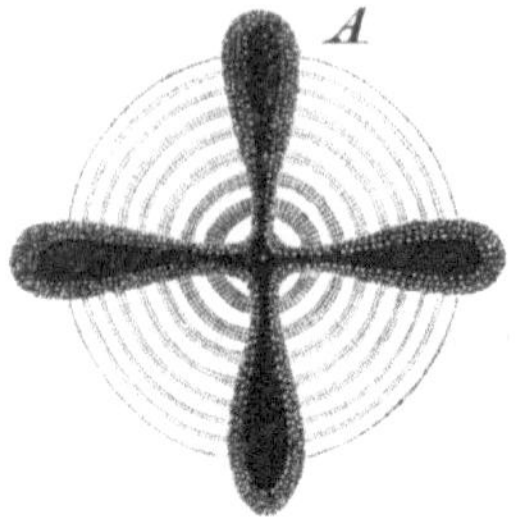

Fig. 362. Ringsystem im Kalkspat.

Es sei *KK* (Fig. 364) ein Kalkspatplättchen und *mp* die Richtung seiner optischen Achse. Fällt nun ein Lichtstrahl in der Richtung *pm* auf die eine Turmalinplatte, deren Achse parallel *AB* ist, so wird er parallel *AB* polarisiert und geht dann unverändert durch den Krystall. Jenachdem nun die Achse der oberen Turmalinplatte mit der der unteren parallel ist, oder auf ihr senkrecht steht, wird der Strahl durchgelassen oder absorbiert, so dafs *m*, jenachdem, hell oder dunkel erscheint.

Fällt ein Strahl in einem Punkt der Linie *AB* auf, so wird er von

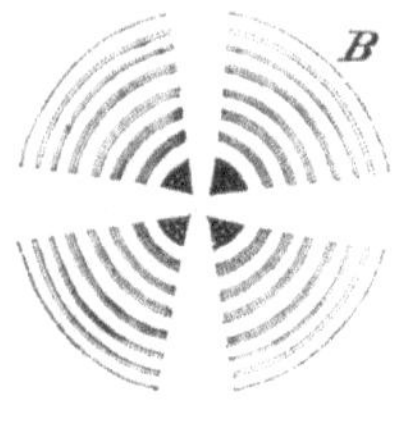

Fig. 363. Ringsystem im Kalkspat.

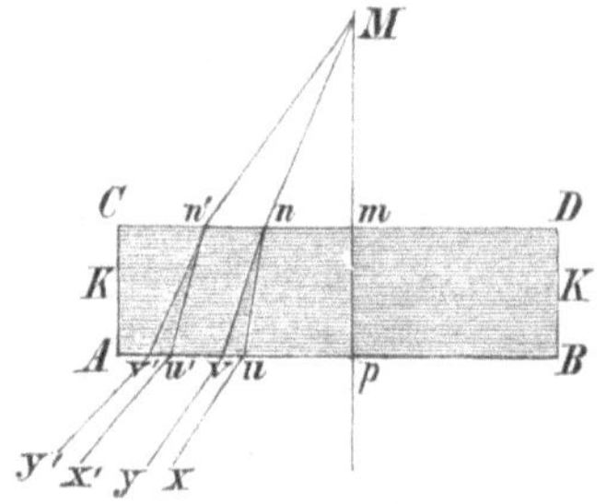

Fig. 364. Erklärung des Ringsystems im Kalkspat.

der unteren Platte parallel *AB* polarisiert; seine Vibrationen erfolgen parallel dem Hauptschnitt, weshalb der Strahl von dem Kalkspat nicht in zwei Strahlen zerlegt werden kann; es geht nur ein extaordinärer Strahl durch den Kalkspat, welcher von der oberen Turmalinplatte durchgelassen wird oder nicht, jenachdem ihre Achse mit der der unteren parallel ist, oder auf ihr senkrecht steht. — Fällt ein Strahl auf einen Punkt einer auf *AB* senkrechten Linie, so wird er wiederum parallel *AB* polarisiert, seine Schwingungen erfolgen aber jetzt senkrecht zum Hauptschnitt, so dafs er wiederum vom Kalkspat nicht in zwei Strahlen zerlegt werden kann; es geht nur ein ordinärer Strahl durch den Krystall, welcher von der oberen Turmalinplatte bei paralleler Stellung, durchgelassen und bei gekreuzter absorbiert wird. Hieraus erklärt sich das schwarze und weifse Kreuz.

Um nun zu untersuchen, was mit den Strahlen geschieht, welche an anderen Punkten des Kalkspatplättchens auffallen, denken wir uns, *AB* und *CD* fielen nicht mit den als parallel angenommenen Turmalinachsen zusammen (d. h. *ABCD* stelle einen anderen, den Turmalinachsen nicht parallelen Durchschnitt durch das Kalkspatplättchen vor), so wird jeder in der Ebene des Kalkspatdurchschnittes auffallender und von der unteren Turmalinplatte polarisierter Lichtstrahl, da seine Vibrationen schief auf dem Hauptschnitte stehen, von dem Kalkspatplättchen in zwei, einen ordinären und einen extraordinären zerlegt, welche in verschiedener Richtung den Krystall durchlaufen. Dabei ist es aber möglich, dafs wenn bei *v* und *u* zwei von der unteren Turmalinplatte polarisierte Strahlen in gewissen Richtungen *xu* und *yv* am Kalkspat ankommen und je in zwei Strahlen zerlegt werden, der eine, etwa ordinäre Strahl von *u* aus und der extraordinäre von *v* aus den Krystall so durchlaufen, dafs sie in demselben Punkte *n* zusammentreffen und in der gleichen Richtung *nM* ins Auge fallen. Da die beiden Strahlen den Krystall mit verschiedener Geschwindigkeit durchlaufen, so hängt es von der Dicke des Plättchens ab, ob sie bei *n* in gleichen oder ungleichen Schwingungszuständen ankommen. In dem einen Falle ist es bei *n* hell, im anderen dunkel, und ebenso ist es mit allen Punkten rundum, welche gleich weit von *m* abstehen. Wenn die beiden bei *n* austretenden Strahlen etwa in gleichen Schwingungszuständen sind, so wird sich ein etwas fernerer Punkt *n'* finden, bei welchem der ordinäre und der extraordinäre Strahl, welche in der gemeinsamen Richtung *n'M* austreten, in ungleichen Schwingungszuständen sich befinden, denn die beiden Strahlen *u'n'* und *v'n'* haben, da sie schiefer durch die Kalkspatplatte gegangen sind, weitere Wege, als *un* und *vn* zurückgelegt. Ist also der Kreis mit dem Radius *mn* hell, so ist der mit dem Radius *mn'* dunkel u. s. w.

Fig. 365. Ringsystem in einem zweiachsigen Krystall.

Optisch zweiachsige Krystalle liefern zwei Ringsysteme, welche lemniscatenartig ineinandergreifen (Fig. 365).

§ 262. Cirkulare und elliptische Polarisation. Es ist schon früher (§ 174) gezeigt worden, dafs zwei aufeinander senkrechte, isochrone Schwingungen je nach dem Gangunterschiede sich zu einer geradlinigen, kreisförmigen oder elliptischen Schwingung kombinieren können. Die kreisförmige tritt ein, wenn der Gangunterschied $^1/_4\,\lambda$ beträgt und die elliptische, wenn der Gangunterschied zwischen 0 und $^1/_4\,\lambda$ liegt.

Legt man z. B. auf das mittlere Tischchen des Nörrembergschen Polarisationsapparates ein Glimmerblättchen von 0,032 mm Dicke, so dafs seine (wagrechte) Achse einen Winkel von 45° mit der Reflexionsebene des Polarisationsspiegels macht, so wird der von unten kommende polarisierte

Strahl in zwei senkrecht aufeinander polarisierte zerlegt, welche in der gleichen Richtung, aber mit verschiedener Geschwindigkeit den Krystall durchschreiten. Die Dicke des Glimmerplättchens ist nun so bemessen, dafs der eine Strahl gegen den anderen um $^1/_4\lambda$ zurückbleibt. Aus dem Krystall austretend, werden sie sich zu einem cirkular polarisierten kombinieren, was man daran bemerkt, dafs das Gesichtsfeld ständig hell bleibt, wie man auch den Analyseur drehen mag; ein cirkular polarisierter Strahl kann sich nämlich, an den Analyseur ankommend, stets in zwei geradlinig polarisierte zerlegen, von denen der eine auf der Reflexionsebene des Analyseurs senkrecht polarisiert ist und der also reflektiert wird.

Dafs man es übrigens hier nicht mit gewöhnlichem, sondern mit polarisiertem Licht zu thun hat, sieht man daran, dafs bei gekreuzten Spiegeln das Gesichtsfeld schwach bläulich und bei parallelen schwach gelblich erscheint; es rührt dies daher, dafs nicht für alle Farben die Dicke des Glimmerblättchens genau $^1/_4\lambda$ entspricht. — Cirkularpolarisation entsteht ferner durch totale Reflexion, sowie durch Reflexion an Metallspiegeln. Man erklärt letzteres so, dafs man annimmt, ein Teil der Strahlen werde an der Oberfläche, ein anderer Teil unmittelbar unter derselben reflektiert; die beiden Gruppen von Strahlen sind senkrecht zu einander polarisiert, weil die eine derselben in die Substanz des Körpers eingedrungen ist, also eine Art Brechung erlitten hat. Der Gangunterschied der Strahlen mufs wohl ein ungerades Vielfaches von $^1/_4\lambda$ betragen, weil sonst das Licht nicht cirkularpolarisiert sein könnte. Daher sind auch Metallspiegel zu gewöhnlichen Polarisationsapparaten nicht brauchbar.

Die Fortpflanzung der Bewegung bei cirkular polarisierten Strahlen erfolgt in einer Art Schraubenlinie, indem jedes vorhergehende Ätherteilchen das folgende anstöfst und im Kreise umtreibt. Der Geschwindigkeit der Fortpflanzung entspricht die Ganghöhe der Schraube.

Bemerkenwert ist noch, dafs Quarzplatten, welche senkrecht zur optischen Achse geschliffen sind und die zwischen den Spiegeln des Polarisationsapparates sich für alle Strahlen, welche parallel der optischen Achse durchgehen, wie eine einfach brechende Substanz verhalten müfsten, die Eigentümlichkeit zeigen, dafs sie bei keiner Stellung des Zerlegungsspiegels absolut hell oder dunkel sind; sie erscheinen vielmehr gefärbt und ändern ihre Farbe mit der Drehung des Zerlegers. Die Farben folgen wie die prismatischen aufeinander und zwar entweder in der Ordnung: Rot . . . Violett oder umgekehrt: Violett . . . Rot; bei einigen Quarzarten mufs man, um die erste Reihenfolge zu erzielen, nach rechts, bei anderen nach links drehen; man unterscheidet danach r e c h t s - und l i n k s d r e h e n d e Q u a r z e. Es hängt dies mit der Krystallform zusammen. Sind an den Säulenflächen oben, rechts oder links, kleine Abstumpfungsflächen, so ist der Quarz rechts-, bezüglich linksdrehend. Fresnel erklärt diese und ähnliche Erscheinungen durch die Annahme, dafs ein in eine Quarzplatte eintretender geradlinig polarisierter Lichtstrahl in zwei cirkular polarisirte von gleicher Intensität und gleicher Umlaufszeit, aber von entgegengesetzter Rotationsrichtung zerlegt werde, von denen sich der eine schneller im Krystall fortpflanzt, als der andere.

§ 263. Die Drehung der Polarisationsebene. Wenn man die Erscheinung, wie sie eine senkrecht zur optischen Achse geschliffene Quarzplatte zwischen dem Polarisations- oder Zerlegungsspiegel darbietet, durch ein einfarbiges z. B. ein rotes Glas betrachtet, so erscheint das Gesichtsfeld beim Drehen des Zerlegungsspiegels abwechselnd hell und dunkel, wie wenn die Quarzplatte nicht dazwischen läge; nur mit dem Unterschiede, dafs die gröfste Helligkeit nicht bei 0^0 und 180^0, sondern bei 17^0 und 197^0, und die gröfste Dunkelheit bei 107^0 und 287^0 eintritt.

Bei violettem Licht findet die gröfste Helligkeit bei 41^0 statt; aufserdem wächst der Winkel proportional mit der Dicke der Platte.

Da für die verschiedenen Farben der Drehungswinkel erheblich verschieden ist, so begreift man, warum beim Drehen des Zerlegungsspiegels nie Dunkelheit sondern nur ein Wechsel der Farben eintritt.

Bei den rechtsdrehenden Quarzen mufs man von der Parallelstellung der Spiegel um ebensoviel nach rechts, wie bei den linksdrehenden nach links drehen, um die gröfste Helligkeit zu erreichen.

Die Drehung der Polarisationsebene findet, aufser beim Quarz, nur bei sehr wenigen festen Körpern, aber bei vielen Flüssigkeiten statt. Rechtsdrehend sind: deutsches Terpentinöl, Citronenöl, wässerige Lösungen von Rohr- und Traubenzucker, Dextrin, Weinsäure u. s. w.; linksdrehend sind: französisches Terpentinöl, Kirschlorbeerwasser, Lösungen von Gummi, Inulin, Amygdalin, Chinin, Morphin, Strychnin, Nicotin, Fruchtzucker u. s. w.

Man schliefst die Flüssigkeiten in Röhren, welche zwischen zwei Nicols sich befinden, die man zunächst parallel stellt und dann solange dreht, bis die gröfste Helligkeit des Gesichtsfeldes erreicht ist.

Je särker eine Flüssigkeit zuckerhaltig ist, umsomehr dreht sie die Polarisationsebene; hierauf gründet sich das Saccharometer, mittelst dessen man an der Gröfse der Drehung der Polarisationsebene durch die Flüssigkeit den Zuckergehalt derselben erkennen kann.

IV. Magnetismus.

a) Grundeigenschaften der Magnete.

§ 264. Beschaffenheit eines Magnetes. 1) Es giebt gewisse Eisenerze (Magneteisenstein = Fe_3O_4), welche die Eigenschaft besitzen Eisen anziehen zu können. Sie sollen zuerst in der Nähe von Magnesia 600 v. Chr. gefunden worden sein. Man nennt sie natürliche Magnete, im Gegensatz zu den künstlichen, welche aus Stahlstäben nach später zu beschreibenden Methoden hergestellt werden.

2) Die Anziehung zwischen Magnet und Eisen ist gegenseitig, ein frei aufgehängtes Eisenstäbchen wird von einem Magnete und ein frei aufgehängter Magnet von einem Eisenstäbchen angezogen.

3) Ein Magnet zieht Eisen vorzugsweise an zwei Punkten, welche man die Pole nennt, an; taucht man einen Magnet in Eisenfeile, so bleiben sie wesentlich an zwei Stellen (Fig. 366), bei künstlichen Magneten an den Enden hängen. Zwischen den Polen findet man eine Stelle, welche nicht anzieht — Indifferenzpunkt. Die Verbindungslinie der Pole nennt man die Achse des Magnetes.

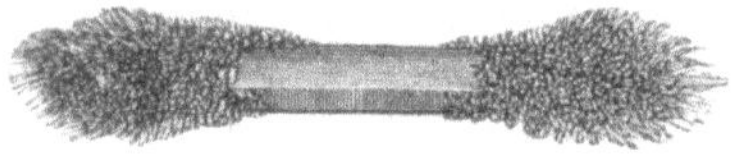

Fig. 366. Magnet.

4) Körper, welche wie das Eisen, von beiden Polen eines Magnetes angezogen werden, nennt man magnetische oder paramagnetische, dazu gehören Chrom, Mangan, Nickel; es giebt aber auch solche, welche von beiden Polen eines (kräftigen) Magnetes abgestofsen werden, wie Wismut, Antimon, Glas, Wasser, Holz, man nennt dieselben diamagnetisch.

5) Die magnetische Anziehungskraft wirkt durch nichtmagnetische Körper hindurch; legt man eine Glasplatte oder einen Papierstreifen auf einen Magnet und streut Eisenfeile auf, so bleiben sie, auch wenn man darauf bläst, in der Nähe der Pole haften, indem sie sich zugleich in eigentümlichen Figuren ordnen — magnetische Kurven.

6) Ein frei aufgehängter Magnet stellt sich mit dem einen Pole nach Norden, mit dem anderen nach Süden; den ersteren nennt man Nordpol, den letzteren Südpol.

Am besten überzeugt man sich hiervon mittelst einer auf einer Spitze drehbaren Magnetnadel (Fig. 367).

Die Entdeckung des Magnetismus wird Thales von Milet, 600 v. Chr., zugeschrieben.

§ 265. Verhalten eines Magnetes gegen einen anderen, sowie gegen nichtmagnetische Körper. 1) Gleichnamige Pole (Nord- und Nord-, sowie Süd- und Südpol) zweier Magnete stofsen einander ab, ungleichnamige (Südpol und Nordpol) ziehen einander an. Man zeigt dies, indem man den beiden Polen einer Magnetnadel nach der Reihe den Süd- oder den Nordpol eines Magnetes nähert.

Fig. 367. Magnetnadel.

Da ein nichtmagnetischer Körper (z. B. ein Stück Eisen) beide Pole eines Magnetes anzieht, so läfst sich leicht untersuchen, ob ein Körper magnetisch ist oder nicht, und an welchem Ende er seinen Nordpol hat.

In betreff der magnetischen Anziehung und Abstofsung gilt das magnetische Grundgesetz: Die Kraft, mit welcher zwei magnetische Teilchen aufeinander wirken, ist dem Produkt ihrer Magnetismusmengen direkt und dem Quadrat ihrer Entfernung umgekehrt proportional:

$$W = \frac{m' \, . \, m''}{e^2} \, .$$

wo W die magnetische Wirkung zweier Magnetismusmengen m' und m'', welche die Entfernung e voneinander haben, bedeutet.

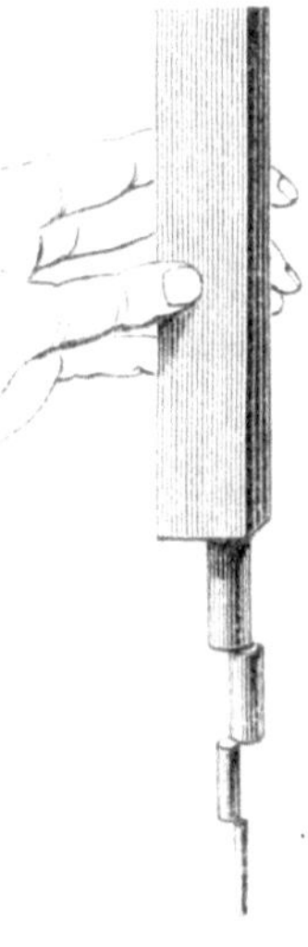

Fig. 368. Magnetische Influenz.

2) Ein Stück Eisen, welches in der Nähe des einen Poles eines Magnetes sich befindet, wird selbst Magnet — magnetische Influenz; das dem Pole zugewandte Ende des Eisenstückes erhält den ungleichnamigen, das abgewandte Ende den gleichnamigen Magnetismus: Ein Stück Eisen, an den Nordpol eines Magnetes gehängt, erhält am unteren Ende einen Nordpol, es stöfst den Nordpol einer in die Nähe gebrachten Magnetnadel ab (Fig. 368). Entfernt man das Eisen vom Magnete, so hört es auf magnetisch zu sein, wenn es sehr weich war; harter Stahl bleibt nicht so leicht an einem Magnete haften, ist er aber längere Zeit mit demselben in Berührung gewesen, so behält er auch nach der Entfernung von demselben einen Teil seines Magnetismus bei; man sagt, Stahl habe eine gröfsere Koercitivkraft als Eisen.

3) Zwei mit den gleichnamigen Polen aufeinander gelegte Magnete verstärken einander, während sie, mit den ungleichnamigen Polen aufeinander gelegt, schwächer magnetisch oder vollkommen unmagnetisch werden.

Ein Stück Eisen, welches von einem Magnete kaum mehr getragen wird, haftet fest, wenn man einen anderen Magnet mit den gleichnamigen Polen auf den ersten legt; es fällt aber ab, wenn der zweite Magnet mit den ungleichnamigen Polen auf den ersten gelegt wird.

§ 266. Herstellung künstlicher Magnete. Künstliche Stahlmagnete stellt man her, 1) indem man einen Stahlstab mit dem Nordpol eines Magnetes von der Mitte nach dem einen Ende hin streicht, durch die Luft nach der Mitte zurückgeht und dieses Verfahren beliebig oft wiederholt; dieselbe Manipulation führt man ebenso oft mit dem Südpol des Magnetes an der anderen Hälfte des Stahlstabes aus; 2) indem man zwei Magnete mit den entgegengesetzten Polen in der Mitte eines Stahlstabes aufsetzt, mit dem einen Pol nach dem einen und mit dem anderen nach dem anderen Ende fährt, nach der Mitte durch die Luft zurückkehrt und dieses Verfahren beliebig oft wiederholt (Fig. 369); in beiden Fällen wird dasjenige Ende Nordpol, welches mit dem Südpol bestrichen worden ist und umgekehrt. Das zweite Verfahren kann man auch dahin abändern, daſs man mit den in der Mitte aufgesetzten und durch ein Holzklötzchen getrennten entgegengesetzten Polen zweier Magnete erst nach dem einen und von da nach dem anderen Ende u. s. w. hinfährt und schlieſslich in der Mitte abhebt.

Fig. 369. Magnetisierung durch Bestreichen.

Gut ist es vor dem Streichen kleine Eisenstücke — Anker — an die Enden der Magnete zu legen.

Hufeisenförmige Magnete (Fig. 370) stellt man am besten her, indem man mit den beiden Polen eines Hufeisenmagnetes von der Umbiegung nach den beiden Enden hinfährt, durch die Luft nach der Umbiegung zurückkehrt und dieses Verfahren beliebig oft wiederholt.

Dünne Eisenstäbe werden leichter magnetisch, als dicke. Daher setzt man oft Magnete aus mehreren magnetisch gemachten Stahllamellen, welche mit den gleichen Polen aufeinander gelegt worden sind, zusammen — magnetische Magazine (Fig. 370 und 371).

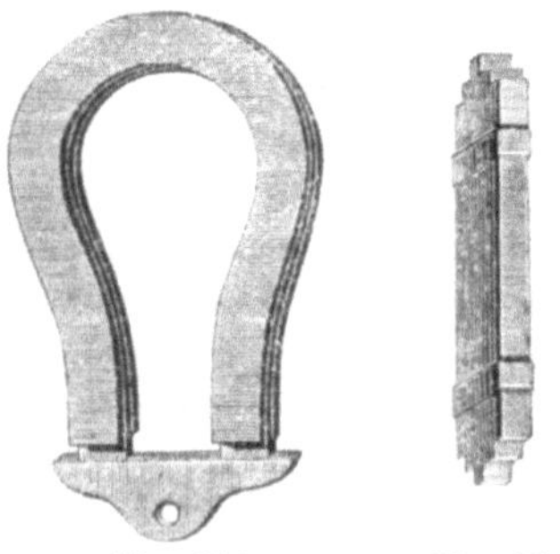
Fig. 370. Fig. 371.
Magnetische Magazine.

§ 267. Konstitution der Magnete. Ein Magnet verliert nichts an seiner Kraft, wenn er zum Magnetisieren benutzt wird; er wird im

Gegenteil eher stärker. Auch wiegt ein Körper im magnetischen Zustande nicht mehr als im unmagnetischen. Man hält deshalb den „Magnetismus" für ein unwägbares Fluidum, von dem man ein nord- und ein südmagnetisches unterscheidet.

Wenn man einen Magnet zerbricht, so ist jedes Stück wieder ein vollständiger Magnet, welcher seinen Nord- und Südpol hat; dasselbe gilt, wenn man die einzelnen Stücke wiederum zerbricht.

Man ist durch diese Thatsache zu der Annahme geführt worden, jedes einzelne Molekül eines Magnetes sei selbst ein Magnet. Ein unendlich feiner Magnetstab (Elementarmagnet) besteht aus lauter magnetischen Molekülen, deren Nordpole alle nach der einen und deren Südpole nach der anderen Seite liegen, falls er bis zur Sättigung magnetisiert ist (Fig. 372); im anderen Falle hat nur die Mehrzahl der Moleküle in betreff ihrer Pole die gleiche Anordnung.

Fig. 372. Elementarmagnet.

Ein gewöhnlicher Magnetstab besteht aus einer grofsen Zahl Elementarmagnete, welche entweder alle oder der Mehrzahl nach mit den gleichnamigen Polen aufeinanderliegen (Fig. 373). Ein unmagnetisches Stück Eisen besteht aus einer Anzahl Elementarmagnete, welche zur Hälfte mit den gleichnamigen und zur Hälfte mit den ungleichnamigen Polen aufeinanderliegen (Fig. 374). Durch Bestreichen mit einem Magnete werden die gleichnamigen Pole der Moleküle (ganz oder nur zum Teil) nach derselben Seite gerichtet. Der Sättigungspunkt würde erreicht sein, wenn alle Nordpole nach der einen und alle Südpole nach der anderen Seite gerichtet wären. Bringt man ein Stück Eisen in die Nähe des Nordpoles eines Magnetes, so sind die Nordpole sämtlicher Moleküle dem oberen Ende des Eisenstabes näher als die Südpole und suchen deshalb dort mit überwiegender Kraft einen Südpol hervorzurufen. Rückt man mit dem Eisenstück mehr nach der Mitte, so liegt nur noch die Mehrzahl der Nordpole dem oberen Ende des Eisenstabes näher und rückt man bis in die Mitte, so liegen auf der einen Seite die Nordpole, auf der anderen Seite die Südpole dem oberen Ende des Eisenstabes näher; je mehr man also nach der Mitte rückt, um so mehr heben sich die Wirkungen der beiden Teile des Magnetstabes auf.

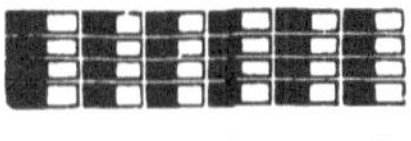
Fig. 373. Magnetstab.

Fig. 374. Eisenstab.

Wird ein Magnet in der Mitte zerbrochen, so zeigen die Bruchstellen stärkeren Magnetismus, als die Enden, es bleiben mehr Eisenteile an ihnen hängen. Diese Erscheinung erklärt sich ebenfalls aus unserer Hypothese über die Konstitution der Magnete. Denkt man sich einen Elementarmagnet in beliebig viele gleiche Teile geteilt, welche je eine Anzahl Moleküle enthalten, so würden auf jede Schicht die benachbarten einwirken und zwar derart, dafs der Magnetismus verstärkt wird, d. h. dafs noch mehr Molküle sich der Mehrzahl übereinstimmend richten; es ist z. B. die Abstofsung zwischen n und n' ebenso grofs, wie die Abstofsung zwischen *s* und *s'* (Fig. 375); dagegen ist die Anziehung zwischen *n'* und *s* gröfser, als die Abstofsung zwischen *n'* und *n*; es resultiert also eine Anziehung, welche auch durch die entgegengesetzte Wirkung von *s'* auf *s* und *n* nicht aufgehoben werden kann, da *s'* weiter von *n* und *s* entfernt ist, als *n'*. Die stärkste Einwirkung findet aber auf die mittlere Schicht statt, weil diese den einzelnen Schichten rechts und links verhältnismäfsig am nächsten ist, namentlich im Vergleich mit einer Endschicht, welche von den Schichten am anderen Ende fast um die ganze Länge des Stabes absteht.

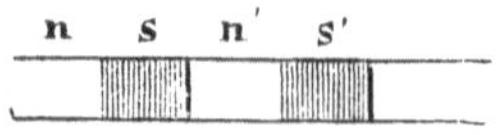

Fig. 375. Wirkung der magnetischen Moleküle aufeinander.

Obwohl nun bei einem Elementarmagnete die einzelnen Schichten verstärkend aufeinander wirken, so ist doch bei einem zusammengesetzten Stabmagnete die Einwirkung der einzelnen Elementarmagnete aufeinander, weil die gleichnamigen Pole übereinander liegen (Fig. 373), derart, dafs sie eine Umlagerung und eine Schwächung oder Aufhebung des Magnetismus anstreben müssen; die Lagerung wird schliefslich annähernd wie in Fig. 374, wo die ungleichnamigen Pole übereinander liegen.

Nach dem Gesagten ist auch leicht zu sehen, dafs an die Pole eines Magnetes angelegte Anker viel zur Erhaltung des Magnetismus beitragen.

Aus der Hypothese über die Konstitution der Magnete folgt, dafs man zwischen freiem und gebundenem Magnetismus unterscheiden mufs; der erstere ist derjenige, welcher nach aufsen zu wirken fähig ist; er zeigt sich wesentlich an den Polen, oder wie später nachgewiesen werden wird, in geringer Entfernung von denselben nach der Mitte hin; der letztere ist der in den Molekülen enthaltene, welcher durch die Gegenwirkung der übrigen aufgehoben wird.

§ 268. Tragkraft der Magnete. Die Menge des freien Magnetismus wird annähernd an der Tragkraft der Magnete erkannt. Die Tragkraft findet man bei einem Stabmagnete, indem man einen Anker an den einen Pol desselben bringt und mittelst eines Hakens vorsichtig so lange Gewichte anhängt, bis der Anker abreifst.

Bei Hufeisenmagneten wird der Anker an beide Pole zugleich gehängt; sie tragen bei gleich starker Magnetisierung weit mehr als das Doppelte von dem der Stabmagnete.

Ein Magnet verliert stets an Kraft, wenn man den Anker abreifst; dagegen kann man die Tragkraft erheblich steigern, wenn man vorsichtig nach und nach Gewichte anhängt. Elias und namentlich Logemann haben Magnete verfertigt, welche mehr als ihr eigenes Gewicht zu tragen imstande waren; so trug ein Magnet von 0,5 kg Gewicht 14 kg. Kleine Magnete tragen verhältnismäfsig mehr als grofse. Der Magnetismus eines Magnetes wird durch starke Erhitzung geschwächt, wohl auch vollständig vernichtet. Das Licht dagegen hat keinen bemerkbaren Einflufs auf den Magnetismus.

Wird ein Stück weiches Eisen rasch zwischen den Polen eines kräftigen Magnetes gedreht, so erwärmt es sich.

a) Erdmagnetismus.

§ 269. Deklination. Eine Magnetnadel, welche sich in einer horizontalen Ebene drehen kann, zeigt nicht genau nach dem geographischen Norden oder Süden; ihre Richtung weicht von dem geographischen Norden und Süden ab, weshalb sie Deklinationsnadel genannt wird.

Eine durch die Richtung der Nadel gelegte Vertikalebene heifst der magnetische Meridian des Beobachtungsortes. Die Abweichung — Deklination — der Nordhälfte des magnetischen Meridians von dem geographischen ist in unseren Gegenden westlich und beträgt gegenwärtig im westlichen Deutschland etwa 15^0, in Berlin 12^0, in Wien 11^0, in Petersburg 6^0, in Moskau 3^0. Die Deklination ist überhaupt westlich in ganz Europa und Afrika; östlich dagegen in Amerika und Asien; im Ural ist sie 0^0 (ebenso in einer Anzahl Orte, welche auf einer elliptischen Linie im östlichen Asien liegen).

Eine Magnetnadel, welche über einem eingeteilten Kreise spielt und auf dem eine Windrose verzeichnet ist, wird Kompafs genannt; gewöhnlich ist noch neben der Nordsüdlinie ein Pfeil eingezeichnet, welcher um so viel von derselben abweicht, als die Deklination des betreffenden Ortes beträgt; hält man nun den Kompafs wagrecht und zwar so, dafs die Nordhälfte der Nadel über dem Pfeile steht, so giebt die Nordsüdlinie die Lage des geographischen Meridians an.

Ein Schiffskompafs mufs wegen der Schwankungen des Schiffes so eingerichtet sein, dafs die Spitze der Nadel stets vertikal gehalten wird und möglichst in Ruhe bleibt; zu dem Zwecke ist sie auf dem mit

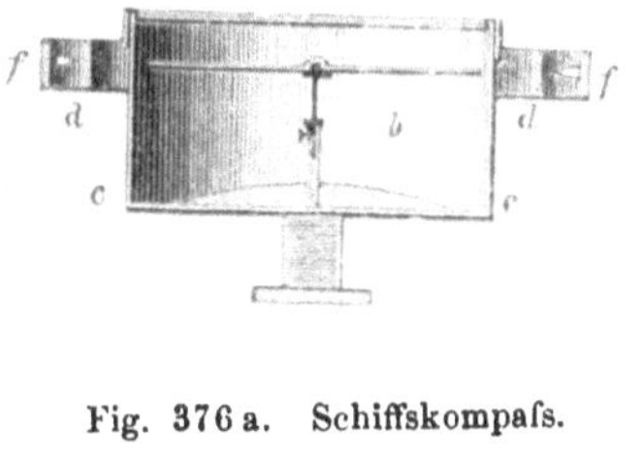

Fig. 376 a. Schiffskompafs.

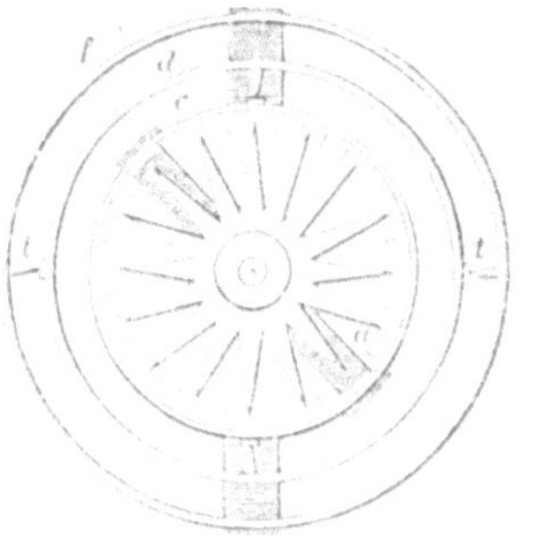

Fig. 376 b. Kardanische Aufhängung.

Blei beschwerten Boden eines Messingcylinders *c c* (Fig. 376) aufgesetzt; dieser Messingcylinder kann sich um eine Achse, bezüglich um zwei an einem Ringe *d* befestigte Spitzen drehen, welcher letztere wiederum in einem Ring *f* um die auf der vorigen senkrechte Achse *t t* drehbar ist — Kardanische Aufhängung.

Der Kompafs, anfangs mit natürlichen Magneten (Leitsteinen) versehen, ist zuerst in Europa im 11. Jahrhundert bekannt geworden; bei den Chinesen soll er schon lange zuvor im Gebrauche gewesen sein. Gröfsere Seefahrten auf dem offenen Meere sind erst seit Erfindung des Kompasses möglich gewesen.

Kolumbus soll zuerst die Deklination bemerkt haben.

Auch zur Orientierung auf dem Lande und in Bergwerken, zum Winkelmessen u. s. w. kann der Kompafs benutzt werden.

Ein Instrument, welches mit allen Vorrichtungen versehen ist, um die Deklination eines Ortes zu bestimmen, wird Deklinationsbussole oder Deklinatorium genannt.

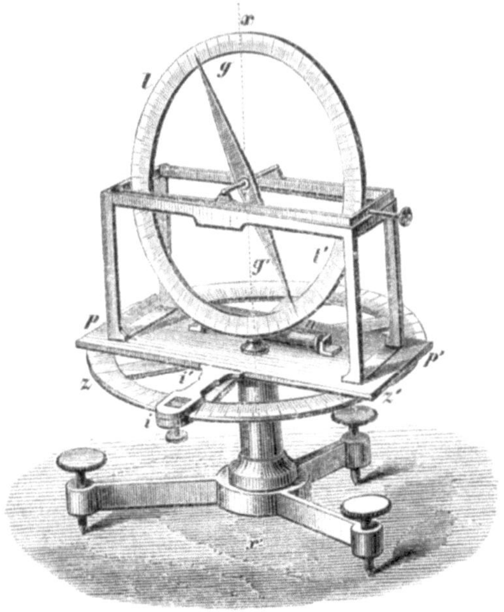

Fig. 377. Inklinationsbussole.

§ 270. Inklination.

Eine Nadel, welche in ihrem Schwerpunkte so aufgehängt ist, dafs sie sich in einer Vertikalebene (um eine horizontale Achse) drehen kann, wird Inklinationsnadel genannt.

Sie ist nicht, wie man erwarten sollte, im indifferenten Gleichgewicht, sondern neigt sich, wenn sie im magnetischen Meridian steht, in unseren Gegenden mit dem Nordpole nach unten, indem sie mit dem Horizont einen Winkel — Inklinationswinkel — von ungefähr 66^0 bildet.

Fig. 377 zeigt eine Inklinationsbussole; ll' ist ein in den magnetischen Meridian zu stellender eingeteilter Kreis und gg' eine um eine horizontale Achse drehbare Magnetnadel; ist mittelst der Wasserwage n das Grundbrett pp' horizontal gestellt, so steht der Ring ll' vertikal; er läfst sich alsdann mittelst des Armes ii', welcher an dem eingeteilten Kreise zz' verschiebbar ist, so drehen, dafs er in die Ebene des magnetischen Meridians fällt.

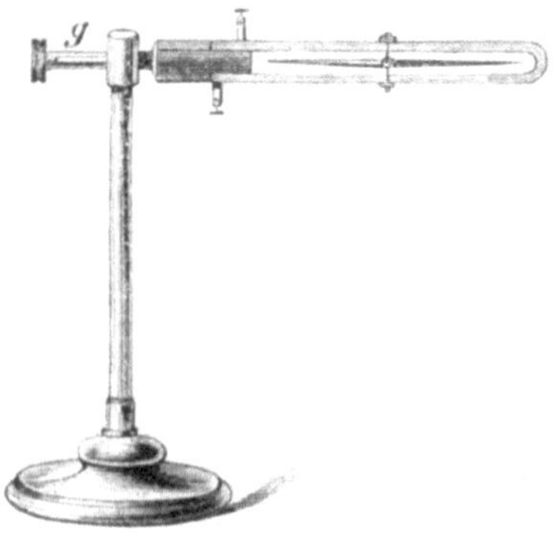

Fig. 378. Deklinations- und Inklinationsnadel.

Die nördliche Inklination wird im allgemeinen um so gröfser, je weiter man sich von dem Äquator nach Norden hin entfernt; in der Nähe des Äquators ist sie 0^0, d. h. die Nadel stellt sich horizontal und auf der südlichen Halbkugel senkt sich das Südende herab und zwar um so mehr, je weiter man sich vom Äquator entfernt.

Fig. 378 zeigt einen Apparat, welcher zugleich als Deklinations- und Inklinationsnadel dienen kann: Eine Magnetnadel kann sich innerhalb eines Messingbügels um eine Achse drehen. Stellt man die Achse, durch Drehung des Bügels mittelst der Stange *g* vertikal, so hat man eine Deklinationsnadel. Stellt man nun das Instrument so, dafs die Nadel in die Richtung der Mittellinie des Bügels fällt und dreht den Bügel mittelst der Stange *g*, bis die Achse der Nadel horizontal steht, so hat man eine im magnetischen Meridian stehende Inklinationsnadel.

§ 271. Erdmagnetismus. Hängt man eine kleine Magnetnadel über einen gröfseren Magnetstab auf, so stellt sie sich so, dafs sie mit dem Stabe in einer Ebene liegt und dafs die ungleichnamigen Pole einander zugewendet sind. Schwebt dabei die Nadel genau über der Mitte des Stabes, so stellt sie sich horizontal, ist sie aber dem einem oder dem anderen Pole näher, so neigt sie sich mit der dem näheren Pole zugewandten Hälfte abwärts (Fig. 379); über den Polen selbst stellt sich die Nadel annähernd vertikal. Es folgt dies einfach daraus, dafs die Pole beider Magnete, welche näher beieinander sind, eine stärkere Anziehung aufeinander ausüben.

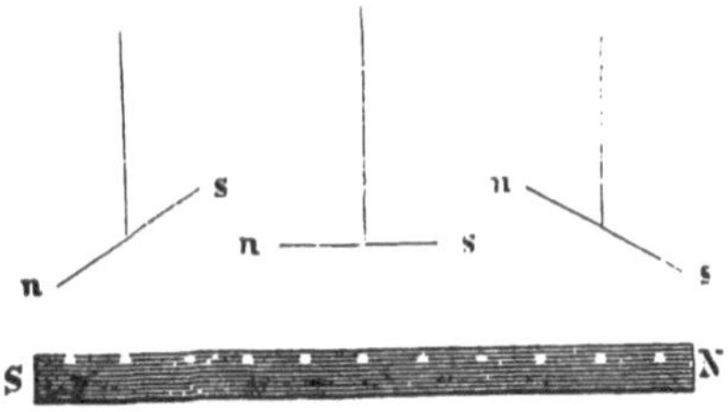

Fig. 379. Erklärung der Inklination.

Die Inklinationsnadel verhält sich gegen die Erde, wie eine Magnetnadel gegen einen grofsen Magnetstab.

Auch ist die Erde imstande, in weichem Eisen Magnetismus hervorzurufen; eine in die Richtung der Inklinationsnadel gestellte Stange von weichem Eisen wird sofort magnetisch und erhält am unteren Ende ihren Nordpol; um 180° gedreht, wechseln die Pole sofort. Auch vertikale Stangen (Fensterstangen) sind gewöhnlich magnetisch. Hieraus, sowie aus der festen Stellung der Deklinationsnadel schliefst man, dafs die Erde ein Magnet sei; ihre magnetischen Pole fallen aber nicht mit den geographischen zusammen; Kapitän Ross fand (1831) den magnetischen Nordpol auf der Insel Boothia felix im nördlichen Amerika unter 70° nördlicher Breite; der Südpol liegt im Süden von Vandiemensland unter 76° südl. Breite.

Übrigens ist unsere Benennung der Pole einer Magnetnadel falsch; man müfste denjenigen Pol, welcher nach Norden zeigt eigentlich Südpol nennen, wie dies auch bei den Franzosen üblich ist.

Verbindet man alle Orte gleicher Deklination durch Linien — isogonische Linien — so laufen dieselben in den beiden magnetischen Polen zusammen; sie sind den geographischen Meridianen vergleichbar, aber keine Kreise, wie diese, sondern mehr oder minder unregelmäfsige Kurven. Durch den Ural geht eine agonische Linie, sie verbindet die Orte mit einander, an welchen die Deklination 0° beträgt; übrigens findet sich im südöstlichen Asien noch eine kleine in sich zurückkehrende (ellipsenartige) agonische Linie.

Die Linien, welche Orte gleicher Inklination verbinden, heifsen isoklinische Linien; sie entsprechen den geographischen Breitekreisen, laufen denselben aber nur annähernd parallel. Der magnetische Äquator, d. h. die Linie, welche die Orte ohne Inklination verbindet, liegt in der Nähe des geographischen Äquators, schneidet denselben zweimal und hält sich mehr auf der nördlichen als südlichen Halbkugel, wobei er sich stets nach den grofsen Ländermassen hinzieht.

Die magnetischen Pole der Erde bleiben übrigens nicht immer an derselben Stelle; denn sowohl die Deklination, als die Inklination ändert sich im Laufe der Zeit beständig. In der Mitte des 16. Jahrh. war die Deklination in unseren Gegenden östlich, in der Mitte des 17. Jahrh. Null, wurde darauf westlich und erreichte 1814 ihren höchsten Wert nach dieser Richtung (20^0), um von da an wieder abzunehmen.

Auch die Inklination ändert sich allmählich, wenn auch in geringerem Mafse; die Deklination nimmt jährlich um etwa 8′, die Inklination um 2,3′ ab.

In Paris betrug die Deklination 1580: 11^0 30′ östl.; 1663: 0^0; 1814: 22^0 34′ westl.; 1851: 20^0 25′ westl. — Die Inklination betrug in Paris 1661: 75^0 und 1851: 68^0 25′.

Aufser den regelmäfsigen sekulären Schwankungen — Variationen — der Nadel hat man noch jährliche und tägliche; im Sommer steht die Nadel weiter westlich, als im Winter; ebenso ist sie während der Nacht ruhiger, als am Tage, wo sie, wie im Sommer, mehr nach Westen geht.

Zu diesen regelmäfsigen Bewegungen kommen noch zufällige, Störungen oder Perturbationen, welche durch Erdbeben, Gewitter und Nordlichter verursacht werden.

§ 272. Die totale magnetische Erdkraft. Intensität des Erdmagnetismus. Auf den freien Magnetismus der Moleküle (Nordmagnetismus in der Nordhälfte, Südmagnetismus in der Südhälfte) einer in ihrem Schwerpunkt an einem Faden aufgehängten Magnetnadel wirkt sowohl der Nord- als der Südpol der Erde ein; und da man die Erdpole als gleichweit von den einzelnen Molekülen der Magnetnadel annehmen kann, so

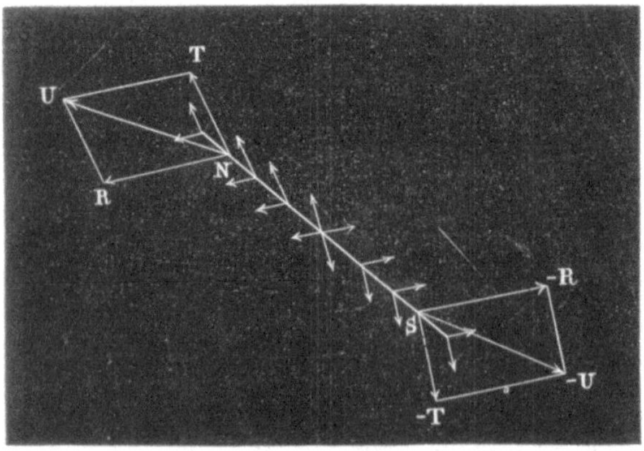

Fig. 380. Totale magnetische Erdkraft.

sind die Wirkungen des Nordpoles der Erde auf die einzelnen Moleküle einerseits und die des Südpoles andererseits einander gleich; ausserdem sind die Wirkungen jedes Erdpoles an derselben Hälfte der Nadel gleichstimmig, an den zwei verschiedenen Hälften aber entgegengesetzt parallel. Befindet sich dabei die Nadel näher am Nordpol der Erde, so sind die Wirkungen des Nordpoles stärker als die des Südpoles der Erde (Fig. 380).

Kombiniert man nun je die gleichstimmig parallelen Kräfte, so erhält man schliefslich zwei Kräftepaare *R*, — *R* und *T*, — *T*, welche an zwei gleichweit von den Enden entfernten Punkten *S* und *N* angreifen. *S* und *N* sind die wahren Pole der Magnetnadel. Die beiden Kräftepaare lassen sich zu einem Paar *U*, — *U* vereinigen und die Nadel kommt erst zur Ruhe, wenn sie in der Richtung der Kräfte *U* und — *U* steht.

Der Erdmagnetismus übt hiernach auf einen Magnet nur eine richtende (drehende), und keine vorwärts bewegende Wirkung aus; eine auf Quecksilber oder Wasser schwimmende (im letzteren Falle auf einem Korke zu befestigende) Magnetnadel dreht sich in die Südnordrichtung ohne sich fortzubewegen.

Die Richtung, in welche sich eine freibewegliche, in ihrem Schwerpunkte aufgehängte Magnetnadel, oder eine im magnetischen Meridian drehbare Inklinationsnadel stellt, giebt die Richtung der totalen magnetischen Erdkraft an.

Die Kraft, mit welcher eine aus ihrer Gleichgewichtslage gebrachte Inklinationsnadel in diese zurückstrebt, hängt einerseits von der Intensität der Erdkraft und andererseits von der Stärke des Magnetismus der Nadel ab.

Unter (totaler) Intensität der magnetischen Erdkraft versteht man die Kraft, mit welcher der Erdmagnetismus auf eine mit der Einheit des Magnetismus begabte Inklinationsnadel einwirkt.

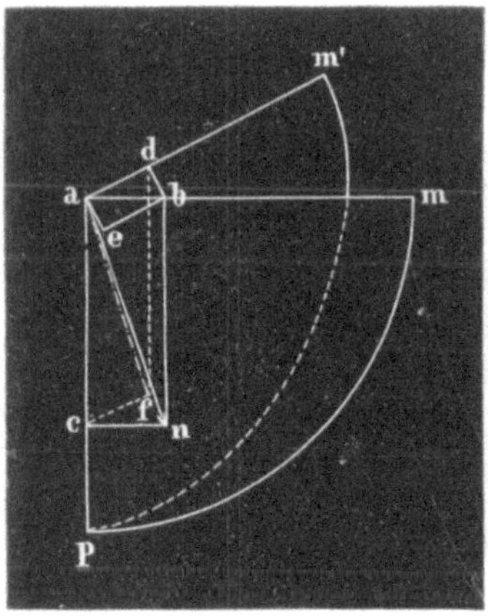

Fig. 381. Zerlegung der totalen magnetischen Erdkraft.

Die Intensität des Erdmagnetismus ist an den verschiedenen Orten verschieden; sie ändert sich auch im Laufe der Zeit. Linien, welche durch Orte gleicher Intensität gehen, nennt man isodynamische Linien.

Zur genaueren Feststellung der magnetischen Wirkungen nimmt Gaufs (1832) als Einheit der Entfernung das Millimeter und als Einheit der Masse das Milligramm, d. h. eine Masse gleich der eines Kubikmillimeters Wasser bei 4^0 C.

Als Einheit der Kraft nimmt Gaufs diejenige Kraft, welche der Masse Eins die Beschleunigung Eins erteilt; sie beträgt soviel wie das Gewicht von $\frac{1}{g}$ Milligramm (§ 34).

Als Einheit der Magnetismusmenge ist alsdann diejenige zu nehmen, welche auf eine gleich grofse Menge desselben Magnetismus eine abstofsende Kraft gleich Eins ausübt, und unter Intensität des Erdmagnetismus die Zahl der magnetischen Krafteinheiten, mit welcher der Erdmagnetismus auf die Einheit der Magnetismusmenge wirkt.

§ 273. Die Zerlegung der totalen magnetischen Erdkraft. Es sei *an* (Fig. 381) die Richtung der im magnetischen Meridian *amp* befindlichen Inklinationsnadel, und es bedeute *an* zugleich die Gröfse und Richtung der totalen Intensität des Erdmagnetismus, so kann man *an* in zwei Kräfte, eine horizontale *ab* und eine vertikale *ac* zerlegen. Dreht man nun die Schwingungsebene der Nadel um α^0 aus dem magnetischen Meridian in die Lage $am'p$, so läfst sich die Komponente *ab* weiter in *ad* und *ae* zerlegen, von denen die erstere horizontal ist und in die neue Schwingungsebene fällt, während die letztere auf dieser senkrecht steht. Denkt man sich die neue Schwingungsebene fest, so geht *ae* verloren und es bleiben nur noch die Komponenten *ac* und *ad* der totalen Erdkraft übrig, welche eine in der Schwingungsebene $am'p$ liegende Resultierende *af* ergeben. Nun ist, wenn der Inklinationswinkel *man* mit i bezeichnet wird: $ac = an . \sin i$ und $ad = ab . \cos\alpha = an . \cos i . \cos\alpha$. Bezeichnet man ferner die totale Erdkraft *an* mit I und den Winkel $m'af$, welchen die Inklinationsnadel in der neuen Schwingungsebene mit der Horizontalen bildet, mit x, so ist:

$$\operatorname{cotg} x = \frac{ad}{ac} = \frac{I . \cos i . \cos\alpha}{I . \sin i} = \operatorname{cotg} i . \cos\alpha.$$

Für $\alpha = 90^0$ wird $\operatorname{cotg} x = o$, d. h. $x = 90^0$. Dieser Umstand giebt ein Mittel an die Hand, um den magnetischen Meridian leicht auffinden zu können.

Die Kraft $ac = I . \sin i$ nennt man die Vertikalintensität und die Kraft $ab = I . \cos i$ die Horizontalintensität des Erdmagnetismus, wenn man voraussetzt, dafs die Magnetismusmenge in jedem Pole der Nadel gleich Eins sei.

Aufgabe. Wie grofs ist der Winkel, den eine Inklinationsnadel mit der Horizontalen macht, wenn ihre Schwingungsebene einen Winkel von 30° mit dem magnetischen Meridian bildet?

§ 274. Schwingungsdauer der Deklinationsnadel unter dem Einflusse des Erdmagnetismus. Ist die Menge des Magnetismus in jedem Pole einer Deklinationsnadel $= m$, die Länge der Nadel $= l$, die Totalintensität $= I$ und der Inklinationswinkel $= i$, so sind die zwei gleichen und entgegengesetzt parallelen, in der Südnordrichtung an den Polen der Nadel wirkenden Kräfte:

$$m . I \cos i \text{ oder } m H,$$

wenn H die Horizontalintensität bedeutet.

Bringt man nun die Nadel um den Winkel α aus der Südnordrichtung so behält mH seine Gröfse und Richtung, und das Moment des Paares $mH, -mH$ ist:

$$lm . H \sin\alpha.$$

Man nennt nun $l \cdot m$ das **magnetische Moment** der Nadel; bezeichnet man dasselbe mit R, so ist das Drehmoment des Kräftepaares:

$$R \cdot H \sin \alpha.$$

Man kann sich nun vorstellen, es wirkte an der Nadel in der Entfernung 1 von ihrem Drehpunkt (Schwerpunkt), entweder eine auf der Richtung derselben senkrechte Kraft $R \cdot H \sin \alpha$, oder eine der Nordsüdrichtung parallele Kraft $R \cdot H$. Die Masse, welche bewegt werden soll, ist das Trägheitsmoment $\mathfrak{M} = \Sigma\,(m\,r^2)$ der Nadel, d. h. die auf den Arm 1 reduzierte Masse derselben.

Die Deklinationsnadel verhält sich hiernach ähnlich wie ein mathematisches Pendel von der Länge 1, wobei die Masse des Pendelpunktes $\mathfrak{M}$ und die an ihm wirkende, der Schwerkraft entsprechende und stets der Nordsüdrichtung parallele Kraft gleich $R \cdot H$ ist.

Nun ist für mathematische Pendel unter Voraussetzung kleiner Schwingungen:

$$t = \pi \sqrt{\frac{l}{g}} = \pi \sqrt{\frac{l\,M}{G}},$$

wo l die Länge des Pendels, M die Masse und G das Gewicht des Pendelpunktes.

Hier nun ist $\mathfrak{M}$ statt M, $R \cdot H$ statt G und $l = 1$ zu setzen, wonach sich ergiebt:

$$t = \pi \sqrt{\frac{\mathfrak{M}}{R \cdot H}}.$$

Für die Schwingungszahl n gilt:

$$n = \frac{1}{\pi} \sqrt{\frac{R \cdot H}{\mathfrak{M}}}.$$

Für dieselbe Nadel ist R **überall**, und für denselben Ort der Erde H konstant; für verschiedene Erdorte aber gilt:

$$H_1 : H_2 = n_1{}^2 : n_2{}^2$$

oder:

$$I_1 : I_2 = \frac{n_1{}^2}{\cos i_1{}^2} : \frac{n_2{}^2}{\cos i_2{}^2}.$$

Das Verhältnis der totalen Intensitäten der magnetischen Erdkraft an verschiedenen Erdorten läfst sich also aus den Schwingungszahlen einer Deklinationsnadel und den Inklinationswinkeln an diesen Orten ableiten.

Übrigens könnte man dieses Verhältnis auch aus den Schwingungszahlen einer Inklinationsnadel finden.

Aufgabe. Es ist nachstehende, für zwei verschiedene Deklinationsnadeln an demselben Erdorte geltende Formel abzuleiten:

$$R : R_1 = \mathfrak{M} \cdot t_1{}^2 : \mathfrak{M}_1 \cdot t^2.$$

Wie lautet die Formel für $t = t_1$ und wie für $\mathfrak{M} = \mathfrak{M}_1$?

§ 275. Wechselwirkung zweier Magnete aufeinander. Wir betrachten bei der Wirkung zweier Magnete aufeinander nur den Fall, wo der eine Magnet so lang ist, daſs nur einer seiner Pole auf den anderen Magnet einwirken kann.

Dem einen Pol einer kleinen Deklinationsnadel, z. B. dem Südpol, wird der Nordpol eines langen Magnetstabes genähert und die Nadel in Schwingungen versetzt; sie mache alsdann n_1 Schwingungen, während sie unter dem bloſsen Einfluſs des Erdmagnetismus etwa n Schwingungen machen würde. Bringt man nun den Nordpol des Magnetstabes in die doppelte Entfernung, so mache die Nadel n_2 Schwingungen. Macht die Nadel nur kleine Schwingungen, so kann man annehmen, daſs die Anziehungen und Abstoſsungen h_1 und $-h_1$, sowie h_2 und $-h_2$, welche der Magnet bezüglich in der einfachen und doppelten Entfernung auf die Pole der Nadel ausübt, dem magnetischen Meridian und also auch der Horizontalintensität des Erdmagnetismus parallel seien.

Es addieren sich deshalb die Wirkungen der Erde und des Magnetes, so daſs:

$$n = \frac{1}{\pi}\sqrt{\frac{R \cdot H}{\mathfrak{M}}};\quad n_1 = \frac{1}{\pi}\sqrt{\frac{R(H+h_1)}{\mathfrak{M}}};\quad n_2 = \frac{1}{\pi}\sqrt{\frac{R(H+h_2)}{\mathfrak{M}}}.$$

Hieraus folgt:

$$h_1 : h_2 = n_1^2 - n^2 : n_2^2 - n^2.$$

Nun läſst sich aber experimentell nachweisen, daſs:

$$n_1^2 - n^2 : n_2^2 - n^2 = r_2^2 : r_1^2,$$

wo r_1 und r_2 die Entfernungen des angenäherten Magnetpoles von der Mitte der Nadel bedeuten; es ist also:

$$h_1 : h_2 = r_2^2 : r_1^2; \tag{1}$$

womit nachgewiesen ist, daſs die magnetischen Anziehungen und Abstoſsungen, welche ein Magnetpol auf eine kleine Nadel ausübt, sich umgekehrt wie die Quadrate der Entfernungen dieses Poles von der Mitte der Nadel verhalten. Bei einem Versuche war z. B. $n = 15$; $n_1 = 41$ in der Entfernung 8,8 cm des wirkenden Poles von der Mitte der Nadel und $n_2 = 24$ in der Entfernung 17,6 cm; dies giebt:

$$h_1 : h_2 = 1456 : 351 = 4 : 1.$$

2) Ist der Magnetstab, welcher auf eine Nadel wirkt, nicht so lang, daſs nur der eine Pol einwirkt, und liegt der Magnetstab in einer auf die Nadel in der Mitte derselben gezogenen Senkrechten (Fig. 382), und zwar ziemlich weit von der Nadel, so gelangt man zu folgendem Resultat: Es sei r die Entfernung der Mitten beider Magnete, l und l' die (sehr kleinen)

Fig. 382. Einwirkung zweier Magnete aufeinander.

Längen des Stabes und der Nadel, m und m' die Magnetismusmengen eines Poles des Stabes und der Nadel, so sind die Einwirkungen von N auf n und s gleich und entgegengesetzt, man kann sie nämlich wegen der geringen Ablenkung der Nadel und der grofsen Entfernung des Stabes als parallel und als auf der Nadelrichtung senkrecht annehmen. Gerade entgegengesetzt, aber kleiner, sind die Wirkungen von S auf n und s. Aus dem magnetischen Grundgesetz mit Berücksichtigung, dafs $\frac{1}{g}$ die Einheit der Kraft bedeutet, folgt, dafs die Wirkung F des Magnetstabes auf den Nord- oder Südpol der Nadel, da l' sehr klein gegen r ist:

$$F = \frac{m\,m'}{(r - \frac{1}{2}l)^2 g} - \frac{m\,m'}{(r + \frac{1}{2}l)^2 g} = \frac{2\,m\,m'}{g} \cdot \frac{r\,l}{(r^2 - \frac{1}{4}l^2)^2}$$

beträgt.

Beachtet man, dafs $\frac{1}{4}l^2$ sehr klein gegen r^2 ist, so folgt:

$$F = \frac{2\,m\,m'\,l}{g\,r^3}.$$

Da m, m', l und g sich nicht ändern, wenn die Entfernung des Stabes von der Nadel eine andere wird, so sind die Wirkungen, welche der Stab auf den einen (und ebenso auf den anderen) Pol der Nadel ausübt, den dritten Potenzen der Entfernungen der Mitten beider Magnete umgekehrt proportional.

§ 276. Coulombsche Drehwage. Die Coulombsche Drehwage (Fig. 383) besteht aus einem weiten cylindrischen Glasgefäfse AA, welches in der Mitte eine Gradeinteilung aa besitzt. Auf dem Deckel DD steht eine lange Glasröhre RR, auf deren Messingfassung sich zwei Messingscheiben befinden, von denen die untere fest, die obere bb drehbar ist; die erstere ist mit einer Gradeinteilung, die letztere mit einem Index versehen. Durch die Scheibe bb geht ein Messingstift, an dem ein Silber- oder Kokonfaden befestigt ist. An diesen Faden kann man einen Magnetstab (oder einen elektrischen Körper) in der Mitte aufhängen, so dafs er horizontal schwebt. Durch eine Öffnung im Deckel läfst sich ein Magnetstab (oder ein elektrischer Körper) in vertikaler Stellung einlassen.

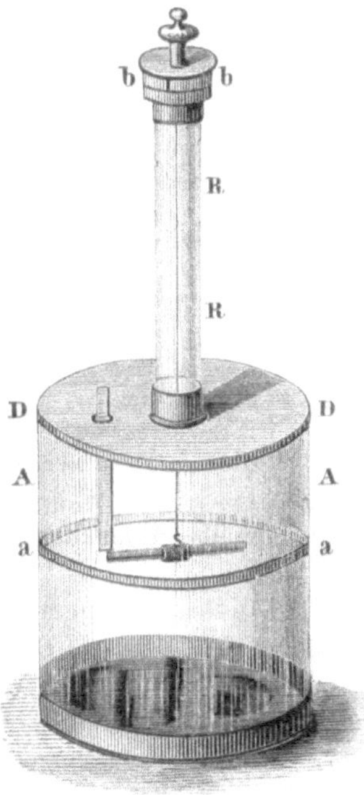

Fig. 383. Coulombsche Drehwage.

Mit Hülfe der Drehwage kann man verschiedene Gesetze des Magnetismus (und der Elektricität) experimentell nachweisen.

1) Gesetzt der horizontal an dem Faden hängende Magnet stehe (ohne Torsion des Fadens) in der Nordsüdrichtung, so mufs derselbe, wenn man den Faden durch

Drehung der Messingscheibe $b\,b$ tordiert, die Nordsüdrichtung verlassen. Gesetzt, man habe $b\,b$ um φ'^0 gedreht, wobei sich der Magnet um α'^0 aus dem magnetischen Meridian bewegt habe, so ist in der neuen Gleichgewichtslage das Drehungsmoment der Torsion gleich dem der magnetischen Kräfte. Bezeichnet man das letztere mit A' und das Torsionsmoment für eine Drehung um 1^0 mit T, so gilt, da die wirkliche Torsion $(\varphi'-\alpha')^0$ beträgt,

$$T\,(\varphi'-\alpha') = A'.$$

Dreht man die Scheibe $b\,b$ um φ''^0, wobei der Magnetstab sich um α''^0 von dem magnetischen Meridian entfernt, so ist:

$$T\,(\varphi''-\alpha'') = A''.$$

Hieraus folgt:

$$\frac{A'}{A''} = \frac{\varphi'-\alpha'}{\varphi''-\alpha''}.$$

Nun ergiebt aber die experimentelle Untersuchung, dafs:

$$\varphi'-\alpha' : \varphi''-\alpha'' = \sin\alpha' : \sin\alpha'',$$

weshalb:

$$A' : A'' = \sin\alpha' : \sin\alpha''.$$

Hieraus läfst sich schliefsen, dafs an einem Magnet ein Kräftepaar wirkt, dessen Kräfte für jeden Drehungswinkel gleich grofs und dem magnetischen Meridian parallel bleiben, es führt dies (induktiv) zu dem Gedanken, dafs die Erde ein Magnet sei u. s. w.

Bezeichnet man das dem Winkel $\alpha'' = 90$ entsprechende Moment der magnetischen Kräfte mit B (was wir früher mit $R\,.\,H$ bezeichnet haben und „Moment der Richtkräfte" nennen wollen), so ist:

$$A' = B\,.\,\sin\alpha'.$$

2) Hängt man nach der Reihe zwei verschiedene Magnete an den Faden der Drehwage, und mufs der Faden im einen Fall um ω'^0, im anderen um ω''^0 tordiert werden, damit der Magnet einen Winkel von α^0 mit dem magnetischen Meridian bilde, so gilt:

$$B'\,.\,\sin\alpha = T\,.\,\omega' \text{ und } B''\,.\,\sin\alpha = T\,.\,\omega''.$$

Hieraus folgt:

$$B' : B'' = \omega' : \omega''.$$

Die Momente der magnetischer Richtkräfte zweier Magnete verhalten sich (an demselben Erdorte) wie die Winkel, um welche der Faden der Coulombschen Drehwage tordiert werden mufs, um dieselbe Ablenkung vom magnetischen Meridian zu erzielen.

3) Gesetzt, man müsse die Scheibe $b\,b$ um 36^0 drehen, um unter dem blofsen Einfluss des Erdmagnetismus eine Ablenkung des Magnetes um 1^0 zu erhalten. Schiebt man nun durch den Deckel der Drehwage einen Magnetstab ein, so dafs die gleichnamigen Pole beider Magnete einander gegenüberstehen, und wird etwa eine Ablenkung des am Faden hängenden Magnetes um 24^0 hervorgebracht, so entspricht die Abstofsung der Zahl $36\,.\,24 = 864$.

Dreht man nun die Scheibe bb um $3 \cdot 360^0$, und beträgt alsdann die Ablenkung der Nadel noch 17^0, so entspricht jetzt die Abstofsung der Zahl $3 \cdot 360 + 17 \cdot 36 = 1692$.

Dreht man bb um $8 \cdot 360$ und nähert sich dabei die Nadel bis 12^0, so entspricht die Abstofsung der Zahl $8 \cdot 360 + 12 \cdot 36 = 3312$. Die Zahlen 864, 1692 und 3312 sind aber annähernd die Quadrate von 12, 17 und 24; es ist also hiermit experimentell erwiesen, dafs sich die Wirkungen eines Magnetpoles auf einen beweglichen Magnet umgekehrt wie die Quadrate der Entfernungen verhalten. Hierbei sind freilich die Entfernungen im Bogen gemessen.

V. Elektricität.

a. Reibungselektricität.

§ 277. Eigenschaften eines elektrischen Körpers. 1) Schon im Altertum (600 v. Chr.) hatte man die Beobachtung gemacht, dafs Bernstein, wenn er mit einem wollenen Tuche gerieben wird, die Eigenschaft erlangt, leichte Körperchen, wie Papierschnitzeln, Kork- und Hollundermarkkügelchen anziehen zu können, um sie alsbald wieder abzustofsen. Dasselbe thun Harz, Hartgummi und Schwefel, wenn sie mit Wolle oder Pelz, und Glas wenn es mit auf Seide oder Leder gestreutem Zinkamalgam gerieben wird.

Die Ursache dieser und ähnlicher Erscheinungen nennt man Elektricität (Bernstein = ἤλεκτρον), den Zustand, in welchen die genannten Körper durch Reiben gelangen, den elektrischen, sowie die Körper

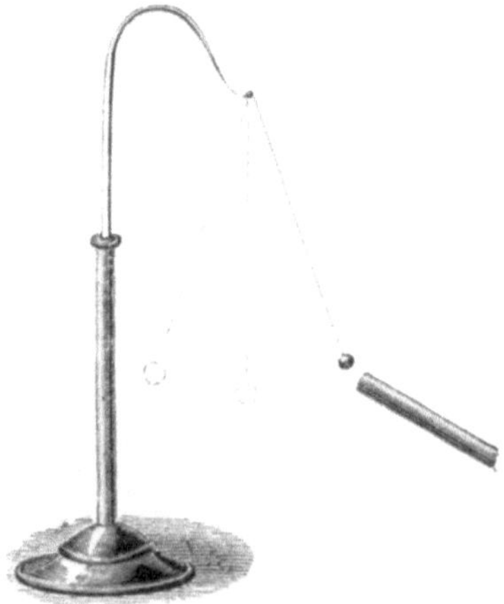

Fig. 384. Elektrisches Pendel.

Fig. 384a. Elektrische Nadel.

selbst, wenn sie in diesem Zustande sich befinden, elektrisch, im anderen Falle unelektrisch.

Die elektrische Anziehung und Abstofsung zeigt man am besten mit Hilfe des elektrischen Pendels (Fig. 384), d. i. ein an einem Seidenfaden aufgehängtes Hollundermarkkügelchen, oder der elektrischen Nadel (Fig. 384 a), d. i. ein auf einer Spitze schwebendes Glas-, Hartgummi- oder Messingstäbchen.

2) Die Anziehung zwischen einem elektrischen und unelektrischen Körper ist gegenseitig: Ein elektrisches Stäbchen zieht ein unelektrisches, welches auf der Spitze der elektrischen Nadel schwebt, an und umgekehrt.

3) Ein elektrischer Körper giebt einen Teil seiner Elektricität mehr oder minder leicht an andere Körper bei der Berührung mit denselben ab; ein unelektrisches Hartgummi- oder Glasstäbchen, oder ein an einem Seidenfaden hängendes Hollunderkügelchen, welches einige Zeit mit einem elektrischen Körper in Berührung gewesen, ist imstande (sehr kleine) Papierschnitzeln anzuziehen: Elektrisierung durch Mitteilung. Dafs der ursprüngliche elektrische Körper dabei an Elektricität verliert, sieht man daran, dafs er unelektrische Körper nicht mehr so lebhaft anzuziehen vermag.

Ein oder mehrere Male mit der Hand berührt, wird ein elektrischer Körper unelektrisch; auch durch blofse Berührung mit der Luft verliert er nach einiger Zeit seine Elektricität vollständig.

§ 278. Positive und negative Elektricität. Wesen der Elektricität. 1) Ein mit Wolle geriebenes Hartgummistäbchen zieht ein mit Amalgam geriebenes Glasstäbchen oder ein mit Schiefsbaumwolle geriebenes Hartgummistäbchen, welches auf der Nadelspitze schwebt, lebhafter an, als wenn das letztere unelektrisch wäre.

Setzt man aber ein mit Amalgam geriebenes Glasstäbchen auf die Nadelspitze und nähert ihm ein ebenso behandeltes Glasstäbchen, so wird es abgestofsen; ebenso findet Abstofsung zwischen zwei mit Wolle geriebenen Harz- oder Hartgummistäbchen statt.

Man unterscheidet hiernach zwei Arten von Elektricität; Glas- und Harzelektricität, welche sich so verhalten, dafs ungleichnamige Elektricitäten einander anziehen und gleichnamige einander abstofsen.

Ein Hartgummistäbchen, zur Hälfte mit Pelz, zur Hälfte mit Schiefsbaumwolle gerieben, wird von demselben elektrischen Körper an der einen Hälfte angezogen, an der anderen abgestofsen.

Die Abstofsung gleichnamig elektrischer Körper zeigen sehr hübsch zwei an Seidenfäden hängende Kollodiumballons, welche man mehrmals mit der Hand gestrichen hat.

2) Die elektrische Anziehung und Abstofsung nimmt ab im Quadrat der Entfernung. Man kann diesen Satz in ähnlicher Weise mit Hülfe der Coulombschen Drehwage nachweisen, wie den entsprechenden für das Verhalten zweier Magnete zu einander (§ 276), wenn man in der Drehwage statt zweier Magnete zwei elektrische Körper aufeinander wirken läfst. Beachtet man noch, dafs die Wirkung zweier elektrischer Körper aufeinander wesentlich auch von den Elektricitätsmengen derselben abhängt,

so ergiebt sich leicht das allgemeine Gesetz: Die elektrische Anziehung oder Abstoſsung zweier Körper ist dem Produkt ihrer Elektricitätsmengen direkt und dem Quadrat ihrer Entfernung umgekehrt proportional.

3) Zwei an den Enden eines Fadens hängende Hollunderkügelchen (Fig. 385) stellen sich, mit einem harzelektrischen Körper berührt, auseinander; kommt man nun mit einem glaselektrischen Körper in die Nähe, so werden sie lebhaft angezogen und wenn sie nur kurze Zeit mit demselben in Berührung gewesen sind, so stehen sie alsdann nicht mehr so weit auseinander; durch wiederholte Berührung mit dem glaselektrischen Körper gehen sie endlich ganz zusammen und schlieſslich wieder auseinander, werden aber dann nicht mehr von dem glaselektrischen Körper angezogen, sondern abgestoſsen.

Fig. 385. Doppelpendel.

4) Solche und ähnliche Versuche haben zu der Ansicht geführt, daſs die zwei entgegengesetzten Elektricitäten einander teilweise oder ganz ausgleichen können, ähnlich wie positive und negative Zahlen, weshalb man auch die eine, die Glaselektricität, positiv und die andere, die Harzelektritität, negativ nennt (Symmer 1759). Dieser „dualistischen" Ansicht von der Natur der Elektricität, welche dermalen der Erklärung der elektrischen Erscheinungen allgemein zu Grunde gelegt wird, steht die „unitarische" (Franklin und Äpinus, 1750—55) gegenüber, welche die positive Elektricität als einen Überschuſs und die negative als einen teilweisen Mangel an der gewöhnlichen Elektricitätsmenge, welche die Körper im unelektrischen Zustand besitzen sollen, ansieht.

Beide Ansichten halten die Elektricität für ein unwägbares Fluidum, da ein Körper im elektrischen Zustande nicht mehr wiegt, wie im unelektrischen.

Die dualistische Theorie hält unelektrische Körper für solche, welche positive und negative Elektricität in gleicher Menge besitzen. Beim Reiben zweier Körper aneinander wird der eine immer positiv, der andere negativ elektrisch; auſserdem kann ein und derselbe Körper, je nach dem Reibzeug, positiv oder negativ werden (Hartgummi mit Pelz und mit Schieſsbaumwolle gerieben).

Nach den neueren Theorien beruhen die elektrischen Erscheinungen auf Bewegungen (Schwingungen oder Strömungen) des in den Körpern enthaltenen Äthers; auch hier giebt es eine dualistische und eine unitarische Ansicht; die eine erklärt die positive und negative Elektricität aus zwei entgegengesetzten Bewegungen des Äthers, die andere spricht von Äther-Verdichtungen und Verdünnungen und möglicherweise Strömungen des Äthers von den verdichteten nach den verdünnten Stellen.

Ob ein Körper positiv oder negativ elektrisch wird, hängt nicht bloſs vom Reibzeug, sondern auch von der Beschaffenheit der Oberfläche und dergl. ab; mattgeschliffenes Glas wird mit Wolle, Federn, Papier und der Hand gerieben negativ, während glattes Glas nur mit Pelz gerieben negativ wird. Die verschiedenen Papiersorten werden mit denselben Körpern gerieben verschieden elektrisch; die meisten Sorten werden mit Pelz, Hand, Wolle und Seide negativ, mit Kautschuk und Schiefsbaumwolle positiv. Pyroxylinpapier wird auch mit Kautschuk negativ, aber mit Schiefsbaumwolle positiv. Die Metalle werden mit Glas und Seide negativ, mit Harz, Schwefel, Schiefsbaumwolle und Bernstein positiv.

Einige Krystalle, wie Kalkspat, Topas, Bergkrystall, Glimmer, werden mit Wolle, Seide und Leder positiv.

§ 279. Gute und schlechte Leiter. Berührt man einen elektrischen Metallstab nur an einer Stelle, so giebt er alle seine Elektricität an die Hand ab: die Elektricität ist imstande, von allen Punkten der Metalloberfläche nach der Ableitungsstelle hin zu eilen. Ein Gummi- oder Glasstab dagegen verliert bei der Berührung nur die an der Berührungsstelle befindliche Elektricität und selbst diese nur teilweise. — Ein Hollunderkügelchen, welches an einem Metallfaden an einem eisernen Gestelle hängt, wird von einem elektrischen Körper angezogen, aber nicht wieder abgestofsen.

Aus diesen und ähnlichen Versuchen schliefst man, dafs die Elektricität leicht durch gewisse Körper von Teilchen zu Teilchen forteilen kann, durch andere nicht; danach unterscheidet man gute und schlechte Leiter der Elektricität — Konduktoren und Isolatoren.

Die besten Leiter sind die Metalle, vornehmlich Silber, ferner Kohle, Säuren, Salzlösungen, überhaupt Flüssigkeiten und feuchte Substanzen; als Nichtleiter gelten Seide, Harz, Kautschuk, Wolle, Haare, trockene Luft, Fette und ätherische Öle. Zwischen den guten und schlechten Leitern stehen die Halbleiter: Alkohol, trockenes Holz, Marmor, Schwefelblumen, Stroh und viele Mineralien. Gute Leiter der Wärme sind auch gute Leiter der Elektricität. Durch Erwärmen wird die Leitungsfähigkeit für Elektricität (nicht für Wärme) beträchtlich erhöht. Gase werden in hoher Temperatur ziemlich gute Leiter.

Soll ein Körper seine Elektricität behalten, so mufs er mit Isolatoren umgeben werden; Erwärmen der elektrischen Apparate ist besonders vorteilhaft, weil dadurch die Oberfläche von der anhaftenden Feuchtigkeit befreit wird. Die elektrischen Versuche gelingen am besten im Winter an kalten, heiteren Tagen in der Nähe des geheizten Ofens.

Metalle darf man nicht direkt mit der Hand anfassen, wenn man sie elektrisch machen will, man versieht sie zu dem Zwecke mit Handhaben von Glas oder Hartgummi.

Weitere Versuche über Leitungsfähigkeit sind: Eine auf der elektrischen Nadel schwebende Metallstange, deren eine Kugel von einem elektrischen Glasstabe berührt worden ist, wird an beiden Enden von dem Glasstabe abgestofsen; ein Hartgummistab dagegen, welcher nur am einen Ende mit Pelz gerieben worden ist, wird nur an diesem Ende von einem negativen Körper abgestofsen, am anderen angezogen.

Ein an einem Seidenfaden aufgehängtes Kügelchen pendelt zwischen einem elektrischen Körper und einer mit der Erde in leitender Verbindung stehenden Metallplatte hin und her.

§ 280. Elektrische Verteilung (Influenz). Macht man eine isolierte Metallkugel *C* (Fig. 386), welche unterhalb eines isolierten Messingcylinders *AB* angebracht ist, elektrisch, so entfernen sich die oben und unten am Cylinder befestigten Fadenpendel von demselben; dabei zeigen die Pendel entgegengesetzte Elektricität und zwar hat das obere dieselbe Elektricität wie die Kugel.

Berührt man die Kugel, so daſs sie unelektrisch wird, so legen sich beide Pendel wieder an den Cylinder an.

Statt der elektrischen Kugel kann man auch eine geriebene Glas- oder Ebonitstange nehmen.

Der Messingcylinder enthält gleichviel positive und negative Elektricität; kommt nun ein z. B. positiv elektrischer Körper in die Nähe, so zieht er die negative Elektricität nach dem Ende des Cylinders, welches ihm am nächsten ist und stöſst die positive nach dem anderen Ende ab. Entfernt man den elektrischen Körper, so vereinigen sich die positive und negative Elektricität des Cylinders wieder miteinander.

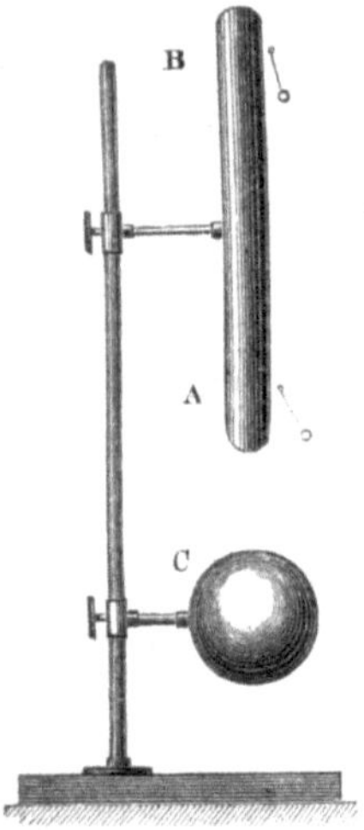

Fig. 386. Verteilungsapparat von Rieſs.

Berührt man den Metallcylinder mit dem Finger, während ein positiver Körper dem unteren Ende nahe steht, so bleiben beide Pendel an dem Cylinder fest anliegend; entfernt man aber den Finger und dann den elektrischen Körper, so gehen beide Pendel von dem Cylinder weg und zeigen negative Elektricität. Durch die Berührung mit dem Finger war die abgestoſsene positive Elektricität (sowie die freie negative im unteren Pendel) in den Finger gegangen und nur die gebundene negative an dem unteren Ende des Cylinders zurückgeblieben; diese wird nach dem Entfernen des elektrischen Körpers frei und verbreitet sich über den ganzen Cylinder.

Was geschieht, wenn man zuerst den elektrischen Körper und dann den Finger entfernt?

Man kann also auch einen guten Leiter durch bloſse Annäherung eines elektrischen Körpers elektrisch machen, man nennt dies Elektrisierung durch V e r t e i l u n g oder I n f l u e n z (Canton 1735, Äpinus 1759, Wilke 1775).

Statt des in Fig. 386 abgebildeten Apparates von Rieſs kann man auch nachstehenden (von dem Verfasser angegebenen) benutzen: Auf die elektrische Nadel setzt man ein Stäbchen, das in der Mitte aus Hartgummi und an den Enden aus Messing besteht (Fig. 387). Nähert man dem einen Ende eine negativ elektrische Hartgummistange und berührt die beiden Messingenden der Stange mit je einem Ende einer Messinggabel, welche an einem isolierendem Griffe gehalten wird, so zeigt sich nach Entfernung der Gabel und des elektrischen Körpers die eine Hälfte des „Verteilungsstabes" positiv, die andere negativ elektrisch. Wie verfährt man, um den ganzen Verteilungsstab positiv elektrisch zu machen?

Verteilungsstab.

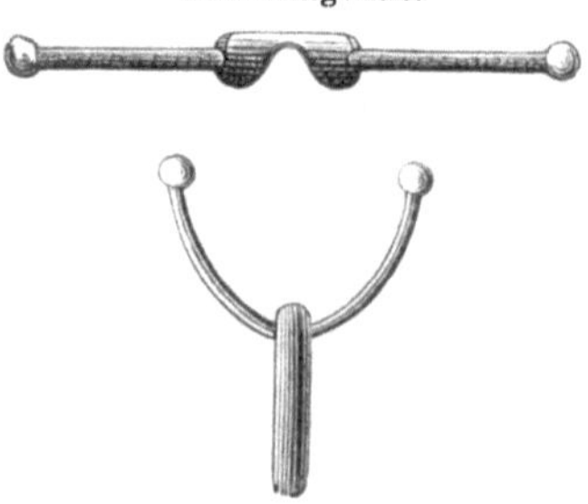

Fig. 387. Verbindungsdraht.

§ 281. Elektroskop und Elektrometer. Jede Vorrichtung, welche geeignet ist, die Art der Elektricität eines Körpers erkennen zu lassen, nennt man E l e k t r o s k o p; dahin gehört also auch das elektrische Pendel und die elektrische Nadel. Ein feineres Elektroskop ist das Strohhalm- oder Goldblattelektroskop (Volta, Bennet). Gestattet der Apparat auch einen Schlufs auf die Menge der Elektricität, so heifst er **Elektrometer**.

Das gewöhnliche Elektroskop (Fig. 388) besteht aus einem Messingdraht, welcher isoliert durch den Hals einer Flasche geht, oben einen Knopf und unten zwei Strohhalme oder zwei Goldblättchen trägt.

Fig. 388. Das gewöhnliche Elektroskop.

Nähert man ihm einen z. B. positiv elektrischen Körper, so gehen die Blättchen mit positiver Elektricität auseinander; entfernt man ihn wieder, so fallen die Blättchen zusammen. — Hält man den Finger auf den Knopf und nähert den positiv elektrischen Körper, so bleiben die Blättchen beisammen; entfernt man aber den Finger und dann den elektrischen Körper, so schlagen die Blättchen mit negativer Elektricität aus.

Ist in dem Glase ein Gradbogen angebracht, an dem man die Stärke des Ausschlages erkennen kann, so nennt man das Elektroskop Elektrometer.

Nähert man dem Elektroskop, wenn es negativ geladen ist, einen negativ elektrischen Körper, so gehen die Blättchen noch weiter auseinander; nähert man einen positiv elektrischen Körper, so gehen die Blättchen umsomehr zusammen, je näher

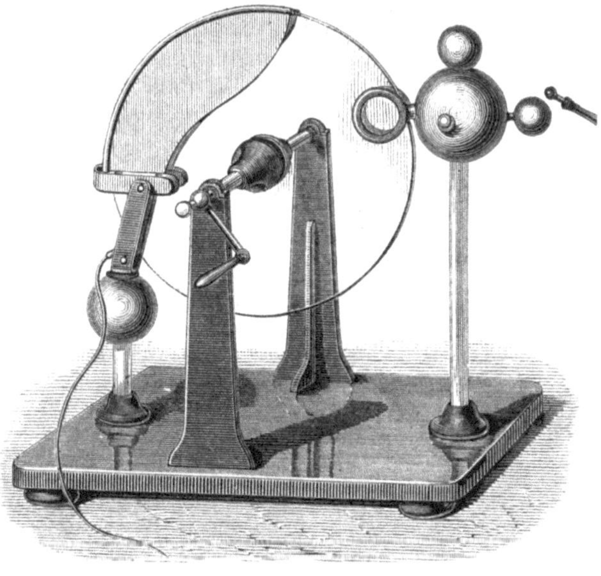

Fig. 389. Reibungselektrisiermaschine.

der elektrische Körper gebracht wird, fallen dann ganz zusammen und gehen schliefslich mit positiver Elektricität wieder auseinander.

Dies giebt ein Mittel an die Hand, um die Art der Elektricität eines Körpers zu untersuchen.

§ 282. Die Reibungselektrisiermaschine. Um gröfsere Mengen Elektricität hervorzubringen, bedient man sich der Elektrisiermaschinen. Die gewöhnlichste ist die Reibungselektrisiermaschine (Fig. 389); sie besteht aus dem Reiber, dem Reibzeug und dem Konduktor. Der Reiber ist gewöhnlich eine Glasscheibe (oder auch ein Glascylinder), welche auf einer gläsernen Achse sitzt, die mittelst einer Kurbel umgedreht werden kann. Das Reibzeug besteht aus zwei Lederkissen, welche auf einem Glasfufse sitzen, und an denen sich die Glasscheibe beim Umdrehen reibt; die Kissen sind mit Amalgam bestrichen und mit langen Wachstaffetstreifen versehen; der isolierende Taffet verhindert die seitliche Ausströmung der Elektricität von der Scheibe.

Unter „Konduktor" versteht man eine auf einem Glasfufse stehende Metallkugel oder -röhre; die Elektrisiermaschine hat deren gewöhnlich zwei, einen zur Ansammlung der positiven Elektricität der Glasscheibe und einen zur Ansammlung der negativen Elektricität der Reibkissen. In den Konduktor der Scheibe lassen sich zwei Ringe von Holz, welche inwendig mit Stanniol ausgelegt und mit Metallspitzen versehen sind, einstecken; oft nimmt man statt dessen zwei dicke gebogene Messingdrähte mit oder ohne Spitzen; die Scheibe bewegt sich bei der Drehung zwischen den Ringen, wirkt verteilend auf die Elektricitäten des Konduktors, zieht die negative herbei, um sich mit ihr zu vereinigen, so dafs die positive allein auf den Konduktor zurückkleibt. Die Glasscheibe, als schlechter Leiter, würde nicht, wie der gutleitende Konduktor ihre ganze Elektricität auf einmal abgeben.

Setzt man auf den Konduktor einen Holzring — Winterscher Ring —, welcher im Innern mit Stanniol belegt ist, so schlagen die Funken auf gröfsere Entfernungen über. Auch ineinander gesteckte, teilweise mit Stanniol bekleidete Glasröhren (Emsmann) thun dieselben Dienste.

Die Reibungselektrisiermaschine ist von Otto von Guericke (1602—1680) erfunden worden; sie hatte indessen noch keinen Konduktor und bestand lediglich aus einer Schwefelkugel, welche um eine Achse drehbar war und durch Anhalten der Hand gerieben wurde. — Bose, Professor in Witttenberg, fügt den Konduktor und Giefsing, Drechsler in Leipzig, das Reibzeug hinzu; Beschreibung einer solchen Maschine durch Winkler, Professor in Leipzig, 1744. Planta (1755) wendet zuerst eine Glasscheibe an, nachdem schon früher die Schwefelkugel durch eine Glaskugel und dann durch einen Glascylinder ersetzt worden war. — Amalgam von Kienmayer (1788): 2 Teile Quecksilber, 1 Teil Zinn und 1 Teil Zink. — Neuerdings sind die Reibungselektrisiermaschinen von Winter in Wien (1850) wesentlich verbessert worden.

Im Jahre 1840 beobachtete Armstrong, dafs der aus feinen Öffnungen strömende Dampf eines Dampfkessels elektrisch sei und konstruierte eine Dampfelektrisiermaschine; ein auf Glasröhren stehender Dampfkessel läfst den Dampf durch eine Anzahl enger Holzröhren gegen einen Metallkamm strömen, der mit einer grofsen isolierten Metallkugel in Verbindung steht. Durch die Reibung der Wasser- und Dampfteilchen an den Wänden der Röhren wird der Dampf positiv und der Kessel negativ; den Konduktor für die negative Elektricität bildet der Kessel selbst, für die positive die vorhin erwähnte Metallkugel.

§ 283. Der Elektrophor. Nicht blofs durch Reibung, sondern auch durch Verteilung kann man gröfsere Mengen Elektricität erzielen. Hierzu dient der von Wilke (1762) erfundene und von Volta (1775) verbesserte Elektrophor (Fig. 390). Er besteht aus einer Hartgummiplatte (früher Harzkuchen), welche auf einer leitenden Unterlage, „der Form“, befestigt ist; auf die Gummiplatte kann man einen Metalldeckel *D* mit Hilfe eines isolierenden Griffes *FG* setzen. Schlägt man die Gummiplatte mit einem Fuchsschwanz, so wird sie negativ elektrisch, und setzt man nun den Deckel auf, so giebt die Gummiplatte, weil sie ein sehr schlechter Leiter ist, nicht etwa ihre Elektricität an den Metalldeckel ab, sondern wirkt verteilend auf denselben; sie zieht die positive Elektricität des Deckels an und stöfst die negative ab, welche letztere dadurch abgeleitet werden kann, dafs man den Deckel mit dem Finger berührt. Hebt man jetzt den Deckel auf, so ist er positiv geladen und giebt, wenn man mit dem Finger in die Nähe kommt, einen kleinen Funken.

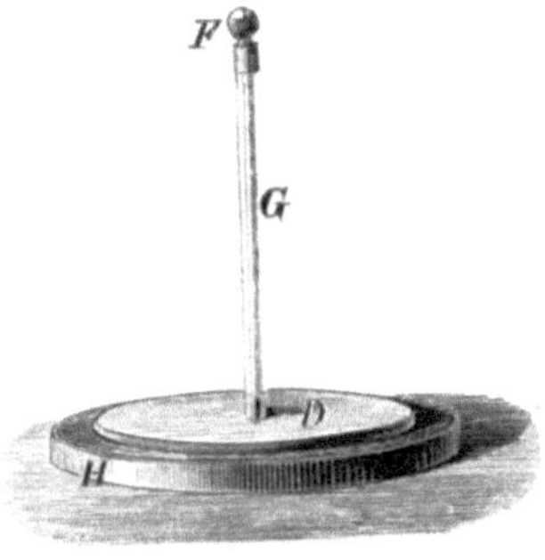

Fig. 390. Elektrophor.

Setzt man den Deckel abermals auf, so kann man das Spiel von neuem wiederholen.

Die Gummiplatte wirkt aber nicht blofs verteilend auf den Deckel, sondern auch auf die Form *H*; die abgestofsene negative der letzteren geht in die Erde, die angezogene (gebundene) positive bleibt auf der Form und dient wesentlich dazu, die negative auf der Gummiplatte zu erhalten. Setzt man auf die Gummiplatte den Deckel und berührt die Form und dann den Deckel mit der Hand, so spürt man eine stärkere Erschütterung, als wenn man den Deckel allein berührt hätte; bei der Berührung von Form und Deckel vereinigen sich die abgestofsene negative Elektricität des Deckels und die gebundene positive der Form.

Mayer (1842) erklärt den Umstand, dafs man durch ein geladenes Elektrophor in einigermafsen trockener Luft wochenlang immerfort Elektricität erzeugen könne, ohne von neuem laden zu müssen, dahin, dafs sich die Arbeit, welche man beim Heben und Senken des Deckels verrichte, in Elektricität umsetze.

§ 284. Die Influenzelektrisiermaschine (Holtz 1865). Die Influenz- oder Elektrophormaschine (Fig. 391) ist gewissermafsen ein zu einer kontinuierlich wirkenden Maschine ausgebildetes Elektrophor. Sie besteht aus zwei Glasscheiben, von denen die eine, die gröfsere, fest und die andere, etwas kleinere, um eine Hartgummiachse mittelst Kurbel und Räderwerk drehbar ist; die erstere hat zwei Ausschnitte c und c_1, an welche je ein breiter auf der Scheibe befestigter Papierstreifen p und p_1 angrenzt; mit jedem dieser Papierstreifen steht eine Papier- oder Pergamentspitze s und s_1 in Verbindung, welche in den betreffenden Ausschnitt hineinragt.

Den Ausschnitten c und c_1 stehen Metallkämme k und k_1 gegenüber, welche von isolierenden Hartgummisäulen getragen werden. Mit diesen Kämmen sind die mit Hartgummigriffen versehenen, verschiebbaren Konduktoren m und m_1 (Messingstangen mit Messingknöpfen) und diese wiederum mit zwei, später näher zu beschreibenden „Verstärkungsflaschen" f und f_1 in leitender Verbindung.

Macht man den einen Papierbeleg der festen Scheibe durch Annäherung einer geriebenen Hartgummiplatte oder durch einen geladenen Elektrophordeckel elektrisch, während man die bewegliche Scheibe in der Richtung gegen die Papierspitzen umdreht, so springen zwischen den Konduktoren,

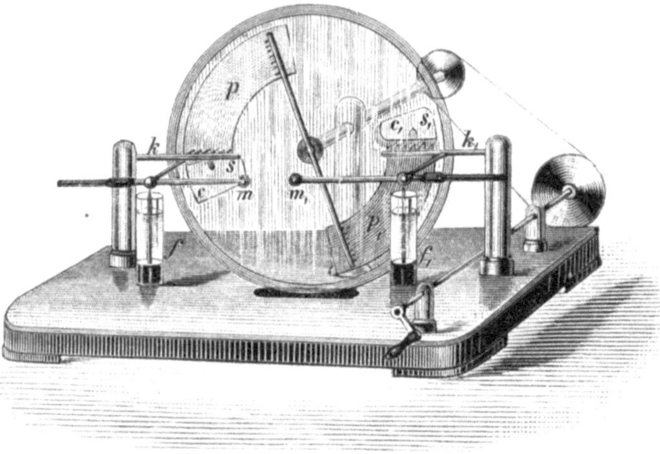

Fig. 391. Influenzelektrisiermaschine.

welche anfänglich in Berührung sein müssen und die man nach und nach von einander entfernt, lebhafte Funken über, die bei gutem Wetter eine Länge von 6—10 cm erreichen.

Die Wirkungsweise der Maschine ist der Hauptsache nach folgende: Ist die Papierspitze s negativ elektrisch gemacht worden, so wirkt dieselbe influenzierend auf den Saugkamm k, zieht die positive an, welche auf die Scheibe, dem Kamme gegenüber, strömt und stöfst die negative Elektricität auf den Konduktor m, von wo sie, da beide Konduktoren anfänglich einander berühren müssen, auf m_1 und von da durch den Kamm k_1 auf die Vorderfläche der beweglichen Scheibe, dem Kamme gegenüber, strömt.

Bei der Drehung gegen die elektrische Spitze und den Papierbeleg c wird nach einer halben Umdrehung die ganze obere Hälfte der Scheibe auf ihrer Vorderseite in der Breite des Beleges positiv und die untere Hälfte negativ sein.

Die Vorderfläche der beweglichen Scheibe wirkt aber influenzierend auf die Papierbelege; infolge dessen sammelt sich $-E$ auf dem oberen und $+E$ auf dem unteren Belege, während $+E$ von der Spitze s auf die obere Hälfte der Hinterfläche der beweglichen Scheibe und $-E$ auf die untere Hälfte der Hinterfläche von der Spitze s_1 strömt. Zugleich wird dadurch die negative Elektricität der Spitze s und die positive der Spitze s_1 verstärkt, was wieder eine verstärkte Einwirkung auf die Saugkämme und ein verstärktes Überströmen entgegengesetzter Elektricitäten von dem einen Konduktor zum anderen bedingt. Dieses Überströmen und also auch die weitere

Thätigkeit der Maschine wird nach einigen Umdrehungen nicht aufgehoben, wenn man die Konduktoren mehr und mehr von einander entfernt; es springen jetzt die entgegengesetzten Elektricitäten von gröfserer Ferne in Funken zu einander über.

Besonders beachtenswert ist jedoch, dafs die Elektricitäten auf beiden Seiten der zwei Hälften der beweglichen Scheibe nach jeder halben Umdrehung wechseln, so dafs immer die obere Hälfte positiv und die untere negativ ist.

Dadurch, dafs die Belege entgegengesetzt elektrisch sind, wie die gegenüberstehenden Hälften der beweglichen Scheibe, wird bewirkt, dafs die Elektricität nicht so leicht in die Luft entweicht.

Will man die Wirkungsweise der Influenzmaschine kurz charakterisieren, so kann man sagen: Es wird die mechanische Arbeit, welche beim Drehen der Scheibe verrichtet wird, unter dem Einflusse der wenigen Elektricität, welche auf das eine Beleg gebracht worden ist, in Elektricität verwandelt.

Verbindet man die Konduktoren einer in Thätigkeit gesetzten Influenzmaschine mit denen einer anderen, von welcher man die Bewegungsvorrichtung entfernt hat, so fängt die bewegliche Scheibe der letzteren sich zu drehen an — es verwandelt sich jetzt Elektricität in Bewegung.

§ 285. Versuche mit der Elektrisiermaschine. 1) Um gröfsere Funken von dem Konduktor einer Reibungselektrisiermaschine zu erhalten, bedient man sich des Funkenziehers, einer Metallkugel, welche mit der Erde in leitender Verbindung steht. Der Konduktor wirkt verteilend auf die zwei Elektricitäten der Kugel, stöfst die gleichnamige ab und zieht die ungleichnamige an, mit welcher er sich unter Feuererscheinung vereinigt. Im verdünnten Raume geht die Elektricität auf gröfsere Entfernung, aber büschelförmig über — elektrisches Ei (Fig. 392), Geifslersche Röhren. Den absolut leeren Raum vermag die Elektricität nicht zu durchdringen. In verschiedenen Gasen nimmt der Funke verschiedene Farben an; ebenso richtet sich die Farbe nach der Natur der Metalle, zwischen denen er überspringt. Dabei fliegen ständig Metallstückchen von dem positiven Pol nach dem negativen hinüber.

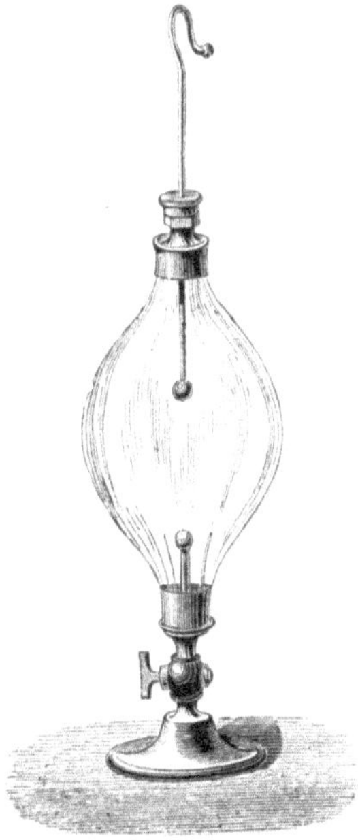

Fig. 392. Elektrisches Ei.

In Gasen von gewöhnlicher Dichtigkeit springt der Funke im Zickzack über; man nimmt an, dafs er die Luft vor sich her verdichtet und dann seitwärts springt, da die Elektricität leichter durch dünnere, als durch dichtere Luft geht.

2) Eine Spitze auf den Konduktor einer Elektrisiermaschine gesetzt vermindert die Schlagweite bedeutend; positive Elektricität strömt aus einer Spitze in Form eines Büschels, negative bildet über derselben ein helles Pünktchen, was man besonders hübsch an den Saugkämmen der Influenzmaschine sieht.

3) Ein mit Spitzen versehenes Rädchen — Flugrädchen —, mit dem Konduktor einer Elektrisiermaschine in Verbindung gesetzt, dreht sich entgegengesetzt der Ausströmungsrichtung der Elektricität — Vergleich mit dem Segnerschen Wasserrad.

4) Aus einer Person, welche auf einem Isolierschemel — Schemel mit Glasfüfsen — steht, kann man, da sie einen Teil des Konduktors bildet, Funken ziehen. Der auf dem Isolierschemel Stehende hat das Gefühl, als ob das Gesicht mit Spinnweben bedeckt sei, weil sich die kleinen Haare im Gesicht sträuben.

5) In der Nähe der Elektrisiermaschine nimmt man einen Geruch nach Ozon wahr.

6) Läfst man Elektricität aus einer Spitze auf ein mit Jodkaliumkleister befeuchtetes Papier strömen, so erhält es blaue Flecken; das Jodkalium wird zersetzt und es bildet sich Jodstärke.

7) Der elektrische Funke vermag Äther und heifsen Alkohol zu entzünden und Knallgas zum Explodieren zu bringen — elektrische Pistole.

8) Läfst man Elektricität auf einen Harzkuchen oder eine Ebonitplatte schlagen und streut Bärlappsamen auf, so zeigen sich nach dem Wegblasen des überflüssigen Samens bei positiver Elektricität strahlige, bei negativer Elektricität rundliche Figuren — Lichtenbergsche Figuren (1778).

Elektrisiert man eine Metallplatte und eine ihr gegenüberstehende, isolierte Spitze entgegengesetzt und streut Bärlappsamen auf die Platte, so zeigen sich nach dem Abblasen ringförmige Staubfiguren — Kundtsche Figuren (1869).

9) Erwähnenswert sind noch: das elektrische Glockenspiel, der Puppentanz, die Spinne, die Blitztafel und Blitzröhre, die Einwirkung des Konduktors der Elektrisiermaschine auf einen springenden Wasserstrahl (die man übrigens schon durch eine stark elektrische Hartgummistange bewerkstelligen kann) u. s. w.

§ 286. Verbreitung der Elektricität auf der Oberfläche der Körper. 1) Die Elektricität verbreitet sich lediglich auf der Oberfläche der Körper. Man kann dies auf sehr verschiedene Arten nachweisen; die einfachste besteht darin, dafs man auf den Konduktor einer Elektrisiermaschine eine Metallröhre (Fig. 393) setzt, welche innen und aufsen mit je einem Doppelpendel versehen ist; nur die äufseren Pendel entfernen sich voneinander, wenn die Elektrisiermaschine in Gang gesetzt wird.

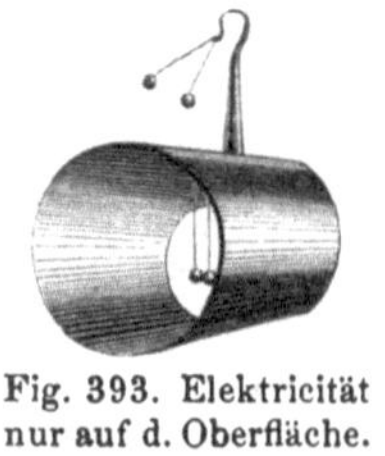

Fig. 393. Elektricität nur auf d. Oberfläche.

2) Denkt man sich im Inneren einer elektrischen Kugel (Fig. 394) einen Punkt P, so ist derselbe unelektrisch, es mufs also die Summe der Wirkungen der elektrischen Oberfläche auf P gleich Null sein. Zieht man durch P drei sehr nahe beieinander liegende Sehnen, so grenzen dieselben auf der Kugeloberfläche zwei Flächenstückchen $a' b' c'$ und $a'' b'' c''$ ab, deren Inhalte sich wie die Quadrate der Entfernungen von P verhalten. Sind nun die Elektricitätsmengen auf diesen Flächen-

stückchen den Inhalten derselben proportional, so sind die elektrischen Einwirkungen auf P gleich Null. Hieraus geht hervor, dafs eine elektrische Kugel nur dann dem Gesetz, dafs die Elektricität sich lediglich auf der Oberfläche ausbreitet, Genüge leisten kann, wenn die Elektricität auf der Oberfläche gleich verteilt ist, d. h. wenn gleiche Flächenstücke gleiche Elektricitätsmengen enthalten.

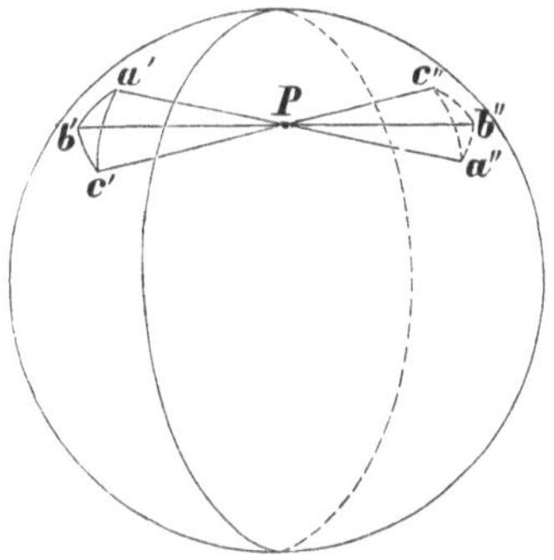

Fig. 394. Verteilung der Elektricität auf einer Kugel.

Durch umständlichere Rechnungen findet man, dafs bei nicht kugelförmigen Körpern die Elektricität auf der Oberfläche nicht gleich verteilt ist, dafs stärker gekrümmte Teile, namentlich Spitzen, auf der Einheit der Fläche mehr Elektricität erthalten, als schwächer gekrümmte.

§ 287. Elektrische Dichte und Abstofsung. Je mehr Elektricität auf der Einheit der Fläche sich befindet, um so gröfser ist die elektrische Dichtigkeit oder Dichte, und um so lebhafter ist das Bestreben der Elektricität auf andere Körper zu entweichen, weil gleichnamige Elektricitätsteilchen einander um so energischer abstofsen, je näher sie bei einander sind. Auf kugelförmigen Körpern ist die Dichte überall gleich, auf anders gestalteten ist sie namentlich an scharfen Kanten und Spitzen sehr beträchtlich und die Elektricität deshalb begierig zu entweichen; die Schlagweite einer Elektrisiermaschine vergröfsert sich, wenn man an dem Konduktor eine kleine Kugel anbringt; die Funken werden länger und dünner und folgen rascher aufeinander; setzt man eine Spitze auf den Konduktor, so geht die Elektricität unaufhörlich auf grofse Entfernungen hin über.

Berührt man eine isolierte unelektrische Kugel mit einer elektrischen, so geht so lange Elektricität auf sie über, bis die Stärke der Abstofsung der Elektricitätsteilchen auf beiden Kugeln gleich ist; die Elektrität verteilt sich auf die Kugeln im Verhältnis der Gröfse ihrer Oberflächen.

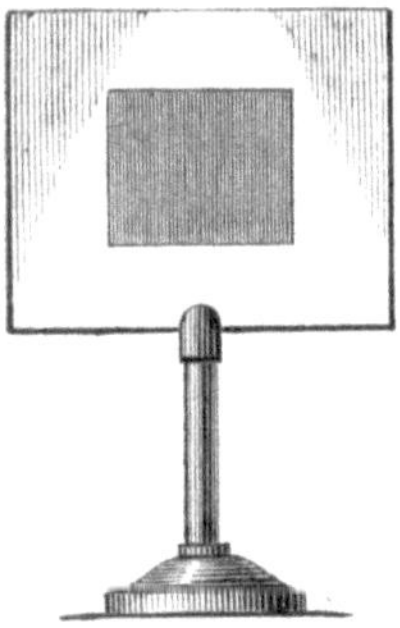
Fig. 395. Franklinsche Tafel.

§ 288. Verstärkungsapparate. 1) Die Franklinsche Tafel (Fig. 395) besteht aus einer Glastafel, welche in der Mitte auf beiden Seiten mit Stanniol belegt, am Rande aber gefirnifst ist. Läfst man auf das Stanniol der einen Seite Funken z. B. positiv elektrische schlagen, während man das Stanniol der anderen Seite ableitend berührt, so wird die erste Stanniolplatte positiv, die andere annähernd ebensostark negativ elektrisch; die positive Elektricität der einen Seite wirkt durch das Glas hindurch verteilend auf die andere; die entgegengesetzten Elektricitäten der beiden Stanniolplatten halten einander fest, so daſs die Tafel sich wie ein unelektrischer Körper verhält. Man könnte deshalb die erste Stanniolplatte mit einer unbegrenzten Menge positiver (und die hintere mit ebenso viel negativer) Elektricität laden, wenn die Glasplatte unendlich dünn und ein absoluter Nichtleiter wäre. Da aber die Glasplatte eine gewisse Dicke hat, so kann die auf die Vorderseite aufschlagende positive Elektricität nicht genau so viel negative binden, als sie selbst beträgt; ein Teil der positiven Elektricität ist also frei und erlangt bei fortdauernder Ladung schlieſslich eine solche Dichte, daſs ständig ein Teil derselben in die Luft entweicht und eine weitere Ladung unmöglich wird.

Ist die Glasplatte dünn, so springen beide Elektricitäten bei stärkerer Ladung entweder durch die Scheibe, indem sie dieselbe durchbohren, oder sie laufen über den Rand zueinander, wenn derselbe nicht breit und gut gefirniſst ist. Immerhin aber läſst sich eine weit stärkere Ladung erzielen, wenn beide Seiten entgegengesetzte Elektricität enthalten, als wenn bloſs positive Elektricität auf der einen Seite wäre.

Eine Abänderung der Franklinschen Tafel ist die Leydener- oder Kleistsche Flasche (Fig. 396); sie ist innen und auſsen bis zu einer gewissen Höhe mit Stanniol belegt, der Rand ist gefirniſst und durch den Deckel geht ein Draht, welcher oben in einen Knopf und unten in eine Kette endigt, die bis auf den Boden herabhängt.

Fig. 396. Leydener Flasche.

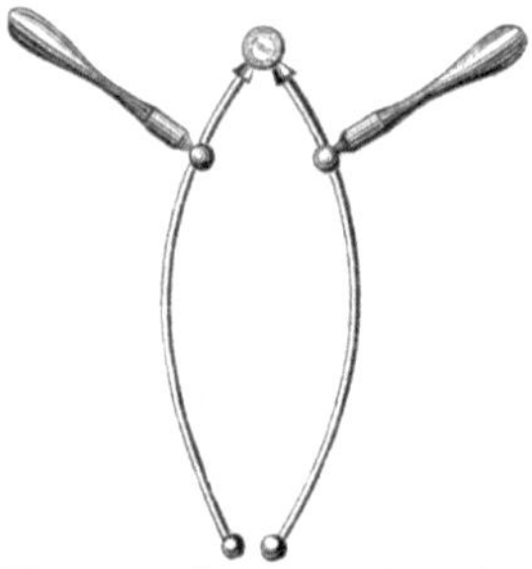

Fig. 397. Gemeiner Auslader.

Will man die Franklinsche Tafel oder die Leydener Flasche entladen, d. h. die zwei Elektricitäten zur Vereinigung mit einander bringen, so bedient man sich dazu des Ausladers (Fig. 397); er besteht aus zwei gebogenen, durch ein Scharnier verbundenen und mit isolierenden Griffen versehenen Drähten. Berührt man mit dem Knopf des einen Armes des Ausladers das eine Beleg und nähert den Knopf des anderen Armes dem zweiten Beleg, so vereinigen sich bei einer gewissen Annäherung die beiden Elektricitäten in einem starken Funken.

Das Vorhandensein freier (positiver) Elektricität auf der Seite des Beleges der Franklinschen Tafel, auf welche man die Elektricität hat aufschlagen lassen, läſst sich mit Hülfe eines „Probescheibchens“ — Metallplättchen an Hartgummigriff — nachweisen; man berührt mit demselben dieses Beleg und untersucht die übergegangene Elektricität mittelst eines Elektroskops.

Es ist folgender Versuch zu erklären: Ein elektrisches Doppelpendel wird am oberen Rande einer geladenen Franklinschen Tafel befestigt; auf der Seite, auf welche die Funken aufgeschlagen sind, stellt sich das Pendel von dem Beleg ab, auf der anderen Seite legt es sich an; berührt man nun das erste Beleg am unteren

Rande, so fällt das Pendel auf dieser Seite bei, während das Pendel auf der anderen Seite sich vom Beleg entfernt; berührt man jetzt das Stanniol auf der anderen Seite, so fällt das hier befindliche Pendel bei, während das andere in die Höhe springt u. s. w.

Bei der Influenzmaschine (§ 284) ist mit jedem Konduktor eine Leydener Flasche verbunden; indem sich dieselben laden und entladen, entstehen kräftige Funken; ohne dies erhält man elektrische Büschel.

Je höher der unbelegte Hals einer Flasche, eine um so gröfsere Dichte kann man erzielen, weil die Elektricitäten nicht so leicht über den hohen Hals weglaufen und sich miteinander vereinigen können. — Statt den Deckel auf die Flasche zu setzen, bringt man ihn, wenn stärkere Ladungen erzielt werden sollen, besser im Inneren der (cylindrischen) Flasche unmittelbar über dem inneren Beleg an; es verdoppelt sich dadurch die Höhe des Halses.

Wenn man eine Flasche oder eine Franklinsche Tafel entladen hat, so erhält man bei wiederholtem Versuch wieder einen (kleineren) Funken und so manchmal noch einen dritten und vierten. Es bleibt also nach einmaliger Entladung noch Elektricität in dem Verstärkungsapparate zurück — elektrisches Residuum. Setzt man in ein Metallgefäfs ein höheres Glasgefäfs und in dieses wieder ein mit einem Knopfe versehenes Metallgefäfs, so erhält man eine zerlegbare Leydener Flasche. Wird dieselbe geladen, entladen, auseinandergenommen und nach Berührung beider Metallgefäfse wieder zusammengesetzt, so erhält man bei erneuter Entladung abermals einen Funken.

Die ältere, neuerdings von Bezold wieder verteidigte Theorie nahm an, dafs ein Teil der Ladung in die Glasmasse eindringe, um nach der Entladung auf die Belege zurückzukehren; die neuere (Kohlrausch, Clausius) statuiert, dafs die Glasmasse in einen elektrischen Zustand versetzt werde, derart, dafs die den Belegen anliegenden Teile entgegengesetzt elektrisch würden, wie diese; indem nun die Glasmasse influenzierend auf die Belege zurückwirkt, bindet sie einen Teil der entgegengesetzten Elektricitäten auf den Belegen; werden die Belege entladen, so hört der elektrische Zustand des Glases auf, die gebundenen Elektricitäten werden frei und machen eine neue Entladung möglich. Da das Glas nicht momentan wieder in den unelektrischen Zustand zurückkehrt, so kann es einige Zeit lang influenzierend auf die Belegungen wirken und wiederholte Entladungen möglich machen. Nach Wüllner sind beide Annahmen zulässig.

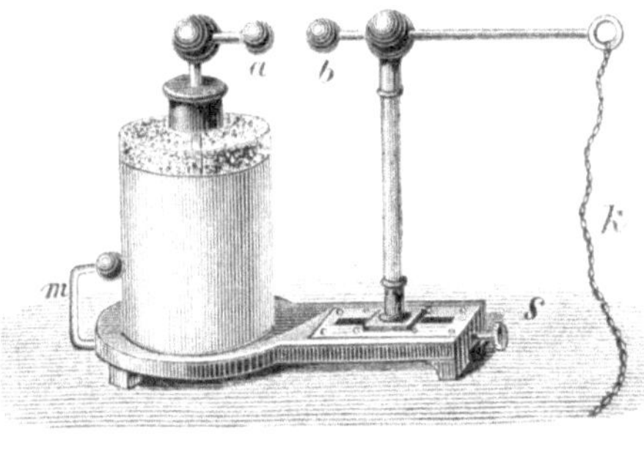

Fig. 398. Lanes Mafsflasche.

Lanes Mafsflasche (Fig. 398) besteht aus einer gewöhnlichen Leydener Flasche, welche auf einer isolierenden Fläche aufgestellt wird; das äufsere Beleg ist durch den Draht *m* mit einem leitenden Vertikalstab, durch den oben ein Horizontalstab mit Kugel (*b*) geht, verbunden. Der Vertikalstab läfst sich mittelst der Schraube *s* auf einem eingeteilten Blättchen verschieben, welches die Entfernung der Kugeln *a* und *b* erkennen läfst. Von dem Horizontalstab hängt eine Kette *k* auf den Boden herab. Verbindet man das innere Beleg der Flasche mit dem Konduktor einer Elektrisiermaschine, so wird sich die Flasche nach einer bestimmten Zahl von Drehungen laden und entladen; von zwei Elektrisiermaschinen liefert diejenige die meiste Elektricität, welche bei gleicher Entfernung der Knöpfe und gleicher Drehgeschwindigkeit die meisten Entladungen in derselben Zeit veranlafst. Man kann auch das innere Beleg der Flasche mit dem äufseren einer isolierten Batterie verbinden und ist dann imstande zu beurteilen, wie lang es dauert, bis die Batterie geladen ist.

§ 289. **Kondensator.** Aufser der Leydener Flasche und der Franklinschen Tafel sind noch die Kondensatoren als Verstärkungsapparate zu bezeichnen. Der gewöhnliche Kondensator (Fig. 399) ist ein Elektroskop, welches statt eines Knopfes eine oben gefirnifste Platte *A* trägt; auf diese kann man eine mit einem isolierenden Griff *C* versehene und unten gefirnifste Platte *B* aufsetzen.

Berührt man die untere Kondensatorplatte mit einem z. B. positiv elektrischen Körper und die obere mit dem Finger, so geht alle positive Elektricität auf die untere Platte, während auf der oberen eine nahezu gleiche Menge negativer Elektricität gebunden wird. Auch wenn man den Körper wiederholt elektrisch macht und an die untere Platte bringt, so nimmt diese bei ableitender Berührung der oberen Platte stets alle positive Elektricität auf. Ein Elektroskop dagegen nimmt nur soviel Elektricität auf, bis die Dichte auf ihm und dem elektrischen Körper gleich ist, auch entweicht die Elektricität rasch, weil sie frei und nicht durch gleichviel entgegengesetzte gebunden ist, wie bei dem Kondensator.

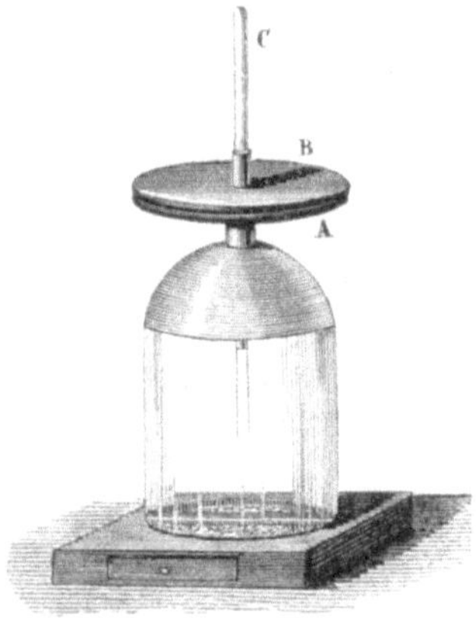

Fig. 399. Kondensator.

Während der Ladung des Kondensators bleiben die Goldblättchen beisammen; hebt man aber nach der Ladung die obere Platte ab, so wird die Elektricität der unteren frei und bewirkt einen Ausschlag der Goldblättchen.

Der Kondensator ist, wie man leicht sieht, besonders geeignet geringe Mengen von Elektricität nachzuweisen, namentlich in solchen Fällen, wo eine einmalige Elektrisierung nicht hinreichen würde einen Ausschlag der Goldblättchen zu bewirken.

Bei dem gewöhnlichen Kondensator sind die beiden Platten durch Firnifs isoliert, man kann aber auch die Luft als Kondensator benutzen; der Luftkondensator von Kohlrausch (1849) besteht aus zwei vertikalen Metallscheiben, welche verschiebbar sind und einander beliebig genähert werden können; sie werden wie die gewöhnlichen Kondensatorplatten, während sie nur eine geringe Entfernung voneinander haben, geladen und dann mittelst Seidenfäden auseinandergezogen. Hie und da gebraucht man auch Kondensatoren, welche Ähnlichkeit mit Franklinschen Tafeln haben: Wachstaffet, welcher in der Mitte auf beiden Seiten mit Stanniol belegt ist und zusammengefaltet werden kann.

290. **Versuche mit der Leydener Flasche und der elektrischen Batterie.** Eine Anzahl Leydener Flaschen, deren innere und äufsere Belege miteinander verbunden sind, bilden eine elektrische Batterie (Fig. 400). Die Verbindung der inneren Belege wird durch Messingstangen, welche in die Knöpfe der Flaschen eingesteckt sind, die Verbindung der äufseren Belege aber dadurch bewerkstelligt, dafs man sämtliche Flaschen

auf eine leitende Unterlage, z. B. auf den mit Stanniol belegten Boden eines Holzkastens stellt. An dem Kasten ist außen ein Henkel, welcher mit dem inneren Stanniol leitend verbunden ist. Zur Anstellung von Versuchen mit der elektrischen Batterie bedient man sich des allgemeinen Ausladers von Henley (1760). Er besteht aus zwei durch Glasfüße isolierten Messingdrähten, welche sich beliebig drehen und verschieben lassen. Zwischen die Knöpfe wird der Körper, durch welchen der Schlag gehen soll, auf einem Tischchen aufgestellt.

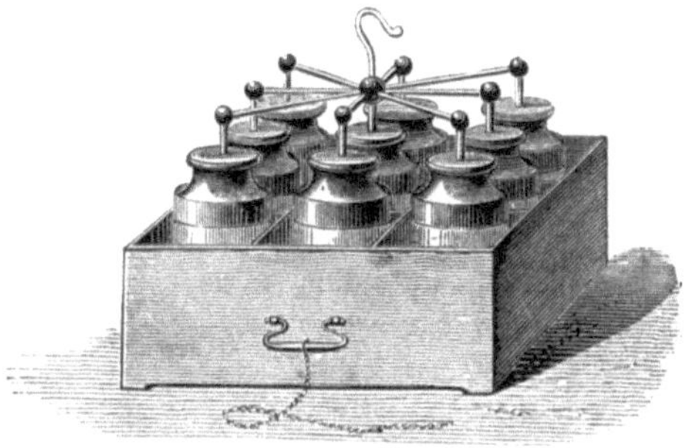

Fig. 400. Elektrische Batterie.

Der Entladungsschlag der Leydener Flasche kann verschiedene Wirkungen hervorbringen: Mechanische, thermische, optische, chemische, physiologische und magnetische. Zu den mechanischen Wirkungen sind zu rechnen das Durchschlagen von Pappdeckel, Holz und Glas. Zu diesen Versuchen ist eine hohe Spannung der Elektricität erforderlich, welche man besser mit einer einzigen großen Flasche mit hohem unbelegtem Hals, als mit einer Batterie von vielen Flaschen mit niederem Hals erreicht. Beim Durchschlagen von Glas wandte man früher zwei Spitzen an, welche auf beiden Seiten die (mit Öl befeuchtete) Scheibe in der Mitte berührten; heutzutage bedient man sich einer anderen Vorrichtung, bei welcher schon der Funke der Influenzmaschine hinreicht, um mehrere Centimeter dicke Glasplatten zu durchbohren. Der Apparat besteht aus einem 4—6 cm dicken, 10—15 cm langen Glascylinder, welcher in der Mitte eine ca. 4 mm dicke Höhlung besitzt; in diese wird ein Eisenstab eingesetzt, welcher am einen Ende zugespitzt ist; man kittet nun eine dicke Glasplatte auf die eine Endfläche des Cylinders, steckt den Eisenstab in die Höhlung, bis die Spitze die Glasplatte berührt und stellt den Cylinder so auf, daß der eine Konduktor der Influenzmaschine die Glasplatte und der andere den Eisenstab berührt.

Zu den thermischen und optischen Wirkungen gehören das Entzünden von Weingeist, Kolophonium, Schießbaumwolle, einer Mischung von gleichen Teilen Schwefelantimon und chlorsaurem Kali (Varrentrappsche Mischung); das Schmelzen von Eisendraht und Stanniol; Einschmelzen von Goldschaum in Glasplatten. Beim Entzünden von Schießpulver muß man durch Einschiebung eines nassen Fadens in die Leitung die Entladung verzögern.

Läßt man durch den einen, geschlossenen Schenkel eines kommunizierenden Gefäßes, welches teilweise mit einer Flüssigkeit gefüllt ist, in dem oberen lufterfüllten Raume den Entladungsschlag einer Flasche gehen, so fällt die Flüssigkeit in diesem Schenkel und steigt in dem anderen — Thermometer von Kinnersley. — Ähnlich ist das Luftthermometer von Riefs, nur dafs hier der Schlag durch eine im Inneren des Gefäfses angebrachte Platinspirale geht.

Eine teils thermische, teils mechanische Wirkung ist das Zersprengen einer mit Wasser gefüllten Glasröhre, wenn durch das Wasser zwischen den Enden zweier in die Röhre eingeführter Drähte der Batteriefunke überspringt. Zu allen thermischen Wirkungen braucht man viel Elektricität von geringer Spannung; man wendet also eine Batterie von mehreren Flaschen mit niederem unbelegten Hals an.

Die chemischen Wirkungen des Entladungsschlages sind unbedeutend, wenn man nicht vielfach wiederholte Schläge anwendet; die chemischen Wirkungen der Elektricität werden später beim galvanischen Strom behandelt werden.

Zu den physiologischen Wirkungen gehört die Erschütterung, welche man verspürt, wenn man gleichzeitig das innere und äufsere Beleg einer geladenen Flasche berührt; ebenso kann man den Schlag durch eine ganze Reihe von Personen gehen lassen; stärkere Schläge sind imstande kleine Tiere zu töten.

Als magnetische Wirkung ist die Magnetisierung einer Stahlnadel anzuführen, welche im Inneren einer mit übersponnenem Draht umwickelten Glasröhre sich befindet, wenn man durch den Draht den Entladungsschlag einer Flasche gehen läfst.

§ 291. Dauer des elektrischen Funkens; Fortpflanzungsgeschwindigkeit der Elektricität. Die Dauer der Entladung einer Flasche ist aufserordentlich kurz, wächst aber mit der Schlagweite (Feddersen); auch ist sie nicht dieselbe bei einer einzelnen Flasche und bei einer Batterie; die Funkendauer beträgt 0,00004″ bei einer Flasche und einer Schlagweite von 1,5 mm; 0,00015″ bei einer Flasche und einer Schlagweite von 10 mm, sowie 0,00014″ bei zwei Flaschen und einer Schlagweite von 3,75 mm. Wegen dieser äufserst kurzen Dauer des elektrischen Funkens scheinen Körper, welche im Dunkeln rotieren und durch den Entladungsfunken beleuchtet werden, stille zu stehen (Farbenkreisel).

Die Fortpflanzungsgeschwindigkeit der Elektricität beträgt nach älteren Untersuchungen 62000 Meilen in der Sekunde, nach neueren scheint sie der des Lichtes — 42000 Meilen — gleich zu sein.

Die Dauer des Funkens untersuchte Wheastone (1834) zuerst auf folgende Weise: Er liefs den Funken einer Batterie zwischen zwei Knöpfen, welche 2 mm voneinander abstanden, überschlagen und betrachtete denselben in einem Spiegel, der sich um eine der Verbindungslinie der Knöpfe parallele Achse drehen konnte. Bei ruhendem oder langsam rotierendem Spiegel erklickte man eine helle, der Verbindungslinie der Knöpfe parallele Linie, welche aber in ein um so breiteres Band überging, je rascher die Rotation des Spiegels wurde. Bei 800 Umdrehungen hatte das Band eine Breite von 24°, folglich betrug die Funkendauer:

$$\frac{24}{2.800.360} = 0{,}000\,042''.$$

Auch die Fortpflanzungsgeschwindigkeit hat Wheastone bestimmt: Auf einem Brette waren sechs Kugeln *a, b, c, d, e, f* (Fig. 401) isoliert aufgestellt, von denen die eine e mit dem äufseren Beleg einer Flasche und eine andere b mit einer Kugel l verbunden wurde, welche in der Nähe des Knopfes k der Flasche stand.

Aus der Figur ist ferner ersichtlich, dafs die Knöpfe a und b, c und d, e und f ziemlich nahe beieinander standen und namentlich auch näher als l und k. Wurde die Flasche geladen, und sprang ein Funke zwischen l und k über, so geschah dasselbe gleichzeitig zwischen b und a und zwischen e und f, dagegen etwas später zwischen c und d, weil die Drähte pp und qq eine Länge von je 402 m hatten. Vor den Kugeln $a, b\dots$ war ein Spiegel angebracht, dessen Achse der Verbindungslinie der Kugeln parallel war. Bei schnellem Rotieren des Spiegels (800 Umdrehungen in der Sekunde) erschienen alle 3 Funken (zwischen a und b, c und d, e und f) zu langen Bändern | ı | verbreitert, von denen das mittlere je nach der Rotationsrichtung etwas höher oder tiefer lag, als die beiden seitlichen. Die Gröfse der Verschiebung des mittleren Funkenbildes betrug 0,5°; der mittlere Funke entstand also

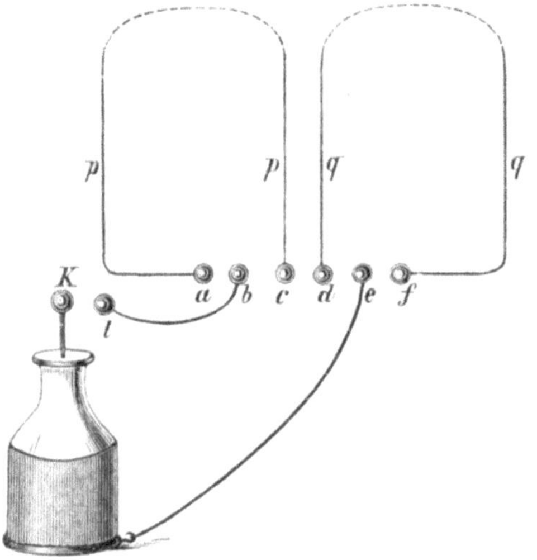

Fig. 401. Geschwindigkeit der Elektricität.

$$\frac{0{,}5}{2\,.\,800\,.\,360} = 0{,}000\,000\,868''$$

später, als die zwei seitlichen.

Hieraus ergiebt sich die Geschwindigkeit der Elektricität:

$$\frac{402}{0{,}000\,000\,868} = 463\,133 \text{ km} = 62\,500 \text{ Meilen.}$$

Siemens hat neuerdings eine andere Methode angewandt; von zwei gleichstark geladenen Flaschen, deren äufsere Belege untereinander und mit der Erde leitend verbunden sind, ist der Knopf der einen mit einem kurzen, der der anderen mit einem sehr langen (Telegraphen-) Draht verbunden; die Enden dieser zwei Drähte sind bis dicht an eine rasch rotierende stählerne Walze geführt, deren Achse mit der Erde leitend verbunden ist. Dreht man die Walze rasch um (100 Umdrehungen in der Sekunde), so hinterlassen die überspringenden Entladungsfunken zwei Spuren, welche nicht in derselben Horizontalen liegen, was geschehen würde, wenn die mit ihren Knöpfen verbundenen Drähte gleichlang wären; es ist leicht die Bogenstrecke zu bemessen, um welche der eine Funken vom anderen entfernt ist und hieraus, sowie aus der Länge des Telegraphendrahtes die Geschwindigkeit der Elektricität zu berechnen; Siemens erhält auf diese Art eine Zahl, welche der Geschwindigkeit des Lichtes nahe kommt.

§ 292. Elektricität durch Druck und Erwärmung. 1) Drückt man eine Metallplatte, welche man an einem isolierenden Griffe hält, auf Wachstaffet, so wird die Metallplatte negativ und der Taffet positiv elektrisch.

Drückt man einen Kalkspatkrystall mit den Fingern, so wird er und zwar oft für längere Zeit positiv elektrisch. Hauy befestigte einen kleinen

Kalkspatkrystall an dem einen Ende einer auf einer Spitze schwebenden Nadel und drückte sie mit den Fingern; durch Annäherung einer geriebenen Glasstange konnte er nachweisen, dafs der Krystall positiv elektrisch war.

2) Wird ein Turmalinkrystall erhitzt, so zeigt er sich an dem einen Ende positiv, an dem anderen negativ elektrisch; zerbricht man ihn, so hat jedes Stück, ähnlich wie ein Magnet, wieder zwei Pole. Wenn der Krystall durchweg gleiche Temperatur besitzt, so ist er unelektrisch; er erlangt elektrische Eigenschaften nur während des Steigens oder Sinkens der Temperatur. Hat man einen solchen Krystall bis etwa 150° erhitzt und läfst ihn erkalten, so tritt ein Punkt ein, bei welchem er unelektrisch wird; bei weiterem Erkalten wird er wieder elektrisch, er wechselt aber dabei seine Pole.

Fig. 402. Turmalinkrystall.

Der Turmalin gehört zum hexagonalen System und krystallisiert meist in hemiëdrischen Formen als dreiseitige Säule (mit zugeschärften Seitenkanten), welche an beiden Enden Rhomboederflächen trägt, jedoch so, dafs dieselben am einen Ende *A* auf den Prismenflächen, am anderen *B* auf den Prismenkanten aufsitzen, also durch Abstumpfung der Grundkanten, bezüglich der Ecken erhalten werden (Fig. 402). Das erste Ende *A* nun, welches man auch den analogen Pol nennt, wird bei steigender Temperatur positiv, das letztere *B* — antiloger Pol — negativ (Rose, Hauy, Hankel). Um die elektrischen Eigenschaften des Turmalins beim Steigen und Sinken der Temperatur zu untersuchen, erhitzt man ihn, hängt ihn in einem Papierschiffchen an einem Kokonfaden auf und nähert ihm einen elektrischen Körper.

Krystalle, welche sich ähnlich wie Turmalin verhalten, sind noch: Zucker, Borazit, Kieselzinkerz u. s. w.

Den Turmalin, der hauptsächlich in Indien gefunden wird, heifst man auch wohl „Aschenzieher", da er erwärmt, leichte Körperchen, wie Asche u. dergl., anzieht.

§ 293. Atmosphärische Normal-Elektricität. Die Atmosphäre enthält in normalem (gewitterfreiem) Zustande stets eine gewisse Menge Elektricität und zwar meist positive; man kann sich hiervon überzeugen, wenn man auf ein Elektroskop eine lange Stange, welche in eine Spitze endigt, setzt und wohl auch ein Stückchen brennenden Zunders auf derselben anbringt. Statt einer Spitze kann man auch eine Kugel nehmen, in welchem Falle eine Influenzwirkung eintritt (Saussure, Peltier). Die Menge der positiven Elektricität wächst mit der Höhe über der Erdoberfläche.

Man hat zwei tägliche Maxima und Minima der Elektricität beobachtet; das erste Minimum tritt früh morgens ein (im Winter etwa um $7^1/_2$ Uhr, im Sommer um 5 Uhr), das erste Maximum in den früheren Vormittagsstunden (im Winter um $9^1/_2$ Uhr, im Sommer um 7 Uhr); das zweite Minimum am Nachmittag (im Winter um $2^1/_2$ Uhr, im Sommer um $4^1/_2$ Uhr), das zweite Maximum am Abend (im Winter um $6^1/_2$ Uhr, im Sommer um $9^1/_2$ Uhr).

Die Menge der Elektricität ist bei hellem Himmel gröfser als bei bedecktem und im Winter gröfser als im Sommer.

Nebel zeigen sich meist positiv, Regen dagegen bald positiv, bald negativ.

Die Ursache der atmosphärischen Normalelektricität ist noch nicht ergründet.

§ 294. Elektricität bei Gewittern. Gewaltige Mengen von Elektricität sammeln sich bei Gewittern in den Wolken; die eine, die „Hauptwolke" enthält positive Elektricität und ist, oft ringsum, von einer Anzahl negativer Wolken umgeben.

Schon Otto v. Guericke verglich den Funken der Elektrisiermaschine mit dem Blitz und das Knistern des Funkens mit dem Donner.

Der Blitz schlägt teils zwischen zwei Wolken über, teils zwischen einer Wolke und Gegenständen auf der Erde.

Zieht eine z. B. positiv elektrische Wolke nahe über die Erde hin, so wirkt sie influenzierend, namentlich auf die höher gelegenen Gegenstände, zieht die negative Elektricität an und stöfst die positive in die Erde ab. Endigt ein hoher Gegenstand, z. B. ein Turm, in eine Spitze, so strömt ständig negative Elektricität aus derselben nach der Wolke hin, um sich mit deren positiver Elektricität ohne Blitzschlag zu vereinigen; endigt aber ein hoher Gegenstand in eine breite Fläche oder eine Kugel, so sammelt sich negative Elektricität in gröfserer Menge an und gleicht sich schliefslich mit der positiven der Wolke in einem heftigen Blitzschlag aus.

Auf der Wirkung der Spitzen beruht das St. Elmsfeuer, d. i. das Leuchten von Schiffsmasten, Türmen, Baumspitzen u. s. w. bei Gewittern. Auch gründet sich hierauf die Wirksamkeit des Blitzableiters; er besteht aus einer hohen, über der Dachfirste eines Hauses angebrachten „Auffangestange", welche in eine vergoldete Spitze endigt, oder mit einem Platinhütchen überdeckt ist. Die Auffangestange ist mit einer metallischen, über die ganze Dachfirste gehenden und bis in den Erdboden geführten Leitung verbunden, welche gewöhnlich in ein Zinkdrahtseil, das in eine feuchte Grube versenkt und mit Kohle umgeben wird, endigt.

Wenn der Blitz in irdische Gegenstände schlägt, so folgt er gewöhnlich den guten Leitern, welche er nicht selten schmilzt oder verflüchtigt, während er schlechte zertrümmert; erfolgt keine Entzündung brennbarer Gegenstände, so nennt man den Blitz einen kalten Schlag.

Von fernen Gewittern sieht man oft noch die Blitze, ohne den Donner zu hören — Wetterleuchten.

Wenn der Blitz in einen hohen Gegenstand einschlägt, so ist es möglich, dafs eine in der Nähe befindliche Person, ohne direkt vom Blitz getroffen worden zu sein, beschädigt oder gar getötet wird; es findet nämlich auch in ihr eine elektrische Verteilung statt; gleichen sich nun die entgegengesetzten Elektricitäten der Wolke und des hohen Gegenstandes in einem Blitze aus, so springen auch die zwei entgegengesetzten Elektricitäten im Inneren des menschlichen Körpers zueinander und erzeugen eine heftige Erschütterung der Nerven — elektrischer Rückschlag.

Auch die Nord- und Südlichter sieht man als elektrische Erscheinungen an. In den Polargegenden zeigen sich diese herrlichen Lichterscheinungen fast in jeder Nacht, während sie in niederen Breiten selten und unter den Tropen fast nie zu sehen sind. Nach Sonnenuntergang erscheint ein dunkeles Segment am Himmel, welches von einem hellen Saum umgeben ist; bald schiefsen aus ihm helle, verschiedenfarbige Strahlen, welche alle nach einem Punkte hinzueilen scheinen, nach dem Punkte nämlich, wohin die Spitze der Inklinationsnadel zeigt; sie vereinigen sich oft hoch über dem Segment und bilden die sogen. Krone des Nordlichtes.

Über die Entstehung des Nordlichtes ist nichts Sicheres bekannt.

Die Elektricität der Gewitterwolken kann man durch Drachen, in deren Schnur Metallfäden eingelegt sind, zur Erde leiten (Franklin 1752); de Romas erhielt Funken von 1—3 m Länge und mehreren Centimetern Dicke.

Schlägt der Blitz durch trockenen Sand, so schmilzt er denselben teilweise und erzeugt hohle, zusammenhängende Röhren, Blitzröhren.

Die Blitze sind oft von beträchtlicher Länge, manche scheinen einen grofsen Teil des Firmaments zu durchlaufen; andere sind breit und rundlich — Kugelblitze, wieder andere erhellen breite Strecken am Himmel — Flächenblitze.

Um sich bei Gewittern vor dem Blitz zu schützen, stelle man sich nicht in die Nähe guter Leiter (Öfen u. dergl.) und lösche das Feuer, da Rauch und verdünnte Luft die Elektricität gut leiten; im Freien vermeide man Dachtraufen und stelle sich nicht als einzigen erhabenen Gegenstand auf, jedoch auch nicht zu nahe an höhere Gegenstände, wie Bäume u. s. w. Übrigens ist die Zahl der jährlich vom Blitz Erschlagenen gering, in Frankreich etwa 100 (Arago). Bei nahen Gewittern hört man den Donner meist als einfachen Schlag, bei fernen Gewittern entwickelt er sich durch das Widerhallen an den Wolken zu einem länger andauernden „Rollen“; auch wird er im ersten Fall fast unmittelbar nach dem Blitz, im zweiten oft beträchtlich später vernommen.

b. Galvanische oder Berührungselektricität.

1. Ursprung der galvanischen Elektricität.

§ 295. Der Voltasche Fundamentalversuch. Berührt man eine ebene, metallisch blanke Kupferscheibe mit einer ebensolchen Zinkscheibe, indem man beide an isolierenden Griffen fafst, so wird die erstere negativ, die letztere positiv elektrisch; man weist dies nach, indem man die Scheiben aufeinander setzt, wieder auseinander nimmt und die eine mit der oberen, die andere mit der unteren Platte eines feinen Kondensators in Berührung bringt; hebt man nach 5—10 maliger Wiederholung dieses Verfahrens die obere Kondensatorplatte ab, so schlagen die Goldblättchen aus und zwar mit positiver oder negativer Elektricität, je nachdem man die untere Kondensatorplatte mit der Zink- oder der Kupferscheibe berührt hat — Voltascher Fundamentalversuch: Jedesmal wenn zwei verschiedenartige Leiter der Elektricität miteinander in Berührung kommen, wird der eine positiv, der andere negativ elektrisch.

Die Ursache dieser Elektricitätserregung schreibt man einer besonderen Kraft, der elektromotorischen Kraft zu, welche eine teilweise Trennung der vereinigten positiven und negativen Elektricität bewirkt, wobei die erstere sich auf dem einen, die letztere auf dem anderen Körper sammelt.

Die auf solche Art entstehende Elektricität nennt man Berührungs-, Kontakt-, oder (nach ihrem Entdecker Galvani) galvanische Elektricität.

Im Jahre 1789 machte Ludw. Galvani, Professor in Bologna, die Beobachtung, dafs frischgetötete und enthäutete Frösche jedesmal in Zuckungen gerieten, wenn aus einer in der Nähe befindlichen Elektrisiermaschine ein Funke gezogen und der Frosch gleichzeitig ableitend berührt wurde. Heutzutage erklärt man diese Erscheinung als elektrischen Rückschlag (§ 294); Galvani aber, welcher sich mit dem Gedanken an eine tierische Elektricität trug, glaubte in diesem Versuche eine Haupstütze für seine Ansicht gefunden zu haben. Um nun den Einflufs der atmosphärischen auf die tierische Elektricität zu untersuchen, hing Galvani frisch getötete und enthäutete Frösche an einem kupfernen Haken an dem eisernen Geländer seines Gartens auf und bemerkte, dafs jedesmal Zuckungen eintraten, wenn durch den Wind die Froschschenkel mit dem Geländer in Berührung kamen. Volta, Professor in Pavia, welcher diese Versuche wiederholte, fand, dafs die Frösche nicht in Zuckungen gerieten, wenn statt eines kupfernen ein eiserner Haken angewandt wurde, und dafs überhaupt zum Gelingen des Versuches die Anwendung zweier verschiedener Metalle notwendig ist. Hieraus schlofs er, dafs die Elektricitätsquelle an der Berührungsstelle der zwei verschiedenen Metalle zu suchen sei, und dafs der Frosch nur als sehr empfindliches Elektroskop fungiere. Alle nervenreichen Tiere sind selbst gegen geringe Spuren von Elektricität sehr empfindlich: Berührt man die blofsgelegten Rückenmarksnerven eines Frosches mit einem Zinkstück und die Schenkelmuskeln mit einem durch einen Draht mit dem Zink verbundenen Kupferstück, so fängt der Frosch zu zucken an (Fig. 403). Legt man eine Silberscheibe auf eine etwas gröfsere Zinkscheibe und auf erstere einen Blutegel, so kommt derselbe in Zuckungen, wenn er beim Fortkriechen das Zinkstück berührt.

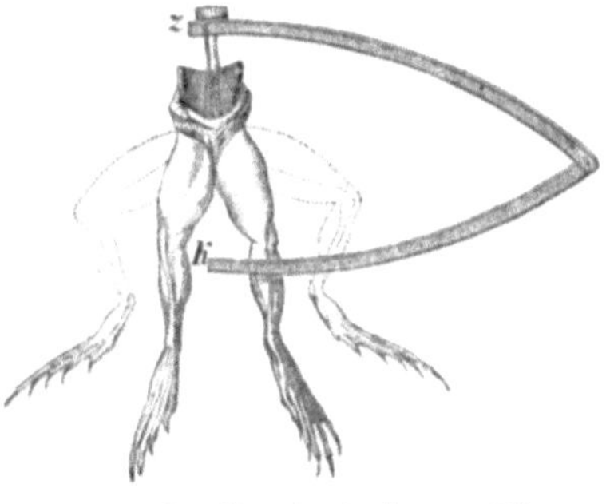

Fig. 403. Frosch als Stromprüfer.

In betreff des Voltaschen Fundamentalversuches sei noch erwähnt, dafs es zwar, wie später nachgewiesen werden wird (§ 296), einerlei ist, von welchem Metall die Platten des hierbei benutzten Kondensators gemacht sind (z. B. Messing), dafs es aber vorläufig richtiger ist, die Kondensatorplatten von denselben Metallen (z. B. Zink und Kupfer) zu wählen, aus denen die Scheiben gemacht sind, deren Berührungselektricität untersucht werden soll; man berührt alsdann jede Scheibe mit der gleichartigen Kondensatorplatte. Ist der Kondensator so fein, dafs eine einmalige Berührung einen Ausschlag bewirkt (§ 301), so kann man auch die Scheiben selbst als Kondensatorplatten benutzen; man schraubt z. B. eine nicht gefirnifste Zinkscheibe statt der gewöhnlichen Platte auf den Kondensator, berührt sie mit einer metallisch blanken Kupferscheibe und hebt diese wieder ab; oder man nimmt zwei gleichartige Platten, z. B. Zinkplatten, welche an der Berührungsstelle gefirnifst sind, als Kondensatorplatten und berührt sie mit einem Verbindungsdraht (Fig. 387, § 280) aus einem anderen Metall, z. B. Kupfer, nimmt dann den Draht weg und hebt die obere Platte ab.

Zu verwerfen sind aber solche Vorschriften zur Anstellung des Voltaschen

Versuches, bei welchem die Hand mit einer der Platten in Berührung gebracht werden soll, da die Feuchtigkeit der Hand die Reinheit des Versuches stört.

§ 296. Die Spannungsreihe. Die Stärke des Ausschlags des Kondensators bei der Berührung zweier Metalle, also auch die elektromotorische Kraft oder die elektrische Spannung ist je nach der Natur der Metalle verschieden, aber unabhängig von der Gröſse der Berührungsfläche.

Versteht man unter $+e$ und $-e$ die Mengen der auf der Flächeneinheit bezüglich der Zink- und der Kupferplatte befindlichen positiven und negativen Elektricität, so ist die elektrische Spannungsdifferenz zwischen Zink und Kupfer $+2e$ und zwischen Kupfer und Zink $-2e$; man bezeichnet die eine mit Zn|Cu, die andere mit Cu|Zn. Nimmt man die elektrische Differenz zwischen Zink und Kupfer = 100 an, so ist (nach Hankel):

Zn|Pb = 44; Zn|Sn = 51; Zn|Fe = 84; Zn|Cu = 100; Zn|Au = 110
Zn|Ag = 118; Zn|C = 122; Zn|Pt = 123.

Man sieht hieraus, daſs Zink mit allen übrigen hier aufgezählten Leitern positiv wird. Stellt man die Leiter in der Reihenfolge der wachsenden Differenzen d. h. so zusammen, daſs jedes vorhergehende Glied mit dem folgenden positiv wird, so erhält man die (zuerst von Volta aufgestellte) Spannungsreihe:

Zink, Blei, Zinn, Eisen, Kupfer, Gold, Silber, Kohle, Platin.

Man hat weiter auch die elektrischen Differenzen irgend zweier Glieder der Spannungsreihe untersucht und gefunden, daſs die elektrische Differenz irgend zweier Glieder gleich dem Unterschiede der elektrischen Differenzen ist, welche dieselben gegen Zink haben; so ist z. B. die elektrische Differenz zwischen Zinn und Silber:

Sn|Ag = 118 − 51 = 67.

Dies läſst sich allgemeiner so ausdrücken: Die elektrische Differenz irgend zweier Glieder der Spannungsreihe ist gleich der Summe der Differenzen der Zwischenglieder — Gesetz der Spannungsreihe.

So ist z. B.:

Sn|Ag = 67 und Sn|Fe + Fe|Cu + Cu|Au + Au|Ag = 67.

Es ist deshalb praktisch die Zahlwerte der Spannungen so zu schreiben, daſs die Unterschiede je zweier bei den Leitern stehenden Zahlen die elektrische Differenz derselben angeben:

Zn = 200; Pb = 156; Sn = 149; Fe = 116; Cu = 100;
Au = 90; Ag = 82; C = 78; Pt = 77.

So ist z. B. Fe|Au = 116 − 90 = 26, d. h. wenn Eisen und Gold in Berührung kommen, so erlangt Eisen die Dichtigkeit + 13 und Gold − 13, wenn Zn|Cu mit 100 bezeichnet wird.

Sind bei einer Reihe übereinander geschichteter Glieder der Spannungsreihe Anfangs- und Endglied von demselben Material, so ist die elektrische Differenz der Endplatten gleich Null.

Aus dem Gesetz der Spannungsreihe folgt, dafs in einem geschlossenen Kreise von Gliedern, welche ihr angehören, die Bildung einer dauernden Elektricitätsströmung nicht möglich ist.

Wenn zwei verschiedene Körper, welche Leiter der Elektricität sind, miteinander in Berührung kommen, so wird (im allgemeinen) eine elektromotorische Einwirkung stattfinden; der eine Körper wird positiv, der andere ebenso stark negativ elektrisch. Diese elektrische Spannung wird andauernd und ohne fernere Erregung fortbestehen, wenn nicht ständig ein Teil der Elektricität zur Leistung irgend einer Arbeit (chemische Zersetzung u. dgl.) verbraucht wird. Bei den Gliedern der Spannungsreihe findet ein derartiger Verbrauch nicht statt; sobald also die elektrischen Differenzen an den Berührungsstellen sich herausgebildet haben, hört eine fernere Einwirkung auf. Verbindet man z. B. drei Stäbe von Zink, Eisen und Kupfer etwa in Dreiecksform mit einander, so hat man:

$$Zn|Fe + Fe|Cu + Cu|Zn.$$

Diese Summe ist aber gleich Null; es herrscht ein statischer Gleichgewichtszustand.

Noch mehr elektronegativ als Platin sind die Superoxyde, namentlich diejenigen des Bleies und Mangans. — Aluminium zeigt sich elektropositiver als Zink. — Die Zahlwerte der elektrischen Differenzen weichen bei den einzelnen Forschern (Volta, Pfaff, Kohlrausch, Gerland, Hankel) voneinander ab.

Fechner hat gefunden, dafs aufser gebundener positiver und negativer Elektricität auch noch freie auf den Metallen bei der Berührung sich befindet; die freie soll aber nur einen sehr geringen Bruchteil ($^1/_{1400}$) von der gebundenen betragen.

§ 297. Elektrische Differenz zwischen Metallen und Flüssigkeiten. Auch bei der Berührung eines festen und eines flüssigen Körpers entsteht Elektricität. Schraubt man z. B. (nach Buff) auf einen Kondensator eine Zinkplatte, legt darauf eine dünne Glasscheibe, auf welcher sich ein mit verdünnter Schwefelsäure befeuchtetes Stück Fliefspapier befindet, berührt Papier und Kupferplatte gleichzeitig mit einem Verbindungsdraht von Zink, so schlagen nach dem Wegnehmen des Drahtes und dem Abheben der Glasscheibe die Goldplättchen des Kondensators mit negativer Elektricität aus.

Bemerkenswert ist indessen, dafs, weil beim Wegnehmen des Verbindungsdrahtes Flüssigkeit an demselben hängen bleibt, beide an der Berührungsstelle zwischen Zink und Flüssigkeit gebundene Elektricitäten mit hinweggenommen wurden, so dafs man nur die frei über das Zink verbreitete Elektricität am Kondensator beobachten kann.

In reinem Wasser und in Kalilauge werden alle Metalle negativ, Zink stark, Platin schwach.

In verdünnter Schwefelsäure werden Zink, Eisen, Kupfer in abnehmendem Mafse negativ, Gold und Platin positiv.

In verdünnter Salpetersäure werden Eisen und Zink negativ, Platin und Gold positiv und zwar stärker, als in verdünnter Schwefelsäure; Kupfer ist indifferent.

In käuflicher Salpetersäure werden Eisen und Zink schwach negativ, Platin, Gold und Kupfer positiv.

In konzentrierter Zinkvitriollösung wird Zink stark, Kupfer schwach negativ, Platin positiv.

Kohlrausch hat die elektromotorischen Kräfte zwischen Metallen und Flüssigkeiten zu bestimmen gesucht, und gefunden, indem er Zn | Cu = 100 setzte:

$$\text{amalg. Zn} \mid \text{verd. } H_2SO_4 = -149 \qquad Cu \mid ZnSO_4 = -36$$
$$Zn \mid ZnSO_4 = -129 \qquad Cu \mid CuSO_4 = -21{,}5$$
$$Zn \mid \text{verd. } H_2SO_4 = -115 \qquad Pt \mid HNO_3 = +149$$
$$\text{und nach Péclet: } Cu \mid \text{verd. } H_2SO_4 = -15.$$

Die elektromotorischen Kräfte zwischen Metallen und Flüssigkeiten sind also meist gröfser, als die zwischen Metallen.

Weitere Versuche sind namentlich von Péclet, Gerland und Hankel angestellt worden, doch sind alle Zahlenangaben wenig zuverlässig.

§ 298. Leiter erster und zweiter Ordnung. Vergleicht man die im vorigen § aufgeführten Beobachtungsresultate, so kommt man zu dem Schlusse, dafs die Flüssigkeiten nicht in die Spannungsreihe passen; Wasser müfste z. B. vor Zink stehen und mit allen in der Spannungsreihe enthaltenen Metallen in zunehmendem Mafse positiv werden, was aber nicht der Fall ist, da es mit Zink stark und mit Platin schwach positiv wird.

Auch gilt das Gesetz der elektrischen Differenzen nicht; so müfste z. B.:

$$Zn \mid ZnSO_4 + ZnSO_4 \mid Cu = Zn \mid Cu$$

sein; es ist aber (nach Kohlrausch):

$$Zn \mid ZnSO_4 + ZnSO_4 \mid Cu = -129 + 36 = -93$$

und

$$Zn \mid Cu = +100.$$

Dies hat schon Volta gefunden und danach Leiter erster Art — die Metalle — und Leiter zweiter Art — die Flüssigkeiten — unterschieden, von denen die einen dem Gesetze der Spannungsreihe gehorchen, die anderen nicht.

Dem Gesetze der Spannungsreihe:

$$A \mid B + B \mid C = A \mid C$$

folgen (nach Wild) auch einige Flüssigkeiten, nämlich die schwefelsauren Salze (mit Ausnahme des Ammons) von der Formel MSO_4 oder M_2SO_4 und zwar (indem wir blofs die Metalle hinschreiben) in folgender Ordnung:

K, Na, Mg, Zn, Mn, Fe, Ni, Co, Cu, Ag.

2. Galvanische Ketten und Batterien.

§ 299. Zwei Metalle und eine Flüssigkeit — galvanische Kette. Stellt man zwei Metalle in eine Flüssigkeit, z. B. eine Zink- und eine Kupferplatte in verdünnte Schwefelsäure, und verbindet die Platten aufserhalb der Flüssigkeit z. B. durch einen Kupferdraht, so geht über denselben ein andauernder Strom von positiver Elektricität und zwar in der Richtung vom

Kupfer zum Zink. Man kann dies u. a. dadurch zeigen, dafs man in den Schliefsungskupferdraht einen feinen Platindraht einschaltet; derselbe glüht fortdauernd oder bleibt wenigstens warm. Gleichzeitig bemerkt man aber auch, dafs eine chemische Zersetzung eintritt; es bildet sich in der Flüssigkeit Zinksulfat, während Wasserstoff an der Kupferplatte aufsteigt.

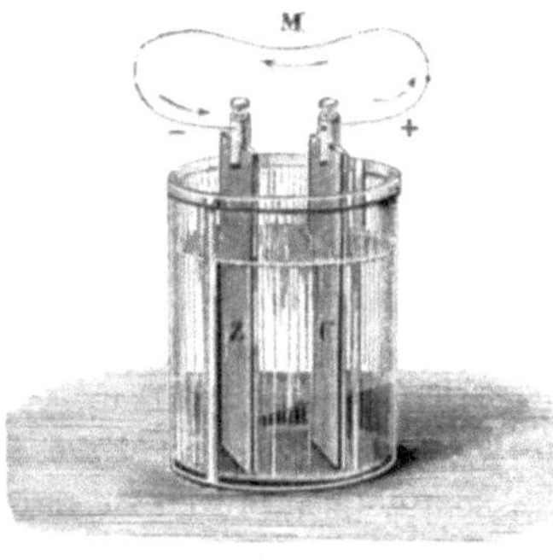

Fig. 404. Einfache galvanische Kette.

Die verdünnte Schwefelsäure gehört der Spannungsreihe nicht an und es ist:

$$Zn|Cu + Cu|H_2SO_4 + H_2SO_4|Zn = +234.$$

Zwei Metalle und eine Flüssigkeit bilden eine einfache galvanische Kette oder ein galvanisches Element. Sind die Metalle aufserhalb der Flüssigkeit metallisch verbunden, so heifst die Kette geschlossen, im anderen Falle offen. Gewöhnlich läfst sich an jeder der beiden Metallplatten ein Draht — Schliefsungs- oder Poldraht — mittelst einer Klemmschraube anbringen (Fig. 404). Die Spannungsverhältnisse in der offenen und geschlossenen Kette lassen sich folgendermafsen darstellen:

In beistehenden Schema für eine offene Kette ist Zn eine Zinkplatte, F eine feuchte

Cu	$+ 74{,}5 - 7{,}5 = + 67$
F	$+ 74{,}5 + 7{,}5 = + 82$
Zn	$- 74{,}5 + 7{,}5 = - 67$

(etwa mit verdünnter Schwefelsäure getränkte) Scheibe und Cu eine Kupferplatte. Zink wird in Berührung mit verdünnter Schwefelsäure negativ und erlangt die Dichte $- 74{,}5$, während sich auf der Flüssigkeit die Dichte $+ 74{,}5$ bildet. Betrachtet man die Kupferplatte lediglich als Leiter, so nimmt sie an der positiven Elektricität der Flüssigkeit teil und zwar mufs auch auf ihr die Dichte $+ 74{,}5$ herrschen, weil die elektromotorische Kraft die elektrische Differenz $2 . 74{,}5$ zu erhalten sucht. — Nun wirken aber auch Flüssigkeit und Kupfer elektromotorisch aufeinander; die Flüssigkeit und damit zugleich die Zinkplatte erlangt die Dichte $+ 7{,}5$, während das Kupfer die Dichte $- 7{,}5$ erhält. Insgesamt herrscht also auf der Zinkplatte die Dichte $- 67$ und auf der Kupferplatte $+ 67$.

An den Polen einer offenen Kette herrscht also gleichstarke positive und negative Spannung.

Legt man auf die Kupferplatte noch eine Zinkplatte, oder umgekehrt unter die Zinkplatte noch eine Kupferplatte, welche man mit der anderen Endplatte in Verbindung denkt, so erhält man eine geschlossene Kette; im einen Falle sind gewissermafsen die Metallplatten der Kette durch einen Zink-, im anderen durch einen Kupferdraht verbunden, was freilich auf dasselbe hinauskommt. Durch eine ähnliche Schlufsfolgerung, wie vorhin, lassen sich die auf die Platten beistehenden Schemas geschriebenen Dichtigkeiten leicht als richtig erkennen:

$+74{,}5 - 7{,}5 + 50 = +117$	Zn
$+74{,}5 - 7{,}5 - 50 = -\ \ 17$	Cu
$+74{,}5 + 7{,}5 - 50 = +\ \ 32$	F
$-74{,}5 + 7{,}5 - 50 = -117$	Zn

Auch hier sind die Dichtigkeiten der beiden Enden gleich und entgegengesetzt.

Denkt man sich eine Kupfer- und eine Zinkplatte in verdünnte Schwefelsäure gestellt und aufserhalb der Flüssigkeit durch einen Zink- oder Kupferdraht verbunden (Fig. 405), oder einfach mit einander in Berührung gebracht, so bezeichnet in unserem Schema die obere Zinkplatte die Stelle, wo aufserhalb der Flüssigkeit das Zink das Kupfer berührt, und die untere Zinkplatte die Stelle, wo innerhalb der Flüssigkeit das Zink die Flüssigkeit berührt. Aufserhalb der Flüssigkeit strömt positive Elektricität (+ 117) vom Kupfer zum Zink und ebensoviel negative vom Zink zum Kupfer. — Man nennt deshalb das Kupfer den positiven und das Zink den negativen Pol.

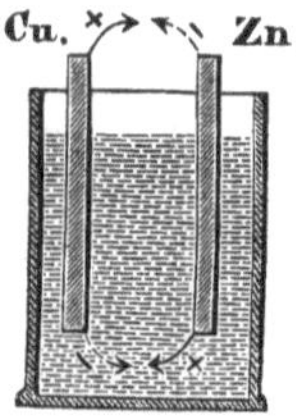

Fig. 405. Stromlauf.

An der unteren Zinkplatte, d. h. an der Stelle, wo das Zink die Flüssigkeit berührt, fliefst positive Elektricität durch die Flüssigkeit zum Kupfer (das Kupfer ist weniger stark negativ, als das Zink). Von diesem Gesichtspunkte aus nennt man das Zink das positive Metall.

Ähnlich ergiebt sich, dafs vom Kupfer innerhalb der Flüssigkeit negative Elektricität durch die Flüssigkeit zum Zink hin abströmt, weshalb das Kupfer das negative Metall genannt wird.

Man hat deswegen gewissermafsen zwei Ströme in einer Kette, einen positiven, welcher in der Richtung vom positiven zum negativen Pol, und einen negativen, welcher in der Richtung vom negativen zum positiven Pol durch die Kette kreist; indessen spricht man gewöhnlich nur von einem galvanischen Strome und meint damit den Strom der positiven Elektricität.

Volta war der Ansicht, dafs der elektrische Strom wesentlich in der Berührung der festen Leiter seinen Ursprung habe; später, nachdem nachgewiesen worden, dafs auch feste und flüssige Leiter in Berührung miteinander Elektricität erzeugten, nahm er auch diese Erregungsart an; immer aber bezeichnet er als Ursache der Elketricitätserregung die Berührung verschiedenartiger Körper — Kontakttheorie. Die chemischen Zersetzungen, welche der Strom in der Kette bewirkt, sind nach dieser Theorie (in ihrer älteren Form) nur etwas Sekundäres. Französische und englische Physiker indessen (Davy, Faraday, de la Rive u. A.) bezeichneten umgekehrt die chemischen Aktionen, welche bei der Berührung fester und flüssiger Körper vor sich gehen, als die Quelle des elektrischen Stromes — Chemische Theorie. Sie verwarfen den Voltaschen Fundamentalversuch, indem sie die beim Kontakt fester Leiter auftretende Elektricität als durch die Feuchtigkeitsschicht bedingt, darstellten welche sich stets auf der Oberfläche der Körper befindet.

Indessen ist nicht einzusehen, warum nicht innere Bewegung (des Äthers allein, oder des Äthers und der Körpermoleküle) soll enstehen können, wenn verschiedenartige Körper miteinander in Berührung kommen, auch ohne dafs chemische Zersetzung eintritt, denn die Ätherhüllen der Moleküle werden bei den Körpern im allgemeinen von verschiedener Dichtigkeit sein und deswegen bei hinreichender Annäherung aufeinander einwirken.

Ein andauernder Strom freilich, eine ständige Neubildung von Elektricität kann nur eintreten, wenn ein Teil derselben zu irgend welcher Arbeit (chemische Zersetzung, thermischer Wirkung u. dergl.) verbraucht wird; indem sich immer wieder die frühere Spannung herzustellen sucht, entsteht nun eine kontinuierliche Neubildung von Elektricität, ein dauernder galvanischer Strom.

§ 300. Die gewöhnlichen galvanischen Elemente. Die galvanischen Ketten, wie sie gewöhnlich im Gebrauch sind, bestehen entweder aus einer Flüssigkeit und zwei in dieselbe eintauchenden Metallen, oder aus zwei durch eine poröse Thonzelle voneinander getrennten Flüssigkeiten, in welche je eins der Metalle eintaucht. Es kann freilich auch vorkommen, dafs die trennende Thonzelle dadurch unnötig wird, dafs die übereinandergegossenen Flüssigkeiten wegen ihres verschiedenen specifischen Gewichtes sich nur unvollkommen miteinander vermischen.

Zu der ersteren Art von Elementen gehört das Voltasche Element und der Voltasche Becherapparat; das erste besteht aus einer Kupfer- und einer Zinkplatte, zwischen welchen eine mit verdünnter Schwefelsäure

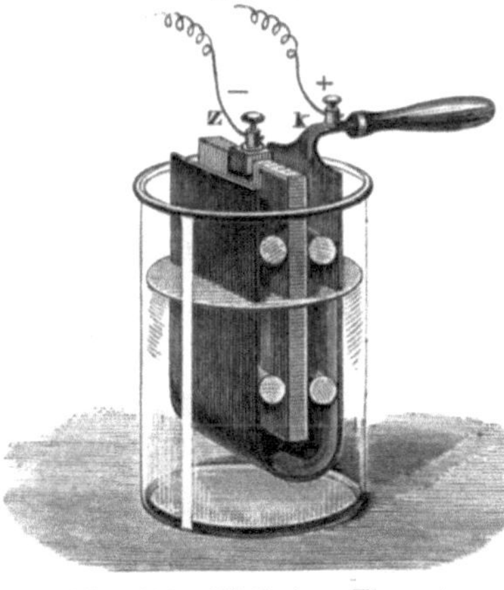

Fig. 406. Wollastons Element.

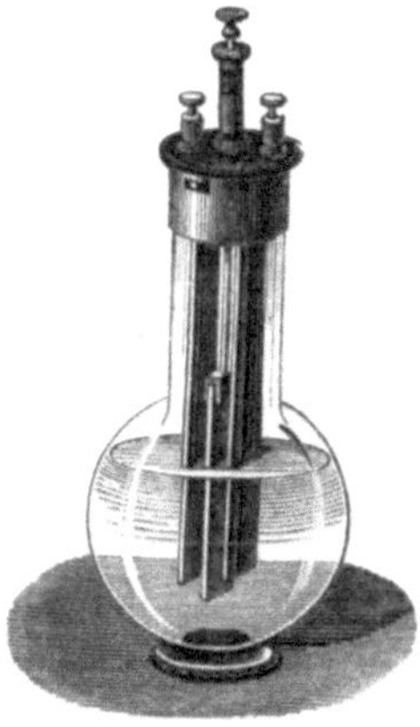

Fig. 407. Bunsens Flaschenelement.

oder Salzwasser befeuchtete Tuch- oder Pappscheibe liegt, das andere aus einer Kupfer- und Zinkplatte, welche in einem mit einer Flüssigkeit gefüllten Glasgefäfse stehen.

Das Zink wird nur gut amalgamiert angewandt.

Ist die Kupferplatte um die Zinkplatte herumgebogen — Wollastonsches Element — so wird die Kette doppelt wirkend (Fig. 406).

Sehr zweckmäfsig ist das Buff-Bunsensche Flaschen- oder Tauchelement (Fig. 407); es besteht aus zwei Kohlenplatten, zwischen denen eine auf- und abschiebbare Zinkplatte sich befindet; das Gefäſs ist bis zur Hälfte mit einer Mischung aus 100 g Kaliumdichromat, 100 g Schwefelsäurehydrat und 1 l Wasser gefüllt. Zieht man die Zinkplatte in die Höhe, so ist das Element auſser Thätigkeit.

Einen Übergang von den Elementen der ersten zu der der zweiten Art bildet das Meidinger-Krügersche Element, wie es jetzt auf den Telegraphenstationen gebraucht wird (Fig. 408); ein kurzer, dickwandiger Zinkcylinder stützt sich mit drei Füſschen auf den Rand eines Glasgefäſses, auf dessen Boden sich Kupfervitriol befindet, das mit Bittersalzlösung übergossen ist. Auf dem Boden liegt eine Kupfer- oder Bleiplatte.

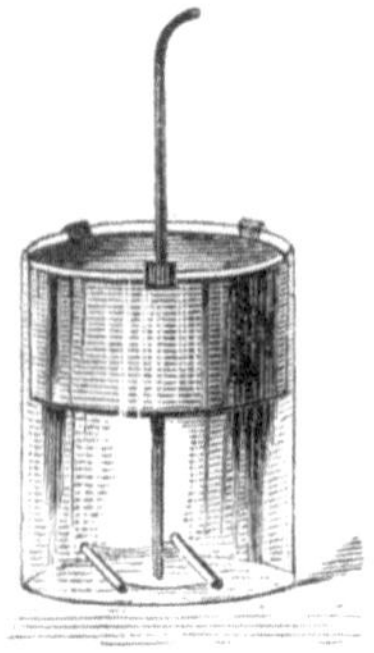

Fig. 408. Element Krüger-Meidinger.

Zu den Elementen der zweiten Art gehört die Daniellsche Kette (1836); sie besteht aus einem Glas, in welchem ein Kupfercylinder sich befindet (Fig. 409); in diesem steht eine poröse Thonzelle und darin ein Zinkcylinder oder ein Zinkkreuz. Das Glas ist mit Kupfervitriollösung, die Thonzelle mit verdünnter Schwefelsäure (10⁰/₀) gefüllt; die Kupfervitriollösung wird dadurch konzentriert erhalten, daſs man oben in das Glas ein Säckchen mit Kupfervitriolkrystallen hängt. Die Kette ist schwach, aber sehr konstant.

Die Grovesche Kette (1839) besteht aus einem Glas, in welchem ein Zinkcylinder sich befindet; in diesem steht eine Thonzelle und darin

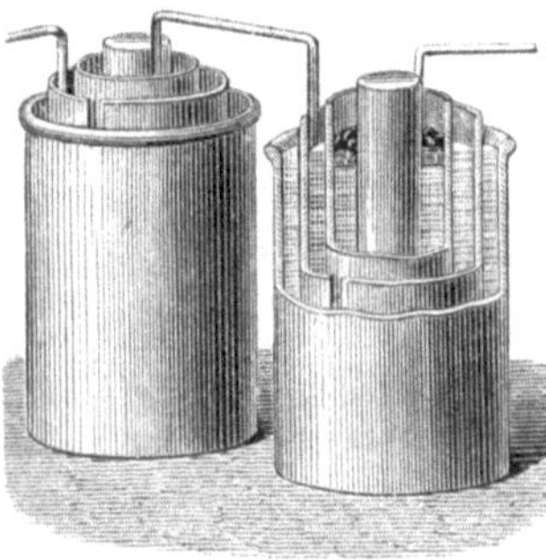

Fig. 409. Daniells Element.

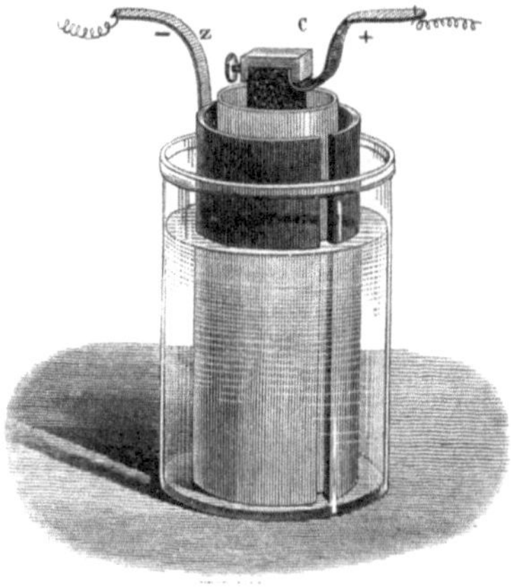

Fig. 410. Bunsens Element.

ein Platinblech. In das Gefäſs gieſst man verdünnte Schwefelsäure und in die Thonzelle konzentrierte Salpetersäure.

Bei der Bunsenschen Kette (1842) ist das Platinblech durch eine Kohlenplatte (aus der in den Gasretorten zurückbleibenden harten und dichten Gaskohle) ersetzt (Fig. 410); bei den älteren Elementen dieser Art befand sich im äuſseren Glas ein aus Koaks- und Steinkohlenpulver zusammengebackener Kohlencylinder und ein Zinkkreuz innerhalb der Thonzelle.

Die Grovesche und Bunsensche Kette sind ungefähr von gleicher Stärke, weit kräftiger als die Daniellsche und auch hinreichend konstant.

Eine Abänderung der Bunsenschen Kette ist die von Leclanché, welche bei den Haustelegraphen viel verwandt wird; die in der Thonzelle stehende Kohle ist mit Braunsteinstückchen umgeben und in dem äufseren Gefäfse befindet sich Salmiaklösung, in welche ein amalgamierter Zinkstab taucht.

§ 301. Galvanische Batterien. Um stärkere Wirkungen zu erzielen kann man mehrere Elemente zu einer Batterie vereinigen. Hat man etwa zwölf Zinkkupferelemente, so kann man entweder das Zink des ersten Bechers mit dem Kupfer des zweiten u. s. f. je durch einen Kupferdraht verbinden — Verbindung zur Batterie oder zur Linie — es bleibt dann ein Zink und ein Kupfer übrig, welche bezüglich den negativen und den positiven Pol bilden (Fig. 411); oder man verbindet alles Zink einerseits und alles Kupfer andererseits — grofsplattiges Element. — Man kann aber auch je zwei, drei, vier oder sechs Elemente je zu einem grofsplattigen Element und diese zur Batterie verbinden. Welche Kombination in einem gegebenen Falle am besten ist, wird später auseinandergesetzt werden.

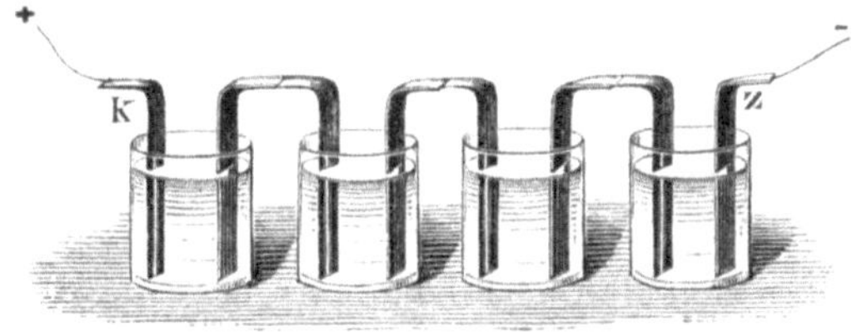

Fig. 411. Galvanische Batterie.

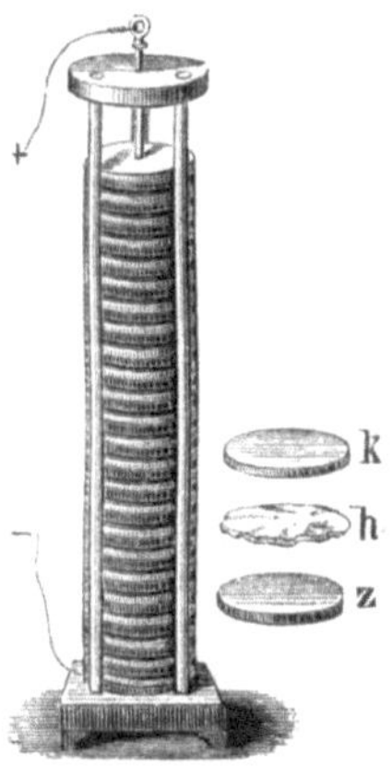

Fig. 412. Voltasche Säule.

Die älteste Batterie ist die Voltasche Säule (Fig. 412), welche aus aufeinandergeschichteten Voltaschen Elementen besteht; sie wurde zuerst im Januar 1800 zusammengestellt. Nachstehendes Schema zeigt die Spannungsverhältnisse in einer Säule von 3 Elementen.

Zn	— 74,5 + 7,5 — 50 — 74,5 + 7,5 — 50 — 74,5 + 7,5
F	+ 74,5 + 7,5 — 50 — 74,5 + 7,5 — 50 — 74,5 + 7,5
Cu	+ 74,5 — 7,5 — 50 — 74,5 + 7,5 — 50 — 74,5 + 7,5
Zn	+ 74,5 — 7,5 + 50 — 74,5 + 7,5 — 50 — 74,5 + 7,5
F	+ 74,5 — 7,5 + 50 + 74,5 + 7,5 — 50 — 74,5 + 7,5
Cu	+ 74,5 — 7,5 + 50 + 74,5 — 7,5 — 50 — 74,5 + 7,5
Zn	+ 74,5 — 7,5 + 50 + 74,5 — 7,5 + 50 — 74,5 + 7,5
F	+ 74,5 — 7,5 + 50 + 74,5 — 7,5 + 50 + 74,5 + 7,5
Cu	+ 74,5 — 7,5 + 50 + 74,5 — 7,5 + 50 + 74,5 — 7,5

Die oberste Zinkplatte erlangt hiernach die Spannung — 351 und die unterste Kupferplatte + 351. Von der oberen Zinkplatte nach der

Mitte hin nimmt die negative Spannung ab, geht in eine positive über und erreicht an der unteren Kupferplatte eine der negativen an dem Zinkende gleiche Spannung (Nachweis mittelst eines Elektroskopes).

Leitet man das eine Ende, z. B. das untere, der Säule ab, so wird hier die Spannung gleich Null; es mufs dabei aus jeder Platte der Säule die Elektricitätsmenge + 351 abgeführt werden, weil sonst die elektrischen Differenzen zwischen den einzelnen Platten verändert würden. Dadurch erlangt die obere Zinkplatte die Spannung – 2.351; d. h. in der am einen Ende abgeleiteten Säule ist hier die Spannung gleich Null und an dem anderen (dem isolierten) Ende doppelt so grofs, als wenn die Säule beiderseits isoliert wäre.

Das hier Gesagte gilt für alle Batterien.

Weil bei der Voltaschen Säule durch das Gewicht der Platten die Flüssigkeit ausgeprefst wird und an der Säule herunterläuft, so konstruierte Volta die Bechersäule (Fig. 412). — Man stellte auch wohl die Zink- und Kupferplatten in einen Trog, der durch Schieferplatten in eine Anzahl Fächer eingeteilt war; die Fächer wurden mit Sand gefüllt und dieser mit verdünnter Schwefelsäure befeuchtet — Trogapparat. — Wollaston hing seine zur Batterie kombinierten Elemente an eine lange Stange, welche sich über einer Anzahl mit erregender Flüssigkeit gefüllter Gläser befand; durch Herunterlassen der Stange konnte man die Batterie in Thätigkeit und durch Heraufziehen aufser Thätigkeit setzen. Diese Methode befolgt man neuerdings wieder bei den Tauchbatterien (Zink, Kohle, Chromsäure).

Eine Abart der Voltaschen Säule ist die trockene oder Zambonische Säule (Behrens 1804, Zamboni 1812). Man klebt je einen Bogen unechtes Gold- und Silberpapier mit den Papierseiten aufeinander, schlägt mit einem Durchschlage runde Scheiben aus und schichtet dieselben in einer Glasröhre derart aufeinander, dafs stets verschiedene Metalle einander berühren. In die Enden der Röhre werden Messingscheiben eingesetzt, welche als Pole dienen. Die Säule zeigt allerdings nur eine geringe Spannung, kann aber Jahrzehnte lang benutzt werden. Ein Goldblatt zwischen die beiden Pole gehängt schlägt sofort nach dem negativen Pole aus, wenn ihm nur die geringste Menge positiver Elektricität zugeführt wird. Daher findet die Zambonische Säule als feinstes Elektroskop Anwendung (Bennet-Bohnenbergers Elektroskop). — Stellt man die Pole ziemlich nahe, so bewegt sich das Goldblatt oder ein anderer pendelartig aufgehängter Leiter zwischen den Polen hin und her; bei zweckmäfsiger Einrichtung dauert das Pendeln jahrelang — elektrisches Perpetuum mobile.

§ 302. Apparate zur Messung des galvanischen Stromes. 1) Geht ein Strom in der Nähe einer Magnetnadel vorüber, so wird dieselbe aus ihrer Richtung abgelenkt — Oersteds Fundamentalversuch (1820).

Die Ablenkung erfolgt je nach der Richtung des Stromes in dem einen oder anderen Sinne. Aufserdem ist es nicht gleichgültig, welche Lage die Nadel gegen den Strom hat, ob sie unterhalb, oberhalb oder in gleicher Höhe mit dem Strome steht. Die Richtung der Ablenkung läfst sich in jedem einzelnen Falle aus Ampères Regel leicht erkennen: Man denke sich eine Person so in den Strom gelegt, dafs derselbe von den Füfsen zum Kopfe läuft, und dafs man (auf dem Bauche, dem Rücken oder der Seite liegend) die Nadel im Gesicht hat; dann wird das Nordende der Nadel nach der Seite hin abgelenkt, nach welcher die ausgestreckte linke Hand zeigt.

2) Schaltet man eine Nadel nach der Reihe an verschiedenen Stellen

in den Stromkreis ein, so ist der Ausschlag stets derselbe; es kann deshalb der Ausschlag der Nadel (oder eine Funktion derselben) als Mafs des galvanischen Stromes gelten.

Hierauf beruht die Tangentenbussole (Pouillet 1837), welche zur Messung der Stromstärke dient: Auf einer Spitze in dem Mittelpunkte eines Kupferringes (Fig. 413), welcher unten offen ist und in dessen Enden sich die Poldrähte eines galvanischen Elementes einfügen lassen, kann sich eine Magnetnadel drehen; der Ring wird in den magnetischen Meridian gestellt; sobald der Strom eingeleitet wird, schlägt die Nadel aus. Dabei gilt das Gesetz: die Stromstärke ist der Tangente des Ablenkungswinkel proportional.

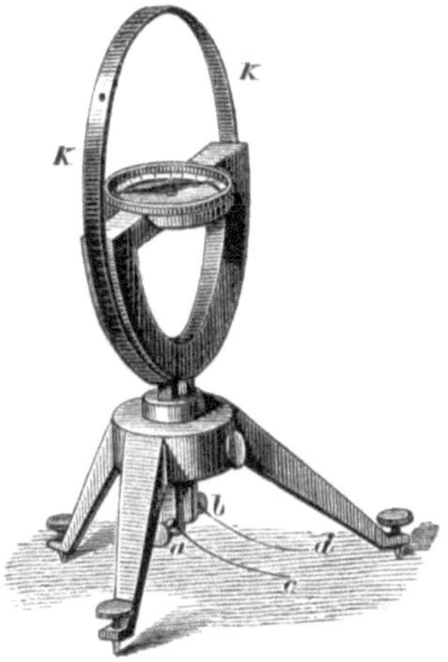

Fig. 413. Tangentenbussole.

Um dies nachzuweisen, bemerken wir zunächst, dafs der Strom die Nadel senkrecht zu seiner Richtung zu stellen sucht; stellt man nämlich den Ring senkrecht zum magnetischen Meridian und leitet den Strom ein, so bleibt die Nadel in Ruhe.

Befindet sich der Ring im magnetischen Meridian, so wirken auf denselben zwei Kräfte, die horizontale Komponente des Erdmagnetismus in der Südnordrichtung und der Strom in der Richtung von Ost nach West.

Es sei $s n$ die Richtung der Nadel im magnetischen Meridian und $s_1 n_1$ die nach der Ablenkung um den Winkel α (Fig. 414). Setzen wir zugleich voraus, die Ablenkung sei so klein, dafs die Wirkung des Stromes nach Gröfse und Richtung dieselbe bleibe, also auch nach der Ablenkung, senkrecht auf dem magnetischen Meridian stehe, dann stellt $n_1 h$ die horizontale Komponente des Erdmagnetismus und $n_1 e$ die Stromstärke vor.

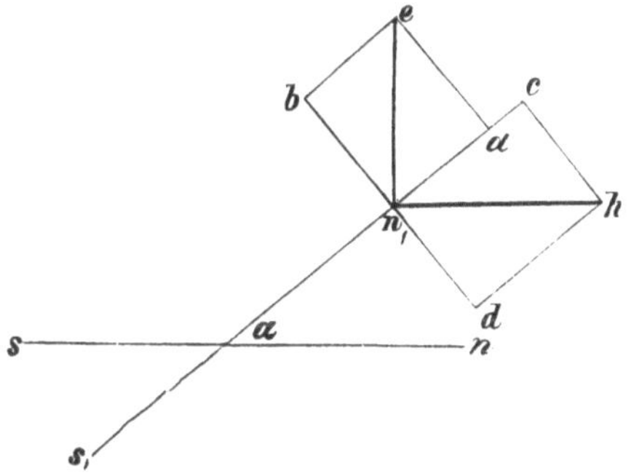

Fig. 414. Gesetz der Ablenkung der Nadel durch den Strom.

Zerlegt man jede dieser Kräfte in zwei Komponenten $n_1 a$, $n_1 b$ und $n_1 c$, $n_1 d$, welche bezüglich in die Richtung der Nadel fallen und auf ihr senkrecht stehen, so werden die ersteren ($n_1 a$ und $n_1 c$) wegen der Festigkeit der Spitze, auf der die Nadel schwebt, aufgehoben, und es mufs Gleichgewicht eintreten, wenn $n_1 b = n_1 d$. Nun ist aber: $n_1 b = n_1 e \,.\, \cos \alpha$ und $n_1 d = n_1 h \,.\, \sin \alpha$, oder, wenn man $n_1 e$ mit S und $n_1 h$ mit H bezeichnet:

$$S = H \,.\, tg\, \alpha.$$

Da H an demselben Orte der Erde und für dieselbe Nadel konstant ist, so ist die Stromstärke lediglich der Tangente des Ablenkungswinkels proportional.

Dieses Gesetz gilt, wie aus dem Gesagten erhellt, nur so lange als die Ablenkung gering und die Nadel so klein ist, dafs der Gesamtmagnetismus als in den Polen konzentriert angesehen werden kann.

Nach den Rechnungen von Helmholtz und Gaugain (1849 und 1853) gilt das Tangentengesetz auch für stärkere Ablenkungen, wenn die Spitze, auf der die Nadel sich dreht, aufserhalb der Ringebene, um die Hälfte des Radius von der Ringmitte entfernt steht.

Statt die Nadel auf eine Spitze zu stellen, kann man sie auch an einem Kokonfaden oder feinen Draht aufhängen; an dem Faden läfst sich ein Spiegel befestigen — Spiegelbussole; bringt man dem Spiegel gegenüber eine Skala und ein Fernrohr an, so sieht man, wenn die Nadel im magnetischen Meridian steht, den Nullpunkt der Skala im Spiegel; dreht sich die Nadel, so erblickt man andere Zahlen im Spiegel und kann so leicht die Ablenkungen ablesen — Poggendorffs Spiegelablesung (§ 203). Diese Instrumente sind nur auf kleine Ablenkungen eingerichtet.

Macht man den Ring der Bussole drehbar, so kann man den Fehler, welcher durch die ungleiche Einwirkung des Stromes (wegen der verschiedenen Neigung der Nadel gegen die Ringebene) entsteht, vermeiden; man dreht den Ring so lange, bis die abgelenkte Nadel wieder in die Ringebene fällt. Es gilt alsdann das Gesetz:

Die Stromstärke ist dem Sinus des Ablenkungswinkels proportional — Sinusbussole. Bedeutet in Fig. 414 sn die ursprüngliche Lage der Nadel und $s_1 n_1$ die nach der Ablenkung um α^0, so mufs für den Zustand des Gleichgewichtes:

$$n_1 b = n_1 d \quad \text{d. h.} \quad S = H . \sin \alpha$$

sein; es ist nämlich jetzt $n_1 b = S$.

Um die Wirkung des Stromes auf die Nadel zu verstärken, führte Schweigger (1821) den Strom in vielfachen Windungen um die Nadel herum; zu dem Zwecke wickelte er übersponnenen Kupferdraht vielmals um ein Kästchen, in dessen Mitte die Nadel schwebte — Galvanometer mit Multiplikator oder kurz Multiplikator. Nobili (1830) hat das Galvanometer dadurch noch empfindlicher gemacht, dafs er eine astatische Nadel anwandte; dieselbe besteht aus zwei beinahe gleich stark magnetischen Nadeln (Fig. 415), welche mit den verkehrten Polen übereinander stehen, so dafs die Einwirkung des Erdmagnetismus fast aufgehoben ist; auf diese Art bewirkt schon ein sehr schwacher Strom eine merkliche Ablenkung.

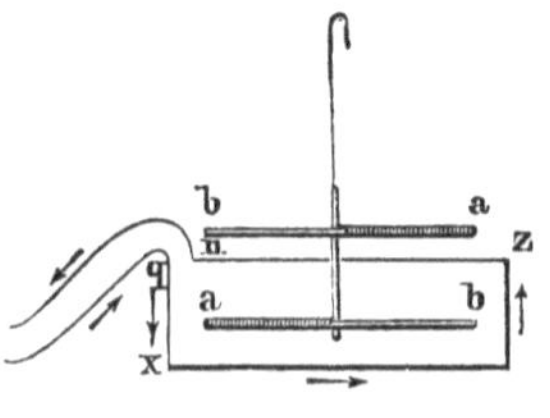

Fig. 415. Astatische Nadel.

Fig. 416 zeigt ein derartiges Galvanometer; die eine Nadel spielt innerhalb, die andere oberhalb des Multiplikators. Übrigens werden diese

Instrumente weniger zum Messen, als zum Erkennen schwacher Ströme benutzt.

Hat ein Galvanometer zwei Drahtwindungen, welche gleichen Widerstand besitzen und nach entgegengesetzter Richtung gewickelt sind, so mufs, wenn man in dieselben gleichstarke Ströme leitet, die Nadel in Ruhe bleiben; sind die Ströme ungleich, so schlägt die Nadel entsprechend der Differenz der beiden Stromstärken aus — Differentialgalvanometer.

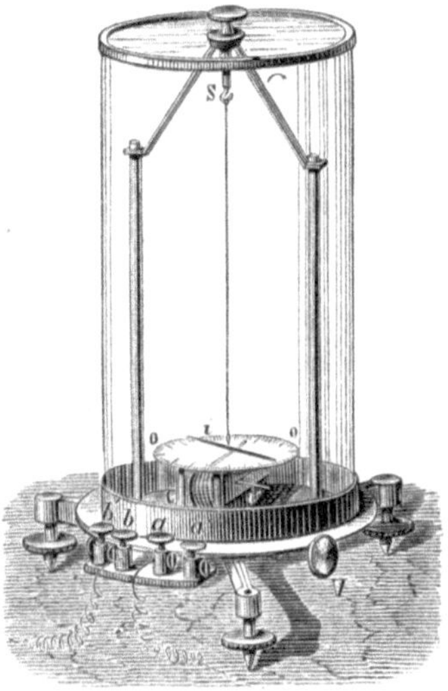

Fig. 416.

Zur Messung stärkerer Ströme bedient man sich des Voltameters (Jacobi 1839); es besteht aus einem mit verdünnter Schwefelsäure gefüllten Glase (Fig. 417), durch dessen Verschlufs zwei Platindrähte, an denen Platinplättchen angebracht sind, und ein Glasleitungsrohr hindurchgehen. Leitet man einen Strom ein, so wird das Wasser in Wasserstoff und Sauerstoff zersetzt, welche Gase in einem eingeteilten Cylinder über Quecksilber aufgefangen werden. An der Menge des in einer bestimmten Zeit entstandenen Gases kann man die Stromstärke erkennen.

Schaltet man ein Voltameter und eine Tangentenbussole nacheinander in zwei verschiedene Stromkreise und beträgt im einen Fall die Ablenkung 45^0 und die in der Minute entwickelte Gasmenge a *cbcm*, im anderen Falle α^0 und a_1 *cbcm*, so gilt:

$$1 : tg\,\alpha = a : a_1$$

Hieraus folgt:

$$a \,.\, tg\,\alpha = a_1. \qquad (1)$$

Nun ist a_1 die Stromstärke in chemischem Mafse; hat man deshalb ermittelt, wieviel Gas (a *cbcm*) in einer Minute bei einer Ablenkung von 45^0 entsteht, so kann man nach (1) die Stromstärke in chemischem Mafse (a_1 *cbcm*) berechnen, wenn die Ablenkung der Nadel irgend viel (α) Grade beträgt. Die Zahl a nennt man den Reduktionsfaktor der Tangentenbussole; derselbe ist an verschiedenen Orten verschieden, weil die Nadel wegen der verschiedenen Gröfse des Erdmagnetismus trotz gleicher Stromstärke eine ungleiche Ablenkung erfährt.

Fig. 417. Voltameter.

Sowohl die Tangentenbussole, wie das Voltameter mifst die Menge der Elektricität, welche in der Zeiteinheit durch einen Querschnitt der Leitung geht d. i. die Stromstärke; da man denselben Ausschlag der Nadel und dieselbe Menge Gas erhält, einerlei an welcher Stelle der Leitung man die Bussole oder das Voltameter einsetzt, so ist die Stromstärke (Intensität) an allen Punkten der Leitung gleich.

3) Widerstands- und Leitungsfähigkeit — Ohmsches Gesetz.

§ 303. Widerstand fester und flüssiger Leiter. 1) Verbindet man die Pole einer Kette nach der Reihe durch Drähte von demselben Material und demselben Querschnitt, aber verschiedener Länge, so wird der Ausschlag einer in den Stromkreis eingeschalteten Tangentenbussole bei dem längeren Draht kleiner, als bei dem kürzeren.

Ändert sich der Querschnitt des Drates (bei gleicher Länge und gleichem Material), so wird der Ausschlag bei wachsendem Querschnitt gröfser.

Ebenso ist der Ausschlag der Nadel verschieden, wenn Drähte von verschiedenem Material, aber gleicher Länge und gleichem Querschnitt in den Strom eingeschaltet werden.

2) Senkt man in eine Flüssigkeit zwei mit den Polen einer Kette verbundene Platinplatten, so wird der Ausschlag um so gröfser, je näher die Platten aneinander sind und je tiefer sie eingesenkt werden. Die zwischen den Platten enthaltene Flüssigkeit kann man als einen Draht ansehen, dessen Querschnitt der Gröfse der eingetauchten Plattenstücke und dessen Länge der Entfernung derselben gleich ist.

3) Es giebt keinen Körper, welcher, in den Stromkreis eingeschaltet, immer denselben Ausschlag gäbe, einerlei wie lang und dick er genommen würde.

Jeder Körper setzt dem Strom einen Widerstand entgegen, wodurch eine Verminderung der Intensität d. h. eine Abnahme der in der Zeiteinheit durch den Querschnitt an einer beliebigen Stelle fliefsenden Elektricitätsmenge eintritt. Wir werden später sehen, dafs die verlorene Elektricitätsmenge sich gemeiniglich in Wärme verwandelt.

Als Einheit des Widerstandes nimmt Jacobi (1848) den Widerstand an, den ein Kupferdraht von 1 m Länge und 1 qmm Querschnitt darbietet, während Siemens (1849) als Einheit den Widerstand eines Quecksilberfadens von denselben Dimensionen vorschlägt; Langsdorff 1853 empfiehlt ebensolche Silberdrähte.

Die Zahl der Widerstandseinheiten, welche ein Körper von 1 m Länge und 1 qmm Querschnitt dem Strom darbietet, nennt man seinen specifischen Leitungswiderstand; der umgekehrte Wert hiervon ist die specifische Leitungsfähigkeit. Sie beträgt nach Matthiessen (1857) für: Silber 100; Kupfer 77; Gold 56; Natrium 37; Alumium 34; Zink 27; Eisen 14; Zinn 11,5; Platin 10,5; Blei und Neusilber 8; Quecksilber 1,6; Wismut 1,2 und Gaskohle 0,0386.

Die Leitungsfähigkeit der Flüssigkeiten ist millionfach geringer, als die der Metalle; für Silber = 100 fand Becquerel folgende Zahlen für die Leitungsfähigkeit von Flüssigkeiten:

Käufliche Salpetersäure	0,00009377
Schwefelsäure (1 Vol. Säure und 11 Vol. Wasser) . . .	8868
Kochsalz (bei 9,5^0 gesättigt)	3152
Zinkvitriol (bei 14,4^0 gesättigt)	0577
Kupfervitriol (conz.)	0542

Reines Wasser leitet sehr schlecht.

Übrigens sind die Bestimmungen über die Leitungsfähigkeit der Flüssigkeiten wegen der chemischen Zersetzungen wenig zuverlässig.

Im allgemeinen gilt das Gesetz: Der Leitungswiderstand eines Körpers von prismatischer oder cylindrischer Form ist dem specifischen Leitungswiderstand und der Länge direkt, dem Querschnitt aber umgekehrt proportional. Um den Widerstand eines beliebigen Körpers zu finden, schaltet man denselben, nebst einer Tangentenbussole in den Stromkreis und merkt sich den Ausschlag der Nadel; alsdann entfernt man den Körper und setzt soviel Normaldraht ein, bis die Nadel denselben Ausschlag giebt; die hierzu erforderliche Länge des Normaldrahtes nennt man die reduzierte Länge des Körpers.

Jede Veränderung der Struktur eines Körpers hat Einfluſs auf seinen Leitungswiderstand; Anspannen der Drähte (durch Gewichte), Aufwinden auf einen Cylinder vermehrt den Leitungswiderstand, das Härten vermehrt, das Ausglühen vermindert im allgemeinen den Widerstand.

Mit der Erhöhung der Temperatur steigt der Widerstand fester und flüssiger Körper.

Zu Messungen von Leitungswiderständen bedient man sich der Rheostaten und Rheochorde. Der Stöpselrheostat von Siemens (Fig. 418) besteht aus einer Anzahl Drahtrollen, deren Widerstände sich wie 1:2:5:10... verhalten; sie befinden sich in einem Holzkasten und stehen oben mit dicken und breiten Messingplatten a, b, c, d, in Verbindung, welche wiederum durch Messingstöpsel untereinander verbunden werden können. Werden die Poldrähte bei p_1 und p_2 eingeschaltet, so läuft der Strom durch alle Rollen; ist zwischen a und b ein Stöpsel eingeschaltet, so geht der Strom von p_1 über a nach b und weiter über die drei letzten Rollen; die erste ist ausgeschaltet.

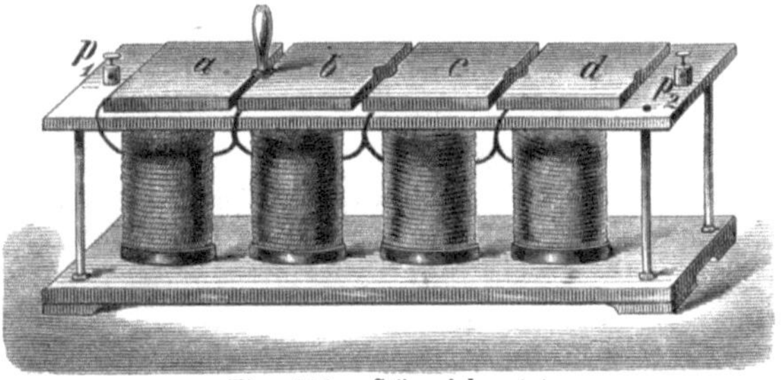

Fig. 418. Stöpselrheostat.

Hierzu gehört noch, um Bruchteile einer Widerstandseinheit einfügen zu können, ein Platindraht, dessen Widerstand gerade eine Siemenssche Einheit beträgt und der über einem eingeteilten Stabe ausgespannt ist — Rheochord. Auf diesem Draht läſst sich ein mit einer Klemmschraube versehenes Holzklötzchen, welches den Draht an einer Stelle durch ein mit der Klemmschraube verbundenes Metallstück leitend berührt, hin- und herschieben. Man kann auf diese Art einen beliebigen Bruchteil einer Widerstandseinheit in den Strom einschalten.

§ 304. Das Ohmsche Gesetz. 1) Die Stromstärke oder die Intensität des Stromes ist der elektromotorischen Kraft direkt und dem Widerstand umgekehrt proportional. Bezeichnet I die Stromintensität, E die elektromotorische Kraft und W den Widerstand des Stromkreises, so ist:

$$I = \frac{E}{W}.$$

Der Widerstand zerfällt in einen inneren (wesentlichen) und einen äufseren (aufserwesentlichen); bezeichnen wir den ersteren mit W_1, den letzteren mit W_2, so ist:

$$I = \frac{E}{W_1 + W_2}.$$

2) Verbindet man n Elemente zur Säule (oder Batterie), so hat man n elektromotorische Kräfte; da aber die Elektricität von einem Becher durch den anderen fliefsen mufs, so ist der innere Widerstand n mal gröfser, als bei einem Elemente; bezeichnet man deshalb mit I_1 die Intensität der Batterie und ist der äufsere Widerstand derselbe, wie bei einem Elemente, so gilt:

$$I_1 = \frac{nE}{nW_1 + W_2}.$$

Ist dabei W_2 gegen W_1 verschwindend klein, so ist:

$$I = I_1 = \frac{E}{W_1};$$

d. h. ist der äufsere Widerstand gegen den inneren eines einzelnen Elementes verschwindend klein, so ist die Stromstärke einer Batterie gleich der eines einzelnen Elementes.

Als experimenteller Beweis kann gelten, dafs eine Batterie von mehreren Elementen an der Tangentenbussole, welche durch kurze, dicke Drähte mit den Polen verbunden ist und die dem Strome nur einen geringen Widerstand entgegensetzt, einen kaum gröfseren Ausschlag hervorbringt, als ein einzelnes Element.

Ist W_1 nicht verschwindend klein gegen W_2, so ist $I_1 > I$; die Batterie leistet mehr als ein einzelnes Element; sie zersetzt z. B angesäuertes Wasser, das dem Strome einen gröfseren Widerstand entgegensetzt, rasch und macht einen langen, dünnen Draht glühend, was ein einzelnes Element nicht vermag.

3) Verbindet man n Elemente zu einem grofsplattigen Element, so hat man nur eine und zwar dieselbe elektromotorische Kraft, wie bei einem der Elemente; dagegen ist jetzt, da die Platten und somit der Querschnitt der Flüssigkeit n mal gröfser geworden ist, der innere Widerstand n mal kleiner; bezeichnet man deshalb die Intensität des grofsplattigen Elementes mit I_2, so ist:

$$I_2 = \frac{E}{\frac{1}{n}W_1 + W_2}.$$

Ist W_1 verschwindend klein gegen W_2, so ist:

$$I_2 = I_1;$$

d. h. bei kleinem innerem (oder grofsem äufserem) Widerstand leistet ein kleinplattiges Element soviel wie ein grofsplattiges.

Ist aber W_1 nicht verschwindend klein gegen W_2, so leistet ein grofsplattiges Element mehr, als ein kleinplattiges; es giebt z. B. einen gröfseren

Ausschlag an der Tangentenbussole und macht einen kurzen, dicken Draht glühend, kann aber sowenig das Wasser zersetzen, wie ein kleinplattiges.

Die Haresche Spirale, ein Zinkkupferelement, welches aus zwei sehr langen, spiralig zusammengewickelten und von einander isolierten Zink- und Kupferplatten besteht, ist besonders geeignet kurze, dicke Drähte glühend zu machen.

4) Von allen Kombinationen (§ 401), die man aus mehreren Elementen machen kann, hat diejenige die gröfste Intensität, bei welcher der innere Widerstand gleich dem äufseren ist.

Hat man irgendviel zu einem grofsplattigen Element verbundene Ketten und ist W_1 der innere und W_2 der äufsere Widerstand dieser Kombination, so ist ihre Intensität:

$$I = \frac{E}{W_1 + W_2}.$$

Verlängert man das grofsplattige Element auf das m fache, d. h. macht man m Elemente daraus, so wird die elektromotorische Kraft m fach, dagegen der innere Widerstand m^2 fach gröfser, denn einesteils werden die Platten m mal kleiner und anderenteils mufs die Elektricität m mal die Flüssigkeit durchlaufen (die Länge des Flüssigkeitsdrahtes wird m mal gröfser und sein Querschnitt m mal kleiner), deshalb ist jetzt:

$$I_1 = \frac{m E}{m^2 W_1 + W_2} = \frac{E}{m W_1 + \frac{W_2}{m}}.$$

Nun wird I_1 ein Maximum, wenn $m W_1 + \frac{W_2}{m}$ ein Minimum wird; eine Summe, deren Posten ein konstantes Produkt geben ($m W_1 \cdot \frac{W_2}{m} = W_1 \cdot W_2$) wird ein Minimum, wenn die Posten gleich sind, d. h. wenn $m W_1 = \frac{W_2}{m}$, oder wenn $m^2 W_1 = W_2$. Die Stromstärke wird also ein Maximum, wenn der innere Widerstand gleich dem äufseren ist.

§ 305. Stromgefälle. Die bei einer offenen Kette an den Polen bestehende Spannungsdifferenz, welche als Mafs für die elektromotorische Kraft gilt (§ 296), nimmt sofort beträchtlich ab, wenn die Kette geschlossen wird; doch wächst sie mit dem Gesamtwiderstand. Für einen und denselben Schliefsungskreis ist die elektroskopische Spannung an den verschiedenen Stellen der äufseren Schliefsung verschieden; die Spannungsdifferenz zweier Punkte der äufseren Schliefsung ist dem Widerstand der Zwischenstrecke, sowie der elektroskopischen Spannungsdifferenz der Pole der offenen Kette (elektromotorische Kraft) direkt, und dem Gesamtwiderstand der geschlossenen Kette umgekehrt proportional.

Bezeichnet δ die Spannungsdifferenz zweier Punkte der Leitung, deren Zwischenstrecke den Widerstand ω darbietet, D die Spannungsdifferenz an den Polen der offenen Kette und W_1 und W_2 den inneren und äufseren Widerstand der geschlossenen Kette, so ist:

$$\delta = \frac{D \cdot \omega}{W_1 + W_2}. \tag{1}$$

Bedenkt man, dafs $E = D$, so ergiebt sich:

$$\delta = I \, . \, \omega; \qquad (2)$$

d. h. die elektrische Spannungsdifferenz zweier Punkte des Schliefsungskreises ist gleich der Stromintensität, multipliziert mit dem Widerstand der Zwischenstrecke.

Ist der äufsere Widerstand W_2, also auch ω, sehr klein (verbindet man die Pole der Kette durch einen kurzen dicken Kupferdraht), so folgt aus 1) wegen $\omega = W_2 = 0$:

$$\delta = 0.$$

Sind umgekehrt ω und W_2 sehr grofs, oder ist die Kette offen, so ist wegen $\omega = W_2 = \infty$ und $\frac{W_1}{W_2} = 0$:

$$\delta = \frac{D}{\frac{W_1}{W_2} + 1} + D.$$

Die Spannungsdifferenz auf die Einheit der Länge des Schliefsungskreises nennt man das Gefälle des Stromes; es ist dem Widerstand der betreffenden Einheitsstrecke porportional. Bedeuten ω_1 und ω_2 die specifischen Leitungswiderstände zweier Teile eines Stromkreises, so gilt nach 1), wenn δ_1 und δ_2 die betreffenden Gefälle bezeichnen:

$$\delta_1 : \delta_2 = \omega_1 : \omega_2.$$

Denkt man sich den Gesamtwiderstand auf die reduzierte Länge gebracht, so ist das Gefälle überall dasselbe — mittleres Gefälle.

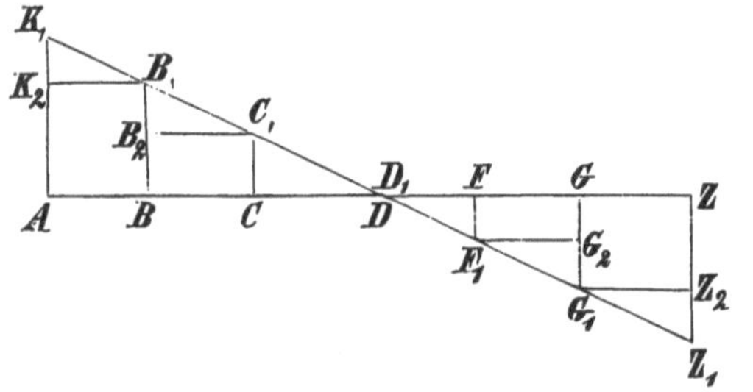

Fig. 419. Gleichbleibendes Stromgefälle.

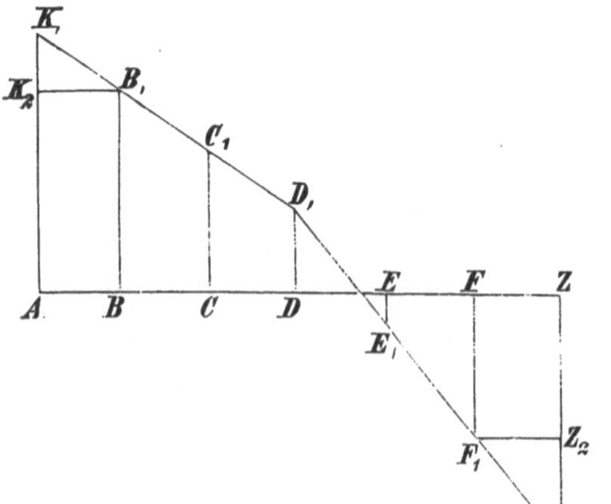

Fig. 420. Veränderliches Stromgefälle.

Bedeutet in Fig. 419 $A Z$ die Länge des den Gesamtwiderstand einer Zinkkupferkette darstellenden Normaldrahtes, $A K_1$ die positive und $Z Z_1 = A K_1$ die negative Spannung bezüglich am Kupfer- und am Zinkpol der Kette, und sind ferner die Punkte A, B, C, D ... je um die Einheit der

Länge von einander entfernt, so stellt $K_1 K_2 = B_1 B_2 = \ldots$ das mittlere Gefälle des Stromkreises dar.

Besteht der Stromkreis aus zwei, etwa gleichlangen Teilen, von denen der eine einen halb so grofsen Widerstand auf die Längeneinheit darbietet, wie der andere, so ist das Gefälle im ersteren halb so grofs. Fig. 420 zeigt das Gefälle auf beiden Teilen; $Z_1 Z_2 = 2\ K_1 K_2$.

Die Stromintensität ist im Stromkreis überall gleich; das Gefälle aber ändert sich je nach dem Widerstande der Leitung. Stellt man sich die Leiter als Röhren vor, durch welche das elektrische Fluidum fliefst, und die Spannungsdifferenzen als Druckdifferenzen, so hat man sich einen besseren Leiter als weitere und einen schlechteren als engere Röhre vorzustellen; der Querschnitt der Röhren ist dem Widerstande proportional zu nehmen. Da nun das Gefälle ebenfalls dem Widerstande proportional ist, so fliefst das elektrische Fluidum in dem Mafse schneller, als die Röhre enger ist; es fliefst alsdann in derselben Zeit dieselbe Menge Elektricität durch jeden Querschnitt der Leitung — die Stromintensität ist überall dieselbe.

(Erman 1801, Ohm 1826, Kohlrausch 1848).

Aufgabe. Es ist die Linie $K_1\ B_1 \ldots Z_1$ (Fig. 420) zu konstruieren, wenn die Widerstände der zwei gleichlangen Teile des Stromkreises sich wie 1 : 3 verhalten.

§ 306. Stromverzweigung. 1) Laufen in einem Punkt M (Fig. 421) mehrere Drähte zusammen und fliefsen die Ströme auf einigen Drähten nach M hin und auf anderen von M weg, so mufs die Summe der Stromstärken

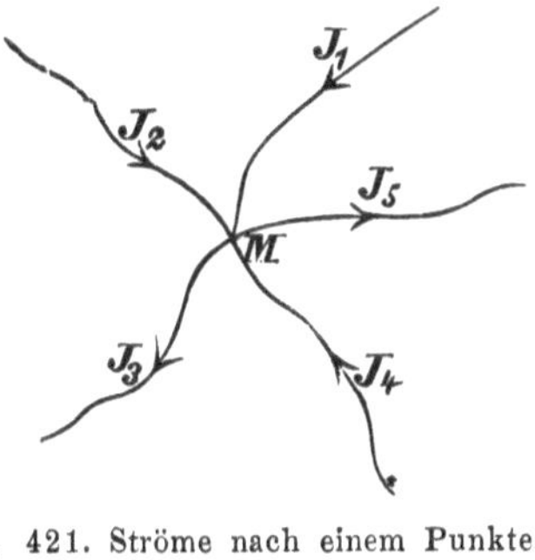

Fig. 421. Ströme nach einem Punkte.

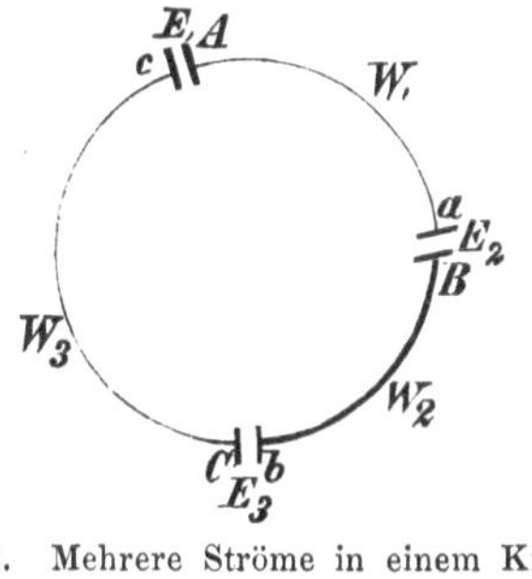

Fig. 422. Mehrere Ströme in einem Kreise.

auf allen Drähten gleich Null sein, weil sonst an diesem Punkte eine Anhäufung von Elektricität eintreten müfste. Bezeichnet man die Stromstärken auf den einzelnen Drähten mit J_1, J_2, J_3, J_4, J_5, so ist ihre algebraische Summe gleich Null:

$$\Sigma (I) = 0 \qquad (1)$$

oder:

$$J_1 + J_2 + J_4 = J_3 + J_5.$$

2) Sind in einem Kreis von Leitern elektromotorische Kräfte eingeschlossen und bezeichnen E_1, E_2, E_3, ... (Fig. 422) die elektromotorischen Kräfte derselben, J_1, J_2 ... die Stromintensitäten, W_1, W_2 ... die Widerstände der einzelnen Teile der Leitung, sowie $D_1 - d_1$, $D_2 - d_2$ ... die Spannungsdifferenzen bezüglich an A und a, B und b ... so ist nach (2) § 305:

$$W_1 \,.\, J_1 = D_1 - d_1,$$
$$W_2 \,.\, J_2 = D_2 - d_2,$$
$$W_3 \,.\, J_3 = D_3 - d_3.$$

Nun ist aber $D_1 - d_3 = E_1$, $D_2 - d_1 = E_2$ und $D_3 - d_2 = E_3$; hieraus folgt:

$$W_1 \,.\, J_1 + W_2 \,.\, J_2 + W_3 \,.\, J_3 = E_1 + E_2 + E_3$$

oder:

$$\Sigma(W \,.\, J) = \Sigma(E) \qquad (2)$$

Satz von Kirchhoff (1848).

Beispiele: 1) Ist K (Fig. 423) eine galvanische Kette mit der elektromotorischen Kraft E, deren Kreis bei a und b verzweigt ist, so gilt nach 1) für denPunkt a (oder b):

$$J - J_1 - J_2 = 0.$$

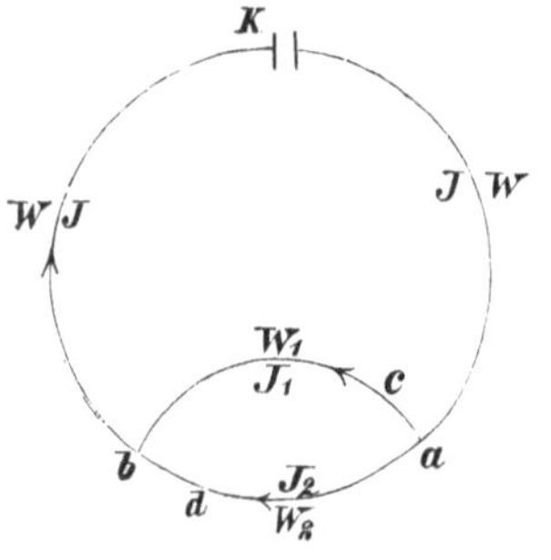

Fig. 423. Stromverzweigung.

Da ferner in dem Kreise $acbd$ keine elektromotorische Kraft thätig ist, so ist nach 2):

$$\Sigma(W \,.\, J) = 0.$$

Dagegen gilt für den Kreis $KacbK$:

$$W \,.\, J + W_1 \,.\, J_1 = E$$

und für den Kreis $KadbK$:

$$W \,.\, J + W_2 \,.\, J_2 = E.$$

Hieraus findet sich leicht:

$$J = \frac{E(W_1 + W_2)}{W W_1 + W W_2 + W_1 W_2} = \frac{E(W_1 + W_2)}{W(W_1 + W_2) + W_1 W_2};$$

$$J_1 = \frac{E W_2}{W W_1 + W W_2 + W_1 W_2} = \frac{E W_2}{W(W_1 + W_2) + W_1 W_2};$$

$$J_2 = \frac{E W_1}{W W_1 + W W_2 + W_1 W_2} = \frac{E W_1}{W(W_1 + W_2) + W_1 W_2};$$

Ist W annähernd gleich Null gegen $W_1 + W_2$, so kann man $W(W_1 + W_2)$ weglassen und erhält:

$$J_1 = \frac{E}{W_1} \text{ und } J_2 = \frac{E}{W_2}.$$

Jeder Zweigstrom hat also dieselbe Intensität, wie wenn der Strom auf seinem Drahte allein liefe; man kann deshalb ohne Verringerung der Stromintensität auf verschiedenen (langen) Telegraphendrähten mit derselben Batterie zugleich arbeiten.

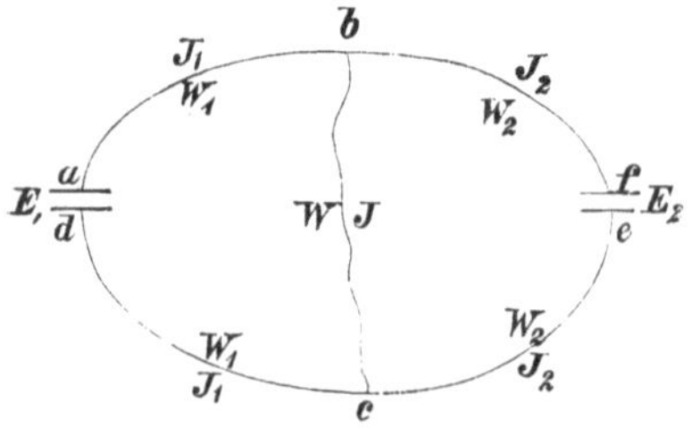

Fig. 424. Zwei Ströme mit Verzweigung.

2) In einem Stromkreise sind zwei Ketten eingeschlossen und gleichzeitig ist der Kreis durch einen Querdraht in zwei Kreise geteilt (Fig. 424).

Nach 2) ist im Kreise $abcda$:

$$W_1 \,.\, J_1 + W \,.\, J = E_1; \qquad 3)$$

im Kreise $bfecb$:

$$W_2 \,.\, J_2 + W \,.\, J = E_2 \qquad 4)$$

und im Kreise $abfecda$:

$$W_1 \,.\, J_1 + W_2 \,.\, J_2 = E_1 + E_2. \qquad 5)$$

Hieraus liefsen sich J, J_1 und J_2 berechnen. Je nach dem Laufe der Ströme sind die Vorzeichen der J und E zu wählen.

Ferner ist nach 1):

$$J + J_1 + J_2 = 0, \qquad 6)$$

was sich übrigens auch an den für J, J_1 und J_2 aus den obigen Gleichungen 3, 4 und 5 abzuleitenden Werten ersehen liefse.

§ 307. Messung des inneren Widerstandes und der elektromotorischen Kraft. 1) Um den inneren Widerstand einer konstanten Kette zu finden, schaltet man in den Schliefsungskreis nacheinander zwei Widerstände W_1 und W_2 ein und bestimmt die entsprechenden Intensitäten J_1 und J_2 mittelst einer gleichzeitig eingeschalteten Tangentenbussole; dann ist:

$$J_1 = \frac{E}{W + W_1} \text{ und } J_2 = \frac{E}{W + W_2},$$

wo W den zu bestimmenden inneren Widerstand bedeutet. Aus diesen Gleichungen ergiebt sich:

$$W = \frac{J_2 . W_2 - J_1 . W_1}{J_1 - J_2}.$$

Hiervon kann man noch den Widerstand der Tangentenbussole abziehen, der sich auf folgende Art leicht bestimmt: Man schaltet in den Stromkreis durch kurze dicke Drähte noch eine zweite Bussole ein, bemerkt die Ablenkung der letzteren, entfernt alsdann die erstere und setzt dafür soviel Normaldraht ein, dafs die zweite Bussole wieder denselben Ausschlag zeigt; dann giebt der eingeschaltete Normaldraht den Widerstand der ersten Bussole an.

2) Als Einheit der elektromotorischen Kraft kann man diejenige wählen, welche bei einem Widerstand 1 einen Strom von der Intensität 1 erzeugt. Als Strom von der Intensität 1 kann man einen solchen nehmen, der in der Sekunde 1 Äquivalent (18 mmg) Wasser zersetzt. Bedeutet W den Gesamtwiderstand einer Kette, so ist:

$$W . J = E;$$

ist $W = 1$ und $J = 1$, so ist ist $E = 1$.

Aufser dieser chemischen Einheit benutzt man auch häufig eine empirische; als Einheit der elektromotorischen Kraft gilt alsdann die einer Daniellschen Kette (amalgamiertes Zink in Zinkvitriol, Kupfer in Kupfervitriol); sie ist gleich 0,012 der chemischen Einheit.

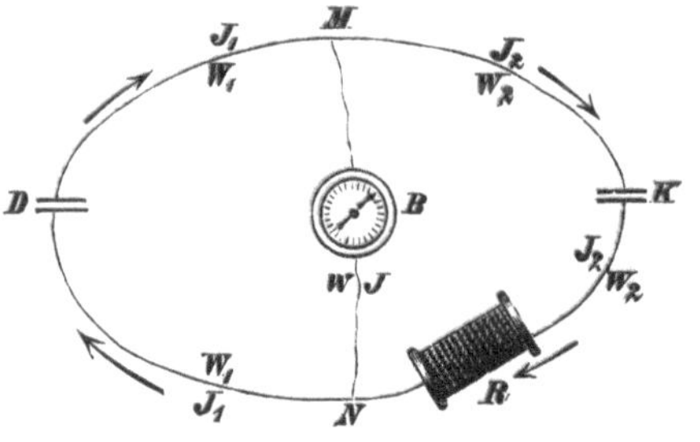

Fig. 425. Messung der elektromotorischen Kraft.

Um die elektromotorische Kraft einer beliebigen (konstanten) Kette mit der eines Daniellschen Elementes zu vergleichen, kann man sich der von Poggendorff angegebenen Drahtkombination (Fig. 425) bedienen. In denselben Stromkreis ist eine Daniellsche Kette D und eine andere auf ihre elektromotorische Kraft zu untersuchende K so eingeschaltet, dafs beide Ströme nach derselben Richtung fliefsen; aufserdem ist eine Zweigverbindung MN, in welche eine Bussole B eingeschaltet ist, hergestellt. Durch den zwischen K und N eingesetzten Rheostat R kann der Strom K so reguliert werden, dafs die Bussole B auf 0^0 zeigt. Dann folgt aus den Gleichungen 3, 4 und 6 (§ 306), weil $J = 0$ und $J_1 = J_2$:

$$\frac{W_1}{W_2} = \frac{E_1}{E_2}.$$

Kennt man W_1 und W_2, so läfst sich E_2, durch E_1 ausgedrückt, finden:

$$E_2 = E_1 \cdot \frac{W_2}{W_1}. \quad (1)$$

Da aber W_2 und W_1 umständlich zu bestimmen sind, so wählt man folgenden Ausweg. Man schaltet in den Kreis MDN noch ein Stück Normaldraht und fügt im Kreise MKN mittelst des Rheostaten noch soviel Normaldraht zu, dafs die Bussole B wieder auf 0^0 zeigt; seien die zugefügten Widerstände bezüglich α_1 und α_2, so ist:

$$E_2 = E_1 \cdot \frac{W_2 + \alpha_2}{W_1 + \alpha_1} \quad (2)$$

Aus 1) und 2) folgt:

$$E_2 = E_1 \cdot \frac{\alpha_2}{\alpha_1}.$$

Aus solchen und ähnlichen Bestimmungen hat sich ergeben, dafs die elektromotorischen Kräfte eines Daniellschen, Groveschen und Bunsenschen Elementes bezüglich = 1; 1,75 bis 1,80 und 1,75 bis 1,85 sind.

4. Wirkungen der galvanischen Kette.

§ 308. Physiologische, thermische und optische Wirkungen. Die Wirkungen der galvanischen Ketten teilt man ein in thermische optische, physiologische, chemische und magnetische (die letzteren werden wir in einem besonderen Kapitel behandeln).

1) Wenn man die Drähte einer galvanischen Batterie in die Hände

Fig. 426. Neefsches Blitzrad.

nimmt, so hat man eine merkliche Empfindung nur, wenn die Batterie 30 bis 50 Elemente enthält. Dagegen kann man schon mit wenigen Elementen eine lebhafte Reizung der Nerven bewirken, wenn man den Strom rasch hintereinander herstellt und unterbricht. Dies gelingt u. a. mit Hilfe des Neefschen Blitzrades (Fig. 426), welches aus einem gezahnten Rad, an dem eine Metallfeder schleift, besteht; es wird so in den Stromkreis eingeschaltet, dafs der eine Poldraht der Batterie nach der Achse des Rades führt, während ein anderer Draht die Feder mit der einen Handhabe *n* verbindet; der Strom geht alsdann von der Batterie nach der Achse des Rades, von da nach dem Umfang desselben, eventuell nach der Feder und der Handhabe *n*, durch den menschlichen Körper und über die Handhabe *m* nach der Batterie zurück.

Wird das Rad gedreht, so berührt die Feder bald einen Zahn und bald steht sie zwischen zwei Zähnen, so dafs abwechselnd der Strom geschlossen und geöffnet wird. Die Zuckungen sind um so heftiger, je rascher gedreht wird.

Legt man den Stiel eines kleinen silbernen Löffels und ein Zinkstäbchen zwischen Wangen und Kinnladen an und drückt sie aufserhalb des Mundes zusammen, so bemerkt man, namentlich bei geschlossenen Augen, einen kleinen Lichtblitz.

Fafst man die Zunge zwischen die beiden Stäbchen, so hat man einen säuerlichen oder seifigen Geschmack, je nachdem das Zink oben oder unten ist.

Stärkere physiologische Wirkungen bringen die Induktionsströme (§ 328) hervor.

2) Die Erwärmung in einem Stromkreise, welche auf einer Umsetzung von Elektricität in Wärme beruht, ist nicht an allen Stellen gleich: sie ist an einer bestimmten Stelle dem dort herrschenden Widerstande, sowie dem Quadrate der Stromstärke proportional — Gesetz von Joule:

$$C = c \,.\, I^2 \,.\, W \,.\, t: \qquad 1)$$

hierbei bedeutet C die in der Zeit t entstehende Wärmemenge und c einen konstanten Faktor; derselbe giebt, wie aus der Gleichung 1) leicht zu sehen, die Wärmemenge an, welche in der Zeit 1 durch einen Strom von der Intensität 1 in einem Leiter vom Widerstand 1 hervorgebracht wird.

Lenz prüfte das Gesetz, indem er in ein teilweise mit Weingeist gefülltes Gläschen nach der Reihe verschiedene gewundene Drähte einsetzte und den Strom so lange einführte, bis ein in das Gefäfs tauchendes Thermometer immer dieselbe Temparaturerhöhung anzeigte.

Selbstverständlich erwärmen sich auch die in einem Stromkreis befindlichen, den Strom hervorrufenden Elemente und zwar dasjenige am meisten, dessen innerer Widerstand am gröfsten ist.

Die Formel 1) gilt auch für die Wärmeentwickelung im ganzen Stromkreis, wenn man unter W den Gesamtwiderstand versteht. Übrigens läfst sich in diesem Falle der Gleichung eine andere Gestalt dadurch geben, dafs man $\frac{E}{I}$ statt W einsetzt; dann erhält man:

$$C = c \,.\, I \,.\, E \,.\, t \qquad 2)$$

und für die Zeiteinheit:

$$C = c \,.\, I \,.\, E. \qquad (3)$$

Es ist also die Wärmeentwickelung im Stromkreis der Stromstärke und der elektromotorischen Kraft proportional.

Glühen von Drähten; Sprengen von Minen durch Glühendmachen von dünnen, in Pulverpatronen eingeschlossenen Eisendrähten. Das Glühen von Drähten verwendet man in der Chirurgie zum Abbrennen von krankhaften Fleischteilen, sowie in Verbindung mit kleinen Spiegeln zum Erleuchten der Mundhöhle u. s. w. — Funken beim Öffnen und Schliefsen der Ketten, namentlich, wenn ein Quecksilbernapf in den Stromkreis eingeschlossen ist und der eine Poldraht abwechsend eingetaucht und herausgenommen wird. Legt man den einen Poldraht auf eine Holzraspel und fährt mit dem anderen darüber, so bemerkt man ein Funkensprühen, das von glühenden Eisenteilchen herrührt, wie denn überhaupt beim Öffnen des Stromes kleine Teilchen hauptsächlich vom positiven Pol sich loslösen und glühend nach dem negativen hinfliegen. Mittelst einer gröfseren Batterie (mindestens 30 guter Bunsenscher Elemente) lassen sich Kohlenstäbchen aus der harten, dichten Gaskohle weifsglühend machen und in diesem Zustande erhalten, auch nachdem man

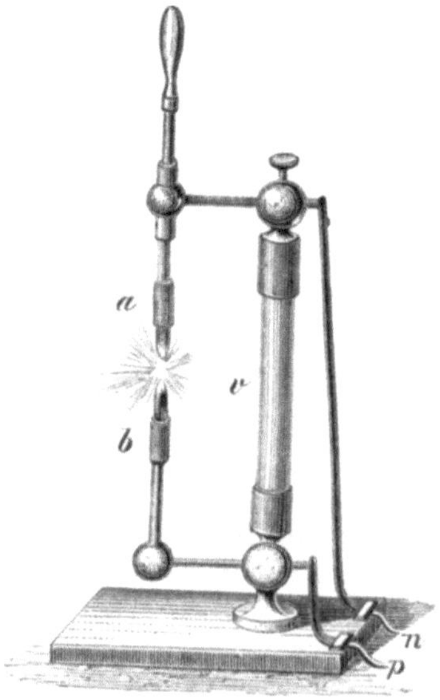

Fig. 427. Elektrisches Kohlenlicht.

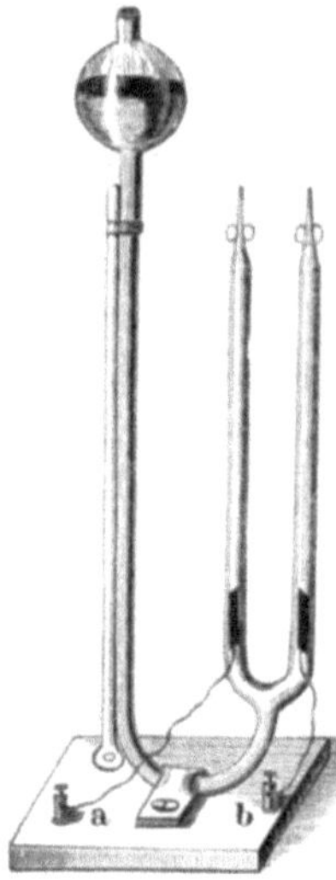

Fig. 428. Wasserzersetzungsapparat.

sie auf einige Millimeter voneinander entfernt hat — elektrisches Licht (Fig. 427). Dabei verbrennt die positive Kohle doppelt so rasch als die negative, indem zugleich von der ersteren nach der zweiten glühende Teilchen überfliegen, welche den Flammenbogen bilden. Um die Kohlenspitzen in der geeigneten Entfernung zu halten, hat man besondere Apparate, elektrische Lampen (Stöhrer, Serrin, Dubosq) konstruiert. Jablokoff trennt zwei Kohlenplatten durch eine unverbrennliche Thonschicht und hält sie dadurch in geeigneter Entfernung — Jablokoffsche Kerzen. Anwendung des elektrischen Lichtes zur Beleuchtung von Strafsen, grofsen Sälen, bei nächtlichen Bauten u. s. w. (Vergl. übrigens § 332). Schon mit vier bis sechs guten Bunsenschen Elementen kann man an Kohlenspitzen ein kleines helles Fünkchen erzeugen.

Über die physiologischen Wirkungen vergl. § 328.

§ 309. Chemische Wirkungen im äufseren Schliefsungskreise. 1) Verbindet man die Poldrähte einer galvanischen Kette mit zwei Platinplättchen, welche in verdünnter Schwefelsäure stehen, so entwickeln sich an der positiven Platte Blasen von Sauerstoff und an der negativen Blasen von Wasserstoff. Sehr geeignet für diesen Versuch ist der Apparat von Hofmann (Fig. 428). Derselbe besteht aus einer zweischenkligen Röhre, deren Schenkel am oberen Ende durch Hähne verschliefsbar sind und in welche zwei mit den Klemmschrauben *a* und *b* verbundene und in Platinplättchen endigende Platindrähte eingeschmolzen sind; diese zweischenklige Röhre ist mit einer dritten, höheren, welche in eine offene Kugel endigt, verbunden; in die letztere giefst man, während die Hähne geöffnet sind, verdünnte Schwefelsäure, schliefst die Hähne, wenn die Schenkel gefüllt sind und giefst dann noch etwas Flüssigkeit nach. Verbindet man die Poldrähte einer Batterie mit den Klemmschrauben *a* und *b*, so sammelt sich in dem Schenkel, dessen Platte mit dem negativen Pol verbunden ist, dem Volumen nach doppelt soviel Wasserstoff, als in dem anderen Schenkel Sauerstoff. (Vergl. auch das § 302 über das Voltameter Gesagte).

Das reine Wasser wird durch den galvanischen Strom nur sehr schwer, oder nicht zersetzt. Die Bildung von Wasserstoff und Sauerstoff aus verdünnter Schwefelsäure kann durch folgendes Schema versinnlicht werden:

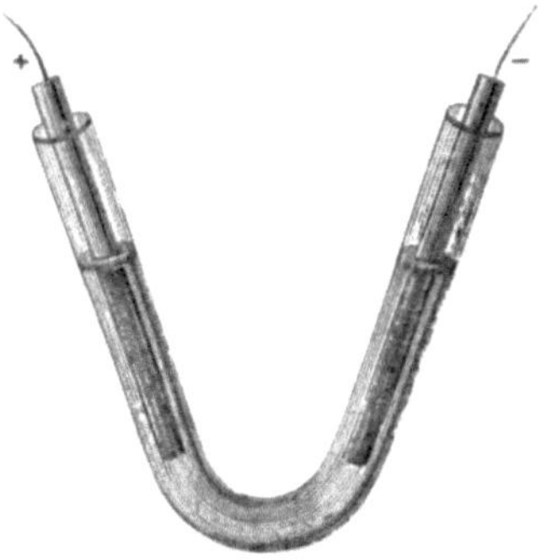

Fig. 429. Zersetzung von Salzen.

$$-|H_2SO_4,\ H_2SO_4,\ H_2SO_4|+$$

Die negative Platinplatte zieht den Wasserstoff und die positive Platte das SO_4 der ihr zunächst liegenden Wassermoleküle an, während zwischen den Platten die restierenden H_2 und SO_4 sich wieder zu H_2SO_4 miteinander verbinden. Das an der positiven Platte abgeschiedene SO_4 zersetzt das Wasser und bildet $H_2SO_4 + O$, welches letztere an der Platte aufsteigt.

2) Bringt man in eine winkelförmig gebogene Röhre (Fig. 429), in welche Platinplatten an Platindrähten tauchen, eine Lösung von Kupferchlorid, so entweicht an der positiven Platte Chlor, während an der negativen sich Kupfer absetzt:

$$-|CuCl_2,\ CuCl_2,\ CuCl_2|+$$

3) Füllt man dieselbe Röhre mit Kupfervitriollösung, so scheidet sich wieder an der negativen Platte Kupfer ab, während an der positiven Sauerstoff aufsteigt:

$$-|CuSO_4,\ CuSO_4\ CuSO_4|+$$

Das an der positiven Platte abgeschiedene SO_4 zersetzt das Wasser und bildet, wie schon in 1) bemerkt, H_2SO_4 und O, welches letztere entweicht.

Ähnlich erfolgt die Zersetzung einer Höllensteinlösung; am negativen Pol setzt sich Silber ab und am positiven entsteht Salpetersäurehydrat und Sauerstoff:

$$-|AgNO_3,\ AgNO_3,\ AgNO_3|+$$

und

$$2\,NO_3 + H_2O = 2\,HNO_3 + O.$$

4) Füllt man die Röhre mit Glaubersalz, so zersetzt das am negativen Pole entstehende Natrium das Wasser, so dafs dort Wasserstoff aufsteigt, während in der Flüssigkeit Natriumhydroxyd gelöst bleibt; am positiven Pol aber bildet sich Schwefelsäure und aufsteigender Sauerstoff:

$$-|Na_2SO_4,\ Na_2SO_4,\ Na_2SO_4|+$$

$$2\,Na + 2\,H_2O = 2\,NaOH + 2\,H$$

und

$$SO_4 + H_2O = H_2SO_4 + O.$$

Ist die Glaubersalzlösung mit Lackmus violett gefärbt, so wird sie in dem Schenkel, dessen Platte mit dem positiven Pole verbunden ist, rot und in dem anderen blau; kehrt man die Pole um, so kehrt sich auch die Färbung in den Schenkeln um.

Die Leiter erster Art (§ 298), meist metallische Elemente, leiten den Strom, ohne dafs Zersetzung eintritt, bezw. möglich ist.

Die Leiter zweiter Art sind zusammengesetzte Körper, leiten nur in flüfsiger Form (aufgelöst oder geschmolzen), wobei stets chemische Zersetzung eintritt; bei Verbindungen, welche aus zwei Elementen bestehen, scheidet sich das eine stets am positiven, das andere am negativen Pole ab.

Salze werden derart zersetzt, dafs sich das Metall an dem negativen Pole und der Rest der Verbindung am positiven Pole abscheidet; dieser letztere zersetzt das Wasser und bildet Säurehydrat und aufsteigenden Sauerstoff (sekundäre Aktion). Ist das am negativen Pole auftretende Metall imstande das Wasser zu zersetzen, so bildet sich Hydroxyd und aufsteigender Wasserstoff.

Da sich ein und dasselbe Element stets an demselben Pole abscheidet, so hat Berzelius die Annahme gemacht, dafs in jeder binären Verbindung die zwei Bestandteile entgegengesetzt elektrisch seien; kommen die Moleküle zweier Körper miteinander in Berührung, so werden sie gemeiniglich entgegengesetzt elektrisch, ziehen einander an und bilden eine chemische Verbindung: Chemische Verwandtschaft und elektrischer Gegensatz wäre hiernach einerlei.

Berzelius hat nun die Elemente in eine Reihe gebracht — erweiterte Spannungsreihe — in welcher jedes vorhergehende Glied mit dem folgenden in Berührung positiv und das folgende negativ elektrisch wird; die Spannungsdifferenz ist dabei um so gröfser, je weiter die Elemente in der Reihe auseinander stehen. Diese Reihe lautet: Kalium, Natrium, Lithium, Barium, Strontium, Calcium, Magnesium, Beryllium, Yttrium, Lanthan, Didym, Aluminium, Zirkonium, Thorium, Cerium, Uran, Mangan, Zink, Eisen, Nickel, Kobalt, Cadmium, Blei, Zinn, Wismut, Kupfer, Silber, Quecksilber, Palladium, Rhodium, Platin, Iridium, Osmium, Gold, Wasserstoff, Silicium, Titan, Tantal, Tellur, Antimon, Kohlenstoff, Bor, Wolfram, Molybdän, Vanadium Chrom, Arsen, Phosphor, Jod, Brom, Chlor, Fluor, Stickstoff, Selen, Schwefel, Sauerstoff.

Das in einer Verbindung positive Element (etwa Kupfer) scheidet sich bei der Zersetzung am negativen und das negative Element (etwa Chlor) am positiven Pole ab.

In betreff der Menge der von einem Strome in einer bestimmten Zeit zersetzten Substanz gilt das von Faraday aufgestellte Gesetz der festen elektrolytischen Aktion:

1) Die Menge der in einer bestimmten Zeit zersetzten Substanz ist der Stromstärke proportional.

2) Ein und derselbe Strom zersetzt in derselben Zeit äquivalente Mengen beliebiger Substanzen; dabei ist ein Molekül Wasser, H_2O, zwei Molekülen Salpetersäurehydrat, $2\,HNO_3$ und zwei Molekülen Salzsäure, $2\,HCl$, einem Molekül Schwefelsäurehydrat, H_2SO_4 und einem Molekül Glaubersalz, Na_2SO_4, äquivalent.

Faraday nennt den zu zersetzenden Körper Elektrolyt, seine Zersetzungsprodukte Jonen und zwar dasjenige, welches sich am positiven Pole — Anode — ansetzt, Anion und dasjenige, welches sich am negativen Pole — Kathode — abscheidet, Kation; die chemische Zersetzung selbst heifst Elektrolyse.

Da selbst sehr schwache Ströme chemische Zersetzung in freilich geringem Mafse bewirken, so nimmt Clausius an, dafs die Bestandteile flüssiger Körper überhaupt nur sehr locker miteinander verbunden seien und bei der Bewegung der Moleküle durcheinander, die Bestandteile sich sehr leicht voneinander trennen, um sich wieder mit denen anderer zu verbinden u. s. w. Sobald nun die Elektroden in die Flüssigkeit eingetaucht werden, geht die frühere beliebige Bahn der bewegten Moleküle in der Richtung der Elektroden und zwar gehen die positiven Jonen vorherrschend zur Kathode und die negativen zur Anode. Zugleich unterstützt ein, wenn auch noch so schwacher Strom, die gewissermafsen freiwillige Zersetzung der Moleküle.

Davy hat zuerst (1807—1811) die Metalle der Alkalien und alkalischen Erden durch chemische Zersetzung aus ihren Verbindungen hergestellt.

Bleibaum; Nobili's Farbenringe.

§ 310. Galvanische Polarisation; chemische Zersetzungen in den Ketten. 1) Zersetzt man verdünnte Schwefelsäure zwischen zwei Platinplatten und bringt dieselben, nach Unterbrechung des Stromes, sofort mit einem Multiplikator in Verbindung, so schlägt die Nadel aus und zeigt einen Strom an, welcher dem ursprünglichen, zur Wasserzersetzung benutzten entgegengesetzt gerichtet ist; die Platte, an welche der negative Poldraht geführt worden war und die sich mit dem positiven Wasserstoff bedeckt hat, zeigt sich als negativer Pol, die andere als positiver. Läfst man die Platten einige Zeit mit dem Galvanometer in Verbindung, so geht die Nadel rasch zurück, wobei die Gase verschwinden, indem sie sich wieder zu Wasser verbinden.

Nimmt man statt Platin-, Bleiplatten, so bedeckt sich diejenige, welche mit dem positiven Poldraht in Verbindung ist, mit braunem Bleisuperoxyd und die andere mit Wasserstoff; auch hier erhält man nach Unterbrechung des Hauptstromes und Verbindung der Platten mit einem Galvanometer einen Strom und zwar einen sehr starken, bei welchem die mit Wasserstoff bedeckte Platte wieder den negativen Pol bildet. Bleibt einige Zeit der Strom geschlossen, so verschwindet das Bleisuperoxyd bei allmählicher Abnahme der Stromintensität wieder. Solche und ähnliche Ströme, welche dadurch entstehen, dafs bei elektrolytischen Prozessen die metallischen Leiter sich mit Gasen oder sonstigen Substanzen bedecken, nennt man *Polarisationsströme*.

Eine mit Wasserstoff bedeckte Platinplatte verhält sich gegen eine reine Platinplatte wie Zink gegen Kupfer.

Zersetzt man verdünnte Schwefelsäure zwischen einer Platin- und einer amalgamierten Zinkplatte, indem man den negativen Poldraht mit der Platinplatte in Verbindung setzt, so nimmt die Stromstärke rasch ab; das Zink erleidet zwar keine weitere Veränderung, als dafs es sich teilweise als Zinkvitriol auflöst; das Platin aber bedeckt sich mit dem positiven Wasserstoff und rückt dadurch dem positiven Zink in seiner elektromotorischen Wirkung näher.

2) Wird eine galvanische Kette geschlossen, so entstehen in ihr selbst chemische Zersetzungen, wobei die festen Leiter meist polarisiert werden, so dafs der Strom eine Schwächung erleidet. Bei einer einfachen Zinkkupferkette z. B. bedeckt sich die Kupferplatte mit positiven Wasserstoff (während die Zinkplatte keine weitere Veränderung erleidet, als dafs sie teilweise als Zinkvitriol sich auflöst), hierdurch rückt das Kupfer in seiner elektromotorischen Wirkung dem Zinke näher und der Strom wird schwächer.

Bei den sogenannten *konstanten* Elementen (§ 300) ist die Polarisation dadurch vermieden, dafs kein Wasserstoff entstehen kann, oder dafs derselbe sofort zu Wasser oxydiert wird:

Bei dem Tauchelement wird der Wasserstoff durch die in der Flüssigkeit gelöste Chromsäure oxydiert, während diese selbst in Chromoxyd, bezüglich Chromsulfat übergeht. Übrigens wirkt die Chromsäure nicht so sicher, dafs das Element vollkommen konstant würde.

Bei der Daniellschen Kette setzt sich an der Kupferplatte überhaupt kein Wasserstoff, sondern Kupfer ab; sie ist im höchsten Mafse konstant.

Bei der Groveschen und Bunsenschen Kette bildet sich an der Platin-, bezüglich Kohlenplatte Wasserstoff, der aber sofort mit der Salpetersäure Stickstoffdioxyd und Wasser bildet:

$$Pt \,|\, H_2N_2O_6,\ H_2N_2O_6,\ H_2N_2O_6,\ H_2SO_4,\ H_2SO_4,\ H_2SO_4 \,|\, Zn$$

und:

$$2\,H + H_2N_2O_6 = 2\,H_2O + N_2O_4.$$

3) Chemisch reines oder amalgamiertes Zink wird weder für sich, noch in einer *offenen* Kette von verdünnter Schwefelsäure angegriffen. Anders ist es bei unreinem Zink. Geht nun eine Zersetzung ohne Stromschlufs vor sich, so nennt man dies eine *sekundäre Aktion*, während die andere nur bei Stromschlufs erfolgende *primäre Aktion* heifst.

In (geschlossenen) Ketten mit blofs primärer Aktion ist die Menge des in einer bestimmten Zeit aufgelösten Zinkes ein Mafs für die Stärke des Stromes.

Ist Zink mit anderen Metallen verunreinigt, so bilden diese mit ihm und mit der Säure einen Strom, infolgedessen das Zink aufgelöst wird. Dieser Strom geht aber nicht in die äufsere Leitung über, so dafs, abgesehen von der zugleich eintretenden Schwächung des Hauptstromes, ein unnützer Zinkverbrauch entsteht.

Befindet sich chemisch reines Zink in verdünnter Schwefelsäure, so kann man sofort lebhafte Wasserzersetzung hervorrufen, wenn man einige Tropfen Platinchlorid zugiefst; es bedeckt sich alsdann das Zink mit einer Schicht Platin, so dafs man gewissermafsen ein Zinkplatinelement erhält.

Rollt man zwei lange Bleiplatten, welche durch Kautschukstreifen isoliert sind, ineinander, stellt sie in verdünnte Schwefelsäure und leitet einige Zeit einen Strom ein, so erhält man nach Unterbrechung des Stromes ein Element, welches auf kurze Zeit noch bessere Dienste zum Glühendmachen von Drähten leistet, als die Haresche Spirale (Sinsteeden 1854; Planté 1860).

Groves Gasbatterie besteht aus einer Anzahl Elementen von je zwei durch Wasserstoff und Sauerstoff polarisierten Platinstreifen.

Aufser durch den Polarisationsstrom, auf den zuerst Ritter (1803) und Ohm (1831) aufmerksam machten, entsteht beim Durchgang eines Stromes durch eine Flüssigkeit noch eine Schwächung durch den sogenannten „Widerstand des Überganges“; er rührt davon her, dafs sich die Elektroden mit schlecht leitenden Schichten überziehen (eine positive Kupferelektrode mit Kupferoxyd u. dergl.); er giebt sich dadurch kund, dafs bei Verdoppelung der Länge der Flüssigkeitsschicht die Abnahme der Stromintensität nicht ganz auf das Doppelte wächst.

Ein Eisendraht, welcher als Anode bei der Wasserzersetzung gedient hat, ist dauernd verändert, d. h. stärker negativ, als vorher; er steht in der Spannungsreihe zwischen Kupfer und Platin. Das „passive“ Eisen wird von konzentrierter Salpetersäure nicht angegriffen und scheidet kein Kupfer aus Kupfersalzen ab. Durch Eintauchen in konzentrierte Salpetersäure wird das Eisen ebenfalls passiv. Der Grund dieser Passivität ist in einer Schicht von Eisenoxyduloxyd zu suchen, mit welcher sich das Eisen überzogen hat, denn es wird auch passiv, wenn man es erhitzt, so dafs es „anläuft“. Man kann deshalb auch ziemlich starke Elemente erhalten, wenn man in einer Groveschen Kette das Platin durch Eisen ersetzt, nur mufs die Salpetersäure stets hinlänglich konzentriert sein (Schönbein).

§ 311. Galvanoplastik. Spencer und Jacobi bemerkten fast gleichzeitig (1837), dafs das an dem Kupfercylinder einer Daniellschen Kette sich absetzende Kupfer ablösbar sei und alle Erhabenheiten und Vertiefungen der Oberfläche des Cylinders zeige. Sie benutzten diesen Umstand, um Gegenstände galvanisch zu verkupfern und Kupferabdrücke von denselben herzustellen — Galvanoplastik.

Einen einfachen galvanoplastischen Apparat zeigt Fig. 430; es ist dies ein umgeändertes Daniellsches Element: In ein weites mit konzentrierter Kupfervitriollösung gefülltes Glas ist ein Glascylinder, welcher unten durch eine Tierblase geschlossen ist, gehängt, so dafs die Blase etwas vom Boden des weiten Glases absteht. Der Cylinder ist mit verdünnter Schwefelsäure, in welche ein Zinkstück taucht, gefüllt. Unterhalb der Blase befindet sich ein Abdruck von irgend einem kleineren Gegenstand, z. B. einer Münze, welcher durch einen Draht, der, soweit er in die Flüssigkeit taucht, mit einer nichtleitenden Substanz überzogen ist, mit dem Zinkstück verbunden ist. Der

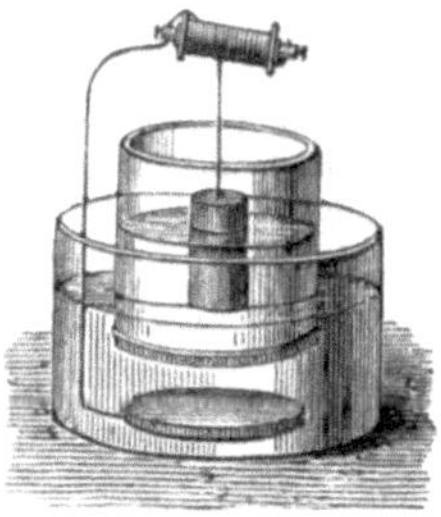

Fig. 430. Galvanoplastischer Apparat.

Abdruck besteht entweder aus einem Gemisch von Wachs und Gips, oder aus Roseschem Metallgemisch, oder aus Guttapercha. Zur Herstellung des Abdruckes giefst man das geschmolzene Wachs auf die mit einem Papierrand umlegte Münze, und nimmt es nach dem Festwerden ab; oder man prefst die Münze auf in warmem Wasser erweichtes Guttapercha; oder man läfst die Münze auf geschmolzenes Rosesches Metallgemisch in dem Moment fallen, wo es bereits am Rand zu erstarren angefangen. Eine Wachs- oder Guttaperchaform mufs mit einer leitenden Substanz, Graphit, Bronzepulver u. dergl. überpinselt werden.

Nachdem die Kette 1—2 Tage in Thätigkeit gewesen, hat sich ein Kupferüberzug gebildet, der hinreichend dick ist, um abgenommen werden zu können.

Fig. 431 zeigt einen galvanoplastischen Apparat, welcher zur Verkupferung (Versilberung, Vergoldung u. s. w.) gröfserer Gegenstände, sowie auch mehrerer zugleich dienen kann. Über einen mit Kupfervitriollösung gefüllten Trog sind zwei Metallstäbe *a b* und *c d* gelegt, von denen der erste, an dem eine Kupferplatte hängt, mit dem positiven Pol eines Elementes, der andere, an welchem sich die zu verkupfernden Gegenstände befinden, mit dem negativen Pol verbunden ist. Das Kupfervitriol wird zersetzt; die Gegenstände überziehen sich mit Kupfer, während die freiwerdende Schwefelsäure eine äquivalente Menge Kupfer von der an *a b* hängenden Kupferplatte auflöst.

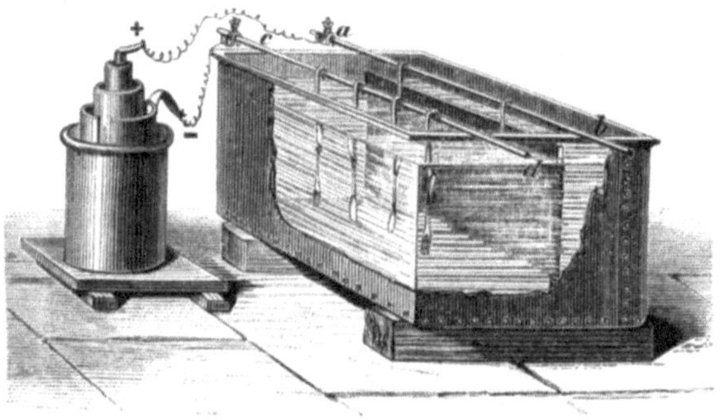

Fig. 431. Gröfserer galvanoplastischer Apparat.

Zur Vergoldung und Versilberung wendet man Gold- und Silberchlorid und Cyankalium an. Zur Verplatinierung Kaliumplatinchlorid; zur Verzinkung Zinksulfat, zur Verzinnung Zinnchlorid u. s. w. — Eine gute Form erhält man aus 1 T. Wachs, 1 T. Stearin und $\frac{1}{2}$ T. Bleiweifs. — Die Vervielfältigung von Kupferstichen, Holzschniten u. s. w. nennt man **Elektrotypie**, sowie das Überziehen von Gegenständen mit einem Metall **Galvanisierung**. — Taucht man ein mit dem positiven Pol einer Kette verbundenes Platinblech in essigsaures Bleioxyd und hält ihm eine mit dem positiven Pol verbundene Platinspitze gegenüber, so bildet sich ein ringförmiger Überzug von Bleisuperoxyd, welcher, so lange er noch dünn ist, die Farben dünner Blättchen zeigt — **Nobilische Farbenringe**. (Überzüge von Metallgegenständen, in verschiedenen Farben schillernd).

5. Elektromagnetismus.

§ 312. Elektromagnet. Umwickelt man ein Stück weiches Eisen mit übersponnenem Kupferdraht und leitet einen Strom durch denselben, so wird das Eisen magnetisch, um seinen Magnetismus sofort wieder zu verlieren, wenn der Strom unterbrochen wird. Ein mit übersponnenem Draht umwickeltes Eisenstück nennt man *Elektromagnet*. Hält man einen Elektromagnet so gegen sich, dafs der positive Strom wie der Zeiger einer Uhr um denselben läuft, so ist das uns zugewandte Ende der Südpol und das abgewandte der Nordpol (einerlei ob der Draht wie in *A*, Fig. 432, von rechts nach links, oder wie in *B* von links nach rechts gewickelt ist).

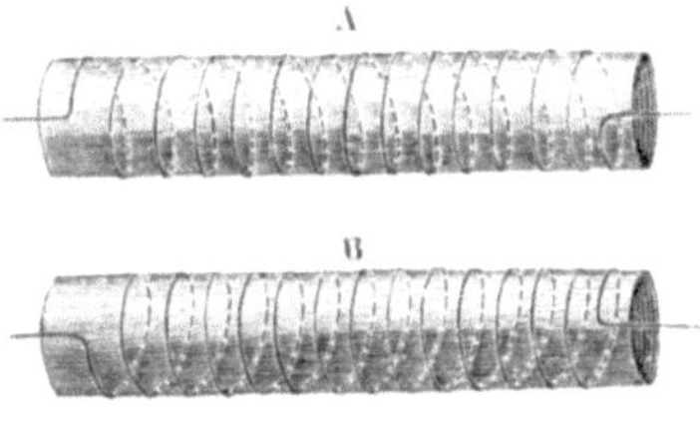

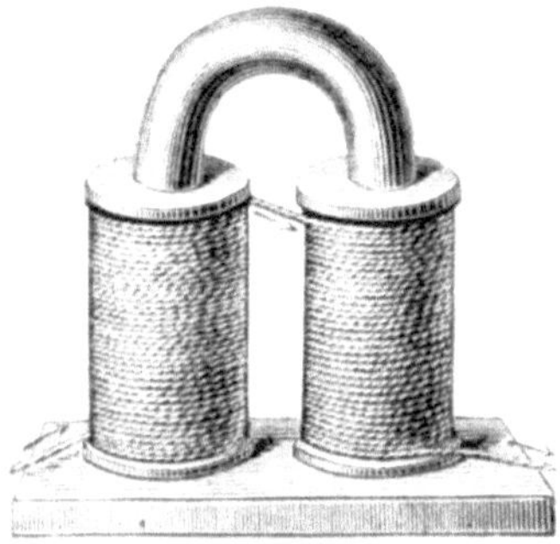

Fig. 432. Elektromagnete. Fig. 433.

Fig. 433 zeigt einen hufeisenförmigen Elektromagnet. Die Drahtwindungen werden gewöhnlich auf einer Holzspule angebracht und diese über das Eisenstück geschoben.

Ein Stück Stahl wird dauernd magnetisch, wenn man einen Strom um dasselbe führt. Doch macht man ein Stahlstück besser dadurch magnetisch, dafs man es an einem starken Elektromagnete streicht.

Ein Halbcylinder von Eisen, welcher der Länge nach mit Draht umwickelt ist, besitzt wegen der langen Pole eine besonders hohe Tragkraft.

§ 313. Diamagnetismus. Faraday fand (1845), dafs ein *starker* Magnet auf *jeden* Körper eine Einwirkung ausübt; den einen zieht er an, den anderen stöfst er ab; erstere nennt man *magnetisch* oder *paramagnetisch*, letztere *diamagnetisch*.

Hängt man ein Eisenkügelchen an einem Faden genau in die Mitte, aber etwas vor oder hinter die Verbindungslinie der sehr genäherten Pole eines Elektromagnetes und leitet einen galvanischen Strom in die Windungen, so wird das Kügelchen in die Verbindungslinie der Pole hereingezogen; hängt es nicht genau in der Mitte, so fliegt es nach dem ihm näheren Pole hin.

Nimmt man aber statt des Eisenkügelchens ein solches von Wismut, so entfernt es sich beim Einleiten des Stromes in die Windungen des Elektromagnetes von den Polen desselben.

Ein an einem Faden zwischen die Pole eines Elektromagnetes in horizontaler Lage gehängtes Eisenstäbchen stellt sich in die Verbindungslinie der Pole — *achsial*, ein Wismutstäbchen stellt sich senkrecht auf diese Richtung — *äquatorial*.

Flüssigkeiten untersucht man in Bezug auf ihr magnetisches oder diamagnetisches Verhalten, indem man sie in ein Uhrgläschen giefst und

26*

dieses auf die Pole eines Elektromagnetes stellt; bei magnetischen Flüssigkeiten bilden sich zwei Erhöhungen über den Polen und eine Vertiefung in der Mitte; bei diamagnetischen bildet sich zwischen den Polen eine elliptische Erhöhung, deren grofse Achse äquatorial steht. Gase untersucht man nach Plücker, indem man sie in kleine Glaskugeln oder Glasröhren bringt, welche an sich nur in sehr geringem Mafse diamagnetisch sind.

Flammen zeigen sich diamagnetisch; sie breiten sich in äquatorialer Richtung aus; schwach rufsende Flammen (Talglicht) brennen dabei heller; während bei stark rufsenden der Rauch in zwei getrennten, in äquatorialer Richtung liegenden Säulen aufsteigt.

Weitere Versuche hierüber haben besonders Weber und Tyndall angestellt und namentlich nachgewiesen, dafs ein diamagnetischer Körper ebenfalls unter dem Einflusse eines starken Elektromagnetes zwei Pole erhält jedoch derart, dafs der Nordpol des Magnetes in dem angenäherten Ende des Körpers einen Nordpol hervorruft und der Südpol einen Südpol.

Als magnetisch hat man folgende Körper gefunden:

Eisen, Nickel, Kobalt, Mangan, Chrom, Kalium, Natrium, Aluminum.

Diamagnetisch sind:

Wismut, Gold, Silber, Zink, Zinn, Quecksilber, Kupfer, Arsen, Antimon; aufserdem:

Glas, Bergkrystall, Gips, Schwerspat, Glaubersalz, Bittersalz, Alaun, Salmiak, Salpeter, Soda, Kalkspat, Bleizucker, Wachs, Gummi, Zucker, Stärke, Fleisch, lebende Tiere, Wasser, Alkohol, Äther, Schwefelkohlenstoff, Terpentinöl, Schwefelsäure, Salpetersäure, Blut u. s. w.

Von Gasen ist besonders Sauerstoff stark magnetisch; schwächer Stickoxydgas und salpetrige Säure; diamagnetisch dagegen ist Wasserstoff, Kohlensäure, Chlor, Cyangas, ölbildendes Gas, Stickstoff und Stickoxydulgas.

Schwächeren Magneten gegenüber zeigen sich viele Substanzen magnetisch, welche unter dem Einflusse stärkerer Magnete diamagnetisch sind. Ein Magnet scheint in jedem Körper, namentlich in schwach magnetischen Magnetismus und Diamagnetismus zugleich zu erregen; während aber der Magnetismus schon bei schwächerer Einwirkung rasch sein Maximum erreicht, wird der Diamagnetismus erst durch sehr starke Magnete in höherem Mafse geweckt. Bei stark magnetischen Körpern kann der Diamagnetismus den Magnetismus nicht übertreffen.

Diamagnetische Körper zeigen sich bei (sehr geringem) Eisengehalt schwachen Magneten gegenüber magnetisch, unter dem Einflusse stärkerer aber deutlich diamagnetisch.

§ 314. Drehung der Polarisationsebene. Schiebt man in einen Elektromagnet mit hohlem Eisenkern eine mit einer Flüssigkeit, wie Chlorzink, Wasser, Alkohol, Schwefelkohlenstoff gefüllte, an beiden Enden durch Glasplatten verschlossene und mit zwei in gekreuzter Stellung befindlichen Nicolschen Prismen versehene Glasröhre, so wird beim Durchsehen das dunkele Gesichtsfeld sofort einigermafsen hell, wenn man den Strom in die Windungen des Elektromagnetes einläfst. Um wieder Dunkelheit zu erzielen, mufs man den einen Nicol mehr oder weniger drehen. Galvanische Ströme (und Magnete) sind hiernach imstande, die Polarisationsebene zu drehen.

Dabei gilt das Gesetz:

Die Richtung, nach welcher die Polarisationsebene gedreht wird, ist dieselbe, wie die, nach welcher der positive Strom in den Windungen des Elektromagnetes kreist; aufserdem ist die Drehung der Polarisationsebene der Intensität des Stromes proportional.

Auch feste Körper, namentlich das schwere Faradaysche Glas (kieselborsaures Bleioxyd) zeigen diese Erscheinung. Rühmkorff hat dazu einen besonders geeigneten Apparat konstruiert; derselbe besteht aus zwei geradlinigen Elektromagneten mit ausgehöhlten Eisenkernen, welche in geringem Abstande voneinander und in derselben Richtung stehen; die Windungen beider sind verbunden und so geführt, dafs die entgegengesetzten Pole einander gegenüberstehen; in dem Zwischenraume stellt man ein Stück des Faradayschen Glases auf und in die abgewandten Enden der Elektromagnete schiebt man zwei Nicols, von denen das eine festgestellt wird, während das andere drehbar und so mit einem eingeteilten Kreise verbunden ist, dafs die Gröfse der Drehung genau abgelesen werden kann. Vor das feste Nicol stellt man eine Kerze, dreht das bewegliche in die gekreuzte Stellung und läfst nun den Strom in die Elektromagnete. Während vorher, wenn man durch das drehbare Nicol nach dem festen sah, das Gesichtsfeld dunkel war, ist es jetzt merklich heller und man mufs das eine Nicol um eine gewisse Zahl Grade drehen, bis wieder völlige Dunkelheit eintritt.

§ 315. Telegraphie. Den ersten Versuch, die Elektricität zu benutzen, um Nachrichten mit grofser Geschwindigkeit von Ort zu Ort zu verbreiten, hat Lesage in Genf (1774) gemacht. Er spannte 24 mit Harz überzogene Metalldrähte, entsprechend den 24 Buchstaben des Alphabetes, über Holzstangen und verband sie am einen Ende mit einer Elektrisiermaschine, während am anderen Fäden mit Hollunderkügelchen befestigt waren. Indem man die Elektricität bald auf diesen, bald auf jenen Draht übergehen liefs, wurde das eine oder andere Doppelpendel in Bewegung gesetzt. (Telegraph zwischen Madrid und Aranjuez 1797).

Da die Reibungselektricität zu sehr dem Einflusse der Witterung unterworfen ist, benutzte Sömmering in München (1808) zuerst den galvanischen Strom zur Zeichengebung in die Ferne. Er führte zweimal 18 Drähte nach 18 mit verdünnter Schwefelsäure gefüllten Gläschen, welche mit den 18 Buchstaben eines abgekürzten Alphabetes bezeichnet waren. (Später erkannte man, dafs nur zwei Drähte nötig seien). Da indessen die Wasserzersetzung einen zu starken Strom verlangt und die Zeitverhältnisse der Ausbildung der Erfindung nicht günstig waren, so fand dieser Telegraph keine besondere Anwendung. Nachdem aber Örsted die Ablenkung der Magnetnadel durch den galvanischen Strom entdeckt hatte, wurde bald von Gaufs und Weber (1833) und im gröfserem Mafsstabe von Cooke und Wheatstone (1837) der

Nadeltelegraph hergestellt, welcher längere Zeit, namentlich in England, im Gebrauche war. Die Ablenkung der Nadel erfordert nur einen geringen Strom. Indem man die Nadel bald rechts, bald links ausschlagen liefs, konnte man die Buchstaben des Alphabetes leicht ausdrücken: A = zweimalige Ablenkung nach links; B = dreimal links; C = viermal links; D = links, rechts; E = links, links, rechts u. s. w.

Steintheil in München hat zuerst (1837) versucht, durch Punkte, welche ein Bleistift auf einem rotierenden Cylinder machte, einen Schreibtelegraphen herzustellen; auch fand er, dafs ein einziger Draht genügte; man führt den einen Poldraht der Batterie z. B. den positiven, nach dem Telegraph der anderen Station und läfst dort die Elektricität in die Erde gehen, während man die negative Elektricität sofort auf der ersten Station in die Erde ableitet.

Siemens und Halske stellten um dieselbe Zeit den Zeigertelegraph her; ein Zeiger drehte sich über eine Scheibe, welche am Rand die 24 Buchstaben trug und blieb einige Zeit an dem Buchstaben stehen, welcher bezeichnet werden sollte. Aber erst der Drucktelegraph von Morse, welcher 1837 bekannt gemacht wurde, fand dauernde, rasch sich verbreitende Anwendung.

Die Telegraphie der Alten beschränkte sich darauf, vorher verabredete Nachrichten durch Feuer auf Anhöhen, farbige Fahnen oder Segel, Bewegung von Stangen u. s. w. zu verbreiten. Gröfsere Anwendung fand späterhin (1793) der optische Telegraph von Chappe, welcher in den Kriegen am Ende des vorigen und Anfang dieses Jahrhunderts den Franzosen grofse Dienste leistete; auf hohen Bergen wurden Stangen aufgerichtet, an welchem je acht Querstangen gelenkartig angebracht waren; jeder Querstange konnte man drei Stellungen geben und so 3 . 8 Zeichen hervorbringen. Übrigens werden solche Telegraphen, sowie drehbare mit farbigen Gläsern versehene Gaslaternen auch heute noch auf den Bahnhöfen zur Signalgebung benutzt.

§ 316. Der Drucktelegraph von Morse. Fig. 434 zeigt den Drucktelegraph von Morse. Einem Elektromagnete A steht ein Anker b gegenüber, welcher an einem Hebel BB befestigt ist, der sich um eine horizontale Achse C drehen läfst. Eine Feder D hält im gewöhnlichen Zustande den Anker von den Polen des Elektromagnetes entfernt, wobei zugleich eine an einem Säulchen angebrachte Schraube verhindert, dafs das vordere Ende des Hebels zu sehr in die Höhe geht. Das hintere Ende des Hebels biegt sich nach oben und endigt in eine abgestumpfte Kante t, über welcher ein Papierstreifen pp langsam fortgleitet; diese Bewegung wird durch ein Uhrwerk bewirkt, welches zwei Walzen n, zwischen denen der Papierstreifen geklemmt hindurchgeht, in entgegengesetzter Richtung umdreht. Oberhalb t befindet sich ein Rädchen H, welches durch die „Schwärzerrolle“ L beständig mit einer fetten, blauen Farbe überzogen wird.

Schliefst man den Strom, so bewegt sich der Anker b nach den Polen des Elektromagnetes, der Schreibstift t hebt sich und drückt den Papierstreifen gegen das Rädchen H; je nach der Dauer des Stromschlusses entsteht auf dem Papier ein blauer Punkt, ein kurzer oder ein langer Strich, und aus diesen drei Zeichen läfst sich das ganze Alphabet zusammensetzen.

Der ursprüngliche Morse hatte am hinteren Ende des Hebels eine Spitze, welche gegen einen Papierstreifen schlug und Striche und Punkte erzeugte; die Schwärzerrolle fehlte. Der oben beschriebene Apparat ist der

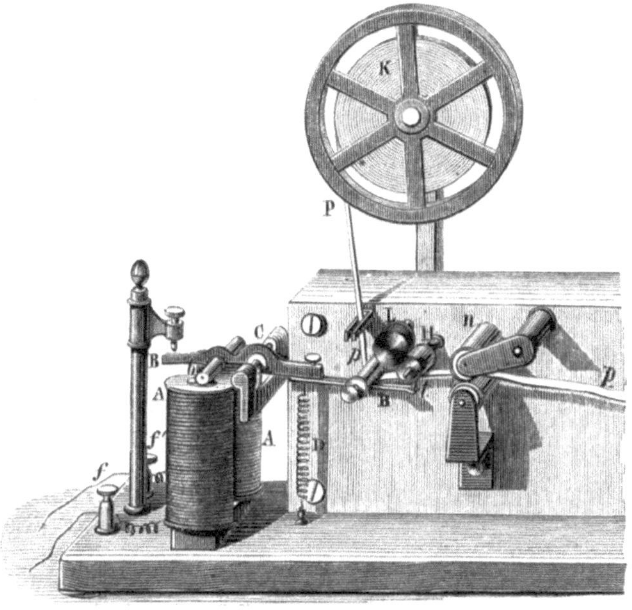

Fig. 434. Drucktelegraph von Morse.

Blauschreiber von Gintl. Zum raschen und bequemen Schliefsen und Öffnen des Stromes bedient man sich des Schlüssels oder Tasters (Fig. 435).

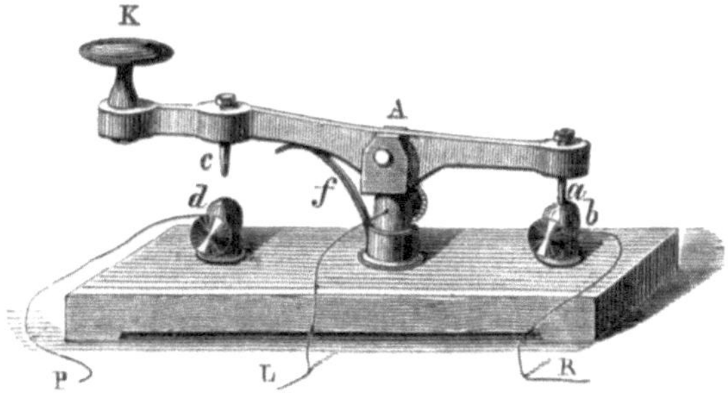

Fig. 435. Telegraphenschlüssel.

Ein Hebel von Metall, welcher im Ruhezustand an der einen Seite durch eine Feder f in der Höhe gehalten wird und der sich um eine Achse A drehen kann, steht mit zwei Spitzen a und c zwei Säulchen b und d gegenüber. Der positive Poldraht der Batterie ist bei P und der negative bei R eingeführt; der eigentliche Telegraphendraht L führt von der Achse A nach der anderen Station. Drückt man den Knopf K nieder, so kann der positive Strom von d nach c und von da über den Hebel durch den Telegraphendraht L nach der anderen Station gelangen; läfst man aber den Knopf los, so ist der Strom zwischen c und d unterbrochen.

Den negativen Strom braucht man nicht durch einen besonderen Draht nach der anderen Station zu führen; es genügt den negativen Poldraht, eben so wie auf der anderen Station die Umwindung des Telegraphen, mit der Erde, bezüglich mit der Gas- oder Wasserleitung zu verbinden; es fließt dann ständig sowohl die negative, als die positive Elektricität in die Erde ab, worauf sich wieder neue bildet u. s. w.

Die Geschwindigkeit der Elektricität hat man auf den großen, amerikanischen Telegraphenlinien zu 13—18 000 Meilen gefunden.

§ 317. Der Telegraph von Hughes, der überseeische und der Pantelegraph. 1) Statt des gewöhnlichen Morseschen Telegraphen, welcher jetzt nur noch auf den kleinen Stationen, und des Blauschreibers, welcher auf den mittleren im Gebrauche ist, bedient man sich jetzt auf den großen Stationen des Typendrucktelegraphen von Hughes, welcher in gewöhnlicher Druckschrift telegraphiert. Die Hauptteile desselben sind 1) das Typenrad *T* (Fig. 436), auf dessen Rand die einzelnen Buchstaben eingraviert sind und das beim Umdrehen an der Schwärzerrolle *S* streift; 2) die Druckwalze *R*, über welcher der Papierstreifen wegläuft und die mit ihrer Achse auf einer Feder *F* liegend, auf- und abbewegt werden kann; 3) aus einer festen Scheibe *D* (Fig. 437) welche am Rande 28, den einzelnen Buchstaben und Ziffern entsprechende Löcher besitzt, über die ein an der Achse *a* befestigter Schlitten *J* rasch rotieren kann; 4) aus einer (hier nicht gezeichneten) Klaviatur, die wie ein Klavier aus Tasten besteht, auf welche die Buchstaben des Alphabetes, Ziffern und dergl. geschrieben sind.

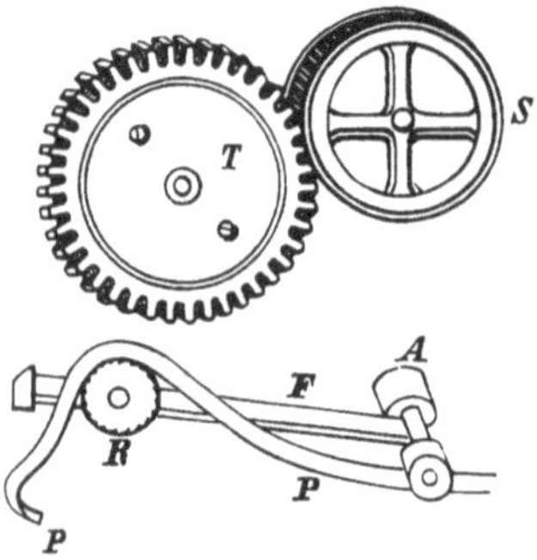

Fig. 436. Typenrad (Hughes) und Druckwalze.

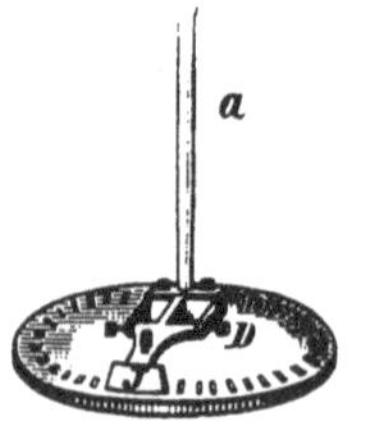

Fig. 437. Schlitten (Hughes).

Beim Niederdrücken einer solchen Taste hebt sich ein Stift und sieht aus einem der Löcher der Scheibe *D* hervor. Kommt nun der Schlitten *J* bei seiner Rotation an die betreffende Öffnung, so wird er durch den hervorstehenden Stift in die Höhe gestoßen; der Schlitten stößt seinerseits die Feder mit der Druckwalze in die Höhe, wodurch der Papierstreifen mit dem Typenrad in Berührung kommt. Die Umdrehung des Typenrades, des Schlittens u. s. w. wird durch ein Uhrwerk mit sinkendem Gewichte derart bewerkstelligt, daß, wenn der Schlitten und damit die Druckwalze gehoben wird, gerade der Buchstabe auf dem Typenrade nach unten (dem Papierstreifen gegenüber) steht, welcher auf der Klaviatur angeschlagen worden ist.

2) Bei dem überseeischen Telegraphen muß, weil der Strom auf dem langen Wege sehr geschwächt wird, die Zeichengebung mittelst einer Magnetnadel bewirkt werden; man benutzt dazu Thomsons Reflexionsgonio-

meter (Fig. 438); es besteht aus einem Drahtgehäuse, innerhalb dessen an einem Kokonfaden ein versilberter Glasspiegel hängt, an dem hinten ein Magnetstäbchen in horizontaler Lage befestigt ist. Dem Spiegel gegenüber befindet sich ein Schirm, welcher in der Mitte eine feine Spalte hat, durch welche das Licht einer Lampe einfällt; der Spiegel reflektiert das Licht nach einer Skala und zwar im Ruhezustande nach dem Nullpunkte. Geht aber ein Strom durch die Drahtwindungen des Gehäuses *M*, so dreht sich

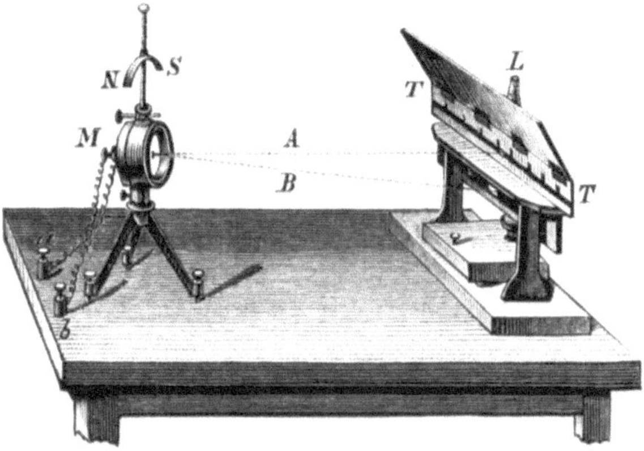

Fig 438. Reflexionsgoniometer.

Fig. 439. Kabel.

der Spiegel und wirft die Strahlen nach einem anderen Punkt der Skala. — Die überseeische Leitung ist ein Drahtseil, Kabel (Fig. 439), welches aus vier isolierten Kupferdrähten besteht, die zum Schutz mit einem starken Eisendrahtseile umgeben sind. Die erste Kabellegung wurde 1857 versucht, doch erst 1865 gelang das Werk und konnte der überseeische Telegraph dem Verkehre übergeben werden.

3) Der Casellische Pantelegraph kann nicht blofs gewöhnliche Druckschrift, sondern auch Zeichungen telegraphieren. An der Abgabestation setzt ein Pendel einen eisernen Stift in Bewegung, welcher über eine mit einer Metallschicht überzogenen Fläche weggeht; auf dieser Fläche sind die Buchstaben oder eine Zeichnung mit einer nichtleitenden Substanz aufgetragen. Der Stift geht nur beim Gange nach der einen Seite über die Fläche und wird nach jedem Gange etwas verschoben, so dafs er über der Fläche eine Reihe eng aneinanderliegender Parallellinien beschreibt; jedesmal, wenn er über einen Buchstaben oder einen Zug der Zeichung weggeht, ist der Strom unterbrochen. Auf der Empfangsstation bewegt sich gleichzeitig ein eiserner Stift über einen feuchten, mit Cyankalium getränkten Papierstreifen; er berührt aber die Fläche immer nur, wenn auf der Abgabestation der Strom unterbrochen ist; bei der Berührung wird das Cyankalium zersetzt, wobei sich Berlinerblau bildet; man erhält auf diese Art eine aus einzelnen blauen Punkten bestehende Schrift oder Zeichnung; übergiefst man dieselbe mit verdünnter Salpeter- oder Pyrogallussäure, so wird sie intensiv

§ 318. Elektrische Uhren und Läutewerke. 1) Bei den gewöhnlichen Uhren, deren Räderwerk durch ein sinkendes Gewicht oder eine gespannte Feder bewegt wird, erhält das Pendel von Seiten des Steigrades bei jedem Hin- und Hergang einen kleinen Anstoſs; bei den elektrischen Uhren wird dies dadurch bewerkstelligt, daſs bei jedem Hin- und Hergang des Pendels ein um einen Elektromagnet laufender Strom geschlossen wird, wobei der Anker direkt oder durch Vermittelung einer Feder dem Pendel einen Anstoſs giebt. Das Pendel seinerseits setzt bei jedem Hin- und Hergang ein in das Sekundenrad eingreifendes Hebelwerk in Bewegung, so daſs jedesmal das Sekundenrad um einen Zahn weitergedreht wird.

Fig. 440 zeigt die elektrische Uhr von Houdin. *PP* ist ein Pendel, welches an einer Feder $\alpha\beta$ aufgehängt ist; dieselbe kommuniziert mit der Klemme o', welche mit dem positiven Pole einer Batterie verbunden ist. Das Pendel hat zwei gebogene Querarme, deren Enden *B* und B' abwechselnd zwei federnde Stahlstreifen *R* und R' berühren. Der eine Streifen ist um *e*, der andere um e' drehbar; auſserdem ist *R* durch den Draht n' mit dem einen Windungsende des Elektromagnetes E' und R' durch *n* mit *E* verbunden. Die beiden anderen Windungsenden von *E* und E' sind untereinander und mit der Klemme *o*, in welche der negative Strom einläuft, verbunden.

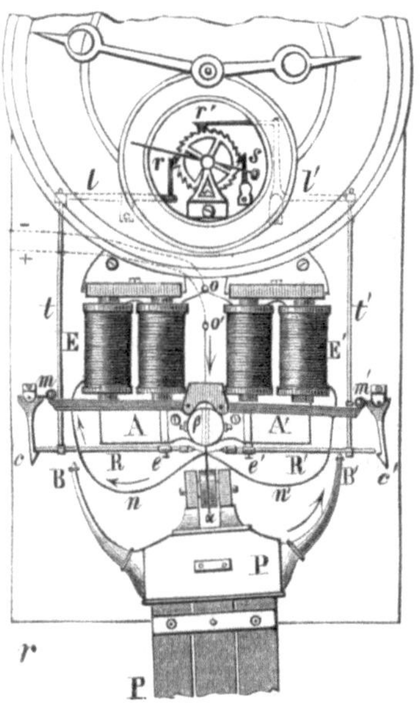

Fig. 440. Elektrische Uhr von Houdin.

Wenn das Pendel bei seinem Gange nach rechts mittelst des Armes B' an R' stöſst, so ist der Strom um *E* geschlossen (indem der positive Strom von o' über *P* nach B', R' und *n* in die Windungen von *E* geht); der Anker *A* und mit ihm die Feder *R* wird infolgedessen gehoben und ebenso der mit dem Ende *m* des Ankers *A* verbundene Sperrhaken *c*, welcher nunmehr *R* festhält. Dagegen steht der Anker A' von E' ab und der Sperrhaken rechts steht mit seinem Ende c' tiefer als R'. Das momentan freie Ende von R' übt aber, wegen des schweren Ankers A' einen Druck auf B' und giebt dem Pendel einen kleinen Anstoſs.

Während nun das Pendel zurückschwingt und R' weiter heruntergeht, zieht es an dem Hebelwerke $t'l'r'$ und bewegt das Sekundenrad um einen Zahn weiter. — Geht später das Pendel nach links, so wird, sobald B' mit R' auſser Kontakt gekommen ist und *B* den Streifen *R* berührt, der Elektromagnet *E* auſser Thätigkeit gesetzt, dagegen der Strom um E' geschlossen; *A*, *m* und *c* sinken herab; *R*, aus dem Haken *c* befreit, drückt auf *B* und erteilt dem Pendel einen Anstoſs. Bei dem Herabsinken von

R wird das Hebelwerk *tlr* in Gang gesetzt und das Sekundenrad abermals um einen Zahn weiter bewegt u. s. w. — Die Sperrklinke *s* gestattet die Drehung des Sekundenrades nur nach einer Richtung.

2) Aufser diesen eigentlich elektrischen Uhren giebt es auch noch elektrische Registrieruhren; dieselben werden alle durch eine und dieselbe gewöhnliche oder elektrische Uhr mit Hilfe einer elektrischen Leitung in genau übereinstimmendem Gange erhalten. Am Ende jeder Schwingung stöfst das Pendel der Normaluhr gegen eine Feder und schliefst damit einen Strom, welcher nach der Registrieruhr geht; dort läuft er um die Umwindung eines Elektromagnetes *M* (Fig. 441) und zieht einen Anker *a* her-

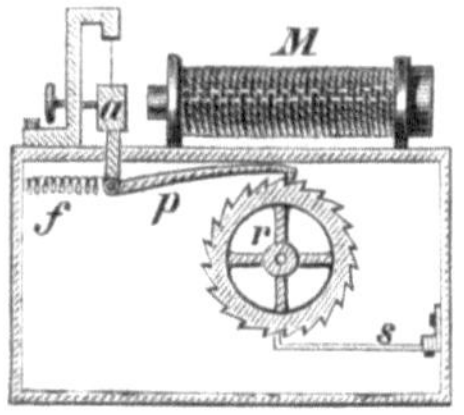

Fig. 441. Elektrische Registrieruhr.

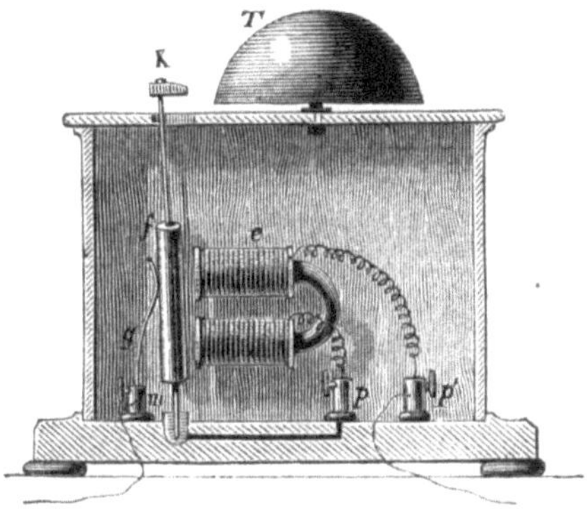

Fig. 442. Elektrische Schelle.

bei; dadurch bewegt sich ein Haken *p*, trotz der Feder *f*, über ein mit 60 Zähnen versehenes Rad *r* und greift in den folgenden Zahn ein; die Sperrklinke *s* verhindert, dafs das Sekundenrad *r* sich dreht, während *p* über es weggleitet. Sobald nun das Pendel zurückschwingt und der Strom unterbrochen wird, zieht die Feder *f* den Haken *p* zurück und bewirkt dadurch, dafs das Rad um einen Zahn weitergeht.

3) Fig. 442 zeigt eine elektrische Schelle, wie sie bei den gewöhnlichen Telegraphen zum Signalgeben, sowie bei den Haustelegraphen im Gebrauch ist: *e* ist ein Elektromagnet, von dem das eine Windungsende mit der Klemmschraube *p'*, in welche ein Poldraht der galvanischen Kette eingeführt wird, und das andere mit der Klemme *p* verbunden ist; letztere steht mit dem an einer Feder befestigten Anker *f*, der oben den Klöpfel *k* trägt, in Verbindung.

In die Klemme *m*, in welche der zweite Poldraht der Kette führt, ist eine Feder *g* eingesetzt, welche im Ruhezustande den Anker *f* berührt. Sobald die Poldrähte in *m* und *p'* eingeführt sind, wird *e* magnetisch und zieht den Anker *f* herbei, dessen Klöpfel *k* gegen die Glocke *T* schlägt; dabei entfernt sich *f* von *g*, der Strom ist unterbrochen und *f* bewegt sich wieder nach der Feder *g* hin, womit das Spiel von neuem beginnt.

Einen hübschen Versuch über die Diosmose der Gase läfst sich mit Hilfe einer elektrischen Schelle und des Apparates (Fig. 442 a) anstellen; derselbe besteht aus einem Metallgefäfse, das mit einer Thonplatte *T* verschlossen ist und mit einem

Glasgefäſse Q kommuniziert; in der Verbindungsröhre rr befindet sich Quecksilber, dem eine auf- und abschiebbare Metallspitze gegenübersteht. Schlieſst man diesen Apparat und eine Schelle in einen Stromkreis und läſst Wasserstoff oder Leuchtgas auf T strömen, so fängt die Schelle zu läuten an, indem sich das Quecksilber in Q hebt und mit der Metallspitze in Berührung kommt.

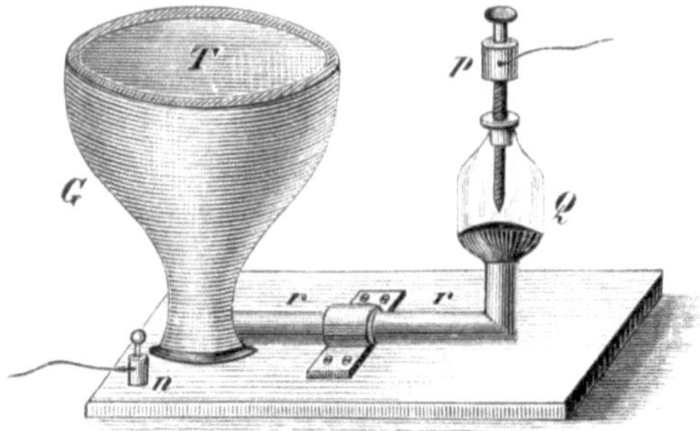

Fig. 442a. Diffusionsapparat mit elektrischer Meldung.

§ 319. Einwirkung elektrischer Ströme aufeinander. Um die Einwirkung elektrischer Ströme aufeinander, sowie eines Magnetes auf einen elektrischen Strom zu untersuchen, muſs man einen freibeweglichen Strom herstellen; dies gelingt mit Hilfe des Ampèreschen Gestelles (Fig. 443); es besteht aus zwei starken, rechtwinklig gebogenen Messingdrähten, welche in zwei Quecksilbernäpfchen x und y endigen; in diese werden die Enden eines viereckigen (oder runden) Drahtes, des sogenannten beweglichen Leiters eingehängt. Wird in die Messingdrähte ein galvanischer Strom geleitet, so flieſst er auch in den beweglichen Leiter.

Es lassen sich nun folgende Sätze beweisen:

1) Gleichstimmig parallele Ströme ziehen einander an und ungleichstimmig parallele stossen einander ab.

2) Gekreuzte Ströme suchen sich einander gleichstimmig

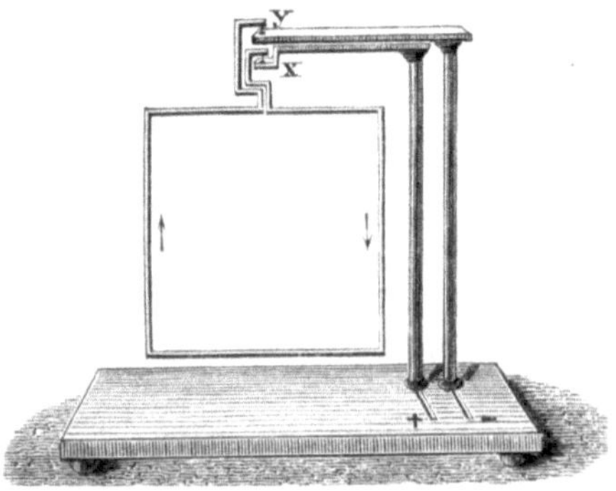

Fig. 443. Ampères Gestell.

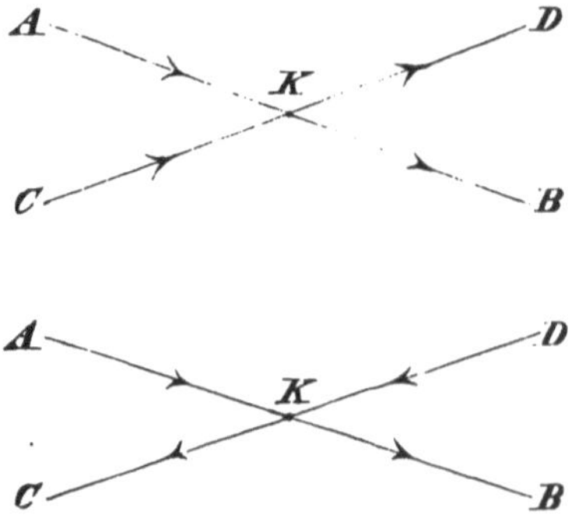

Fig. 444a und 444b. Gekreuzte Ströme

parallel zu stellen, oder: gekreuzte Stromteile, welche beide nach dem Kreuzungspunkt hin- oder von ihm weglaufen, ziehen einander an, während sie einander abstoſsen, wenn der eine nach dem Kreuzungspunkt hin- und der andere von ihm weg läuft.

3) Die Anziehung und Abstofsung zweier Ströme ist dem Produkt ihrer Intensitäten und dem Produkt der Längen der aufeinander wirkenden Stromteile direkt, sowie dem Quadrat der Entfernung umgekehrt proportional.

Der erste Satz wird erwiesen, indem man der einen vertikalen Seite eines beweglichen Leiters einen, von einem Strome durchflossenen Draht seitlich, in vertikaler Richtung, gegenüberhält; der zweite, indem man unterhalb der unteren Seite des beweglichen Leiters einen von einem Strome durchflossenen Draht so hält, dafs er mit jener Seite einen Winkel bildet.

Fig. 444a zeigt gekreuzte Ströme, welche einander anziehen und Fig. 444b solche, welche einander abstofsen; im ersten Falle laufen beide Ströme nach dem Kreuzungspunkte K hin (und auf der anderen Seite beide von ihm weg); im anderen Falle läuft der eine Strom nach K hin und der andere von K weg.

Dafs Ströme sich gleichstimmig parallel zueinander stellen, kann man auch mit Hilfte des Gartheschen Apparates (Fig. 445) zeigen. Innerhalb eines mit über-

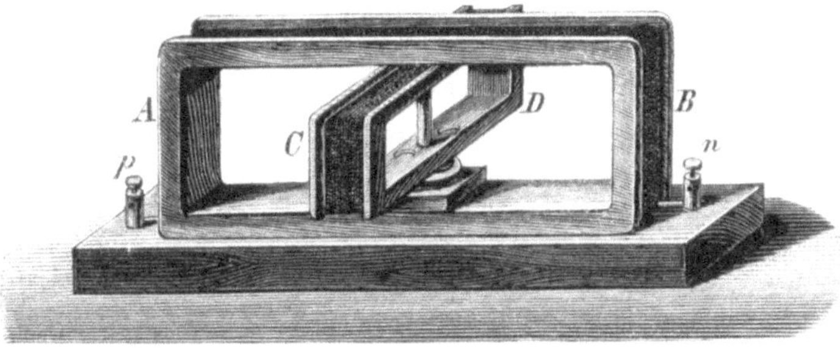

Fig. 445. Apparat von Garthe.

sponnenem Kupferdrahte umwickelten Holzrahmens AB kann sich ein anderer CD auf einer Spitze drehen, dessen Drahtenden, das eine in die innere, das andere in die äufsere kreisförmige, mit Quecksilber gefüllte Rinne eines Holz- oder Hartgummikästchens (Fig. 445a) tauchen; in jede Rinne mündet ein Kupferstäbchen, das mit dem einen Poldraht einer galvanischen Kette verbunden werden kann. Sobald man in die Windungen beider Holzrahmen je einen Strom einleitet, fängt der innere Holzrahmen sich zu drehen an, bis die Windungen beider Rahmen parallel sind und zwar so, dafs die Ströme in denselben gleichstimmig parallel laufen. Kehrt man den einen Strom um, so macht der innere Rahmen eine Drehung um 180°.

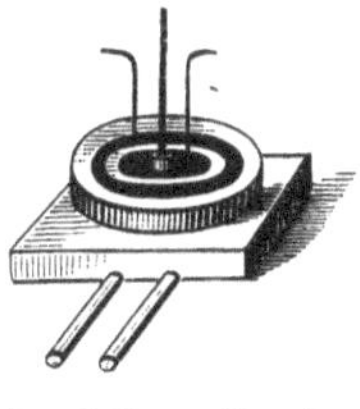

Fig. 445a. Quecksilberrinne zu Garthes Apparat.

Schaltet man in einen Stromkreis ein Quecksilbernäpfchen und eine Kupferspirale, deren eines Ende die Oberfläche des Quecksilbers berührt, so zieht sich die Spirale zusammen und ihr Ende hebt sich aus dem Quecksilber; dadurch aber wird der Strom unterbrochen, die Spirale verlängert sich, ihr Ende berührt wieder das Quecksilber u. s. w. — Spirale von Petrina.

Hält man den einen Pol eines Magnetes einem beweglichen Leiter gegenüber, so stellt sich derselbe senkrecht zur Längsrichtung des Magnetes und zwar so, dass der im Leiter fliefsende Strom den um den Magnet laufend gedachten Strömen gleichstimmig parallel ist; kehrt man den Magnet um, so macht der Leiter eine Drehung um 180°.

Der Versuch gelingt noch besser mit Hilfe des Gartheschen Apparates, wenn man blofs in die Windungen des inneren Rahmens einen Strom leitet und den einen oder anderen Pol des Magnetes annähert; ebenso mit Hilfe des schwimmenden Stromes (Fig. 446), welcher aus einem cylindrischen, mit verdünnter Schwefelsäure gefüllten und auf Wasser schwimmenden Gefäfse besteht, in das eine Kupfer- und eine Zinkplatte, welche durch einen Kupferring verbunden sind, tauchen; man kann übrigens auch den Apparat mittelst eines an der Mitte des Ringes befestigten langen Fadens aufhängen.

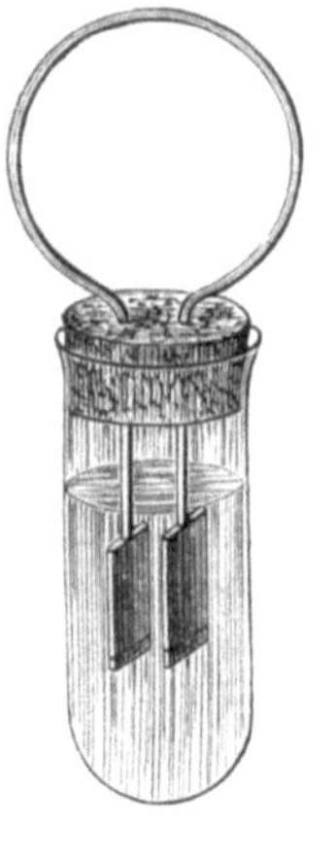

Fig. 446. Schwimmender Strom.

4) Überläfst man einen beweglichen Leiter sich selbst, so stellt er sich von Ost nach West und zwar so, dafs von Süden her betrachtet, der Strom in demselben zirkuliert, wie der Zeiger einer Uhr. In der unteren Seite des Leiters geht also der Strom von Ost nach West. Kehrt man den Strom um, so macht der Leiter eine Drehung um 180°.

Die Erde ist ein Magnet, und kann als von galvanischen Strömen umkreist gedacht werden, welche, wenn wir das Gesicht nach Norden wenden, auf der uns zugekehrten Seite der Erde von Ost nach West gehen. Bei einem gewöhnlichen Magnet laufen die Ströme, vom Südpol aus betrachtet, wie der Zeiger einer Uhr, bei der Erde umgekehrt, weil wir die Pole der Magnete verkehrt benennen. (§ 371).

Fig. 447 zeigt einen aus zwei Leitern zusammengesetzten astatischen Leiter, welcher keine bestimmte Stellung einnimmt, wenn er von einem Strome durchflossen wird.

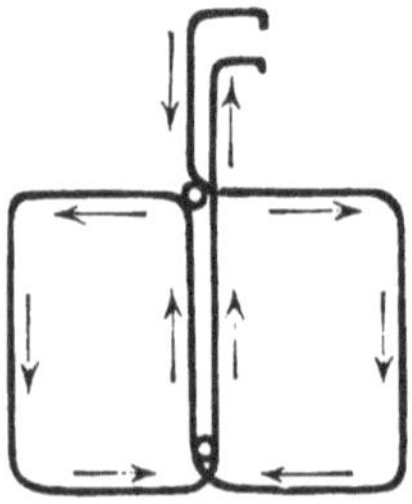

Fig. 447. Astatische Leiter.

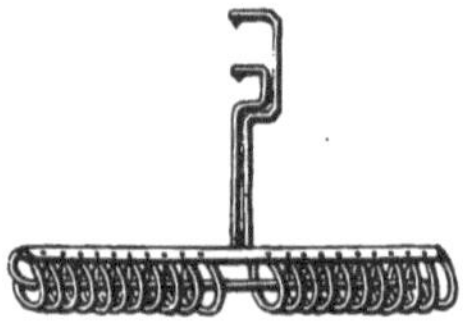

Fig. 448. Solenoid.

5) Hängt man einen Schraubendraht — Solenoid (Fig. 448) an das Ampèresche Gestell, so stellt sich die Achse desselben von Süd nach Nord, da jede einzelne Windung sich von West nach Ost zu stellen strebt. Ein solcher Schraubendraht verhält sich wie ein Magnet; sein nach Norden gerichtetes Ende wird vom Nordpol, das andere vom Südpol eines Magnetes abgestofsen. Aufserdem zieht er Eisenfeile an. Kehrt man den Strom um, so macht das Solenoid eine Drehung um 180°, wobei zugleich die Pole wechseln. Zwei von Strömen durchflossene Solenoide verhalten sich gegeneinander wie zwei Magnete. — Leitet man durch ein Solenoid, welches sich um eine horizontale, durch seine Mitte gehende

Achse in der Ebene des magnetischen Meridians drehen kann, einen Strom, so stellt es sich in die Richtung der Inklinationsnadel.

Damit der bewegliche Leiter und das Solenoid beim Stromwechsel sich so drehen, dafs sie nicht am Gestelle widerstofsen, hat ihnen Verfasser die Form Fig. 449 und Fig. 450 gegeben. Pogg. Ann. Bd. CXXXIX, pag. 664.

Auf demselben Draht findet bei je zwei Stromelementen ein Zufliefsen nach und ein Abfliefsen von dem gemeinsamen Berührungspunkt statt; daher müssen

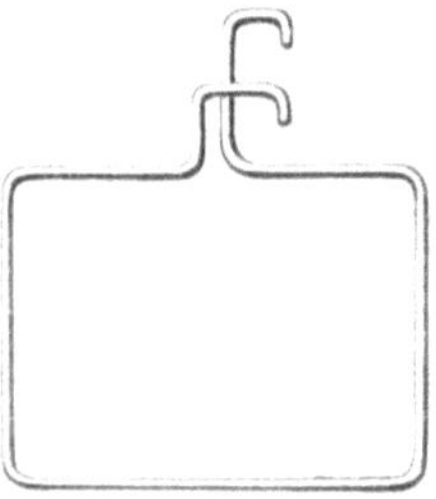

Fig. 449. Beweglicher Leiter nach Krebs.

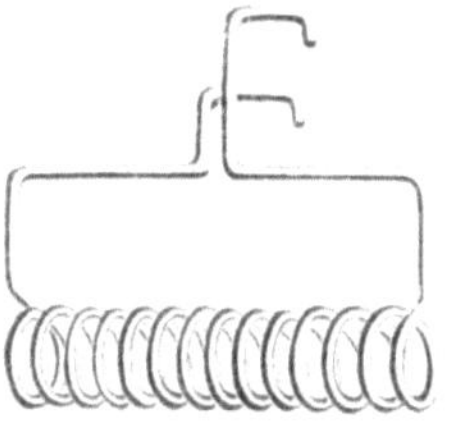

Fig. 450. Solenoid nach Krebs.

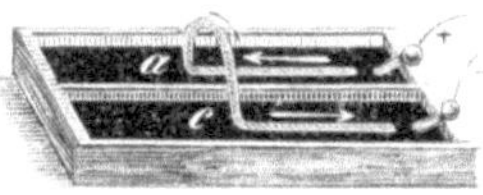

Fig. 451. Abstofsung benachbarter Stromelemente.

je zwei benachbarte Stromelemente einander abstofsen. Ein mit einer Scheidewand versehenes Kästchens (Fig. 451) ist teilweise mit Quecksilber gefüllt; setzt man auf das Quecksilber zwei miteinander verbundene Drähte *a* und *c* und leitet in das Quecksilber einen Strom, so bewegt sich der Draht rasch von den Elektroden weg.

§ 320. Elektromagnetische Rotationsapparate. Man hat vielfach mit Hilfe der galvanischen Elektricität, bezüglich der Elektromagnete, Bewegung hervorzubringen versucht, um Arbeitsmaschinen, Schiffe, Eisenbahnen u. dergl. zu treiben. Page in Amerika, Jakoby in Petersburg und Wagner in Frankfurt a/M. haben in dieser Richtung Versuche gemacht. (Jakoby fuhr 1839 auf der Newa mit einem durch Elektromagnetismus getriebenen Schiffe); allein die Erzeugungskosten eines kräftigen galvanischen Stromes waren zu grofs, bis W. Siemens die (später zu beschreibende) dynamoelektrische Maschine erfand, welche starke Ströme hinlänglich billig liefert, so dafs die Herstellung elektrischer Eisenbahnen ernstlich wieder aufgenommen werden konnte.

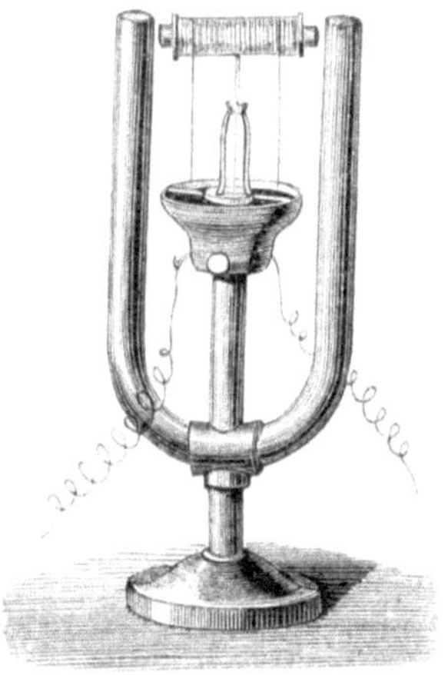

Fig. 452. Elektromagnetischer Rotationsapparat.

1) Fig. 452 zeigt einen elektromagnetischen Rotationsapparat, bei welchem ein E l e k t r o m a g n e t um einen S t a h l m a g n e t rotiert. Die Enden des um eine vertikale Achse drehbaren Elektromagnets tauchen in einen Quecksilberkommutator, d. i. ein Holzschälchen, welches durch eine Scheidewand in zwei Hälften geteilt und soweit mit Quecksilber gefüllt ist, dafs dieses etwas höher als die Scheidewand steht, ohne über dieselbe wegzufliefsen. Die Poldrähte einer galva-

nischen Kette stehen je mit der einen Abteilung des Kästchens in Verbindung. Zugleich sind die Drahtenden des Elektromagnets so gerichtet, dafs sie über der Scheidewand stehen, wenn die Achse des Elektromagnets in der Verbindungslinie der Pole des Stahlmagnets fällt. Leitet man in das Quecksilber einen Strom und giebt dem Elektromagnet einen kleinen Anstofs, so kommt er in der einen oder anderen Richtung in rasche Rotation. Tauchen nämlich die zwei Drahtenden je in die eine Abteilung des Quecksilberkommutators, so wird der Elektromagnet magnetisch und dreht sich, bis seine Pole mit den ungleichnamigen des Stahlmagnets in gerader Richtung liegen. Vermöge der Trägheit rotiert aber der Elektromagnet noch etwas weiter, so dafs jetzt seine Drahtenden in die entgegengesetzten Abteilungen des Kommutators tauchen; infolgedessen kehren sich die Pole des Elektromagnets um, und da von beiden Magneten die gleichnamigen Pole einander gegenüberstehen, so erfolgt Abstofsung und weitere Rotation u. s. w.

2) Fig. 453 zeigt einen aus zwei Elektromagneten bestehenden Rotationsapparat. Beide zeichnen sich durch lange Pole, wodurch kräftige Abstofsung erzielt wird, aus. Der eine (feste) Elektromagnet *f e h g* ist halb-

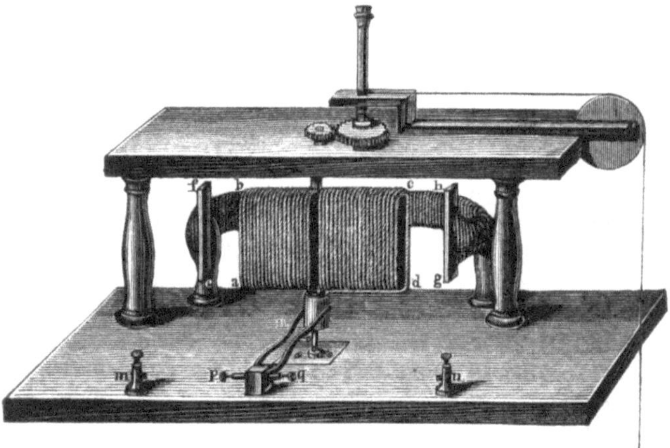

Fig. 453. Elektromagnetischer Rotationsapparat von Krebs.

kreisförmig gebogen, der andere (bewegliche) *a b c d* bildet eine ebene Eisenplatte, deren Rotationsachse mit einem aus zwei voneinander isolierten Halbcylindern von Messing bestehenden Kommutator verbunden ist. Die Drahtenden der Platte sind je an dem einen Halbcylinder des Kommutators befestigt. Zur Einführung des Stromes in den festen (halbkreisförmigen) Elektromagnet dienen die Klemmen *m* und *n* und zur Einführung des Stromes in den drehbaren die Klemmen *p* und *q*; diese letzteren sind mit zwei Messingfedern verbunden, welche je an einem der Halbcylinder schleifen und nach jeder halben Umdrehung von dem einen Halbcylinder auf den anderen übertreten. Stehen die Pole der beiden Magnete einander genau gegenüber, so schleifen beide Federn auf den zwei Unterbrechungsstellen; erhält nun der bewegliche einen kleinen Anstofs, so tritt die eine Feder auf den einen Halbcylinder des Kommutators und die andere auf den anderen über. Die Erklärung der Rotation ist dieselbe, wie bei dem vorigen Apparate.

An der Achse des beweglichen Elektromagnetes ist ein gezahntes Rad angebracht, welches in ein anderes greifend eine Achse umdreht, an der ein über eine Rolle gehender Faden befestigt ist; hängt man an denselben ein Gewicht, so wird dasselbe in die Höhe gezogen.

3) Fig. 454 zeigt die **Rotation eines Stromes um einen Magnet.** Über die Pole eines Hufeisenmagnetes sind zwei mit Rinnen zur Aufnahme von Quecksilber versehene Holzkästchen k und k' geschoben, in welche die Enden zweier beweglichen Leiter $l\,l$ und $l'\,l'$ tauchen; in der Mitte der Leiter sind Spitzen angebracht, welche in die mit Quecksilber gefüllten kleinen Höhlungen der Magnetpole tauchen. Der positive Strom geht bei p in das Quecksilber des Holzkästchens k', von da in den Leiter $l'\,l'$, in die Spitze und durch den Magnet nach dem anderen Magnetpol, dann durch die Spitze in den anderen Leiter $l\,l$ nach dem negativen Pol n. Beide Leiter drehen sich in demselben Sinne — der Strom läuft in beiden entgegengesetzt, die Leiter stehen aber auch unter dem Einflusse entgegengesetzter Pole. Ist der Pol rechts ein Nordpol, laufen also die Ströme um denselben, wie der (gebogene) Pfeil auf dem Magnet angiebt, so erfolgt die Rotation des Leiters in dem Sinne des oberhalb des Poles gezeichneten Pfeiles; denkt man sich nämlich an den Magnet eine horizontale Berührende bis an den Leiter gezogen, so geht der um den Magnet laufende Strom nach dem Kreuzungspunkt hin und der Strom im Leiter von dem Kreuzungspunkt weg; es findet also Abstofsung zwischen diesen beiden Strömen statt.

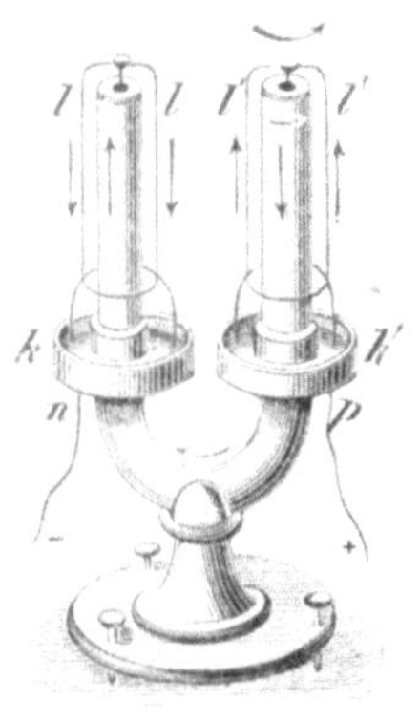

Fig. 454. Rotation eines Stromes um einen Magnet.

4) Ebenso hat man Apparate, bei denen ein Magnet um einen Strom und ein Magnet unter dem Einflusse eines Stromes um seine eigene Achse rotiert.

5) Den Apparat von Garthe (Fig. 444) kann man benutzen, um einen Strom um einen Strom rotieren zu machen, falls man statt des Quecksilbernäpfchens ein anderes, wie in Fig. 452 nimmt.

6) Fig. 455 zeigt noch einen interessanten elektromagnetischen Motor: Einem Elektromagnet steht ein Anker A gegenüber, welcher am einen Ende, um eine horizontale Achse drehbar ist und am andern eine Treibstange fafst, welche an die Kurbel einer horizontalen, mit einem Schwungrad versehenen Welle greift. Auf der Welle sitzt eine excentrische Scheibe e, welche bei jeder Umdrehung einmal von einer Feder f' berührt wird, während eine andere f ständig an der Welle schleift. Der eine (negative) Poldraht einer galvanischen Kette ist in die Klemme K' eingeführt, von welcher der Strom (über den kurzen Draht d) direkt in die Windungen

des Elektromagnetes geht; der andere Poldraht ist mit der Feder f verbunden, so daſs der Strom von hier nach der Welle und bei jeder Umdrehung einmal auf die Feder f' und von da in das andere Windungsende des Elektromagnetes gehen kann; es geschieht dies infolge der Stellung der excentrischen Scheibe gerade dann, wenn der Anker bereits im Niedergehen begriffen ist; durch das Schlieſsen des Stromes wird nun der Anker kräftig herbeigezogen; ehe er aber ganz in die Nähe des Elektromagnetes kommt, ist der Strom bereits unterbrochen; jedoch setzen der Anker und die Welle vermöge der Trägheit ihre Bewegung fort, bis abermals ein Stromschluſs und damit ein neuer Bewegungsimpuls erfolgt.

Fig. 455. Elektromagnetischer Motor.

Ähnliche Vorrichtungen zum Wechseln des Stromes, wie die an den Rotationsmaschinen angebrachten Kommutatoren, sind auch als selbsständige Apparate konstruiert worden.

6. Thermoelektricität.

§ 321. Elektricität durch Wärme. 1) Zwei verschiedene Metalle, welche zu einem geschlossenen Kreis verlötet sind, bilden ein Thermoelement (Fig. 456). Erhitzt man die eine der beiden Lötstellen, so entsteht ein galvanischer Strom — Thermostrom — wie man an dem Ausschlage einer im Innern des Elementes stehenden Magnetnadel erkennt. Kühlt man dieselbe Lötstelle ab, so entsteht ein Strom in entgegengesetzter Richtung (Seebeck 1821). Der Thermostrom ist der Temperaturdifferenz der Lötstellen proportional, auſserdem hängt er aber auch von der Natur der verlöteten Metalle ab. Man hat die Metalle in eine Reihe — thermoelektrische Spannungsreihe — so geordnet, daſs der positive Strom an der erwärmten Lötstelle von dem in der Reihe höher stehenden Metalle zu dem tieferstehenden geht und daſs bei derselben

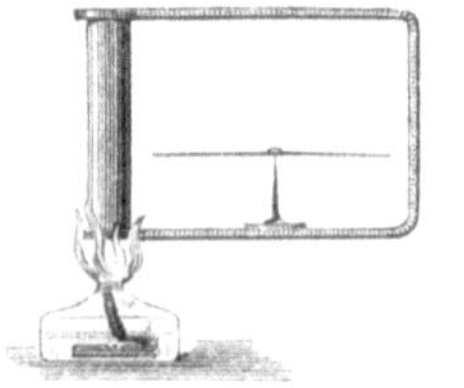

Fig. 456. Thermoelement.

Temperaturdifferenz der Lötstellen die Stärke des Stromes um so gröfser ist, je weiter die Metalle in der Reihe auseinanderstehen; diese Reihe heisst: Wismut, Nickel, Kobalt, Platin, Kupfer, Blei, Zinn, Gold, Silber, Zink, Eisen, Arsen, Antimon. Der Strom ist also am stärksten zwischen Wismut und Antimon und geht an der erwärmten Lötstelle vom Wismut zum Antimon. Eine Wismut-Antimonkette hat eine elektromotorische Kraft von nur 0,006 eines Daniellschen Elementes.

Wenn man einen Kupferdraht, dessen Enden mit einem Multiplikator verbunden sind, an einer Stelle wiederholt windet und nahe dieser Stelle erhitzt, so schlägt die Nadel aus: das Kupfer erlangt an der gewundenen Stelle eine Änderung der Struktur, so dafs sich diese Stelle gegen das übrige Kupfer wie ein anderer Körper verhält.

2) In die eine Kugel eines Differential-Thermometers (Fig. 457) ist ein Doppelstab aus Antimon und Wismut eingeschmolzen. Leitet man durch diesen Doppelstab einen Strom in der Richtung vom Antimon zum Wismut, so zeigt das Differentialthermometer Wärme, bei umgekehrter Stromrichtung Kälte an; die Flüssigkeit in dem Schenkel, in welchen der Doppelstab eingeschmolzen ist, fällt im ersten Falle und steigt im zweiten; soll ein Strom vom Antimon zum Wismut gehen, so mufs die Lötstelle abgekühlt werden; leitet man nun einen Strom in dieser Richtung durch den Doppelstab, ohne Wärmeabfuhr, so wird die Lötstelle heifs.

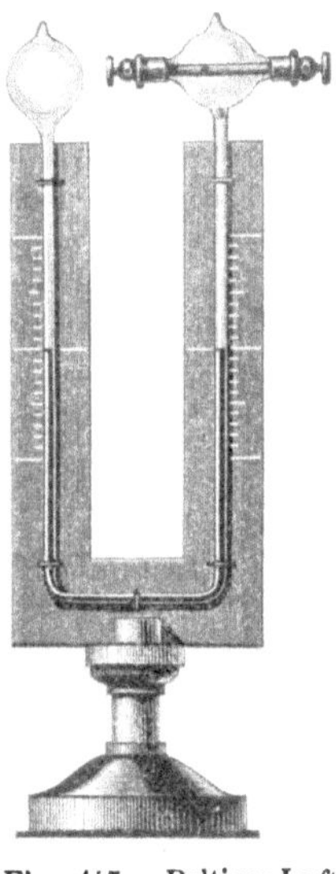

Fig. 457. Peltiers Luftthermometer mit Thermoelement.

Auch mittelst Peltiers Kreuz erhält man dasselbe Resultat; ein Wismut- und ein Antimonstab sind in der Mitte rechtwinklig verlötet und jedes der vier Enden ist mit einer Klemmschraube versehen; verbindet man das eine Wismut- und das eine Antimonende mit einer schwachen galvanischen Kette und die beiden anderen Enden mit einem Multiplikator, so schlägt die Nadel je nach der Richtung des Stromes nach der einen oder anderen Seite aus; zugleich läfst sich nachweisen, dafs die Lötstelle in der Mitte der Stäbe sich erwärmt oder abkühlt.

§ 322. Thermosäule und Thermomultiplikator. Eine Verbindung mehrerer Thermoelemente bilden eine Thermosäule. Man verlötet z. B. eine Anzahl Wismut- und Antimonstäbchen derart, dafs die geradzahligen Lötstellen (2., 4. ...) alle auf der einen und die ungeradzahligen alle auf der anderen Seite sich befinden; werden nun die freien Enden des ersten (Wismut-) und letzten (Antimon-) Stäbchens mit einem Multiplikator verbunden, so erhält man einen Ausschlag der Nadel, wenn man die eine Reihe der Lötstellen erhitzt und noch besser, wenn man gleichzeitig die andere Reihe abkühlt. Schon die Wärme der Hand genügt, um selbst von einiger Entfernung her, einen merklichen Ausschlag der Nadel zu erzielen.

Fig. 458 zeigt eine Thermosäule, welche beiderseits mit zwei kegelförmigen durch Messingscheiben *ss* verschliefsbaren Ansätzen *aa*, welche dazu dienen, um die Wärme besser aufzufangen, versehen sind.

Kleinere Thermosäulen haben einen geringen inneren Widerstand, da der Strom durch lauter Metalle fliefst, weshalb der mit der Thermosäule in Verbindung zu setzende Multiplikator nur wenig Windungen dickeren Drahtes haben darf.

Eine Thermosäule mit zugehörigem Multiplikator heisst Thermomultiplikator (Nobili 1830). Derselbe wird als feinstes Thermometer

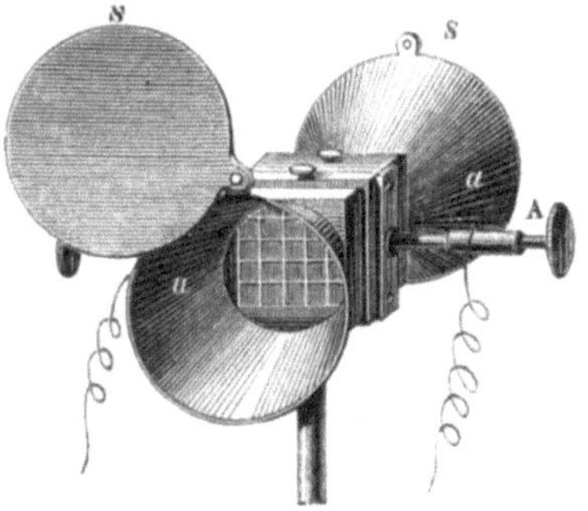

Fig. 458. Thermosäule.

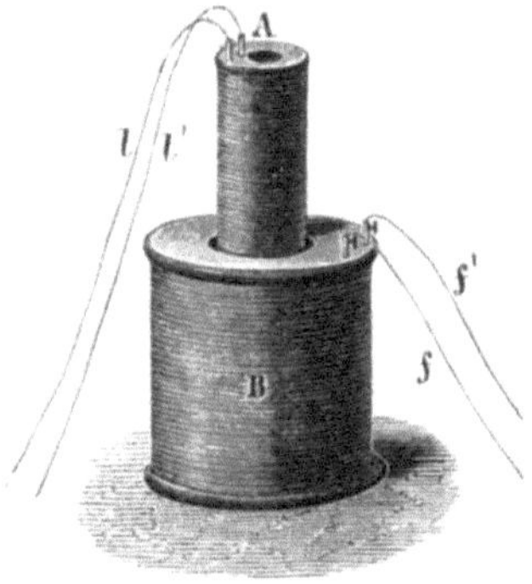

Fig. 459. Voltainduktion.

benutzt, um z. B. zu messen, wieviel Wärme ein Körper ausstrahlt, durchläfst und reflektiert. Thermoströme liefern im wesentlichen dieselben Wirkungen, wie die hydroelektrischen. Gröfsere Thermosäulen, wie sie neuerdings von Marcus, Noë u. A. hergestellt worden sind, benutzt man vielfach zu galvanoplastischen Arbeiten, zu Ausscheidung von Metallen in Lösungen u. s. w. Sie werden auf der einen Seite erhitzt und auf der anderen durch Luftströme oder fliefsendes Wasser abgekühlt. Doch benutzt man zu solchen chemisch-technischen Arbeiten nicht minder dynamoelektrische Maschinen (§ 332).

7. Induktionselektricität.

§ 323. Entstehung der Induktionsströme. 1) Taucht man eine Drahtrolle *A* (Fig. 459) mit wenig Windungen dicken Drahtes, dessen Enden *l* und *l'* mit den Polen einer galvanischen Batterie verbunden sind, in eine andere Rolle *B*, mit vielen Windungen dünnen Drahtes, dessen Enden *f* und *f'* mit einem Multiplikator verbunden sind, so bemerkt man einen Ausschlag der Multiplikatornadel. In der Rolle *B* wird also im Moment des Eintauchens der Rolle *A* ein elektrischer Strom induziert. Dieser Strom dauert indessen nur einen Augenblick, denn die Multiplikatornadel geht sofort wieder auf den Nullpunkt zurück und bleibt dort stehen, so lange die Rolle *A* eingetaucht ist. Nimmt man aber *A* wieder aus *B* heraus, so schlägt die Nadel abermals, ebenso stark wie vorhin, aber in entgegengesetzter Richtung aus, um rasch wieder auf den Nullpunkt zurückzukehren. Der erste in *B* entstandene Strom ist dem Hauptstrome entgegengesetzt, der zweite ihm gleichgerichtet. (Um die Richtung des Hauptstromes zu finden, ohne den Multiplikator zu beschädigen, schaltet man aufser dem Multiplikator noch ein Gefäfs mit Wasser in den Stromkreis). Die in *B* beim Eintauchen und Herausnehmen von *A* entstehenden, entgegengesetzt gerichteten Ströme nennt man Induktionsströme, die Rolle *A* Hauptrolle und die Rolle *B* Neben- oder Induktionsrolle (Faraday 1831). Die Induktionsströme kann man auch dadurch erregen, dafs man die Hauptrolle in der Nebenrolle stehen läfst und nur den Hauptstrom schliefst und öffnet.

Jedesmal wenn ein Strom einem Leiter genähert, oder wenn in der Nähe eines Leiters ein Strom geschlossen, bezüglich verstärkt wird, entsteht in dem Leiter ein dem Hauptstrom entgegengesetzter Induktionsstrom, während sich ein gleichgerichteter bildet, wenn von dem Leiter ein Strom entfernt, oder in seiner Nähe ein Strom geöffnet, bezüglich geschwächt wird; die Induktionsströme haben nur momentane Dauer.

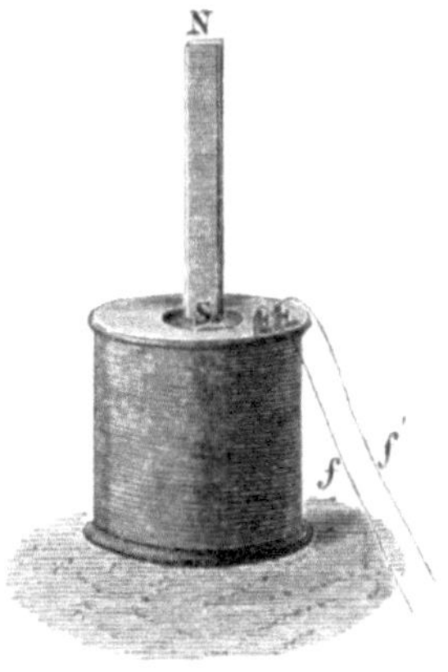

Fig. 460. Magnetoinduktion.

2) Induktionsströme können auch durch Eintauchen eines Magnetstabes in und Herausnehmen aus einer Rolle (bezüglich durch Annähern und Entfernen) hervorgerufen werden (Fig. 460). Die Ströme haben entgegengesetzte Richtung, je nachdem man den Nord- oder den Südpol annähert und entfernt. Ein Magnet kann ja als ein Körper angesehen werden, welcher von elektrischen Strömen umflossen ist. Beim Eintauchen des Magnetes entsteht in der Induktionsrolle ein Strom, welcher dem um den Magnet laufend gedachten Strom entgegengesetzt gerichtet ist, während beide Ströme gleiche Richtung haben, wenn der Magnet aus der Rolle herausgenommen wird.

Die Induktion durch galvanische Ströme nennt man Elektro- oder Voltainduktion und die durch Magnete Magnetoinduktion.

Die elektromotorische Kraft der Induktionsströme ist der Intensität des induzierenden Stromes, sowie dem Produkt der Windungszahlen der Haupt- und Nebenrolle, oder bei der Magnetoinduktion nur der Windungszahl der Nebenrolle direkt proportional, dagegen ist sie unabhängig von der Weite der Windungen und von dem Stoffe und der Dicke der Drähte.

Eine wesentliche Verstärkung der Elektroinduktion kann man dadurch erzielen, dafs man in die Hauptrolle einen Eisenstab oder ein Drahtbündel steckt; beim Schliefsen des Stromes wird das Eisen magnetisch und beim Öffnen wieder unmagnetisch; es wirken also Strom und Magnet vereint auf die Induktionsrolle.

Befindet sich innerhalb eines länglichen Multiplikatorrahmens ein um eine vertikale Achse drehbarer Magnetstab und dreht man denselben, nachdem er zuerst senkrecht auf den Windungen des Rahmens gestanden, um 180°, so entsteht in den Windungen des Multiplikatorrahmens ein Strom, wie man leicht bemerkt, wenn man die Drahtenden des Rahmens mit einem gewöhnlichen Multiplikator verbindet.

Zum sicheren Gelingen des Grundversuchs über die Elektroinduktion ist es wesentlich, dafs der Widerstand der Nebenrolle dem der Umwindung des Multiplikators gleich und dafs die Nadel gut astatisch sei.

§ 324. Wagners Hammer und Doves Disjunktor. 1) Will man die nur momentan dauernden Induktionsströme rasch hintereinander hervorrufen, so mufs man den Hauptstrom in rascher Folge öffnen und schliefsen. Es gelingt dies mit Neefs Blitzrad (§ 308), besser noch mit Wagners Hammer.

Letzterer besteht aus einem Elektromagnet *E* (Fig. 461), dem ein Anker *a* gegenübersteht, welcher auf einer Messingfeder *m m* liegt; an dieser ist eine zweite Feder *d* befestigt, welche, der Spitze *e* der Schraube *s* gegenüber ein Platinplättchen trägt. Geht kein Strom in den Elektromagnet, so berührt die Platinspitze *e* das Platinplättchen auf der Feder *d*. Das eine Umwindungsende des Elektromagnetes ist mit dem Säulchen *n*, das andere mit *l* verbunden. Der eine, hier der negative Poldraht einer galvanischen Kette, ist in das Säulchen *n* und der positive in den messingenen Träger der Feder *m m* bei *p* eingeführt; die Säulchen *l* und *f* sind mit den Drahtenden der Hauptrolle *A* verbunden.

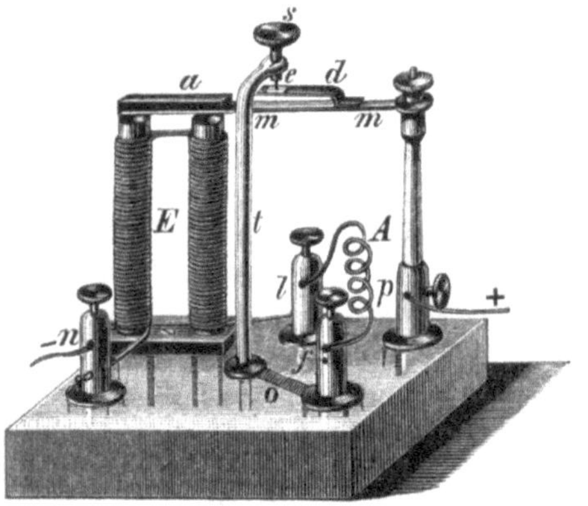

Fig. 461. Wagners Hammer.

Der negative Strom geht direkt in die Windungen des Elektromagnetes und dann weiter nach *l* und nach der Hauptrolle *A*, während der positive von *p* nach *m m* und *d*, von hier über die Schraube, den Träger *t* und das Messingplättchen *o* nach *f* und nach der Hauptrolle *A* gelangt — der Strom ist also geschlossen; hierdurch aber wird der Eisenkern in *E* magnetisch und zieht den Anker, sowie die Federn *m m* und *d* herab; indem infolgedessen die Schraubenspitze *e* von *d* sich entfernt und der Strom unterbrochen wird, bewegt sich der Anker wieder nach oben und die Schraubenspitze legt sich an die Feder *d*; dies bewirkt von neuem Stromschlufs u. s. w.

Die Messingfeder unter *a* verhindert die direkte Berührung des eisernen Ankers und des Eisenkernes des Elektromagnetes *E*; anderenfalls würde der Anker auch nach der Unterbrechung des Stromes an dem Eisenkerne haften bleiben. Durch die zweite Feder *d* ferner wird ein rascheres Unterbrechen ermöglicht, indem die Feder *d* noch kurze Zeit mit der Spitze in

Berührung bleibt, wenn auch schon der Anker angefangen hat sich herunterzubewegen und bereits wieder mit ihr in Berührung tritt, wenn der Anker noch weiter nach oben gehen will.

Nicht selten ist der Hammer mit einem Induktionsapparat so in Verbindung gebracht, dafs der Eisenkern der Hauptrolle die Stelle des Elektromagnetes des Hammers vertritt. In Fig. 462 ist M der Eisenkern der durch einen gröfseren Kreis angedeuteten Hauptrolle und D der an einer bei E eingesetzten Feder KD befestigte Hammer; derselbe trägt unten ein Platinstück J, welches einem mit einem Platinplättchen belegten „Ambos" B gegenübersteht. Durch die Schraube C kann man den Ambos etwas heben oder senken. Wenn kein Strom durch die Hauptrolle geht, so liegt J auf B. Das eine Umwindungsende der Hauptrolle ist direkt mit dem einen, z. B. dem negativen Pol einer galvanischen Kette verbunden, während das andere Ende bei H in ein Messingsäulchen GH eingefügt ist. Der zweite (positive) Poldraht der Batterie steht mit A in Verbindung, so dafs, wenn der Hammer D den Ambos B berührt, der Strom geschlossen ist, indem nun der positive Strom von A nach B, J, D, K und H nach L und in

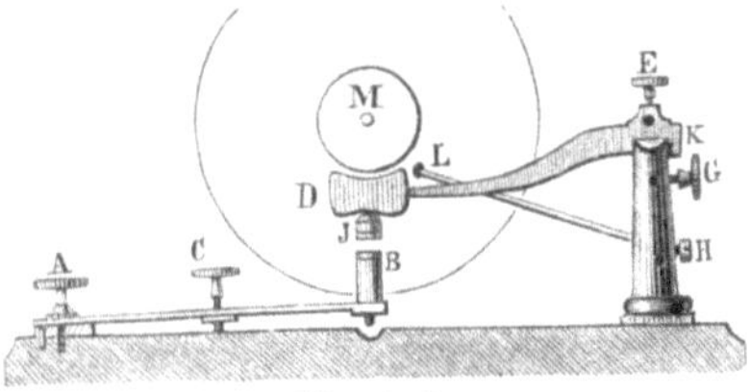

Fig. 462.
Wagners Hammer an einem Induktionsapparat.

Fig. 463. Doves Disjunktor.

die Windungen der Hauptrolle gelangen kann. (Zur Sicherung der Überleitung ist zwischen K und G ein kurzer, dünner Silberdraht eingeschaltet). Infolge des Stromschlusses wird der Eisenkern M magnetisch und zieht den Hammer D herbei; dadurch aber tritt eine Unterbrechung des Stromes zwischen J und B ein u. s. w.

2) Die aufeinanderfolgenden Schliefsungs- und Öffnungsinduktionsströme haben entgegengesetzte Richtung; zu manchen Zwecken aber, z. B. zu chemischen Zersetzungen ist es notwendig nur gleichgerichtete, entweder Schliefsungs- oder Öffnungsinduktionsströme zu benutzen. Zu dem Zwecke schaltet man in den Stromkreis der Hauptrolle und der galvanischen Batterie Doves Disjunktor ein. Er besteht aus zwei Metallscheiben s und s' (Fig. 463), welche um dieselbe metallische Achse xy, die aber in der Mitte durch Elfenbein unterbrochen ist, sitzen. Beide Scheiben sind auf ihrer Mantelfläche in gleichen Zwischenräumen mit Elfenbeinplatten a, a, a . . . und b, b, b . . . belegt. An jeder Scheibe schleifen zwei Federn, welche mit den Klemmen o, c und d, e verbunden sind; in o und c führen Drähte,

in deren Kreis eine galvanische Batterie und die Hauptrolle eingeschaltet ist, und in *d* und *e* die Drahtenden der Induktionsrolle. Die eine Scheibe *s'* ist auf der Achse verstellbar; wird sie nun so gestellt, daſs die Federn *o* und *c* noch auf den metallischen Abteilungen von *s* schleifen, während *d* und *e* schon auf die nichtleitenden Abteilungen von *s'* übergegangen sind, so gehen durch die Induktionsrolle nur Öffnungsströme. Umgekehrt erhält man nur Schlieſsungsströme, wenn *s'* so gestellt ist, daſs die Federn *o* und *c* später als *d* und *e* auf die leitenden Abteilungen übertreten.

§ 325. Extrastrom. Ist in einen kurzen Stromkreis ein Quecksilbernapf eingeschlossen, so bemerkt man beim Öffnen und Schlieſsen nur einen kleinen Funken zwischen Draht und Quecksilber. Wird aber in den Stromkreis noch eine Drahtrolle eingeschaltet, so erhält man beim Öffnen des Stromes einen starken klatschenden Funken, namentlich, wenn in die Drahtrolle ein Eisenkern eingeschoben ist. Faraday (1835) erklärt diese Erscheinung folgendermaſsen: Auch in einer und derselben Rolle entstehen beim Schlieſsen und Öffnen eines Stromes Induktionsströme; indem der Strom zunächst in die eine Hälfte der Windungen einläuft, wirkt diese induzierend auf die andere Hälfte; der Schlieſsungsinduktionstrom ist dem Hauptstrom entgegengesetzt und da beide auf demselben Drahte laufen, so schwächen sie einander; beim Öffnen des Hauptstromes aber entsteht in der Rolle ein Induktionsstrom, welcher dem Hauptstrom gleichgerichtet ist und denselben verstärkt.

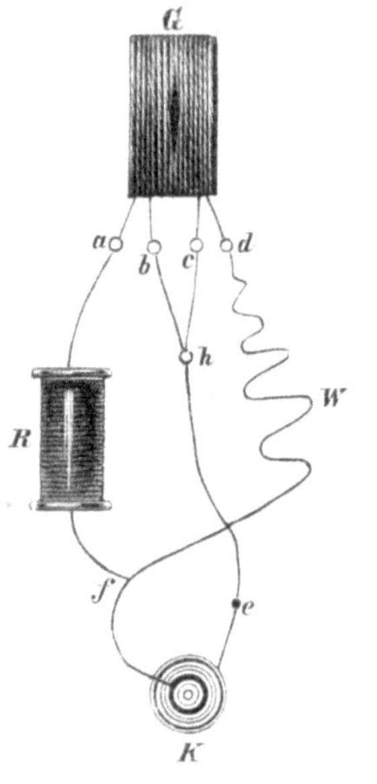

Fig. 464. Nachweis der Extraströme.

Induktionsströme, welche mit dem Hauptstrome auf demselben Drahte laufen, nennt man E x t r a - oder G e g e n s t r ö m e.

Edlund (1849) ist es gelungen die Extraströme vom Hauptstrome getrennt nachzuweisen. Es sei *G* (Fig. 464) ein Differentialgalvanometer, *R* eine Drahtrolle, *K* eine galvanische Kette und *W* ein auf Glasröhren in l a n g e n Windungen gewickelter Draht, so daſs in demselben keine Induktionsströme entstehen. Der Strom der Kette verzweigt sich bei *f*, und wenn der Widerstand des Drahtes *W* dem der Rolle *R* gleich ist, so bleibt die Galvanometernadel in Ruhe. Öffnet man nun den Strom bei *e*, so schlägt die Nadel aus, ebenso wenn man schlieſst, in letzterem Falle aber in entgegengesetzter Richtung wie vorhin; in keinem Falle kann es der Hauptstrom gewesen sein, welcher die Nadel in Bewegung setzte.

§ 326. Induktion durch den Erdmagnetismus und durch Reibungselektricität. 1) Auch durch den Magnetismus der Erde kann man

Ströme in Drahtrollen induzieren. Hält man einen mit Draht umwundenen kreisförmigen Rahmen, dessen Drahtenden mit einem Multiplikator verbunden sind, so dafs seine Ebene senkrecht auf der Richtung der Inklinationsnadel steht und dreht ihn rasch um eine horizontale Achse um 180°, so schlägt die Nadel aus: dreht man, nachdem die Nadel zur Ruhe gekommen, in derselben Richtung abermals um 180°, so erfolgt ein Ausschlag der Nadel nach der anderen Seite. Bringt man an der horizontalen Achse, um welche der kreisförmige Rahmen drehbar ist, einen Kommunikator an, so erhält man bei rascher Umdrehung eine Folge von gleichgerichteten Strömen.

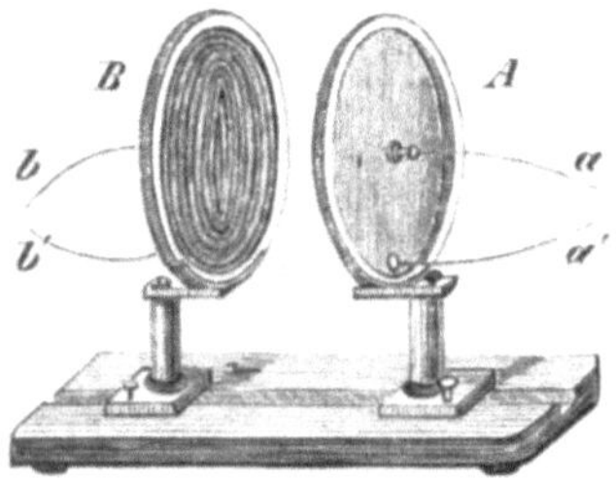

Fig. 465. Induktion durch Reibungselektricität.

2) Auf zwei Holzplatten *A* und *B* (Fig. 465) ist je ein Draht spiralig aufgelegt, so dafs die einzelnen Windungen wohl voneinander isoliert sind. Läfst man nun zwischen den Drahtenden *a* und *a'* den Schlag einer Leydener Flasche gehen, so springt in demselben Augenblicke eine Funke zwischen den (sehr genäherten) Drahtenden *b* und *b'* über.

§ 327. Induktion in zusammenhängenden Leitern. Stellt man eine Deklinationsnadel auf eine Glasscheibe und dreht unter ihr eine Kupferplatte, so dreht sich die Nadel in der Richtung, in welcher sich die Kupferplatte bewegt. Die Magnetnadel induziert in den einzelnen unter ihr wegeilenden Teilen der Kupferscheibe Ströme, welche die um die Nadel laufenden Ströme anziehen. Faraday drehte eine Kupferscheibe (Fig. 466) zwischen den Polen eines kräftigen Magnetes und fand, dafs in der Scheibe Ströme induziert wurden, welche je nach der Drehungsrichtung von der Achse nach dem Rande oder umgekehrt laufen. Von der Achse *a* und von einer am Rande der Scheibe schleifenden Feder *s* werden Drähte nach einem Multiplikator *m* geführt.

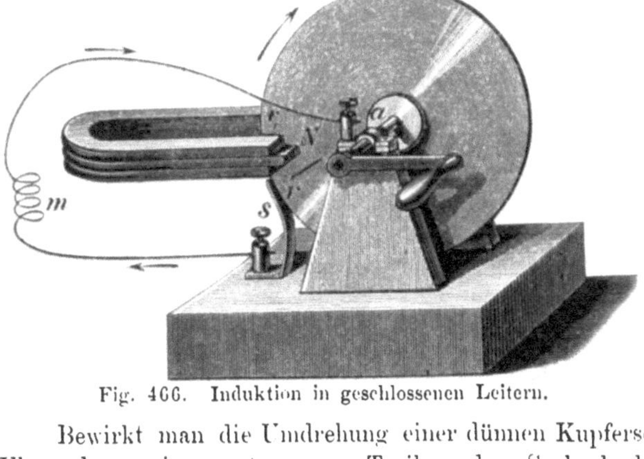

Fig. 466. Induktion in geschlossenen Leitern.

Bewirkt man die Umdrehung einer dünnen Kupferscheibe mittelst eines Uhrwerkes, wie es etwa zum Treiben der Seebeckschen Sirenenscheiben benutzt wird, und hält einen starken Magnet so, dafs die Scheibe zwischen seinen Polen rotiert, so verlangsamt sich die Bewegung beträchtlich (Krebs).

Dreht man zwischen den Polen eines sehr starken Elektromagnetes ein Metallstück um, so kostet dies bedeutende Anstrengung; auch wird das

Metallstück heifs; nimmt man statt des Metallstückes einen mit dem leichtflüssigen Roseschen Gemisch gefüllten Cylinder, so schmilzt das Gemisch nach kurzer Zeit (Tyndall).

Schwingt eine Magnetnadel über einer Kupferscheibe, so kommt sie rascher zur Ruhe, als wenn die Kupferscheibe entfernt wird. Um sich hiervon zu überzeugen, kann man sich eines von dem Verf. angegebenen Apparates bedienen; ein runder Messingstab *m* (Fig. 467 a) steht auf einem

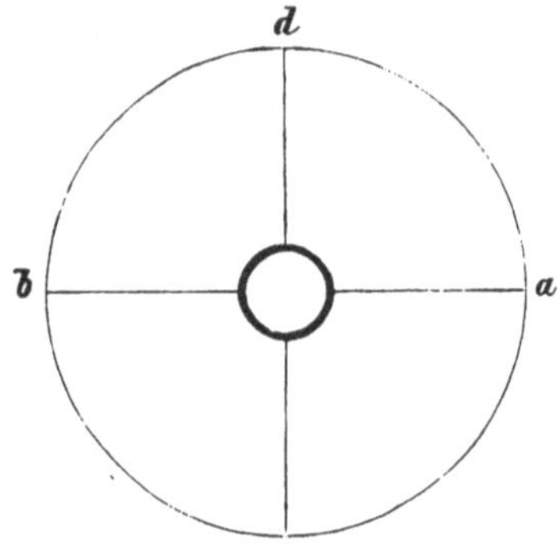

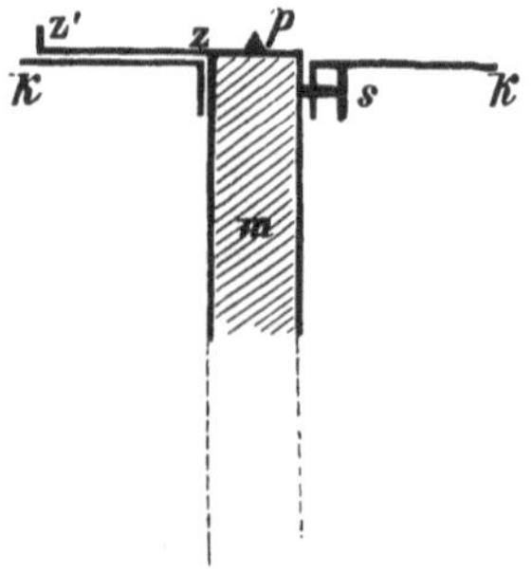

Fig. 467. Dämpfung einer Magnetnadel. Fig. 467 a.

Grundbrett mit drei Stellschrauben; an demselben läfst sich eine Kupferscheibe *k k* auf- und abschieben und in beliebiger Höhe mittelst der Schraube *s* feststellen. Die Stange *m* trägt in der Mitte eine Spitze *p*, auf welche man eine (stark magnetische) Nadel aufsetzen kann, sowie seitlich einen schmalen, horizontalen Zeiger *z z'*, welcher etwas kürzer als die Nadel ist. Auf der Kupferscheibe sind zwei senkrecht aufeinander stehende Durchmesser *a b* und *c d* (Fig. 467) markiert. Man schiebt zuerst die Kupferscheibe so hoch, dafs sie unmittelbar unter der Nadel sich befindet und dreht den Apparat so, dafs die Nadel die Richtung des Durchmessers *c d* und der Zeiger *z z'* die des Durchmessers *a b* einnimmt. Bewegt man nun die Nadel aus ihrer Lage, bis ihre Spitze das aufgebogene Ende *z'* des Zeigers berührt, und läfst sie dann los, so kommt sie in viel kürzerer Zeit zur Ruhe, als wenn die Kupferscheibe tief heruntergelassen ist.

Diese „Dämpfung“ der Schwingungen der Magnetnadeln durch unter ihnen befindliche Metallscheiben ist bei Galvanometern der Zeitersparnis wegen von Wichtigkeit. Übrigens wird die Dämpfung der Galvanometernadeln noch auf verschiedene andere Arten bewirkt.

§ 328. Wirkungen der Induktionsströme. Die Induktionsströme bringen im wesentlichen dieselben Wirkungen, wie die hydroelektrischen hervor. Doch sind die galvanometrischen und chemischen Wirkungen unbedeutend, dagegen die physiologischen sehr grofs.

Die Dauer der Induktionsströme ist sehr gering, so dafs die gesamte, durch die Induktionsrolle und den mit ihr verbundenen Multiplikator fliefsende Elektricität die Nadel noch in ihrer Ruhelage trifft. Daher kann auch der Ausschlag der Nadel als Mafs für die Menge der gesamten Elektricität — der Gesamtintensität — gelten. Da aber nur feinere Galvanometer einen bemerkbaren Ausschlag zeigen, so ist die Elektricitätsmenge, welche die Induktionsströme führen, nur gering. Dagegen ist die Spannung, wie an der grofsen Schlagweite erkenntlich, sehr bedeutend.

Am kürzesten ist die Dauer eines Induktionsstromes, wenn weder ein Eisenstab, noch ein Drahtbündel in der Hauptrolle steckt; sie soll 0,005 Sekunden betragen; befindet sich ein Eisenstab in der Hauptrolle, so dauert der Strom 20mal länger und bei einem Drahtbündel um so länger, je dicker die Drähte sind, jedoch kürzer als bei einem soliden Stab. Die Ursache dieser Ungleichheit liegt darin, dafs dünne Drähte leichter magnetisch und wieder unmagnetisch werden, wie ein solider Stab, umsomehr, als sich in dem letzteren leichter Extraströme ausbilden können, welche der Magnetisierung entgegenwirken, so dafs das Magnetisch- und Wiederunmagnetischwerden einige Zeit erfordert. — Um die Bildung von Extraströmen möglichst zu vermeiden, wendet man bei Elektromagneten, statt solider Eisenstäbe häufig geschlitzte Eisencylinder an (Telegraph). — Sind die Drähte eines Bündels metallisch blank, so ist der Unterschied zwischen ihm und einem soliden Stab nicht grofs; er verschwindet ganz, wenn man die Drähte durch Zwischengiefsen von Roseschem Metall verbindet. Soll durch das Drahtbündel ein rascherer Verlauf der Induktionsströme bewirkt werden, so müssen die einzelnen Drähte gefirnifst, oder durch Erhitzen angelassen und in Leinöl getaucht werden.

Während die galvanometrischen und chemischen Wirkungen von der etwas gröfseren oder geringeren Dauer der Induktionsströme unabhängig sind, ist die Stärke der physiologischen Wirkung gerade um so bedeutender, je geringer die Dauer ist, so dafs man an der Lebhaftigkeit der Zuckungen annähernd die Dauer der Ströme ermessen kann. Bei Anwendung eines Drahtbündels sind also die Erschütterungen lebhafter, als bei einem soliden Stabe. Zugleich ist bemerkenswerth, dafs der Öffnungsinduktionsstrom im allgemeinen wirksamer ist, als der Schliefsungsinduktionsstrom, denn beim Schliefsen der Kette kann sich in der Hauptrolle der hierbei immer entstehende Extrastrom besser entwickeln, als beim Öffnen; der Extrastrom in der Hauptrolle bringt aber eine Verzögerung des Induktionsstromes hervor, weswegen letzterer schwächer physiologisch wirkt. Wird der Hauptstrom rasch unterbrochen, so erleidet der Öffnungsstrom eine Schwächung, verläuft aber rascher, als wenn langsam unterbrochen wird. Im ersten Falle kann der Hauptstrom, welcher überhaupt nicht weit überspringt, sich nicht völlig durch den Öffnungsfunken ausgleichen; ein Teil desselben, ebenso wie ein Teil des Extrastromes fliefst deshalb in die Hauptrolle zurück und ruft in der Nebenrolle einen Induktionsstrom hervor, welcher den noch in der Ausgleichung begriffenen Öffnungsstrom schwächt. Im zweiten Falle (wenn man z. B. den Hauptstrom dadurch öffnet, dafs man den Schliefsungsdraht langsam aus dem Quecksilber herauszieht) dauert der Öffnungsstrom länger; er wirkt also schwächer physiologisch, ist aber, was die Elektricitätsmenge betrifft, stärker. Vorteilhaft ist es, bei raschem Unterbrechen den Rest des Hauptstromes durch eine Nebenschliefsung, etwa durch einen langen Platindraht, oder bei Quecksilberunterbrechung durch auf das Quecksilber gegossenen Weingeist sich ausgleichen zu lassen; noch besser aber ist es, den Rest in einem „Kondensator" aufzusammeln. Stehen die Windungsenden der Hauptrolle z. B. mit den Belegen einer Leydener Flasche, oder mit nach Art der Franklinschen Tafeln teilweise mit Stanniol überzogenen Glasplatten, Hartgummi-, Wachstaffetstreifen u. dergl. in Verbindung, so sammelt sich der Rest des Haupt- und Extrastromes auf den Belegen, ohne dem Öffnungsstrome zu schaden; zugleich verstärken sie den folgenden Schliefsungsstrom, indem sich die aufgesammelten Elektricitäten beim Stromschlusse in die Hauptrolle entladen. (Fizeaus Kondensator).

Will man mittelst der Induktionsströme chemische Wirkungen, welche, wie die galvanometrischen der Gesamtintensität proportional sind, hervorrufen, so mufs man mit Hilfe des Doveschen Disjunktors nur Öffnungs- oder nur Schliefsungsströme in den Elektrolyten gelangen lassen.

Magnetische Wirkungen lassen sich besser durch rasch, als durch langsam verlaufende Induktionsströme hervorrufen.

Die thermischen Wirkungen der Induktionsströme (ebenso wie der galvanischen Ströme überhaupt) sind unter sonst gleichen Umständen dem Quadrat der Intensität proportional.

Da aber die Intensität, d. i. die in der Zeiteinheit durch einen Querschnitt des Drahtes fliefsende Elektricitätsmenge, der Dauer des Stromes — unter Voraussetzung gleicher Gesamtintensität, d. i. die Gesamtelektricitätsmenge des Induktionsstromes, umgekehrt proportional ist, so werden die thermischen Wirkungen um so gröfser, je geringer die Dauer ist.

Nach dem Jouleschen Gesetz (408) ist allgemein:

$$C = c \,.\, J^2 \,.\, W \,.\, t.$$

Sind nun für zwei Induktionsströme die Widerstände (W), sowie die Gesamtelektricitätsmengen (E) gleich, so ist:

$$\frac{E}{t_1} = J_1 \text{ und } \frac{E}{t_2} = J_2;$$

woraus:

$$\frac{C_1}{C_2} = \frac{(E : t_1)^2 \,.\, t_2}{(E : t_2)^2 \,.\, t_1},$$

oder:

$$\frac{C_1}{C_2} = \frac{t_2}{t_1}.$$

§ 329. Induktionsapparate. 1) Du Bois-Reymond hat einen Induktionsapparat, den man Schlittenapparat nennt, konstruiert, bei dem die Nebenrolle sich mehr oder minder über die Hauptrolle schieben läfst; ebenso kann das Drahtbündel tiefer oder weniger tief in die Hauptrolle geschoben werden. Man hat es auf diese Art in der Hand die Stärke der Induktionsströme zu regulieren. Bei manchen Induktionsapparaten, bei denen die Nebenrolle feststeht, (namentlich bei dem sogleich zu erwähnenden Extrastromapparat) kann man die Stärke der Induktionsströme dadurch verändern, dafs man eine Messingröhre mehr oder minder über den in der Hauptrolle steckenden Eisenkern schiebt: je weiter die Hülse über den Eisenkern geschoben wird, um so schwächer werden die Induktionsströme.

2) Der Extrastromapparat (Fig. 368), bei welchem, wie bei manchen anderen Induktionsapparaten der Eisenkern zugleich als Teil der Unterbrechungsvorrichtung benutzt wird (§ 324), besteht nur aus einer Drahtrolle *s*, in welcher ein Drahtbündel oder ein Eisenstab steckt; dem Ende desselben steht ein Eisenknöpfchen *k*, welches als „Hammer" dient, und das an einem federnden Messingstreifen *cd* befestigt ist, gegenüber. Dieser Messingstreifen trägt in der Mitte ein kleines Platinblättchen, das im Ruhezustande von der Spitze einer Schraube berührt wird. Das eine Windungsende der Rolle *s* ist mit der einen, etwa der positiven Polklemme *a*, das andere mit der Schraube in Verbindung. Leitet man den positiven Strom in *a* und den negativen im *c*, so beginnt der Hammer nebst der Feder zu vibrieren. Bei solchen Extrastromapparaten kommen nur die Öffnungsströme zur Wirkung; die Drähte mit den Handhaben werden entweder bei *a* und *b*, oder bei *b* und *c* eingeschaltet: im ersten Falle ist beim Öffnen des Stromes nur die Rolle *s*, im zweiten aufser ihr auch die induzierende Kette in den durch den menschlichen Körper geschlossenen Kreis eingeschaltet: im ersten Falle fliefst bei der Unterbrechung des Hauptstromes nur der Öffnungsinduktionsstrom, im zweiten auch der Hauptstrom durch den menschlichen Körper. Würde man die Drähte der Handhaben bei *a* und *c* einfügen, so wäre beim Unterbrechen des Stromes (wenn die Feder *cd* von der Schraubenspitze entfernt ist) die

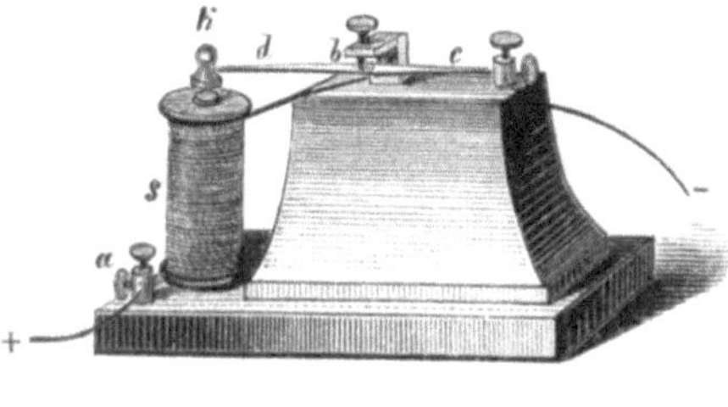

Fig. 468. Extrastromapparat.

Fig. 469. Funkeninduktor.

Rolle *s* aus dem Kreise des menschlichen Körpers ausgeschaltet; es würde nur der Hauptstrom durch den menschlichen Körper fliefsen.

3) Der Funkeninduktor von Rühmkorff (1851) ist ein grofser Induktionsapparat mit vorzüglicher Isolierung der Windungen, so dafs eine

hohe Spannung und grofse Funkenlänge zwischen den Drahtenden der Nebenrolle erreicht werden kann. Bei kleineren Apparaten dieser Art (Fig. 469) ist der Eisenkern, wie bei dem Extrastromapparat, zugleich der Elektromagnet für den Hammer; gröfsere Apparate dagegen haben einen besonderen, gewöhnlichen Hammer oder einen sogenannten Quecksilberinterruptor: Die Feder, an der der Hammer befestigt ist, ist mit einem langen, verstellbaren Stifte verbunden, dessen Spitze in ein Gefäfs mit Quecksilber taucht, auf das gewöhnlich noch Weingeist gegossen wird; der Stift wird so eingestellt, dafs er beim Schwingen der Feder abwechselnd in das Quecksilber taucht und wieder über die Oberfläche emporsteigt.

Aufserdem sind die Funkeninduktoren noch mit dem Fizeauschen Kondensator (§ 328) versehen.

Die Funken, welche ein gröfserer Induktionsapparat liefert, sind oft von bedeutender Länge; in der Polytechnic Institution in London befindet sich ein Induktionsapparat, welcher 29 Zoll lange Funken giebt und 5 Zoll dicke Gläser durchschlägt; der Apparat ist 9 Fufs 10 Zoll (engl.) lang und hat 2 Fufs Durchmesser; die Induktionsrolle hat 150 engl. Meilen Kupferdraht von 0,15 Zoll Durchmesser.

Die Funken sind meist verästelt und bestehen aus hellleuchtenden Fäden, welche von einer rötlichen Hülle (Aureole) umgeben sind. Im luftverdünnten Raume verschwinden die Fäden und es strömt die Elektricität auf viel gröfsere Entfernung über, d. h. es dehnt sich die Aureole sehr bedeutend nach der Länge und Breite aus. Geifsler hat Glasröhren von sehr verschiedenen Formen hergegestellt, welche mittelst der Quecksilberluftpumpe möglichst luftleer gemacht, mit verschiedenen Gasen von wenigen Millimetern Spannkraft gefüllt und an den Enden mit eingeschmolzenen Platindrähten (als Elektroden) versehen sind — Geifslersche Röhren. Auch Crookes hat ähnliche Röhren gefertigt, bei denen die Elektroden meist kugelig gekrümmte Platinblättchen sind; er hat mit denselben nachzuweisen gesucht, dafs die elektrische Strömung wesentlich vom negativen Pole ausgehe.

In den Geifslerschen Röhren sieht man in ständiger Bewegung begriffene hellere und dunklere Streifen — geschichtetes elektrisches Licht; am negativen Pole zeigt sich eine schön blaue Lichthülle, während vom positiven rote Funken ausgehen.

Jedes andere Gas verleiht dem Lichte eine andere Farbe. Besonders schön werden die Erscheinungen, wenn fluoreszierende Substanzen (Uranglas, Flufsspat, schwefelsaures Chinin u. s. w.) in den Röhren sich befinden; auch das Nachleuchten phosphoreszierender Substanzen zeigt sich sehr schön in den Röhren von Geifsler und Crookes.

Spektroskopische Untersuchungen haben erwiesen, dafs der Lichtfaden aus glühenden Teilchen der Elektroden, die Aureole aus glühenden Gasteilchen besteht.

Im absolut leeren Raume geht der Funke, selbst bei Annäherung der Elektroden auf 1—2 mm nicht über (Hittorfs Röhre).

§ 330. Magnetoinduktionsmaschinen. Starke Induktionsströme kann man auch dadurch erzielen, dafs man eine Drahtrolle einem Magnet (oder umgekehrt) abwechselnd annähert und wieder von ihm entfernt. Bei Anwendung eines Hufeisens kann man beide Pole benutzen und auf zwei Drahtrollen wirken lassen. Fig. 470 zeigt eine solche magnetelektrische oder Magnetoinduktionsmaschine und zwar die von Clarke; sie besteht aus einem Hufeisenmagnet AB, vor dessen Polen sich zwei Drahtspulen tt, welche an einer horizontalen Achse befestigt sind, mittelst (Kurbel und Rad) drehen lassen.

Steht die eine Spule etwa vor dem Südpol und wird sie von demselben weggedreht, so entsteht in ihr ein Strom, welcher mit den um den Südpol laufend gedachten Strömen gleiche Richtung (wie die der Uhrzeiger) hat. Nach $^1/_4$ Drehung nähert sich die Spule dem Nordpol, wodurch ein Strom in ihr erregt wird, der den um den Nordpol laufend gedachten Strömen entgegengesetzt-, dem vorigen also gleichgerichtet ist. Während einer halben Umdrehung bleibt demnach die Richtung des in der Spule kreisenden Stromes dieselbe; bei der folgenden halben Umdrehung aber ist er entgegengesetzt, wie bei der vorhergehenden. Nach jeder halben Umdrehung wechselt also der Strom; er hat seine gröfste Intensität, wenn die Spule an einem der Pole vorübergeht.

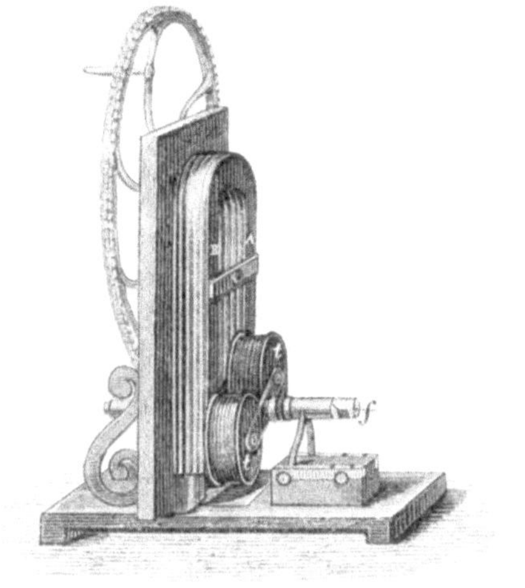

Fig. 470. Clarkes Magnetoinduktionsmaschine.

Drehen sich zwei Spulen vor den Polen eines Hufeisenmagnetes, so kreisen stets in ihnen entgegengesetzte Ströme. Damit sie in beiden gleichlaufend werden, wird der über beide Rollen gehende Draht auf der einen in entgegengesetzter Richtung gewickelt, wie auf der anderen, gerade so, wie dies bei den Umwickelungen der Schenkel eines Elektromagnetes geschieht. Das eine Drahtende ist mit der Achse, das andere mit einem von der Achse isolierten metallischen Ring *e* (Fig. 471) verbunden. Würde man eine Feder an der Achse und eine andere an dem Ringe schleifen lassen, so könnte man von diesen Federn die Induktionsströme ableiten; doch würden dieselben nach jeder halben Umdrehung ihre Richtung wechseln. Um nun zu bewirken, dafs der Strom in gleicher Richtung durch einen Schliefsungskreis läuft, ist auf der Achse ein Kommutator, welcher aus zwei von einander isolierten Halbcylindern E und E' besteht, angebracht; die Unterbrechungsstellen liegen so, dafs die schleifenden Federn r und r' gerade in dem Augenblicke je auf den anderen Halbcylinder übertreten, wenn der Strom wechselt. Der eine dieser Halbcylinder (E') ist durch einen Metallstreifen g mit dem Ringe *e* und der

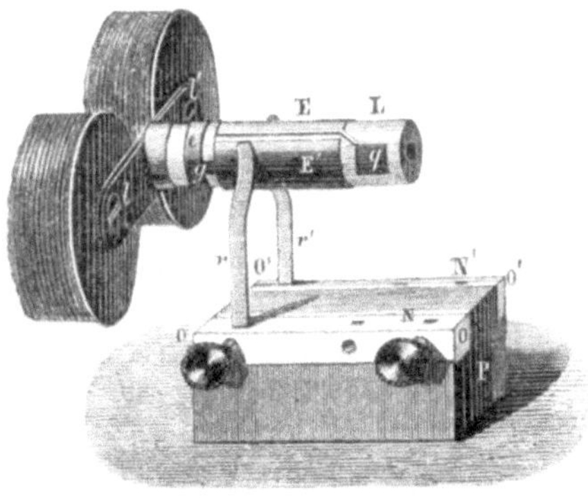

Fig. 471. Kommutator zur Magnetoinduktionsmaschine.

andere (E) durch eine Schraube mit der Achse in leitender Verbindung. Die Federn selbst sind an zwei Messingstreifen oo und $o'o'$, welche durch ein Holzstück P voneinander getrennt sind, angeschraubt. Bei N und N' endlich werden die Leitungsdrähte eingefügt.

Die physiologischen Wirkungen sind bei dieser Einrichtung der Maschine, bezüglich des Kommutators gering, denn die Induktionsströme entstehen und vergehen nicht plötzlich; bei jeder Umdrehung giebt es zwei Maxima und Minima; die ersteren finden statt, wenn die Rollen den Polen gegenüber, die letzteren, wenn sie zwischen den Polen stehen: die Zu- und Abnahme des Induktionsstromes hat je die Dauer einer Vierteldrehung. Übrigens kann man durch eine etwas veränderte Einrichtung auch stärkere Erschütterungen hervorbringen. Zu dem Zwecke ist auf der Achse neben dem Halbcylinder E' des Kommutators ein Kupferblättchen q angebracht, welches mit dem anderen Halbcylinder E leitend verbunden ist. Außerdem läßt sich in die Messingplatte oo noch eine dritte (hier nicht gezeichnete) Feder einsetzen, welche an dem Blättchen q bei jedem Umgange einmal auf kurze Zeit schleift. In dem Augenblicke, wo dies stattfindet, also gerade dann, wenn der Induktionsstrom im Maximum ist, geht die Feder r auf E' und zugleich ist die dritte Feder und das Blättchen q mit E in Verbindung; der Strom ist also in den Windungen der Rollen selbst geschlossen und geht nicht durch den menschlichen Körper; im nächsten Moment, wenn die dritte Feder das Blättchen q verläßt, wird dieser Strom plötzlich unterbrochen, infolgedessen entsteht ein Extrastrom, welcher in den menschlichen Körper übergeht und eine lebhafte Erschütterung verursacht. Man kann übrigens noch ein zweites Blättchen (q') und eine vierte Feder anwenden, um zweimal bei jedem Umgange einen Erschütterungsschlag hervorzubringen.

Für solche magnetoelektrischen Maschinen hat man meist zwei Paar Rollen, die einen mit weniger Windungen dicken Drahtes, die anderen mit vielen Windungen dünnen Drahtes — Quantitäts- und Intensitätsinduktor; der erstere wird bei kleineren, der andere bei großem äußeren Widerstande benutzt.

Die ersten magnetoelektrischen Maschinen sind von Dal Negro und Pixii (1832), von Clarke (1836), Ettingshausen, u. s. w. hergestellt worden. Später haben Saxton, Dove und Stöhrer Verbesserungen angebracht.

§ 331. Neuere magnetoelektrische Maschinen von Gramme und von v. Hefner-Alteneck. Nachdem schon Stöhrer (1844) die magnetoelektrischen Maschine dadurch vervollkommnet hatte, daß er mehrere Magnete und Rollen zu einem Ganzen verband, sind von der Gesellschaft Alliance in Paris und von Holmes in Nordfleeth (1858) Maschinen mit vielen Magneten und Rollen gebaut worden, welche durch eine Dampfmaschine umgetrieben, hinlänglich starke Ströme lieferten, um damit das elektrische Licht erzeugen zu können. Indem man so mechanische Arbeit in Elektricität umsetzte, konnte man der ebenso teueren, wie schwierig zu unterhaltenden hydroelektrischen Ströme entbehren. Eine wesentliche Vereinfachung und

Verbesserung der magnetoelektrischen Maschinen ist durch den Ring von Pacinotti (1863) erreicht worden. Die erste brauchbare Maschine dieser Art hat Gramme (1871) konstruiert.

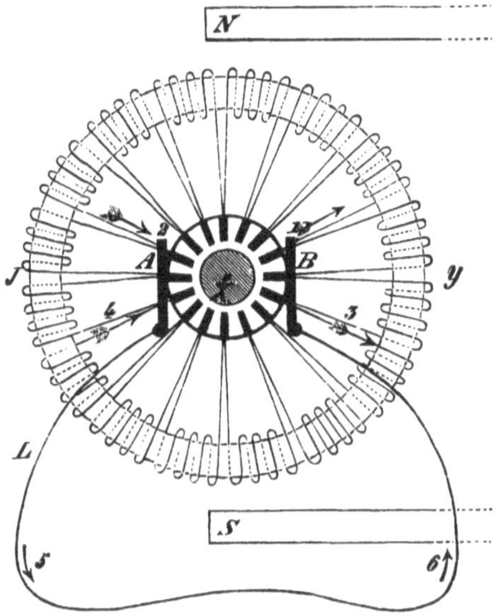

Fig. 472. Ring von Pacinotti.

Fig. 473. Maschine von Gramme.

Fig. 472 zeigt einen eisernen, zwischen den Polen eines Magnetes drehbaren Ring, welcher aus einer gröfseren Zahl (hier 16) Drahtbündeln umwickelt ist, welche untereinander und mit einem über die Achse *X* geschobenen und mit ihr drehbaren „Kommutator" verbunden sind. Der Ring ist also ein Elektromagnet ohne Ende. Man könnte sich die Bewickelung so ausgeführt denken, dafs ein ganzes Bündel langer Drähte, gerade so wie sonst ein einzelner Draht, um den Ring gewickelt und die Drahtenden verlötet würden; die Bewickelung ist in sich geschlossen; doch geht von jeder Rolle ein Metallstück nach dem Kommutator. Derselbe besteht aus einzelnen (hier 16) der Achse parallellaufenden Kupferstreifen, welche voneinander und von der Achse isoliert sind; jeder einzelne ist mit zwei benachbarten Drahtbündeln des Eisenringes leitend verbunden.

An dem Kommutator schleifen zwei aus Kupferdraht gebildete „Bürsten oder Besen" *A* und *B* und zwar an zwei gegenüberliegenden Stellen, welche je um 90° von den Polen des Magnetes entfernt sind. Von den Schleifbürsten gehen die Leitungsdrähte aus. Fig. 473 zeigt die Grammesche Maschine. Der Magnet, dessen Pole dem Ring an zwei diametral entgegengesetzten Stellen möglichst angenähert sind, ist meist aus sehr vielen dünnen Lamellen zusammengesetzt -- Blättermagnet von Jamin. Noch bemerken wir, dafs in Fig. 473 die einzelnen um den Ring gewickelten Drahtbündel der Deutlichkeit halber abwechselnd hell und dunkel gehalten sind.—Den Polen des Magnetes gegenüber entstehen in dem eisernen Ring zwei entgegengesetzte Magnetpole, welche bei der Drehung des Ringes zwar an immer anderen Teilen desselben auftreten, doch aber stets an derselben Stelle bleiben. Man könnte sich vorstellen, der eiserne Ring stände still und es bewegte sich nur die Bewickelung über ihn weg, wie dies auch bei gröfseren Maschinen ähnlicher Art wirklich geschieht.

Es ist nun nicht einerlei, ob man eine Drahtrolle vor den Polen eines Hufeisenmagnetes, wie es bei der in § 330 beschriebenen Maschine geschieht, dreht, oder ob man sie über den Magnet vom einen Pol bis zum anderen hinschiebt. Im ersten Falle bleibt während einer halben Umdrehung, von dem einen Pole bis zum anderen, die Stromrichtung dieselbe, wobei die Stromstärke am geringsten ist, wenn die Rolle gleiche Entfernung von beiden Polen hat. Im letzteren Falle ist zwar auch die Stromstärke, wenn die Rolle sich am Indifferenzpunkt befindet, am geringsten und zwar geradezu Null, aber es wechselt auch zugleich an dieser Stelle der Strom seine Richtung. Denkt man sich nämlich einen Stabmagnet und nähert eine Rolle dem Nordpol N desselben, so entsteht in der Rolle ein „Annäherungsstrom", welcher am stärksten ist, wenn die Rolle sich gerade über N befindet. Schiebt man die Rolle weiter, so entfernt sie sich von einer kleineren Anzahl Ströme, welche in der Nähe des Nordpoles kreisen, und nähert sich einer gröfseren Zahl, welche nach dem Südpol S hinliegen. Der „Entfernungsstrom", welcher auf diese Art in der Rolle entsteht, ist dem „Annäherungsstrom" entgegengesetzt und schwächt denselben, und wenn die Rolle am Indifferenzpunkt des Magnetes angekommen ist, so heben die beiden Ströme einander auf. Beim weiteren Fortschieben wird der Entfernungsstrom stärker als der Annäherungsstrom. Es wechselt also am Indifferenzpunkt der Strom in der Rolle seine Richtung und erlangt seine gröfste Stärke, wenn die Rolle sich über einem der Pole befindet.

Denkt man sich nun einen zweiten Magnetstab so an den ersten geschoben, dafs sein Südpol S' den Südpol S des ersten Magnetes berührt, so wird bei der Annäherung der Rolle vom Indifferenzpunkt des ersten Magnetes bis zu dem Doppelpole SS' eine Verstärkung des vorhin genannten Entfernungsstromes bewirkt; denn die Ströme laufen auf dem zweiten Magnet von S' bis N' entgegengesetzt, wie von N bis S'; der Strom, welcher in der Rolle durch Annäherung derselben an die zwischen S' und N' kreisenden Ströme entsteht, hat also dieselbe Richtung wie der Entfernungsstrom von N.

Geht die Rolle über den Doppelpol hinaus, so entfernt sie sich von den um den ersten Magnet laufenden Strömen und nähert sich (vorläufig noch) einer gröfseren Zahl der auf dem zweiten Magnete in entgegengesetzter Richtung laufenden Ströme; die Stromrichtung in der Rolle bleibt also noch erhalten, dagegen wird die Stromntensität immer geringer, denn einesteils wird die Entfernung der Rolle von dem ersten Magnet immer gröfser und anderenteils wird der Unterschied zwischen der Zahl der Ströme auf dem zweiten Magnet, denen sich die Rolle nähert und der Zahl derjenigen, von welchen sie sich entfernt, immer geringer. Im Indifferenzpunkte des zweiten Magnetes ist der Strom in der Rolle ein Minimum.

Denkt man sich, eine Drahtrolle mache einen vollen Umgang um den Pacinottischen Ring mit seinen beiden Doppelpolen, so erlangt der in ihr kreisende Strom zweimal ein Maximum von entgegengesetzter Richtung und zwar dann, wenn sie sich an einem der beiden Doppelpole befindet, und zweimal ein Minimum, wenn sie sich an den Indifferenzpunkten, d. i. an den Stellen befindet, welche mitten zwischen den Doppelpolen liegen. Auf den zwei Hälften des Ringes, in welche derselbe durch die Indifferenzpunkte geteilt wird, bleibt die Richtung des Stromes erhalten, wechselt aber, wenn die Rolle von der einen Hälfte auf die andere übertritt.

Denkt man sich nun den ganzen Ring mit Rollen bedeckt, welche alle miteinander verbunden sind, so kreisen in denjenigen, welche sich momentan auf derselben Ringhälfte befinden, Ströme von gleicher Richtung, aber verschiedener Stärke; dagegen sind die Stromrichtungen in den Rollen auf der einen Ringhälfte den auf der anderen entgegengesetzt. Die ganze Menge der einen z. B. der positiven Elektricität in den Rollen der einen Ringhälfte läuft durch dieselben von dem einen Indifferenzpunkt i zum anderen i' und die ganze Menge der negativen läuft von i' nach i. Läfst man deshalb die Bürsten an den Stellen des Kommutators schleifen, welche den Indifferenzpunkten i und i' gerade gegenüberliegen, so können dieselben wie die Pole einer konstanten Batterie angesehen werden. Man hat es also hier — und das ist ein Hauptvorzug der Grammeschen Maschine — nicht mit einer Summe einzelner Stromimpulse, sondern mit einem kontinuierlichen Strome zu thun. Zugleich ist ersichtlich, daſs der „Kommutator" der Grammeschen Maschine eigentlich diesen Namen nicht verdient, da er kein Stromwechsler ist.

Weil bei der Grammeschen Maschine der sich drehende Eisenring jeden Augenblick an zwei anderen Stellen magnetisch wird und sofort wieder an diesen Stellen den Magnetismus verliert, so entsteht eine lebhafte Erwärmung des Ringes. Auſserdem wird der Ring bloſs an seiner Auſsenfläche magnetisch; auf die inneren und seitlichen Teile der Umwindung findet also keine Induktionswirkung statt; doch aber muſs der Strom auch durch diese Teile der Umwindung laufen, so daſs ein groſser Widerstand stattfindet und erhebliche Erwärmung hervorgerufen wird.

Da ein Drahtbündel rascher magnetisch und wieder unmagnetisch wird und sich deshalb auch beim Wechsel des Magnetismus nicht so sehr erwärmt, wie ein solider Eisenstab, so wird der Ring meist aus einem dicken Bündel von Eisendrähten hergestellt.

2) Die magnet-elektrische Maschine von v. Hefner-Alteneck (Fig. 474), liefert nicht bloſs stärkere Ströme, als die Grammesche, sondern beugt auch durch geschickte Einrichtung der übermäſsigen Erhitzung vor. Statt

Fig. 474. Magnetelektrische Maschine von v. Hefner-Alteneck.

eines Ringes ist ein Hohlcylinder von Eisen — Kern — genommen, welcher von einer Trommel aus dünnem Messing- oder Neusilberblech umgeben ist. Auf letztere ist der Draht in einer Anzahl Strängen aufgewickelt, welche längs der Seitenkanten laufen. Jeder Strang beginnt am Kommutator, läuft an der vorderen Stirnfläche der Trommel herauf, geht längs einer Seitenkante der Trommel, biegt sich dann an der hinteren Stirnfläche, sich um die Drehachse krümmend, herab, geht längs der Seitenkante, welche der obengenannten gerade gegenüberliegt, wieder nach der vorderen Stirnfläche und endigt am Kommutator. Jeder Strang ist also ein Drahtviereck; in den Längsseiten eines jeden laufen die Ströme zwar nach entgegengesetzter Richtung (Fig. 475), bilden aber zusammen doch einen Strom. Bei den kleineren Maschinen dreht sich der Kern mit der Trommel und besteht, damit er rasch an den einzelnen Stellen magnetisch und wieder unmagnetisch wird, aus Ringen von Eisendraht; bei den gröfseren steht der Kern fest und ist aus schmiedeeisernen Platten hergestellt.

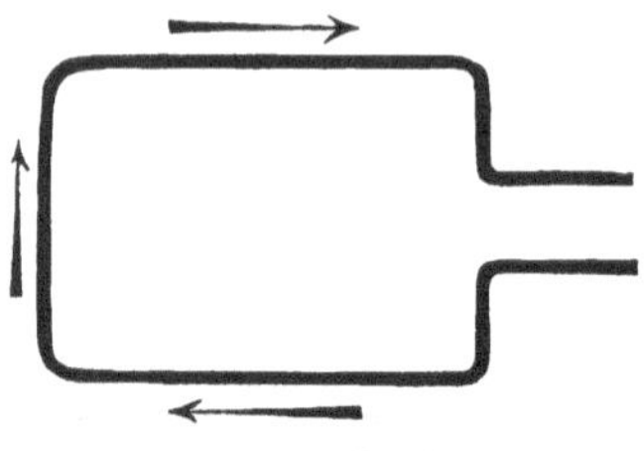
Fig. 475. Ein Drahtstrang.

Die bewickelte Trommel ist ihrer ganzen Länge nach von zwei Reihen spitzwinkeliger Stahlmagnete (nach oben und nach unten) umgeben, so dafs je die gleichnamigen Pole einander gegenüberstehen, vorn etwa die Südpole und hinten die Nordpole. Die Polflächenpaare vorn und hinten sind durch cylindrische Eisenstücke verbunden, so dafs man vorne einen sehr langen und starken Doppelsüdpol und hinten einen ebensolchen Doppelnordpol erhält.

Unter dem Einflusse der die Trommel umgebenden Magnete wird der Kern selbst zum permanenten Transversalmagnet; auf einem breiten Längsstreifen vorn erhält er seinen Nordpol und auf dem gegenüberliegenden Längsstreifen hinten seinen Südpol.

Der Vorteil der v. Hefnerschen Maschine vor der Grammeschen besteht darin, dafs einesteils wegen der grofsen Länge der Magnetpole eine stärkere Einwirkung auf die Bewickelung stattfindet, und dafs es andernteils keine Drahtstücke giebt, welche nur Widerstand darbieten, ohne erregt zu werden, da die Trommel nur auf der Aufsenfläche belegt ist; hierdurch wird eine übermäfsige Erhitzung selbst bei grofser Tourenzahl vermieden.

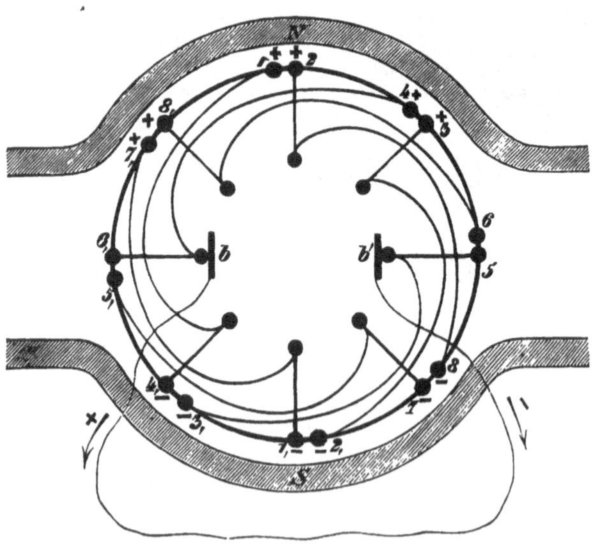

Fig. 476. Stirnfläche der Trommel an Hefners Maschine.

Durch die einseitige Bewickelung (blofs auf der Aufsenfläche) des Hefnerschen Cylinders und durch die Verbindung je zweier diametrial gegenüberliegender Drahtstränge über die hintere Stirnfläche des Cylinders hinweg, entsteht eine eigentümliche Schwierigkeit. Bei dem Ringe von Pacinotti könnte der Strom einer Rolle zur diametrial gegenüberliegenden nur dadurch kommen, dafs er alle dazwischenliegenden Rollen (auf der einen oder anderen Hälfte des Ringes) durchliefe; ehe er aber dahin kommt, wird er an dem einen Indifferenzpunkte in eine der Bürsten und von da in die Leitung geführt; die (entgegengesetzten) Ströme auf den beiden Ringhälften können also nicht direkt, sondern erst in der äufseren Leitung zusammenfliefsen. Bei dem Hefnerschen Cylinder aber sind je zwei diametral gegenüberliegende Stränge über die hintere Fläche hinweg verbunden; die entstehenden Ströme würden also nicht durch die ganze Bewickelung laufen, sondern, da alle Drähte untereinander verbunden sein müssen, in jedem Drahtviereck einzeln zusammenlaufen — die einzelnen Ströme wären „kurz geschlossen" und gingen nicht in die Schleifbürsten. Um nun zwei Ströme (einen positiven und einen negativen) zu erhalten, welche in die Schleifbürsten und von da in die äufsere Leitung übergehen, hat Hefner die acht Drahtvierecke in der absonderlichen Weise, wie es Fig. 476 zeigt, verbunden. Am Umfang der Trommel sind die 16 Enden der Drahtvierecke durch kleine Kreise bezeichnet; je zwei gegenüberliegende, durch dieselbe Zahl bezeichnete Kreischen (1 und 1_1, 2 und 2_1 . . .) gehören demselben Drahtviereke an. Die acht Kreischen in der Mitte bezeichnen die 8 Verbindungsstellen des Kommutators, sowie *b* und *b'* die Schleifbürsten. Wir nehmen an, dafs von den mit + bezeichneten Kreischen der Trommel der Strom nach dem Kommutator hin- und von den mit — bezeichneten Kreischen vom Kommutator weg- oder als negativer Strom ebenfalls zu ihm hinläuft.

Nach der Schleifbürste *b* geht ein positiver Strom:

$$5\;5_1\circ 7\;7_1\circ 1_1\;1\circ 4_1\;4\circ b.$$

Nach der Schleifbürste *b'* geht ein negativer Strom:

$$6_1\;6\circ 8_1\;8\circ 2\;2_1\circ 3\;3_1\;b'.$$

§ 332. Dynamoelektrische Maschinen. Die Stärke der Ströme, welche durch magnetelektrische Maschinen erzeugt werden können, hängt

Fig. 477. Dynamoelektrische Maschine von Hefner.

wesentlich von der Stärke der die Trommel umschliefsenden Magnete ab. Aufserdem verlieren auch diese Magnete nach und nach an Kraft und müssen von Zeit zu Zeit frisch magnetisiert werden.

Dagegen gestatten die sogenannten dynamoelektrischen Maschinen bei zunehmender Rotationsgeschwindigkeit eine aufserordentliche Steigerung der Kraft, welche nur an der Erhitzung der Drähte und der Lager, sowie an der Unmöglichkeit bei sehr starken Strömen die Drahtwindungen gehörig zu isolieren, ihre Grenze findet.

W. Siemens hat das Princip (1867) erfunden und v. Hefner-Alteneck hat die beste dynamoelektrische Maschine hergestellt, nachdem schon früher Wild, Ladd u. A. von dem dynamoelektrischen Princip Gebrauch gemacht hatten.

Die v. Hefnersche dynamoelektrische Maschine hat insofern Ähnlichkeit mit der magnetoelektrischen, als der innere Teil, Trommel und Kern, im wesentlichen hier dieselbe Einrichtung haben, wie dort; statt der Stahlmagnete aber sind eine grofse Zahl Elektromagnete angewandt, deren Bewickelung untereinander und mit der Bewickelung der Trommel in Verbindung stehen (Fig. 477). Die Bewickelung der Elektromagnete ist einerseits mit den Schleifbürsten und dadurch mit der Bewickelung der Trommel und anderseits mit der äufseren Leitung, etwa mit einer elektrischen Lampe *L* (Fig. 478) in Verbindung. Der Strom geht also von der einen Schleifbürste *b* durch die zwei Drahtkästen der an der einen

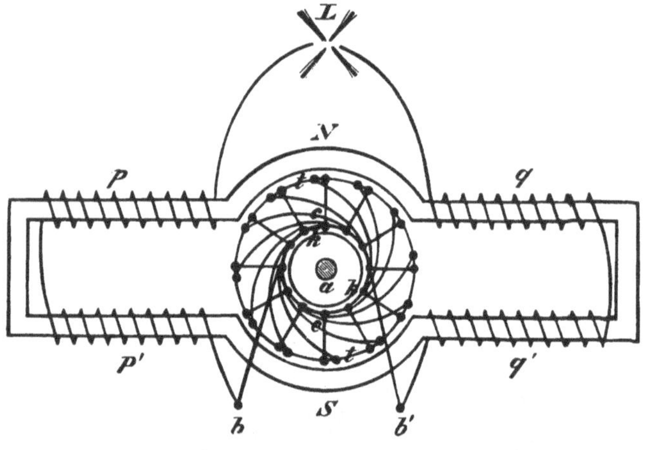

Fig. 478. Hefners dynamoelektrische Maschine (schematisch).

Seite der Anker liegenden Magnetschenkel *p'p*, dann in die äufsere Leitung, etwa zur elektrischen Lampe *L*, von da zurück durch die anderen zwei Drahtkästen der Magnetschenkel *qq'* zur anderen Bürste *b'*. Hierbei bedeutet noch *tt* die Trommel, *cc* den Kommutator, *kk* den Kern und *a* die Achse. Das Princip der dynamoelektrischen Maschinen ist demjenigen ähnlich, auf welchem die Influenzmaschinen beruhen. In den Elektromagneten ist immer ein Rest von remanentem Magnetismus. Der Nordpol *N* erzeugt nun in dem Kerne einen schwachen Südpol und der Südpol *S* einen schwachen Nordpol. Dreht man nun die Trommel um, so wird in ihr ein schwacher Strom induziert, welcher in die Bürsten und von da in die Umwindungen der Elektromagnete geht und den Magnetismus derselben verstärkt. Infolgedessen entstehen im Kerne stärkere Magnetpole und deshalb in der Trommel stärkere Ströme, welche wieder die Elektromagnete kräftiger machen u. s. w. Bei rascher Umdrehung wächst in kurzer Zeit der in die äufsere Leitung fliefsende Strom zu enormer Stärke an.

Kleinere Maschinen werden für Handbetrieb eingerichtet, gröfsere aber durch Dampf- oder Gaskraftmaschinen bewegt.

Der Widerstand der äufseren Leitung mufs bekanntlich dem inneren (der Drahtumwindung u. s. w.) gleich sein; je nach dem Zwecke mufs also die Bewickelung der Trommel verändert werden. Für Niederschläge von Metallen aus Salzlösungen, galvanoplastische Arbeiten u. dergl. nimmt man eine geringere Zahl dicker Drähte, während zur Anstellung des elektrischen Lichtes Bewickelungen von grofsem Widerstande erforderlich sind.

Aufserdem verwendet man aber auch die dynamoelektrischen Maschinen als Motoren und hat dabei den Vorteil, dafs man die Kraft auf grofse Strecken hin übertragen kann. Zu dem Zwecke wird der elektrische Strom einer dynamoelektrischen Maschine nach einer anderen geleitet, welche hierdurch in Bewegung gesetzt wird und die nun ihrerseits zur Bewegung von Arbeitsmaschinen benutzt werden kann (elektrische Aufzüge, elektrische Eisenbahn). — William Siemens (London) hat den Gedanken ausgesprochen, dafs man durch Windmühlen und Wasserräder eine dynamoelektrische Maschine in Gang setzen, die erzeugte Elektricität durch lange Drähte an beliebige Orte leiten und dort entweder das elektrische Licht hervorrufen oder Arbeitsmaschinen treiben könne.

Wir fügen hier noch einiges über das elektrische Licht bei. Fig. 479 zeigt eine Jablokoffsche Kerze (§ 408). Damit die beiden Kohlenstäbe b und b' nicht ungleich abbrennen, mufs die dynamoelektrische Maschine mit einer „Wechselstrommaschine“ verbunden sein, welche den positiven Strom abwechselnd an b und b'

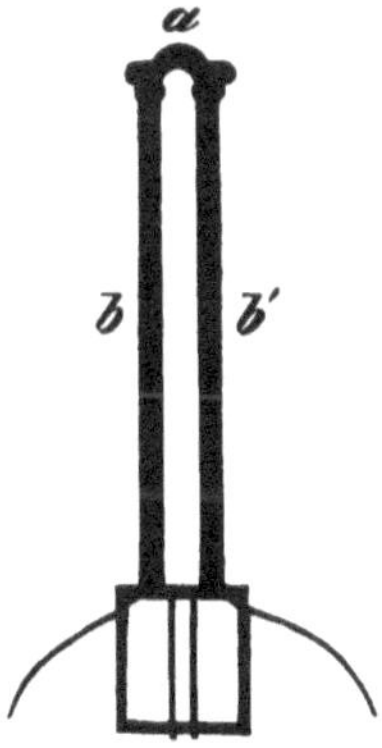

Fig. 479. Jablokoffsche Kerze.

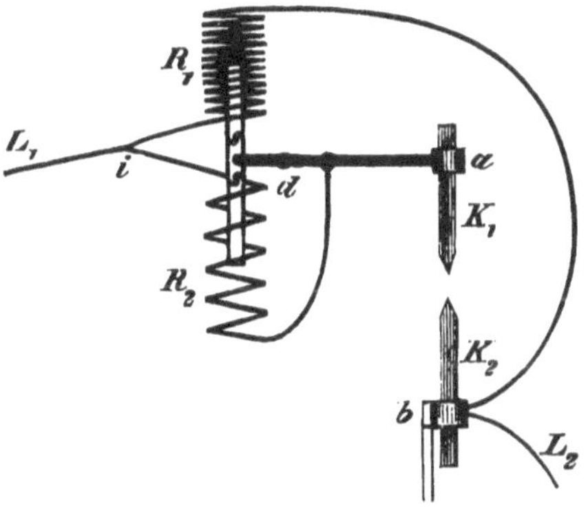

Fig. 480. Differentiallampe.

führt. Die Anzündung der Kerzen wird durch ein über beide Kohlenstäbe gelegtes Kohlenstückchen a bewerkstelligt.

Eine besonders wichtige Frage ist die Teilung des elektrischen Lichtes, d. h. die Möglichkeit eine Anzahl Lampen in einem Stromkreise in Brand zu halten, ohne dafs vorübergehende Widerstandsänderungen (das Einsetzen einer neuen Lampe oder das Verlöschen einer im Kreise befindlichen) das Fortbrennen der anderen gefährdet. Zu dem Zwecke hat v. Hefner die Differentiallampe konstruiert; Fig. 480 zeigt dieselbe in schematischer Darstellung; a und b sind die Halter der Kohlenstücke

k_1 und k_2; mit *a* ist ein um *d* drehbarer Hebel verbunden, an dessen anderem Ende eine Eisenstange *ss* sich befindet. Der Hebel ist so äquilibriert, daſs er annähernd horizontal schwebt; die Stange *ss* taucht oben in eine dünndrähtige Rolle R_1 und unten in eine dickdrähtige R_2; L_1 und L_2 sind die Leitungsdrähte. Wenn der Strom eingeleitet wird und die Kohlenspitzen etwa weit voneinander getrennt sind, so ist zwischen den Kohlenspitzen ein groſser Widerstand und es geht deshalb der Strom wesentlich durch R_1; dadurch wird der Stab *ss* in die Rolle R_1 hineingezogen, so daſs der Hebel sich rechts von *d* senkt; nun ist aber die Einrichtung getroffen, daſs bei einer gewissen Neigung des rechten Hebelarmes eine Auslösung zwischen ihm und dem Halter *a* eintritt; infolgedessen sinkt k_1 herab und berührt k_2, worauf die Kohlenstäbe sich entzünden; gleichzeitig greift der rechte Hebelarm wieder in *a* ein. In diesem Augenblick ist der Widerstand zwischen k_1 und k_2 sehr gering, der Strom flieſst nun vorzugsweise durch R_2, *ss* wird in R_2 hereingezogen und die Kohle k_1 hebt sich. Nach und nach wird der Widerstand zwischen k_1 und k_2 so groſs, daſs der Strom fast nur noch durch R_1 flieſst; die Stange *ss* wird alsdann in R_1 hineingezogen, der Hebelarm rechts senkt sich u. s. w.

Wenn plötzlich der Widerstand im Stromkreise, etwa durch Einsetzen einer neuen Lampe, oder durch Erlöschen einer im Stromkreise befindlichen eine Änderung erfährt, so wirkt dies auf die übrigen Lampen, insbesondere auf die Stellung der Kerzen nicht ein; denn der Strom erleidet in den Rollen R_1 und R_2 eine Änderung, entsprechend dem Verhältnis ihrer Widerstände, so daſs die Einwirkung der Rollen auf die Eisenstange *ss* und somit die Stellung der Kohlenstäbe dieselbe bleibt.

§ 333. Das Telephon. Schon im Jahre 1863 hatte Reis in Friedrichsdorf versucht, mit Hilfe der Elektricität das gesprochene oder gesungene Wort in die Ferne fortzupflanzen; allein erst 1876 gelang es dem Amerikaner Bell einen einfachen Apparat dieser Art — Telephon — herzustellen, welcher nach mancherlei Verbesserungen wohl zur „Fernsprechung" geeignet ist. Derselbe besteht aus einem stabförmigen Magnet *M* (Fig. 481), welcher am einen Pole von einer Drahtrolle *R* umgeben ist, deren Enden mit zwei Klemmschrauben K' und K'' in Verbindung stehen. Dem von der Drahtrolle umgebenen Pole steht eine dünne, elastische Eisenplatte *S* gegenüber, welche, wenn man in den Schalltrichter *TT* hineinspricht oder singt, in schwingende Bewegung gerät. Dadurch, daſs sich die Eisenplatte beim Schwingen dem Magnetpole bald nähert und bald von ihm entfernt, verstärkt oder schwächt sie den Magnetismus der Platte; hierdurch werden in der Drahtrolle *R* Induktionsströme hervorgerufen, welche von den Klemmen K' und K'' aus, durch Drähte D' und D'' nach der Drahtrolle eines zweiten Telephons geleitet werden können. Diese bringen in dem von der Rolle umgebenen Magnetpole abwechselnd Verstärkung und Schwächung des Magnetismus hervor, weshalb die Eisenplatte des zweiten Telephons

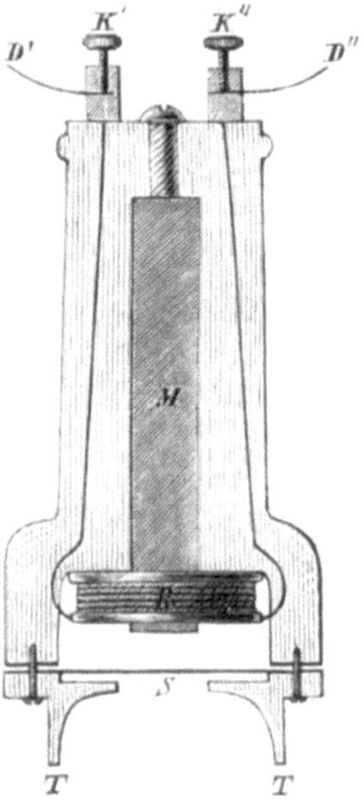

Fig. 481. Telephon.

in ebensolche Schwingungen gerät, wie die sind, in welche die Eisenplatte des ersten durch Hineinsprechen oder Singen versetzt worden ist. Hält man den Schalltrichter des zweiten Telephons ans Ohr, so vernimmt man infolge des Schwingens seiner Eisenplatte, die in den Schalltrichter des ersten Telephons gesprochenen Worte. Bei gröfseren Entfernungen kann, wie bei dem Telegraphen, der eine Draht in die Erde geführt, oder mit Gas- und Wasserleitungsröhren verbunden werden. Neuerdings hat die Telephonie sowohl im öffentlichen, wie im Privatverkehr grofse Ausdehnung erlangt.

8. Tierische Elektricität.

§ 334. Elektrische Fische. Es giebt Fische, welche imstande sind Elektricität zu erzeugen und lebhafte Erschütterungen gleich dem Schlage einer Leydener Flasche hervorzubringen. Es gehören dahin der Zitterrochen im Mittelländischen Meere und Atlantischen Ocean, der Zitteraal in den Landseen von Südamerika, besonders in Guyana, und der Zitterwels im Nil, im Niger und anderen afrikanischen Flüssen (Walsh 1772). Fafst man einen Zitterrochen mit der einen Hand am Bauche und mit der anderen am Rücken, so erhält man einen elektrischen Schlag. Der Zitterrochen ist imstande auf geringe Entfernung hin kleinere Fische durch den elektrischen Schlag zu töten.

Der Strom des Zitterrochens geht stets vom Rücken (durch das Galvanometer) zum Bauche.

Auch Funken kann man aus diesen Fischen ziehen, Elektroskope zum Ausschlage bringen u. s. w.: jedoch ist die Erzeugung der Elektricität eine freiwillige und besonders heftig, wenn das Tier gereizt wird.

Bei dem surinamschen Aal erhält man einen Schlag, wenn man Kopf und Schwanz berührt; der positive Strom geht hier vom Kopf zum Schwanze.

Alle elektrische Fische haben ein besonderes, einer Voltaschen Säule ähnelndes Organ, in welchem die Elektricität erzeugt wird; es besteht aus rundlichen oder polygonalen Säulchen, welche aus einer Reihe übereinandergelagerter, durch Schleimschichten voneinander getrennter Blättchen besteht; die Zahl der Säulchen kann über 1000 steigen.

Bei dem Zitterrochen stehen die Säulchen in der Richtung vom Rücken zum Bauche; beim Zitteraal in der Richtung vom Kopf zum Schwanze. Das elektrische Organ des Zitteraales ist ausgedehnter, als das des Zitterrochens, weshalb die elektrischen Entladungen des ersteren auch bedeutend stärker sind.

§ 335. Galvanische Zuckungen; Muskel- und Nervenströme. Der Glaube an tierische Elektricität, welchen Galvani angeregt, wurde zwar vorerst durch die glänzenden Untersuchungen Voltas in den Hintergrund gedrängt, obwohl Galvani, Humboldt u. A. bereits Versuche angestellt, welche das Vorhandensein einer tierischen Elektricität aufser Zweifel stellten. Aber erst später, durch die Untersuchungen von Nobili und namentlich von E. du Bois-Reymond, wurde das allgemeine Interesse wieder auf diesen Gegenstand gelenkt.

1) Es ist schon bemerkt worden, dafs man die Poldrähte einer kleineren Batterie in die Hand nehmen kann, ohne eine merkliche Wirkung zu verspüren; nur beim Öffnen und Schliefsen, überhaupt bei jeder Schwankung der Stromintensität tritt lebhafte Zuckung ein. Läfst man die Füfse des Froschpräparates (Fig. 403) je in ein Gefäfs mit Salzwasser tauchen und führt die Poldrähte eines galvanischen Elementes in die Gläser, so zuckt das Präparat sowohl beim Schliefsen, als beim Öeffnen des Stromes. Ist das Präparat nach einiger Zeit unempfindlicher geworden, so zuckt nur derjenige Schenkel beim Schliefsen des Stromes, in welchem der positive Strom von den Rückenmarksnerven nach den Füfsen zuläuft; beim Öffnen dagegen zuckt der andere Schenkel.

Dieser Versuch kann dazu dienen, um die Richtung eines schwachen Stromes festzustellen — Frosch als Stromprüfer.

2) Aber nicht blofs Zuckungen, sondern wirkliche Muskel- und Nervenströme hat Galvani nachgewiesen.

Läfst man in ein Gefäfs mit Salzwasser die Nervenenden und in ein anderes die Füfse des Froschpräparates tauchen und verbindet die Gläser durch einen Metalldraht oder Baumwollendraht, so zuckt das Präparat. Nobili hat mit Hilfe eines feinen Multiplikators nachgewiesen, dafs hierbei ein länger andauernder Strom stattfindet, welcher von den Muskeln zu den Nerven, bezüglich von den Füfsen, nach dem Kopf läuft — Froschstrom.

3) Du Bois-Reymond hat ferner gezeigt, dafs jede Muskel und jeder Nerv elektromotorisch wirkt. In zwei mit Salzwasser gefüllte Gläser tauchen zwei Bäusche von Fliefspapier; überbrückt man diese Bäusche mit den grofsen Wadenmuskeln des Frosches, den man am einen Ende quer durchschnitten hat, so dafs der eine Bausch den Querschnitt und der andere eine Stelle der äufseren Fläche berührt, so bemerkt man einen dauernden Strom, wenn man in die Gläser die Drahtenden eines Multiplikators mit vielen Windungen senkt. Der Strom läuft im Muskel von dem künstlichen Querschnitt nach der natürlichen Seitenfläche.

Ganz dasselbe gilt für einen Nerven.

4) Versieht man die Drahtenden eines Multiplikators mit vielen Windungen mit Handhaben, fafst dieselben mit den Händen und kontrahiert den einen Armmuskel, so entsteht ein starker Ausschlag der Nadel.

VI. Die Lehre von der Wärme.

a) Begriff und Grad der Wärme.

§ 336. Wesen und Quellen der Wärme. 1) Je nach den Einwirkungen, welche die uns umgebenden Körper auf unser Gefühl hervorbringen, nennen wir dieselben heifs, warm, lau oder kalt. Diesen Empfindungen entsprechen jedenfalls objektive Zustände der Körper, welche indessen nur dem Grade und nicht der Art nach verschieden sind. Der allgemeine Ausdruck für diese Zustände ist „Wärme"; Kälte ist blofs ein geringerer Grad von Wärme.

Zur Bezeichnung des verschiedenen Grades der thermischen Zustände dient das Wort „Temperatur"; ein Körper hat eine höhere Temperatur als ein anderer, wenn er fähig ist, Wärme an ihn abzugeben.

Das Wesen der Wärme ist noch nicht hinreichend erforscht; früher hielt man sie für einen äufserst feinen Stoff, welcher in den heifsen Körpern enthalten sei und dessen Übergang aus einem Körper in einen anderen Abkühlung in dem ersten und Erwärmung in dem zweiten hervorrufe — Stofftheorie.

Die genaue Erforschung der verschiedenen Wärmeerscheinungen, welche wir im Verlaufe noch kennen lernen werden, namentlich auch der Umstand, dafs ein Körper durch Erwärmung nicht schwerer und durch Abkühlung nicht leichter wird, hat dazu geführt, die Stofftheorie zu verlassen und anzunehmen, dafs die Wärmeerscheinungen lediglich auf einer Bewegung der Moleküle der Körper und des Äthers beruhe — mechanische Wärmetheorie.

Ist die lebendige Kraft der Bewegung der Teilchen eines Körpers gröfser als die eines anderen, so ist der erstere fähig, dem letzteren lebendige Kraft mitzuteilen, d. h. Wärme an ihn abzugeben; der „Temperaturgrad" hängt von der Gröfse der lebendigen Kraft der Moleküle ab.

2) Die für uns wichtigste Wärmequelle ist die Sonne, welche weitaus die meiste Wärme spendet; nächst ihr ist die Erde selbst zu nennen, welche eine grofse innere Wärme besitzt; je tiefer wir in die Erde dringen, um so höher finden wir die Temperatur. Zeugen der Erdwärme sind ferner die Vulkane und die heifsen Quellen.

Eine andere wichtige Wärmequelle ist die mechanische Arbeit: Reibung, Stofs, Schlag, Bohren, Hämmern, Feilen, Kompression u. s. w. Hierauf beruhen auch die meisten unserer Feuerzeuge (Streichfeuerzeug; Feuermachen der Wilden durch Aneinanderreiben trockener Holzstücke). Auf der Wärme, welche durch Kompression entsteht, beruht das pneumatische Feuerzeug; in einer dickwandigen Röhre (Fig. 482) kann ein Kolben luftdicht auf- und abgehen; befestigt man an demselben ein Stück Zunder und stöfst den Kolben rasch herunter, so gerät der Zunder in Brand; leichter gelingt der Versuch mit Baumwolle, welche mit Schwefelkohlenstoff getränkt ist.

Fig. 482. Pneumatisches Feuerzeug.

Poröse Körper (Platinschwamm, ausgeglühte Kohle) sind imstande, Gase in ihren Poren zu verdichten, wobei eine bedeutende Wärmemenge entsteht. Hält man Platinschwamm über eine Röhre, aus welcher Wasserstoff strömt, so fängt der Platinschwamm zu glühen an und der Wasserstoff entzündet sich — Döbereiners Feuerzeug.

Besonders wichtige Wärmequellen sind die chemischen Processe (Wasser auf gebrannten Kalk oder in Schwefelsäure). Wir benutzen die Wärme, welche durch Verbrennen von Holz, Steinkohlen u. s. w. entsteht, zur Heizung.

Die tierische Wärme entsteht durch Verbrennung eines Teiles des Wasserstoffes und Kohlenstoffes des Blutes mit dem Sauerstoffe der eingeatmeten Luft.

Näheres über einzelne Wärmequellen später; die Zahlwerte der Verbrennungwärme siehe § 339.

§ 337. Wirkungen der Wärme. Die Wärme bringt in den Körpern wesentlich zwei Wirkungen hervor:

1) sie erhöht die Temperatur, und

2) sie dehnt die Körper aus.

Diese Wirkungen können die Folge haben, dafs der Aggregatzustand der Körper verändert wird.

In der Ausdehnung der Körper durch die Wärme sind eigentlich zwei Wirkungen enthalten, nämlich die, dafs die Abstände der Moleküle gröfser werden und die, dafs der äufsere, auf dem Körper lastende Druck zurückgeschoben wird, so dafs man im Ganzen drei Hauptwirkungen erhält.

Die beiden Arbeiten, welche die Wärme verrichtet, indem sie einerseits die schwingende Bewegung der Moleküle, d. h. die Temperatur erhöht und andererseits die Abstände der Mittellagen der Moleküle, d. h. die potentielle Energie derselben vergröfsert, fafst man unter dem Namen innere Arbeit zusammen, während man die dritte Arbeit, welche in der Zurückschiebung des äufseren Druckes besteht, äufsere Arbeit nennt.

Die Wirkung warmer und kalter Körper auf unser Gefühl besteht in einer Beschleunigung oder Verzögerung der schwingenden Bewegung der Teilchen unserer Gefühlsnerven.

Ein einfacher Versuch, betreffend die Ausdehnung fester Körper durch die

Wärme (Kugel und Ring), ist bereits § 12 erwähnt. Um zu zeigen, dafs auch flüssige Körper sich ausdehen, setze man auf ein mit Wasser gefülltes Kochfläschchen einen Stopfen, in welchem eine Glasröhre steckt; schon bei schwachem Erhitzen steigt das Wasser in der Röhre beträchtlich. — Setzt man auf ein leeres Kochfläschchen einen Stopfen mit einer längeren gebogenen Glasröhre, und erhitzt das Fläschchen, während man das Ende der Glasröhre in Wasser tauchen läfst, so kann man an dem Entweichen der Luftblasen die Ausdehnung der Luft durch die Wärme erkennen.

§ 338. Thermometer. Unser Gefühl ist wenig geeignet als „Thermometer“ (Wärmemesser) zu dienen, d. h. uns den Temperaturgrad eines Körpers genau erkennen zu lassen — der eine findet noch warm, was der andere für kalt hält; ein Keller erscheint im Winter warm, im Sommer kalt, obwohl die Temperatur in demselben, namentlich wenn er einigermafsen tief ist, das ganze Jahr hindurch fast gleich bleibt. Taucht man die eine Hand in heifses, die andere in kaltes und darauf beide in laues Wasser, so hat die erstere das Gefühl der Kälte, die zweite das der Wärme.

Ein besseres Erkennungszeichen der steigenden und fallenden Temperatur hat man an dem mit ihr sich verändernden Volumen der Körper. Man mufs nur einen Stoff auswählen, welcher sich gleichmäfsig mit der Wärme ausdehnt. Als solchen glaubt man, aus später anzugebenden Gründen (§ 344) die Luft oder überhaupt die gasförmigen Körper ansehen zu können; das zuverlässigste Thermometer ist deshalb auch das Luftthermometer, welches aus einer überall gleich weiten Glasröhre besteht, an deren einem Ende eine Kugel angeblasen ist; in der wagerecht liegenden Röhre befindet sich ein Quecksilbertropfen, welcher sich bei gleichen Wärmezu- und abfuhren immer um gleiche Stücke vor- oder rückwärts bewegt.

Für den gewöhnlichen Gebrauch bequemer ist aber das Quecksilberthermometer; das Quecksilber dehnt sich ebenfalls, wie man durch Vergleichung mit der Luft gefunden hat, annähernd gleichmäfsig mit der Wärme aus.

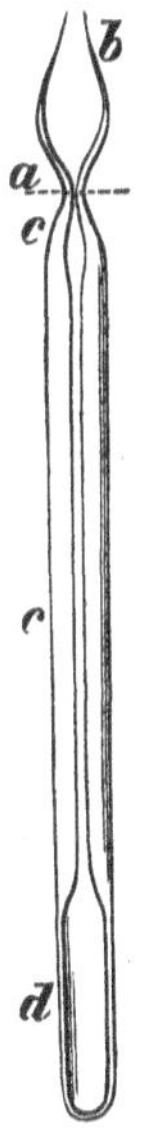

Fig. 483. Füllung des Thermometers.

Zur Anfertigung von Quecksilberthermometern dienen Glasröhren, welche überall gleich weit sein müssen. Die Untersuchung der Weite, das „Kalibrieren“, geschieht dadurch, dafs man einen Quecksilberfaden durch die ganze Röhre laufen läfst und zusieht, ob er überall gleich lang ist. An die gut befundenen Glasröhren wird am einen Ende ein länglicher Hohlraum *d* (Fig. 483) und am anderen ein Trichter *ab* angeblasen. Man giefst nun etwas Quecksilber in den Trichter und erhitzt den Hohlraum *d*; nachdem eine Anzahl Luftblasen durch das Quecksilber hindurch entwichen sind, läfst man erkalten; es fliefst alsdann das Quecksilber in den Hohlraum hinab. Durch mehrmalige Wiederholung dieses Verfahrens bringt man es dahin, dafs der Hohlraum und ein Theil der Röhre mit Quecksilber gefüllt ist. Hieraufentfernt man die Luft aus der Röhre *cc*, indem man *d* erhitzt, bis das

Quecksilber an der verengten Stelle *a* steht und bläst dann rasch die Röhre zu. Die Graduierung des Thermometers kann erst 2—3 Monate später geschehen, weil Glas, welches stark erhitzt worden ist, sich erst nach längerer Zeit auf das der gewöhnlichen Temperatur entsprechende Volumen zurückzieht.

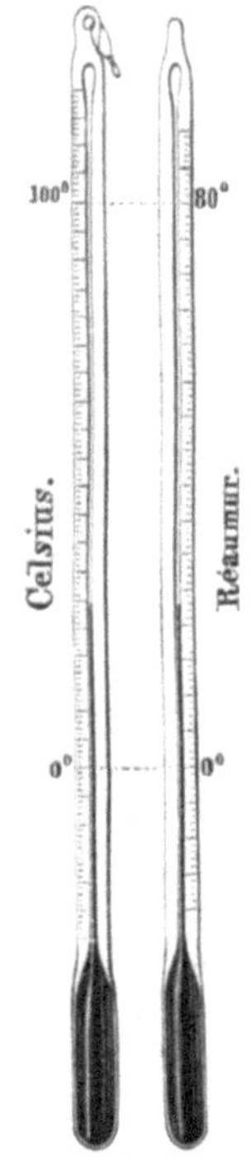

Fig. 484. Thermometer v. Réaumur u. Celsius.

Es giebt zwei Temperaturen, welche ziemlich unveränderlich sind, der Gefrierpunkt und der Siedepunkt des Wassers, letzterer bei gewöhnlichem Luftdruck genommen. Den ersteren bestimmt man, indem man das Thermometer in schmelzenden Schnee stellt und den letzteren, indem man es in die Dämpfe von siedendem Wasser hängt. Den Abstand dieser beiden Punkte nennt man den Fundamentalabstand. Derselbe wird nach Réaumur in 80, nach Celsius in 100 und nach Fahrenheit in 180 Teile oder „Grade" eingeteilt, und solche Grade werden auch nach oben und unten weiter abgetragen. An den Gefrierpunkt haben Réaumur und Celsius 0 gesetzt und an den Siedepunkt, der eine 80, der andere 100; die Grade über 0 werden Wärmegrade genannt (+) und die unter 0 Kältegrade (—). Fahrenheit dagegen setzt an den Gefrierpunkt 32 und an den Siedepunkt 212; als Nullpunkt der Temperatur nahm er den Stand des Quecksilbers an, welchen er bei der gröfsten Kälte im Jahre 1709 in Danzig erlebte; er liegt bei $-14^2/_9{}^0$ R. oder bei $-17^7/_9{}^0$ C. Fig. 484 zeigt das Thermometer von Réaumur und Celsius.

Um die Temperaturangaben nach einem Thermometer auf die Skala eines der beiden anderen zu reduzieren, bedient man sich der Formeln:

$$n^0 R = \frac{5}{4} n^0 C = \left(\frac{9}{4} n + 32\right)^0 F;$$

$$n^0 C = \frac{4}{5} n^0 C = \left(\frac{9}{5} n + 32\right)^0 C;$$

$$n^0 F = \frac{4}{9}\left(n - 32\right)^0 R = \frac{5}{9}\left(n - 32\right)^0 C.$$

In der Nähe seines Gefrier- und Siedepunktes (+ 350 und — 39° C.) fängt das Quecksilber an sich unregelmäfsig auszudehnen, man kann es deshalb höchstens bis + 300 und — 25 gebrauchen; für hohe Kältegrade wendet man häufig das Weingeistthermometer an, weil der Weingeist selbst in starker Kälte nicht gefriert. Für hohe Hitzegrade bedient man sich sogen. Pyrometer, welche übrigens keine sehr zuverläfsigen Resultate geben; wir werden gelegentlich einige namhaft machen.

Der Holländer Drebbel (1605) soll das erste Thermometer hergestellt haben; Fahrenheit, Réaumur, Celsius lebten in der ersten Hälfte des 18. Jahrhunderts.

Das in der Wissenschaft gebräuchliche Thermometer ist das hundertteilige (Celsius); im gewöhnlichen Leben benutzt man in Deutschland das von Réaumur, in England und Amerika das von Fahrenheit und in Frankreich das von Celsius. Andere Thermometer werden später besprochen werden.

Aufgaben. a) Es sind folgende Grade Réaumur in Celsius und Fahrenheit zu verwandeln: — 15, 8, 23, 35, 42, 51, 57, 66, 73, 76. — b) Es sind nachstehende Celsiusgrade in Réaumur und Fahrenheit zu verwandeln: — 12, 4, 15, 26, 38, 43, 59, 68, 72, 85, 93. — c) Es sind nachstehende Zahlen als Grade Fahrenheit anzusehen und in solche nach Réaumur und Celsius zu verwandeln: 4, 17, 36, 45, 80, 106, 127, 148, 169, 189, 204.

§ 339. Begriff der specifischen Wärme. Erhitzt man 1 kg Wasser und 1 kg Quecksilber mittelst derselben Wärmequelle, so steigt die Temperatur des Quecksilbers 30 mal rascher, als die des Wassers. Der Temperaturgrad giebt also keine Auskunft über die in einem Körper enthaltene Wärmemenge. Auch noch auf andere Art läſst sich dies bestätigen: Mischt man 1 kg Wasser von 10^0 C. mit 1 kg Wasser von 72^0, so erhält man 2 kg Wasser von 41^0 C.; mischt man aber 1 kg Wasser von 10^0 C. mit 1 kg Quecksilber von 72^0 C., so erlangt das Gemenge die gemeinsame Temperatur 12^0 C.

Legt man gleichschwere und gleichheiſse Kugeln aus verschiedenem Material, z. B. Eisen und Antimon, auf eine Wachstafel, so schmelzen sie verschieden tief ein, eine Eisenkugel z. B. tiefer, als eine solche von Antimon.

Die einem Körper zugeführte Wärme wird nur teilweise zur Erhöhung der Temperatur, d. h. zur Vergröſserung der Bewegung der Moleküle verwandt; ein anderer Teil wird verbraucht um die Kohäsion zu überwinden, bezüglich die potentielle Energie der Moleküle zu vergröſsern, ganz abgesehen von demjenigen, welcher zur Überwindung des äuſseren Druckes erforderlich ist. Bei den verschiedenen Körpern stehen diese Wärmemengen in sehr verschiedenem Verhältnis.

Die Wärmemenge nun, welche nötig ist, um 1 kg Wasser von $0-1^0$ C. zu erhitzen, nennt man eine Wärmeeinheit oder eine Kalorie, und die Zahl von Kalorien, welche 1 kg irgend eines anderen Körpers braucht, um von 0^0 auf 1^0 C. erhitzt zu werden, heiſst dessen specifische Wärme oder dessen Wärmekapazität.

Die specifische Wärme des Quecksilbers ist z. B. $^1/_{30}$, des Eisens $^1/_9$ u. s. w. Wasser hat die gröſste specifische Wärme. Wie man die specifische Wärme der Körper bestimmt, wird später angegeben werden.

Wir führen hier noch die Zahlwerte der Verbrennungswärme (Anzahl der Kalorien) von 1 kg einiger Stoffe im reinen Sauerstoff an:

Wasserstoff	33808	Alkohol	6850
Sumpfgas	13108	Phosphor	5747
Ölbildendes Gas	11942	Schwefel	2307
Kohle	7678	Eisen	1181

b. Ausdehnung der Körper durch die Wärme.

§ 340. Ausdehnung der festen Körper durch die Wärme. Feste Körper dehnen sich verhältnismäſsig am wenigsten durch die Wärme aus, da bei ihnen die Kohäsion am stärksten ist; zwischen 0^0 und 100^0 ist die Ausdehnung ziemlich gleichmäſsig, mit wachsender Temperatur erfolgt sie in stärkerem Verhältnisse; je weiter die Moleküle bereits auseinandergerückt sind, um so geringer ist die Kohäsion geworden und um so leichter gelingt es, der Wärme eine weitere Ausdehnung zu bewirken.

In der Nähe des Schmelzpunktes fängt die Ausdehnung an unregelmäfsig zu werden, dasselbe gilt für Flüssigkeiten in der Nähe ihres Erstarrungs- und Siedepunktes.

Man unterscheidet eine lineare und eine kubische, wohl auch noch eine Flächen-Ausdehnung.

Fig. 485 zeigt einen einfachen Apparat, welcher die lineare Ausdehnung eines Stabes vergröfsert erscheinen läfst. Der Stab *ab* stöfst mit dem einen Ende *a* gegen den kurzen Arm eines Winkelhebels *coa*, dessen längerer Arm an einem geteilten Quadranten spielt. Man stellt den Stab mittelst der Schraube *s* derart fest, dafs vor der Erhitzung, wenn der kurze Arm des Hebels an der Stange anliegt, der lange auf den Nullpunkt der Teilung zeigt. Die Ausdehnung zeigt sich in dem Mafse vergröfsert, wie der lange Hebelarm gröfser ist als der kurze.

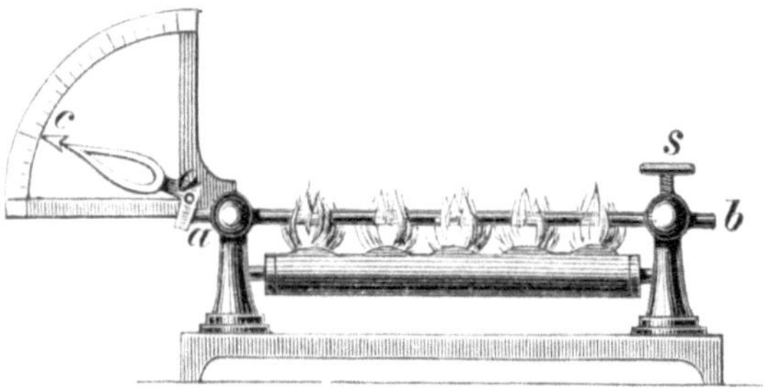

Fig. 485. Ausdehnung von Stäben.

Die lineare Ausdehnung der Körper giebt man in Bruchteilen der Einheitslänge bei 0° für eine Erwärmung um 1° an: Unter dem linearen Ausdehnungskoeffizienten eines Körpers versteht man die Zahl, welche angiebt, um den wievielsten Teil seiner Länge bei 0° ein Körper sich ausdehnt, wenn er von 0°—1° C. erhitzt wird.

Die Ausdehnungskoeffizienten betragen in Zehnmillionteln: von Platin 124, Eisen 118—125, Gold 144, Kupfer 171, Messing 186, Silber 199, Zinn 217, Blei 290, Zink 294, Glas 80, Holz 30.

Hat ein Körper bei 0° C. die Länge L_o und den Ausdehnungskoeffizienten α, so ist seine Länge bei t^0 C.:

$$L_t = L_o + L_o \cdot \alpha \cdot t = L_o (1 + \alpha t).$$

Den kubischen Ausdehnungskoeffizienten findet man aus dem linearen, indem man sich einen Würfel denkt, dessen Seite bei 0° gleich l ist; derselbe hat bei 0° das Volumen l^3 und bei 1° C., wenn α der Ausdehnungskoeffizient ist:

$$l^3 (1 + \alpha)^3 = l^3 (1 + 3\alpha + 3\alpha^2 + \alpha^3).$$

Man kann nun, da α sehr klein ist, die höheren Potenzen gegen die erste weglassen, so dafs das Volumen des Würfels bei 1° C. beträgt:

$$l^3 (1 + 3\alpha).$$

Zieht man hiervon das Volumen l^3 bei 0^0 C. ab, so erhält man die kubische Ausdehnung für 1^0 C.:

$$l^3 . 3\alpha;$$

der kubische Ausdehnungskoeffizient ist also 3α, d. h. er ist dreimal so grofs als der lineare.

Lavoisier und Laplace (1778) bestimmten die Ausdehnung, indem sie eine Stange am einen Ende festmachten und am anderen gegen einen Hebel stofsen liefsen, mit dem ein Fernrohr verbunden war; aus der Gröfse der Drehung des letzteren wurde die Ausdehnung berechnet. — Matthiessen (1867) benutzte den Umstand, dafs der Auftrieb eines Körpers im Wasser bei höherer Temperatur gröfser ist, als bei niederer, um den Ausdehnungskoeffizienten zu bestimmen.

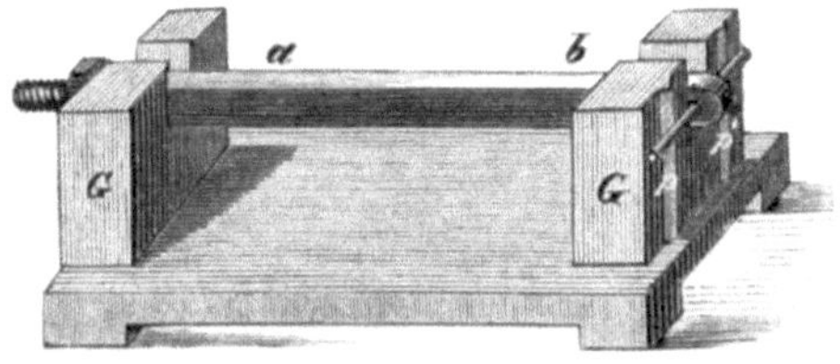

Fig. 486. Zusammenziehung bei der Erkaltung.

In dem Conservatoire des Arts et Metiers zu Paris neigten sich die Mauern durch die Schwere des daraufliegenden Gewölbes nach aufsen; Molard verband die Mauern durch eine Anzahl Stangen, welche er, nachdem sie glühend gemacht worden, festschrauben liefs. Beim Erkalten zogen die Eisenstangen die Mauern wieder in die vertikale Richtung.

Eine Eisenstange ab (Fig. 486) hat am einen Ende eine Schraube und am anderen ein Loch mit zugeschärften Rändern; die Eisenstange wird erhitzt und in das Gestell G eingelassen; ein Gufseisenstäbchen wird nun durch das Loch gesteckt und die Schraube angezogen, so dafs das Gufseisenstäbchen fest an den hervorstehenden Prismen p und p' anliegt; nach kurzer Zeit, wenn die Eisenstange ab einigermafsen erkaltet ist, springt das Gufseisenstäbchen.

Aufgabe 1. Um wieviel sind Eisenbahnschienen auf die Strecke einer Meile ($7\frac{1}{2}$ km) im Hochsommer länger als im Winter, wenn der Unterschied der Temperatur 50^0 C. beträgt?

(Zwischen je zwei Schienen mufs, wegen der Ausdehnung, ein Zwischenraum gelassen werden; ebenso werden Zinkplatten, welche zur Bedachung dienen, besser ineinander gefalzt als zusammengelötet).

Aufgabe 2. Eine Messingstange hat bei 25^0 C. die Länge 1,5 m und bei 40^0 C. die Länge 1,6 m; wie grofs ist der Ausdehnungskoeffizient des Messings?

Aufgabe 3. Eine Zink-, eine Eisen- und eine Messingstange haben bei 0^0 die Länge von 1 m; wie grofs sind ihre Längen bei 30^0 C.? (Ausdehnungskoeff. des Eisens = 118 Zehnmilliontel).

Aufgabe 4. Eine Glasstange hat bei 18^0 C. die Länge von 0,4 m; wie grofs ist sie bei 0^0 C.?

Aufgabe 5. Eine Messing- und eine Platinkugel haben bei 10^0 C. das Volumen 0,25 cbcm; wie grofs ist ihr Volumen bei 25^0 C.?

Aufgabe 6. Die Länge eines Stabes ist bei t_1^0 mittelst eines Mafsstabes, dessen Teilung bei t^0 richtig ist, gleich a_1 gefunden worden, wie grofs ist die wirkliche Länge a des Stabes bei t_1^0?

§ 341. Kompensation. Werden zwei Streifen von verschiedenem Metall zusammengelötet oder genietet, so nimmt dieser „Kompensationsstreifen" nur bei der Temperatur, etwa bei 0^0, bei welchem die zwei Metallstreifen gleiche Länge haben, eine gerade Richtung an; über oder unter 0^0 biegt sich der Streifen so, dafs das Metall mit dem gröfsten Ausdehnungskoeffizienten bezüglich den äufseren, gröfseren oder den inneren, kleineren Bogen bildet.

Hieraus basiert die Konstruktion von Metallthermometern. Fig. 487 zeigt das von Breguet, welches aus einem spiralig gewundenen Doppelstreifen aus Silber und Platin, die mit Gold verlötet sind, besteht. An dem unteren Ende ist ein Zeiger befestigt, dessen Spitze über einer Teilung spielt. (Leitet man einen schwachen galvanischen Strom durch die Spirale, so dreht sich der Zeiger.) Die Teilung wird durch Vergleichung mit einem guten Quecksilberthermometer hergestellt. — Bei

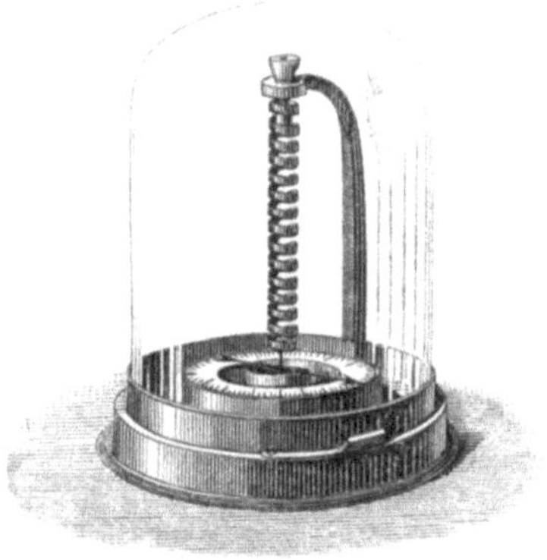

Fig. 487. Metallthermometer von Breguet.

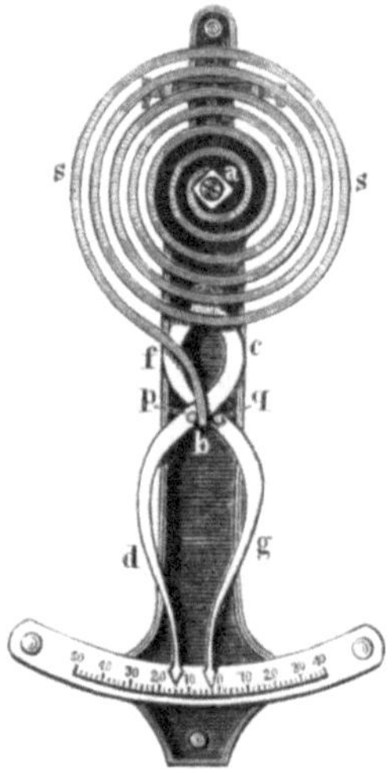

Fig. 488. Thermometrograph.

dem Thermometrographen von Hermann und Pfister (Fig. 488), welcher die höchste und niedrigste Temperatur eines Tages angiebt (Maximum-Minimum-Thermometer), bewegt das Ende *b* der Kompensationsspirale *ss* den einen oder den anderen der beiden Zeiger *cd* und *fg* vorwärts, je nachdem die Temperatur steigt oder sinkt. Die Fortbewegung eines der Zeiger dauert so lange, bis das Ende der Spirale zurückgeht, bis also der höchste, bezüglich tiefste Stand erreicht ist. Am anderen Tage werden beide Zeiger wieder an das Ende der Spirale herangeschoben, nachdem man an der Stellung des einen Zeigers die höchste und an der des anderen die tiefste Temperatur des vorhergehenden Tages abgelesen.

Seinen Namen hat übrigens der Kompensationsstreifen daher, daſs er zur „Ausgleichung" der durch den Wechsel der Temperatur verursachten Ungleichmäſsigkeit im Gange der Uhren verwandt werden kann; man erreicht dies am einfachsten, wenn man einen Kompensationstreifen senkrecht an der Pendelstange befestigt, wobei das stärker sich ausdehnende Metall (Zink) unten und das schwächer sich ausdehnende (Eisen) oben sein muſs. Steigt die Temperatur, so verlängert sich das Pendel, wodurch der Gang der Uhr verlangsamt wird; gleichzeitig aber biegt sich der Kompensationsstreifen nach oben, so daſs eine schwere Masse mehr nach dem Aufhängepunkt hinrückt und hierdurch der Gang des Pendels beschleunigt wird. Mittelst verschiebbarer Kugeln an den Enden des Kompensationsstreifens kann man eine genaue Regulierung vornehmen. Was geschieht, wenn die Temperatur sinkt?

Häufig im Gebrauch ist das „Rostpendel“ (Fig. 489); die schwarzen Stangen sind von Stahl, die hellen von Zink oder Messing; erhöht sich die Temperatur, so verlängern sich die ersteren nach unten, die letzteren aber nach oben, und es kann durch richtige Bemessung der Gröfse der Eisen- und Zink- oder Messingstangen bewirkt werden, dafs das Pendel seine Länge nicht verändert. Ist L die Gesammtlänge der Eisenstangen fe, ab und gh, L' die der Zinkstange cd, α der Ausdehnungskoeffizient des Eisens und α' der des Zinks, so ist die Verlängerung beider bei einer Änderung der Temperatur um t^0 bezüglich:

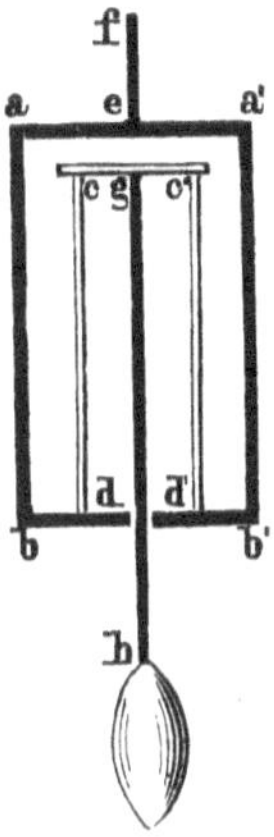

Fig. 489. Rostpendel.

$$L\alpha t \text{ und } L'\alpha' t.$$

Sind beide Verlängerungen gleich, so ändert sich die Pendellänge nicht; setzt man nun

$$L\alpha t = L'\alpha' t,$$

so ergiebt sich daraus:

$$L : L' = \alpha' : \alpha,$$

d. h. die Längen der Eisen- und Zinkstangen müssen sich umgekehrt wie ihre Ausdehnungskoeffizienten verhalten.

Auf der ungleichen Ausdehnung verschiedener Metalle beruht auch Bordas Pyrometer; eine Platin- und eine Kupferstange sind am einen Ende verbunden und tragen am anderen rechtwinklig gebogene Ansatzstücke von Messing (Fig. 490). Das eine derselben kann sich in einem Schlitz des anderen bewegen; beide sind eingeteilt, das eine hat auf denselben Raum etwa 19 Thle., auf welchen das andere

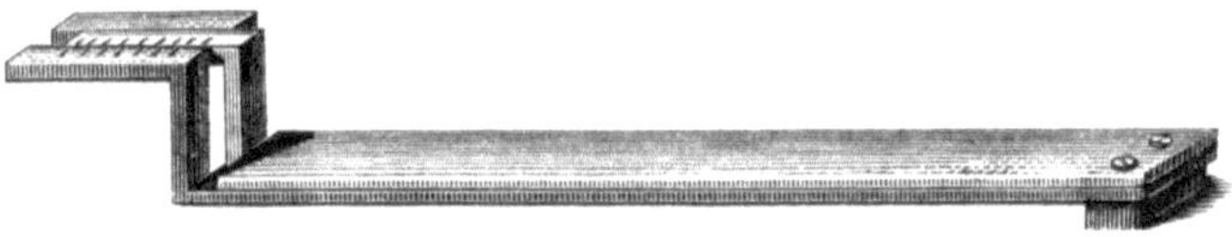
Fig. 490. Bordas Pyrometer.

20 hat. Aus der in höherer Temparatur erfolgenden Verschiebung kann man, wenn die Ausdehnungskoeffizienten beider Metalle bekannt sind, den Temperaturgrad berechnen. Auch läfst sich mit Hilfe dieses Apparates der Ausdehnungskoeffizient des einen Metalles bestimmen, wenn der des anderen bekannt ist.

Aufgabe 1. Bei einem Rostpendel ist die Länge der Eisenstangen zusammen 0,5 m; wie grofs müssen die Zinkstangen sein, wenn die Temperatur ohne Einflufs auf die Pendellänge sein soll?

Aufgabe 2. Ein Messingpendel von 0,75 m Länge bei 0° C. wird auf 15° C. erwärmt; in welchem Verhältnis stehen die Schwingungszahlen bei diesen zwei Temperaturen?

§ 342. Ausdehnung der flüssigen Körper. Da bei flüssigen Körpern die Kohäsion geringer ist, als bei festen, so ist auch bei ihnen der Ausdehnungskoeffizient beträchtlich gröfser. Übrigens ist bei den flüssigen (und gasförmigen) Körpern nur vom kubischen Ausdehnungskoeffizienten die Rede. Erwärmt man eine Flüssigkeit in einem Gefäfs, so dehnt sich auch dieses aus und man erhält die scheinbare und nicht die wahre Ausdehnung; man erhält die letztere, wenn man zu der ersteren noch die Ausdehnung des Gefäfses hinzuzählt.

Die Flüssigkeiten zeigen eine rascher mit der Temperatur steigende Vergröfserung des Ausdehnungskoeffizienten, als die festen Körper; am gleichmäfsigsten dehnt sich das Quecksilber aus, dessen kubischer Ausdehnungskoeffizient unter 100° C.: 1812 Zehnmilliontel beträgt; während der für Wasser ungefähr 5000, für Äther 15000, für Weingeist 10000 und für Schwefelsäure 6000 Zehnmilliontel ist.

Die gewöhnlichen Bestimmungsmethoden des Ausflufskoeffizienten flüssiger Körper sind:

1) Eine Art Thermometer (Dilatometer), d. h. ein Gefäfs mit langer, enger eingeteilter Röhre wird auf sein Volumen untersucht, indem man es zunächst bis an den Anfang der Teilung mit Quecksilber bei 0° C. füllt, das Thermometer wiegt und das bekannte Gewicht des leeren Thermometers davon abzieht; aus dem Gewichte des eingegossenen Quecksilbers läfst sich das Volumen V_0 bestimmen; ähnlich kann das zwischen je zwei Teilstrichen enthaltene Volumen v_0 der Röhre festgestellt werden.

Angenommen die Flüssigkeit habe bei 0° am Teilstrich m_0 und bei t^0 am Teilstrieh m_1 gestanden, so ist das scheinbare Volumen bei t_0:

$$V_0 + m_1 v_0, \tag{1}$$

während das Volumen bei 0° beträgt:

$$V_0 + m_0 v_0. \tag{2}$$

Die scheinbare Ausdehnung ist also:

$$(m_1 - m_0) v_0. \tag{3}$$

Durch die Erhitzung um t^0 hat sich auch das Gefäfs ausgedehnt, der Wert 1) bedeutet also in Wirklichkeit, wenn α der kubische Ausdehnungskoeffizient des Gefäfses:

$$(V_0 + m_1 v_0) (1 + \alpha t)$$

Volumenteile.

Die wahre Ausdehnung der Flüssigkeit ist hiernach:

$$(V_0 + m_1 v_0) (1 + \alpha t) - (V_0 + m_0 v_0) = (m_1 - m_0) v_0 + m_1 v_0 \alpha t + V_0 \alpha t.$$

Läfst man den sehr kleinen Wert $m_1 v_0 \alpha t$ weg, so ist die wahre Ausdehnung:

$$(m_1 - m_0) v_0 + V_0 \alpha t.$$

Der erste Teil bedeutet die scheinbare Ausdehnung der Flüssigkeit und der zweite die Ausdehnung des Gefäfses (bis zum Anfangspunkt der Röhrenteilung); der scheinbare und wahre Ausdehnungkoeffizient beträgt bezüglich:

$$\frac{(m_1 - m_0) v}{V_0 t} \text{ und } \frac{(m_1 - m_0) v_0 + V_0 \alpha t}{V_0 t}$$

2) Dulong und Regnault bedienten sich kommunizierender Röhren, deren einen Schenkel sie (durch Eis) auf 0° abkühlten, während sie den anderen auf t^0 erwärmten, um die Ausdehnung der Flüssigkeit unabhängig von der des Gefäfses zu finden; es verhalten sich nämlich (§ 126) die Höhen umgekehrt wie die specifischen Gewichte und da diese sich umgekehrt wie die Volumina verhalten, so stehen die Höhen und die Volumina in direktem Verhältnis. Ist nun v_0 das Volumen bei 0°, v_t das bei t^0, h_0 die Höhe der Flüssigkeit in dem auf 0° abgekühlten und h_t die Höhe in dem auf t^0 erwärmten Schenkel, so ist:

$$v_0 : v_t = h_0 : h_t,$$

woraus:

$$\frac{v_t - v_0}{v_0} = \frac{h_t - h_0}{h_0}.$$

Der wahre Ausdehnungskoeffizient ist also:

$$\frac{v_t - v_0}{v_0 \cdot t} = \frac{h_t - h_0}{h_0 \cdot t}.$$

Aus der Höhendifferenz läfst sich also der wahre Ausdehnungskoeffizient bestimmen.

Aufgabe 1. Ein Barometer steht bei 15° C. auf 774 mm; wie hoch würde es bei 0° stehen?

Aufgabe 2. Ein Barometer mit Messingskala steht bei 18° C. auf 755 mm; wie hoch würde es bei 0° stehn?

§ 343. Ausnahmen vom Gesetz der Ausdehnung, namentlich beim Wasser. Manche Körper ziehen sich beim Erwärmen zusammen, namentlich solche, welche Feuchtigkeit in ihren Poren enthalten (Holz, Thon). Dasselbe thun einige krystallinische Körper, wenn sie in den flüssigen Zustand übergehen (Stearin); zwischen den Krystallen bestehen grofse Zwischenräume, welche beim Flüssigwerden sich ausfüllen, so dafs das Gesamtvolumen kleiner wird, obwohl die einzelnen Teilchen im flüssigen Zustand weiter auseinander stehen, als im festen.

Besonders interessant ist das Verhalten des Wassers. Kühlt man ein Wasserthermometer durch Schnee oder Eis ab, so fällt das Wasser anfänglich, bis die Temperatur auf 4° C. gesunken ist; alsdann steigt es wieder und nimmt bei 0° etwa denselben Stand ein, wie bei 8°. Eine Glaskugel, welche bei 4° C. mitten im Wasser schwimmt, steigt in die Höhe, sowohl wenn die Temperatur steigt, als wenn sie fällt. In einem Cylinder von Glas oder Blech ist oben und unten ein Thermometer wagerecht eingelassen (Fig. 491); der Cylinder wird mit Wasser gefüllt und in der Mitte mit einem Behälter umgeben, in den man Eisstückchen legt. Anfänglich sinkt das untere Thermometer rasch auf 4°, während das obere nur wenig sinkt; von da an aber sinkt das obere rasch auf 0°, während das untere auf 4° stehen bleibt.

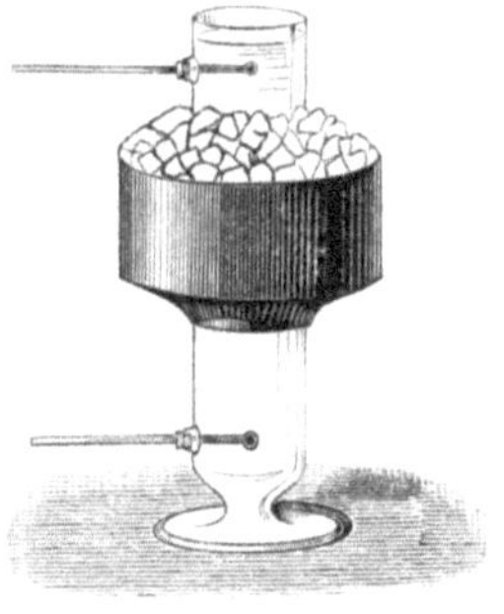

Fig. 491. Dichtigkeitsmaximum des Wassers.

Nachstehende kleine Tabelle giebt über das Volumen des Wassers zwischen 0° und 10° C. Aufschlufs:

0°	1,000000	5°	0,999890
1°	0,999976	6°	0,999915
2°	0,999909	7°	0,999953
3°	0,999888	8°	1,000001
4°	0,999882	9°	1,000069

Dieses merkwürdige Verhalten des Wassers beruht wohl darauf, dafs es schon bei + 4° C. Krystalle zu bilden anfängt.

Gefriert das Wasser bei 0°, so dehnt es sich abermals aus, wie man schon daran ersieht, dafs Eis auf dem Wasser schwimmt und gut verstopfte, mit Wasser gefüllte Gefäfse beim Gefrieren platzen. Das specifische Gewicht des Eises beträgt nach Bunsen 0,91674.

Wir werden noch kennen lernen, dafs Wasser auch unter 0^0 flüssig bleiben kann; in diesem Falle dehnt es sich bei wachsender Kälte aus. Ist das Volumen bei 0^0 : 1,000000, so ist es bei -8^0 : 1,001153 und bei -15^0 : 1,003758. Eis dagegen zieht sich unter 0^0 mit dem Koeffizienten 0,0001585 zusammen.

In stillstehenden Gewässern sinkt im Herbst bei allmählicher Abkühlung des Wassers die oberste Schicht und dann die folgende, welche sich jetzt oben befindet, zu Boden u. s. w., bis alles Wasser auf 4^0 abgekühlt ist; von da an sinkt die oberste Schicht nicht mehr unter und schützt, da das Wasser zugleich ein schlechter Wärmeleiter ist, die unteren Schichten vor rascher Abkühlung und Erstarrung. — Im fliefsenden Wasser werden zwar die Schichten durcheinander geworfen, so dafs man annehmen kann, es kühle sich das Wasser durchweg auf 0^0 C. ab; wenn das Wasser nun gefriert, so bildet sich das Eis zunächst am Ufer und an den Steinen des Bodens (Grundeis), weil Krystalle sich am liebsten an festen Körpern absetzen. Sind die Eisstücke grofs genug geworden, so reifsen sie sich vom Boden los, nehmen auch wohl die Steine mit in die Höhe und schützen, indem sie oben auf dem Wasser schwimmen, das untere vor weiterer Abkühlung und Erstarrung.

Stark verdünnte Salzlösungen, schwacher Weingeist u. s. w. zeigen ebenfalls ein Dichtigkeitsmaximum.

Auf der Volumenverminderung des Thons beim Erhitzen beruht das Pyrometer von Wedgewood.

§ 344. Ausdehnung der Gase. Alle luftförmigen Körper, welche sich weit von ihrem Kondensationspunkte befinden, haben denselben (kubischen) Ausdehnungskoeffizienten. Derselbe beträgt $^1/_{273}$ oder 0,003665. Hieraus ist ersichtlich, dafs die luftförmigen Körper sich weitaus am stärksten ausdehnen.

Die Bestimmung des Ausdehnungkoeffizienten der Gase kann mit Hilfe des Luftthermometers geschehen (Gay-Lussac). Die umfassendsten Untersuchungen rühren von Regnault her (1847).

Der Ausdehnungskoeffizient steigt um weniges, wenn der Druck, unter welchem das Gas steht, gröfser wird.

Bezeichnet V das Volumen einer Gasmasse bei t^0 und V_1 das Volumen derselben Gasmasse, unter demselben Druck, bei $t_1{}^0$, so gilt:

$$V : V_1 = 1 + \alpha t : 1 + \alpha t_1, \qquad 1)$$

wo $\alpha = \frac{1}{273}$ — Gesetz von Gay-Lussac.

Steht eine Gasmasse das eine Mal unter dem Drucke b bei der Temperatur t und das andere Mal unter dem Drucke b_1 bei der Temperatur t_1, so ist (§ 143):

$$\frac{V}{V_1} = \frac{b_1}{b} \cdot \frac{1 + \alpha t}{1 + \alpha t_1}, \qquad 2)$$

— Gesetz von Mariotte und Gay-Lussac.

Mit Hilfe der Gleichung (2) ist es möglich das Volumen V_1 einer Gasmasse, welche unter dem Drucke b_1 bei der Temperatur t_1 steht, auf 0^0 und 760 mm zu reduzieren:

$$V_0 = \frac{b_1}{760} \cdot \frac{1}{1 + \alpha t_1} \cdot V_1, \qquad 3)$$

wo V_0 das Volumen der Gasmasse bei 0^0 und 760 mm Druck bezeichnet.

Ist $V = V_1$, so folgt aus (2):

$$\frac{b}{b_1} = \frac{1 + \alpha t}{1 + \alpha t_1}. \qquad 4)$$

Die Gewichte gleicher Volumina eines Gases verhalten sich umgekehrt, wie die Volumina, welche dieselbe Gasmasse unter verschiedenen Temperaturen einnimmt. Ist nun P_0 das Gewicht einer Gasmasse bei 0^0 und 760 mm, und P_1 das Gewicht eines gleichen Volumens dieses Gases bei $t_1{}^0$ und b_1 Druck, so ist:

$$P_1 = \frac{b_1}{760} \cdot \frac{1}{1 + \alpha t_1} \cdot P_0. \qquad 5)$$

Da alle Gase denselben Ausdehnungskoeffizienten haben, so müssen sie dieselbe innere Konstitution besitzen; und da auch die Volumenverminderung bis zu einem sehr hohen Grade dem Druck genau proportional ist (§ 143) und nicht merklich mit der Dichtigkeit abnimmt, so schliefst man, dafs die Moleküle in den gasförmigen Körpern keine Kohäsion mehr haben; dem reinen Gaszustand, welcher durch die Abwesenheit aller Kohäsion, bezüglich durch die genaue Befolgung des Mariotte- und Gay-Lussacschen Gesetzes charakterisiert ist, nähern sich die luftförmigen Körper um so mehr, je heifser und dünner, oder mit anderen Worten, je weiter sie von ihrem Kondensationspunkte entfernt sind.

Wenn im reinen Gaszustande die Kohäsion Null ist, so müssen auch gleiche Wärmezufuhren gleiche Volumenvergröfserungen zur Folge haben, denn es wird keine Wärme zur Überwindung der Kohäsion verbraucht, sondern nur zur Erhöhung der Temperatur, d. h. der Geschwindigkeit der fortschreitenden Bewegung der Moleküle, durch welche eben die Ausdehnung bedingt ist.

Die Gase sind deshalb, wie auch schon § 338 bemerkt wurde, die besten thermometrischen Substanzen; ihnen reiht sich das Quecksilber an, welches zwischen -25^0 und $+300^0$ sich ebenfalls hinlänglich gleichmäfsig mit der Wärme ausdehnt, wie man durch Vergleichung eines Quecksilberthermometers mit einem Luftthermometer finden kann. Übrigens läfst sich die gleichmäfsige Ausdehnung der Gase durch die Wärme nicht experimentell beweisen.

Aufgabe 1. Wieviel wiegt ein Liter Luft bei 15^0 C. und 759 mm Barometerstand, wenn er bei 0^0 C. und 760 mm Barometerstand, 1,2932 g wiegt?

Aufgabe 2. Das Volumen einer Gasart beträgt bei 18^0 C. und 764 mm Druck 1,45 Liter; wie grofs ist ihr Volumen bei 0^0 und 760 mm Druck.

Aufgabe 3. Ein Platinfläschchen mit kurzem engem Halse, welches beim Eintauchen in Wasser mit der Spitze voraus untersinkt, wird einer sehr hohen Temperatur ausgesetzt und dann in eiskaltes Wasser geworfen; es dringt dabei eine gewisse Menge Wasser ein. Ist V das Volumen des Platingefäfses bei 0^0 (durch Wägung des dasselbe anfüllenden Wassers bestimmt), v das nach dem Erhitzen und Eintauchen in eiskaltes Wasser im Gefäfse vorhandene Luftvolumen (durch Wägung des eingedrungenen Wassers bestimmt); wie hoch war das Platingefäfs erhitzt worden?

(Luftpyrometer von Ermann und Herter.)

§ 345. Absoluter Nullpunkt der Temperatur. Setzt man die Expansivkraft der Luft = 1 bei 0^0 C., so ist dieselbe bei einer Erwärmung um t^0:

$$1 + \frac{1}{273} t.$$

Nimmt man an, das Gay-Lussacsche Gesetz gelte für jede Temperatur auch unter 0^0 C., so müfste die Expansivkraft der Luft gleich 0 sein, wenn:

$$+ 1 \frac{1}{273} t = 0,$$

d. h. wenn:

$$t = - 273^0.$$

Wenn die Expansivkraft der Luft = 0 ist, so hat die Bewegung der Moleküle aufgehört; diesen Punkt nennt man den absoluten Nullpunkt der Temperatur.

Bezeichnet man die Temperaturen nach der absoluten Skala mit T und die nach der hundertteiligen mit t, so gilt:

$$T = 273 + t = \frac{1}{\alpha} + t.$$

Da bei einem Gase alle zugeführte Wärme lediglich zur Erhöhung der Temperatur verwandt wird, so sind die Temperaturen nach der absoluten Skala den zugeführten, bezüglich im Gas enthaltenen Wärmemengen proportional. Übrigens ist leicht einzusehen, dafs das Gay-Lussacsche Gesetz nicht bis zu einer so niedrigen Temperatur gültig sein kann; denn denkt man sich in einer Röhre, welche in 273 Teile eingeteilt ist, Luft von 0^0 C., so müfste dieselbe für jeden Grad, um welchen sie unter 0 abgekühlt wird, um soviel an Volumen abnehmen, als der Raum zwischen zwei Teilstrichen beträgt; die Luft müfste also bei $- 273^0$ auf nichts zusammengeschwunden sein, was keinen Sinn hat. Es ist also anzunehmen, dafs die Luft vor $- 273^0$ flüssig und fest gemacht werden kann. Sobald aber ein Körper in die Nähe des Punktes kommt, wo er seinen Aggregatzustand verändert, hört das bis dahin befolgte Gesetz der Ausdehnung zu gelten auf.

Nichtsdestoweniger ist es bei vielen Rechnungen sehr bequem die Skala der absoluten Temperatur zu Grunde zu legen; die Formeln werden einfacher.

So läfst sich das Gay-Lussacsche Gesetz (1) in § 344 folgendermafsen schreiben:

$$V : V_1 = T : T_1, \qquad 1)$$

und das Gesetz von Mariotte und Gay-Lussac:

$$V : V_1 = (B_1 : B) . (T : T_1). \qquad 2)$$

Ist $V = V_1$, so wird:

$$B : B_1 = T : T_1. \qquad 3)$$

Aus 2) folgt:

$$VB : T = V_1 B_1 : T_1.$$

Es ist also $VB : T$ konstant. Bezeichnet man diesen konstanten Wert mit R, so ist:

$$VB = RT. \qquad 4)$$

Da für denselben Druck B die specifischen Volumina (Volumen der Gewichtseinheit) der einzelnen Gase nicht gleich sind, so hat auch R für die verschiedenen Gase nicht denselben Wert.

Bezeichnet V das specifische Volumen eines Gases und γ das Gewicht der Volumeneinheit, so ist:

$$V \cdot \gamma = 1;$$

man kann also die Gleichung 4) auch so schreiben:

$$\frac{B}{\gamma} = R\,T.$$

Ist $T = 273$, d. h. $t = o$, so wird:

$$\frac{B}{\gamma} = R \cdot 273. \qquad 5)$$

Für ein anderes Gas ist:

$$\frac{B}{\gamma_1} = R_1\,T,$$

woraus:

$$\frac{\gamma_1}{\gamma} = \frac{R}{R_1} \qquad 6)$$

Das Verhältnis $\gamma_1 : \gamma$ zweier Gase giebt aber das specifische Gewicht s_1 des zweiten Gases in Bezug auf das erste an; deshalb ist:

$$R = R_1\,s_1, \text{ oder } R_1 = \frac{R}{s_1}.$$

Kennt man nun R für Luft und die specifischen Gewichte der Gase in Bezug auf Luft, so lassen sich die R für alle Gase leicht berechnen.

Für atmosphärische Luft ist, bei 0° C. und 760 mm Barometerstand, $B = 10334$ kg pro qm und $V = 1{,}29318$ kg; setzt man die Werte für B und γ in:

$$\frac{B}{\gamma} = R \cdot 273,$$

so erhält man:

$$R = 29{,}272.$$

Die entsprechenden Werte für andere Gase ersieht man aus nachstehender Tabelle.

	γ	s	R
Luft	1,29318	1,00000	29,272
Sauerstoff	1,42980	1,10563	26,475
Stickstoff	1,25616	0,97137	30,134
Wasserstoff	0,08957	0,06926	422,612.

Setzt man in 5) für B 273, d. h. nimmt man den Normalluftdruck zu 273 mm statt zu 760, so erhält man:

$$\frac{1}{\gamma} = R;$$

es würde dann R das specifische Volumen des Gases bedeuten.

Allgemein aber stehen die R der verschiedenen Gase in demselben Verhältnis zueinander, wie ihre specifischen Volumina.

c. Die Änderung des Aggregatzustandes durch die Wärme.

§ 346. Vom Schmelzen. Es ist schon § 12 erwähnt worden, dafs feste Körper durch Erwärmung flüssig und flüssige gasförmig gemacht werden können. Wird ein fester Körper erhitzt, so vergröfsern sich die

Abstände der Mittellagen der Moleküle (§ 337); dadurch kann die Kohäsion bis zu dem Grade geschwächt werden, dafs selbst sehr kleine Kräfte im Stande sind, die Teilchen zu verschieben — der Körper ist flüssig. Die Lagerung der Teilchen wird jetzt durch den Zug der Schwerkraft bestimmt; sie fliefsen auseinander, bis sie eine horizontale Oberfläche erlangt haben.

Nicht alle Körper konnten bis jetzt flüssig gemacht werden (Kohle, Osmium); viele erleiden schon bei nicht sehr hoher Temperatur chemische Zersetzung. Weitaus die meisten Körper dehnen sich beim Flüssigwerden aus; nur einige, namentlich krystallinische Körper verringern dabei ihr Volumen (Eis, Wismut, Stearin); es ist schon (§ 343) darauf hingedeutet worden, dafs bei diesen Körpern sich ebenso wie bei den anderen die Abstände der Mittellagen der Teilchen vergröfsern, dafs aber beim Schmelzen die grofsen Lücken zwischen den Krystallen durch hereinfallende Teilchen ausgefüllt und dadurch der Raum im Ganzen verkleinert wird.

Manche Körper bleiben hart, bis zu dem Moment, wo sie plötzlich wasserflüssig abschmelzen (Stearin, Gufseisen), andere werden lange vor dem Schmelzen weich (Paraffin, Schmiedeeisen).

Nicht selten erniedrigt sich der Schmelzpunkt, wenn fremdartige Körper sich zwischen den Teilchen befinden; Gufseisen, welches zwischen seinen Molekülen Kohle enthält, hat einen niedrigeren Schmelzpunkt als Schmiedeeisen.

Der Schmelzpunkt ist bei den einzelnen Körpern sehr verschieden; einige schmelzen schon weit unter 0° C., sind also in gewöhnlicher Temperatur flüssig, andere schmelzen erst im Knallgasgebläse (Platin), oder bei der sehr hohen Temperatur, welche ein starker elektrischer Strom zu erzeugen vermag (Magnesia).

Wir führen hier die Schmelzpunkte einiger Körper an:

Stickstoffoxydul . .	—	115° C.	Stearinsäure . . .	75° C.
Äther	—	90	Natrium	95
Schweflige Säure .	—	76	Schwefel	111
Kohlensäure . . .	—	58	Zinn	228
Quecksilber . . .	—	39	Wismut	264
Schwefelsäure (conz.)	—	25	Kadmium	315
Blausäure	—	15	Blei	325
Meerwasser . . .	—	2,5	Zink	423
Reines Wasser . .		0	Silber	1000
Rüböl	+	1	Magnesium . . .	1050
Olivenöl		10	Kupfer	1090
Butter		32	Gold	1250
Talg		40	Gufseisen	1250
Bienenwachs . . .		61	Schmiedeeisen . .	1600
Kalium		62	Platin	1700

Der Schmelzpunkt derjenigen festen Körper, welche sich beim Schmelzen ausdehnen, kann dadurch erhöht werden, dafs man die Ausdehnung durch starken Druck verhindert. Umgekehrt erniedrigt sich durch starken

Druck die Schmelztemperatur derjenigen, welche sich beim Flüssigwerden zusammenziehen. Für jede Druckzunahme um eine Atmosphäre erniedrigt sich z. B. der Schmelzpunkt des Eises, bezüglich der Gefrierpunkt des Wassers um $\frac{1}{144}{}^0$ C. (Thomsen, Clausius). Wasser von 4^0 C. gefror in einem verschlossenen Kanonenrohre selbst bei -18^0 C. nicht, was man daran erkannte, dafs eine im Rohr befindliche Kugel beim Neigen des Rohres hin- und herrollte; beim Öffnen des Verschlusses gefror das Wasser plötzlich.

Metalllegierungen, namentlich wenn sie aus krystallinischen Metallen hergestellt sind, haben oft einen niedrigeren Schmelzpunkt als jeder ihrer Bestandteile: Rosesches Metallgemisch (8 Wismut, 8 Zinn und 3 Blei) schmilzt bei 94^0; das von Wood (8 Wismut, 2 Kadmium, 2 Zinn und 4 Blei) bei 70^0 und das von Lipowitz (15 Wismut, 4 Zinn, 8 Blei und 3 Kadmium) bei 60^0.

Es ist schon früher angegeben worden, dafs das specifische Gewicht des Eises 0,91674 ist; die Ausdehnung beträgt also etwa $^{10}/_9$. Die Kraft, mit welcher das Wasser beim Gefrieren sich ausdehnt, ist sehr bedeutend; mit Wasser gefüllte, festverstopfte Flaschen, sogar mit Wasser gefüllte Bomben zerplatzen beim Gefrieren, die Zellen der Pflanzen zerreifsen, die Röhren der Wasserleitungen schwellen an einzelnen Stellen an und bekommen Risse, durch welche das Wasser beim Auftauen hervorschiefst; die Spalten der Felsen werden erweitert u. s. w.

§ 347. Schmelzwärme. Wenn ein Körper durch Zufuhr von Wärme zu schmelzen beginnt, so erhöht sich seine Temperatur so lange nicht, bis Alles in flüssigen Zustand übergegangen ist; die während des Schmelzens zugeführte Wärme wird lediglich zur Vergröfserung der potentiellen Energie der Moleküle verwandt (§ 337).

Stellt man ein Gefäfs mit Schnee in ein warmes Zimmer, so fängt derselbe zu schmelzen an, behält aber seine Temperatur von 0^0 bei, bis er ganz in Wasser übergegangen ist.

Die lediglich zum Schmelzen eines Kilogramms eines Körpers nötige Wärme (in Kalorien ausgedrückt) nennt man seine Schmelzwärme früher, wo man noch der Ansicht war, dafs diese Wärme nicht zur Erhöhung der potentiellen Energie der Moleküle verbraucht würde, sondern in den Körpern verborgen bliebe, hiefs sie latente Wärme des Schmelzens.

Um die Schmelzwärme des Eises zu untersuchen, kann man die Mischungsmethode anwenden. Mischt man k kg Eis von 0^0 mit k_1 kg Wasser von t^0 und ist, nachdem alles Eis geschmolzen, die Mischungstemperatur t_1, so mufs, wenn s die Schmelzwärme des Eises bedeutet:

$$ks + kt_1 = k_1 (t - t_1)$$

woraus:

$$s = \frac{k_1}{k} (t - t_1) - t_1.$$

Die Schmelzwärme des Eises wird gewöhnlich zu 75,25 (Kalorien) angegeben: Bunsen fand aber (mittelst des später zu beschreibenden Eiskalorimeters) die Zahl 80,25.

Die Schmelzwärmen anderer Körper sind: Schwefel 9; Phosphor 5; Natronsalpeter 63; Kalisalpeter 47; Zinn 14; Blei 5; Wismut 12; Zink 28; Silber 21; Quecksilber 3.

Aufgabe 1. 400 g Wasser von 100° und 100 g Eis von 0° geben nach dem Schmelzen eine Mischungstemperatur von 64° C.; wie grofs ist die Schmelzwärme des Eises?

Aufgabe 2. Wie viel Gramm Wasser von 20° mufs man zu 50 g Eis zu 0° bringen, um eine Mischungstemperatur von 11° zu erhalten, wenn die Schmelzwärme des Eises gleich 80 genommen wird?

Aufgabe 3. 500 g Wasser von 25° und 100 g Eis von 0° werden zusammengebracht, die Schmelzwärme des Eises ist 80; wie grofs ist die Mischungstemperatur?

§ 348. Kältemischungen. Wenn ein fester Körper dadurch flüssig wird, dafs er sich in einer Flüssigkeit auflöst, so entsteht gewöhnlich eine Temperaturerniedrigung; der Körper braucht, um in den flüssigen Zustand überzugehen, Wärme und diese entzieht er dem Lösungsmittel.

Wenn ein Körper mit einer Flüssigkeit eine chemische Verbindung eingeht und sich dabei auflöst, so entsteht gewöhnlich Wärme; es ist nämlich meistens die Wärme, welche bei dem chemischen Prozesse erzeugt wird, gröfser als die, welche beim Auflösen verbraucht wird. Entwässertes Glaubersalz und wasserfreies Chlorkalium erzeugen, in Wasser aufgelöst, Wärme; krystallisiertes Glaubersalz und Chlorkalium bringen dagegen Kälte hervor; die wasserfreien Salze verbinden sich vor der Auflösung chemisch mit so viel Wasser, als zur Krystallisation nötig ist.

Den Umstand, dafs bei der Lösung von Salzen Kälte entsteht, benutzt man zur Erzeugung künstlicher Kälte — Kältemischungen. Die höchste Kälte, welche man dabei erreichen kann, ist der Gefrierpunkt der Mischung. Die gewöhnlichsten Kältemischungen sind:

5 Teile Salpeter und 5 Teile Salmiak in 10 Teile Wasser von 10° C. gehen auf − 12° herab.

5 Teile Glaubersalz und 8 Teile Salzsäure sinken von + 10° auf − 8°.

1 Teil Wasser und 1 Teil salpetersaures Ammon sinken von + 10° auf − 15° (eine sehr gebräuchliche Kältemischung).

1 Teil Schnee und 1 Teil Kochsalz geben − 18° (ebenfalls viel benutzt).

3 Teile Rhodankalium und 2 Teile Wasser sinken von + 11 auf − 25°.

1 Teil Schnee und 1 Teil kryst. Chlorcalcium sinken von 0° auf − 45°.

§ 349. Freiwerden von Wärme beim Erstarren. Der Punkt, bei welchem ein flüssiger Körper erstarrt, ist derselbe, wie derjenige, bei welcher er aus dem festen Zustand in den flüssigen übergeht. Beim Schmelzen mufste eine gewisse Wärmemenge aufgewandt werden, um die Abstände der Mittellagen der Moleküle, d. h. die potentielle Energie derselben zu vergröfsern; beim Erstarren rücken die Moleküle wieder in ihre frühere Lage ein, es setzt sich jener Betrag an potentieller Energie wieder in ebensoviel Wärme um, als früher beim Schmelzen verbraucht worden — die Schmelzwärme ist gleich der Erstarrungswärme.

Dafs beim Erstarren Wärme entsteht, läfst sich auf verschiedene Art experimentell nachweisen: Wasser, namentlich ausgekochtes (luftfreies) kommt nicht selten in den Zustand der Überkaltung, d. h. es kann sich oft bei ruhigem Stehen weit unter 0° C. abkühlen, ohne dafs es gefriert; schüttelt man nun daran, so gefriert plötzlich ein Teil und die Temperatur des Ganzen steigt auf 0°. Gesetzt 10 g Wasser seien bis — 8° C. erkaltet, ohne zu fest zu werden, so gefriert beim Schütteln plötzlich der 10. Teil und die Temperatur steigt auf 0°; es werden also 8.10 = 80 Kalorien frei.

Ein ähnliches Freiwerden von Wärme beim Erstarren zeigen manche übersättigte Lösungen: schwefelsaures, unterschwefligsaures und namentlich essigsaures Natron lösen sich in wenig kochendem Wasser in grofsen Mengen auf, ohne dafs beim Erkalten, bei ruhigem Stehen, ein Teil des Salzes auskrystallisiert; hat sich nun die Lösung auf die gewöhnliche Temperatur (etwa 18° C.) abgekühlt, so wird plötzlich ein grofser Teil fest, wenn man einen Krystall desselben Salzes in die Flüssigkeit wirft.

Dafs bei der Erstarrung von Flüssigkeiten Wärme entsteht, ist für den Haushalt der Natur von Wichtigkeit. Wenn das Wasser der Flüsse im Winter zu gefrieren beginnt, so giebt jedes Kilogramm 80 Kalorien an die Umgebung ab, so dafs das Gefrieren des übrigen Wassers wesentlich verzögert wird.

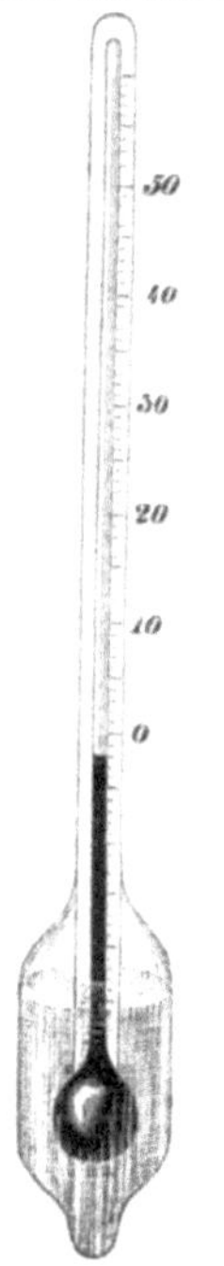

Fig. 492. Erstarrungswärme.

Zur Beobachtung der Überkaltung des Wassers kann man eine Glasröhre mit ausgekochtem destilliertem Wasser und eine ebensolche mit gewöhnlichem Wasser in eine Kältemischung stellen; das letztere wird zuerst gefrieren.

Sicherer gelingt der Versuch, wenn man die erste Glasröhre mit heifser Schwefelsäure, dann mit Wasser ausspült, mit destilliertem Wasser teilweise füllt, oben in eine Spitze auszieht, einige Zeit das Wasser im Kochen hält und dann die Spitze zuschmilzt.

Der Apparat (Fig. 492), bei welchem ein Thermometer in einer geringen Menge ausgekochten, destillierten Wassers steht, ist sehr geeignet um zu zeigen, dafs beim Festwerden des Wassers Wärme entsteht; man spannt ihn in ein Retortengestell und läfst längere Zeit Äther auftropfen, wobei man den abgetropften und kälter gewordenen Äther immer wieder verwendet; ist die Temperatur bis etwa — 6° C. gefallen, so schüttelt man; ein Teil des Wassers gefriert und das Thermometer steigt auf 0° C.

Die genaue Bestimmung des Gefrierpunktes des Wassers durch Einstellung eines Thermometers in schmelzenden Schnee hat insofern Bedenken, als selbst sehr geringere Beimengungen den Schmelzpunkt des Schnees verändern (Bunsen). Um den wahren Gefrierpunkt zu finden, läfst man reines Wasser in welchem ein Thermometer steht, überkalten und bringt es durch Schütteln zum Gefrieren; der Punkt, bis zu welchem das Quecksilber steigt, ist der wahre Gefrierpunkt (Krebs).

Wenn Wasser mit anderen Körpern eine feste Verbindung eingeht, was z. B. geschieht, wenn gebrannter Kalk mit wenig Wasser übergossen wird, so entsteht Wärme. — Beträchtliche Überkaltung tritt auch oft beim Meere ein; der Gefrierpunkt des Meerwassers ist — 2,2° C, doch kann es bei mäfsiger Bewegung bis — 5° C. und darunter erkalten ohne zu gefrieren; heftige Bewegung oder Hereinfallen von Schneeflocken bringt dann auf weite Strecken plötzliche Eisbildung hervor.

Wassertröpfchen in einem Gemisch von Baumöl und Nelkenöl (von welchen das erstere leichter, das letztere schwerer als Wasser ist), lassen sich weit unter 0° abkühlen ohne zu gefrieren; berührt man sie nun mit einem Draht, so gefrieren sie sogleich (Dufour).

Sind die Wassertröpfchen höchstens 1—2° unter 0 und berührt man ein Tröpfchen nach dem anderen, so gefriert das erste zu einem Kügelchen, die folgenden aber legen sich schichtenförmig darüber und gefrieren. Ist die Temperatur der Kügelchen unter — 2° C., so gefrieren sie aneinander und bilden einen Haufen zusammenhängender Eiskügelchen.

Wenn man Eisstücke unter Wasser aneinander bringt, so gefrieren sie zusammen, selbst wenn kein besonderer Druck ausgeübt wird — Wiedergefrieren, Regelation (Faraday 1850). Pfaundler erklärt diese Erscheinung dahin, daſs an einzelnen Stellen die Eisteilchen eine sehr geringe Bewegung oder mit anderen Worten, eine Temperatur unter 0° hätten, wie denn überhaupt anzunehmen ist, daſs die einzelnen Moleküle eines Körpers nicht durchweg gleiche Geschwindigkeit besitzen. Daſs Eisstücke bei starkem Druck zusammenfrieren, namentlich, wenn Wasser zwischen ihnen sich befindet, ist leichter zu begreifen, weil durch Druck der Gefrierpunkt erniedrigt wird (§ 446); es schmilzt also ein Teil des Eises und die Temperatur sinkt; läſst nun der Druck etwas nach, so tritt Gefrieren ein.

Trockener Schnee unter 0° kann nur durch starken Druck, namentlich bei Zusatz von Wasser zum Zusammenballen gebracht werden.

Eisstücke lassen sich auch ohne besonderen Druck zu einen Stück vereinigen und in verschiedene Formen bringen; hierdurch und durch die Fähigkeit der Regelation kann es sich fast wie ein flüssiger Körper selbst in gewundenen Bahnen von den Bergen abwärts bewegen, indem es wohl an einzelnen Stellen bricht, doch aber seinen Zusammenhalt durch seitlichen Druck und durch das Wiedergefrieren, namentlich bei Gegenwart von Wasser, beibehält — Bewegung der Gletscher.

§ 350. Vom Sieden und Verdunsten. 1) Wird eine Flüssigkeit bis zu einem gewissen Grade erhitzt, so beginnt sie im Innern Dampfblasen zu bilden, welche an die Oberfläche steigen und in die Luft übergehen — die Flüssigkeit siedet. Während des Siedens bleibt, wenn sonst keine Veränderung, namentlich in betreff des äuſseren Druckes eintritt, die Temperatur konstant; alle zugeführte Wärme wird zur Dampfbildung verbraucht. Nicht selten geht dem Sieden ein eigentümliches Geräusch, das „Simmern" oder „Singen", voraus, welches wohl daher rührt, daſs Dampfblasen, welche sich in den unteren bereits bis zur Siedetemperatur erhitzten Schichten gebildet haben, beim Aufsteigen in höhere kältere Schichten sich wieder verdichten.

Wir führen hier die Siedepunkte verschiedener Flüssigkeiten bei gewöhnlichem Luftdruck an:

Kohlensäure . . .	− 82° C.	Ameisensäure . . .	105° C.
Schweflige Säure . .	− 10	Holzgeist (absolut) .	110
Blausäure	26,5	Essigsäure	117
Äther.	35	Jod	175
Schwefelkohlenstoff .	47	Schwefelsäure . . .	288
Salpetersäure . . .	66	Phosphor	290
Alkohol (absolut) . .	78	Schwefel	316
Benzin	80	Leinöl	316
Wasser	100	Quecksilber	350

Bei manchen Körpern liegt der Siedepunkt wenig höher als der Schmelzpunkt (Jod, Arsenik), so daſs sie beim Erhitzen fast unmittelbar aus dem festen Zustande in den flüssigen überzugehen scheinen.

2) Die Flüssigkeiten nehmen meist rasch an Volumen ab, wenn sie in offenen Gefäſsen stehen; sie verdunsten (Wasser, Äther). Das Ver-

dunsten findet lediglich an der Oberfläche (ohne Aufwallen im Innern) und zwar bei jeder Temperatur statt, nur dafs es um so rascher erfolgt, je mehr die Temperatur der Flüssigkeit ihrem Siedepunkte sich nähert.

Selbst viele feste Körper nehmen nach und nach an Masse ab (Jod, Moschus, Eis, Schnee): sie gehen an der Oberfläche direkt in den gasförmigen Zustand über.

Durch Erniedrigung der Temperatur bei gleichzeitiger Erhöhung des Druckes können umgekehrt viele gasförmige Körper flüssig gemacht werden; man bezeichnet diesen Vorgang mit dem Namen Kondensation.

§ 351. Sieden bei verschiedenem Druck. Die Siedetemperatur einer Flüssigkeit ist um so höher, je gröfser der auf ihr lastende Druck ist; es kann sich erst im Innern einer siedenden Flüssigkeit eine Dampfblase halten, wenn ihre Spannkraft mindestens so grofs ist, wie der äufsere Druck: Jedem bestimmten Druck entspricht eine bestimmte Siedetemperatur; beim Sieden ist die Spannkraft des Dampfes dem äufseren Drucke gleich — Daltonsches Gesetz.

Namentlich von Regnault sind in betreff des Wasserdampfes über die Abhängigkeit des Siedepunktes vom äufseren Druck bei verschiedenen Temperaturen umfangreiche Untersuchungen angestellt worden, worüber nachstehende Tabelle einigen Aufschlufs giebt; der Druck ist dabei sowohl in Centimetern, als in Atmosphären angegeben:

Temperatur	Druck in Centimetern	Druck in Atmosphären	Temperatur	Druck in Centimetern	Druck in Atmosphären
-30^0 C.	0,0386	0,0005	75	28,8517	0,380
20	0,0927	0,0012	80	35,4643	0,466
10	0,2093	0,0027	85	43,3041	0,570
0	0,4600	0,0061	90	52,5450	0,691
+ 5	0,6534	0,0086	95	63,3778	0,834
10	0,9165	0,012	100	76	1
15	1,2699	0,017	105	90,641	1,193
20	1,7391	0,023	110	107,537	1,415
25	2,3550	0,031	115	126,941	1,670
30	3,1548	0,042	120,694	152	2
35	4,1827	0,055	134,184	228	3
40	5,4906	0,072	144,403	304	4
45	7,1391	0,094	152,763	380	5
50	9,1982	0,121	159,880	456	6
55	11,7478	0,155	166,104	532	7
60	14,8791	0,196	171,655	608	8
65	18,6945	0,246	176,677	684	9
70	23,3093	0,306	181,273	760	10

Dafs Wasser weit unter 100^0 sieden kann, wenn der Druck weniger als 1 Atmosphäre beträgt, läfst sich durch zahlreiche Versuche bestätigen: Wasser von gewöhnlicher Temperatur siedet unter der Glocke der Luftpumpe, wenn genügend ausgepumpt worden. Wird Wasser in einer Kochflasche zum Sieden erhitzt und die Flasche rasch verstopft, nachdem alle Luft ausgetrieben ist, so kocht das Wasser noch lange Zeit nach und kommt in stürmisches Sieden, wenn man die Kochflasche umdreht und auf den breiten Boden kaltes Wasser giefst. — Im Pulshammer (Fig. 493), welcher durch längeres Kochen des darin enthaltenen Weingeistes und Zuschmelzen luftleer gemacht worden, kann das Sieden schon durch die Wärme der Hand hervorgebracht werden.

Fig. 493. Pulshammer.

Da der Luftdruck abnimmt, wenn man vertikal aufwärts steigt, so mufs auch der Siedepunkt mit wachsender Höhe niedriger werden:

Berlin:	Höhe	40 m	Siedepunkt:	99,8° C.
Paris:	„	45	„	99,7
kl. St. Bernhard:	„	2491	„	92,0
Montblanc:	„	4775	„	84,0.

Im Durchschnitt entspricht einer Höhenänderung von 27 m eine Temperaturänderung von 1° C. Es läfst sich deshalb auch aus dem Siedepunkte des Wassers ein Schlufs auf die Höhe über dem Meere ziehen — (Hypsothermometer).

Manche Flüssigkeiten, welche eingedampft werden sollen, zersetzen sich bei höherer Temperatur (Zucker); man dampft sie deshalb in verschlossenen Gefäfsen, aus welchen die Luft möglichst ausgepumpt wird, ein (Vacuumpfannen). Umgekehrt steigt der Siedepunkt über 100°, wenn der Druck mehr als 1 Atmosphäre beträgt. Einen solchen erhöhten Druck kann man leicht mittels des Dampfkochtopfes (Fig. 494) hervorbringen, dessen Deckel fest aufgeschraubt ist, und der aufserdem ein Sicherheitsventil besitzt. Da die Dämpfe nicht entweichen können, so steigert sich der Druck auf das Wasser und die Siedetemperatur erhöht sich, bis schliefslich das Sicherheitsventil aufgeht und ein Teil des Dampfes entweicht. Auf höheren Bergen kann man Speisen nur mittelst des Dampfkochtopfes gar bringen.

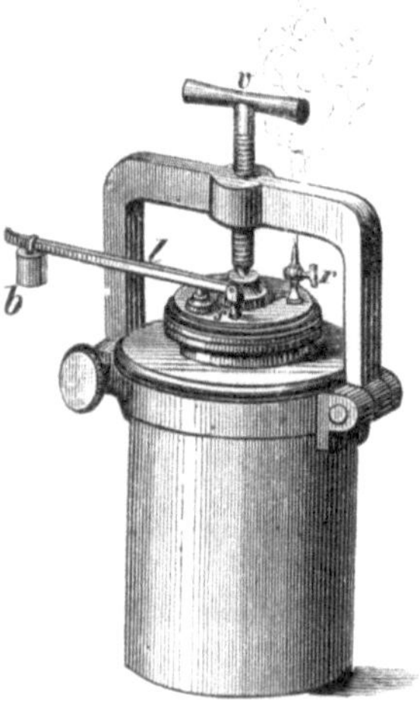

Fig. 494. Dampfkochtopf.

§ 352. Siedepunkt von Salzlösungen und Flüssigkeitsgemischen. Salzlösungen haben einen höheren Siedepunkt als das Lösungsmittel: Kochsalzlösung von 7,7 g Salzgehalt in 100 g Wasser siedet bei 101° C., von 31,8 g bei 106°. Natronsalpeter von 9,3 g Salzgehalt siedet bei 101° C., von 57,6 g bei 106. Kalisalpeter von 12,2 g Salzgehalt siedet bei 101° C.; von 98,2 g bei 106° u. s. w. Der Dampf, welcher sich aus Salzlösungen entwickelt, ist, falls das Salz nicht flüchtig ist, reiner Wasserdampf; er hat (nach Wüllner und Magnus) eine der siedenden Flüssigkeit gleiche Temperatur, aber eine Spannkraft, welche selbstverständlich dem äufseren Druck gleich ist.

Salzlösungen sind zähflüfsig, ihre Kohäsion ist gröfser als die reiner Flüssigkeiten und daher der Siedepunkt höher.

Wenn Flüssigkeiten mischbar sind, so läfst sich, wenn die flüchtigere in gröfserer Menge vorhanden ist, ein Teil derselben durch Kochen entfernen, indem die flüchtigere zuerst in reichlicherer Menge unter ständigem Steigen des Siedepunktes verdampft; späterhin verhält sich das Gemenge wie eine einzige Flüssigkeit und der Siedepunkt bleibt konstant; bei Alkohol und Wasser tritt dies ein, wenn noch 8% Alkohol vorhanden sind. Nicht selten ist dabei der Siedepunkt des Gemenges höher als der jedes der Gemengteile; so siedet ein Gemenge von 8 Teilen Alkohol und 92 Teilen Wasser weit über 100°.

Sind die Flüssigkeiten nicht mischbar, und ist die flüchtigere oben, so siedet nur diese bei ihrer gewöhnlichen Siedetemperatur; ist sie aber unten, so siedet sie gewöhnlich etwas früher; z. B. Schwefelkohlenstoff, über welchem sich Wasser befindet, siedet bereits bei 43,5° C., obwohl sein gewöhnlicher Siedepunkt 46,8° C. beträgt. Giefst man Schwefelkohlenstoff von 43,5° in Wasser von 43,5°, so bilden sich zahlreiche Dampfblasen; es ist nämlich die Spannkraft des Schwefelkohlenstoffes von 43,5° C. = 696 mm und die des Wasserdampfes = 64 mm, was zusammen 760 mm ausmacht.

§ 353. Siedeverzüge. Wasser kocht früher in metallenen als in Glasgefäfsen, namentlich wenn dieselben innen sehr glatt, ohne Blasen und Streifen und gut gereinigt sind; der Unterschied beträgt oft bis 2° C.; das Wasser erleidet in Glasgefäfsen einen Siedeverzug bis 2°. Der Dampf aber hat, einerlei in welchem Gefäfs das Wasser erhitzt wird, nahezu dieselbe Temperatur, so dafs Gay-Lussac vorschlug, den Siedepunkt am Thermometer dadurch zu bestimmen, dafs dasselbe in den Dampf von siedendem Wasser gehalten wird.

Der Siedeverzug des Wassers steigt bis 6° C., wenn in dem Glasgefäfse einige Zeit heifse Schwefelsäure gestanden hat (Marcet).

Oft gekochtes und wieder erkaltetes Wasser erhöht seinen Siedepunkt ebenfalls.

Kocht man Wasser zum ersten Male, so entweichen aus dem Innern und von den Gefäfswänden zahlreiche Luftblasen; je mehr nun das Wasser luftfrei wird, um so mehr erhöht sich der Siedepunkt. (Donny).

Hat Wasser längere Zeit unter der luftleeren Glocke einer Luftpumpe gestanden, so hat es ebenfalls einen höheren Siedepunkt erlangt (Grove).

Ein Gemenge von Alkohol und Wasser siedet, wie schon § 352 erwähnt worden, bei viel höherer Temperatur als Wasser allein; beim Eingiefsen von Wasser in Alkohol entweichen zahlreiche Luftblasen und das Volumen des Gemenges ist kleiner als die Summe der Volumina der Bestandteile (vergl. § 7).

Grove sprach die Vermutung aus, dafs vollkommen luftfreies Wasser überhaupt nicht sieden könne, und Krebs brachte es durch längeres Auskochen eines Gemenges von Wasser und Weingeist dahin, dafs es, selbst bis 198° C. erhitzt, nicht ins Sieden geriet, sondern nur an der Oberfläche rasch verdunstete.

Kleinere Flüssigkeitsmengen kommen leichter in den Zustand eines Siedeverzuges als gröfsere; Wassertröpfchen in einem Gemisch von Nelkenöl und Baumöl lassen sich oft bis 178° C. erhitzen, ohne zu sieden; mit einem Holzstäbchen, Platindraht u. s. w. berührt, geraten sie in explosives Sieden (Dufour).

Wenn eine Flüssigkeit im Zustande des Siedeverzugs sich befindet, so wallt sie zeitweise heftig auf, sie stöfst, während die Temperatur sinkt, es wird viel Wärme zu der plötzlichen Dampfbildung verbraucht. Das Sieden kann explosiv werden, so dafs die Gefäfse zerspringen.

Siedeverzüge treten nicht ein und die Flüssigkeit siedet ruhig und stetig, wenn sich feste Körper, an deren Oberfläche Luft verdichtet ist, in derselben befinden (Platindraht).

So fand Gay-Lussac, dafs Schwefelsäure, welche besonders hohe Siedeverzüge erleidet, ohne Stofsen kocht, wenn ein Platindraht sich in derselben befindet; nach einiger Zeit steigt die Siedetemperatur und das Stofsen beginnt wieder; nimmt man aber den Platindraht heraus, läfst ihn längere Zeit an der Luft liegen und bringt ihn wieder in die Schwefelsäure, so ist er abermals imstande, das stofsweise Sieden zu verhindern. Indessen ist es gefährlich einen Platindraht in stofsweise siedende Schwefelsäure zu werfen; sie kocht dann plötzlich mit dem Überschufs von Wärme, welche sie besitzt, so dafs ein Teil momentan in Dampf übergeht und ein Teil der Flüssigkeit herausgeschleudert wird (Krebs).

Dafs längere Zeit kochendes Wasser sich im Zustande des Siedeverzuges befindet, läfst sich aufser am Thermometer, welches höher als der gewöhnliche Siedepunkt steht, auch so zeigen, dafs man Wasser oder konzentrierte Glaubersazlösung, welche längere Zeit gekocht haben, einen Augenblick abkühlen läfst, bis das Sieden aufhört, und dann Sand einstreut; das Sieden beginnt sofort wieder.

Am leichtesten treten (nach Dufour und Krebs 1864—70) Siedeverzüge ein, wenn oftmals gekochtes, also luftfreies, namentlich angesäuertes oder mit einer Ölschicht bedecktes Wasser in einem verschlossenen Gefäfs der Abkühlung überlassen wird. Der über dem Wasser befindliche Dampf kühlt sich rascher ab, als das Wasser und kondensiert sich, so dafs der Druck schnell fällt; das Wasser müfste alsdann, trotzdem es sich abgekühlt hat, nachkochen: aber es kommt vor, dafs es trotz des niedrigeren Druckes ruhig bleibt; es treten dann oft Siedeverzüge bis zu 30° ein. Läfst man etwa Wasser in einer Retorte längere Zeit kochen, dann bis auf 75° abkühlen und pumpt nun die Luft aus, so bleibt nicht selten das Wasser bis zu einem sehr niedrigen Drucke ruhig. Schüttelt man dann das Wasser, oder stellt eine Lampe unter, oder setzt zwei in die Retorte gehende Platindrähte mit einer galvanischen Batterie in Verbindung, so erfolgt ein explosives Sieden. Bemerkenswert ist, dafs wenn man statt zweier Platindrähte zwei Kupferdrähte nimmt, das Aufkochen nur an dem negativen Kupferdrahte erfolgt, an welchem allein Gasblasen (Wasserstoff) aufsteigen. Es zeigt sich also auch hier der Einflufs von im Wasser befindlichen Gasbläschen auf die Dampfbildung.

§ 354. Das Leidenfrostsche Phänomen (1756). Ein Wassertropfen auf eine glühende Metallplatte (Silberschälchen) gebracht, breitet sich nicht auf derselben aus, sondern behält seine rundliche Gestalt, indem er ständig rotiert, oder von einer Stelle zur anderen hüpft. Läfst man die Platte erkalten, so wird der Tropfen immer flacher und verdampft schliefslich rasch.

Sobald ein Tropfen auf eine sehr heifse Metallplatte kommt, bildet sich sofort eine Dampfschicht von hoher Spannkraft, welche den Tropfen von der Platte fernhält; wenn dann der Dampf sichtlich entweicht, so wirft er den Tropfen hin und her.

Man kann die Hand in geschmolzene Metalle um so sicherer halten, je höher der Schmelzpunkt ist, es bildet sich sofort eine Dampfschicht um die Hand, welche das heifse Metall fernhält.

§ 355. Erklärung der Verdunstung und des Siedens. Viele Erscheinungen lassen sich nicht erklären ohne die Annahme, dafs die Moleküle eines Körpers selbst bei einer und derselben Temperatur nicht alle dieselbe Geschwindigkeit besitzen; für jede Temperatur existiert zwar eine gewisse Mittelgeschwindigkeit, aber es ist nicht gesagt, dafs einzelne Teilchen nicht eine beträchtlich gröfsere oder geringere Geschwindigkeit besitzen könnten. Denkt man sich nun eine Flüssigkeit in einem verschlossenen luftleeren Gefäfse, so werden immer eine Anzahl Flüssigkeitsmoleküle an der Oberfläche eine so grofse Geschwindigkeit besitzen, dafs sie nach oben hin über die Anziehungssphäre der anderen hinausgehen und in den leeren Raum geradlinig fortfliegen können. Auf diese Art sammelt sich über der Flüssigkeit Dampf an, dessen Moleküle in gerader Richtung weiter fliegen, bis sie gegen andere, oder gegen die Gefäfswand stofsen, von wo sie zurückgeworfen nach einer anderen Richtung weiter gehen. Viele fliegen auch zurück gegen die Wasseroberfläche und vereinigen sich wieder mit dem übrigen Wasser — ein Teil des Dampfes kondensiert sich.

Je höher die Temperatur der Flüssigkeit, d. h. je gröfser die durchschnittliche lebendige Kraft der Moleküle, um so mehr Moleküle werden von der Oberfläche sich entfernen, um so gröfser wird also die Dichtigkeit des Dampfes werden. Aus dem Daltonschen Gesetze folgt, dafs jeder Temperatur eine bestimmte Dampfdichte (Spannkraft) entspricht; ist dieselbe erreicht, so wird zwar die Verdunstung nicht aufhören, aber sie wird von nun an der sie begleitenden Kondensation gleich sein.

Ist das Gefäfs nicht luftfrei, so dauert es länger, bis sich die entsprechende Menge Dampf gebildet hat, weil die Wasserteilchen vielfach gegen die Luftteilchen anstofsen und gegen die Wasseroberfläche reflektiert werden; schliefslich aber bildet sich genau soviel Dampf, als wenn der Raum luftleer gewesen wäre. Ist das Gefäfs offen, so verdunstet schliefslich alle Flüssigkeit (Clausius).

Nachdem gezeigt worden, dafs der Siedepunkt um so höher hinaufrückt, je mehr das Wasser luftfrei ist, so unterliegt es keinem Zweifel, dafs die in gewöhnlichem Wasser stets enthaltene Luft einen wesentlichen Einfufs auf das Sieden hat. Diejenigen Wasserteilchen, welche rund um ein Luftbläschen liegen, stehen unter denselben Verhältnissen, wie ein Wasserteilchen an der freien Obeflräche; es verdunstet das ein Luftbläschen umgebende Wasser in das Bläschen schon vor der Siedetemperatur; aber erst, wenn die Temperatur eine solche Höhe erreicht hat, dafs die gegen die Wände des Luftbläschens anprallenden Wasserdampfteilchen dasselbe trotz des äufseren Druckes zu vergröfsern imstande sind, mit anderen Worten, wenn die Spannkraft des Wasserdampfes ebensogrofs oder eigentlich etwas gröfser ist als der äufsere Druck, erweitert sich das Luftbläschen zu sichtbarer Gröfse, es wird ein Dampfbläschen. — Befindet sich Wasser im Zustand des Siedeverzugs, so kann durch Einführen von Gas (§ 353), oder auch durch Schütteln, indem sich dabei Lücken zwischen der Masse bilden, plötzliches Sieden eintreten (Krebs).

§ 356. Gesättigte Dämpfe bei niederem Drucke. Läfst man in einer Toricellischen Röhre etwas Wasser aufsteigen, so verdunstet sofort ein Teil desselben und das Quecksilber fällt. Erhitzt man die Röhre, so verdunstet noch mehr Wasser und das Quecksilber stellt sich noch tiefer; kühlt man die Röhre ab, so steigt das Quecksilber und es kondensiert sich ein Teil des Dampfes.

Dalton umgab zwei in demselben Quecksilbergefäfse stehende Toricellische Röhren mit einem Gefäfs, das mit Wasser von verschiedenen Temperaturen gefüllt werden konnte; in der einen Röhre liefs er etwas Wasser (Alkohol, Äther u. s. w.) aufsteigen; an dem verschiedenen Stand der beiden Quecksilbersäulen konnte er alsdann den Druck des Dampfes erkennen.

Wird die in der Toricellischen Röhre enthaltene Flüssigkeit bis zum Sieden erhitzt, so fällt das Quecksilber ganz herab.

Wenn ein Raum soviel Dampf enthält, dafs er bei dieser Temperatur keinen mehr aufnimmt, so sagt man, er sei mit Dampf gesättigt und nennt den Dampf selbst gesättigten Dampf. Man kann immer annehmen, ein Raum sei mit Dampf gesättigt, wenn eine Flüssigkeit schon längere Zeit in demselben gestanden hat, ohne vollständig verdunstet zu sein. Namentlich gilt dies von einem sonst leeren Raume, in welchem die Dampfbildung augenblicklich erfolgt.

Die Spannkraft und somit die Dichte des gesättigten Dampfes ist für eine und dieselbe Temperatur konstant; sie steigt und fällt mit der Temperatur.

Wenn eine Flüssigkeit unter dem Drucke von einer Atmosphäre in der Toricellischen Röhre verdunstet, so findet man die Spannkraft, wenn man von dem Luftdrucke den Druck der Quecksilbersäule in der Toricellischen Röhre abzieht. Die früher aufgeführte Tabelle (§ 351) giebt die Spannkräfte des Wasserdampfes bei verschiedenen Temperaturen an; man hat dort blofs „Spannkraft“ statt „Druck“ zn setzen.

Ist der Raum über dem Quecksilber in der Toricellischen Röhre nicht leer, sondern mit etwas Luft erfüllt, so sinkt das Quecksilber um ebensoviel, wenn man Wasser aufsteigen läfst, als wenn der Raum über dem

Quecksilber leer ist, nur dauert es länger bis die entsprechende Menge Dampf sich gebildet hat.

§ 357. Gesättigte Dämpfe bei hohem Drucke. Um die Spannkraft gesättigter Dämpfe bei hohem Drucke zu untersuchen, kann man sich des Apparates von Schmidt bedienen: Eine lange Röhre *R* (Fig. 495) ist am einen Ende umgebogen und mit einem weiteren Gefäfse *G* verbunden, durch dessen festschliefsenden Deckel ein Thermometer geht. Die Röhre und das Gefäfs sind teilweise mit Quecksilber gefüllt, aufserdem befindet sich auf dem Quecksilber in dem weiten Gefäfse etwas von der zu untersuchenden Flüssigkeit. Stellt man den Apparat in ein Gefäfs mit Öl und erhitzt dasselbe, so verdunstet ein Teil der Flüssigkeit in *G* und es erhebt sich das Quecksilber in der Röhre über das im Gefäfse. An dem Stand des Quecksilbers in der Röhre kann man die Spannkraft des Dampfes bei verschiedenen Temperaturen erkennen (vergl. Tab. § 351).

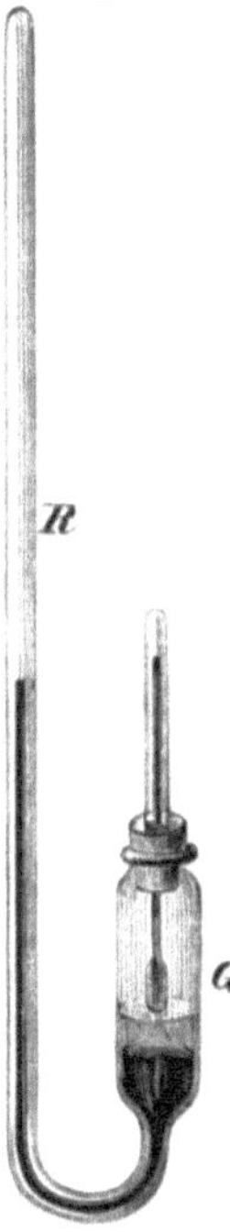

Fig. 495. Gesättigte Dämpfe bei hohem Drucke.

Die feineren Apparate zur Bestimmung der Spannkraft der Dämpfe von Regnault und Magnus müssen wir übergehen.

§ 358. Das Maximum der Spannkraft gesättigter Dämpfe. Befindet sich eine Toricellische Röhre, welche gesättigten Dampf enthält, in einem langen, mit Quecksilber gefüllten Gefäfse und drückt man die Röhre tiefer in das Gefäfs, so behält das Quecksilber in der Röhre denselben Stand, obwohl der Raum über demselben sich verkleinert; dagegen nimmt die Flüssigkeitsmenge zu. (Man kann zu solchen Versuchen den Mariotteschen Apparat für verdünnte Luft, Fig. 214, benutzen.) Hebt man die Röhre höher empor, so behält das Quecksilber in derselben ebenfalls seinen Stand, obwohl der Raum über demselben sich vergröfsert; dagegen bemerkt man, dafs die Wassermenge auf dem Quecksilber sich verringert.

Es kann also die Spannkraft des gesättigten Dampfes weder durch Volumenverminderung vergröfsert noch durch Volumenvergröfserung vermindert werden — gesättigter Dampf befindet sich im Maximum der Dichte und Spannkraft.

Es ist bis jetzt noch nicht gelungen ein einfaches Gesetz über die Abhängigkeit der Spannkraft gesättigter Dämpfe von der Temparatur zu finden; dagegen hat man zahlreiche empirische Formeln aufgestellt, von denen wir die von Regnault anführen:

$$lg\, s = a + b\,\alpha^{\tau} + c\,\beta^{\tau}.$$

Die Gleichung enthält 5 Konstante: a, b, α, β und τ; man hat also 5 Beobachtungen nötig, um die Konstanten zu bestimmen; dabei ist $\tau = t - t_0$, wo t die Temperatur, für welche die Spannkraft s gesucht werden soll und t_0 die niedrigste der 5 Temperaturen bedeutet, welche den 5 Beobachtungsresultaten entsprechen, aus denen man die Konstanten ableitet.

Für Temperaturen von 0—100 kann man bei Wasserdampf setzen:

$$a = 4{,}7393707; \quad lg\,(b\,\alpha^{\tau}) = 0{,}6117408 - 0{,}003274463 \text{ und}$$

$$lg\,(c\,\beta^{\tau}) = -1{,}8680093 + 0{,}006864937\,t;$$

für Temperaturen zwischen 100 und 200° ist:

$$a = 6{,}2640348; \quad lg\,(b\,\alpha^{\tau}) = 0{,}6593123 - 0{,}001656138\,t \text{ und } lg\,(c\,\beta^{\tau}) = 0{,}0207601 - 0{,}005950708\,t.$$

Dabei ist zu bemerken, daſs im ersten Falle $b\,\alpha^{\tau}$ negativ und $c\,\beta^{\tau}$ positiv, im zweiten aber sowohl $b\,\alpha^{\tau}$ als $c\,\beta^{\tau}$ negativ zu nehmen sind.

Graphische Darstellung; Interpolation.

§ 359. Überhitzter Dampf. Befindet sich über dem Quecksilber in der Toricellischen Röhre nur wenig Flüssigkeit, so kann man es durch Erhöhung der Temperatur dahin bringen, daſs alles verdunstet; dabei bemerkt man, daſs das Quecksilber bei weiterer Erhitzung nicht so stark fällt, als wenn noch Flüssigkeit vorhanden wäre, der Raum ist jetzt nicht mehr mit Dampf gesättigt, der Dampf ist überhitzt, d. h. er ist über die Temperatur hinaus erhitzt, bei welcher der Raum mit der vorhandenen Dampfmenge gesättigt wäre. Gesättigter Dampf hat bei derselben Temperatur eine höhere Spannkraft, als überhitzter; ist nämlich noch Flüssigkeit vorhanden, so wird beim Erwärmen nicht bloſs die Spannkraft des Dampfes dadurch erhöht, daſs die Temperatur steigt, sondern auch dadurch, daſs sich neuer Dampf bildet.

Befindet sich überhitzter Dampf in der Toricellischen Röhre und drückt man dieselbe in das Quecksilbergefäſs mehr und mehr hinab, so fällt das Quecksilber in der Röhre, bis ein Teil des Dampfes sich zu kondensieren beginnt; von da an bleibt die Höhe der Quecksilbersäule konstant. Hebt man aber die Röhre mehr und mehr in die Höhe, so steigt das Quecksilber; der überhitzte Dampf befindet sich also nicht im Maximum der Dichte und Spannkraft; verkleinert oder vergröſsert sich der Raum, so nimmt die Spannkraft zu, bezüglich ab.

Sehr stark überhitzte Dämpfe, d. h. solche, welche weit vom Kondensationspunkte entfernt sind, befolgen das Mariotte-Gay-Lussacsche Gesetz, sie verhalten sich also wie Gase. Nicht sehr stark überhitzte befolgen dieses Gesetz nicht genau; sie befinden sich in einem Zwischenzustande (zwischen dem der reinen Gase und der gesättigten Dämpfe), für welchen man noch keine sicheren Gesetze hat ermitteln können.

§ 360. Destillation. Eine Flüssigkeit durch Erwärmung gasförmig und durch Abkühlung wieder flüssig machen, bezeichnet man mit den Namen Destillation. Fig. 496 zeigt einen Destillierapparat; er besteht aus einem Kessel — der Blase *a*, dem Deckel — Helm *fb*, dem Schnabel *cd*, dem Schlangenrohr *dd*, dem Kühlfasse *e* und der Vorlage *g*. In das Kühlfaſs tritt unten die Röhre eines Trichters *h* ein, in welchen aus dem Wasserkasten *k* beständig kaltes Wasser einläuft; aus der Röhre *l* am oberen Ende des Kühlfasses tritt das warmgewordene Wasser aus.

Ein solcher Destillierapparat dient u. A. zur Herstellung reinen, destillierten Wassers; wird Brunnenwasser in die Blase gebracht, so verdampft nur das reine Wasser, während die Salze in der Blase zurückbleiben; die Wasserdämpfe gehen in das Schlangenrohr über und werden durch das kalte Wasser im Kühlfasse kondensiert; dabei geben sie ihre Wärme an das Kühlwasser ab, so daſs dasselbe rasch heiſs werden würde, wenn man es nicht durch neues kaltes Wasser ersetzte.

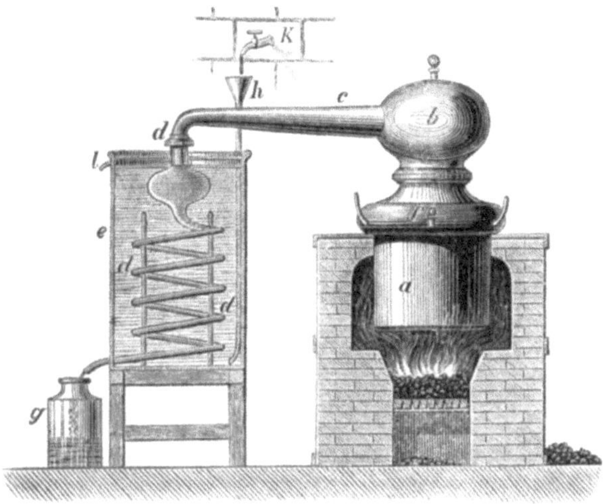

Fig. 496. Destillierapparat.

Auch zur Trennung von Flüssigkeitsgemischen kann der Destillierapparat gebraucht werden, indem die flüchtigere Flüssigkeit zunächst in gröſserer Menge übergeht. Daſs bei mischbaren Flüssigkeiten eine vollkommene Trennung durch Destillation nicht immer möglich ist, geht schon aus dem in § 352 Gesagten hervor (Anwendung in Branntweinbrennereien).

Die groſse Menge Wärme, welche der Wasserdampf abgiebt, wenn er in Wasser übergeht, ist insofern von bedeutender Wichtigkeit, als dadurch die Häufigkeit starker Regengüsse sehr herabgemindert wird. Wenn ein Teil des Wasserdampfes in der Luft durch Abkühlung sich zu Wasser kondensiert, so giebt er eine sehr beträchtliche Wärmemenge an die umgebende Luft ab, weshalb es wieder längere Zeit bedarf, bis der in ihr enthaltene Wasserdampf auf den Kondensationspunkt abgekühlt ist.

Welch andere Einflüsse die Dampfwärme besitzt, werden wir in der Meteorologie näher kennen lernen.

§ 361. Flüssigkeits- und Verdampfungswärme. Wird eine Flüssigkeit von 0^0 bis t^0 erwärmt, so nennt man die hierzu nötige Wärme die Flüssigkeitswärme, wobei auſser Betracht gelassen wird, daſs auch ein Teil der Wärme zur Verrichtung einer allerdings sehr geringen äuſseren Arbeit verbraucht wird.

Aus einer Reihe von Versuchen hat Regnault für die Flüssigkeitswärme q des Wassers folgende empirische Formel abgeleitet:

$$q = t + 0{,}00002\,t^2 + 0{,}0000003\,t^3. \qquad (1)$$

Erhitzt man eine Flüssigkeit unter konstantem Drucke von 0^0 an, bis sie vollständig in gesättigten Dampf übergeführt ist, so nennt man die hierzu nötige Wärme die Gesamtwärme (λ); für Wasser fand Regnault:

$$\lambda = 606{,}50 + 0{,}305\,t. \qquad (2)$$

Die Gesamtwärme hat Regnault (1847) mittelst eines Destillierapparates bestimmt; wird Wasser in Dampf verwandelt und der Dampf durch Abkühlung wieder kondensiert, so läfst sich aus der Temperaturerhöhung des Kühlwassers die Gesamtwärme berechnen.

Zieht man von der Gesamtwärme die Flüssigkeitswärme (1) ab, so erhält man die Verdampfungswärme (r) oder die latente Wärme des Dampfes:

$$r = \lambda - q = 606{,}50 - 0{,}695\, t - 0{,}00002\, t^2 - 0{,}0000003\, t^3.$$

Bei dem Übergange aus dem flüssigen in den gasförmigen Zustand wird eine gewisse Menge Wärme zu äufserer Arbeit (Zurückschiebung des äufseren Druckes) verbraucht; man nennt diese die äufsere latente Wärme (u), während derjenige Teil der Verdampfungswärme, welcher lediglich zur Erhitzung von $0^0 - t^0$ und zur Verdampfung, abgesehen von äufserer Arbeit dient, Dampfwärme (i) genannt wird. Dabei ist nach Regnault:

$$u = 31{,}10 + 0{,}096\, t - 0{,}00002\, t^2 - 0{,}0000003\, t^3$$

und:

$$i = \lambda - u = 575{,}40 + 0{,}209\, t + 0{,}00002\, t^2 + 0{,}0000003\, t^3.$$

Man sieht daraus, dafs die äufsere latente Wärme nur einen kleinen Teil der Verdampfungswärme ausmacht, doch aber ist sie nicht so klein, dafs man sie, wie die äufsere Arbeit, welche bei der Temperaturerhöhung der Flüssigkeit selbst geleistet wird, vernachlässigen könnte.

Zieht man von der Dampfwärme die Flüssigkeitswärme ab, so erhält man die lediglich zum Verdampfen notwendige Wärme, die sogenannte innere latente Wärme (ϱ); sie beträgt:

$$\varrho = i - q = 575{,}40 - 0{,}791\, t.$$

Zu demselben Resultate wäre man gekommen, wenn man gesetzt hätte:

$$\varrho = r - u.$$

Aufgabe 1. Wie grofs ist die Gesamtwärme und wie grofs die Verdampfungswärme des Wasserdampfes für 1, 2 und 3 Atmosphären Druck?

Aufgabe 2. Wie grofs ist die innere latente Wärme des Wasserdampfes von 110°?

Aufgabe 3. Wie hoch können 12 kg Wasser von 0° durch 0,5 kg Wasserdampf von 4 Atmosphären Spannkraft erhitzt werden?

Aufgabe 4. Wie viel Wasserdampf von 134° braucht man, um 15 kg Wasser von 0 auf 100° zu erhitzen?

§ 362. Specifisches Gewicht und Dichte der Dämpfe. Das specifische Gewicht der gas- und dampfförmigen Körper pflegt man auf die Luft zu beziehen, d. h. gleiche Volumina Dampf und Luft unter demselben Drucke und bei derselben Temperatur dem Gewichte nach zu vergleichen.

Dumas und später Regnault (1845) haben die specifischen Gewichte der Dämpfe auf folgende Art bestimmt: Ein Glasballon mit engem, in eine Spitze ausgezogenem Halse, von 400—500 cbcm Inhalt, der sich durch Quecksilberwägung bestimmen läfst, wurde, indem man ihn etwas erwärmte und mit der Spitze in die zu untersuchende Flüssigkeit tauchte, mit ungefähr 10 cbcm der Flüssigkeit gefüllt. Darauf wurde der Ballon in ein Paraffin- oder Quecksilberbad gebracht und etwas über die Siedetemperatur der Flüssigkeit erhitzt; wenn keine Dämpfe mehr aus der Spitze strömten, wurde dieselbe zugeschmolzen und die Temperatur des Bades und der herrschende Luftdruck abgelesen. Wiegt man den Ballon und zieht von diesem Gewicht das des leeren Ballons ab, so erhält man das Gewicht des Dampfes bei t^0 und b mm Druck, welches wir mit p bezeichnen wollen. Das Gewicht des leeren Ballons kann man aus dem Gewicht des lufterfüllten, abzüglich des Gewichts der darin enthaltenen Luft bestimmen; 1 cbcm Luft bei 0^0 und 760 mm Druck wiegt bekanntlich 0,001293 g. Ist nun V das Volumen des Ballons, so ist das Gewicht P der Luft im Ballon bei b mm Druck und t^0:

$$P = V.b \,.\, 0{,}001293 \,.\, \frac{1}{760\,.\,(1 + \alpha t)}.$$

Danach ist das specifische Gewicht des Dampfes auf Luft bezogen:

$$s = \frac{p}{P}.$$

Hofmann benutzt zur Bestimmung des specifischen Gewichtes der Dämpfe den Apparat (Fig. 497); er umgiebt eine Toricellische Röhre mit einem weiten Glasrohr V; in die Toricellische Röhre läfst man ein mit einer Flüssigkeit gefülltes Gläschen G, welches nebenbei in stark vergröfsertem Mafsstabe gezeichnet ist, aufsteigen: sobald es in die Toricellische Leere kommt, springt der Stopfen ab und ein Teil der Flüssigkeit verdampft. Um eine konstante Temperatur zu unterhalten, läfst man bei o den Dampf einer Flüssigkeit (Wasserdampf) ständig ein-, und bei m wieder austreten. — Das Volumen, sowie die Spannkraft des Dampfes wird nach dem Stande des Quecksilbers in der Toricellischen Röhre bestimmt, auf 0^0 und 760 mm reduziert und das specifische Gewicht durch Vergleichung mit dem Gewicht eines gleichen Volumens Luft gefunden. Dabei ist vorausgesetzt, dafs man das Gewicht der in G enthaltenen Flüssigkeit kennt.

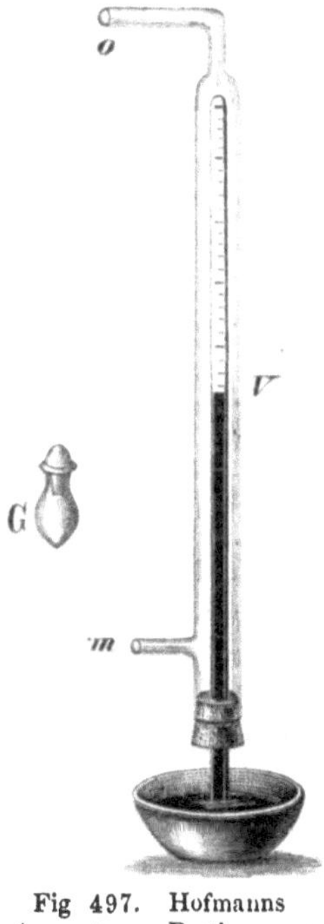

Fig 497. Hofmanns Apparat zur Bestimmung der Dampfdichte.

Bei diesen Versuchen ist der Dampf meist stark überhitzt und angenommen, dafs das specifische Gewicht eines stark überhitzten Dampfes bei allen Temperaturen annähernd gleich bleibe. So nahm Gay-Lussac das specifische Gewicht des Wasserdampfes konstant zu 0,6225 m.

Zeuner nun hat nach den Principien der mechanischen Wärmetheorie das specifische Gewicht des **gesättigten** Wasserdampfes bei verschiedenem Druck, sowie die **Dampfdichte**, d. h. das Gewicht der Volumeneinheit Dampf, berechnet. Später haben Tate und Fairbain die Richtigkeit der berechneten Zahlen durch Versuche bestätigt. Nachstehende kleine Tabelle enthält die betreffenden Resultate.

Druck des gesättigten Wasserdampfes in Atmosphären	Specifisches Gewicht des Wasserdampfes in Bezug auf die Luft	Dampfdichte
0,1	0,621	0,0687
0,5	0,633	0,3153
1	0,640	0,6059
2	0,648	1,1631
5	0,662	2,7500
10	0,676	5,2703

Hieraus ist ersichtlich, dafs das specifische Gewicht des Wasserdampfes mit dem Drucke zunimmt.

Für gewöhnliche Zwecke nimmt man das specifische Gewicht des Wasserdampfes = $^5/_8$ an.

Weitere interessante Beziehungen, namentlich der Dampfdichte zu der chemischen Zusammensetzung pflegen in der organischen Chemie mitgeteilt zu werden.

Zeuner hat für die Dichtigkeit des gesättigten Wasserdampfes bei verschiedenem Druck (bezüglich Temperatur) eine empirische Formel aufgestellt, welche sich den Resultaten sehr gut anschliefst:

$$p \cdot v^n = C,$$

wo p den Druck und v das Volumen der Gewichtseinheit Dampf bedeutet, sowie $n = 1{,}0646$ und $C = 1{,}704$ ist. Die „Kurve der konstanten Dampfmenge" ist eine Art Hyperbel, welche sich der Abscissenachse rascher nähert als die gleichseitige Hyperbel ($p\,v = C$); sie drückt zugleich aus, dafs der Wasserdampf das Mariottesche Gesetz nicht genau befolgt.

§ 363. Verdunstungskälte. Jede Flüssigkeit verdunstet an der Oberfläche selbst bei sehr niedriger Temperatur. Bei der Verdunstung wird aber Wärme verbraucht, weshalb die Flüssigkeit sich abkühlt, wenn keine Wärme von aufsen zugeführt wird — **Verdunstungskälte**. Je rascher die Verdunstung vor sich geht, um so stärker ist die Abkühlung.

Die Verdunstung ist bei höherer Temperatur stärker, als bei niedriger und wird wesentlich befördert, wenn die Flüssigkeit eine grofse Oberfläche besitzt und mit möglichst trockener, sich ständig erneuernder Luft in Berührung ist, oder wenn der Dampf ständig von einem anderen Körper aufgenommen wird.

Im luftleeren Raume geht die Verdunstung besonders schnell vor sich, namentlich wenn noch ein die Dämpfe absorbierender Körper, wie etwa Schwefesäurehydrat (für Wasserdampf) unter der Luftpumpenglocke sich befindet.

Von zwei verschiedenen Flüssigkeiten verdunstet unter sonst gleichen Umständen diejenige am raschesten, welche den niedrigsten Siedepunkt hat.

Wasser oder Äther, auf die Hand geschüttet, bringt eine lebhafte Abkühlung hervor, namentlich wenn die Hand hin- und herbewegt wird. — Wasser in porösen Gefäfsen kühlt sich, den direkten Sonnenstrahlen ausgesetzt, stark ab, indem das durchsickernde Wasser rasch verdunstet (Alkarazzas). — Die Butter- und Fleischkühler sind poröse Gefäfse mit hohlem Mantel, in welchen Wasser gegossen wird. — Giefst man Schwefelkohlenstoff in eine Metallschale, welche auf einer mit Wasser befeuchteten Glasplatte steht und bläst mit dem Blasbalge auf den Schwefelkohlenstoff, so verdunstet er rasch und die Metallscheibe friert an die Glasscheibe an. — Dafs Wasser durch verdunstenden Äther unter 0° abgekühlt werden kann, ist schon § 349 gezeigt worden; ebenso dafs Wasser unter der Luftpumpe gefriert (§ 147), wenn es mit einem Schälchen in Berührung ist, welches Äther enthält. Bei der Carréschen Luftpumpe wird Eis in einer Flasche dadurch erzeugt, dafs die beim Auspumpen sich bildenden Wasserdämpfe von Schwefelsäure absorbiert werden; das Wasser kocht zuerst und dann gefriert es. Andere Eismaschinen, welche zum Teil beträchtliche Mengen Eis liefern, beruhen auf der Verdunstungskälte des Äthers und des (in Wasser gelösten) Ammoniaks; auch wird die Kälte benutzt, welche bei plötzlicher Ausdehnung stark komprimierter Luft entsteht.

Unter einer Glasglocke, welche luftdicht auf eine Glasplatte schliefst, verliert ein Körper rasch seine Feuchtigkeit, wenn gleichzeitig noch ein Gefäfs mit Schwefelsäure unter der Glocke steht: Exsikkator.

Das Kryophor besteht aus zwei Kugeln, welche durch eine Röhre verbunden sind; der Apparat ist luftleer und enthält nur etwas Wasser; stellt man die eine Kugel in eine Kältemischung, so verdunstet das Wasser in der anderen rasch und gefriert, namentlich wenn man die Röhre etwas hin- und herbewegt, um Gefrierverzüge zu vermeiden. — Trockenplätze und Gradierhäuser bei den Salinen legt man an zugigen Orten an. — Im Sommer begiefst man die Strafsen mit Wasser, um Abkühlung hervorzubringen. — Nach dem Regen wird es namentlich im Sommer kühl, weil das Wasser auf der Erde verdunstet. — Bei Ostwind erkältet man sich im Sommer leicht, wenn man dem Luftzuge ausgesetzt ist; bei (dem feuchten) Süd- und Westwind ist dies nicht der Fall, man empfindet im Gegenteil eine drückende Schwüle, weil keine Abkühlung durch Verdunstung des Schweifses entsteht.

§ 364. Überführung von Gasen in den flüssigen und festen Zustand. Manche Gase lassen sich schon durch einfache Kältemischungen wenigstens flüssig machen, z. B. schweflige Säure, salpetrige Säure und Untersalpetersäure durch ein Gemisch von Schnee und Kochsalz. Die meisten Gase jedoch bedürfen einer gröfseren Kälte oder eines starken Druckes, wie Kohlensäure, Stickoxydulgas u. s. w. Faraday war es (1845) gelungen, fast alle Gase flüssig zu machen bis auf fünf: Sauerstoff, Wasserstoff, Stickstoff, Stickoxyd und Kohlenoxyd: man nannte dieselben „permanente“ Gase; indessen haben neuerdings (1877) Cailletet und Pictet auch diese flüssig und teilweise festzumachen gelehrt.

Zuerst machte Faraday Kohlensäure dadurch flüssig, dafs er in eine sehr starke, an einem Ende zugeschmolzene Glasröhre Schwefelsäure und darüber, auf einem Papier, doppelkohlensaures Natron brachte, die Röhre bog und nun auch am anderen Ende zuschmolz (Fig. 498). Nachdem er durch Schütteln das Natriumbikarbonat mit der Schwefelsäure in Berührung gebracht, entwickelte sich eine grofse Menge Kohlensäure, die sich unter ihrem eigenen Drucke in dem anderen, in eine Kältemischung getauchten Schenkel verdichtete. Befindet

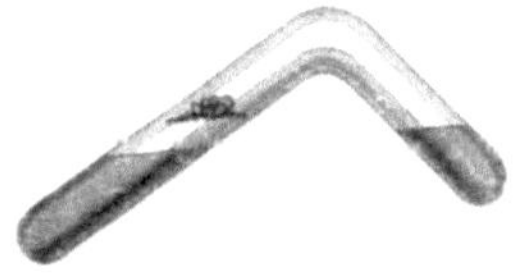

Fig. 498. Verdichtung von Kohlensäure.

sich in dem einen Schenkel der soeben beschriebenen Glasröhre Cyanquecksilber, so sammelt sich im anderen flüssiges Cyan, wenn man dieses Ende in kaltes Wasser taucht und das andere mäfsig erwärmt.

Thilorier und später Natterer haben die Kohlensäure auf die Art flüssig gemacht, dafs sie dieselbe in vollkommen reinem und getrocknetem Zustande in ein sehr starkes eisernes Gefäfs pumpten, welches mit einer Kältemischung umgeben war. Übrigens ist Abkühlung nicht absolut erforderlich, Kohlensäure wird auch bei gewöhnlicher Temperatur flüssig, wenn der Druck stark genug ist; es sind 45 Atmosphären bei $+10^0$ C. und 40 bei 0^0 C. erforderlich; dagegen wird sie bei -80^0 C. und 1 Atmosphäre Druck flüssig.

Läfst man aus dem stark abgekühlten eisernen Gefäfse flüssige Kohlensäure ausströmen, so verdunstet ein Teil davon, während ein anderer durch die hohe Verdunstungskälte zu einer weifsen, schneeartigen Masse gefriert.

Cailletet (1877) hat durch sehr starken Druck (bis über 100 Atmosphären), sowie durch Abkühlung Acetylen und Stickoxyd flüssig gemacht und Nebel von Sauerstoff, Wasserstoff, Luft, Kohlenoxyd und Stickstoff erhalten. — Pictet hat Sauerstoff und Wasserstoff vollkommen flüssig gemacht; der letztere soll sogar teilweise fest geworden sein.

d. Specifische Wärme.

§ 365. Die specifische Wärme fester und flüssiger Körper. — Bestimmungsmethoden. Es giebt hauptsächlich drei Methoden, um die specifische Wärme der Körper festzustellen:

1) Die Erkaltungsmethode (Tobias Mayer 1796) besteht darin, dafs man eine gewogene Menge eines Körpers in ein Silbergefäfs bringt, in welches zugleich ein Thermometer eingesteckt ist, und die Zeit beobachtet, welche bis zur Erkaltung um eine bestimmte Anzahl Grade verfliefst. Führt man denselben Versuch mit einer gewogenen Menge Wassers aus, das man in dem Silbergefäfs um dieselbe Anzahl von Graden abkühlen läfst, so kann man die specifische Wärme des zu untersuchenden Körpers leicht berechnen. Es seien q und q_1 die Gewichte des Körpers und des Wassers, s die specifische Wärme des Körpers (und 1 die des Wassers); ferner n und n_1 die Zahl der Sekunden, welche zur Erkaltung des Körpers und des Wassers um gleichviel Grade erforderlich sind, so verhalten sich die ausgestrahlten Wärmemengen wie die dabei verflossenen Zeiten, d. h.

$$qs : q_1 = n : n_1,$$

woraus:

$$s = \frac{q_1 n}{q n_1}.$$

Dafs die Körper, deren specifische Wärme miteinander verglichen werden sollen, in ein silbernes Gefäfs gebracht werden, hat den Zweck, die Ausstrahlnng der Wärme durch denselben Körper zu bewirken, da, wie sich später zeigen wird, verschiedene Körper ungleich gut ausstrahlen.

2) Die **Eisschmelzmethode** besteht darin, daſs man eine gewogene Menge eines auf eine bestimmte Temperatur erhitzten Körpers in ein Gefäſs g (Fig. 499) bringt, welches von einem anderen mit Eis gefüllten Gefäſs v umgeben ist; es wird alsdann ein Teil des Eises schmelzen, bis der Körper auf 0^0 erkaltet ist; das entstandene Wasser kann man durch den Hahn h ablassen und wiegen. Damit nicht anch ein Teil Eis durch von auſsen zugeführte Wärme schmelzen könne, ist das Gefäſs wieder von einem mit Eis gefüllten Gefäſse w umgeben; das in w entstehende Schmelzwasser kann durch den Hahn k abgelassen werden (Eiskalorimeter von Laplace und Lavoisier 1780).

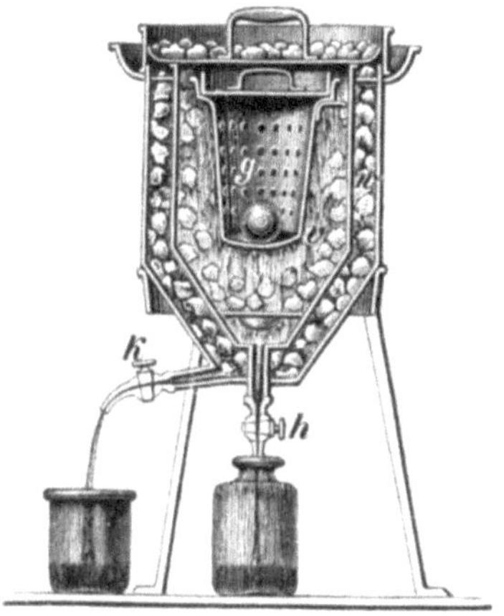

Fig. 499. Eiskalorimeter von Laplace und Lavoisier.

Ein Kilogramm Eis braucht zum Schmelzen, wie schon bemerkt worden ist, 79,25 Kalorien (nach Bunsen 80,25); wiegt nun der zu untersuchende Körper, welcher die specifische Wärme s besitzt, q *kg* und war er auf t erhitzt worden, so ist, wenn q_1 *kg* Eis geschmolzen sind:

$$qst = q_1 \, . \, 79{,}25,$$

woraus:

$$s = \frac{q_1 \, . \, 79{,}25}{q\,t}.$$

Übrigens kann man auch einen einfacheren Apparat anwenden, welcher aus einem in der Mitte ausgehöhlten Eisblocke besteht; den zu untersuchenden Körper bringt man in die Höhlung, worauf dieselbe mit einer gut schlieſsenden Eisplatte bedeckt wird. Nach einiger Zeit wird der Eisdeckel weggenommen und das Schmelzwasser ausgegossen und gewogen.

Sehr gute Resultate erhält man mittelst des **Eiskalorimeters von Bunsen** (1870); die Menge des geschmolzenen Eises wird dabei nach der Volumenverminderung bestimmt, die ein dichter Eisblock beim teilweisen Flüssigwerden erfährt. Fig. 500 zeigt das Bunsensche Eiskalorimeter in der von Reichert angegebenen Form: Eine Glasröhre B ist in ein weiteres Glasgefäſs A eingeschmolzen, welches letztere mit einer Röhre C, die sich in zwei Röhren verzweigt, verbunden ist; die eine endigt in ein weiteres Gefäſs G, dessen untere Mündung durch einen an einer Glasstange angebrachten Glasstöpsel verschlossen werden kann. Zuerst wird durch G luftfreies, ausgekochtes Wasser und nachher Quecksilber eingefüllt. Das das Gefäſs A bis oben erfüllende Wasser wird zum Gefrieren gebracht und dann der Apparat bis zur Mündung von B in Schnee gestellt; wenn das Quecksilber in den Röhren einen festen Stand angenommen hat, wird G durch den Stöpsel verschlossen, in B etwas Watte gebracht (damit beim Einwerfen eines Körpers die Röhre nicht beschädigt wird) und eine kleine Menge eiskalten Wassers eingegossen.

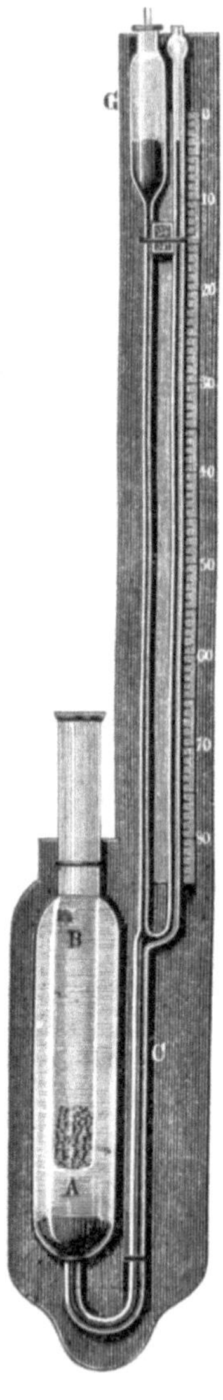

Fig. 500. Eiskalorimeter von Bunsen.

Will man nun die specifische Wärme eines Körpers untersuchen, so bringt man eine gewogene Menge desselben in ein Probierglas und setzt dieses den Dämpfen von siedendem Wasser aus. Hierauf wirft man den Körper in B und beobachtet, um wieviel Skalenteile das Quecksilber in der offenen Röhre sinkt. Hat man schon vorher bestimmt, dafs das Quecksilber um w Skalenteile sinkt, wenn $1\,g$ Wasser von 1^0 C. in der Röhre B sich auf 0^0 abkühlt, so ist es leicht, die specifische Wärme des zu untersuchenden Körpers anzugeben: wiegt derselbe $q\,g$ und sinkt das Quecksilber, während er von 100^0 C. auf 0^0 sich abkühlt, um w' Skalenteile, so ist die specifische Wärme des Körpers:

$$s = \frac{w}{100\,q w'}.$$

Ein besonderer Vorteil des Apparates besteht darin, dafs kaum irgend welche Wärme verloren geht, d. h. nicht zum Eisschmelzen verwandt wird; nimmt man nämlich so wenig von dem zu untersuchenden Körper, dafs das in B enthaltene Wasser nicht über 4^0 erhitzt wird, so steigt das untere Wasser, welches den Körper umgiebt, nicht in die Höhe, und da das Wasser ein schlechter Wärmeleiter ist, so geht die Wärme des Körpers und der unteren Wasserschichten eher an das Eis in A über, als dafs es sich dem oberen Wasser und der Luft mitteilt.

3) Die Mischungsmethode von Neumann (1831) besteht darin, dafs man eine gewogene Menge (q) eines zu untersuchenden, auf eine bestimmte Temperatur t erhitzten Körpers, in eine ebenfalls gewogene Menge (q^1) Wasser bringt, dessen Temperatur t^1 ist. Nach einiger Zeit hat der Körper (unter raschem Umrühren) seine Temperatur mit der des Wassers ausgeglichen; ist nun T die „Mischungstemperatur“ und s die specifische Wärme des Körpers, so gilt:

$$q s t + q^1 t^1 = (q s + q^1)\,T,$$

woraus:

$$s = \frac{q^1 (T - t^1)}{q (t - T)}.$$

§ 366. Versuchsresultate. — Aufgaben. Nachstehende Tabelle enthält die specifische Wärme der wichtigsten Elemente und einiger zusammengesetzter Körper.

a. Elemente:		b. Zusammengesetzte Körper (feste).	
Wismut	0,03085	Zinkblende	0,12303
Blei	0,03088	Schwefelkies	0,12560
Quecksilber	0,03192	Kochsalz	0,21401
Platin	0,03243	Quarz	0,18830
Gold	0,03244	Feldspat	0,19110
Antimon	0,05077	Flufsspat	0,20820
Jod	0,05412	Kalisalpeter	0,23875
Zinn	0,05623	Tannenholz	0,65400
Silber	0,05701	Glas (gewöhnl.)	0,09768
Arsen	0,08140	Flintglas	0,19000
Brom (fest)	0,08430		
Kupfer	0,09515		
Zink	0,09555		
Eisen	0,11379	c. Zusammengesetzte Körper (flüssige).	
Kalium	0,16956		
Schwefel	0,18800		
Phosphor	0,18870	Alkohol	0,59870
Aluminium	0,21430	Äther	0,52070
Magnesium	0,24990	Terpentinöl	0,41400
Kohle (tier.)	0,26085	Petroleum	0,41700
Natrium	0,29340	Benzin	0,39990
Lithium	0,94080	Essigsäure	0,45870

Körper, welche flüssig und fest sein können, haben in beiden Zuständen meist eine wenig verschiedene specifische Wärme; nur das Eis hat eine viel geringere als Wasser, nämlich 0,5037.

Elemente, welche verschiedene allotropische Zustände haben (Bor, Kohlenstoff, Schwefel) zeigen in diesen oft erhebliche Unterschiede z. B. Holzkohle 0,24150, Graphit 0,20187, Diamant 0,14687.

Ebenso sind die specifischen Wärmen isomerer Körper nicht gleich.

Die specifische Wärme der Körper nimmt im allgemeinen mit der Temperatur zu. Wasser von 0°: 1,0000; 10°: 1,0005; 20°: 1,0012; 50°: 1,0042.

Nach Cantoni (1862) erscheint es rationeller, bei der Untersuchung der specifischen Wärme gleiche Volumina und nicht gleiche Gewichtsteile zu Grunde zu legen; einesteils weichen die specifischen Wärmen alsdann nicht so sehr voneinander ab und anderenteils zeigt sich ein Zusammenhang zwischen der Kohäsion und der specifischen Wärme: Kalium 0,143, Natrium 0,283, Blei 0,357, Diamant 0,519, Gold 0,624, Eisen 0,882 und Nickel 0,961.

Je gröfser der Zusammenhang der Moleküle, um so gröfser die specifische Wärme.

Aufgabe 1. Eine Wassermasse von 20 g braucht, in ein Silbergefäfs gebracht, 12 Minuten um 24° Wärme zu verlieren; 20 g Quecksilber brauchen unter denselben Umständen nur 46 Sekunden, um ebenfalls 24° Wärme zu verlieren; wie grofs ist die specifische Wärme des Quecksilbers?

Aufgabe 2. Eine Eisenkugel von 100 g und 50° C. schmilzt im Eiskalorimeter 70,72 g Eis; wie grofs ist die specifische Wärme des Eises?

Aufgabe 3. Ein Kupferstück von 150 g und 300° C. wird in 2 Liter Wasser von 13° gebracht; die Mischungstemperatur beträgt 15°; wie grofs ist die specifische Wärme des Kupfers?

Aufgabe 4. Es werden 150 g Eisen von 400° C. mit 800 g Quecksilber von 12° C. gemischt; wie hoch ist die Mischungstemperatur?

Aufgabe 5, Im Bunsenschen Eiskalorimeter bringt 1 g Wasser von 2° C. ein Sinken des Quecksilbers um 20 Skalenteile hervor; ein Stück Blei und 0,5 g Gewicht und 100° C. bringt ein Sinken des Quecksilbers um 25,9 Skalenteile hervor; wie grofs ist die specifische Wärme des Bleis?

§ 367. Die specifische Wärme der Gase. Ein Gas kann unter zwei wesentlich verschiedenen Bedingungen erhitzt werden, nämlich bei konstantem Volumen und bei konstantem Drucke. Bei festen und flüssigen Körpern erfolgt die Ausdehnung durch die Wärme mit solcher Energie, dafs sie nur schwer behindert werden kann; es handelt sich deshalb bei diesen nur um eine specifische Wärme bei konstantem Drucke, dem Drucke der Atmosphäre.

Wird ein Gas in einem Cylinder, in dem sich ein schwerer Kolben befindet, um eine Anzahl Grade erhitzt, so ist dazu weniger Wärme nötig, wenn der Kolben festgehalten, als wenn er freigelassen wird; das Mehr von Wärme im letzteren Falle wird verbraucht, um die Arbeit zu leisten, welche die Hebung des Kolbens erfordert.

Man unterscheidet deshalb bei den Gasen zweierlei specifische Wärmen, die bei konstantem Volumen und die bei konstantem Drucke. Durch verschiedene Versuche hat man gefunden (Clément und Desormes 1819), dafs die specifische Wärme der Luft bei konstantem Volumen sich zu der bei konstantem Drucke wie 1 : 1,41 verhält. Die specifische Wärme der Luft für konstanten Druck ist 0,23751 und die für konstantes Volumen 0,16844.

Vergleicht man die specifischen Wärmen verschiedener Gase, sei es nun bei konstantem Drucke oder bei konstantem Volumen mit einander, so findet man, dafs dieselben nahezu einander gleich sind, wenn man gleiche Volumina und nicht gleiche Gewichtsteile zu Grunde legt.

Nachstehende Tabelle enthält die specifische Wärme, oder „Wärmekapazitäten“ mit Zugrundelegung gleicher Gewichtsteile (1 kg) — sowie gleicher Raumteile (Raum von 1 kg Luft bei 0° und 760 mm = 77375 cbcm) bei konstantem Drucke für verschiedene Gase und Dämpfe:

Namen der Gase	Gewichtskapazität bei konstantem Drucke	Raumkapazität bei konstantem Drucke
Luft	0,2375	0,2375
Sauerstoff	0,2175	0,2405
Stickstoff	0,2438	0,2365
Wasserstoff	3,4090	0,2359
Kohlenoxyd	0,2450	0,2376
Stickoxyd	0,2317	0,2406
Kohlensäure	0,2163	0,3307
Chlor	0,1210	0,2964
Salzsäuregas	0,1845	0,2352
Wasserdampf	0,4805	0,2989

Die Raumkapazitäten erhält man aus dem Gewichtskapazitäten, wenn man die letzteren mit den specifischen Gewichten der Gase, auf Luft bezogen, multipliziert. — Spricht man gemeinhin von specifischer Wärme bei konstantem Druck, so ist damit die Gewichtskapacität gemeint. — Den Ausdruck „Wärmekapacität“ will Clausius nur für die specifische Wärme bei konstantem Volumen gebraucht wissen; er ist aber auch bei flüssigen und festen Körpern, da diese ihr Volumen nur unbedeutend vergröfsern, zulässig.

Die specifische Wärme bei konstantem Druck pflegt man mit c', diejenige bei konstantem Volumen mit c und das Verhältnis beider $\frac{c'}{c}$ mit k zu bezeichnen.

Die specifische Wärme eines Gases bei konstantem Drucke wird gemessen, indem man eine bestimmte Menge Gas, welches auf eine bestimmte Temperatur erhitzt worden, durch ein Schlangenrohr leitet, welches von kaltem Wasser umgeben ist; aus der Erhöhung der Temperatur des Wassers läfst sich die specifische Wärme berechnen (Delaroche und Bérard 1813, Regnault 1840).

Das Verhältnis zwischen der specifischen Wärme bei konstantem Druck und bei konstantem Volumen haben zuerst Clément und Désormes 1819 untersucht. Den genauesten Wert für dieses Verhältnis findet man aus der Vergleichung der berechneten und beobachteten Schallgeschwindigkeit (§ 369); die erstere, von Newton berechnet, zeigte sich $\sqrt{1,41}$mal kleiner als die letztere; dies rührt (nach Laplace 1817) daher, dafs bei der Berechnung aufser acht gelassen worden war, dafs die Luft in den verdichteten Stellen sich erwärmt und in den verdünnten sich abkühlt; dadurch wird die Elasticität der Luft vergröfsert, d. h. es wird der Stofs der verdichteten und gleichzeitig erwärmten Luft gegen die verdünnte und erkaltete gröfser, als wenn keine Temperaturänderung stattgefunden hätte. Die aus der berechneten und beobachteten Schallgeschwindigkeit abgeleitete Verhältniszahl zwischen der specifischen Wärme bei konstantem Druck und bei konstantem Volumen ist deshalb wohl die genaueste, weil bei dem enorm schnellen Wechsel von Verdichtung und Verdünnung in den Schallwellen sicher keine Wärme an die Umgebung verloren geht, was bei anderen Versuchen nicht wohl zu vermeiden ist.

§ 368. Berechnung der bei der Kompression eines Gases entstehenden Wärme und Erhöhung der Spannkraft. 1) Das Gewicht einer Gasmasse sei P, sein Volumen V und seine Temperatur (nach der absoluten Skala) T; ferner bezeichne c die specifische Wärme bei konstantem Volumen und c' die bei konstantem Druck. Wird nun das Gas das eine Mal bei konstantem Volumen, das andere Mal bei konstantem Druck um ΔT erhitzt, so betragen die ihm dabei zugeführten Wärmemengen bezüglich:

$$Pc \,.\, \Delta T \text{ und } Pc' \,.\, \Delta T.$$

Wird das Gas bei konstantem Druck erhitzt, so verbraucht es mehr Wärme, als wenn es bei konstantem Volumen erhitzt würde und zwar um soviel, als der Arbeit der Ausdehnung um ΔV entspricht; bezeichnen wir diese Wärmemenge mit ΔQ, so ist:

$$\Delta Q = P(c' - c) \Delta T.$$

Nun ist aber (§ 345) nach dem Gay-Lussacschen Gesetz:

$$\Delta T : T = \Delta V : V,$$

weshalb:

$$\Delta Q = P(c' - c) \frac{T . \Delta V}{V}. \tag{1}$$

Mit Berücksichtigung von 4) in § 345 kann man also schreiben:

$$\Delta Q = P(c' - c) . \frac{\Delta V . B}{R}.$$

Nun sind aber P und R konstant; bezeichnen wir deshalb $P : R$ mit Const., so erhalten wir:

$$\Delta Q = (c' - c) B . \Delta V . \text{Const.}$$

2) Wird ein Gas komprimiert und sieht man zunächst von der dabei entstehenden Wärme ab, so ist, wenn B den ursprünglichen Druck, D die Dichtigkeit, ΔB die Druck- und ΔD die Dichtigkeitszunahme bedeutet, nach dem Mariotteschen Gesetz:

$$\Delta B = B . \frac{\Delta D}{D}. \tag{2}$$

Ferner ist, wenn ΔV die Abnahme des Volumens V bezeichnet:

$$\frac{\Delta V}{V} = \frac{\Delta D}{D} \tag{3}$$

und zwar gilt diese Gleichung, einerlei ob man auf die bei der Komprimierung entstehende Wärme Rücksicht nimmt, oder nicht.

Bei der Komprimierung aber entsteht Wärme, wobei die Temperatur um ΔT erhöht wird. Stellen wir uns nun vor, dem Gas werde nach der Komprimierung ohne Änderung seines Volumens soviel Wärme (ΔQ) zugeführt, dafs die Temperatur um ΔT steigt, so ist:

$$\Delta Q = P . c . \Delta T, \text{ oder } \Delta T = \frac{\Delta Q}{P . c}. \tag{4}$$

Wenn das Gas bei der Komprimierung ΔV an Volumen verliert, so ist ΔQ die bei der Komprimierung um ΔV entstehende Wärmemenge, also nach 1):

$$\Delta Q = P(c' - c) . \frac{T . \Delta V}{V}$$

oder:

$$\Delta Q = P(c' - c) . T . \frac{\Delta D}{D}. \tag{5}$$

Mit Berücksichtigung von 4) geht 5) über in:

$$\Delta T = \frac{c' - c}{c} T . \frac{\Delta D}{D}. \tag{6}$$

Durch Komprimierung eines Luftvolumens V um ΔV entsteht eine Vermehrung der Spannkraft 1) durch die blofse Kompression ohne Rücksicht auf die dabei entstehende Wärme; diese Spannungszunahme, welche wir mit ΔB bezeichnen wollen, beträgt:

$$\Delta B = B . \frac{\Delta D}{D}.$$

Es entsteht eine weitere Spannungszunahme 2) durch die bei der Kompression erzeugte Wärme; bezeichnen wir dieselbe mit $\Delta' B$, so gilt nach 3) in § 345:

$$\Delta' B : B = \Delta T : T,$$

weshalb Gleichung 6) übergeht in:

$$\Delta' B = B \frac{c' - c}{c} . \frac{\Delta D}{D}.$$

Bezeichnen wir die Gesamtzunahme der Spannung mit δB, so ist:

$$\delta B = \varDelta B + \varDelta' B = B \frac{\varDelta D}{D} + B \cdot \frac{c' - c}{c} \cdot \frac{\varDelta D}{D},$$

oder:

$$\delta B = k \cdot B \cdot \frac{\varDelta D}{D} \qquad 7)$$

oder:

$$\frac{\delta B}{\varDelta D} = k \cdot \frac{B}{D}. \qquad 8)$$

Anmerkung: Aus 8) folgt:

$$\frac{\delta B}{B} = k \cdot \frac{\varDelta D}{D} = k \cdot \frac{\varDelta V}{V};$$

hieraus erhält man durch Integration:

$$\frac{B}{B_1} = \left(\frac{D}{D_1}\right)^k = \left(\frac{V}{V_1}\right)^k.$$

§ 369. Bestimmung des Verhältnisses (k) der beiden specifischen Wärmen. 1) Clément und Désormes (1819) benutzten zur Bestimmung des angegebenen Verhältnisses einen Glasballon A (Fig. 501) von ca. 20 Liter Gehalt, an dessen oberer Metallfassung ein weiter Hahn R und eine wagrechte Röhre C angebracht war; die letztere konnte mit einer Luftpumpe verbunden werden und stand mit einem Manometer in Verbindung.

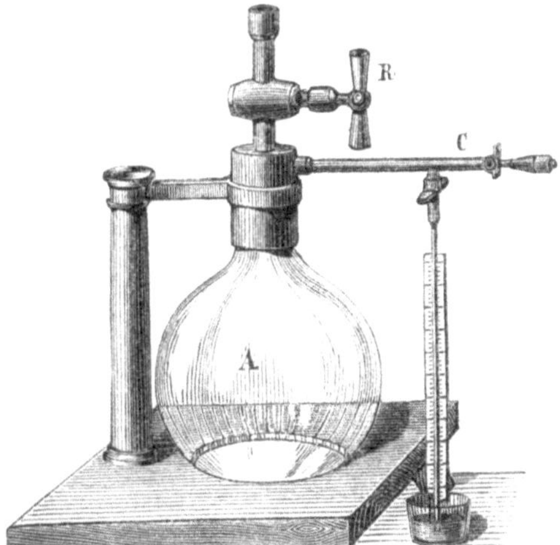

Fig. 501. Bestimmung des Verhältnisses der beiden specifischen Wärmen.

Pumpt man aus A etwas Luft aus und wartet man bis die entstandene Temperaturerniedrigung sich ausgeglichen, so steht jetzt das Manometer h mm höher; ist b der äufsere Druck, so beträgt nach dem Auspumpen (und der Ausgleichung der Temperatur) der Druck der inneren Luft:

$$b - h.$$

Die Dichtigkeit der Luft sei jetzt δ.

Läfst man nun durch R Luft einströmen, so stellt sich sofort Gleichgewicht zwischen dem inneren und äufseren Drucke her; dies dauert kaum $^1/_2$ Sekunde, worauf der Hahn R wieder geschlossen wird. Trotz der momentanen Gleichheit des inneren und äufseren Druckes ist die Dichtigkeit der inneren Luft geringer als die der äufseren; denn durch die plötzliche Komprimierung ist Wärme entstanden; die Spannkraft der inneren Luft konnte also der der äufseren, trotz geringerer Dichtigkeit, gleich sein. Nach einiger Zeit ist die durch die Verdichtung der inneren Luft entstandene Wärme wieder verschwunden und der innere und äufsere Druck ist nicht mehr gleich; das Manometer mag jetzt h_1 mm hoch stehen; die Spannkraft der inneren Luft ist nunmehr:

$$b - h_1.$$

Die Dichtigkeit der inneren Luft sei jetzt δ_1.

Würde die innere Luft von der Spannung $b - h_1$ um den Betrag der durch die erwähnte Kompression entstehenden Wärme (ohne Volumenänderung) erhitzt, so würde sie auf die Spannkraft b kommen. Sei T die herrschende Temperatur und ΔT die nötige Temperaturerhöhung, um die Spannkraft $b - h_1$ auf b zu bringen, so würde aus 3) in § 345 folgen:

$$b = (b - h_1)\frac{T + \Delta T}{T},$$

und hieraus:

$$\frac{\Delta T}{T} = \frac{h_1}{b - h_1}. \tag{1}$$

Aus 6) in § 368 aber erhält man:

$$\frac{\Delta T}{T} = \frac{c' - c}{c}\frac{\Delta D}{D}. \tag{2}$$

Aus 1) und 2) ergiebt sich:

$$\frac{h_1}{b - h_1} = \frac{c' - c}{c} \cdot \frac{\Delta D}{D} = \frac{c' - c}{c} \cdot \frac{\delta_1 - \delta}{\delta_1}. \tag{3}$$

Nun verhalten sich aber (nach dem Mariotteschen Gesetz) bei gleichen Temperaturen die Dichtigkeiten wie die Spannkräfte:

$$\delta_1 : \delta = b - h_1 : b - h.$$

oder:

$$\frac{\delta_1 - \delta}{\delta_1} = \frac{h - h_1}{b - h_1}.$$

Dies in 3) eingesetzt, giebt:

$$\frac{h_1}{b - h_1} = \frac{c' - c}{c} \cdot \frac{h - h_1}{b - h_1}.$$

Bedenkt man, dafs $\frac{c'}{c}$ mit k bezeichnet zu werden pflegt, so erhält man schliefslich:

$$k = \frac{h}{h - h_1}. \tag{4}$$

Clément und Désormes fanden seiner Zeit $k = 1{,}357$.

2) Es ist schon bemerkt worden, dafs die beobachtete Fortpflanzungsgeschwindigkeit des Schalles kleiner ist als die ohne Rücksicht auf die Temperaturänderung, welche bei der Verdichtung und Verdünnung entsteht, berechnete.

Nach § 163 ist die Fortpflanzungsgeschwindigkeit des Schalles:

$$c = \sqrt{\frac{e}{d}},$$

wo e den Elasticitätsmodulus und d die Masse der Volumeneinheit bedeutet. Bei den Gasen ist Spannung (oder specifischer äufserer Druck) und Elasticitätsmodulus einerlei; denn vermehrt man den Druck um seinen eigenen Wert, so nimmt das Volumen auf die Hälfte ab (§ 102). Man kann deshalb auch schreiben:

$$c = \sqrt{\frac{Bg}{D}},$$

wo B die Spannkraft (in Kilogrammen) und D das Gewicht der Volumeneinheit bedeutet.

Sieht man bei den Luftschwingungen von der Temperaturänderung ab, so ist der Elasticitätsmodulus kleiner, als wenn man darauf Rücksicht nimmt; man könnte sich vorstellen, die Luft habe im letzteren Fall bei gleicher Dichte eine etwas höhere Temperatur, welche sich aber beim Schwingen nicht ändere.

Es sei im ersten Fall die Fortpflanzungsgeschwindigkeit des Schalles c, der

Elasticitätsmodulus e und die Spannung B, im anderen bezüglich c', e' und B'; dann ist $c = \sqrt{\frac{e}{d}} = \sqrt{\frac{B g}{D}}$ die ohne Rücksicht auf Temperaturänderung berechnete (Newtonsche) Fortpflanzungsgeschwindigkeit und $c' = \sqrt{\frac{e'}{d}} = \sqrt{\frac{B' g}{D}}$ die wahre, wie sie der Beobachtung entspricht.

Nun ist:

$$\frac{\Delta B}{\Delta D} = \frac{B}{D} \text{ und } \frac{\Delta B'}{\Delta D} = \frac{B'}{D},$$

da wir in beiden Fällen annehmen, es entstände beim Schwingen keine Temperaturänderung.

Nun ist nach 8) in § 368:

$$\frac{\delta B}{\Delta D} = k \cdot \frac{B}{D}.$$

Es ist aber $\delta B = \Delta B'$, denn wir nehmen B' so grofs, dafs eine Spannkraftsänderung $\Delta B'$, welche durch eine Dichtigkeitsänderung ΔD, ohne auf Temperaturänderung Rücksicht zu nehmen, entsteht, ebenso grofs sei, wie die Änderung δB der Spannkraft B, welche zugleich durch die Dichtigkeitsänderung ΔD und die dabei entstehende Temperaturerhöhung erzeugt werde; folglich ist:

$$\frac{\Delta B'}{\Delta D} = k \cdot \frac{B}{D}.$$

Hieraus folgt:

$$c' = \sqrt{\frac{k \cdot B g}{D}} = \sqrt{\frac{k e}{g}}.$$

Anmerkung. Weil beim Einströmen von Luft in A infolge der zugleich entstehenden Wärme im ersten Moment die Spannkraft $b - h$ in b übergeht, während die entsprechenden Dichtigkeiten sich wie $b - h : b - h_1$ verhalten, so kann man die Formel $\frac{B}{B_1} = \left(\frac{D}{D_1}\right)^k$ in der Anmerkung zu § 368 folgendermafsen schreiben:

$$\frac{b}{b - h} = \left(\frac{b - h_1}{b - h}\right)^k.$$

woraus:

$$k = \frac{lg\, b - lg\,(b - h)}{lg\,(b - h_1) - lg\,(b - h)}.$$

Für kleine h und h_1 geht diese Formel in Formel 4) über.

§ 370. Das mechanische Aquivalent der Wärme. Graf Rumford in München wurde beim Bohren von Kanonen (1798) auf die grofse dabei entstehende Wärmemenge aufmerksam; er suchte auch dieselbe zu bestimmen, indem er Kanonenrohre unter Wasser bohren liefs und die Temperaturerhöhung des Wassers mafs. Er stellte die Ansicht auf, die übrigens auch schon früher ausgesprochen worden war, dafs die Wärme auf einer schwingenden Bewegung der Moleküle beruhe und dafs beim Bohren, Hämmern, Feilen u. s. w. die geleistete Arbeit sich in Wärme verwandele, d. h. dafs die äufsere sichtbare Bewegung sich in die unsichtbare der kleinsten Teilchen umsetze.

Besonders beweisend für diese Ansicht ist ein Versuch von Davy; er rieb zwei Eisstücke unter der Glocke einer Luftpumpe bei 0^0 Temperatur aneinander und bemerkte, dafs ein Teil des Eises sich in Wasser verwandelte.

Übrigens blieb man im wesentlichen vorläufig noch bei der „Stofftheorie“, bis Mayer in Heilbronn (1842) den Satz aufstellte, daſs einer bestimmten Arbeitsmenge eine bestimmte Wärmemenge entspräche und auch versuchte das mechanische Äquivalent der Wärme, d. h. die Arbeit, welche einer Kalorie entspricht, zu berechnen. Mayer stützte sich dabei auf die Versuche von Clément und Désormes (§ 369). Bezeichnet man mit c' die specifische Wärme der (Gewichtseinheit) Luft bei konstantem Drucke und mit c die specifische Wärme bei konstantem Volumen, so ist:

$$c' = 1{,}41 \, . \, c.$$

Die Wärmemenge, welche zur Überwindung des äuſseren Druckes durch die Ausdehnung einer Gewichtseinheit Luft bei einer Temperaturerhöhung um 1^0 C. geleistet wird, beträgt:

$$c' - c = c' \left(1 - \frac{c}{c'}\right) = \frac{0{,}41}{1{,}41} \, . \, c' \text{ Kalorien.}$$

Nun ist aber $c' = 0{,}23751$ Kalorien, folglich die bei der Ausdehnung einer Gewichtseinheit Luft bei konstantem Druck und einer Temperaturerhöhung um 1^0 C. verbrauchte Wärmemenge:

$$\frac{0{,}41}{1{,}41} \, . \, 0{,}23751 \text{ Kalorien.}$$

Denkt man sich nun einen Kubikmeter Luft bis 0^0 und 760 mm Druck, so wiegt derselbe 1,2932 kg, folglich ist die zur Ausdehnung dieser Luftmasse bei konstantem Drucke von einer Atmosphäre erforderliche Wärmemenge:

$$\frac{0{,}41}{1{,}41} \, . \, 0{,}23751 \, . \, 1{,}2932 = 0{,}08931 \text{ Kalorien.}$$

Der Druck einer Atmosphäre auf einen Kubikmeter beträgt 10336 kg, und da sich der Kubikmeter Luft bei einer Erwärmung um 1^0 C. um 0,003665 m ausdehnt, so ist die Arbeit, welche bei der Ausdehnung verrichtet wird:

$$10336 \, . \, 0{,}003665 = 37{,}88144 \text{ mkg.}$$

Es sind also 0,08931 Kalorien imstande 37,88144 mkg Arbeit zu leisten, folglich leistet eine Kalorie:

$$\frac{37{,}88144}{0{,}08931} = 424 \text{ mkg Arbeit.}$$

Das mechanische Äquivalent der Wärme ist also 424 mkg.

Wenn einem beliebigen Körper Wärme zugeführt wird, so wird ein Teil derselben zur Leistung innerer und ein anderer Teil zur Leistung äuſserer Arbeit verbraucht (§ 437). Ist $\triangle Q$ die zugeführte Wärmemenge, $\triangle U$ die hierdurch bewirkte Änderung der inneren und $\triangle L$ die der äuſseren Arbeit, so gilt, wenn $A = \frac{1}{424}$:

$$\triangle Q = A \, (\triangle U + \triangle L).$$

Erste Hauptgleichung der mechanischen Wärmetheorie.

§ 371. Versuche von Joule und Hirn über das mechanische Äquivalent der Wärme. In den Jahren 1843—1850 machte Joule in Manchester eine Reihe von Versuchen, um das mechanische Äquivalent der Wärme festzustellen:

1) Mittelst einer Pumpe wurde trockene Luft in einen kupfernen Behälter gepreſst, welcher in einem Gefäſse mit Wasser stand. Man bestimmte einerseits die Temperaturerhöhung des Wassers und andererseits die beim Pumpen geleistete Arbeit; die durch Reibung des Pumpenkolbens am Stiefel entstehende Wärme wurde selbstverständlich mit in Rechnung gebracht.

Dafs Wärme durch Kompression von Luft entsteht, läfst sich, wie schon früher (§ 336) erläutert, mittelst des pneumatischen Feuerzeuges nachweisen. — Dehnt sich umgekehrt komprimierte Luft arbeitverrichtend aus, so kühlt sie sich ab, wie dies z. B. beim Ausströmen derselben in die freie Luft stattfindet, indem dabei der äufsere Druck überwunden wird; man kann auf diese Art sogar Eis erzeugen. Strömt aber verdichtete Luft aus einem Cylinder in einen anderen luftleeren, so bleibt die Gesamttemperatur in beiden dieselbe; in dem ersten Cylinder freilich entsteht Kälte, da die hinteren Luftschichten die vorderen fortschieben, welche Arbeit auf Kosten von Wärme geleistet wird; in dem zweiten aber erhöht sich die Temperatur, indem die Bewegung der Luft plötzlich (an den Wänden) gehemmt wird und sich also die lebendige Kraft der Luftschichten in Wärme umsetzt (Gay-Lussac und Joule).

Beim Auspumpen der Luft aus einer Glasglocke entsteht eine Trübung, welche von der Abkühlung und der damit zusammenhängenden Kondensation des in der Luft enthaltenen Wasserdampfes herrührt; diese Trübung bemerkt man leicht, wenn man durch die Glocke nach einer Flamme sieht; dieselbe erscheint von einem „Hof“ umgeben.

Stöfst man in eine Messingröhre, welche am einen Ende durch einen Stopfen verschlossen ist, einen Kolben rasch ein, so fliegt der Stopfen weg, und es erscheint vor diesem Ende eine kleine Dampfwolke.

2) Auch die durch Reibung entstehende Wärme hat Joule mit der dabei geleisteten Arbeit verglichen. In einem mit Quecksilber gefüllten Gefäfse *G* (Fig. 502)

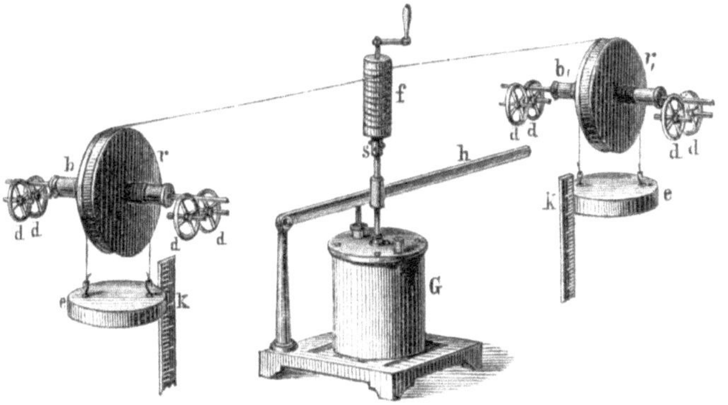

Fig. 502. Versuch von Joule zur Bestimmung des mechanischen Wärmeäquivalentes.

befand sich eine feste eiserne Scheibe und eine um die Achse *s* drehbare; durch einen mit Gewichten beschwerten Hebel *h* wurde die bewegliche Scheibe auf die feste gedrückt. Auf der Achse *s* befand sich eine mit einer Schnur umwickelte Walze *f*; die Schnurenden gingen über zwei Rollen *r* und r_1, die durch schwere, sinkende Gewichte *e, e* umgedreht wurden und so auch die Umdrehung der einen eisernen Scheibe bewirkten. Die Achsen der Rollen *r* und r_1 lagen, zur Verminderung der Reibung, auf je zwei Friktionsrollen *dd* auf. Die Fallhöhe der Gewichte *ee* konnte an Mafsstäben *k, k* abgelesen und so die Arbeit der Gewichte bestimmt werden, während ein in *G* eintauchendes Thermometer die Temperaturerhöhung erkennen liefs.

Ein anderer Versuch bestand darin, dafs ein Flügelrad in dem mit Quecksilber oder Wallratöl u. dergl. gefüllten Gefäfse *G* umgedreht und die durch die Reibung des Flügelrades an der Flüssigkeit entstandene Wärme mit der Arbeit der sinkenden Gewichte verglichen wurde.

3) Hirn suchte die beim „Stofs“ entstehende Wärmemenge zu messen und sie mit der dabei verbrauchten lebendigen Kraft zu vergleichen: Ein Eisencylinder und ein Steinblock waren einander gegenüber an Seilen pendelartig aufgehängt

und zwischen ihnen ein ausgehöhltes Bleistück aufgestellt. Der Eisencylinder wurde bis zu einer bestimmten Höhe gehoben, die Temperatur des Bleistückes gemessen und nunmehr der Eisencylinder niederfallen lassen. Das durch den Stofs etwas zusammengeprefste Bleistück wurde rasch zwischen den Pendeln herausgenommen und mit Wasser von 0° C. gefüllt. Aus der Temperaturerhöhung des Wassers ergab sich die entstandene Wärme. Die aufgebrauchte mechanische Arbeit bestimmte sich aus dem Gewichte und der Fallhöhe des Eisencylinders, abzüglich der in dem Eisencylinder und dem Steinblock zurückgebliebenen lebendigen Kraft, die man daraus bestimmte, wie hoch der Steinblock aufwärts stieg und der Eisencylinder zurücksprang. Alle diese Versuche führten im Mittel auf 424 mkg als Äquivalent für eine Kalorie.

§ 372. Specifische Wärme und Atomgewicht bei festen Körpern. Dulong und Petit (1818) fanden, durch Vergleichung der specifischen Wärmen und der Atomgewichte der festen Elemente, den Satz: Das Produkt aus dem Atomgewicht und der specifischen Wärme der festen Elemente d. h. die Atomwärme ist konstant.

Wismut: 210 . 0,03085 = 6,48;
Blei: 207 . 0,03088 = 6,39;
Platin: 197,4 . 0,03243 = 6,40;
Schwefel: 32 . 0,18800 = 6,02 u. s. w.

Sind nun auch die Zahlen nicht vollkommen gleich, so ist doch eine hinlängliche Übereinstimmung nicht zu verkennen. Bedeutende Abweichungen finden sich wesentlich nur bei Bor und Kohlenstoff (einerlei welchen der allotropen Zustände dieser Elemente man zu Grunde legt). Man kann den Satz von Dulong auch so aussprechen: Die Atome der einfachen Körper brauchen zu gleicher Temperaturerhöhung gleichviel Wärme.

Später (1831) fand Neumann, dafs ähnlich zusammengesetzte Körper auch gleiche Atomwärmen besitzen. Kopp drückt den Satz so aus: Die Atomwärme einer chemischen Verbindung ist gleich der Summe der Atomwärmen der einzelnen in der Verbindung enthaltenen Elemente.

Freilich müfste man erst feststellen, wie grofs die Atomwärme der gasförmigen Elemente (Sauerstoff, Wasserstoff u. s. w.) im festen Zustande wäre. Dies gelingt auf folgende Art: Alle nach der Formel MO zusammengesetzten Oxyde haben die Atomwärme 10,93; da nun die Atomwärme eines festen Elementes, wie etwa Kupfer, gleich 6,4 ist, so ist die Atomwärme des im Kupferoxyd in festem Zustand enthaltenen Sauerstoffes 4,53. Im Mittel aus vielen Berechnungen nimmt Kopp als Atomwärme des festen Sauerstoffes die Zahl 4 an. Danach berechnet sich z. B. die Atomwärme des $CuSO_4 = 6{,}4 + 6{,}4 + 4 \,.\, 4 = 28{,}8$.

Aufgabe. Zusammenstellung der Energieverwandlungen — Erhaltung der Energie.

e) Fortpflanzung der Wärme.

§ 373. Fortpflanzung der Wärme durch Leitung. 1) Wenn man einen silbernen Löffel in eine heifse Flüssigkeit stellt, so wird er bald auch an dem aus der Flüssigkeit hervorragenden Ende warm. Sind zwei Körper von verschiedener Temperatur miteinander in Berührung, so giebt der heifsere Wärme an den kälteren ab; die Moleküle des ersteren sind in lebhafter Bewegung und teilen an der Berührungsstelle den Molekülen des kälteren einen Teil ihrer lebendigen Kraft mit; der heifsere Körper verliert, der kältere gewinnt an Wärme. Von der Berührungsstelle aus setzt sich die Mitteilung der Bewegung auf die folgenden Schichten nach und nach fort.

Der Übergang von Wärme von den heifseren Teilen eines und desselben Körpers zu den kälteren nennt man innere Leitung; der Übergang von Wärme aber von einem heifseren Körper zu einem anderen ihn direkt berührenden kälteren, nennt man äufsere Leitung.

2) Hält man zwei gleich lange Stäbe von Holz und Eisen mit dem einen Ende in eine Flamme, so wird das Eisen rasch am anderen Ende heifs, das Holz nicht: Die Leitungsfähigkeit der Körper ist sehr verschieden.

Um die Leitungsfähigkeit der Körper zu untersuchen, wandte Ingenhoufs den Apparat Fig. 503 an. Derselbe besteht aus einem Blechkasten, in dessen eine Wand sich eine Anzahl gleich langer und dicker mit Wachs überzogener Stäbe von verschiedenem Material einfügen lassen. Bringt man in den Kasten heifses Wasser und erhält es längere Zeit im Sieden, so schmelzen die Wachsschichten auf den Stäben in derselben Zeit verschieden weit ab.

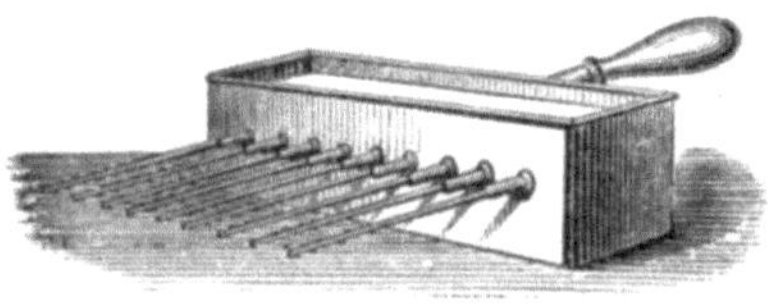

Fig. 503. Apparat von Ingenhoufs.

Biot (1816) und Depretz (1828) stellten eine Reihe von Thermometern in gleichen Abständen von einander in kleine Höhlungen eines am einen Ende erhitzten Stabes und beobachteten die Thermometerstände. Dabei fand sich, dafs der Quotient aus der Summe der Thermometerstände zweier nicht unmittelbar aufeinander folgender Thermometer, dividiert durch den Stand des dazwischenliegenden, konstant sei:

$$\frac{t + t_2}{t_1} = \frac{t_1 + t_3}{t_2} = \frac{t_2 + t_4}{t_3} \cdots$$

Wiedemann und Franz haben die Leitungsfähigkeit in der Weise untersucht, dafs sie einen Stab in einen Glascylinder einschlossen, welcher in ein Wasserbad von konstanter Temperatur eingebettet war. Das eine Ende des Stabes ragte aus dem Cylinder hervor und wurde durch Dämpfe von siedendem Wasser bis 100^0 C. erhitzt, das andere Ende war mit dem den Cylinder umgebenden Wasser in Berührung. Ein kleines thermoelektrisches Element wurde nach einiger Zeit mit verschiedenen Stellen des Stabes in Berührung gebracht und aus den Ausschlägen der Nadel die Leitungsfähigkeit berechnet.

Die besten Leiter sind die Metalle, vornehmlich Silber; die schlechtesten sind Haare, Wolle, Federn, Pelz, Stroh, Schnee, Wasser, Luft. Als Halbleiter gelten Steine, Glas, Porzellan, Knochen, Leinwand u. s. w. Wir führen noch die Verhältniszahlen der Leitungsfähigkeit einiger Metalle an:

Silber 100; Kupfer 73,6; Gold 53,2; Messing 23,1; Zink 19; Zinn 14,5; Eisen 11,9; Blei 8,5; Platin 8,4; Neusilber 6,3; Roses Metall 2,8; Wismut 1,8.

Andere feste Körper leiten mehrtausendfach schlechter als die Metalle.

Die verschiedene Leitungsfähigkeit etwa von Eisen und Kupfer kann man mittelst zweier gleichdicker Stangen aus Eisen und Kupfer zeigen, welche einander beinahe berühren und an welche in gleichen Abständen Holzkugeln mit Wachs angeklebt sind. Erhitzt man die Stangen, wie Fig. 504 zeigt, so fallen die Kugeln an der Kupferstange früher als an der Eisenstange ab.

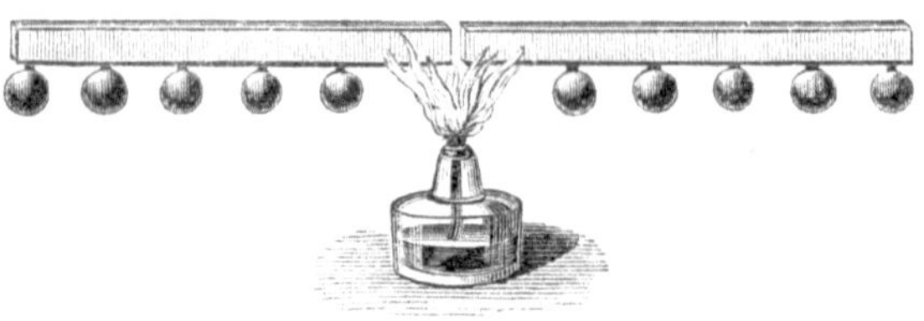

Fig. 504. Vergleichung der Leitungsfähigkeit v. Kupfer u. Eisen.

Legt man auf jede Hälfte eines Doppelstabes aus Eisen und Kupfer in gleichem Abstand von der Verbindungsstelle ein Stückchen Phosphor und erhitzt an jener Stelle, so fängt der Phosphor auf dem Kupfer zuerst zu brennen an.

Die Leitungsfähigkeit ist bei vielen Körpern nicht nach allen Richtungen hin gleich. Um die Leitungsfähigkeit nach verschiedenen Richtungen hin zu prüfen, schneidet man aus dem Körper eine dünne Platte, überzieht dieselbe mit einer Wachsschicht und setzt in der Mitte einen zugespitzten Draht auf, welcher erhitzt wird. Das Schmelzen des Wachses erfolgt entweder kreisförmig, um die Spitze des Drahtes als Mittelpunkt, oder elliptisch; im letzteren Fall ist die Leitungsfähigkeit nach der Richtung der grofsen Achse der Ellipse am gröfsten.

Bei den Krystallen des regulären Systemes erfolgt das Abschmelzen des Wachses kreisförmig, einerlei nach welcher Richtung die Platte aus dem Krystall geschnitten worden; bei den Krystallen des hexagonalen und quadratischen Systemes nur dann, wenn der Schnitt senkrecht zur Hauptachse geführt ist; bei allen anderen Krystallen ist die Abschmelzungskurve des Wachses stets eine Ellipse.

Auch bei vielen anderen, namentlich organischen Körpern (Holz, Elfenbein u. s. w.) ist die Leitungsfähigkeit nach verschiedenen Richtungen hin ungleich.

Im Winter kleidet man sich in den gemäfsigten und kalten Klimaten in Wolle oder Pelz, im Sommer in Leinen; ist aber die äufsere Temperatur gröfser als die Blutwärme, wie dies in den Tropen vorkommt, so kleidet man sich auch im Sommer in Wolle, um das Eindringen der Sonnenwärme zu verhindern. Pumpen und Wasserleitungsröhren umwickelt man im Winter mit Stroh, Wolle oder Filz; die Kellerlöcher verstopft man (auf dem Lande) mit Stroh, oder besser mit Mist, da dieser bei der Verwesung Wärme erzeugt. Ofenthüren versieht man mit hölzernen oder gläsernen Griffen. Die Handhaben der Bügeleisen umwickelt man mit Leder, welches mit Haaren ausgestopft ist. Der Schnee schützt die Saaten vor dem Erfrieren. Bei den Doppelfenstern ist es die zwischen ihnen eingeschlossene Luftschicht, welche das Ausströmen der Wärme aus dem Zimmer erschwert.

§ 374. Wärmeleitung der Flüssigkeiten und Gase. Bei der Untersuchung der Leitungsfähigkeit der Flüssigkeiten und der Gase ist der Umstand besonders störend, dafs die einzelnen Schichten durcheinander strömen. Wird ein Gefäfs mit Wasser von unten erhitzt, so strömt die unterste Schicht, welche zuerst heifs und leicht wird, in die Höhe; man kann also auf diese Art die Wärmeleitungsfähigkeit nicht prüfen. Besser gelingt es, wenn man die Flüssigkeit oder das Gas von oben erhitzt; man überzeugt sich alsdann, dafs die Leitungsfähigkeit dieser Körper ziemlich gering ist. Schüttet man z. B. auf Wasser, welches sich in einem Gefäfse befindet, in das oben und unten ein Thermometer in horizontaler Lage eingelassen ist, Weingeist und zündet denselben an, so steigt wohl das obere Thermometer rasch, das untere dagegen nur sehr langsam. Bringt man ein Stück Eis, welches mit Draht umwickelt ist, in ein mit Wasser gefülltes Reagensglas und erwärmt es oben, so schmilzt das Eis nur sehr allmählich. Einigermafsen sicher kann man die Leitungsfähigkeit auch bestimmen, wenn man die Flüssigkeit in eine horizontale Röhre bringt, in welche in gleichen Abständen Thermometer in vertikaler Richtung eingelassen sind, und die Röhre am einen Ende erwärmt (Depretz, Paalzow). Man fand auf diese Art die Leitungsfähigkeit des Quecksilbers gleich 1,17 und die des Wassers 0,01 (Silber = 100). Die Leitungsfähigkeit der Gase suchte Magnus durch Erhitzen von oben zu bestimmen, während Narr, Stefan und Winkelmann das Gas in einen Cylinder einschlossen, der von einem anderen in einigem Abstand luftdicht eingeschlossen war. Der innere Cylinder trug oben eine umgebogene Röhre, welche in Quecksilber tauchte. Der Apparat wird in Eis gestellt. Nach und nach giebt die Luft im inneren Cylinder ihre Wärme an die im äufseren Cylinder ab, was man daran sieht, dafs das Quecksilber in der Röhre steigt. Aus der Schnelligkeit des Steigens konnte die Leitungsfähigkeit berechnet werden.

Die Leitungsfähigkeit der Luft beträgt nach Winkelmann 0,0036, für Wasserstoff 0,022 und für Kohlensäure 0,0021 (Silber = 100).

§ 375. Fortpflanzung der Wärme durch Strömung. 1) Obwohl die Flüssigkeiten schlechte Wärmeleiter sind, so pflanzt sich doch in ihnen, namentlich wenn sie von unten erhitzt werden, die Wärme rasch fort und zwar durch Strömung; die unterste Schicht wird zuerst erhitzt, steigt auf und macht der zweituntersten Platz, welche nun ebenfalls erhitzt wird, aufsteigt u. s. w.; auf diese Art wird die Flüssigkeit rasch durch die ganze Masse warm.

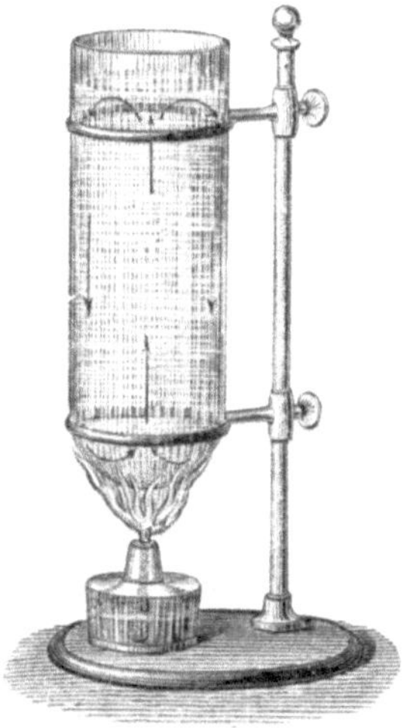

Fig. 505. Strömung erhitzter Flüssigkeiten.

Die Strömung erhitzter Wassermassen kann man leicht zeigen, wenn man kleine Bernsteinstückchen, Semen lycopodii u. dergl. in ein geräumiges, mit Wasser gefülltes Glasgefäfs wirft und (von unten) erhitzt; die kleinen festen Teilchen steigen in der Mitte auf und sinken am Rande wieder herunter (Fig. 505).

Umgiebt man einen hohen, mit Wasser gefüllten Glascylinder, in welchem oben und unten je ein Thermometer horizontal eingelassen ist, in der Mitte mit einem Blechmantel, welcher mit öfter erneuertem heifsen Wasser gefüllt wird, so steigt das obere Thermometer rasch, das untere sehr langsam (vergl. Fig. 491).

2) Noch leichter wird die Luft durch Strömung heifs als das Wasser, obwohl sie ein noch schlechterer Wärmeleiter ist. Wird ein Ofen angeheizt, so wird erst die ihn unmittelbar umgebende Luft heifs und steigt an die Decke; dann strömen die folgenden, unteren Luftschichten nach dem Ofen hin, werden erhitzt und steigen ihrerseits auf, indem sie zugleich die an der Decke befindliche, bereits etwas abgekühlte Luft nach unten drängen. Schliefslich befindet sich wieder die erste Luftschicht unten u. s. w.

Eine auf einer Spitze drehbare Papierschlange dreht sich infolge des Stofses des aufsteigenden Luftstromes, wenn sie auf den Ofen gestellt wird.

Wird die Thüre eines Zimmers ein wenig geöffnet und hält man eine brennende Kerze in den Spalt, so schlägt die Flamme unten ein- und oben auswärts; in der Mitte aber steht sie vertikal.

Die Fortpflanzung der Wärme wird besonders erschwert, wenn sie durch verschiedene Körper nach der Reihe vor sich gehen soll: Federbett; Doppelwände und Böden von Eiskellern; sind die Zwischenräume lose mit Stroh und Spänen gefüllt, so kann die Luft nicht zirkulieren.

Auf der Strömung erhitzter Wassermassen beruht die von Perkins erfundene Wasserheizung. Es wird Wasser in einem Kessel erhitzt, von dem aus Röhren nach den verschiedenen Räumen des Hauses und von dort nach dem Kessel zurückführen. Ähnlich ist es mit der Luftheizung. In einer besonderen Heizkammer wird Luft erhitzt und durch gemauerte Züge nach den Zimmern geführt, in welche sie durch verstellbare Öffnungen in einer Höhe von etwa 1 m vom Boden einströmt; die kaltgewordene Luft wird durch ebenfalls verstellbare Öffnungen am Boden nach aufsen geleitet, oder eigentlich durch die warme hinausgedrängt.

Auch bei der gewöhnlichen Heizung ist die Strömung der Luft von besonderer Wichtigkeit; durch das Feuer wird die Luft über demselben erwärmt und steigt in die Höhe, weshalb neue Luft durch die Roststäbe zuströmt und durch Abgabe ihres Sauerstoffes an das Brennmaterial die Verbrennung unterhält. Je lebhafter das Feuer, um so stärker ist der Zug; er kann bei stürmischem Wetter, wo der über die Schornsteine wegfliegende Wind den Rauch zum raschen Aufsteigen bringt (Saugwirkung), so grofs werden, dafs durch die viele zuströmende kalte Luft das Brennmaterial unter die Anzündungstemperatur gebracht wird, so dafs das Feuer erlischt.

Entzündet man über schlecht brennendem Feuer leicht entzündliche Körper, welche eine hohe Flamme geben, so wird durch die lebhafte Erwärmung der Luft über dem Feuer der Zug der Luft nach demselben sehr befördert, so dafs das Brennmaterial lebhaft in Brand gerät. Von besonderer Wichtigkeit für die Heizung ist der Schornstein; je heifser die Luft in demselben, um so stärker ist der Zug. Der Schornstein darf nicht zu weit sein, weil sonst die viele in ihm enthaltene Luft nicht gehörig erwärmt werden kann; anderseits darf er auch nicht zu eng sein, weil sonst der Rauch nicht rasch genug abziehen kann; aus gleichem Grunde dürfen auch nicht wohl mehr als zwei Öfen in einem Wohnhause in denselben Schornstein gehen.

Das Zugglas oder der Cylinder hat für die Lampen dieselbe Bedeutung, wie der Schornstein für die Öfen. Ist der Cylinder (den ein Pariser Apotheker Quinquet 1765 erfunden) überall gleichweit, so strömt viel Luft unter denselben, welche mit der Flamme gar nicht in Berührung kommt; sie kühlt den Cylinder ab, ohne ihren Sauerstoff an die Flamme abzugeben. Ist aber der Cylinder da, wo die Flamme sich befindet, eingeschnürt — Benklerscher Cylinder (Fig. 506), so ist alle Luft gezwungen schräg gegen die Flamme zu stofsen und ihren Sauerstoff an dieselbe abzugeben. Indessen ist ein solches Zugglas nur bei Rundbrennern anwendbar; bei Flachbrennern würde ein enger, runder Cylinder wegen der ungleichmäfsigen Erwärmung springen. Man wendet hier folgende Vorrichtung an: Auf die mit Löchern zum Eintreten von Luft versehene Gallerie (Fig. 507) ist ein Metallhütchen gesetzt, welches da, wo die Flamme sich befindet, einen Schlitz hat; die durch die Galerielöcher eintretende Luft wird durch das Hütchen gezwungen schief gegen die Flamme zu stofsen. Der Cylinder, welcher hier nur als Zugglas dient, ist, um das Springen zu verhüten, unten bauchig erweitert.

Bei den Rund- oder Argandschen Brennern (1800) strömt die Luft nicht blofs von aufsen an, sondern auch von innen in die Flamme — Lampen mit doppeltem Luftzug (Fig. 508). Der Brenner besteht aus zwei Messingröhren, zwischen welchen sich der Docht befindet. Die Luft strömt durch die Löcher der Gallerie teils unter das eingeschnürte Zugglas, teils in den einen Hohlraum des Brenners. Auf diese

Art entsteht eine sehr vollständige Verbrennung ohne Rufsbildung; die Flamme brennt weifs und nicht rötlich.

§ 376. Fortpflanzung der Wärme durch Strahlung. Ein heifser Körper kann einen kälteren nicht blofs bei unmittelbarer Berührung, sondern auch von der Ferne her erwärmen. In der Nähe eines geheizten Ofens empfindet man eine stechende Hitze, welche sich sofort mildert,

Fig. 506. Benklers Cylinder.

Fig. 507. Flachbrenner.

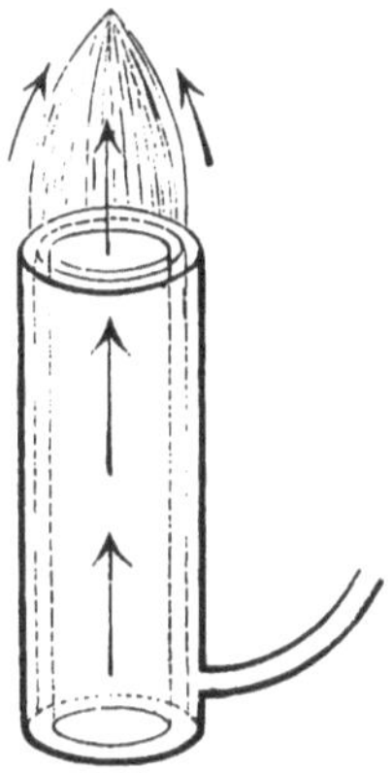

Fig. 508. Argandscher Brenner.

wenn ein Schirm vor den Ofen gestellt wird. Hängt man ein Thermometer vor und eins hinter den Schirm, so zeigt letzteres eine viel niedrigere Temperatur, als ersteres, und doch kann die Luft vor dem Schirme nicht viel heifser sein, als die hinter demselben, weil sonst die erstere sofort in die Höhe steigen und die letztere an ihre Stelle treten würde. Es mufs also möglich sein, dafs die Wärme des Ofens durch die Luft nach dem menschlichen Körper oder dem Thermometer strahlt, ohne die zwischenliegende Luft absonderlich zu erwärmen.

Auch noch andere Erfahrungen beweisen die Möglichkeit der Fortpflanzung der Wärme durch Strahlung hinlänglich. Hängt man ein Thermometer in den Schatten und ein anderes dicht daneben in die Sonne, so steht letzteres viel höher, und doch kann man nicht annehmen, dafs die Luftschichten, welche die beiden Thermometer umgeben, wesentlich in der Temperatur differierten. — Stellt man auf die eine Seite eines Springbrunnens einen heifsen Körper, und auf die andere Seite ein feines Thermometer, so steigt dieses sofort. — Durch den luftleeren Raum strahlt die Wärme ebensogut wie durch den lufterfüllten, wie man mit Hilfe zweier Thermometer beweisen kann, von denen das eine in einer luftleeren, das andere in einer lufterfüllten Glasglocke eingeschlossen ist.

Da indessen die Wärme nur durch ein Zwischenmedium von einem Körper auf einen anderen übergehen kann, so nimmt man an, dafs der im ganzen Weltenraum verbreitete Äther durch heifse Körper in schwingende Bewegung versetzt werde, die sich mit einer Geschwindigkeit, welche der des Lichtes gleich sei, fortpflanze und sich auf die gewöhnlichen Körper übertrage.

Die strahlende Wärme pflanzt sich, ebenso wie das Licht, in geraden Linien, welche Wärmestrahlen heifsen, fort.

Um diesen Satz experimentell zu erweisen, stellt man eine Thermosäule hinter einen mit einem Spalt versehenen Schirm und vor denselben eine Wärmequelle; nur wenn Wärmequelle, Spalt und Thermosäule in derselben Richtung liegen, erhält man einen Ausschlag der Nadel.

Die Intensität der strahlenden Wärme (die Erwärmung) nimmt ab im Quadrat der Entfernung.

Man stellt eine Thermosäule in verschiedene Entfernungen von einem heifsen Körper (von geringer Ausdehnung); aus den mit wachsender Entfernung immer kleiner werdenden Ausschlägen läfst sich die Erwärmung im Verhältnis zur Entfernung berechnen.

Aufserdem hängt die Erwärmung von dem Winkel ab, den die Strahlen mit der zu erwärmenden Fläche bilden; sie ist dem Sinus dieses Winkels, oder dem Kosinus des Einfallswinkels proportional. Die Ableitung dieses Satzes ist dieselbe wie für Lichtstrahlen.

§ 377. Ausstrahlung und Absorption. 1) Stellt man einer Thermosäule gleichgrofse und gleichwarme Flächen von verschiedenem Material in derselben Entfernung gegenüber, so erhält man verschieden starke Ausschläge, zum Beweis, dafs das Ausstrahlungsvermögen verschiedener Stoffe ungleich ist. Zur Anstellung hierauf bezüglicher Versuche eignet sich am besten Leslies Würfel; es ist dies ein Hohlwürfel von Messing, dessen eine Seitenfläche poliert, die andere unpoliert ist und dessen andere Seitenflächen mit verschiedenen Substanzen, wie Rufs, Bleiweis u. dergl. überzogen sind; der Würfel wird mit Wasser gefüllt und dieses im Sieden erhalten; alle strahlenden Flächen sind demnach gleichgrofs und haben dieselbe Temperatur.

Melloni fand folgende Zahlwerte für das Emissionsvermögen verschiedener Körper:

Rufs . . . 100;	Hausenblase . . 91;	Gummilack . . 72;
Bleiweifs. 100;	Tusche 85;	poliertes Metall 12.

Nichtpoliertes (gegossenes) Metall strahlt besser als poliertes; ritzt man eine nicht polierte Fläche, so strahlt sie schlechter; ritzt man eine polierte, so strahlt sie besser; im einen Fall wird die Oberfläche weniger dicht, im anderen dichter.

2) Wenn Wärme auf einen Körper fällt, so wird sie teils absorbiert, teils durchgelassen und teils reflektiert. Ist Q die Gesamtwärmemenge, welche auf einen Körper fällt und Q' der Teil der Wärme, welche absorbiert wird, so wird der Quotient:

$$\frac{Q'}{Q} = A$$

das Absorptionsvermögen genannt.

Die Absorption beruht auf einer Übertragung der Bewegung des Äthers auf die Körpermoleküle; infolge der Absorption werden die Körper heifs. Die Emission beruht umgekehrt auf der Übertragung der Bewegung der Körpermoleküle auf den umgebenden Äther. Melloni u. A.

haben nachgewiesen, dafs Kienrufs alle auf ihn fallende Wärme, von welchem Körper sie auch herkommen möge, absorbiert; er ist weder fähig Wärme durchzulassen noch zu reflektieren; für Kienrufs ist also $Q' = Q$ und $A = 1$.

Man überzieht deshalb auch die Auffangflächen der Thermoskope (die Flächen der Thermosäulen, die Kugeln der Quecksilberthermometer u. s. w.) mit Rufs, weil sonst die Angaben derselben nicht untereinander vergleichbar wären; es könnten sogar die Angaben eines und desselben Thermoskops bei verschiedenen Wärmequellen nicht als den ausgestrahlten Wärmemengen proportional angesehen werden.

Wie verschieden auch das Absorptionsvermögen der einzelnen Körper ist, so läfst sich doch der allgemeine Satz aufstellen:

Die Absorptionsvermögen zweier Körper verhalten sich wie ihre Emissionsvermögen:

$$E_1 : E_2 = A_1 : A_2.$$

Wenn nämlich beliebige Körper von verschiedenen Temperaturen in demselben Raume sich befinden, so kommen sie bald alle auf dieselbe Temperatur (Prevost). Wäre nun für zwei in demselben Raume befindlichen Körpern

$$E_1 : A_1 \gtrless E_2 : A_2,$$

so müfste der eine Körper sich unaufhörlich abkühlen und der andere sich erwärmen, was den Thatsachen widerspricht. Der Kienrufs absorbiert alle auf ihn fallende Wärme; setzt man sein Absorptionsvermögen $= 1$, so sind die A aller übrigen Körper echte Brüche. Bezeichnet ferner e das Emissisonvermögen des Kienrufses, so gilt:

$$\frac{E}{A} = \frac{e}{1} \text{ oder } \frac{E}{A} = e.$$

(Satz von Prevost und Kirchhoff).

Thon- und Porzellanöfen strahlen besser als eiserne; wenn letztere schon kurze Zeit nach dem Anheizen zu strahlen beginnen, während dies bei den ersteren immer längere Zeit dauert, so liegt die Ursache davon in der besseren Leitungsfähigkeit des Eisens, indem die Wärme rasch von der inneren Seite auf die äufsere übergeht. — Man überzieht die Öfen, damit sie besser strahlen, mit Graphit (zugleich auch, damit sie nicht so leicht rosten). Dampfröhren aber, welche ihre Wärme nicht abgeben sollen, werden poliert. — Im Sommer zieht man helle Kleider den dunkelen vor, da erstere die Wärme weniger gut absorbieren; legt man im Sonnenschein ein helles und ein dunkeles Läppchen nebeneinander auf Schnee, so sinkt letzteres rascher ein. — Obstspaliere streicht man schwarz an.

§ 378. Reflexion und Brechung der Wärme. Identität von Licht und Wärme. 1) Die Reflexion der Wärme folgt demselben Gesetze, wie die des Lichtes: Der Einfallswinkel ist gleich dem Reflexionswinkel. Läfst man ein Bündel Sonnenstrahlen auf eine spiegelnde Fläche fallen, und stellt eine Thermosäule in die Richtung, welche mit dem Spiegel denselben Winkel bildet, wie die einfallenden Strahlen, so schlägt die Nadel des Multiplikators aus; stellt man die Thermosäule seitwärts davon, so bleibt die Nadel in Ruhe.

Läfst man parallele Sonnenstrahlen auf einen Hohlspiegel fallen, so werden dieselben in einen Punkt reflektiert, welcher hell und heifs zugleich ist — Brennpunkt.

Stellt man in den Brennpunkt eines Hohlspiegels einen heifsen Körper und in den Brennpunkt eines anderen, dessen Achse mit der des ersten in dieselbe Richtung fällt, ein Stück Zunder, so fängt derselbe alsbald zu brennen an.

Um die Reflexion verschiedener Körper zu untersuchen, bedient man sich einer kleinen Öllampe ohne Zugglas, hinter welcher ein Hohlspiegel so angebracht ist, dafs die Flamme im Mittelpunkt desselben sich befindet — Locatellische Lampe; die Strahlen derselben läfst man unter verschiedenen Winkeln auf eine ebene Fläche verschiedener Körper nach der Reihe fallen und stellt jedesmal in die Richtung der reflektierten Strahlen eine Thermosäule.

Die besten Reflektoren sind die Metalle; auch reflektieren alle nahezu gleich gut, einerlei unter welchem Winkel die Strahlen auffallen, während glasartige Substanzen um so besser und schliefslich fast so gut wie die Metalle reflektieren, wenn die Strahlen möglichst schief auffallen:

Silberplatin . .	97	Kupfer, gefirnifst.	86	Stahl	81
Kupfer	93	Spiegelmetall . .	85	Eisen	77
Messing. . . .	93	Zinn.	85	Blattsilber. . .	73

Bei Glas schwankt die Reflexion von 0° bis 75° zwischen 10 und 32. — Rufs reflektiert nicht.

Archimed soll bei der Belagerung von Syrakus die Schiffe der Römer mittelst Spiegel in Brand gesteckt haben.

2) Läfst man Sonnenstrahlen auf ein Prisma von Steinsalz, das die Wärme am besten durchläfst (§ 379), fallen und hält in die verschiedenen Teile des Spektrums eine Thermosäule, so wird der Ausschlag im Rot und namentlich im Ultrarot am stärksten (§ 229). Übrigens ist die Wirkung einigermafsen vom Zustand der Atmosphäre abhängig. Knoblauch fand (an einem bestimmten Tage) nachstehende Verhältniszahlen der Wärmewirkung der einzelnen Spektralfarben, wobei die Wärmewirkung im Gelb, Fraunhofersche Linie *D*, gleich 100 gesetzt ist:

Ultraviolett 30; Violett 50; Indigoblau 75; Blau 85; Grün 95; Gelb 100; Orange 120; Rot 180; Ultrarot 250.

3) Licht und Wärme beruhen beide auf Schwingungen der Körpermoleküle und pflanzen sich durch Ätherschwingungen in die Ferne fort, und ist man insofern berechtigt Licht und Wärme für identisch zu halten. Die langsamen Schwingungen (Rot und Ultrarot) wirken indessen stärker auf unser Gefühl und auf die thermometrischen Substanzen, während die schnelleren, namentlich die dem Gelb entsprechenden, stärker auf das Auge wirken.

In diesem Sinne spricht man von „dunkelen Wärmestrahlen“ und „hellen Lichtstrahlen“, obwohl auch die letzteren noch einigermafsen auf das Gefühl und auf die Thermoskope wirken. Bei gesteigerter Temperatur wird die Wärmewirkung deshalb kräftiger, weil die Intensität der schwingenden Bewegung, namentlich auch der langsameren Schwingungen gröfser wird.

Auch die Beugung, Interferenz, Polarisation und doppelte Brechung der Wärmestrahlen ist von Knoblauch u. A. nachgewiesen worden.

§ 379. Durchstrahlung. Körper, welche die auffallende Wärme in gröfserem Mafse durchlassen, nennt man diatherman, die anderen atherman: die ersteren entsprechen den durchsichtigen, die letzteren den undurchsichtigen und durchscheinenden Körpern.

Um die Diathermanie eines Körpers zu untersuchen, läfst man Wärmestrahlen z. B. von einer Locatellischen Lampe erst direkt und dann durch den zu untersuchenden Körper auf eine Thermosäule fallen: aus der Differenz der Ausschläge des Multiplikators läfst sich alsdann der Betrag der durchgelassenen Wärme ermitteln.

Am meisten diatherman sind Steinsalz (Chlornatrium) und Sylvin (Chlorkalium). Setzt man die eingestrahlte Wärmemenge gleich 100, so ist bei 2,6 mm dicken Platten die durchgelassene Wärme einer Locatellischen Lampe bei:

Steinsalz . . .	92	Bergkrystall . .	38	Gips	14
Flufsspat . . .	78	Rauchtopas . .	37	Alaun	9
Kalkspat . . .	39	Kaliumdichromat.	34	Eis	6
Spiegelglas. . .	39	Schwarzes Glas .	26	Kupfervitriol . .	0

Die Metalle sind diatherman; nur in sehr dünnen Schichten lassen sie die Wärme, wie das Licht einigermafsen durch. Durchsichtige Körper sind oft weniger diatherman als undurchsichtige (Schwarzes Glas und Alaun). Von den Flüssigkeiten ist Schwefelkohlenstoff am meisten, Alaun- und Steinsalzlösung, sowie destilliertes Wasser am wenigsten diatherman.

Die elementaren Gase, sowie Luft, sind in hohem Grade diatherman, die zusammengesetzten (Chlorwasserstoff, Kohlensäure) weit weniger; bezeichnet man die Absorptionsfähigkeit der Luft mit 1, so ist die des Chlorwasserstoffes 62, der Kohlensäure 90, des Grubengases 403 und des Ammoniaks gar 1195.

Tyndall fand feuchte Luft weit weniger diatherman als trockene, was nach dem Verfahren von Magnus nicht der Fall sein soll. Überhaupt herrschen über diese Verhältnisse noch mancherlei Unsicherheiten.

Auf die Diathermanie der Körper haben verschiedene Umstände wesentlichen Einflufs, namentlich die Dicke der Köper und die Art der Wärmequelle, sowie der Umstand, ob die Wärme bereits durch einen anderen Körper gegangen ist, oder nicht. Je dicker ein Körper, umsomehr Wärme absorbiert er; nur Steinsalz läfst fast gleichviel Wärme durch, einerlei wie dick die Platte ist; die 8 % der auffallenden Wärme, welche Steinsalz nicht durchläfst, werden reflektiert.

Mit Ausnahme des Steinsalzes (und des Sylvins) lassen die Körper von verschiedenen Wärmequellen ungleich viel Wärme durch; namentlich wird die dunkele Wärme (nicht über 100° C.) von den meisten Körpern völlig absorbiert; nur Steinsalz läfst auch von der dunkelen Wärme 92 % (und Flufsspat 33 %) durch. Je heifser die Wärmequelle, umsomehr Wärme wird durchgelassen. Die Sonnenwärme geht fast ungeschwächt durch mehrere Glasscheiben, während die dunkele Wärme eines Ofens fast völlig von Glas absorbiert wird.

Auch ist die Diathermanie der Körper gegen farbige Strahlen der einzelnen Teile des Spektrums sehr verschieden. Nur Steinsalz verhält sich wiederum gegen alle Strahlen gleich; es ist thermisch farblos, Kienrufs dagegen thermisch (und optisch) schwarz.

Besonders beachtenswert ist noch, dafs Wärmestrahlen, wenn sie bereits durch einen Körper hindurchgegangen sind, durch einen zweiten Körper gleicher Art fast ungeschwächt hindurchgehen, nicht aber, wenn sie auf manche Körper anderer Art fallen. Wärme, welche bereits durch eine Glasplatte gegangen ist, geht durch eine zweite ohne gröfseren Verlust, während sie fast ganz absorbiert wird, wenn sie auf eine Alaunplatte fällt. War aber die Wärme zuerst durch eine Platte von Gips oder Citronensäure gegangen, so geht sie ohne erheblichen Verlust durch eine Alaunplatte.

Die Körper lassen also nur gewisse Wärmestrahlen durch, ebenso wie z. B. blaue Gläser nur blaues Licht durchlassen. In diesem Sinne spricht man von Wärmefärbung oder Thermochrose. (Vergleichung mit dem Durchgang des Lichtes durch Gläser von gleicher und verschiedener Farbe!)

Wenn man Sonnenstrahlen auf ein mit Wasser gefülltes, rundliches Gläschen fallen läfst, so bemerkt man hinter demselben einen hellen Punkt, in welchem die Lichtstahlen konzentriert sind; der Punkt ist hell, aber wenig warm. Ist aber das Gläschen mit einer Lösung von Jod in Schwefelkohlenstoff gefüllt, so erhält man einen dunkelen, aber heifsen Punkt, in welchem Schiefsbaumwolle sich rasch entzündet. Läfst man den dunkelen Strahlenkegel auf ein bereiftes Becherglas fallen, welches mit einer durch Dinte schwarz gefärbten Kältemischung (Ammoniumnitrat in Wasser) gefüllt ist, so schmilzt an der betreffenden Stelle der Reif ab und man bemerkt einen schwarzen, von dem weifsen Reif umsäumten Fleck.

f) Von den Dampf-, Heifsluft- und Gaskraftmaschinen.

§ 380. Geschichtliches. Schon im Altertum hat man versucht, die Spannkraft des Wasserdampfes zur Hervorbringung von Bewegung zu benutzen, indem man entweder den Dampf auf die Schaufeln eines Rades strömen oder aus einer drehbaren Kugel einseitig entweichen liefs; man erzielte dadurch im letzteren Falle eine Reaktionswirkung, ähnlich wie beim Segnerschen Wasserrad, so dafs eine Umdrehung der Kugel erfolgen mufste. (Heron 120 v. Chr.) Ebenfalls auf dem Princip des Segnerschen Wasserrades beruht die Dampffähre; auf einem hohlen, gläsernen Gestell, welches leicht genug ist, um auf Wasser zu schwimmen, liegt eine horizontale, halb mit Wasser gefüllte und am einen Ende mit einer feinen Öffnung versehene Glasröhre; wird das Wasser durch eine kleine auf dem Gestell befestigte Spirituslampe erhitzt, so strömt alsbald der Dampf aus der Öffnung der Röhre und der ganze Apparat setzt sich in einer Richtung in Bewegung, welche der des ausströmenden Dampfes entgegengesetzt ist.

Fig. 509. Papinscher Apparat.

Aber erst Papin gelang es (1687) durch den Dampf in Verbindung mit dem Luftdruck eine konstante auf- und abgängige Bewegung zu erzielen, indem er Dampf und Luft abwechselnd auf einen, in einem Cylinder verschiebbaren Kolben wirken liefs. Fig. 509 zeigt den Papinschen Apparat in der einfachsten Gestalt; auf eine hohle Kupferkuppel, welche zum Teil mit Wasser gefüllt wird, läfst sich ein starkwandiger gläserner Cylinder aufschrauben, in welchem sich ein Kolben auf- und abbewegen kann. Wird das Wasser zum Sieden erhitzt, so treibt der entstehende Wasserdampf den Kolben in die Höhe; ist er oben angelangt, so taucht man die Kugel in kaltes Wasser, worauf sofort der Kolben niedergeht, weil durch die Abkühlung ein Teil des Dampfes im Cylinder sich kondensiert und der Druck der Luft die Spannkraft des Dampfes nunmehr überwiegt.

Am Anfang des 18. Jahrhunderts konstruierte Newcomen nach diesem Princip die sogenannte atmosphärische Dampfmaschine, die erste, welche im praktischen Leben, namentlich um Pumpen zu treiben, Anwendung fand. Fig. 510 zeigt die Hauptteile dieser Maschine: *K* ist der

Fig. 510. Atmosphärische Dampfmaschine.

Kessel, *a* ein Hahn in der Verbindungsröhre zwischen dem Kessel und dem Cylinder *C*, und *M* der Kolben, welcher durch eine Kette mit einem Hebel *H*, dem Balancier, verbunden ist. Auf der anderen Seite des Balanciers ist wieder eine Kette angebracht, an welcher ein schweres Gewicht *Q*, sowie die Pumpenstange *P* befestigt ist. Der Cylinder kommuniziert, aufser mit dem Dampfkessel, noch mit einem Wasserbehälter *R* und zwar durch die Röhre *c*, welche sich durch den Hahn *b* öffnen und schliefsen läfst. Wenn der Dampf durch den geöffneten Hahn *a* in den Cylinder tritt, so geht der Kolben in die Höhe und der Balancier dreht sich durch den Zug des Gewichtes *Q*. Ist der Kolben oben, so schliefst man den Dampfhahn *a* und öffnet den Wasserhahn *b*, worauf kaltes Wasser aus *R* einspritzt und den Dampf kondensiert. Nunmehr geht der Kolben *K* durch den Druck der äufseren Luft nieder; zugleich dreht sich der Balancier und der Pumpenstiel geht aufwärts.

Die Bewegung des Balanciers kann ferner dazu benutzt werden, um die Hähne *a* und *b*, wenn dieselben durch Schnüre mit ihm verbunden werden, rechtzeitig zu öffnen und zu schliefsen.

Die Maschine heifst atmosphärische, weil wesentlich der Luftdruck die Arbeit verrichtet; durch den Dampf wird lediglich der Kolben gehoben und durch das Kondensationswasser ein leerer Raum erzeugt.

Die atmosphärische Maschine, obwohl sie in veränderter Form heute noch zu manchen Zwecken im Gebrauch ist, hat vor allem den Nachteil, dafs durch das Einspritzen von kaltem Wasser in den Cylinder eine beträchtliche Abkühlung entsteht, so dafs anfänglich auch der neu eintretende Dampf sich kondensiert. Aufserdem ist es für gröfsere Maschinen wünschenswert, dafs der Dampf die Maschine treibt, indem er abwechselnd über und unter den Kolben tritt.

Im Jahre 1765 wurde James Watt die atmosphärische Maschine der Universität Glasgow zur Ausbesserung übergeben, und es gelang ihm allmählich alle diejenigen Vorrichtungen zu erfinden, welche die Dampfmaschine zu dem gemacht haben, was sie heutzutage ist.

§ 381. Dampfkessel, Cylinder und Kolben. 1) Der Dampfkessel wird von Eisen- oder Kupferblech verfertigt und hat, je nach der Spannung, welche der Dampf erreichen soll, eine staatlich vorgeschriebene Wandstärke. Jeder Kessel mufs auf einen bestimmten Druck geeicht werden und zwar geschieht dies gewöhnlich durch die hydraulische Druckprobe; man setzt ein Manometer (§ 144) auf den Kessel und pumpt Wasser ein, bis der vorgeschriebene Druck erreicht ist.

Die Form des Kessels ist sehr verschieden; jedenfalls mufs er so konstruiert sein, dafs die Feuerluft $^2/_3$ der Kesselwand bestreicht; zu dem Zwecke sind in dem Mauerwerk Gänge angebracht, welche die heifse Luft auch um den oberen Teil des Kessels führen. Die ältesten Kessel waren die Kofferkessel, deren Boden stark nach innen gebogen war, um die Wärme zusammenzuhalten und eine möglichst grofse Heizfläche zu erzielen. Neuerdings verwendet man gern Kessel mit innerer Feuerung, Cornwallkessel; in dem cylindrischen Kessel ist ein engerer Cylinder angebracht, in welchem der Rost sich befindet; auf diese Art wird die Heizfläche rundum vom Kesselwasser berührt.

Noch vorteilhafter sind die Röhrenkessel, welche bei Maschinen, die sehr viel Dampf nötig haben, wie Lokomotiven, in Gebrauch sind; durch den cylindrischen Kesselraum gehen oft bis zu 200 Röhren, durch welche die Feuergase des Herdes ziehen; hierdurch wird die Heizfläche sehr vergröfsert und aufserdem ist fast jeder Wassertropfen direkt mit einer der heifsen Röhren in Berührung.

An dem Kessel sind verschiedene Vorrichtungen angebracht: a) Das Wasserstandsglas, welches unten mit dem Wasser und oben mit dem Dampf kommuniziert und den Stand des Wassers im Kessel anzeigt.

b) Zwei Probierhähne, ziemlich dicht übereinander; der Kessel mufs so weit mit Wasser gefüllt sein, dafs seine Oberfläche zwischen beiden Hähnen steht; öffnet man den unteren, so mufs Wasser, und öffnet man den oberen, so mufs Dampf ausströmen.

c) Ein oder mehrere Sicherheitsventile.

d) Ein oder mehrere Manometer.

e) Eine weite, verschliefsbare Öffnung, das Mannloch, durch welches ein Mann einsteigen kann, um den Kessel, namentlich von dem Kesselstein (kohlensaurer und schwefelsaurer Kalk), der sich aus dem Kesselwasser absetzt, zu reinigen.

2) Der Cylinder ist gewöhnlich $1^1/_2$ mal so lang als weit. In ihm mufs

3) der Kolben dampfdicht auf- und abgehen können; um dies zu erzielen, wendet man teils die Hanf-, teils die Metallliderung an. Bei der ersteren ist um den am Rande ausgehöhlten Kolben Hanf gelegt und dieser wieder von einem Metallring umschlossen; bei der letzteren (Fig. 511) ist der Kolben aus mehreren Stücken zusammengesetzt, welche durch Federn nach aufsen gedrückt werden, so dafs ein vollkommen elastischer Schlufs hergestellt wird.

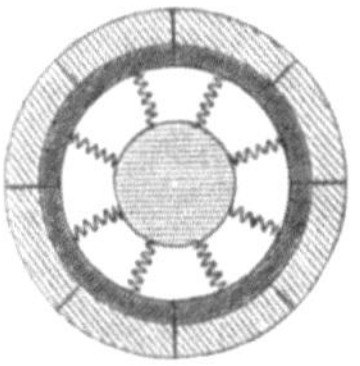

Fig. 511. Kolben mit Kraftschlufs.

§ 382. Das Schieberventil, die excentrische Scheibe und der Kondensator. Um den Dampf bald über, bald unter den Kolben zu führen, brachte James Watt das Schieberventil neben dem Cylinder an; Fig. 512 und 513 zeigen diese Vorrichtung in zwei verschiedenen Stellungen; in einer am Cylinder angebrachten Röhre, befindet sich eine andere verschiebbare, welche oben und unten an die erste genau anschliefst und Schieber genannt wird. Durch die Zuleitungsröhre *a* tritt der Dampf aus dem Kessel in die weitere Röhre und von da, in der Stellung, welche der Schieber in Fig. 512 hat, oben in den Cylinder und über den Kolben, während der alte Dampf unten durch *d* entweicht; hat aber der Schieber die Stellung,

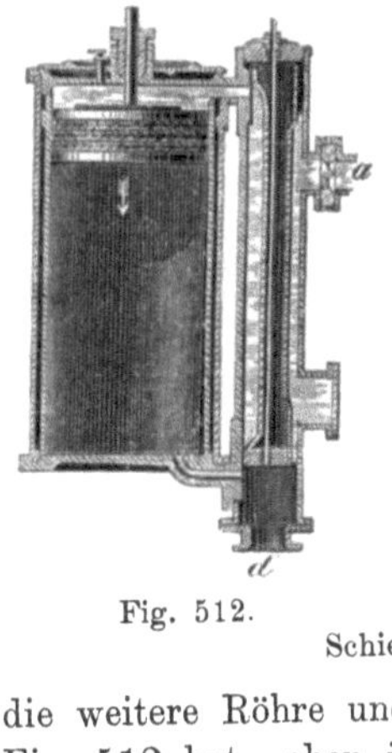

Fig. 512.

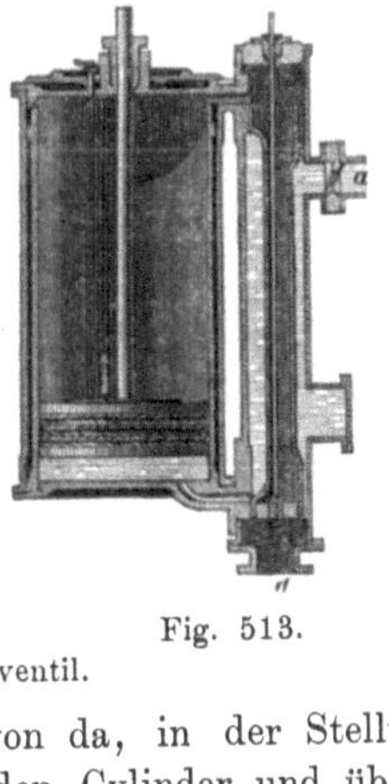

Fig. 513.

Schieberventil.

wie in Fig. 513, in welchem Falle zugleich der Kolben am unteren Ende des Cylinders sich befindet, so tritt der Dampf unten in den Cylinder ein, während der alte oben in das Innere des Schiebers tritt und wie vorhin durch *d* entweicht. Dieser Schieber heisst Röhrenschieber; wir werden später noch andere kennen lernen.

In der Zuleitungsröhre *a* befindet sich die sogenannte Drosselklappe, welche durch die Maschine selbst mehr geöffnet oder geschlossen wird, um mehr oder weniger Dampf einzulassen, jenachdem die Maschine zu langsam oder zu schnell geht (§ 384).

Die auf- und abgängige Bewegung des Schiebers wird mittelst der an ihm befestigten Stange durch die excentrische Scheibe (Fig. 514) ausgeführt; es ist dies eine Scheibe *P*, welche aufserhalb ihres Mittel-

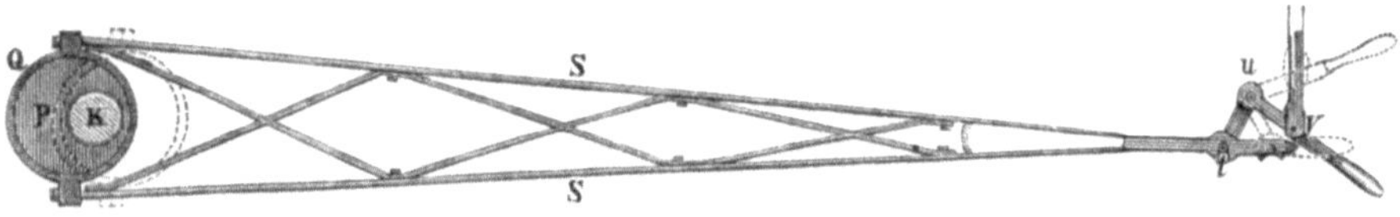

Fig. 514. Excentrische Scheibe.

punktes an der sich ständig drehenden Welle *K* der Dampfmaschine befestigt ist; um die Scheibe ist ein Ring *Q* gelegt und an diesem ein Stangenwerk *SS* befestigt, welches mit einem um *u* drehbaren Winkelhebel *tuv* verbunden ist; bei *v* ist die Schieberstange angebracht. Dreht sich die Welle, so kommt der gröfsere Teil der excentrischen Scheibe *P* bald nach vorn (punktiert) und bald nach hinten; der um die Scheibe gelegte Ring kann wegen seiner Verbindung mit dem Stangenwerk *SS* die drehende Bewegung nicht mitmachen, er wird durch die in ihm schleifende Scheibe lediglich vor- und rückwärts bewegt, welche Bewegung sich auf *SS*, auf den Winkelhebel und die Schieberstange überträgt.

Der aus *d* (Fig. 512 und 513) entweichende Dampf wird entweder ins Freie, oder in einen besonderen Behälter, den Kondensator, welcher ständig durch Wasser abgekühlt wird, strömen lassen. Ist die Spannkraft des neu eintretenden Dampfes nicht sehr grofs, so geht viel Kraft verloren, wenn man den auf der anderen Seite befindlichen alten Dampf nicht kondensiert. Die Kondensation wird aber besser in einem besonderen Behälter, als im Cylinder selbst vorgenommen. Wenn mehrere dampferfüllte Räume von verschiedener Temperatur miteinander in Verbindung stehen, so hat der Dampf durchweg nur diejenige Spannkraft, welche der Temperatur in dem kältesten Raume entspricht; der Dampf von höherer Temperatur und ursprünglich höherer Spannkraft drängt den Dampf von niederer Spannkraft zurück und tritt in den kälteren Raum ein, wo er abgekühlt und teilweise kondensiert wird. Es herrscht also auch auf der Seite des Kolbens, welche mit dem Kondensator in Verbindung steht, nur eine Dampfspannung, welche der Temperatur im Kondensator entspricht.

§ 383. Einteilung der Dampfmaschinen. Wenn eine Dampfmaschine gröfsere Arbeiten leisten soll, so mufs der Dampf eine entsprechend hohe Spannkraft besitzen. Nun hat eine Dampfmaschine gerade den Vorteil, dafs bei hinlänglicher Feuerung der Dampf von selbst die Spannkraft erlangt, welche zur Bewegung der Maschine notwendig ist; es erhöht sich eben die Spannkraft (durch Bildung von neuem Dampf) so lange, bis sie den Widerstand des Kolbens zu überwinden vermag.

Man teilt nun die Maschinen in Hinsicht auf die Dampfspannung in Nieder-, Mittel- und Hochdruckmaschinen; die Dampfspannung beträgt dabei bezüglich $1^1/_4 - 2$; $2 - 4$ und $4 - 10$ Atmosphären.

Bei den Hochdruckmaschinen kann man den alten Dampf ins Freie strömen lassen, denn bei einem hohen Dampfdruck ist der Verlust von einer Atmosphäre relativ nicht erheblich; dafür aber wird die Maschine beträchtlich einfacher, man spart den Kondensator und die Pumpe, welche ständig kaltes Wasser zum Abkühlen des Kondensators beiführt, so wie eine zweite, welche das warmgewordene Kondensationswasser wieder abführen mufs.

Die Niederdruckmaschinen arbeiten stets mit Kondensation, die Mitteldruckmaschinen teils mit, teils ohne dieselbe.

Die Niederdruckmaschine ist von Watt (geb. 1736, gest. 1819) erfunden worden, die Hochdruckmaschine von dem Amerikaner Olivier Evans 1795, das Dampfschiff von dem Amerikaner Fulton (1807) und die Lokomotive von dem Engländer Stephenson (1829). Evans erfand auch den Expansionsschieber, welcher so eingerichtet ist, dafs er den Dampf nur so lange einläfst, bis der Kolben eine bestimmte Strecke im Cylinder zurückgelegt hat; von da an mufs der hochgespannte Dampf den Kolben durch Expansion weiter treiben; man spart auf diese Art an Dampf und Brennmaterial. Fig. 515, I—IV, zeigt den Expansionsschieber in vier verschiedenen Stellungen während eines Doppelhubes (Auf- und Niedergang) des Kolbens. In I, wo der Kolben am oberen Ende des Cylinders ist, kann der neue Dampf am oberen Ende des Cylinders eintreten; in II, wo der Kolben etwa in der Mitte des Cylinders steht, ist der Dampf abgesperrt; in III, wo der Kolben am unteren Ende des Cylinders ist, kann der neue Dampf unten in den Cylinder eintreten und in IV, wo der Kolben wieder in der Mitte des Cylinders steht, ist er abgesperrt; der alte Dampf aber kann stets aus dem Cylinder in die freie Luft austreten.

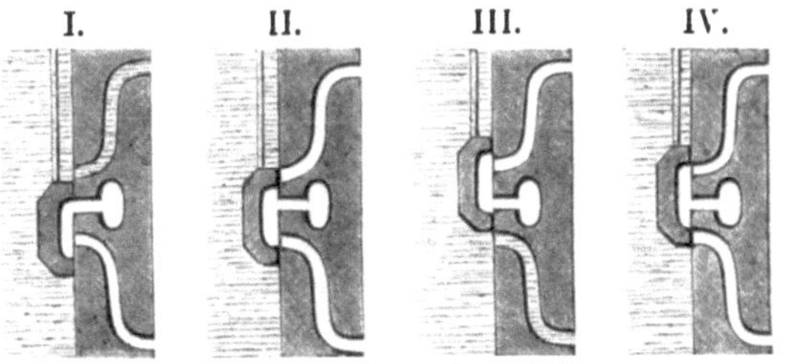

Fig. 515. Expansionsschieber.

Dampfmaschinen, welche immer an demselben Orte bleiben, nennt man **stationäre**; diejenigen, welche zur Verrichtung von Arbeit an verschiedenen Orten dienen sollen und, auf Räder gestellt, fortbewegt werden können, nennt man Lokomobilen und solche, welche zum Transport von Gütern und Personen dienen, Lokomotiven. (Gewöhnliche Lokomotive oder Dampfwagen, Schiffsmaschine, Strafsenlokomotive.)

§ 384. **Watts Niederdruckmaschine.** Fig. 516 zeigt eine Wattsche Niederdruckmaschine: *a* ist das Dampfrohr, *b* der Schieberkasten, *A*

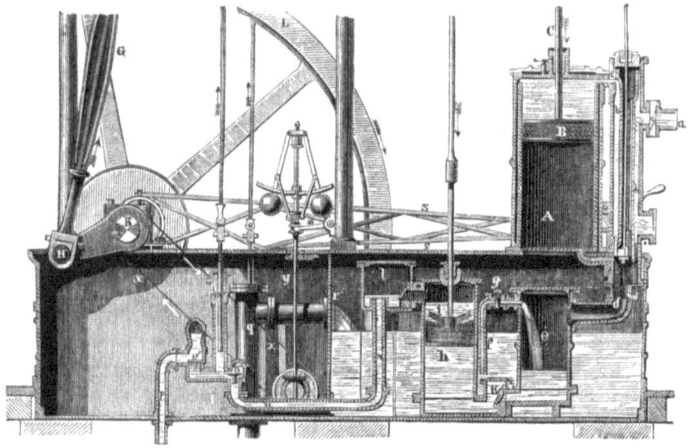

Fig. 516. Wattsche Niederdruckmaschine.

der Cylinder und *B* der Kolben. An dem Kolben ist die Kolbenstange *c* befestigt, welche durch die „Stopfbüchse" des Cylinders dampfdicht hin-

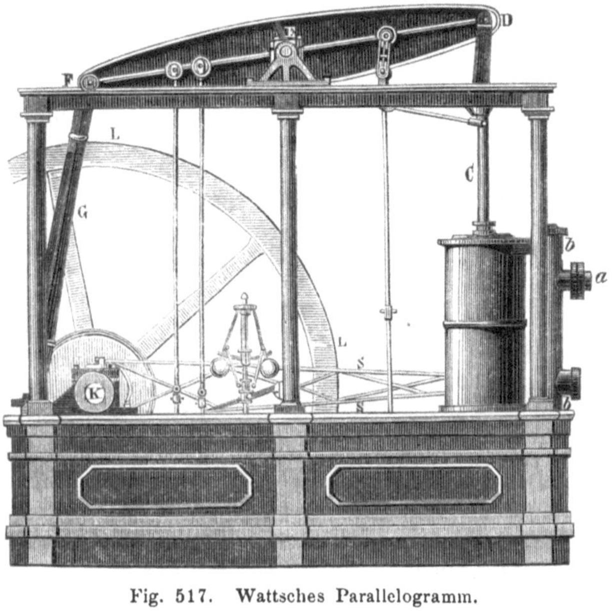

Fig. 517. Wattsches Parallelogramm.

durchgeht und an der einen Ecke eines beweglichen Vierecks, des Wattschen Parallelogramms (Fig. 517) befestigt ist; die Kolbenstange würde verbogen, oder die Stopfbüchse beschädigt werden, wenn die Kolbenstange unmittelbar an dem Endpunkte *D* des um *E* drehbaren Hebels, des Balanciers *FED*, angriffe, denn der Punkt *D* beschreibt bei der oscillierenden Bewegung des Balanciers einen Kreisbogen.

An dem Endpunkte *F* des Balanciers ist die Treibstange *G* befestigt, welche an die Kurbel greift und dieselbe, sowie die Welle *K* umdreht.

Auf der Welle *K* sitzt die excentrische Scheibe, deren Stange *SS* das Schieberventil auf- und abbewegt.

Das grofse, auf der Welle sitzende Schwungrad *LL* bewirkt, dafs die Maschine gleichförmig geht; die Geschwindigkeit des Kolbens ist in der Mitte des Cylinders am gröfsten und an beiden Enden gleich Null; aufserdem ist die Wirkung der Maschine in Bezug auf die Drehung gleich Null, wenn die Kurbel mit der Treibstange in dieselbe Richtung fällt, was bei jeder Umdrehung zweimal eintritt (tote Punkte); diese und andere Ungleichheiten im Gang der Maschine möglichst aufzuheben ist das schwere Schwungrad durch seine grofse lebendige Kraft, wenn es einmal in Bewegung ist, wohl geeignet.

Durch die Welle wird ferner der Centrifugalregulator umgetrieben; die Bewegung wird durch zwei konische Räder (vergl. Fig. 516) vermittelt. Der Centrifugalregulator besteht aus einer vertikalen Stange *y*, welche die Verlängerung der Diagonale eines beweglichen Viereckes bildet. Geht die Maschine rasch, so gehen die schweren Kugeln, welche an zwei Seiten des Viereckes angebracht sind, aufwärts und heben die Hülse *z* etwas; geht die Maschine langsam, so gehen die Kugeln und mit ihr die Hülse herab. An der Hülse ist nun ein Stangenwerk befestigt, welches dazu dient, die im Dampfrohr *a* befindliche Drosselklappe mehr zu schliefsen, wenn die Maschine zu schnell, und mehr zu öffnen, wenn die Maschine zu langsam geht.

Der verbrauchte Dampf strömt aus dem Schieber durch eine Röhre *d* in den Kondensator *e*, welcher in einem Kasten, der Zisterne, steht. In diese Zisterne wird mittelst der Kaltwasserpumpe *qr* ständig kaltes Wasser eingeführt, welches durch die Röhre *fg* in den Kondensator *e* fliefst. Das im Kondensator aus dem Dampfe entstandene warme Wasser wird durch die Warmwasser- oder Luftpumpe *ihk* in den Raum *l*, von da der Speisepumpe *noo'* und weiter durch das Rohr *p* dem Kessel zugeführt. Die im Kondensator sich ansammelnde, aus dem Kesselwasser herrührende Luft wird ebenfalls durch die Pumpe *ihk* in den Raum *l* gezogen, von wo sie in die Atmosphäre entweicht.

Alle drei Pumpen werden durch den Balancier, an welchem die Pumpenstangen befestigt sind, getrieben.

§ 385. Hochdruckmaschine. Bei der Hochdruckmaschine fällt der Kondensator und damit auch die Kalt- und Warmwasserpumpe weg; die Speisepumpe aber wird gewöhnlich noch beibehalten und durch eine excentrische, auf der Welle befestigte Scheibe in Bewegung gesetzt. Auch der Balancier wird weggelassen, so dass die Kolbenstange unmittelbar an die Treibstange greift.

Die Geradführung der Kolbenstange wird dadurch bewirkt, dafs sie sich zwischen einer festen Hülse bewegt oder gezwungen ist, an einer festen, möglichst glatten Fläche hinzugleiten u. dergl.

In Fig. 518 ist *B* die Kolbenstange, welche hier dadurch geradegeführt wird, dafs zwei an ihr befestigte Rollen, an zwei Stangen, von denen hier nur eine (*c*) gezeichnet ist, auf- und niederlaufen; *C* ist die Treibstange, *D* die Kurbel und *E* eine auf der Welle sitzende excentrische Scheibe, welche das Schieberventil bewegt. *H* und *K* sind die konischen Räder zur Bewegung des Centrifugalregulators mit den schweren Kugeln *M M*; an der Hülse des Schwungkugelregulators ist eine Stange *L* befestigt, welche in einen Kegel endigt, der zwei einander gegenüberliegende Rippen, von denen hier nur die eine *r* sichtbar ist, besitzt. Der Ring ist rechts und links mit einer Stange versehen, von denen die erste *h* in ein Ventil *b* endigt, welches geeignet ist, die Dampfröhre *a* zu verschliefsen; die Stange links stöfst gegen eine Feder *f*, welche den Ring nach rechts zu schieben und das Ventil *b* in die Dampfröhre zu drücken strebt. Der Ring ist so gestellt, dafs er zweimal bei jedem Umgange durch eine der Rippen des Kegels nach links geschoben wird; infolgedessen geht das Ventil *b* ebenfalls nach links und das Dampfrohr öffnet sich. Geht die Maschine langsam, so senkt sich der Kegel, sein obererer, breiterer Teil steht dem Ring gegenüber, weshalb die Verschiebung des Ringes stärker ist und länger andauert; infolgedessen wird auch die Dampfröhre vollständiger und längere Zeit geöffnet. Geht die Maschine rasch, so hebt sich der Kegel, sein unterer dünnerer Teil steht dem Ringe gegenüber,

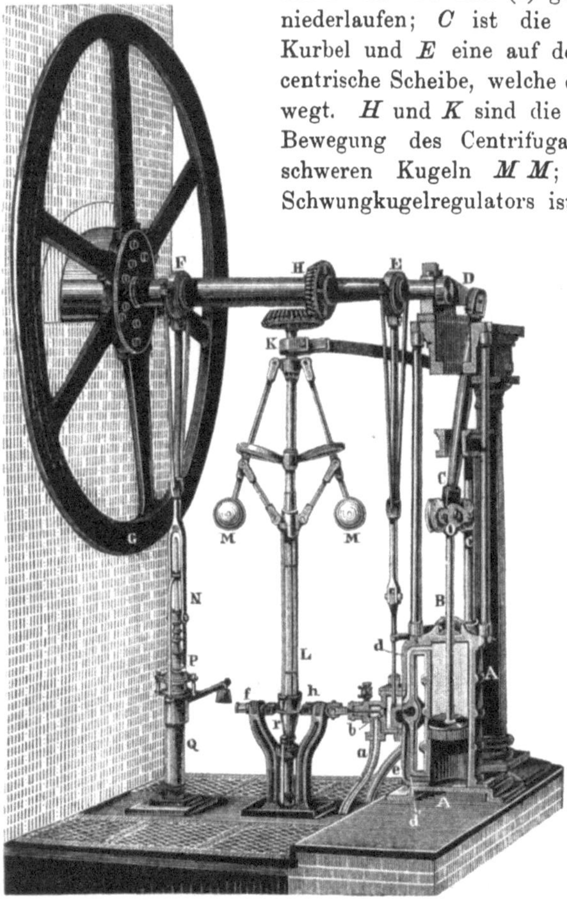

Fig. 518. Hochdruckmaschine.

weshalb dieser weniger verschoben und die Dampfröhre weniger vollständig und auf kürzere Zeit geöffnet wird. Der Schieber ist ein Expansionsschieber.

Auf der Welle sitzt ferner das grofse Schwungrad *G* und die excentrische Scheibe *F*, welche zur Ingangsetzung der Speisepumpe *NPQ* dient.

Man kann übrigens die Maschine noch kompendiöser machen, wenn man die Kolbenstange unmittelbar an die Kurbel greifen läfst; in diesem Falle mufs freilich der Cylinder drehbar gemacht werden, wie dies z. B. bei den Schiffsmaschinen der Raumersparung wegen geschieht.

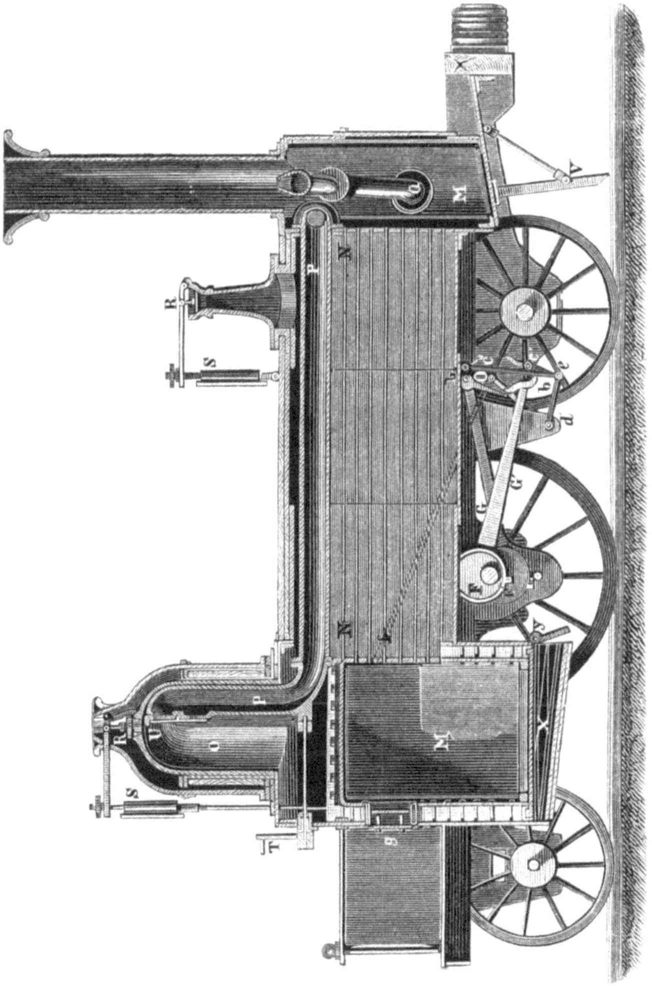

Fig. 519. Lokomotive.

§ 386. Die Lokomotive. (Stephenson 1829). Die Lokomotive ist eine Hochdruckmaschine, welche wegen ihres raschen Laufes eine besonders grofse Dampfmenge nötig hat; diese wird durch eine eigentümliche

Einrichtung des Kessels erzielt. Der Kessel ist ein „Röhrenkessel", d. h. durch den ganzen cylindrischen Körper der Lokomotive gehen 100—200 Röhren *NN* (Fig. 519), welche von den Feuergasen durchströmt werden und vom Kesselwasser umspült sind. Auf diese Art ist fast jeder Wassertropfen direkt mit der Heizfläche in Berührung. Der Dampf sammelt sich oberhalb des Wassers und tritt im Dampfdom *O* in die Dampfröhre *P P*, welche von dem Lokomotivführer mehr oder weniger geöffnet oder ganz geschlossen werden kann. Die Mündung *U* der Dampfröhre ist nämlich durch ein mit Spaltöffnungen versehenes Blättchen (Fig. 520) verschlossen, über welchem ein zweites angebracht ist, das mittelst eines Hebels gedreht werden kann. Wenn die Spaltöffnungen beider Blättchen übereinander stehen, kann der Dampf in *P P* eintreten; im anderen Falle ist er abgesperrt; auch ist begreiflicherweise ein teilweises Absperren in verschiedenem Maſse möglich.

Fig. 520. Absperrventil.

Die Dampfröhre verzweigt sich vorn in zwei Röhren, welche nach den zwei Schieberkasten gehen. Der alte aus den Cylindern austretende Dampf geht in die Röhre *Q*, um stoſsweise durch den Schornstein zu entweichen. Durch dieses „Puffen" wird der Rauch und die heiſse Luft rasch aus dem Schornstein getrieben und ein verdünnter Raum in demselben erzeugt, was wieder ein starkes Nachströmen der Feuergase und einen lebhaften Zug im Feuerherd bewirkt.

Die Treibstange greift an der „Kurbelwarze" des groſsen Mittelrades an und dreht dasselbe um; die Vorder- und Hinterräder dienen lediglich als Stütze. An der Achse des groſsen Mittelrades sind 2 excentrische Scheiben *F* und *F'* angebracht, welche um 180° gegeneinander verstellt sind, und deren Stangen *G* und *G'* an eine eigentümliche Vorrichtung greifen, welche das Vor- und Rückwärtsgehen der Maschine ermöglichen soll. Fig. 521 zeigt diese Vorrichtung, die sogenannte Stephensonsche Kulisse für sich. Die Excentrikstangen *g g'* greifen in den geschlitzten Bogen *b b'*, in welchen zugleich das Ende der Schieberstange *k* beweglich eingefügt ist. In der Stellung, welche die obere Figur zeigt, ist es die Stange der vorderen excentrischen Scheibe, welche die mit ihr in derselben Richtung liegende Schieberstange bewegt, während die hintere die Kulisse bloſs oscillieren macht; in der unteren Figur ist es umgekehrt. An der Kulisse ist noch ein Hebelwerk *iefcm* angebracht, mittelst dessen der Lokomotivführer imstande ist, die Kulisse auf- und niederzuschieben, so daſs nach Belieben die eine, oder die andere Excentrikstange mit der Schieberstange in dieselbe Richtung gebracht werden kann. Da beide excentrische Scheiben um 180° gegeneinander verstellt sind, so bewegt sich die Maschine vor- oder rückwärts, jenachdem die eine oder die andere die Bewegung des Schiebers besorgt.

Steht die Lokomotive an einer Station still, so stellt der Lokomotivführer die Kulisse so, daſs das Ende der Schieberstange gerade in der Mitte der Kulisse sich befindet; es ist alsdann eine Bewegung des Schiebers überhaupt unmöglich.

§ 387. Kalorische oder Heifsluftmaschinen. Der Schwede Ericson hat, nach Vorgang des Amtmanns Prehn in Lauenburg, die Expansivkraft erhitzter Luft anstatt des Dampfes zum Treiben von Maschinen zu benutzen versucht (1850).

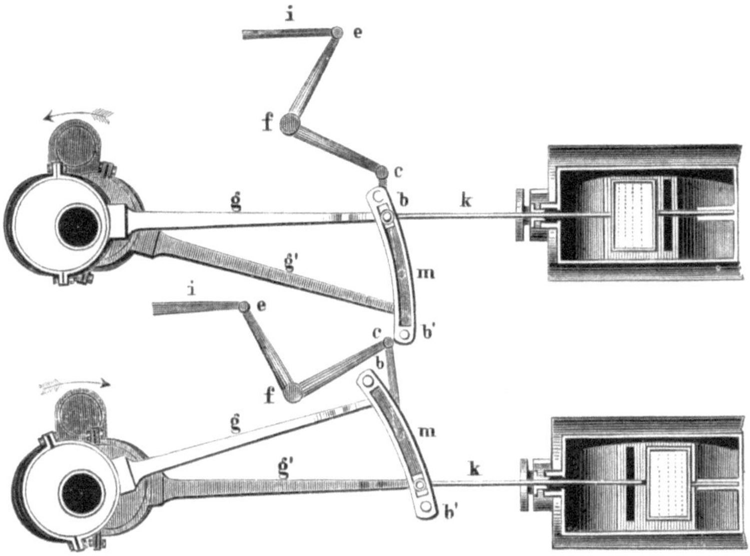

Fig. 521. Stephensons Kulisse.

Man unterscheidet offene und geschlossene Heifsluftmaschinen. Bei den ersteren wird in einem geschlossenen Raume Luft erhitzt und ihr dadurch eine höhere Spannkraft erteilt; aus diesem Raume tritt die erhitzte Luft in den Arbeitscylinder und treibt den Kolben arbeitverrichtend vorwärts, um am Ende des Hubes in die freie Luft zu entweichen. Bei den letzteren, den geschlossenen Heifsluftmaschinen, wird stets dasselbe Luftquantum erhitzt, wobei diejenige Wärmemenge, welche nicht in Arbeit verwandelt wird, durch eine Kühlvorrichtung abgeführt werden mufs.

1) Wir beschreiben zunächst die Lehmannsche geschlossene Heifsluftmaschine (Fig. 522).

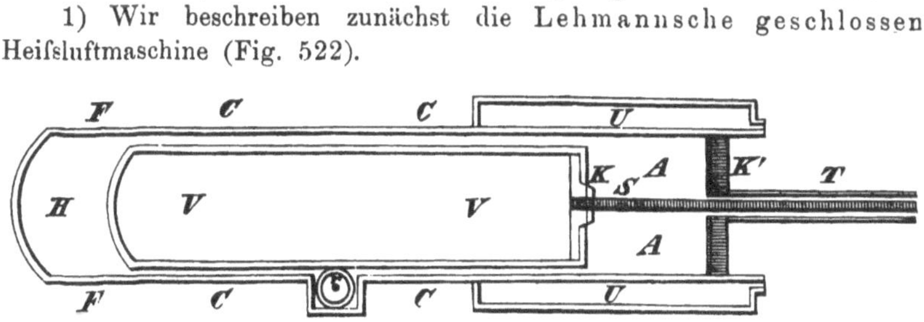

Fig. 522. Lehmanns Heifsluftmaschine.

Dieselbe besteht aus einem langen Cylinder *F C C*, der vorn offen und hinten geschlossen ist; der hintere Teil *F F*, der Feuertopf, wird von den Verbrennungsgasen der Heizung umspült. In dem längeren, vorderen Teil *C C* des Cylinders kann sich ein geschlossener Hohlcylinder *V V*, der Verdränger, auf-

und abbewegen; er schliefst nicht dicht an den äufseren Cylinder, sondern ist von ihm rundum $2^1/_2$—5 mm entfernt. Um die geradlinige Bewegung des Verdrängers zu sichern, liegt er unten auf einer Rolle *r* auf und gleitet aufserdem längs einiger Leisten, welche im Innern des Cylinders *F C C* angebracht sind. — An dem vorderen, geschlossenen Ende, dem „Kolben" *K* des Verdrängers, ist die Kolbenstange *S* befestigt, welche in einer Röhre *T* hin- und hergehen kann. Die Röhre *T* dient einem zweiten Kolben *K'*, dem Arbeitskolben, als Kolbenstange; beide, die Kolbenstange des Verdrängers und die des Arbeitskolbens, greifen mittelst Hebeln und Treibstangen, die hier nicht gezeichnet sind, an Kurbeln, welche an der grofsen Welle der Maschine befestigt sind. Der Arbeitskolben schliefst mittelst Lederdichtung genau an die Wandung von *C C*. Der vordere Teil des äufseren Cylinders *F C C* ist mit einem Mantel *U U* umgeben, in welchen das Kühlwasser eingelassen wird.

Verdränger und Arbeitskolben erreichen nicht gleichzeitig ihre äufsersten Stellungen; sie bewegen sich teils nach derselben, teils nach entgegengesetzter Richtung, aufeinander zu oder voneinander weg.

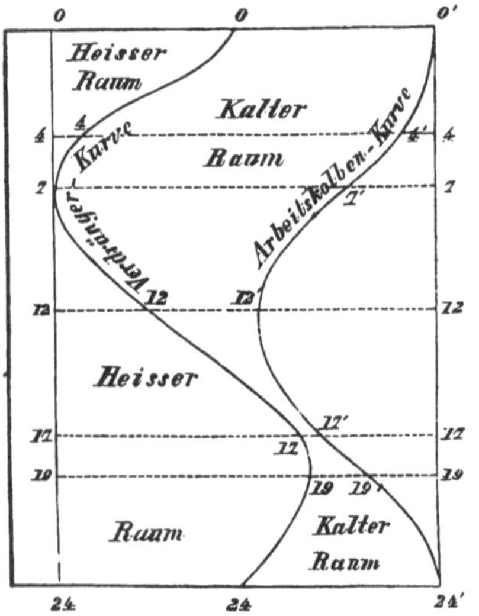

Fig. 523. Kolbenkurven zu Lehmanns Heifsluftmaschine.

In dem vorderen Teil *A A* ist die Luft kalt, in dem hinteren *H* heifs. Da aber beide Räume durch den Zwischenraum zwischen dem Verdränger und dem äufseren Cylinder *C C* miteinander kommunizieren, so ist der Druck in beiden Räumen stets derselbe.

Gehen wir von dem Moment aus, wo der Arbeitskolben in seiner äufsersten Stellung *o'* (Fig. 523), nach dem offenen Ende hin, steht und nehmen wir an, dafs der Druck der inneren Luft in diesem Augenblicke gleich dem der Atmosphäre sei. Der Verdränger ist zu dieser Zeit bereits etwas nach hinten gegangen und befindet sich bei *o*. Beide Kolben bewegen sich hierauf nach dem geschlossenen Ende hin; der Arbeitskolben hat zunächst eine sehr geringe Geschwindigkeit, da er von einem seiner toten Punkte (*o'*) ausgeht, während der Verdränger nahezu seine gröfste Geschwindigkeit besitzt. Der zwischen Verdränger und Arbeitskolben befindliche kalte Raum vergröfsert sich infolgedessen, während der hinter dem Verdränger befindliche heifse Raum sich verkleinert; es wird deshalb heifse Luft nach dem kalten Raume getrieben, so dafs Abkühlung und Abnahme des Druckes unter den Atmosphärendruck, welcher durch die Gerade 0,12 (Fig. 524) angegeben wird, stattfindet; die Kurve in dieser Figur — Indikatordiagramm — giebt die Änderung des Luftdruckes in der Maschine während eines Hin- und Herganges des Arbeitskolbens an. — Bald darauf geht der Verdränger langsamer und der Arbeitskolben schneller; es wird zwar noch heifse Luft nach vorn geschoben; da aber der kalte Raum sich verkleinert und die Luft in demselben komprimiert wird, so bleibt der Druck ungefähr derselbe. Dies gilt bis 4 (Fig. 523);

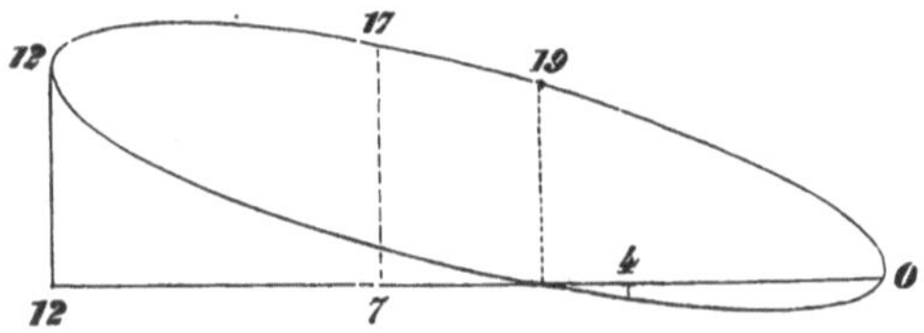

Fig. 524. Indikatordiagramm zu Lehmanns Heifsluftmaschine.

der Druck ist noch unter dem der Atmosphäre (Fig. 524). Von 4 bis 7 (bis der Verdränger an seinem toten Punkt am hinteren Ende angekommen) steigt der Druck, weil der kalte Raum sich wesentlich verkleinert und heifse Luft nach vorn getrieben wird. Diese Drucksteigerung setzt sich noch bis 12 fort; es wird die Luft im kalten Raum komprimiert und tritt teilweise nach dem heifsen, der wegen des langsamen Ganges des Verdrängers nach vorn nur wenig an Volumen zunimmt, also auch nicht viel an Druck durch Ausdehnung verliert.

Zwischen 12 und 17, wo schliefslich beide Kolben einander am nächsten sind, nimmt der Druck nur unbedeutend zu; es tritt zwar durch Verkleinerung des kalten Raumes viel kalte Luft nach dem heifsen Raume; es nimmt aber auch das Volumen des letzteren durch das rasche Voreilen des Verdrängers bedeutend zu und dadurch der Druck der Luft ab. Auf dem letzten Teil des Ganges des Arbeitskolbens nach dem offenen Ende des Cylinders (19—24) nimmt der Druck wieder, wie leicht zu sehen, bis zum Atmosphärendruck ab.

Die Arbeitsleistung der Maschine läfst sich leicht berechnen: Gesetzt, das Gesamtgewicht der Luft im heifsen und kalten Raum, betrage 0,0263 kg, so mufs hiervon das sogen. tote Luftgewicht abgezogen werden; es ist dies das Gewicht der Luftmenge, welche keine Temperaturänderung erfährt; selbst wenn der Verdränger dem Arbeitskolben am nächsten ist, bleibt doch noch etwas Luft zwischen beiden, die nicht nach dem heifsen Raume getrieben wird; ebenso behält auch der Verdränger, wenn er dem Ende des Cylinders *C C* am nächsten ist, noch eine kleine Entfernung von demselben, so dafs nicht alle heifse Luft nach dem kalten Raume übergeht; auch in dem Raume zwischen dem Umfange des Verdrängers und des Cylinders ist immer einige Luft, welche ihre Temperatur nicht ändert. Ist nun das tote Luftgewicht 0,0080 kg, so ist das wirksame 0,0263 — 0,0080 = 0,0183 kg.

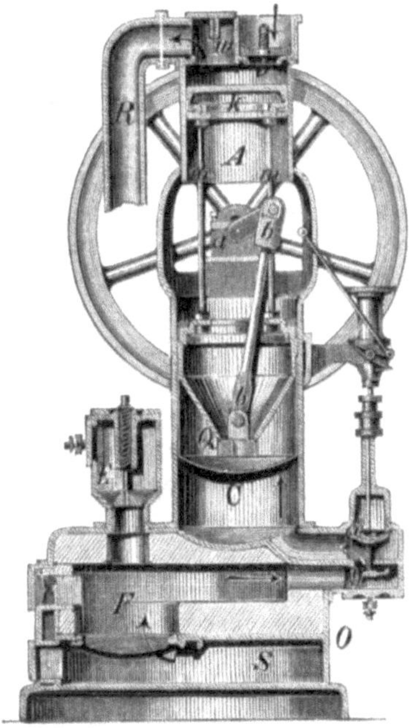

Fig. 525. Hocks Sparmotor.

Ist die Temperatur im heifsen Raume 500° und die im kalten 100°, so beträgt die zugeführte Wärmemenge 0,0183 . 0,2375 . 400 = 1,739 Kalorien. Werden nun bei jeder Umdrehung der Welle 1,565 Kalorien durch das Kühlwasser abgeführt, so bleiben noch 0,174 Kalorien übrig, welche wirklich in Arbeit eingesetzt werden; dies entspricht einer Arbeit von 0,174 . 424 = 73 mkg.

2) Eine offene Heifsluftmaschine ist Hocks Sparmotor (1876).

Der oberste Teil *A* (Fig. 525), die sogenannte Luftpumpe, ist ein Cylinder, in welchem ein Kolben *K* auf- und abgehen kann; er ist unten offen und kommuniziert einerseits durch ein nach innen sich öffnendes Ventil *v* mit der äufseren Luft und andererseits durch ein nach aufsen sich öffnendes Ventil *w* mit einer Röhre *R*, welche mit der Feuerung, dem „Ofen“ *O*, in Verbindung steht. Der Ofen ist während des Ganges der Maschine hermetisch verschlossen und das Brennmaterial kann aus *E* durch Öffnen eines Ventiles eingeführt werden.

Der „Luftpumpenkolben“ *K* ist mit dem hohlen, eisernen „Arbeitskolben“ *Q*, welcher sich in dem nach oben hin offenen Arbeitscylinder *C* auf- und abbewegen kann, durch die Stäbe *m m* fest verbunden.

Gehen beide Kolben abwärts, so schliefst sich das Ventil *w*, während *v* sich öffnet und Luft von aufsen in den Luftpumpencylinder einläfst; zugleich schliefst sich das Ventil y und öffnet sich x, um der verbrauchten, unter Q befindlichen Luft den Ausgang in den Schornstein zu gestatten.

Gehen beide Kolben aufwärts so schliefst sich das Ventil v, während w nach hinreichender Komprimierung der über K befindlichen Luft sich öffnet; die Luft strömt nun durch die Röhre R in den Vorwärmer und Aschenkasten S und von da durch die Roststäbe in die Feuerung F, um stark erhitzt, zusammen mit den gasförmigen Verbrennungsprodukten durch das Ventil y unter den Kolben Q zu strömen und denselben weiter aufwärts zu treiben; x ist währenddessen geschlossen. Über die zwei toten Punkte, am oberen und unteren Ende des Hubes, wird die Maschine durch zwei an der Welle befindliche Schwungräder, von denen hier uns eins sichtbar ist, hinausbewegt; die Welle ferner wird durch die Kurbel $a\,b$ und die Treibstange $b\,b$ umgedreht.

§ 388. Gaskraftmaschinen. Aufser Wasserdampf und heifser Luft hat man neuerdings auch explodierende Substanzen, namentlich ein Gemenge von Luft und Leuchtgas zum Treiben von Motoren verwandt. Die Explosion ist am stärksten, wenn das Verhältnis von Gas und Luft 1 : 8 bis 1 : 10 ist.

In der Gaskraftmaschine von Lenoir (1862) wurde das explosibile Gemenge (1 : 20) durch eine Schiebersteuerung abwechselnd an das eine und das andere Ende des Cylinders geleitet und bei der Bewegung des Kolbens von dem betreffenden Ende hinweg in den Cylinder eingesaugt; nachdem der Kolben einen Teil seines Hubes ausgeführt, schlossen sich die Zuströmungsöffnungen und das Gasgemenge wurde durch elektrische Funken eines Induktionsapparates entzündet.

Die Maschine verbrauchte viel Gas und erhitzte sich stark, so dafs trotz guter Kühlvorrichtungen die Maschinenteile bald Not litten.

Bei der Gaskraftmaschine von Otto und Langen (1865), welche einen aufrechtstehenden Cylinder hat, tritt das Gasgemenge (1 : 10) nur unter den Kolben und wird durch ein Gasflämmchen, welches vor einer seitlich am Cylinder angebrachten, durch einen Schieber verschliefsbaren Öffnung brennt, entzündet. Wenn der Kolben in die Höhe geht, so saugt er auf dem ersten Teil seines Hubes das Gemenge von Luft und Leuchtgas an; darauf schliefsen sich die Zuströmungsöffnungen, dagegen öffnet sich der Schieber vor dem Gasflämmchen, worauf dasselbe einwärts schlägt und das Gasgemisch entzündet. Der Kolben fliegt nun aufwärts, darf aber während dieser sehr raschen Bewegung keinen Einflufs auf den Gang der Maschine haben. Dies wird durch folgende Einrichtung erreicht: Die Kolbenstange ist gezahnt und greift in ein gezahntes, auf der grofsen Welle sitzendes Rad ein, welches sich nach einer Richtung frei um die Welle drehen kann, sich aber mit derselben kuppelt, wenn die Drehung nach der anderen Seite erfolgt. Wird der Kolben durch die Explosion aufwärts geschleudert, so treibt die Kolbenstange das gezahnte Rad frei um die Welle; unter dem Kolben entsteht aber währenddessen ein luftverdünnter Raum, so dafs nunmehr der Luftdruck überwiegt und den Kolben abwärts treibt, wobei sich das gezahnte Rad mit der Welle kuppelt nnd dieselbe umtreibt. Das Aufwärtsfliegen des Kolbens dauert nur einen Augenklick und die Maschine geht währenddessen durch die lebendige Kraft, namentlich des grofsen Schwungsrades weiter. Während des Niederganges des Kolbens können die Verbrennungsgase durch ein Rohr entweichen.

Die Otto-Langensche Maschine ist also eine einseitigwirkende, atmosphärische; der Luftdruck ist es eigentlich, der die Arbeit leistet. Der Gasverbrauch ist geringer als bei der Lenoirschen Maschine; auch ist die Erhitzung nicht so stark. Doch aber ist der Gang ziemlich geräuschvoll, was bei den neueren Ottoschen Maschinen (1878) vermieden ist.

Die Einrichtung dieser Maschine ist im wesentlichen folgende:

Der liegende Arbeitscylinder ist an dem vorderen, der grofsen Welle zugekehrten Ende offen, während er an dem anderen durch einen Deckel, welcher die Steuerungsvorrichtung enthält, geschlossen ist. Der Kolben geht nur innerhalb der vorderen Zweidrittel des Arbeitscylinders hin und her; das hintere, nach dem geschlossenen Ende zu liegende Drittel ist stets von einem Teil der Verbrennungsgase erfüllt. Innerhalb eines zweimaligen Hin- und Herganges (4 Hube) findet nur eine Füllung des Cylinders mit dem Gasgemenge, also auch nur eine Explosion statt. Die Steuerung bewegt sich im Cylinderdeckel, mittelst einer Steuerstange, nur einmal hin und her, während der Kolben zweimal auf- und niedergeht; es wird dies dadurch bewirkt, dafs an der Welle ein konisches Rad ist, welches in ein anderes, die Steuerstange bewegendes eingreift, das doppelt soviel Zähne hat.

Wenn der Kolben dem geschlossenen Ende des Cylinders am nächsten steht und sich eben nach dem offenen Ende zu bewegt, tritt durch die Steuerung zuerst Luft und dann ein Gemenge von Gas und Luft (1 : 11) ein; diese Einrichtung hat den Vorteil, dafs die Explosion an den dem Kolben zunächst gelegenen Stellen minder heftig ist. Die Füllung dauert solange, bis der Kolben am offenen Ende des Cylinders angekommen ist (1. Hub). Nunmehr bewegt sich bei geschlossenen Zu- und Abführungsöffnungen der Kolben wieder in seine Anfangsstellung, unter Verdichtung des Gasgemenges, zurück (2. Hub). Beginnt der Kolben seinen 3. Hub (Gange nach dem offenen Ende), so entzündet sich das Gasgemische an einer kleinen Menge desselben, welche in einen besonderen Raum, in dem eine Gasflamme brennt, unmittelbar vorher getreten war; dieser Raum wird, wenn der Kolben vorwärtsgehen will, durch die Steuervorrichtung mit dem Cylinder in Verbindung gesetzt. Nunmehr erfolgt die Explosion und der Kolben bewegt sich nach dem offenen Ende. Während des 4. Hubes endlich (Gang des Kolbens nach dem geschlossenen Cylinderende) öffnet sich das Ausströmungsrohr, so dafs ein Teil der Verbrennungsgase aus dem Cylinder entweichen kann. Ist der Kolben in seiner ersten Stellung, in gröfster Nähe am Cylinderdeckel, angekommen, so beginnt das Spiel von neuem.

Dampfmaschinen gehen nur sicher, wenn sie in gröfserem Mafsstabe ausgeführt werden; für den Kleinbetrieb sind sie weniger brauchbar. Viel geeigneter hierzu sind die Heifsluft- und Gaskraftmaschinen, obwohl nach dieser Richtung hin noch manches zu thun übrig bleibt.

§ 389. Explosionen der Dampfkessel. Einen mit dem Dampfmaschinenbetrieb verbundenen, verhängnisvollen Übelstand bilden die nicht seltenen, oft von den verheerendsten Wirkungen begleiteten Dampfkesselexplosionen. Nun ist es eine auf den ersten Blick verwunderliche, aber durch zahlreiche Thatsachen bestätigte Erfahrung, daſs die Dampfkessel selten während des Ganges der Maschine, sondern meist erst dann explodieren, wenn die Maschine einige Zeit in Ruhe gestanden hat (Arago 1830).

Vor allem ist zu beachten, daſs eine Explosion eine plötzliche, sehr bedeutende Dampfentwickelung voraussetzt; es kann deshalb auch direkt eine Explosion durch allmählich gesteigerten Dampfdruck nicht erfolgen; wohl aber indirekt insofern, als der Kessel zunächst an seiner dünnsten Stelle reiſst; indem nun Wasser und Dampf in groſser Menge durch den Riſs entweichen, entsteht eine plötzliche Verminderung des Druckes und eine sehr lebhafte Dampfbildung, welche eine Explosion hervorrufen kann. Auch wenn in einem Kessel der Wasserstand sehr niedrig ist und die oberen Kesselwände glühend werden, kann beim Nachfüllen von Wasser eine gröſsere Menge Dampf auf einmal sich bilden.

Alles dies erklärt aber gerade die Mehrzahl der Explosionen nicht, welche nach zeitweiligem Stillstande der Maschine eintreten. Diese verdanken offenbar einem Siedeverzug ihre Entstehung (§ 353).

Wird eine Maschine in Ruhe gestellt und das Feuer gedämpft, so kondensiert sich ein Teil des Dampfes, während das Wasser in dem unteren, von dem heiſsen Mauerwerk umgebenen Teile des Kessels nur langsam in seiner Temperatur sinkt. Anfänglich nun wird das Wasser wegen des sich vermindernden Dampfdruckes nachkochen; nicht selten aber hört es trotz des niederen Druckes zu kochen auf, sodaſs oft beträchtliche Siedeverzüge entstehen. Tritt nun eine plötzliche Erschütterung ein, oder wird das Feuer frisch angefacht, so fängt das Wasser mit dem Überschusse von Wärme, welche es über den herrschenden Druck hinaus besitzt, explosiv zu sieden an. Viele Explosionen haben sich unschwer nach dieser Theorie erklären lassen (Dufour, Krebs).

g) Meteorologie.

§ 390. Die Wärme an der Oberfläche und im Inneren der Erde. Es ist schon erwähnt worden (§ 336), daſs die Erde eine beträchtliche Wärme besitzt. Auch scheint es, als ob der Verlust der Wärme, den die Erde durch Ausstrahlung erfährt, durch die Sonne und die Sterne vollständig wieder ersetzt werde.

Die Sonnenstrahlen geben indessen, ehe sie zur Erde gelangen, viel Wärme an die Atmosphäre ab; im Durchschnitt erhält die Erde im Laufe des Jahres nur $^3/_5$ bis $^1/_2$ der nach der Erde strahlenden Sonnenwärme. Die ganze, der Erde von der Sonne im Laufe eines Jahres zugeführte Wärme würde imstande sein eine Eislage von 31 m Höhe zu schmelzen.

Die Erwärmung der Erde durch ein Bündel Sonnenstrahlen hängt ab, 1) von der Dicke des Bündels, 2) von dem Winkel, unter dem die

Strahlen auffallen, und 3) von der Beschaffenheit des Stückes der Erdoberfläche, welches beschienen wird.

Der Winkel, unter dem die Strahlen einfallen, ist nicht blofs insofern von Bedeutung, als sich nach ihm die Gröfse des Flächenstückes richtet, welches von dem Strahlenbündel getroffen wird (§ 376), sondern er bedingt auch, eine wie grofse Strecke der unteren dichten und dampfreichen Atmosphäre von den Strahlen durchwandert wird. Der Wasserdampf namentlich absorbiert sehr viel Wärme, weshalb bei niedrigem Stande der Sonne die Strahlen fast alle erwärmende Kraft verlieren. Fallen dagegen die Strahlen senkrecht auf, so wird nur ca. $^1/_5$ der Sonnenwärme von der Atmosphäre absorbiert.

Für die Erwärmung ist ferner die Absorptionsfähigkeit der beschienenen Stelle von Bedeutung. Das Land erwärmt sich rascher als das Wasser; das letztere reflektiert einen grofsen Teil der Wärme; auch bedarf es einer grofsen Wärmemenge, um sich merklich in seiner Temperatur zu erhöhen; aufserdem wird viel Wärme durch die Verdunstung verzehrt. Übrigens ist auch die Erwärmung der Erdoberfläche nicht durchweg gleich; sandiger, unbewachsener Boden hat eine grofse Absorptionsfähigkeit, während mit Pflanzen dicht bewachsene Stellen sich nur mäfsig erwärmen, weil ein grofser Teil der auffallenden Wärme zur Förderung des Wachstums und zum Verdunsten der Säfte verbraucht wird.

In den Ländern, in welchen der Regen ziemlich gleichmäfsig über das ganze Jahr verteilt ist und der Schnee nur kurze Zeit liegen bleibt, ist die mittlere Temperatur des Bodens der der Luft gleich; in kälteren Ländern dagegen ist der Boden wärmer als die Luft, weil der Schnee ein schlechter Wärmeleiter ist.

Je tiefer man in die Erde dringt, umsomehr erhöht sich die Temperatur und zwar ungefähr um 1° C. für je 35 m; 3500 m unter der Erdoberfläche müfste also das Wasser sieden und im Mittelpunkte der Erde, falls das erwähnte Gesetz unveränderlich gültig wäre, müfste Alles in geschmolzenem oder gasförmigem Zustande sich befinden. Zeugnis von der inneren Erdwärme geben die Vulkane und die heifsen Quellen: Der Geysir auf Island hat 100° C., die Thermen in Burscheid 78°, Carlsbad 74°, Wiesbaden 70°, Baden 67°, Aachen 57°, Ems 56° u. s. w.

Steigt man bis zu einer geringen Tiefe in die Erde, so findet man bald einen Punkt, wo die Temperatur das ganze Jahr über kaum einem Wechsel unterliegt. Je weniger die Temperatur an einem Orte schwankt, umsoweniger tief unter der Oberfläche liegt die Stelle der unveränderlichen Bodentemperatur. In Schottland liegt diese Stelle 13 m, in Paris 27 m unter der Oberfläche. Im Keller des Observatoriums zu Paris ist 27,6 m tief ein Thermometer aufgestellt, welches schon seit vielen Jahren konstant auf 11,82° steht.

Auf Bergen nimmt die Temperatur umsomehr ab, je höher man steigt; es rührt dies teils daher, dafs die Luft in gröfserer Höhe kälter ist, teils daher, dafs den Bergen die ausstrahlende Wärme von dem Erdinneren nicht in dem Mafse ersetzt wird, wie dem flachen Lande.

In gewisser Höhe findet sich auf höheren Bergen eine Stelle, wo selbst im Hochsommer der Schnee nicht mehr schmilzt — Grenze des ewigen Schnees. Am Äquator liegt sie 4500—5000 m, in einer Breite von 42^0 zwischen 2500 und 3000 m, in einer Breite von 60^0 etwa 1500 m und bei 70^0 ca. 1000 m über der Erdoberfläche; in noch höheren Breiten schmilzt der Schnee und das Eis selbst auf der Oberfläche nie. In den nordöstlichen Teilen von Sibirien ist der Boden bis zu einer gewissen Tiefe das ganze Jahr hindurch gefroren; in Jakutsk fand man in einer Tiefe von 116 m noch $-0{,}6^0$.

In den kesselförmigen Hochthälern der Alpen und anderer gröfserer Gebirge haben sich beträchtliche Schneemassen angehäuft; durch die Sommerwärme wird ein Teil des Schnees geschmolzen, wobei sich durch Regelation (§ 349) kleine Eiskörner — Firnkörner — bilden, die allmählich durch weiteres Zusammenfrieren mit Hilfe des durch die Sonnenwärme entstehenden Wassers zu gröfseren Gletscherkörnern werden.

Wegen des bedeutenden Gewichtes des angehäuften Schnees kann sich derselbe auf der schiefen Ebene nicht halten; er gleitet hinab und bildet, an tiefere, wärmere Stellen kommend, einen sehr langsam fliefsenden Eisstrom, der sich wie eine zähflüfsige Masse bewegt und die sogen. Gletscher (in Tyrol Ferner) bildet. Namentlich die unteren Schichten, welche von den oberen einen sehr starken Druck erfahren, befinden sich in einem der Flüssigkeit ähnelnden Zustande; angenäfstes Eis bildet eine plastische Masse, welche durch Druck in jede Form gebracht werden kann. Durch die Abwärtsbewegung in oft gewundener Bahn erhält das Eis Risse und Spalten, die aber durch das Wasser, welches teilweise anfriert, wieder ausgefüllt werden. Indessen ist an steil abfallenden Stellen das Eis oft stark zerklüftet und in einzelne Eisblöcke aufgelöst.

In gröfserer Tiefe, oft weit unter der Grenze des ewigen Schnees, an Orten, wo rundum bereits Getreide angebaut ist, schmilzt das Eis vollkommen und erzeugt die Gletscherbäche.

Die Mächtigkeit der Gletscher ist sehr verschieden; die des Berner Oberlandes schwankt zwischen 10—25 m; doch dürfte der Glacier du géant bis 120 m tief sein.

Die Geschwindigkeit der Fortbewegung kann im Jahre über 200 m steigen. An den Rändern führen die Gletscher Erd- und Gesteinsmassen mit sich — Seitenmoränen — welche, am Ende des Gletschers zusammentreffend, grofse Trümmerhaufen bilden — Frontmoränen. — Wenn zwei Gletscher zusammenstofsen und sich miteinander vereinigen, so gelangen die zwei aneinandergrenzenden Seitenmoränen beider Gletscher auf die Mitte des neuen Gletscherstromes und bilden eine Mittelmoräne. Die meisten Gletscher finden sich in der Schweiz und Tyrol; doch sind sie in keinem Teile der Welt grofsartiger als in West-Tibet. Während das Mer de glace in der Schweiz nur $1^1/_2$ und der Aletsch-Gletscher 3 Meilen lang ist, giebt es in West-Tibet Gletscherströme von 8 Meilen Länge.

Früher waren die Gletscher in Europa viel ausgedehnter — Eiszeit; man erklärt dies daraus, dafs früher die Sahara ein Meer war und viel feuchte Luft nach Europa brachte, welche in den höheren Gebirgen zu sehr starken Schneefällen Veranlassung gab.

§ 391. Temperatur der Luft. Die Temperatur der Luft, welche mehr oder weniger von der der Erde an derselben Stelle verschieden ist, wird mittelst eines Thermometers gemessen, das nach Norden aufgehängt und oft noch durch ein durchbrochenes, der Luft den Durchgang gestattendes Gehäuse vor den Sonnenstrahlen geschützt ist. Es mufs von dem, am besten mit Rasen besetzten Erdboden mindestens 2 m und von der Wand des Hauses $^1/_3$ m entfernt sein.

Das Thermometer wird gewöhnlich dreimal am Tage, am besten um 6 (oder 8) Uhr morgens, 2 Uhr nachmittags und 10 (oder 8) Uhr abends, oder nur zweimal, 8 Uhr morgens und 8 Uhr abends, beobachtet.

Sucht man das Mittel aus diesen drei oder zwei Beobachtungen, so erhält man die mittlere Temperatur des Tages, welche man genauer finden würde, wenn man eine gröſsere Zahl von Beobachtungen anstellte, oder einen Thermographen nebst elektrischer Uhr anwendete, welcher von 10 zu 10 Minuten die Temperatur auf einen Papierstreifen aufzeichnet.

Der Thermograph (nach Hipp) besteht aus einer Spirale von Messing und Zink (§ 341), deren freies Ende mit einem Zeiger verbunden ist, der in dem Schlitz eines Messingrahmes hin- und hergehen kann und dessen nach unten gebogenes Ende einem Papierstreifen gegenübersteht. Der Messingrahmen ist an dem Anker eines Elektromagnetes befestigt, der, alle 10 Minuten durch die elektrische Uhr in Thätigkeit gesetzt, den Rahmen abwärts zieht und den Zeiger auf den Papierstreifen drückt. Der Rahmen hat in der Mitte (unten) einen kleinen Stift, der mit dem Zeiger zugleich eine Marke auf das Papier macht. Zwei Minuten später wird durch die Uhr ein anderer Elektromagnet in Bewegung gesetzt, der den Papierstreifen um eine kleine Strecke fortschiebt. Am Ende jeder Stunde erfolgt eine zweimalige Fortschiebung, so daſs die 5 Marken jeder Stunde (des Zeigers, sowie des Stiftes) von denen der folgenden durch einen gröſseren Zwischenraum deutlich getrennt sind. Man erhält auf diese Art, auſser der durch den Stift in der Mitte des Rahmens erzeugten, aus einzelnen Punkten bestehenden geraden Metalllinie, eine ebenfalls aus Punkteindrücken bestehende Kurve, welche die Schwankungen der Temperatur im Laufe von Tag und Nacht angiebt (vergl. § 142). Der Wert der einzelnen Punkte der Kurve muſs aus dem Abstand derselben von der Mittellinie durch Vergleichung der Anfangs- und Endabstände mit den zugehörigen Temperaturen, wie sie das Quecksilberthermometer angiebt, berechnet werden.

Gesetzt, der erste Punkt (mittags 12 Uhr am 21. März) stehe um 100 mm von der Mittellinie ab und das Quecksilberthermometer zeige 12° C.; steht dann der letzte Punkt (mittags 12 Uhr am 22. März) um 160 mm von der Mittellinie ab und zeigt das Quecksilberthermometer um diese Zeit 15° C., so entspricht einer Abstandänderung von 60 mm eine Temperaturänderung von 3° C.; 1 mm entspricht 0,05° C. Steht nun etwa um 6 Uhr abends der betreffende Punkt des Streifens um 60 mm von der Mittellinie ab, so entspricht der Rückgang um 40 mm gegen mittags 12 Uhr einer Temperaturerniedrigung von 40 . 0,05° = 2° C.; es ist also die Temperatur um 6 Uhr abends 10° C.

Aus der mittleren Temperatur jedes Tages eines Monats kann man die mittlere Temperatur dieses Monats, und aus den mittleren Temperaturen der Monate die des Jahres finden. Besonders interessant ist die höchste und tiefste Temperatur des Tages; man findet sie mit Hilfe eines Maximum- und Minimumthermometers. Das erste besteht in seiner gewöhnlichsten Einrichtung aus einem Quecksilberthermometer, in dessen Röhre vor dem Quecksilberfaden sich ein feiner Eisenstift befindet. Steigt das Quecksilber, so schiebt es den Stift,

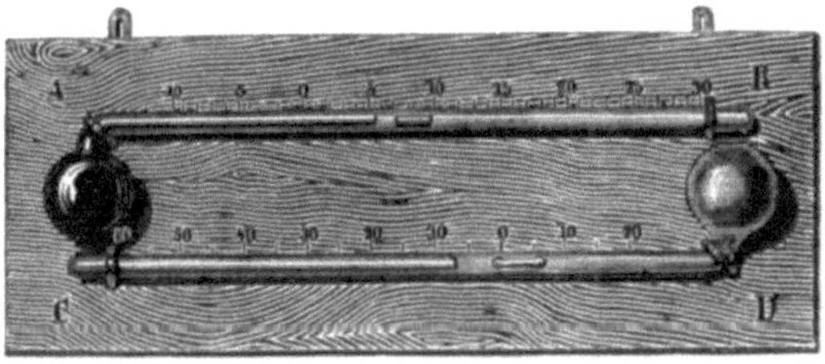

Fig. 526. Maximum- u. Minimumthermometer.

an den es keine Adhäsion hat, vor, und fällt es, so läfst es denselben liegen. Die Stelle, wo das untere Ende des Stiftes sich befindet, giebt die höchste Temperatur des Tages an. Nach der Beobachtung neigt man das sonst horizontalliegende Thermometer so, dafs die Kugel nach unten steht, wobei sich der Stift, indem man durch schwache Stöfse nachhilft, bis an das Quecksilber herabbewegt.

Das Minimumthermometer ist ein Weingeistthermometer, in dessen Röhre ein an beiden Enden verdicktes Glasstäbchen sich befindet. Steigt der Weingeist, so fliefst er an dem Glasstäbchen vorbei, ohne es fortzuschieben; fällt er, so nimmt er das Glasstäbchen mit, wenn er bis an's vordere Ende desselben gekommen ist. Die Stelle, wo das vordere Ende des Glasstäbchens sich befindet, giebt die tiefste Temperatur des Tages an.

Man richtet dasselbe für einen neuen Versuch vor, indem man es mit der Kugel nach oben hält; das Glasstäbchen bewegt sich alsdann bis ans Ende des Weingeistfadens.

Fig. 526 zeigt die beiden Thermometer auf demselben Brett befestigt (Thermometrograph).

Warum sind die Thermometer in verkehrter Lage auf dem Brett angebracht?
Es giebt noch sehr verschiedene Arten von Thermometrographen, sonderlich genau aber sind sie alle nicht.

§ 392. Die tägliche und jährliche Periode der Lufttemperatur. Der Wechsel der Temperatur im Laufe eines Tages ist in verschiedenen Gegenden sehr verschieden; in den Tropen und an den Küsten des Meeres, selbst in der gemäfsigten Zone ist der Wechsel nicht so bedeutend, wie im Binnenlande höherer Breiten.

Die niedrigste Temperatur tritt gewöhnlich kurz nach Sonnenaufgang, die höchste 1—3 Stunden nach 12 Uhr mittags ein.

Von bedeutendem Einflufs auf den Gang der Temperatur ist die Bewölkung; bei heiterem Himmel steigt die Temperatur in den Mittagsstunden beträchtlich, worauf sie von den späteren Nachmittagsstunden an bis kurz nach Sonnenaufgang des folgenden Tages ständig abnimmt; dies tritt namentlich bei östlichen und nördlichen Winden ein. Eine Wolkendecke verhindert eine übermäfsige Erwärmung bei Tage und eine starke Abkühlung bei Nacht.

Ist der Himmel bei südlichen Winden klar, so steigt die Temperatur besonders hoch, ohne dafs der Wechsel grofs wird, denn der viele, in der Luft enthaltene Wasserdampf saugt die in der Nacht von der Erde ausstrahlende Wärme ein, er umgiebt die Erde wie eine warme Hülle, welche die Strahlung in den unendlichen Raum verhindert. Daher kommt es auch, dafs in den Flufsthälern die Temperatur in der Nacht nicht so tief sinkt, als in wasserärmeren Gegenden. (Dicht am Rheine erfrieren die Reben nicht so leicht, als in einiger Entfernung davon; die Mandel- und Pfirsichbäume blühen am Rheine 8—14 Tage früher als selbst in dem sehr geschützt gelegenen Wiesbaden.)

In unseren Gegenden ist der Juli der heifseste, der Januar der kälteste Monat. Gegen Ende Juli beträgt die mittlere Temperatur in Frankfurt a/M. (nach zwanzigjährigen Beobachtungen) $+19,1^0$ C. und in der ersten Hälfte des Januar $-0,5^0$ C.

Die mittlere Temperatur des Oktobers (ca. 8^0 in Frankfurt a/M.) ist der gemäfsigten Zone annähernd der mittleren Temperatur des Jahres gleich.

Bemerkenswert ist, dafs die Wärme der Luft wesentlich von der Erde herrührt; die Luft, namentlich die trockene, ist in hohem Grade diatherman; die Sonnenwärme strahlt durch sie, ohne erheblich absorbiert zu werden, und teilt sich der Erde mit; diese aber erwärmt die ihr zunächstliegenden Luftschichten, von wo aus die Wärme durch Leitung nach den oberen Schichten sich fortpflanzt; da aber die Luft ein schlechter Leiter ist, so nimmt die Lufttemperatur nach der Höhe rasch ab.

Wäre die Luft absolut trocken, so würde ihre Temperatur um je 1^0 C. für eine Erhebungshöhe von je 101 m niedriger sein. Da aber die Luft stets Feuchtigkeit enthält, so ist die einem Sinken von 1^0 C. entsprechende Erhebungshöhe sehr verschieden, sie kann bis 300 m steigen.

Man schätzt die Kälte in den höheren Regionen (die Kälte im Weltenraum) auf -140^0 C.

Um sich eine Vorstellung von der Verteilung der Wärme auf der Erdoberfläche zu machen, hat man durch alle Orte, welche gleiche Jahrestemperatur besitzen, Linien gezogen, welche Isothermen genannt werden. Ebenso hat man auch Isotheren und Isochimenen konstruiert, welche durch Orte gleicher Sommer-, bezüglich Wintertemperatur gehen.

Übrigens ist hierüber, sowie überhaupt über die Umstände, welche auf das Klima eines Landes von Wichtigkeit sind, über Küsten- und Kontinentalklima (§ 397) u. s. w. das Nähere bereits aus dem geographischen Unterricht bekannt.

Die Periode der täglichen Thermometerschwankung pflegt man durch eine Kurve anschaulich zu machen, indem man zwei aufeinander senkrechte Gerade zieht, auf der einen die einzelnen Stunden des Tages, auf der anderen die Thermometergrade in gleichen Abständen abträgt und die beobachteten Thermometerstände an den betreffenden Stunden als Ordinaten einzeichnet. Die Endpunkte der Ordinaten lassen sich dann zu einer Kurve verbinden.

Ebenso läfst sich die Periode der jährlichen Temperaturschwankung graphisch darstellen.

§ 393. Atmosphärische Feuchtigkeit; Tau. 1) Wenn man Wasser in einem Gefäfse kocht, so bemerkt man den aufsteigenden Wasserdampf erst eine Strecke oberhalb des Niveaus der Flüssigkeit; in noch gröfserer Höhe verschwindet er wieder. Der Wasserdampf selbst ist unsichtbar; kommt er aber in geringer Höhe über dem Niveau der Flüssigkeit mit der kalten Luft in Berührung, so verdichtet er sich zu feinen Wassertröpfchen, teils weil er abgekühlt wird, teils weil er von der wenigen Luft, mit der er zunächst zusammentrifft, nicht aufgenommen werden kann, ähnlich wie sich der in einem Zimmer befindliche Wasserdampf auf die kalten Fensterscheiben oder auf ein Glas niederschlägt, in welchem kaltes Wasser sich befindet. Der Dunst oder Schwaden, den man über kochendem Wasser bemerkt, besteht nach den Meinungen der meisten Physiker aus kleinen Wassertröpfchen; andere sagen aus Luftbläschen, welche rundum mit Wasser umgeben sind, ähnlich wie die Seifenblasen. Kommt der Dunst mit noch mehr Luft in Berührung, so geht er wieder in Dampf über. Wird Wasser nicht sehr stark erwärmt, so dafs sich der Wasserdampf nur langsam bildet, so kann er von der Luft aufgenommen werden und ist dann unsichtbar.

Durch die Hitze der Sonne verdunstet das Wasser der Bäche, Flüsse und Meere beständig und der entstehende Wasserdampf löst sich in der Luft auf. Aber auch bei strenger Kälte ist die Luft imstande Wasserdampf in freilich geringer Menge aufzunehmen.

2) In klaren, kalten Sommernächten kühlt sich die Erde und die an ihr befindliche Luft so stark ab, dafs sie ihren Wasserdampf nicht vollständig behalten kann; er schlägt sich dann als Tau auf die Erde nieder. Ist der Himmel mit Wolken bedeckt, so kann eine so starke Abkühlung nicht wohl eintreten; ebenso bildet sich kein Tau unter dem Sitze einer Bank oder einem Zeltdach.

Der Tau setzt sich am reichlichsten auf Grashalme, überhaupt auf Pflanzen ab, nicht sowohl weil sie gut die Wärme ausstrahlen, als weil sie in ihren oberen Teilen schon einigermafsen von der Erde entfernt sind und ihnen deshalb die ausgestrahlte Wärme nicht leicht wieder von der Erde ersetzt werden kann. Reif ist gefrorener Tau.

3) Unter absoluter Feuchtigkeit versteht man die wirklich in einem Luftquantum enthaltene Feuchtigkeitsmenge und unter relativer Feuchtigkeit das Verhältnis der absoluten Feuchtigkeit zu derjenigen, mit welcher die Luft bei der herrschenden Temperatur gesättigt wäre. Die relative Feuchtigkeit wird meist in Prozenten und die absolute in Millimetern angegeben, d. h. man berechnet einer wie hohen Quecksilbersäule die Spannkraft der in der Luft enthaltenen Feuchtigkeit das Gleichgewicht halten kann.

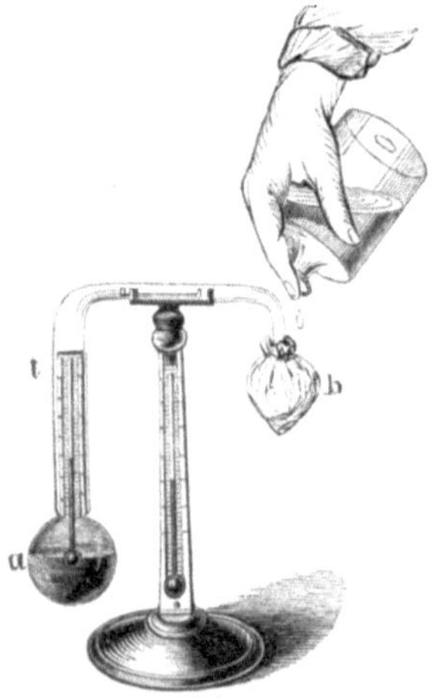

Fig. 527. Hygrometer v. Daniell.

Kühlt sich Luft, welche mit Wasserdampf nicht gesättigt ist, hinreichend ab, so tritt schliefslich der Sättigungspunkt ein; jede weitere noch so geringe Temperaturerniedrigung würde eine teilweise Kondensation des Wasserdampfes bewirken; die Temperatur, bei welcher die Kondensation beginnt, nennt man Taupunkt. Aus dem Unterschiede zwischen der ursprünglichen und der Taupunktstemperatur kann man die relative Feuchtigkeit berechnen.

Zur Bestimmung des Taupunktes kann das Hygrometer von Daniell (Fig. 527) dienen. Eine zweimal rechtwinklig umgebogene Glasröhre endigt in zwei Kugeln, von denen die eine *a* vergoldet, die andere *b* mit Musselin umwickelt ist. Die Kugeln, namentlich *a*, enthalten Äther und die Röhre lediglich Ätherdampf. Befeuchtet man *b* mit Äther, so verdunstet er rasch und bringt durch die bei der Verdunstung entstehende Kälte den Ätherdampf im Inneren zum Kondensieren. Hierdurch entsteht ein verdünnter Raum, weshalb der Äther in *a* rasch verdunstet; die hierbei eintretende Temperaturabnahme kann man an dem im Inneren befindlichen Thermometer *t* ersehen. Durch wiederholtes Befeuchten von *b* sinkt die Temperatur der Kugel *a* und der sie umgebenden Luft rasch so tief, dafs sich Wasser auf dem Goldüberzuge ansetzt, was man daran erkennt, dafs das Gold seinen Glanz verliert — der Taupunkt ist eingetreten. Das Thermometer am Gestell zeigt die ursprüngliche Temperatur der Luft und das Thermometer *t* die Taupunktstemperatur an.

(Beschlagen einer Flasche voll kaltem Wasser, welche in ein warmes Zimmer gebracht wird, der Fensterscheiben in kalten Nächten und der Gangwände in den Häusern, wenn nach Frost Tauwetter eintritt.)

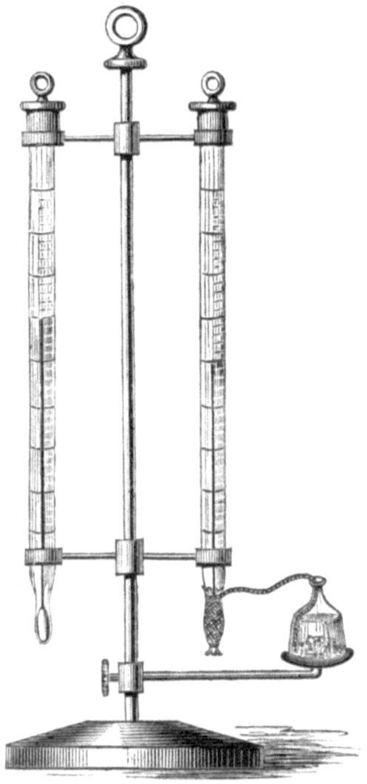

Fig. 528. Psychrometer v. August.

Auf den meteorologischen Stationen wird meist das Psychrometer von August (Fig. 528) zur Bestimmung der relativen und der absoluten Feuchtigkeit (Dunstdruck) benutzt.

Das Psychrometer besteht aus zwei Thermometern, dem trockenen und dem feuchten; die Kugel des letzteren ist von Musselin, welcher in ein Glas mit Wasser taucht, umwickelt. Je trockener die Luft ist, um so rascher verdunstet das Wasser auf dem Musselin' und um so tiefer stellt sich das feuchte Thermometer. Aus dem Stand des trockenen Thermometers, dem Unterschied des trockenen und des feuchten, sowie aus dem herrschenden Barometerstande kann man die relative und die absolute Feuchtigkeit berechnen, bezügl. aus besonders berechneten Tabellen entnehmen.

Die relative Feuchtigkeit ist morgens (vor Sonnenaufgang, d. i. zur Zeit der niedrigsten Temperatur) am gröfsten und mittags am kleinsten. Im Binnenlande sind die Schwankungen viel stärker, als an den Küsten des Meeres. Ebenso ist die relative Feuchtigkeit im Sommer kleiner als im Winter.

Es giebt eine Anzahl Körper, welche leicht Wasser aus der Luft anziehen; man nennt sie hygroskopisch. Einige, wie Potasche, Chlorkalcium u. s. w., ziehen immerfort Wasser ein, bis sie zerfliefsen; andere, wie Haare, Fischbein, Darmseiten, die Frucht des Reiherschnabels, Holz u. s. w. ziehen nur in feuchter Luft Wasser ein und geben es wieder von sich, wenn es trocken wird. Die letzteren verändern ihre Gestalt, werden länger oder kürzer, je nachdem sie mehr oder weniger Wasser enthalten. An dieser Gestaltänderung kann man die relative Feuchtigkeit der Luft erkennen. Man hat sie deshalb auch bei der Konstruktion von Hygrometern verwandt (Saufsure, Klinkerfues). Fig. 529 zeigt das Haarhygrometer von Saufsure; das eine Ende des Haares ist festgemacht und das andere geht über eine Rolle und ist mit einem Gewicht beschwert; an der Rolle ist ein Zeiger befestigt, dessen Spitze an einem eingeteilten Bogen spielt. Ist die Luft feucht, so zieht das Haar Wasser an, es verlängert sich und der Zeiger bewegt sich nach der einen Seite; wird die Luft trocken, so verliert das Haar einen Teil seiner Feuchtigkeit, es zieht sich zusammen und der Zeiger bewegt sich nach der anderen Seite. Indessen sind alle Haarhygrometer wenig zuverlässig.

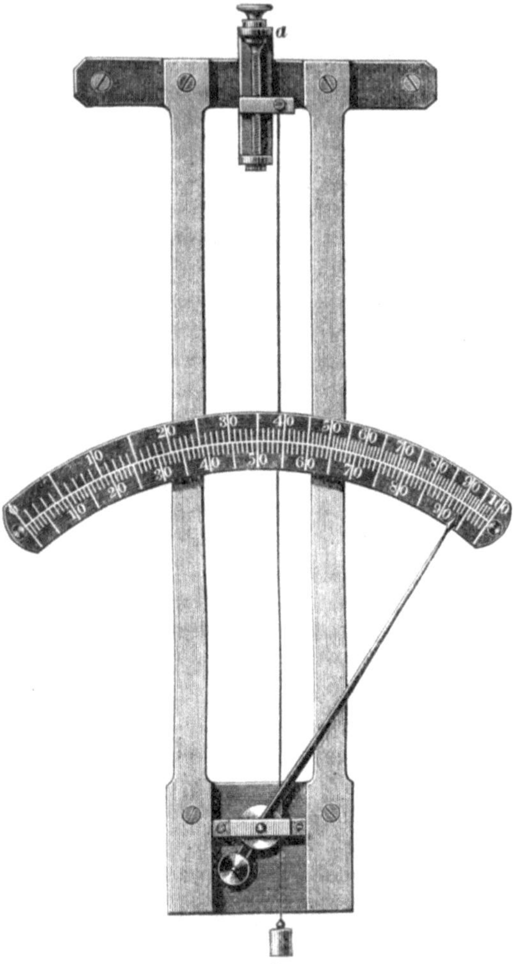

Fig. 529. Haarhygrometer von Saufsure.

§ 394. Nebel, Regen, Schnee und Hagel. Wenn über eine stark abgekühlte Stelle der Erde warme, feuchte Luft strömt, oder wenn die Luft über Gewässern oder feuchtem Erdreich kälter ist, als das Wasser, so bildet sich Nebel. Im ersteren Falle, der im Herbst und Frühjahr, wo die Erde noch kalt ist, bei südlichen Winden leicht eintritt, kühlt sich die wasserdampfreiche Luft am Erdboden ab und es schlägt sich ein Teil des Wasserdampfes in Form kleiner Bläschen nieder, die so leicht sind, dafs sie in der Luft schweben: Nebel über Schnee und Eis bei einbrechendem Südwinde. Im anderen Falle kann der Wasserdampf, welcher sich aus dem wärmeren Wasser oder feuchten Erdreich bildet, nicht alle von der kalten Luft aufgenommen werden: Nebel über feuchten Wiesen, Flüssen

u. s. w. im Frühjahr und Herbst am Morgen und Abend, sowie über Wasser, welches aus der Erde kommt.

Kondensiert sich Wasserdampf in gröfseren Höhen, so entstehen Wolken. Sie bilden sich namentlich, wenn warme, feuchte Luftströme aufwärts steigen und oben sich abkühlen. Fällt die Temperatur unter den Gefrierpunkt, so bilden sich Wolken, welche aus feinen Eisnadeln bestehen.

Die Wolken sinken allmählich nieder, wobei sich der untere Teil wieder in der wärmeren Luft auflöst, wenn der aufsteigende Luftstrom nicht sehr stark ist; im anderen Falle bleiben sie schweben oder steigen in die Höhe.

Ist die Kondensation des Wasserdampfes stark, so können sich die Wasserbläschen oder Eiskrystalle nicht mehr in der Luft halten und fallen als Regen oder Schnee nieder. Der Schnee zeigt oft deutliche Krystalle des hexagonalen Systems (Fig. 530).

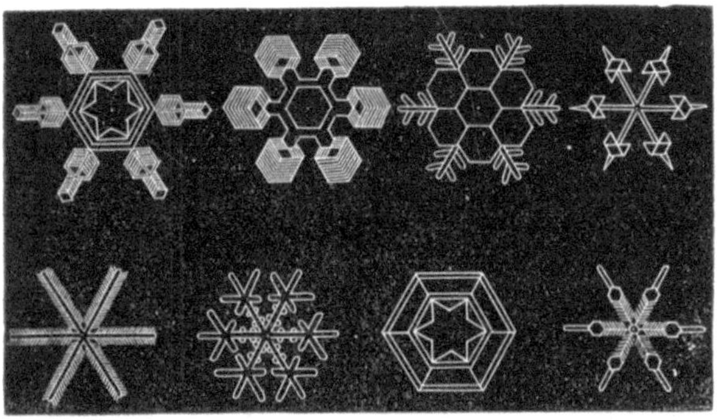

Fig. 530. Schneekrystalle.

Wenn feuchter Südwind an ein Gebirge kommt, welches sich in westöstlicher Richtung ausdehnt, so mufs die Luft in die Höhe steigen, wobei sie einen grofsen Teil ihres Wasserdampfes als Regen oder Schnee fallen läfst.

Manchmal, namentlich im Frühjahr, fallen statt der Schneeflocken kleine Eiskörner, Graupeln nieder; gröfsere mit einer Eisrinde bedeckte Graupeln nennt man Schlofsen. Im Hochsommer dagegen, besonders bei Gewittern, bilden sich oft noch gröfsere Eiskugeln, welche unter dem Namen Hagel bekannt sind. Die Hagelkörner haben inwendig einen undurchsichtigen, den Graupeln ähnlichen Kern, über welche sich verschiedene Eisschichten gelegt haben. Einige (Vogel und Noellner) glauben, dafs aus sehr grofser Höhe Graupelkörner fallen, welche auf Wolkenmassen treffen, die unter 0^0 abgekühlt sind und deren Wasser sofort schichtenweise um das Graupelkorn gefriert, sobald es von demselben getroffen wird. Andere sind der Meinung, dafs der Hagel, welcher fast stets bei Gewittern auftritt, durch hoch aufsteigende feuchte Luftmassen erzeugt werde; immer aber ist die Annahme, dafs das Wasser überkaltet sei, notwendig.

Hagelwetter dehnt sich gewöhnlich über eine längere, nicht sehr breite Strecke aus und entsteht immer infolge eines lebhaft aufsteigenden Luftstromes (§ 397). Wenn nun die dampfreiche, heifse Luft bis in sehr hohe Regionen wirbelnd emporsteigt, so ist wohl eine Abkühlung unter 0^0 möglich; die Bildung gröfserer Körner wird dadurch befördert, dafs die Wassertröpfchen und Eiskörnchen wegen der wirbelnden Bewegung, aus der sich wohl auch das prasselnde Geräusch bei einem Hagelwetter erklärt, vielfach mit einander in Berührung kommen und zugleich länger in den oberen Schichten verweilen.

Wenn im Winter nach starkem Frost plötzlich Tauwetter eintritt und ein schwacher, feiner Regen fällt, so bildet sich an der Oberfläche der Erde und der Bäume das sogen. Glatteis. Ist der Regen stark, so kann sich kein Glatteis bilden, weil die Erde sehr rasch durch den warmen Regen über 0^0 erhitzt wird.

Manchmal entsteht auch Glatteis, wenn kalter Regen nach wärmerem Wetter einfällt. Das unter 0^0 abgekühlte — überkaltete — Regenwasser gefriert, sobald es auf den Boden, auf Bäume oder Regenschirme fällt. An Bäumen wird oft die Eisrinde sehr beträchtlich — Rauhfrost, sodafs nicht selten die Bäume unter der Last des Eises zusammenbrechen — Eisbruch.

Man unterscheidet vier Hauptformen von Wolken: Cirrus, Stratus, Cumulus und Nimbus. Die ersten, auch Federwolken genannt, sind feine weifse Streifen, wie zarte Federn aussehend; es sind die höchsten Wolken. Stratus (Streifenwolken) sind lange, schwärzliche Streifen, stehen meist ziemlich tief und sind wahrscheinlich von aufsteigendem Nebel gebildet. Cumuli oder Haufenwolken sind rundliche, oben weifse, unten schwärzliche Wolkenmassen; sie sind unsere gewöhnlichen Sommerwolken. Cirro-stratus bedecken als zarte, weifsliche Streifen den ganzen Himmel; Cirro-cumuli sind zarte, rundliche, weifsliche Wolkengebilde, unsere „Schäfchen". Cumulo-stratus und Strato-cumulus sind Kombinationen von Haufen- und Streifenwolken; bei der ersten herrscht Stratus, bei der letzteren Cumulus vor. Cumulo-stratus ist die gewöhnlichste Wolkenform, dunkele Wolkenmassen, vielfach zerrissen, unten schwarzstreifig. Nimbus ist die schwarze Regenwolke, deren Form meist zu Cumulus oder Cumulo-stratus gehört, wenn sie nicht den ganzen Himmel mit einer einzigen schwarzen Decke überzieht.

Um die Regenmenge und Regenhöhe zu messen, bedient man sich des Regenmessers (Ombrometer). Er besteht aus dem Auffangegefäfs *A* (Fig. 531), dessen Durchmesser bekannt ist und aus dem cylindrischen Gefäfs *BB*, in welchem sich das Wasser sammelt; um das Verdunsten zu verhüten, ist *A* als Trichter mit enger Öffnung konstruiert. Unten endigt der Regenmesser entweder in einen eingeteilten Glascylinder oder in eine kleine Röhre mit Hahn (*h*), mittelst dessen das angesammelte Wasser in einen Mefscylinder abgelassen werden kann. Es läfst sich hieraus ersehen, einesteils wie viel Wasser auf einen bestimmten Teil der Erdoberfläche gefallen ist und anderenteils, wie hoch das Wasser gestanden hätte, wenn nichts durch Verdunsten, Einsickern u. dergl. verloren gegangen wäre.

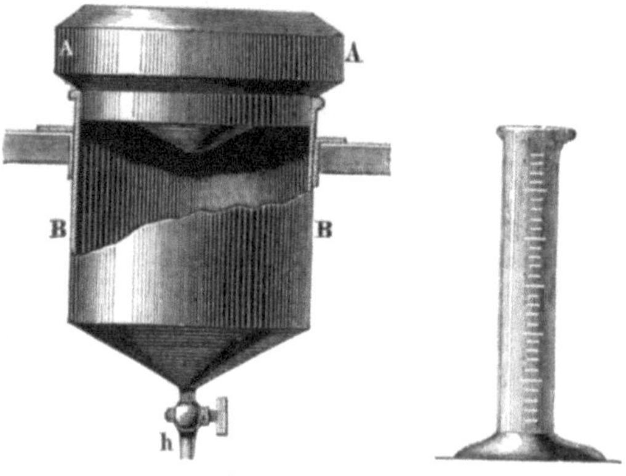

Fig. 531. Regenmesser.

Das mittlere Europa erhält seinen meisten Regen im Sommer; die jährliche Regenmenge beträgt ca. 500 mm; an der Westküste Islands steigt sie bis 1000, in den Alpen und an der Westküste von Norwegen bis 2000 und an der Westküste von Schottland bis 2800 mm.

Man spricht hie und da von trockenen Nebeln, unter denen der Höhenrauch (oder Haarrauch) und der Moorrauch besonders bekannt ist; letzterer entsteht durch das Abbrennen der Torfmoore im nordwestlichen Deutschland.

§ 395. Maxima und Minima des Luftdruckes. 1) Wenn irgend eine Stelle der Erde sich abkühlt, so zieht sich die über ihr befindliche Luftsäule nach unten hin zusammen und da hierdurch in der Höhe eine Luftverdünnung entsteht, so strömt oben die Luft von allen Seiten zu; infolgedessen vermehrt sich die Menge und das Gewicht der über der erkalteten Erdstelle stehenden Luft, das Barometer am Boden steigt, es bildet sich ein barometrisches Maximum.

Weil über der erkalteten Erdstelle die Dichte der Luft am Boden gröfser ist, als rundum, so strömt die Luft am Boden aus einem Maximum nach allen Richtungen hin aus; dies geschieht aber nicht in geraden, vom Centrum des Maximums ausgehenden Linien, sondern in spiraligen Kurven. Durch die Achsendrehung der Erde wird nämlich die sich bewegende Luft auf der nördlichen Halbkugel ebenso nach rechts abgelenkt, wie die Schwingungsebene eines Pendels (§ 94); es ist dabei gleichgiltig, welche Richtung die Luft hat. Denkt man sich so gestellt, dafs man den Wind im Rücken hat und streckt die rechte Hand aus, so wird der Wind nach der Hand hin ständig abgebogen, so dafs er eine nach rechts gekrümmte Spirale beschreibt; Nordwind wird nordöstlich, Ostwind südöstlich, Südwind südwestlich und Westwind nordwestlich. Da aber wegen der Trägheit der Wind seine Richtung zu behalten strebt, so wird die Ablenkung nach rechts etwas geschwächt und so die Krümmung der Kurve etwas abgeflacht (Fig. 532).

2) Wenn irgend eine Stelle der Erde sich erwärmt, so dehnt sich die über ihr befindliche Luftsäule nach oben hin aus; hierdurch wird die

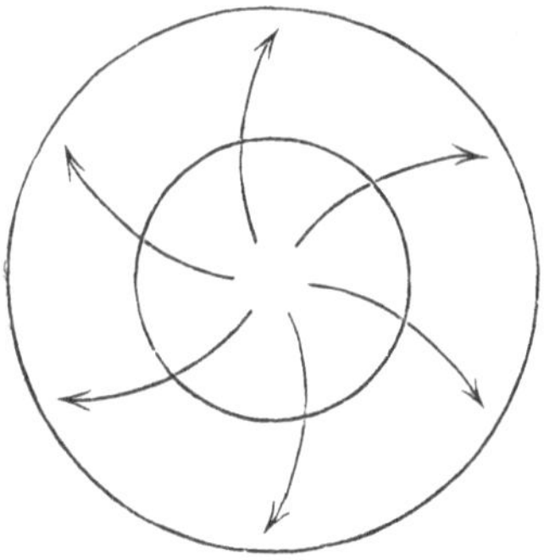

Fig. 532 Maximum des Luftdruckes.

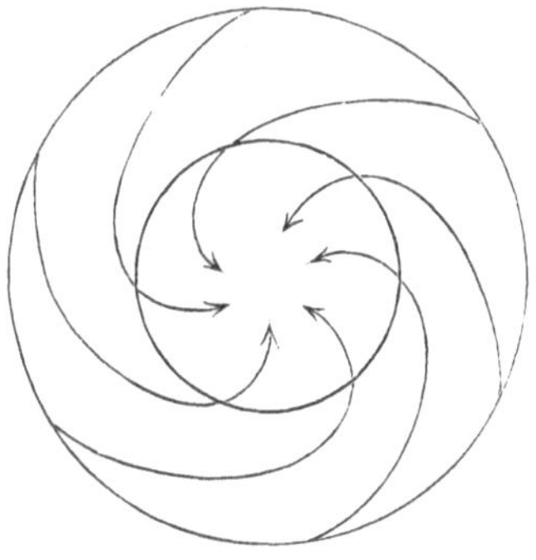

Fig. 533. Minimum des Luftdruckes.

Luft in der Höhe dichter als seitwärts und strömt deshalb dort nach allen Richtungen aus; wegen dieser Verminderung der Luftmenge über der erhitzten Erdstelle fällt das Barometer am Boden, es bildet sich ein barometrisches Minimum.

Da die Luft am Boden eines Minimums eine geringere Spannkraft hat, als rundum, so strömt die äufsere Luft von allen Seiten nach dem Minimum hin; es geschieht dies aber nicht in nach dem Centrum des Minimums gerichteten Geraden, sondern in spiraligen Kurven. Der ursprünglich gerade nach dem Centrum gerichtete Wind wird nämlich durch die Achsendrehung der Erde nach rechts abgebogen; da aber der Zug nach dem Minimum stärker ist, so biegt sich der Wind trotzdem einwärts nach dem Minimum hin, wobei aber die Kurve durch die Schwungkraft (Trägheit) wieder etwas abgeflacht, bezüglich vom Minimum abgebogen wird. (Fig. 533).

Stellt man sich mit dem Rücken gegen den Wind, so hat man das Maximum rechts hinter sich und das Minimum links vor sich.

Auf der südlichen Halbkugel aber, wo durch die Achsendrehung der Erde der Wind nach links abgelenkt wird, hat man, mit dem Rücken gegen den Wind gestellt, das Maximum links hinter sich und das Minimum rechts vor sich (Gesetze von Buys-Ballot 1862).

Man kann diese Gesetze auch so ausdrücken:

Die barometrischen Maxima werden auf der nördlichen (südlichen) Halbkugel von Winden umkreist, in einer Richtung, welche der Bewegung der Uhrzeiger gleich (entgegengesetzt) ist.

Die barometrischen Minima werden auf der nördlichen (südlichen) Halbkugel von Winden umkreist, in einer Richtung, welche der Bewegung der Uhrzeiger entgegengesetzt (gleich) ist.

Der Wind strömt von den Orten hohen nach denen niederen Druckes mit um so gröfserer Geschwindigkeit hin, je gröfser die Druckdifferenz und je kleiner die Entfernung der betreffenden Orte ist. Die Stärke des Windes richtet sich nach dem Gradienten, d. i. nach der Differenz der Barometerstände pro Meridiangrad (= 15 Meilen = 111 km). Man sagt, der Gradient betrage 1, 2, 3 . . . mm, wenn der Luftdruck an zweien um einen Meridiangrad von einander entfernten Orten um 1, 2, 3 . . . mm verschieden ist.

Die Stärke des Windes wird auf den Wetterkarten nach der halben Beaufort- oder Landskala durch die mehr oder minderstarke Befiederung der Windpfeile angegeben. Auf dem Lande rechnet man 6, auf der See 12 Grade.

Landskala.

Skala	Bezeichnung	Benennung	Geschwindigkeit	Wirkung des Windes
0		Stille	0—0,5 m	Der Rauch steigt gerade auf;
1		Schwach	0,5— 4 „	Ein Wimpel bewegt sich eben;
2		Mäfsig	4— 7 „	Ein Wimpel streckt, Baumblätter bewegen sich;
3		Frisch	7— 11 „	Baumzweige bewegen sich;
4		Stark	11— 17 „	Grofse Zweige und schwächere Stämme bewegen sich;
5		Sturm	17— 28 „	Ganze Bäume werden bewegt;
6		Orkan	über 28 „	Bäume werden entwurzelt.

Einem Gradienten von 1,6 mm entspricht ein mäfsiger, einem von 2,4 mm ein starker und einem von 3,4 mm ein stürmischer Wind; bei einem Gradienten von 4 mm herrscht bereits voller Sturm.

Wesentlichen Einflufs auf die Entwickelung der Minima hat der Wasserdampf. Sobald eine Stelle der Erde sich erwärmt, so verdunstet eine Menge Wasser und da der Wasserdampf leichter ist, als die Luft, so steigt er rasch auf und reifst die Luft mit fort. Es strömt denn auch die Luft oben schneller nach den Seiten hin ab. Aufserdem ist mit Wasserdampf erfüllte Luft leichter als trockene; das Minimum entwickelt sich also durch den Wasserdampf rascher und wird stärker.

Verdunstet Wasser in einem geschlossenen Gefäfse, so steigert sich die Spannkraft derselben, die Wasserdampfmoleküle füllen die Zwischenräume der Luftmoleküle teilweise aus. In der freien Atmosphäre ist dies anders. Wenn Wasserdampf in der Luft ist, so treten die Luftmoleküle auseinander, um den Dampfmolekülen Platz zu machen. Würde man die in der Luft enthaltenen Dampfmoleküle durch Luftmoleküle ersetzen, so würde sich das Gewicht und somit der Barometerstand erhöhen.

§ 396. Die tägliche und jährliche Veränderung des Luftdruckes. Um das Steigen und Fallen des Luftdruckes im Laufe der Zeit feststellen zu können, bedient man sich am besten eines selbstregistrierenden Barometers (§ 142). Hat man kein selbstregistrierendes, so beobachtet man ein gewöhnliches täglich drei- oder zweimal und zwar zu denselben Zeiten, wie das Thermometer.

An den meisten Orten ereicht das Barometer durchschnittlich im Laufe eines Tages zwei Maxima und zwei Minima; das eine Maximum tritt am Vormittag, das andere am Abend ein, während die Minima am frühen Morgen und Nachmittag stattfinden.

Im Laufe der Nacht sind die Schwankungen weit geringer als am Tage.

Über den grofsen Kontinenten wechselt der Luftdruck stärker, als über den Meeren, weil dort auch die Temperaturschwankungen gröfser sind. Im Sommer ist der Luftdruck durchschnittlich niedriger als im Winter.

Man hat für die verschiedenen Orte den auf den Meeresspiegel und auf 0^0 reduzierten mittleren Jahres-Barometerstand berechnet und Linien durch die Orte gleichen mittleren Luftdruckes gezogen — Jahresisobaren.

Während des ganzen Jahres ist über den grofsen Meeren in der Nähe des Äquators ein Gürtel niederen Luftdruckes; nördlich und südlich davon, zwischen den 30. und 40. Grad nördlich und dem 20. und 30. Grad südlich, herrscht im allgemeinen höherer Druck. Noch weiter nördlich oder südlich ist der Luftdruck wieder geringer. Besonders bemerkenswert ist, dafs über dem Atlantischen Ocean im Winter ein geringer Druck herrscht; im Sommer ist der Druckunterschied zwischen der Luft auf dem Atlantischen Ocean und den umgebenden Festländern geringer.

Über den Festländern herrscht im Winter durchschnittlich höherer, im Sommer niederer Druck.

§ 397. Regelmäfsige Winde; Winddrehungsgesetz. Da der Wind von den Gebieten höheren Druckes zu denen niederen Druckes hinströmt, so ist aus dem im vorigen § dargelegten Druckverhältnissen zu entnehmen, dafs während des ganzen Jahres die Luft von den Wendekreisen nach dem Äquator hinströmt. Wegen der Achsendrehung der Erde ist dieser Wind auf der nördlichen Halbkugel nordöstlich und auf der südlichen südöstlich — Nordost- und Südostpassat. Am Äquator strömt die stark erhitzte und mit Wasserdämpfen gesättigte Luft in die Höhe und fliefst oben nach den Wendekreisen hin ab. Da in der Region des tiefsten Druckes am Äquator die Luft aufwärts strömt, so ist dort kein „Wind“ bemerkbar — Region der Kalmen, wie denn überhaupt an der tiefsten Stelle eines Minimums stets Windstille herrscht. Im Sommer rückt der Windstillengürtel mehr nach Norden, bis zum 10. Grade nördlicher Breite, während sich seine südliche Grenze weniger verschiebt.

Ein anderer ständiger Wind ist der Nordostmonsum, welcher im indischen Ocean den ganzen Winter vom Land nach dem Meere, und der Südwestmonsum, welcher während des Sommers vom Meere nach dem Lande weht. Im Sommer herrscht nämlich auf dem Festlande, im Winter auf dem Meere ein relatives Minimum des Luftdruckes; das Land wird unter dem Einflusse der Sonnenwärme mehr in seiner Temperatur erhöht als das Wasser, während es sich im Winter stärker abkühlt. Ähnlich herrscht überhaupt an den Küsten der Meere während des Tages ein lebhafter Wind vom Meere nach dem Lande und bei Nacht vom Lande nach dem Meere; morgens und abends herrscht Windstille — Küsten- und Kontinental-Klima.

Über den Atlantischen Ocean, dessen Wasser durch den Golfstrom ziemlich warm ist, ziehen ständig Minima des Luftdruckes, welche namentlich im Winter ziemlich tief sind. Sie gehen meist südlich von Grönland und Island vorbei nach Norwegen und Schweden und füllen sich allmählich im inneren Rufsland wieder aus; nur selten gehen sie südwärts von uns vorüber. Wenn nun ein Minimum im Norden von England erscheint, so strömt die Luft aus Südeuropa nach dem Minimum hin; der Wind, an sich ostsüdöstlich, wird durch die Achsendrehung der Erde südöstlich. Geht das Minimum weiter nach Norwegen, so wird der Wind südlich und südwestlich, um schliefslich, wenn das Minimum nach Rufsland übertritt, westlich und nordwestlich zu werden. Der Wind dreht sich also bei uns gewöhnlich in der Richtung *O*, *S*, *W*, *N* — Doves Winddrehungsgesetz.

Geht das Minimum ausnahmsweise südlich von uns vorüber, so setzt der Wind östlich ein (er würde ohne die Achsendrehung der Erde nordöstlich sein) und geht nach Nordost, Nord und Nordwest über.

Geht das Minimum gerade auf uns zu, so herrscht erst Südostwind; stehen wir im Centrum des Minimums, so herrscht Windstille und schreitet es weiter nach Osten fort, so setzt der Wind plötzlich aus Nordwest ein und behält diese Richtung bei.

Das Fortschreiten der Minima ist als ein Neubilden aufzufassen; auf der östlichen (Vorder-) Seite der Minima strömen südliche, auf der westlichen (Hinter-) Seite strömen nördliche Winde ein. Die letzteren, als dicht und trocken, füllen das Minimum aus, während die ersteren, als dünn und feucht, ein neues Minimum vor dem ersteren erzeugen. So lange ein Minimum sich auf dem Atlantischen Ocean befindet, ist die an der Vorderseite zuströmende Luft sehr warm und feucht, weshalb das Minimum tief bleibt; kommt es aber an die Küste von Norwegen, so strömen dichtere und trockenere Landwinde ein, die neuen Minima werden geringer und füllen sich im Innern Rufslands aus.

Wenn die warmen südlichen Winde, spiralförmig nach dem Minimum sich bewegend, vorn eintreten und in die Höhe steigen, so kommen sie oben in kältere Regionen; es kondensiert sich dann ein Teil des Wasserdampfes und fällt als Regen oder Schnee nieder; dadurch wird die Luft noch dünner und das Minimum tiefer. Oft auch, namentlich im Hochsommer, steigt die feuchte Luft so hoch auf, dafs die Wassertröpfchen unter 0^0 sich abkühlen und dann zu Hagelbildung Veranlassung geben. Nicht selten sind diese Vorgänge von heftigen elektrischen Entladungen begleitet (§ 294 u. 394).

An der Vorderseite der Minima herrscht bei südlichen Winden, trübes, regnerisches, an der Hinterseite bei nördlichen Winden heiteres trockenes Wetter.

Rückt also ein Minimum nach dem nördlichen Europa zu, so wird zuerst bei südöstlichen Winden höhere Temperatur und ein Fallen des Barometers eintreten; bei weiterem Vorrücken des Minimums wird die Hitze und das Fallen des Barometers bei südlichen Winden noch gröfser, während zugleich der Himmel sich bedeckt und nicht selten Regen eintritt. Weiterhin, bei westlichen und nordwestlichen Winden heitert sich der Himmel wieder auf, das Thermometer sinkt und das Barometer steigt. Im Sommer tritt Bewölkung und Regen meist erst bei West- und Nordwind ein.

Die Geschwindigkeit der barometrischen Minima kann bis 25 m betragen. Die barometrischen Maxima, welche sich vornehmlich im Winter über den grofsen Kontinenten bilden, sind räumlich weit ausgedehnter und bewegen sich sehr langsam, oder stehen längere Zeit still. Die Gradienten um die Maxima sind viel kleiner, als um die Minima. Überschreitet der Gradient um ein Minimum 4,5 mm, so herrscht voller Sturm — Wirbelstürme, Cyklonen. Die meisten Wirbelstürme fallen in den Winter; sie sind in den höheren Breiten häufiger als in den Tropen und wandern meist von West nach Ost.

In den tropischen Gegenden sind die Wirbelstürme seltener, aber meist stärker (mit grofsen Gradienten).

Um den inneren windstillen Raum einer Cyklone bläst der Wind fast in kreisförmiger Bahn herum und über demselben zeigt sich gewöhnlich eine dichte Wolke, die, weil die Luft in der Höhe nach den Seiten hin abströmt, manchmal in der Mitte zerrissen ist und die Bläue des Himmels durchblicken läfst — das Auge des Sturmes.

Cyklonen von geringerem Umfange nennt man Tornados; sie bewegen sich teils über dem Lande, teils über dem Meere — Land- und Seetornados; die ersteren können grofse Verheerungen anrichten.

Durch kleine aufsteigende Luftströme werden die Tromben oder Windhosen (Wasser- und Sandhosen) erzeugt.

VII. Mathematische Geographie und Astronomie.

a. Scheinbare Bewegung der Fixsterne.

§ 398. Der Horizont. Um unseren Standort als Mittelpunkt scheint sich der Himmel als halbkugeliges (etwas abgeflachtes) Gewölbe auszuspannen und in einem Kreise auf der Erdoberfläche zu ruhen. Dieser Kreis, welcher besonders deutlich auf einer weiten Ebene oder auf dem Meere sichtbar ist, wird der scheinbare Horizont oder Gesichtskreis genannt, im Gegensatz zu dem wahren, unter welchem man eine Ebene versteht, die durch den Mittelpunkt der Erde geht und dem scheinbaren Horizont parallel ist. Betrachtet man die Erde als Teil des Universums, gegen welches sie verschwindend klein, wie ein Punkt, erscheint, so kann der scheinbare Horizont mit dem wahren als zusammenfallend angesehen werden.

Eine vertikale, durch den Standort gehende Linie schneidet das (sichtbare) Himmelsgewölbe in einem Punkt, welcher gerade über unserem Scheitel liegt und Zenith (Scheitelpunkt) genannt wird; verlängert man diese „Scheitellinie" nach der entgegengesetzten Richtung, bis sie die andere (unsichtbare) Hemisphäre des Universums trifft, so nennt man diesen Durchschnittspunkt das Nadir (Fufspunkt).

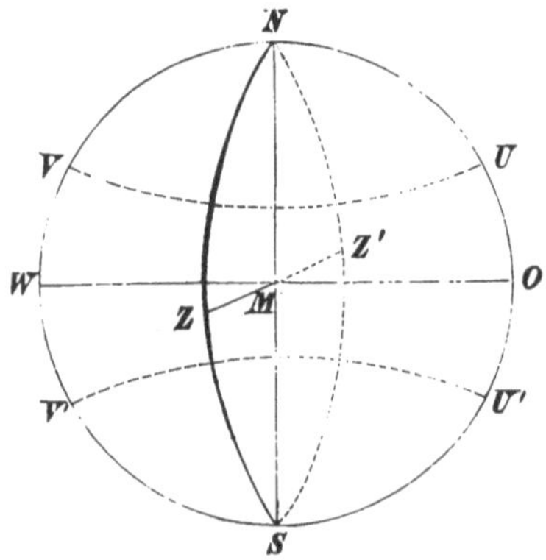

Fig. 534. Die Himmelsgegenden.

§ 399. Weltgegenden; Meridian. Am 21. März und am 23. September geht die Sonne an einem Punkt des Horizontes auf, welchen man den Ostpunkt, und an einem Punkte unter, den man den Westpunkt nennt. Diese beiden Punkte *O* und *W* (Fig. 534) liegen mit dem Mittelpunkte *M* des Horizonts d. h. mit unserem Standorte in einer geraden Linie und sind, im Kreis gemessen, um 180° von einander entfernt. Denkt man sich eine Linie durch *M* senkrecht auf *OW*, so scheidet diese den Horizont in zwei Punkten *N* und *S*, welche bezüglich Nord- und Südpunkt heifsen. Die Verbindungslinie des Nord- und Südpunktes wird Mittagslinie, und die Ebene *N Z S Z'*, welche durch die Scheitellinie *Z Z'* und die Mittagslinie *NS* geht, der Meridian des Ortes genannt. Wenn die Sonne (am 21. März oder 23. September) im Ostpunkt um 6 Uhr morgens aufgeht, so erhebt sie sich im Laufe des Tages immer höher über den Horizont, erreicht um 12 Uhr mittags im Meridian ihre gröfste Höhe (40^0 über dem Südpunkt an Orten, deren geogr. Breite 50^0 beträgt) und geht von da an tiefer und tiefer, bis sie abends um 6 Uhr wieder am Horizont im Westpunkt ankommt.

Im Sommer geht die Sonne in Punkten des Horizonts auf, welche, wie der Punkt *U*, nördlich von dem Ostpunkte *O*, und in Punkten, wie *V*, unter, welche nördlich vom Westpunkte *W* liegen. Im Winter dagegen ist sowohl der Auf- als der Untergangspunkt der Sonne (z. B. *U'* und *V'*) südlich von dem Ost-, bezüglich Westpunkt gelegen. Immer aber erreicht die Sonne im Meridian ihre gröfste Höhe, die im Sommer mehr, im Winter weniger als die Meridianhöhe im Frühjahr und Herbst beträgt. Am 21. Juni beträgt die Sonnenhöhe (an Orten, deren geogr. Breite 50^0 ist) um 12 Uhr mittags $63^1/_2{}^0$ und am 21. Dezember nur $16^1/_2{}^0$.

§ 400. Weltachse. Weitaus die meisten Gestirne, welche unsere Nacht erhellen, behalten stets ihre gegenseitige Lage bei, wenn sie auch miteinander am Himmelsgewölbe im Laufe der Nacht fortzuschreiten scheinen; sie haben ihr eigenes unruhig funkelndes Licht und zeigen stets dieselbe rundliche Gestalt; man nennt sie Fixsterne. Sie müssen sehr weit entfernt sein, weil sie selbst in den stärksten Fernröhren nur als helle Punkte erscheinen.

Unter den Fixsternen zeichnet sich einer, der sogen. Polarstern, dadurch aus, dafs er stets (fast) genau an derselben Stelle zu bleiben scheint; man findet ihn, wenn man das Gesicht nach dem Nordpunkte wendet und das Auge (in unseren Gegenden) etwa 50^0 über den Horizont erhebt; er ist ein heller Stern, von wenigen anderen schwachleuchtenden umgeben; er liegt, was auch zu seiner Auffindung benutzt werden kann, nahezu in gerader Linie mit den „Hinterrädern" α und β (Fig. 535) des allbekannten Sternbildes „der Wagen" (grofser Bär) und zwar ist er ungefähr $5^1/_2$ mal so weit von α entfernt, als α von β.

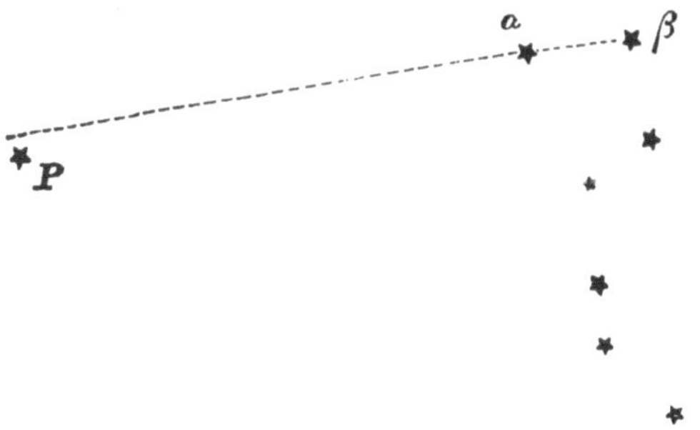

Fig. 535. Wagen (grofser Bär.)

Die übrigen Fixsterne nun scheinen sich um die Linie, welche von unserem Auge nach dem Polarstern geht, in Kreisen zu drehen, deren

Mittelpunkte in dieser Linie liegen und deren Ebenen auf ihr senkrecht stehen.

Man nennt diese Linie die Weltachse; sie bildet, wie später ausführlicher gezeigt werden wird, mit dem Horizont einen Winkel, Polhöhe genannt, welcher stets gleich der geographischen Breite des Beobachtungsortes ist. In Frankfurt a/M. beträgt also die Polhöhe 50° 6′ 43″, in Berlin 52° 31′ 15″ etc.

Dafs die Fixsterne sich wirklich in kreisförmigen Bahnen bewegen, kann man leicht mit Hilfe eines Fernrohrs mit parallaktischem Stativ bewahrheiten; es ist dies ein Fernrohr, welches sich um eine Achse, die der Weltachse parallel ist, drehen kann. Fig. 536 giebt ein systematisches Bild eines solchen Instrumentes; auf einem Fufsgestell ist ein prismatischer Holzklotz *a b c* befestigt, dessen geneigte Fläche *ab* mit der horizontalen *bc* einen Winkel bildet, welcher die Polhöhe zu 90° ergänzt; in unseren Gegenden würde er also ungefähr 40° betragen müssen; auf der Fläche *ab* steht eine hohle Achse *m* senkrecht, in welcher sich eine Stange *d*, die mit dem Fernrohr bei *n* charnierartig verbunden ist, drehen kann; der Winkel *dcb*, welchen die Achse *m* mit der Horizontalen *bc* bildet, ist gleich der Polhöhe; stellt man also das Stativ so, dafs *b* nach dem Nord- und *c* nach dem Südpunkte des Horizontes zeigt, so fällt *m* mit der Weltachse zusammen; richtet man nun das Fernrohr auf irgend einen Fixstern und zieht die Flügelschraube *n* an, so bildet das Fernrohr, wenn es um die Achse *d* gedreht wird, mit dieser stets denselben Winkel und der Punkt, wo die verlängerte Fernrohrachse das Himmelsgewölbe trifft, beschreibt beim Drehen einen Kreis, dessen Ebene auf der Weltachse senkrecht steht und dessen Mittelpunkt in dieselbe fällt. Wird das Fernrohr, welches auf einen bestimmten Stern eingestellt worden, nicht gedreht, so verschwindet der Stern bald aus dem Gesichtsfeld; er kommt aber sofort wieder in dasselbe, wenn man das Fernrohr um die Achse *d* von Ost nach West dreht. Würde das Fernrohr etwa durch ein Uhrwerk gleichmäfsig von Ost nach West umgedreht, so dafs sein Endpunkt in 24 Stunden einen vollen Kreis beschriebe, so bliebe der Stern, auf den es einmal eingestellt worden, ständig im Gesichtsfeld, so lange er überhaupt über dem Horizont sich befindet.

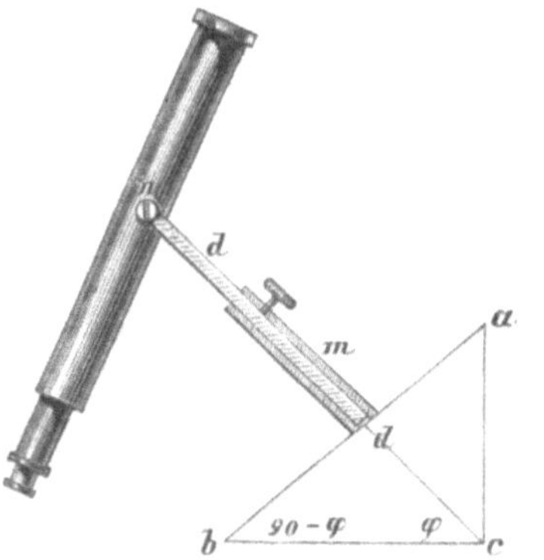

Fig. 536. Fernrohr mit parallaktischem Stativ.

§ 401. Lage der Fixsternbahnen gegen den Äquator. Da die Weltachse gegen den Horizont im Allgemeinen schief steht, so sind auch die Kreisbahnen der Fixsterne gegen den Horizont geneigt. Denkt man sich auf die Weltachse *P P′* (Fig. 537) im Beobachtungsorte *M*, resp. im Mittelpunkt der Erde eine Ebene senkrecht gelegt, so schneidet dieselbe das Himmelsgewölbe in einem Kreise $OAWA'$, welche man den Himmelsäquator nennt; er trifft den Horizont $NOSW$ im Ost- und Westpunkt und bildet mit demselben einen Winkel, welcher gleich dem Komplement der Polhöhe $(90-\varphi)$ oder der geographischen Breite des Ortes ist; in Frankfurt a/M. beträgt also dieser Winkel ca. 40^0, in Berlin ca. $37^1/_2{}^0$. Die eine Hälfte des Äquators liegt über, die andere unter dem Horizont. Der höchste Punkt A' des Äquators über dem Horizont, ebenso wie der tiefste Punkt A' unter dem Horizont liegen im Meridian und zwar ist $A'S = NA = 90 - PN$.

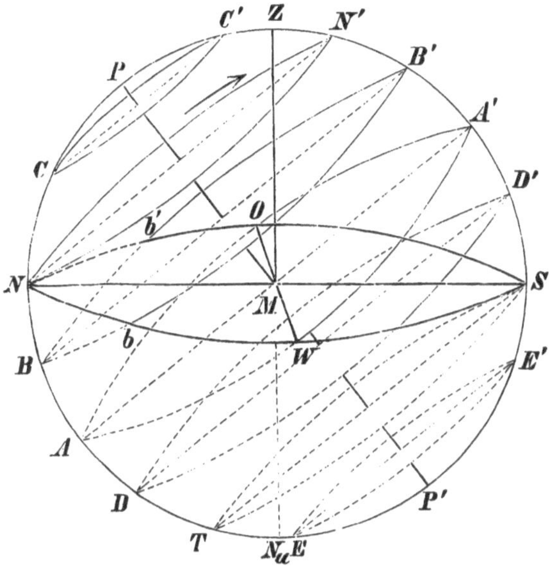

Fig. 537. Sternbahnen.

Die Bahnen der Fixsterne, z. B. CC', NN' und BB', stehen, wie der Äquator, auf der Weltachse senkrecht, sind also dem Äquator parallel und heifsen auch Parallelkreise. Der höchste und tiefste Punkt jeder Fixsternbahn in Bezug auf den Horizont — obere und untere Kulmination — liegen im Meridian. Befindet sich ein Fixstern nahe am Polarstern, so beschreibt er eine Bahn CC', von der selbst der tiefste Punkt C noch über dem Horizont sich befindet; diese Sterne sind stets sichtbar (am Tage durch ein gutes Fernrohr), man nennt sie Circumpolarsterne; hierher gehören z. B. die Hauptsterne im Wagen oder grofsen Bären. Als äufserste Grenze dieser Bahnen ist diejenige (NN') zu betrachten, welche mit ihrem tiefsten Punkt gerade den Horizont streift. Zwischen dieser Grenzbahn der Circumpolarsterne und dem Äquator liegen die Bahnen derjenigen Sterne, welche nicht immer über dem Horizont bleiben, bei denen jedoch der sichtbare Teil ihrer Bahn, der Tagebogen, gröfser ist, als der nichtsichtbare, der Nachtbogen. Ein Stern, dessen Bahn in den Äquator fällt, hat einen Tagebogen, welcher dem Nachtbogen gleich ist.

Die bisher betrachteten Fixsterne liegen alle nördlich vom Äquator; man nennt sie Sterne der nördlichen Hemisphäre; betrachten wir nun die Sterne der südlichen Hemisphäre, so erheben sich diejenigen, deren Bahnen zwischen dem Äquator und dem Kreise ST liegen, noch zeitweise über den Horizont, aber ihr Tagebogen ist kleiner als ihr Nachtbogen. Die übrigen, deren Bahnen zwischen ST und dem Südpol P' der

Weltkugel liegen, werden uns nie sichtbar; es sind Circumpolarsterne der südlichen Hemisphäre für einen Beobachtungsort, dessen südliche Breite ebenso grofs ist, wie die nördliche, welche unserer Betrachtung su Grunde liegt.

Die Sterne, welche bei uns im Osten auf- und im Westen untergehen, welche also weder Circumpolarsterne der nördlichen noch der südlichen Hemisphäre sind, pflegt man Sterne der Äquatorealzone zu nennen. Ihre Bahnen liegen höchstens um 40^0 nördlich oder südlich vom Himmelsäquator entfernt, wenn die geographische Breite des Beobachtungsortes 50^0 beträgt.

1) Um sich das Gesagte zu veranschaulichen, kann man sich eines Himmelsglobus bedienen; es ist dies eine Kugel, auf welcher die Sternbilder verzeichnet sind und die sich um eine verstellbare Achse drehen lässt; ein horizontaler, um die Kugel gelegter Ring stellt den Horizont und ein verstellbarer vertikaler Ring den Meridian vor. Man stellt den Pol durch Verschiebung des Meridians so, dafs er um den Winkel der geographischen Breite des Beobachtungsortes vom Horizont absteht. Zugleich wird der Apparat so aufgestellt, dafs der vertikale Ring in den Meridian des Ortes fällt und der Pol nach Norden steht.

Fafst man nun irgend einen Stern auf dem Globus ins Auge und dreht den letzteren von Ost nach West um seine Achse, so beschreibt der Stern einen Kreis, welcher seine Bahn am Himmel versinnlicht; man kann dabei, wenn er kein Circumpolarstern ist, den Auf- und Untergang, d. h. die Erhebung des Sterns über und das Sinken desselben unter den Horizont, den Tag- und Nachtbogen, sowie seine Durchgänge durch den Meridian (obere und untere Kulmination) beobachten. Ist an dem Meridian in dem Endpunkt der Achse, welche den Nordpol vorstellt, ein kleiner fester in 24 Stunden eingetheilter Kreis, dessen Nullpunkt in den Meridian fällt, sowie an der Achse ein mit dieser umgehender und über dem Stundenkreis sich bewegender Zeiger angebracht, so kann man zugleich sehen, inwieviel Stunden der Stern von einer Lage in eine beliebige andere kommt.

2) Die Scheitellinie ZN_a (Fig. 537) steht auf dem Horizont, also auch auf der Linie OW senkrecht; OW ist aber auch $\perp NS$, folglich steht OW auf dem Meridian senkrecht. — Der Äquator steht auf PP' senkrecht, folglich steht PP' auf allen durch M gehenden, im Äquator liegenden Linien, also auch auf der Durchschnittslinie des Äquators mit dem Horizont senkrecht. Diese Durchschnittslinie, als in der Horizontebene liegend, ist zugleich auf ZN_a senkrecht und deswegen senkrecht auf dem Meridian; da es aber im Punkte M auf dem Meridian nur eine Senkrechte giebt, so muss genannte Durchschnittslinie des Äquators mit dem Horizont mit OW zusammenfallen.

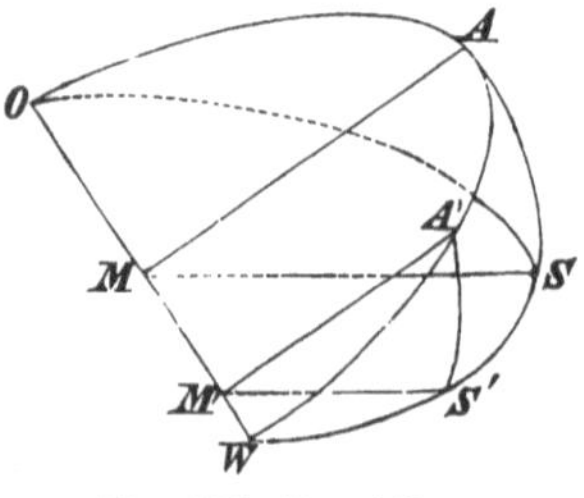

Fig. 538. Sternhöhe.

Ferner ist $OW \perp AA'$.

Der Winkel PMN ist der Neigungswinkel der Weltachse gegen den Horizont, denn NM ist der Durchschnitt einer durch PP' und ZN_a gehenden Ebene, von denen die letztere (ZN_a) auf dem Horizont senkrecht steht. Der Winkel $A'MS$ ist der Neigungswinkel zwischen der Äquator- und der Horizontalebene, denn SM und $A'M$ stehen beide auf der Kante OW senkrecht.

3) Stellt man in einem Punkte M' (Fig. 538) des gemeinsamen Durchmessers OW zweier Kreise zwei Senkrechte $M'A'$ und $M'S'$ auf denselben, von denen die eine in der Ebene des Äquators und die andere in der des Horizonts liegt, so ist $M'A' = M'S'$ und $M'A' < MA$, sowie $M'S' < MS$; aufserdem ist Bog. $A'S'$

$\angle$ Bog. $A\,S$: Ein Fixstern, welcher sich im Äquator bewegt, erreicht seine gröſste Höhe (über oder unter dem Horizont) im Meridian; auch nimmt die Höhe des Sterns von O bis A zu und von da an bis W wieder ab. Die Bahnen der anderen Fixsterne sind den im Äquator sich bewegenden parallel, ihre Höhen über dem Horizonte sind in entsprechenden Punkten ihrer Bahnen stets um dieselbe Zahl von Graden verschieden; d. h. um die Zahl, welche den Bogenabstand (z. B. $A'B'$ Fig. 537) beider Kreise angiebt; folglich haben auch die anderen Sterne im Meridian ihre gröſste, resp. kleinste Höhe über dem Horizont, wobei zugleich die Höhe immer mehr wächst, wenn der Stern von der unteren zur oberen Kulmination fortschreitet.

§ 402. Die Fixsterne und die Fixsternbilder. Die Fixsterne, welche man von alters her gruppenweise zu sogen. Sternbildern zusammenfasst und mit den griechischen Buchstaben ($\alpha, \beta \ldots$), oder wenn es sehr viele sind, mit Ziffern (z. B. 61 cygni) bezeichnet, unterscheidet man nach dem Grade ihrer Helligkeit in Sterne 1., 2., 3. etc. Gröſse.

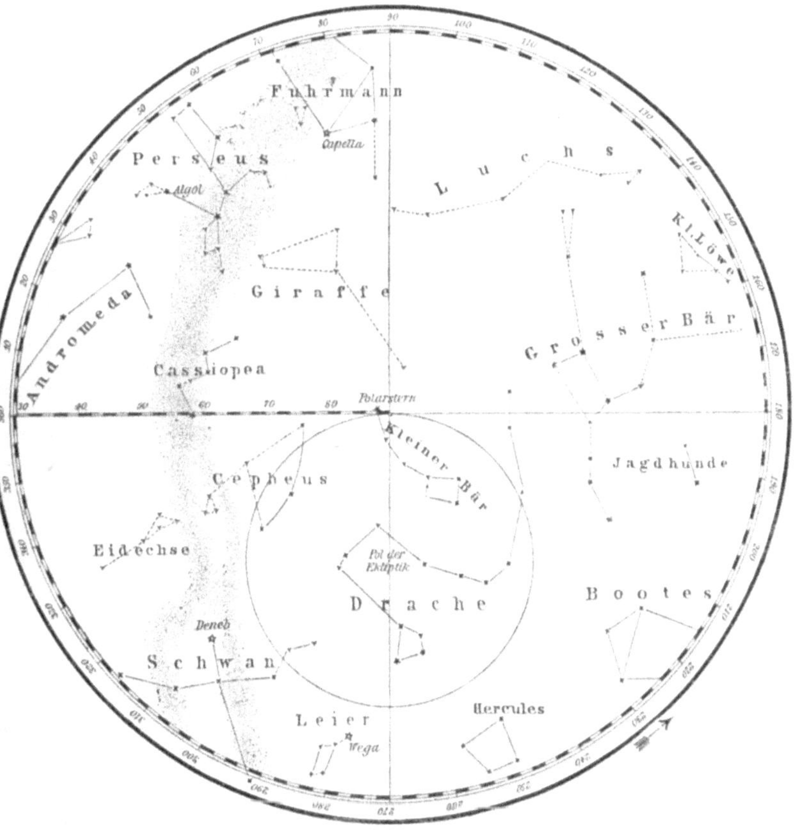

Fig. 539. Die Sternbilder des nördlichen Himmels (nach J. Müller).

Man rechnet:

20	70	198	460	1 496	6 004	19 902	68 338	533 356	Sterne.
1.	2.	3.	4.	5.	6.	7.	8.	9.	Gröſse.

Von in Deutschland sichtbaren zählt man:

15	51	153	325	810	1 871	Sterne.
1.	2.	3.	4.	5.	6.	Gröſse.

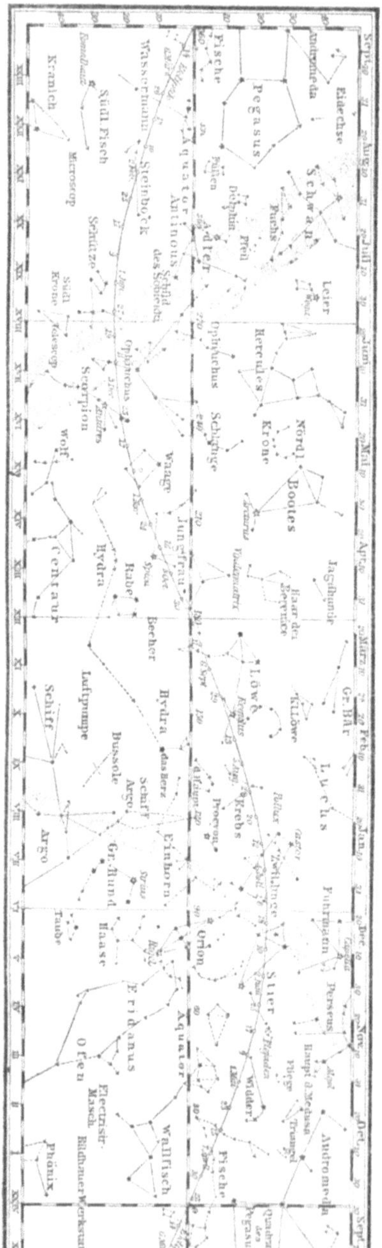

Fig. 540. Die Sternbilder der Äquatorealzone (nach J. Müller).

Von den Sternen erster Gröſse liegen nördlich vom Äquator (Fig. 539 und 540): Capella (α des Fuhrmanns); Wega (α der Leyer); Arcturus (α des Bootes); Aldebaran (α des Stieres); Pollux (β der Zwillinge); Regulus (α des groſsen Löwen); Atair (α des Adlers); Procyon (α des kleinen Hundes); Beteigeuze (α des Orion); Deneb (α des Schwans).

Von den Sternen erster Gröſse liegen südlich vom Äquator:

Rigel (β des Orion); Sirius (α des groſsen Hundes, der hellste Fixstern); Spica (α der Jungfrau); Antares (α des Skorpions); Fomalhaut (α des südlichen Fisches). Für uns unsichtbar sind: α des Schiffes Argo, α des Flusses Eridanus, α des Centauren (nächst dem Sirius der hellste Fixstern), und α des südlichen Kreuzes.

Von Sternen zweiter Gröſse sind besonders 6 Sterne im Sternbild des Wagens oder des groſsen Bären (α, β, γ, ε, ζ und η) zu bemerken, während der 7. (δ), das eine „Rad“, ein Stern dritter Gröſse ist.

Im Sternbild der Zwillinge ist α oder Kastor ein Stern zweiter Gröſse; desgleichen im Perseus Algol und Algenib, von denen jedoch der erstere an Helligkeit wechselt und zwischen zweiter und vierter Gröſse schwankt.

Der groſse Löwe hat auſser einem Stern erster Gröſse (Regulus) noch drei Sterne zweiter

Gröfse, von denen der eine einen besonderen Namen, Denebola, führt.

Schon früher hat man die zahllosen Fixsterne zu besserer Orientierung in Gruppen gesondert, welche Sternbilder heifsen und besondere Namen führen.

Das in unseren Gegenden bekannteste Sternbild ist der wiederholt erwähnte grofse Bär, ein sehr ausgedehntes Sternbild, zu welchem aufser den schon genannten 7 Sternen, noch eine grofse Anzahl anderer gehören; zwei kleine schmale Dreiecke treten besonders hervor. Die Verlängerung des einen weist nach dem Sternbild der Zwillinge, neben dem anderen liegt ein mit blofsem Auge schwer erkennbares Sternbild, der kleine Löwe.

Neben dem grofsen Bären liegen die (den Bären verfolgenden) Jagdhunde, deren Verlängerung auf den Hauptstern Arcturus im Bootes (Bärenführer) weist.

Südlich von den Jagdhunden liegt das „Haar der Berenice".

Verlängert man α β (vgl. Fig. 535) im grofsen Bären etwa um das $5\,{}^1/_2$ fache ihres eigenen Abstandes, so trifft man, wie schon bemerkt, auf den Polarstern, den Hauptstern des dem grofsen Bären ähnlichen Sternbildes, der kleine Bär.

Verlängert man α β des grofsen Bären über den Polarstern hinaus, so liegt auf der einen Seite dieser Linie das Sternbild Cepheus, auf der anderen Seite Cassiopea.

Zwischen dem kleinen und grofsen Bären zieht sich der Schwanz des Drachen, dessen Kopf nach der einen Seite hin auf die Leier, nach der anderen auf den Herkules weist.

Zwischen Herkules und Bootes findet man die nördliche Krone.

Östlich von der Leier liegt der Schwan — ein Stern liegt östlich von einem anderen, wenn er später als dieser auf-, resp. durch den Meridian geht.

Zieht man vom Polarstern über die Mitte der Cassiopea eine gerade Linie, so trifft man auf die Andromeda, an welche sich der Pegasus anschliefst; ein Theil desselben wird das „Quadrat" des Pegasus genannt.

Zwischen den Zwillingen und der Andromeda liegen zwei Sternbilder, Perseus und der Fuhrmann (mit der Ziege).

Südlich von den Zwillingen liegt der kleine Hund, wesentlich aus zwei Sternen bestehend, deren Verbindungslinie in südöstlicher Richtung auf den Hauptstern α das „Herz" der Wasserschlange (Hydra) hinweist.

Kleinere Sternbilder, wie Luchs und Giraffe, haben so wenig helle Sterne, dafs sie mit blofsem Auge schwer erkennbar sind.

Südlich vom Schwan liegt der Adler (mit Atair) nebst dem Delphin und südlich von der Krone die Schlange nebst Ophiuchus.

Wir erwähnen nun noch die 12 Bilder des sogen. Thierkreises, dessen Bedeutung wir alsbald kennen lernen werden. Sie heifsen: Widder,

Stier, Zwillinge, Krebs, Löwe, Jungfrau, Wage, Skorpion, Schütze, Steinbock, Wassermann, Fische.[1]

Verlängert man die Verbindungslinie von Castor nach Regulus ungefähr um die gleiche Strecke, so trifft man auf Spica, den Hauptstern der Jungfrau.

Die Namen der Sternbilder rühren schon aus sehr alter Zeit her und sind vielfach im Laufe der Zeit umgeändert worden. Über die Deutung der Sternbildernamen nur einige kurze Bemerkungen: Das Fell des Widders hat den Argonautenzug veranlasst; in den Stier verwandelte sich Jupiter, um die Tochter Agenors zu entführen. Die Hyaden sind Fliegen, welche den Stier verfolgen und die Plejaden werden als „Gluckhenne mit den Küchlein" gedeutet; die Gluckhenne (Alcyone) ist der hellste Stern der Plejaden. Unter den Zwillingen werden Kastor und Pollux verstanden. Im Hochsommer, wenn die Sonne am weitesten nördlich aufgeht, um von da an allmählich wieder nach dem Ostpunkte zurückzukehren, kulminiert sie mit dem Zeichen des Krebses, der das Rückwärtsgehen der Sonne bezeichnet. Der Name Löwe ist von dem nemäischen Löwen hergenommen, den Herkules erlegt. Die Jungfrau, welche als Isis, Asträa etc. gedeutet worden, wird von den alten Ägyptern als Schnittermädchen aufgefaſst, welches in der einen Hand eine Ähre (Spica) trägt. Mit der Wage zugleich ist auf den älteren Globen Mochos, der Erfinder der Wage und der Gewichte, abgebildet. Der Skorpion war von Diana beauftragt worden den Jäger Orion zu stechen; die 3 Sterne im Orion, welche senkrecht zur Verbindungslinie von Rigel und Beteigeuze stehen, bilden den Gürtel des Orion und werden auch wohl der Jakobsstab genannt. Der Schütze ist der Centaure Chiron, der Erfinder des Reitens. Die Ziege Amalthea, mit deren Milch Jupiter aufgezogen worden ist, wurde unter die Sterne versetzt und wird jetzt als Steinbock bezeichnet. Unter Wassermann ist Deukalion, der thessalische Noah, zu verstehen. Venus und Cupido, von dem Riesen Typhon überrascht und erschreckt, haben sich in Fische verwandelt und in den Euphrat gestürzt.

§ 403. Das System des Horizonts. Um den Ort eines Sterns am Himmel zu bestimmen, hat man verschiedene Methoden, je nach den Bestimmungsstücken, welche man dabei benutzen will. Das Zunächstliegende ist, den jeweiligen Ort eines Sternes auf den Horizont des Beobachters zu beziehen.

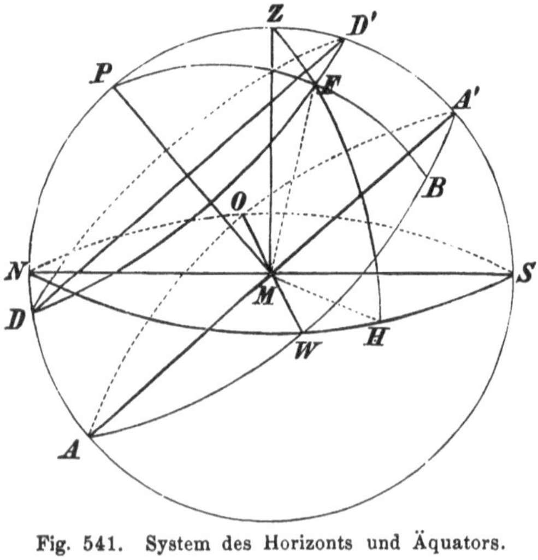

Fig. 541. System des Horizonts und Äquators.

Sei F (Fig. 541) der Ort eines Fixsterns am Himmel und ZFH ein durch das Zenith und den Stern gehender gröſster Kreis der Himmelskugel — Höhenkreis — so giebt der Bogen FH oder der Winkel FMH die (augenblickliche) Höhe des Sternes über dem Horizont an. Wenn der Stern in seiner dem Äquator

[1] Sunt Aries, Taurus, Gemini, Cancer, Leo, Virgo,
Libraque, Scorpius, Arcitenens, Caper, Amphora, Pisces.

parallelen Bahn fortschreitet, so ändert sich nicht blofs seine Höhe, sondern auch die Lage des Punktes *H*, wo der durch das Zenith und den jeweiligen Ort des Sterns gehende Höhen- und Vertikalkreis *ZFH* den Horizont trifft. Nun nennt man die Entfernung *SH* des veränderlichen Punktes *H* von dem festen Südpunkte des Horizontales oder den Winkel *SMH* das Azimut des Sternes *F*. Das Azimut wird in der Richtung von Süden über Westen nach Norden gezählt. Durch Höhe und Azimut ist der Ort eines Sternes vollkommen bestimmt.

Wir bemerken noch, dafs der Bogen *ZF* oder der Winkel *ZMF* die Zenithdistanz des Sternes genannt wird; Höhe und Zenithdistanz ergänzen einander zu 90^0.

§ 404. Bestimmung des Meridians. Um das Azimut eines Fixsternes bestimmen zu können, mufs man den Südpunkt des Horizonts, oder was einerlei ist, den Meridian des Beobachtungsortes kennen. Die einfachste Bestimmung des Meridians ist die mit Hilfe einer Deklinationsnadel, wenn man die Deklination des Beobachtungsortes kennt. Genauer aber sind die astronomischen Bestimmungen.

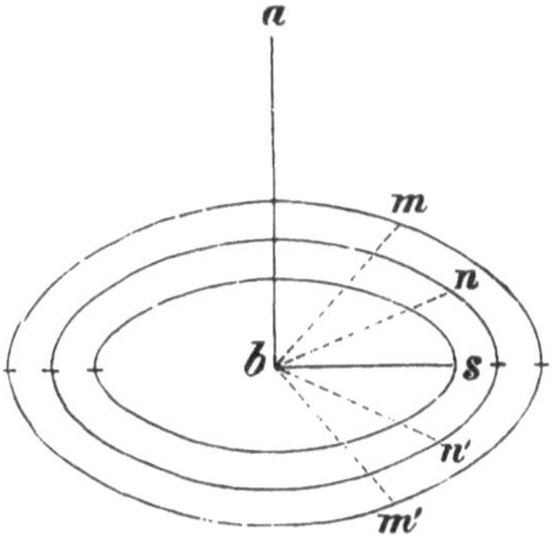

Fig. 542. Bestimmung des Meridians.

Ein Fixstern, (wozu auch die Sonne zu rechnen ist) geht durch den Meridian, wenn er seinen höchsten oder tiefsten Stand in Bezug auf den Horizont erreicht hat. Stellt man nun einen Stab *ab* (Fig. 542) vertikal auf, so wirft derselbe seinen kürzesten Schatten, wenn die Sonne am Mittag durch den Meridian geht. Man hätte also nur (um die Mittagszeit) zu beobachten, wann der Schatten des Stabes am kürzesten ist; gesetzt *bs* sei die Lage und Gröfse des kürzesten Schattens, so ist *asb* die Meridianebene. Da aber die Spitze des Schattens meist nicht sehr deutlich ist, so läfst sich die Länge des Schattens schwer bemessen: genauere Resultate erhält man, wenn man folgendermafsen verfährt: Um den Fufspunkt des Stabes als Mittelpunkt zieht man mehrere Kreise und beobachtet, zu welcher Zeit vor und nach Mittag die Spitze des Schattens denselben Kreis berührt. Gesetzt, um 9 Uhr vormittags treffe die Spitze des Schattens den gröfsten Kreis in *m* und um 3 Uhr nachmittags in *m'*, so findet man die nach dem Südpunkt *s* gehende Linie *bs*, wenn man den Winkel *mbm'* oder den Bogen *mm'* halbiert; wird ferner ein anderer Kreis (etwa um 10 Uhr vormittags) in *n* und derselbe Kreis (etwa um 2 Uhr nachmittags) in *n'* berührt, so halbiere man den Winkel *nbn'*; die Halbierungslinie mufs alsdann ebenfalls in die Richtung des kürzesten Schattens fallen.

Wenn die verschiedenen Beobachtungen nicht genau zu demselben Resultate führen, so muss das Mittel aus denselben genommen werden.

Weil die Spitzen der Schatten, namentlich höherer Gegenstände, verwaschen erscheinen, so hat man schon in früherer Zeit eine andere Methode zur Bestimmung des Meridians benutzt: In die Kuppel eines Domes wird ein kleines Loch gemacht, durch welches die Sonne scheint, so dafs ein heller Fleck auf dem Fufsboden entsteht. Von dem Loch in der Kuppel wird ein Senkblei bis zum Boden herabgelassen und werden Kreise um den Fufspunkt des Senkels gezogen. Nun merkt man sich die zwei Stellen in jedem Kreise, in welchen das helle Sonnenbildchen auf dem Fufsboden (vor und nach Mittag) die Kreise berührt, halbiert den Bogen etc. Vorrichtungen dieser Art zur Bestimmung der Mittagslinie nennt man Gnomone.

Genauere Bestimmungen des Meridians gelingen mit Hilfe des von Auzout und Picard 1667 erfundenen Theodolites; es ist dies ein Fernrohr *F* (Fig. 543), welches sowohl um eine vertikale Achse, als um eine horizontale drehbar ist. An der vertikalen Achse ist ein eingeteilter Horizontalkreis (Alhidadenkreis, Alhidade) *NS* befestigt. Die Alhidade kann um die vertikale Achse *v* in einem festen, eingeteilten Ring, dem Limbus *LL*, gedreht werden; durch drei an demselben befestigte Stellschrauben lassen sich Limbus und Alhidade genau horizontal stellen, wie man an einer auf der letzteren angebrachten (hier nicht gezeichneten) Libelle erkennen kann. Durch Vergleichung der Einteilung des Limbus und des Nonius an der Alhidade kann man die Gröfse der Drehung der letzteren um die vertikale Achse bemessen.

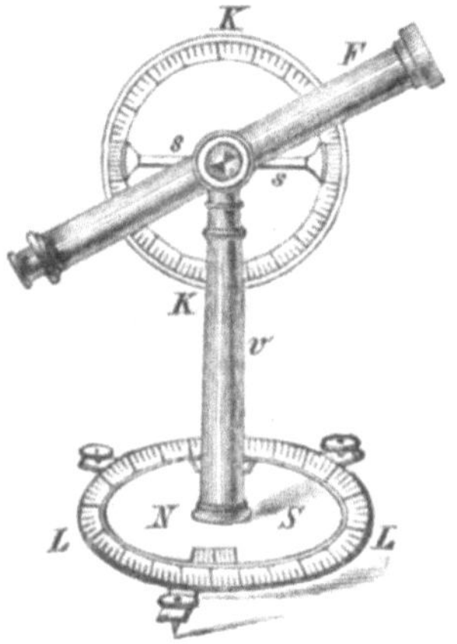

Fig. 543. Theodolit.

Steht die Alhidade horizontal, so steht ein anderer, an der horizontalen Achse befestigter und mit ihr und dem Fernrohre drehbarer Kreis, der Vertikalkreis *KK*, dessen Nullpunkt der Teilung in die Achse des Fernrohrs fällt, vertikal. An dem Lager der horizontalen Achse ist eine Stange *ss* befestigt, welche an den Enden je einen Nonius trägt und die horizontal steht, wenn *NS* horizontal, bezüglich *v* vertikal ist.

Steht das Fernrohr horizontal, so fällt der Nullpunkt des Vertikalkreises mit dem Nullpunkt des Nonius der Stange *ss* zusammen. Dreht man den Vertikalkreis (und das Fernrohr), so kommen andere Zahlen seiner Teilung mit dem Nullpunkt des Nonius zur Deckung und man kann hiernach die Gröfse der Drehung des Vertikalkreises bemessen.

Will man nun den Meridian bestimmen, so richtet man das Fernrohr etwa 2 Stunden vor Mittag auf die Sonne, stellt es so ein, dafs der obere Sonnenrand genau mit der Mitte des Fadenkreuzes des Fernrohres zusammenfällt und liest den Stand der Alhidade ab. Zwei Stunden nach Mittag wird alsdann die Sonne wieder im Gesichtsfeld des Fernrohrs erscheinen, wenn man dasselbe, nach Feststellung der horizontalen Achse, genügend um die vertikale dreht.

Die Gröfse der Drehung läfst sich an dem Limbus ablesen; halbiert man diesen Winkel und stellt das Fernrohr auf den halben Winkel ein, so giebt die Ebene, welche durch die Richtung des Fernrohrs und die vertikale Achse desselben geht, den Meridian an. Dreht man jetzt das Fernrohr lediglich um seine horizontale Achse, so wird man irgend einen festen Gegenstand, eine Turmspitze, eine Mauerkante etc. entdecken können, welche genau im Fadenkreuz des Fernrohrs steht. Auch kann man an einer dem Fernrohr gegenüber liegenden Mauer einen vertikalen Strich ziehen, welcher mit dem vertikalen Faden des Fadenkreuzes zusammenfällt (Meridianzeichen). Jedesmal, wenn das Theodolit so aufgestellt wird, dafs das Meridianzeichen in den vertikalen Faden des Fadenkreuzes fällt, giebt es den Meridian des Ortes an. Auf allen Sternwarten befindet sich ein Mittags- oder Passagerohr, d. h. ein Fernrohr mit Höhenkreis, dessen Längsachse in den Meridian fällt und dessen horizontale Drehungsachse sich auf zwei feste Pfeiler stützt; es wird wesentlich dazu gebraucht, um die Zeit der Kulmination eines Sternes zu bestimmen.

Auch Fixsterne kann man in ähnlicher Weise wie die Sonne zur Bestimmung des Meridians benutzen.

§ 405. Bestimmung der Höhe und des Azimuts. Stellt man ein Theodolit zunächst so auf, dafs das Rohr in den Meridian des Ortes fällt, und dreht es alsdann sowohl um die horizontale als vertikale Axe, bis der Stern, dessen Höhe und Azimut bestimmt werden sollen, im Fadenkreuz erscheint, so kann man ohne weiteres am Limbus und am Vertikalkreis das Azimut, bezüglich die Höhe des Sternes ablesen.

Wenn es sich um Höhe und Azimut der Sonne in einem gewissen Augenblicke handelt, so kann man auch einen Gnomon benutzen. Sei ab (Fig. 544) ein Stab, welcher bei dem Stande der Sonne in F den Schatten bc wirft, so giebt der Winkel cbN, wo NbS die Meridianlinie vorstellt, das Azimut, und der Winkel acb, hinreichend genau, die Höhe der Sonne an; die Höhe der Sonne ist eigentlich der Winkel FbH, da aber wegen der grofsen Entfernung der Sonne und der Kleinheit des Stabes ab die Richtung Fa nahezu mit Fb zusammenfällt, so kann $\sphericalangle acb = \sphericalangle FbH$ genommen werden.

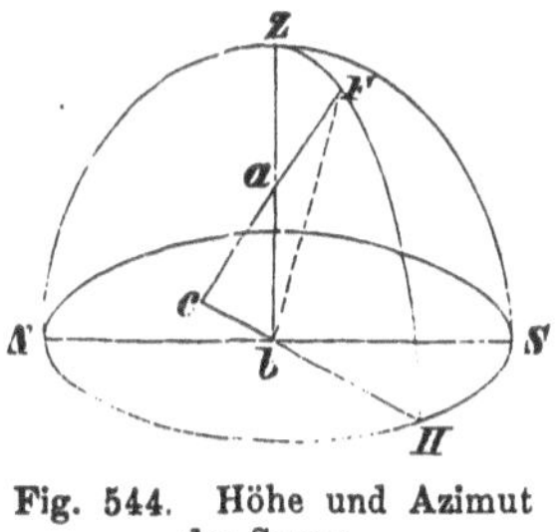

Fig. 544. Höhe und Azimut der Sonne.

Die Zenithdistanz FZ wird durch den Winkel ZbF angegeben; es kann aber $\sphericalangle ZbF = \sphericalangle ZaF = \sphericalangle cab$ genommen werden.

§ 406. System des Äquators. Bezieht man die Lage der Sterne auf den Äquator, so gewinnt die Bestimmung derselben dadurch an Einfachheit, dafs die Entfernung der Sterne vom Äquator längs ihrer ganzen Bahn dieselbe bleibt.

Sei F (Fig. 545) ein Fixstern, P der Nordpol, AA' der Äquator, und zieht man durch P und F einen gröfsten Kreis, so bleibt der Bogen FB unverändert, während der Stern seine dem Äquator parallele Bahn beschreibt. Den Bogen FB nennt man die Deklination des Sternes; sie heifst nördlich, wenn der Stern F zur nördlichen, und südlich, wenn er zur südlichen Hemisphäre gehört; die Deklination ist Null, wenn die Bahn des Sternes mit dem Äquator zusammenfällt. Den Kreis *PFB* nennt man Deklinations- oder Stundenkreis. Nun gilt es noch die Lage des Punktes *B*, oder des Deklinationkreises *PFB*, welchen der ständig in der Richtung von Ost nach West sich bewegende Stern gerade passiert, zu bestimmen. Als Ausgangslage nimmt man die des Meridians *PZA'* an und nennt den Winkel, welchen der Deklinationskreis mit dem Meridian bildet, den Stundenwinkel des Sternes *F*. Man kann denselben in Zeitstunden oder in Graden angeben. In dem ersten Fall wird der ganze Umkreis des Äquators zu 24 Stunden, im anderen zu 360 Graden angenommen. Dabei ist 1 Stunde gleich 15 Graden, 1 Zeitminute gleich 15 Bogenminuten, 1 Zeitsekunde gleich 15 Bogensekunden, 1 Grad gleich 4 Zeitminuten etc. Ist die (konstante) Deklination und der (veränderliche) Stundenwinkel für irgend einen Augenblick gegeben, so ist die Lage, welche der Stern in diesem Augenblick einnimmt, völlig bestimmt. Der Stundenwinkel wird vom Meridian aus nach Westen hin gezählt.

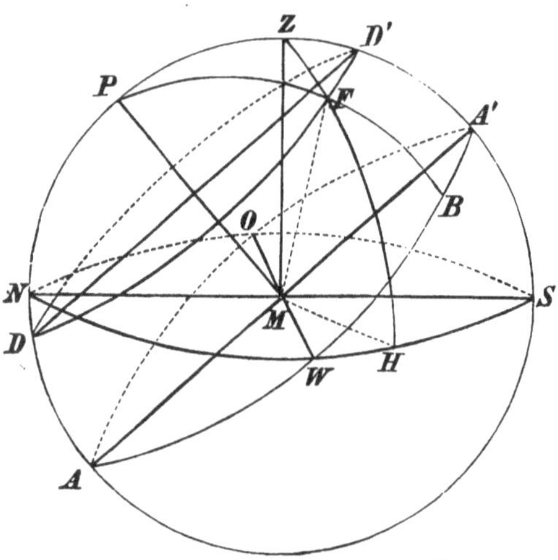

Fig. 545. System des Horizonts und Äquators.

Wenn es nur auf die relative Lage der Sterne gegeneinander ankommt, so kann auch der veränderliche Stundenwinkel durch eine konstante Gröfse ersetzt werden. Die Fixsterne haben eine unveränderliche Lage gegeneinander und man kann deshalb die gegenseitige Lage der Sterne angeben, wenn man alle auf einen bestimmten Stern bezieht. Als Beziehungspunkt nun hat man diejenige Stelle des Himmels gewählt, an welchem am 21. März die Sonne aufgeht; man nennt diesen im Sternbild der Fische liegenden Punkt, in welchem zufällig kein Stern steht, den Frühlingspunkt, und untersucht, um wieviel Stunden oder Grade jeder andere Stern später aufgeht, als der Frühlingspunkt; diese für jeden Stern konstante Zahl von Stunden oder Graden nennt man die Rektascension oder gerade Aufsteigung des Sterns.

Die Rektascension wird von Süd nach Ost, (also in der entgegengesetzten Richtung wie der Stundenwinkel) gemessen. Auf Grund dieser beiden konstanten Bestimmungsstücke, Rektascension und Deklination, ist man denn auch imstande „Sternkarten“ anzufertigen, welche die relative Lage der Fixsterne gegeneinander darstellen.

In Fig. 539 bezeichnet der Mittelpunkt des Kreises den Nordpol, die Kreislinie selbst den Deklinationskreis von 30 Grad nördlich, der wagrechte Durchmesser den durch den Frühlingspunkt gehenden Himmelsmeridian.

Die Deklination liest man auf diesem Durchmesser und die Rektascension am Rande des Kreises ab; sie wird von Süd nach Ost gezählt, während die Sterne in der Richtung von Ost nach Süd (in der Richtung des Pfeiles am Rande) sich drehen.

In Fig. 540 bedeutet die mittlere wagrechte Linie den Himmelsäquator, welcher (von rechts nach links) in 360 Grade eingeteilt ist; am unteren Rande der Karte ist zugleich eine Teilung in Stunden und Minuten aufgetragen; der Anfang der Teilung fällt mit dem Frühlingspunkt zusammen und die durch diesen Punkt gehende Vertikale stellt den Deklinationskreis vor, von dem aus die Rektascensionen gezählt werden. Die Ziffern auf dieser Vertikalen geben nach oben hin die nördliche, nach unten die südliche Deklination und die Ziffern auf dem Äquator die Rektascension (in Graden) an. Je weiter ein Stern vom Frühlingspunkt nach links liegt, um so später geht er nach dem Frühlingspunkt auf; die Richtung vom Frühlingspunkt nach links ist die von Ost nach Nord (resp. von West über Süd nach Ost).

Welche Sterne liegen im Äquator, und welche im ersten (durch den Frühlingspunkt gehenden) Deklinationskreis? Die Verlängerung der östlichen Seite des Quadrats des Pegasus geht annähernd durch den Frühlingspunkt. Weiteres über diese Karte wird später mitgeteilt werden.

§ 407. Bestimmung der Deklination und Rektascension. Ist ein Theodolit so aufgestellt, dafs seine Achse in den Meridian fällt, so läfst sich leicht bestimmen, um wieviel Stunden ein Stern bei Nacht (und bei helleren Sternen selbst bei Tage) später kulminiert, als ein anderer. Auf diese Art findet man die Unterschiede der Rektascensionen der verschiedenen Sterne. Wie der Frühlingspunkt bestimmt wird, kann erst später angegeben werden.

Die Deklination eines Sternes wird aus seiner Höhe h im Meridian abgeleitet. Es sei $D'D$ (Fig. 545) die Bahn eines Sternes, so ist seine Höhe h im Meridian gleich $D'S$, seine (konstante) Deklination d gleich $D'A'$ und die Äquatorhöhe $a = A'S$. Ist nun die geographische Breite φ des Beobachtungsortes bekannt, so ist:

$$a = 90 - \varphi,$$

und da:

$$D'A' = D'S - A'S,$$

so ist die Deklination:

$$d = h - 90 + \varphi. \tag{1}$$

Wenn für einen Stern:

$$d \gtreqless 90 - \varphi,$$

so ist er im Circumpolarstern.

Stellt man ein Fernrohr parallaktisch auf (§ 400), so kann es in derselben Weise zur Bestimmung der Deklination und der Rektascension (oder des Stundenwinkels) dienen, wie das Theodolit zur Bestimmung der Höhe und des Azimuts.

Um ein solches Äquatorealinstrument herzustellen, hätte man nur nötig, die vertikale Achse v (Fig. 543) eines Theodoliten senkrecht auf eine dem Äquator parallele Ebene zu stellen; der Höhenkreis, jetzt Deklinationskreis, welcher an dem gewöhnlichen Theodolit stets vertikal steht, ist es jetzt nur dann, wenn die Rohrachse in den Meridian fällt, und die Alhidade, jetzt Äquatorealkreis, welche sonst dem Horizont parallel ist, bleibt jetzt ständig dem Äquator parallel.

Die Teilung auf dem Deklinationskreis giebt Null an, wenn die Fernrohrachse dem Äquator parallel ist, der Äquatorealkreis dagegen giebt Null an, wenn die Fernrohrachse im Meridian liegt.

Bezeichnet man in Fig. 545 die Deklination $D'A'$ eines Sternes mit d, die Höhe FH mit h, den Stundenwinkel $A'B$ oder $\sphericalangle ZPF$ mit s, sowie die Polhöhe NP mit φ, so gilt in dem Dreieck Zenith-Pol-Stern:

$$\sin h = \sin \varphi \sin d + \cos \varphi \cos d \cos s, \qquad 2)$$

denn:

$$ZF = 90 - h,\ PF = 90 - d \text{ und } PZ = 90 - \varphi.$$

Fällt B mit A' zusammen, d. h. steht der Stern im Meridian, so wird wegen $s = 0$:

$$\sin h = \cos(\varphi - d),$$

oder:

$$h = 90 - \varphi + d.$$

Vergleiche 1)!

b. Scheinbare Bewegung der Sonne.

§ 408. Die Ekliptik. Betrachtet man den Stand der Fixsterne im Laufe eines Jahres immer um dieselbe Abendstunde, so bemerkt man, daſs die Fixsterne nach und nach von Ost nach West vorrücken; nach einem Vierteljahr sind sie um 90^0 nach Westen gegangen und nach einem ganzen Jahr haben sie genau wieder denselben Stand wie am Anfang. Umgekehrt läſst sich leicht durch Beobachtung feststellen, daſs die Sonne von Tag zu Tag mit einem mehr nach Osten hin gelegenen Stern aufgeht (oder kulminiert).

Tag und Nacht entstehen dadurch, daſs die Sonne ähnlich wie die Fixsterne täglich (wenigstens annähernd) einen Kreis um die Weltachse beschreibt; weil sie aber von Tag zu Tag in der Richtung von West nach Ost (entgegengesetzt der täglichen Rotationsrichtung) unter den Sternen des Himmels fortrückt, bis sie schlieſslich nach einem „Jahre" wieder an der ursprünglichen Stelle des Himmels ankommt, so verzögert sich ihr Aufgang im Vergleich mit dem der Fixsterne von Tag zu Tag, so daſs sie im Laufe eines Jahres eine Umdrehung um die Weltachse weniger macht, als diese.

Die (scheinbare) Bewegung der Sonne kann man sich demnach als aus zwei Bewegungen zusammengesetzt denken, aus einer täglichen, welche in einer Rotation um die Weltachse, und einer jährlichen, welche in einem vollen Umlauf um den Himmel in der Richtung von West nach Ost besteht. Ein (siderisches) „Jahr“ ist um, wenn die Sonne wieder an derselben Stelle des Fixsternhimmels angekommen ist. Wenn die Sonne täglich den Meridian in derselben Höhe passierte, so würde sie stets, wie die übrigen Fixsterne, in demselben Deklinationskreis rotieren. Die Höhe der Sonne ist aber an den verschiedenen Tagen verschieden; am 21. März und 23. September beträgt die Meridianhöhe in unseren Gegenden (50° nördlicher Breite) 40°; am 21. Juli $63^1/_2{}^0$ und am 21. Dezember $16^1/_2{}^0$. Vom 21. März bis 21. Juni nimmt die Meridianhöhe zu, von da bis zum 23. Dezember ständig ab, um dann bis zum 21. März wieder zu wachsen. (In Berlin beträgt die Höhe der Sonne am 21. März und am 23. September $37^1/_2{}^0$, am 21. Juni 61° und am 21. Dezember 14°.) Zählt man von der jeweiligen Mittagshöhe die Äquatorhöhe ab, so erhält man die entsprechende Deklination (§ 407). Dieselbe beträgt für alle Erdorte am 21. März und 23. September 0°; am 21. Juni $23^1/_2{}^0$ nördlich und am 21. Dezember $23^1/_2{}^0$ südlich.

Wenn die Sonne immer dieselbe Deklination behielte wie am 21. März und 23. Septemher, nämlich 0°, so würde ihre jährliche Bewegung im Äquator vor sich gehen; sie würde täglich etwa um 1° von West nach Ost auf dem Äquator zurückschreiten. Da aber ihre Deklination zwischen $23^1/_2$ nördlich und $23^1/_2$ südlich schwankt, so bewegt sie sich in einem gröfsten Kreis der Himmelskugel, welcher mit dem Äquator einen Winkel von $23^1/_2{}^0$ bildet, sich nach Norden hin über den Äquator erhebt und nach Süden hin unter denselben herabgeht (Figur 546). Man nennt diesen Kreis die **Ekliptik**. Sie schneidet den Äquator in zwei einander gegenüberliegenden Punkten, von denen der eine der **Frühlings-** und der andere der **Herbstpunkt** genannt wird Diese beiden Punkte, welche die Sonne am 21. März, bezüglich am 23. September einnimmt, führen auch den Namen **Äquinoktialpunkte** (Tag- und Nachtgleichepunkte), weil die Deklination an diesen Tagen Null ist, die Sonne also im Äquator rotiert und der Tagebogen gleich dem Nachtbogen ist.

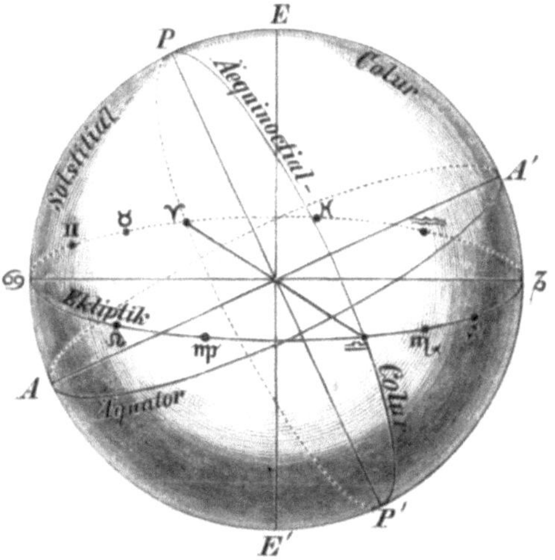

Fig. 546. Ekliptik.

Um je 90° von diesen Punkten nach Nord und Süd entfernt liegen auf der Ekliptik die **Sonnenwendepunkte**, so genannt, weil die Deklination der Sonne, wenn sie in diese Punkte tritt, aus dem Wachsen ins Abnehmen oder umgekehrt übergeht; sie heifsen auch **Solstitialpunkte**, weil die Deklination der Sonne, wenn sie in diesen Punkten sich befindet, für einige Tage fast unveränderlich ist, die Sonne also still zu stehen scheint.

Der Frühlingspunkt liegt im Sternbild der Fische, der Herbstpunkt im Sternbild der Jungfrau, der nördliche Solstitialpunkt fällt in das Sternbild der Zwillinge und der südliche in das Sternbild des Schützen.

Den Winkel von $23^1/_2{}^0$, welchen der Äquator mit der Ekliptik bildet nennt man die Schiefe der Ekliptik.

Die Ekliptik geht durch die 12 Bilder des Tierkreises (§ 402), eines ungefähr 20^0 breiten Bandes von Sternenbildern, von denen jedes eine Länge von etwa 30^0 einnimmt.

Vor ca. 2000 Jahren lag übrigens der Frühlingspunkt, d. h. die Stelle des Himmels, mit welcher die Sonne am 21. März kulminiert, nicht im Sternbild der Fische, sondern in dem des Widders; es ist der ganze Sternhimmel innerhalb 2000 Jahren, was wir vorläufig nur kurz berühren wollen, um ungefähr 30^0, d. h. um ein ganzes Sternbild von Osten nach Westen (gegen die Ordnung der Sternbilder des Tierkreises), fortgerückt; um jedoch mit den früheren Benennungen nicht zu sehr in Zwiespalt zu kommen, hat man die alten Namen insofern beibehalten, als man die Stellen, wo früher diese Sternbilder standen, Zeichen des Widders, Stiers u. s. w. nennt; das „Zeichen" des Widders und das „Sternbild" der Fische u. s. w. sind also heutzutage einerlei.

Wir können deshalb auch sagen, die Sonne stehe am 21. März im Zeichen des Widders, am 21. Juni im Zeichen des Krebses (das Rückwärtsgehen der Sonne von ihrer Deklination andeutend), am 23. September im Zeichen der Wage und am 21. Dezember im Zeichen des Steinbocks.

Die „Zeichen" der 12 Sternbilder des Tierkreises sind:

Widder,	Stier,	Zwillinge,	Krebs,	Löwe,	Jungfrau,
♈	♉	♊	♋	♌	♍
Wage,	Skorpion,	Schütze,	Steinbock,	Wassermann,	Fische.
♎	♏	♐	♑	♒	♓

Die 6 ersten Zeichen nennt man nördliche und teilt sie wieder in 3 Frühlings- und in 3 Sommerzeichen. Die 6 letzten bilden die südlichen, welche in 3 Herbst- und 3 Winterzeichen zerfallen. Aufsteigende Zeichen sind die Winter- und Frühlingszeichen, absteigende die Sommer- und Herbstzeichen.

Fig. 546 veranschaulicht die Lage des Äquators und der Ekliptik. Die Senkrechte EE' auf der Ekliptik in ihrem Mittelpunkte trifft die Himmelskugel in 2 Punkten, welche man die Pole der Ekliptik nennt; sie sind vom Nord- und Südpol um je $23^1/_2{}^0$ entfernt. Der Nordpol der Ekliptik liegt im Sternbild des Drachen (Fig. 539).

Die Bedeutung von Solstitial- und Äquinoktialkolur ergiebt sich aus der Figur von selbst.[1]

---

[1] Kolur heisst „Verstümmler"; der eine Kolur trennt den Schwanz des grofsen, der andere den des kleinen Bären vom Körper.

§ 409. Mittel zur Veranschaulichung der Bewegung der Sonne. Zur Veranschaulichung der Bewegung der Sonne kann der Himmelsglobus dienen; nachdem man letzteren dem Beobachtungsort entsprechend aufgestellt (§ 401), drehe man die Weltkugel bis der Frühlingspunkt im Ostpunkt des Horizonts steht. Dreht man nun die Weltkugel wiederholt um, so beschreibt der Frühlingspunkt ständig einen mit dem Äquator zusammenfallenden Tageskreis; stellt man sich nun vor, die Sonne nehme zuerst dieselbe Stelle wie der Frühlingspunkt ein, rücke aber, auf die Ekliptik übertretend, täglich um ca. 1^0 von Ost nach Nord fort, so geht sie täglich $\frac{24.60}{365}$ oder ca. 4 Minuten später auf als der Frühlingspunkt, indem zugleich, da die Ekliptik nach Norden hin über den Äquator sich erhebt, ihre Deklination von 0 bis $23^1/_2{}^0$ nördlich wächst, dann wieder, im Westpunkt bis 0^0 abnimmt, darauf südlich wird etc.

Auch mittelst einer Armillarsphäre, einer aus verschiedenen starken Drahtringen bestehenden Hohlkugel, in deren Mittelpunkt eine wagrechte Ebene, den Horizont vorstellend, angebracht werden kann, läfst sich die Bewegung der Fixsterne und der Sonne veranschaulichen. Die einzelnen Drahtringe stellen den Meridian, den Äquator, die Ekliptik, den Solstitial- und Äquinoktialkolur vor. Eine an der Ekliptik verschiebbare Messingkugel repräsentiert die Sonne. Das Ringsystem kann um die beliebig verstellbare Weltachse gedreht werden.

Um die Ekliptik in die Sternkarte einzutragen, hat man nur nötig, die Deklination und Rektascension der Sonne zu bestimmen und den daraus resultierenden jeweiligen Ort auf der Karte zu verzeichnen; oder, was dasselbe ist, eine Linie durch alle Sterne zu ziehen, mit welchen die Sonne im Laufe eines Jahres kulminiert. Auf Fig. 540, welche die in eine Ebene aufgewickelte Äquatorealzone darstellt, ist die Ekliptik eingezeichnet und Tag und Datum auf derselben angegeben, an welchem die betreffenden Sterne mit der Sonne kulminieren. Ein Stern, welcher vor einem halben Jahre mit der Sonne kulminierte, geht jetzt 12 Stunden früher durch den Meridian; er kulminiert um Mitternacht, während die Sonne am Mittag durch den Meridian geht. Am oberen Rande der Figur sind die Monate und Tage verzeichnet, an welchen die vertikal darunter befindlichen Sterne mitternachts kulminieren; sie sind um ein halbes Jahr von den Daten verschieden, welche auf der Ekliptik verzeichnet sind, und die die Zeit angeben, zu welcher die betreffenden Sterne am Mittag mit der Sonne kulminieren.

§ 410. Lage der Sonne gegen den Horizont in den verschiedenen Jahreszeiten. 1) Im Frühjahr (21. März) geht die Sonne um 6 Uhr genau im Osten mit dem Frühlingspunkt auf und fast genau im Westen unter. Ihre Meridianhöhe beträgt 40^0; ihre Deklination ist gleich 0. Um 12 Uhr nachts passiert sie abermals den Meridian und steht dabei 40^0 unter dem Horizont. Tagebogen und Nachtbogen sind einander gleich (180^0).

2) Im Hochsommer (21. Juni) geht die Sonne mit dem Zeichen des Krebses, in Frankfurt a./M. gegen 4, in Berlin um $3\,^3/_4$ Uhr morgens im

NO auf; die Bogenentfernung des Aufgangspunktes von Osten gegen Norden, die sogen. „nördliche Morgenweite", beträgt 39^0 (in Berlin 41^0). Die Höhe der Sonne ist um 12 Uhr in Frankfurt a./M., dessen geographische Breite 50^0 ist, gleich $40 + 23\,^1/_2 = 63\,^1/_2$, und in Berlin, dessen geographische Breite $52\,^1/_2{}^0$ ist, gleich $37\,^1/_2 + 23\,^1/_2 = 61^0$. Die (nördliche) Deklination ist überall $23\,^1/_2{}^0$. Der Untergang der Sonne findet nach 8 Uhr im Nordwesten statt; die nördliche Abendweite beträgt in Frankfurt a./M. 39^0, in Berlin 41^0. In ihrer unteren Kulmination (nachts 12 Uhr) beträgt die Höhe unter dem Horizont $16\,^1/_2$, bezüglich 14^0. Der Tagebogen ist jetzt erheblich gröfser, als der Nachtbogen.

3) Im Herbst geht die Sonne mit dem Zeichen der Wage im Ostpunkt um 6 Uhr morgens auf, passiert um 12 Uhr (Höhe 40^0, Deklination 0^0) den Meridian, geht um 6 Uhr abends im Westpunkt unter und hat um 12 Uhr nachts ihre tiefste Stellung (40^0) unter dem Horizont. — Der Tagebogen ist gleich dem Nachtbogen.

4) Im Winter (21. Dezember) geht die Sonne mit dem Zeichen des Steinbockes um 8, bezüglich $8\,^1/_2$ Uhr, bei 39^0, bezüglich 41^0 südlicher Morgenweite auf, passiert um 12 Uhr bei $16^1/_2{}^0$, bezüglich 14^0 Höhe über dem Horizont den Meridian, geht gegen 4, bezüglich $3\,^3/_4$ Uhr, in einer südlichen Abendweite von 39^0, bezüglich 41^0 unter und erreicht nachts 12 Uhr beim Durchgang durch den Meridian eine Höhe von $63\,^1/_2{}^0$, bezüglich 61^0 unter dem Horizont. Der Tagebogen ist jetzt beträchtlich kleiner als der Nachtbogen.

5) Wenn die Sonne unter den Horizont sinkt, so wird es nicht sofort dunkel, weil die Sonnenstrahlen noch die Atmosphäre treffen und von dieser nach der Erde reflektiert werden — Dämmerung. Man unterscheidet eine astronomische und eine bürgerliche Dämmerung; die erstere dauert an, bis die Sonne 18^0, die letztere, bis sie ca. 6^0 unter den Horizont gesunken ist; nach Ablauf der ersteren werden selbst die kleineren Sterne sichtbar; während der letzteren kann man noch einigermafsen gut lesen (Morgen- und Abenddämmerung). In Deutschland herrscht im Hochsommer die ganze Nacht hindurch astronomische und im nördlichen Schweden bürgerliche Dämmerung.

Am Äquator, wo die Sonne (genau oder nahezu) senkrecht zum Horizont auf- oder untergeht, dauert die astronomische Dämmerung $4 \,.\, 18 = 72'$ und die bürgerliche $4 \,.\, 6 = 24'$, indem die Sonne 4 Minuten braucht, um 1^0 zu durchlaufen.

Die Tagesdauer s läfst sich entweder aus dem Azimut des Aufgangspunktes oder aus der für den bestimmten Tag geltenden Deklination berechnen.

Aus dem Dreiecke Zenith-Pol-Stern (Fig. 541) folgt, unter Beibehaltung der früheren Bezeichnungen:

$$\sin d = \sin h \sin \varphi - \cos h \cos \varphi \cos NH.$$

Nun ist aber Bogen ONH die nördliche Morgenweite, welche wir mit w_1 bezeichnen wollen; und da:

$$w_1 = 90 + NH,$$

so ist:

$$\sin d = \sin h \sin \varphi - \cos h \cos \varphi \sin w_1.$$

Beim Aufgang ist $h = 0$ und deshalb:

$$\sin d = -\cos \varphi \sin w_1. \qquad 1)$$

Setzt man in Gleichung 2) in § 407 $h = 0$, so ist:

$$\cos s = -\operatorname{tg} \varphi \operatorname{tg} d.$$

Zugleich giebt der Stundenwinkel, welcher für den Aufgang eines Sterns gilt, die halbe Gröfse des Tagebogens s_1 an; folglich:

$$\cos \tfrac{1}{2} s_1 = -\operatorname{tg} \varphi \operatorname{tg} d. \qquad 2)$$

Eliminiert man d aus 1) und 2), so erhält man eine Beziehung zwischen φ, w_1 und s_1; eliminiert man aber φ, da erhält man eine Beziehung zwischen s_1, d und w_1.

Kennt man aber die Länge s_1 des Tagebogens, so läfst sich leicht die Tagesdauer t_1 finden:

$$360 : 24 = s_1 : t_1.$$

Aus der Grundgleichung:

$$\sin h = \sin \varphi \sin d + \cos \varphi \cos d \cos s$$

findet man:

$$\cos s = \frac{-\sin h + \sin \varphi \sin d}{\cos \varphi \cos d}.$$

Hieraus läfst sich die Dauer der bürgerlichen und astronomischen Dämmerung finden, wenn man (in unseren Gegenden) -6^0, bezüglich -18^0 für h setzt, es mufs dabei für d die Gröfse der Deklination der Sonne an dem Tage, für welchen die Dämmerungdauer bestimmt werden soll, in die Gleichung eingesetzt werden.

Ist nun s, in Graden ausgedrückt, gefunden, so ist der Stundenwinkel des Endes der Dämmerung $\frac{1}{15} s$. Hat man weiter die halbe Tagesdauer $\frac{1}{2} t_1$ berechnet, so ist die Dämmerungsdauer:

$$\tfrac{1}{15} s - \tfrac{1}{2} t_1.$$

Aufgabe. Wie grofs ist in unseren Gegenden die bürgerliche, sowie astronomische Dämmerung zur Zeit der Äquinoktien und Solstitien?

§ 411. Das System der Ekliptik. Die Lage eines Sternes kann ebensowohl auf die Ekliptik, wie auf den Horizont oder den Äquator bezogen werden. Sei F (Fig. 547) ein Stern, und zieht man durch den Pol der Ekliptik (§ 408) einen gröfsten Kreis, welcher die Ekliptik in H trifft, so nennt man den Bogen FH die (astronomische) Breite des Sterns; es ist dies also der Winkelabstand des Sternes von der Ekliptik.

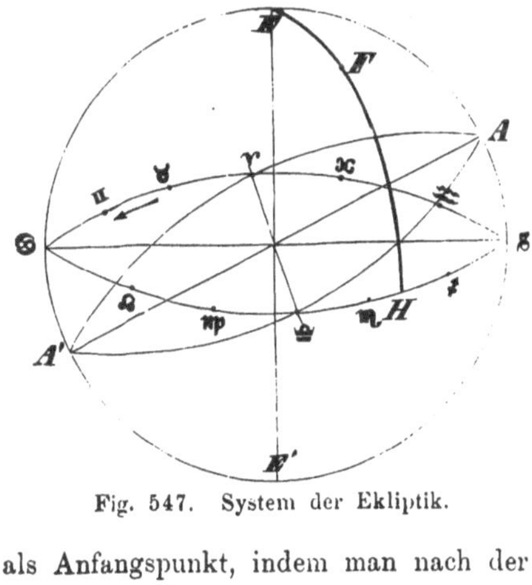

Fig. 547. System der Ekliptik.

Um die Lage des Punktes H auf der Ekliptik zu bestimmen, wählt man den Frühlingspunkt als Anfangspunkt, indem man nach der Ordnung der Zeichen, d. h. nach

Ost hin zählt. Die Entfernung von ♈ bis H nach Osten hin (in der Richtung des Pfeils) gemessen, nennt man die (astronomische) Länge des Sternes.

Die Länge der Sonne ist am 21. März = 0; sie wächst, da die Sonne sich nach Osten bewegt, von Tag zu Tag, bis sie am 23. September = 180^0 und am 21. März des nächsten Jahres = 360^0 geworden.

Die Breite der Sonne ist stets gleich Null, da die Sonne sich auf der Ekliptik bewegt.

c. Bewegung und Beschaffenheit der Planeten und ihrer Trabanten.

1. Gestalt und Gröfse der Erde.

§ 412. Kugelgestalt der Erde nach terrestrischen Beobachtungen.

1) Der Horizont erscheint überall auf der Erde kreisförmig; auch erweitert er sich nicht, wenn man ein Fernrohr benutzt; die Erde kann also nicht, wie Homer und Thales glaubten, eine Scheibe sein.

2) Die Erde ist schon wiederholt umsegelt worden; namentlich auf dem Meere zeigt es sich, dafs der Horizont stets dieselbe kreisförmige Gestalt behält.

3) Wenn ein Schiff aus dem Hafen fährt, so verschwindet zuerst der Rumpf, während die Masten noch sichtbar bleiben, allmählich verschwinden auch diese und zwar die niedrigen früher als die höheren; umgekehrt erscheinen bei allmählichem Herannahen eines Schiffes zuerst die oberen und später erst die unteren Teile.

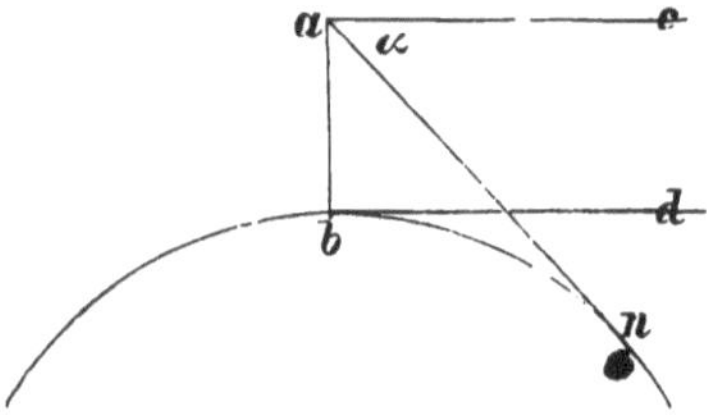

Fig. 548. Depression des Horizontes.

4) Auf der Spitze eines Berges oder Schiffsmastes erweitert sich der Horizont und zwar entsprechend der Höhe über der Erd- oder Meeresoberfläche. Aus der von einer bestimmten Höhe beobachteten Gesichtsweite mufs sich der Halbmesser der Erde berechnen lassen; er beträgt 6 377 500 Meter. Ist a (Fig. 548) ein Punkt über der Erdoberfläche und denkt man sich eine Berührende an an die Erdoberfläche gezogen, so giebt diese die Gesichtsweite an. Die Gesichtsweite beträgt:

3571 m	für	eine	Erhebung	von	1	m,
11294 m	„	„	„	„	10	m,
35714 m	„	„	„	„	100	m,
112942 m	„	„	„	„	1000	m,
357281 m	„	„	„	„	10000	m.

a) Ist das Auge eines Beobachters h Meter über der Erdoberfläche, so fällt die Visierlinie an (Fig. 548) nicht mit der Richtung ac des Horizontes zusammen ($ac \parallel bd$); der Winkel can, welchen die Visierlinie mit dem Horizont bildet, nennt man die Depression des Horizontes. Um die Depression des Horizontes zu finden, richtet man ein Fernrohre zuerst horizontal und neigt es dann, bis man nach dem Rande des Horizontes sieht; die Gröfse der Drehung, welche das Fernrohr beschreiben mufs, um aus der ersten Lage in die zweite zu kommen, ist die Depression. Sie beträgt:

1' 55''	für	eine Erhebung	von	1	m
6' 5''	„	„	„	10	„
19' 15''	„	„	„	100	„
1° 0' 53''	„	„	„	1000	„

b) Aus der beobachteten Gesichtsweite läfst sich die Gröfse des Erdhalbmessers berechnen; es ist (Fig. 549):

$$an^2 = ab \, . \, ae,$$

oder, wenn ab mit h, an mit s und der Erdradius mit r bezeichnet wird:

$$s^2 = h\,(h + 2r),$$

woraus:

$$r = \tfrac{1}{2}\left(\frac{s^2}{h} - h\right).$$

Zwischen der Depression α, der Höhe h des Ortes über der Erdoberfläche und dem Erdhalbmesser r gilt die Beziehung:

$$\cos\alpha = \frac{r}{r + h}.$$

Auch hieraus läfst sich der Erdhalbmesser finden:

$$r = \frac{h \, . \cos\alpha}{1 - \cos\alpha}.$$

c) Zwei Erdradien, welche nach Punkten der Oberfläche gehen, die nicht zu nahe bei einander liegen, müssen einen bemerkbaren Winkel miteinander bilden. Kennt man die Entfernung e zweier möglichst weit von einander entfernten Turmspitzen A und B (Fig. 550), bestimmt man aufserdem mittelst eines Fernrohres die Winkel ABC und BAC, welche die Verbindungslinie AB

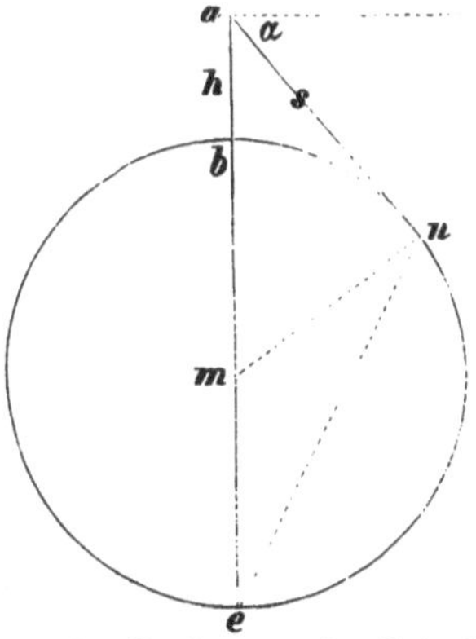

Fig. 549. Bestimmung des Erdradius aus der Depression des Horizontes.

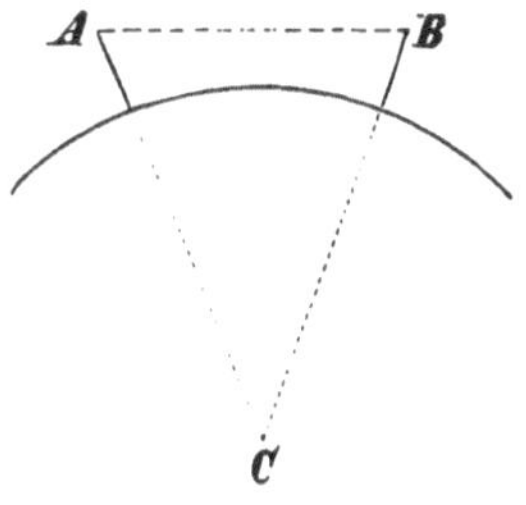

Fig. 550. Bestimmung des Erdradius aus der Divergenz zweier Vertikalen.

der Turmspitzen mit den Vertikalen BC und AC bildet, so wird deren Summe nicht ganz 180° betragen; sei die Differenz:

$$180 - (BAC + ABC) = d,$$

so kann man setzen, wenn (Bogen) AB mit e bezeichnet wird:

$$d : 90 = e : \tfrac{1}{2}\pi r,$$

hieraus folgt:

$$r = \frac{180\,e}{\pi\,d}.$$

Ist z. B. $e = 66\,751$ und ist durch Messung gefunden worden, dafs $d = 36'$, so ergiebt sich:

$$r = 6\,377\,500 \text{ (annähernd).}$$

Wie grofs ist die Kalotte, welche man von der Höhe h über der Erde überblickt?

§ 413. Kugelgestalt der Erde nach astronomischen Beobachtungen. 1) Der Erdschatten auf dem Monde bei Mondsfinsternissen ist kreisförmig.

2) Alle anderen Weltkörper sind frei im Raume schwebende Kugeln. Dafs es keine Scheiben sind, ist besonders an denjenigen erkennbar, welche unzweifelhaft um eine Achse rotieren, wie man an dem Verschwinden und der Wiederkehr von Flecken an ihrer Oberfläche ersieht.

3) Der Auf- und Untergang der Gestirne verfrüht sich, wenn wir nach Osten, und verspätet sich, wenn wir nach Westen gehen; im übrigen aber sehen wir dieselben Sterne wie vorher.

4) Die Zeit des Auf- und Unterganges der Gestirne bleibt dieselbe, wenn wir nach Norden oder Süden gehen; dagegen verschwinden im ersten Falle nach und nach die Gestirne mit südlicher Deklination, bis schliefslich am Nordpol nur noch die Gestirne mit nördlicher Deklination sichtbar sind. Im zweiten Falle (wenn wir nach Süden gehen) werden auch die Gestirne mit gröfserer südlicher Deklination sichtbar; am Äquator sieht man alle Gestirne und, auf die südliche Halbkugel übertretend, verschwinden erst die Gestirne mit gröfserer und dann auch die mit geringerer nördlicher Deklination; am Südpol sind nur die Gestirne mit südlicher Deklination sichtbar.

5) Wir haben schon bemerkt, dafs die Lage der Weltachse gegen den Horizont an den verschiedenen Orten der Erde verschieden ist. Nimmt man die Erde als Kugel an, deren Achse mit der Weltachse zusammenfällt, so erklären sich alle Beobachtungen über die verschiedene Neigung der Weltachse gegen den Horizont an den verschiedenen Orten der Erde etc. sehr leicht.

Nehmen wir an, dafs die Erdachse mit der Weltachse zusammenfällt, so fällt auch der Erdäquator mit dem Himmelsäquator in eine Ebene; den Parallelkreisen am Himmel entsprechen die Parallelkreise, die man sich auf der Erdoberfläche gezogen denkt; ebenso den Deklinations- oder Stundenkreisen auf der Himmelskugel die Meridiane auf der Erdkugel; der Deklination entspricht die geographische Breite und der Rektascension die geographische Länge.

Die beiden Parallelkreise, welche $23^1/_2{}^0$ vom Äquator nach Norden oder Süden entfernt sind, geben die Grenze des Gürtels an, auf welchen die Sonne ihre Strahlen senkrecht schicken kann; man nennt sie bekanntlich nördlicher und südlicher Wendekreis; die beiden Parallelkreise ferner, welche je $23^1/_2{}^0$ vom Nord-, bezügl. Südpol entfernt sind, geben die Grenze der Erdstriche an, auf welche zeitweise die Sonne im Laufe eines Tages gar nicht scheinen kann; man nennt sie nördlicher und südlicher Polarkreis.

Deklination und geographische Breite werden vom Äquator aus nach Norden und Süden hin gemessen; die Rektascension aber von demjenigen Stundenkreis an, welcher durch den Frühlingspunkt geht und die geographische Länge bei uns von dem durch die Insel Ferro, bei den Engländern von dem durch Greenwich und bei den Franzosen von dem durch Paris gehenden Meridian.

Unter diesen Voraussetzungen läfst sich leicht zeigen, dafs die Neigung der Weltachse gegen den Horizont stets der geographischen Breite des Beobachtungsortes gleich sein mufs. Stellt der Kreis (Fig. 551) die Erdkugel, NS die Erdachse, AA' den Aequator, O den Beobachtungsort und HH' den Horizont desselben vor, so ist $\sphericalangle OMA$ die geographische Breite von O und es mufs, wenn die Weltachse $OP \parallel NS : \sphericalangle OMA = \sphericalangle HOP$, d. h. der Winkel, den die Weltachse mit dem Horizont bildet, ist der geographischen Breite des Beobachtungsortes gleich.

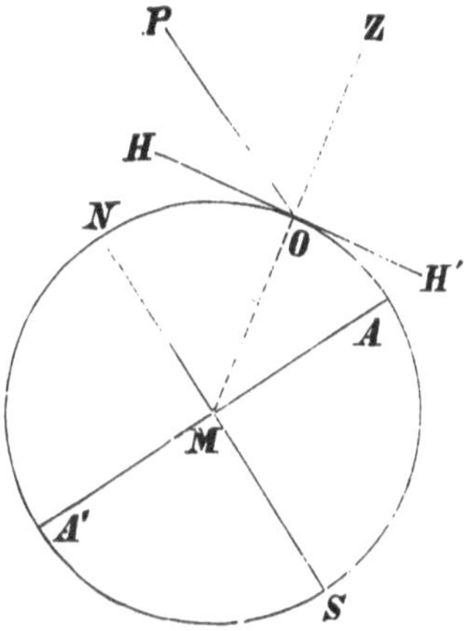

Fig. 551. Erd- und Weltachse.

An den Polen, wo die geographische Breite 90^0 beträgt, steht die Weltachse senkrecht auf dem Horizont; alle Sterne kreisen in Bahnen, welche dem Horizont parallel sind und am Nordpol der Erde können nur Sterne sichtbar sein, welche nördliche Deklination haben; alle Sterne (der nördlichen Hemisphäre) sind hier Cirkumpolarsterne.

Am Äquator, wo die geographische Breite 0^0 beträgt, ist die Weltachse dem Horizont parallel, alle Sterne sind sichtbar, alle bewegen sich in Kreisen, welche auf dem Horizont senkrecht stehen; da die Bahnen der Gestirne mit dem Himmelsäquator zusammenfallen, so ist für einen Beobachtungsort am Erdäquator der Tagebogen aller Gestirne stets dem Nachtbogen gleich. An einem Himmelsglobus oder an einer Armillarsphäre kann man dadurch, dafs man der Weltachse verschiedene Neigungen giebt, die Lage der Sternbahnen gegen den Horizont für alle Fälle anschaulich machen.

6) Auch das Vorhandensein einer Dämmerung und die verschiedene Dauer derselben, je nach der Richtung der Sonnenbahn gegen den Horizont, läfst auf die Kugelgestalt der Erde schliefsen.

§ 414. Bestimmung der geographischen Breite und Länge. 1) Die Polhöhe ist der geographischen Breite des Beobachtungsortes gleich; man hat deswegen nur die Polhöhe zu bestimmen, um die geographische Breite eines Ortes zu finden.

Zu dem Zweck beobachtet man die Höhen h_1 und h_2 eines Cirkumpolarsternes zur Zeit seiner oberen und seiner unteren Kulmination; alsdann giebt das arithmetische Mittel $\frac{1}{2}(h_1 + h_2)$ aus beiden Höhen die Höhe des Pols.

2) Um die Differenz der geographischen Längen zweier Orte zu

finden, hat man nur nötig zu bestimmen, wieviel später die Sonne durch den Meridian des einen Ortes geht, als durch den des anderen.

a) Eine gute Uhr (Chronometer) wird von dem einen Ort, dessen Zeit sie genau angiebt, an einen anderen gebracht und gesehen, wieviel sie dort vor- oder nachgeht. Für jede Stunde, welche sie an dem einen Orte nachgeht, ist die westliche Länge um 15^0 gröfser, als an dem anderen.

b) Wenn zwei Orte (Turmspitzen) nicht sehr weit voneinander entfernt sind, so dafs man Signale von dem einen nach dem anderen geben kann, so stellt man an beiden zwei Chronometer auf, welche nach dem Meridiandurchgang eines und desselben Sternes (oder der Sonne) an beiden Orten reguliert sind. Man entzündet nun an dem einen Ort, wenn der betreffende Stern oder die Sonne durch den Meridian geht, eine kleine Menge Pulver und notiert an beiden Orten die Zeit, wann das Signal an dem einen Ort gegeben, bezüglich an dem anderen bemerkt worden ist.

c) Sind die Orte weiter voneinander entfernt, aber durch den Telegraphen mit einander verbunden, so läfst sich die Längendifferenz mit grofser Genauigkeit bestimmen: Ein Pendel auf der einen Station schliefst jede Sekunde einen galvanischen Strom, wodurch ein Stift in Bewegung gesetzt und auf dem gleichmäfsig sich fortbewegenden Papierstreifen des Telegraphen dieser Station ein Punkt gemacht wird, und zwar in derselben Linie, in welcher der Telegraphenstift selbst Punkteindrücke auf dem Papierstreifen hervorbringen kann. Auf der anderen Station ist dieselbe Einrichtung.

Drückt man nun auf den Taster der einen Station, etwa gerade in dem Moment, wo ein Stern durch den Meridian des Ortes geht, so wird der Strom der Telegraphenbatterie geschlossen, und es machen nun die Telegraphenstifte auf beiden Stationen je einen Punkt auf die Papierstreifen; ebenso drückt man auf der anderen Station den Taster nieder, wenn dort der Stern durch den Meridian geht.

Der Punkt, welchen ein Telegraphenstift auf seinem Papierstreifen hervorbringt, fällt im allgemeinen zwischen zwei Sekundenpunkte und man kann durch Abmessen der Entfernungen jenes Punktes von diesen die Zeit des Aufschlagens bis auf sehr kleine Bruchteile von Sekunden genau bestimmen.

Auf diese Art gelingt es den Zeitunterschied der Meridiandurchgänge eines Sternes an beiden Orten und somit die geographische Längendifferenz bis auf $^1/_{50}{}^0$ genau anzugeben.

Da die Eisenkerne eines Telegraphen nicht momentan magnetisch werden, auch der eine Telegraph rascher als der andere wirkt; da ferner von zwei Beobachtern der eine stets ein Ereignis früher bemerkt und signalisiert, als der andere (persönlicher Fehler), so ist es zur Kontrolle notwendig, die Telegraphen und die Beobachter abwechselnd an dem einen und an dem anderen Orte arbeiten zu lassen.

d) Zur Bestimmung der geographischen Längendifferenzen eignen sich noch die Beobachtungen von Sternbedeckungen durch Mond und Sonne,

Merkur- und Venusdurchgänge; Ein- und Austritt von Mond- und Sonnenfinsternissen, Verfinsterungen von Jupiterstrabanten u. s. w.

§ 415. Abplattung der Erde an den Polen. Nach wiederholten Messungen von Breitegraden auf der Erde (namentlich durch französische Gelehrte im vorigen Jahrhundert) ist die Ansicht, welche schon Newton ausgesprochen, daſs die Erde an den Polen abgeplattet sei, zur Gewiſsheit geworden.

Man hat nämlich gefunden, daſs ein Breitegrad im hohen Norden gröſser ist, als am Äquator; dies beweist, daſs die Gegend um den Pol herum gewissermaſsen einer gröſseren Kugel angehört, also weniger gekrümmt sein muſs, als die am Äquator. Die Erde ist eine Art Ellipsoid, dessen halbe groſse Achse, der Halbmesser am Äquator, 6 377 398 Meter, die kleine Halbachse, die Hälfte der Verbindungslinie der beiden Pole aber 6 356 080 Meter beträgt. Die Abplattung ist $^1/_{299}$. Dabei ist ein Meter als der zehnmillionste Teil eines Erdmeridianquadranten angenommen. Nach Bessels Berechnungen ist indessen ein Erdmeridian gröſser als ihn die französischen Gelehrten angegeben hatten, so daſs ein Erdmeridianquadrant eigentlich 10 000 856 Meter beträgt.

Eine geographische Meile ist der 15. Teil eines Grades des Äquators; sie beträgt also 7420,4 Meter.

Danach ist in geographischen Meilen ausgedrückt:

Die Achse der Erde (Verbindungslinie der Pole)	= 1713,12
Der Durchmesser des Äquators . . .	= 1718,88
Der Äquator	= 5400
Der Unterschied zwischen der Achse und dem Äquatordurchmesser	= 5,76
Die Abplattung	$= \frac{5,76}{1719} = \frac{1}{299}$ ca.

Auch aus den Beobachtungen über die Schwingungszeit eines Sekundenpendels an den verschiedenen Orten der Erde kann man schlieſsen, daſs die Erde an den Polen abgeplattet sein müsse (§ 93).

Um einen Bogen zwischen zwei weit voneinander entfernten, annähernd auf demselben Meridian liegenden Orten der Erde zu messen, bedient man sich der Triangulierungsmethode, wie sie auch bei Landesvermessungen angewendet wird. Man wählt eine Anzahl hoher Punkte (Berggipfel, Turmspitzen) *PQRS* (Fig. 552) aus, welche so nahe bei einander liegen, daſs man von jedem nach dem nächstliegenden sehen kann und aus denen sich ein Netz von Dreiecken bilden läſst, das die zwei Orte *A* und *B* miteinander verbindet.

Um ein solches Netz von Dreiecken zu bestimmen, braucht man nur eine gröſsere Strecke *ab* zu messen, was allerdings mit äuſserster Genauigkeit geschehen muſs und mannigfaltige Schwierigkeiten darbietet. Zu den Endpunkten *a* und *b* nimmt man nun einen der ausgewählten Punkte, etwa *R*, hinzu und miſst mit dem Theodolit die zwei an der Strecke *ab* anliegenden Winkel des Dreieckes *abR*; es lassen sich dann die anderen Seiten des Dreieckes, sowie der dritte Winkel berechnen.

Wie man weiter verfährt, um die übrigen Dreiecke zu bestimmen, ist nach dem Gesagten selbstverständlich. Man muſs nun noch die Lage des Meridians des einen Ortes A bestimmen, was dadurch geschieht, dafs man das Fernrohr von P nach A richtet und alsdann so lange dreht, bis seine Achse in den Meridian von P fällt; diesen Drehungswinkel trägt man an AP an und erhält so die Lage AD des Meridians von A.

Hierauf berechnet man die Projektionen der Punkte $P, Q, R \ldots B$ auf den Meridian von A. Es läfst sich dann leicht durch Addition dieser Projektionen (und zwar zur Controle auf verschiedene Art) die Strecke AC berechnen.

Nun gilt es noch die Breitendifferenz von A und B zu finden. Zu dem Zwecke mifst man die Zenithdistanzen, welche ein und derselbe Stern in A und B besitzt; die Differenz derselben ist zugleich die Differenz der geographischen Breiten von A und B (oder A und C). Angenommen, die Differenz der Zenithdistanzen eines und desselben Sternes in A und B (also auch in A und C) betrage n Minuten und die Länge von AC l Meter, so findet man die Länge x eines Meridiangrades an dieser Stelle der Erde aus der Proportion:

$$\frac{n}{60} : 1 = l : x,$$

$$x = \frac{60\,l}{n}.$$

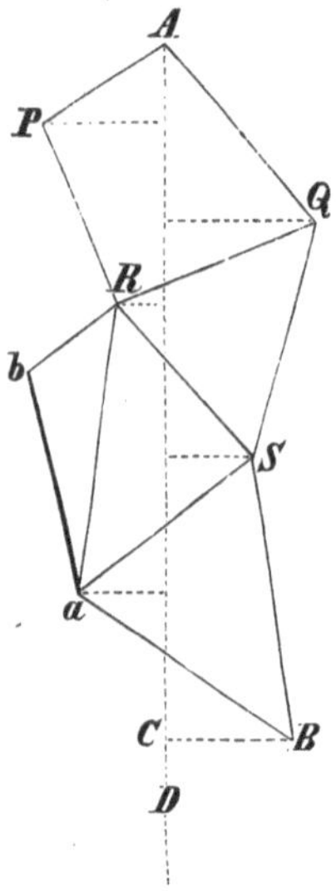

Fig. 552. Gradmessung.

2. Die Bewegung der Erde.

§ 416. Die Achsendrehung der Erde. Alle Fixsterne scheinen sich um die verlängerte Erdachse von Ost nach West zu drehen; allein sehr gewichtige Gründe sprechen dafür, dafs dies eben nur Schein ist; denn einesteils müfste sich eine grofse Zahl von Fixsternen, nämlich diejenigen, welche sehr weit von der Weltachse abstehen, mit einer unglaublichen Geschwindigkeit bewegen, wenn sie ihre kreisförmige Bahn innerhalb 24 Stunden durchlaufen sollten; andererseits aber müfsten sich alle Sterne mit Geschwindigkeiten bewegen, welche ihren Entfernungen von der Weltachse genau proportional wären, denn sonst könnten nicht alle ihre Bahnen, so sehr auch die Gröfse derselben verschieden ist, in der gleichen Zeit durchlaufen. Während z. B. der Polarstern nur eine sehr geringe Geschwindigkeit haben könnte, müfste die Sonne in 24 Stunden einen Kreis durchlaufen, dessen Halbmesser 20 Millionen Meilen grofs ist.

Zudem ist es wenig wahrscheinlich, dafs alle Gestirne, namentlich auch die Sonne, welche eine weit gröfsere Masse als die Erde besitzt, um diese sich drehen sollten.

Alle diese Unwahrscheinlichkeiten fallen weg, wenn man annimmt, die Fixsterne ständen still, während die Erde sich von West nach Ost um ihre Achse einmal in 24 Stunden umdrehte. Es scheinen alsdann die Fixsterne sich innerhalb 24 Stunden einmal um die Welt-, bezüglich Erdachse zu drehen (§ 31).

Bei allen astronomischen Fragen, bei welchen es sich nur um die relative Lage der Fixsterne gegen die Erde handelt, ist es einerlei, ob man die Erde als ruhend und die Fixsterne in Bewegung befindlich betrachtet oder umgekehrt. Auch ist es möglich, dafs Erde und Fixsterne eine geneinsame Bewegung im Raume haben, ohne dafs wir dies aus der relativen Lage derselben gegeneinander erschliefsen könnten.

§ 417. Die Schwungkraft und der Foucaultsche Pendelversuch. 1) Wenn die Erde sich um ihre Achse dreht, so mufs sich an der Oberfläche derselben eine Schwungkraft geltend machen, welche von den Polen, wo sie gleich Null ist, nach dem Äquator hin, wo sie ihr Maximum erreicht, da hier die Punkte der Erdoberfläche am weitesten von der Drehungsachse entfernt sind, kontinuierlich wächst (§ 92 und 93).

Betrachten wir zunächst einen und denselben Ort, so mufs, wenn die Erde sich wirklich von West nach Ost dreht, die Geschwindigkeit nach Osten hin an diesem Orte unmittelbar an der Erdoberfläche kleiner sein, als in gröfserer Höhe über derselben. Läfst man einen Stein von der Spitze eines hohen Turmes herabfallen, so fällt derselbe nicht auf einen Punkt, welcher vertikal unter der Spitze, sondern etwas nach Osten hin von demselben liegt. Der Stein behält die gröfsere Geschwindigkeit nach Osten hin, welche er auf der Spitze des Turmes gehabt, beim Herabfallen bei. (Benzenbergs Versuche im Michaelisturm zu Hamburg.)

Läfst man ein Pendel an Orten von verschiedener geographischer Breite schwingen, so vollführt es um so mehr Schwingungen in einer bestimmten Zeit, je gröfser die geographische Breite des Ortes ist. Allerdings mufs ein Pendel, da die Erde an den Polen abgeplattet ist, in höheren Breiten schon deshalb schneller schwingen, weil das Pendel dort dem Erdmittelpunkt näher, die Anziehungskraft der Erde also gröfser ist, als in niederen Breiten.

Allein die Berechnungen zeigen (§ 93), dafs die Abplattung der Erde eine solche Zunahme der Schwingungszahl des Pendels in höheren Breiten nicht allein bewirken kann: aus den beobachteten Schwingungszahlen würde man eine Abplattung finden, welche viel gröfser ist, als die durch die Gradmessungen gefundene. Berücksichtigt man aber, dafs in niederen Breiten die Anziehungskraft der Erde nicht blofs wegen der gröfseren Entfernung des Ortes vom Erdmittelpunkt infolge der Abplattung an den Polen, sondern auch wegen der hier herrschenden Schwungkraft sich vermindert, so wird die starke Abnahme der Schwingungszahl des Pendels in niederen Breiten erklärlich. Die Länge des Sekundenpendels beträgt am Äquator: 0,9910256 m; unter 45° Breite: 0,9935615 m; und am Pol: 0,9960974 m.

Die Länge L_φ des Sekundenpendels an einem Orte von der geographischen Breite φ beträgt nach einer empirischen Formel:

$$L_\varphi = L_0 \ (1 + 0{,}00511781 \sin^2 \varphi) \text{ m},$$

wo L_0 die Länge des Sekundenpendels am Äquator bedeutet.

Übrigens wird die Abplattung der Erde, wie aus dem Früheren bekannt, selbst als eine Folge der durch die Achsendrehung hervorgerufenen Schwungkraft angesehen.

Auch das Gewicht der Körper, sowie die Fallbeschleunigung nimmt in den höheren Breiten, sowohl wegen der Abplattung, als wegen der Abnahme der Schwungkraft zu. Ein Hektogramm wiegt am Pol $^1/_2$ g mehr, als am Äquator. Die Fallbeschleunigung beträgt unter 0^0 Breite 9,78101 m, unter 45^0 Breite 9,80552 m und unter 90^0 Breite 9,83089 m. Im mittleren Deutschland beträgt sie 9,81 m. Allgemein ist:

$$g_\varphi = g_0(1 + 0{,}00511781 \sin^2\varphi).$$

2) Ein direkter Beweis für die Achsendrehung der Erde ist Foucaults Pendelversuch (§ 94).

Aus der früher gefundenen Beziehung $\beta = \alpha . \sin\varphi$ zwischen der Ablenkung der Pendelschwingungsebene, dem zugehörigen Drehungswinkel des Meridians und der geographischen Breite des Beobachtungsortes, läfst sich leicht die Ablenkung pro Stunde $(\beta/24)$ für verschiedene Breiten berechnen:

Ort	Geogr. Breite		Gröfse der Drehung in einer Stunde
Nordpol	90^0	—	15^0
Königsberg	54	42	12,83
München	48	8	11,31
Rom	41	54	10,16
Mexiko	19	25	5,04
Cayenne	4	56	1,31

Übrigens drehen sich wohl alle Himmelskörper um eine Achse; so folgert man z. B. aus der Verschiebung der Sonnenflecken (§ 232), dafs die Rotationsdauer der Sonne $25^t\,5^h\,38'$ betrage.

§ 418. Die fortschreitende Bewegung der Erde. Die tägliche Drehung der Fixsterne und der Sonne ist nach dem Vorstehenden eine scheinbare. Sollte dies nicht auch mit der jährlichen Bewegung der Sonne im Tierkreis der Fall sein?

Unstreitig würde die relative Lage der Erde gegen die Sonne sich gerade so gestalten, wenn wir annähmen, die Sonne stände still und die Erde bewegte sich in der Ebene der Ekliptik um die Sonne und zwar in der Richtung, in welcher die Zeichen im Tierkreis aufeinander folgen. In Fig. 553 bedeutet der erste Kreis die Bahn der Erde, welche in 4 um je 90^0 von einander entfernten Stellungen auf ihrer Bahn gezeichnet ist, und der zweite Kreis den Tierkreis.

Die Pfeile an der Erdkugel geben die Drehungsrichtung derselben und die Pfeile an der Ekliptik die Bewegungsrichtung der Erde in ihrer Bahn an. Denkt man sich die Erde in irgend einem Punkte ihrer Bahn, z. B. in *A*, und läfst sie sich um ihre Achse drehen, so geht die Sonne mit demjenigen Sternbild auf und unter, welches von der Erde aus gesehen gerade hinter der Sonne liegt, in unserem Fall das Zeichen des Widders. Rückt die Erde auf ihrer Bahn in der Richtung des Pfeiles weiter, so kulminieren nach der Reihe Stier, Zwillinge u. s. w. mit der Sonne, wie es der Wirklichkeit entspricht.

Die Erdachse macht mit der Ebene ihrer Bahn, da diese mit der Ebene der Ekliptik zusammenfällt, allerorts einen Winkel von $66^1/_2{}^0$ (§ 408).

Da der Polarstern als unendlich fern und die Gröfse der Erdbahn gegen diese Entfernung als verschwindend klein angesehen werden kann, so bleibt die Erdachse überall sich selbst parallel. Denkt man sich mitten

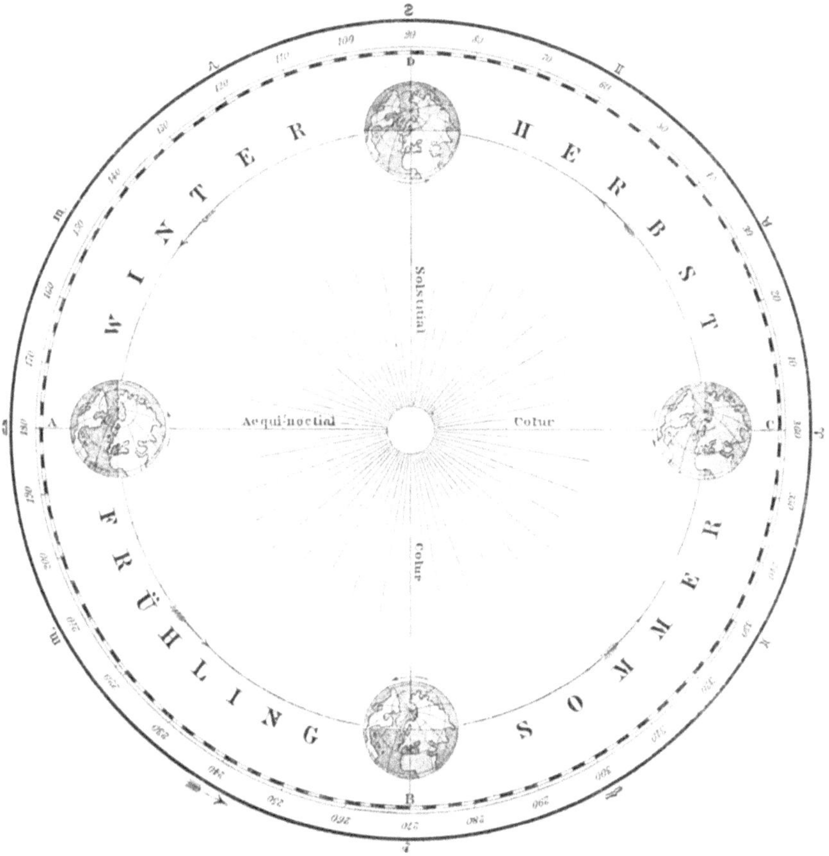

Fig. 553. Fortschreitende Bewegung der Erde (nach J. Müller).

auf der Erdbahn, also auf der Sonne, so lassen sich in Bezug auf die Ebene der Erdbahn die Himmelsgegenden ebenso bestimmen, wie in Bezug auf den Horizont; blicken wir nach dem Polarstern, so haben wir vor uns (nach *D* hin) Norden, hinter uns (nach *B* hin) Süden, rechts (nach *C* hin) Osten und links (nach *A* hin) Westen. Von der Mitte der Erdbahn (der Sonne) aus gesehen, bewegt sich also die Erde von Westen über Süden nach Osten, also in derselben Richtung, wie die Erde sich um ihre Achse dreht.

Denkt man sich durch die Erdachse einer Ebene senkrecht auf die Erdbahn gezogen, so bleibt diese immer sich selbst parallel; die Linie, in welcher diese Ebene die Erdbahn schneidet, nennen wir die Projektion der Erdachse auf die Erdbahn. Verbindet man den Mittelpunkt der Sonne mit dem der Erde, so fällt diese „Centrale", wenn die Erde in *B* und *D* steht, mit der Projektion der Erdachse auf die Erdbahn in eine Gerade, während sie auf der Projektion senkrecht steht, wenn sich die Erde in *A* oder *C* befindet.

Kopernikus, geb. am 19. Februar 1473 zu Thorn, gest. am 21. Mai 1543 als Kanonikus in Frauenburg, hat in seinem Werke: „De orbium coelestium revolutionibus" zuerst mit ausführlicher Begründung die Hypothese aufgestellt, dafs die Sonne stillstände, und dafs die Erde, sowie die übrigen Planeten sich um dieselbe bewegten.

§ 419. Gründe für die fortschreitende Bewegung der Erde. Wie schon bemerkt, lassen sich alle Erscheinungen, welche sich aus der relativen Lage der Sonne und der Erde ergeben, erklären, einerlei ob man annimmt, die Sonne bewege sich um die Erde oder umgekehrt.

Die Gründe nun, welche man für die Bewegung der Erde hat, sind folgende:

1) Die Sonne hat eine ungefähr 355 000 mal gröfsere Masse als die Erde, und es ist eher anzunehmen, dafs der kleinere Körper sich um den gröfseren, als dafs der gröfsere sich um den kleineren bewegt (§ 97).

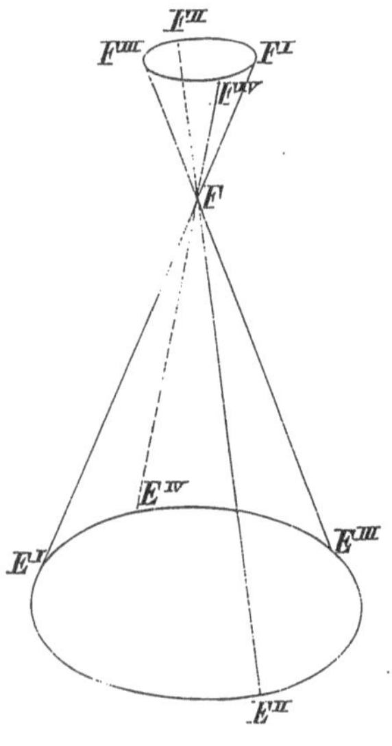

Fig. 554. Jahresparallaxe.

2) Andere Planeten, wie Merkur, Venus, Mars u. s. w. bewegen sich unzweifelhaft um die Sonne, bald sind sie vor, bald hinter, bald rechts, bald links von der Sonne.

3) Wenn die Erde nicht immer an derselben Stelle bleibt, so können auch die Richtungen von der Erde nach einem Stern nicht einander parallel bleiben. Fig. 554 zeigt die Erde an 4 verschiedenen Stellen ihrer Bahn. Der Fixstern *F* projecirt sich von E^{I} ausgesehen in dem Punkte F^{I} des Himmelsgewölbes, von E^{II} aus gesehen in F^{II}, von E^{III} aus in F^{III} . . . .; der Stern mufs also im Laufe eines Jahres eine geschlossene Kurve am Himmel in umgekehrter Richtung, wie die Erde sich bewegt, zu beschreiben scheinen, und zwar mufs diese Curve um so gröfser sein, je näher der Stern der Erde steht.

Die jährliche Parallaxe — die grofse Halbachse der von einem Stern im Laufe eines Jahres beschriebenen Ellipse — ist von Bradley 1727 zuerst gesucht und von Bessel 1838 festgestellt worden; sie ist jedoch bei den meisten Sternen aufserordentlich klein, was beweist, dafs die Fixsterne sehr weit von der Erde entfernt sind; sie ist überhaupt erst für einige dreifsig Sterne bestimmt und beträgt z. B. für *α* Centauri (dem uns wahrscheinlich nächsten Fixsterne) nicht mehr als 0,93″; für Sirius 0,19″, für Arcturus 0,13″.

Man kann die Jahresparallaxe eines Sternes auch als den Winkel definieren, unter welchem von dem betreffenden Sterne aus gesehen der Erdbahnradius erscheint.

4) Ein weiterer Beweis für die Bewegung der Erde ist die von Bradley (1727) gefundene Aberration des Lichts. Alle Sterne scheinen am Himmel (abgesehen von der Parallaxe) eine gleichgrofse Ellipse in derselben Richtung, in welcher sich die Erde bewegt, zu beschreiben; die grofse Halbachse beträgt bei allen 20,25″. Diese scheinbare, von der Entfernung der Gestirne unabhängige Bewegung rührt davon her, dafs das Licht eine gewisse Zeit braucht, um sich von einem Ort zu einem anderen fortzupflanzen. Sieht man mit einem Fernrohr nach einem Stern, so trifft das Licht erst auf das Objektiv und etwas später auf das Okular. Bewegt sich nun die Erde in einem bestimmten Augenblick senkrecht zur Richtung des Fernrohrs mit grofser Geschwindigkeit, so wird ein Lichtstrahl, welcher die Mitte M (Fig. 555) des Objektivs getroffen und der bei ruhender Erde kurz nachher auf die Mitte A des Oculars gekommen wäre, merklich hinter der Mitte (bei N') einfallen. Das Auge erblickt alsdann den Stern in der Richtung $N'M$ (bei F'), so dafs er also in derselben Richtung verschoben erscheint, in welcher die Erde sich bewegt.

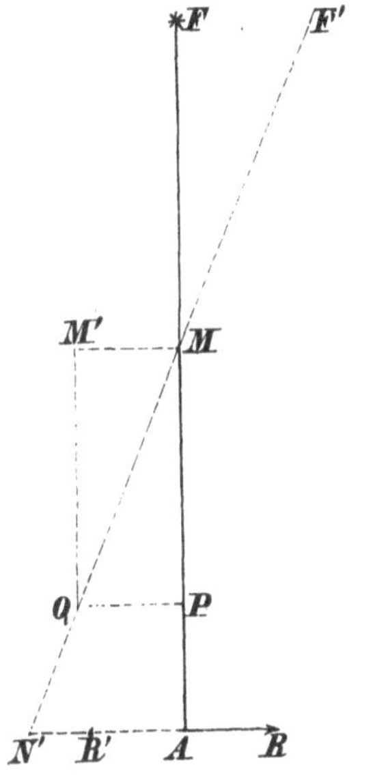

Fig. 555. Die Aberration des Lichtes.

Geht die Bewegung der Erde gerade auf den Stern zu, oder von ihm weg, so tritt keine Verschiebung ein, geht die Bewegung schief zur Visierlinie, so ist die Verschiebung geringer, als wenn die Bewegung senkrecht zur Visierlinie erfolgte.

Aus der Gröfse der Verschiebung mit Berücksichtigung der Geschwindigkeit der Erde in ihrer Bahn (4,14 Meilen in der Sekunde) ist es auch möglich gewesen, die Geschwindigkeit des Lichtes (41 400 Meilen) zu berechnen.

a) Die Methode, welche Bessel (1838) anwandte, um die jährliche Parallaxe der Fixsterne zu finden, besteht darin, dafs er die Abstände des zu untersuchenden Sternes von einem benachbarten im Laufe eines Jahres untersuchte; er fand, dafs die Abstände nicht immer gleich blieben, und konstruierte hieraus die Ellipse, welche der Stern zu beschreiben scheint. Freilich findet man auf diese Weise eigentlich nur die Differenz der Parallaxen der mit einander verglichenen Sterne; wird aber ein Stern 1. oder 2. Gröfse mit einem 9. oder 10. Gröfse verglichen, so kann man annehmen, dafs die Parallaxe des letzteren verschwindend klein sei, obwohl die hellsten Sterne nicht notwendig die nächsten sind. Steht ein Stern nahe dem Pol der Ekliptik, so wird seine scheinbare Bahn nahezu ein Kreis sein; steht er in der Ekliptik, so ist sie eine gerade Linie und in allen übrigen Fällen eine Ellipse, deren grofse Achse unveränderlich der Ebene der Erdbahn parallel ist.

Am 21. Juni steht ein Stern im nördlichsten, am 21. Dezember im südlichsten, am 21. März im östlichsten und am 23. September im westlichsten Punkte seiner Bahn.

b) Zur genaueren Erörterung der scheinbaren Bewegung der Fixsterne in Folge der Aberration des Lichtes diene noch Folgendes: In Fig. 556 bedeutet der innere Kreis die Erdbahn und der äufsere die Ekliptik. Visieren wir am 21. März einen Stern im Zeichen der Wage, so ist der Stern am stärksten, etwa um *ab* in der Richtung nach ♑ hin verschoben; die Bewegung der Erde ist jetzt senk-

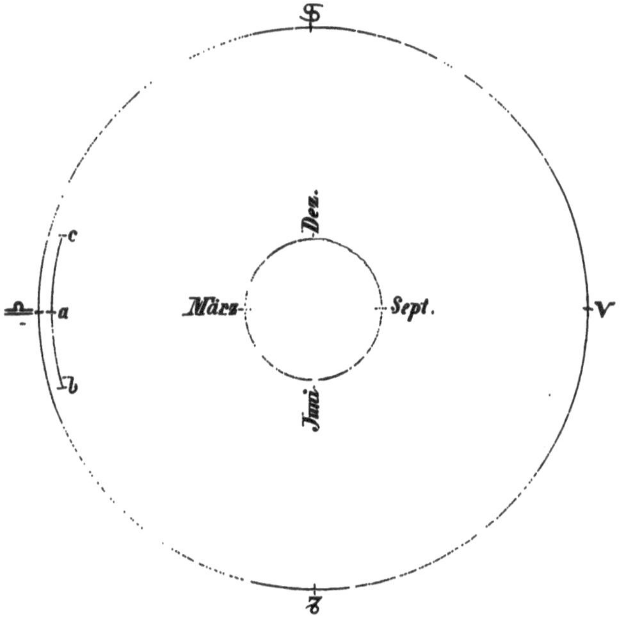

Fig. 556. Erklärung der Aberration.

recht zur Visierlinie; am 21. Juni erblickt man den Stern an seiner wirklichen Stelle (in *a*). Die Erde bewegt sich jetzt in gerader Linie von dem Sterne weg; am 23. September erfolgt die stärkste Verschiebung *ac* und zwar von ♑ weg und am 21. Dezember erscheint der Stern wieder an seiner wirklichen Stelle in *a* — von der unerheblichen Parallaxe immer abgesehen. Der Stern, als in der Ekliptik liegend, beschreibt eine zur grofsen Achse *bc* zusammengeschrumpfte Ellipse. Allgemein beschreibt ein Stern, wie bei der Parallaxe, eine Ellipse, deren Ebene der Erdbahn parallel ist; die grofse Achse aber ist hier unveränderlich und die Bewegung des Sternes in der Bahn vermöge der Aberration ist die entgegengesetzte, wie bei der in Folge der Parallaxe.

Die Geschwindigkeit des Lichtes ergiebt sich aus der Aberration auf folgende Art: Es sei MP (Fig. 555) die Geschwindigkeit des Lichtes und AR die Geschwindigkeit der Erde (4,14 Meilen), so findet man die relative Bewegung des Lichtes gegen die senkrecht zur Visierlinie sich bewegende Erde, wenn man letztere dadurch in Ruhe versetzt, dafs man ihr eine Geschwindigkeit $AR' = AR$ in entgegengesetzter Richtung zulegt; dieselbe Geschwindigkeit (MM') mufs man aber auch dem Lichtstrahl mitteilen. Die scheinbare Bewegung des Lichtstrahls gegen die Erde wird also durch die Linie MQ angegeben. Dabei ist, da der Winkel QMP der halbe Aberrationswinkel ist:

$$PM = \frac{QP}{tg\ 20{,}25''} = \frac{4{,}14}{0{,}0001} = 41\,400 \text{ Meilen.}$$

3. Gestalt und Gröfse der Erdbahn und der Planetenbahnen überhaupt; Entfernung der Gestirne.

§ 420. Gestalt der Erdbahn und der Planetenbahnen überhaupt. Die Planeten, zu denen auch unsere Erde gehört, haben, wie die Fixsterne, im Gegensatz zu den mit einem Schweif versehenen Kometen, eine rundliche Gestalt; während aber die Fixsterne im Fernrohre stets als Lichtpunkte erscheinen und, jedenfalls wegen ihrer enormen Entfernung, kaum einer Vergröfserung fähig sind, stellen sich die Planeten als Scheiben dar, welche in stärkeren Fernrohren gröfser erscheinen und zum Teil auch Phasen zeigen, wie der Mond.

Streifen, Flecken und lichte Punkte an der Oberfläche, welche sich bei einigen vorfinden, lassen eine Achsendrehung erkennen, worauf auch eine mehr oder minder bemerkbare Abplattung, welche namentlich am Jupiter deutlich hervortritt, hindeutet.

Das Licht der Planeten ist reflektiertes Sonnenlicht; es zeigt nämlich im Spektrum dieselben Fraunhoferschen Linien wie dieses, und ist, wie alles reflektierte Licht, polarisiert; aufserdem werden die Planeten um so dunkler, je weiter sie sich von der Sonne entfernen.

Kepler hat aus langjährigen eigenen und fremden Beobachtungen, namentlich des Planeten Mars, drei unter seinem Namen bekannte Gesetze über die Planetenbahnen abgeleitet (§ 95).

Das erste, welches besagt, dafs sich die Planeten in Ellipsen bewegen, in deren einem Brennpunkt die Sonne steht, giebt die Gestalt der Planetenbahnen an; das zweite stellt die Geschwindigkeit der Bewegung in der Bahn fest und das dritte enthält eine Beziehung zwischen den Umlaufszeiten und den grofsen Halbachsen:

$$t_1{}^2 : t_2{}^2 = r_1{}^3 : r_2{}^3,$$

wo t_1 und t_2 die Umlaufszeiten, und r_1 und r_2 die mittleren Abstände zweier Planeten von der Sonne bedeuten. Dafs, wenn nur von einem Planeten der Abstand von der Sonne bekannt ist, auch der von jedem anderen gefunden werden kann, ist schon gesagt worden (§ 95).

Dem dritten Keplerschen Gesetz läfst sich auch die Form:

$$\frac{t_1{}^2}{r_1{}^3} = \frac{t_2{}^2}{r_2{}^3}$$

geben; das Verhältnis zwischen dem Quadrat der Umlaufszeit und dem Kubus der mittleren Entfernung ist für alle Planeten konstant.

Die Ellipsen, in denen sich alle Planeten, zu welchen ja auch unsere

Erde gehört, bewegen, haben einen Brennpunkt miteinander gemein; in diesem Brennpunkt steht die Sonne. Der Scheitel jeder Ellipse, welcher die gröfste Entfernung von der Sonne hat, heifst Aphelium und derjenige, welcher die geringste Entfernung von der Sonne hat, Perihelium. Nimmt man das Mittel aus Aphel und Perihel, so erhält man die grofse Halbachse; sie ist also die mittlere Entfernung des Planeten von der Sonne. Die ganze grofse Achse heifst auch Absidenlinie. Das Verhältnis zwischen dem Abstand jedes Brennpunkts vom Mittelpunkt der Ellipse und der grofsen Halbachse wird Excentricität genannt.

Ein Planet bewegt sich im Perihel am raschesten, im Aphel am langsamsten (§ 90 und § 75).

Dafs die Erdbahn kein Kreis, sondern eine Ellipse ist, geht schon daraus hervor, dafs uns die Sonne im Winter gröfser erscheint, als im Sommer. Am 2. Januar hat die Sonne eine scheinbare Gröfse von 32′ 36,5″, am 2. Juli von 31′ 31,23″ (der mittlere Durchmesser ist 32′ 3,,8″).

Die gröfste Entfernung der Erde von der Sonne beträgt 20 335 400 Meilen und die kleinste 19 664 600 Meilen; die mittlere Entfernung, die grofse Halbachse der Erdbahnellipse, ist gleich 20 000 000 Meilen und die Excentricität 0,01677. In Erdhalbmessern ausgedrückt ist die mittlere Entfernung der Sonne 24 000 (genauer 23 340).

Aus dem scheinbaren Durchmesser der Sonne und ihrer Entfernung von der Erde läfst sich ihr wahrer Durchmesser berechnen; er ist 112 mal gröfser als der der Erde, also 190 000 geographische Meilen, während der Umfange 580 000 Meilen hat. Das Volumen der Sonne ist 1 404 928 mal gröfser als das der Erde. Über die Ausmittelung des Abstandes der Erde von der Sonne vergl. § 422.

Da am 2. Januar die Sonne uns am gröfsten erscheint, so mufs das Perihel P', (Fig. 562), bezüglich der Punkt P', wo die verlängerte grofse Achse PA der Erdbahn die Ekliptik trifft, um mehr als 90° vom Widderpunkt (♈) entfernt sein; die Entfernung vom Widderpunkt — die Länge des Perihels — beträgt 100° 21′ 21,5″.

In Figur 553 haben wir den Brennpunkt der fast kreisförmigen Erdbahn, in welchem die Sonne S steht, als deren Mittelpunkt genommen und mit dem Mittelpunkt der Ekliptik zusammen fallen lassen, was bei der aufserordentlichen Kleinheit der Erdbahn im Vergleich zur Ekliptik wohl gestattet ist.

Über die Ursache der Bewegung der Planeten um die Sonne ist schon § 96 das Nötige mitgeteilt worden. Wir bemerken nur noch, dafs nicht blofs die Sonne auf die Planeten einwirkt, sondern auch die Planeten aufeinander; infolgedessen sind die Bahnen keine genauen Ellipsen — Störungen oder Perturbationen.

§ 421. Begriff der Höhen- und der Horizontalparallaxe. Ist S (Fig. 557) ein Stern und C der Mittelpunkt der Erde, so nennt man den Winkel $ASC = p$, unter welchem der nach dem Beobachtungsorte A gezogene Erdradius von dem Stern aus erscheint, die Höhenparallaxe des Sternes. Der Winkel $ZAS = z$ ist die scheinbare und der Winkel

ZCS die wahre Zenithdistanz des Sternes. Ist nun der Stern sehr weit, so können beide Zenithdistanzen als gleich angesehen werden.

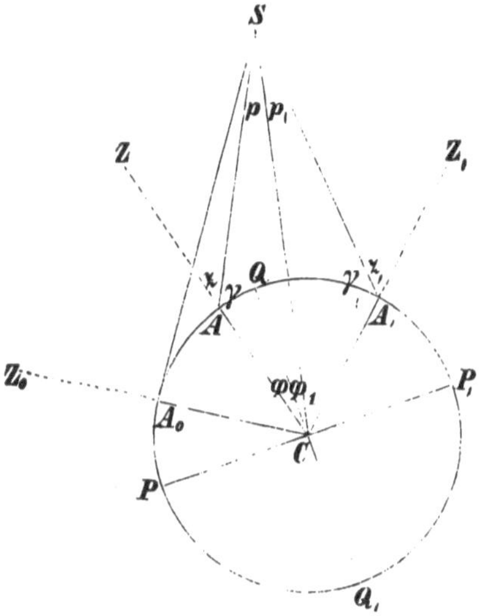

Fig. 557. Parallaxe.

Liegt ein Stern im Horizont des Beobachtungsortes A_0, so ist die Zenithdistanz $Z_0 A_0 S$ ein rechter Winkel, und die Höhenparallaxe $A_0 SC$ wird dann Horizontalparallaxe genannt. Ist dieselbe bekannt, so läfst sich die Entfernung $SC = e$ des Sternes leicht berechnen; bedeutet nämlich r den Erdradius, so ist:

$$e = \frac{r}{\sin A_0 SC}, \tag{1}$$

d. h. man findet die Entfernung eines Sternes vom Mittelpunkt der Erde, wenn man den Erdradius durch den Sinus der Horizontalparallaxe dividiert. Es würde deshalb nur darauf ankommen, um die Entfernung eines Sternes zu berechnen, seine Horizontalparallaxe zu bestimmen.

Aus dem Dreieck CAS ergiebt sich:

$$e = \frac{r \cdot \sin z}{\sin p}; \tag{2}$$

bezeichnet man die Höhe des Sternes mit h, so ist wegen $z = 90 - h$:

$$e = \frac{r \cdot \cos h}{\sin p}. \tag{3}$$

Aus der der Höhe h entsprechenden Parallaxe läfst sich leicht die Horizontalparallaxe finden. Bezeichnet man den Winkel $A_0 SC$ mit π, so ist nach 1):

$$e = \frac{r}{\sin \pi}. \tag{4}$$

Aus 3) und 4) aber folgt:

$$\sin \pi = \frac{\sin p}{\cos h}. \tag{5}$$

Die Horizontalparallaxe, auch kurzweg Parallaxe genannt, wird aus der für eine bestimmte Höhe beobachteten nach 5) berechnet und hieraus nach 4) die Entfernung des Sternes von der Erde bestimmt. Man giebt deshalb oft statt der Entfernung eines Himmelskörpers seine Parallaxe an.

Während die Parallaxe der Gesichtswinkel von dem Stern aus für den Erdkugelradius ist, ist die Jahresparallaxe der Gesichtswinkel für den Erdbahnradius.

Liegen zwei Orte A und A_1 (Fig. 557) auf demselben Erdmeridian, und bestimmt man für beide die Zenithdistanz z und z_1, so läfst sich leicht die Entfernung des Sternes S berechnen. Sind P und P_1 die Pole, und Q und Q_1 die zwei auf dem (astronomischen) Meridian der Beobachtungsorte A_0 und A_1 liegenden Äquatorpunkte, so ist die Summe der bekannten geographischen Breiten von A und A_1 gleich $\varphi + \varphi_1$; aufserdem kennt man in dem Viereck $CASA_1$ die zwei Winkel γ und γ_1 als Nebenwinkel von z und z_1, sowie die beiden Seiten AC und A_1C.

Hieraus läfst sich nun auch die Diagonale SC des Vierecks, d. i. die Entfernung x des Sternes vom Erdmittelpunkt bestimmen.

Übrigens kann der Abstand auch auf folgende Art berechnet werden:
Es ist:

$$x = \frac{r \,.\, \sin z}{\sin p} = \frac{r \,.\, \sin z_1}{\sin p_1}. \qquad 1)$$

Es gilt nun noch p und p_1 zu finden.
Mit Hilfe der Mollweideschen Gleichungen erhält man:

$$\operatorname{tg} \tfrac{1}{2}(p_1 - p) = \operatorname{tg} \tfrac{1}{2}(z_1 - z) \,.\, \operatorname{cotg} \tfrac{1}{2}(z_1 + z) \,.\, \operatorname{tg} \tfrac{1}{2}(p_1 + p) \qquad 2)$$

Nun ist $p_1 + p$ bekannt, weil $p_1 + p = z_1 + z - (\varphi_1 + \varphi)$, folglich läfst sich $p_1 - p$ aus 2) berechnen. Weil jetzt sowohl $p_1 + p$ als $p_1 - p$ bekannt ist, so kennt man auch p_1 und p. Mit Hilfe von 1) läfst sich alsdann x berechnen.

Die Sonne ist schon zu weit entfernt, als dafs man auf diese Art ihre sehr kleine Parallaxe bestimmen könnte; dagegen läfst sich die Parallaxe des Mondes (siehe folgenden §), sowie namentlich die der Venus und des Mars mit gröfserer Sicherheit finden.

§ 422. Die Entfernung des Mondes von der Erde. Der Mond erscheint von verschiedenen Orten der Erde aus gesehen nicht an derselben Stelle des Himmels, woraus wir schliefsen, dafs er einen verhältnismäfsig geringen Abstand von der Erde hat.

So fand Lalande am 6. Dezember 1751 in Berlin die Zenithdistanz des südlichen Mondrandes beim Durchgang durch den Meridian gleich $41^0\,15{,}44''$, während Lacaille am Kap der guten Hoffnung an demselben Tag beim Meridiandurchgang für die Zenithdistanz die Zahl $46^0\,33'\,37''$ fand. Die Beobachtungsorte A' und A'' (Fig. 558) lagen annähernd auf demselben Meridian. Wäre nun der Mond unendlich weit, so müfste $A'M \parallel A''M$, d. h. $\sphericalangle A'MA'' = 0$ sein; es wäre dann auch $\sphericalangle Z'A'M + \sphericalangle Z''A''M = \sphericalangle A'EA''$; der letztere Winkel ist aber

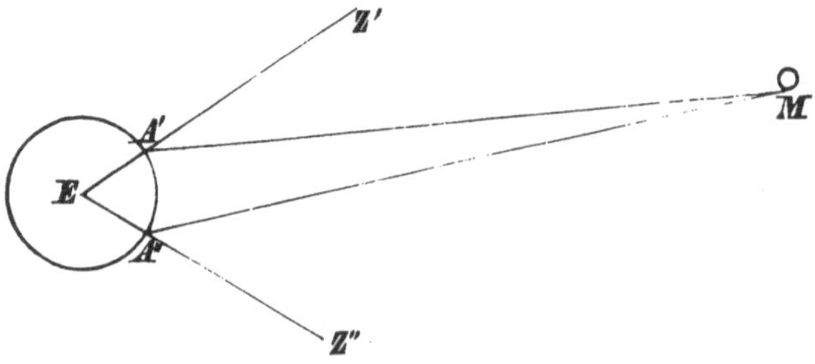

Fig. 558. Entfernung des Mondes von der Erde.

die Summe der geographischen Breiten. Nun ist die geographische Breite Berlins $= 52^0\,31'\,13''$ und die des Kaps $= 33^0\,55'\,15''$; die Summe der geographischen Breiten ist also $= 86^0\,26'\,28''$. Dagegen ist die Summe der Zenithdistanzen $= 87^0\,49'\,21''$. Die Differenz beider Summen beträgt $1^0\,22'\,53''$; ebensoviel beträgt der Winkel $A'MA''$. In dem Viereck $EA'MA''$ sind nun die Seiten EA' und EA'' (Erdhalbmesser), sowie die Winkel $A'EA''$ und $A'MA''$ bekannt, folglich läfst sich die Entfernung des Mondes ($A'M$ oder $A''M$), sowie die Mondparallaxe berechnen.

Nun ist aber der Winkel $A'MA''$ veränderlich; man kann nun das Mittel aus den verschiedenen Werten nehmen, also die mittlere Entfernung des Mondes berechnen; ebenso läfst sich aus dem gröfsten und kleinsten Wert der gröfste und kleinste Abstand des Mondes von der Erde finden.

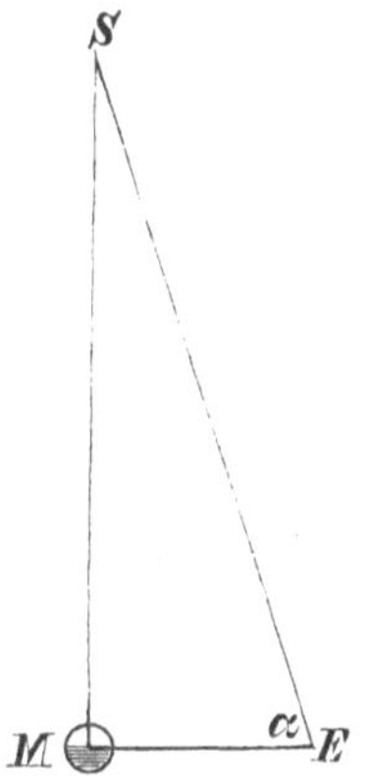

Fig. 559. Entfernung der Sonne aus der Mondparallaxe.

So fand sich für die mittlere Entfernung des Mondes die Gröfse von etwas über 60 Erdradien. (Näheres § 440).

Aus dem jeweiligen Abstand und der scheinbaren Gröfse des Mondes, d. i. der Winkel, unter welchem er uns erscheint, läfst sich alsdann auch die wahre Gröfse des Mondes berechnen.

§ 423. Entfernung der Sonne von der Erde. Um die mittlere Entfernung der Sonne von der Erde, d. h. die grofse Halbachse der Erdbahn zu finden, hat man verschiedene Methoden angewandt:

1) Aristarch von Samos (um 230 v. Chr.) wies zuerst darauf hin, dafs wenn der Mond M (Fig. 559) halbvoll ist, die Verbindungslinien MS und ME seines Mittelpunktes mit dem der Sonne und der Erde aufeinander senkrecht stehen. Mifst man nun den Winkel $SEM = \alpha$, so läfst sich ES

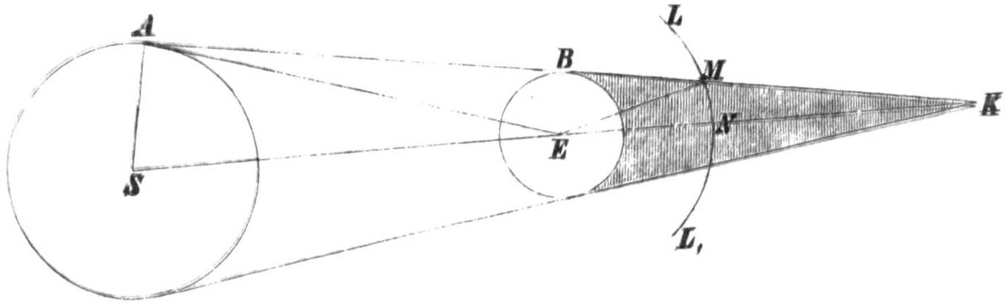

Fig. 560. Sonnenparallaxe aus totalen Mondfinsternissen.

finden, wenn die Entfernung ME des Mondes von der Erde bekannt ist:

$$ES = \frac{ME}{\cos\alpha}.$$

Da sich indessen nicht mit hinlänglicher Sicherheit feststellen läfst, wann der Mond genau halbvoll ist, so kommt man auf diesem Wege zu keinem befriedigenden Ergebnis.

2) Die Methode des Hipparch von Rhodos (um 120 v. Chr.) stützt sich auf den Satz, dafs bei Mondfinsternissen die Summe der Parallaxen von Sonne und Mond gleich der Summe des scheinbaren Halbmessers der Sonne und des scheinbaren Halbmessers des Schattenkegels ist.

Die Sonnenparallaxe ist $\sphericalangle EAB$ (Fig. 560), die Mondparallaxe BME, der scheinbare Halbmesser der Sonne AES und der scheinbare Halbmesser des Schattenkegels MEN.

Nun ist $\sphericalangle EAB + \sphericalangle BME = 180 - \sphericalangle AEM = \sphericalangle AES + \sphericalangle MEN$.

Von diesen vier Winkeln ist nur einer, die Sonnenparallaxe unbekannt, während sich der scheinbare Halbmesser des Schattenkegels aus der Dauer einer totalen Mondfinsternis berechnen läfst.

3) Die Methode von Halley (1677) beruht auf den Vorübergängen der Venus vor der Sonne.

Die Venus ist näher an der Sonne als die Erde und geht manchmal als kleine schwarze Scheibe über die Sonne weg — Vorübergang oder Durchgang der Venus. Beobachtet man nun von zwei weit entfernten Orten A und B (Fig. 561) auf der Erde einen solchen Vorübergang, so scheint von A aus gesehen die Venus V etwa die Sehne EF und von B aus gesehen die Sehne CD zu durchlaufen. Hat man die Zeit notiert, welche die Venus zur Zurücklegung dieser Strecken braucht, so lassen sich die Gröfsen derselben berechnen, da man die Bahngeschwindigkeit der Venus kennt. Sind G und H die Mittelpunkte der Sehnen, so ist deren Entfernung leicht bestimmbar, denn die scheinbare Gröfse des Sonnendurchmessers und der beiden Sehnen ist bekannt. Nun ist:

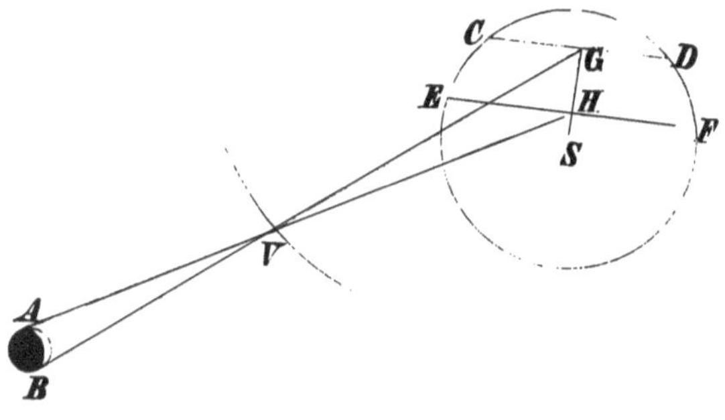

Fig. 561. Sonnenparallaxe aus Vorübergängen der Venus.

$$HV : VA = GH : AB;$$

oder, da $HV = SV$ genommen werden kann:

$$SV : VA = GH : AB.$$

Weil nun das letztere Verhältnis, sowie VA bekannt ist, so läfst sich SV bestimmen; es ist aber die Summe von AV und SV die mittlere Entfernung der Erde von der Sonne; sie beträgt 23 340 Erdradien, oder ungefähr 20 Millionen Meilen. Die Horizontalparallaxe ist 8,6″.

Auch aus dem Abstand des Mars von der Erde zur Zeit der Opposition (wenn die Erde genau zwischen Mars und Sonne steht), hat Winnecke (1862) die Sonnenparallaxe bestimmt. Desgleichen läfst sie sich aus der Geschwindigkeit des Lichtes und aus der Aberration finden.

§ 424. Die Entfernung der Planeten und der Fixsterne. 1) Das dritte Keplersche Gesetz (§ 95) giebt uns Aufschlufs über das Verhältnis der Entfernungen zweier Planeten von der Sonne, wenn ihre Umlaufszeiten bekannt sind.

Da sich nun von einigen Planeten, wie Venus und Mars die Entfernungen direkt bestimmen lassen, so läfst sich auch die der übrigen finden.

2) Die Entfernung der Fixsterne von der Sonne, läfst sich nur für solche mit einiger Sicherheit bestimmen, welche eine angebbare Parallaxe haben. Die gröfste Parallaxe und somit die geringste Entfernung hat α Centauri; sie beträgt 222 300 Erdbahndurchmesser, oder etwas über 4 Billionen Meilen und wird eine Sternweite genannt. Die Entfernung von α Polaris beträgt mehr als 10 Sternweiten.

4. Jahreszeiten auf der Erde; Zonen.

§ 425. Wechsel in der Beleuchtung der Erde durch die Sonne. Verbindet man den Mittelpunkt der Erde mit dem der Sonne, so trifft diese Centrale, wenn die Erde im West- oder Ostpunkt ihrer Bahn (bei A oder C) steht, einen Punkt des Erdäquators (Fig. 553). Denkt man nun, die Erde drehe sich um ihre Achse, so geht die Centrale jeden Augenblick durch einen anderen Punkt des Erdäquators. Wenn sich dagegen die Erde im Nord- und Südpunkt ihrer Bahn (in D oder B) befindet, so trifft die Centrale im ersten Fall einen Parallelkreis von $23\frac{1}{2}^0$ südlicher Breite — südlicher Wendekreis, Wendekreis des Steinbocks — im zweiten einen Parallelkreis von $23\frac{1}{2}^0$ nördlicher Breite — nördlicher Wendekreis, Wendekreis des Krebses — denn die Erdachse bildet mit der Ebene der Erdbahn einen Winkel von $66\frac{1}{2}^0$ (§ 418); nach Süden hin erhebt sich also der Äquator um $23\frac{1}{2}^0$ über die Erdbahn und nach Norden hin neigt er sich um ebensoviel unter die Erdbahn. Denkt man sich nun, die Erde drehe sich um ihre Achse, so trifft die Centrale, wenn die Erde im Nordpunkt ihrer Bahn steht, immerfort einen Punkt des südlichen Wendekreises, während sie stets einen Punkt des nördlichen Wendekreises trifft, wenn die Erde im Südpunkt ihrer Bahn sich befindet.

Bewegt sich die Erde auf ihrer Bahn vom Westpunkt nach dem Südpunkt (von A nach B), so trifft die Centrale anfangs, am 21. März, den Äquator, dann aber von Tag zu Tag die Punkte nördlicherer Breitekreise, bis sie am 21. Juni, wenn die Sonne im Südpunkt B ihrer Bahn steht, die Punkte des nördlichen Wendekreises trifft.

Von da an gehen Tag für Tag Kreise niederer Breite durch die Centrale; am 23. Sept., im Ostpunkt C, der Äquator; dann Kreise höherer und höherer südlicher Breite, bis am 21. Dezember, im Nordpunkt D, der südliche Wendekreis durch die Centrale geht. Auf dem letzten Viertel der Erdbahn trifft die Centrale nach und nach Kreise niederer südlicher Breite, bis sie am 21. März wieder durch den Äquator geht.

Da die Sonne sehr weit von der Erde entfernt ist, so kann man die Sonnenstrahlen als parallel betrachten und annehmen, die Erde werde von einem ganzen Cylinder von Strahlen getroffen, so daſs stets die eine Hälfte derselben beleuchtet wird. Die Achse dieses Cylinders ist die Centrale. Am 21. März und 23. September berührt der Cylinder gerade den Nord- und Südpol der Erde d. h. einen Kreis, welcher durch die Erdachse geht und senkrecht auf der Erdbahn steht; dabei fallen die Strahlen senkrecht auf den Äquator. Am 21. Juni und 21. December dagegen berührt der Cylinder die Erde in einem gröſsten Kreis, welcher auf der Erdbahn senkrecht steht und $23^1/_2{}^0$ von den Polen absteht; er reicht bis an den nördlichen und südlichen Polarkreis; am 21. Juni liegt dabei der Nordpol, am 21. Dezember der Südpol der Sonne zugewendet.

Am 21. März und am 23. September werden alle Breitekreise von dem Berührungskreis des Strahlencylinders halbiert, so daſs bei einer vollen Umdrehung der Erde um ihre Achse jeder Punkt der Erde 12 Stunden in den Strahlen der Sonne und 12 Stunden im Schatten sich befindet.

Am 21. Juni und 21. Dezember wird nur der Äquator von dem Berührungskreis des Strahlencylinders halbiert, dagegen liegt am 21. Juni die südliche und am 21. Dezember die nördliche Polarzone ständig im Schatten, während je die andere Polarzone den ganzen Tag über von der Sonne beleuchtet ist. Von den nördlichen Breitekreisen bis zur Polarzone liegt am 21. Juni ein gröſseres, von den südlichen ein kleineres Stück in den Strahlen der Sonne; am 21. Dezember ist es umgekehrt. Am 21. Juni wird der nördliche, am 21. Dezember der südliche Wendekreis senkrecht von den Sonnenstrahlen getroffen. In den Zwischenstationen reicht der Strahlencylinder teilweise noch in die Polarzonen hinein und die Strahlen treffen auf Breitekreise senkrecht, welche zwischem dem Äquator und einem der Wendekreise liegen. Ein Breitekreis, welcher mehr als $23^1/_2{}^0$ vom Äquator entfernt ist, kann nie senkrecht von den Sonnenstrahlen getroffen werden; er wird im allgemeinen um so schiefer getroffen, je höher die Breite ist; jedoch wechselt der Winkel im Laufe des Jahres; die nördlichen Breitekreise werden z. B. unter dem spitzesten Winkel getroffen, wenn die Sonne senkrecht auf den südlichen Wendekreis scheint.

Alle diese Verhältnisse lassen sich leicht mit Hilfe eines Telluriums oder einer Armillarsphäre (§ 409) erläutern. Das Tellurium besteht aus einem drehbaren Arm, in dessen Drehungspunkt eine Lampe, die Sonne vorstellend, sich befindet, während am anderen Ende die Erdkugel, deren Achse mit dem drehbaren Arm einen Winkel von $66^1/_2{}^0$ bildet, aufgestellt ist; ein Hohlspiegel, hinter der Lampe angebracht, wirft die Sonnenstrahlen annähernd parallel nach der Erde hin. Dreht man den Arm, so beschreibt die Erde einen Kreis um die Sonne, während zugleich durch ein Uhrwerk die Erde in Drehung um ihre Achse versetzt wird. Auſserdem ist gewöhnlich noch eine Vorrichtung angebracht, welche die Bewegung des Mondes um die Erde versinnlicht (Lunarium).

Auch die Armillarsphäre kann zu dem gleichen Zweck benutzt werden. Inmitten der Ringkugel kann eine Scheibe, welche den Horizont vorstellt, wagrecht aufgestellt und um die Weltachse gedreht werden. Bringt man die Sonne an irgend eine Stelle der Ekliptik und dreht den Horizont um, so kann man sehen, welche Stellung nach und nach die Sonne im Laufe des Tages, welcher der angenommenen Stellung der Sonne in der Ekliptik entspricht, gegen den Horizont einnimmt.

§ 426. Zonen; Sonnenhöhe und Tageslänge. a) Wenn die Erdachse auf der Ebene der Erdbahn senkrecht stände, so gäbe es keinen Wechsel der Jahreszeiten; die Sonne schiene immer senkrecht auf den Äquator und überall auf der Erde wären stets Tag und Nacht einander gleich. Doch würde es am Äquator und überhaupt in niederen Breiten heifser sein, als in höheren, weil in diesen die Sonnenstrahlen schief auffielen und zwar um so schiefer, je höher die Breite ist.

Durch die schiefe Stellung der Erdachse gegen die Erdbahn jedoch wird ein Wechsel in der Tageslänge und in der täglichen Sonnenhöhe, von der wiederum die Intensität der Bestrahlung, d. h. der Winkel abhängt, unter welchem die Sonnenstrahlen die Erde treffen, herbeigeführt.

Man kann die Oberfläche der Erde nach der Mittagshöhe, welche die Sonne von den einzelnen Orten erreichen kann, in verschiedene Gebiete, Zonen abteilen:

1) Die tropische Zone, auf welche die Sonne wenigstens einmal im Jahre senkrecht herabscheint, d. h. in welcher die Sonnenhöhe bis auf 90^0 und darüber steigen kann; diese Zone ist von den beiden Wendekreisen eingeschlossen; am Äquator schwankt die Sonnenhöhe zwischen $66^1/_2{}^0$ und $113^1/_2{}^0$ vom Südpunkt des Horizonts aus gezählt, oder zwischen $66^1/_2{}^0$ südlich und $66^1/_2{}^0$ nördlich; am nördlichen Wendekreis schwankt die Sonnenhöhe zwischen 43^0 südlich und 90^0; am südlichen Wendekreis schwankt sie zwischen 43^0 nördlich und 90^0.

Auf jeden zwischen dem Äquator und einem der Wendekreise liegenden Breitekreise scheint die Sonne zweimal senkrecht; nehmen wir z. B. den Kreis von 18^0 nördlicher Breite: Wenn die Erde vom Westpunkt nach dem Südpunkt ihrer Bahn geht, oder die Sonne (scheinbar) vom Äquator nach dem nördlichen Wendekreis aufsteigt, so kommt sie unterdessen einmal senkrecht über den genannten Parallelkreis zu stehen und ebenso, wenn die Sonne vom nördlichen Wendekreis zurück nach dem Äquator (d. h. die Erde vom Südpunkt ihrer Bahn nach dem Ostpunkt) geht.

Angenommen, die Sonnenhöhe nehme gleichmäfsig zu und ab, so brauchte sie $\frac{365}{4 . 23^1/_2} = 3{,}88$ Tage, um einen Grad zu durchlaufen; hieraus ergiebt sich leicht, dafs die Sonne $(23^1/_2 - 18) . 3{,}88 = 21$ Tage bevor, und 21 Tage, nachdem sie über dem Wendekreis gestanden, senkrecht über den Parallelkreis von 18^0 nördlicher Breite zu stehen kommt. Die Sonne steht südlich von dem genannten Parallelkreise, wenn ihre Deklination weniger und nördlich, wenn sie mehr als 18^0 beträgt; die Sonnenhöhe schwankt im ersten Fall zwischen $90 - 18 - 23^1/_2 = 48^1/_2$ und 90^0, im zweiten zwischen 90^0 und 72^0 (nördlich). Je näher ein Parallelkreis innerhalb der tropischen Zone am Wendekreis liegt, in um so kürzerem Zwischenraume folgen die zwei Perioden aufeinander, wo die Sonne senkrecht über demselben steht; für die Wendekreise fallen beide Perioden in eine zusammen und am Äquator liegen sie um $^1/_2$ Jahr voneinander getrennt.

2) Die gemäfsigte Zone zerfällt in zwei von einander getrennte Gürtel, eine nördliche und eine südliche gemäfsigte Zone; die eine reicht vom nördlichen Wendekreis bis zum nördlichen Polarkreis, die andere vom südlichen Wendekreis bis zum südlichen Polarkreis; die Sonnenhöhe schwankt zwischen 0^0 und 90^0; an einem Ort in der Nähe eines Wendekreises kann sich noch die Sonne bis nahe 90^0 erheben, am Polarkreis höchstens bis 47^0.

3) Die kalte Zone zerfällt ebenfalls in zwei getrennnte Gebiete, in die nördliche und südliche Polarzone; es sind diefs zwei Kugelkappen, welche von den Polen bis zu einem der beiden Polarkreise reichen; die Sonnenhöhe schwankt hier zwischen $-23^1/_2$ und $+47^0$; am Pol kann die Sonne selbst am Mittag $23^1/_2{}^0$ unter dem Horizont stehen (21. Dez.). Am 21. Juni steht die Sonne am nördlichen Polarkreis in ihrer oberen Kulmination 47^0 über, und in ihrer unteren genau am Horizont, während sie zur selben Zeit am Pol stets $23^1/_2$ über dem Horizont bleibt. Wie ist es am 21. Dezember, sowie am 21. März und 23. September?

Die Sonnenhöhe in der oberen Kulmination findet man für alle Fälle aus der Formel (§ 407):

$$h = 90 - \varphi + d.$$

b. Die Tagesdauer beträgt am Äquator immerwährend 12 Stunden; an den anderen Orten der Erde nimmt sie zu und ab. Wenn sich die Erde vom Westpunkt ihrer Bahn nach dem Südpunkt bewegt, so nimmt die Tagesdauer, welche im Westpunkt für alle Orte der Erde 12 Stunden betrug, auf der nördlichen Halbkugel stetig zu und auf der südlichen ab und zwar in um so gröfserem Mafs, je höher die geographische Breite ist. Bewegt sich die Erde weiter vom Südpunkt über den Ostpunkt nach dem Nordpunkt, so nimmt die Tagesdauer in gleicher Weise auf der nördlichen Halbkugel ab und auf der südlichen zu; im Ostpunkt herrscht wieder überall Tag- und Nachtgleiche und im Nordpunkte ist der Tag auf einem Orte der nördlichen Halbkugel um ebensoviel kürzer als die Nacht, als er im Südpunkt länger war.

Bewegt sich die Erde vom Nordpunkt nach dem Westpunkt zurück, so nimmt die Tageslänge auf der nördlichen Halbkugel wieder zu (und auf der südlichen ab), so dafs im Westpunkt selbst abermals Tag- und Nachtgleiche eintritt.

Innerhalb der Tropen ist der Wechsel in der Tageslänge sehr gering; die geringste Tagesdauer beträgt an den Wendekreisen 10 Stunden 32 Minuten und die gröfste 13 Stunden 18 Minuten.

Auf dem Polarkreis schwankt die Tageslänge zwischen 0 und 24 Stunden und in der Polarzone geht oft längere Zeit die Sonne nicht unter und ebenso nicht auf, und an den Polen herrscht ein volles halbes Jahr Tag und ein volles halbes Jahr Nacht.

§ 427. Jahreszeiten. Man pflegt vier Jahreszeiten zu unterscheiden: Frühling, Sommer, Herbst und Winter; vollkommen deutlich erkennbar treten sie indessen nur in den mittleren Breiten der gemäfsigten Zone auf.

Der Frühling beginnt mit derjenigen Tag- und Nachtgleiche, nach welcher die Tage länger werden; für die nördliche Halbkugel tritt er am 21. März, für die südliche am 23. September ein. Der Sommer beginnt, wenn die Sonne ihre gröfste Höhe erreicht hat; in der tropischen Zone müfste also auf jedem Parallelkreis zweimal Sommer eintreten, da die Sonne hier zweimal im Jahre eine Höhe von 90^0 erreicht; auch sind diese zwei Perioden, mit Ausnahme des Äquators nicht um ein halbes Jahr von einander getrennt; sie liegen vielmehr um so näher beisammen, je mehr sich die geographische Breite der der Wendekreise nähert. Jeder Parallelkreis hat also auch seine Sommeranfänge zu einer anderen Zeit; wollte man aber die Sonnenhöhe (vom Südpunkt des Horizonts an gerechnet) über 90^0 hinauszählen, so würde die gröfste Sonnenhöhe, d. h. der Anfang des Sommers, bei allen Parallelkreisen innerhalb der tropischen, wie der anderen Zonen zu derselben Zeit, nämlich am 21. Juni (bezügl. 21. Dezember) eintreten.

Der Herbst beginnt mit derjenigen Tag- und Nachtgleiche, nach welcher die Tage kürzer werden, also für die nördliche Halbkugel am 23. September und für die südliche am 21. März.

Der Winter endlich beginnt, wenn die Sonne ihre tiefste Stellung hat, also bezüglich am 21. Dezember und 21. Juni. Diese astronomische Einteilung pafst indessen nicht genau mit der meteorologischen, welche den Sommer als die heifseste und den Winter als die kälteste Jahreszeit auffafst; danach würden, namentlich in der nördlichen gemäfsigten Zone, die Monate Juni, Juli und August den Sommer, Dezember Januar und Februar den Winter, März, April und Mai den Frühling und September, Oktober und November den Herbst ausmachen.

In der tropischen Zone trifft, weil teils die Tageslänge fast ständig dieselbe ist, teils die gröfste Höhe der Sonne (wenn man dabei nicht über 90^0 hinauszählt) aufser bei den Wendekreisen selbst nicht mit den längsten Tagen zusammenfällt, der Unterschied zwischen den vier Jahreszeiten nicht so deutlich hervor, wie in der gemäfsigten Zone, wo die gröfste Sonnenhöhe mit der gröfsten Tageslänge harmoniert. Aufserdem ist die Zeit, wo die Sonne in der Nähe des Zeniths steht, nicht durchweg die heifseste; nähert sich die Sonne dem Zenith, so wird allerdings die Hitze am gröfsten, allein kurz nach dem höchsten Stand der Sonne tritt die Regenzeit ein; durch die senkrechte Bestrahlung wird eine Menge Wasserdampf nach oben geführt, der als Regen wieder niederfällt. In der Nähe des Äquators giebt es im Laufe eines Jahres zwei Regenzeiten, weil die Sonne zweimal im Zenith steht; mehr nach den Wendekreisen hin, wo die zwei Perioden des höchsten Sonnenstandes nicht weit auseinander liegen, fliefsen die zwei Regenzeiten in eine zusammen. Zur Zeit der niedrigeren Sonnenstände ist der Himmel immer heiter.

Indessen ist der Eintritt der Regenzeit auch von örtlichen Verhältnissen, Nähe des Meeres u. s. w. abhängig, so dafs keineswegs überall in der tropischen Zone die Regenzeit kurz nach dem höchsten Sonnenstand eintritt.

Da die Sonne bald nördlich, bald südlich vom Zenith und bald im Zenith selbst steht, so fallen die Schatten bald nach Süden, bald nach Norden und zur Zeit der senkrechten Bestrahlung sind die Gegenstände schattenlos (zweischattig, unschattig).

In der gemäſsigten Zone, besonders in den mittleren Gegenden treten die vier Jahreszeiten, die uns durch die Erfahrung hinreichend bekannt sind, in voller Bestimmtheit auf. In den Gegenden, welche mehr nach den Wendekreisen hin liegen (subtropisch), ist von einem eigentlichen Winter kaum die Rede; er wird durch eine Regenzeit ersetzt, die also hier, im Gegensatz zu den tropischen Ländern, in die Zeit des tiefsten Sonnenstandes fällt. In den übrigen Zeiten des Jahres ist es mehr oder weniger heiſs und der Himmel heiter, so daſs man nur eine regenlose und eine Regenzeit unterscheiden kann.

In den nördlicheren Teilen der gemäſsigten Zone verwischt sich der Charakter der vier Jahreszeiten ebenfalls; auf einen kurzen, heiſsen Sommer folgt ziemlich unvermittelt ein sehr langer und kalter Winter; die Tage nehmen sehr rasch zu und ab; die Tageslänge kann bis nahe an 24 Stunden kommen, so daſs es im Sommer trotz des nicht sehr hohen Sonnenstandes noch ziemlich heiſs werden kann.

Da die Sonne stets südlich vom Zenith steht, so fallen die Schatten immer nördlich (einschattig).

In der kalten Zone bleibt die Sonne Tage, Wochen und Monate ständig über oder unter dem Horizont; an den Polen ist sogar ein volles halbes Jahr Tag und ein halbes Jahr Nacht. Es kann also in der kalten Zone nur von zwei Jahreszeiten, Sommer und Winter die Rede sein. Da die Sonne während des Sommers einen Kreis über dem Horizont zu beschreiben scheint, so fallen die Schatten im Laufe von 24 Stunden nach allen Weltgegenden hin (umschattig).

Über die Dämmerung ist in § 410 schon das Nötige gesagt worden.

§ 428. Ungleiche Dauer des Sommer- und Winterhalbjahres auf beiden Halbkugeln. Wir haben bei den bisherigen Erörterungen keine Rücksicht darauf genommen, daſs die Bahn der Erde eine Ellipse ist, in deren einem Brennpunkte die Sonne steht; wir haben sie als Kreis behandelt, und in der That ist auch die Erdbahn eine solche Ellipse, die von einem Kreis nicht sehr verschieden ist, indem ihre Brennpunkte ziemlich nahe an den Mittelpunkt fallen. Für manche Verhältnisse jedoch ist die elliptische Gestalt der Erdbahn von bestimmendem Einfluſs.

Schon § 420 ist bemerkt worden, daſs heutzutage die groſse Achse der Erdbahn mit dem Zeichen des Widders (♈) einen Winkel von ungefähr 100^0 bildet. Diese Lage der Erdbahn ist jedoch keine feste. Der Punkt P' rückt allmählich in der Ordnung der Zeichen — von West nach Ost fort und zwar in jedem Jahre um ungefähr $61''$. Ursache dieser Bewegung sind die Einwirkungen, welche die übrigen Planeten auf die Erde ausüben — Störungen. Betrachten wir nun die Verhältnisse, wie sie jetzt sind: Die Äquinoctiallinie CD (Fig. 562) teilt die Erdbahn in zwei ungleiche Hälften, von denen die eine DPC in kürzerer Zeit durchlaufen wird, als die andere CAD, und zwar nicht blofs deswegen, weil die erstere kleiner ist, sondern weil sich auf dieser die Erde in der Sonnennähe befindet und deshalb eine gröfsere Geschwindigkeit besitzt.

Wenn die Erde auf dem erstgenannten Teil ihrer Bahn DPC sich befindet, so hat die nördliche Halbkugel Herbst und Winter und die südliche Frühling und Sommer; umgekehrt ist es, wenn die Erde sich auf dem anderen Teil ihrer Bahn CAD befindet. Das Sommerhalbjahr dauert bei uns 186,48 Tage und das Winterhalbjahr 178,77 Tage; umgekehrt ist es auf der südlichen Halbkugel.

Wegen der, wenn auch sehr langsamen Umdrehung der grofsen Achse der Erdbahn in der Ordnung der Zeichen (von West nach Ost) wird dieses Verhältnis sich allmählich ändern, so dafs schliefslich einmal, wenn die grofse Achse mit der Äquinoctiallinie zusammenfällt, die Halbjahre auf beiden Halbkugeln einander gleich werden und dafs, noch später, die nördliche Halbkugel ein längeres Winter- als Sommerhalbjahr erhält.

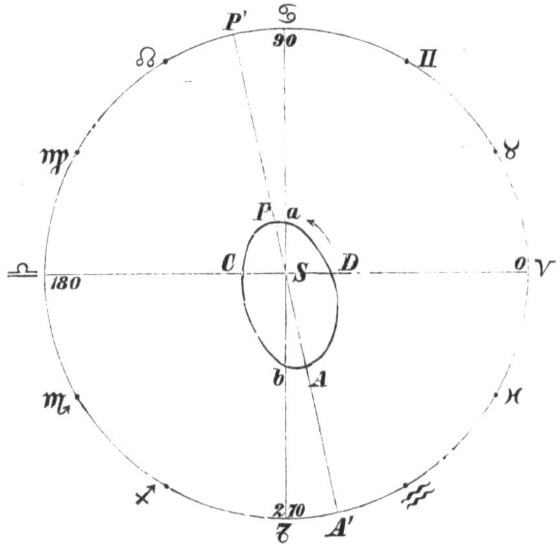

Fig. 562. Lage der Erdbahn.

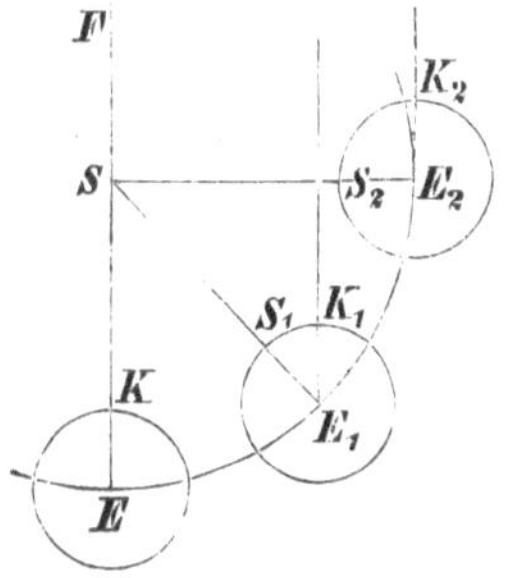

Fig. 563. Sonnen- und Sternzeit.

5. Zeitrechnung.

§ 429. Sonnenzeit; Sternzeit. Dafs die Sonne im Laufe eines Jahres eine Umdrehung um die Weltachse weniger macht, als die Fixsterne, ist schon § 408 erwähnt worden. Wir wollen diesen Punkt nunmehr ausführlicher erörtern. Es sei $EE_1E_2 \ldots$ (Fig. 563) die Erdbahn, S die Sonne und F ein Fixstern, so werden beide Gestirne gleichzeitig über dem Punkte K der Erde kulminieren, wenn sie gemeinsam den durch den Radius EK vorgestellten Meridian von K passieren. Am folgenden Tage aber wird dies nicht mehr der Fall sein, denn die Erde hat sich unterdessen etwa bis E_1 fortbewegt. Da ein Fixstern als unendlich fern angesehen werden kann, so wird er wieder über K kulminieren, wenn $E_1K \parallel EK$,

d. h. wenn die Erde genau eine Umdrehung vollendet hat. Alsdann aber wird die Sonne über S_1 und noch nicht über K_1 kulminieren; die Erde mufs sich noch um den Winkel $K_1 E_1 S_1$ drehen, bis die Kulmination der Sonne über dem Punkte K_1 eintritt. Nennt man nun die Zeit von einer oberen Kulmination bis zur nächsten oberen einen Tag, so ist leicht ersichtlich, dafs ein Sterntag kürzer ist, als ein Sonnentag.

Der Tag wird in 24 Stunden geteilt, und zwar zählen die Astronomen von 0 bis 24, indem sie mit der oberen Kulmination beginnen. Selbstverständlich ist eine Stunde Sternzeit kleiner als eine Stunde Sommerzeit. Wir werden das Verhältnis zwischen beiden alsbald angeben.

Hat die Erde ein volles Viertel ihrer Bahn zurückgelegt, ist ihr Mittelpunkt in E_2, so kulminiert die Sonne 6 Stunden (Sternzeit) später als der Fixstern F; es mufs sich die Erde, wenn F eben über K_2 kulminiert, noch um den Winkel $K_2 E_2 S_2 = 90^0$ weiter drehen, bis die Sonne über K_2 kulminiert.

Nach einem vollen Umgang der Erde auf ihrer Bahn endlich hat der Fixstern einmal mehr kulminiert, als die Sonne. Ein Jahr ist um, wenn die Sonne wieder mit demselben Fixstern kulminiert. Die Astronomen beginnen das Jahr mit der gleichzeitigen Kulmination des Frühlingspunktes und der Sonne. Nimmt man den Frühlingspunkt als diejenige Stelle des Himmels, welche zur Zeit der Frühlings-Tag- und Nachtgleiche mit der Sonne kulminiert, so wird man im Laufe der Zeit bemerken, dafs der Frühlingspunkt kein fester Punkt des Himmels ist, sondern langsam gegen die Ordnung der Zeichen fortrückt. Vor 2000 Jahren lag noch der Frühlingspunkt im Sternbild des Widders, während er jetzt im Sternbild der Fische sich befindet. Nähme man den Frühlingspunkt als fest an, so würde er nicht Jahr für Jahr mit der Sonne zur Zeit der Tag- und Nachtgleiche kulminieren, sondern immer etwas später. Man unterscheidet danach ein siderisches und ein tropisches Jahr; das erstere, welches wir vorhin kurz „Jahr“ genannt, entspricht dem festen, das letztere dem beweglichen, stets zur Zeit der Frühlings-Tag- und Nachtgleiche mit der Sonne kulminierenden Frühlingspunkt, oder mit andern Worten: Ein siderisches Jahr ist die Zeit, welche zwischen einer gleichzeitigen oberen Kulmination eines Fixsternes mit der Sonne bis zur folgenden verfliefst, und ein tropisches Jahr dauert von einer Frühlings-Tag- und Nachtgleiche bis zur folgenden.

Das siderische Jahr hat 365 Tg. 6 St. 9 Min. 10,7 Sec. = 365,2564 Tage, das tropische 365 Tg. 5 St. 48 M. 47,8 Sec. = 365,2422 Tage.

§ 430. Präcession und Nutation. Wäre die Erde eine vollkommene, homogene Kugel, so würde die Resultierende aller Anziehungen, welche die Sonne (und die übrigen Himmelskörper) auf dieselbe ausüben, durch ihren Mittelpunkt gehen und könnte keine Änderung der Lage der Achse bewirken. In § 100 ist bereits die „Erhaltung der Rotationsebene“ erörtert und gezeigt worden, dass eine Rotationsachse ihre Richtung behält, wenn sie eine freie Achse ist (§ 99). Auch mit Hilfe des Bohnenbergerschen Maschinchens (Fig. 564) kann man sich hiervon überzeugen. Eine innerhalb dreier Ringe freibewegliche Kugel läfst sich um ihre Achse in rasche Rotation versetzen. Setzt man sie auf eine Schwungmaschine und dreht um, so behält die Achse, während die Ringe sich drehen, ihre Richtung im Raume bei. Bringt man aber am unteren Teil des ersten Rings ein kleines Übergewicht an, so beginnt die Achse sich alsbald zu heben und zu drehen.

Fig. 564. Bohnenbergers Maschinchen.

Die Erde nun ist keine genaue Kugel, da sie an den Polen abgeplattet ist; man kann sie wie eine Kugel ansehen, um welche am Äquator ein Wulst gelegt ist (Fig. 565); die Resultierende der Anziehungen, welche die Sonne S auf die innere Kugel K ausübt, geht durch den Mittelpunkt C; nicht so ist es mit den Anziehungen auf die Massepunkte des Wulstes. Bei der Frühjahrs- und Herbststellung geht zwar auch die Resultierende der Anziehungen auf die Punkte des Wulstes durch C; in der Sommer- und Winterstellung dagegen (unsere Figur zeigt die Sommerstellung) strebt die Sonne mit überwiegender Kraft die Erdachse aufzurichten (indem z. B. die Anziehung auf m' gröfser ist, als die auf m). In den Zwischenstellungen, erfolgt die Hebung mit wechselnder Stärke. Wir haben also denselben Fall, wie bei dem Bohnenbergerschen Maschinchen, wenn am unteren Teil der Achse ein Gewicht angehängt wird; die Achse hebt sich und dreht sich in entgegengesetzter Richtung, in welcher die Erde sich selbst

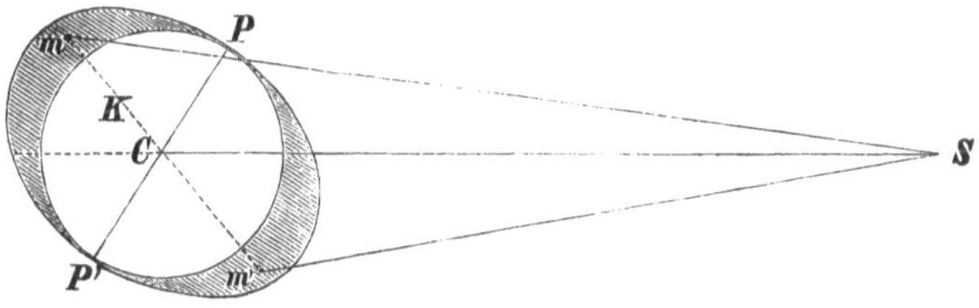

Fig. 565. Präcession.

um die Achse dreht, oder in welcher sie auf ihrer Bahn läuft. Die Hebung der Erdachse ist allerdings sehr unbedeutend, merklich aber die Drehung.

Hieraus erklärt sich denn auch, warum der Frühlingspunkt kein fester Punkt am Himmel ist, sondern allmählich, gegen die Ordnung der Zeichen, von O nach W rückt. Es herrscht Tag- und Nachtgleiche, wenn die Centrale Sa (Fig. 566) zwischen Sonne und Erde auf der Projektion ab der Erdachse auf die Erdbahn senkrecht steht. Wenn nun die Erde vom Punkte a, wo sie am 21. März steht, in ihrer Bahn fortrückt, so wird, ehe sie wieder nach a gekommen, der Fall eintreten, dafs die Centrale auf der Projektion der Erdachse auf die Erdbahn senkrecht steht; schon im Punkte a', wird die Erdachse, indem sie sich um den Winkel $b'\,a'\,c'$ im Sinne der Uhrzeiger, d. h. von Ost nach West gedreht hat, auf der Centrale Sa' senkrecht stehen; die Frühlingstag- und Nachtgleiche wird also nicht wieder in a, sondern bereits früher in a' eintreten; aber erst nach einem vollen Umlauf von a bis a kulminiert wieder derselbe Fixstern mit der Sonne; das siderische Jahr ist also länger, als das tropische. Das von Jahr zu Jahr Frühereintreten der Tag- und Nachtgleichen nennt man die Präcession der Tag- und Nachtgleichen; sie beträgt im Jahre (siderisch) 50,221″; nach 25 000 Jahren hat der Frühlingspunkt einen vollen Umgang gegen die Ordnung der Zeichen gemacht.

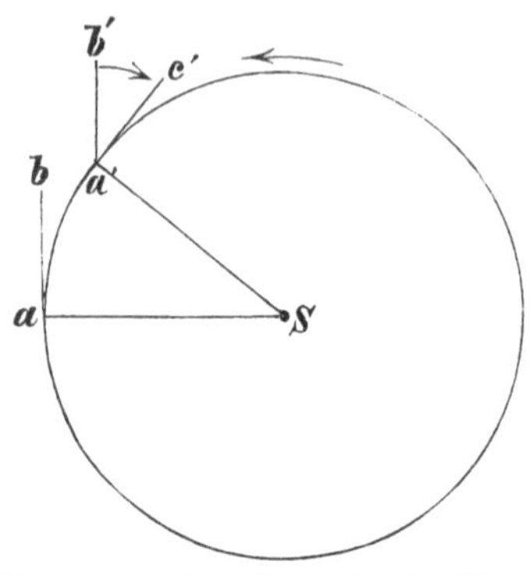

Fig. 566. Verrückung des Frühlingspunktes.

Dadurch, dafs die Erdachse sich dreht, kann auch der Nordpol nicht immer an derselben Stelle bleiben. Der Nordpol der Erde steht von dem Pol der Ekliptik (§ 408) um $23\,^1/_2{}^0$ ab; dreht sich nun die Erdachse von O nach W so beschreibt ihr Nordpol einen Kreis von $23^1/_2{}^0$ Halbmesser um den Nordpol der Ekliptik (siehe Fig. 539). Zu Hippachs Zeiten stand α des kleinen Bären noch 12^0 vom Nordpol ab, jetzt ungefähr $1^1/_2{}^0$, im Jahre 2095 wird er nur $26'$ von demselben entfernt sein; von da an rückt der Nordpol in das Sternbild Cepheus und nach 12 000 Jahren wird α der Leier in der Nähe des Nordpols sich befinden.

Beiläufig sei nur noch bemerkt, dafs der Nordpol der Erdachse nicht genau einen Kreis von $23^1/_2{}^0$ Halbmesser um den Pol der Ekliptik beschreibt, sondern in einer Wellenlinie um denselben hin und her schwankt. Dieses Schwanken der Erdachse, welches wesentlich durch die Einwirkung des Mondes hervorgebracht wird, bezeichnet man mit dem Namen Nutation.

§ 431. Die bürgerliche Zeitrechnung. Die bürgerliche Zeiteinteilung stützt sich auf den Stand der Sonne und nicht der Sterne; hier ist der Eintritt der Tag- und Nachgleichen, also das tropische und nicht das siderische Jahr mafsgebend. Wenn das tropische Jahr eine ganze Anzahl von Tagen betrüge, so wäre die bürgerliche Zeitrechnung sehr einfach; dies ist aber nicht der Fall, weshalb verschiedene Schwierigkeiten eintreten, da man im gewöhnlichen Leben das Jahr aus einer ganzen Zahl von Tagen bestehend annehmen muss.

Man hat nun das Jahr zu 365 Tagen angenommen, und setzt alle 4 Jahre einen Tag, den 29. Februar, zu — Schaltjahr. Jedes Jahr ist Schaltjahr, dessen Zahl durch 4 teilbar ist.

Der Zusatz von 1 Tag in vier Jahren ist etwas zu grofs, denn das Vierfache von 5 Std. 48 M. 47,8 S. beträgt nur 23 St. 15 M. 11,2 S. Diesen Fehler sucht man dadurch auszugleichen, dass alle 400 Jahre 3 Schalttage ausgelassen werden und zwar im ersten Jahr derjenigen Jahrhunderte, deren Hunderteranzahl nicht ohne Rest durch 4 teilbar ist; es fällt also ein Schalttag aus im Jahre 1900, 2100, 2200, 2300, nicht aber im Jahre 2000, 2400 u. s. w. Aber auch damit ist der Fehler noch nicht vollkommen beglichen und man wird sich noch darüber einigen müssen, welche weitere Mafsregeln zu ergreifen sein werden, um mit dem tropischen Jahre in Übereinstimmung zu bleiben.

Indem wir die bekannte Einteilung des Jahres in 12 Monate und 52 Wochen hier nicht weiter berühren, bemerken wir noch in betreff der Tage, dass wegen der stets gleichförmigen Rotation der Erde um ihre Achse, ein Sterntag so gross ist, wie der andere. Nicht so ist es mit den Sonnentagen und zwar aus zwei Gründen:

1) Die Erde bewegt sich auf ihrer Bahn mit ungleichförmiger Geschwindigkeit, rascher zur Zeit des Perihels als zu der des Aphels; denken wir uns aber, der Bogen EE_1 (Fig. 563), welchen die Erde in einem Tage durchläuft, werde gröfser, so wird auch der Winkel $K_1\ E_1\ S$ gröfser, weshalb der Unterschied zwischen Sonnentag und Sterntag zunimmt.

2) Die Erdachse steht nicht, wie in Fig. 563 der Einfachheit halber angenommen, auf der Erdbahn senkrecht, d. h. die scheinbare Bahn der Sonne ist nicht der Äquator. Fiele die Ekliptik mit dem Äquator zusammen und bewegte sich die Sonne täglich um ein gleiches Stück in der Ordnung der Zeichen, so würde sie bei der täglichen Drehung, mit Sternzeit verglichen, stets um gleichviel später durch den Meridian gehen als am vorhergehenden Tage.

Nun findet aber die (scheinbare) fortschreitende Bewegung der Sonne in der Ekliptik statt (Fig. 540). Wenn nun auch die Sonne in der Ekliptik täglich um dieselbe Strecke fortschritte, so würde dies doch auf den Äquator bezogen, eine ungleichförmige Bewegung ergeben; an den Äquinoctialpunkten, wo die Ekliptik einen Winkel von $23^1/_2{}^0$ mit dem Äquator bildet, ergiebt die Projektion von 1^0 der Ekliptik auf den Äquator nur $0{,}91706^0$, während das Zeichen des Krebses und des Steinbockes, wo die Ekliptik dem Äquator parallel ist, die Projektion von 1^0 der Ekliptik auf den Äquator wiederum 1^0 ergiebt.

Beide ebengenannte Umstände, die ungleichförmige Bewegung der Sonne und ihre Bewegung in der Ekliptik statt im Äquator bewirken, dafs die Sonnentage von verschiedener Länge sind.

Die wahre Länge des Sonnentags findet man mit Hilfe einer Sonnenuhr; die einfachste ist die Äquatorealuhr; sie besteht aus einer Metallscheibe, welche am Rande in 24 Stunden eingeteilt ist; in ihrem Mittelpunkte steht ein Zeiger (Stylus) senkrecht, welchem man die Richtung der Weltachse gibt, so dafs die Scheibe selbst dem Äquator parallel steht. Die Zahl, nach welcher der Schatten des Stylus hinweist, gibt die Stunde an.

Die gewöhnlichere Vertikaluhr besteht aus einem an einer vertikalen, nach Süden gelegenen Wand befestigten Stabe, welcher die

Richtung der Weltachse hat. Geht die Sonne durch den Meridian, so fällt der Schatten des Stabes mit seiner Projektion auf die Wand zusammen. Gleichviel Stunden vor und nach der Kulmination fällt der Schatten gleich weit von der Schattenlinie um Mittag. Die Stundenzahlen können hier nicht, wie bei der Äquatorealuhr gleichweit voneinander sein; ebensowenig bei der Horizontaluhr, bei welcher das Zifferblatt horizontal ist.

3) Unsere Uhren können nicht auf den ungleichförmigen Gang der Sonne gerichtet werden; wir gleichen deshalb die wahren Sonnentage so gegeneinander ab, dafs alle gleiche Länge erhalten und kommen so auf den mittleren Sonnentag, den wir in 2mal 12 Stunden, von Mitternacht an gerechnet, einteilen. Unsere Uhren gehen in Bezug auf die Sonne bald vor und bald nach; die Sonne würde mit unseren Uhren im Gang übereinstimmen, wenn sie sich im Laufe eines Jahres gleichförmig im Äquator bewegte (mittlere Sonne).

Viermal im Laufe eines Jahres stimmt die wahre mit der mittleren Zeit überein: am 15. April, 15. Juni, 1. September und 25. Dezember.

Den Unterschied zwischen der mittleren und der wahren Zeit giebt die Zeitgleichung an, welche in nachstehender Tabelle aufgeführt ist und in jedem Kalender zu stehen pflegt:

Monatstag	M. Z. — W. Z.		Monatstag	M. Z. — W. Z.	
1. Januar	+ 3′	43″	4. Juli	+ 3′	57″
9. „	+ 7	17	12. „	+ 5	12
17. „	+ 10	18	20. „	+ 6	0
25. „	+ 12	34	28. „	+ 6	12
2. Februar	+ 13	59	5. August	+ 5	46
10. „	+ 14	31	13. „	+ 4	42
18. „	+ 14	14	21. „	+ 3	4
26. „	+ 13	13	29. „	+ 1	12
6. März	+ 11	34	6. September	— 1	37
14. „	+ 9	30	14. „	— 4	21
22. „	+ 7	9	22. „	— 7	10
30. „	+ 4	41	30. „	— 9	53
7. April	+ 2	17	8. Oktober	— 12	18
15. „	+ 0	7	16. „	— 14	16
23. „	— 1	40	24. „	— 15	39
1. Mai	— 2	59	1. November	— 16	16
9. „	— 3	44	9. „	— 16	3
17. „	— 3	52	17. „	— 14	56
25. „	— 3	24	25. „	— 12	56
2. Juni	— 2	26	3. Dezember	— 10	8
10. „	— 1	1	11. „	— 6	41
18. „	+ 0	39	19. „	— 2	49
26. „	+ 2	22	27. „	+ 1	9

Die Nichtübereinstimmung unserer Uhren mit dem Gang der Sonne, welche Mitte Februar und Anfang November am stärksten ist, ist beträchtlich genug, um selbst im gewöhnlichen Leben bemerkt zu werden. Am 10. Februar z. B. zeigt die Uhr im Augenblick des wahren Mittags bereits 10 Uhr 14′ 31″; der Vormittag nach wahrer Zeit, d. h. von dem Aufgang der Sonne an gerechnet, wird also um 14′ 31″ zu kurz und der Nachmittag um ebensoviel zu lang; der Unterschied zwischen Vormittag und Nachmittag beträgt also 2.(14′ 31″) oder nahezu $^1/_2$ Stunde; es scheint demnach, als ob vom 21. Dezember an die Nachmittage schneller zunähmen, als die Vormittage. Im November dagegen scheinen die Nachmittage um mehr als $^1/_2$ Stunde kürzer als die Vormittage; die Nachmittage nehmen vom Anfang November an scheinbar rascher ab als die Vormittage.

Vergleichen wir die Sternzeit mit der mittleren Sonnenzeit, so ist, weil die Sterne eine Umdrehung im Laufe eines Jahres mehr machen als die Sonne, ein Sterntag gleich 23^h 56′ 4,09″ und eine Stunde Sternzeit 0^h 59′ 50,17″ mittlerer Sonnenzeit, während umgekehrt 1 Stunde mittlerer Sonnenzeit gleich 1^h 0′ 9,86″ Sternzeit ist.

Die alten Römer, welche die Zeitrechnung von den Ägyptern überkommen hatten, rechneten anfangs das Jahr zu 365 Tagen, so dafs zu Julius Cäsars Zeit, im Jahre 46 v. Chr., 67 Tage hinzugefügt werden mufsten, um wieder mit der Sonne in Einklang zu kommen; das Jahr 46 wurde um 2 Schaltmonate vermehrt und hatte 447 Tage. Von nun an wurde das Jahr zu 365 Tagen und 6 Stunden angenommen, d. h. es wurde festgesetzt, dafs drei aufeinanderfolgende Jahre 365 und jedes vierte Jahr (Schaltjahr) 366 Tage haben sollte. Da aber das Jahr in Wirklichkeit nur 365^t 5^h 48′ 47,8″ hat, so blieb man mit dieser Julianischen Zeitrechnung hinter der Sonne zurück, was bis zum Jahre 1582 eine Differenz von 10 Tagen ausmachte. Gregor XIII. verkürzte nun das Jahr 1582 um 10 Tage und setzte fest, dafs alle 400 Jahre 3 Schalltage ausfallen sollten — Gregorianische Zeitrechnung oder Zeitrechnung des „neuen Stils“. Dafs noch weitere Verbesserungen angebracht werden müssen, um mit dem Stand der Sonne in Einklang zu bleiben, ist bereits oben erwähnt worden. Anfangs wurde der Gregorianische Kalender nur von den Katholiken und erst von 1777 an auch von den Protestanten angenommen. Die Griechen und Russen jedoch haben im wesentlichen noch den Julianischen Kalender (Kalender des „alten Stils“) beibehalten und sind jetzt um 12 Tage hinter der wahren Zeit zurück.

6. Die scheinbare und wirkliche Bewegung der Planeten.

§ 432. Übersicht über die Planeten. Es giebt aufser unserer Erde nur fünf mit blofsem Auge und daher schon den ältesten Völkern bekannt gewesene Planeten: Merkur ☿, Venus ♀, Mars ♂, Jupiter ♃ und Saturn ♄. Zwei andere gröfsere Planeten, Uranus ♅ und Neptun ♆, sowie die kleineren Planetoiden oder Asteroiden sind teleskopisch. Zwei der genannten Planeten, Merkur und Venus, sind näher an der Sonne als die Erde; dies zeigt schon der Umstand, dafs sie zu gewissen Zeiten als kleine schwarze Scheiben über die Sonne hinzuziehen scheinen. Der erstere hat eine mittlere Entfernung von 7,8, der andere von 14,5 Millionen Meilen. Diese zwei Planeten nennt man untere oder innere; alle übrigen sind weiter von der Sonne als die Erde entfernt und heifsen obere oder äufsere.

Einige Planeten sind von kleineren Sternen begleitet, welche ständig um sie kreisen, die ebenfalls in reflektiertem Sonnenlicht strahlen und wechselnde Lichtgestalten — Phasen — zeigen, wie der Mond; man nennt sie Nebenplaneten, Trabanten oder Monde.

Während man vor Erfindung des Fernrohrs (1609 durch Galilei) nur fünf Planeten (aufser der Erde) kannte, wurde von 1609 an rasch eine gröfsere Anzahl hinzugefunden, und zwar noch zwei jenseits des Saturn liegende, Uranus 1781 von W. Herschel und Neptun 1846 von Leverrier und Gall, sowie nahe an 200 Planetoiden, welche zwischen Mars und Jupiter die Sonne umkreisen.

Wir kennen also, unsere Erde mitgerechnet, im ganzen 8 gröfsere und nahe an 200 kleinere Planeten.

§ 433. Konjunktion, Opposition und Quadratur. Den Winkelabstand eines Planeten von der Sonne nennt man seine Elongation. Ist z. B. U (Fig. 567) ein (unterer) Planet, E die Erde und S die Sonne, so ist $\measuredangle UES$ seine Elongation. Dieselbe beträgt für untere Planeten stets weniger als 90°; sie ist am gröfsten in den Punkten U_1 und U_2, wo EU_1 und EU_2 Berührende an die Bahn des Planeten sind.

Je kleiner die Bahn eines unteren Planeten ist, um so kleiner ist sein Maximum der Elongation; Venus kann sich um 48°, Merkur nur um 28° von der Sonne entfernen.

Bei einem oberen Planeten O kann die Elongation bis 180° betragen: $\measuredangle SEO^I = 0^0$; $\measuredangle SEO^{II} = 180$. Bei einem unteren Planeten kann die Elongation an zwei Stellen, U^I und U^{II}, 0° betragen; Erde, Planet und Sonne liegen beidesmal nach derselben Richtung in derselben Meridianebene, aber nicht notwendig in derselben Geraden, da die Bahnen der Planeten mit der Ebene der Erdbahn nicht zusammenfallen; die beiden Lagen des Planeten unterscheiden sich jedoch dadurch, dafs der Planet das eine Mal, wenn er in U^{II} ist, zwischen Erde und Sonne sich befindet, während das andere Mal, wenn er in U^I sich befindet, die Sonne zwischen Erde und Planet steht. Auch ein oberer Planet kann in zwei Stellungen in derselben Meridianebene mit Erde und Sonne liegen; das eine Mal, wenn er in O^I sich befindet, ist seine Elongation $= 0^0$, und von der Erde aus kann man über beide hinweg (annähernd) nach derselben Stelle des Himmels sehen, Planet und Sonne kulminieren gleichzeitig; das andere Mal, wenn der Planet in O^{II} steht, ist seine Elongation $= 180^0$; nach dem Planeten oder der Sonne sehend, blickt man nach 2 diametral entgegengesetzten Stellen des Himmels; der Planet ist in seiner unteren Kulmination, wenn die Sonne in ihrer oberen steht. Ist die

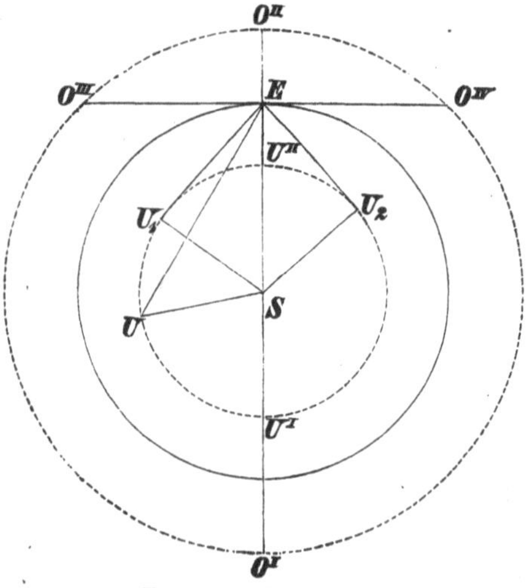

Fig. 567. Elongation.

Elongation eines Planeten 0^0, so sagt man, er befinde sich mit der Sonne in Konjunktion (☌) und wenn seine Elongation 180^0 beträgt, er sei mit der Sonne in Opposition (☍); die letztere kann nur bei den oberen Planeten stattfinden; dagegen giebt es bei den unteren Planeten zwei Konjunktionen, eine untere und eine obere; die erstere findet statt, wenn der Planet zwischen Erde und Sonne steht (U^{II}).

Beträgt die Elongation 90^0, so sagt man, Planet und Sonne seien in Quadratur: O^{III} und O^{IV} (□). Nur die oberen Planeten können mit der Sonne in Quadratur kommen.

Ein Planet kann auch mit einem anderen oder mit einem Fixsterne in Konjunktion, Opposition und Quadratur treten.

Was bedeuten: 1) ♄ □ ☉; 2) ♃ ☌ ☉; 3) ♂ ☍ ☉; 4) ♀ ☌ ♄?

§ 434. Die scheinbare Bewegung der Planeten. Während die Bahn eines Planeten um die Sonne eine Ellipse ist, erscheint sie von der Erde aus gesehen als eine mehr oder minder komplizierte Kurve. Um die scheinbare Bahn zu finden, braucht man nur Tag für Tag die Deklination und Rektascension zu bestimmen und den Ort auf der Sternkarte zu verzeichnen.

Die scheinbare Bewegung der Planeten geht auf dem gröſsten Teile ihrer Bahn von West nach Ost — rechtläufig, und auf dem kleineren von Ost nach West — rückläufig; wenn die eine Bewegung in die andere übergeht, so scheint der Planet eine Zeitlang stille zu stehen, er wird stationär. Bei dem Übergang aus der einen Bewegungsrichtung in die andere beschreiben die Planeten eine Art Schleife.

Am 8. Mai 1877 befand sich Venus mit der Sonne in oberer Konjunktion; beide gingen zusammen durch den Meridian; wegen des groſsen Glanzes der Sonne war Venus jedoch nicht sichtbar. Von da an eilte Venus der Sonne nach Osten hin, also in rechtläufiger Bewegung, voraus, anfangs langsamer und später schneller; sie ging später auf und später unter als die Sonne. Die Entfernung von der Sonne nach Osten hin nahm immer mehr zu, bis schlieſslich am Anfang des Dezember die gröſste Elongation nach Osten hin von 48^0 erreicht war. Von da an setzte Venus ihre rechtläufige Bewegung langsamer fort und näherte sich der Sonne wieder bis auf 28^0 östliche Elongation, was am 10. Februar 1878 stattfand. Nunmehr wurde Venus stationär und dann rückläufig, bis sie am 27. Februar, wo ihre rückläufige Bewegung am raschesten war, wieder die Sonne in unterer Konjunktion erreicht hatte und unsichtbar wurde. — Von Mitte Mai (1877) bis Mitte Februar (1878) warVenus als Abendstern am westlichen Himmel sichtbar; zur Zeit der gröſsten östlichen Elongation (Anfang Dezember) ging sie $3^1/_2$ Stunden nach der Sonne unter. — Vom 27. Februar 1878 an wurde die rückläufige Bewegung der Venus langsamer; dabei entfernte sie sich immer mehr nach Westen hin von der Sonne, sie ging früher auf und früher unter, bis sie am 21. März mit 28^0 westlicher Elongation stationär wurde. Nunmehr wurde die Bewegung der Venus rechtläufig; da sie aber anfänglich sehr langsam voranschritt, so vergröſserte sich zunächst noch ihre westliche Elongation, bis dieselbe Ende April auf 48^0 gestiegen war. Indem von jetzt an die Venus immer rascher nach Osten voranschritt, verminderte sich wieder ihre westliche Elongation, bis Mitte Dezember 1878, wo Venus die Sonne in oberer Konjunktion erreichte und in den Strahlen derselben verschwand. — Von Ende Februar bis Mitte Dezember glänzte Venus am östlichen Himmel als Morgenstern und ging zur Zeit ihrer gröſsten westlichen Elongation

(Ende April) $3^1/_2$ Stunden vor der Sonne auf. — Zwischen dem 10. Februar und 21. März, den Zeitpunkten, wo Venus stationär war, machte sie eine Schleife.

Ganz ähnlich verhalten sich die oberen Planeten.

Fig. 568 stellt Müllers Modell zur Erklärung des Planetenlaufs, bezüglich des Zusammenhanges zwischen der wirklichen und der scheinbaren Bewegung eines Planeten dar. Um den Punkt S, welcher die Sonne darstellt, sind drei Drahtringe gelegt, von denen der innere die Erdbahn, der äufsere $CMNTR$ die in derselben Ebene liegende Ekliptik und der mittlere die nicht genau mit den vorigen Ringen in derselben Ebene liegende Bahn eines oberen Planeten, z. B. des Mars vorstellt; der Punkt g der Marsbahn liegt ebensoweit unter der Ekliptik, wie der Punkt 4 über derselben.

Bezeichnen nun 1, 2, 3 . . . 7 auf dem mittleren Ring eine Anzahl Orte der Marsbahn und die gleichen Ziffern auf dem inneren Ring die gleichzeitigen Orte der Erdbahn, so geben die Verbindungslinien 1 1, 2 2, 3 3, . . . die Richtungen an,

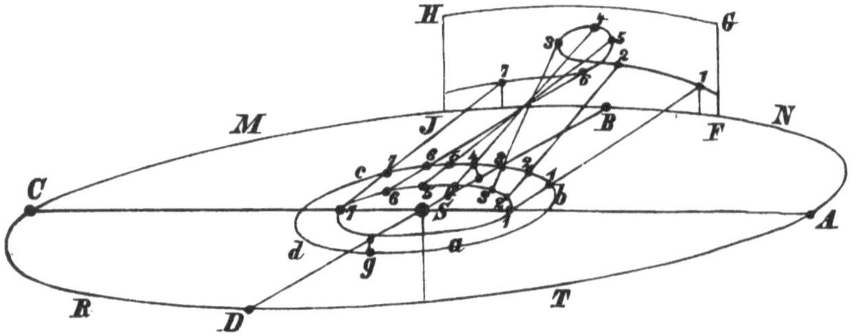

Fig. 568. Modell zur Erklärung des Planetenlaufs.

in welchen man von der Erde aus den Mars sieht. Verlängert man diese Linien, bis sie die gebogene Scheibe $HJFG$, welche ein Stück des Himmelsgewölbes vorstellt, trifft, so geben die Punkte 1, 2, 3 . . . . auf dieser Scheibe die Orte der scheinbaren Marsbahn an. Verbindet man umgekehrt eine Anzahl Orte der scheinbaren Marsbahn mit den gleichzeitigen Erdorten, so treffen diese Linien den mittleren Ring in den wahren Orten der Marsbahn. Das Modell versinnlicht also zugleich die Auffindung der scheinbaren Marsbahn aus der wahren und umgekehrt der wahren Marsbahn aus der scheinbaren.

Aus drei geocentrischen Beobachtungen läfst sich die wirkliche Bahn eines Planeten, wie sie von der Sonne aus — heliocentrisch — erscheint, berechnen.

§ 435. Erklärung der Rechtläufigkeit und Rückläufigkeit der Planeten. 1) Befindet sich ein unterer Planet mit der Sonne in oberer Konjunktion, ist z. B. Venus in der Stellung v^0 (Fig. 569) und Erde in e^0, so geht innerhalb einer gewissen Zeit Venus von v^0 bis v' und Erde von e^0 bis e', wo $v^0 v' > e^0 e'$. Um die relative Bewegung von Venus gegen Erde zu finden, denke man die Erde in Ruhe versetzt und der Venus noch die Geschwindigkeit $e^0 e'$ mitgeteilt, denn beide Planeten gehen momentan nach entgegengesetzter Richtung; alsdann giebt, wenn $v' v'' = e^0 e'$ ist, die Linie $e^0 v''$ die relative Lage von Venus gegen Erde an; es scheint, als ob Venus sich um den Winkel $v^0 e^0 v''$ in derselben Richtung, in welcher die Planeten umlaufen (von West nach Ost) gedreht hätte; Venus ist also rechtläufig. Ist aber Venus mit Sonne in unterer Konjunktion, ist Venus in v_0 und Erde in e^0, so mufs, um die relative Bewegung von Venus gegen Erde zu finden, die Bewegung der Erde von der der Venus abgezogen werden; hätte sich Venus in einer gewissen Zeit von v_0 bis v_1 und Erde von e^0 bis e' bewegt, wo $v_0 v_1 > e^0 e'$, so müfste man, da Venus und Erde sich momentan nach derselben Richtung bewegen, von der Geschwindigkeit der Venus die der Erde abziehen und könnte sich dann die Erde ruhend denken. Ist $v_1 v_2 = e^0 e'$, so erscheint Venus in v_2; sie scheint sich um den Winkel $v_0 e^0 v_2$, also in einer Richtung von Ost nach West gedreht zu haben, Venus ist jetzt rückläufig.

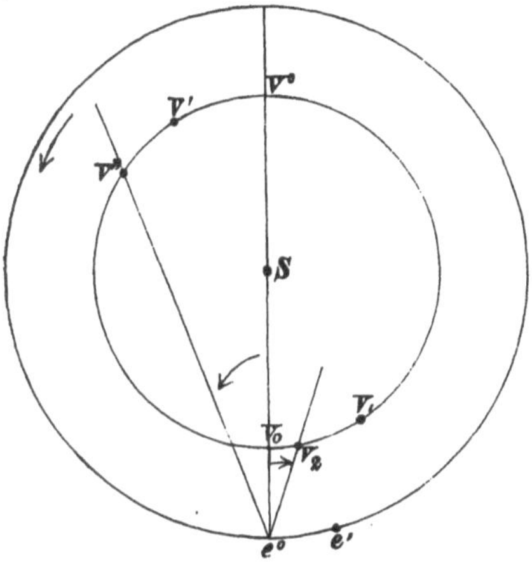

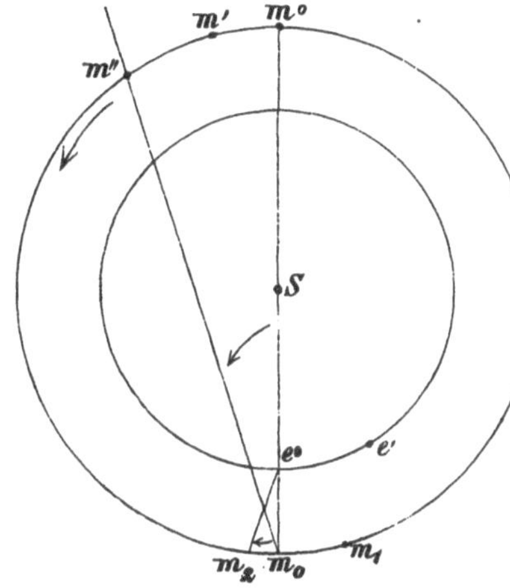

Fig. 569. Erklärung der Recht- und Rückläufigkeit der Planeten. Fig. 570.

2) Aus Fig. 570 läfst sich in ähnlicher Weise die Rechtläufigkeit eines oberen Planeten, z. B. des Mars in seiner Konjunktion mit der Sonne, und die Rückläufigkeit zur Zeit der Opposition erklären, nur dafs jetzt die Geschwindigkeit der Erde gröfser als die des Mars zu nehmen ist.

§ 436. Elemente der Planetenbahnen. Um über die Bewegung eines Planeten hinlänglich orientiert zu sein, mufs man Folgendes kennen:

1) Die Beschaffenheit der Bahn an sich;

2) Die Lage der Bahn gegen die Ekliptik;

3) Den Ort des Planeten auf der Bahn.

In betreff der Bahn an sich reicht es hin die grofse Achse und die Excentricität zu kennen.

Was dann die Lage der Bahn gegen die Ekliptik angeht, so mufs man die Neigung der Bahn kennen, d. h. den Winkel den ihre Ebene mit der der Ekliptik bildet; aufserdem mufs man die Lage der Knotenlinie kennen, d. h. der Linie, in welcher die Ebene der Planetenbahn die der Ekliptik schneidet; aufserdem mufs die Lage der grofsen Achse, bezüglich des Perihels, bekannt sein.

Um ferner angeben zu können, wo der Planet in jedem Augenblick auf seiner Bahn sich befindet, genügt es die Epoche zu kennen, d. h. zu wissen, wo sich der Planet zu irgend einer Zeit befunden, und zugleich wie grofs seine Geschwindigkeit auf der Bahn ist.

Fig. 571 zeigt die Bahn der Venus; ihre grofse Halbachse beträgt 0,7233, wenn die der Erdbahn = 1 gesetzt wird, und die Excentricität 0,007.

Der eine, punktierte Teil der Venusbahn liegt unterhalb (südlich), der andere, ausgezogene oberhalb der Ekliptik; die Knotenlinie ist KK'; bei K tritt Venus von dem südlichen auf den nördlichen und bei K' von dem nördlichen auf den südlichen Teil der Bahn; K ist der aufsteigende

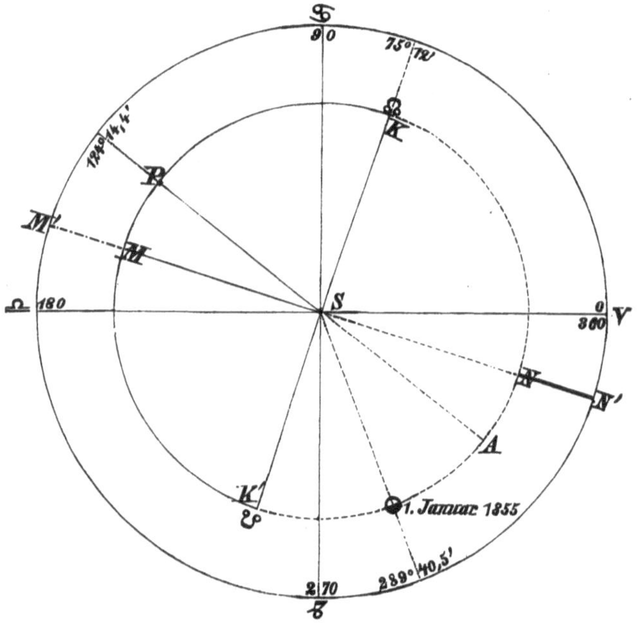

Fig. 571. Venusbahn.

(☊), K' der absteigende (☋) Knoten. Der erstere hat eine heliocentrische Länge von 75° 12′, d. h. er ist in der Ordnung der Zeichen um 75° 12′ vom Frühlingspunkt entfernt.

Die Linie PA ist die Absidenlinie; die heliocentrische Länge des Perihels P beträgt 124° 14,4′ und die Neigung der Bahn 3° 23,5′. Denkt man sich durch S eine Ebene senkrecht zu KK' gelegt, so schneidet dieselbe die Venusbahn in der Linie MN und die Ekliptik in der Linie $M'N'$; der Winkel, den die beiden Linien mit einander bilden, giebt die Neigung der Bahn an.

Was endlich die Epoche betrifft, so hatte Venus am 1. Januar 1855 eine heliocentrische Länge von 289° 40,5′; da aufserdem ihre Umlaufszeit (224^t 16^h $19'$) bekannt ist, so läfst sich leicht ermitteln, wo Venus in jedem Augenblick sich befindet. (In der nachstehenden Tabelle bezieht sich die Epoche aller Planeten ebenfalls auf den 1. Januar 1855, mit Ausnahme des Neptun, dessen Ort für den 1. Januar 1847 angegeben ist.)

In betreff der Umlaufszeit fügen wir noch bei, dafs man eine wahre oder siderische, eine tropische und eine synodische unterscheidet. Unter wahrer oder siderischer Umlaufszeit versteht man die Zeit eines vollen Umgangs um die Sonne, oder die Zeit von einer (oberen) Kulmination des Planeten mit einem bestimmten Fixsterne bis zur nächsten — von der Sonne aus gesehen. Die bei den Bahnelementen erwähnte Umlaufszeit ist die siderische.

Wenn der Frühlingspunkt stets dieselbe Lage behielte, so wäre die tropische Umlaufszeit mit der siderischen einerlei; es ist dies nämlich die Zeit von einer oberen Kulmination eines Planeten mit dem Frühlingspunkt bis zur nächsten. Da nun der Frühlingspunkt gegen die Ordnung der Zeichen vorrückt, die Planeten aber in der Ordnung sich bewegen, so ist die tropische Umlaufszeit etwas kürzer, als die siderische.

Die Zeit zwischen zwei aufeinander folgenden gleichnamigen Konjunktionen (oder zwei Oppositionen) heifst synodische Umlaufszeit.

Elemente der Planetenbahnen.

Name des Planeten	Mittlerer Abstand von der Sonne	Excentricität	Neigung der Bahn	Länge des aufsteigenden Knotens	Länge des Perihels	Epoche	Siderische Umlaufszeit
Merkur	0,3871	0,206	7° 0,2′	46° 24′	74°57,5′	241°54,6′	87^t 23^h 16′
Venus	0,7233	0,007	3 23,5	75 12	124 14,4	289 40,5	224 16 49
Erde	1,0000	0,017	0 0	0 0	100 11,5	100 32,5	365 6 9
Mars	1,5237	0,093	1 51,1	48 17	333 6,6	317 19,6	686 23 30
Jupiter	5,2028	0,048	1 18,7	98 49	11 45,5	307 7,8	4332 14 2
Saturn	9,5388	0,056	2 29,5	112 17	89 54,7	73 23,4	10759 5 16
Uranus	19,1824	0,047	0 46,5	72 59	167 30,5	—	30686 48 12
Neptun	30,0368	0,009	1 47	130 75	43 17,5	327 24 (1. Jan. 1847)	60126 42 36

Umlaufszeiten und Geschwindigkeit in der Bahn.

Name des Planeten	Siderische Umlaufszeit in Tagen.	Siderische Umlaufszeit in Erdjahren	Tropische Umlaufszeit	Synodische Umlaufszeit	Geschwindigkeit in der Bahn
Merkur	87^t 23^h 16′	0,24	87^t 23^h 15′	115^t 21^h	6,7 Mln.
Venus	224 16 49	0,61	224 16 41	583 22	4,9
Erde	365 6 9	1,00	365 5 49	— —	4,1
Mars	686 23 30	1,88	686 22 18	780 0	3,4
Jupiter	4322 14 2	11,87	4330 14 10	398 22	1,7
Saturn	10759 5 16	29,47	10746 22 30	378 2	1,3
Uranus	30686 48 12	84	—	—	0,9
Neptun	60126 42 36	165	—	—	0,7

Ptolemäus, welcher in der Mitte des zweiten Jahrhunderts nach Chr. in Alexandrien lebte, hat es zuerst versucht, ein Weltsystem aufzustellen. Er nahm an, dafs alle Planeten und auch die Sonne um die Erde in Kreisen sich bewegten. Die Himmelskörper sollten einander in folgender Ordnung folgen: Mond, Merkur, Venus, Sonne, Mars, Jupiter und Saturn. Nun unterschieden die

Alten zwei Ungleichheiten im Laufe der Planeten; die erste besteht darin, dafs sich die Planeten nicht mit gleichförmiger Geschwindigkeit wie die Fixsterne bewegen, und die zweite darin, dafs die Planeten bald recht- und bald rückläufig und bald auch stationär sind. Die letztere Ungleichheit findet sich indessen weder bei der Sonne, noch bei dem Monde. Die erste Ungleichheit suchte Ptolemäus dadurch zu erklären, dafs er annahm, die Planeten bewegten sich in excentrischen Kreisen, oder, was dasselbe ist, die Erde stände nicht im Mittelpunkte der kreisförmigen Planetenbahnen. Auch Kopernikus huldigte noch dieser Ansicht. Die zweite Ungleichheit suchte Ptolemäus dadurch zu erklären, dafs er annahm, alle genannten Himmelskörper (mit Ausnahme der Sonne und des Mondes) bewegten sich nicht direkt auf einem Kreis um die Sonne, sondern eigentlich auf einer Epicykloide: Man denke sich um die Erde einen Kreis beschrieben, welcher etwa die mittlere Entfernung der Venus von der Erde zum Radius hat; auf diesem Kreis, welcher Deferent genannt wird, bewegt sich der Mittelpunkt eines anderen fort, der sich mit gleichförmiger Geschwindigkeit umdreht und Epicykel heifst; auf diesem zweiten Kreis befindet sich die Venus.

Tycho de Brahe (16. Jahrh.) soll die Ansicht gehabt haben, alle Planeten kreisten um die Sonne und diese mit ihnen um die Erde.

7. Beschreibung der einzelnen Planeten.

§ 437. Die unteren Planeten. 1) Merkur ist so nahe bei der Sonne, dafs er nur in der Morgen- und Abenddämmerung erscheint; er ist übrigens nur schwer als kleiner rötlicher Punkt mit blofsem Auge zu sehen — Kopernikus beklagte, ihn nie gesehen zu haben.

Durch das Fernrohr betrachtet zeigt er Phasen wie der Mond und geht, wenn er in unterer Konjunktion in der Nähe eines seiner Knotenpunkte sich befindet, als kleiner schwarzer Punkt vor der Sonnenscheibe her. Solche Durch- oder Vorübergänge kommen durchschnittlich 13 in jedem Jahrhundert vor. Der erste wurde für 1631 von Kepler angekündigt und von Gassendi am 6. November desselben Jahres beobachtet.

Die nächsten Vorübergänge finden statt: am 7. November 1881, am 9. Mai 1891 und am 10. November 1894; nur der letztere ist in Deutschland sichtbar.

Die Durchgänge sind geeignet, den scheinbaren Durchmesser des Merkur zur Zeit seiner unteren Kulmination zu messen und daraus den wahren Durchmesser zu berechnen. Die Angaben für die scheinbare Gröfse schwanken zwischen 7,8″ und 9,48″; der wahre Durchmesser ist etwa 670 Meilen.

Die Entfernung des Merkur von der Sonne schwankt zwischen 6 und 10 Mill. Mln. und die von der Erde zwischen 11 und 30 Mill. Mln.

2) Über die scheinbare Bewegung der Venus und die Vorübergänge derselben vor der Sonne ist bereits das Nötige mitgeteilt worden. Wir fügen nur noch bei, dafs die nächsten Vorübergänge am 6. Dezember 1882, am 7. Juni 2004 und am 5. Juni 2012 stattfinden.

Der scheinbare Durchmesser der Venus zur Zeit der unteren Konjunktion beträgt 62″, der wahre Durchmesser ist ungefähr ebenso grofs, wie der der Erde, 1717 Mln.

Die mittlere Entfernung von der Sonne ist nahe 15 Mill. Mln.; der Unterschied zwischen der gröfsten und kleinsten Entfernung ist etwa 200 000 Mln. Die Bahn der Venus ist von allen Planetenbahnen am meisten kreisähnlich.

Die Entfernung von der Erde schwankt zwischen $5^1/_4$ und 36 Mill. Mln. Von allen Planeten kann Venus der Erde am nächsten kommen.

Wenn Venus nach der oberen Konjunktion sich östlich von der Sonne entfernt, so nimmt ihr scheinbarer Durchmesser, da sie sich der Erde nähert, zu; anfänglich vollbeleuchtet nimmt nach und nach ihr erleuchteter Teil, der stets der Sonne zugewandt ist, ab; in ihrer gröfsten Elongation ist sie halbbeleuchtet. Diese Abnahme der Lichtgestalt bis zur feinen Sichel setzt sich bis zur unteren Konjunktion fort, wobei aber stets der scheinbare Durchmesser wächst. Bis hierhin ist die Venus Abendstern. In der unteren Konjunktion verschwindet sie in den Strahlen der Sonne, kommt dann auf der Westseite als schmale Sichel, den erleuchteten Teil der Sonne zugewandt, wieder hervor; ihre Lichtgestalt wächst, bis sie zur Zeit der gröfsten westlichen Elongation wieder halbbeleuchtet ist; von da bis zur oberen Konjunktion nimmt die Lichtgestalt bis zu voller Beleuchtung zu; der scheinbare Durchmesser nimmt von der unteren bis zur oberen Konjunktion ständig ab; Venus geht währenddessen ständig vor der Sonne auf und ist Morgenstern.

3) Ob zwischen Merkur und Sonne noch ein Planet, Vulkan, sich befindet, ist noch nicht hinreichend festgestellt.

§ 438. Die oberen Planeten. 1) Die Bahn des Mars ist ziemlich excentrisch, die gröfste Entfernung von der Sonne ist 1,66, die kleinste 1,38 mal so grofs, wie der mittlere Abstand der Erde von der Sonne; sein mittlerer Abstand von der Sonne beträgt 32 Mill. Mln., die Entfernung von der Erde schwankt zwischen $7^3/_4$ und 55 Mill. Meilen.

Mars glänzt in rötlichem Licht; er zeigt auf seiner Oberfläche wechselnde Flecken, aus denen man auf eine Achsendrehung, welche in $24^h\ 37'$ vollendet wird, geschlossen hat. Mars ist an den Polen abgeplattet, nach Arago beträgt die Abplattung $^1/_{39}$. Die Achse bildet mit der Bahnebene einen Winkel von $61^0\ 18'$. An den Polen zeigen sich deutliche weifse Flecken, welche man als Schnee- und Eismassen deutet. Man nimmt auf ihm einen Wechsel der Jahreszeiten wie auf der Erde an; auch hat er einen Mond.

Zur Zeit der Opposition erscheint Mars unter einem Winkel von 22—24″; sein wahrer Durchmesser ist 918 Meilen. Da Mars als oberer Planet nie mit der Sonne in untere Konjunktion kommen kann, so kann er auch nie vollkommen dunkel erscheinen; wenn er von der Konjunktion, wo er voll beleuchtet ist, nach seiner gröfsten Elongation von der Sonne geht, so nimmt sein beleuchteter Teil um wenig auf der der Sonne abgewandten Seite ab, um bis zur Opposition wieder bis zur vollen Beleuchtung zuzunehmen.

2) Jupiter ist der gröfste unter den Planeten; sein scheinbarer Durchmesser ist zur Zeit der Opposition 49″, zur Zeit der Konjunktion 30″. Jupiter zeigt eine Abplattung von $^1/_{14}$; sein Äquatoreal-Durchmesser beträgt 20 000 Meilen = 11 Erddurchmessern.

Die Entfernung von der Sonne schwankt zwischen $102^1/_2$ und $112^1/_2$

Mill. Meilen und von der Erde zwischen 82 und 133 Mill. Meilen. Jupiter hat in der Mitte, parallel dem Äquatordurchmesser, dunkele Streifen und aufserdem wechselnde Flecken, aus welchen sich auf eine Achsendrehung von 9^h $55'$ schliefsen lässt. Seine Achse bildet mit der Bahn einen Winkel von etwa 87^0; der Wechsel der Jahreszeiten kann also kaum merklich sein.

Jupiter hat vier Trabanten, welche schon mit schwächeren Fernrohren sichtbar sind. Sie sind von Simon Marius in Ansbach am 29. Dezember 1609 und von Galilei am 7. Januar 1610 entdeckt worden.

3) Saturn ist nächst Jupiter der gröfste Planet; sein scheinbarer Durchmesser zur Zeit der Opposition beträgt $21''$ und zur Zeit der Konjunktion $15''$; sein wahrer Durchmesser beträgt 16305 Meilen = 9 Erddurchmessern. Der Abstand von der Sonne schwankt zwischen $186\frac{1}{4}$ und $208\frac{1}{4}$, und von der Erde zwischen $165\frac{1}{2}$ und 229 Mill. Meilen.

Die Abplattung beträgt $\frac{1}{10}$ des Äquatorealdurchmessers, die Rotationsdauer 10^h $29'$ und der Winkel, den die Achse mit der Bahn bildet, 61^0 $20'$.

Schon Galilei hatte den „Ring" des Saturn entdeckt, jedoch erst Huyghens hat ihn am 17. Dezember 1657 als freischwebenden Ring erkannt. Cassini fand 1707, dafs der Ring aus zwei Teilen bestehe, und Bond in Amerika fand 1850 zwischen der Saturnkugel und dem hellen Ring noch einen dunkelen. Der ganze Ring erscheint uns zur Zeit der Opposition unter einem Winkel von etwa $47''$; er hat einen ca. 3mal so grofsen Durchmesser wie die Saturnkugel.

Je nach der Stellung des Saturn erscheint uns der Ring mehr oder weniger deutlich; manchmal sieht er nur wie ein heller, rechts und links über die Saturnkugel hinaus sich erstreckender heller Streifen aus.

Saturn hat 8 Trabanten.

4) Am 31. März 1781 entdeckte W. Herschel noch einen jenseits des Saturn liegenden Planeten, welcher den Namen Uranus erhielt; er ist teleskopisch.

Sein scheinbarer Durchmesser in der Erdnähe ist $4{,}3''$, sein wahrer 7466 Meilen. Seine mittlere Entfernung von der Sonne beträgt $396\frac{1}{2}$ Mill. Meilen. Die Zahl seiner Monde ist noch nicht sicher (4—6); sie haben die Eigentümlichkeit, dafs sie sich rückläufig bewegen.

5) Aus den Störungen, welche der Planet Uranus erfährt, schlofs schon Bouvard 1821, dafs noch ein Himmelskörper in seiner Nähe sein müsse. Leverrier (Paris) berechnete seinen Ort und Gall (Berlin) fand ihn 1846. Neptun erscheint wie ein Stern 8. Gröfse; sein scheinbarer Durchmesser ist ungefähr $2{,}5''$, sein wahrer 8400 Meilen und sein Abstand von der Sonne 744 Mill. Meilen. Neptun hat einen Mond.

§ 439. Die Planetoiden. Setzt man die Entfernung des Merkur von der Sonne gleich 4, so gilt (nach Bode) annähernd für die Entfernungen der Planeten:

Merkur	$= 4 + 0.3$;	Jupiter	$= 4 + 16.3$;
Venus	$= 4 + 1.3$;	Saturn	$= 4 + 32.3$;
Erde	$= 4 + 2.3$;	Uranus	$= 4 + 64.3$;
Mars	$= 4 + 4.3$;	Neptun	$= 4 + 128.3$.

Es fehlt also zwischen Mars und Jupiter ein Planet mit der Entfernung 4 + 8. 3. Statt dieses oft gesuchten Planeten fand man schliefslich eine Anzahl kleinerer, welche Planetoiden oder Asteroiden heifsen. Ob sie Trümmer eines gröfseren Planeten sind oder nicht, hat sich bis jetzt noch nicht feststellen lassen. Der erste Planetoid, die Ceres, wurde 1801 von Piazzi in Palermo entdeckt; den zweiten Pallas fand Olbers in Bremen 1802, und so wurden in rascher Folge nahe an 200 kleinere Planeten zwischen Mars und Jupiter gefunden.

Alle Planetoiden sind teleskopisch; die Neigung ihrer Bahn und die Excentricität derselben ist meist ziemlich grofs. Der gröfste Planetoid, die Ceres, hat einen Durchmesser von 46,2, der kleinste, die Clio, von 3,9 geogr. Meilen; der Umfang der Clio beträgt nur 12 Meilen; ihre Oberfläche hält 48 Quadratmeilen, ist also etwa halb so grofs, wie die des vormaligen Herzogtums Nassau.

8. Unser Mond.

§ 440. Die scheinbare und wirkliche Bahn des Mondes. 1) Die scheinbare Bahn des Mondes hat keine Schleifen, wie die der Planeten; der Mond wird nie rückläufig; er schreitet wie die Sonne von West nach Ost unter den Fixsternen vor und zwar täglich um 13,2^0, so dafs er den ganzen Fixsternhimmel in $27^t\ 7^h\ 43'\ 11{,}5''$ durchläuft — siderische Umlaufszeit. Da die Sonne ebenfalls von West nach Ost unter den Fixsternen fortschreitet, aber täglich nur um $\frac{360^0}{365} = 0{,}98^0$, so kann der Mond die Sonne erst nach $29^t\ 12^h\ 44'\ 2{,}9''$ wieder erreichen — synodische Umlaufszeit. Der Mond durchwandert, wie die Sonne, die Sterne des Tierkreises; seine scheinbare Bahn bildet mit der Ekliptik einen Winkel von 5,9^0. Die Knotenlinie ändert ziemlich rasch ihre Lage; die Bewegung der Knoten ist rückläufig und zwar wird ein Umlauf in 18 Jahren 219 Tagen vollendet; in jedem Jahr dreht sich die Knotenlinie gegen die Ordnung der Zeichen um ca, 19^0.

Wenn der aufsteigende Knoten mit dem Frühlingspunkt (♈) zusammenfällt, so ist der Winkel, den die Mondbahn mit dem Äquator bildet, $23^0\ 28' + 5^0\ 9' = 28^0\ 37'$; fällt aber der aufsteigende Knoten mit dem Herbstpunkt (♎) zusammen, so beträgt der Winkel zwischen Mondbahn und Äquator $23^0\ 28' - 5^0\ 9' = 18^0\ 19'$. Daher kommt es, dafs der Mond manchmal ziemlich hoch und manchmal ziemlich tief steht. Der scheinbare Durchmesser des Mondes schwankt zwischen $29'\ 22''$ und $33^0\ 31''$; die Bahn des Mondes ist also elliptisch. Die Excentricität beträgt 0,0549, also ca. $^1/_{18}$ der grofsen Halbachse, welche 51 805 Meilen oder 60 Erdhalbmesser beträgt. Die gröfste Entfernung (im Apogäum) ist 54 600 und die kleinste (im Perigäum) 49 000 Meilen. Die ganze Bahn hat 325 000 Meilen; der Mond durchläuft also in jeder Sekunde durchschnittlich $325\,000 : (27^t\ 7^h\ 43'\ 11{,}5'') = {}^1/_7$ geogr. Meile; es ist dies $^1/_{30}$ von der Geschwindigkeit der Erde auf ihrer Bahn.

Die gröſste stündliche Bewegung des Mondes (im Perigäum) beträgt 0,617°, die kleinste (im Apogäum) 0,493° und die mittlere 0,555°. Der wirkliche Durchmesser des Mondes beträgt 472 Meilen = $^3/_{11}$ Erddurchmesser. Die Oberfläche ist $^3/_{40}$ und das Volumen $^2/_{97}$ von dem der Erde.

Die groſse Achse der Mondbahn verändert ähnlich ihre Lage wie die Knotenlinie; sie schreitet rechtläufig in jedem Jahr um fast 41° voran, macht also in 8^j 310^t 14^h einen vollen Umlauf.

Auch die Excentricität und die Neigung der Mondbahn sind innerhalb gewisser Grenzen veränderlich, so daſs die Berechnung der Mondörter eine schwierige Aufgabe ist.

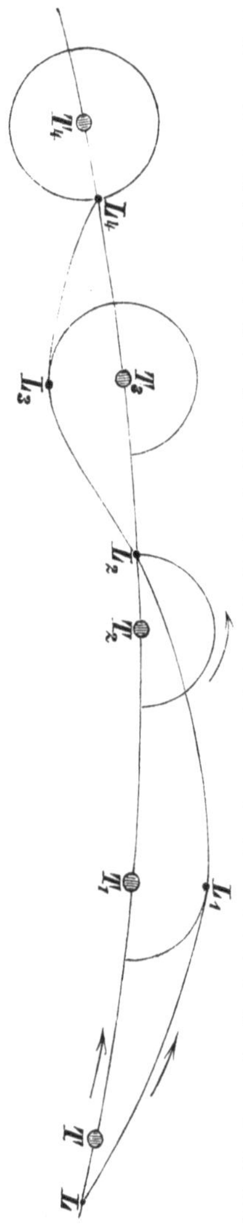

Fig. 572. Wirkliche Mondbahn.

Der Mond zeigt uns annähernd immer dieselben Flecken; er muſs also notwendig eine Achsendrehung haben, und zwar muſs er sich während eines Umlaufs einmal um seine Achse drehen. Die Achsendrehung ist hiernach ziemlich langsam; auch zeigt der Mond keine merkliche Abplattung. Der Mond zeigt uns übrigens nicht immer genau dieselbe Seite; man sieht bald etwas mehr von der östlichen, bald von der westlichen Seite — Libration der Länge; aber auch in der Richtung von Süd nach Nord macht der Mond Schwankungen — Libration der Breite. Die Libration der Länge hat darin ihren Grund, daſs der Mond sich mit gleichförmiger Geschwindigkeit um seine Achse dreht, aber mit ungleichförmiger Geschwindigkeit auf seiner Bahn fortbewegt.

Die Libration der Breite deutet darauf hin, daſs die Mondachse mit der Mondbahn einen Winkel bildet; derselbe beträgt $83\,^1/_2$°.

2) Die Erde dreht sich in einer Ellipse um die Sonne und der Mond ebenso in einer Ellipse um die Erde; die Bahn des Mondes um die Sonne ist also eine Epicykloide. In Fig. 572 ist $T\,T_1\,T_2\,T_3\,T_4$ die Bahn der Erde und $L\,L_1\,L_2\,L_3\,L_4$ die Bahn des Mondes. Der Halbmesser TL der Mondbahn ist hier allerdings zu groſs genommen; die Mondbahn ist weit flacher, als in der Zeichnung; auch liegen hier Mond- und Erdbahn in derselben Ebene.

§ 441. Mondphasen. Je nach der Stellung des Mondes zu Sonne und Erde erscheint derselbe auf einem mehr oder minder groſsen Stück der uns zugewandten Hälfte beleuchtet. In Fig. 573 bedeutet E die Erde und die kleinen Kreise am Umfang der Figur den Mond in 12 verschiedenen Stellungen bei seinem Umgang um die Erde; die Sonne ist oberhalb der Figur in gröſserer

Entfernung gedacht. Wir denken uns die Erde (bezüglich die Sonne) stillgestellt, so dafs der Mond täglich nur $13{,}2^0 - 0{,}98^0 = 12{,}22^0$ unter den Fixsternen von West nach Ost vorschreitet. Die Sonne ist schon soweit entfernt, dafs man ihre Strahlen als parallel annehmen kann; es ist dann stets die der Sonne zugewandte Hälfte des Mondes, wie an seinen 12 Stellungen im inneren Kreise bemerkbar, erleuchtet. Wir betrachten den Mond immer zur Zeit, wo er durch den Meridian des Beobachtungsortes geht, oder, was einerlei ist, wir denken uns bei jeder Stellung des Mondes demselben gerade gegenüber.

Zur Zeit der Konjunktion des Mondes mit der Sonne (1), wenn beide mit einander durch den Meridian gehen, erblicken wir die ganze unerleuchtete Hälfte, wir haben Neumond. Etwa $2\,{}^1/_2$ Tage später (2) sehen wir

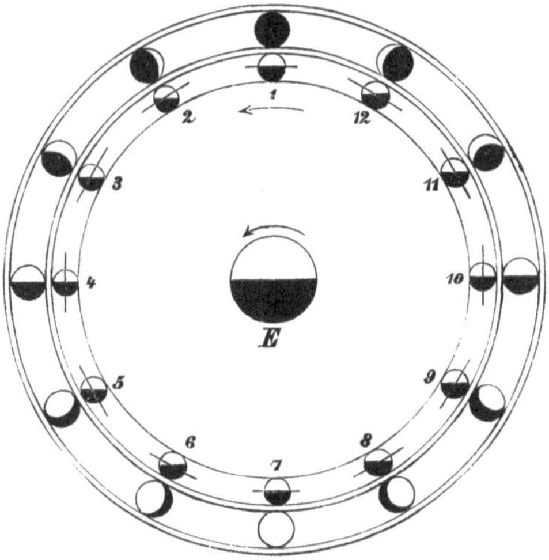

Fig. 573. Mondphasen.

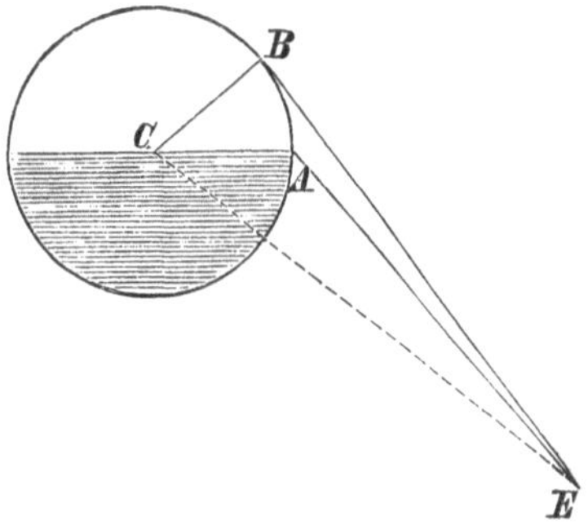

Fig. 574. Erklärung der Mondsichel.

vom Monde ein kleines helles Kugelzweieck, welches seine Spitzen von der Sonne weg, nach Osten wendet; man könnte daraus ein Z machen — zunehmender Mond. Denkt man sich an die erleuchtete Seite des Mondes eine Berührende *EB* (Fig. 574) gezogen, so ist *B* die äufserste Stelle des beleuchteten Teiles des Mondes, welche man von der Erde aus sehen kann. Der Bogen *AB* ist ein Halbierungsschnitt durch das sichtbare Kugelzweieck des Mondes. Gegen den einen Begrenzungskreis des Kugelzweieckes (mit dem Radius *CB*) sehen wir senkrecht, gegen den anderen (mit dem Radius *CA*) schief; der erste projeziert sich deshalb auf das Firmament als Kreis, der zweite als von dem Kreis umhüllte Ellipse.

Nach abermals $2\,{}^1/_2$ Tagen sieht man eine gröfsere Sichel und nach $7\,{}^2/_3$ Tagen (4) ist die Sichel zum Halbmond geworden — erstes Viertel; hier fällt das Auge genau in den einen Begrenzungskreis des erleuchteten Mondzweiecks, weshalb sich dieser als gerade Linie projeziert. Während dieser $7\,{}^2/_3$ Tagen hat sich der Untergang des Mondes, welcher anfänglich mit dem der Sonne gleichzeitig erfolgt war, von Tag zu Tag verspätet, die Sichel glänzt am Abendhimmel; der Halbmond endlich steht mit Sonne in

Quadratur und erhellt die erste Hälfte der Nacht. In den Stellungen 5 und 6 legt sich die Ellipse nach der anderen Seite, wir sehen mehr als ein Viertel des Mondes beleuchtet, und nach $14\,^3/_4$ Tagen, zur Zeit der Opposition (7), wo der Mond aufgeht, wenn die Sonne untergeht, erscheint er vollbeleuchtet — Vollmond, und kulminiert um Mitternacht. Nunmehr verkleinert sich die beleuchtete Seite wieder und ebenso sein Abstand von der Sonne. Nach 22 Tagen, wo Sonne und Mond wieder in Quadratur stehen, sehen wir nur noch die Hälfte — letztes Viertel, welches 6 Stunden vor der Sonne kulminiert und die letzte Hälfte der Nacht erhellt.

Von nun an verkleinert sich die Sichel, welche ihre Spitzen nach Westen kehrt, so daſs man ein *a* daraus machen könnte — abnehmender Mond — immer mehr und glänzt am Morgenhimmel; endlich nach $29^t\ 12^h\ 44'\ 2{,}9''$ steht der Mond wieder als dunkele Scheibe in Konjunktion mit der Sonne.

Der nicht erleuchtete Teil des Mondes erscheint nicht absolut dunkel; das sogenannte aschgraue Licht rührt von der Erleuchtung des dunkelen Teiles des Mondes durch die Erde her; infolge der Irradiation (§ 238) scheint jedoch der nicht erleuchtete Teil des Mondes einem kleineren Kreise anzugehören, als der erleuchtete. — Vom Mond aus gesehen erscheint die Erde in den entgegengesetzten Phasen; wenn wir Neumond haben, sieht man die Erde vom Mond aus als Vollerde und zwar mit einem $13\,^1/_2$ mal gröſseren Durchmesser.

§ 442. Mond- und Sonnenfinsternisse. 1) Wenn der Mond in Opposition mit der Sonne ist und in der Nähe eines seiner Knotenpunkte sich befindet, so wird er vom Erdschatten getroffen und mehr oder weniger verfinstert — Mondfinsternis. Der Kernschatten der Erde hat in der Sonnennähe eine Länge von 182 823 Meilen, in der Sonnenferne 189 133 Meilen und in mittlerer Fntfernung 185 875 Meilen, oder 216 Erdhalbmesser, während der Mond nur 60 Erdhalbmesser von uns entfernt ist. In der Entfernung des Mondes hat der Erdkernschatten noch einen scheinbaren Halbmesser von $46\,^1/_2{}^0$; er ist also ca. $2\,^2/_3$ mal so breit, wie der Mond.

Man unterscheidet totale und partiale Mondfinsternisse, jenachdem der Mond gänzlich oder nur teilweise verfinstert ist. Wegen der gröſseren Breite des Erdkernschattens in der Entfernung des Mondes, kann eine totale Verfinsterung eintreten, auch wenn der Mond nicht unmittelbar in einem seiner Knoten sich befindet; es ist eine totale Mondfinsternis noch möglich, wenn der Mond $7^0\,19'$ und eine partiale, wenn er $13^0\,21'$ von einem seiner Knotenpunkte absteht.

Da der Mond alljährlich zweimal bei einer Opposition in der Nähe eines seiner Knotenpunkte sich befindet, so sind in jedem Jahre durchschnittlich zwei, genauer 29 Mondfinsternisse in 19 Jahren zu erwarten.

Bei Mondfinsternissen tritt der Mond von Westen her in den Schatten ein und im Osten aus. Stellt man sich nämlich, entsprechend der scheinbaren Bewegung, vor, die Erde stände still, sieht man von der gemeinsamen Drehung der Sonne und des Mondes um die Erdachse ab und nimmt man ferner an, daſs der Erdschatten still stehe, d. h. teilt man Sonne und

Mond eine der fortschreitenden Bewegung der ersteren entgegengesetzte Bewegung zu, so bleibt für den Mond noch eine tägliche Bewegung von ca. 12^0 in der Richtung von West nach Ost.

Eine centrale Finsternis dauert höchstens $4^h\ 38'$.

Am häufigsten erscheint der Mond bei Finsternissen rötlich; es rührt dies wahrscheinlich von dem zerstreuten Lichte her, den die erleuchtete Erdatmosphäre in den Erdschatten hineinsendet. Doch sind auch schon Fälle vorgekommen, wo der Mond absolut finster war.

2) Eine Sonnenfinsternis, richtiger Erdfinsternis oder eine Bedeckung der Sonne durch den Mond kann nur zur Zeit einer Konjunktion der Sonne und des Mondes, wenn der letztere in der Nähe eines seiner Knoten sich befindet, eintreten. Auch hier beginnt die Verfinsterung von Westen her; die dunkele Mondscheibe scheint von Westen nach Osten über die Sonnenscheibe sich fortzuschieben.

Da der Mond, von verschiedenen Orten der Erde aus gesehen, an verschiedenen Stellen des Himmels erscheint, so ist es möglich, dafs selbst eine Sonnenfinsternis, welche an einigen Orten total ist, an anderen garnicht gesehen wird, während Mondfinsternisse überall auf der Erde sichtbar sind.

Die Sonnenfinsternisse sind wegen der annähernden Gleichheit des scheinbaren Sonnen- und Monddurchmessers aufserdem in viel engere Grenzen eingeschlossen; es schwankt nämlich der scheinbare Durchmesser des Mondes zwischen 29′ 22″ und 33′ 31″ und der Sonne zwischen 31′ 31″ und 32′ 36″. Es kann deshalb nur dann eine totale Sonnenfinsternis stattfinden, wenn sich der Mond sehr nahe an einem seiner Knotenpunkte und in der Erdnähe sich befindet. Die Sonnenfinsternis wird ringförmig, wenn der Mond zur Zeit seiner Konjunktion mit der Sonne genau in einem seiner Knotenpunkte und in Erdferne steht, in welchem Falle sein scheinbarer Durchmesser kleiner als der der Sonne ist; ist die Erde aufserdem im Perihel, so ist der freibleibende Ring der Sonne besonders grofs.

Hiernach ist begreiflich, dafs die partialen Sonnenfinsternisse viel häufiger als die totalen (etwa dreimal) und seltener als die Mondfinsternisse sind.

Die Dauer der totalen Verfinsterung der Sonne kann höchstens 8′ dauern.

§ 443. Ebbe und Flut. An den Küsten des Weltmeeres bemerkt man täglich zweimal ein Sinken und Steigen des Wassers — Ebbe und Flut. Übrigens dauern zwei Ebben und zwei Fluten zusammen etwas mehr als 24 Stunden, genau $24^h\ 50'$. Ebbe und Flut folgen dem Laufe des Mondes, der auch in $24^h\ 50'$ seinen Tageskreis beschreibt; Flut tritt sehr nahe bei oberer und unterer Kulmination, Ebbe beim Auf- und Untergang des Mondes ein. Ebbe und Flut sind bei Neu- und Vollmond am stärksten — Springfluten — und bei Halbmond am schwächsten — Nippfluten.

Auch insofern folgen die „Gezeiten“ (Ebbe und Flut) dem Lauf des Mondes, als sie von Osten nach Westen fortschreiten.

Steht der Mond über irgend einem Ort A des Weltmeeres im Zenith, so zieht er hier das Wasser stärker an, als das an allen anderen Stellen, namentlich an dem Ort A', welcher dem genannten A diametral gegenüberliegt. Infolgedessen fliefst das leicht bewegliche Wasser nach A hin ab, die Erde wird gewifsermafsen eine Ellipse, deren grofse Achse durch den Mond und den Mittelpunkt der Erde geht; es haben nun A und A', besonders aber A Flut, und die Orte, welche um 90^0 von A entfernt sind, Ebbe. Trotz der stärkeren Anziehung, welche die Sonne auf die Erde ausübt, steht sie doch in betreff der Erregung von Ebbe und Flut dem Monde beträchtlich nach; denn es kommt hier wesentlich auf den Unterschied der Wirkung dieser Himmelskörper auf zwei diametral entgegengesetzte Erdorte an. Nun ist der Mond von dem ihm nächsten Erdorte 59 und von dem fernsten 61 Erdhalbmesser entfernt, so dafs der letztere merklich schwächer angezogen wird, als der erstere. Die Entfernung der Sonne vom Mittelpunkt der Erde aber beträgt 24 000 Erdhalbmesser, und da ist es denn begreiflich, dass ein Punkt, welcher um 2 Erdhalbmesser weiter entfernt ist, als ein anderer, nicht erheblich stärker angezogen wird. Doch aber ist die Sonne nicht ohne Einflufs auf die Gezeiten; die Springfluten entstehen, wenn Sonne und Mond in Konjunktion oder Opposition und die Nippfluten, wenn beide Himmelskörper in Quadratur stehen.

Dafs Ebbe und Flut immer etwas später, als es dem Stand des Mondes entspricht, ihren Höhepunkt erreichen, ist unschwer einzusehen. — Die gröfste Höhe, welche die Flut erreichen kann, ist wohl 16 m. Kleinere, eingeschlossene Meere, z. B. die Ostsee, haben keine Ebbe und Flut.

§ 444. Beschaffenheit der Mondoberfläche. Auf der Oberfläche des Mondes bemerkt man schon mit freiem Auge grofse dunkele Stellen, welche man früher für Meere hielt und die man späterhin als weite dunkele Ebenen erkannt hat: Mare nubium, Mare humorum, Mare imbrium, Mare serenitatis, Mare tranquillum, Mare crisium, Mare föcunditatis, Mare nectaris u. s. w.

Mit Hilfe des Fernrohrs bemerkt man ferner auf der Oberfläche des Mondes Gebirge, welche namentlich bei Sonnenauf- und untergang deutlich erkennbar sind und lange schwarze Schatten werfen. Die Gebirge des Mondes sind meist ringförmig; die gröfseren nennt man Wallebenen, die kleineren Krater. Wenn der Mond als kleine Sichel erscheint, treten die Gebirge besonders klar hervor. Bei Aufgang der Sonne sieht man alsdann die Kämme der Wälle prachtvoll erleuchtet, während die eingeschlossenen Ebenen noch in tiefem Schatten liegen. Aus der Klarheit und Schärfe dieser Schatten schliesst man, dafs der Mond keine Atmosphäre und kein Wasser hat. Die Ringgebirge sind nach berühmten Astronomen benannt: Archimedes, Plato, Tycho, Kepler u. s. w.

Innerhalb der gröfseren Ringgebirge finden sich häufig einzelne zerstreute Berge. Die Wallebenen haben oft einen Durchmesser von über 30 Meilen. Die Krater zeichnen sich vor den Wallebenen durch eine bedeutende Vertiefung des Beckens aus; die Zahl der Krater beträgt über 50 000.

Aufser den ringförmigen Kratern gibt es auch Längenkrater oder

Rillen; es sind dies langgestreckte, schmale Gebirge, welche in der Mitte grabenartige Vertiefungen zeigen.

Die Mondoberfläche zeigt übrigens auch Gebirge, welche denen auf unserer Frde ähnlich sind; man nennt sie Massen- oder Kettengebirge. Sie erscheinen indessen nicht als zusammenhängende, eine bestimmte Richtung verfolgende Gebirgszüge, sondern mehr als einzelne zerstreute Berggipfel. Die Höhen dieser Berge erreichen die der höchsten Berge auf der Erde; Dörfel 7000 m, Newton 6500 m u. s. w.

Über die Beschaffenheit der Sonne vergl. § 232.

d. Kometen, Meteorite und Zodiakallicht.

§ 445. Die Kometen. Die Kometen oder Haarsterne zeichnen sich vor den übrigen Himmelskörpern dadurch aus, dafs sie keine einfach rundliche, kompakte Masse bilden; sie haben zwar meist einen heller leuchtenden rundlichen Kern, aber dieser ist noch von einer schwächer leuchtenden Hülle umgeben. welche sich gewöhnlich in einen von der Sonne abgewandten Schweif, welcher manchmal eine Ausdehnung bis zu 100° besitzt, verlängert. Kern und Hülle bilden zusammen den Kopf des Kometen. Bei manchen Kometen fehlt der Kern (Komet von 1819), bei anderen der Schweif (Komet von Enke); der Komet von 1807 hat zwei und der von 1744 sechs Schweife. Meist ist der Schweif gebogen (Komet von 1811), manchmal auch annähernd gerade.

Der Schweif, ja selbst der Kern ist einigermafsen durchsichtig, so dafs man Fixsterne durch denselben und zwar ohne bemerkbare Änderung ihres wirklichen Ortes wahrnimmt.

Nach Zöllner besteht der Kern des Kometen aus einer tropfbarflüssigen Masse, welche durch die Sonne ins Sieden gebracht wird; die durch den Verdunstungsprozefs elektrisch gewordenen Dämpfe sollen von der gleichnamigen Elektricität der Sonne abgestofsen werden und so den von der Sonne abgewandten Schweif erzeugen. — Die Kometen sind in steter Veränderung begriffen; besonders am Kern bemerkt man lebhafte Ausströmungen, wie dies neuerdings an dem Donatischen Kometen (1858) in ausgezeichneter Weise beobachtet worden ist. (Letzterer Komet ist der schönste von den in diesem Jahrhundert erschienenen.)

Die Bahn der Kometen kann parabolisch, hyperbolisch oder elliptisch sein; nur im letzten Fall kehrt ein Komet wieder. Die Bewegung einiger Kometen ist rechtläufig, die anderer rückläufig.

Von wiederkehrenden Kometen erwähnen wir folgende:

1) Der Komet von Halley; er erschien 1531, 1607, 1682, 1759, 1835; seine Umlaufszeit beträgt also 75—76 Jahre; seine Bewegung ist rückläufig.

2) Der Komet von Encke; er ist teleskopisch, ohne bemerkbaren Schweif und hat eine kugelige Gestalt; seine Umlaufszeit beträgt 1208 Tage,

doch ist dieselbe im Abnehmen begriffen; Olbers sucht dies aus dem Widerstand, welchen der Weltäther der dünnen Masse des Kometen entgegensetze, zu erklären. Zwischen 1825 und 1852 ist er neunmal erschienen, und es hat seine Umlaufszeit unterdessen um 1 Tag abgenommen.

3) Der Komet von Biela, ebenfalls teleskopisch, rundlich und ohne bemerkbaren Schweif. Seine Umlaufszeit beträgt zwischen 6—7 Jahren Im Jahre 1846 erschien er in zwei geschweifte Teile getrennt; 1865/1866. konnte er nicht aufgefunden werden.

4) Der Komet von Brorsen ist gleichfalls eine teleskopische schweiflose, rundliche Nebelmasse; seine Umlaufszeit beträgt $5^1/_2$ Jahr.

5) Der Komet von d'Arrest, ebenfalls teleskopisch und ohne Schweif, hat eine Umlaufszeit von etwa 6 Jahren.

6) Der Komet von Bruhns (1858, 1871) hat eine Umlaufszeit von 13,6 Jahren.

7) Der Komet von Winnecke, identisch mit dem kernlosen von 1819, hat eine Umlaufszeit von $5^1/_2$ Jahren.

8) Der grofse Komet von 1843, mit fast 60^0 langem Schweif; Umlaufszeit 376 Jahre.

§ 446. Meteorite, Feuerkugeln und Sternschnuppen. 1) Es steht aufser Zweifel, dafs von Zeit zu Zeit Gesteinsmassen von verschiedener Gröfse aus dem Himmelsraum auf die Erde niederfallen; man nennt sie Meteorsteine, Meteorite oder Aerolite. Der älteste, historisch beglaubigte Steinfall fand zu Ägos Potamos im Jahre 576 v. Chr. statt. In Sachsen soll im Jahre 823 ein grofsartiger Meteorsteinfall stattgefunden haben; ebenso 921, 1010, 1164, 1304 u. s. w.

Im 18. Jahrhundert bezweifelte man den kosmischen Ursprung der Meteorite, bis Chladni (1794) wieder für denselben eintrat. Aufser Zweifel gestellt wurde derselbe durch eine Reihe von Steinfällen, welche in diesem Jahrhundert stattfanden, so 1803 zu l'Aigle, im Departement de l'Orne, zu Alais 1806, im Gouvernement Smolensk 1807, zu New-Concord (Ohio) 1860 u. s. w.

Die Meteorsteine sind von verschiedener Gröfse; ihr Gewicht schwankt zwischen wenigen Grammen und 25000 kg.

War man anfangs, nachdem der kosmische Ursprung der Meteorite anerkannt war, der Meinung, dafs sie vom Mond oder der Sonne herstammten, so kam man bald zu der Überzeugung, dafs sie planetarischer Natur seien und in langgestreckten Ellipsen oder Parabeln sich bewegten; kommen sie nun in die Nähe eines gröfseren Himmelskörpers, so werden sie aus ihrer Bahn gerissen und nach diesem hingelenkt.

Man unterscheidet Eisen- und Steinmeteorite. Die ersteren bestehen vorzugsweise aus gediegenem nickelhaltigem Eisen und aus Eisensilikaten; die letzteren, welche weitaus am häufigsten vorkommen, sind wesentlich Magnesiasilikate mit eingesprengten Eisenkörnern.

Die Metorsteine erhitzen sich durch den Widerstand an der Atmosphäre oft bis zum Glühen, zerplatzen meist in der Luft mit starkem Getöse und kommen gewöhnlich ziemlich heifs auf der Erde an; auch zeigt ihre Oberfläche Spuren von Schmelzung.

2) Die Feuerkugeln sind feurige Meteore, welche kugelige Gestalt haben, aber meist einen langen feurigen Schweif hinter sich herziehen. Ihre scheinbare Gröfse ist manchmal der des Mondes gleich, manchmal auch so gering, dafs man sie von Sternschnuppen nicht unterscheiden kann. Sie bewegen sich mit verschiedener, nicht übermäfsig grofser Geschwindigkeit, verschwinden manchmal lautlos, zerplatzen aber auch oft mit heftigem Knall.

3) Die Sternschnuppen gleichen kleinen Feuerkugeln, welche sehr rasch durch die Luft fliegen und nur periodisch in gröfserer Zahl auftreten, obwohl es wiederum keine Nacht giebt, in der nicht einzelne Sternschnuppen fallen. Die meisten Sternschnuppen fallen zwischen dem 10. und 12. August und dem 12. und 14. November — August- und Novemberschwarm; der letztere war im Jahre 1833 in Nordamerika überaus prächtig.

Der Augustschwarm geht vom Sternbild Perseus aus — Perseïden, und der Novemberschwarm vom grofsen Löwen — Leoniden; die Bewegung des ersteren ist rechtläufig, die des letzteren rückläufig.

Schiaparelli hält die Bahn des Augustschwarms für eine Parabel oder langgestreckte Ellipse, welche auffallend mit der des dritten Kometen von 1862 übereinstimmt. Leverrier fand in betreff des Novemberschwarms, welcher alle 33 Jahre in besonderer Pracht wiederkehrt, eine Übereinstimmung mit der Bahn des Kometen I von 1866. Vielleicht sind die Kometen als aus Sternschnuppen zusammengesetzte Gebilde zu betrachten; kommt nun ein Komet in die Nähe der Erde, so fallen eine gröfsere oder geringe Zahl Sternschnuppen auf diese nieder.

§ 447. Das Zodiakallicht. Eine eigentümliche Lichterscheinung, welche manchmal zur Zeit des Frühlingsäquinoktiums in unseren Gegenden gesehen wird, ist das Zodiakallicht. Es ist ein weifslicher, schmaler, elliptischer Lichtstreifen, dessen Achse ungefähr in die Ebene des Tierkreises fällt und in dessen Mittelpunkt die Sonne steht. Das Licht tritt erst bemerkbar am westlichen oder östlichen Himmel auf, wenn die Dämmerung am Morgen noch nicht begonnen hat, oder am Abend bereits vollständig verschwunden ist; man sieht deshalb auch nur die eine Spitze der Ellipse, welche indessen eine ziemliche Ausdehnung hat. Nach dem Gesagten mufs die Erscheinung dann am lebhaftesten auftreten, wenn die Ekliptik steil aufgerichtet ist.

Da im Frühjahr die Atmosphäre in unseren Gegenden selten rein ist, so gehört das Zodiakallicht bei uns zu den selteneren Erscheinungen, während es (nach Humboldt) einen beständigen Schmuck der Tropennächte bildet. In der südlichen gemäfsigten Zone erscheint es vorzugsweise zur Zeit des Herbstäquinoktiums, während es in höheren Breiten fast nie gesehen wird.

Über die Natur des Zodiakallichtes ist man noch im Zweifel; einige halten es für die leuchtende oder erleuchtete Sonnenatmosphäre, andere für einen um die Sonne herumliegenden Nebelring; Heis erklärt es für einen Nebenring, welcher innerhalb der Mondbahn um die Erde kreise.

e. Beschaffenheit und Eigenbewegung der Fixsterne.

§ 448. Das Licht der Fixsterne. 1) Manche Fixsterne glänzen in weifsem, andere in gelbem, andere wieder in rötlichem Licht. Die ersteren zeigen im Spektroskop, aufser den Wasserstofflinien, meist noch die des Eisens, Magnesiums und Natriums; hierher gehören Sirius, Wega, Regulus, Rigel, Atair. Die Sterne mit gelblichem Licht, wie Capella, Aldebaran, Arkturos und die des grofsen Bären, haben ein an Absorptionsstreifen reiches Spektrum, welches dem der Sonne ähnelt; aufser Wasserstoff treten Natrium, Magnesium, Kalcium, Eisen auf; doch zeigen sich auch die Linien von Tellur, Wismut, Antimon und Quecksilber, welche im Sonnenspektrum nicht vorhanden sind. Die rötlichen Sterne endlich, wie α Orionis, α des Skorpions, φ des Pegasus zeigen breite dunkele Bänder, neben den meist noch deutlich erkennbaren Wasserstofflinien.

2) Es ist schon § 402 erwähnt worden, dafs Algol im Perseus bald 2., bald 4. Gröfse ist; es giebt übrigens noch eine Anzahl Sterne, welche in ihrer Helligkeit periodisch wechseln, so δ im Cepheus, β Lyrae, η Aquilae u. s. w. Aufserdem leuchten temporär Sterne mit hellem Glanze auf, welche alsbald wieder verschwinden. Schon Hipparch (125 v. Chr.) erwähnt einen solchen Stern nahe bei Atair, welcher drei Wochen lang hell wie Venus glänzte, und in der nördlichen Krone bemerkte man im Mai 1866, dafs ein Stern 9. Gröfse rasch die Helligkeit eines Sterns 2. Gröfse annahm, um nach drei Wochen wieder auf 9. Gröfse herabzusinken. Vielleicht lassen sich solche Erscheinungen durch plötzliches Hervorbrechen von brennendem Wasserstoffgas erklären.

§ 449. Milchstrafse, Nebelflecken, Sternhaufen und Doppelsterne. Über den ganzen Fixsternhimmel zieht sich ein weifslicher Ring von wechselnder Breite, welcher das Himmelsgewölbe in zwei nicht ganz gleiche Teile teilt und sich zwischen Schwan und Skorpion in zwei Streifen spaltet, es ist dies die sogenannte Milchstrafse (Fig. 539 und 540). Sie besteht, wie leicht im Fernrohr erkennbar, aus einer grofsen Zahl Sterne von verschiedener Gröfse, welche an einzelnen Stellen so dicht nebeneinander stehen, dafs 5000 auf einen Grad im Quadrat kommen.

Ähnliche weifsliche Streifen, wenn auch in viel geringerer Ausdehnung finden sich fast überall am Himmel; man nennt sie Nebelflecke. Die meisten Nebel zeigen sich im Fernrohr, ebenso wie die ganze Milchstrafse, als aus zahlreichen Sternen zusammengesetzt; andere hat man bis jetzt noch nicht auflösen können. Ob letztere wohl aus diffuser Materie bestehen, welche sich noch nicht zu einzelnen Sternen verdichtet hat? Da das Spektrum einzelner Nebel helle Linien zeigt, so ist man wohl berechtigt, auf eine gasartige Beschaffenheit zu schliefsen.

Verwandt mit den Nebeln sind die Sternhaufen, welche indessen leicht als aus einzelnen Sternen bestehend erkennbar sind (Plejaden,

Haar der Berenice). Die Sternhaufen unterscheiden sich von den auflöslichen Nebeln blofs dem Grade nach, insofern als in ersteren oft schon mit unbewaffnetem Auge die einzelnen Sterne unterscheidbar sind.

Manche Sterne, welche dem blofsen Auge einfach erscheinen, erkennt man im Fernrohr als aus zwei Sternen zusammengesetzt, welche sich um ihren gemeinschaftlichen Schwerpunkt drehen — Doppelsterne. Um alle Fixsterne kreisen wahrscheinlich ebenso eine Anzahl Planeten, wie um unsere Sonne; in den Systemen der Doppelsterne aber hat man gewissermafsen zwei Centralkörper. Übrigens giebt es auch dreifache, vierfache und fünffache Sterne. Die Zahl der bis jetzt bekannten mehrfachen Sterne beläuft sich auf nahe 3000.

Meist ist einer der beiden Sterne, welche einen Doppelstern bilden, viel kleiner als der andere, manchmal sind sie auch von annähernd gleicher Gröfse.

Da die beiden Sterne eines Doppelsterns sich in Ellipsen umeinander bewegen, so ändern sie auch ihre Entfernung gegeneinander.

Bemerkenswerte Doppelsterne sind: Der Polarstern, dessen Begleiter 11. Gröfse ist; Mizar (ζ des grofsen Bären), der zweitletzte Stern im Schwanze, hat einen Begleiter, welcher Akor oder das Reiterchen genannt wird; schon ein scharfes Auge kann Mizar als Doppelstern erkennen. Ferner: Kastor, welcher aus einem Stern 2. und aus einem Stern 4. Gröfse besteht; γ leonis besteht aus einem Stern 2. und einem Stern 3. Gröfse; γ virginis aus zwei Sternen 3. Gröfse; γ Andromedae, α der Jagdhunde u. s. w.

§ 450. Eigenbewegung der Fixsterne. Schon Halley hat darauf aufmerksam gemacht, dafs seit Hipparchs Zeiten verschiedene Fixsterne merklich ihren Ort am Himmel verändert hätten; so ist z. B. jetzt Arkturos um $2^1/_2$ Vollmondsbreiten von dem Orte entfernt, den er zu Hipparchs Zeiten einnahm; ähnlich ist es mit Sirius, Aldebaran u. a.; die jährliche Veränderung beträgt bei einigen bis zu $8''$; nach 3000 Jahren werden 20 Sterne sich um mehr als 1^0 von ihrem gegenwärtigen Ort entfernt haben.

Auch die Sonne, sammt den sie umkreisenden Himmelskörpern, scheint eine Eigenbewegung nach einem Punkte des Himmels zu haben, welcher nicht fern von λ Herculis liegt; die Gröfse der jährlichen Bewegung soll 1,6 Erdradien betragen. Ob die Bewegung der Sonne gerad- oder krummlinig ist, ob sich unser Planetensystem um eine „Centralsonne“ bewegt, oder ob die ermittelte Bewegung als Drehung um den gemeinsamen Schwerpunkt unseres Planetensystemes, welcher nach Mädler in den Plejaden nahe bei Alkyone liegt, aufzufassen ist, läfst sich heutzutage noch nicht mit Bestimmtheit entscheiden.

Tafel der

Nr.	0	1	2	3	4	5	6	7	8	9
10	0000	0043	0086	0128	0170	0212	0253	0294	0334	0374
11	0414	0453	0492	0531	0569	0607	0645	0682	0719	0755
12	0792	0828	0864	0899	0934	0969	1004	1038	1072	1106
13	1139	1173	1206	1239	1271	1303	1335	1367	1399	1430
14	1461	1492	1523	1553	1584	1614	1644	1673	1703	1732
15	1761	1790	1818	1847	1875	1903	1931	1959	1987	2014
16	2041	2068	2095	2122	2148	2175	2201	2227	2253	2279
17	2304	2330	2355	2380	2405	2430	2455	2480	2504	2529
18	2553	2577	2601	2625	2648	2672	2695	2718	2742	2765
19	2788	2810	2833	2856	2878	2900	2923	2945	2967	2989
20	3010	3032	3054	3075	3096	3118	3139	3160	3181	3201
21	3222	3243	3263	3284	3304	3324	3345	3365	3385	3404
22	3424	3444	3464	3483	3502	3522	3541	3560	3579	3598
23	3617	3636	3655	3674	3692	3711	3729	3747	3766	3784
24	3802	3820	3838	3856	3874	3892	3909	3927	3945	3962
25	3979	3997	4014	4031	4048	4065	4082	4099	4116	4133
26	4150	4166	4183	4200	4216	4232	4249	4265	4281	4298
27	4314	4330	4346	4362	4378	4393	4409	4425	4440	4456
28	4472	4487	4502	4518	4533	4548	4564	4579	4594	4609
29	4624	4639	4654	4669	4683	4698	4713	4728	4742	4757
30	4771	4786	4800	4814	4829	4843	4857	4871	4886	4900
31	4914	4928	4942	4955	4969	4983	4997	5011	5024	5038
32	5052	5065	5079	5092	5105	5119	5132	5145	5159	5172
33	5185	5198	5211	5224	5237	5250	5263	5276	5289	5302
34	5315	5328	5340	5353	5366	5378	5391	5403	5416	5428
35	5441	5453	5465	5478	5490	5502	5515	5527	5539	5551
36	5563	5575	5587	5599	5611	5623	5635	5647	5658	5670
37	5682	5694	5705	5717	5729	5740	5752	5763	5775	5786
38	5798	5809	5821	5832	5843	5855	5866	5877	5888	5899
39	5911	5922	5933	5944	5955	5966	5977	5988	5999	6010
40	6021	6031	6042	6053	6064	6075	6085	6096	6107	6117
41	6128	6138	6149	6160	6170	6180	6191	6201	6212	6222
42	6232	6243	6253	6263	6274	6284	6294	6304	6314	6325
43	6335	6345	6355	6365	6375	6385	6395	6405	6415	6425
44	6435	6444	6454	6464	6474	6484	6493	6503	6513	6522
45	6532	6542	6551	6561	6571	6580	6590	6600	6609	6618
46	6628	6637	6646	6656	6665	6675	6684	6693	6702	6712
47	6721	6730	6740	6749	6758	6767	6776	6785	6794	6803
48	6812	6821	6830	6839	6848	6857	6866	6875	6884	6893
49	6902	6911	6920	6928	6937	6946	6855	6964	6972	6981
50	6990	6998	7007	7016	7024	7033	7042	7050	7059	7067
51	7076	7084	7093	7101	7110	7118	7126	7135	7143	7152
52	7160	7168	7177	7185	7193	7202	7210	7218	7226	7235
53	7243	7251	7259	7267	7275	7284	7292	7300	7308	7316
54	7324	7332	7340	7348	7356	7364	7372	7380	7388	7396

gemeinen Logarithmen.

Nr.	0	1	2	3	4	5	6	7	8	9
55	7404	7412	7419	7427	7435	7443	7451	7459	7466	7474
56	7482	7490	7497	7505	7513	7520	7528	7536	7543	7551
57	7559	7566	7574	7582	7589	7597	7604	7612	7619	7627
58	7634	7642	7649	7657	7684	7672	7679	7686	7694	7701
59	7709	7716	7723	7731	7738	7745	7752	7760	7767	7774
60	7782	7789	7796	7803	7810	7818	7825	7832	7839	7846
61	7853	7860	7868	7875	7882	7889	7896	7903	7910	7917
62	7924	7931	7938	7945	7952	7959	7966	7973	7980	7987
63	7993	8000	8007	8014	8021	8028	8035	8041	8048	8055
64	8062	8069	8075	8082	8089	8096	8102	8109	8116	8122
65	8129	8136	8142	8149	8156	8162	8169	8176	8182	8189
66	8195	8202	8209	8215	8222	8228	8235	8241	8248	8254
67	8261	8267	8274	8280	8287	8293	8299	8306	8312	8319
68	8325	8331	8338	8344	8351	8357	8363	8370	8376	8382
69	8388	8395	8401	8407	8414	8420	8426	8432	8439	8445
70	8451	8457	8463	8470	8476	8482	8488	8494	8500	8506
71	8513	8519	8525	8531	8537	8543	8549	8555	8561	8567
72	8573	8579	8585	8591	8597	8603	8609	8615	8621	8627
73	8633	8639	8645	8651	8657	8663	8669	8675	8681	8686
74	8692	8698	8704	8710	8716	8722	8727	8733	8739	8745
75	8751	8756	8762	8768	8774	8779	8785	8791	8797	8802
76	8808	8814	8820	8825	8831	8837	8842	8848	8854	8859
77	8865	8871	8876	8882	8887	8893	8899	8904	8910	8915
78	8921	8927	8932	8938	8943	8949	8954	8960	8965	8971
79	8976	8982	8987	8993	8998	9004	9009	9015	9020	9025
80	9031	9036	9042	9047	9053	9058	9063	9069	9074	9079
81	9085	9090	9096	9101	9106	9112	9117	9122	9128	9133
82	9138	9143	9149	9154	9159	9165	9170	9175	9180	9186
83	9191	9196	9201	9206	9212	9217	9222	9227	9232	9238
84	9243	9248	9253	9258	9263	9269	9274	9279	9284	9289
85	9294	9293	9304	9309	9315	9320	9325	9330	9335	9340
86	9345	9350	9355	9360	9365	9370	9375	9380	9385	9390
87	9395	9400	9405	9410	9415	9420	9425	9430	9435	9440
88	9445	9450	9455	9460	9465	9470	9474	9479	9484	9489
89	9494	9499	9504	9509	9513	9518	9523	9528	9533	9538
90	9542	9547	9552	9557	9562	9566	9571	9576	9581	9586
91	9590	9595	9600	9605	9609	9614	9616	9624	9628	9633
92	9638	9643	9647	9652	9657	9661	9666	9671	9675	9680
93	9685	9689	9694	9699	9703	9708	9713	9717	9722	9727
94	9731	9736	9741	9745	9750	9754	9759	9764	9768	9773
95	9777	9782	9786	9791	9795	9800	9805	9809	9814	9818
96	9823	9827	9832	9836	9841	9845	9850	9854	9859	9863
97	9868	9872	9877	9881	9886	9890	9894	9899	9903	9908
98	9912	9917	9921	9926	9930	9934	9939	9943	9948	9952
99	9956	9961	9965	9970	9974	9978	9983	9987	9991	9996

Logarithmen der

Grad	Min.	Sinus	Tangens	Cotangens	Cosinus	Min.	Grad
0	30	7,9408	7,9409	2,0591	0,0000	30	89
1	0	8,2419	8,2419	1,7581	9,9999	0	89
1	30	8,4179	8,4181	1,5819	9,9999	30	88
2	0	8,5428	8,5431	1,4569	9,9997	0	88
2	30	8,6397	8,6401	1,3599	9,9996	30	87
3	0	8,7188	8,7194	1,2806	9,9994	0	87
3	30	8,7857	9,7865	1,2135	9,9992	30	86
4	0	8,8436	9,8446	1,1554	9,9989	0	86
4	30	8,8946	8,8960	1,1040	9,9987	30	85
5	0	8,9403	8,9420	1,0580	9,9983	0	85
5	30	8,9816	8,9836	1,0164	9,9980	30	84
6	0	9,0192	9,0216	0,9784	9,9976	0	84
6	30	9,0539	9,0567	0,9433	9,9972	30	83
7	0	9,0859	9,0891	0,9109	9,9968	0	83
7	30	9,1157	9,1194	0,8806	9,9963	30	82
8	0	9,1436	9,1478	0,8522	9,9958	0	82
8	30	9,1697	9,1745	0,8255	9,9952	30	81
9	0	9,1943	9,1997	0,8003	9,9946	0	81
9	30	9,2176	9,2236	0,7764	9,9940	30	80
10	0	9,2397	9,2463	0,7537	9,9934	0	80
10	30	9,2606	9,2680	0,7320	9,9927	30	79
11	0	9,2806	9,2887	0,7113	9,9919	0	79
11	30	9,2997	9,3085	0,6915	9,9912	30	78
12	0	9,3179	9,3275	0,6725	9,9904	0	78
12	30	9,3353	9,3458	0,6542	9,9896	30	77
13	0	9,3521	9,3634	0,6366	9,9887	0	77
13	30	9,3682	9,3804	0,6196	9,9878	30	76
14	0	9,3837	9,3968	0,6032	9,9869	0	76
14	30	9,3986	9,4127	0,5873	9,9859	30	75
15	0	9,4130	9,4281	0,5719	9,9849	0	75
15	30	9,4269	9,4430	0,5570	9,9839	30	74
16	0	9,4403	9,4575	0,5425	9,9828	0	74
16	30	9,4533	9,4716	0,5284	9,9817	30	73
17	0	9,4659	9,4853	0,5147	9,9806	0	73
17	30	9,4781	9,4987	0,5013	9,9794	30	72
18	0	9,4900	9,5118	0,4882	9 9782	0	72
18	30	9,5015	9,5245	0,4755	9,9770	30	71
19	0	9,5126	9,5370	0,4630	9,9757	0	71
19	30	9,5235	9,5491	0,4509	9,9743	30	70
20	0	9,5341	9,5611	0,4389	9,9730	0	70
20	30	9,5443	9,5727	0,4273	9,9716	30	69
21	0	9,5543	9,5842	0,4158	9,9702	0	69
21	30	9,5641	9,5954	0,4046	9,9687	30	68
22	0	9,5736	9,6064	0,3936	9,9672	0	68
22	30	9,5828	9,6172	0,3828	9,9656	30	67
Grad	Min.	Sinus	Tangens	Cotangens	Cosinus	Min.	Grad

trigonometrischen Funktionen.

Grad	Min.	Sinus	Tangens	Cotangens	Cosinus	Min.	Grad
23	0	9,5919	9,6279	0,3721	9,9640	0	67
23	30	9,6007	9,6383	0,3617	9,9624	30	66
24	0	9,6093	9,6486	0,3514	9,9607	0	66
24	30	9,6177	9,6587	0,3412	9,9590	30	65
25	0	9,6259	9,6687	6,3313	9,9573	0	65
25	30	9,6340	9,6785	0,3215	9,9555	30	64
26	0	9,6418	9,6882	0,3118	9,9537	0	64
26	30	9,6495	9,6977	0,3023	9,9518	30	63
27	0	9,6570	9,7072	9,2928	9,9499	0	63
27	30	9,6644	9,7165	0,2835	9,9479	30	62
28	0	9,6716	9,7257	0,2743	9,9459	0	62
28	30	9,6787	9,7348	0,2652	9,9439	30	61
29	0	9,6856	9,7438	0,2562	9,9418	0	61
29	30	9,6923	9,7526	0,2474	9,9397	30	60
30	0	9,6990	9,7614	0,2386	9,9375	0	60
30	30	9,7055	9,7701	0,2299	9,9353	30	59
31	0	9,7118	9,7788	0,2212	9,9331	0	59
31	30	9,7181	9,7873	0,2127	9,9308	30	58
32	0	9,7242	9,7958	0,2042	9,9284	0	58
32	30	9,7302	9,8042	0,1958	9,9260	30	57
33	0	9,7361	9,8125	0,1875	9,9236	0	57
33	30	9,7419	9,8208	0,1792	9,9211	30	56
34	0	9,7476	9,8290	0,1710	9,9186	0	56
34	30	9,7531	9,8371	0,1629	9,9160	30	55
35	0	9,7586	9,8452	0,1548	9,9134	0	55
35	30	9,7640	9,8533	0,1467	9,9107	30	54
36	0	9,7692	9,8613	0,1387	9,9080	0	54
36	30	9,7744	9,8692	0,1308	9,9052	30	53
37	0	9,7795	9,8771	0,1229	9,9023	0	53
37	30	9,7844	9,8850	0,1150	9,8995	30	52
38	0	9,7893	9,8928	0,1072	9,8965	0	52
38	30	9,7941	9,9006	0,0994	9,8935	30	51
39	0	9,7989	9,9084	0,0916	9,8905	0	51
39	30	9,8035	9,9161	0,0839	9,8874	30	50
40	0	9,8081	9,9238	0,0762	9,8843	0	50
40	30	9,8125	9,9315	0,0685	9,8811	30	49
41	0	9,8169	9,9392	0,0608	9,8778	0	49
41	30	9,8213	9,9468	0,0532	9,8745	30	48
42	0	9,8255	9,9544	0,0456	9,8711	0	48
42	30	9,8297	9,9621	0,0379	9,8676	30	47
43	0	9,8338	9,9697	0,0303	9,8641	0	47
43	30	9,8378	9,9773	0,0228	9,8606	30	46
44	0	9,8418	9,9848	0,0152	9,8569	0	46
44	30	9,8457	9,9924	0,0076	9,8532	30	45
45	0	9,8495	0,0000	0,0000	9,8495	0	45
Grad	Min.	Sinus	Tangens	Cotangens	Cosinus	Min.	Grad

Tabelle I.

Vergleichung der Längenmaſse.

Baden, Schweiz (Nassau)	Bayern	England	Frankreich Pariser Fuſs	Frankreich Meter	Hessen, Groſsh.	Österreich	Preuſsen	Sachsen Königr.	Württemberg.
1	1,028	0,984	0,924	0,300	1,200	0,949	0,956	1,059	1,047
0,973	1	0,958	0,898	0,292	1,167	0,923	0,930	1,031	1,019
1,016	1,044	1	0,938	0,305	1,219	0,964	0,971	1,076	1,064
1,083	1,113	1,066	1	0,325	1,299	1,028	1,035	1,147	1,134
3,333	3,426	3,281	3,078	1	4,000	3,163	3,186	3,531	3,491
0,833	0,857	0,820	0,769	0,250	1	0,791	0,797	0,883	0,873
1,054	1,083	1,037	0,973	0,316	1,264	1	1,007	1,116	1,103
1,046	1,075	1,030	0,966	0,314	1,255	0,993	1	1,108	1,096
0,944	0,970	0,929	0,872	0,283	1,133	0,896	0,902	1	0,988
0,955	0,982	0,940	0,882	0,286	1,146	0,906	0,913	1,012	1

Anmerkung: 1 Toise = 6 Par. Fuſs; 1 Seemeile = $^1/_{20}$ eines Äquatorealgrades = 5555,6 m = 3,4522 Miles (engl.); eine sog. Seemeile aller Nationen aber ist $^1/_{60}$ eines Äquatorealgrades = $^1/_4$ deutsche Meile = 1851,7 m; eine Seemeile = 120 Knoten; 1 geogr. Meile (15 auf 1 Äquatorealgrad) = 7408 m.

Tabelle II.

Vergleichung der Flächenmaſse.

Baden, Schweiz (Nassau)	Bayern	England	Frankreich Pariser □ Fuſs	Frankreich □ Meter	Hessen, Groſsh.	Österreich	Preuſsen	Sachsen Königr.	Württemberg.
1	1,057	0,969	0,853	0,090	1,440	0,901	0,914	1,122	1,097
1,046	1	0,917	0,807	0,085	1,363	0,852	0,865	1,062	1,038
1,032	1,091	1	0,880	0,093	1,486	0,930	0,943	1,158	1,132
1,172	1,239	1,136	1	0,106	1,688	1,056	1,071	1,316	1,286
11,111	11,740	10,764	9,477	1	16,000	10,007	10,152	12,469	12,184
0,694	0,734	0,673	0,592	0,062	1	0,625	0,634	0,772	0,765
1,110	1,173	1,076	0,947	0,100	1,598	1	1,014	1,246	1,217
1,094	1,156	1,060	0,933	0,098	1,576	0,986	1	1,228	1,200
0,891	0,941	0,863	0,760	0,080	1,283	0,803	0,814	1	0,977
0,912	0,964	0,883	0,778	0,082	1,314	0,821	0,833	1,023	1

Anmerkung. 1 Morgen (preuſs.) = 180 Quadratruten = 25,53224 Are = 0,2553 Hektare; 1 Quadratrute = 0,142 Are.

Tabelle III.

Vergleichung der Körpermaſse.

Baden, Schweiz (Nassau)	Bayern	England	Frankreich Pariser Kubik-Fuſs	Frankreich Kubik-Meter	Hessen, Groſsh.	Österreich	Preuſsen	Sachsen Königr.	Württemberg.
1	1,086	0,954	0,788	0,027	1,728	0,855	0,873	1,189	1,148
0,921	1	0,878	0,725	0,025	1,591	0,787	0,804	1,095	1,057
1,049	1,139	1	0,826	0,028	1,812	0,896	0,916	1,247	1,204
1,270	1,379	1,211	1	0,034	2,194	1,085	1,109	1,509	1,458
37,037	40,224	35,317	29,174	1	64,000	31,657	32,346	44,032	42,528
0,579	0,628	0,552	0,456	0,0156	1	0,495	0,505	0,688	0,664
1,170	1,270	1,116	0,921	0,032	2,021	1	1,022	1,391	1,343
1,145	1,244	1,092	0,902	0,031	1,979	0,979	1	1,361	1,315
0,841	0,914	0,802	0,663	0,023	1,453	0,719	0,735	1	1,966
0,871	0,946	0,830	0,686	0,024	1,504	0,744	0,761	1,035	1

Anmerkung. 1 Scheffel (preuſs.). = 55 Liter; 1 Metze = $^1/_{16}$ Scheffel = 3,44 Liter; 1 Quart = $^1/_3$ Metze = 1,15 Liter; 1 Ohm = 1,375 Hektoliter.

Tabelle IV.

Vergleichung der Gewichte.

Deutsches Zollpfund (Dänemark, Norwegen)	Bayer. Pfund	Engl. Pfund	Frankr. Kilogr.	Österreich (Wiener Pfund)	Preuſs. (altes oder Köln.) Pfd.	Ruſs. Pfd.	Schwed. Pfund
1	0,893	1,102	0,500	0,892	1,069	1,221	1,175
1,120	1	1,235	0,560	0,999	1,197	1,367	1,317
0,907	0,810	1	0,454	0,810	0,970	1,107	1,067
2,000	1,785	2,205	1	1,786	2,138	2,442	2,353
1,120	1,000	1,235	0,560	1	1,197	1,367	1,317
0,935	0,835	1,031	0,468	0,835	1	1,142	1,100
0,819	0,731	0,903	0,410	0,731	0,876	1	0,963
0,851	0,760	0,938	0,425	0,760	0,909	1,039	1

Anmerkung. 1 Zollpfund = $^1/_2$ kg; 1 Centner = 50 kg; 1 Lot = 1,66.. Dekagramm oder Neulot = 16,66 . . g.

1 preuſs. Kubikfuſs Wasser bei 4° C. wiegt 61,83168 Zollpfund.

Früheres Apothekergewicht: 1 Pfund = 12 Unzen = 24 Lot = 96 Drachmen = 288 Skrupel = 5760 Gran; 1 Apothekerpfund (preuſs.) = 350,78326 g.

Alphabetisches Sachregister.

FSC
www.fsc.org
MIX
Papier | Fördert gute Waldnutzung
FSC® C083411

Kolibri 360 GmbH
Ferdinand-Jühlke-Straße 7
99095 Erfurt, Deutschland
produktsicherheit@kolibri360.de